现代橡胶工艺学

杨清芝　主编

中 国 石 化 出 版 社

内 容 提 要

本书共分十五章，前六章系统地论述了橡胶及其配合体系（各种弹性体的结构与性能及其应用、硫化、补强与填充、老化防护、增塑）以及共混的原理与方法。中间四章概述了橡胶配方设计的原理及方法，后五章全面地阐述了塑炼、混炼、压延、压出和硫化五个基本工艺过程的原理及实施方法。

本书理论联系实际，深入浅出、图文并茂，可作为高等院校橡塑工程专业本科生和研究生的教材，也可作为职工大学和高级培训班的教材，并可供有关研究人员和工程技术人员参考。

图书在版编目(CIP)数据

现代橡胶工艺学 / 杨清芝主编.
—北京：中国石化出版社，1997(2021.3 重印)
ISBN 978-7-80043-630-7

Ⅰ.现… Ⅱ.杨… Ⅲ.橡胶加工-工艺学
Ⅳ.TQ330.1

中国版本图书馆 CIP 数据核字(96)第 07115 号

未经本社书面授权，本书任何部分不得被复制、抄袭，或者以任何形式或任何方式传播。版权所有，侵权必究。

中国石化出版社出版发行
地址：北京市东城区安定门外大街 58 号
邮编：100011　电话：(010)57512500
发行部电话：(010)57512575
http://www.sinopec-press.com
E-mail:press@sinopec.com
北京富泰印刷有限责任公司印刷
全国各地新华书店经销
*
787×1092 毫米 16 开本 43.5 印张 1134 千字
2021 年 3 月第 1 版第 13 次印刷
定价：78.00 元

《现代橡胶工艺学》编写人员

主　编　杨清芝

编　者　杨清芝　宁英沛　孟宪德
　　　　　刘毓真　李俊山　张殿荣
　　　　　安宏夫

主　审　朱　敏　傅　政

前　言

橡胶的科学和技术是个正在发展中的学科，近几十年来，橡胶科学与技术方面发展较快，出现了很多新理论、新技术、新工艺和新方法。目前国内尚无一本全面、系统的反映这些新进展的教科书和专著，为了提高橡塑工程专业的教学水平，满足广大在职科技人员的继续教育和知识更新的需要，我们根据有关作者的教学和科研工作，组织了本书的编写。

本书总体框架分为原材料和配合原理、配方设计及工艺过程三大部分，各章的编写有新的模式。本书突出了基本原理部分，在理论内容方面力求深化，在技术内容方面力求典型实用，在表达形式方面力求用图表简化。本书还适当地拓宽了范围，强化了部分技术理论内容。因此，本书作为教材使用时不一定全讲，可留下部分章节作为学有余力的学生自学内容。

本书共十五章，分别由下列人员编写：杨清芝编写绪论、第一、三章，宁英沛编写第二、十五章，孟宪德编写第四章，刘毓真编写第五、十四章，李俊山编写第六章，张殿荣编写第七、八、九、十章，安宏夫编写第十一、十二、十三章。全书由杨清芝主编，由华南理工大学朱敏教授、青岛化工学院傅政教授主审，由杨清芝、张殿荣统稿。

在本书的编写过程中，青岛橡胶集团公司的楼坚挺高级工程师对工艺过程部分提出了许多宝贵的意见。青岛化工学院教务处及橡胶工程学院给予了大力支持和鼓励，有关专家也给予了热情的帮助，编者在此谨致衷心的谢忱。

由于各执笔人编写格调不同，兼之编者的水平限制，因此书中肯定会有缺点和错误之处，恳请广大读者批评指正。

编　者

目　录

绪　论

一、橡胶材料的特征

当前，人类使用着品种繁多的材料，它们大致包括下述主要类别：

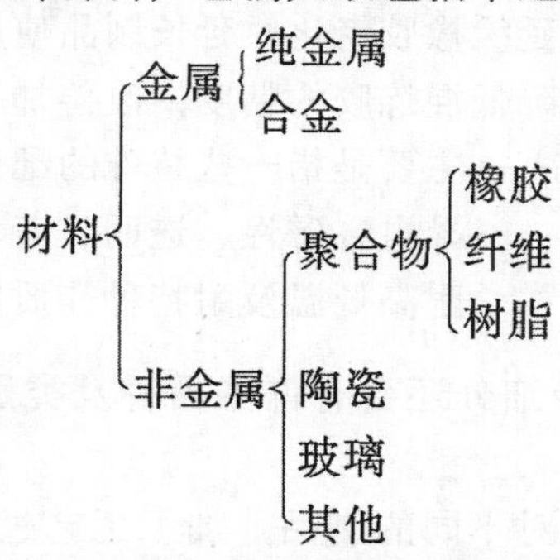

橡胶是高分子材料中的一种。据统计，全世界1991年的橡胶产量为1507.0万吨，树脂为9985.0万吨，纤维为1780.6万吨。可见，橡胶的用量是比较大的。

常温下的高弹性是橡胶材料的独有特征，是其他任何材料所不具备的，因此橡胶也被称为弹性体。橡胶的高弹性本质是由大分子构象变化而来的熵弹性。这种高弹性截然不同于由键角键长变化而来的普弹性。高弹性材料的表现是，在外力作用下具有较大的弹性变形，最高可达1000%，除去外力后变形很快恢复，而具有普弹性的金属材料变形只有约1%。高弹性材料的形变模量低，只有$10^5 \sim 10^6 N/m^2$，而金属材料的模量高达$10^{10} \sim 10^{11} N/m^2$。

什么是橡胶？ASTM D1566中定义如下：橡胶是一种材料，它在大的形变下能迅速而有力恢复其形变，能够被改性。改性的橡胶实质上不溶于（但能溶胀于）沸腾的苯、甲乙酮、乙醇－甲苯混合物等溶剂中。改性的橡胶在室温下（18～29℃）被拉伸到原长度的两倍并保持一分钟后除掉外力，它能在一分钟内恢复到原长的1.5倍以下。

定义中所指的改性实质上是指硫化。轻度交联的橡胶是典型的高弹性材料。

橡胶属于高分子材料，所以它具有这类材料的共性，如密度小，对流体的渗透性低，具有绝缘性、粘弹性和环境老化性等。此外橡胶比较柔软，硬度低。

生胶，即尚未被交联的橡胶，由线形大分子或者带支链的线形大分子构成。随着温度的变化，它有三态，即玻璃态、高弹态及粘流态。例如，天然橡胶在－72℃以下为玻璃态，高于130℃为粘流态，两温度之间为高弹态。当然，在外力作用下，由于作用速度不同也会出现相应的这三种状态。即使在高弹态下生胶也是粘弹体，在外力作用下表现出明显的粘性变形，且随着温度升高其粘性变形愈加突出，直到流动态。未硫化的橡胶低温下变硬，高温下变软，没有保持形状的能力且力学性能较低，基本无使用价值，必须经过硫化才有使用价值。也就是说生胶需要通过一系列的加工才能制成有用的橡胶制品，由此便产生了橡胶加工业。

二、橡胶工艺学的主要内容

要使生橡胶转变为具有特定性能、特定形状的橡胶制品，要经过一系列的复杂加工过程。这个过程包括橡胶的配合及加工。

1. 橡胶的配合　橡胶的配合是指根据成品的性能要求，考虑加工工艺性能和成本诸因素，把生胶与各种配合剂组合在一起的过程。一般配合都包括生胶、硫化体系、补强填充体系、防护体系及增塑体系，有时还包括其他配合体系。

配合体系：
- 生胶（或与其他高聚物并用）——母体材料或称基体材料
- 硫化体系——与橡胶大分子起化学作用，使橡胶线形大分子交联形成空间网络结构，提高性能，稳定形状
- 补强填充体系——提高橡胶力学性能，改善加工工艺性能，降低成本
- 防护体系——延缓橡胶老化，延长制品使用寿命
- 增塑体系——降低混炼胶的粘度，改善加工性能，降低成品硬度
- 其他配合体系——主要是指一些特殊的配合体系，如阻燃、导电、磁性、透明、着色、发泡、香味、耐高低温及耐特种介质等配合体系

上述各配合体系中进一步细分还会有许多品种及类别，且各自的作用机理及使用要领不同。

2. 橡胶的加工工艺过程　对不同的制品，加工工艺过程不相同。对于一般橡胶，不论做什么样的制品均必须经过炼胶及硫化两个加工过程。大部分制品，如轮胎、管、带还必须经过压延、压出这两个加工过程。所以塑炼、混炼、压延、压出及硫化这 5 个工艺过程就是橡胶加工中最基础最重要的加工过程。

加工过程：
- 塑炼——降低橡胶分子量，增加塑性，提高加工性的工艺过程
- 混炼——使配方中各组分均匀分散，形成一个以母体材料或以母体材料与能溶于母体材料的配合剂为连续相，以填料等不溶于母体材料的配合剂为分散相的胶体分散体系，即制成一个混炼胶的工艺过程
- 压延——混炼胶或与纺织物通过压片、压型、贴合、擦胶、贴胶等操作制成一定规格的半成品的工艺过程
- 压出——混炼胶通过压出口型压出各种断面的半成品，如内胎、外胎胎面、胎侧、胶管等的工艺过程
- 硫化——橡胶加工的最后一道工序，通过一定的温度、压力和时间后使橡胶大分子发生化学反应形成交联的工艺过程

三、橡胶的发展历史

考古发现人类在 11 世纪就开始使用橡胶。西班牙文献中清楚地记述了南美人制造橡胶球、橡胶鞋及橡胶瓶的原始方法。

1493～1496 年哥伦布第二次航行发现新大陆到美洲时，海地岛上土人玩的球能从地上跳起来，经了解才知道球是用一种树流出的浆液制成的，此后欧洲人才知道橡胶这种物质。这种树因割破皮就能流出浆液，所以当地印第安人称这种树为哭树，即卡乌－丘克(Cahuchu)。有些国家用这个词的译音为橡胶取名，例如原苏联把橡胶叫做 Каучук。1770 年宗教家 Priestley 因发现橡胶能擦去铅笔痕迹，在英语中取印第安的“揩擦物”Rubber 为橡胶定了英文名。

作为科学文献详细地记载橡胶性质、采集方法及应用的是 Condamine。1735 年他参加巴

黎科学院考查赤道附近子午线弧度的考察队，在南美生活了8年，他详细地记述了橡胶的资料，收集了橡胶样品并寄回了巴黎，这样欧洲人对橡胶才有了进一步认识。

可是在当时欧洲人不能把胶乳成功地运回欧洲。1761年英国人马凯尔和赫立桑发现了凝固的橡胶可溶于松节油及乙醚，这是橡胶制品生产成为可能的加工工艺的开端。马辛托希发展了溶解法，他于1823年创办了世界上的第一个橡胶厂，生产防水布，这就是橡胶工业的开始。

1839年固特异经长期的艰苦试验研究发明了硫化，加上1862年Honcock发明了双辊机，这两项发明奠定了橡胶加工业的基础。

17世纪中叶，工业上遥遥领先的英国已建立了相当规模的橡胶工业。橡胶进入市场，野生橡胶供不应求，于是拟订了人工栽培橡胶的计划。当时英国皇家植物园负责人Hooker开始收集橡胶种子，但最初成绩很小。1876年英国在巴西的农场主偷运了70000颗种子回英国，有2000枚播种在英国皇家植物园。之后将树苗移植到当时英属的锡兰（现斯里兰卡）。从此英国便在东南亚殖民地国家开始了橡胶的种植，曾经有人将种植橡胶称为第二代橡胶。

如果说硫化及双辊机的发明为橡胶工业奠定了基础，那么橡胶工业的真正起飞便是汽车工业的发展。1888年Dunlop发明了充气轮胎。这种轮胎代替了金属或实心的轮胎，于是约80%的橡胶用于轮胎。

固特异发明的硫化硫黄用量多，硫化时间长，性能低。这些问题需要解决。1904年发现氧化锌有促进硫化作用，但效果不那么好。1906年发现苯胺有促进硫化作用，但直到1921年促进剂D才被使用，解决了上述问题，使橡胶加工技术又前进了一步。但如何提高橡胶的耐磨性及其力学性能呢？1904年S. C. Mote用炭黑使天然橡胶的拉伸强度提高到28.7MPa，找到了补强的有效途径。

在橡胶工业发展的同时，高分子化学家及物理学家经过研究证明了天然橡胶是异戊二烯的聚合物，确定了链状分子结构，从而揭示了橡胶弹性的本质。奠定了高分子科学发展的基础，开拓了高分子材料合成的新方向。

合成橡胶的历史一般认为从1879年布却特发现异戊二烯聚合试验开始，实际上直到1900年人们了解了天然橡胶分子结构后，人类合成橡胶才真正地成为可能。1932年前苏联工业生产丁钠橡胶后相继生产的合成胶有氯丁、丁苯及丁腈橡胶。50年代Zeigler－Natta发现了定向聚合是合成立体规整橡胶的开始，导致了合成橡胶工业的新飞跃，出现了顺丁、乙丙、异戊橡胶等新胶种。1965～1973年间出现了热塑性弹性体，这是第三代橡胶，是橡胶领域分子设计成功的一种新尝试，是近代橡胶的新突破。

由上述可见，人类应用橡胶有近千年的悠久历史，发展成橡胶工业还不到200年，橡胶科学更年轻。这其间有许多探险家、植物学家、科学家不畏艰险，付出了艰辛的劳动才使橡胶工业技术、橡胶科学达到今天的水平。

我国从1904年开始在雷州半岛等地种植天然橡胶，并于本世纪50年代初将橡胶树北移试种取得成功。这一成功打破了过去国际上公认的北纬17°以北为“橡胶禁区”的结论。在北纬18°～24°的广西、云南等地大面积种植了橡胶树。现在我国天然橡胶产量占世界产量第四位。

1915年我国在广州建立第一个橡胶加工厂——广州兄弟创制树胶公司，生产鞋底。1919年在上海建立了上海清和橡皮工厂，现在的正泰橡胶厂是1927年建立的，大中华橡胶厂是1928年建立的。30年代以后在山东、辽宁、天津等地逐步建立了橡胶厂。

旧中国的橡胶工业是半封建半殖民地的工业，其生产规模小，品种少，质量差，轮胎寿命约为1.2万公里，原材料及设备主要靠进口，产值低。解放前的34年中1943年为最高，年产值约为人民币2亿元，耗胶量1.5万吨。

中华人民共和国成立后，经过三年恢复及七个五年计划，橡胶工业已建成为具有强大物质基础的完整的工业体系。据1990年统计，其产值为180亿元。全国县级以上企业有1000多家，耗胶量85万吨，居世界第四位。全国有14个大型研究设计单位，有数所高校培养专业人才，还有一批与橡胶加工业相配套的合成橡胶、配合剂研究制造单位，天然橡胶研究种植单位，设备及仪器研究设计、加工单位。成立了中国橡胶学会、协会，组织国内外学术活动和行业活动。

四、橡胶工业的重要性

橡胶工业是一个重要的工业部门。据1990年统计，它的总产值为180亿元，约占全国工业总产值的1.5%，约占化工工业总产值的25%。

橡胶工业是个配套工业，它在交通运输、建筑、电子、宇航、石油化工、农业、机械、军事、水利各工业部门以及信息产业、人民生活等各方面都获得了广泛的应用。

不能想象没有橡胶，我们这个世界会成为什么样子？若没有橡胶，便没有充气轮胎，也不会有今天这样发达的交通运输业。交通运输业需要大量的橡胶，例如一辆汽车需要240kg橡胶，一艘轮船需要60～70t橡胶，一架飞机需要600kg橡胶，一门高射炮需86kg橡胶等。有些橡胶制品虽然不大，但作用却十分重要，一旦失去作用，便会产生巨大的损失。例如美国“挑战者”号航天飞机因密封圈失灵而导致航天史上重大的悲惨事件，而对植入人体的橡胶制品的要求则更为苛刻。

近年来，橡胶工业新技术发展迅速，换代快，特别是非轮胎领域的精细橡胶制品发展更快，对橡胶制品要求越来越高，正向功能化方向发展。产品结构设计方面不断出现新构思，轮胎继续朝着扁平化、小型化、无内胎化方向发展，并使其具有低噪音、安全舒适、全天候行驶的特点。在胶管方面特别要求提高保险期至10年以上，而且要求低渗透性。鞋类全世界每年需要约80亿双，要求舒适、卫生、美观。

在材料方面，目前人们正采用高分子设计技术与电子计算机模拟手段开发具有安全、节能、舒适的高性能胎面胶。固特异开发的SIBR就是其中的一种。通过卤化、氢化、环氧化、接枝、共混、增容、动态硫化等改性方法作为开发新材料的主要手段。例如近年成功地开发了环氧化天然橡胶、氢化丁腈橡胶等新型弹性体。热塑性弹性体正在向系列化、高功能化方面发展。所有这一切均会促使橡胶产品性能发生突破性进展。

尽管如此，橡胶科技领域中尚有许多问题需要人们去认识、去开拓，特别是橡胶科学领域中更有一些深奥的理论问题需要人们去探索和钻研。

参考文献

〔1〕北京化工学院化工史编写组．化学工业发展简史．北京：科学出版社，1985
〔2〕〔印尼〕G de Boer，张永泰译．实用橡胶学．广州：热带作物杂志社，1958
〔3〕Maurice Morton．Rubber．Technology Third Edition．New York：Van Nostrand Reinhold，1987
〔4〕世界化学工业年鉴编辑部．世界化工年鉴．北京：化学工业部科学技术情报研究所出版社，1992
〔5〕于清溪．中国橡胶．1987，(1)：25，(2)：27

第一章 生 胶

第一节 概 述

生胶是一种高弹性聚合物材料，是制造橡胶制品的基础材料，一般情况下不含配合剂，但有时也含某些配合剂，生胶的商品形式绝大多数呈块状、片状，少量为粘稠状液体，也有粉末的。我国习惯上把生胶、硫化胶统称为橡胶，所以本书中通常也把生胶称橡胶。

一、橡胶的分类

按照分类方法的不同，可以形成不同的橡胶类别。目前橡胶主要按来源及用途加以分类。为了深入了解橡胶性能与结构的关系，本书还介绍按化学结构分类，按形态和交联方式分类的情况 。

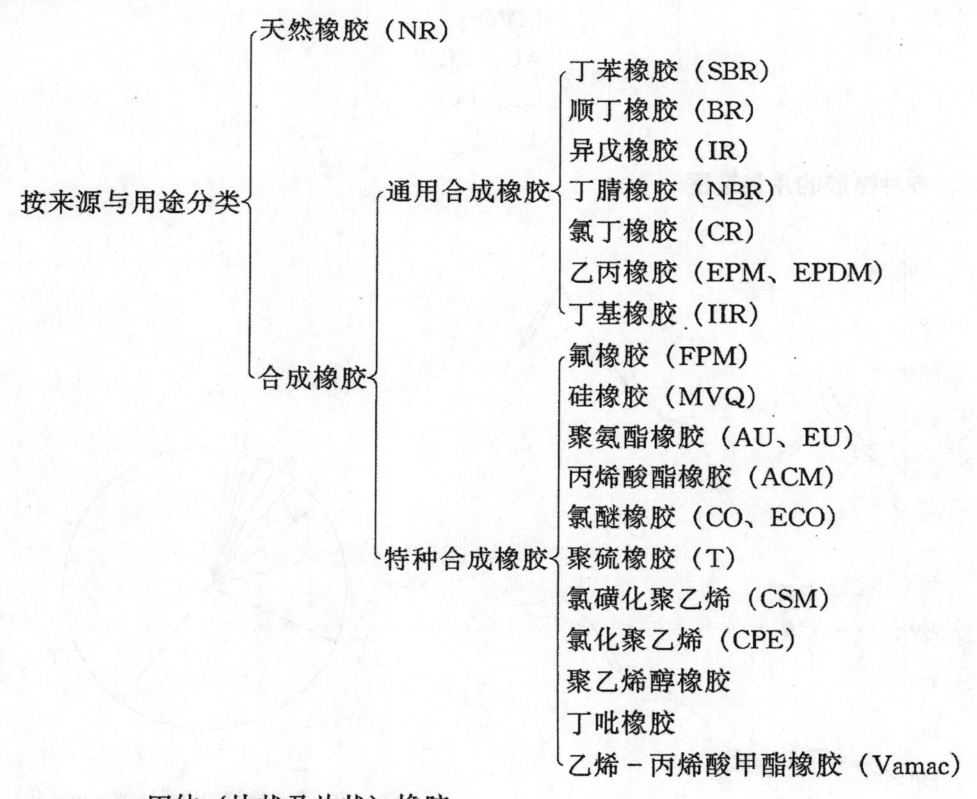

按形态分类：
- 固体（块状及片状）橡胶
- 液体橡胶
- 粉末橡胶

按交联方式分类：
- 化学交联的传统橡胶
- 热塑性弹性体

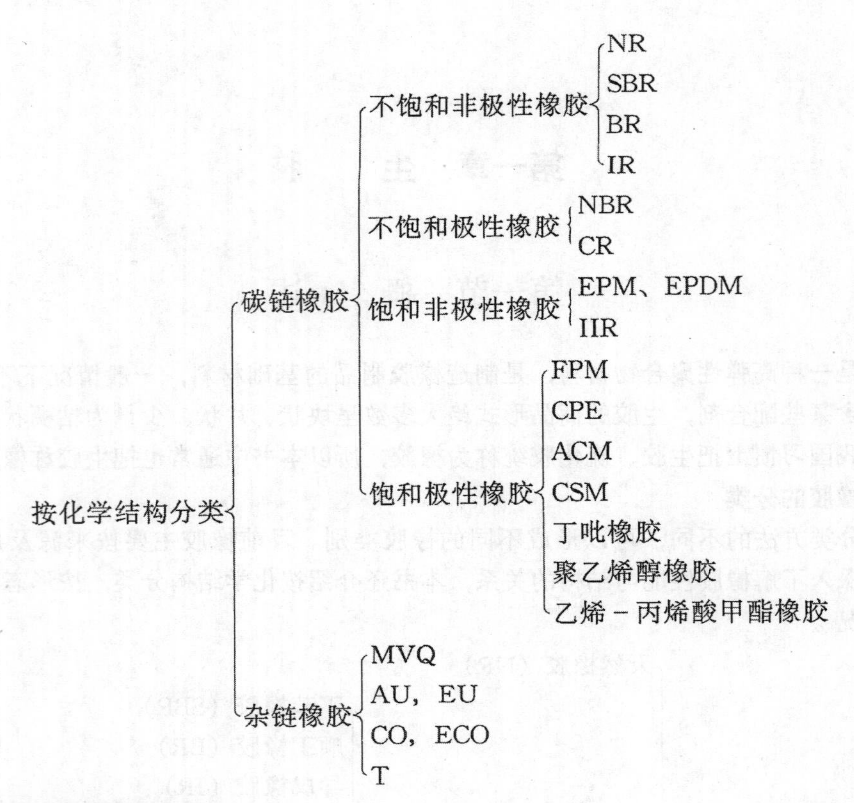

二、各种橡胶的用量范围

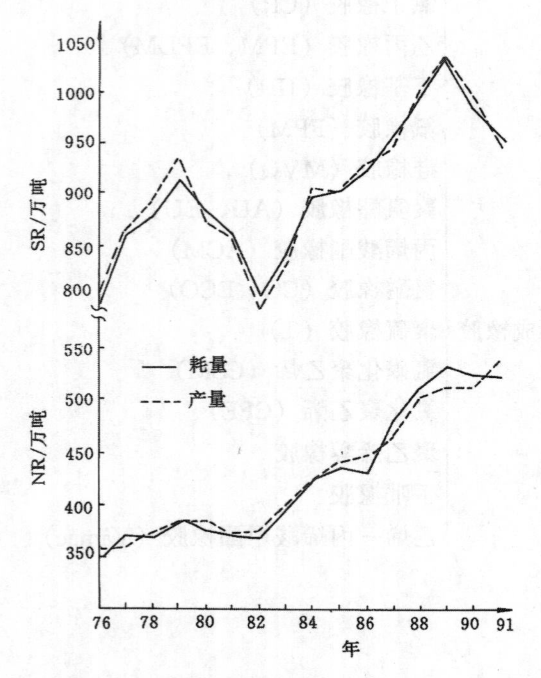

图1－1 天然橡胶及合成橡胶的产量及耗量

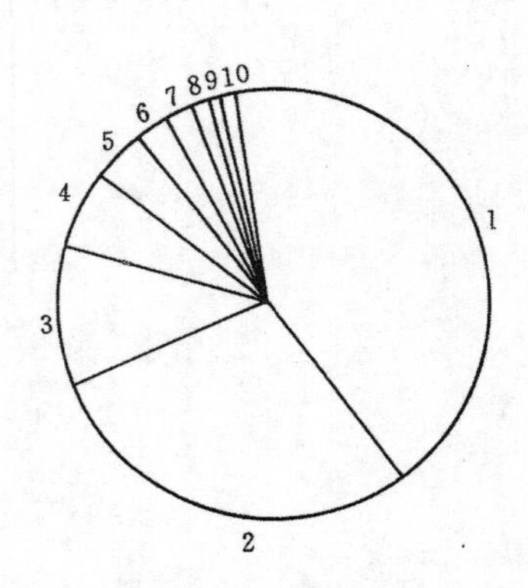

图1－2 各类橡胶的用量比例（1986年）

1—NR，43.2%；2—SBR，30.3%；
3—BR，11.0%；4—EPPM，5.2%；
5—IIR，4.5%；6—CR，3.3%；
7—NBR，2.4%；8—IR，1.4%；
9—ACM，0.3%；10—其他，1.0%；

人类首先使用天然橡胶，到了本世纪30年代才有了合成橡胶，随着时间的推移，合成橡胶的用量逐步增多，见图1－1。近年来天然橡胶的用量占全部橡胶用量的30％～40％，丁苯橡胶占合成橡胶的40％～50％，特种合成橡胶用量很少，各种橡胶用量比例见图1－2。

第二节 天 然 橡 胶

天然橡胶（NR）是指从植物中获得的橡胶，地球上能进行生物合成橡胶的植物约有200多种，但具有采集价值的只有几种，其中主要是巴西橡胶树，这种树也称为三叶橡胶树，其次是银菊、橡胶草、杜仲等。

一、天然橡胶植物

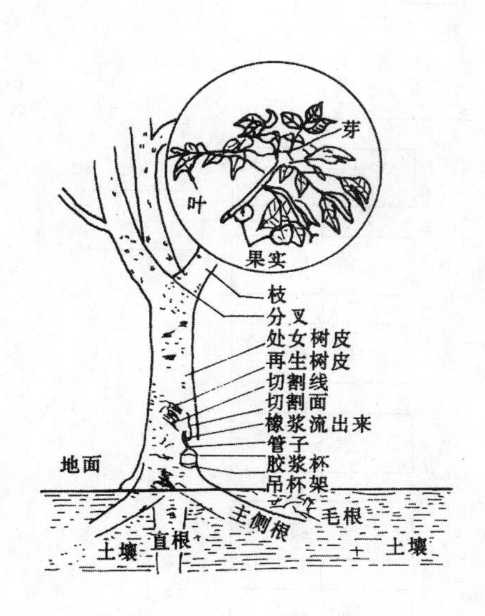

图1－3 巴西橡胶树

巴西橡胶树是一种热带地区生长的高大乔木，树干直径可达几十厘米，高达10～20m，树叶是三个为一支，见图1－3，因此这种树也称为三叶橡胶树。巴西橡胶树栽培后6～7年可以开始产胶，10～20年间盛产。这种树的干、根、叶、果中都有乳管，在树干皮层中最多，所以割胶就从树干上割。在距地面约50cm的树干上用锋利的割胶刀按一定倾角割破皮层，断其乳管，靠管内膨压使胶乳从中流出，排胶1～2h后，内膨压下降，胶乳流量变小并逐渐滞留在割口上，因水分蒸发及凝固酶的作用，胶乳自动凝固在割口上形成一条胶线封住割口。割胶一般在日出时分，隔日或隔两日割一次。这种树原产于亚马逊河流域，1876年英国人成功地把它移植在东南亚地区。1904年我国开始引植，解放后在两广、海南、云南等地都有种植。据1992年统计，我国天然橡胶年产量为280kt，列世界第四位。

银菊是多年生灌木，主要生长在墨西哥的荒漠地区。银菊橡胶是以胶乳形式存在于植株的茎皮及根部，采用磨碎分离的方法提取银菊胶。

杜仲橡胶树生产的橡胶为反式聚异戊二烯，这种橡胶称为杜仲橡胶，与国外的古塔波胶、巴拉塔胶均属一类，也都是野生资源。

二、天然橡胶的制造

原材料：新鲜胶乳，其次为杂胶。杂胶包括胶杯凝胶、自凝胶块、胶线、皮屑胶、泥胶、浮渣胶等。此外还有烟片碎胶。

制造工艺：用新鲜胶乳制造的干胶质量较好，用它制造烟片胶、绉片胶、风干片胶和颗粒胶时其制造的步骤原则相同，都有稀释、除杂质、凝固、除水分、干燥、分级、包装这几个步骤。但各步骤的实施工艺方法不相同。图1－4是颗粒胶、烟片胶、风干片胶制造工艺流程图。

用杂胶为原材料可制造质量等级较低的颗粒胶及杂绉片等。其制造步骤是通过浸泡、洗涤、压炼工艺过程以除去杂质，然后再压绉（若制造颗粒胶则需要造粒）、干燥、分级、包装。

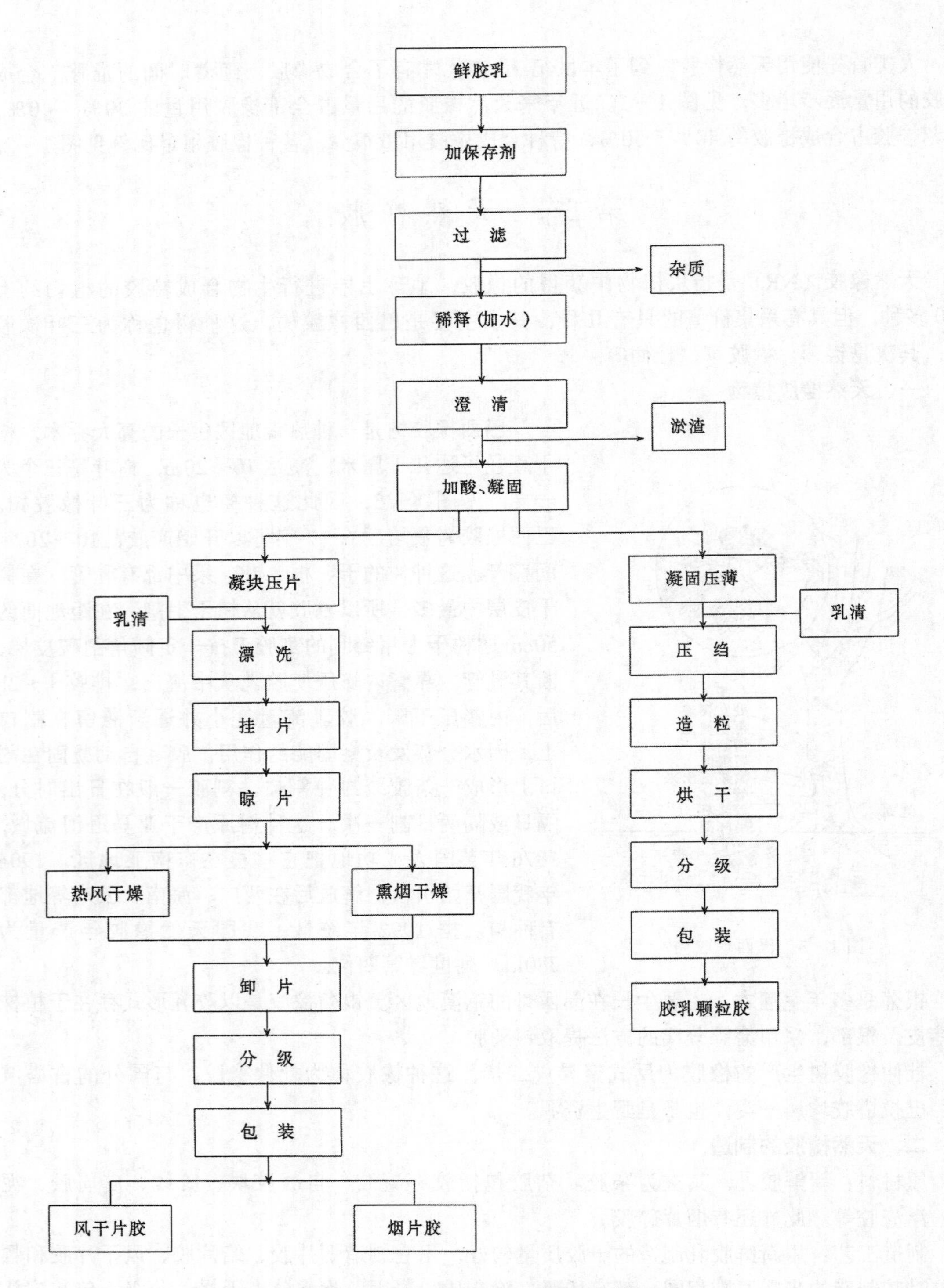

图 1-4 颗粒胶、烟片胶、风干片胶制造工艺流程图

三、天然橡胶的分类与分级

天然橡胶主要根据制法分类，在每类中，又按质量水平或原料的不同而分级。

1．分类　天然橡胶的分类如下：

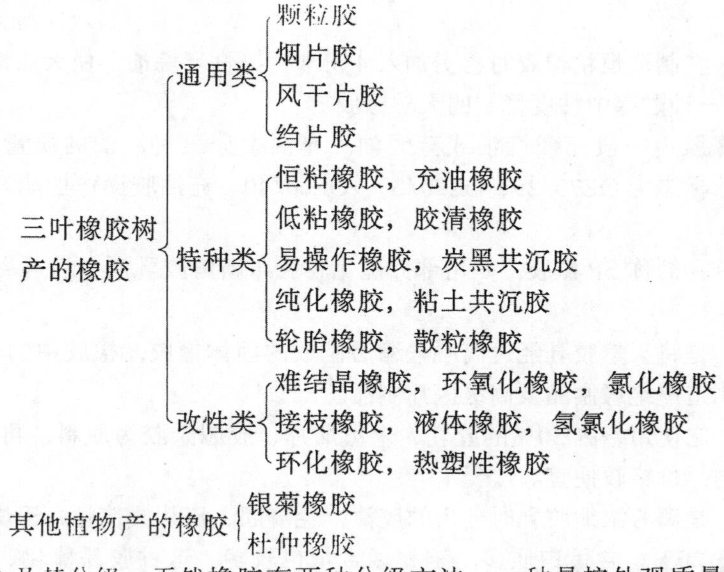

其他植物产的橡胶 { 银菊橡胶 / 杜仲橡胶

2．通用 NR 及其分级　天然橡胶有两种分级方法，一种是按外观质量分级，如烟片胶及绉片胶就是按这种方法分级的；另一种按理化指标分级，这种方法比较科学，一般颗粒胶是按这种方法分级的。

烟片胶：有 80 余年生产历史，以外观质量分级，国家标准分有一级、二级、三级、四级、五级。一级质量最高，以后质量逐级下降。例如要求一级胶片无霉、无氧化斑点、无熏不透、无熏过度、无不透明等。而二级烟片胶可允许胶片有少量干霉、轻微胶锈，无氧化斑点和熏不透胶等。各级烟片胶均有标准胶样，以便参照。烟片胶包装比较大，使用不方便，国际上规定包重为 102～114kg，体积为 0.14m^3。我国规定包重 50kg，体积为 0.06m^3，胶包上要注明烟片胶、级别、厂名、生产日期等标志。

绉片胶：由于原料及制法不同，绉片可以分为胶乳绉片、杂绉片两种。每种中根据质量不同还分为不同等级。

标准橡胶：或颗粒胶，是 60 年代发展起来的天然橡胶新品种。以前，通用的烟片、绉片、风干片这几种传统产品不论在分极方法、制造方法上都束缚着天然橡胶的发展。因此，马来西亚于 1965 年开始实行标准橡胶计划，在使用生胶理化性能分级的基础上发展了颗粒橡胶的生产。标准橡胶是指按机械杂质、塑性保持率、塑性初值、氮含量、挥发分含量、灰分含量、颜色指数等理化性能指标进行分级的橡胶（详见本节十一部分）。标准橡胶包装也比较先进，一般用聚乙烯薄膜包装，并有鲜明的标识，包的重量较小，易于搬动。马来西亚包装重为 33.3kg，我国规定为 40kg。

标准胶的分级较为科学，所以这种分级方法很快为各主要天然橡胶生产国以及国际标准化机构所接受，并先后制定了标准胶的分级标准。这些标准大体相同，但又不完全一致。例如 ISO2000 规定分五个等级，我国的标准为 GB8081—87，规定有四个等级。

以上所述的是通用品种的天然橡胶，它们用量大、应用面宽。在标准胶未出现之前，烟片胶用量最大，目前则是标准胶用量最大。

3．特种及改性天然橡胶　制造、特点及应用

恒粘橡胶：在制造时加入了占干胶重量0.4%的中性盐酸羟胺或中性硫酸羟胺或氨基脲等，使之与分子链上的醛基作用，从而抑制了生胶贮存过程中粘度的升高，保持了粘度稳定。

低粘橡胶：在制造恒粘橡胶时再另加入4份非污染性环烷油，使天然橡胶的门尼粘度为50±5。这也是一种贮存中粘度稳定的天然橡胶。

充油天然橡胶：一般充环烷油或芳烃油，充油量分三种，油的质量占25%、30%40%。其相应的标志为OE75/25、OE70/30、OE60/40。充油胶操作性能好，抗滑性好，可减少花纹崩花。

易操作橡胶：简称SP橡胶，是用部分硫化胶乳与新鲜胶乳混合后再凝固制造的，压出压延性能优良。

纯化橡胶：是将天然胶乳经过离心浓缩后制成的固体橡胶，橡胶中的非橡胶烃组分少，纯度高，适于制造电绝缘制品及高级医疗制品。

轮胎橡胶：它使用各占30%的胶乳、未熏烟片、胶园杂胶为原料，再加入10%芳烃油或环烷油制成的，价格较便宜。

胶清橡胶：是离心浓缩胶乳时分出的胶清，经凝固、压片或造粒、干燥而制成。它的非橡胶烃成分约占20%，含蛋白质多，铜、锰含量也较多。这种胶易硫化、易焦烧、耐老化性能差，是一种质量较低的橡胶。

难结晶橡胶：由于在胶乳中加入硫代苯甲酸，使天然橡胶大分子产生少部分反式结构，使橡胶结晶性下降，改善了它的低温性能、更宜于在寒冷地区使用。

炭黑共沉橡胶：是由新鲜胶乳与定量的炭黑－水分散体充分混合，再凝固、除水分、干燥而制成的。该胶性能除了定伸稍低之外，其他各项物理机械性能均较好，混炼时无炭黑飞扬、节省电力，但这种胶表观密度小，包装体积较大，运输费用较高。

粘土共沉胶：粘土的水分散体与胶乳共沉而制得的。该胶的压缩生热与滞后损失比炭黑胶料明显的低，其他性能与炭黑胶料大体相同。

接枝天然橡胶：甲基丙烯酸甲酯在天然橡胶大分子链上的接枝产物，如下反应过程所示。

$$\sim\sim CH_2-\overset{\overset{\displaystyle CH_3}{|}}{C}=CH-CH_2\sim\sim + R\cdot \longrightarrow \sim\sim CH_2-\overset{\overset{\displaystyle CH_3}{|}}{C}=CH-\underset{\cdot}{CH}\sim\sim + RH$$

$$\xrightarrow{\text{单体接枝}} \sim\sim CH_2-\overset{\overset{\displaystyle CH_3}{|}}{C}=CH-\underset{\underset{\displaystyle MMMMM\sim\sim}{|}}{CH}\sim\sim$$

接枝天然橡胶目前有两种，一种是甲基丙烯酸甲酯含量为49%的，称MG49；另一种是含30%的，称MG30。该胶定伸应力及拉伸强度均很高，抗冲击性、耐曲挠龟裂性、动态疲劳性、粘着性均较好，主要用来制造要求具有良好抗冲击性能的坚硬制品，无内胎轮胎中不透气的内贴层，纤维与橡胶的强力粘合剂等。

环氧化天然橡胶：简称ENR，是天然胶乳在一定条件下与过氧乙酸反应而得到的产物。目前商品生产的有环氧化程度达10、25、50、75%（mol）的ENR－10、ENR－25、ENR

－50、ENR－75。随环氧化程度增加，其性能变化增大。例如 ENR－50 的气密性接近于丁基橡胶，而耐油性接近中等丙烯腈含量的丁腈橡胶，仍基本上保持天然橡胶较好的机械强度。环氧化天然橡胶的制取过程如下：

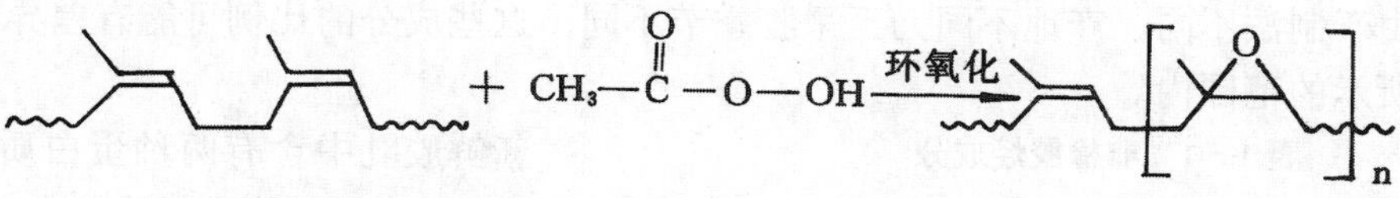

＋ $CH_3-\overset{O}{\overset{\|}{C}}-O-OH$ 环氧化 → O n

ENR－25（n＝0.5） ENR－50（n＝1）

环化天然橡胶：天然胶乳经稳定后，加入浓度在 70％以上的 H_2SO_4，在 100℃下保持两小时即可环化。环化使不饱和度下降、密度增大、软化点提高、折射率增大，一般用来制造鞋底、坚硬的模制品、机械衬里，对金属材料、聚乙烯、聚丙烯有较大的粘着力。

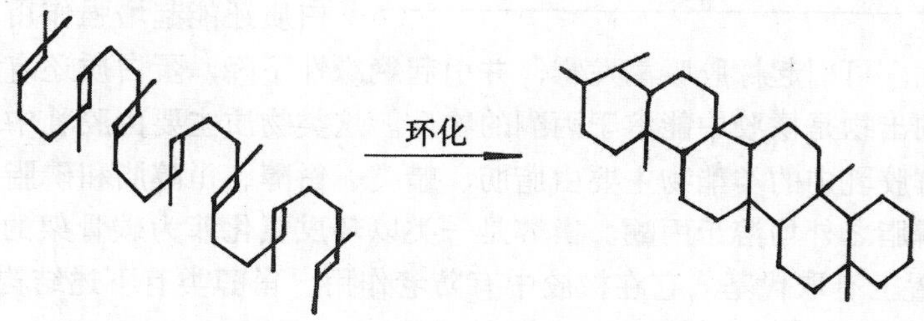

环化 →

氯化天然橡胶：向天然橡胶溶液中通入氯气，便可得到氯化天然橡胶，随氯化程度不同，性能变化也不同，主要做粘合剂。

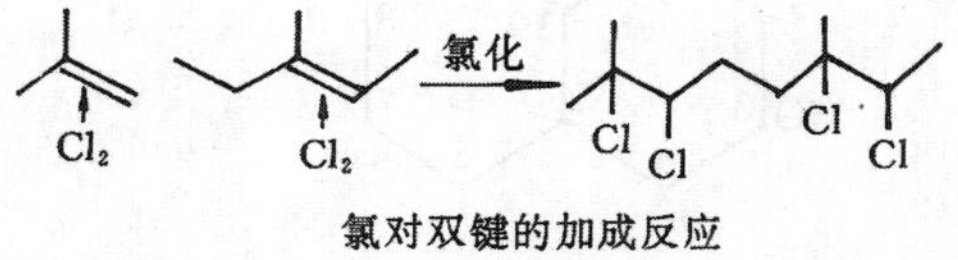

Cl_2 Cl_2 氯化 → Cl Cl Cl Cl Cl

氯对双键的加成反应

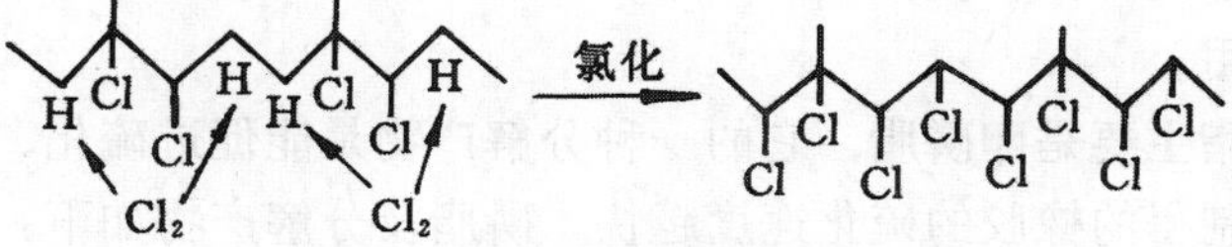

H Cl H H Cl H Cl Cl Cl_2 Cl_2 氯化 → Cl Cl Cl Cl Cl Cl Cl Cl

氢与氯的置换反应

氢氯化天然橡胶：由天然橡胶与氯化氢反应而得，是白色粉末，主要做粘合剂用。

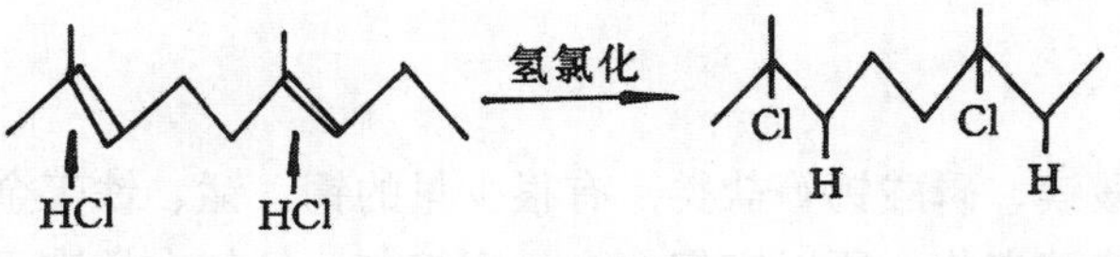

HCl HCl 氢氯化 → Cl H Cl H

液体天然橡胶：简称 LNR，天然橡胶的降解产物，分子量在 1～2 万范围。粘稠液体，可浇注成型，现场硫化，已广泛应用于火箭固体燃料、航空器密封、建筑物粘接、防护涂层等。

四、天然橡胶的成分

天然橡胶是由胶乳制造的，胶乳中所含的非橡胶成分有一部分就留在固体的天然橡胶中。一般天然橡胶中含橡胶烃92%～95%，而非橡胶烃占5%～8%。非橡胶烃的成分见表1－1。由于制法不同、产地不同乃至采胶季节不同，这些成分的比例可能有差异，但基本上在表中所示的范围内。

表1－1 非橡胶烃成分

成分名称	含 量/%
蛋白质	2.0～3.0
丙酮抽出物	1.5～4.5
灰 分	0.2～0.5
水 分	0.3～1.0

新鲜胶乳中含有两种蛋白质，一种是α球蛋白，它由17种氨基酸组成，不溶于水，含硫和磷极低；另一种是橡胶蛋白，由14种氨基酸组成，溶于水，含硫量较高。这些蛋白质的一部分会留在固体生胶中。它们的分解产物促进橡胶硫化，延缓老化，粒状蛋白质还能起增强作用；另一方面蛋白质有较强的吸水性，可引起橡胶吸潮发霉，并引起绝缘性下降，蛋白质还有增加生热性的缺点。

丙酮抽出物是橡胶中能溶于丙酮的物质。这类物质主要由胶乳中留下的类酯及其分解物构成。新鲜胶乳中的类酯物主要由脂肪、蜡类、甾醇、甾醇脂和磷脂组成，这类物质均不溶于水，除磷脂之外均溶于丙酮。甾醇是一类以环戊氢化菲为碳骨架的化合物，通常在第10、13、17位置上有取代基，它在橡胶中有防老作用，甾醇类有下述结构：

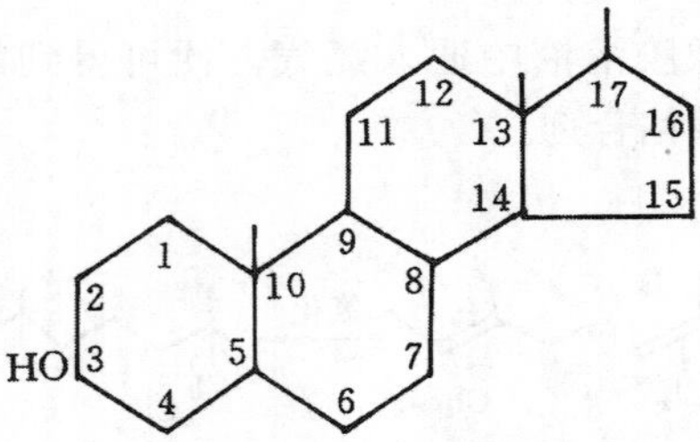

HO 3 2 1 10 9 11 12 13 17 16 15 14 8 7 6 5 4

胶乳加氨后类脂物分解可产生硬脂酸、油酸、亚油酸、花生酸的混合物，故丙酮抽出物除上述甾醇、甾醇酯之外尚含这些脂肪酸。脂肪酸、蜡在混炼时起分散剂的作用，脂肪酸在硫化时起活性剂作用。

胶乳中所含磷脂主要是卵磷脂，它的一种分解产物是能促进硫化、防止老化的胆碱。磷脂分解越少的胶乳制得的橡胶的硫化速度越快。磷脂及分解产物如下：

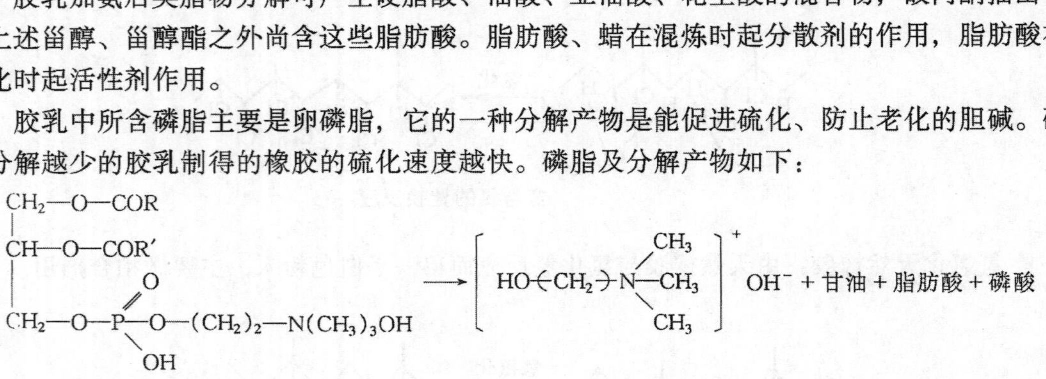

$$\begin{matrix} CH_2-O-COR \\ | \\ CH-O-COR' \\ | \quad\quad O \\ | \quad\quad \| \\ CH_2-O-P-O-(CH_2)_2-N(CH_3)_3OH \\ | \\ OH \end{matrix} \longrightarrow \left[HO\!\left(CH_2\right)\!-N\begin{matrix} CH_3 \\ -CH_3 \\ CH_3 \end{matrix} \right]^+ OH^- + 甘油 + 脂肪酸 + 磷酸$$

卵磷脂 胆碱

灰分中主要含磷酸镁、磷酸钙等盐类，有很少量的铜、锰、铁等金属化合物，因为这些变价金属离子能促进橡胶老化，所以它们的含量应控制，例如在标准天然橡胶中，美国标准ASTM D2227－80中就规定铜的含量不得大于0.0008%。

五、天然橡胶的橡胶烃结构

橡胶烃的结构是指橡胶大分子的链结构、分子量及其分布和聚集态结构。

1. 天然橡胶的大分子链结构　天然橡胶的大分子链结构单元是异戊二烯，大分子链主要是由顺－1,4－聚异戊二烯构成的，三叶橡胶中顺式含量占 97％以上，可以认为约有 2％的以3,4－聚合方式存在于大分子链中。分子链上有醛基，至于醛基数量说法不一，一种说法是每条大分子链上平均有 9～35 个醛基，另一种说法是每条大分子链上平均有 1 个。正是醛基在贮存中发生缩合或与蛋白质分解产物发生反应形成支化、交联，使橡胶贮存中粘度增加。也有人推断天然橡胶大分子链上还有环氧基的，环氧基也是比较活泼的，也可以引起交联反应。

天然橡胶的大分子末端推断一端为二甲基烯丙基，另一端为焦磷酸酯基，这样可以将天然橡胶的分子式写成：

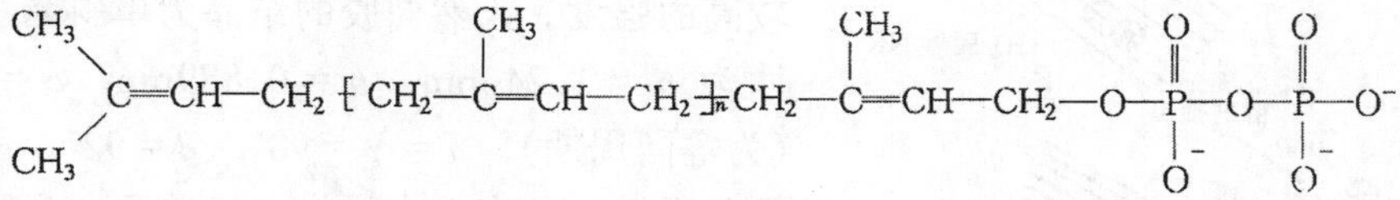

$$(CH_3)_2C{=}CH{-}CH_2{-}\!\left[CH_2{-}\underset{}{\overset{CH_3}{\overset{|}{C}}}{=}CH{-}CH_2\right]_n\!{-}CH_2{-}\overset{CH_3}{\overset{|}{C}}{=}CH{-}CH_2{-}O{-}\underset{\underset{O}{|^{-}}}{\overset{\overset{O}{\|}}{P}}{-}O{-}\underset{\underset{O}{|^{-}}}{\overset{\overset{O}{\|}}{P}}{-}O^{-}$$

实际上，人们都不写那么复杂，因端基、分子链的醛基以及3,4－聚合都很少，所以天然橡胶的结构式通常写成下式：

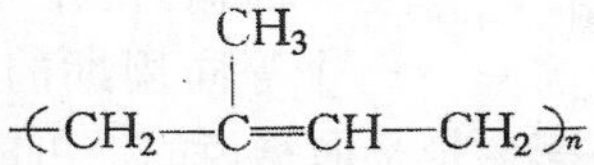

$$\left[CH_2{-}\overset{CH_3}{\overset{|}{C}}{=}CH{-}CH_2\right]_n$$

2. 天然橡胶的分子量及其分布　三叶橡胶分子量的范围较宽。据国外报道，绝大多数分子量在 3 万～3000 万之间，分子量分布指数在 2.8～10 之间。国产 PB86 无性系树的橡胶 $\overline{M}_n$ 为 21.6 万，国产实生树橡胶的 $\overline{M}_n$ 为 26.7 万，分布指数为 7。三叶橡胶分子量分布一般为双峰，如图 1－5 所示的三种类型。Ⅰ、Ⅱ型的均有明显双峰，在低分子量区域 20 万～100 万之间出现一峰或“肩”，而高分子量区域在 100 万～250 万之间出一峰；Ⅲ型低分子量区域几乎看不出峰，只有一个“肩”。这种类型的分子量高。双峰形成的原因在于橡胶树内有两种酶系统参与天然橡胶的生物合成。由双峰可以推断低分子量部分对加工性能有益，高分子量部分能提供好的机械性能。

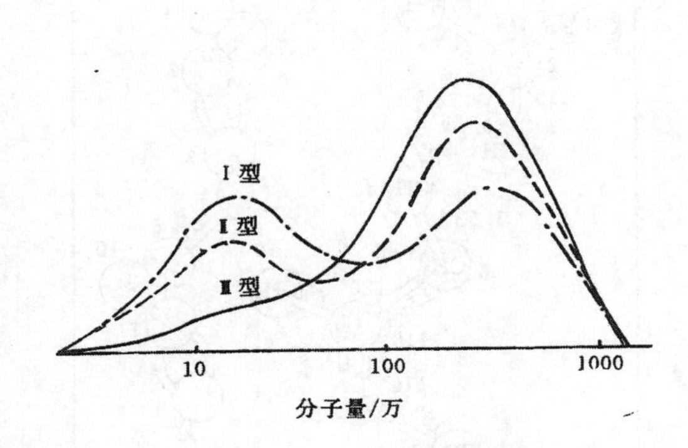

图 1－5　三叶橡胶分子量分布图

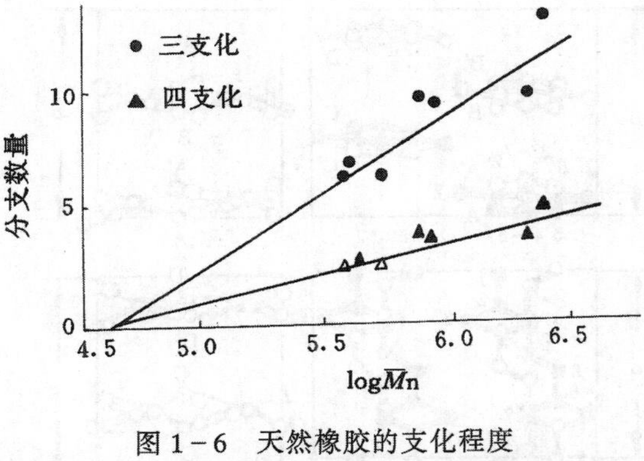

图 1－6　天然橡胶的支化程度

三叶橡胶在分子量较高时有支化，用 GPC 测定可求出支化程度，有三分支和四分支，随分子量增大，支化程度增大，见图 1－6。由曲线外推，推断分子量在 0.65×10^5～1×10^5 以下基本上无支化。

天然橡胶中有10%～70%的凝胶不能被溶剂溶解，凝胶是由于交联引起的，凝胶中含有松散凝胶及紧密凝胶。凝胶含量受树种、产地、季节、溶剂等因素的影响。橡胶溶解达到平衡的时间大约需半个月。凝胶中含氮比较多，其中可溶部分的含氮量为0.05%，不溶的凝胶部分含氮为2.57%。素炼后松散凝胶被破坏，变成可以溶解的，但仍有约120nm的紧密凝胶粒子不能溶解，而能分散在可溶性橡胶相中。天然橡胶凝胶可用下列示意图1－7表示。天然橡胶的高格林强度可能与这种凝胶有关。

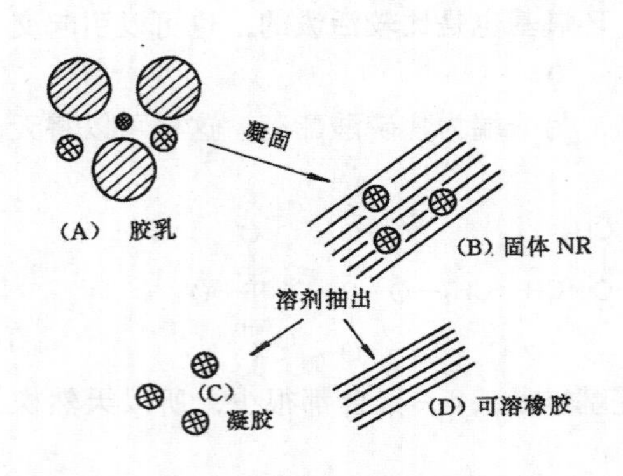

图1－7　天然橡胶中凝胶示意图

3．天然橡胶的聚集态结构　天然橡胶在常温下是无定形的高弹态物质，但在较低的温度下或应变条件下可以产生结晶。正因为如此，天然橡胶是一种自补强橡胶，也就是说不需加补强剂自身就有较高的强度。天然橡胶的结晶为单斜晶系，晶胞尺寸为 $a=1.246$nm，$b=0.889$nm，$c=0.810$nm，(为等同周期)，$\alpha=\gamma=90^\circ$，$\beta=92^\circ$，晶胞中有4条分子键，共有8个异戊二烯单元，晶胞中分子排列见图1－8。其中每条分子链中的碳原子基本上呈平面锯齿状，根据计算晶格中分子链的长度，即一个等同周期的长度应为0.913nm，但实际仅为0.810nm。因此可认为其分子链不完全是平面锯齿的，可能略有旋转，所以只能说它基本上是平面锯齿排列的。每条分子链碳原子排列见图1－9。结晶天然橡胶的密度为1.00g/cm^3。天然橡胶在拉伸应力作用下易发生结晶，拉伸结晶度最大可达45%，用软质硫化橡胶作的伸长率与结晶程度的关系曲线如图1－10所示。从理论上讲在－72℃（T_g）～30℃（T_m）之间天然橡胶均可以发生结晶，但实际上它在－50～10℃范围内才产生结晶，在0℃下它结晶极慢，需几百小时，而在－25℃结晶最快。该温度下的半晶期仅为两小时，该温度称为 T_k。若以某一温度结晶度一半所需要时间 $t_{1/2}$ 的倒数 $1/t_{1/2}$ 作为结晶速度，天然橡胶的结晶

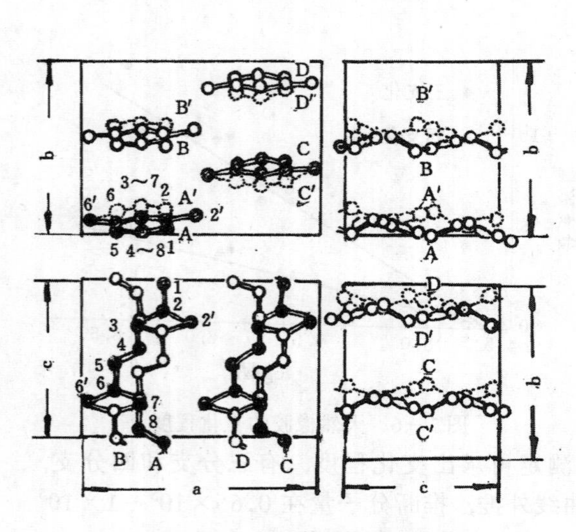

图1－8　天然橡胶的结晶构造

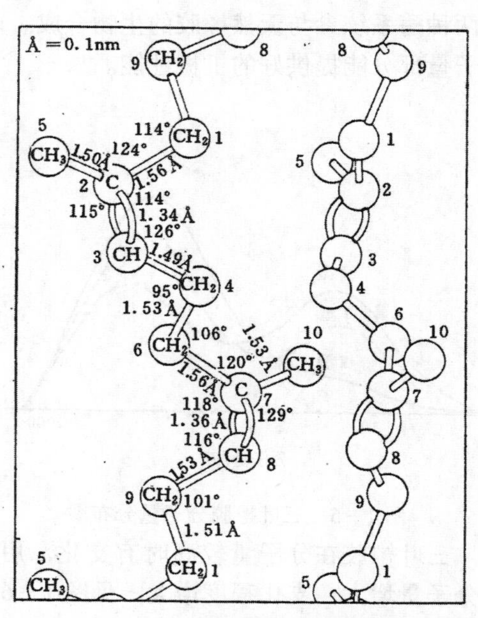

图1－9　天然橡胶的单个分子链构造

速度与温度的关系如图 1－11 所示。

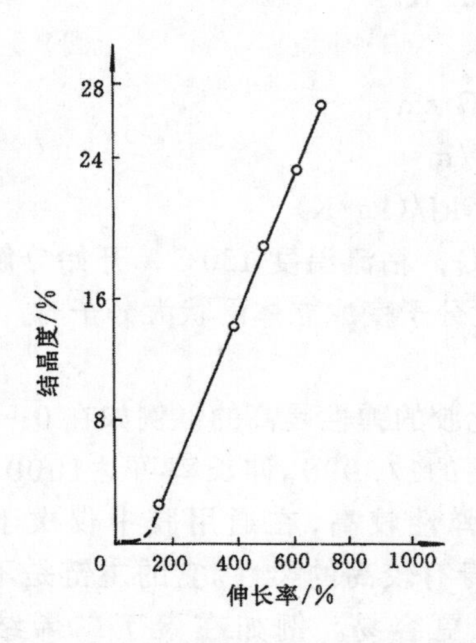

图 1－10　硫化天然橡胶结晶度与伸长的关系

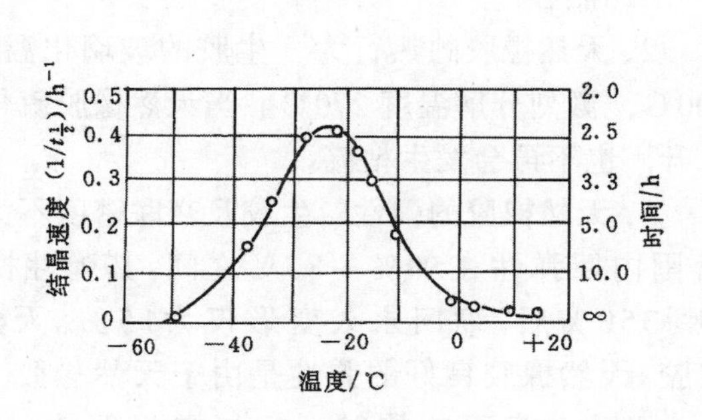

图 1－11　天然橡胶结晶速度与温度的关系

杜仲胶是反式聚异戊二烯。反式聚异戊二烯在常温下就有较高的结晶度，例如 40℃ 下有 40％的结晶度，所以室温下是硬的非弹性体。按现在的观点应该称它为树脂，但传统上称它为橡胶。这种反式的结晶有两种，一种是 α 型，另一种为 β 型，α 型结晶等同周期为 0.88nm，β 型为 0.47nm，α 型结晶属单斜晶系，β 型结晶属斜方晶系。

|←— 0.88nm —→|

CH_3　　$CH_2—CH_2$　　H　　CH_3　　CH_2^-

C═C　　C═C　　C═C　　α 型

$—CH_2$　　H　　CH_3　　$CH_2—CH_2$　　H

CH_3　　$CH_2—$

C═C

←— 0.47nm —→|　　CH_3　　$CH_2—CH_2$　　H

C═C　　β 型

CH_3　　$CH_2—CH_2$　　H

C═C

$—CH_2$　　H

六、天然橡胶的性能

天然橡胶的性能包括物理性质、化学性质和力学性能等。

(一) 天然橡胶的物理力学性能

1. 天然橡胶的物理常数如下：

密度	$0.913g/cm^3$
折光指数(20℃)	1.52
内聚能密度	$266.2MJ/m^3$
燃烧热	44.8kJ/kg

体积膨胀系数	6.6×10^{-4}/K
导热率	0.134W/(m·K)
介电常数	2.37
体积电阻率	$10^{15}\sim10^{17}\Omega\cdot cm$
介电强度	20～40MV/m
比热容	1.88～2.09kJ/(kg·K)

2. 天然橡胶的热行为　生胶的玻璃化温度为 -72℃，粘流温度 130℃，开始分解温度 200℃，激烈分解温度 270℃。当天然橡胶硫化使线形大分子变成立体网状大分子时，其 T_g 上升，也不再会发生粘流。

3. 天然橡胶的弹性　生胶及交联密度不太高的硫化胶的弹性是高的，例如在 0～100℃ 范围内回弹性在50%～85%之间，其弹性模量仅为钢的1/3000，伸长率可达1000%，拉伸到350%后，缩回永久变形仅为15%。天然橡胶的弹性较高，在通用胶中仅次于顺丁橡胶。天然橡胶良好的弹性是由于天然橡胶大分子本身有较高的柔性。它的主链是不饱和的，双键本身不能旋转，但与它相邻的 σ 键内旋转更容易。例如在聚丁二烯结构中 CH_2 CH CH CH_2 的双键两侧的 σ 键内旋转位垒值仅为 2.070kJ/mol，在室温下近似地可以自由旋转；第二个原因是天然橡胶分子链上的侧甲基体积不大，而且每四个主链碳原子上才有一个，不密集，因此对主链碳—碳键旋转没有大的影响。为便于对比，根据 Small 的基团摩尔体积数据和计算方法，将天然橡胶分子链中各基团及其他几种通用合成橡胶的基团摩尔体积按比例绘制成图 1-12，由图可见天然橡胶侧基少而不密；第三个原因是天然橡胶为非极性物质，大分子间相互作用力较小，内聚能密度仅为 266.2MJ/m^3，所以分子间作用力对大分子链内旋转约束与阻碍不大，因此天然橡胶弹性很好。

4. 天然橡胶的强度　在弹性材料中，天然橡胶的生胶、混炼胶、硫化胶的强度都比较高。未硫化橡胶的拉伸强度称为格林强度，适当的格林强度对于橡胶加工成型是必要的。例如轮胎成型中上胎面胶这一操作过程胎面胶毛胚必须受到较大的拉伸。若胎面胶格林强度低

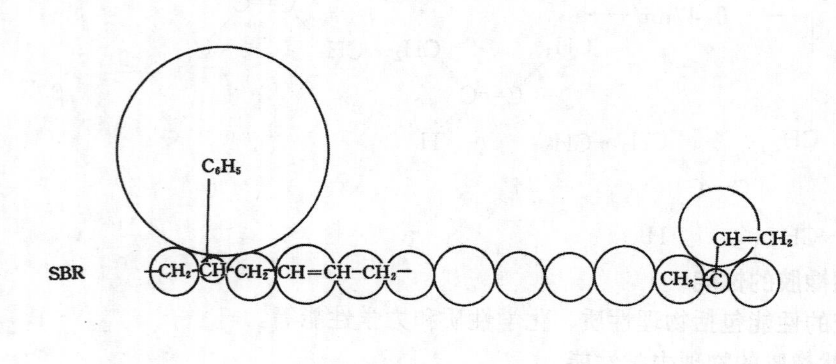

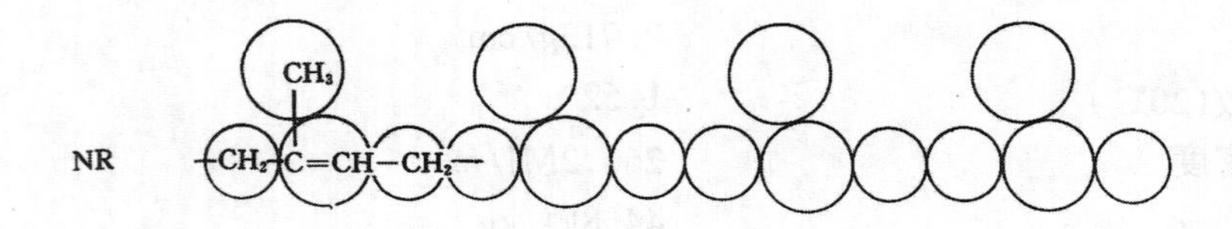

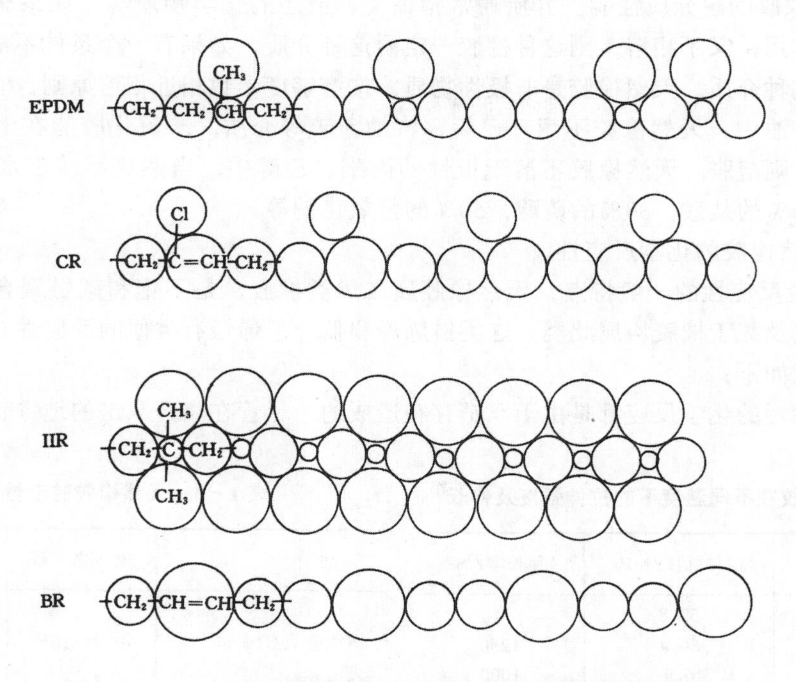

图 1－12　几种通用橡胶分子链中各基团摩尔体积示意图

则易于拉断，无法顺利成型。一般，天然橡胶的格林强度可达 1.4～2.5MPa，同样是聚异戊二烯的异戊橡胶，它的格林强度就没有天然橡胶的高，由图 1－13 中 NR 与 IR 的应力应变曲线就可以看出这一点。纯天然橡胶硫化胶的拉伸强度为 17～25MPa，经炭黑补强以后可达 25～35MPa。不论生胶或是硫化胶的拉伸强度都随温度上升而下降，详见表 1－2。天然橡胶撕裂强度也较高，可达 98kN/m，其耐磨耗性也较好。天然橡胶机械强度高的原因在于它是自补强橡胶，当拉伸时会使大分子链沿应力方向取向形成结晶，晶粒分散在无定形大分子中起到补强作用。例如拉伸到 650％时，可能产生 35％的结晶。未硫化胶的格林强度高的原因除上述主要因素外，天然橡胶中微小粒子的紧密凝胶也可能有一定作用。

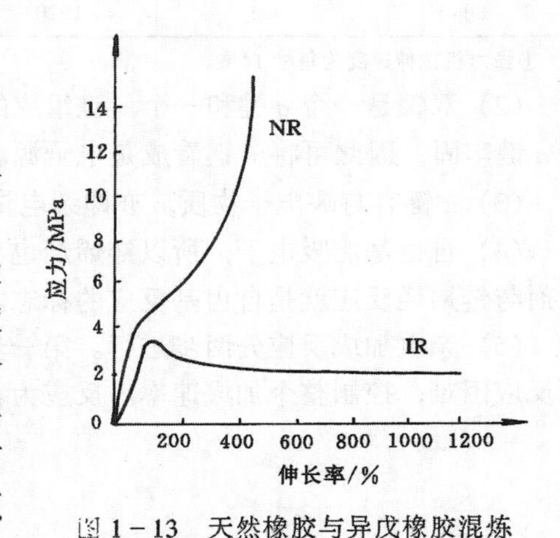

图 1－13　天然橡胶与异戊橡胶混炼胶的应力应变曲线

NR 配方：SMR－5L 100，S 2，M 0.75，ZnO 5，SA 3，HAF 45，防老剂 1

IR 配方：异戊橡胶除 M 为 1.75 份外，其余同天然橡胶的配方

（测试温度为 25℃）

5. 天然橡胶的电性能　天然橡胶是非极性物质，是一种较好的绝缘材料。材料的电性能常用直流电压下的电阻率、交流电压下的介电常数、介电损耗、介电强度来表征。绝缘体的体积电阻率在 10^{10}～$10^{20}\Omega\cdot cm$ 范围内，天然橡胶生胶一般为 $10^{15}\Omega\cdot cm$，而纯化天然橡胶为 $10^{17}\Omega\cdot cm$。而当天然橡胶经过硫化后，因又进一步引入极性因素，如硫黄、促进剂等，使绝缘性能下降，见表 1－3。

6．天然橡胶的耐介质性能　介质通常指油类、液态的化学物质等。如果橡胶与介质之间没有化学作用，又不相溶，则这种橡胶一定耐这种介质。如果有一个条件不满足，则这种橡胶就不耐这种介质。天然橡胶是非极性物质，按溶解度参数相近相溶原则，它溶于非极性溶剂和非极性油中。天然橡胶不耐环己烷、汽油、苯等介质，未硫化胶能在上述介质中溶解，硫化橡胶则溶胀。天然橡胶不溶于极性的丙酮、乙醇中，当然更不溶于水中，耐10%的氢氟酸，20%的盐酸，30%的硫酸，50%的氢氧化钠等。

（二）天然橡胶的化学反应性

1．链烯烃反应性的一般特点　天然橡胶属二烯类橡胶，是不饱和碳链聚合物，顺丁橡胶、丁苯橡胶及氯丁橡胶均属此类。这类链烯烃和低分子烯烃有类似的反应性。链烯烃反应性的一般特点如下：

（1）链烯烃的化学反应都是由于双链存在造成的，尽管在离开双键的地方仍有链烷烃的特点。

表1－2　生胶在不同温度下的拉伸强度及伸长①

试验温度/℃	拉伸强度/MPa	伸长率/%
－185	57.8	0
－20	30.4	1250
0	6.9	1000
20	2.5	1280
40	1.1	1140
60	0.7	2000
80	0.3	1920

①强力机拉伸速度为每秒14%。

表1－3　天然橡胶的电性能

性　　能	硫化胶	生　　胶
体积电阻/Ω·cm	$10^{14}\sim10^{15}$	$10^{15}\sim10^{17}$
介电常数	3～4	2.37～2.45
介电损耗	0.5～2	0.16～0.29
介电强度/(MV/m)	20～30	20～40

（2）双键是一个σ键和一个π键组成的，π键的电子云在原子平面的上下，π键结合没有σ键牢固，因此可将π键看成是电子源。实际上双键是一种路易斯碱。

（3）π键有与缺电子物质，亦即亲电试剂（路易斯酸）通过亲电加成进行反应的倾向。

（4）自由基能吸电子，所以链烯烃也与自由基反应，氧、过氧化物、紫外光及自由基抑制剂与链烯烃反应就是自由基反应的标志。

（5）亲电加成反应分两步进行。第一步：正碳离子形成，双键上π电子与H^+结合，这步反应困难，控制整个加成速率。反应为：

$$-\overset{|}{C}:\overset{|}{C}- \;+\; Z:H \longrightarrow -\underset{H}{\overset{|}{C}}-\underset{\oplus}{\overset{|}{C}}-$$

第二步：正碳离子与路易斯碱Z:结合：

$$-\underset{H}{\overset{|}{C}}-\underset{\oplus}{\overset{|}{C}}- + Z: \longrightarrow -\underset{H}{\overset{|}{C}}-\underset{Z}{\overset{|}{C}}-$$

（6）形成正碳离子的速度如下：叔碳原子＞仲碳原子＞伯碳原子。

(7) 正碳原子易发生重排，如下式仲正碳离子可重排成叔正碳离子，因后者比前者稳定。

$$CH_3-\underset{CH_3}{\overset{CH_3}{C}}-CH=CH_2 \xrightarrow{HCl} CH_3-\underset{CH_3}{\overset{CH_3}{C}}-\overset{\oplus}{CH}-CH_3$$

未重排 → $CH_3-\overset{CH_3}{C}(CH_3Cl)-CH-CH_3$

重排 → $CH_3-\overset{CH_3}{\underset{\oplus}{C}}-\underset{CH_3}{CH}-CH_3 \rightarrow CH_3-\underset{Cl}{\overset{CH_3}{C}}-\underset{CH_3}{CH}-CH_3$

(8) 卤素分子可以被双键电场极化。阳性较强的卤原子与链烯烃形成卤鎓离子，它再与负的卤原子反应生成二卤化物。

$$>C=C< + \overset{\delta^+}{Br}-\overset{\delta^-}{Br} \longrightarrow >C(Br^{\oplus})C< + Br^{\ominus}$$

$$>C(Br^{\oplus})C< + Br^{\ominus} \longrightarrow >C(Br)-C(Br)<$$

(9) 许多链烯烃反应涉及到自由基反应，很有意思的是，象正碳离子那样，叔碳自由基的形成比仲碳自由基快，而仲碳自由基又比伯碳自由基快。

(10) 碳原子上脱氢容易程度顺序：烯丙基＞叔基＞仲基＞伯基＞CH_3＞乙烯基。烯丙基氢最易脱去，乙烯基氢最难脱去。

2. 天然橡胶的化学反应性　天然橡胶平均每四个主链碳原子便有一个双键，所以它既可以发生自由基型反应，也可以发生离子型反应，且主要取决于反应条件。自由基反应能力受分子中电子结构及周围取代基的影响，通常在自由基引发剂作用下产生，或引起大分子中的双键加成或 α 位的 C—H 键断裂。对于天然橡胶，双键的 α 位置上 C—H 键易于解离发生 α 氢取代反应，且该取代反应是主要的，双键的自由基加成反应则较少，也不是主要的。

天然橡胶分子链中1,4 聚合链节中双键旁边有三个 α 位置 a、b、c 。J. L. Ballend 确证三个位置上 C—H 的解离能是不相同的，其反应活性 a>b>c 。三个 α 位置上的 C—H 解离能与反应难易程度见表 1－4。

$$\sim\sim\underset{ⓑ}{CH_2}-\overset{\overset{ⓒ}{CH_3}}{C}=CH-\underset{ⓐ}{CH_2}\sim\sim$$

表 1－4　α 氢的活性

位　置	C—H 解离能/(kJ/mol)	C—H 断裂容易程度
a	320.5	11
b	331.4	3
c	349.4	1

这是由于异戊二烯单元中的侧甲基具有推电子作用，从而使双键的电子云密度增加，并使 α—H 易于发生取代反应。a、b 两位与 c 位比较，前两者是仲氢而后者是伯氢，一般脱仲氢比脱伯氢容易，所以 a、b

比 c 反应活性大，a 与 b 相比，a 活性大的原因在于脱氢后形成的大分子自由基

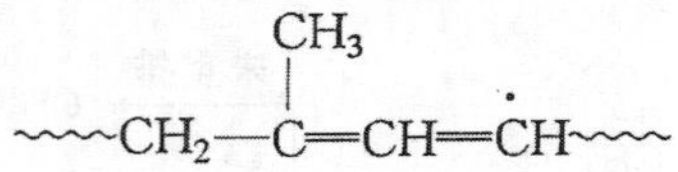

$$\sim\sim CH_2-\overset{\overset{CH_3}{|}}{C}=CH=\dot{C}H\sim\sim$$

与大分子自由基

$$\sim\sim \dot{C}H=\overset{\overset{CH_3}{|}}{C}=CH-CH_2\sim\sim$$

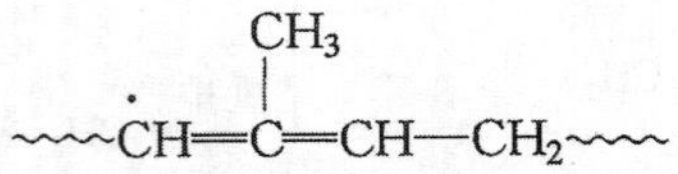

比较，因与侧甲基的超共轭作用前者更加稳定。天然橡胶的热氧化反应是 α—H 自由基取代反应的典型例子。过氧化物硫化大约有 80％是在 α 位置发生的，约 20％ 在双键上进行自由基加成。E.H. 法默根据他人及自己的研究结果提出马来酸酐与天然橡胶的作用也不在天然橡胶的双键上，而是在 α 位置上取代了氢原子，马来酸酐本身的双键发生了加成反应。所以在有自由基引发剂存在下，天然橡胶与马来酸酐的反应是天然橡胶的 α 氢对马来酸酐的加成。

二烯类橡胶一般用硫黄－促进剂硫化体系硫化。大量实践证明了天然橡胶的硫化活性大于顺丁橡胶，而氯丁橡胶一般不能用硫黄－促进剂体系硫化。这是由于它们结构不同的缘故。异戊二烯是天然橡胶的结构单元，丁二烯是顺丁橡胶的结构单元，氯丁二烯是氯丁橡胶的结构单元。异戊二烯由于有推电子的侧甲基，双键的电子云密度比不带任何侧基的丁二烯的双键上电子云密度高，聚丁二烯双键上电子云密度正常，聚氯丁二烯双键上电子云密度较正常的低。双键上电子云密度高的 α 位置上碳氢键断裂比较容易，也就是说易于发生 α 氢的取代反应。

在离子反应中，其聚合物的反应能力取决于双键的极化程度及其在离子型试剂影响下再发生极化的程度。天然橡胶双键受甲基的作用不仅电子云密度较大且易被极化，所以易与亲电试剂作用，发生离子加成，例如与 Ag^+ 离子的加成反应，与氢卤化物的加成反应等。聚丁二烯的双键没有聚异戊二烯上双键那样容易被极化，所以发生亲电离子加成反应也就困难一些。聚氯丁二烯双键因氯的吸电子效应电子云密度较低且轻微极化，所以氯丁二烯进行离子反应的速度更慢。

三种聚二烯烃双键碳原子上取代基、双键电子云密度、双键极化情况如下：

结构	说明
顺式－1,4－聚丁二烯 $\sim\sim H_2C-HC=CH-CH_2\sim\sim$	双键碳原子上无取代基，双键电子云密度正常，未被极化
顺式－1,4－聚异戊二烯 $\sim\sim H_2C-C(CH_3)=CH^{-\delta}-CH_2\sim\sim$	双键碳原子上有推电子的甲基，双键电子云密度较大，易被极化
反式－1,4－聚氯丁二烯 $\sim\sim H_2C-C(Cl)=CH^{+\delta}-CH_2\sim\sim$	双键碳原子上有吸电子的氯，双键上电子云密较低，轻微极化

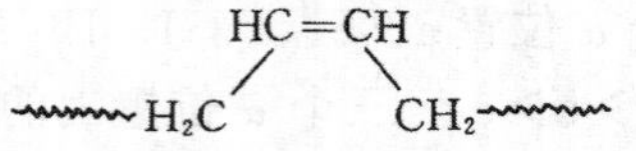

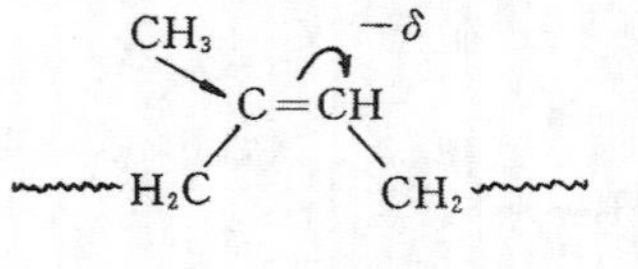

七、天然橡胶的配合

天然橡胶的生胶虽然具有良好的弹性、力学性能等，但它必须经过适当配合、硫化后才

能满足各种用途制品的需要。典型的配合一般包括硫化体系、补强填充体系、老化防护体系及增塑体系。

特殊配合是根据制品的使用要求而定。例如对海绵制品就要求配合发泡剂，难燃制品就要配合阻燃剂等。

（一）配合体系

硫化体系：该体系的作用是使橡胶大分子交联。天然橡胶是不饱和聚合物，利用双键的 α 位及双键本身易于发生交联反应。工业上使用的交联剂有硫黄、给硫体、有机过氧化物、氨基甲酸酯、马来酰亚胺、三嗪类等。其中硫黄硫化体系使用最为广泛。这个体系除硫黄之外尚有促进剂及活性剂。常用的促进剂有噻唑类、次磺酰胺类、秋兰姆类、胍类等。活性剂有氧化锌及硬脂酸。

补强填充体系：炭黑是最常用的补强剂，其次还有白炭黑及非补强性的填充剂，如碳酸钙、陶土、滑石粉、硅铝炭黑等。

防护体系：胺类防老剂中的对苯二胺类使用效果最好，如 4010、4020、4010NA 等，其次还有酚类防老剂等。

增塑体系：增塑剂以松焦油、三线油为最常用，松香、古马隆及石蜡也常使用。

（二）配方举例

现以标准 NK002－64 中基本配方、载重轮胎胎面胶及海绵胶配方为例加以说明，见表 1－5。

表 1－5　配　方　例

配合剂 \ 配合类型	纯胶配合 基本配合	常用配合 胎面胶	特种配合 海绵胶
NR	100	100	100
S	3.0	2.5	2.5
促进剂 M	0.7		
促进剂 CZ		0.5	
促进剂 NOBS		0.5	
促进剂 DM			0.8
ZnO	5.0	6.0	2.0
硬脂酸	0.5	2.5	6.2
HAF		20.0	
ISAF		30.0	
喷雾炭黑			10.0
防老剂 D			1.0
防老剂 AW		0.5	
防老剂 4010NA		1.5	
松焦油		5.0	
石　蜡		1.0	0.6
凡士林			5.0
邻苯二甲酸二丁酯			10.0
沥　青			5.0
发泡剂 H			8.0
尿　素			1.0
水			7.0
计	109.2	170.0	159.1

八、天然橡胶的加工

天然橡胶的加工包括塑炼、混炼、压延、压出、硫化几个工艺过程。这几个过程将在第三篇论及，在此仅简要概述。

（一）塑炼

天然橡胶的平均分子量较高，$\overline{M}_n$ 约为 35 万，生胶塑性很低。例如 1# 烟片的可塑度（威）不到 0.1，而门尼粘度在 95～120 之间，难于加工，必须塑炼，使分子量下降，使部分凝胶破坏，获得必要的加工塑性。所以除了低粘、恒粘天然橡胶之外的大部分天然橡胶均需塑炼。天然橡胶易于产生机械断链或氧化断链，故易于取得塑性。一般地讲，天然橡胶比合成橡胶容易塑炼，但也容易产生过炼。

（二）混炼

混炼过程就是将各种配合剂均匀地分散在橡胶中，以形成一个以橡胶为介质或者橡胶与某些能和它相溶配合组分（配合剂、其他聚合物）的混合物为介质，以与橡胶不能相溶的配合剂（如粉体填料、氧化锌、颜料等）为分散相的多相分散体系的过程。天然橡胶比合成橡胶容易混炼，天然橡胶易包热辊。加药顺序原则上是：生胶→硬脂酸、氧化锌、促进剂、防老剂→填料→软化剂→硫黄→薄通→下片。也有将硫黄与小药一块先加，促进剂后加的。现在以 ISO1685 中开炼机上混炼操作方法为例加以说明。

操作顺序	操作时间/min
（1）辊距 1.4mm，橡胶包辊	1
（2）加硬脂酸，两边各作 1 次 3/4 拉刀捣胶	1
（3）加 ZnO 和 S，两边各作 1 次 3/4 拉刀捣胶	2
（4）均匀将炭黑加在辊筒上，当加入大约 1/2 时，放辊距到 1.9mm，并两边各作 1 次 3/4 拉刀，当炭黑全加完时，两边各作 1 次 3/4 拉刀捣胶	10
（5）加促进剂 NS，每边各作 3 次 3/4 拉刀捣胶	3
（6）取下胶料，调辊距至 0.8mm，并将整辊胶竖着薄通 6 次	3
（7）出片、称重	

密炼机混炼，一般排胶温度 130～140℃，通常用一段混炼，也有用两段混炼的。

（三）压延及压出

天然橡胶热塑性大、收缩小，压延及压出工艺易掌握。对全天然橡胶或并用 30％丁苯的天然橡胶胶料贴胶时，压延辊温一般控制在 $T_{辊1}=T_{辊4}=90\sim100$℃，$T_{辊2}=T_{辊3}=95\sim105$℃。擦胶时，辊温一般为：$T_{辊1}=80\sim90$℃，$T_{辊2}=90\sim100$℃，$T_{辊3}=55\sim65$℃。

天然橡胶易于压出，一般压出机温度为：机身 50～60℃，机头 80～85℃，口型 90～95℃。

（四）硫化

天然橡胶硫化容易，有很好的硫化特性，但要防止过硫。对于天然胶，最适宜的硫化温度为143℃，一般不高于160℃。

九、异戊橡胶

聚异戊二烯橡胶(代为IR)。这种橡胶的结构单元为异戊二烯,与天然橡胶一样,1954年开始工业化生产。从整体上看,异戊橡胶的加工配合、性能及应用与天然橡胶相当,适于做浅色制品。但由于与天然橡胶存在结构及成分上的差别,所以性能上还存在一定的差异。

（一）结构

聚异戊二烯的微观结构中顺式含量低于天然橡胶，即分子规整性低于天然橡胶，所以异戊橡胶的结晶能力比天然橡胶差，分子量分布较窄，分布曲线为单峰。不含有天然橡胶中那么多的蛋白质和丙酮抽出物等非橡胶烃成分。

（二）性能

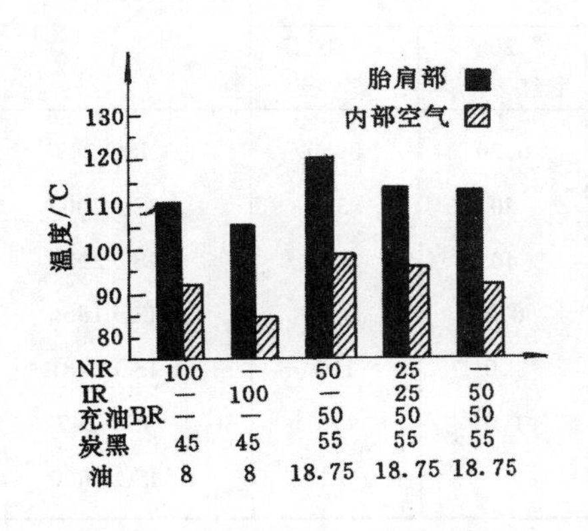

图1-14　异戊橡胶与天然橡胶大型轮胎动态生热性的对比

与天然橡胶相比，异戊橡胶质量及外观都较均匀，颜色较浅，塑炼快。未硫化胶流动性好于天然橡胶，生胶有冷流倾向，格林强度较低，硫化速度较慢，所以在配合时硫黄用量应比天然橡胶少用10%～15%，促进剂用量比天然橡胶增加10%～20%。异戊橡胶压延、压出时的收缩率较低，粘合性不亚于天然橡胶。与硫化的天然橡胶比，异戊橡胶硫化胶的硬度、定伸应力和拉伸强度比较低，扯断伸长率稍高，回弹性与天然橡胶相同，在高温下回弹性比天然橡胶稍高，生热性及压缩永久变形、拉伸永久变形都较天然橡胶的低。异戊橡胶与天然橡胶的大型轮胎生热性数据见图1-14。异戊橡胶耐老化性能稍逊于天然橡胶。

十、天然橡胶的应用

天然橡胶具有优良的物理机械性能、弹性和加工性能，因此被广泛应用，其应用范围如表1-6所示。

表1-6　天然橡胶的应用

产品份额/%		产品份额/%	
轮　胎	68.0	胶　鞋	5.5
机械制品	13.5	胶乳制品	9.5
胶粘剂	1.0	其　他	2.5

十一、天然橡胶生胶的质量检控

生胶是橡胶工业的主体原材料，它的质量对于橡胶制品的性能有重要影响，所以使用的生胶（也包括其他原材料）必须合乎有关标准相应等级的质量要求。使用者必须清楚所用生胶的品种、等级及质量要求，然后按照生胶取样及试样制备的标准方法取样和制样，按照标准中有关等级的质量要求测试及化验。质量达到标准中相应等级的要求时，方可使用。标准有各种层次、各种类型：有国际标准，代号为ISO；有国家标准，我国国家标准代号为GB；

有专业标准，我国化工专业的代号为HG；还有企业标准。美国还有ASTM标准，这是美国材料试验学会制定的标准，其权威性较高，橡胶行业也常采用ASTM标准。现以国际标准化机构提出的标准天然橡胶规格及国产烟片胶、绉片胶的国家标准为例加以说明。

（一）标准天然橡胶的规格

1. 国际标准天然橡胶的规格　ISO 2000，其中规定了国际标准胶的等级及质量要求，见表1－7。

表1－7　ISO 2000的质量等级

性　能		原　料					试验方法的标准
		胶乳及胶乳制胶片		胶园田间生产的凝固胶		杯凝胶及其他凝胶	
		等　级					
		5L 绿　带	5 绿　带	10 褐　带	20 红　带	50 黄　带	
杂质含量/%	≤	0.05	0.05	0.10	0.20	0.50	ISO 249
塑性初值	≥	30	30	30	30	30	ISO 2007
塑性保持率/%	≥	60	60	50	40	30	ISO 2930
氮含量/%	≤	0.6	0.6	0.6	0.6	0.6	ISO 1656
挥发分/%	≤	1.0	1.0	1.0	1.0	1.0	ISO 2481
灰分/%	≤	0.6	0.6	0.75	1.0	1.5	ISO 247
颜色指数	≤	6					ISO 4660

2. 国产标准天然橡胶的规格　GB8081－87有CSR 5号、CSR 10号、CSR 20号、CSR 50号，共四个等级。它们分别与ISO 2000中的5、10、20和50对应相同，国标中暂无5L这一浅色等级。

表1－7列出了ISO 2000标准中规定的标准天然橡胶的五个等级，用7项性能指标来控制质量等级。其中机械杂质含量为主要指标。颜色指数是拉维邦（Lovibond）颜色指数，它是用来限制生胶的色度的，例如5L这一等级的生胶颜色指数不得高于6，表明该级生胶是浅色的。塑性保持率（PRI）是指生胶在140℃×30min加热前后华莱士可塑度的比值，以百分率表示，该值越高表明该生胶抗热氧化断链的能力越强，PRI可用下式计算：

$$塑性保持率\ \% = \frac{P}{P_0} \times 100\%$$

式中　P_0——生胶加热前的可塑度；

P——生胶加热后的可塑度。

表中各项指标都得用规定的标准方法测试，就是检测生胶的取样、制样等均得按规定的标准进行。

（二）烟片、绉片的标准

1. 国产烟片标准　GB 8098－87包括五个方面的内容：即适用范围，技术要求，验收规则，包装、涂包和标志，贮存与运输。国产烟片分1级烟片（Nol RSS）到5级烟片（No5 RSS）共五个等级。根据外观质量，如干霉、胶锈、熏烟不透、熏烟过度、气泡、小树皮屑点、发粘等缺欠的有无及缺欠的程度，再如胶的透明度、清洁程度和强韧情况等进行分级。为了更准确地分级，各等级均有实物标准样本，以便对照。

2. 国产绉片标准　GB 8090－87，有六个等级，它们是：特一级白绉片、一级白绉片、特一级浅色绉片、一级浅色绉片、二级浅色绉片和三级浅色绉片。也按外观质量分级，也有实物标准样本。

3. 国产烟片、绉片的技术条件　该技术条件曾经是生胶质量检控的根据，而现在是采用正式国家标准检控烟片、绉片质量，不用技术条件检控，但国内许多橡胶厂仍然采用基本配方制造硫化试片，测定拉伸强度和扯断伸长率，作为对生胶质量检测的内控指标。因为这种性能最贴近实际，最有综合性，对橡胶厂来讲测试方便。为此，列出基本配方及力学性能，见表1－8。

表1－8　国产烟片、绉片技术条件中的力学性能

性能 ＼ 等级	1级烟片	2、3级烟片 特1级白绉片	4级烟片	5级烟片
拉伸强度/MPa	20	18	18	16
扯断伸长率/%	750	700	650	650

基本配方：NR 100，硫黄 3，促进剂 M 0.7，ZnO 5，硬脂酸 0.5，计 109.2。

第三节　丁苯橡胶

丁苯橡胶是苯乙烯与丁二烯的共聚物。丁苯橡胶按聚合方法分类，可分为乳液聚合和溶聚二种。乳液聚合丁苯橡胶的合成技术是由德国 I. G. Farben 公司1933年研究成功的。溶聚丁苯橡胶是60年代投入工业化生产的，由于这种胶具有较低的滚动阻力、较高的抗湿滑性和较好的综合性能，故发展较快。丁苯橡胶是一种产量最大的合成橡胶，据统计1991年全世界总产量为7.55Mt，约占合成橡胶的55%，占全部橡胶的34%，其中大约有70%用于轮胎业。在各种丁苯橡胶中，低温乳聚丁苯橡胶产量最大。本节将以乳聚丁苯橡胶与天然橡胶对比的方法加以论述。

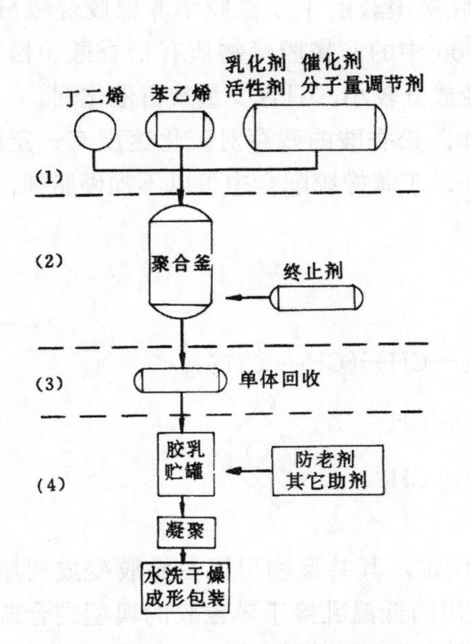

图1－15　丁苯橡胶的制造过程
(1)—单体贮罐与助剂配制；(2)—聚合釜；
(3)—单体回收；(4)—凝聚与后处理

一、丁苯橡胶的制造及分类

(一) 丁苯橡胶的制造

所用单体为：丁二烯、苯乙烯。聚合工艺流程见图1－15。

(二) 分类

丁苯橡胶主要按制法分类，品种如下：

上述品种中还有污染型(S)和非污染型(NS)之分，有不同苯乙烯含量之分，一般标准结合苯乙烯含量为23.5%(质量)，此外尚有5%、40%、45%含量等。

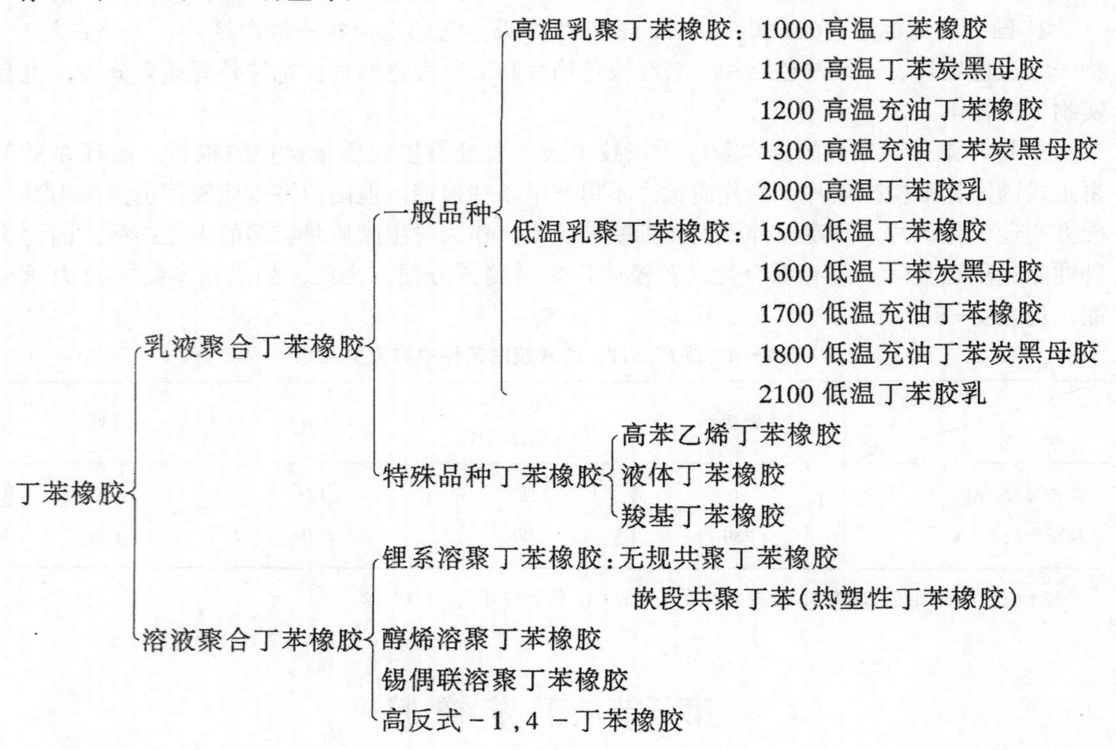

二、丁苯橡胶的成分

丁苯橡胶中含有一些非橡胶烃成分，特别是乳液聚合的丁苯橡胶中非橡胶烃成分约占10%。按照HG4-1380-82标准规定，丁苯-1500中的非橡胶烃物质有松香酸、松香皂、防老剂D、灰分、挥发分。溶聚丁苯橡胶非橡胶烃成分较小，只含少量残留催化剂。

这些成分对于丁苯橡胶性能有一定影响。例如，松香酸的残存对硫化速度有一定影响，这也是丁苯橡胶硫化速度比天然橡胶慢的原因之一，丁苯橡胶配合中可以不加硬脂酸，不过一般配合中仍加1~2份。

三、丁苯橡胶的结构

丁苯橡胶的结构式如下：

$$\left(CH_2-CH=CH-CH_2\right)_x\left(CH_2-\underset{\underset{\underset{CH_2}{\|}}{CH}}{\overset{|}{CH}}\right)_y\left(CH_2-\underset{C_6H_5}{\overset{}{CH}}\right)_z$$

（一）微观结构

1. 结合苯乙烯含量　随着结合苯乙烯含量的增加，其共聚物可以由橡胶变成树脂，因为聚苯乙烯就是树脂，T_g为90℃。目前最广泛使用的低温乳聚丁苯橡胶的典型结合苯乙烯质量含量为23.5%，这相当于1个摩尔的苯乙烯便有6.3摩尔的丁二烯。随着结合苯乙烯含量的增加，T_g上升情况见图1-16。当结合苯乙烯含量大于0.5（质量分数）时，T_g上升迅速。结合苯乙烯含量与T_g还有下述经验式：

$$T_g=(-78+128S)/(1-0.5S)$$

式中　S——结合苯乙烯的质量分数。

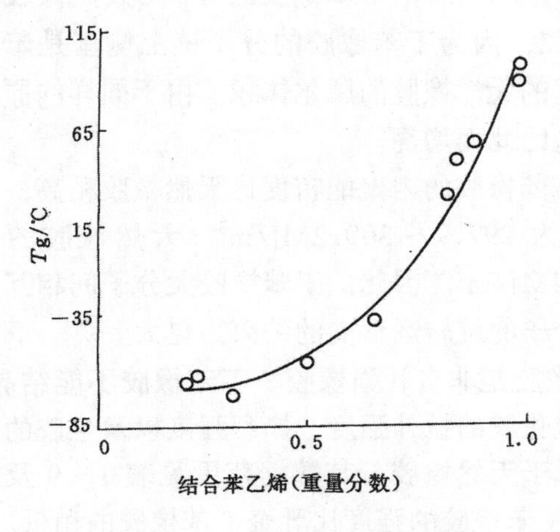

图 1－16　结合苯乙烯含量对 T_g 的影响

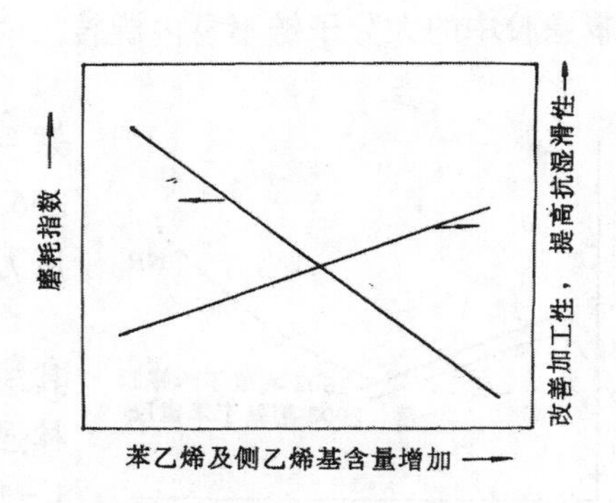

图 1－17　苯乙烯及结合乙烯基含量对溶聚丁苯橡胶磨耗指数、抗湿滑性、加工性能的影响

随丁苯橡胶中结合苯乙烯含量的增加，其性能变化如下：

硬度上升，模量上升，弹性下降；

压出收缩率下降，压出制品光滑；

耐低温性能下降；

在空气中热老化性能变好。

此外，随结合苯乙烯含量的增加，溶聚丁苯橡胶的磨耗指数下降，加工性能及抗湿滑性提高，见图 1－17。

2．两种单体的序列结构及丁二烯的键合方式　在一般丁苯橡胶中，两种单体是无规共聚的，在 SBS 热塑丁苯橡胶中两种单体是嵌段共聚的。丁二烯在分子中有顺式－1,4－聚合、反式－1,4－聚合及1,2－聚合，其比例主要由聚合条件决定。低温乳液聚合所得产物中，顺式－1,4－聚合约占 10%，反式－1,4－聚合较多，约占 70%，而 1,2－聚合约占 20%。溶聚丁苯橡胶中，顺式－1,4－聚合较乳聚多，反式－1,4－聚合及 1,2－聚合较乳聚少，结构不同是它们性能不同的主要原因之一。

（二）分子量及聚集态结构

丁苯橡胶的分子量分布、支化及凝胶含量主要受聚合方法和聚合条件的制约。低温乳聚丁苯橡胶的 $\bar{M}_n$ 在 8～11 万之间，分布指数在 4～6 之间。溶聚丁苯橡胶（无规）$\bar{M}_w$ 为 20 多万，分布指数 1.5～2 之间。高温乳聚丁苯橡胶的分子量分布指数达 7.5 或更高。从支化程度和凝胶含量看，高温乳聚的较高，低温乳聚的居中，溶聚的很少。

丁苯橡胶的聚集态结构是非结晶的。

四、丁苯橡胶的性能

丁苯橡胶是不饱和非极性碳链橡胶，与天然橡胶同属一类。因此，它具有这类橡胶的共性，但也有它自身的特性。下面以与天然橡胶相比较的方法叙述它的性能特点。

（一）物理机械性能

1．具有较好的弹性　虽然丁苯橡胶的弹性低于天然橡胶，但在橡胶中仍属较好的。一般含 50 份 HAF 炭黑，传统硫黄硫化体系配方的丁苯－1500 硫化胶的冲击弹性约为 55%。这是由分子的柔性决定的，由玻璃化温度 T_g 可以作出判断，丁苯橡胶的 T_g 比天然橡胶的高 15℃。这说明丁苯橡胶的分子柔性低于天然橡胶，因为丁苯橡胶的分子链上侧基是苯基及乙烯基，它们的摩尔体积大于分子链上有侧甲基的天然橡胶的摩尔体积。由于同样的原因使丁苯橡胶中的大分子链不易内旋转，内旋转位垒因此而增高。

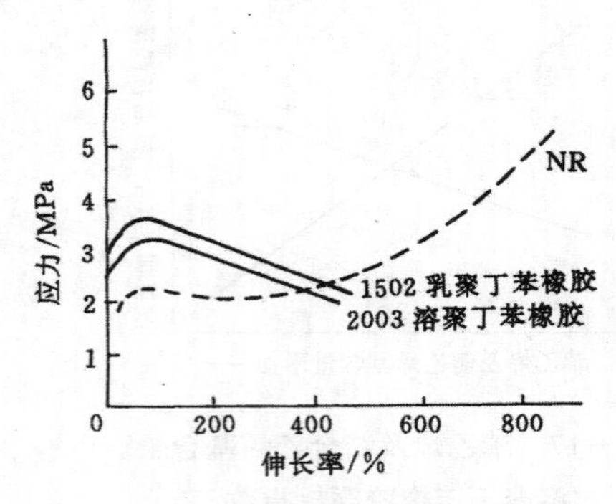

图 1－18　未硫化混炼胶的应力应变曲线

炭黑硫黄硫化体系混炼胶；拉伸速度 50mm/min；室温

其次，丁苯橡胶的内聚能密度比天然橡胶稍高，丁苯－1500 的为 297.9～309.2MJ/m^3，天然橡胶的为 266.2～291.4MJ/m^3，因此，丁苯橡胶大分子间相互作用力就大，分子的旋转运动受的约束力也大。

2. 丁苯橡胶是非自补强橡胶　丁苯橡胶不能结晶，其未补强的硫化胶的拉伸强度、撕裂强度以及生胶的格林强度均远低于天然橡胶，其数据范围见表 1－9 及图 1－18。溶聚丁苯橡胶的强度比乳聚丁苯橡胶的稍低。

3. 丁苯橡胶的耐磨性能优于天然橡胶　图 1－19 是三种橡胶轮胎在不同苛刻程度路面上的磨耗数据。由图可见，丁苯橡胶始终优于天然橡胶，而顺丁橡胶则具有在苛刻的路面条件下才显示出比丁苯橡胶好的耐磨性来。一般认为乳聚丁苯橡胶的耐磨性不如溶聚丁苯橡胶。几种橡胶轮胎的路面性能见图 1－20。

表 1－9　丁苯橡胶与天然橡胶的强度对比

性　　能	丁　苯　橡　胶	天　然　橡　胶
生胶格林强度/MPa	约 0.5	1.4～2.5
纯胶硫化胶拉伸强度/MPa	1.4～3.0	17～25
填充 50 份炭黑硫化胶的拉伸强度/MPa	17～28	25～35
填充 50 份炭黑硫化胶的撕裂强度/(kN/m)	40～60	90～160

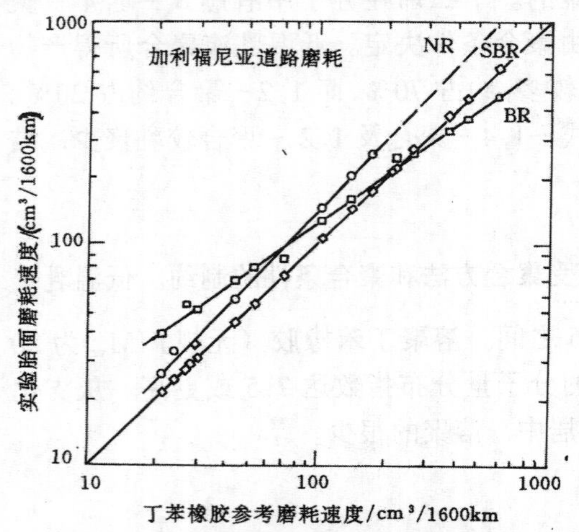

图 1－19　丁苯橡胶、顺丁橡胶和天然橡胶胎面胶料的磨耗与路面苛刻度之间的关系

50 份 HAF；北方加利福尼亚道路试验

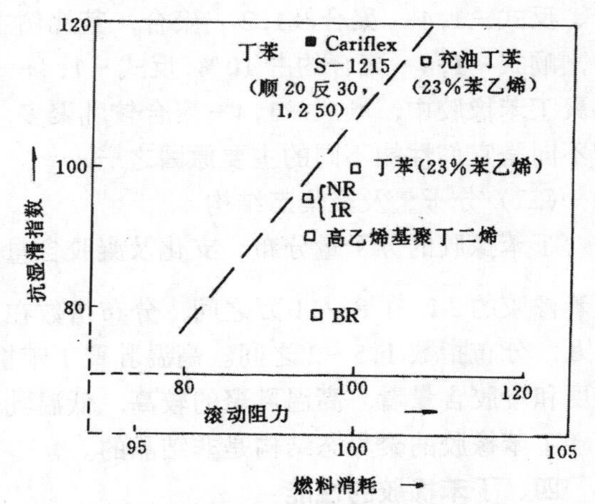

图 1－20　几种橡胶轮胎的路面性能

4. 丁苯橡胶耐龟裂性能　它的耐起始龟裂性优于天然橡胶，但裂口增长比天然橡胶快。溶聚丁苯橡胶（Cariflex S-125）耐花纹沟龟裂性能比乳聚的好。

5. 丁苯橡胶的抗湿滑性　丁苯橡胶对湿路面抓着力比顺丁橡胶大。几种橡胶轮胎的路面性能见图1-20。溶聚丁苯橡胶（Cariflex S-1215）的滚动阻力比乳聚丁苯橡胶低，且对湿路面抓着力大于低温乳聚丁苯橡胶。

6. 丁苯橡胶的电性能及介质性能　丁苯橡胶的耐溶剂性能及其电性能均与天然橡胶相近。这是因为它们都是非极性二烯类橡胶。

（二）化学性质

丁苯橡胶和天然橡胶一样均是不饱和非极性碳链橡胶，所以具有类似的化学反应性，即可以用硫黄硫化，不耐老化等共性。丁苯橡胶的反应性略低，这主要是因为丁苯橡胶分子链的侧基为弱吸电子基团，天然橡胶分子链的侧基是推电子基团，前者对于双键及双键的α氢的反应性有钝化作用，后者有活化作用；其次，苯基体积较大，对于反应可能有位阻作用，丁苯橡胶中双键浓度比天然橡胶稍低。所以丁苯橡胶的化学反应活性比天然橡胶稍低，表现在硫化速度稍慢，耐老化性比天然橡胶稍好，其使用上限温度大约可以比天然橡胶提高10～20℃。

五、丁苯橡胶的配合与加工

1. 配合　丁苯橡胶的配合总体上讲与天然橡胶相近，但也有差别：一是丁苯橡胶必须加补强剂。二是丁苯橡胶的硫黄硫化体系中硫黄用量比天然橡胶要少，一般用1.0～2.5份，标准配方中SBR-1500硫黄用量为1.75份，天然橡胶中硫黄用量为3.0份。若硫黄量过多，则会使不稳定的多硫键、悬挂结合硫、未结合游离硫增加，对于硫化胶的性能不利，特别对耐老化性能不利。三是丁苯橡胶所用促进剂应比天然橡胶要多，例如在天然橡胶的标准配方中，促进剂M为0.7份，而SBR-1500标准配方中促进剂CZ则为1.2份。溶聚丁苯橡胶硫化速度比乳聚的快。几种橡胶在相同配方时的硫化速度比较见图1-21。

就是同一类的乳聚丁苯橡胶，牌号不同其硫化速度也有相当的差异。例如，Shell Cariflex12种乳聚丁苯橡胶的配方中，在除促进剂外其他配合均相同（表1-10）的情况下，如要144℃×30min达到最佳硫化状态，所用促进剂量有相当不同，见图1-22。

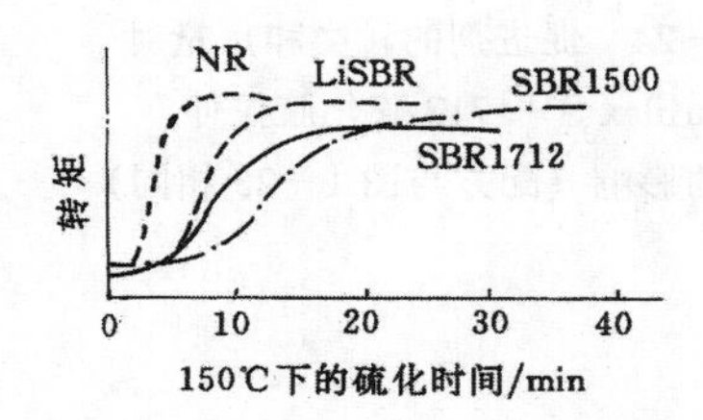

图1-21　几种丁苯橡胶与天然橡胶硫化速度的对比

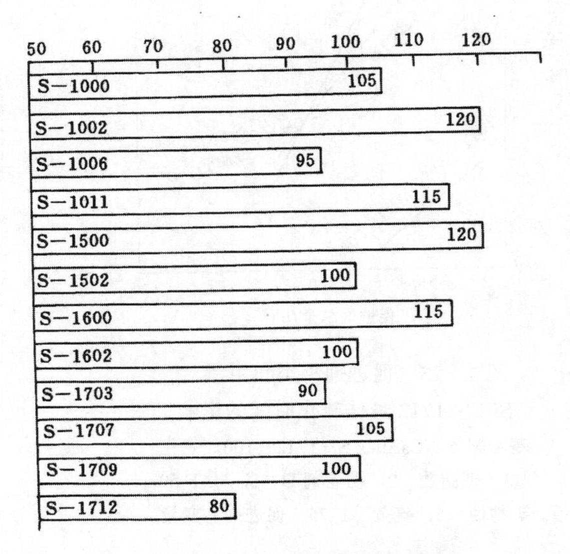

图1-22　不同牌号的乳聚丁苯橡胶在140℃×30min达到最佳硫化程度所需促进剂用量（以SBR-1502为100计）

表 1-10 配 方

配 料	份 数	份 数
生胶, Cariflex S-1000, S-1500, S-1700 系列	100.0	—
生胶, Cariflex, S-1600 和 S-1602	—	150.0①
氧化锌	3.0	3.0
硬脂酸	2.0	2.0
防老剂	1.0	1.0
HAF 炭黑	50.0	—
矿物油	5.0	5.0
硫 黄	2.0	2.0
促进剂 CZ 1.0 TMTD 0.1 (1502 胶)		变化(其他牌号)

①Cariflex S-1600 和 S-1602 包含 50 份 HAF 炭黑。

对于同一种丁苯橡胶，例如 SBR-1712（Shell Cariflex 1712），当促进剂品种及用量不同时，硫化时间有很大差别，硫化胶的拉伸强度等力学性能也有较大的差异，见图 1-23、图 1-24 和图 1-25。

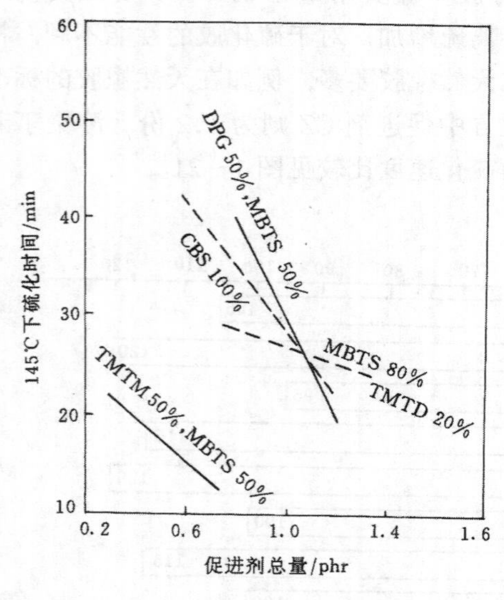

图 1-23 促进剂种类和用量对 SBR-1712 最佳硫化时间的影响

基本配方：Cariflex S-1712 100，氧化锌 3，硬脂酸 2，防老剂 D 1，HAF 50，矿物油 5，硫黄 1.75，促进剂 变量

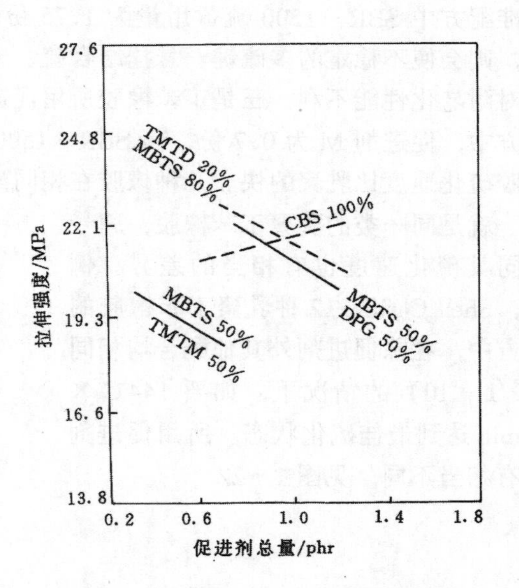

图 1-24 促进剂的种类和用量对 Cariflex S-1712 硫化胶拉伸强度的影响（配方与图 1-23 相同）

以上所述说明了丁苯橡胶配合的复杂性。这种现象对橡胶类材料有普遍性，也就是说其他橡胶都有类似现象。

由于丁苯橡胶是非自补强橡胶，所以制备硫化胶时必须加补强剂，这一点与天然橡胶是不同的。所用补强剂主要是炭黑，一般为硬质炭黑，用量45份时力学性能最佳，而使用软质炭黑如半补强炉法炭黑时，用量为75份较好，见图1－26及图1－27。对于丁苯橡胶，石油系、松焦油系、煤焦油系软化剂均可使用，但石油类软化剂中的石蜡与丁苯橡胶相溶性不好，而与芳香类油相溶性则较好。丁苯橡胶的粘着性较天然橡胶差，若需要增加粘性应当使用增粘剂。常用的增粘剂有烷基酚醛树脂，如叔丁基酚醛树脂，用量为2～10份。此外，还有固马隆树脂、二甲苯树脂（RX－80）、氢化松香及石油树脂等。丁苯橡胶需加防老剂，一般用胺类防老剂效果较好。

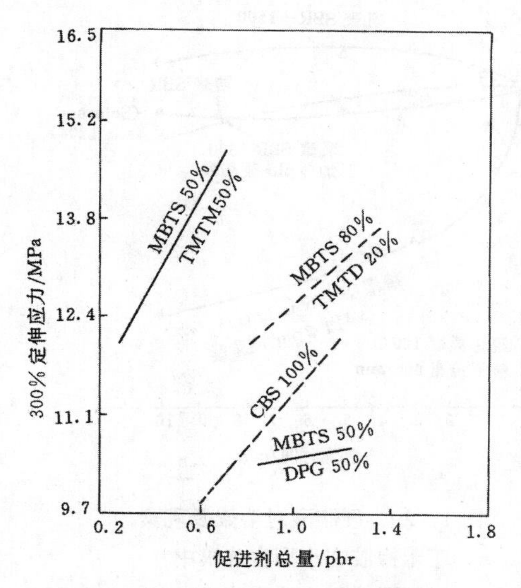

图1－25　促进剂的种类和用量对Cariflex S－1712硫化胶定伸应力的影响（配方与图1－23相同）

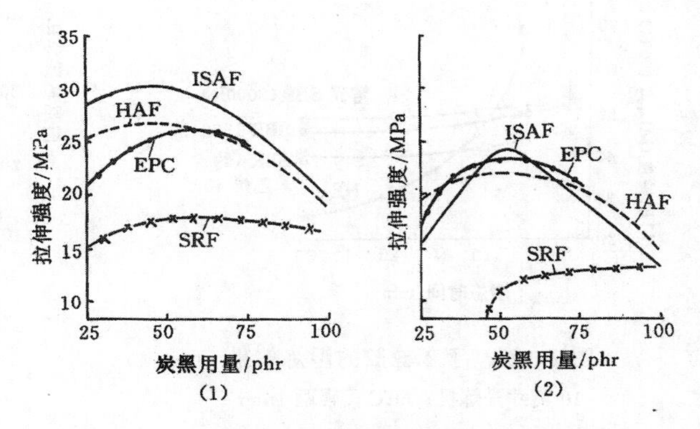

图1－26　丁苯橡胶中炭黑对拉伸强度的影响

（1）Cariflex S－1500；（2）Cariflex S－1712

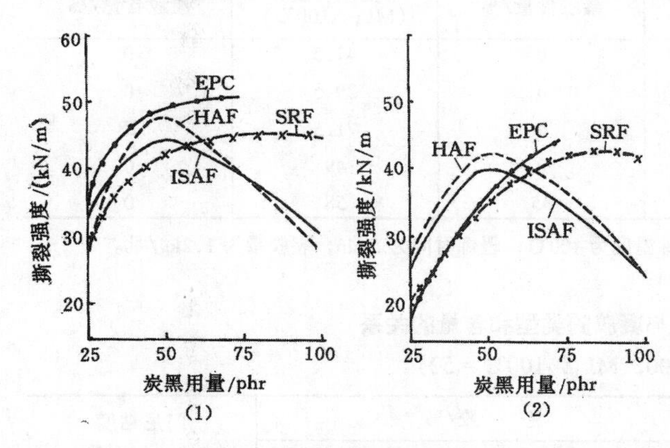

图1－27　丁苯橡胶中炭黑对撕裂强度的影响

（1）—Cariflex　S－1500；（2）—Cariflex S－1712

2．加工工艺　丁苯橡胶加工性能与天然橡胶相似，但不如天然橡胶好。

塑炼：丁苯橡胶不易塑炼，且一般也不需要塑炼。这是因为在它合成时已控制了分子量及门尼粘度。如果需要降低其门尼粘度，用普通开炼机塑炼是很难达到的。这种橡胶不象天然橡胶那样容易取得可塑性，见图1－28。若采用密炼机塑炼，因温度较高，又往往会产生凝胶，见表1－11，对以后的加工不利。其凝胶生成量与炼胶温度的关系见表1－12。溶聚丁苯橡胶可以用硬脂酸作为塑解剂取得一些塑炼效果，见图1－29。溶聚丁苯橡胶在制造象海锦胶等需要特别低的门尼粘度制品时，利用这种效应可获得低门尼胶料。

混炼：丁苯橡胶对炭黑的湿润性不如天然橡胶，混炼生热也较高，动力消耗较大。在开炼机上混炼时辊温应在50～60℃，前辊比后辊温度应低5～10℃，以便包于前辊。因丁苯橡胶包冷辊，炼胶应注意多薄通。溶聚丁苯包辊性较差。密炼排胶温度应控制在低于130℃，以防止或减少生成凝胶，因为一般120℃以上丁苯橡胶就可能产生凝胶。另外要注意填料应在软化剂之前加入，并避免同时加入。溶聚丁苯橡胶密炼生热比乳聚丁苯橡胶的低。

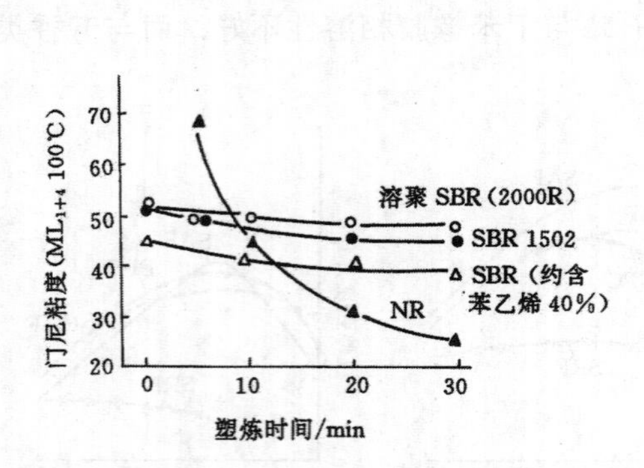

图 1－28　丁苯橡胶的塑炼效果

10 英寸开炼机；60℃；辊距 1mm

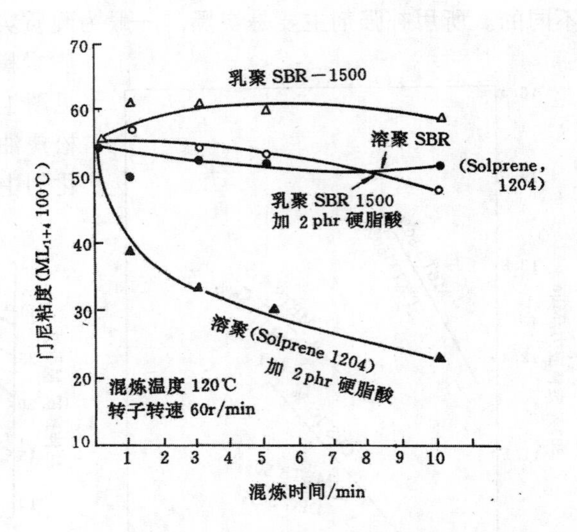

图 1－29　硬脂酸对溶聚及乳聚丁苯橡胶在小型密炼机中混炼行为的影响

表 1－11　密炼机塑炼时产生的聚合物凝胶①

特性 \ 聚合物	塑炼前 门尼粘度 (ML_{1+4}100℃)	塑炼前 凝胶含量/%	塑炼后 门尼粘度 (ML_{1+4}100℃)	塑炼后 凝胶含量/%
溶聚丁苯橡胶(タフデン 2000R)	43	0	41.5	0
溶聚丁苯橡胶(タフデン 2003)	30.5	0	29.5	0
乳聚丁苯橡胶(SBR－1502)	52	0	71.5	18
溶聚丁苯橡胶(ソルプレン 1205)	46	0	49	0
天然橡胶	—	35	58	0

①不专门使用塑解剂；采用 B 型本伯里密炼机；塑炼温度为 100℃；塑炼时间为 5min；装胶量为 1.2kg/批。

表 1－12　塑炼温度与凝胶的类型和含量的关系

(丁苯橡胶－1500，ML_{1+4}100℃＝52)

塑炼温度/℃	凝胶/% 密炼机塑炼后	凝胶/% 开炼机低温薄通后	门尼粘度 (ML_{1+4}100℃)
107	0	0	43
121	0	0	44
135	0	0	43
149	0	0	45
163	23	0	48
177	34	30	54
191	41	40	42

压出及压延：乳聚丁苯橡胶的压出压延收缩率大，表面不光滑，但溶聚丁苯橡胶却有显著的改善，两种丁苯橡胶的压出收缩率与辊温关系见图1-30。两种丁苯橡胶及天然橡胶在不同温度下的流动速度（以试验仪器柱塞下降速度表示）见图1-31。两种丁苯橡胶的分子量分布对收缩率的影响见图1-32。由这三个图看出溶聚丁苯的压延压出性能较好。

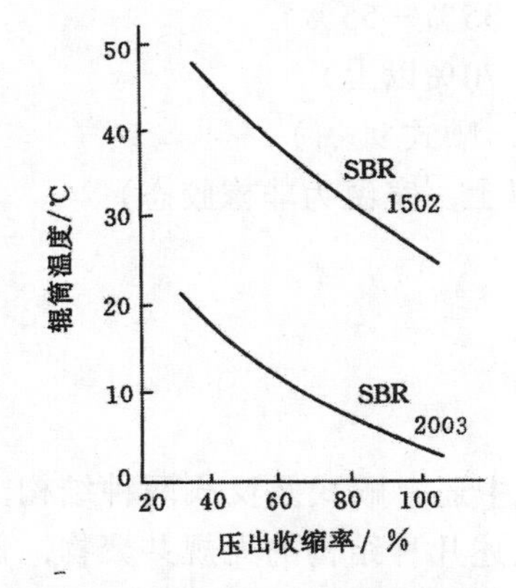

图1-30　填充炭黑的乳聚与溶聚丁苯橡胶的压延收缩率

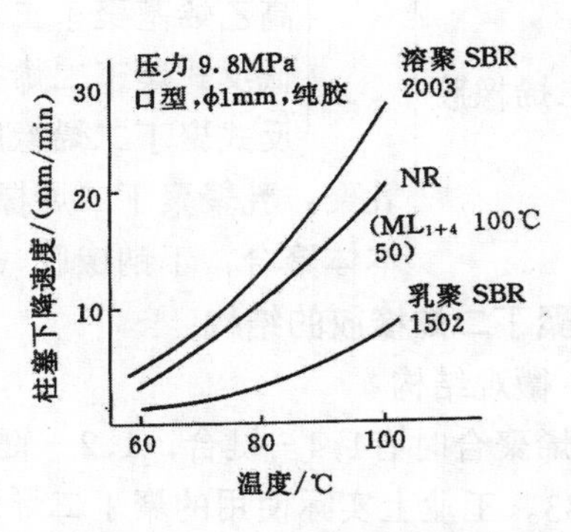

图1-31　乳聚与溶聚丁苯橡胶的高化式流动性

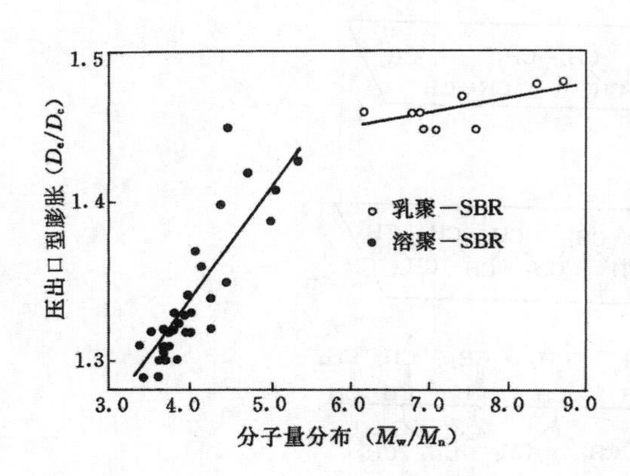

图1-32　聚合方法及分子量分布对挤出口型膨胀的影响

D_e—压出物直径；D_c—口型直径

六、丁苯橡胶的应用

丁苯橡胶是一种耗量最大的通用合成橡胶，应用广泛，除要求耐油、耐热、耐特种介质等特殊性能外的一般场合均可使用。

丁苯橡胶主要应用于轮胎工业。在轮胎工业中，丁苯橡胶在轿车胎、小型拖拉机胎及摩托车胎中应用比例较大，而在载重胎及子午胎中的应用比例则较小。

丁苯橡胶在无特殊要求的胶带、胶管中及一些工业制品中也获得了广泛的应用。例如，用于运输带的覆盖胶、输水胶管、胶鞋大底、胶辊、防水橡胶制品、胶布制品等。

第四节　聚丁二烯橡胶

丁二烯在聚合时由于条件不同可产生不同类型的聚合物。高顺式聚丁二烯橡胶1960年在国外正式投入工业生产，我国于1967年工业生产。这种橡胶习惯上称为顺丁橡胶。它是一个大品种的合成橡胶，主要用于轮胎工业。由于顺丁橡胶性能优越，成本较低，所以在橡胶生产中一直占有重要地位。

一、聚丁二烯橡胶的分类

聚丁二烯橡胶主要按制法分类：

- 聚丁二烯橡胶
  - 溶聚
    - 高顺式聚丁二烯橡胶（顺式 96%～98%，镍、钴、稀土催化剂）
    - 低顺式聚丁二烯橡胶（顺式 35%～40%，锂催化剂）
    - 超高顺式聚丁二烯橡胶（顺式 98%以上）
    - 低乙烯基聚丁二烯橡胶（乙烯基 8%，顺式 91%）
    - 中乙烯基聚丁二烯橡胶（乙烯基 35%～55%）
    - 高乙烯基聚丁二烯橡胶（乙烯基 70%以上）
    - 低反式聚丁二烯橡胶（反式 9%，顺式 90%）
    - 反式聚丁二烯橡胶（反式 95%以上，室温为非橡胶态）
  - 乳聚：乳聚聚丁二烯橡胶
  - 本体聚合：丁钠橡胶（已淘汰）

二、聚丁二烯橡胶的结构

（一）微观结构

丁二烯聚合时有1,4－键合，1,2－键合。1,4－键合中还有顺式及反式两种结构，见示意图 1－33。工业上实际使用的聚丁二烯弹性体往往是上述几种结构的无规共聚物，例如镍系高顺式聚丁二烯橡胶含顺－1,4－结构97%，反－1,4－结构 1%，1,2－结构 2%。顺丁橡胶的结构式为：$\text{-(}CH_2-CH=CH-CH_2\text{)-}_n$。

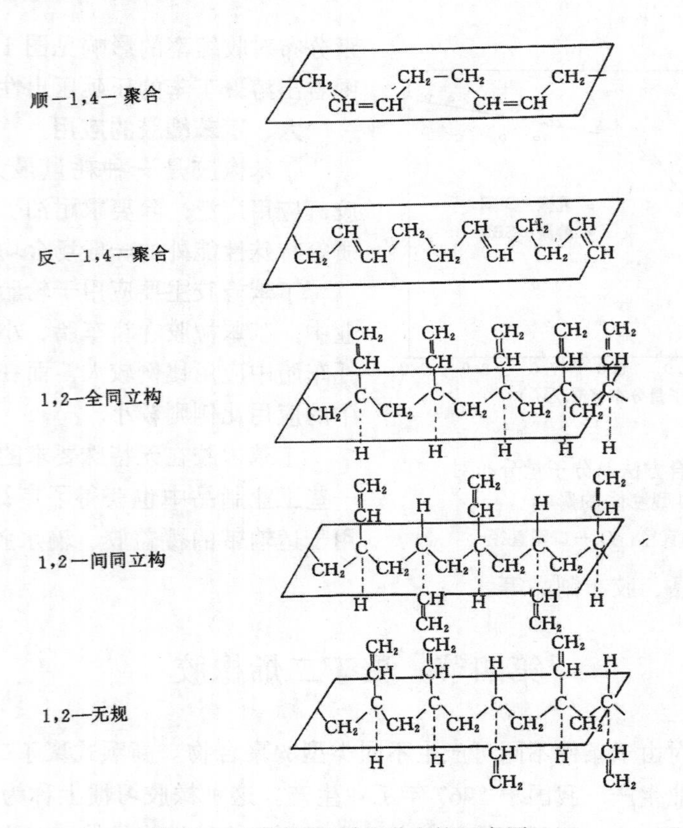

图 1－33　聚丁二烯几种立构示意图

（二）聚集态结构

聚丁二烯橡胶的玻璃化温度 T_g 主要决定于分子中所含乙烯基的量。经差热分析发现，顺式聚丁二烯的玻璃化温度为－105℃，1,2－结构的为－15℃。随着1,2－聚合量的增大，

分子柔性下降，T_g 与乙烯基含量有如下的经验关系式

$$T_g = 91V - 106$$

式中 V——乙烯基含量。

例如，乙烯基含量为35%的聚丁二烯橡胶实测 T_g 为－70℃，而按上式计算值为－74℃；乙烯基含量为85.7%的高乙烯聚丁二烯橡胶的 T_g 实侧值为－26℃（DSC法），计算值为－28℃。这说明此式比较符合实际。当然随 T_g 的上升，与 T_g 相关的性能，如聚丁二烯的本体粘度、耐低温性、耐磨性、抗湿滑性、弹性等均产生变化。

顺、反结构和全同1,2－及间同1,2－结构均能结晶。其中顺式结晶的熔点 T_m 为3℃，低于天然橡胶结晶的熔点，更低于氯丁橡胶结晶的熔点。顺式结晶最快的温度是－40℃，为单斜晶系，晶胞尺寸为 $a=0.46$nm，$b=0.95$nm，$c=0.86$nm，由于顺丁橡胶的结晶能力不太强，所以自补强能力较小。实际上顺丁橡胶中总会有少量非顺式结构。随着非顺式含量的增加，顺丁橡胶的结晶速度将下降，见图1－34。这对于补强不利，所以顺丁橡胶中顺式含量越高，结晶速度越快。例如超高顺式聚丁二烯橡胶的拉伸强度比一般的顺丁橡胶高。

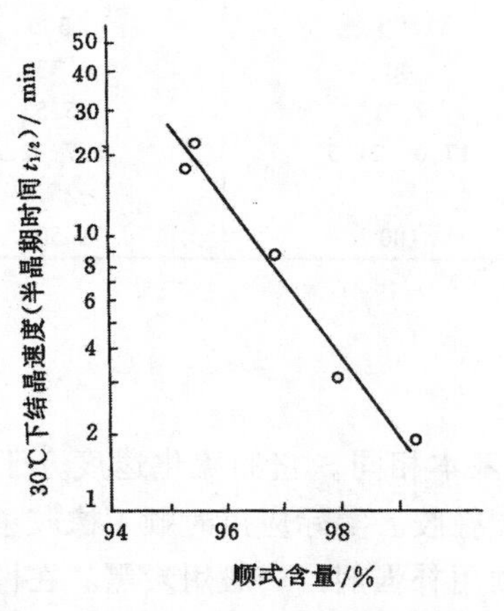

图1－34 高顺式聚丁二烯的顺式含量与结晶速度的关系

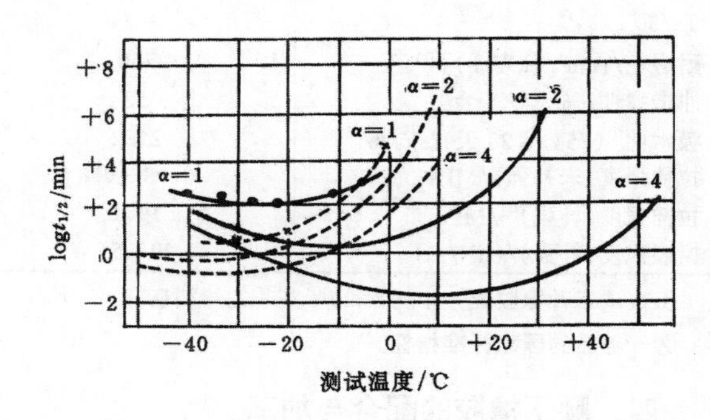

图1－35 在各种拉伸比情况下半结晶时间与温度的关系

· 高顺式聚异戊二烯实验值；
— 高顺式聚异戊二烯计算值；
× 高顺式聚丁二烯实验值；
－－－－ 高顺式聚丁二烯计算值

与顺式聚异戊二烯橡胶相比，顺丁橡胶的结晶对应变的敏感性低，而对温度的敏感性高。图1－35示出了结晶速度与温度、应变的关系。由图可见，其计算值与实测值两组数据符合得较好。这种敏感性不相同的特征也是使顺丁橡胶的自补强性比天然橡胶的低得多的原因之一，所以顺丁橡胶必须用补强性填料补强后方能有较高的强度。

（三）分子量及其分布、支化及凝胶

溶聚聚丁二烯的分子量分布比乳聚的窄，一般分布指数 α 为2～4，支化少，凝胶少。特别是烷基锂型催化剂聚合的橡胶分子量分布更窄，一般在1.5～2之间。乳液聚合的聚丁二烯不仅分子量分布宽，支化及凝胶也较多。这一切对于橡胶的性能，特别是对加工工艺性能有重要的影响。

三、顺丁橡胶的性能

与天然橡胶、丁苯橡胶相比，顺丁橡胶的物理机械性能特点如下：

（1）顺丁橡胶具有良好的弹性，是通用橡胶中弹性最好的一种。这是因为它的分子链无

侧基 分子链柔性较好，分子间作用力较小。也正是这样的结构特点，使得它的 T_g 特别低（-105℃），所以顺丁橡胶的耐寒性能在通用橡胶中也是最好的。

(2) 顺丁橡胶的拉伸强度和撕裂强度均低于天然橡胶及丁苯橡胶，因此耐穿刺性不佳。但顺丁橡胶的耐磨耗性能却优于天然橡胶和丁苯橡胶。

(3) 顺丁橡胶耐老化性能优于天然橡胶，老化以交联为主，老化后期变硬。顺丁橡胶的胎面胶老化后期易崩花掉块，这种现象与它的老化形式有关。

(4) 顺丁橡胶动态生热低，优于天然橡胶。耐动态下裂口生成性好。

(5) 抗湿滑性差，与湿路面之间摩擦系数低，轮胎在湿路面上易打滑，不安全。

(6) 吸水性低于天然橡胶与丁苯橡胶。这与该橡胶中非橡胶烃成分较少有关。

三种橡胶平行试验的性能对比见表1-13。

表1-13 BR、NR和SBR的性能对比

性能	BR	NR	SBR
T_g/℃	-105	-72	-57
T_b/℃	-75	-50	-45
耐磨耗/[cm^3/(kW·h)]	260	800	300
冲击弹性/%	52	40	33
吸水性①(75℃×28天)ΔV/%	2.22	2.71	5.53
拉伸强度(未补强)/MPa	0.98~9.8	17.0~24.5	1.7~2.1
拉伸强度(补强)②/MPa	19.1		25.5
撕裂强度(补强)/(kN/m)	30~55	100	50

①被试三种橡胶配方中均含20%高苯乙烯树脂。

②一等品的国家标准指标。

四、顺丁橡胶的配合与加工

1. 配合 顺丁橡胶的配合与天然橡胶、丁苯橡胶基本相同。它的硫化速度介于丁苯橡胶与天然橡胶之间。天然橡胶用的硫化体系均适于顺丁橡胶。实际应用时顺丁橡胶主要采用硫黄硫体体系。由于顺丁橡胶自补强性不高，所以必须用补强剂，一般用炭黑。在橡胶配方中若加10份白炭黑可提高其耐磨性及抗刺扎性。顺丁橡胶中软化剂可以使用三线油和以芳香烃为主要成分的石油系软化油，制作浅色胶料可以用锭子油。防老剂的使用与天然橡胶相似。顺丁橡胶的标准配方见表1-14。

表1-14 BR标准配方

材料	ISO			HG 4-1278-80
	非充油胶	充油胶	NBS标准号	JD 9000顺丁橡胶
顺丁橡胶	100.0	100.0		100.0
氧化锌	3.0	3.0	370	4.0
硬脂酸	2.0	2.0	372	2.0
HAF炭黑	60.0	60.0	378	50.0
环烷油	15.0	—	ASTM 103型 石油系油	
硫黄	1.5	1.5	371	1.5
促进剂NS	0.9	0.9	384	CZ 0.7
防老剂D				1
总计	182.4	167.4		159.2

2. 加工　顺丁橡胶为通用橡胶，从总体上讲易于加工。但与天然橡胶比，它的某些加工性能较差，具体的缺点及克服办法如下：

生胶或未硫化胶停放时会因自重发生流动，即冷流。这对于生胶贮存和半成品存放中的尺寸稳定性都是不利的。

辊筒行为不佳。一般辊温宜保持在40～50℃，低于该温度范围时会包辊，高了易脱辊。

顺丁橡胶难于塑炼，不易过炼。当顺丁橡胶用密炼机混炼时，胶在密炼机中易打滑，甚至把胶压碎仍挂不上负荷，所以要增加容量，一般比天然橡胶或丁苯橡胶配方多加10%～15%。纯顺丁橡胶密炼后排胶成团性差，但并用胶可解决上述问题，顺丁橡胶的并用胶一般采用二段混炼法，即从密炼机排出的胶料在开炼机上下片后停放4h以上再加硫黄。

顺丁橡胶粘着性较天然橡胶差。当顺丁橡胶并用比例较大时，在挂胶胶料中应加入增粘剂，胶与胶的接头最好用胶浆子。

压出压延时均要注意控制好温度，因为它对温度较敏感。一般压出机头及口型温度要比天然橡胶的低。

顺丁橡胶的硫化与天然橡胶、丁苯橡胶相近，但它易充满模型，若硫化过度，定伸应力、生热性及耐磨性均下降。

3. 顺丁橡胶加工性能特点的分析　顺丁橡胶的冷流性、辊筒行为不佳等加工性能的问题主要是因为它是溶聚的，分子量分布较窄，支化少，凝胶少，断裂伸长比 λ_b 低及 T_g 低造成的。其他溶聚橡胶的某些加工性能往往有与顺丁橡胶相似的情况。

橡胶的加工一般在粘流态或粘弹流动态下进行。橡胶的加工工艺性能受橡胶的粘性（流动性）、弹性（弹性记忆性）和断裂特性支配。

(1) 分子量分布的影响　Tokita等曾对三种门尼粘度相近但分子量分布不同的聚丁二烯进行了研究，见表1－15和图1－36。由该图可见，在门尼切变速率即低剪切速率下，A、B、C三个样品的粘度相等。而在低于门尼剪切速率下，分子量分布越宽的粘度越高，即 $\eta_C > \eta_B > \eta_A$。在高于门尼剪切速率下，例如在通常加工速率 $10 \sim 10^2 s^{-1}$ 条件下分子量分布越宽的粘度越低，即 $\eta_C < \eta_B < \eta_A$。这说明分子量分布对 $\dot{\gamma}$ 变化敏感，在零剪切（$\dot{\gamma} \to 0$）条件下，分子量分布宽的具有较高的粘度，即具有较强的抗冷流性。而溶聚的顺丁橡胶，一般分子量分布较窄，所以易冷流。

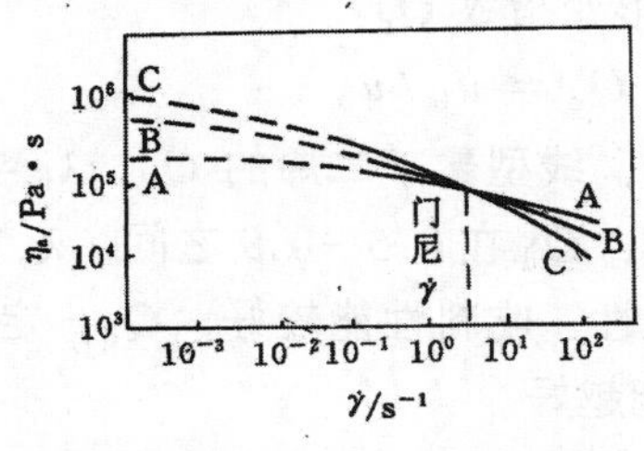

图1－36　聚丁二烯的粘度对切变速率的依赖性（图中三种样品分子量及分布见表1－15）

表1－15　三种聚丁二烯的门尼粘度及分子量分布

样　品	门尼粘度 (ML_{1+4}100℃)	$\overline{M}_n \times 10^{-5}$	$\overline{M}_w / \overline{M}_n$
A	42	1.85	1.4　分布窄
B	43	1.35	2.8　分布宽
C	40	1.00	4.5　分布宽有长支链

(2) 支化与凝胶的影响　适当的弹性对于某些加工性能，如对包辊性和抗冷流性都有利。支化和凝胶对弹性有贡献。Kraus曾试验过三支化和四支化窄分布溶聚聚丁二烯的粘度、$\overline{M}_w$ 及切变速率 $\dot{\gamma}$ 的关系，见图1－37和图1－38。由图1－37可见，随分子量增高（达5万以上），支化聚合物的牛顿粘度 η_0 急剧上升，高于线型聚合物。而在 $20s^{-1}$ 的切变速

率下，支化聚合物粘度低于线型聚合物，见图 1-38，也就是说 $\overline{M}_w$ 达 10^5 以上的支化聚丁二烯在低切变速率牛顿流动范围内表观粘度 η_a 高于线型聚合物，所以支化聚合物抗冷流性好。适当的支化及凝胶对于包辊性也是有利的。

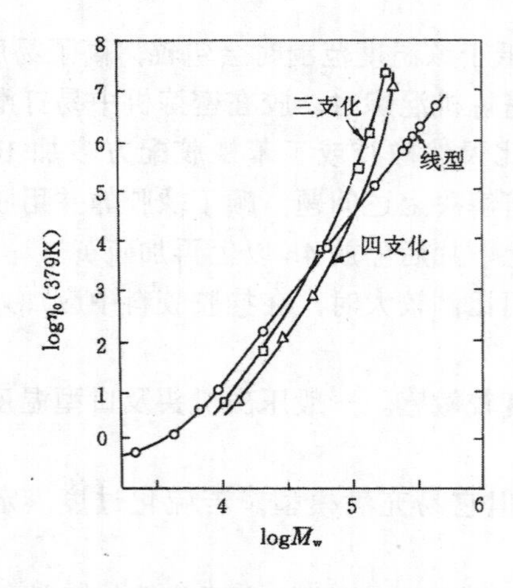

图 1-37 牛顿粘度与聚丁二烯的支化及分子量的关系

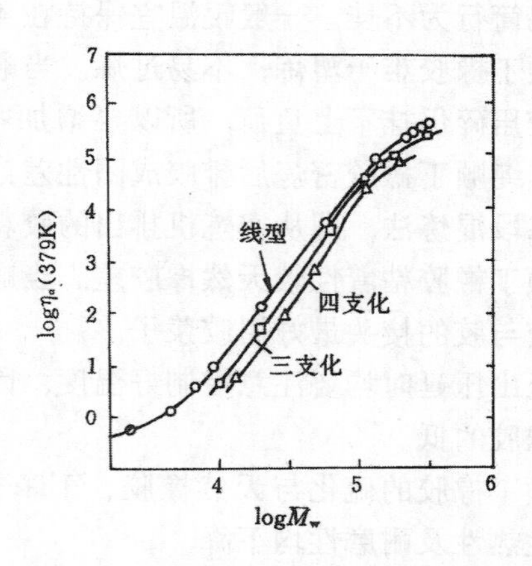

图 1-38 支化聚丁二烯在切变速率为 $20s^{-1}$ 时的粘度与 $\overline{M}_w$ 的关系

(3) 断裂特性的影响 未硫化橡胶的断裂特性对于加工性能有重要的作用。橡胶在辊筒上脱辊、断裂、有孔洞、呈现干酪状、破棉絮状，是生胶断裂特性不良造成的。加工性能好的橡胶应该是塑性与弹性的适当匹配。断裂特性主要指断裂伸长比及弹性与塑性之比，设弹性体断裂伸长比为 λ_b，最大应力为 σ_m，由橡胶弹性理论得出单向拉伸时理想弹性体的断裂能密度（u_{be}）为：

$$u_{be} = (\sigma_m/2)(\lambda_b^2 - 2\lambda_b^{-1} - 3)/(\lambda_b^2 - \lambda_b^{-1})$$

生胶不是理想弹性体，而是粘弹体，部分断裂能消耗在它的粘性或塑性流动上，即消耗于变形上。将理想弹性体的断裂能密度与真实粘弹体的断裂能密度 u_b 之比定义为形变指数 Q_d。

$$Q_d = u_{be}/u_b$$

有人研究指出，线型聚丁二烯的 Q_d、λ_b 与加工性能间关系密切，Q_d 在 0.5~0.9 之间，λ_b 在 5 以上时生胶的包辊性、吃料性能较好；Q_d 一定时，λ_b 越大的加工性能越好。

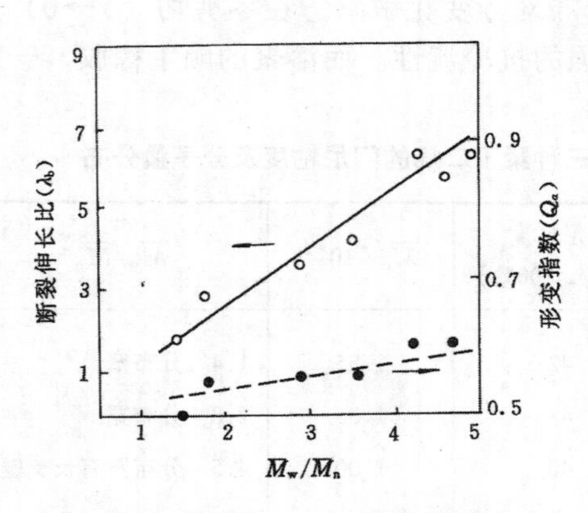

图 1-39 线型聚丁二烯分子量分布与断裂伸长比及形变指数的关系

线型聚丁二烯生胶的分子量分布与断裂伸长比及形变指数关系见图 1-39。由图可见，λ_b、Q_d 随分子量分布变宽而增加，λ_b 增加得快，Q_d 增加得慢。这就意味着宽分布对于包辊和吃料有利。顺丁橡胶一般为溶聚，分子量分布较窄，所以这些工艺性能不够好。

(4) 玻璃化温度 T_g 对加工性能的影响 顺丁橡胶的 T_g 为 -105℃，比一般通用橡胶的 T_g 低得多，比天然橡胶的 T_g 低 33℃。顺丁橡胶加工温度与 T_g 之差值越大，则在加工条件下的弹性因数就越小。炼胶温度一般在40～50℃，温度再高则包辊性就会变坏，出现脱辊、胶带出兜、破碎等现象。

五、1,2－聚丁二烯橡胶

1,2－聚丁二烯橡胶是指聚合时以1,2－结构键合的在分子链上有侧乙烯基的弹性体。侧乙烯基在立构上有全同、间同及无规三种形式，前两者为热塑性树脂。1,2－聚丁二烯橡胶比顺丁橡胶有较大的热塑性，主链上双键较顺丁橡胶少，高乙烯基聚丁二烯（HVBR）的双键主要集中于侧基上。

（一）1,2－聚丁二烯的性能特点

1,2－聚丁二烯橡胶的性能与顺丁橡胶相比有其自身的特点，而且这些特点将随乙烯基含量的增加而更加突出。其变化如下：

玻璃化温度提高，弹性降低；

抗湿滑性增加；

耐热老化性变好；

耐臭氧老化性变差；

动态生热变低；

硫化速度变慢，高乙烯聚丁二烯硫化曲线呈前进型；

加工热塑性变大。

（二）1，2－聚丁二烯的共混

对于高乙烯基聚丁二烯（HVBR）的性能弱点可以通过与天然橡胶、顺丁橡胶或丁苯橡胶等胶的共混加以改善。例如，中乙烯基聚丁二烯（MVBR）30/NR 50/BR 20及MVBR 40/NR 50/SBR（充油）13.5两种共混胶的性能与现生产胎面胶的性能接近。

高乙烯基聚丁二烯HVBR与天然橡胶共混胶为微观多相分散体系，见图1－40。

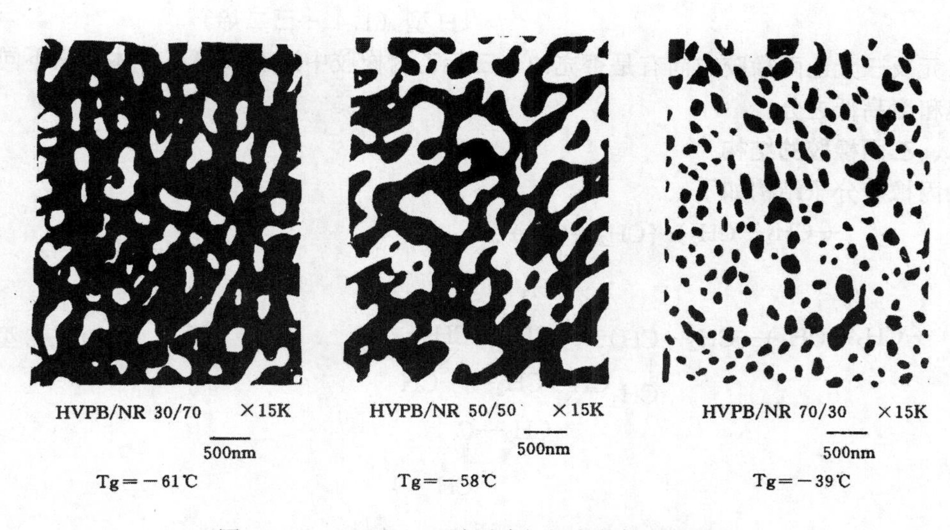

图1－40　HVBR/NR并用胶的相态透射电镜照片

第五节　乙　丙　橡　胶

乙丙橡胶以乙烯和丙烯为原料，是在 Zeigler－Netta 立体有规催化体系开发后发展起来的一种通用合成橡胶。目前世界上已有近 20 个公司生产 100 多个牌号的乙丙橡胶。

一、乙丙橡胶的制造与分类

（一）制造

单体：　乙烯　$CH_2{=}CH_2$

丙烯　$CH_2{=}CH{-}CH_3$

第三单体（工业上使用的），非共轭双烯：

亚乙基降冰片烯（ENB）

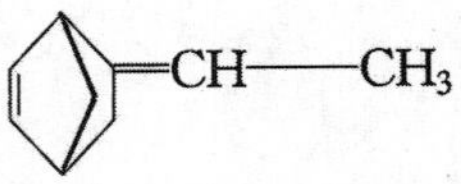

双环戊二烯（DCPD）

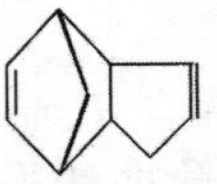

1,4－已二烯（HD）　$CH_2{=}CH{-}CH_2{-}CH{=}CH{-}CH_3$

用 Zeigler－Natta 催化剂催化聚合，常用过渡金属钒或钛的氯化物与烷基铝构成的催化体系，以悬浮法或溶液法生产乙丙橡胶。

（二）分类

主要按乙丙橡胶中所含单体分类，此外尚有热塑性、改性等类别。

- 乙丙橡胶
  - 二元乙丙橡胶
  - 三元乙丙橡胶
    - E 型（亚乙基降冰片烯）
    - D 型（双环戊二烯）
    - H 型（1,4－已二烯）

二元及三元乙丙橡胶中尚有是否充油、三元乙丙橡胶中还有因第三单体数量不同而产生的不饱和度高低之分。

二、乙丙橡胶的结构

乙丙橡胶分子结构如下：

$$\left(CH_2-CH_2\right)_x\left(CH_2-\underset{CH_3}{CH}\right)_y \qquad \text{EPM}$$

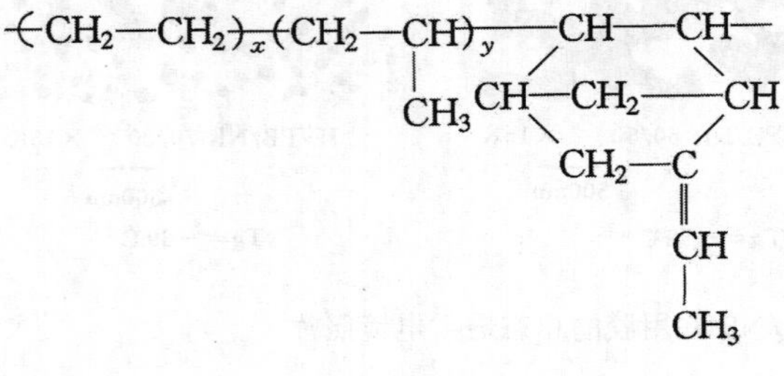

$$\left(CH_2-CH_2\right)_x\left(CH_2-\underset{CH_3}{CH}\right)_y-CH-CH- \qquad \text{EPDM, E 型}$$

（CH—CH 单元与 CH—CH_2—CH、CH_2—C 构成降冰片烷环，C=CH—CH_3 为亚乙基侧基）

$$-\!\!\left(CH_2-CH_2\right)_x\!\left(CH_2-\underset{\displaystyle CH_3}{\underset{|}{CH}}\right)_y\!-CH-CH-$$

CH—CH₂—CH, CH—CH, CH₂, CH═CH（双环结构）　EPDM, D 型

$$-\!\!\left(CH_2-CH_2\right)_x\!\left(CH_2-\underset{\displaystyle CH_3}{\underset{|}{CH}}\right)_y\!\left(CH_2-\underset{\displaystyle CH=CH-CH_3}{\underset{|}{\underset{\displaystyle CH_2}{\underset{|}{CH}}}}\right)_z$$

EPDM，H 型

(一) 饱和性和非极性

二元乙丙橡胶是完全饱和的橡胶，三元乙丙橡胶主链完全饱和，典型 EPDM 侧基仅为 1%～2%(mol) 的不饱和的第三单体，即约平均 200 个主链碳原子才有一个到两个带有双键的侧基，其不饱和度是很低的。橡胶工业上习惯上也称其为饱和橡胶。与不饱和橡胶（如 NR、SBR、BR）相比，二元乙丙橡胶具有相当高的化学稳定性和较高的热稳定性。乙丙橡胶不易被极化，不产生氢键，是非极性；与极性橡胶相比，它耐极性介质作用，绝缘性能高。

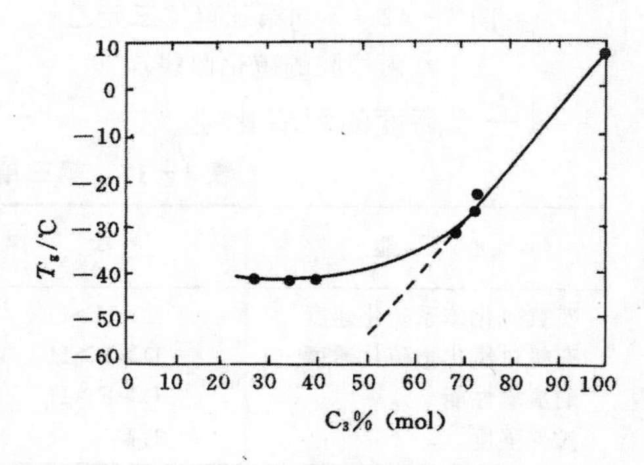

图 1－41　乙丙共聚物组成与 T_g 的关系

(二) 乙烯、丙烯总组成比

乙烯、丙烯的组成比对共聚物的性能有决定性的影响，一般丙烯含量在 30%～40% mol 时共聚物是较好的弹性体。乙丙共聚物的玻璃化温度随组成中丙烯含量变化如图 1－41 所示。由图可见，T_g 随丙烯含量增高而提高，但在 65% mol 以下有一短暂平台区，即玻璃化温度基本不受小范围组成变化的影响。若组成中丙烯含量低于 27%，其硫化胶及生胶强度均增加，永久变形增大，弹性下降，见表 1－16。这是因为有长序列乙烯嵌段存在产生结晶造成的。丙烯含量少于 20% mol，则 T_g 难于测定，这是因为乙烯含量高时，容易产生结晶，结晶影响 T_g 的测定。丙烯含量低对热老化性有利。因为分子中叔碳浓度降低。但这一作用在三元乙丙橡胶中表现不明显，因其中的第三单体的作用掩盖了叔碳浓度的作用。目前工业上使用的乙丙橡胶是无定形的，T_g 约为 －60℃。不过任何事物都是辩证的，现在新发展起来的热塑性乙丙橡胶又恰是利用长序列乙烯嵌段结晶而产生高强度的。

表 1－16　乙烯、丙烯和亚乙基降片烯三元乙丙橡胶中乙烯链节含量对生胶物理－机械性能的影响

共聚物中乙烯链节含量/%(mol)	共聚物不饱和度/%(mol)	特性粘度/(dL/g)	拉伸强度/MPa	扯断伸长率/%	扯断后相对永久变形/%
80	1.57	2.3	23.7	650	136
77	1.32	2.13	12.1	995	70
73	1.60	2.18	9.9	895	62
68	1.58	2.9	2.9	885	55
65	1.55	2.3	1.0	—	—

(三) 第三单体的种类、用量和分布

商品乙丙橡胶中有三种第三单体。第三单体在共聚物中的用量、种类及分布对于乙丙橡

胶性能有重要影响。为使第三单体在分子链中的分布均匀，在聚合方法上应采用分次加入的方法。第三单体种类对性能影响见表1-17及图1-42。第三单体用量多时，不饱和度高，则碘值高，硫化速度快，若以碘值分则有慢速型，碘值6～10g碘/100g胶，适于与IIR等不饱和度低的橡胶并用；一般型，碘值约15g碘/100g胶；快速型，约20g碘/100g胶，可与高不饱和度橡胶并用；超速型，25～30g碘/100g胶，适于与高不饱和度橡胶并用。

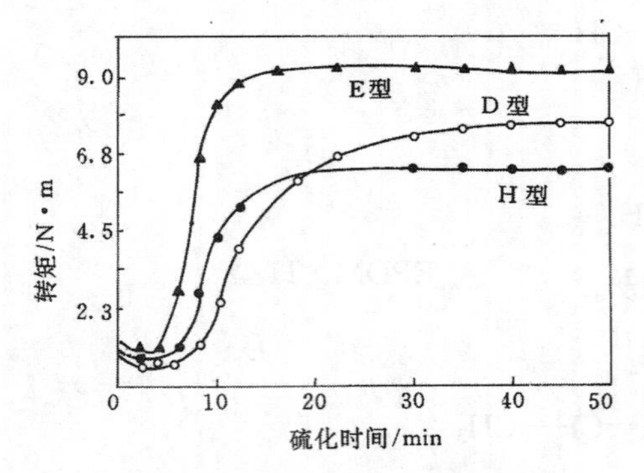

图1-42　不同第三单体三元乙丙橡胶的硫化曲线

三、乙丙橡胶的性能

乙丙橡胶最突出的性能是高度的化学稳定性、优异的电绝缘性能和耐过热水性能。

（一）高度的耐老化性

表1-17　第三单体品种对三元乙丙橡胶性能的影响

性　能	次　序	性　能	次　序
硫黄硫化体系硫化速度	E>H>D	压缩永久变形	D低
有机过氧化物硫化速度	D>E>H	臭味	D有
耐臭氧性能	D>E>H	成本	D低
拉伸强度	E高	支化	E少量，H无，D高

1．优秀的耐臭氧性能　乙丙橡胶被誉为“无龟裂”橡胶，在通用橡胶中它的耐臭氧性能最好，其次为IIR，再次为CR。这三种耐臭氧橡胶的耐臭氧性能对比见图1-43。由图可见，乙丙橡胶在该试验条件下未发生龟裂，在乙丙橡胶中二元乙丙橡胶又优于三元乙丙橡胶，三元乙丙橡胶中D型胶耐臭氧性最佳，H型最低。

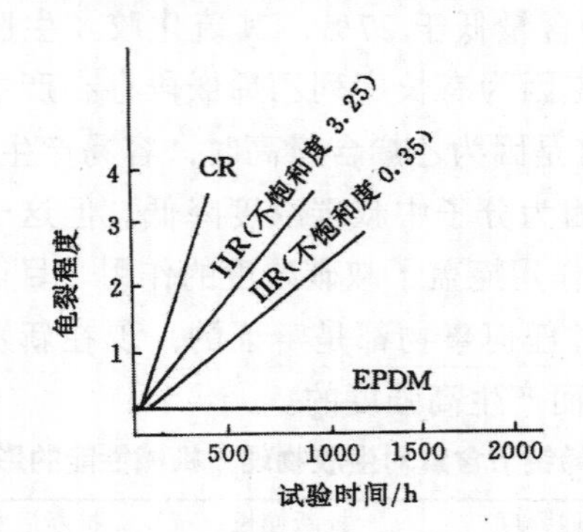

图1-43　乙丙橡胶、丁基橡胶、氯丁橡胶耐臭氧性能的对比

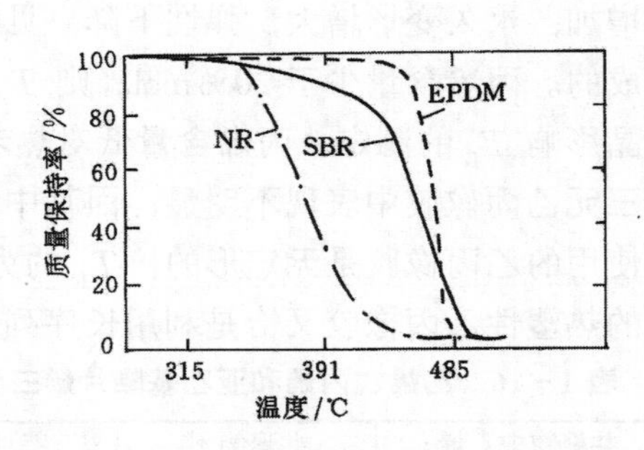

图1-44　几种橡胶在氮气中的热失重曲线

2．较高的热稳定性　热稳定性常用热失重来表征。乙丙橡胶的热失重温度比天然橡胶及丁苯橡胶高。由图1-44可见，在氮气环境中，天然橡胶开始失重的温度为315℃，丁苯橡胶的为391℃，三元乙丙橡胶的为485℃。这是因为乙丙橡胶主链上没有弱键。热稳定性高是该胶使用温度较高的原因之一。

3．好的耐热老化性能　乙丙橡胶耐热老化性能在通用橡胶中是最好的，在130℃下可长期使用，在150℃或再高一些温度下可间断或短期使用。二元乙丙橡胶耐热老化性能优于三元乙丙橡胶，老化的裂解与交联之间有平衡现象，在三元乙丙橡胶中交联占优势。在150℃热老化结果见图1-45。由图可见，H型优于E型和D型。

4．优秀的耐天候性　橡胶的耐天候性是指自然环境中光、热、冻、风、雨、大气中臭氧、氧等综合因素的老化。乙丙橡胶的耐天候老化性能在通用胶是最优秀的。作为防水屋面卷材使用寿命达25年以上。

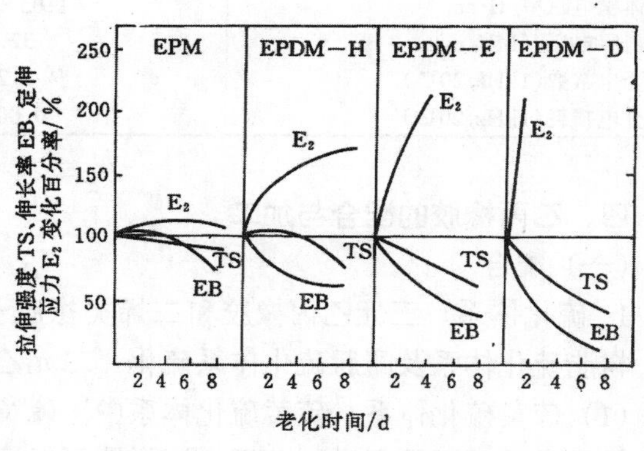

图1-45　二元乙丙和三元乙丙硫化胶在150℃下热老化性能变化百分率

（二）优秀的耐化学药品性能

由于乙丙橡胶本身的化学稳定性和非极性，所以与多数化学药品不发生化学反应，与极性物质之间或者是不相溶或者是相溶性很小，因此对这些药品具有较高的抗耐性。它耐醇、酸（甲酸、乙酸）、强碱、氧化剂（如H_2O_2、HClO等）、洗涤剂、动植物油、酮、某些酯、肼。对于浓酸长期作用后性能会下降。

（三）耐油性能

乙丙橡胶是非极性的，所以不耐非极性油类及溶剂，例如它不耐汽油、苯等。乙丙橡胶耐极性油，例如耐阻燃性的磷酸酯类液压油。美国军用规范AMS 3248规定了在磷酸酯类液压油中作为密封件应用的乙丙橡胶的性能要求。

（四）卓越的耐水、耐过热水及耐水蒸气性

水是强极性物质，乙丙橡胶是属于一种高分子的烷烃，具有疏水性。两者之间不易产生物理作用，也不易产生化学作用，所以具有杰出的耐水、耐过热水、耐水蒸气性能。不同橡胶耐水蒸气性能对比如下：

EPDM	IIR	SBR	NR	CR
最优	优	良	良	差

从表1-18进一步可见乙丙橡胶的耐过热水性能。氟橡胶（26型）虽然耐高温性特别好，但耐过热水性能不如乙丙橡胶，氟橡胶是强极性橡胶。综上所述，乙丙橡胶的耐过热水及水蒸气性能在橡胶材料中是突出的。

表1-18　160℃过热水中EPDM与其他橡胶的性能对比

橡胶类型	拉伸强度下降80%的时间/h	5天后拉伸强度下降/%
EPDM	10000	0
IIR	3600	0
NBR	600	10
MVQ	480	58

（五）优异的电绝缘性能

乙丙橡胶有非常好的电绝缘性能，耐电晕性也特别好。体积电阻率在$10^{16}\Omega\cdot cm$数量级，与丁基橡胶相当，比天然橡胶、丁苯橡胶大1～2个数量级。耐电晕性比丁基橡胶好得多，丁基橡胶只耐2h，而乙丙橡胶耐2个月以上。乙丙橡胶的击穿电压为30～40MV/m，介电常数也较低。二元乙丙橡胶绝缘性能还优于三元乙丙橡胶。特别是浸水之后电性能变化很小，见表1－19。所以乙丙橡胶特别适用做电绝缘制品及水中作业的绝缘制品。

表1－19　乙丙橡胶浸水前后的电绝缘性能

性　　能	浸水前	浸水后
体积电阻率/Ω·cm	1.03×10^{17}	2.48×10^{16}
击穿电压/(MV/m)	32.8	40.8
介电常数(1kHz,20℃)	2.27	2.48
介电损耗(1kHz,20℃)	0.0023	0.0085

四、乙丙橡胶的配合与加工

（一）配合

1．硫化体系　三元乙丙橡胶和二烯类橡胶一样可以用硫黄硫化体系、过氧化物硫化体系、树脂硫化体系及醌肟硫化体系硫化。二元乙丙橡胶只能用有机过氧化物硫化。

（1）硫黄硫化体系　硫黄硫化体系中，硫黄用量一般1～2份。促进剂适于选用活性较大的品种及其不同的促进剂并用，这样即可保证硫化需要的数量，又能防止因在乙丙橡胶中溶解度低而产生的喷霜现象。以国产三元乙丙橡胶（D型）为例说明EPDM的配合原则，EPDM 100，硬脂酸1.0，氧化锌5.0，促进剂M 0.5，TMTD 1.5，硫黄1.5，HAF 50。

（2）过氧化物硫化体系　二元乙丙橡胶只能用有机过氧化物硫化，最常用的有机过氧化物是过氧化二异丙苯（DCP），用量一般2～3份。在有机过氧化物作交联剂时，往往还配入助硫化剂。

配入助硫化剂的理由是为了提高交联效率。这是由于乙丙橡胶中的丙烯单元上的叔氢比甲基上的氢及亚甲基上的氢易于被提取，而所形成的叔碳自由基因空间位阻等因素其偶联反应活性小于仲碳自由基及伯碳自由基，叔碳自由基易发生β断裂，引起大分子断链，而伯碳自由基易于发生交联反应，具体反应如下：

有机过氧化物自由基引发橡胶大分子产生自由基

$$RO\cdot + \sim\sim CH_2-CH_2-CH_2-\underset{\displaystyle CH_3}{\underset{|}{CH}}-CH_2-CH_2\sim\sim$$

$$\to \sim\sim CH_2-CH_2-CH_2-\underset{\displaystyle \dot{C}H_2}{\underset{|}{CH}}-CH_2-CH_2\sim\sim + ROH \quad \text{伯碳自由基}$$

$$\to \sim\sim CH_2-\dot{C}H-CH_2-\underset{\displaystyle CH_3}{\underset{|}{CH}}-CH_2-CH_2\sim\sim + ROH \quad \text{仲碳自由基}$$

$$\to \sim\sim CH_2-CH_2-CH_2-\underset{\displaystyle CH_3}{\underset{|}{\dot{C}}}-CH_2-CH_2\sim\sim + ROH \quad \text{叔碳自由基}$$

橡胶大分子自由基的反应

伯碳自由基易发生偶合反应如下：

$$\sim\sim CH_2-CH_2-CH_2-\underset{\displaystyle \dot{C}H_2}{\underset{|}{CH}}-CH_2-CH_2\sim\sim$$

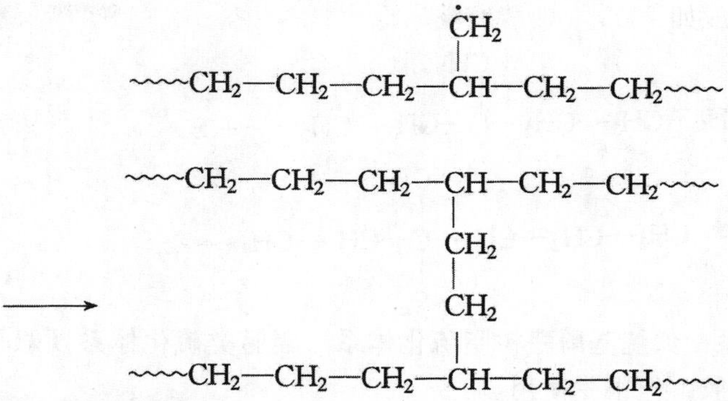

$$
\begin{array}{c}
\dot{C}H_2 \\
\sim\sim CH_2-CH_2-CH_2-\overset{|}{C}H-CH_2-CH_2\sim\sim
\end{array}
$$

$$
\longrightarrow
\begin{array}{c}
\sim\sim CH_2-CH_2-CH_2-CH-CH_2-CH_2\sim\sim \\
| \\
CH_2 \\
| \\
CH_2 \\
| \\
\sim\sim CH_2-CH_2-CH_2-CH-CH_2-CH_2\sim\sim
\end{array}
$$

叔碳自由基易发生β断裂如下：

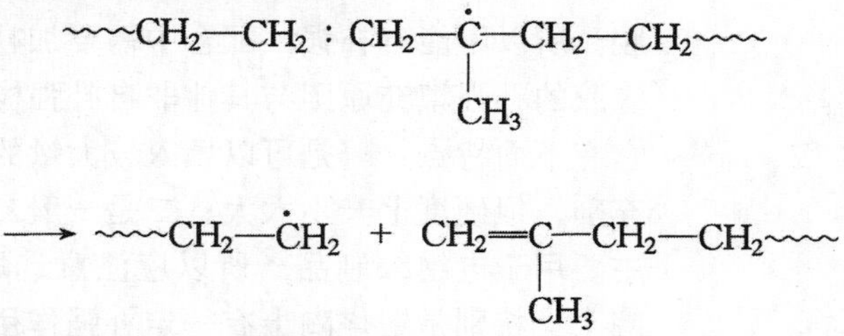

$$
\sim\sim CH_2-CH_2 \vdots CH_2-\underset{\underset{CH_3}{|}}{\dot{C}}-CH_2-CH_2\sim\sim
$$

$$
\longrightarrow \sim\sim CH_2-\dot{C}H_2 + CH_2=\underset{\underset{CH_3}{|}}{C}-CH_2-CH_2\sim\sim
$$

此外尚可能发生下述非交联反应：

双分子反应损失大分子自由基，但未引起断链

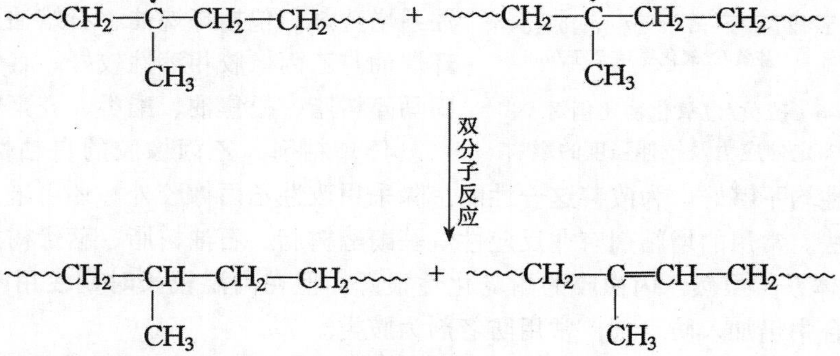

$$
\sim\sim CH_2-\underset{\underset{CH_3}{|}}{\dot{C}}-CH_2-CH_2\sim\sim + \sim\sim CH_2-\underset{\underset{CH_3}{|}}{\dot{C}}-CH_2-CH_2\sim\sim
$$

$$
\Big\downarrow \text{双分子反应}
$$

$$
\sim\sim CH_2-\underset{\underset{CH_3}{|}}{CH}-CH_2-CH_2\sim\sim + \sim\sim CH_2-\underset{\underset{CH_3}{|}}{C}=CH-CH_2\sim\sim
$$

单分子环化反应，损失大分子自由其，但未断链

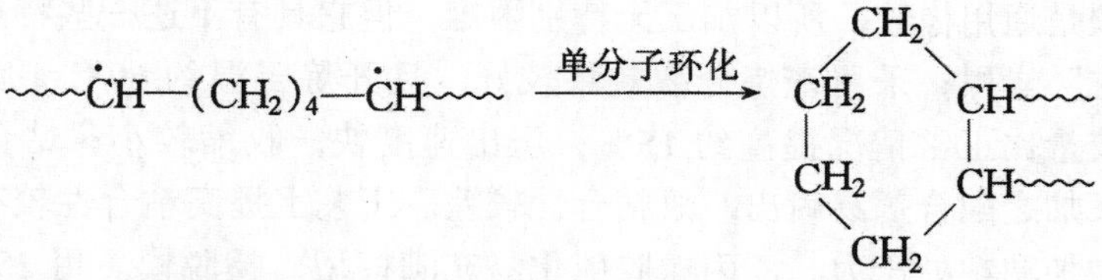

$$
\sim\sim \dot{C}H-(CH_2)_4-\dot{C}H\sim\sim \xrightarrow{\text{单分子环化}} \text{环状结构}(CH_2, CH_2, CH\sim\sim, CH\sim\sim, CH_2, CH_2)
$$

大分子自由基与过氧化物分解自由基结合，损失大分子自由基。

助硫化剂的作用就是为了有效地抑制主要由叔碳等自由基引起的断裂等非交联反应，使用象硫黄、链烯烃、马来酰亚胺等助硫化剂，或者称为助交联剂。这些助交联剂转移大分子链自由基，形成了空间位阻较小的、易于发生偶联（交联）反应的新自由基。所以就减少了断链。但是这些助交联剂既可能是从仲碳、伯碳自由基转移自由电子产生的新自由基，也可能是断链反应的先驱产物，因而情况是复杂的，所以也需要控制助交联剂的配合数量，最常用的助交联剂是硫黄，其用量一般在 0.3 份左右。其他的助交联剂尚有秋兰姆类促进剂等。硫黄/过氧化物比例对 EPDM 定伸应力和拉伸强度的影响如图 1－46 所示。助交联剂与橡胶大分子自由基的反应如下：

$$\sim\sim CH_2-CH_2-CH_2-\underset{\bullet}{\overset{CH_3}{\overset{|}{C}}}-CH_2-CH_2\sim\sim + S_x$$

$$\longrightarrow \sim\sim CH_2-CH_2-CH_2-\underset{\underset{\bullet S_x}{|}}{\overset{CH_3}{\overset{|}{C}}}-CH_2-CH_2\sim\sim$$

（3）其他硫化体系　如烷基酚醛树脂硫化体系，醌肟类硫化体系及双马来酰亚胺体系也可以硫化三元乙丙橡胶，但很少使用。

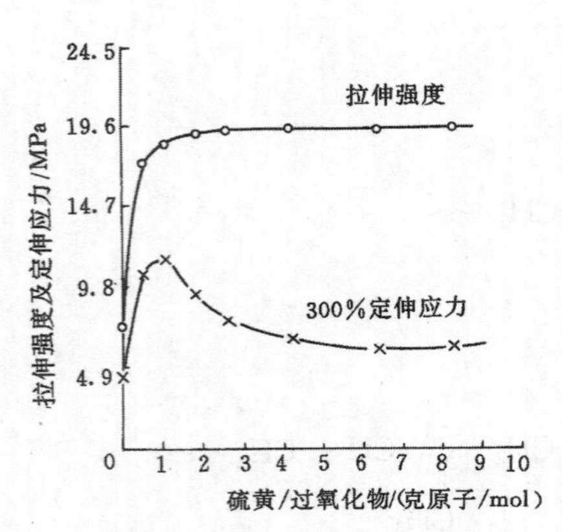

图1－46　硫黄/过氧化物比例对EPDM300％定伸应力及拉伸强度的影响

2. 补强填充体系　由于乙丙橡胶是非结晶橡胶，所以不能自补强，配合中需要加补强剂。乙丙橡胶的补强填充原则与其他非自补强橡胶一样，但它有下面特点：一是可以填入较大量的补强剂或填充剂，但硬度上升不太大；二是一般二元乙丙橡胶主要用于电绝缘制品，所以应注意选取配合体系。陶土，特别是锻烧陶土有一定补强作用，适于在电缆料中应用。

3. 增塑体系　乙丙橡胶最常用的增塑剂是石油系增塑剂，包括环烷油、石蜡油及芳香油。其中环烷油与乙丙橡胶相溶性较好。其他的增塑剂还有固马隆树脂、松焦油、酯类、齐聚物等。

4. 增粘剂　乙丙橡胶的自粘性及与其他材料之间的粘着性均不够好。为改善这一性能，除采用改性乙丙橡胶外，还可采用在配合时加入增粘剂的方法。常用的增粘剂有非反应性烷基酚醛树脂、石油树脂、萜烯树指、松香等。

5. 防护体系　虽然乙丙橡胶的耐老化性很好，但在高温较长时期使用时制品性能会下降，一般配合中仍加入防老剂，常用防老剂为胺类。

（二）乙丙橡胶加工

由于乙丙橡胶是通用橡胶，所以加工无特别困难，但它具有下述一些特点：乙丙橡胶不易包辊，不易“吃”炭黑；采用密炼分散效果较好，且开炼辊温约60℃，后辊可略高，采用密炼机炼胶容胶量比正常情况提高约15％；压出速度快，收缩较小；粘合成型差，它本身缺乏粘合性，又加之配合剂易喷出，故粘合性较差。工艺上提高粘合性较有效的办法是提高粘着处温度，增加贴粘处压力。乙丙橡胶硫化易充满模型，易脱模。用250℃熔融盐浴短时间硫化，对性能无明显影响，也可用微波硫化，连续生产电线电缆。

五、乙丙橡胶的应用

根据乙丙橡胶的性能特点，主要应用于要求耐老化、耐水、耐腐蚀、电气绝缘几个领域，如用于轮胎的浅色胎侧、耐热运输带、电缆、电线、防腐衬里、密封垫圈、建筑防水片材、门窗密封条、家用电器配件、塑料改性等。

第六节　丁　基　橡　胶

丁基橡胶是异丁烯与少量异戊二烯的共聚物。1943 年正式实现了工业化生产，并于 1960 年实现连续化生产氯化丁基橡胶。1971 年开发了溴化丁基橡胶的连续生产。丁基橡胶主要用于轮胎行业。

一、丁基橡胶的制造与分类

（一）制造

单体：异丁烯、异戊二烯

以 CH_3Cl 为溶剂，以三氯化铝（或三氟化硼）为催化剂在低温 -95℃下，通过阳离子聚合而制得。

（二）分类

通常按所含硫化点单体异戊二烯的数量即不饱和度及是否卤化来分类的。

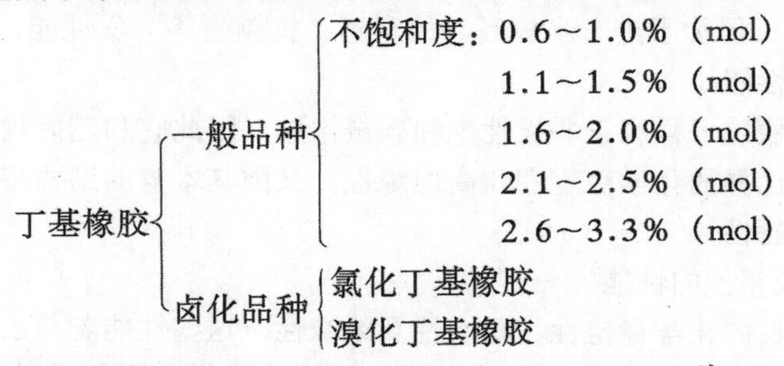

当然上述品种中尚有不同的门尼粘度的，例如有 ML_{1+4}100℃为 41～50、61～70、71～80 的，还有污染与非污染之分。

二、丁基橡胶的结构

丁基橡胶结构式为

$$-\!\!\left(\begin{array}{c}CH_3\\|\\C\\|\\CH_3\end{array}\!\!-CH_2\right)_x\!\!-\!\!\left(CH_2-\begin{array}{c}CH_3\\|\\C\end{array}\!\!=CH-CH_2\right)\!\!-\!\!\left(\begin{array}{c}CH_3\\|\\C\\|\\CH_3\end{array}\!\!-CH_2\right)_y$$

（一）分子链的结构

如图 1-12 所示，丁基橡胶分子链平均每个主链原子上便有一个体积比主链基团还要大的侧甲基。橡胶态的甲基摩尔体积为 22.8cm^3，主链 $-\overset{|}{\underset{|}{C}}-$ 、 $-CH_2-$ 基团摩尔体积分别为 4.75cm^3、16.45cm^3，所以对丁基橡胶来讲，主链周围有密集的侧甲基。

丁基橡胶与三元乙丙橡胶的双键位置不同，丁基橡胶的双键在主链上，而 EP(D)M 的双链在侧基上，这对于稳定性的影响是不同的，在主链上影响较大。

（二）异戊二烯的数量及分布

纯的聚异丁烯是完全饱和的，难于交联，所以引入少量异戊二烯使之成为硫化点。一般的丁基橡胶中的异戊二烯数量 0.6%～3.3%（mol），其典型含量为 2.0%～2.5%（mol）。在这一含量下，即是在丁基橡胶大分子链中每 97.5～98mol 的异丁烯才有 2～2.5 个异戊二烯。大约主链上平均有 100 个碳原子才有一个双键，而天然橡胶则是主链上每 4 个碳原子便有一个双键，所以丁基橡胶不饱和度是很低的。橡胶工业上也常称之为饱和橡胶，异戊二烯在丁基橡胶分子链中一般是单个存在的。分布是无规的，主要以反－1,4－聚合为主，有少量的1,2－聚合或3,4－聚合。

丁基橡胶基本上无支化，因为异戊二烯量很少。

(三) 聚集态结构

丁基橡胶是可以结晶的自补强橡胶，其结晶参数如下：

结晶类型：斜方晶系

晶胞尺寸，$a=0.694$nm　$b=1.196$nm　$c=1.863$nm

c 是等同周期，在一个等同周期中有 8 个异丁烯单元，其主链呈螺旋结构，转 5 周，晶胞中有两条分子链。

结晶熔点 T_m 为 45℃。无定形部分的 T_g 为－65℃。

丁基橡胶的结晶对低温不敏感，低温下不易结晶，高拉伸下才出现结晶，伸长率低于150％也未见结晶；若低于－40℃以下，再加上拉伸的条件，结晶则较快，未补强橡胶拉抻强度可达 14～21MPa，但为了进一步提高它的耐磨、抗撕裂等力学性能，往往还需要补强。

三、丁基橡胶的性能

丁基橡胶和乙丙橡胶一样属于非极性饱和碳链橡胶，因此它和乙丙橡胶相似，具有这类橡胶的共性，即具有优异的化学稳定性和高绝缘性，又因其本身的结构特征，所以导致了某些不同于乙丙橡胶的特性。

(一) 与乙丙橡胶相似的性能

丁基橡胶具有优良的化学稳定性、耐水性及绝缘性，这些性能若与乙丙橡胶相比均要稍逊一点，若与不饱和橡胶比则要好得多。它和乙丙橡胶一样也耐极性油，其低温性能也很好。丁基橡胶与其他弹性体硫化胶在磷酸酯油中的体积膨胀率见图 1－47。

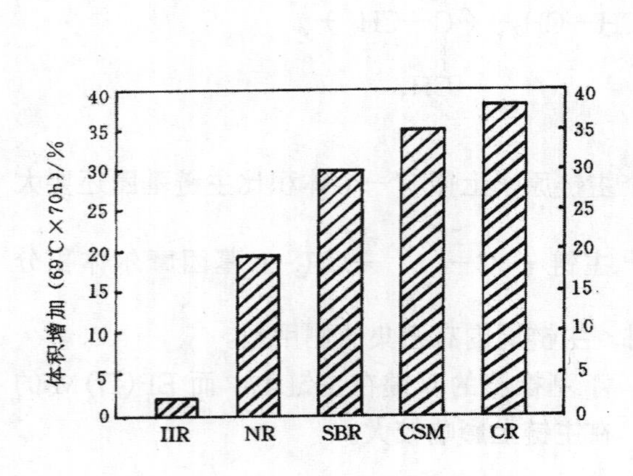

图 1－47　丁基橡胶与其他弹性体硫化胶在磷酸酯油中的体积膨胀率

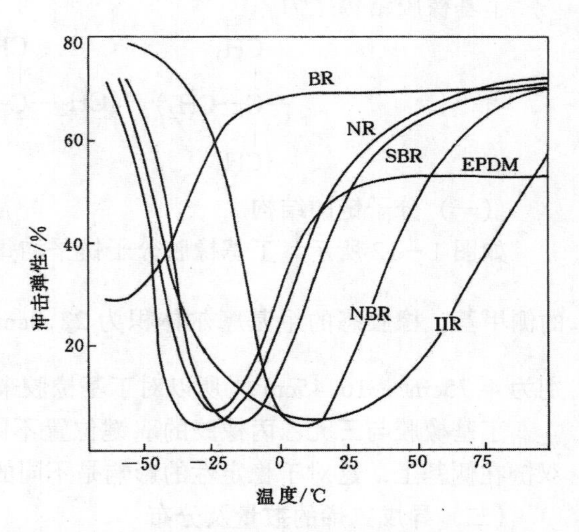

图 1－48　丁基橡胶与其他橡胶在不同温度下冲击弹性之对比

(二) 低的弹性和优异的阻尼性

这两个性能不同于乙丙橡胶。在通用胶中丁基橡胶的弹性是最低的，室温下冲击弹性仅为8%～11%。由图1－48可见，在0℃以上丁基橡胶的冲击弹性低于其他橡胶。这主要是因为密集的侧甲基使得它的分子链旋转位垒增 高的缘故。由表1－20简单分子中碳－碳之间σ键旋转位垒可见，与双键相邻的碳－碳间σ键旋转位垒低，且随σ键碳原子上甲基数量增加位垒增加。由此可以解释丁基橡胶弹性低。

表1－20　不同结构化合物中σ键旋转位垒

碳氢化合物结构	σ键旋转位垒/(kJ/mol)
CH_3—$CH=CH_2$	8.2
CH_3—CH_3	11.7
CH_3—$CH(CH_3)_2$	16.3
CH_3—$C(CH_3)_3$	18.4

表1－21　一些橡胶的温度范围

(tanδ≥0.5，频率10≤f≤1000Hz)

聚　合　物	温度/℃		范围/℃
	始	终	
氯磺化聚乙烯橡胶（20）	－5	13	18
氟橡胶（维通A）	4	25	21
2－氯丁二烯丙烯腈的共聚物	4	25	21
天然橡胶	－45	－23	22
丁苯橡胶	－33	－14	19
丁基橡胶	－47	18	65
聚氨酯No.1	－34	2	36

丁基橡胶具有较好的阻尼性，即吸收振动性。图1－49是阻尼方面常用的几种橡胶的损耗角正切与频率的关系。表1－21是几种橡胶在频率从10～1000Hz范围内，tanδ≥0.5条件下的温度范围。由图1－49及表1－21可见。丁基橡胶是最好的阻尼材料，它的优点是在宽的温度范围和非常宽的频率范围内可以保持tanδ≥0.5。例如在25℃下，保持tanδ≥0.5的丁基橡胶的频率范围可以超越六个数量级。

（三）优异的气密性

在通用橡胶中，丁基橡胶有最好的气密性，即有很小的气体渗透率，各种橡胶在不同温度下对空气的渗透率见图1－50。如果按整个聚合物排列，丁基橡胶的气密性是中等的。尼龙、聚氯乙烯、聚乙烯醋酸乙烯酯、酚醛树脂、聚甲醛和聚偏二氯乙烯等对氮气的气密性均优于丁基橡胶，见表1－22。

气密性以渗透率Q来表征。渗透率是指单位压差下，单位时间内通过单位厚度单位面积聚合物的气体量（一般指标准状态下的体积），量纲为m^2/（Pa·s）。图1－50中使用的量纲为cm^3/（cm.s.bar）两者的关系为$1m^2/(Pa\cdot s)=10^9cm^3/(cm.s.bar)$。

表 1-22 室温下聚合物对氮气的透气率

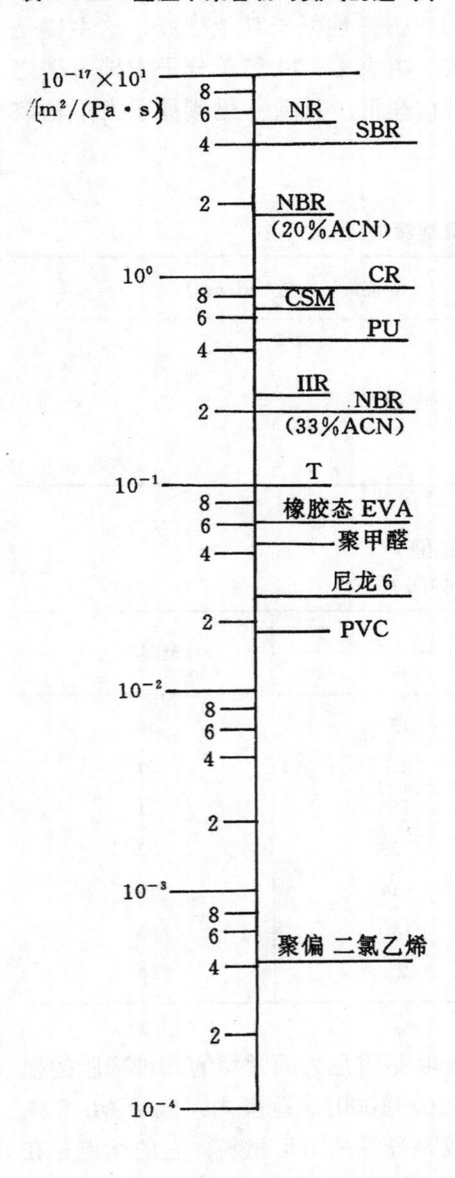

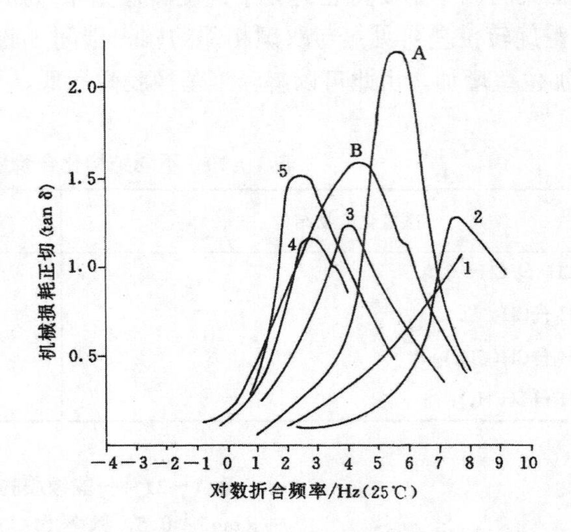

图 1-49 几种橡胶的损耗正切峰与频率的关系

1—氯丁橡胶；2—三元乙丙橡胶（ECD-330）；3—氯磺化聚乙烯橡胶；4—氟橡胶（维通 A）；5—2-氯丁二烯丙烯腈的共聚物（ECD-324）；A—天然橡胶；B—丁基橡胶

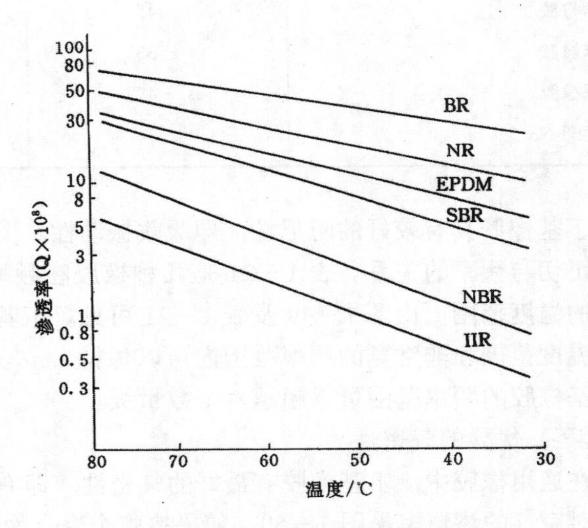

图 1-50 不同品种橡胶在不同温度下的空气渗透率

气体对聚合物的渗透率决定于气体在聚合物中的溶解度和扩散率。室温下几种简单气体在聚合物中的溶解度见表 1-23。由表可见，某给定气体在不同聚合物中溶解度变化不大，而不同的气体在同一聚合物中的溶解度相差较大，这是因为聚合物中气体的溶解度可能与聚合物的溶解度参数有关。扩散率是在单位浓度梯度的推动下，单位时间内通过单位面积的物质的量。简单气体与聚合物之间的作用很弱，以至于扩散率与渗透物质的浓度无关，一般认为气体的扩散是一种热活化过程。气体分子象一个尺寸探测小球从一个空穴向前迁移到另一个空穴，一步步地穿过聚合物。若聚合物分子链柔

性好，自由体积大，便有利于扩散。在各种聚合物中简单气体的扩散率见表1－24，由表可

表1－23　简单气体在聚合物中的溶解度

S（298），$10^{-5}m^3$（标准状态）/（$m^3\cdot Pa$）

聚　合　物	N_2	O_2	CO_2	H_2
聚丁二烯	0.045	0.097	1.00	0.033
顺1，4－聚异戊二烯(天然橡胶)	0.055	0.112	0.90	0.037
氯丁橡胶	0.036	0.075	0.83	0.026
丁苯橡胶	0.048	0.094	0.92	0.031
丁腈橡胶80/20	0.038	0.078	1.13	0.030
丁腈橡胶73/27	0.032	0.068	1.24	0.027
丁腈橡胶68/32	0.031	0.065	1.30	0.023
丁腈橡胶61/39	0.028	0.054	1.49	0.022
聚异丁烯(丁基橡胶)	0.055	0.122	0.68	0.036
聚氨酯橡胶	0.025	0.048	(1.50)	0.018
硅橡胶	0.081	0.126	0.43	0.047
反－1，4－聚异戊二烯(古塔波胶)	0.056	0.102	0.97	0.038
高密度聚乙烯	0.025	0.047	0.35	—
低密度聚乙烯	0.025	0.065	0.46	—
聚苯乙烯	—	0.055	0.65	—
聚氯乙烯	0.024	0.029	0.48	0.026

表1－24　简单气体在聚合物中的扩散率

D（298），$10^{-10}m^2/s$

聚　合　物	扩　散　气　体			
	N_2	O_2	CO_2	H_2
	D(298)	D(298)	D(298)	D(298)
聚丁二烯	1.1	1.5	1.05	9.6
顺－1，4－聚异戊二烯(天然橡胶)	1.1	1.6	1.1	10.2
氯丁橡胶	0.29	0.43	0.27	4.3
丁苯橡胶	1.1	1.4	1.0	9.9
丁腈橡胶80/20	0.50	0.79	0.43	6.4
丁腈橡胶73/27	0.25	0.43	0.19	4.5
丁腈橡胶68/32	0.15	0.28	0.11	3.85
丁腈橡胶61/39	0.07	0.14	0.038	2.45
聚异丁烯(丁基橡胶)	0.05	0.08	0.06	1.5
聚氨酯橡胶	0.14	0.24	0.09	2.6
硅橡胶	15	25	15	75
反－1，4－聚异戊二烯(古塔波胶)	0.50	0.70	0.47	5.0
高密度聚乙烯	0.10	0.17	0.12	—
低密度聚乙烯	0.35	0.46	0.37	—
聚苯乙烯	0.06	0.11	0.06	4.4
聚氯乙烯	0.004	0.012	0.0025	0.50

见，某一给定气体对不同聚合物扩散率差异很大，不同气体对同一聚合物的扩散率相差也很大，丁基橡胶对几种简单气体的扩散率都较小。气体对于聚合物的扩散率还与气体分子的直径密切相关，常见的几种气体直径（nm）如下：

H_2，0.282　　　　O_2，0.347

N_2，0.380　　　　CO_2，0.380

丁基橡胶有良好的气密性，使得它特别适于制作气密性产品，如内胎、球胆等，作充气制品有长时间保压作用，丁基橡胶内胎与天然橡胶内胎保压情况见表 1－25。丁基橡胶内胎可以长时间保压，不必经常打气。

表 1－25　丁基橡胶内胎与天然橡胶内胎对空气气密性对比

内胎胶料	原始压力/MPa	压降/MPa		
		1 周	2 周	1 个月
NR	0.193	0.028	0.056	0.114
IIR	0.193	0.003	0.007	0.014

四、丁基橡胶的配合加工

丁基橡胶与乙丙橡胶一样，具有比不饱和橡胶难于硫化、难于粘接、低配合剂溶解度、包辊性不太好等共性。但它又具有不能用过氧化物硫化、一般炭黑对它补强效果较差，与一般二烯类橡胶相容性差、对加工设备要求清洁，不能混入其他二烯类橡胶的特点。

（一）配合

1．硫化　丁基橡胶可用较强的硫黄促进剂体系、树脂、醌肟，在较高温度 150℃ 以上进行较长时间的硫化。用过氧化物硫化会引起断链，故不采用。其机理和乙丙橡胶中的 β 断裂一样，可产生下列一些断链：

$$\sim\sim CH_2-\underset{\underset{\cdot}{CH_2}}{\overset{CH_3}{C}}-CH_2-\underset{CH_3}{\overset{CH_3}{C}}\sim\sim \longrightarrow \sim\sim CH_2-\underset{\| \atop CH_2}{\overset{CH_3}{C}} + \dot{C}H_2-\underset{CH_3}{\overset{CH_3}{C}}\sim\sim$$

$$\sim\sim CH_2-\underset{\cdot}{\overset{CH_3}{C}}-CH_2-\underset{CH_3}{\overset{CH_3}{C}}\sim\sim \begin{cases} \nearrow \sim\sim CH_2-\overset{CH_3}{C}=CH_2 + \cdot\underset{CH_3}{\overset{CH_3}{C}}-CH_2\sim\sim \\ \searrow \sim\sim CH_2-\overset{CH_2 \atop \|}{CH} + \dot{C}H_2-\underset{CH_3}{\overset{CH_3}{C}}-CH_2\sim\sim \end{cases}$$

如果分子链中异戊二烯含量达3%（mol），可出现分子量的净增，说明交联多于断裂。因为有人估计，异丙苯氧自由基与异戊二烯单元反应活性比与异丁烯单元反应活性高300倍。

丁基橡胶用硫黄硫化体系硫化时，硫黄用量较不饱和橡胶少，2～3份即足够，超过1.5份会产生喷霜。一般采用秋兰姆和二硫代氨基甲酸盐类作第一促进剂，噻唑类或胍类作第二促进剂。用树脂硫化产生 —C—C— 、 —C—O—C— 交联，耐热，在150℃×120h热老化后交联密度基本不变化，压缩永久变形小，无返原。醌肟硫化体系的硫化胶耐热性特别好，但目前这个体系使用不多。

2．补强填充体系　虽然丁基橡胶是自补强橡胶，但为了进一步提高其性能、降低成本，往往还加补强剂、填充剂。最常用的是炭黑，但炭黑对丁基橡胶的补强性较对一般橡胶低，结合胶只有5%～8%。如果采用热处理剂。例如用*N*，4－二亚硝基－*N*－甲基苯胺0.5份在160℃下使橡胶炭黑混合2～3min或135℃以上混合10min，其补强效果大为提高，所以有时丁基橡胶混炼时要增加热处理这一加工过程（若用密炼机炼胶，不必另增加上述过程），但实际工程上一般不采用，性能也够用。无机填料的使用和一般橡胶一样，对白炭黑也可以采用活性剂热处理方法。

3．增塑体系　增塑不宜用高芳烃油及不饱和度高的增塑剂，而宜用石蜡或石蜡油5～10份或凡士林5～15份、或适量环烷油等。

（二）加工

1．炼胶　丁基橡胶不易塑炼，若加入DCP或五氯硫酚等塑解剂均可使其断链，提高塑性。混炼时用密炼效果优于开炼。密炼容量比丁苯橡胶、天然橡胶的标准容胶量增加10%～20%。混炼起始温度70℃，排胶温度高于125℃，一般155～160℃为宜，丁基橡胶密炼时可采用三种方法：一般混炼法，适于低粘度胶料；逆炼法，适于高粘度胶料，例如高填料的胶料；若胶料采用热处理，可用二段混炼方法。对于开炼，为了获得好的分散效果可使用引料法，但这种方法引料中不应含有硫黄。开炼开始不易包辊，也可采用引料法及薄通法加以克服。开始辊温以70℃为宜，前辊比后辊低10℃。丁基橡胶易包冷辊。一般先加硫黄，最后加促进剂。

2．压出压延　丁基橡胶的压出压延要比天然胶困难得多。做内胎胶压出前要过滤后才加硫黄，若先加硫黄则必须保证过滤不引起焦烧。热炼供胶以约70℃为宜，要均匀供胶以免卷入空气。

3．成型与硫化　丁基橡胶自粘性及与其他橡胶的互粘性都很不好。为了有良好的粘合，除配方增加增粘成分外，在工艺上也要注意粘合面的除油污，采用卤化丁基橡胶作增粘层，提高粘合部位压力及温度等措施。丁基橡胶需要较长时间的高温硫化方可达到最佳硫化状态。厚制品硫化时应注意它的传热速度比天然橡胶慢。如用脱模剂时，硅油较好。

五、卤化丁基橡胶

（一）卤化丁基橡胶的结构

为了提高丁基橡胶的硫化速度，提高与不饱和橡胶的相容性，改善自粘性和与其他材料的互粘性，对丁基橡胶进行了卤化，包括氯化及溴化。一般氯化的含氯量为1.1%～1.3%，主要反应在异戊二烯链节双键的α位上。溴化丁基橡胶含溴约占2%。常用Exxon CIIR HT－1068及Polysar BrIIR X2的卤化情况如下：

CH_2 Cl Cl Cl Cl

~90%　　~9%　　~1%

EXXON CIIR HT-1068

Br CH_2 CH_2 Br Br Br Br

~5%　　~10%

30%~82%　　18%~70%

POLYSAR BrIIR X2

由上式可见卤化丁基橡胶中，90%以上是烯丙基卤的结构，这种卤素较活泼，易于起反应。

(二) 卤化丁基橡胶的硫化

卤化丁基橡胶主要利用烯丙基氯及双键活性点进行硫化。丁基橡胶的各种硫化系统均适于卤化丁基橡胶，但卤化丁基橡胶的硫化速度较快。此外，卤化丁基橡胶还可用硫化氯丁橡胶的金属氧化物如氧化锌3~5份硫化，但硫化较慢。

六、丁基橡胶的应用

丁基橡胶和卤化丁基橡胶主要用于轮胎业，特别适用于做内胎、胶囊、气密层、胎侧以及胶管、防水建材、防腐蚀制品、电气制品、耐热运输带等。

作上述制品时要根据不饱和度来选择丁基橡胶的牌号。由图1-51可见，一般电气制品选不饱和度偏低的，因它电绝缘性能好。耐热制品选不饱和度偏高的，这与常规的观念相反，主要是因为丁基橡胶热老化变软，交联密度下降；而不饱和度偏高的胶起始交联度大，老化后剩下的交联度比低不饱和度的高，再则不饱和度偏高的胶在老化中硬度下降幅度小，所以性能仍较好，见图1-52。

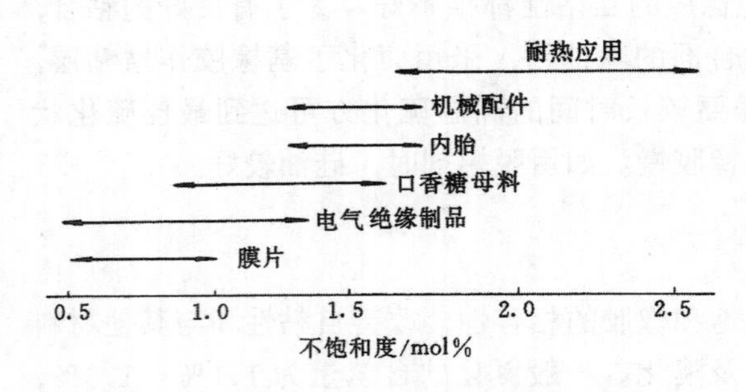

图1-51　不同不饱和度IIR的应用范围

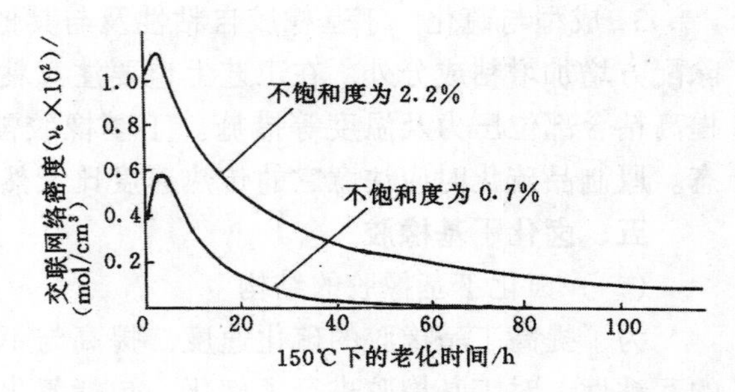

图1-52　不饱和度对不同老化时间的交联网络密度的影响

配方：IIR 100，ZnO 5，SA 1，DM 1，二乙基二硫代氨基甲酸碲2，S 1.5

硫化条件：145℃×20min

第七节 丁腈橡胶

丁腈橡胶是1937年工业化生产的，目前已有许多厂家生产300多个牌号的产品。由于工业发展要求越来越苛刻，所以又出现了一些改性或特殊性能的丁腈橡胶。

一、丁腈橡胶的制造及分类

（一）制造

单体 丙烯腈（ACN）、丁二烯

聚合 丁腈橡胶的聚合类似于乳液聚合丁苯橡胶的合成方法，有高温乳液聚合（50℃）及低温乳液聚合（5℃）。目前主要采取低温乳液聚合。

（二）分类

主要根据ACN含量分类，此外尚有一些特殊品种。

普通品种：
- 极高ACN含量 43%以上
- 高ACN含量 36%～42%
- 中高ACN含量 31%～35%
- 中ACN含量 25%～30%
- 低ACN含量 24%以下

特殊品种：
- 氢化丁腈橡胶
- 羧基丁腈橡胶
- 液体丁腈橡胶
- 粉末丁腈橡胶

二、丁腈橡胶的结构

结构式

$$\left(CH_2-CH=CH-CH_2\right)_x\left(CH_2-\underset{\displaystyle CN}{\underset{|}{CH}}\right)_y\left(CH_2-\underset{\displaystyle CH_2}{\underset{\|}{\underset{\displaystyle CH}{\underset{|}{CH}}}}\right)_z$$

（一）丙烯腈含量与丁腈橡胶的极性

丁腈橡胶的丙烯腈（ACN）含量从16%～52%，典型含量为34%。由于丙烯腈的摩尔质量为53而丁二烯的摩尔质量为54，所以两者的重量比近似地等于摩尔比。当ACN含量为16%时，相当于大分子链上有5.2个丁二烯单元才有一个ACN单元。而当ACN含量为50%时，则相当于大分子链上有一个丁二烯单元便有一个ACN单元。商品的丁腈橡胶中ACN含量范围比较大，随ACN含量增加，大分子极性增加，带来一系列性能上的变化。

ACN是一种极性很强的化合物，在各种基团中腈基的负电性最大，其顺序如下：

$$\overbrace{CN > NO_2 > F > Cl > Br > I > CH_3O > C_6H_5 > CH_2=CH > H}^{-I}\ \overbrace{CH_3}^{+I}$$

例如$\overset{\delta+}{CH_3}\longrightarrow\overset{\delta-}{CN}$的偶极矩为$13.36\times10^{-30}$C·m（4 Debye），相当于完全离子键偶极矩的70%，而$\overset{\delta+}{CH_3}\longrightarrow\overset{\delta-}{Cl}$的偶极矩为$6.48\times10^{-30}$C·m（1.94 Debye）。

随ACN含量上升，丁腈橡胶的内聚能密度迅速增高，溶解度参数迅速增加，极性增加，见

图 1－53。由图可见，当 ACN 含量为 16％时，丁腈橡胶的溶解度参数相当于已二酸二辛酯的溶解度参数。而当 ACN 为 34％时，丁腈橡胶的溶解度参数相当于苯胺的溶解度参数。

（二）丁腈橡胶的聚集态及两种单元的键合方式

一般丁腈橡胶中两种单元之间是无规共聚的。其中，丁二烯主要以反－1,4－方式键合，少量的以顺－1,4－方式或1,2－方式键合。例如 28℃聚合时反－1,4－键合占 77.6％，顺－1,4－键合占 12.4％，1,2－键合占 10.5％。这主要决定于聚合温度。当聚合温度较低时反－1,4－含量增多，另外两种结构减少。

丁腈橡胶是非结晶的无定形高聚物，其 T_g 随 ACN 含量增加而提高，如图 1－54。由图可见，丁腈橡胶的 T_g 与 ACN 含量呈线性关系。

三、丁腈橡胶的性能

丁腈橡胶是极性不饱和碳链橡胶，它具有不饱和橡胶的共性，它的加工和配合均与丁苯橡胶相似，本节不再详述。同时它还具有 ACN 单元极性所带来的一些特点，下面将进一步讲述。

（一）一般性能

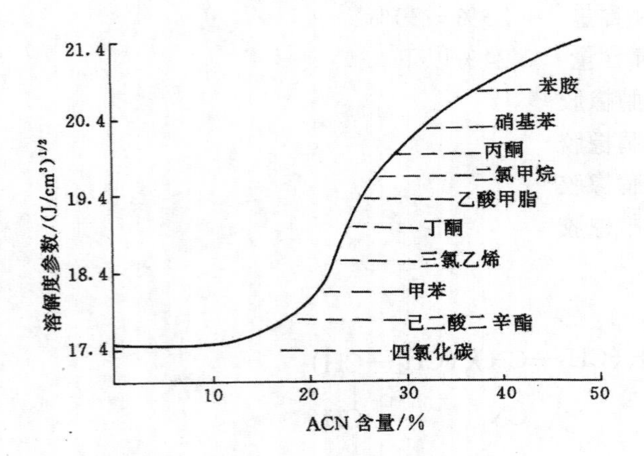

图 1－53　ACN 含量对丁腈橡胶溶解度参数的影响和某些溶剂的溶解度参数的相当关系

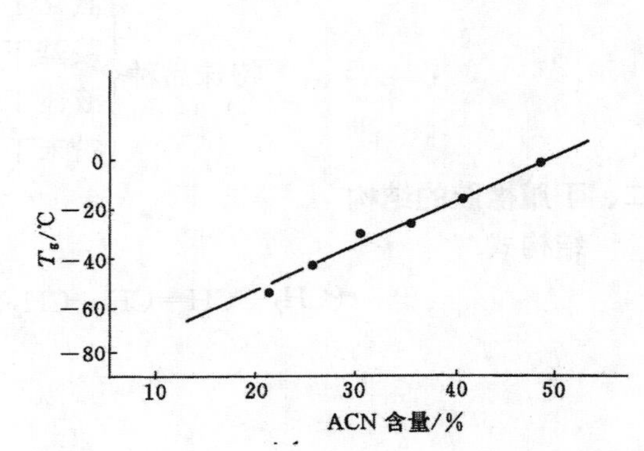

图 1－54　丙烯腈含量对玻璃化温度（T_g）的影响

丁腈橡胶具有中下等的耐热性，即它的耐热性比天然橡胶、丁苯橡胶和顺丁橡胶高，长时间使用温度为 100℃，120℃下使用 40 天，150℃下仅能使用 3 天。

耐臭氧性能比氯丁橡胶差。比天然橡胶好。

需要补强才具有适用的力学性能和较好的耐磨性。

气密性较好，当 ACN 含量为 39％时，其气密性与丁基橡胶相当。

抗静电性较好，它的体积电阻为 $10^9 \sim 10^{10}\Omega\cdot cm$，等于或低于半导体材料体积电阻 $10^{10}\Omega\cdot cm$ 这一临界上限值，所以丁腈橡胶是一种半导体材料。在通用橡胶里是独一无二的，利用这种优点可以制作抗静电的橡胶制品。

低温柔性不够好。

与极性物质，如 PVC、酚醛树脂、尼龙有较好的相容性。

配合中使用极性酯类增塑效果较好。

总体上讲，丁腈橡胶易于加工，但由于 ACN 单元会使硫黄溶解度下降，所以混炼时硫黄应先加为宜。另外丁腈橡胶的自粘性较低，混炼生热量较大，包辊性不够好，加工中应予注意。

（二）优秀的耐油性

在通用橡胶中，丁腈橡胶的耐油性最好。丁腈橡胶耐石油基油类、苯等非极性溶剂的能力远优于天然橡胶、丁苯橡胶、丁基橡胶等非极性橡胶，也优于极性的氯丁橡胶。但丁腈橡胶的耐极性油和极性溶剂的能力却不好，如耐乙醇能力就不如非极性橡胶。

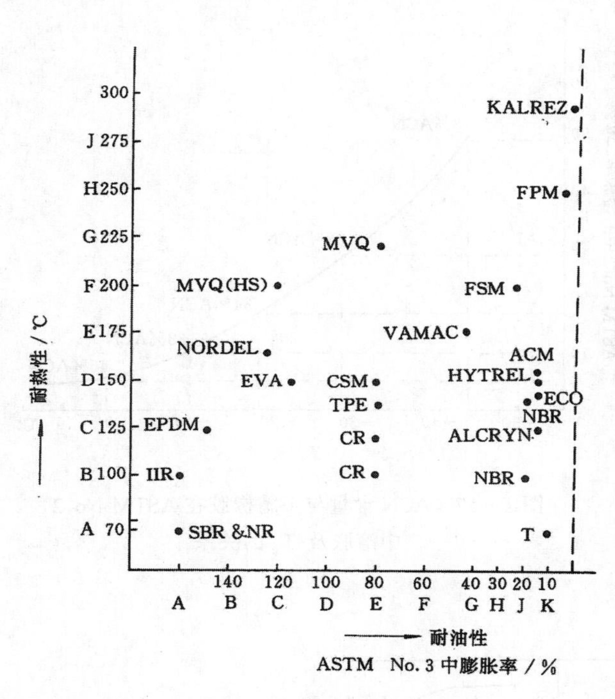

图 1－55 橡胶密封材料的耐热性和耐油性

1. 在 ASTM No.3 油中试验温度：
   A 70℃ B 100℃ C 125℃ D～J 150～275℃；
2. SAE J200/ASTM D2000 分类中只包括已硫化的弹性体。在此，为了比较也列出了 Hytrel Alcryn 和其他一些热塑性弹性体；
3. 耐热及耐油性与每个品种中的牌号及配方还有很大关系；
4. KALREZ 全氟醚弹性，VAMAC 乙烯－丙烯酸甲酯共聚物，ALCRYN 热塑性弹性体，NORDEL 三元乙丙橡胶，FSM 硅氟橡胶，HYTREL 聚酯型热塑性弹性体

据美国汽车工程师学会（SAE）对橡胶材料的分类（J200/ASTM D2000），将各种橡胶按耐油性和耐热性分为不同的等级，见图 1－55，图上横坐标表示浸 ASTM No.3 油的膨胀百分率，分为 A、B … K 各等级，等级越高越耐油。纵坐标表示耐热等级，从 A 到 K，等级越高越耐热，丁腈橡胶耐热性不高，仅达 B 级，但耐油性高，达到了 J 级。这是因为丁腈橡胶极性大，与非极性油类不互溶，也不发生化学反应。

几种弹性体的耐油性及使用温度下限见图 1－56。由图可见，丁腈橡胶具有较好的耐油性，使用下限温度比氟橡胶及均聚氯醇橡胶好。

另外，丁腈橡胶本身的 ACN 含量增大则耐油性明显提高，见图 1－57。所以在要求耐油性高的场合，应选用高 ACN 的丁腈橡胶。

由于石油基油品由天然原料炼制，其油品的组分受原油的产地和炼制方法影响，所以同样是 10 号机油，不同产地的其组分就可能不同。组分变化自然影响到极性，对橡胶的作用也会因此而不同。为了统一标准，ASTM 制定了五种标准油，其中两种是燃油，用苯胺点控制其极性。苯胺点的含意是等体积的油与苯胺互溶的最低温度。若某油品的苯胺点低，说明在较低的温度下即可以互溶，该油的极性较高；反之，油的极性则小。

标准油	ASTM No.1	ASTM No.2	ASTM No.3	燃油 A	燃油 B
苯胺点/℃	124	97	70	45	0

（三）丁腈橡胶性能与 ACN 含量的关系

随着ACN含量的增大，丁腈橡胶极性增大，大分子链的柔性下降，分子间作用力增大，大分子链上双键减少，不饱和度下降，所以带来了一系列性能的变化，见表1－26。

表1－26说明了ACN含量对丁腈橡胶性能影响。图1－58进一步表明了ACN含量的变化对硬度、弹性、压缩永久变形和脆性温度的影响程度。由图看出，ACN含量在40％左右时对压缩永久变形性、75℃下的弹性、硬度都是一个临界点。如果耐油性满足要求，应尽量使用ACN含量低于40％的。

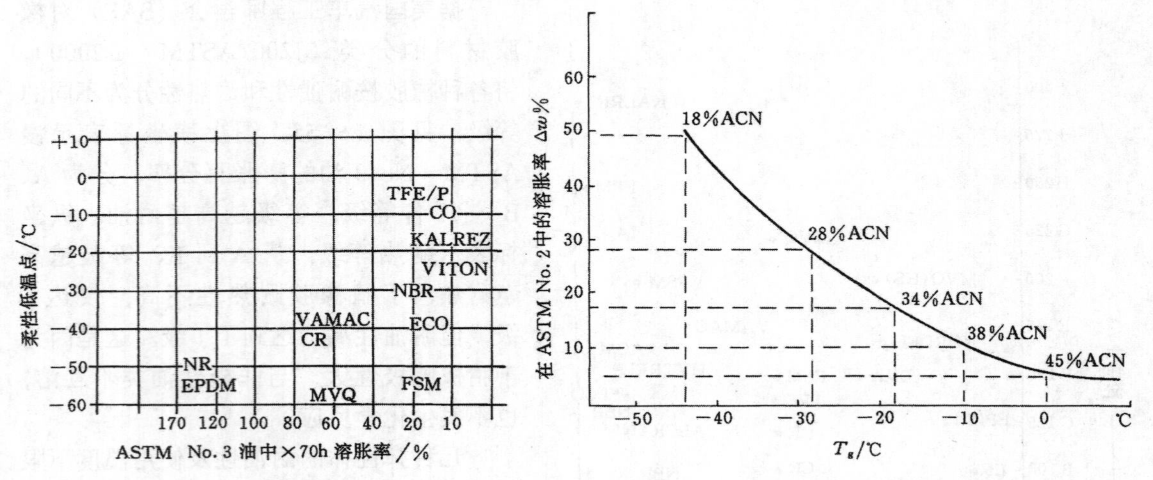

图1－56　几种弹性体的使用温度下限及耐油性

图1－57　ACN含量与丁腈橡胶在ASTM No.2中溶胀及T_g的关系

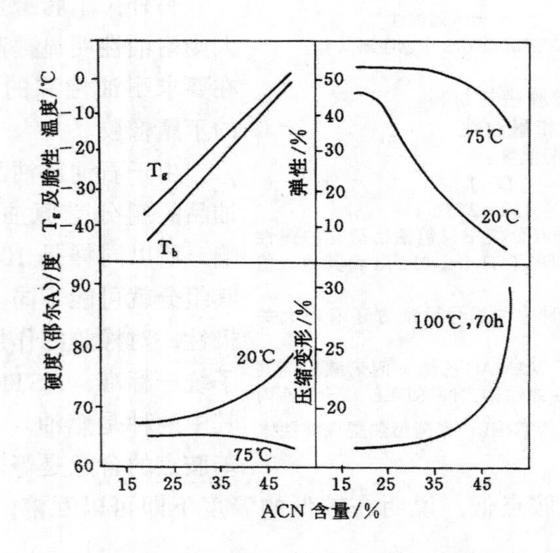

图1－58　ACN含量对丁腈橡胶的压缩永久变形、脆性温度、弹性和硬度的影响

表 1－26 ACN 含量对性能影响

ACN 含量	耐热性	耐臭氧老化	溶解度参数	玻璃化温度	耐油性	气密性	抗静电性	绝缘性	强度	耐磨性	密度	耐压缩永久变形性	常温硬度	弹性	低温柔性	自粘性	加工生热量	包辊性
高 ↑ 低	↑	↑	↑	↑	↑	↑	↑	↓	↑	↑	↑	↓	↑	↓	↓	↓	↑	↓

四、特殊品种的丁腈橡胶

由于石油工业、汽车工业的发展对橡胶的耐油性能提出了更加苛刻的要求，使得一般丁腈橡胶性能不能很好地满足使用要求，所以人们在丁腈橡胶的改性方面做了一些研究。现已商品化生产的有完全氢化丁腈橡胶（HNBR）、不完全氢化丁腈橡胶（HSNBR）、羧基丁腈橡胶（XNBR）、键合型丁腈橡胶（AONBR）及热塑性丁腈橡胶。此外尚有粉末丁腈橡胶、液体丁腈橡胶等。

（一）氢化丁腈橡胶

氢化丁腈橡胶的一般性能近似于丁腈橡胶，但它更耐热、耐石油工业工作条件，它填补了 FPM 与丁腈橡胶之间的空白，性能见表 1－27。由表可知，HSNBR 的耐酸性油类性能及耐老化性能远优于一般的丁腈橡胶。

表 1－27 不完全氢化的丁腈橡胶与标准丁腈橡胶性能对比

配　方		
HSNBR(45％ ACN, ML_{1+4}100℃ 80)	100.0	—
NBR(41％ ACN, ML_{1+4} 100℃ 75)	—	100.0
2－硫醇基甲苯基咪唑锌盐	1.5	1.5
取代二苯胺(Naugard 445)	1.5	1.5
硬脂酸	0.5	0.5
氧化锌	5.0	5.0
炭黑 N330	50.0	60.0
硫黄	0.5	1.5
促进剂 TMTD	1.5	—
促进剂 M	0.5	—
促进剂 TMTM	—	0.2
促进剂 TETD	1.0	—
促进剂 DM	—	1.5
增塑剂 DOP	—	5.0
性　能		
ML_{1+4} 100℃	99	112
160℃下硫化曲线 t_5/min	3.1	2.5
t_{90}/min	20.0	13.4
硫化时间(160℃)/min	20.0	20.0
150℃下二段硫化/h	4.0	—
硬度(邵尔 A)/度	84	84
拉伸强度/MPa	28.3	29.1
200％定伸应力/MPa	19.5	22.7
扯断伸长率/％	310	270
酸气中 150℃×168h 老化(H_2S 4.8％, CO_2 20％, CH_4 75.2％)		
拉伸强度变化率/％	－7	－84
扯断伸长率变化率/％	－55	－98
硬度变化(邵尔 A)/度	－7	－8
酸性液体中 150℃×168h 老化(柴油 95％, H_2O 4％, NACE 胺 B/％)		
拉伸强度变化率/％	－29	－87
扯断伸长率变化率/％	－55	－92
硬度变化(邵尔 A)/度	－9	－2

HNBR（完全氢化的 NBR）的过氧化物硫化胶在150℃有 H_2S 存在下，参考原油中老化后性能的变化见图 1－59。由图可见，HNBR 优于 NBR 和 FPM。它特别适于制作深石油井中工作的橡胶件。

参考原油组分（%质量）：

ASTM No.3 油	99.5
二胺基苯	0.25
N，*N'*－二（1，4－二甲基戊基）对亚苯基二胺	0.25

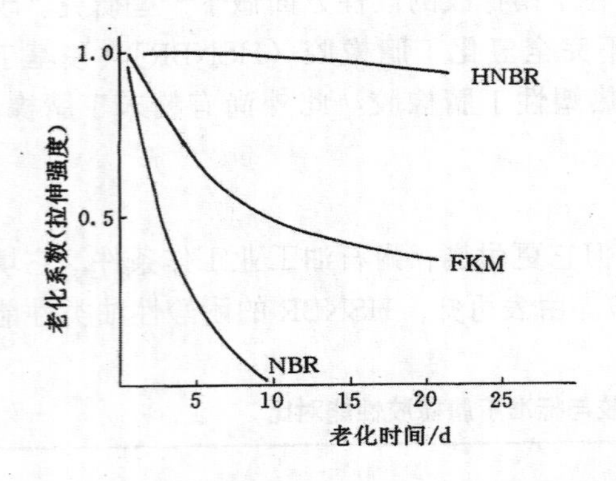

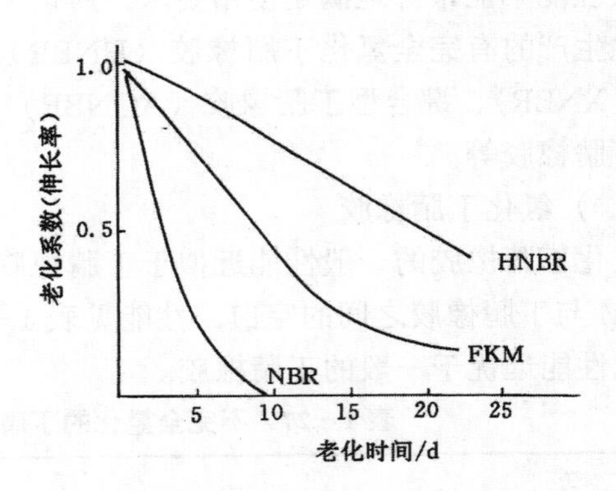

图 1－59　150℃有 H_2S 存在下在参考原油中 HNBR 拉伸强度和伸长率的相对变化

五、丁腈橡胶的应用

主要应用于耐油制品，例如各种密封制品。其他还有作为 PVC 改性剂及与 PVC 并用做阻燃制品，与酚醛并用做结构胶粘剂，做抗静电性能好的橡胶制品等。

第八节　氯　丁　橡　胶

氯丁橡胶于 1931 年实现工业化，开始由美国杜邦公司生产。现已有 10 多个国家生产氯丁橡胶。全世界年生产量约为 70 万吨。

一、氯丁橡胶的制造及分类

（一）制造

单体氯丁二烯

聚合方法　氯丁橡胶一般采用乳液聚合，硫调型的一般聚合温度约有 40℃，非硫调型的聚合温度在 10℃以下。

（二）分类

主要根据制法及用途分类。

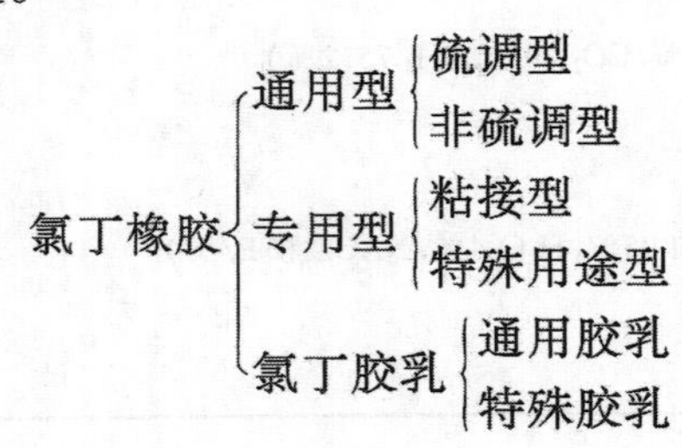

二、氯丁橡胶的结构

结构式如下：

$$\text{硫调型}\quad -\!\!\left(CH_2-\overset{\overset{\large Cl}{|}}{C}=CH-CH_2\right)_n\!\!-S_x- \qquad x=2\sim6 \quad n=80\sim110$$

$$\text{非硫调型}\quad -\!\!\left(CH_2-\overset{\overset{\large Cl}{|}}{C}=CH-CH_2\right)_n$$

(一) 微观结构

硫调型氯丁橡胶也称为通用型或 G 型。由于它在合成时用硫黄及秋兰姆做调节剂，所以分子链中有多硫键。而非硫调型，也称 W 型，制造时用硫醇做调节剂，分子链中不含硫黄。氯丁橡胶中氯丁二烯单元键合方式如下：

$$-CH_2-\underset{\underset{\large Cl}{|}}{C}=\overset{\overset{\large H}{|}}{C}-CH_2- \qquad \text{反式}-1,4 \quad \text{约 }85\%$$

$$-CH_2-\overset{\overset{\large Cl}{|}}{C}=\overset{\overset{\large H}{|}}{C}-CH_2- \qquad \text{顺式}-1,4 \quad \text{约 }10\%$$

$$-CH_2-\overset{\overset{\large Cl}{|}}{\underset{\underset{\large CH=CH_2}{|}}{C}}- \qquad 1,2-\text{加成} \quad \text{约 }1.5\%$$

$$-CH_2-\underset{\underset{\large C(Cl)=CH_2}{|}}{CH}- \qquad 3,4-\text{加成} \quad \text{约 }1\%$$

上述聚合中尚有不规则的头头、尾尾聚合，大约占 10%～15%，头尾结合量占 85%～90%。

氯丁橡胶的微观结构主要决定于聚合温度，聚合温度低则反－1，4－结构多，分子规整性高，结晶度高，分子量大的部分含量高，分子量低部分含量低，见图 1－60。

(二) 聚集态结构

氯丁橡胶的结晶能力高于天然橡胶、顺丁橡胶、丁基橡胶。因为它的大分子链上主要含反－1，4－结构，象古塔波胶那样是反－1，4－结构结晶，其等同周期为一个单元长度，易于结晶。

氯丁橡胶结晶的一些参数

晶型：斜方晶系

晶格参数：a　0.900nm

b　0.823nm

c　0.479nm

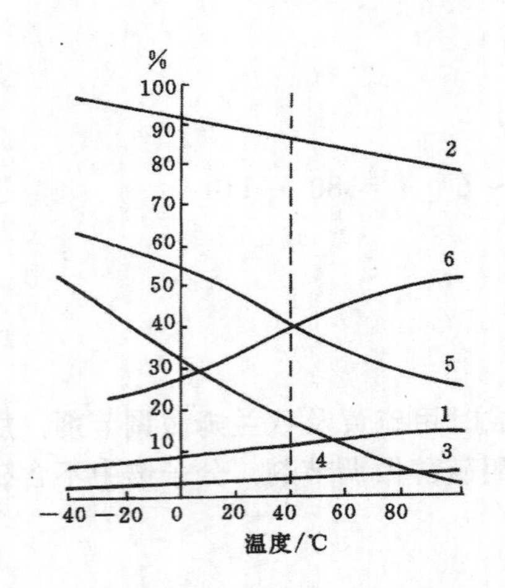

图 1-60　聚合温度对氯丁二烯聚合物微观结构的影响

1—顺-1，4-链节含量；2—反-1，4-链节含量；3—1，2-链节和3，4-链节含量；4—结晶度；5—分子量大于 3×10^5 的聚合物含量；6—分子量小于 3×10^5 的聚合物含量

结晶温度范围：-35～+50℃

最大结晶速度的温度：-12℃

结晶熔点：T_m 随结晶能力变化，-40℃聚合的氯丁橡胶结晶量约为38%，T_m 约为+73℃；而+40℃聚合的聚丁橡胶结晶量约占12%，T_m 约为+45℃

结晶程度对于橡胶的加工及应用都有重要的影响，一般未硫化橡胶在长期存放后，便会产生结晶，硬度增加。硫化胶在-5～21℃间也能产生结晶，0℃下很快产生结晶，升温会可逆地熔晶。

根据用途不同可以通过聚合条件等调整合成出不同结晶能力的橡胶。国产氯丁橡胶结晶能力分为四个等级：微、低、中、高、国外分五个等级：小、中小、中、大、极大。结晶能力微及小的一般是氯丁二烯与其他单体共聚，硫调型的结晶能力低，非硫调型的结晶能力中等。CR2481、CR2482、AC、AD等粘接型的结晶能力高。

氯丁橡胶的 T_g 为-43℃。

(三) 氯丁橡胶的化学结构与反应性

氯丁橡胶分子链中主要的是1，4-键合形式，仅有约1.5%的1，2-链合，约1%的3，4-键合。这样大分子链上约有97.5%的氯原子直接地连在有双键的碳原子上，即如下结构：

—CH═C—
　　　|
　　　Cl

这样结构中的双键及氯原子均不够活泼，不易发生化学反应。别尔林对具有 —CH═CH— 和 —CH═CCl— 结构的高聚物的反应能力进行研究证实了氯的存在抑制了 —CH═C(—)— 中双键的反应性。

从氯乙烯与一般不饱和化合物及卤代烷测定中已证实，CH_2═CHCl 中的双键比一般双键长，而 C—Cl 键比一般卤代烷中 C—Cl 键短，偶极矩小。这是因为氯乙烯中氯上未偶的 p 电子对与 π 键形成 $p-\pi$ 共轭再加上氯的负电性在 σ 键上有诱导效应，综合作用的结果使 C—Cl 键上的电子云密度增加，键牢固，所以氯原子不易被取代；另一方面 π 电子云离域使双键上电子云密度相对比一般 π 键小，所以双键比一般 π 键长，也不易发生反应。因为氯丁橡胶中主要是 —CH═CCl— 结构，所以其硫化反应活性及氧化反应活性、臭氧化反应活性均比天然橡胶、丁苯橡胶、丁腈橡胶低。它不能用一般硫黄硫化体系硫化，耐老化性、耐臭氧老化性比一般不饱和橡胶好得多。

幸运的是氯丁橡胶中约有1.5%的1，2-键合，形成了叔碳烯丙基氯的结构。这种结构中的氯很活泼，易于发生反应，为氯丁橡胶提供了交联点。

一般来讲下述几种化合物中氯的反应活性是递增的，这进一步说明了烯丙基氯的活泼性。

$$CH_2{=}CH{-}Cl \quad CH_2{=}C(Cl){-}CH_3 \quad CH_2{=}CH{-}CH_2{-}Cl \quad CH_2{=}CH{-}C(Cl)(CH_3){-}CH_3$$

$\xrightarrow{\text{氯的反应活性增加}}$

这是因为反应中生成的烯丙基正碳离子形成缺电子的 $p-\pi$ 共轭。分散了正电荷，使该正碳离子稳定性增强，因而表现出了烯丙基氯的活泼性。

三、氯丁橡胶的性能

氯丁橡胶虽然属于不饱和碳链橡胶，大分子链上每4个碳原子便具有一个双键，但实际上它不具备正常不饱和聚合物的特点，好像介于饱和与不饱和聚合物之间。由于极性及较高的结晶性，又使得它具有良好的力学性能和极性橡胶的一些特点。

(一) 一般性能

较高的力学性能：氯丁橡胶是自补强性较好的橡胶，再加上它是极性的。分子间作用力比天然橡胶大，拉伸时它的分子不易滑脱，不易断链，所以具有较大的与天然橡胶相当的拉伸强度。，国产硫调型胶鉴定配方胶的标准拉伸强度为26.5MPa，伸长率为900%，非硫调型鉴定配方胶的拉伸强度为14.7MPa，伸长率为750%，其抗撕裂强度比天然胶略差。在实验室对比中它的耐磨性不如天然橡胶，但长期使用中氯丁橡胶的耐磨性往往优于天然橡胶，因为长时间使用中还包括老化因素，氯丁橡胶比天然橡胶耐老化。

较好的耐疲劳性：耐疲劳性是一项复合性指标，它与多种因素有关。在许多场合下它的耐疲劳性能优于天然橡胶。

较好的弹性：硫化的氯丁橡胶的弹性略低于天然橡胶。特别是15℃以下，弹性随温度下降较为迅速，主要是因为低温结晶造成的，见图1-61。

耐油性：氯丁橡胶属于耐油橡胶，但耐油性低于丁腈橡胶。

较差的低温性能：它最低使用温度为-30℃，在油中的耐低温性仅优于ACM、CPE、高丙烯腈含量的NBR和FPM，这是因为它在低温下易于结晶，另一原因是极性的作用。

绝缘性：因为氯丁橡胶是极性胶，其绝缘性不够好，体积电阻率为$10^{10}\sim10^{12}\,\Omega\cdot cm$，介电常数为6～8kHz，击穿电压为16～24MV/m，功率因素0.01～0.04kHz，所以只能用于电压低于600V的场合。

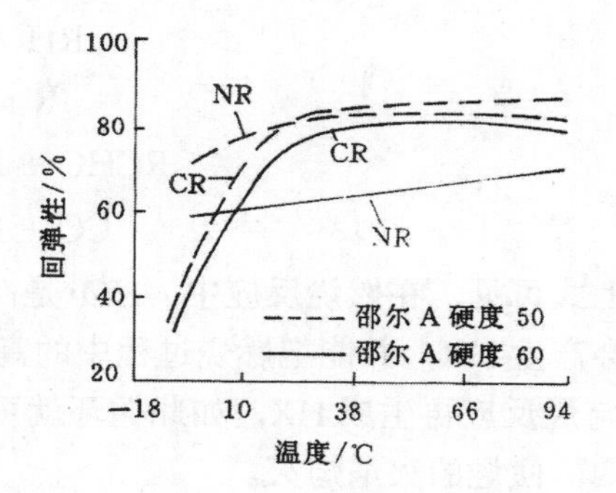

图1-61 不同硬度天然橡胶和氯丁橡胶硫化胶的弹性与温度关系

气密性：氯丁橡胶的气密性比一般合成胶高，比天然橡胶高5～6掊。

耐老化及耐臭氧老化性：氯丁橡胶的耐热老化及耐臭氧老化性能优于天然橡胶、丁苯橡胶、顺丁橡胶、丁腈橡胶，次于乙丙橡胶、丁基橡胶。

(二) 阻燃性

氯丁橡胶等含卤素的聚合物都有不自燃的特点。当接触火燃时可燃烧，但离火便自熄。氯丁橡胶的氧指数为38～41。

氧指数是衡量聚合物燃烧性的一种通用指标。氧指数的定义是使试样持续蜡烛状燃烧时，在氮氧混合气流中所必须的最低氧体积浓度，以氧所占体积百分数表示，可按下式计算。

$$氧指数 = \frac{[O_2]}{[N_2] + [O_2]} \times 100\%$$

式中　$[O_2]$ ——氧气流量，L/min；

　　　$[N_2]$ ——氮气流量，L/min。

氧指数越高，则聚合物越难燃。氧指数大于27的聚合物在空气中具有自熄性，称为难燃聚合物。

几种含卤聚合物及常用聚合物的氧指数列于表1-28。由表可见，含卤聚合物的氧指数均较高，含除氧外的杂原子及芳香核的聚合物氧指数也较高。聚合物的氧指数随卤素含量增加而提高。

聚合物燃烧是一个十分复杂激烈的氧化过程，这个过程分5个阶段：

加热⟶分解（吸热 Q_1）⟶点火⟶燃烧（放热 Q_2）⟶传播

供给分解热量

分解产生的可燃性产物，在外部热源作用下达到某一温度便会点火燃烧，燃烧放出热量通过传导、辐射及对流又反过来再加热再分解聚合物。当离开外部火源后，若 $Q_2 > Q_1$，则燃烧持续进行，若 $Q_2 < Q_1$，则自熄。烃类燃烧过程极为复杂，其反应历程可简化如下：

$$RH \longrightarrow R\cdot + H\cdot$$
$$H\cdot + O_2 \longrightarrow HO\cdot + O\cdot$$
$$O\cdot + H_2 \longrightarrow HO\cdot + H\cdot$$
$$RH + HO\cdot \longrightarrow R\cdot + H_2O$$
$$RH + O\cdot \longrightarrow R\cdot + HO\cdot$$
$$R\cdot + O_2 \longrightarrow R_1CHO + HO\cdot$$
$$RCHO + HO\cdot \longrightarrow CO + H_2O + R\cdot$$
$$CO + HO\cdot \longrightarrow CO_2 + H\cdot$$

由上式可见，在燃烧反应中，HO·是高活性自由基。含卤聚合物有阻燃性的原因，在于它燃烧会产生HX，并能把燃烧过程中的高能自由基OH·捕获变成低能自由基X·和 H_2O。同时，X·与烃反应再生成HX，如此循环就可能将HO·反应链切断了。聚合物的氢变成水，碳变成黑烟，使烃的火焰熄灭。

$$HO\cdot + HX \longrightarrow H_2O + X\cdot$$
$$RH + X\cdot \longrightarrow R\cdot + HX$$

而且，含卤聚合物燃烧生成HX相对也减少了可燃产物的浓度，并稀释了氧气浓度，还可进一步起到隔绝氧向燃烧区的扩散作用。含氟聚合物中C—F键能高，分解更困难。这样更能提供阻燃性，所以含卤聚合物有难燃性，但聚合物燃烧时会冒烟，有毒害，有腐蚀性。含卤聚合物燃烧时生成物的pH值较低，显强酸性，所以腐蚀性很大，对生物有毒害作用。

表 1-28 某些聚合物的氧指数

聚合物	氧指数	聚合物	氧指数
NR	19~20	PP	17.4
BR	19~20	PS	17.8
SBR	19~20	ABS	18.2
IIR	19~20	聚碳酸酯	24.9
EPDM	19~20	聚酯	20.0
NBR	19~22	聚苯醚	30.0
硅橡胶	22~24	聚苯硫醚	40.0
CR	38~41	PVC	40.3
FPM	>60	聚四氟乙烯	95.0
PE	17.4		

四、氯丁橡胶的加工与配合

(一) 氯丁橡胶的配合

1. 硫化体系　氯丁橡胶不能用硫黄硫化体系硫化，而用金属氧化物硫化，如用氧化锌 5 份，氧化镁 4 份。但对非硫调型的还要用促进剂，常用的促进剂是 NA-22，否则硫化速度太慢。国家标准及 ISO 标准规定标准配方如表 1-29。

表 1-29 氯丁橡胶的标准配合

材　料	硫调型胶		非硫调型胶	
	纯胶(GB)	炭黑胶(ISO)	纯胶(GB)	炭黑胶(ISO)
生　胶	100	100	100	100
硬脂酸	0.5	0.5	0.5	0.5
ZnO	5	5	5	5
MgO	4	4	4	4
NA-22	—	—	0.35	0.50
SRF	—	30	—	30
防老剂 D	—	2	—	2
硫化条件 150℃×min	20,25	10,20,40,60	20,25	10,20,40,60

表 1-29 中，ZnO 是硫化剂。它硫化快，易焦烧。MgO 在加工过程中起防焦剂作用，炼胶时起促进塑化作用，硫化时吸卤化氢，防止氯化氢对纤维的浸蚀，增加硫化胶的定伸应力，ZnO 及 MgO 的用量对 CR 定伸应力的影响见图 1-62。对氧化镁的质量要求必须是轻质的，氧化镁以碘值高为好，最好达到 100 以上，碘值的影响见图 1-63。

关于非硫调型的氯丁橡胶用 ZnO、MgO 与 NA-22 硫化体系硫化较快，易焦烧。若再与 DM 或 TT 并用，即可防焦又可以增加硫化时的活性，可以获得较好的平衡性能，至于作用机理尚有待研究。

2. 补强与填充体系　炭黑对氯丁橡胶的补强作用不够明显。但对非硫调型的补强性却

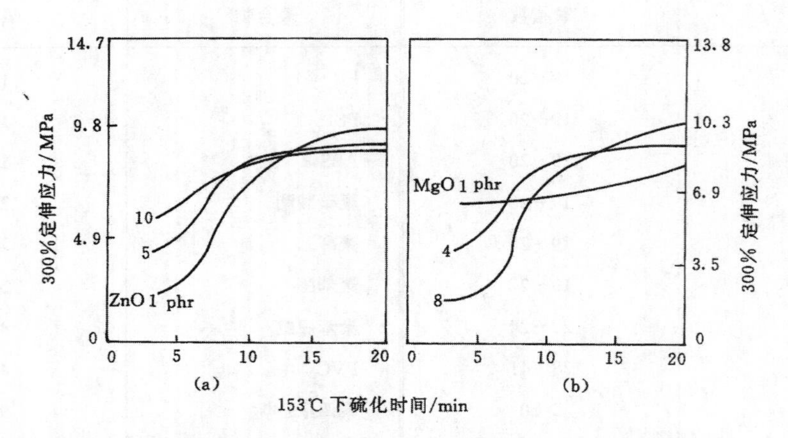

图 1－62　MgO 及 ZnO 的用量对 CR 硫化速度及定伸应力的影响

		a	b
配方：	CR GNA	100	100
	防老剂 A	2	2
	硬脂酸	0.5	0.5
	SRF	30	30
	MgO	4	变量
	ZnO	变量	5

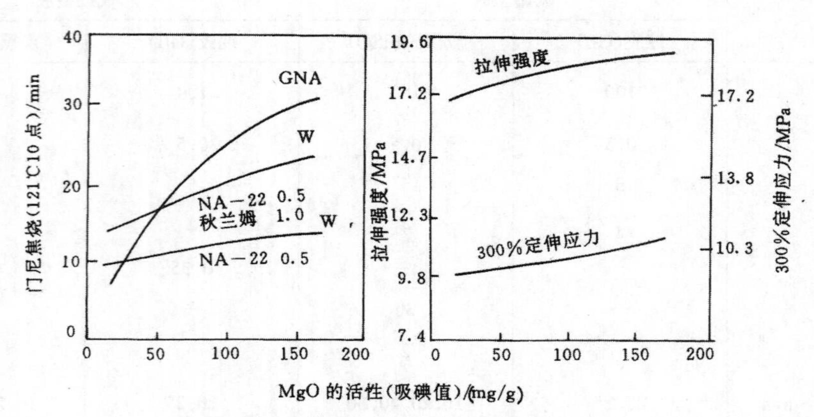

图 1－63　MgO 的活性（碘值）对门尼焦烧、拉伸强度及 300％定伸应力的影响

配方：CR GNA　100，防老剂 A　2，
硬脂酸　0.5，SRF　30，
MgO　4，ZnO　5
150℃×30min 硫化

比硫调型好一些。为了提高其抗撕裂、定伸应力和耐磨性等，往往还要使用各类补强填充剂。

3．防护体系　氯丁橡胶的耐老化性虽然比天然橡胶等不饱和橡胶好，但仍然需要用防老剂。

4. 增塑软化　氯丁橡胶加工中所用的增塑剂一般为石油系油品。石蜡油用5份以下，环烷油20～25份，芳香油可达50份以上。要求耐寒性好则用酯类增塑，其效果较好。要求阻燃可用磷酸酯类。此外，油膏及不饱和植物油均可作为增塑剂，硬脂酸作软化剂或润滑剂时用量不超过2份，非硫调型的使用应在0.5份以下，否则会降低硫化速度。

5. 增粘　氯丁橡胶可用古马隆、松焦油、松香、酚醛树脂等做增粘剂，一般用量为5 10份。非硫调型结晶倾向大，所以更常用增粘剂。

促进剂DM、D对硫调型是有效的塑解剂，TT有弱的塑解作用。

（二）氯丁橡胶的加工性能

1. 一般加工性能　氯丁橡胶的加工性能主要决定于未硫化胶的粘弹行为，其粘弹性随温度的变化如表1－30所示。未硫化氯丁橡胶的弹性状态在室温至79℃间，而天然橡胶在室温到100℃间。氯丁橡胶粘流态在93℃以上，而天然橡胶在约135℃以上。硫调型氯丁橡胶用低温塑炼可取得可塑性，但非硫调型的塑炼作用不大。氯丁橡胶的炼胶温度应比天然橡胶低，否则剪切力不够，配合剂分散不开。但氯丁橡胶炼胶生热高，所以要注意冷却，加MgO时温度约50℃为宜，如温度太低MgO易结块。氯丁橡胶炼胶易粘辊，加一些如石蜡、凡士林等润滑剂有助于解决。硫化剂、ZnO及促进剂应在混炼后期加入，若在密炼机加入，排料温度应在105～110℃。氯丁橡胶最宜硫化温度为150℃，但因它硫化不返原，所以可以采用170～230℃的高温硫化、高温连续硫化，如加热室硫化、高压蒸气硫化、流体床硫化、固体滚动床硫化等。

表1－30　氯丁橡胶不同温度下的状态

状　态	氯丁橡胶		天然橡胶
	硫调型	非硫调型	
弹性态	室温～71℃	室温～79℃	室温～100℃
粒状态	71～93℃	79～93℃	100～120℃
塑性态	93℃以上	93℃以上	约135℃

2. 贮存稳定性　氯丁橡胶贮存变质是一个独特的问题，在30℃的自然条件下，硫调型氯丁橡胶可存放10个月，非硫调型可存放40个月。随存放时间增长，生胶变硬、塑性下降、焦烧时间缩短、加工粘性下降、流动性下降、压出表面不光滑，逐渐失去了加工性。其根本原因在于生胶从线型的α型向支化及交联的μ型变化，也就是说生胶的自然存放就产生了自发的交联。交联到一定程度，橡胶完全失去加工性，即是到了生胶的存放期。氯丁橡胶的这种结构变化的根本原因在于：

（1）1，2－链节中烯丙基氯易被空气中水分水解，在分子链间形成醚桥交联。

（2）原料氯丁二烯中含有多官能团杂质，例如乙烯基乙炔、二乙烯基乙炔、丁二炔，这些杂质参加聚合反应，它们在大分子链中易引起聚合物的结构化。

（3）氯丁二烯易被氧化生成氯丁二烯的过氧化物，这种过氧化物杂质又易分解成自由基，即引发降解又引发交联。

（4）硫调型的贮存期比非硫调型的还短的原因是它的分子链中存在有多硫键，在一定条件下易断裂生成新的活性基团导致交联。

其防止的办法应该是精制氯丁二烯并在惰性气体中贮存及聚合，严格控制聚合转化率，加入防老剂，生胶贮存温度低一些，尽量减少热历史。

五、氯丁橡胶的应用

（一）一般应用

根据氯丁橡胶的性能特点，它主要应用在阻燃制品、耐油制品、耐天候制品、粘着剂等领域。例如建筑防水片材、建筑密封条、公路填缝材料、桥梁支座垫片、低压电线电缆包皮、各类密封制品、防腐衬里、胶粘剂等。

（二）用于胶粘剂

氯丁橡胶作胶粘剂约占合成橡胶胶粘剂的 80%，氯丁橡胶品种中高结晶性的 AD、AC 牌号，我国的 CR2441、CR2481 等牌号多用做胶粘剂。有时也采用其他牌号氯丁橡胶与高结晶品种并用。

胶粘剂配方一般是用 ZnO、MgO 交联，但它们硫化太慢。为加速交联，特别是室温下交联，常常用双组分的配合，例如用 JQ－1，其用量为胶液总固体物的 5%～10%作第二组分。配方中一般用约45份的热固性酚醛树脂以提高粘着力。耐热胶粘剂的标准配方如表 1－31 所示。

表 1－31　氯丁橡胶耐热胶粘剂标准配方

CR	100	叔丁基苯酚树脂	45
MgO	4	MgO	4
ZnO	5	水	1
防老剂	2	溶剂	适量（固体 20%～30%）

第九节　特　种　橡　胶

特种橡胶是指用途特殊、用量较少的一些橡胶，其用量大约占橡胶总用量的 1%。特种橡胶包括氟橡胶、硅橡胶、聚氨基甲酸酯橡胶等近 10 种。这些橡胶多属饱和橡胶，主链有的是碳链的，也有的是杂链的。除硅橡胶之外都是极性的。由于这些橡胶结构上的多样性，所以性能上各独具特色，也正是这些独特的性能才能满足那些独特的要求。因此，这些橡胶尽管用量很少，也是很重要的。

一、氟橡胶

氟橡胶是指一组分子链侧基含氟的弹性体，有 10 种，其中普遍使用的是偏氟乙烯与全氟丙烯或再加上四氟乙烯的共聚物。我国称这类胶为 26 型氟胶，杜邦公司称为 Viton 型氟橡胶，结构如下：

26－41 型(Viton A)　$\left(CH_2-CF_2\right)_x\left(CF_2-\underset{\displaystyle CF_3}{\underset{|}{CF}}\right)_y$

246 型(Viton B)　$\left(CH_2-CF_2\right)_x\left(CF_2-\underset{\displaystyle CF_3}{\underset{|}{CF}}\right)_y\left(CF_2-CF_2\right)_z$

氟橡胶属碳链饱和极性橡胶，性能特点如下：

氟橡胶的耐高温性能在橡胶材料中是最高的，在 250℃ 下可长期工作，320℃ 下可短期工作；其耐油性在橡胶材料中也是最好的；耐化学药品性及腐蚀介质性在橡胶材料中还是最好的，可耐王水的腐蚀；它具有阻燃性，属离火自熄型的橡胶；它还有耐高真空性可达 1.33×10^{-7}～1.33×10^{-8}Pa 的真空度；但氟橡胶的弹性较差，耐低温性及耐水等极性物质性能不够好。近年来杜邦公司开发的全氟醚橡胶改善了耐低温性能，Viton G 型橡胶改善了耐水性并适于在含醇的燃料中工作。

26 型氟橡胶一般用亲核试剂交联，例如保护胺，*N*, *N*′ - 双亚肉桂基 - 1，6 - 己二胺，即 3# 硫化剂，结构如下：

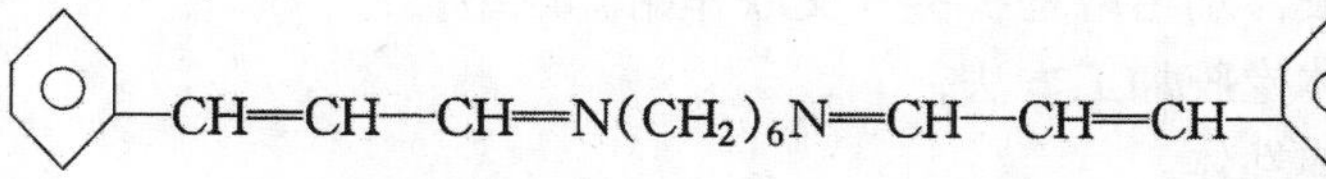

$$C_6H_5-CH{=}CH-CH{=}N(CH_2)_6N{=}CH-CH{=}CH-C_6H_5$$

配合中一般要用吸酸剂（常用氧化镁），填料常用中粒子热裂法炭黑（MT）、煤粉和无机填料等。其 26 - 41 型氟橡胶典型配合如下：

26 - 41 型　100，　3# 硫化剂　3，MgO　15，MT　20

其加工过程需要二段硫化，目的在于驱赶低分子物质，进一步完善交联、提高抗压缩永久变形性能等。

二、硅橡胶

硅橡胶是指分子主链为 —Si—O— 无机结构，侧基为有机基团（主要为甲基）的一类弹性体。这类弹性体按硫化机理可分为有机过氧化物引发自由基交联型（热硫化型）、缩聚反应型（室温硫化型）及加成反应型。

硅橡胶属于半无机的饱和、杂链、非极性弹性体、典型代表为甲基乙烯基硅橡胶。它的结构式为：

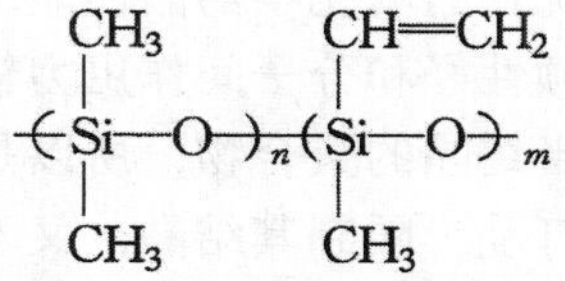

$$\left(\begin{array}{c} CH_3 \\ | \\ Si \\ | \\ CH_3 \end{array}\!-O\right)_n\left(\begin{array}{c} CH{=}CH_2 \\ | \\ Si \\ | \\ CH_3 \end{array}\!-O\right)_m$$

乙烯基单元含量一般为 0.1%～0.3%（mol），起交联点作用，硅橡胶性能特点为：耐高低温性能好，使用温度范围 - 100～300℃，与氟橡胶相当；耐低温性在橡胶材料中是最好的；还具有优良的生物医学性能，可植入人体内；具有特殊的表面性能，表面张力低，约为 2×10^{-2}N/m，对绝大多数材料都不粘，有极好的疏水性；具有适当的透气性，可以做保鲜材料；具有无与伦比的绝缘性能，可做高级绝缘制品；具有优异的耐老化性能，但耐密闭老化特别在有湿气条件下的老化性能不够好，机械强度在橡胶材料中是最差的。

一般硅橡胶用有机过氧化物硫化，因为它本身纯胶拉伸强度只有约 0.3MPa，必须用补强剂。最有效的补强剂是气相法白炭黑，同时需配合结构控制剂及耐热配合剂。常用的耐热配合剂为金属氧化物，一般用 Fe_2O_3 3～5 份。常用的结构控制剂如二苯基硅二醇、硅氮烷等。典型配方如下：

甲基乙烯基硅橡胶（110 - 2）	100
气相法白炭黑	45
二苯基硅二醇	3
三氧化二铁	5
膏状过氧化苯甲酰（50%含量）	1

硅橡胶一般也需要二段硫化。

三、聚氨基甲酸酯橡胶

分子链中含 $\leftarrow NH-\overset{\overset{O}{\|}}{C}-O \rightarrow$ 结构的弹性体称为聚氨基甲酸酯橡胶（聚氨酯橡胶）。按照加工形式聚氨酯橡胶可分为三类：

浇注型：液体橡胶，利用端基扩链（交联作用）成型；

混炼型：一般固体橡胶加工方法；

热塑型：热塑性弹性体。

按分子链中柔性链的结构又可以分为两类：

聚酯型：柔性链段为聚酯；

聚醚型：柔性链段为聚醚。

聚氨酯橡胶的性能特点如下：

很高的机械强度，在橡胶材料中它具有最高的拉伸强度，一般可达 28.0～42.0MPa；抗撕裂强度达 63.0kN/m；伸长率可达 1000%；硬度范围宽，邵尔 A 法硬度为 10～95。

在橡胶材料中耐磨性最好，比天然橡胶好 9 倍；耐水性及耐高温性不够好；具有较好的粘合性，在胶粘剂领域获广泛应用；气密性与丁基橡胶相当；低温性能聚酯型可在 -40℃ 低温下使用，聚醚型可在 -70℃ 下使用；其耐油性也较好；具有较好的生物医学性能，可作为植入人体材料。

四、以乙烯为基础的弹性体

聚乙烯具有优良的绝缘性能，优良的耐化学药品性能，耐老化性能，其成本也很低。

若作为橡胶，它具有分子链柔顺性好和分子间作用力较低这两个重要的必要条件，但是由于它分子的规整性，在室温下是半结晶的聚合物，所以是树脂。

如果能把它的分子规整性适度打乱，限制其结晶，又不至于使分子链的刚性及分子间的作用力大幅度地增加，再加上适当的交联点，这样就能制得性能优良的弹性体。

下面简单介绍基于上述想法而合成或改性的 4 种弹性体（两种乙烯与其他单体共聚，两种聚乙烯改性的弹性体）。这 4 种弹性体都是饱和碳链极性弹性体，相当程度上保持了聚乙烯的优点，又具有一定的弹性、耐油性及耐老化性。

（一）氯磺化聚乙烯

氯磺化聚乙烯是聚乙烯经氯化及磺化的产物。一般氯含量在 27%～45% 间，最适宜的含量为 37%，这时弹性体刚性最低。硫含量为 1%～5% 间，一般含量为 1.5% 以下，以磺酰氯形式存在于分子中，提供交联点。

典型的结构式如下：

$$\left[\left(CH_2-CH_2-CH_2-CH_2-CH_2-CH_2-\underset{\underset{Cl}{|}}{CH} \right)_{12} \underset{\underset{SO_2Cl}{|}}{CH} \right]_n$$

由于氯含量及硫含量的变化，氯磺化聚乙烯有不同的牌号。

（二）氯化聚乙烯

采用水相悬浮法、溶液法或固相法均可使聚乙烯氯化而得到氯化聚乙烯。

作为一般弹性体的氯含量在 25%～48% 间，热塑性弹性体氯含量在 16%～24% 间。由于氯含量、门尼粘度及制法的不同有不同牌号的氯化聚乙烯。

（三）乙烯与醋酸乙烯酯共聚弹性体。

这是乙烯与非烃类单体的共聚物，单体为乙烯、醋酸乙烯酯。聚合物结构：

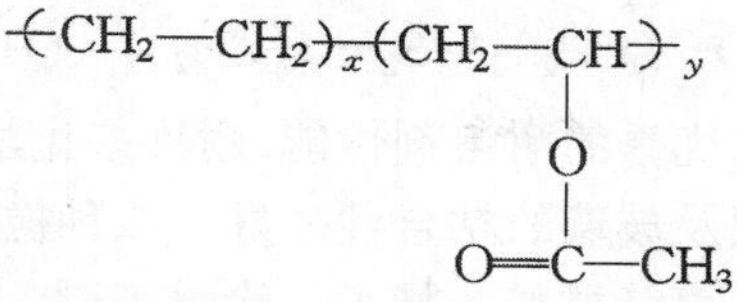

$$-\!\!\left(CH_2-CH_2\right)_x\!\!\left(CH_2-\underset{\underset{\underset{O=C-CH_3}{|}}{O}}{CH}\right)_y$$

乙烯－醋酸乙烯酯弹性体已由拜耳公司生产多年。

（四）乙烯－丙烯酸甲酯弹性体

这种弹性体 1975 年由杜邦公司开始生产，商品名为“Vamac”。它是由乙烯与丙烯酸甲酯再加少量硫化点单体即羧酸共聚而得，分子结构为：

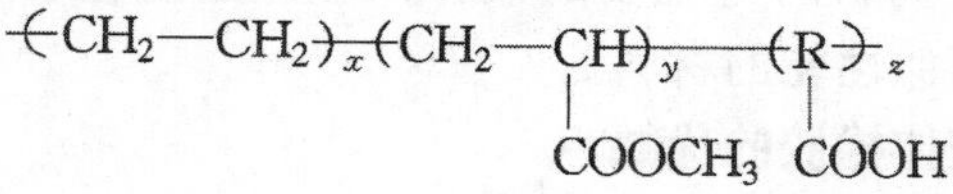

$$-\!\!\left(CH_2-CH_2\right)_x\!\!\left(CH_2-\underset{COOCH_3}{\underset{|}{CH}}\right)_y\!\!\left(\underset{COOH}{\underset{|}{R}}\right)_z$$

五、氯醚橡胶

氯醚橡胶是指侧基上含有氯的主链上有醚键的橡胶，它是由环氧氯丙烷均聚的弹性体（常用 CHR 表示，我国代号为 CO），或环氧氯丙烷与环氧乙烷共聚的弹性体（常用 CHO 表示，我国代号 ECO），为饱和杂链极性弹性体。所用的单体为环氧氯丙烷、环氧乙烷。

CO 的结构式：$-\!\!\left(CH_2-\underset{CH_2Cl}{\underset{|}{CH}}-O\right)_n$

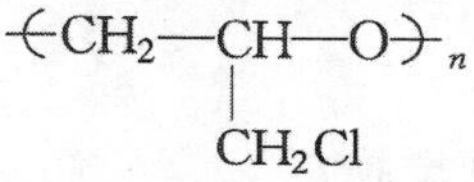

ECO 的结构式：$-\!\!\left(CH_2-\underset{CH_2Cl}{\underset{|}{CH}}-O\right)_n\!\!\left(CH_2-CH_2-O\right)_m$

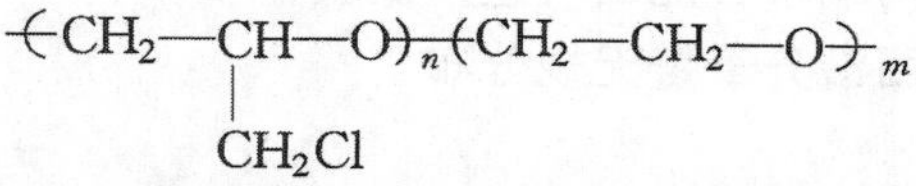

氯醚橡胶的特点是具有较好的综合性能。其耐热性能大致上与氯磺化聚乙烯相当，介于丙烯酸酯与中高丙烯腈含量的丁腈橡胶间，优于天然橡胶，热老化变软。耐油耐寒性的平衡，CO 型与丁腈橡胶相当，而 ECO 优于丁腈橡胶，即 ECO 与某一丙烯腈含量的丁腈橡胶耐油性相等时，其耐寒性比丁腈橡胶好，可降低 20℃。其耐臭氧老化性介于二烯类橡胶与烯烃橡胶之间，CO 的气密性约为 IIR 的 3 倍。特别耐致冷剂氟利昂。耐水性 CO 与丁腈橡胶相当，ECO 介于 ACM 与丁腈橡胶之间。导电性 CO 与丁腈橡胶相当或略大，ECO 比丁腈橡胶大 100 倍。耐压缩永久变形性用三嗪类交联或者通过二段硫化可以获得改进。粘着性与氯丁橡胶相当。

六、丙烯酸酯橡胶

这种橡胶由丙烯酸丁酯与丙烯腈或少许第三单体共聚而成，属饱和碳链极性橡胶，结构如下：

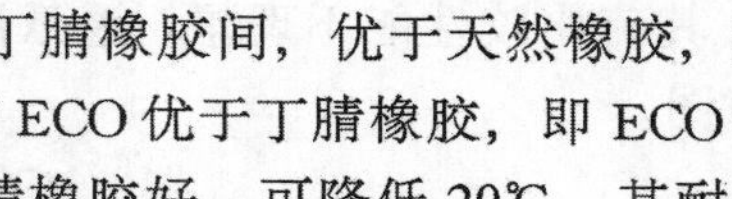

$$-\!\!\left(CH_2-\underset{COOC_4H_9}{\underset{|}{CH}}\right)_x\!\!\left(CH_2-\underset{CN}{\underset{|}{CH}}\right)_y$$

丙烯酸酯橡胶的主要特点是耐油，特别是耐含氯、硫、磷化合物为主的极压剂的极压型润滑油类；耐热仅次于硅橡胶和氟橡胶，可耐 175～200℃的高温，但不耐低温、不耐水。

交联可用胺类、有机过氧化物，引入第三单体的可用皂类交联。

七、聚硫橡胶

聚硫橡胶是指分子链上有硫原子的弹性体，属杂链极性橡胶。聚硫橡胶分液态、固态及胶乳 3 种，其中液态橡胶应用最广，大约占总量的 80%。

液态聚硫橡胶的典型结构式如下：

$$HS \left[(CH_2)_2—O—CH_2—O—(CH_2)_2—S_2 \right]_n (CH_2)_2—O—CH_2—O—(CH_2)_2—SH$$

聚硫橡胶的性能特点是具有优秀的耐溶剂性能，耐许多化学药品。当采用特殊配合，在有适当底涂条件下，它对金属、水泥及玻璃的粘合性较好。该种橡胶也比较耐氧化及臭氧化。

聚硫橡胶主要做密封材料、填缝材料、腻子、涂料等。

第十节 液体橡胶

液体橡胶指室温下为粘稠状的可流动的液体，经适当的化学反应后可形成三维网状结构，成为具有与普通橡胶相似性能的材料。

一、与固体橡胶相比液体橡胶的优缺点

液体橡胶易实现机械化、自动化、连续化生产，不需用溶剂、水等分散介质便可实现液体状态下的加工。借助主链扩链方法进行交联，可在广泛的范围内调节物性及硫化速度。

液体橡胶扩链后的强度及耐屈挠性不如固体橡胶。在有补强填充剂时，混炼、成型加工方面必须建立独立的加工系统，现有设备不适用。材料成本高，在未实现加工自动化、连续化前，加工成本也高。

二、液体橡胶的分类

液体橡胶
- 带官能团的
  - 分子两端带官能团（遥爪橡胶）
  - 官能团沿分子链无规分布
- 不带官能团的

遥爪液体橡胶是重点发展品种。不带官能团的用传统固体橡胶相应的交联方法进行硫化，因为形成较多的自由末端，其硫化胶性能不理想。遥爪液体橡胶采用扩链方法实现交联，性能大为改进，见如下示意图。

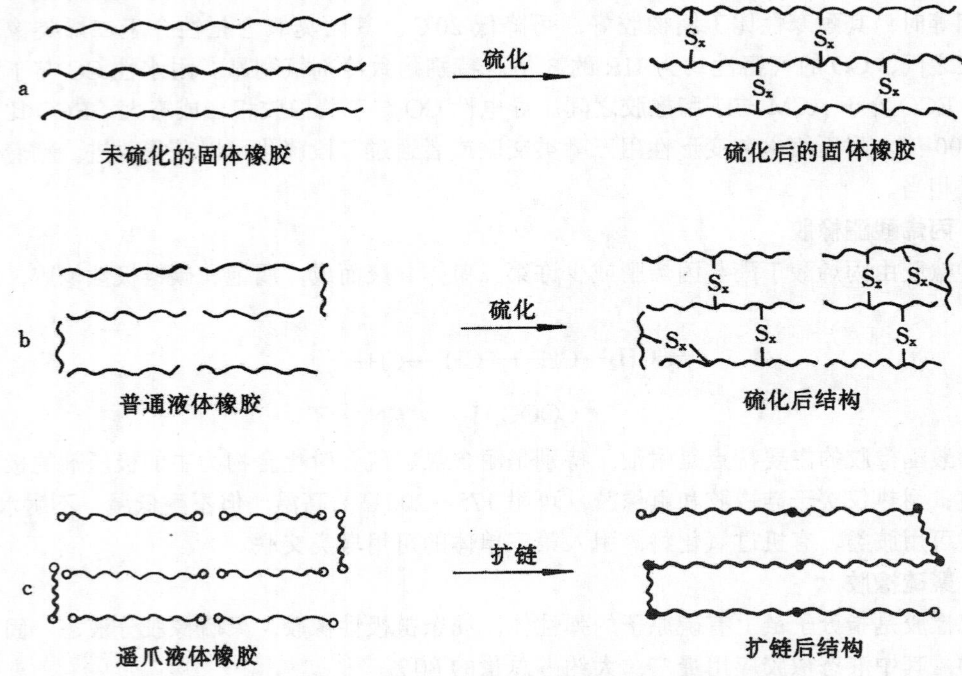

从主链结构分，几乎所有的固体橡胶均可以有相应的液体橡胶。

三、遥爪液体橡胶的结构

1. 主链结构　和固体橡胶一样，液体橡胶有不同主链结构，即不同胶种。即使同一种聚丁二烯品种也会因为条件不同而有微观结构的差别。

液体橡胶的分子量在2000～10000间，液体橡胶的分子量及其分布对粘度、流变性的影响规律与对固体胶的影响相似。

2. 液体橡胶的端基及官能度　遥爪液体橡胶有下列端基：

低活性　—OH，—Cl，$—NR_2$，>C═O

中活性　$—CH_2Cl$，—CHO，—COOH，$—CH—CH_2$（环氧基，O 桥连两个碳），—Br

高活性　—SH，—NCO，—COCl，—Li，$—NH_2$

一般二烯类液体橡胶的端基为 —OH，—COOH，—Br，最常用的是 —OH。

官能度是指每个分子链上平均官能团数量。对于液体橡胶这一参数是十分重要的，若是有的末端没有官能团，就意味着弹性体网络会出现缺陷，性能会下降。官能团的品种、官能度及其分布对于液体橡胶的粘度、流变性能，液体胶贮存稳定性、加工反应性、扩链后硫化胶的性能均有重要影响。

目前商品化遥爪液体橡胶有许多，例如端羟基的液体聚丁二烯、端硫醇基的液体聚硫橡胶、液体硅橡胶、液体聚氨酯橡胶等。

四、液体橡胶的应用

液体橡胶有许多用途，例如可制造包括轮胎在内的各种制品，作电气组件用的灌注材料，作胶粘剂，特别是室温固化型液体橡胶可用作炸药的胶粘剂，它用于沥青改性，其效果特别好，用作固体橡胶的加工助剂，在加工过程中作增塑剂，在硫化时是硫化助剂，且参与硫化等。

第十一节　粉末橡胶

粉末橡胶指粉末状的各种橡胶，它与普通片状橡胶相比，具有输送方便，适于自动化生产的优点。

粉末橡胶制造方法有以片状橡胶为原料用机械粉碎的方法，以胶乳为原料用喷雾干燥的方法，用淀粉-黄原酸盐共凝法，用炭黑沉淀法等。

不论用何种方法制造，隔离十分重要。现在用无机物、有机物、皂类、淀粉-黄原酸盐以及胶囊技术等隔离方法。

实际上，工业生产的粉末橡胶并不多。主要有粉末丁腈，例如 CIAGO 公司生产的 Hycar　1411 等，主要作 PVC 的改性剂。

第十二节　热塑性弹性体

一、概述

热塑性弹性体指在常温下具有橡胶的弹性，高温下具有可塑化成型的一类弹性材料。

热塑性弹性体代表着一种不同于传统橡胶化学为基础的橡胶加工的重要方向。它的出现似可以认为是自从充气轮胎出现以来橡胶工业中最重要的事件。热塑性弹性体发展很快，从1958年德国拜耳公司首先研制成功热塑性聚氨酯后，相继于1963年研制成功了SBS，1971年研制成功聚烯烃热塑性弹性体，1972年研制成功聚酯型热塑性弹性体等。它的增长率高于任何一种传统的橡胶。

热塑性弹性体利用可逆性的交联相或交联键，即在高温下交联“解开”（有人称之为“热消”），低温下再“凝聚”或再连接起来，形成交联相或交联键，即约束成分。

热塑性弹性体加工中取消了传统橡胶硫化工艺过程，可象塑料那样用注压、挤出、吹塑、模压等方法成型，而且成型速度比传统橡胶硫化要快，其成型后下脚料可再用。所以，这类材料可节约设备投资、节约能源及节约人力，它具有很强的竞争力。

二、热塑性弹性体的分类

有两种分类方法，一种按交联性质分，另一种按聚合物的结构分。按前者分主要有物理交联及化学交联两大类型，按后者有接枝、嵌段和共混三大类。

不过从目前商品化的热塑性弹性体来说，习惯上分为聚烯烃类（TPO）、苯乙烯嵌段共聚类（TPS）、聚氨酯类（TPU）、聚酯类（TPEE）、其他类。其他类中有热塑性天然橡胶（TPNR）等。

下面仅就前一种分类作一简介。

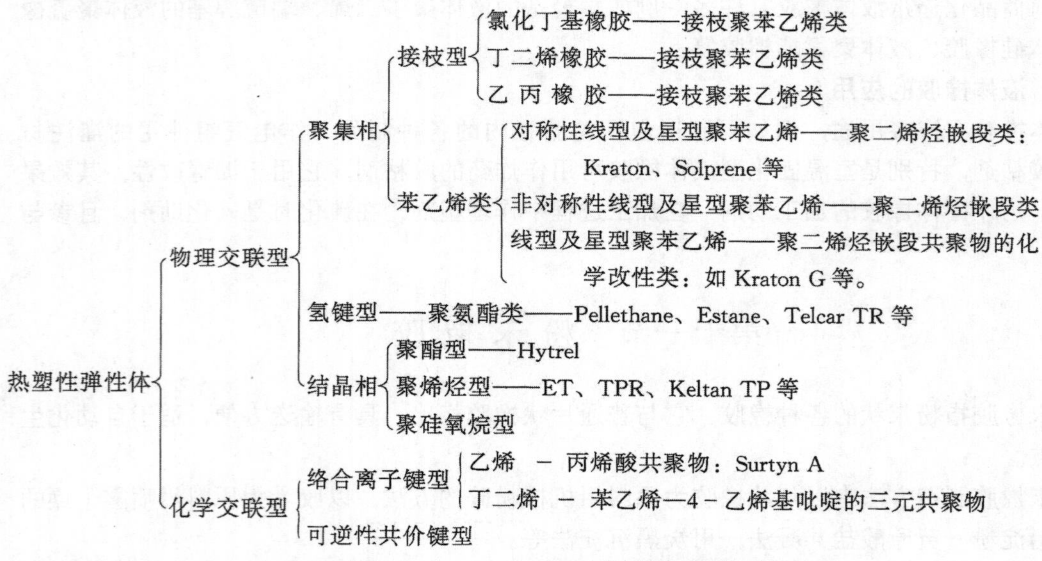

三、典型热塑性弹性体

（一）苯乙烯嵌段共聚类热塑性弹性体

这类弹性体习惯上称为SBS，它是以聚苯乙烯链段（硬段）和聚丁二烯（软段）组成的嵌段共聚物。SIS则是软段为聚异戊二烯。这类热塑性弹性体按其分子形状还有线形及星形之分，如图1－64所示。

图1－64 苯乙烯类嵌段共聚热塑性弹性体的线形及星形分子示意图

室温下，S链段聚集在一起形成直径大约30nm的交联相，有补强作用，见图2－3。其 T_g 为70～80℃，温度升高到80℃以上时，聚集的硬相熔化，成为可以热塑加工的材料，SBS的某些物理化学性能与丁苯橡胶相似，除有自补强性外，配合除不需要硫化体系且不宜使用使硬相溶解的助剂之外，其他也和丁苯橡胶相似。

国产 SBS 的主要型号、性能见表 1－32。它主要用于塑料改性、橡胶改性、沥青改性（SBS 改性沥青特别有效）、胶粘剂，特别是用作无溶剂的热熔胶粘剂。制鞋业应用主要代替 PVC 及硫化胶大底，其性能几乎可以与聚氨酯相媲美，这是 SBS 的主要用途之一。

表 1－32　国产 SBS 和充油 SBS 的主要物性指标

性　能	测试方法	YH－791	YH－792	YH－801	YH－802	YH－795	YH－805
结构		线型	线型	星型	星型	线型	星型
S/B		30/70	40/60	30/70	40/60	48/52	40/60
充油率/%						33	33
拉伸强度/MPa　⩾	GB528－76	18.6	22.6	15.7	21.6	11.8	13.7
300%定伸应力/MPa　⩾	GB528－76	2.0	2.9	2.0	2.9	1.4	1.2
扯断伸长率/%　⩾	GB528－76	700	500	600	550	950	900
永久变形/%　⩽	GB528－76	40	65	45	65	70	55
硬度(邵尔 A)/度	GB531－76	60	85	65	80	60	55

（二）聚烯烃热塑性弹性体

聚烯烃热塑性弹性体主要指 10%～20%（质量）结晶的乙丙橡胶与聚烯烃共混制得的热塑性材料。用聚苯乙烯接枝的丁基热塑性弹性体也属此类。

实践证明聚烯烃热塑性弹性体中所用的聚烯烃聚丙烯比聚乙烯好，在聚丙烯中全同立构的较好，若用聚乙烯时低密度的较好。其聚烯烃用量以 100 份乙丙橡胶，树脂为 25～100 份较为适宜。混合可以用开炼机也可以用密炼机，混合温度在结晶的软化点以上，使橡胶的结晶链段与树脂的结晶软化，并在两界面间形成较强的凝聚作用，即交联相，至于橡胶的软相可以不用化学硫化，也可以用部分动态硫化或动态全硫化。若部分动态硫化时，其硫化剂用量为完全硫化的 1/4～2/3，在 70～200℃下动态硫化 5～10min。

这种热塑性弹性体中橡胶和树脂混合比对性能起着决定性作用，其硬度范围从 55～99，这种热塑性弹性体配合也可以加入防老剂、软化剂、着色剂等。

这种材料主要用于汽车外部件及内部件、电气应用、电线电缆及其他应用。

美国 Uniroyal 公司生产 6 个系列的聚烯烃热塑性弹性体，牌号为 TPR，早期实现工业化的 TPR1000 及 TPR2000 系列的品种的性能见表 1－33。

表 1－33　TPR1000/2000 系列的典型性能

性　能	ASTM 试验法	Uniroyal TPR1600	Uniroyal TPR1700	Uniroyal TPR1800	Uniroyal TPR1900	Uniroyal TPR2800
密度/(kg/m^3)	D－297	880	880	880	880	880
硬度(邵尔 A)/度	D－2240	67	77	88	92	87
拉伸强度/MPa	D－412	4.5	6.6	9.7	12.8	9.0
扯断伸长率/%	D－412	230	200	210	230	150
100%定伸应力/MPa	D－412	3.5	5.5	8.6	12.8	8.6
扯断永久变形/%	D－412	10	20	25	50	30
压缩永久变形/%	D－395－E					
23℃×22h		25	30	35	40	30
70℃×22h		45	50	64	70	70
弯曲模量/MPa	D－790	10.3	18.6	69	241.3	55.2
弹性/%		50	50	43	45	50
磨耗/(g/1000 转)	D－1044	0.6	0.3	0.3	0.4	0.3

（三）聚酯型热塑性弹性体

聚酯型热塑性弹性体是一种线型嵌段共聚物。它是由二羧酸及其衍生物、长链二醇（分子量为600～6000）与低分子二醇通过熔融酯交换反应制得。

典型的制备反应如下：

预聚物制备（酯交换反应）

$$CH_3-O-\overset{O}{\overset{\|}{C}}-C_6H_4-\overset{O}{\overset{\|}{C}}-O-CH_3 + HO-(CH_2)_4-OH + HO\!\left(CH_2CH_2CH_2CH_2-O\right)_n\!OH$$

对苯二甲酸二甲酯　　1,4－丁二醇　　聚丁二醇醚

$$\xrightarrow[\text{催化剂}]{200℃}\text{预聚物}+CH_3OH\uparrow$$

生成热塑性弹性体预聚物的缩合反应

$$\text{预聚物}\xrightarrow{250℃}\left[\overset{O}{\overset{\|}{C}}-C_6H_4-\overset{O}{\overset{\|}{C}}-O-(CH_2)_4-O\right]_x$$

较短的结晶硬段

$$\left[\overset{O}{\overset{\|}{C}}-C_6H_4-\overset{O}{\overset{\|}{C}}-O\!\left(CH_2-CH_2-CH_2-CH_2-O\right)_n\right]_y OH$$

较长的无定形软段

可见其硬段是由对苯二甲酸与1，4－丁二醇缩合生成的。软段是由对苯二甲酸与聚丁二醇醚缩合生成。硬段的熔点约200℃，软段的 T_g 约－50℃，所以这种热塑性弹性体使用温度范围宽。

该类热塑性弹性体具有弹性好，抗屈挠性优异，耐磨和耐化学介质、耐油、耐溶剂和耐大气老化等良好的性能。此外还有很好的力学性能，如杜邦公司生产Hytrel40D、55D、63D、72D 4种硬度的产品，其拉伸强度从25～39MPa，伸长率从350％～450％，100％定伸应力从6.4～28.3MPa。

该材料主要用于液压软管、管线包覆层、小型浇注轮胎、传动带等。

第十三节　胶粉和再生胶

一、胶粉

胶粉指废旧橡胶制品经粉碎加工处理而得到的粉末状橡胶材料。

（一）分类

按不同的方法可有不同的分类，见表1－34。

按制法分为常温胶粉、冷冻胶粉及超微细胶粉；

按原料来源可分为载重胎胶粉、乘用车胎胶粉以及鞋胶粉等；

按活化与否可分为活化胶粉及未活化胶粉；

按粒径的大小分超细胶粉和一般胶粉。

（二）胶粉的性能

表 1-34 不同制法胶粉的尺寸及表面情况

粉碎方法	粒径		表面情况
	μm	目	
常温胶粉	300～1400	12～47	凹凸不平，有毛刺，利于与胶结合
冷冻胶粉	75～300	47～200	较平滑
超微细胶粉	75 以下	200 以上	

从粉体工程上讲，胶粉是一种粉粒状材料。所以对胶粉来说粒子尺寸（比表面积）、表面形态及基团和本身的成分对于它的使用性能将有重要影响。

胶粉越细，其性能越好。例如冷冻方法粉碎的不同粒径胶粉在丁苯橡胶与顺丁橡胶并用比为 75/25 的胶料中配入 40 份，143℃ ×40min 硫化制取的硫化胶性能列于表 1-35。越细的胶粉其硫化胶的拉伸强度、伸长率和磨耗等越接近于未加胶粉的。而耐疲劳性、抗裂口增长等性能均比未加胶粉的高，越细的提高幅度越大。

表 1-35 冷冻法粉碎的不同粒径胶粉对胶料性能的影响[①]

胶粉粒径/μm 标准筛号/目	无胶粉	＜63 200	＜100 120	＜140 90	＜160 80	＜200 60	＜250 50
300%定伸应力/MPa	12.5	12.2	12.1	12.0	11.4	11.2	11.0
拉伸强度/MPa	18.7	18.5	18.0	17.8	17.5	17.1	16.8
扯断伸长率/%	485	475	470	465	465	455	460
撕裂强度/(kN/m)	55	65	63	62	62	60	58
硬度(TM-2)	64	66	66	66	65	64	64
回弹率/%	32	31	32	32	32	32	32
拉伸疲劳(ε=150%)/千次	9.1	30.5	26.4	24	22	17.4	15
弯曲疲劳/千次	100	300	240	180	113	100	90
抗裂口增长/千次	36.5	105	90	85	74	58	48

①配方为丁苯橡胶 75，顺丁橡胶 25，冷冻法胎面胶粉 40，硫化条件为 143℃ ×40min。

（三）应用

一般胶粉主要在低档制品中大量掺用，例如鞋的中底掺 100 份甚至更多。在建材中应用，如铺设运动场地，铺设轨道床基，减震减噪音等场合。在沥青产品中高温下加胶粉混匀用于铺路面和屋顶防水层效果均很好。在高档产品中有时可用少量超细胶粉，超细胶粉由于能提高撕裂、疲劳等性能，所以在某些制品中还特别要求掺用。例如，在胎面胶中掺入 10phr 细度 100 目以上的胶粉能提高轮胎的行驶里程。表面活化的胶粉比未活化的胶粉性能还会有进一步的提高，应用将进一步扩大。

二、再生胶

再生胶指废旧橡胶制品经粉碎、再生和机械加工等物理化学作用，使其由弹性状态变成具有塑性及粘性状态，并且能够再硫化的材料。

（一）分类

关于再生胶的分类方法，我国按来源和制法结合分类，分为10个品种，见表1－36。

表1－36　再生胶分类及性能

指标名称 \ 种类		水油法外胎类			水油法胶鞋类		油法胶鞋类		水油法、油法杂胶类	
		一级品	二级品	三级品	合成胶	一级品	二级品	一级品	二级品	一级品	二级品
水分/%	⩽	1.20	1.20	1.20	1.20	1.20	1.20	1.20	1.20	1.20	1.20
150℃加热失重/%	⩽	3.00	3.00	3.00	3.00	3.00	3.00	3.00	3.00	3.00	3.00
灰分/%	⩽	8.00	12.00	15.00	10.00	32.00	38.00	32.00	38.00	30.00	40.00
丙酮抽出物/%	⩽	22.00	23.00	23.00	30.00	14.00	16.00	18.00	20.00	20.00	25.00
纤维含量/%	⩽	0.10	0.70	1.00	0.70	0.60	0.80	1.50	2.00	0.10	1.00
可塑性(威廉)		0.35～0.55	0.35～0.55	0.35～0.55	0.25～0.45	0.40～0.55	0.40～0.55	0.40～0.55	0.40～0.55	0.40～0.60	0.30～0.55
拉伸强度/MPa	⩾	8.3	6.9	5.4	6.9	5.4	4.9	4.9	4.4	5.9	3.9
扯断伸长率/%	⩾	380	360	350	350	370	350	280	250	400	270

（二）再生胶的制法及再生原理

再生胶制造过程分为3个工段，即粉碎、脱硫、精炼。每工段还包括若干工序。

脱硫是制造再生胶的关键工艺过程，脱硫有几种方法，一般使用油法及水油法，这两种方法均需热、再生剂和氧的联合作用。

再生剂一般有软化剂、活化剂、增粘剂等。软化剂有煤焦油、松焦油、妥尔油等。它的作用是膨胀橡胶，因为只有膨胀，活化剂等再生剂才能比较容易扩散到胶粒里面去。活化剂一般是硫酚、硫酚锌盐、芳烃二硫化物、多烷基苯酚硫化物等。目前常用的是多烷基苯酚二硫化物，代号为420。活化剂可使脱硫时间缩短大约一半，而且更为重要的是它使丁苯橡胶等合成橡胶再生有可能实现。

脱硫并不能实现将硫从硫化橡胶的交联键中分裂出来。它的作用是在再生剂、热和氧的联合作用下使立体交联网断裂；部分成为更小的交联碎片，这部分不能溶解；部分成为链状或者带支链的分子链，这一部分可以溶解，可能被氯仿抽出。脱硫过程可以用下面示意图表示：

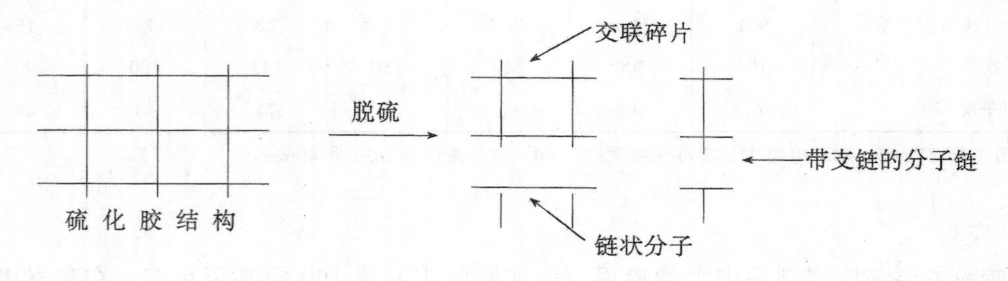

（三）再生胶的应用

再生胶是橡胶工业的重要原材料，应符合HG 4－390－82标准规定。再生胶鉴定质量方法也和一般橡胶一样，必须按标准配方及标准操作方法。

再生胶是橡胶工业广泛采用的低档原材料。应用形式有两种，一种是完全用再生胶，另一种是掺用。

再生胶广泛应用于轮胎、胶管、运输带、胶鞋、胶板等方面。在建材方面可制作油毡、冷粘卷材、防水涂料、密封腻子等。在市政工程方面可做地下管道的防护层、防水防腐材料及铺路面防龟裂材料等。

参 考 文 献

〔1〕谢遂志，刘登祥，周鸣峦．橡胶工业手册第一分册．修订版．北京：化工出版社，1989

〔2〕〔前苏联〕库兹明斯基 A C 等著，张隐西，陈耀庭，陈根度译．弹性体制造，加工和应用的物理化学基础．北京：化工出版社，1983

〔3〕Morton M. Rubber Technology. Third Edition. New York：Van Nostrand Reinhold，1987

〔4〕邓本诚，纪奎江．橡胶工艺原理．北京：化工出版社，1984

〔5〕〔美〕索尔特曼 W M 著．张中岳，王梦蛟，曾泽新译．立构橡胶．北京：化工出版社，1987

〔6〕〔荷兰〕范克雷维伦 D W 著．许元泽，赵德禄，吴大成译．聚合物的性质．北京：科学出版社，1981

〔7〕〔英〕布赖德森 J A 著．王梦蛟，戴耀松，曾泽新，涂学忠译．橡胶化学．北京：化工出版社，1985

〔8〕〔前苏联〕加尔莫诺夫 И B 著．秦怀德等译．合成橡胶．北京：化工出版社，1988

〔9〕黄葆同，欧阳均等．络合催化聚合合成橡胶．北京：科学出版社，1981

〔10〕周彦豪．聚合物加工流变学．西安：西安交通大学出版社，1988

〔11〕〔日〕日本ゴム協會誌編．賴耿陽譯．最新橡膠材料實務．臺南市：復漢出版社，1979

〔12〕Anil K Bhowmick and Howard L Stephens. Handbook of Elastomers. New York：Marcel Dekker，Inc. 1988

〔13〕Fred W Barlon. Rubber Compounding Principles. Materials and Techniques. New York：Marcel Dekker Inc. 1988

〔14〕金有企編譯．橡膠工藝學．臺南市：大行出版社，1980

〔15〕田中康之．日本ゴム協會誌，1982，55:652

〔16〕华南热作学院编．天然橡胶的性质与加工工艺．北京：农业出版社，1988

〔17〕〔日〕小室经治等著．盛德修译．异戊橡胶加工技术．北京：化工出版社，1980

〔18〕〔日〕梅野昌等著．刘登祥，刘世平译．丁苯橡胶加工技术．北京：化工出版社，1983

〔19〕Brydson J A. Rubber Materials and Their Compounds. London：Applied Sdcience Publishers Ltd，1988

〔20〕大连工学院，北京化工学院，锦州石油六厂，北京胜利化工厂编．顺丁橡胶生产．北京：石油化学工业出版社，1978

〔21〕娄诚玉编．乙丙橡胶合成与加工工艺．北京：化工出版社，1982

〔22〕〔美〕Wilfred Lynch 著．刘玉田，王明仁等译．硅橡胶加工手册．沈阳橡胶工业制品研究所印刷，1987

〔23〕Whelan A and Lee K S. Developments in Rubber Technology－4. London and New York：Applied Science Publishers Ltd，1987

〔24〕Blackley D C. Synthetic Rubbers：Their Chemistry and Technology. London：Applied Science Publishers Ltd，1983

〔25〕Stevenson A. Rubber in Offshore Engineering. Bristol and Boston：Adam Hilger Ltd，1984

〔26〕山东化工学院橡胶工艺教研组编译．丁腈橡胶的加工和应用．北京：石油化学出版社，1978

〔27〕Morroll S H. Progress of Rubber Technology. Volume 46. London：Applied Science Publislhers Ltd，1984

〔28〕〔日〕鄉田兼成著．刘登祥译．氯丁橡胶加工技术．北京：化工出版社，1980

第二章 橡胶的硫化体系

第一节 概 述

一、硫化定义

硫化是指橡胶的线型大分子链通过化学交联而构成三维网状结构的化学变化过程。随之胶料的物理性能及其他性能都发生根本变化。橡胶分子链在硫化前后的状态如图 2-1 所示。

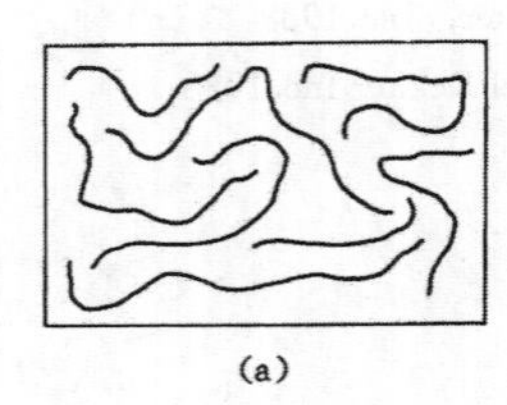

(a)

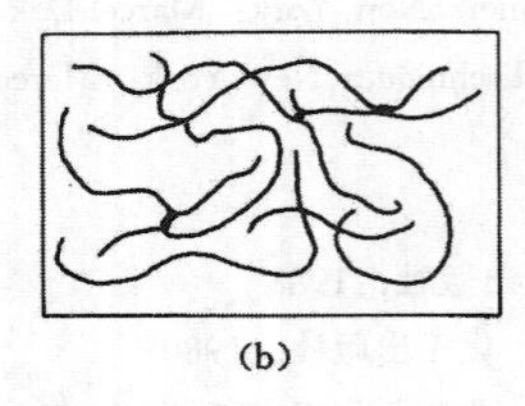

(b)

图 2-1 橡胶分子链硫化前后的网络结构示意图

(a)—生胶;(b)—硫化胶

橡胶硫化是橡胶生产加工过程中的一个非常重要阶段,也是最后的一道工序。这一过程赋予橡胶各种宝贵物理性能,使橡胶成为广泛应用的工程材料,在许多重要部门和现代尖端科技如交通、能源、航天航空及宇宙开发的各个方面都发挥了重要作用。

硫化反应是美国人 Charles Goodyear 于 1839 年发现的。他将硫黄与橡胶混合加热制得性能较好材料。这一发现是橡胶发展史上最重要的里程碑。英国人 Hancock 最早把这一方法用于工业生产,他的朋友 Brockeden 把这一生产过程称作硫化,直至今天,橡胶工艺科学家仍然沿用这一术语。现在人们认识到这一过程是高聚物大分子链交联形成网络结构,它严格限制了分子链的互相滑动。除了硫黄外,人们又陆续发现了许多化学物质,例如过氧化物、金属氧化物、醌肟类化合物、胺类化合物……等都可使橡胶硫化,有些胶料不用硫化剂,用 γ 射线辐射也能硫化。但是,无论交联剂品种或硫化方法如何变化,硫黄在橡胶工业用交联剂中仍占统治地位,硫化仍然是橡胶工业最重要的环节,因此硫化就成为交联的代表性用语。

硫化过程是交联过程,或称网络结构化过程,是 20 世纪 50 年代和 60 年代的普遍看法。60 年代末期和 70 年代初期热塑性橡胶(Thermoplastic Rubber,简称 TPR)的出现和发展,使橡胶交联过程有多相变化特征概念得以充实和加宽。随着合成橡胶的发展并通过对各种合成胶结构、硫化过程及硫化胶结构的研究发现,硫化胶的结构是复杂的,其中有化学交联键,也有分子间作用力所形成的组合,如结晶区和氢键,或其他形式的化学键如离子键的交联。这些形式所缔合的硫化胶结构形成三维网状。例如氯丁橡胶、羧基橡胶等在硫化过程中,由于极性基团的原因,形成离子键的特殊结构分子网,如图 2-2 所示。热塑性弹性体的嵌段共聚物,它所形成的三维网络的连结点是分子链一些硬链段靠分子间作用力结合一起,如图 2-3 所示。热塑性弹性体通过各种分子间作用力如氢键、结晶、聚集相(即硬嵌段)等约束成分缔合的网络都是物理交联键,而其他化学形式的交联如通过络合离子键或可逆共价键或接枝所形成的热塑性弹性体的网络结构与硫化形成的化学交联概念不同,它们是可逆的,又称"热消除"交联键(Heat-Fugitive Cross Links)。在高温下,热塑性弹性体表现为塑性,交联键消失。在 100℃以下,又具有硫化胶的综合性能。由此看来,原来硫化的概念是描述线型分子的橡胶通过化学共价键的交联转化为三维网络的含义，现在应扩展。但是，现代的硫化概念仍然是线型的橡胶分子链通过化学交联形成三维网状结构的过程。

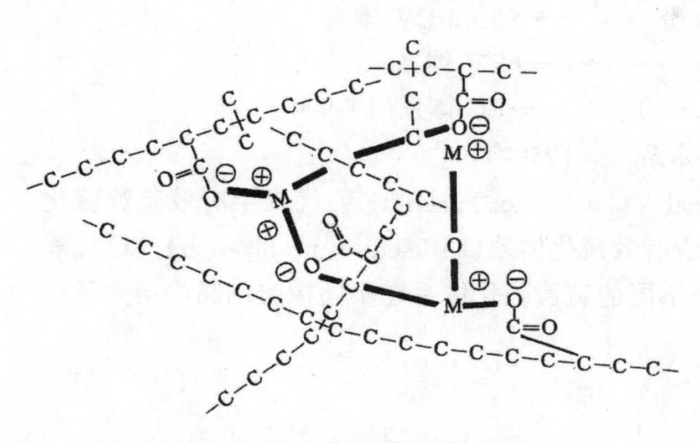

图 2－2　羧基橡胶硫化胶网络结构示意图
（羧基阴离子和金属阳离子的静电结合）

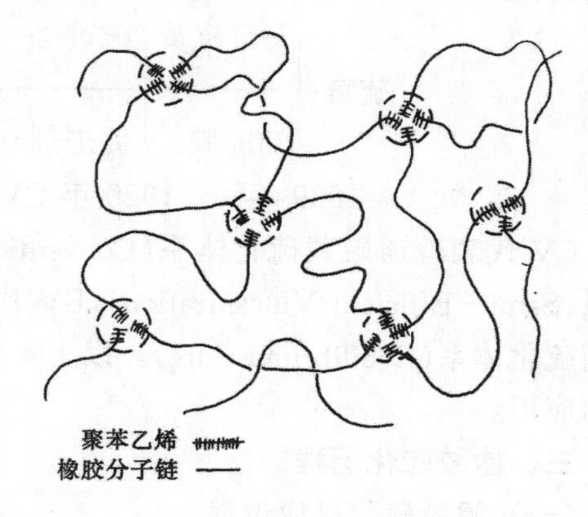

图 2－3　热塑性弹性体网络示意图

二、橡胶硫化发展概况

自 1839 年发现了硫黄硫化橡胶以来，橡胶工业得到飞跃的发展。下面列举几个橡胶硫黄硫化的历史进展：

年份	硫化系统	硫化时间	温度	发明者
1839	硫　黄	9～10h	140℃	Goodyear
1844	S＋PbO		140℃	Goodyear
1906	S＋Pbo＋苯胺	1～2h	140℃	Mark Oenslager
1920	S＋ZnO＋苯胺＋硬脂酸	20～40min	140℃	Bayer
1921	S＋ZnO＋促 D＋硬脂酸	20～30min	140℃	
1925	S＋ZnO＋M＋硬脂酸	～10min	140℃	
1930	S＋ZnO＋DM＋硬脂硬	～10min	140℃	

由上可知，橡胶的硫黄硫化，由单纯硫黄的硫化系统发展到硫黄加无机氧化物的活化复合体系，进而至硫黄/无机氧化物/有机化合物的复合体系。有机促进剂也由胺类、胍类的中慢速级发展到快速的噻唑类、秋兰姆类的硫化体系。在第二次世界大战前夕，橡胶的硫化已形成了一个完整的体系，即由硫化剂、活化剂、促进剂三部分组成，这个系统一直沿用至今，无大的变化，但硫化时间的缩短、硫化效率的提高是显著的。

随着科学研究的发展，发现硫黄并非是唯一的硫化剂。1846 年 Parkes 发现一氯化硫的溶液或其蒸气在室温下亦能硫化橡胶，称为“冷硫化法”；1915 年发现了过氧化物硫化；1918 年发现了硒、碲等元素的硫化；1930 年发现了低硫硫化方法；1940 年又相继发现了树脂硫化和醌肟硫化方法；1943 年又发现了硫黄给予体的硫化。第二次世界大战以后，又出现了新型硫化体系，如 50 年代发现的辐射硫化，70 年代的脲烷硫化体系和 80 年代提出的平衡硫化体系等。

尽管如此，由于硫黄价廉易得，资源丰富，硫化胶性能好，仍是最佳的硫化剂。经过100多年的研究及发展，已形成几个基本的不同层次的硫黄硫化体系，组成层次表示如下：

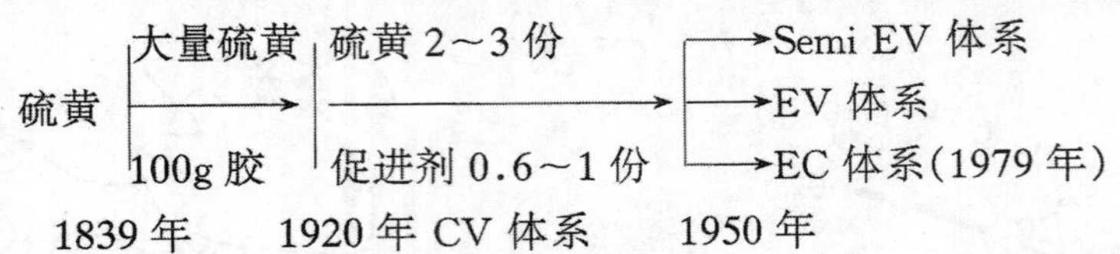

CV代表普通硫黄硫化体系(Conventional Vulcanization)；Semi EV代表半有效硫黄硫化体系(Semi－Efficient Vulcanization)；EV代表有效硫化体系(Efficient Vulcanization)；EC代表平衡硫化体系(Equilibrium Cure)。以上4个不同的硫黄硫化体系在不同橡胶制品中得到了广泛的应用。

三、橡胶硫化历程

(一) 橡胶硫化反应过程

一个完整的硫化体系主要由硫化剂、活化剂、促进剂所组成，如表2－1所示。

表2－1 完整的硫黄硫化体系

纯橡胶	100	
硫 黄	0.5～4.0	硫化剂
促进剂	0.5～2.0	促进剂
氧化锌	2.0～10	活化剂
脂肪酸	1～4	

硫化反应是一个多元组分参与的复杂的化学反应过程。它包含橡胶分子与硫化剂及其他配合剂之间发生的一系列化学反应。在形成网状结构时伴随着发生各种副反应。其中，橡胶与硫黄的反应占主导地位，它是形成空间网络的基本反应。一般说来，大多数含有促进剂－硫黄硫化的橡胶，大致经历了如下的硫化历程：

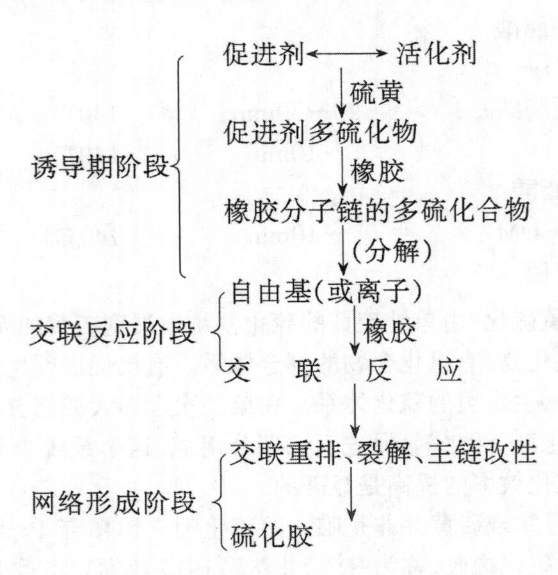

硫化过程可分为三个阶段。第一阶段为诱导阶段。在这个阶段中，先是硫黄、促进剂、活化剂的相互作用，使氧化锌在胶料中溶解度增加，活化促进剂，使促进剂与硫黄之间反应生成一种活性更大的中间产物；然后进一步引发橡胶分子链，产生可交联的橡胶大分子自由

基(或离子)。第二阶段为交联反应,即可交联的自由基(或离子)与橡胶分子链产生反应，生成交联键。第三阶段为网络形成阶段，此阶段的前期，交联反应已趋完成，初始形成的交联键发生短化、重排和裂解反应，最后网络趋于稳定，获得网络相对稳定的硫化胶。

(二) 硫化历程图

在硫化过程中，橡胶的各种性能随硫化时间而变化。将橡胶的某一种性能的变化与硫化时间作曲线图，即得硫化历程图，如图2-4所示。图中，前部是门尼焦烧曲线，后部是强度曲线，曲线之间不衔接。

根据硫化历程分析，可分四个阶段，即焦烧阶段、热硫化阶段、平坦硫化阶段和过硫化阶段。

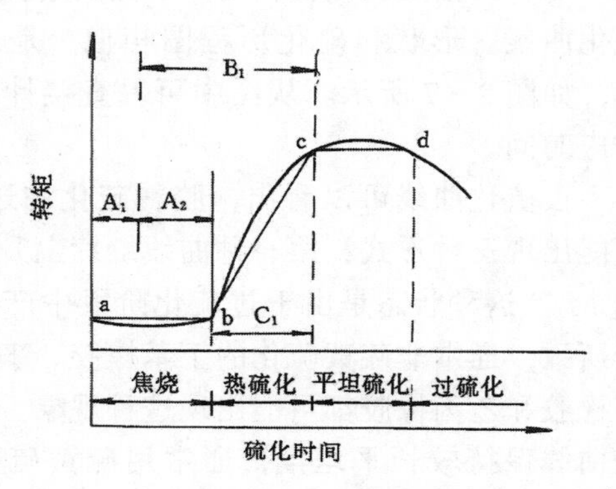

图2-4 硫化历程图

1. 焦烧阶段 图中 *ab* 段是热硫化开始前的延迟作用时间，相当于硫化反应中的诱导期，也称焦烧时间。它的长短关系到生产加工安全性，决定于胶料配方成分，主要受促进剂的影响。在操作过程中，胶料受热的历程也是一个重要因素。

由于橡胶具有热积累的特性,所以胶料的实际焦烧时间包括操作焦烧时间 A_1 和剩余焦烧时间 A_2。操作焦烧时间是指橡胶加工过程中由于热积累效应所消耗掉的焦烧时间。它取决于加工条件(如胶料混炼、热炼及压延、压出等工艺条件)。剩余焦烧时间是指胶料在模型中加热时保持流动性的时间。在操作焦烧时间与剩余焦烧时间之间无固定界限,它随胶料操作和停放条件而变化。一个胶料经历加工次数越多,操作时间长(如图中 A_1 所示) 缩短了剩余焦烧时间(如图中 A_2 所示) 也就是减少了胶料在模型中的流动时间。因此一般的胶料都尽量避免经受多次机械作用。

2. 热硫化阶段 图中 *bc* 段为硫化反应中的交联阶段。逐渐产生网络结构，使橡胶弹性和拉伸强度急剧上升。其中 *bc* 段曲线的斜率大小代表硫化反应速率的快慢，斜率越大，硫化反应速度越快,生产效率越高。热硫化时间的长短决定于温度和胶料配方,其影响如图2-5、2-6所示。温度越高，促进剂M用量越多，硫化速度也越快。

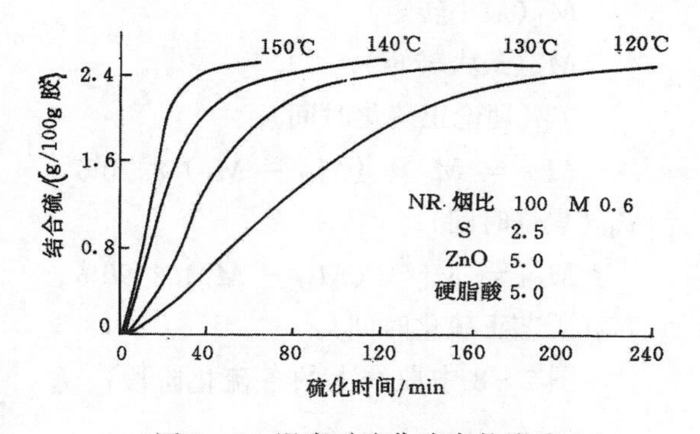

图2-5 温度对硫化速度的影响

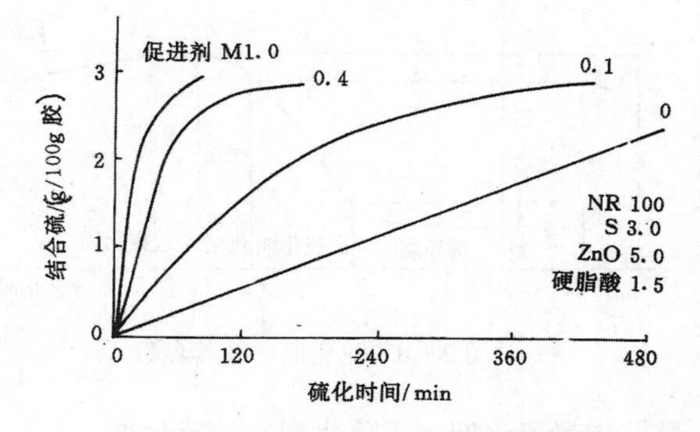

图2-6 促进剂用量对硫化速度的影响

3. 平坦硫化阶段 图2-4中 *cd* 相当于硫化反应中网构形成的前期，这时交联反应已基本完成，继而发生交联键的重排、裂解等反应，胶料强力曲线出现平坦区。这段时间称为平坦硫化时间，其长短取决于胶料配方(主要是促进剂及防老剂)。由于这个阶段硫化橡胶保持最佳的性能，所以作为选取正硫化时间的范围。

4. 过硫化阶段　图 2－4 中 d 以后的部分，相当于硫化反应中网构形成的后期，存在着交联的重排，但主要是交联键及链段的热裂解反应，因此胶料的强力性能显著下降。

在硫化历程图中，从胶料开始加热起至出现平坦期止所经过的时间称为产品的硫化时间，也就是通常所说的“正硫化时间”，它等于焦烧时间和热硫化时间之和。但由于焦烧时间有一部分被操作过程所消耗，所以胶料在模型中加热的时间应为 B_1，即模型硫化时间，它等于剩余焦烧时间 A_2 加上热硫化时间 C_1。然而每批胶料的剩余焦烧时间有所差别，其变动范围在 A_1 和 A_2 之间。

另一种描述硫化历程的曲线是采用硫化仪测出的硫化曲线。形状和硫化历程图相似，是一种连续曲线，如图 2－7 所示。从图中可以直接计算各阶段所对应时间。

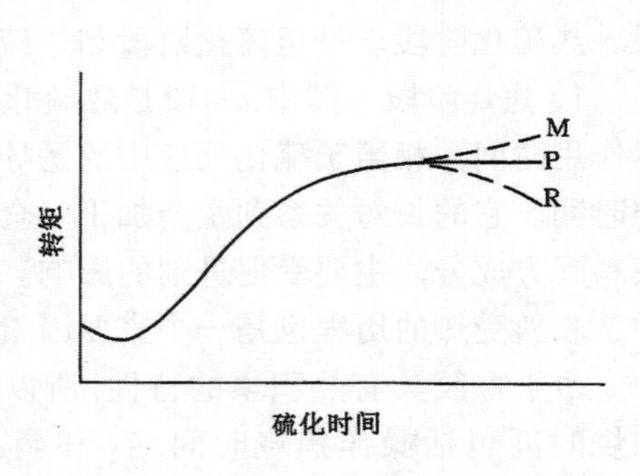

图 2－7　用硫化仪测定的硫化曲线

由硫化曲线可以看出，胶料硫化在过硫化阶段，可能出现三种形式：第一种曲线继续上升，如图中虚线 M，这种状态是由于过硫化阶段中产生结构化作用所致，通常非硫黄硫化的丁苯橡胶、丁腈橡胶、氯丁橡胶和乙丙橡胶都可能出现这种现象。第二种情形是曲线保持较长平坦期，通常用硫黄硫化的丁苯橡胶、丁腈橡胶、乙丙橡等都会出现这种现象；第三种曲线下降，如图中虚线 R 所示，这是胶料在过硫化阶段发生网络裂解所致，例如天然橡胶的普通硫黄硫化体系就是一个明显例子。

(三) 硫化曲线及其参数

硫化曲线上的参数、硫化的各个阶段及其它们之间的关系见图 2－8。由图可见，在硫化温度下，开始转矩下降，也就是粘度下降，到最低点后又开始上升，这表示硫化的开始，随着硫化的进行，转矩不断上升并达到最大值。

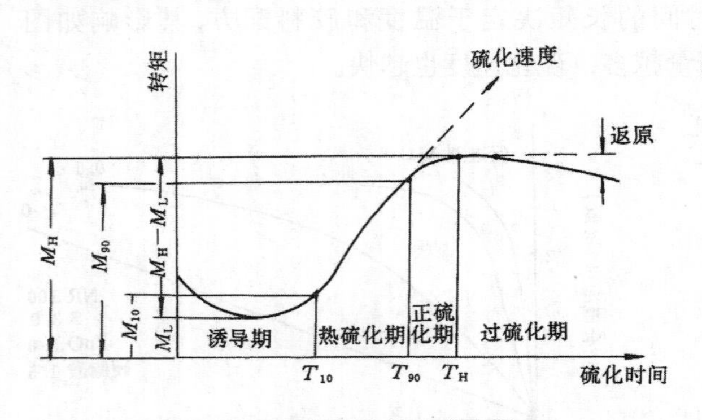

图 2－8　硫化曲线及其参数

从图 2－8 的硫化曲线上可见下列参数：

M_L(最小转矩)；

M_H(最大转矩)；

T_H(理论正硫化时间)；

$M_{10} = M_L + (M_H - M_L) \times 10\%$，

T_{10}(焦烧时间)；

$M_{90} = M_L + (M_H - M_L) \times 90\%$，

T_{90}(工艺正硫化时间)。

图 2－8 中曲线上的各硫化阶段：诱导期，热硫化期，正硫化期，过硫化期。

在硫化反应开始前，胶料必须有充分的迟延作用时间以便进行混炼、压延、压出、成型及模压时充满模型。一旦硫化开始，反应要迅速。因此，硫化诱导期对橡胶加工生产安全至关重要，是生产加工过程的一个基本参数。在热硫化阶段，橡胶与硫黄的交联反应迅速进行，曲线的斜率即硫化速率与交联键生成速度基本一致，并符合一级反应方程式。从硫化时间对交联密度关系可得下列方程式：

$$\frac{\mathrm{d}V_u}{\mathrm{d}t}=K(V_{u\infty}-V_{ut}) \tag{2-1}$$

积分公式为：

$$V_{ut}=V_{u\infty}[1-\mathrm{e}^{-K(t-t_i)}] \tag{2-2}$$

式中 V_{ut}——硫化时间为 t 时的交联密度；

K——交联反应速度常数；

t——硫化时间；

t_i——硫化诱导时间；

V_u——交联密度；

$V_{u\infty}$——最大交联密度。

按照式(2-1)将 V_{ut} 对硫化时间进行标绘，可得到图 2-9 所示的交联反应的动力学曲线，它与图2-8的热硫化段的硫化曲线相同。从图2-9曲线可见，交联反应自 t_i 开始，交联密度近似直线增加，最后达最大值。从理论上，胶料达到最大交联密度时的硫化状态称为正硫化，它与图2-8中的对应点是硫化仪中的最大转矩 M_H。所以正硫化时间是指胶料达到最大交联密度时所需要时间。显然，由交联密度来确定正硫化是比较合理的，它是现代各种硫化测量技术的理论基础。

（四）理想的橡胶硫化曲线

较为理想的橡胶硫化曲线应满足下列条件：

（1）硫化诱导期要足够长，充分保证生产加工的安全性；

（2）硫化速度要快，提高生产效率，降低能耗；

（3）硫化平坦期要长。

要实现上述条件，必须正确选择硫化条件和硫化体系。目前比较理想的是迟效性的次磺酰胺类促进剂的硫化体系。理想的硫化曲线如图 2-10 所示。

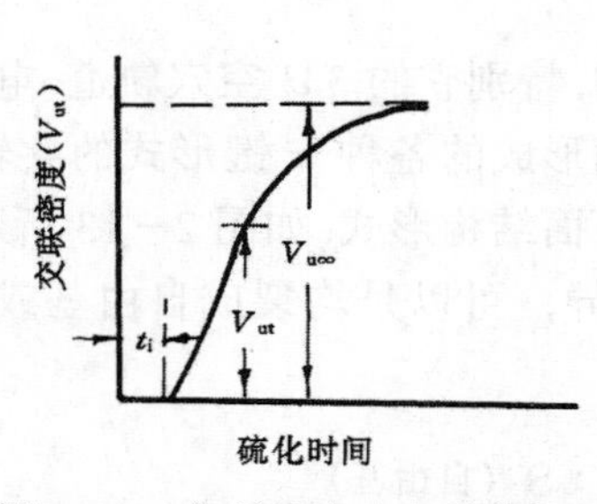

图 2-9　交联反应动力学曲线图

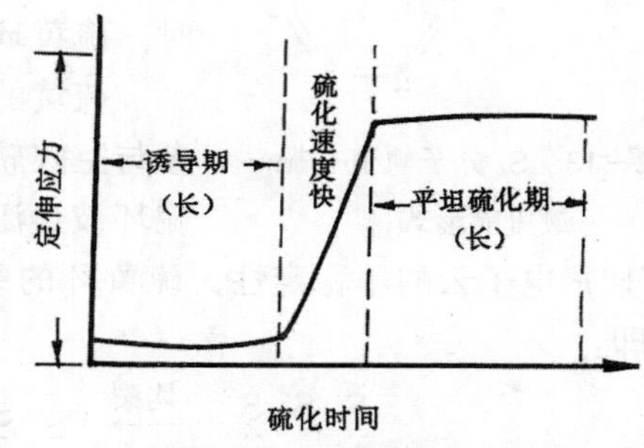

图 2-10　理想的硫化曲线

第二节　无促进剂的硫黄硫化

橡胶可以视为一种固体胶体溶液。许多橡胶配合剂在橡胶中都有一定的溶解度。硫黄在橡胶中分散后，随温度升高熔融成淡黄色液滴，最后液滴变小而消失，此时硫黄完全溶解于橡胶中。但溶解度的大小因橡胶种类、温度不同而异。室温下，硫黄在天然橡胶和丁苯橡胶中溶解较为容易，而在顺丁橡胶、丁腈橡胶中的溶解就比较困难。硫黄溶于橡胶后易于扩散。温度升高，溶解度增大，扩散速度迅速增加；温度降低则容易形成过饱和溶液，过量的硫黄则扩散到胶料表面，重新结晶出来形成一层霜状粉末，这种现象在橡胶工业生产中称为喷霜现象，对生产过程的成型粘合工艺产生不良效果。橡胶品种和温度对硫黄溶解度的影响如图 2－11 和图 2－12 所示。

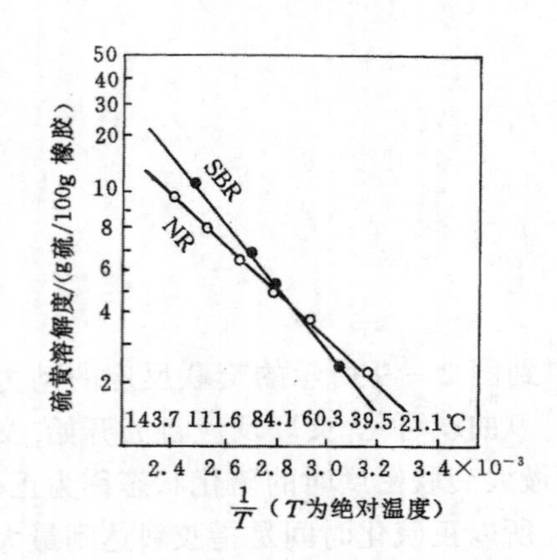

图 2－11　硫黄在丁苯橡胶和天然橡胶中的溶解度

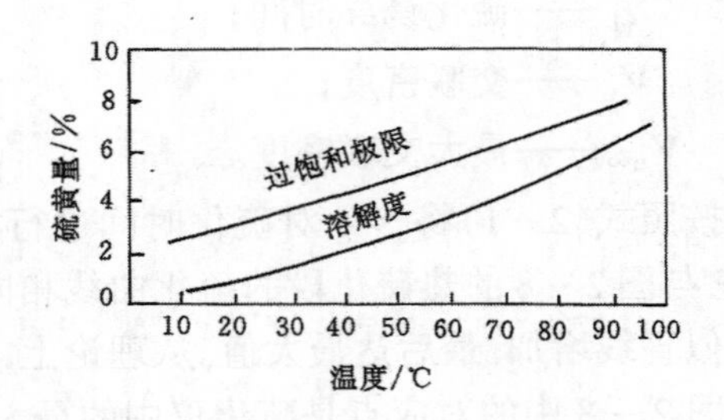

图 2－12　温度对硫黄在天然橡胶中的溶解度和过饱和极限的影响

在橡胶工业生产中，配方中的硫黄用量一般在 0.3 至 4 份左右。

没有促进剂的硫黄硫化体系早已被淘汰，因为这样硫化反应慢，硫化时间长(几小时以上)，硫黄用量多(6 至 10 份以上)，硫化胶性能差。尽管如此，硫黄与橡胶反应的机理及变化规律是值得人们重视的。

一、硫黄的反应性

硫黄在自然界以含有 8 个硫原子的环状结构 S_8 分子形式稳定存在。在室温下，元素硫与橡胶不发生作用。为使硫黄容易进行反应，必须加热使硫黄裂解。温度升高到 159℃时，硫黄环被活化裂解。

$$S_8 \xrightarrow{\Delta} \text{(环状 } \ddot{S}=\ddot{S} \text{ 共振结构)}$$

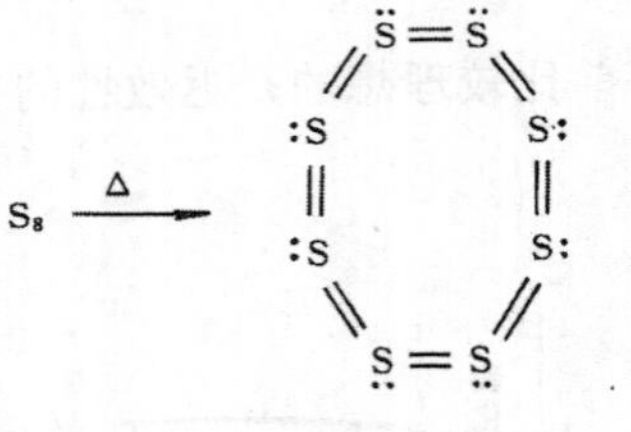

图 2－13　S_8 分子轨道共振最可能形式

硫黄的特殊原子结构，特别它的 3 d 空穴轨道，电子容易参与空穴轨道的热激发而形成的各种 π 键形式的共轭效应。硫环被热激发时存在着下面结构形式，如图 2－13 所示。

由于 π 电子云的不稳定性，硫黄环的裂解随条件而异，可以是均裂成自由基或异裂成离子，即：

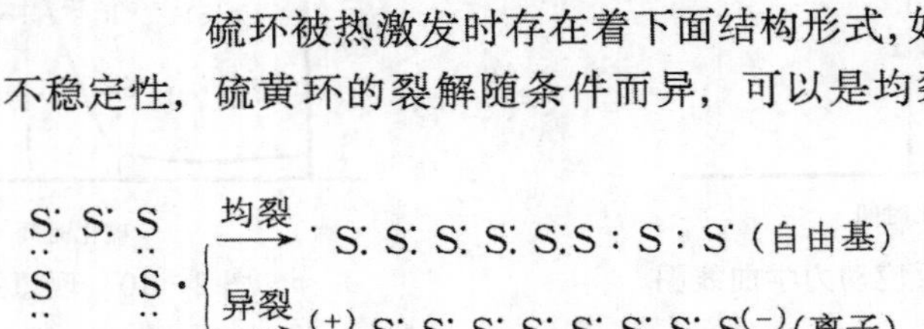

$$S_8 \text{(环)} \begin{cases} \xrightarrow{\text{均裂}} \cdot S{:}S{:}S{:}S{:}S{:}S{:}S{:}S\cdot \text{（自由基）} \\ \xrightarrow{\text{异裂}} {}^{(+)}S{:}S{:}S{:}S{:}S{:}S{:}S{:}S^{(-)} \text{（离子）} \end{cases}$$

因此，橡胶与硫黄的化学反应有两种可能性，这决定于反应系统和介质。如果硫环裂解按离子型方式进行，则以离子型或极性机理与橡胶分子链进行反应；如果硫环按自由基型方式进行，则硫黄与橡胶的反应按自由基机理进行。加热到高温时硫环即行打开，通常均裂成双基活性硫黄分子。继续加热，这些双基活性硫黄又分裂成含有不同硫黄原子数目的双基硫活性分子，如 $\cdot SS_4S\cdot$，$\cdot SS_2S\cdot$，$\cdot S_2\cdot$ 等，即：

$$S_8 \xrightarrow[159℃]{\triangle} \cdot S—S_6—S\cdot \xrightarrow{\triangle} \cdot SS_4S\cdot + \cdot S_2\cdot$$

这些活性双基硫黄又可以和其他硫黄分子聚合成比较大的橡皮硫，但它的活性很低。例如：

$$\cdot S_8\cdot + xS_8 \longrightarrow \cdot S_{8+x}\cdot \xrightarrow{冷却} 橡皮硫$$

上述的双基硫黄中，含有4到3个硫黄原子的双基硫非常活泼，但产生$\cdot S_1\cdot$的反应机率较低，因为这种反应需要大量热能并需较高温度。

二、不饱和橡胶分子链的反应性

不饱和橡胶即二烯类橡胶一般都能与硫黄进行反应。因为大分子链上每个链节都有双键，一条大分子链又有数千个链节，即有数千个双键存在。双键上的 π 电子云反应性很高，可以看作电子源，它与缺电子物质，即吸电子试剂有加成反应倾向，也能吸引自由基。当双键受到外界离子或自由基影响时，则会使 π 电子云转移。当双键受到离子化作用时，π 电子云全部转移到一个碳原子上。此时一个碳原子带负电荷，一个碳原子带正电荷，因此，双键上即能进行离子型加成反应。当双键受到自由基作用时，π 电子对中只有一个电子移到双键碳原子上，无电荷变化，不饱和双键成为双自由基，能进行自由基的加成反应。双键反应形式如下：

$$\left[—\overset{H}{\underset{(-)}{C}}—\overset{H}{\underset{(+)}{C}}—\right] \underset{离子化}{\rightleftharpoons} \left[—\overset{H}{C}=\overset{H}{C}—\right] \underset{自由基化}{\rightleftharpoons} \left[—\overset{H}{\underset{\cdot}{C}}—\overset{H}{\underset{\cdot}{C}}—\right]$$

这与硫黄热裂的两种可能形式相似。因此橡胶分子链与硫黄的反应的历程，将取决于硫黄的活化形式。

由于双键的存在，连在双键碳原子上的氢(乙烯基氢)很难解离。相反连在与双键相邻碳原子上的氢(烯丙基氢,也称 α 位置氢)很容易脱出，形成的烯丙基自由基是非常活泼的，链烯烃橡胶分子链上碳原子脱氢容易顺序或其相应的自由基活性顺序是：

烯丙基＞叔基＞仲基＞伯基＞甲基＞乙烯基

通过对硫化过程研究发现，硫化时双键数目往往变化不多，说明硫化反应往往是在双键的 α －亚甲基，即烯丙基的碳原子上进行的。当双键受外界影响，其电子云由于极化变形，反应物质即能结合到 α －亚甲基上。离子型反应一般是在脱氢后产生电荷，带有电子空穴的取代物就很容易取代氢而结合上去。当受到自由基作用时，则在 α －亚甲基上进行自由基取代反应。通常自由基可以将自由基状态转移给链烯烃，使之成为大分子自由基而能进一步反应：

$$—\!\!(CH_2—CH_2—CH=CH)\!\!— + R\cdot \longrightarrow —\!\!(CH_2—\dot{C}H—CH=CH)\!\!— + RH$$

几种橡胶的链烯烃上最活泼的反应活性中心举例如下：

$$NR(IR)\quad \sim\sim\!\!(\underset{\cdot}{C}H_2—\overset{CH_3}{\overset{|}{C}}=CH—\underset{\cdot}{C}H_2—)_n\sim\sim$$

$$BR\quad \sim\sim\!\!(\underset{\cdot}{C}H_2—CH=CH—\underset{\cdot}{C}H_2—)_n\sim\sim$$

$$SBR\quad \sim\sim\!\!(\underset{\cdot}{C}H_2—CH=CH—\underset{\cdot}{C}H_2)_n\!(CH_2—\underset{C_6H_5}{\underset{|}{C}H})_{0.3n}\sim\sim$$

$$\text{NBR} \quad \sim\!\sim\!\left(\dot{C}H_2-CH=CH-\dot{C}H_2\right)_m\left(CH_2-\underset{\displaystyle CN}{\underset{|}{C}H}\right)\!\sim\!\sim$$

至于硫化反应中是属离子型反应还是自由基反应，主要取决于参与硫化反应的各种物质及反应条件，因此硫化反应可以按单一的离子型或自由基反应进行，亦可以以混合的反应机理进行。

三、天然橡胶与硫黄的硫化反应[1,11,12]

如前述，橡胶与硫黄的反应可能有二种形式，即以自由基机理或离子型反应机理进行，或以混合机理同时或相继进行反应。为了弄清硫黄与橡胶的反应机理，早在1950年末到1960年初，天然橡胶生产者研究协会(NRPRA)现称马来西亚橡胶生产者研究协会(MRPRA)做了大量研究工作，用模拟化合物反应并采用自由基净化剂和电子顺磁共振EPR的分析方法来研究，都没有发现自由基讯号，90年代，科学家使用^{13}CNMR的核磁共振技术对硫化胶的网络结构进行分析研究并进行直接表征。现在一般的结论是，无促进剂的硫黄硫化是以离子型反应机理进行的。但对于具有高不饱和度的天然橡胶和合成天然橡胶，自由基反应机理是极容易进行的。现分别介绍如下：

（一）自由基反应机理

当硫黄与橡胶共热后，产生了非常活泼的双基硫：

$$S_8 \xrightarrow{\triangle} \cdot\dot{S}_x + \cdot\dot{S}_{8-x}$$

它与橡胶反应生成橡胶硫醇化合物，然后转变为多硫交联键。为方便起见，橡胶大分子链可用R代表。生成的橡胶硫醇可以在橡胶分子链间进行加成反应生成相应的多硫交联键结构，亦可以在分子链的双键处进行加成，还可进行环化反应得到环化结构：

$$\sim\!\left(CH_2-\overset{\displaystyle CH_3}{\overset{|}{C}}=CH-CH_2\right)_n\!\sim + \cdot\dot{S}_x \longrightarrow \sim\!\left(CH_2-\overset{\displaystyle CH_3}{\overset{|}{C}}=CH-\underset{\displaystyle S_xH}{\underset{|}{C}H}\right)_n\!\sim$$

$$\sim\!\left(CH_2-\overset{\displaystyle CH_3}{\overset{|}{C}}=CH-\underset{\displaystyle S_xH}{\underset{|}{C}H}\right)\!\sim + RH \longrightarrow \sim\!\left(CH_2-\overset{\displaystyle CH_3}{\overset{|}{C}}=CH-\underset{\displaystyle R}{\underset{|}{\underset{S_{x-1}}{\underset{|}{C}H}}}\right)_n\!\sim + H_2S\uparrow$$

或

$$\sim\!\left(CH_2-\overset{\displaystyle CH_3}{\overset{|}{C}}=CH-\underset{\displaystyle S_xH}{\underset{|}{C}}-CH_2-\overset{\displaystyle CH_3}{\overset{|}{C}}=CH-CH_2\right)_{n-1}\!\sim \longrightarrow$$

$$\left(CH_2-\overset{\displaystyle CH_3}{\overset{|}{C}}=CH-CH-CH_2-\overset{\displaystyle CH_3}{\overset{|}{C}}=CH-CH\right)_{n-1} + H_2S\uparrow \quad (\text{两个 }CH\text{ 之间以 }S_{x-1}\text{ 桥连成环})$$

当然，有时双基活性硫黄分子可直接产生有效的交联作用，不一定生成橡胶硫醇的中间产物：

$$\sim\sim CH_2-\underset{}{\overset{CH_3}{\overset{|}{C}}}=CH-CH_2\sim\sim + \cdot S_x^{\cdot} \longrightarrow \sim\sim CH_2-\overset{CH_3}{\overset{|}{C}}-CH-\dot{C}H\sim\sim + \dot{S}_xH$$

$$\sim\sim CH_2-\overset{CH_3}{\overset{|}{C}}=CH-\dot{C}H\sim\sim + \cdot S_x^{\cdot} \longrightarrow \sim\sim CH_2-\overset{CH_3}{\overset{|}{C}}=CH-\underset{S_x^{\cdot}}{\underset{|}{CH}}\sim\sim$$

$$\xrightarrow{R\cdot} \begin{array}{c} \sim\sim CH_2-\overset{CH_3}{\overset{|}{C}}=CH-CH\sim\sim \\ | \\ S_x \\ | \\ \sim\sim CH_2-\underset{CH_3}{\underset{|}{C}}=CH-CH\sim\sim \end{array}$$

双基硫黄分子在橡胶分子链上可直接与双键加成产生一对连位交联键，其功能与单独交联键一样。

$$2\sim\sim CH_2-\overset{CH_3}{\overset{|}{C}}=CH-CH_2\sim\sim + 2\cdot S_x^{\cdot} \longrightarrow \begin{array}{c} \sim\sim CH_2-\overset{CH_3}{\overset{|}{C}}-CH-CH_2\sim\sim \\ \quad | \quad\;\; | \\ \quad S_x \quad S_x \\ \quad | \quad\;\; | \\ \sim\sim CH_2-\underset{CH_3}{\underset{|}{C}}-CH-CH_2\sim\sim \end{array}$$

天然橡胶的硫黄硫化过程中生成多硫交联键。由于分子链上的双键被诱导极化产生双键位置的移动，使交联位置可能产生置换或重排。

$$\sim\sim CH_2-\overset{CH_3}{\overset{|}{C}}=CH-\underset{\underset{R}{|}}{\underset{S_x}{\underset{|}{CH}}}\sim\sim \rightleftharpoons \sim\sim CH_2-\overset{CH_3}{\underset{\underset{R}{|}}{\underset{S_x}{\underset{|}{\overset{|}{C}}}}}-CH=CH\sim\sim$$

在硫化过程中由于多硫键的断裂，夺取了 α －亚甲基上的氢原子，产生共轭二烯或三烯类的结构。这种反应会改变橡胶分子链的结构，称为主链改性。共轭二烯或三烯成分越多，主链改性程度越高，硫化胶的老化性能就越差。

$$\sim\sim CH_2-\overset{CH_3}{\overset{|}{C}}=CH-\underset{\underset{R}{|}}{\underset{S^x}{\underset{|}{CH}}}-CH_2-\overset{CH_3}{\overset{|}{C}}=CH-CH_2\sim\sim \longrightarrow \sim\sim CH_2-\overset{CH_3}{\overset{|}{C}}=CH-C=CH-\overset{CH_3}{\overset{|}{C}}=CH-CH_2\sim\sim + RS_xH$$

上述的各种反应形式，使我们对橡胶与硫黄的硫化反应的硫化胶结构有了基本的了解。

（二）离子型反应机理[1,4,11,12]

当硫黄的开裂受到离子介质诱导时，它生成离子型的多硫化合物$^{(+)}SS_6S^{(-)}$，而多硫化合物可能与体系中能容易极化的分子，例如不饱和橡胶的双键反应，使大分子双键处的碳原子离子化，导致了离子型的反应过程或称极化反应机理。MRPRA 和 Wolf 等用模拟化合物的研究和^{13}CNMR 的研究表明，其硫化过程如下：

$$>C=C< + S_8 \longrightarrow \text{多硫化合物}\ TS_a^+ + TS_b^-$$

$$2RH + TS_a^+ + TS_b^- \longrightarrow RS_a^+ + RS_b^-$$

$$RS_a^+ + \sim CH_2-C(CH_3)=CH-CH_2\sim \longrightarrow \sim CH_2-C(CH_3)=CH-CH_2\sim\ (\text{经三元环}\ \overset{+}{\triangle}\ \text{连接}\ S_a-R)$$

$$\sim CH_2-C(CH_3)=CH-CH_2\sim\ (\overset{+}{\triangle}-S_a-R) \xrightarrow[\text{由烯烃传递氢}]{RH} \sim CH_2-C(CH_3)(S_a-R)-CH-CH_2\sim + \sim CH_2-\underset{\oplus}{C(CH_3)=CH}-CH_2\sim$$

$$\sim CH_2-\underset{\oplus}{C(CH_3)=CH-CH}\sim + S_8 \longrightarrow \sim CH_2-C(CH_3)=CH-CH(S_a^+)\sim$$

$$\sim CH_2-C(CH_3)=CH-CH(S_a)\sim\ \text{经}\ \overset{+}{\triangle}\ \text{连接}\ \sim CH_2-C(CH_3)-CH-CH_2\sim \xrightarrow{\text{由烯烃传递氢}} \sim CH_2-C(CH_3)=CH-CH\sim\ (S_x)\ \sim CH-C(CH_3)-CH_2-CH_2\sim$$

上述反应阐述了质子传递的机理，其关键步骤是形成三元的硫—碳荷电的环。这个机理也存在着异构化作用，链烯烃存在着顺式或反式的构型。MRPRA 的研究人员指出[12]：环化结构的形成是由于硫黄交联键在弱的 S—S 键处断裂，硫黄链与分子链内的双键反应形成环化结构。

$$-CH_2-C(CH_3)=CH-CH(S-S_{x-1}-T)-CH_2-CH_2-C(CH_3)=CH\sim \longrightarrow -CH_2-C(CH_3)\!<\!\overset{CH_2-CH_2-CH_2}{\underset{S}{}}\!>\!C(CH_3)-CH_2\sim + TS_{x-1}$$

（三）硫黄硫化胶的结构

据上述，橡胶与硫黄反应的机理非常复杂，除了橡胶与硫黄反应形成交联键外，还有许多副反应，例如环化反应和主链改性反应等。根据模拟化合物以及直接使用提纯的天然橡胶进行的硫黄硫化研究，天然橡胶的硫黄硫化胶结构图如图 2－14 所示。

对硫黄硫化胶的结构分析列于表 2－2。从表 2－2 中可看出，随着硫化时间的增加，结合硫的数量、交联密度以及交联效率都增加，而多硫交联键变短，即每个交联键中的硫黄原子数目减少，环化结构的结合硫量增高。其中效率参数 E 值是表示形成每摩尔交联键所需要的平均的硫黄摩尔数目。E 值越高，表示交联效率越低。无促进剂的硫黄硫化交联效率很低，在硫化初期生成一个交联键需要 53 个硫原子，在硫化后期也仍需 43 个硫原子才能生成一个交联键、在硫化胶结构中部生成大量一硫环化合物。因此必须改善硫黄硫化系统，提高硫化胶网络的完善性，提高硫化效率，因而发展了有活化剂、促进剂的硫黄硫化体系。

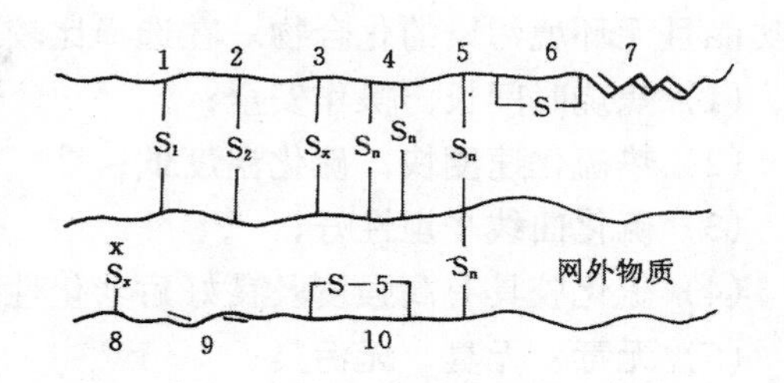

图 2－14　硫黄硫化的天然橡胶硫化胶结构示意图

1—单硫交联键；2—双硫交联键；3—多硫交联键（x =3～6）；4—连位交联键（n = 1～6）；5—双交联键；6—分子内一硫环化物；7—共轭三烯；8—侧挂基团；9—共轭二烯；10—分子内二硫环化物

表 2－2　硫化胶[①]的结构分析

硫化时间 /h	网络中的结合硫 /%	交联密度 $\left(\frac{1}{2M_C}\right)\times 10^5$	交联效率参数 E	每个交联键平均原子数	环状结合硫 /%
2	1.68	1.0	53	12 ～ 13	76 ～ 77
4	3.46	2.1	53	16	79 ～ 81
7	5.93	4.2	47	7 ～ 8	83 ～ 85
24	8.89	7.1	43	2 ～ 3	93 ～ 95

① 基本配方：NR100，硫黄 10，硫化温度 140℃。

第三节　促进剂的硫黄硫化

促进剂的硫黄硫化体系是橡胶工业生产中应用最广泛的、历史最长的主要硫化体系。使用无机和有机促进剂来活化和促进橡胶的硫化反应是橡胶工业技术的巨大进步。橡胶硫化时使用有机促进剂已有 70 多年的历史。橡胶工业大量使用促进剂是在 1921 年布鲁尼(G. Bruni)发现了噻唑类促进剂以后。自那时起，橡胶工业进入一个重要发展阶段，橡胶配方日臻完善，橡胶硫化体系形成了一个由硫化剂、促进剂、活化剂构成的完整硫化体系。它不仅大大缩短了硫化时间，减少硫黄用量，降低硫化温度，而且对橡胶工艺性能和物理机械性能也有较大改善。

促进剂就是指能降低硫化温度，缩短硫化时间，减少硫黄用量，又能改善硫化胶的物理性能的物质。它的本质就是提高硫化效率，提高生产效率，降低能耗，提高产品质量。第二次世界大战前，主要以噻唑类促进剂为主，如促进剂M(MBT)、DM(MBTS)。同时也发现了次磺酰胺类迟效性促进剂 CZ(CBS)，但当时未被大量采用。战后到 60 年代，相继又发展了超速级促进剂秋兰姆类和二硫代氨基甲酸盐类，但噻唑类促进剂仍占主导地位。70 年代，由于合成橡胶工业及炉法炭黑的巨大发展，高温及大型橡胶制品的硫化技术的要求使次磺酰胺类促进剂得到广泛的应用，出现了噻唑类和次磺酰胺类促进剂主导并存的局面。目前合成橡胶的更广泛应用使次磺酰胺类应用的比例超过了噻唑类促进剂。

将来促进剂的发展方向是朝着“一剂多能”方向发展，即它兼备着硫化、促进、活化及防焦功能且无环境污染的化合物。在选择比较理想的促进剂时，应该备有下列条件：

(1) 焦烧时间长，操作安全；

(2) 热硫化速度快，硫化温度低；

(3) 硫化曲线平坦性好；

(4) 硫化胶具有高强度及良好耐老化性能；

(5) 无毒、无臭、无污染；

(6) 来源广泛、价格低廉。

能全部满足上述条件的促进剂极少，目前比较理想的促进剂是次磺酰胺类促进剂。

一、促进剂分类

有机促进剂品种繁多复杂，系统分类比较困难。过去都按天然橡胶的硫化速度快慢分类，但合成橡胶的大量使用，使得原来的分类变得不适应。也有的根据橡胶硫化反应中产生的硫化氢与促进剂反应呈现酸、碱、中性或它本身呈酸、碱或中性性质特性分类。目前用得最广泛的分类方法是根据促进剂的化学结构分类。

(一) 按促进剂的结构分类

根据促进剂的化学结构可分成八大类：

噻唑类：M，DM……。

秋兰姆类：TMTD，TMTM……。

次磺酰胺类：CZ，NOBS，DZ……。

胍类：D（DPG）……。

二硫代氨基甲酸盐类：ZDC，ZDMC……。

硫脲类：NA－22（ETU）……。

醛胺类：促进剂 H……。

黄原酸盐类：ZIX……（目前已淘汰）。

(二) 按 pH 值分类

促进剂的酸性或碱性性质对硫化速度有重要的影响，特别是在多种促进剂并用的硫化体系中，系统的协同效应或加和效应都会对工艺过程有重要影响。其分类如表 2－3 所示：

表 2－3　促进剂的酸碱性质

pH 值	例　子
＜7 酸性	M，DM，TMTD，TMTM，ZDC，ZDMC，ZIX
＞7 碱性	H，D
＝7 中性	NA－22，CZ，NOBS，DZ……

(三) 按硫化速度分类

国际上习惯于以促进剂对天然橡胶的使用效果，并以促进剂 M 为标准来比较促进剂的硫化速度快慢。凡硫化速度快于 M 者属超速级或超超速级，而低于 M 者属中速或慢速，如表 2－4 所示。

表 2－4　按硫化速度分类的促进剂

硫化速度级	促 进 剂
超超速级	PX，ZDC，ZDMC……
超 速 级	TMTD，TMTM，OTOS……
准 速 级	M，DM，CZ，NOBS，DZ……
中 速 级	D……
慢 速 级	H，NA－22

日本科学家 YUTAKA 等提出 ABN 字母加阿拉伯数字 1、2、3、4、5 的表示方法，使上面的促进剂按化学结构、pH 值、速度分类三者结合为一，更科学全面地表征每一种促进剂的特性。ABN 的含义为：A 代表酸性促进剂；B 代表碱性促进剂；N 代表中性促进剂。阿拉伯数字中含义是：1 代表慢速级；2 代表中速级；3 代表准速级；4 代表超速级；5 代表超超速级。应用 ABN 方法可以简要又全面地表示促进剂的作用特性，如表 2－5 所示：

表 2－5　ABN 法促进剂分类

组　别	促　进　剂
A_1	2，4－二硝基苯基硫化苯并噻唑
A_3	M，DM，MZ
A_4	TMTD，TETD，TRA
A_5	ZDC，ZDMC，PX
B_1	H
B_2	D，DOTG
B_3	丁醛苯胺
N_3	CZ，NOBS，DZ
N_4	OTOS

这个方法的优点是简单而又科学化，易于表示出促进剂的并用体系。例 $A_3B_2B_1$ 表示一种酸碱并用型的复合促进体系，A_3 代表以酸性促进剂 DM 为主促进剂，B_2 代表以碱性促进剂 D 为辅助促进剂，B_1 代表以碱性促进剂 H 为亚辅助促进剂的并用体系。$A_4\,A'_4$ 代表两种超速级的酸性促进剂的混合物，A_4 代表四取代的秋兰姆的多硫或单硫化物，A_5 代表超超速级的酸性促进剂二硫代氨基甲酸盐类；N_4 代表超速级的中性促进剂次磺酰胺类。

二、各类促进剂的结构及特点

各类促进剂都是由不同官能基团组成的，不同基团在橡胶的硫化过程中又发挥不同影响。促进剂中有多种基团可发挥不同功能，如防焦官能基，起辅助防焦功能的辅助防焦基团，亚辅助防焦基团，结合辅助防焦基团。此外，促进剂还含促进基团、活性基团、硫化基团等。因为每种促进剂含有不同官能基，其促进活化或硫化特性当然就产生差异了。

（一）促进剂的官能基团

1. 防焦官能团　促进剂中有三种防焦基团，它们分别是—SN<，>NN<和—SS—。防焦基团能防止焦烧是因为它们可抑制硫形成多硫化物，并在低温下减少游离硫的形成。

2. 辅助防焦基团　是指直接连接次磺酰胺中的氮和连接氧的酸性基团。它们可增强多硫物形成防焦基的效能。正是因为这些辅助基团的存在，次磺酰胺才具有优异的防焦效能。6 种辅助防焦基团是：

羰基　羧基　磺酰基　磷酰基　硫代磷酰基　苯并噻唑基

3．亚辅助防焦基团和结合辅助防焦基团这是一种非常特殊的结构。其中某一官能基会进一步加强与其相连的辅助基的防焦功能，这个基团称为亚辅助防焦基，而亚辅助防焦基与辅助防焦基的结合称结合辅助防焦基团。例如，CBSA，（N－异丙基硫－N－环己基苯并噻唑磺酰胺中的苯并噻唑基团③增强了辅助防焦基—SO_2 的效能，所以称之为亚辅助防焦基团，而②和③的结合④称为结合辅助防焦基团。

4．促进基　在硫化过程中，促进剂分解出基团起促进作用。例如，噻唑类、秋兰姆类、二硫代氨基甲酸盐类、次磺酰胺类都有这种促进基团。例如：

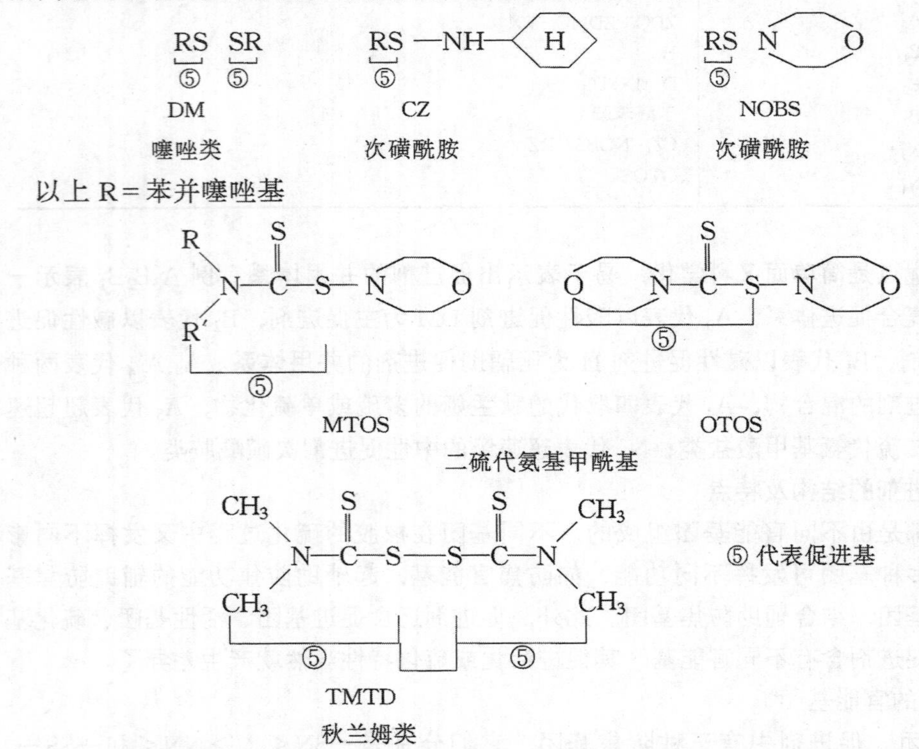

5．活性基团　促进剂在硫化过程中放出胺基具有活化作用。例如次磺酰胺类、秋兰姆类以及胍类促进剂都有这种功能。

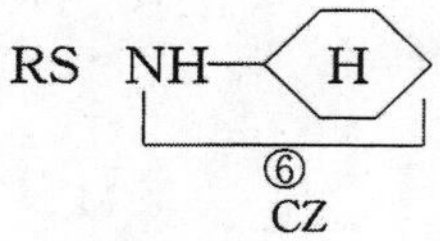

RS NH— H　　RS N　O　　O　N—C—S—N　O

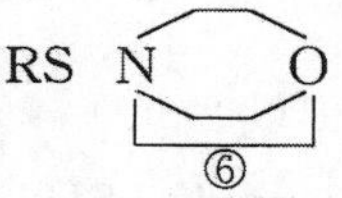

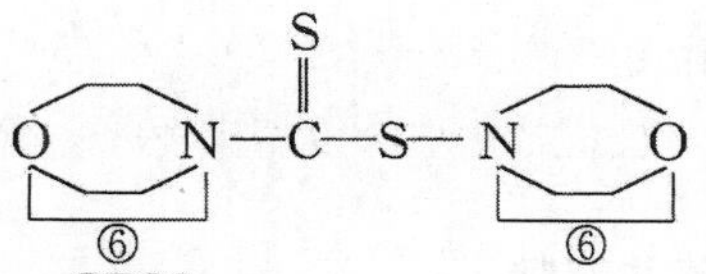

⑥ CZ　　⑥ NOBS　　⑥ OTOS ⑥

CH_3 S S CH_3

N—C—S—S—C—N

CH_3 CH_3

⑥ ⑥

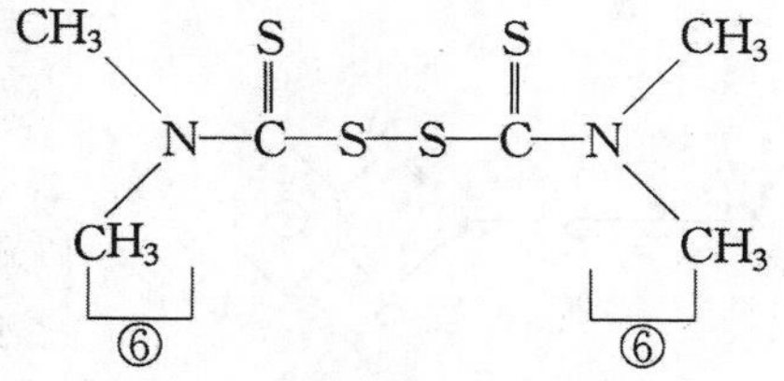

TMTD

⑥ 代表活性基

6．硫化基团　在硫化时，硫黄给予体(或称硫载体)TMTD、DTDM、MDB、TRA等被分解而放出活性原子硫，参与交联反应。硫载体中的含硫基团称为硫化基团，例如：

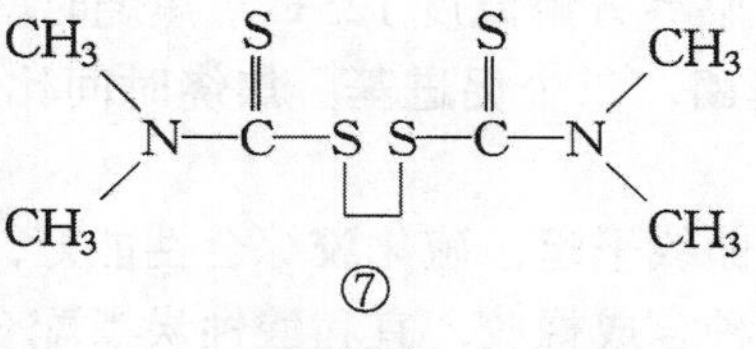

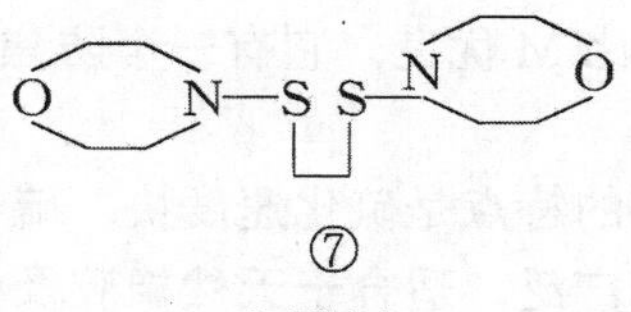

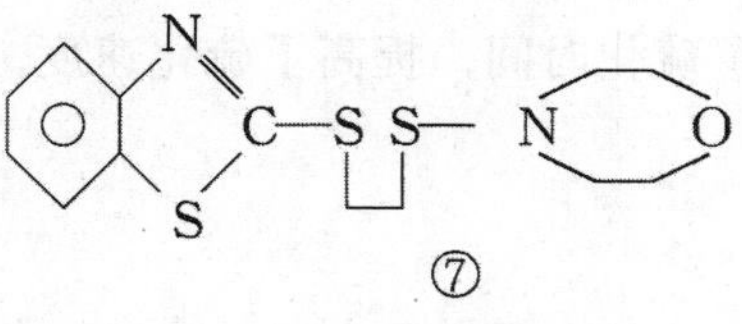

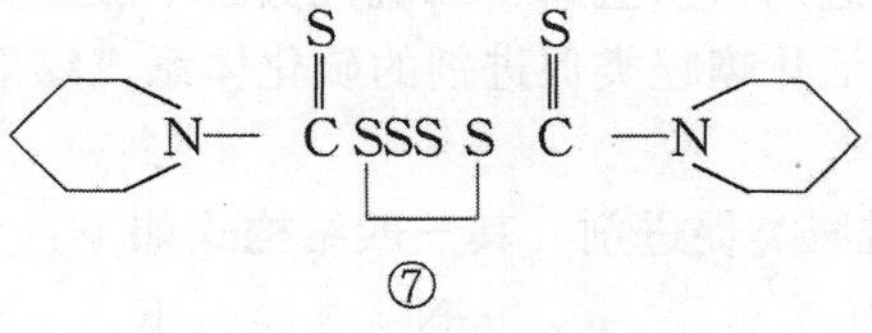

⑦ TMTD　　⑦ DTDM

⑦ MDB　　⑦ TRA

⑦ 代表硫化基团

在各种促进剂中，有的促进剂仅有一种功能，例如M只有促进功能；而有的促进剂如TMTD具有多种功能，起活化、促进及硫化的作用，从而影响了硫化特性。而多种官能的促进剂的并用，为橡胶工艺学家们提供了广阔天地，根据需要来选择适宜的促进剂以及适宜促进剂与硫黄用量的比例，得到预期的物理性能的硫化胶。

（二）各类促进剂特点

1．噻唑类　该类促进剂一般结构式如下：

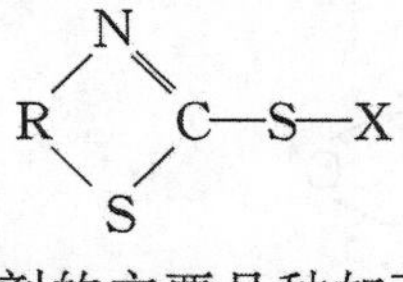

R— 芳基或脂肪基

X— 氢、金属原子或其他有机团

常用的噻唑类促进剂的主要品种如下：

名　　称	结 构 式	略 称
硫醇基苯并噻唑	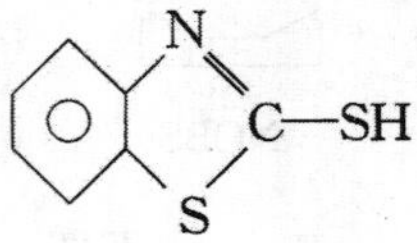	M
二硫化苯并噻唑	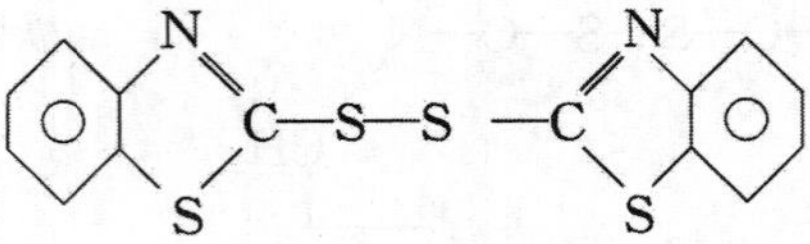	DM
硫醇基苯并噻唑锌盐	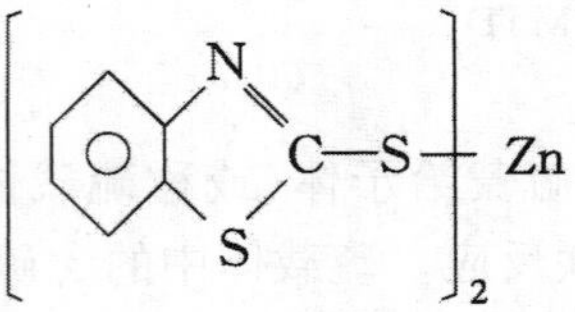	MZ

它们是酸性促进剂。M仅有一个促进基，临界分解温度125℃，焦烧时间短，易发生早期硫化现象。DM比M优良，它有一个防焦基团，二个促进基，焦烧时间比M的长，提高了生产安全性。

噻唑类促进剂的特点是硫化速度快，硫化曲线平坦，硫化胶综合性能好，有良好的耐老化性能，应用范围广泛，适合于天然橡胶及各种合成橡胶，宜和酸性炭黑配合，与炉法炭黑配合须注意焦烧的危险性，无污染，可作浅色橡胶制品，有苦味，不宜用于食品工业。

噻唑类促进剂与秋兰姆、二硫代氨基甲酸盐类、硫脲等并用具有防焦功能，与碱性促进剂并用构成了活化噻唑类促进剂的硫化体系，缩短了硫化时间，提高了硫化速度，改善了胶料的性能。

2．次磺酰胺类促进剂　其一般结构式如下：

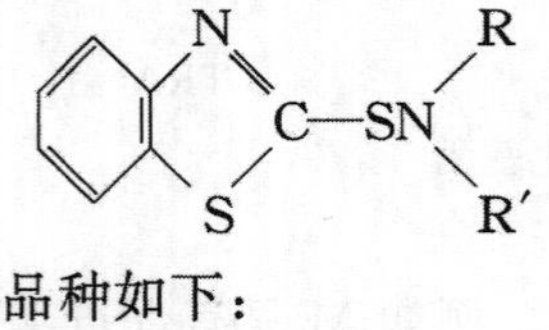

R为有机基团
R′为氢原子或有机基团

国内外常用的主要品种如下：

名　　称	结 构 式	略 称
N－环已基－2－苯并噻唑次磺酰胺	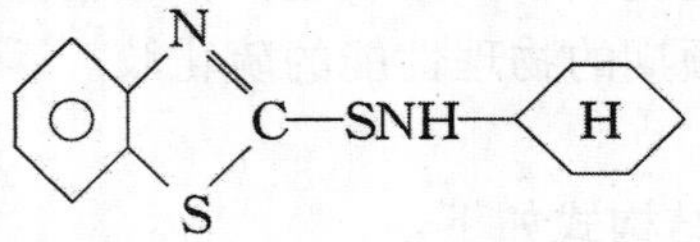	CZ (CBS)
N－氧二亚乙基－2－苯并噻唑次磺酰胺	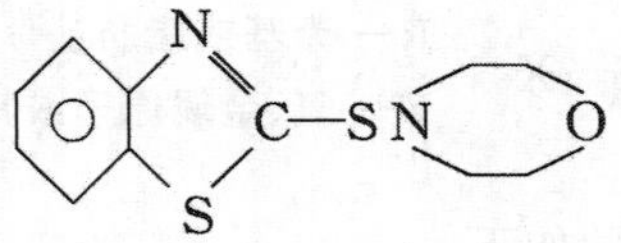	NOBS

N,N－二乙基－2－苯并噻唑次磺酰胺	AZ
N,N－二环己基－2－苯并噻唑次磺酰胺	(DCBS) DZ
N－叔丁基－2－苯并噻唑次磺酰胺	(TBBS) NS
N,N－二异丙基－2－苯并噻唑次磺酰胺	DIBS
2（吗啉基二硫代）苯并噻唑	MDB

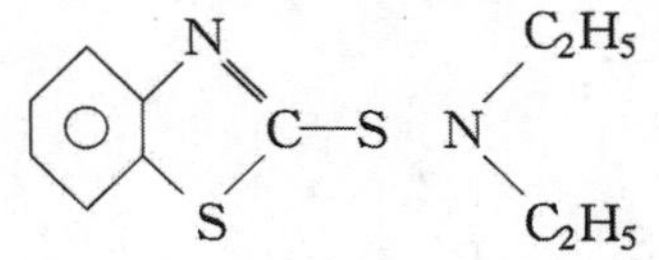

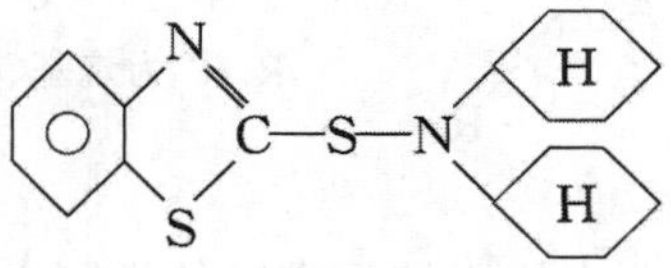

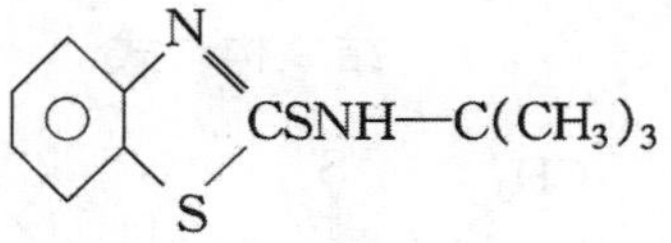

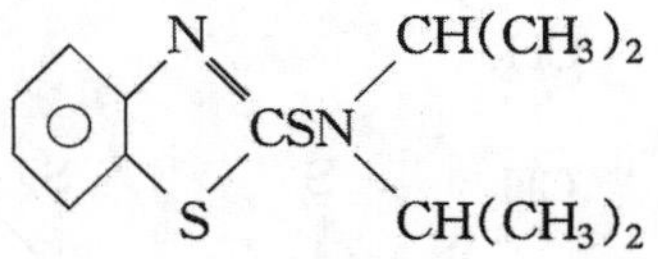

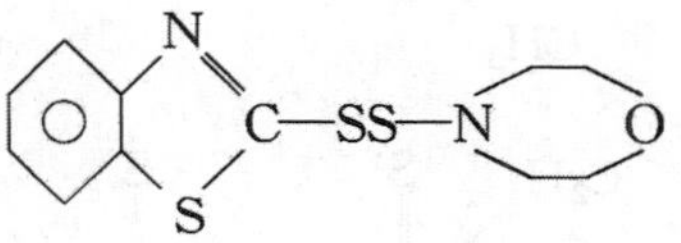

次磺酰胺类促进剂与噻唑类相同地方是促进基相同，但又比噻唑类多了一个防焦基和活化基。促进基是酸性的，活化基呈碱性，因此次磺酰胺类促进剂是一种酸碱自我并用型的促进剂，它兼有噻唑类促进剂的优点，又克服了焦烧时间短的缺点。其特点如下：

（1）诱导期长，硫化速度快，硫化曲线平坦，硫化胶综合性能好；

（2）宜与炉法炭黑配合，有充分安全性，利于压出、压延及压模胶料的充分流动性；

（3）适用于高温快速硫化和厚制品硫化；

（4）与酸性促进剂并用，形成一个活化的次磺酰胺硫化体系。

一般说来，次磺酰胺诱导期长短受到与胺基相连的基团大小有关，基团越大，诱导期越长，防焦效果越好，其变化规律如表 2－6 所示。

表 2－6　促进剂的迟效性与基团的关系

促进剂	胺基上取代基	135℃焦烧时间/min
AZ	二乙基	
CZ	环己基	18～23
NS	叔丁基	
NOBS	吗啉基(一硫化)	
MDB	吗啉基(二硫化)	28～32
DZ	二异丙基	40

由于次磺酰胺促进剂有活化基，因此促进剂在高温下易分解，其硫化平坦性比噻唑类稍

差，应避免过硫。

3. 秋兰姆类　它的一般通式如下：

$$\begin{matrix} R' \\ \quad\diagdown \\ \end{matrix} \!\!\!\! N-\overset{S}{\overset{\|}{C}}-S_x-\overset{S}{\overset{\|}{C}}-N \!\!\!\! \begin{matrix} R' \\ \diagup\quad \\ \end{matrix}$$

$$R\diagup \qquad\qquad\qquad\qquad \diagdown R$$

$x = 1 \sim 6$

R, R′ 为烷基、芳基、环烷基等

秋兰姆促进剂也是当前橡胶工业中使用较为广泛的类别之一，常用品种如下：

名　称	结 构 式	略 称
一硫化四甲基秋兰姆	$(CH_3)_2N-\overset{S}{\overset{\|}{C}}-S-\overset{S}{\overset{\|}{C}}-N(CH_3)_2$	TMTM
二硫化四甲基秋兰姆	$(CH_3)_2N-\overset{S}{\overset{\|}{C}}-S-S-\overset{S}{\overset{\|}{C}}(CH_3)_2$	TMTD
二硫化四乙基秋兰姆	$(C_2H_5)_2NC(=S)-S-S-\overset{S}{\overset{\|}{C}}-N(C_2H_5)_2$	TETD
四硫化双五亚甲基秋兰姆	$CH_2(CH_2-CH_2)_2NC(=S)S\ S\ S\ SC(=S)N(CH_2-CH_2)_2CH_2$	TRA

从上面的结构式中可以看出，一般的秋兰姆都含有二个活性基和二个促进基所组成，因此硫化速度快、焦烧时间短，是一种超速级的酸性促进剂。应用时应特别注意焦烧倾向。在秋兰姆中当 $x \geqslant 2$ 时，它含有硫化基团，硫化时析出活性硫原子，参与交联反应 使胶料硫化。因此 TMTD、TETD、TRA 等可作硫化剂，用于无硫硫化、制取耐热胶料或者用于高温的硫化场合。

4. 二硫代氨基甲酸盐类　它的一般通式如下：

$$\left[\begin{matrix} R' \\ \quad\diagdown \\ \end{matrix} \!\!\!\! N-\overset{S}{\overset{\|}{C}}-S- \atop R\diagup \qquad\qquad \right]_n Me$$

R, R′ 为烷基、芳基或其他基团，

Me 为金属原子；n 为金属原子价。

常用的主要品种如下：

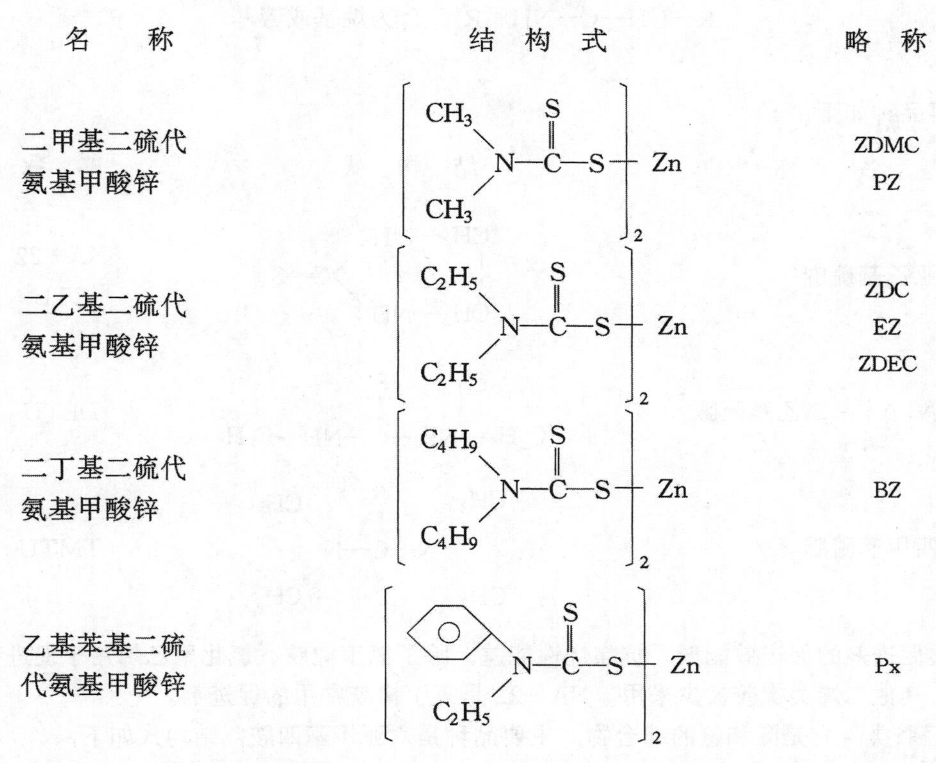

名　称	结构式	略称
二甲基二硫代氨基甲酸锌	$[(CH_3)_2N-C(=S)-S]_2Zn$	ZDMC PZ
二乙基二硫代氨基甲酸锌	$[(C_2H_5)_2N-C(=S)-S]_2Zn$	ZDC EZ ZDEC
二丁基二硫代氨基甲酸锌	$[(C_4H_9)_2N-C(=S)-S]_2Zn$	BZ
乙基苯基二硫代氨基甲酸锌	$[(C_6H_5)(C_2H_5)N-C(=S)-S]_2Zn$	Px

从二硫代氨基甲酸盐类结构式可以看出，它比秋兰姆类更活泼，除了活性基、促进基相同之外，它含有一个过渡金属离子，使橡胶不饱和双键更容易极化，比秋兰姆促进剂的硫化速度更快，是一种超超速级酸性促进剂。它诱导期极短，用于室温硫化及胶乳制品的硫化，也用于低不饱和度橡胶如丁基橡胶三元乙丙橡胶 EPDM 的硫化，它赋予硫化胶优良的耐老化性能。

5. 胍类　它属中慢速碱性促进剂，是碱性促进剂中用量最大的一种，广泛用于天然橡胶和各种合成胶中。最常用的是 DPG（D）、DOTG，结构式如下：

$$(C_6H_5NH)_2C{=}NH \qquad (CH_3C_6H_4NH)_2C{=}NH$$

D(DPG)　　　　DOTG

二苯胍　　　　二邻甲苯胍

其结构特点是有活性基，没有促进基和其他官能团、因此硫化起步较慢、操作安全性好，但硫化速度较慢。适用于厚制品如胶辊的硫化，提高海绵的定伸应力。但胍类促进剂容易使产品老化龟裂，且有变色污染性。它的最大优点是与酸性促进剂并用(如与噻唑类)并用活化了硫化体系，又克服了自身缺点。

6. 硫脲类　此类促进剂有下列通式：

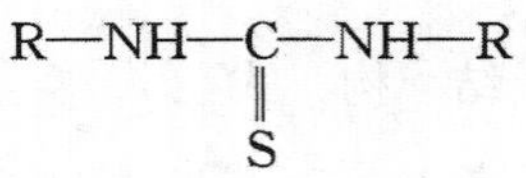

$$R—NH—\underset{\underset{S}{\|}}{C}—NH—R$$ R 为烷基或芳基

主要品种如下：

名　称	结构式	略称
亚乙基硫脲	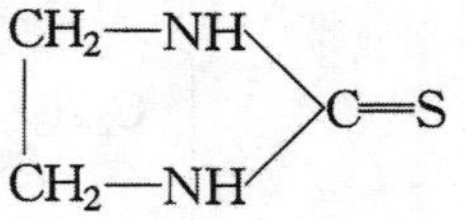 $\begin{matrix} CH_2—NH \\ \mid \\ CH_2—NH \end{matrix} \rangle C{=}S$	NA－22 ETU
N, *N′* －二乙基硫脲	$C_2H_5—NH—\overset{\overset{S}{\|}}{C}—NH—C_2H_5$	DETU
四甲基硫脲	$(CH_3)_2N—\overset{\overset{S}{\|}}{C}—N(CH_3)_2$	TMTU

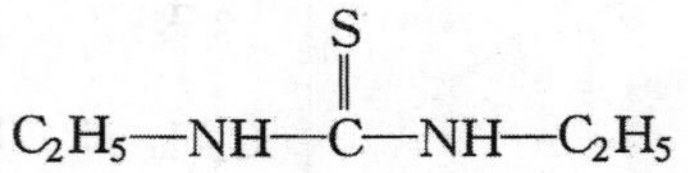

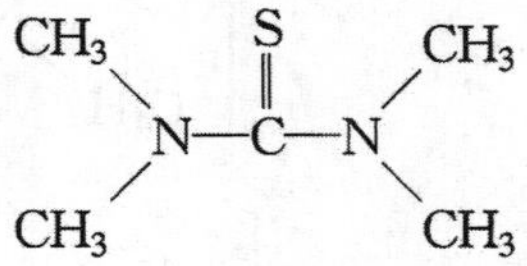

该类促进剂的促进效能低，抗焦烧性能差，除了氯丁橡胶、氯化聚乙烯用于促进和交联功能外，其他二烯类橡胶极少采用。NA－22 是氯丁橡胶常用的促进剂。

7. 醛胺类　它是醛和氨的缩合物，主要品种是六亚甲基四胺，结构式如下：

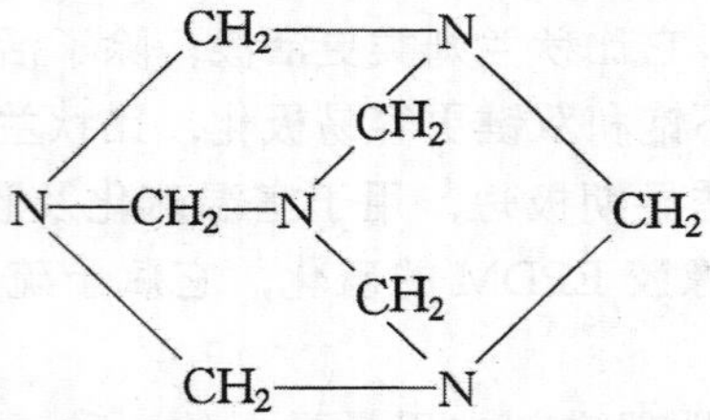

$$N_4(CH_2)_6$$ 促进剂 H(六亚甲基四胺)

它是一种弱的碱性促进剂，具有 4 个封闭的活性胺基，是慢速促进剂，无焦烧危险，一般用作第二促进剂，与其他促进剂并用。

此外还有乙醛胺，也称 AA 或 AC，是一种慢速促进剂。

8. 黄原酸类　该类促进剂的通式为：

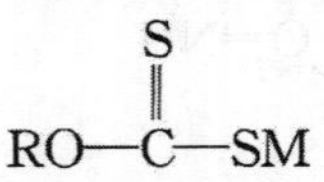

$$RO—\overset{\overset{S}{\|}}{C}—SM$$ R 为烷基或芳基，M 为金属原子 Na、K、Zn 等

它是一种酸性超超速级促进剂，其硫化速度比二硫代氨基甲酸盐类的还要快，除低温胶浆和胶乳工业使用外，一般都不采用，其代表产品是 ZIX，异丙基黄原酸锌。

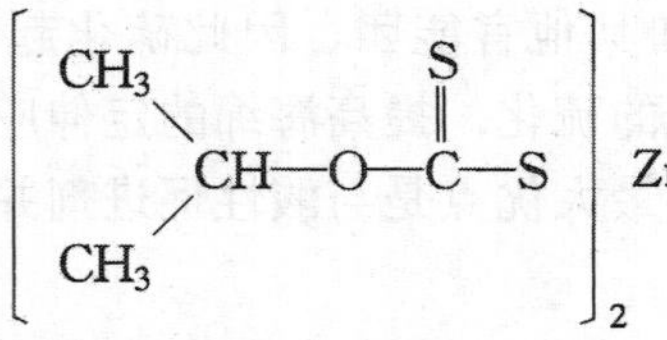

$$\left[\begin{matrix} CH_3 \\ \quad \rangle CH—O—\overset{\overset{S}{\|}}{C}—S \\ CH_3 \end{matrix}\right]_2 Zn^{++}$$ 异丙基黄原酸锌

（三）各类促进剂的作用特性

促进剂加到硫黄硫化的胶料中与活化剂组成了一个完整的硫化体系。在硫化反应开始的

前期即诱导期期间，各种促进剂与活化剂、硫黄相互作用，使胶料的粘度发生了显著变化。为了保证胶料的可加工性，通常在加工温度下如100℃、121℃、或135℃温度下，用一种专门仪器——门尼粘度测定仪来测量橡胶粘度的变化。其标准测定法在ASTM D1646－81中有详细说明。

促进剂结构的不同，对硫黄的硫化特性有显著的影响。图2－15，2－16显示了各类促进剂的焦烧特性。

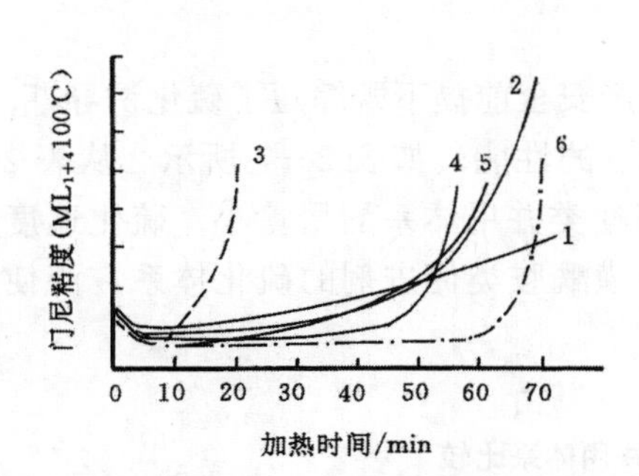

图2－15　各种促进剂的门尼焦烧时间比较

1—D；2—808，丁醛缩合物；3—M；

4—DM；5—MZ；6—CZ

基本配方：NR100，ZnO 5，硬脂酸1.0，

轻质碳酸钙50，硫黄2.5

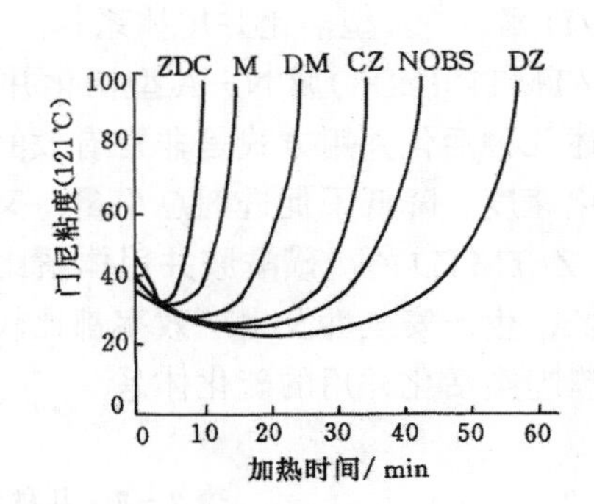

图2－16　各种促进剂对焦烧时间的影响

基本配方：NR 100，N330　50，ZnO 5，

硬酯酸2，PPD 2，硫黄2.5，软化剂8

上面两图说明了不同温度下(100℃和121℃)，各种促进剂的焦烧时间顺序由短到长的排列为：

$$\text{ZDC} < \text{TMTD} < \text{M} < \text{D} < \text{MZ} < \text{DM} < \text{CZ} < \text{NOBS} < \text{DZ}$$

生产不安全 | 生产安全

←诱导期变短　　诱导期延长→

各种促进剂的焦烧时间和焦烧后的硫化速度的比较见图2－17。图中每种促进剂的位置综合地描述了每类促进剂的硫化诱导期的长短及硫化速度的快慢，并给出了二种最常用的促进剂DM(噻唑类)、CZ(次磺酰胺类)与碱类促进剂D(胍类)的复合并用体系的特性。与胍类并用后，噻唑类和次磺酰胺类促进剂的诱导期缩短，硫化速度迅速提高，变成了活化的噻唑类和活化的次磺酰胺类的硫化体系。通过两种或多种促进剂的并用方法，改变促进剂系统的官能团的结构，就能调整硫化体系的诱导期、硫化速度，增加硫化曲线平坦期，改变硫化胶结构和性能。

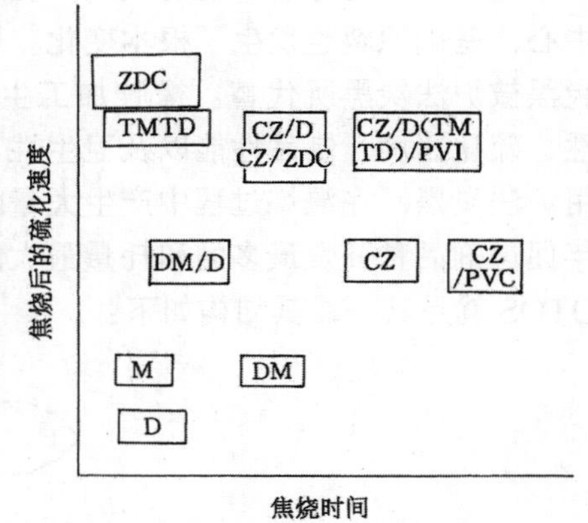

图2－17　各类促进剂的焦烧时间及硫化特性对比

(四)促进剂的并用

现代橡胶工艺学家认识到，多元促进剂并用的硫化体系赋予硫化胶优良的品质，因此对多元促进剂并用的硫黄硫化机理的研究也在进行之中。

在橡胶配方中有两种或两种以上的促进剂，其中一种无论在数量上、硫化特性上都代表了

它的基本特征,称为主促进剂或第一促进剂,其他的促进剂数量小,起辅助作用,称为辅助或副促进剂。例如DM:D(1.2:0.4)和 CZ:TMTD(1.0:0.2)中DM和 CZ都是主促进剂，而D和TMTD在这系统中称为副促进剂或第二促进剂。橡胶工业生产中最常用的几种活化并用体系为：

(1) 活化噻唑类硫化体系　DM(或M)/D(H)是A-B型并用活化体系；

(2) 活化次磺酰胺类硫化体系　这个并用体系有二种并用方式即：

CZ/D属N-B型活化并用体系；

CZ/TMTD(ZDC)属N-A型活化并用体系。

上述几种活化并用方式是非常有效的，在保证生产安全前提下既缩短了硫化诱导期，提高了硫化速度、降低了促进剂总用量，又改善了硫化胶的性能，如表2-7所示。从表2-7看出，CZ/TMTD的次磺酰胺并用体系比DM/D的噻唑类并用体系的用量小，硫化速度快，诱导期长，生产安全性及生产效率都比较好，因此次磺酰胺类促进剂的硫化体系广泛使用，正取代噻唑类活化并用的硫化体系。

表2-7　几种活化型促进剂并用体系比较

促进剂	硫化时间/min (140℃)	焦烧时间/min (110℃)	300%定伸应力/MPa	耐返原性/%
CZ (0.4)	20	47	13	66
DM/D (0.75/0.30)	12	15	15.2	77
CZ/TMTD (0.4/0.15)	10	38	16.0	70
NOBS/TMTD (0.4/0.15)	8	8	16.2	73

基本配方：NR 100，ZnO 5，硬脂酸2，快压出炭黑60，S 2.2，防老剂PAN 1.0。促进剂见表2-7。

(五) 促进剂的最近发展

近代，随着橡胶工业的发展，促进剂品种也有了相应变化。现时橡胶制品以轮胎工业为中心，基础原料也发生了根本变化。原来以天然胶为主体的橡胶胶料被合成橡胶代替，槽法炭黑被炉法炭黑所代替。橡胶加工生产技术正朝自动化、联动化方向发展。因此生产安全性、硫化速度、制品性能以及卫生性、环境安全性等方面都提出了更高要求。由于大规模采用炉法炭黑，在混炼过程中产生大量的热量。迟效性的次磺酰胺类促进剂显得特别重要。近年促进剂品种开发最多的和耗量最大的是次磺酰胺类。现在美国固特里奇公司生产的新品种OTOS就是其一，其结构如下：

$$O\langle\rangle N-\overset{S}{\overset{\|}{C}}-S-N\langle\rangle O$$

OTOS

N—氧联二亚乙基硫代氨基甲酰-*N'*-氧联二亚乙基次磺酰胺

产品特点是焦烧时间长，硫化速度快，促进效能高，加工安全性好，与促进剂OBTS并用具有协同效应，OTOS与CZ、NS在丁苯橡胶中的硫化特性如表2-8所示。

表 2-8 促进剂 OTOS 与 CZ、NS 的性能比较

物性项目	CZ	NS	OTOS
焦烧时间/min（150℃）	8	9	10
正硫化时间/min（150℃）	29	32	27
200%定伸应力/MPa	7.4	8.5	10.2

基础配方：SBR 100，HAF 50，S 2.0，促进剂 1.0。

此外，拜德公司(Baydege)开发了三嗪促进剂，主要有3种：①2-环己基氨基-4-硫代二乙氨基-6-硫代环己基氨基-1,3,5-三嗪；②双(2-乙基氨基-4-二乙基氨基-三嗪-6)二硫化物；③2,4-双(二乙基氨基)-6-巯基-1,3,5-三嗪。其中②的三嗪化合物以Triacit 20商品名出售。本类促进剂特点是效能高、硫化速度快、加工安全，在天然橡胶中的应用，性能介于CZ和NOBS之间，但用量更小。本品缺点是需要活化才能发挥效能。

为了提高加工安全性和硫化速度，发展了一种"就地型"促进剂和"包胶型"促进剂。"就地型"促进剂就是在橡胶中加入两种成分。这两种成分在炼胶过程中是稳定的，但在硫化温度下，第一种成分分解出二硫化碳，第二种成分放出胺或亚胺，两种产物化合成二硫代氨基甲酸盐，发挥其超超速级的硫化效能。这种在硫化过程中就地反应形成促进剂的称"就地"型促进剂。"包胶型"促进剂是从物理角度改进硫化体系安全性能的尝试。其特点是在促进剂外面包一层膜，在炼胶过程中，膜是稳定的，在硫化温度下，包膜熔化，暴露于胶料中起促进作用。

为了消除污染，改善环境卫生及适应连续化操作要求，制造粒状促进剂，采用蜡熔或与树脂混合切粒方法，取得造粒效果。

近年来，促进剂的发展朝一剂多功能方向发展，使促进剂兼备促进剂、硫化剂、防焦剂功能，例如 N,N'-双(2-苯并噻唑二硫代)哌嗪就是一个例子，其结构如下：

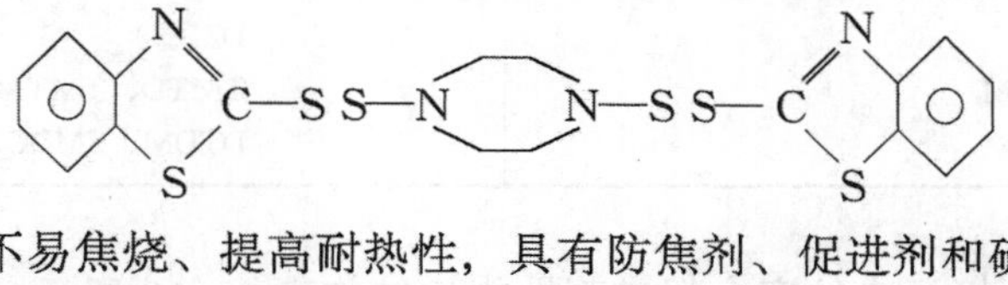

N　　　　　　　　　　　N
C—S S—N　　N—S S—C
S　　　　　　　　　　　S

这种化合物具有不易焦烧、提高耐热性，具有防焦剂、促进剂和硫化剂的功能。

(六) 环境安全的促进剂

现代科学的发展及人类对环境保护的苛刻要求，迫使人们非常关注亚硝基物质产生危险的致癌诱因。21世纪的橡胶工业应该是一个无环境污染的工业，为此美国孟山都化学公司的科学家研制开发了环境安全的促进剂，不会产生亚硝胺物质。

科学家已经证明：仲胺类促进剂容易产生亚硝胺，且与蛋白质的核糖核酸DNA起反应，过程如下：

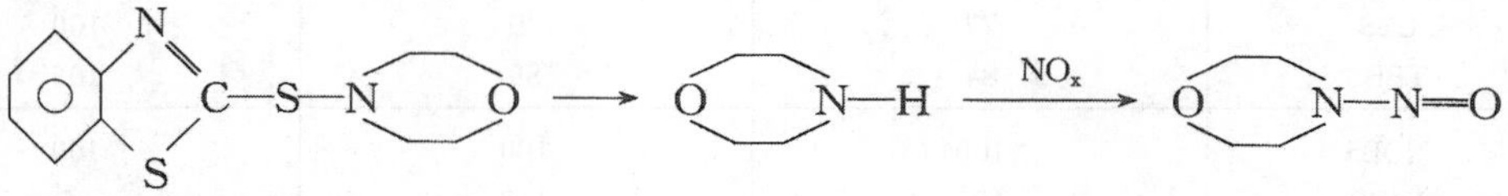

N
C—S—N　　O ⟶ O　　N—H $\xrightarrow{NO_x}$ O　　N—N=O
S

仲胺类促进剂

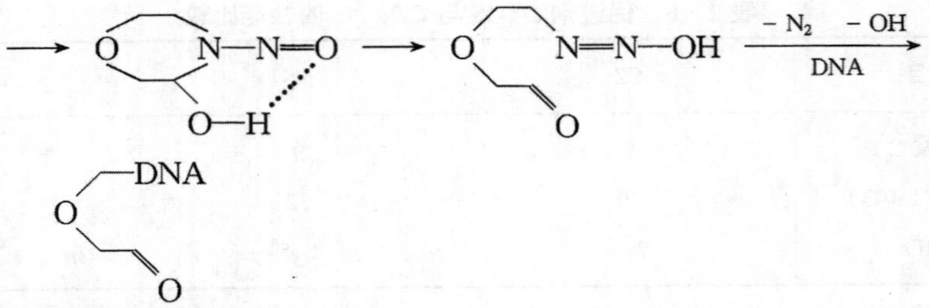

$$\longrightarrow \text{(morpholine ring, 2-OH)}\ N{-}N{=}O \longrightarrow O(CH_2CH_2N{=}N{-}OH)(CH_2CHO) \xrightarrow[DNA]{-N_2\ \ -OH} O(CH_2{-}DNA)(CH_2CHO)$$

但伯胺促进剂无亚硝基产生，反应如下：

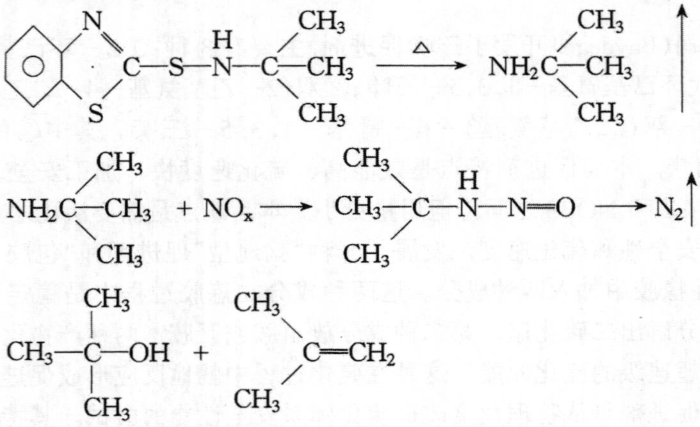

$$\text{(benzothiazolyl)}{-}S{-}NH{-}C(CH_3)_3 \xrightarrow{\triangle} NH_2C(CH_3)_3 \uparrow$$

$$NH_2C(CH_3)_3 + NO_x \longrightarrow (CH_3)_3C{-}NH{-}N{=}O \longrightarrow N_2\uparrow + (CH_3)_3C{-}OH + (CH_3)_2C{=}CH_2$$

常用促进剂中可分两类，如表 2－9 所示。

表 2－9　能否生成亚硝胺的促进剂分类

不产生亚硝胺的	能产生亚硝胺的
CBS、TBBS	MBS、DIBS DZ（?）
M、DM D	TMTD、TMTM、 DTDM、ZMDC、OTOS

目前条件下，无环境污染的安全促进剂性能比较如表 2－10 所示。由表可见，仲胺类的次磺酰胺类促进剂的特点是较长的焦烧安全期，较慢的硫化速度，中等的弹性模量，多用于厚制品硫化或镀铜钢丝的场合。

表 2－10　伯胺和仲胺促进剂性能比较　（%）

类　型		相对焦烧安全期	相对硫化时间	相对模量
伯胺类	CBS	77	79	100
	TBBS	84	89	105
仲胺类	NOBS	100	100	100
	DIBS	105	117	95
	DCBS	125	126	90

孟山都公司生产了一种新型的环境安全促进剂 TBSI。它是一种次磺亚酰胺类的促进剂，由胺中二个氢原子被二个苯并噻唑基团所取代而得，结构式如下：

N－叔丁基－2－苯并噻唑次磺亚酰胺

TBSI 由伯胺衍生物而来，但表现出仲胺次磺酰胺类促进剂 DIBS、NOBS 和 DZ 的诱导期长、硫化速度较慢的硫化特性，如图 2－18 所示。

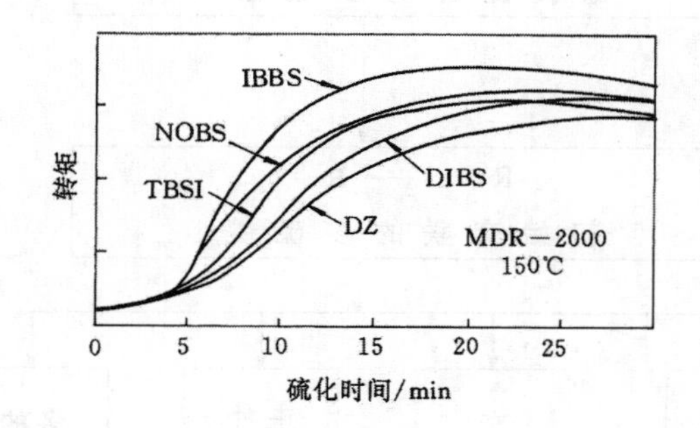

图 2－18　环境安全促进剂 TBSI 的硫化特性比较
（基本配方：NR　100，S　2.5，炭黑　50，
芳香油　5.0，ZnO　5，硬脂酸　2.0，促进剂　0.6）

当用硫醇基吡啶取代苯并噻唑基时，则产生了另一种新型环境安全促进剂，其化学名称为 *N*－叔丁基－2－硫醇基吡啶次磺亚酰胺（TPSI）

这种促进剂具有 TBBS/PVI 的长诱导期的硫化特性，又具有 TMTD 的快速硫化特性，克服了过去促进剂快速硫化、诱导期短或长、硫化速度慢的局限性。经研究在天然橡胶中，于相同配方条件下，TPSI 与 TBBS 等重 0.6 份，就产生了良好经济效益。即诱导期延长了 15%，交联程度增加了 20%，交联密度增加 75%，硫化返原降低了 25%。TBSI、TPSI 这两种促进剂是替代仲胺促进剂的最佳选择。TBSI 代替仲胺促进剂具有诱导期长、硫化速度慢的特性，其耐热抗返原性优良。TPSI 则具有诱导期长、硫化速度快的特点，且具有优良的耐热老化性能。在不久将来，这两种环境安全的促进剂会实现商业化取代能产生亚硝胺的促进剂。

三、促进剂硫黄硫化的作用机理

在橡胶硫化过程中，加入少量促进剂就能加速交联反应，使硫化在短时间内完成，并改善了硫化胶的性能。由硫黄、活化剂、促进剂 3 种组分所组成的完整硫化体系在硫化反应过程中，都积极参与了反应，互相作用，其反应过程如下：

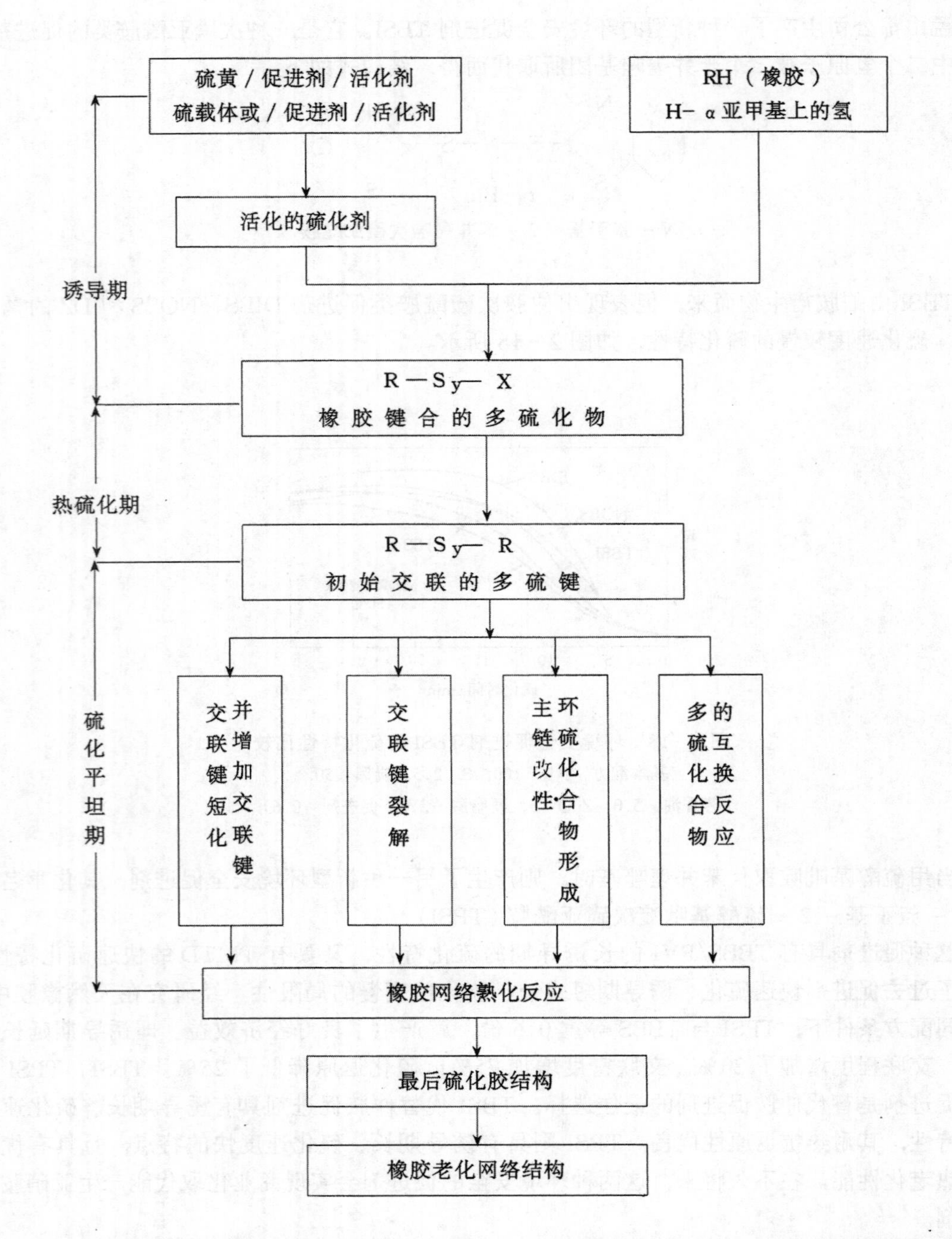

在有氧化锌、硬脂酸活化的情形下，噻唑类、次磺酰胺类、秋兰姆类等促进剂的硫化历程如下述。为了简便起见，列出各种促进剂简化通式如下：

噻唑类：（苯并噻唑环）C—SH ⟶ X SH

次磺酰胺类：（苯并噻唑基）C—SNR_2 ⟶ X SNR_2

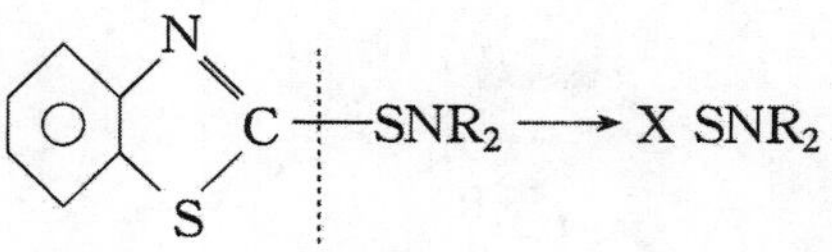

秋兰姆类：$(CH_3)_2N—C(=S)—S—S—C(=S)—N(CH_3)_2$ ⟶ X SS X

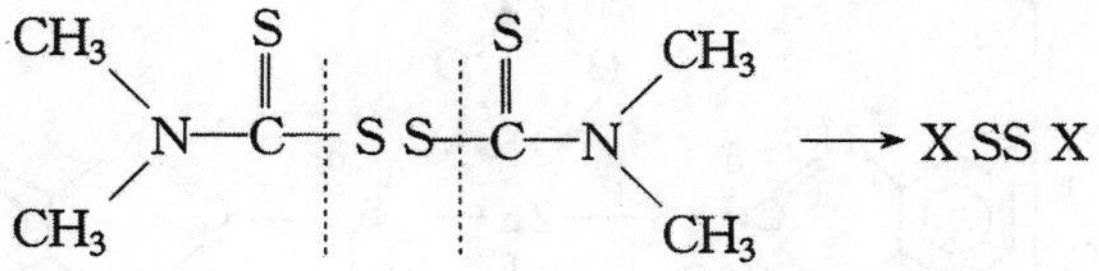

上式中 X 表示苯并噻唑基或秋兰姆基团。

1．反应的第一步是氧化锌、脂肪酸和促进剂在橡胶中生成中间产物

$$\left.\begin{matrix} X\,SH \\ X\,SS\,X \\ X\,SNR_2 \end{matrix}\right\} \xrightarrow[RCOOH]{ZnO} \underset{(1)}{XSZnSX}$$

式中，RCOOH 代表硬脂酸。在上述情况下，促进剂的中间产物(1)是苯并噻唑－2－硫醇的锌盐(MZ 或称 ZMBT)或是二烷基二硫代氨基甲酸锌即促进剂 ZDC(或 ZEDC)，其结构简式为：

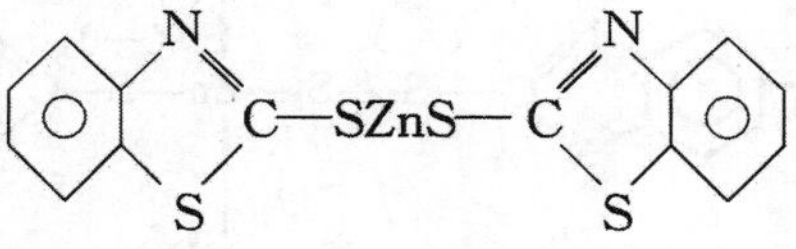

（苯并噻唑基）C—SZnS—C（苯并噻唑基） 或 $(CH_3)_2NC(=S)—SZnS—C(=S)—N(CH_3)_2$

MZ　　　　ZDC

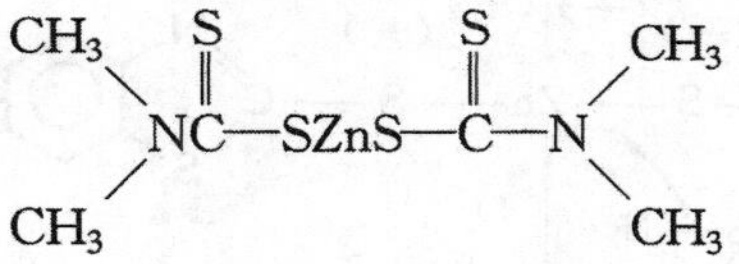

虽然 MZ 和 ZDC 在橡胶中的溶解度不大，但是在与氮碱(在橡胶中自然存在或人为加入)或羧酸锌配位产物的存在下其溶解度有大的提高。因为硫化系统中，加入硬脂酸或胺类促进剂或是自然的氮碱可与 MZ、ZDC 形成下面两种络合物，从而提高了溶解度。

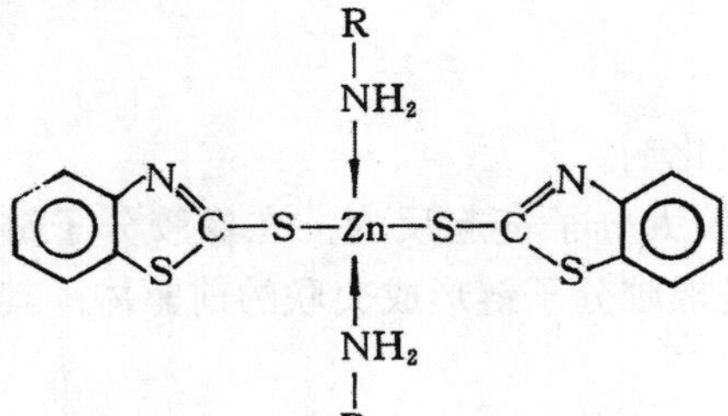

（苯并噻唑基）C—S—Zn—S—C（苯并噻唑基），Zn 上下各配位 $R—NH_2$

与氮碱形成的络合物

（苯并噻唑基）C—S—Zn—S—C（苯并噻唑基），Zn 上下各配位 $R—C(O)O^{(-)}$ … δ^+

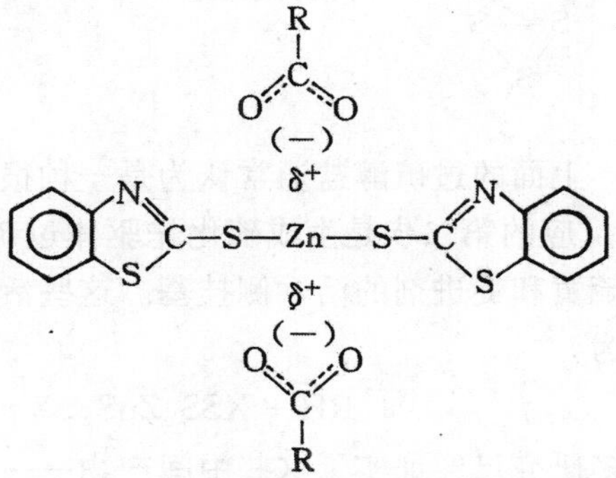

与有机酸形成的配位络合物

上述促进剂、活化剂(氧化锌和硬脂酸)所组成的络合物有下面结构形式：

这些配位的络合物中有些是内络合物(或称螯合物)，其活性比原来的促进剂高得多，在胶料的溶解度也大为增加。由于亲核的硫原子和胺或羧酸所形成的不牢固的 Zn—S 键，这些胺络合物就能使 S_8 裂解开环和活化：

上式可简化为：

$$\overset{\delta^-}{XS}—\overset{\delta^{++}}{Zn}—\overset{\delta^-}{SX} \xrightleftharpoons[RCOOH]{R_2NH或} XS—S_8—Zn—SX \rightleftharpoons \underset{过硫醇盐}{XS—S_xZnS_x—SX}$$

上面的过硫醇盐通常认为是一种很强的活化硫化剂。

2．反应的第二步是生成硫化先驱体过硫醇盐和橡胶大分子链起反应，在橡胶分子链上生成有硫黄和促进剂的活性侧挂基。这些活性基团就是橡胶分子链形成交联的前驱体，其反应通式为：

$$RH + XSS_xZnS_xSX \longrightarrow RS_xSX + ZnS + XS_xH$$

许多研究已经证实了这些中间产物——含硫和促进剂的侧基存在。当这些中间产物的浓度达到最大值后，橡胶的交联反应就很快进行。大量研究表明，这种侧基的硫黄有—S_1—、—S_2—、—S_3—、—S_4—及—S_x—等数种形式，它们对橡胶的老化性能产生一定作用。由图 2－19 (a)和(b)可以看到，侧挂基团的浓度达到最大值后，因硫化生成交联键而下降，但单硫侧挂基团数目变化不明显，说明它很少转化并参与交联反应。

3．生成橡胶分子间交联键的反应　当橡胶的多硫促进剂侧挂基团生成量达到最大值后，橡胶的交联反应即迅速进行：

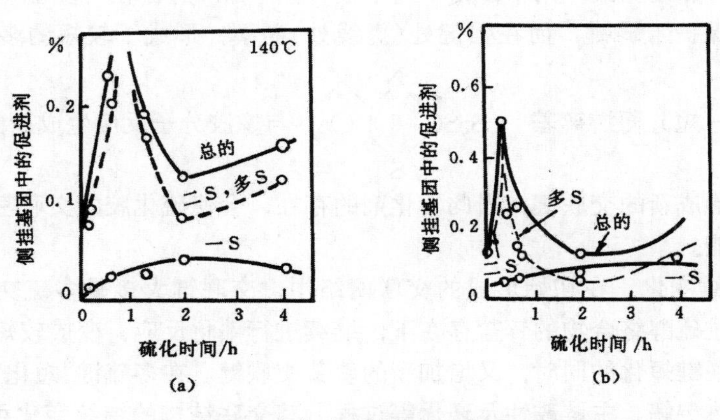

图 2－19　硫化时促进剂侧挂基团数量的变化

（a）—NR　100；M　0.5；S　0.5；ZnO　5.0；硬脂酸　3.0；

（b）—NR　100；NOBS　3.5；S　0.5；ZnO　5.0；硬脂酸　3.0

$$R—S_x—SX + RH \longrightarrow R—S_x—R + HSX$$

这里必须指出，活化剂氧化锌影响着硫化的历程如图 2－20 所示：

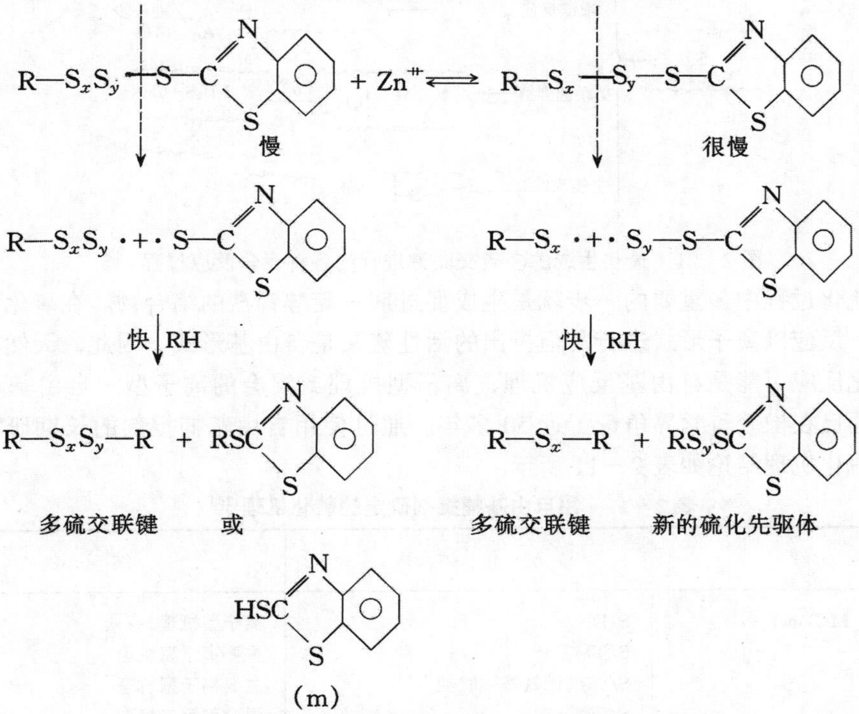

$R—S_xS_y—S—C$ (N, S)　$+ Zn^{++} \rightleftharpoons$　$R—S_x—S_y—S—C$ (N, S)

慢　　　　　　很慢

$R—S_xS_y \cdot + \cdot S—C$ (N, S)　　　　$R—S_x \cdot + \cdot S_y—S—C$ (N, S)

快↓RH　　　　快↓RH

$R—S_xS_y—R + RSC$ (N, S)　　　　$R—S_x—R + RS_ySC$ (N, S)

多硫交联键　或　　　　多硫交联键　新的硫化先驱体

HSC (N, S)

(m)

图 2－20　活性剂氧化锌硬脂酸对交联反应历程的影响

在没有活性剂氧化锌时，多硫侧挂基团在弱键处断裂，分解成游离基后与橡胶分子反应生成交联键。其中的 $C—S^{\cdot}$ (N, S) 与橡胶结合生成单硫侧挂基团，或重新生成促进剂 MBT(M)，不再生成新的交联键。

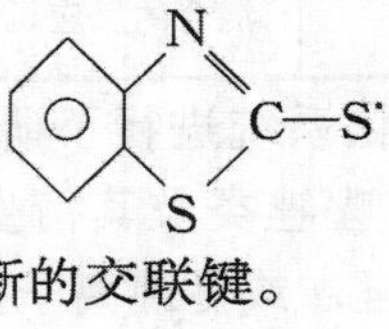

在有活性剂氧化锌和硬脂酸作用下，由于可溶性锌离子Zn^{++}的存在与多硫侧基团形成络合物，这种螯合作用保护了弱键，而在强键处(虚线处)断裂，形成了较短的多硫交联键即

$—S_x—$(它比 $—S_xS_y—$ 短)，而游离基 $\cdot S_ySC$(苯并噻唑基) 与橡胶分子反应生成新的侧挂基团，

又能作为交联先驱体形成新的交联键，因此活化剂的存在，会使硫化胶的交联密度增加，并改善硫化胶的耐热性能。

4. 交联结构的继续变化　在初始形成的交联网络中，交联键大多是多硫交联键，在中间产物即促进剂——过硫醇络合物的锌盐存在下，继续进行熟化反应，变成较短的二硫和一硫交联键。在多硫交联键短化的同时，又增加新的硫黄交联键。在多硫键“短化”和“增键”过程中与之竞争的还有热裂解、主链改性及环化等过程，其交联结构的继续变化可用图 2-21 来描述。

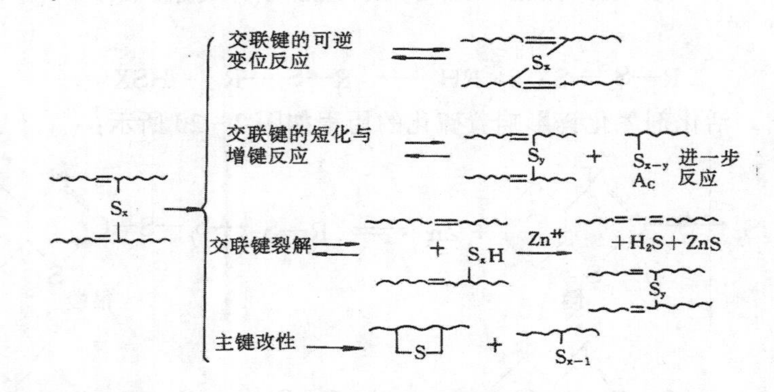

图 2-21　最初生成的多硫交联键进行的各种竞争反应过程

在整个硫化过程中最重要的一步就是生成促进剂-硫醇锌盐的络合物。在氧化锌、硬脂酸的存在下，反应以离子形式进行，但析出的活性硫又是自由基形式。因此，天然橡胶促进剂的硫黄硫化反应可能是自由基反应机理、离子型机理或混合的离子型-自由基反应的机理。这个问题已在橡胶科学界争论了近 50 多年。通过使用自由基捕捉剂的长期研究，各种硫化系统的硫化机理结论如表 2-11 所示。

表 2-11　用自由基捕捉剂确定的硫化机理[15]

作　者	硫 化 体 系	结　论
Sheltor, McDonel	S/D	离子型机理
	S/TMTD	主要离子型机理
	S/二硫代氨基甲酸盐	主要离子型机理
	S/DM	混合型反应机理
	S/次磺酰胺类	混合型反应机理
Duchacek	S/TMTD	离子型引发的自由基交联反应机理
Morita, Young	S/ZnO/硬脂酸/次磺酰胺类	混合的反应机理

Manik 和 Banerjee 等人及其他研究人员也对大量硫化系统进行了研究，认为 TMTD 系统倾向于游离基或是混合的自由基-离子型反应机理；噻唑类及其衍生物 M、DM 与 ZnO 及硬脂酸一起，倾向于混合型的离子型-自由基反应机理，或是纯离子型反应机理。一般在

氧化锌存在下，硫化系统的反应倾向于混合型的离子型和自由基的机理，或是离子型的反应机理。

四、硫载体硫化机理

硫载体又称硫黄给予体，是指那些含硫的有机或无机化合物，在硫化过程中析出活性硫，使橡胶交联的物质，这种硫化称为无硫硫化，实际是硫载体硫化。

硫载体主要品种有秋兰姆、含硫的吗啡啉衍生物、多硫聚合物、烷基苯酚硫化物及氯化硫等。橡胶工业上最常用的是秋兰姆和吗啡啉衍生物。

(一) 硫载体的化学结构

工业中常用的秋兰姆类例 TMTD、TETD、TRA 等及吗啡啉类 DTDM、MDB 等，由于化学结构不同，所含硫黄量也不同，从而影响到硫化特性。其化学结构及有效含硫量如表 2-12 所示。

表 2-12 常用的硫载体的结构及有效含硫量

名　　称	分子结构式	有效含硫量/%
二硫化四甲基秋兰姆（TMTD）	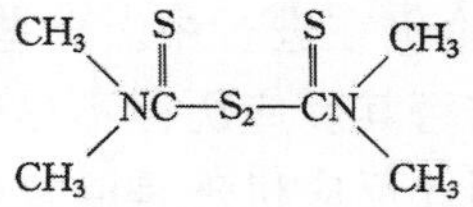 $(CH_3)_2N-C(=S)-S_2-C(=S)-N(CH_3)_2$	13.3
二硫化四乙基秋兰姆（TETD）	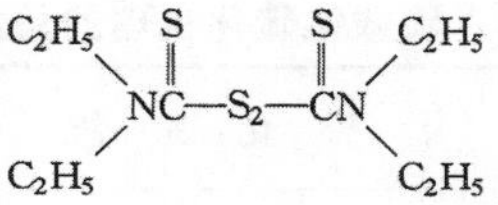 $(C_2H_5)_2N-C(=S)-S_2-C(=S)-N(C_2H_5)_2$	11.0
四硫化四甲基秋兰姆（TMTS）	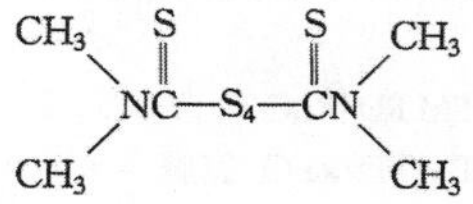 $(CH_3)_2N-C(=S)-S_4-C(=S)-N(CH_3)_2$	31.5
四硫化双环五次甲基秋兰姆（TRA）	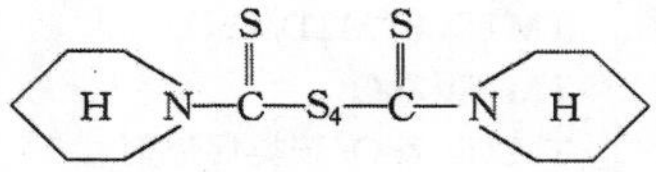 $\langle H \rangle N-C(=S)-S_4-C(=S)-N\langle H \rangle$	25
二硫化二吗啉（DTDM）	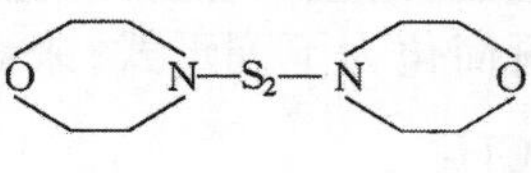 $O\langle \rangle N-S_2-N\langle \rangle O$	13.6
苯并噻唑二硫化吗啉（MDB）	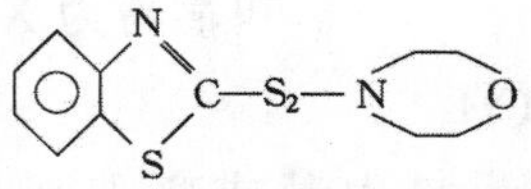 苯并噻唑基（N, S）$-C-S_2-N\langle \rangle O$	13.0

除了以上的品种外，Si69〔双(三乙氧基硅甲烷基丙基)〕四硫化物也是一种硫化剂，它既有偶联作用，也有硫化和抗返原作用。

硫载体硫化时，一般形成了有效和半有效硫化体系。其硫化特性和含硫量有关，含硫量高，其焦烧和硫化时间较短，应用时应注意。表2-13说明含硫量对焦烧及硫化特性的影响。

由表 2-13 可以看出，焦烧性和硫化速度随含硫量降低而下降。

用秋兰姆作硫化剂时，一般用量为 2～5 份，TMTD 最为常用，用量 3～4 份。但由于 TMTD 焦烧性能差，硫化胶易产生严重喷霜现象，应用受到限制。

DTDM、MDB 有较宽的焦烧特性，具有良好的操作安全性。MDB 用量为 2～5 份，DTDM 一般为 3 份。单独应用时，硫化速度较慢，一般采用 DTDM/TMTD 并用，或用次磺酰胺或噻唑类促进剂来调整焦烧期和硫化速度。

表 2－13　不同秋兰姆的硫化特性

物理性能 \ 硫化剂	TMTD (2.5 份)	TETD (3.1 份)	TBTD (4.3 份)
门尼焦烧/min（121℃，t_5）	17	20	23
门尼焦烧/min（121℃，t_{30}）	24	27	38
硫化时间/min（140℃）	15	30	45
硬度（邵尔 A）/度	24	24	21
300％定伸应力/MPa	6.4	6.4	5.9
拉伸强度/MPa	14.5	15.3	14.6
扯断伸长率/％	870	880	870

基本配方：NR（烟片）　100，ZnO　5.0，硬脂酸　1.0。

（二）硫载体硫化机理

同样，对硫载体的硫化机理的争论仍在进行中。一些著名学者的研究结论如表 2－14 所示，和前讨论条件相似，活化剂存在与否其反应历程不尽一样。一般的硫载体硫化系统都含有氧化锌和硬脂酸，并用其他促进剂，因此反应机理是以复杂的自由基和离子型混合机理进行。

表 2－14　硫载体硫化机理的总结一览表

作　者	硫 化 系 统	结　论
Duchacek Bhattacharya and Kuta	TMTD/ZnO/次磺酰胺类	离子型
Duchacek	TMTD/ZnO	离子引发自由基交联
Duchacek	TMTD/ZnO/硫脲	离子引发自由基交联
Shelton, Mc Donel	TMTD/ZnO	未下结论
Blokn	TMTD,（TMTD/ZnO）	自由基交联
Kruger, Mcgill	TMTD/ZnO	自由基交联
Banerjee	TMTD/ZnO/胺类促进剂	自由基交联
Mitra, Das, Millns	TMTD/ZnO	自由基交联

为了便于方程式简化，TMTD 可简化为下列形式，来讨论它的硫化机理。

$$(CH_3)_2N-\overset{S}{\overset{\|}{C}}-SS-\overset{S}{\overset{\|}{C}}-N(CH_3)_2$$

可简写为 XSSX，X 代表 $Me_2N-\overset{S}{\overset{\|}{C}}-$ 。

高温下，TMTD产生裂解，产生自由基或离子基，与橡胶进行交联反应，反应过程如下：

$$XSSX \xrightarrow[145℃]{自由基} XS\cdot \tag{1}$$

$$XSSX + ZnO \xrightarrow[125℃]{离子} XS_xS \xrightarrow{热裂解} XS\cdot + XS_z\cdot \tag{2}$$

$$XS_z\cdot(XS\cdot) + R-H \rightleftharpoons R\cdot + XS_zH(XSH) \xrightarrow{ZnO} ZDMDC$$

$$R\cdot + XS_z\cdot \longrightarrow RS_zX \xrightarrow{RH} RS\cdot + XS_xH \tag{3}$$

经过硫化胶分析表明，TMTD 与橡胶的反应有三种交联结构：—C—C—、—C—S—

C—、—C—S_2—C—键，因此反应应按下列方式进行：

$$R\cdot + R\cdot \longrightarrow R—R$$

$$RS\cdot + R \longrightarrow R—S—R$$

$$RS\cdot + RS\cdot \longrightarrow R—S—S—R$$

上述反应中，初期的交联形式是碳碳交联键，在硫化的后期才形成单硫和双硫交联键。上面由 Duchacek 所提出的混合的自由基和离子型反应机理是同时有自由基的热裂解和离子引发的自由基热裂解的 XS_xS，但交联反应是按自由基机理进行的。这代表了目前有关硫载体硫化机理的主要方向。

五、氧化锌和硬脂酸的作用

氧化锌和硬脂酸在硫黄硫化体系中组成了活化体系，其功能在前面部分章节已有所叙述，可概括如下。

1．活化整个硫化体系　氧化锌在硬脂酸作用下形成锌皂，提高了在橡胶胶料的溶解度，并与促进剂形成了一种络合物，使促进剂更加活泼，催化活化硫黄，形成了一种很强的硫化剂。

2．提高硫化胶的交联密度　氧化锌和硬脂酸的存在形成了一种可溶性Zn^{++}盐，它与含硫的橡胶促进剂侧挂基团的螯合，使弱键处于稳定状态，改变了硫黄键的裂解位置，结果使橡胶硫化生成了较短的交联键，并增加了新的交联键，提高了交联密度，其反应机理可参看图 2－20，使用活性剂的效果如图 2－22 所示。

3．提高了硫化胶的耐热老化性能　氧化锌对硫化胶有良好的热稳定性作用。在硫化或产品使用过程中，多硫键断裂，产生的硫化氢会加速橡胶的裂解，但氧化锌的存在与硫氢基团反应，形成新的交联键，使断裂的橡胶大分子重新缝合，形成稳定的硫化网络，提高了硫化胶的耐热性。

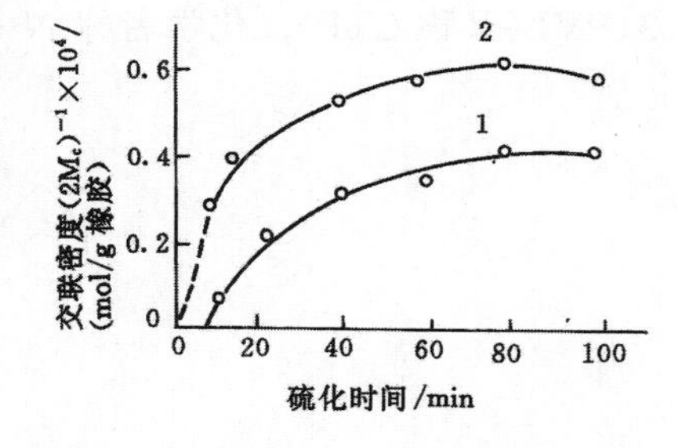

图 2－22　氧化锌对交联密度的影响

1—不加 ZnO 和硬脂酸；

2—加 5 份 ZnO 和 2 份硬脂酸

$$\begin{matrix} RS_xH \\ RS_xH \end{matrix} + ZnO \longrightarrow R—S_y—R + ZnS + H_2O$$

或

$$RS_xR \xrightarrow{H_2S} RS_yH + R'SH$$

$$ZnO + H_2S \longrightarrow ZnO + H_2O$$

上面反应式说明在硫化体系中，氧化锌的存在可以消除引起橡胶裂解的各种因素，提高交联密度和胶料耐热稳定性，因此在配方中适当增加氧化锌用量是耐热配方的必然措施。

六、防焦剂的功能

橡胶在生产加工过程中要经历塑炼、混炼、压延及硫化等一系列工艺过程，经受各种温度下不同时间热作用的历史，使胶料的焦烧时间缩短。在加工工序或胶料停放过程中，可能出现早期硫化现象，即胶料塑性下降、弹性增加、无法进行加工的现象，称为焦烧。

现代橡胶工业正朝着自动化、联动化方向发展，从而采用较高硫化温度的快速硫化方法。提高加工温度，硫化诱导期大为缩短，因而保证生产安全性显得特别重要，防止胶料焦烧的方法和措施必须实施。

防止胶料焦烧的基本措施是在配方设计中正确选择促进剂品种和填充补强体系，因为二者都可调节诱导期。例如,碱性炉法炭黑能缩短胶料诱导期;酸性炭黑能延长胶料焦烧时间;对苯二胺防老剂有加速胶料焦烧作用;次磺酰胺类促进剂有迟效作用。如设计选择得当,可提高生产加工安全性。

如果通过配方设计和设备工艺条件的调整都无法满足生产加工安全要求,则必须添加防焦剂,以调整硫化诱导期,满足生产安全要求。理想的防焦剂,应满足下列条件:

(1)延长诱导期,提高胶料在加工过程的贮存稳定性;

(2)对硫化速度无影响;

(3)不参加橡胶的交联反应;

(4)不影响硫化胶的物理机械性能;

(5)对胶料不污染。

(一)防焦剂品种和性能

工业上常用的防焦剂如下:

1. 有机酸　水杨酸和邻苯二甲酸酐是橡胶工业常用防焦剂。其优点是价格便宜,缺点是仅对酸性促进剂起延滞作用,对次磺酰胺类促进剂无效,又影响硫化速度,不是一种理想防焦剂,一般用量为0.3～1份。

2. 亚硝基化合物亚硝基二苯胺(NPPA)　是目前最广泛使用的防焦剂。除了NPPA外,还有亚硝基－N－苯基－2－苯胺,它对硫化速度不产生干扰,对噻唑类、秋兰姆、二硫代氨基甲酸盐类促进剂,特别对噻唑类与秋兰姆类的并用特别有效。NPPA在加工温度下易分散于胶料中,无喷霜之危。缺点是有污染,易使胶料颜色变黄,仅限于深色胶料中使用。

3. PVI(又称CTP),化学名称N－环己基硫代苯二甲酰亚胺,其化学结构式如下:

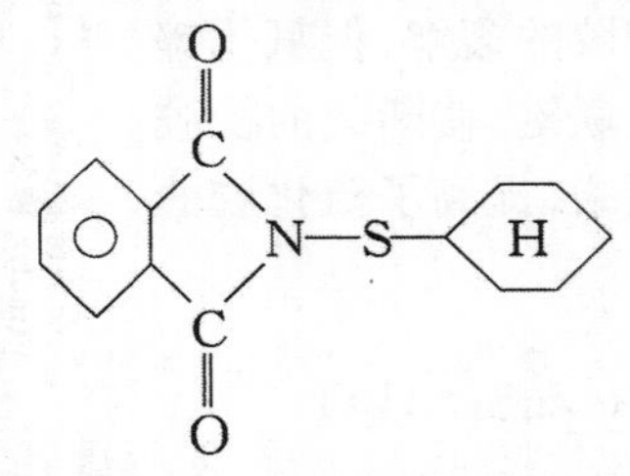

其优点是不影响硫化胶的结构和性能、不影响硫化速度。硫化诱导期长短的调节与用量呈线性关系,如图2－23所示。从图2－23可知,PVI与焦烧时间的关系是线性的,可以随意调节诱导期的长短,便于生产安全的控制。它对硫化特性影响如图2－24所示。

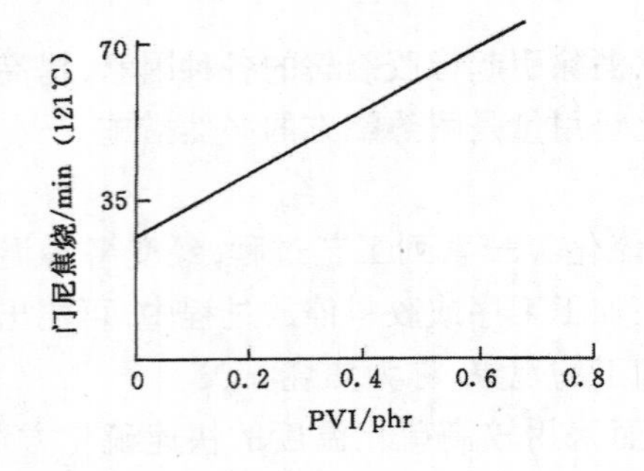

图2－23　PVI用量与焦烧时间的关系

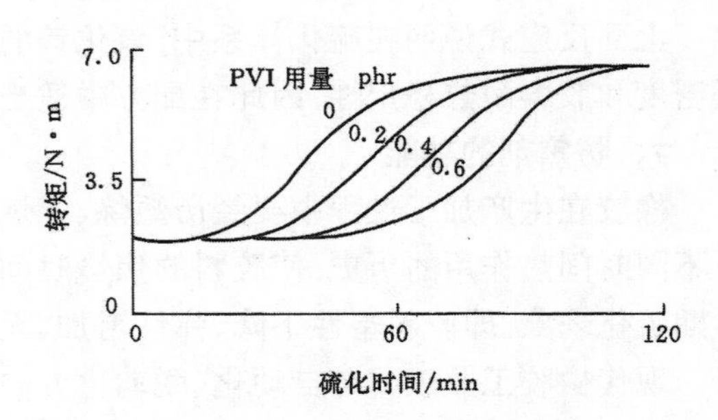

图2－24　PVI用量对硫化特性影响
(天然橡胶胶料)

（二）防焦机理

在讨论防焦作用机理之前，首先了解次磺酰胺类促进剂的硫化促进自动催化过程是必要的。美国孟山都公司的研究人员作了详尽描述。以 CZ 为例，其反应过程如下：

（1）在硫化温度下 CZ 被分解成促进剂 M 和胺类促进剂(一个促进基,一个活化基)

MS—NH⟨H⟩ ⇌ M(MSH) + NH_2⟨H⟩

（2）生成的 M 自动催化 CZ，生成 DM（M 的二聚体），这一过程是消耗 CZ 浓度。

CZ + M ⟶ DM(MSSM) + NH_2⟨H⟩

（3）在 ZnO 存在下，DM 生成促进剂的过硫化物

$$\mathrm{MSSM} + \mathrm{S_8} \longrightarrow \mathrm{MSS_xSM}$$

（4）过硫的苯并噻唑裂解与橡胶结合，生成橡胶多硫化物，这是硫化先驱体

$$\mathrm{MSS_xSM} + \mathrm{RH} \longrightarrow \mathrm{RS_xSM} + \mathrm{MSH}$$

（M 再生）

（5）硫化先驱体的交联反应

$$\mathrm{RS_xSM} + \mathrm{RH} \longrightarrow \mathrm{RS_xR} + \mathrm{MSH}\text{(M 再生)}$$

上述的反应过程，首先是促进剂 CZ 的转化，而 CZ 不断被消耗是由于反应过程中 M 的自动催化所引起的。因此次磺酰胺类促进剂的迟效性就是 M 自动催化促使 CZ 转化为苯并噻唑多硫化物，生成硫化先驱体的过程，直至 CZ 被耗尽为主。这时硫化先驱体浓度达最大值，硫化反应才开始。CZ 的消耗是自动进行的，与 M 的浓度成正比。因此，CTP 的防焦作用就是消除 M 的反应，增加或延长 CZ 的存在时间，这就延长了诱导期。防焦机理如图 2－25 和 2－26 所示。

加入 PVI 后，PVI 与 M 的反应比 M 与 CZ 的反应更快，瞬时可生成下列产物：

M + CTP ⟶ CDB + 邻苯二甲酰亚胺

CTP 消耗了能自动催化的 M，延长了交联母体形成的时间，延缓了硫化开始的时间，达到了防焦的目的。

CTP 是目前最佳的防焦剂，虽然价格较高但用量较小，还是比较经济的。

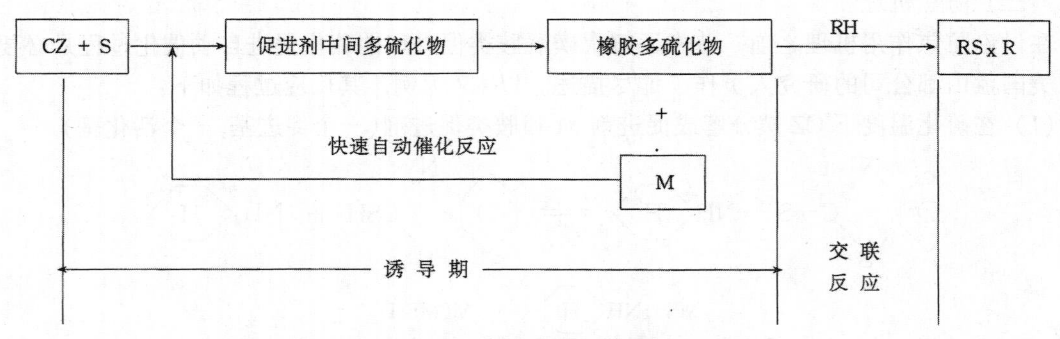

图 2 － 25　CZ 硫化促进机理作用流程图

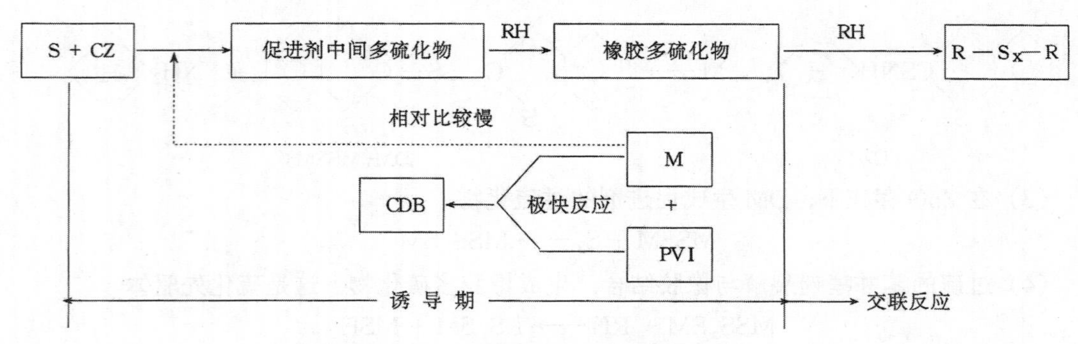

图 2 － 26　PVI 防焦作用流程图

第四节　各种硫黄硫化体系

一、普通硫黄硫化体系

普通硫化体系(Conventional Vulcanization 简称 CV)，是指二烯类橡胶的通常硫黄用量范围的硫化系统，可制得软质高弹性硫化胶。各种橡胶的 CV 体系如表 2－15 所示。

表 2－15　普通硫化体系

配　方	NR	SBR	NBR	IIR	EPDM
硫　磺	2.5	2.0	1.5	2.0	1.5
ZnO	5.0	5.0	5.0	3.0	5.0
硬脂酸	2.0	2.0	1.0	2.0	1.0
NS	0.6	1.0	—	—	—
DM	—	—	1.0	0.5	—
M	—	—	—	—	0.5
TMTD	—	—	0.1	1.0	1.5

不同橡胶，由于不饱和度、成分和结构的差异，CV 系统中的硫黄用量、促进剂品种及用量都有差异。天然橡胶是高顺式、高不饱和度的橡胶，含有不少天然软化剂及氮碱成分，对橡胶活化、促进硫化有一定作用，硫化速度比较快，所以硫化剂用量较其他橡胶高、促进剂用量又比其他橡胶低。一般说来，合成橡胶的不饱和度比天然橡胶低，故相应的硫黄用量也低，且合成橡胶中残存的脂肪酸皂类能显著降低硫化速度，因此适当增加促进剂用量，提高硫化速度是必要的。对不饱和度极低的橡胶，例如 IIR、EPDM，其硫化速度较慢，硫黄

用量一般较低，一般为 1.5～2.0 份，并使用高效快速的硫化促进剂如秋兰姆类 TMTD、TRA 及二硫代氨基甲酸盐类作主促进剂，噻唑类为副促进剂。

对于同一种促进剂，改变它与硫黄的比率，则其硫化特性及加工特性随之发生变化，其变化规律如图 2－27 所示。从图中可以看出，NOBS/S(0.6/2.5)变为 NOBS/S(2.0/1.2)，则焦烧时间增加了约 15min，但硫化时间却缩短了，结果提高了加工安全性，又提高了生产效率。这种方法仅适合天然橡胶，对合成橡胶的效果不那么明显。

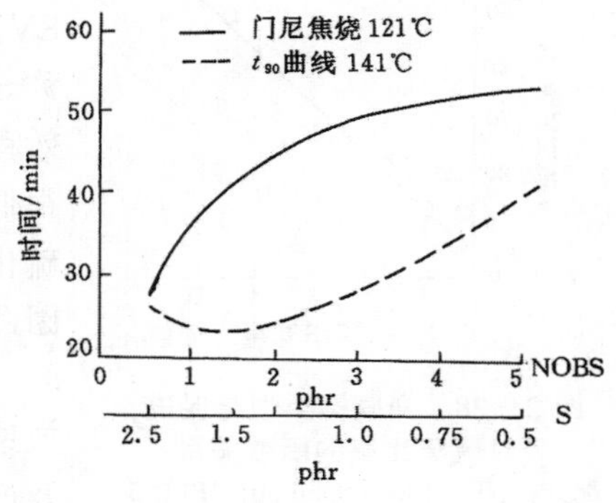

图 2－27　促进剂/硫黄比率对天然橡胶的焦烧及硫化特性的影响

在硫黄量不变条件下，增加促进剂用量，其硫化诱导期(即生产安全性)不变，但提高了硫化速度，缩短了硫化时间，如表 2－16 所示。

表 2－16　促进剂用量对硫化特性影响

硫　黄	2.5	2.5	2.5	2.5
NOBS	0.5	0.75	1.0	1.25
T_{10}（121℃）/min	32	32	32	32
T_{90}（141℃）/min	34	26	19	18

基本配方：NR　100，HAF　45，ZnO　5.0，硬脂酸　2.0，软化剂　35。

此外改变促进剂与硫黄比率，可制得弹性模量相等，但网络结构不同、硫化速度不同的硫化胶，如表 2－17 所示。

表 2－17　弹性模量相等的丁苯硫化胶

硫　黄	2.0	1.5	1.0	0.75
NS	1.0	1.6	3.25	5.25
门尼焦烧时间/min　T_5（135℃）	28	27	23	22
正硫化时间/min　T_{90}（155℃）	29	22.5	19	24
最大弹性模量/MPa	0.57	0.56	0.56	0.57

配方：SBR－1500　100，N330　50，芳香油　8，ZnO　4，硬脂酸　2.0。

在高促进剂量、低硫黄用量(简称高促低硫配合)配合条件下，硫化时间缩短，生产安全性也同时降低。在天然橡胶中等弹性模量的配方如表 2－18 所示。

表 2－18　模量相等的天然橡胶的配合

硫　黄	2.5	1.5	1.5	0.5
CZ	0.6	1.5	0.6	1.5
TMTD	—	—	—	1.5
DTDM	—	—	0.6	—

普通的硫黄硫化体系得到的硫化胶网络大多含有多硫交联键，具有高度的主链改性。硫化胶具有良好的初始疲劳性能。在室温条件下，具有优良的动静态性能。它最大缺点是不耐热氧老化。硫化胶不能在较高温度下长期使用。

二、有效硫化和半有效硫化体系

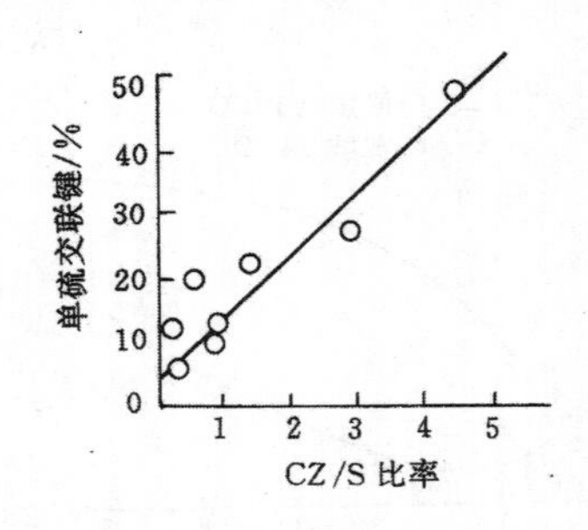

图 2－28 交联键类型与促进剂对硫黄比率的函数关系
配方：NR 100，N330 50，IPPD 5 硬脂酸 3.0，塑化剂 3.0，硫黄 变量 CZ 变量

所谓有效硫化体系（Efficient Vulcanization）简称EV，半有效硫化体系（Semi－Efficient Vulcanization）简称 Semi EV（SEV），实际指硫黄在硫化反应中的交联有效程度的高低。实验研究证实：无促进剂的硫黄硫化效率很低，硫化胶的网络多为多硫交联键及相当量的大分子内硫化合物，每形成一个化学交联键平均需 50 多个硫原子。因此硫黄在形成交联键的效率很低。

科学实验研究表明，改变硫黄/促进剂比率就可以有效地提高硫黄在硫化反应中的交联效率，改变硫化胶结构及产品性能，如图 2－28 和表 2－19 所示。由图 2－28 可见，当 CZ/S 比率上升时，单硫交联键含量上升，硫黄有效交联增加，但疲劳寿命却下降，见表 2－19。

表 2－19 不同硫黄对促进剂比率和疲劳寿命的影响

硫黄/促进剂	疲劳寿命（到 1.27mm 裂口）/千周 $\times 10^{-1}$	硫黄/促进剂	疲劳寿命（到 1.27mm 裂口）/千周 $\times 10^{-1}$
6	40	1	40
5	50	0.6	35
4	53	0.4	27
3	55	0.3	25
2	55	0.2	19

综上所述，提高促进剂用量，降低硫黄用量，可以改变硫化胶网络结构，单硫交联键含量上升。表 2－19 说明，不同硫黄对促进剂比率影响曲挠寿命，比率高，动态性能好。

（一）EV 和 Semi EV 的含义

为了提高硫黄在硫化过程中的有效性，一般采取下列二种方法：

(1) 提高促进剂用量、降低硫黄用量。这种高促/低硫配合体系中，促进剂一般 3～5 份，硫黄 0.3～0.5 份。

(2) 采用无硫配合，即硫黄给予体的配合。例如采用 TMTD 或 DTDM 的配合。

以上二种硫化体系的硫化胶网络中，单硫交联键和双硫交联键占绝对优势，即 90％以上，网络具有极少主链改性，这种硫化体系称为 EV 硫化体系。

EV 硫化体系的硫化胶具有较高的抗热氧老化性能，但起始动态性能差。为了克服这一缺点，发展了一种促进剂和硫黄用量介于 CV 和 EV 体系之间的硫化体系，所得到的硫化胶结构既具有适量的多硫交联键，又含有相当数量的单硫和双硫交联键，使它既有较好的动态性能，又具有中等程度的耐热氧老化性能。这样的体系称为半有效硫化体系，即 Semi EV。通常，CV 是指那些硫化胶网络含有 70％以上多硫交联键的硫化体系。

（二）配合特点和硫化胶结构

天然橡胶的 CV、Semi EV、EV 硫化系统的配合如表 2－20 所示。由表 2－20 看出，Semi EV 硫化体系有二种基本配合方式，即一般的高促低硫配合，硫黄用量 1～5 份，促进剂用量与硫黄用量比接近于 1，另一种是硫黄与硫载体并用，促进剂保持普通用量的方法。

一般采用0.6份DTDM代替1份硫黄的普通配方的改进方法。Semi EV半有效硫化体系比CV有更好的生产安全性和物理性能。EV系统的配合采用高促低硫比例或用硫载体代替全部硫黄的方法，其硫化胶具有较高耐热氧老化性能。在半有效和有效硫化体系中适当增加硬脂酸和氧化锌用量，可增加锌盐溶解度，提高硫化体系的活性。

表2-20 天然橡胶的硫化系统

配方成分	CV	Semi EV		EV	
S	2.5	1.5	1.5	0.5	—
NOBS	0.6	1.5	0.6	3.0	1.1
TMTD	—	—	—	0.6	1.1
DTDM	—	—	0.6	—	1.1
交联类型	硫化胶结构成分				
$—S_1—$ %	0～10	0～20		40～50	
$—S_2—$ % $—S_x—$ %	90～100	80～100		50～60	

CV、Semi EV、EV硫化体系的硫化胶结构示意图如2-29所示：

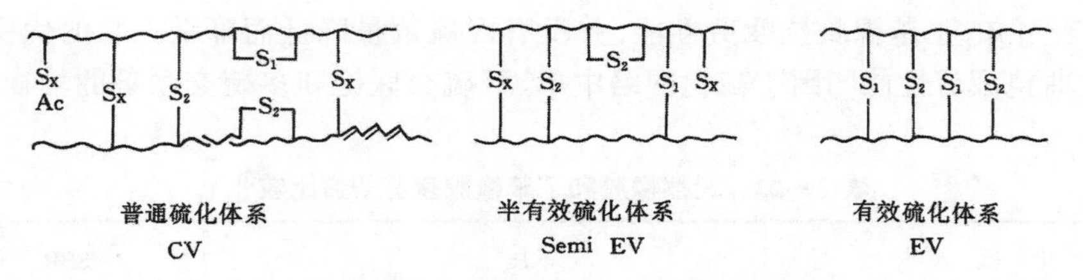

图2-29 各种硫化体系的硫化网络结构示意图

表2-21对天然橡胶硫化胶网络的分析更清楚说明了硫化胶网络与硫化系统的关系。

表2-21 天然橡胶中硫化体系与交联结构的关系

交联结构	CV 硫黄 2.5 NS 0.5	Semi EV 硫黄 1.5 NS 0.5 DTDM 0.5	EV TMTD 1.0 NS 1.0 DTDM 1.0
交联密度$[(2Mc)^{-1}\times10^5]$	5.84	5.62	4.13
单硫交联键/%	0	0	38.5
双硫交联键/%i	20	26	51.5
多硫交联键/%	80	74	9.7
E①	10.6	7.1	3.5
E′②	6.0	3.0	3.0

①交联结构中每个交联键平均结合的硫原子数。

②用三苯磷把全部多硫键还原为单硫键后的E值。

由上面所述可知，EV体系中的单、双硫交联键含量高、键较短，主链改性程度低，可从E值中反映出来。单、双硫交联键短、键能高、热稳定性好，主链改性程度低，氧化攻击可能性降低。普通硫化体系的多硫交联键长，热稳定性差，受氧攻击概率高。

合成橡胶的硫化体系由于生胶本身的结构特点，其CV、EV、Semi EV体系与天然橡胶也稍有差别，以丁苯橡胶为例说明。

表 2－22 丁苯橡胶的硫化体系

配 方	CV	Semi EV	EV
硫 黄	2.0	1.2	—
NS	1.0	2.5	1.0
DTDM	—	—	2.0
TMTD	—	—	0.4
交联网络			
单硫交联键/%	30～40	50～70	80～90
双硫和多硫交联键/%	60～70	30～50	10～20

由表 2－21 和表 2－22 比较可以看出，丁苯橡胶与天然橡胶的 CV 系统的网络结构成分大不相同。丁苯橡胶的 CV 系统，其硫化胶含有相当高的单硫键，相当于天然橡胶的有效硫化体系。因此，天然橡胶与丁苯橡胶并用可进一步改善硫化胶的抗热氧老化性能和耐曲挠动态性能。

丁苯橡胶的抗疲劳寿命性能好于天然橡胶。例如在 100％应变条件下，两者比较如表 2－23 所示。由表可知，丁苯橡胶抗疲劳性能，并没有因硫黄量降低而降低。它的优良的抗热氧老化性能、抗曲挠疲劳性能归因于硫化网络中单、双硫交联键和多硫交联键的均衡分布，如表 2－24 所示。

表 2－23 天然橡胶和丁苯橡胶疲劳寿命比较[①]

硫 化 体 系	NR	SBR
CV	44.5	400
EV	18.0	450

①在 100％应变条件产生破坏的千周次为疲劳寿命。

表 2－24 NR 和 SBR 中交联键的分布

硫 化 体 系	交联键类型/%			
	NR		SBR	
	S_1	S_2+S_x	S_1	S_2+S_x
CV	0	100	38	62
EV	46	54	86	14

配方：CV_{NR} S 2.5，NOBS 0.6；CV_{SBR} S 2.0，CZ 1.0；EV_{NR} DTDM 1.5，CZ 1.5，TMTD 1.0；EV_{SBR} DTDM 2.0，CZ 1.5，TMTD 0.5。

（三）各种硫化胶的性能及应用

如前述，随着硫化系统中促进剂对硫黄比率由小到大的变化，则硫化体系由普通硫化体系过渡到半有效硫化体系，最后变成有效硫化体系。硫化胶网络结构则由多硫交联键为主转变为多硫键、双硫键、单硫键并存的分布，最后变为单硫键和双硫键为主的结构，它的物理性能也随之发生变化，它的动态变化规律如图 2－30 所示。由图可知，CV 体系在 $CZ/S=0.6/2.5$ 比率时，它的初始疲劳性能好，但强力保持率低。反之，EV 系统的初始疲劳寿命很低，但强力老化保持率很高，说明了它们各自的优点。

不同温度对不同硫化体系的硫化胶结构和性能影响也不同。图 2－31 为 EV 和 CV 系统的硫化胶性能随温度的变化情况。EV 有效硫化体系在高温下的强力保持率比普通硫化体系高得多。这种不同归因于硫化胶网络结构的差异。图 2－32a 和 b 说明有效硫化体系和普通硫化体系在硫化过程中硫化结构的变化情形。

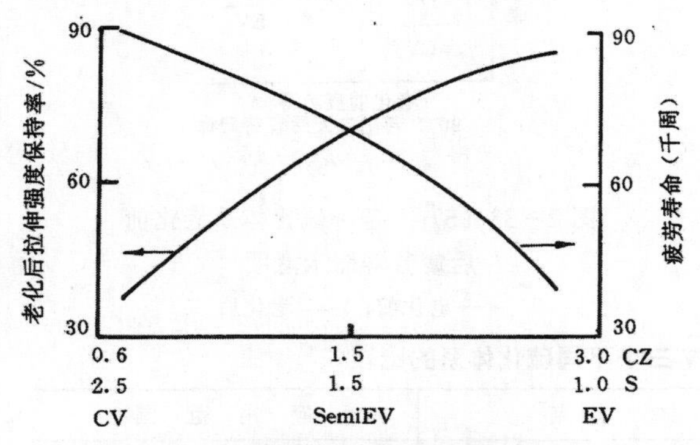

图 2－30 天然橡胶中促进剂/硫黄比率对硫化胶老化及疲劳寿命的影响

（老化条件：90℃ ×10 天）

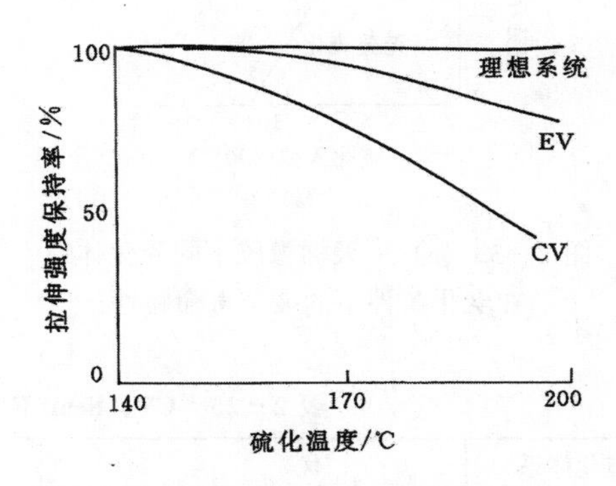

图 2－31 天然橡胶中不同硫化体系的硫化胶在不同硫化温度下强力的变化

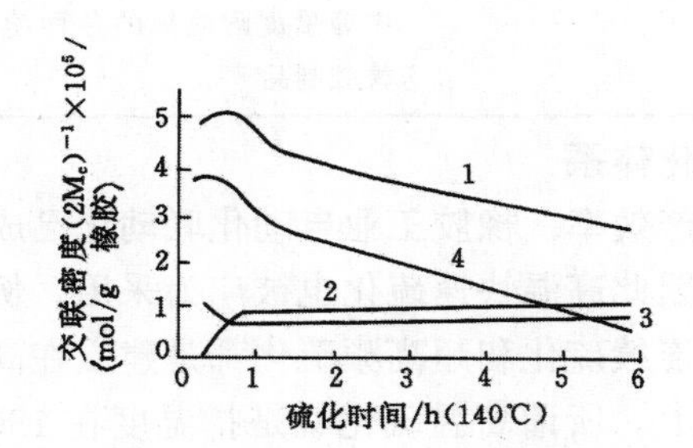

图 2－32(a) 普通硫化体系交联键结构变化情况

1—总交联；2—单硫交联；

3—双硫交联；4—多硫交联

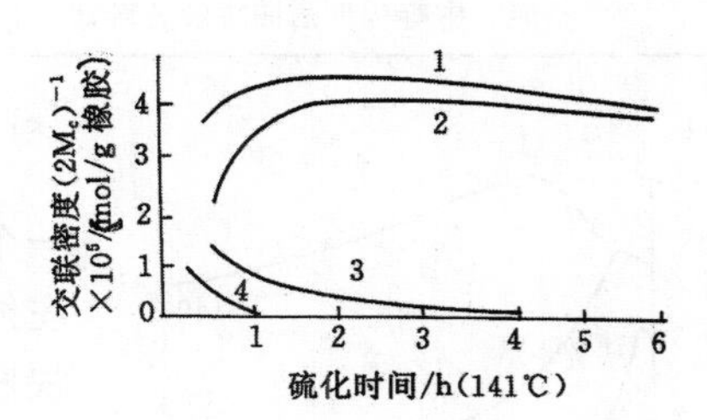

图 2－32(b) 有效硫化体系交联键结构的变化情况

1—总交联；2—单硫交联；

3—二硫交联；4—多硫交联

由图 2－32(a)中可见，随着硫化时间的增加，总交联度急剧下降。这是由于多硫交联键裂解所引起的。因为体系中单硫和二硫交联键很少，在整个过程中，单、双硫交联键含量基本不变，多硫交联键的裂解使硫化胶出现硫化还原现象。而有效硫化情况则相反，体系主要含单硫键，在超过正硫化点后总交联密度下降甚微，仅存在轻微的硫化返原现象，所以有效硫化体系适用于高温硫化。图 2－33(a)和(b)也可说明不同硫化体系的动态老化行为。

综上所述，三个体系的优缺点如表 2－25 所示。

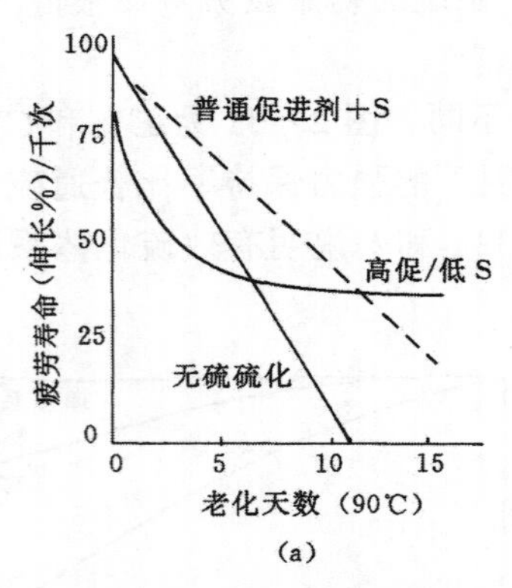

图 2－33（a） 天然橡胶不同硫化体系在老化条件下的疲劳寿命特性

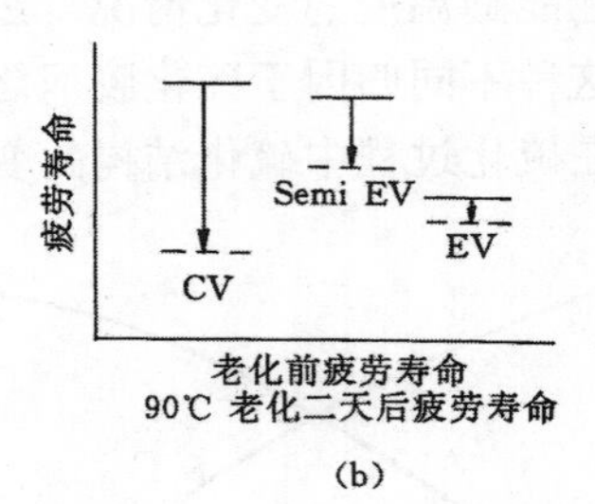

图 2－33（b） 各种硫化体系老化前后疲劳寿命示意图

——老化前；------老化后

表 2－25 CV、Semi EV 和 EV 三个不同硫化体系的比较

硫化体系	优　点	缺　点	应　用　范　围
CV	常温优良的动态和静态性能，适于一般加工工艺要求	不耐热氧老化，易产生硫化返原，物性保持性差	常温下各种动、静态条件下用制品
EV	优良的耐热氧老化性能硫化返原程度低，优良静态性能	不耐动态疲劳性能	适用高温硫化、厚制品硫化，耐热的和常温静态制品
Semi EV	中等温度下的耐热氧老化性能、中等程度耐曲挠疲劳寿命		中等温度耐热氧的各种动静态橡胶制品

三、高温硫化体系

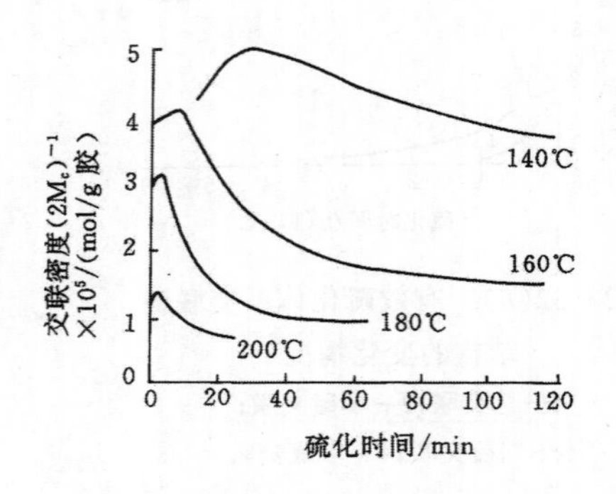

图 2－34 硫化温度对纯天然橡胶硫化胶交联密度的影响（S 2.5，CZ 0.6）

为了提高生产效率，橡胶工业自动化联动化已成为一个必然趋向，因此高温快速硫化也被广为采用。例如注射硫化、电缆连续硫化和超高频硫化都是建立在高温快速硫化的基础上。所谓高温硫化就是指温度在 180～240℃下的硫化，比传统的硫化温度 140～150℃高得多。根据硫化温度效应的硫化温度系数变化范围在 1.8～2.5 之内，则每升高温度 10℃，硫化时间约可缩短一半，大大提高了生产效率。但硫化温度升高时，硫化胶的物理机械性能，如拉伸强度、弹性模量、扯断伸长率、硬度、回弹性都会降低。这和高温硫化时，交联密度下降有关，如图 2－34 所示。

随着硫化温度升高、交联反应有效性下降，正硫化交联密度也下降。超过正硫化点后，交联密度下降加剧，温度高于 160℃时，交联密度下降最为明显。因此硫化温度对交联密度的影响比硫化时间更重要。因为在高温下，促进剂－硫醇锌盐的络合物的催化裂解作用增强，尽管结合硫保持常量，但硫黄的有效性下降，如表 2－26 所示。

表 2－26　纯天然橡胶硫化胶中交联反应的有效性与硫化温度关系

硫化温度/℃	140	160	180
硫化时间/min	360	120	60
S_C①	5.4	5.47	5.44
E②	27.0	37.7	50.4
$(E'-1)$③	24.2	36.5	49.0
$E-(E'-1)$④	3	1	1

注：①为总结合硫 $\times 10^4$mol/g 硫化胶。

②为硫黄交联效率参数。

③表示参加主链改性的硫原子数目。

④每个交联键结合的硫原子数目。

上表说明三种倾向：一是交联密度急剧下降；二是交联网络基本是单硫交联键；三是大量硫黄参与了主链改性。

高温硫化对天然橡胶或其并用体系的物性影响比较大，但对合成橡胶的影响程度较低（如表 2－27 所示）。表中在三个不同硫化温度 170℃、190℃和 205℃下，即便都已超过硫化时间的 3～5 倍时间，其交联密度下降仍都比天然橡胶小。由此可见，高温硫化配合采用合成胶较合适。

表 2－27　SBR/BR 并用胶的交联密度与硫化温度关系

硫化温度/℃	170	190	205
硫化时间/min	20	15	10
交联密度 $\left(\frac{1}{2M_C}\times 10^5\right)$	5	4.3	4.1

注：基础配方：CZ　1.0，S　2.0。

（一）高温硫化配合原则

高温硫化必须注意防止焦烧，提高生产安全性和防止制品物理性能下降的倾向。上述问题的解决取决于生胶品种及其硫化体系的选择，特别是硫化的特殊配合：

1. 选择耐热的胶种　为了减少或消除硫化胶的还原现象，应选择低双键含量的橡胶，例如 EPDM 橡胶，在 180℃温度条件下，NR、BR、SBR 和 EPDM 的硫化还原特性如图 2－35 所示。从图中可以看出，胶种对高温硫化的热稳定的显著影响。因为各种橡胶的耐热程度不一样，因此应注意各种橡胶在极短时间内的极限硫化温度，如表 2－28 所示。由表可知，EPDM、IIR、NBR 和 SBR 等比较适合于高温硫化的配合。

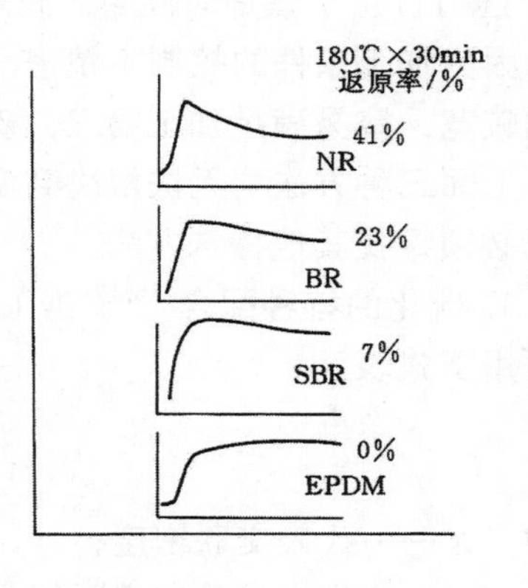

图 2－35　各种通用橡胶在 180℃正硫化 30 分钟后的返原率

基本配方：S　2.0，CZ　1.0，N339　50，ZnO　5.0，硬脂酸　2.0

2. 采用有效和半有效硫化体系的配合　EV 和 Semi EV 这两种硫化体系能部分地减少（但无法彻底解决）高温硫化所带来交联密度下降倾向所引起的物性下降现象。因为这些硫化体系的低度主链改性及网络中比较耐热的单硫和二硫交联键对热氧老化有较高的稳定性。表 2－29 说明了高温下各种硫化体系的硫化胶物性的保持能力。

由表 2－29 可知，有效硫化体系对高温硫化基本是合适的，即①采用高浓度的 TMTD 作硫化剂；②采用 DTDM 硫化；③采用高促低硫配合。

表 2-28　在连续硫化工艺中各种橡胶的极限硫化温度

胶　　种	极限硫化温度/℃	胶　　种	极限硫化温度/℃
NR	240	CR	260
SBR	300	EPDM	300
充油 SBR	250	IIR	300
NBR	300		

表 2-29　天然橡胶不同硫化体系的硫化胶在高温下的强度保持能力比较

配方 \ 硫化体系	CV	EV	
NOBS	0.5	3.0	1.1
TMTM	—	0.6	—
DTDM	—	—	1.1
TMTD	—	—	1.1
硫　黄	2.5	—	—
200℃ ×2min 相对于 140℃ 的强度保持率/%	40	85	77
200℃ ×15min 相对于 140℃ 的强度保持率/%	29	76	72

TMTD 由于焦烧时间短，胶料喷霜严重而受到应用的限制，低硫高促的配合也不够理想。因为加工条件的控制不精密，采用 DTDM 的硫化比较好，它的焦烧时间和硫化特性比范围较宽，容易满足加工要求，硫化胶性能比较优越。因此是一个比较理想的硫化体系。

上面三种方法均无法解决高温硫化所产生的硫化返原现象和抗曲挠性能差的固有缺点，因此必须寻找其他特殊方法。

3. 硫化的特种配合[16,17]据 L. A Walker 的研究，对长时间硫化来说，硫化胶的交联密度可用下式表示

$$X = \frac{K_1}{K_1 + K_2} f \qquad (2-3)$$

式中　X——代表交联密度；

K_1——是生成稳定交联结构的力学常数；

K_2——生成不稳定交联结构的力学常数；

f——硫化剂用量，份。

当硫化温度升高时，不稳定交联键数目 X'' 比稳定交联键数目 X' 增加得快，这意味着 $K_2 > K_1$，因此交联密度因 $K_1/(K_1+K_2)$ 下降而降低。为了保持高温下交联密度 X 不变，有必要降低 K_2 的值或增加硫化剂用量。有效硫化体系可以控制不稳定交联网络的形成，使 K_2 值降低，但不可能维持交联密度处于恒定值，因此必须通过以下途径解决：①增加硫黄量；②增加促进剂；③同时增加促进剂和硫黄用量。路线①不可取，因为它减少硫化效率并使 K_2 增加；路线③同时增加促进剂量及硫黄用量，硫化效率仍保持不变；虽然路线②在保

持硫黄量不变情况下，增加促进剂用量，则硫化效率就会增加。因此在提高硫化温度情形下，路线②能提供最好交联密度保持率。目前，这种方法已在轮胎工业界得到广泛推广和应用。图 2－36 说明了在保持硫黄用量恒定条件下，增加促进剂用量，其交联密度和强力保持率的情况。

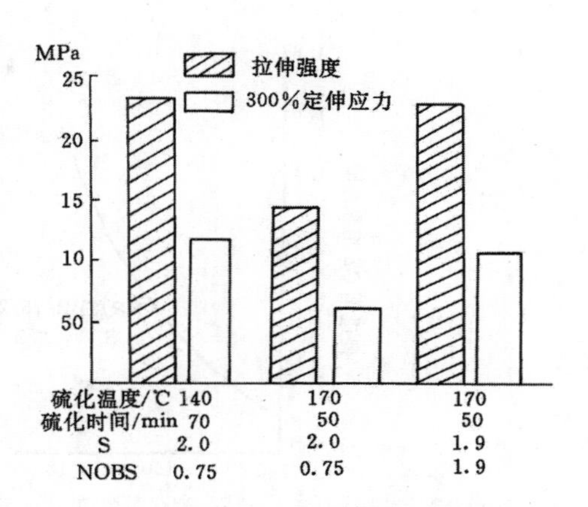

图 2－36　在 NR/BR 体系中硫黄用量不变，增加促进剂用量对硫化胶交联密度及强力的影响

采用硫载体 DTDM 代替硫黄的效果更佳，在高温硫化条件下，获得象普通硫化体系一样优异的物性，是效果相当理想的硫化体系，如表 2－30 所示。

合成橡胶的硫化体系对硫化温度不象天然橡胶那样敏感，因此天然橡胶及其并用体系的调节是必要的。如图 2－37 所示。这种方法既保持了高温下硫化的硫化胶的交联密度的稳定性，又保持了最佳的物性，为轮胎工业采用高温硫化、缩短硫化时间、提高生产效率开辟应用前景。

表 2－30　在 NR/BR 并用胶中 DTDM 部分代替硫黄的各个硫化体系在不同硫化温度下的性能比较

配合剂	配方			
	1	2	3	4
S	2.0	2.0	1.9	1.5
NOBS	0.75	0.75	1.9	1.9
DTDM	—	—	—	0.5
硫化温度/℃	140	170	170	170
硫化时间/min	70	50	50	50
物理性能				
拉伸强度/MPa	23.9	14.2	22.2	23.4
300%定伸应力/MPa	10.8	5.7	10.0	10.8
扯断伸长率/%	520	520	520	520

（二）高温硫化配合特点

高温硫化一般采用有效和半有效硫化体系，除了选择耐温胶种外，对硫化体系、防焦系统、防老系统的配合都是重要的。

一般说来，高温硫化要求硫化速度最快，焦烧倾向最小，无喷霜现象。在硫化配合上采用 TMTD 为主的秋兰姆硫载体硫化，焦烧倾向大，生产不安全，硫化胶严重喷霜，应用上受到限制。采用低硫高促的配合优于 TMTD 体系。这个体系多采用噻唑类或次磺酰胺类促进剂为主促进剂、胍类和秋兰姆为辅促进剂的并用体系。生产应用上一般采用 DTDM 作硫化剂，次磺酰胺类或噻唑类为主促进剂，TMTD 为副促进剂来调节焦烧时间、硫化速度和交联度。例如丁腈橡胶耐热的高温硫化可用图 2－38 来调节焦烧时间和交联密度（即定伸应力）。

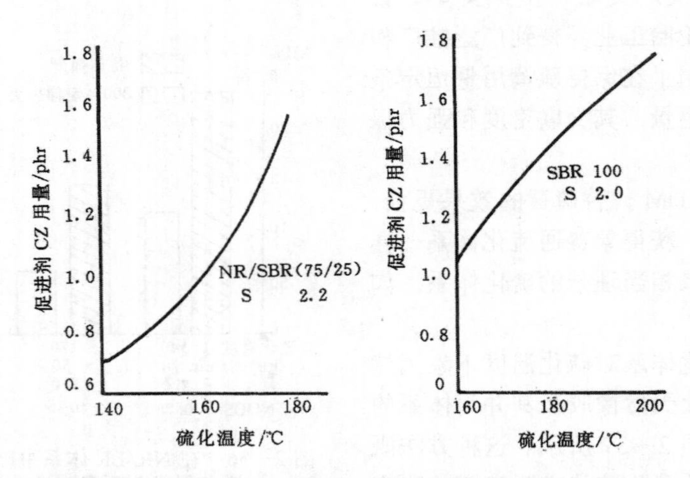

图 2-37 不同温度下等弹性模量的最佳促进剂用量曲线

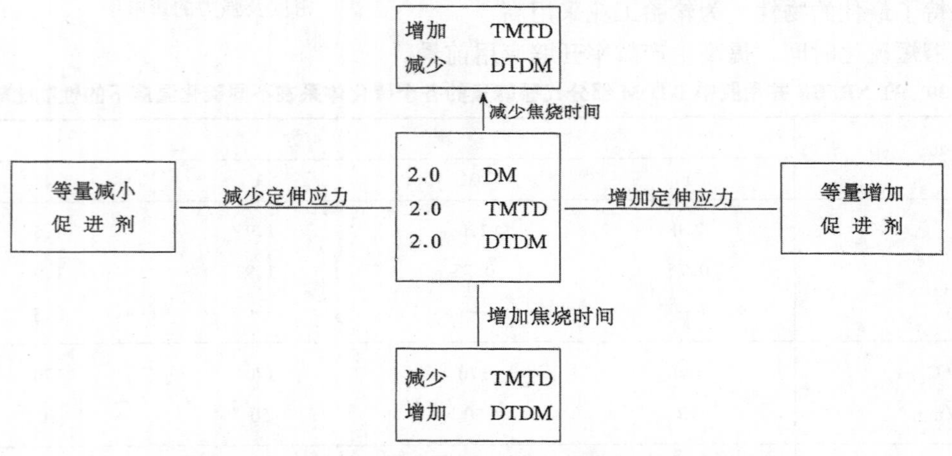

图 2-38 DTDM 硫化的焦烧时间和定伸应力的调节控制

为了提高硫化速度、必须增加活化系统的功能，使用足量的脂肪酸，以增加锌盐的溶解能力，提高硫化系统的活性。促进剂尽量采用噻唑类或次磺酰胺促进剂为主促进剂，胍类、醛胺类或TMTD、ZDC等为副促进剂的硫化体系。

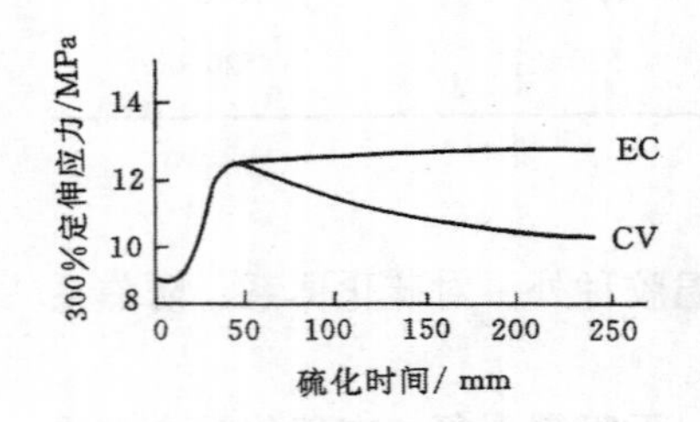

图 2-39 天然橡胶的平衡硫化体系（EC）与普通硫化体系（CV）的硫化特性比较

防老剂在高温硫化体系中是绝对必要的，因为防老剂有效地阻碍了硫化过程的热氧破坏作用，对保证平坦硫化是十分有效的。例如，在 TMTD/ZnO 中加入 1 份防老剂 D 就有效地保持交联密度和硫化平坦性。

如果硫化系统的调节无法保证生产安全性，可用防焦剂。一般使用 PVI，它是最好防焦剂。

四、平衡硫化体系（EC）[11,22,23]

众所周知，不饱和的二烯类橡胶，特别是天然橡胶的普通硫黄硫化体系硫化胶，不耐热氧老化，会产生严重的硫化返原现象，导致产品的动态性能急剧下降，影响轮胎等制品的使用寿命。虽然有效硫化体系能克服普通硫化体系的某些缺点，但都无法消除硫化胶的硫化返原性。1977 年，S. Woff 用 Si69〔双(三乙氧基甲硅烷基丙基)〕四硫化物在与硫黄、促进剂等摩尔比条件下使硫化胶的交联密度处于动态常量状态，把硫化返原降低到最低程度或消除了返原现象。这种硫化体系称为平衡硫化体系(Equilibrlum Cure,简称 EC)。平衡硫化体系即 EC 的硫化胶与 CV 不同之处是在较长硫化周期内,交联密度是恒定的,因而具有优良的耐热老化性能和耐疲劳性能,其硫化特性如图2－39 所示。

(一) 平衡硫化机理

Si69 是一种具有相当补强性的硫化剂，交联反应是由它的四硫基进行的。在高温下，它具有反应的不均衡性，裂解成由双(3－三乙氧基甲硅烷基丙基)二硫化物和双(3－三乙氧基甲硅烷基丙基)多硫化物所组成的混合物。如图 2－40 所示。

$$(C_2H_5O)_3Si-(CH_2)_3-S_4-(CH_2)_3-Si(OC_2H_5)_3$$

$$\rightleftharpoons$$

$$(C_2H_5O)_3Si-(CH_2)_3-S_2-(CH_2)_3-Si(OC_2H_5)_3 + (C_2H_5O)_3Si-(CH_2)_3-SS_xS-(CH_2)_3-Si(OC_2H_5)_3$$

图 2－40 Si69 的反应不均衡性

这时 Si69 是作为硫黄给予体作用机理与橡胶反应，生成橡胶－橡胶桥键。Si69 交联反应所形成的交联键化学结构与促进剂类型有关，其示意图如下：

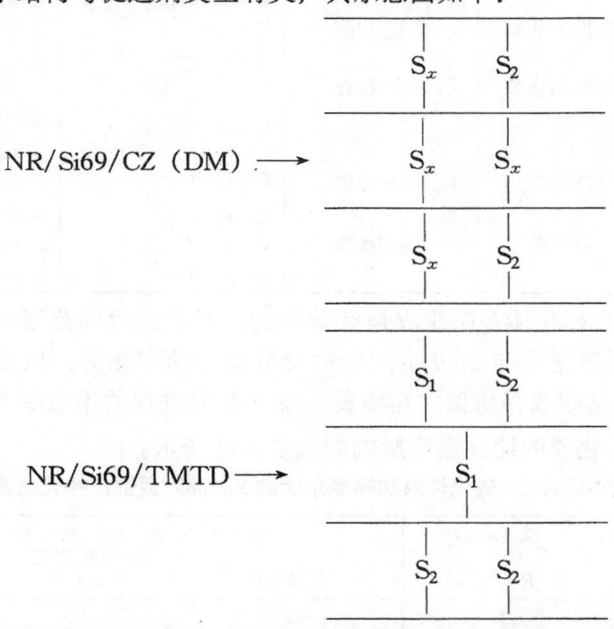

由上可见，Si69 与噻唑类、次磺酰胺类促进剂的硫化体系生成二硫和多硫交联键，而与秋兰姆所组成的硫化体系生成以单硫键为主的网络结构。

研究表明：有促进剂的 Si69 交联速度常数比相应的硫黄硫化体系的低，因此 Si69 达到正硫化的速度要比硫黄硫化慢。因此在 S/Si69/促进剂组合的硫化体系中，因为硫黄硫化速度快，在超过了硫黄正硫化之后的长时间区域内，硫化返原导致的交联密度下降的部分正好由 Si69 生成的新多硫键和双硫键所补偿，从而使整个交联密度保持常量，如图 2－41 所示。

这时交联密度 v＝常量，即

$$\left(\frac{\Delta v_c}{\Delta t}\right)_{Si69} - \left(\frac{\Delta v_c}{\Delta t}\right)_{返原} = 0$$

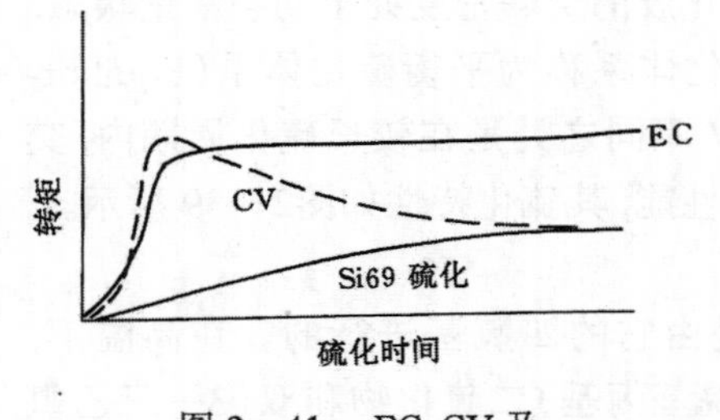

图 2-41　EC、CV 及 Si69 的硫化特性

由于裂解的交联键不断由 Si69 新生成的新键补充，硫化胶物性处于稳定状态。

在白炭黑填充的胶料中，Si69 除了参与交联反应外还与白炭黑偶联，产生填料——橡胶键，进一步改善了工艺性能及物理性能。

（二）Si69 对硫化胶物性的影响

在含 Si69 的硫化体系中，硫化胶的网络结构受到促进剂化学结构的影响。含 Si69 的各种硫化体系的性能如表 2-31 所示。

表 2-31　各种 Si69 硫化体系可达到的物理性能

硫 化 体 系	填 料	键 型	网 络 结 构	硫化胶性能
S_8/Si69/TMTD	炭黑	橡胶/橡胶	$C-S_1-C$ $C-S_2-C$	无返原、耐老化，低压缩永久变形
S_8/Si69/DM	炭黑	橡胶/橡胶	$C-S_x-C$ $C-S_2-C$ (EC)	无返原，高强力，高抗撕，高的压缩永久变形
S_8/Si69/NOBS	炭黑	橡胶/橡胶	$C-S_x-C$ (EC) $C-S_2-C$	无返原，高强力，高抗撕，高的压缩永久变形
S_8/Si69/TMTD	炭黑/白炭黑	橡胶/橡胶	$C-S_1-C$ $C-S_2-C$	无返原，耐老化，低压缩永久变形
S_8/Si69/DM (NOBS)	炭黑/白炭黑	橡胶/橡胶	$C-S_x-C$ (EC) $C-S_2-C$	无返原，耐老化，高强力，高抗撕，高压缩永久变形，低生热
S_8/Si69/TMTD	白炭黑	橡胶/橡胶	$C-S_1-C$ $C-S_2-C$	无返原，耐老化，低压缩永久变形，低生热
S_8/Si69/DM (NOBS)	白炭黑	橡胶/橡胶	$C-S_x-C$ $C-S_2-C$	无返原，高强力，高抗撕，低生热，压缩永久变形大

应该指出的是，EC 硫化体系的组成是有条件的，即在长时间范围内硫化返原所产生的交联密度的降低，即裂解速率与 Si69 生成新的交联键的速率相等，取得动力学平衡。所以 S_8/Si69/促进剂的配比必须取得协调。在硫黄、Si69 和促进剂的用量等摩尔比条件下，几种促进剂对天然橡胶纯硫化胶的硫化返原影响如表 2-32 所示。

表 2-32　纯 NR 的 CV 硫化体系和等摩尔比的 S_8/Si69/促进剂的硫化返原率比较

促 进 剂	返原率 CV R%①	返 原 率 R% S_8/Si69/促进剂 S 1.0	S 1.5	S2.5
DM	13	0	0	2.6
D	43	44.7	44.2	38.1
TMTD	19.9	2.3	2.5	3.2
CZ	20.6	4.8	5.1	8.7
DZ		4.1	3.7	6.7
NOBS		0	1.0	1.0

①R% 为 170℃ 温度下达到正硫化后 30min 测定。计算公式：

$$R\% = (M_{max} - M_{max} + 30)/M_{max} \times 100\%$$

式中 M 为转矩。试验配方：NR 100，ZnO 4.0，硬脂酸 2.0，S_8/Si69/促进剂变量

由表 2－32 可见，在等摩尔比条件下，硫黄用量在 1.0～1.5 范围内，促进剂 DM、NOBS 在 170℃范围内组成了平衡硫化体系，在硫化温度范围 140～150℃之间表现出优良的平衡性能。各种促进剂在天然橡胶中抗硫化返原能力顺序如下：

DM＞NOBS＞TMTD＞DZ＞CZ＞D。DM 的 EC 硫化特性如图 2－42 所示。

平衡硫化体系的胶料具有高强高、高抗撕性、耐热氧、抗硫化返原、耐动态疲劳性和生热低等优点，因此它在长寿命动态疲劳制品和巨型工程轮胎、大型厚制品制造等方面有重要应用。

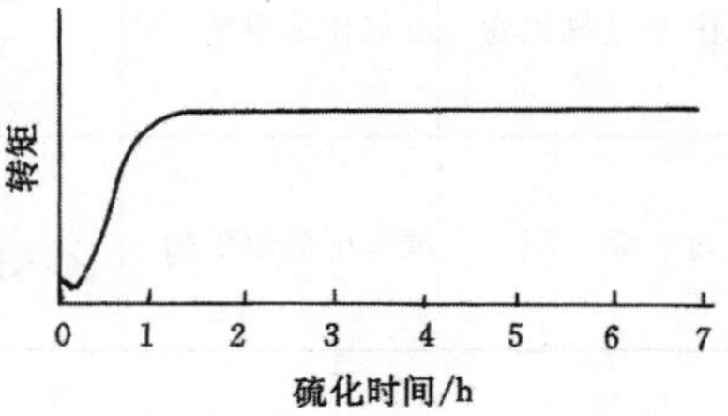

图 2－42　含 DM 的 EC 平衡硫化特性

第五节　非硫黄硫化体系

不饱和的二烯类橡胶除了用硫黄硫化外，还可以用许多其他非硫化合物进行硫化，如过氧化物、金属氧化物、酚醛树脂、醌类衍生物、多元胺、马来酰亚胺衍生物等。此外，饱和橡胶的出现，也必须采用非硫黄硫化体系。二烯类橡胶采用非硫黄硫化可以进一步改善胶料的耐热性，但并不是所有物质都能满足各种橡胶要求，必须根据橡胶品种恰当地选择。

一、过氧化物硫化

过氧化物不但能硫化饱和的碳链橡胶、杂链橡胶，而且也能硫化不饱和的碳链橡胶。硫化胶的网络结构是碳碳键，有很高的键能，非常稳定，具有优越的抗热氧老化性能、化学稳定性高，压缩永久变形小，因此在静态密封或高温的静态密封制品中有广泛的应用。

（一）过氧化物类型

在过氧化物中主要有烷基过氧化物、二酰基过氧化物和过氧酯三种。它们能硫化大部分橡胶，其中，二烷基过氧化物获得广泛的应用。DCP（过氧化二异丙苯）和 DBP(二叔丁基过氧化物)在含炭黑补强的胶料中得到优良的硫化胶。但因 DBP 分子量小，易挥发性，安全性低，DCP 就成为硫化橡胶最普通的硫化剂。常用的过氧化物如表 2－33 所示。

表 2－33　几种主要的过氧化物类型

过氧化物类型	化学名称	化学结构	分解温度/℃ 半衰期 1min	分解温度/℃ 半衰期为 10h	缩写
烷基过氧化物	二叔丁基过氧化物	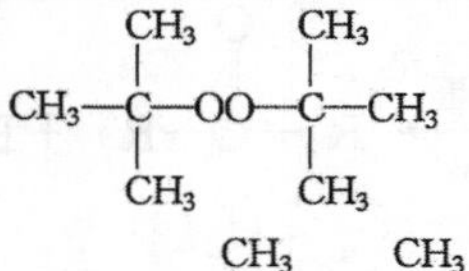 $(CH_3)_3C-OO-C(CH_3)_3$	193	126	DBP
	过氧化二异丙苯	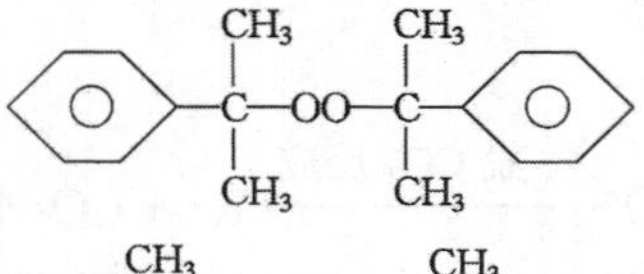 $C_6H_5-C(CH_3)_2-OO-C(CH_3)_2-C_6H_5$	171	117	DCP
	2,5－二甲基－2,5(二叔丁基过氧)己烷	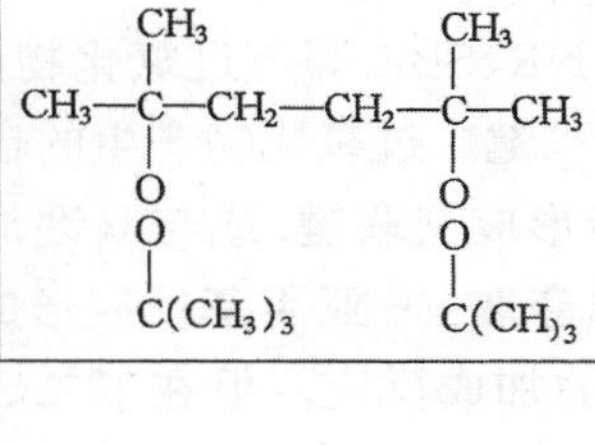 $CH_3-C(CH_3)(OOC(CH_3)_3)-CH_2-CH_2-C(CH_3)(OOC(CH_3)_3)-CH_3$	179	118	AD

续表

过氧化物类型	化学名称	化学结构	分解温度/℃ 半衰期 1min	分解温度/℃ 半衰期为 10h	缩写
二酰基过氧化物	过氧化苯甲酰	$C_6H_5-C(=O)-O-O-C(=O)-C_6H_5$	133	72	BPO
过氧酯	过苯甲酸叔丁酯	$(CH_3)_3-C-O-O-C(=O)-C_6H_5$	166	105	TPB

(二) 反应机理

1. 不饱和二烯类橡胶的硫化

过氧化物的硫化反应是过氧化物均裂产生自由基,可经热裂或辐射而得;

$$ROOR \longrightarrow 2RO\cdot$$

表 2-33 中的三类过氧化物中,烷氧过氧化物产生二个烷氧自由基,二酰基过氧化物产生二个酰氧自由基,过氧酯则产生一个烷氧自由基和一个酰氧自由基,例如:

$$C_6H_5-C(CH_3)_2-O-O-C(CH_3)_2-C_6H_5 \xrightarrow{\triangle} 2\,C_6H_5-C(CH_3)_2-O\cdot \quad \text{烷氧自由基}$$

$$C_6H_5-C(=O)-O-O-C(=O)-C_6H_5 \xrightarrow{\triangle} 2\,C_6H_5-C(=O)-O\cdot \quad \text{酰氧自由基}$$

$$C_6H_5-C(=O)-O-O-C(CH_3)_2-CH_3 \xrightarrow{\triangle} \underset{\text{酰氧自由基}}{C_6H_5-C(=O)-O\cdot} + \underset{\text{烷氧自由基}}{CH_3-C(CH_3)_2-O\cdot}$$

在热反应交联过程中,叔烷氧和叔酰氧自由基可能经受进一步裂解产生烷基自由基。

$$R-CR'_2-O\cdot \xrightarrow{\beta\text{剪断}} R'-C(=O)-R' + R\cdot$$

$$R-C(=O)-O\cdot \xrightarrow{\text{脱 }CO_2\text{ 反应}} R\cdot + CO_2\uparrow$$

对于丁二烯类和异戊二烯类橡胶如 NR、SBR 等与过氧化物的反应有二个比较有利的反应活性中心,即 α-亚甲基上的活泼氢和双键。过氧化物产生的自由基可夺取 α-亚甲基上的活泼氢使之形成大分子自由基,并进一步形成交联键,或与双键加成产生大分子自由基,并发生交联反应。在天然橡胶中,交联反应以夺取 α-亚甲基反应形成大分子自由基的方式进行,因为侧甲基的存在限制了自由基对双键的加成反应。但在丁二烯类橡胶 SBR 和 BR 条件下,交联反应可通过自由基加成反应或夺取 α－亚甲基活泼氢进行。在加成反应中，不断形成交联键，但自由基并没有丧失，因此这些橡胶具有较高的交联效率，例如

(1)夺取 α－氢的交联反应

$$RO\cdot + -CH_2-CH{=}CH-CH_2- \longrightarrow ROH + -CH_2-CH{=}CH-\dot{C}H-$$

$$2-CH_2-CH{=}CH-\dot{C}H- \longrightarrow \begin{array}{l}-CH_2-CH{=}CH-CH-\\ \qquad\qquad\qquad\qquad\ |\\ -CH_2-CH{=}CH-CH-\end{array}$$

(2)加成反应

$$RO\cdot + -CH_2-CH{=}CH-CH_2- \longrightarrow -CH_2-\underset{\displaystyle OR}{\underset{|}{CH}}-\dot{C}H-CH_2-$$

$$2-CH_2-\underset{\displaystyle OR}{\underset{|}{CH}}-\dot{C}H-CH_2- \longrightarrow \begin{array}{l}-CH_2-\overset{\displaystyle OR}{\overset{|}{CH}}-CH-CH_2-\\ \qquad\qquad\qquad\quad |\\ -CH_2-\dot{C}H-CH-CH_2-\end{array}$$

或

$$\begin{array}{l}-CH_2-\overset{\displaystyle OR}{\overset{|}{CH}}-CH-CH_2-\\ \qquad\qquad\qquad\quad |\\ -CH_2-\underset{\displaystyle OR}{\underset{|}{CH}}-CH-CH_2-\end{array}$$

由上可以看出，橡胶大分子链的结构对过氧化物的交联效率有重大影响。实验证明，使用过氧化物硫化，NR 的交联效率约等于 1，SBR 12，BR 10.5，NBR 1.0，EPDM 1.0，CR 0.5，IIR 为 0，可知侧基及主链结构对交联效率的影响。

2．过氧化物硫化饱和橡胶　这种橡胶的交联效率因橡胶的支化而降低。例如 PE，它的交联效率等于 1，但 EPM 为 0.4。其反应机理主要夺取氢的加成交联反应。

(1)硫化 PE

$$ROOR \longrightarrow 2RO\cdot$$

$$RO\cdot + -CH_2-CH_2- \longrightarrow ROH + -CH_2-\dot{C}H-$$

$$2\ -CH_2-\dot{C}H- \longrightarrow \begin{array}{l}-CH_2-CH-\\ \qquad\qquad\ |\\ -CH_2-CH-\end{array}$$

(2)硫化 EPM

$$-CH_2-CH_2-CH_2-\overset{\displaystyle CH_3}{\overset{|}{CH}}- + RO\cdot \longrightarrow -CH_2-CH_2-CH_2-\overset{\displaystyle CH_3}{\overset{|}{\dot{C}H}}-$$

$$2-CH_2-CH_2-CH_2-\overset{CH_3}{\underset{\cdot}{\overset{|}{C}}}- \longrightarrow \begin{matrix} & & & CH_3 \\ & & & | \\ -CH_2-CH_2-CH_2-C- \\ & & & | \\ CH_2-CH_2-CH_2-C- \\ & & & | \\ & & & CH_3 \end{matrix}$$

由于侧甲基的存在,EPM 存在着 β 断裂的可能性,即:

$$-CH_2-CH_2-CH_2-\overset{CH_3}{\underset{\cdot}{\overset{|}{C}}}- \longrightarrow -CH_2-\dot{C}H- + CH{=}\overset{CH_3}{\overset{|}{C}}-$$

在上述情形下,必须加入助硫化剂,如加入适量硫黄、肟类化合物,提高高分子大自由基的稳定性,提高交联效率。

(3)硫化杂链橡胶　甲基硅橡胶的硫化与聚乙烯交联相似。

$$\left(\underset{CH_3}{\overset{CH_3}{\underset{|}{\overset{|}{Si}}}}-O\right)_n + RO\cdot \longrightarrow \left(\underset{\dot{C}H_2}{\overset{CH_3}{\underset{|}{\overset{|}{Si}}}}-O\right)_n + ROH$$

$$2\left(\underset{\dot{C}H_2}{\overset{CH_3}{\underset{|}{\overset{|}{Si}}}}-O\right)_n \longrightarrow \begin{matrix} CH_3 \\ | \\ \left(Si-O\right)_n \\ | \\ CH_2 \\ | \\ CH_2 \\ | \\ \left(Si-O\right)_n \\ | \\ CH_3 \end{matrix}$$

甲基硅橡胶的交联效率等于 1,但乙烯基甲基硅橡胶的交联效率约等于 10。因此不饱和双键的引入可大大提高交联效率。

过氧化物除了交联橡胶外,还可以交联塑料、聚氨酯等。

(三) 过氧化物硫化的配方设计

过氧化物的交联效率随胶种及添加剂而变。胶种选定以后,其硫化系统、防老体系、填充体系都有严格选择。

对交联效率高的橡胶(例如 SBR、BR 等)硫化剂,DCP(过氧化二异丙苯)的加入量为 0.5%～0.8%(mol),即 1.5～2.0 份左右,而对 NR,一般约 2～3 份左右。由于过氧化物产生的自由基容易受到其他物质,如酸性物质和容易产生氢的物质的干扰,使自由基钝化,

$$ROOR \xrightarrow[\text{离子分解}]{H^+} ROH + \text{重排稳定产物}$$

因此,酸性物质,例如硬脂酸、酸性填料(白炭黑、陶土、槽法炭黑)等,应尽量避免使用或少用。为了提高交联的有效性,在配方中可加入少量碱性物质,例如氧化镁、三乙醇胺及二苯胍等物质。

防老剂一般是胺类、酚类物质,也容易脱出 H^+ 或 $H\cdot$,容易和过氧化物的自由基结合,钝化了自由基、降低了交联效率,因此配方中应少用防老剂或使用低量酚类防老剂。

软化剂也影响到硫化活性，因有大部分软化剂都是不饱和的酸性物质。

为了提高硫化效率，常使用活化剂和助硫化剂。ZnO不再起活化作用，仅改善胶料耐热性。杜邦公司生产的HVA－2（N,′N－邻亚苯基－二马来酰亚胺）是过氧化物有效的活化剂，能增加交联效率，用量0.5～1份，不仅可以缩短硫化时间，而且能改善胶料强伸性能，如图2－43所示。代表性的助硫化剂，

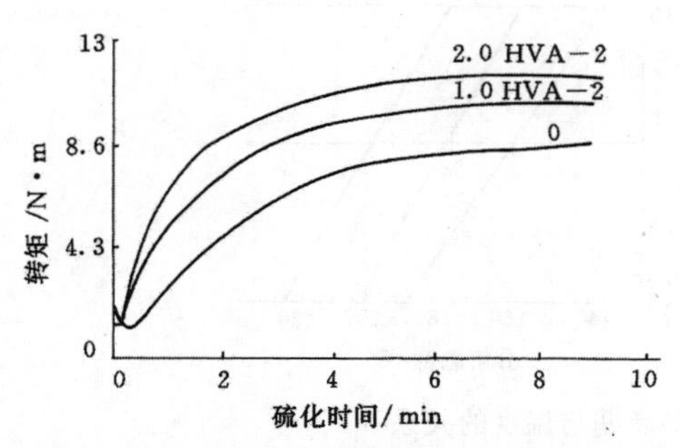

图2－43　活化剂对EPDM硫化胶性能影响

基本配方：EPDM 100，ZnO 5.0，HAF 60，
操作油 10，DCP 3.0，HVA－2 变量

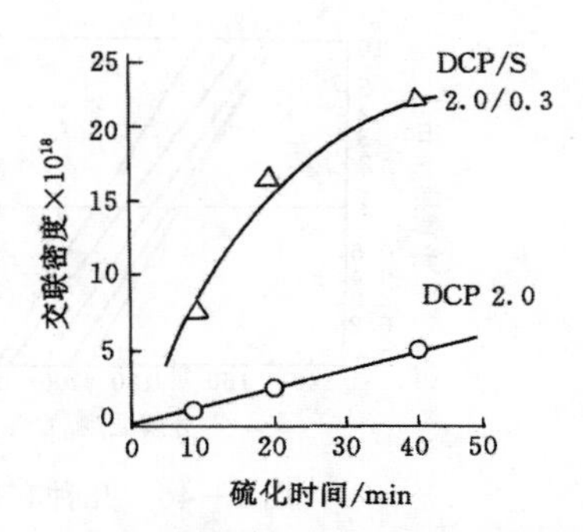

图2－44　硫黄对DCP硫化EPDM硫化胶交联密度的影响

例如，1,2－聚丁二烯，二乙烯基苯、三烷基三聚氰酸酯等。在三元乙丙橡胶中，硫黄是最有效的助硫化剂，它不但能增加EPM和EPDM的交联密度，而且在用量为0.2～0.4份范围内，改善了硫化胶的性能，如图2－44、2－45所示[24,26]。

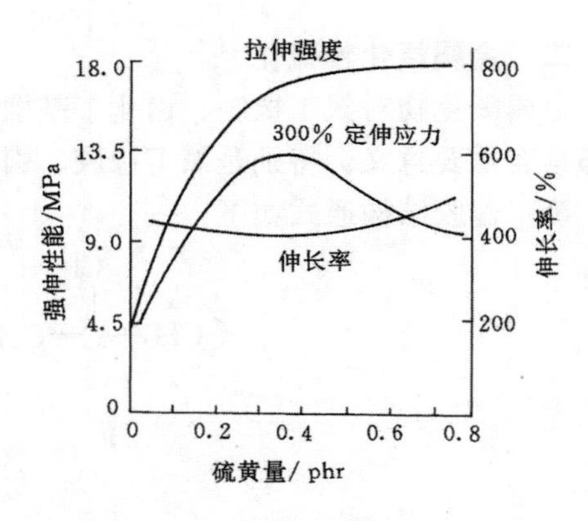

图2－45　硫黄浓度对EPDM的DCP硫化胶性能的影响

（四）过氧化物的半衰期

过氧化物的热分解速率主要决定于温度，即加工温度和硫化温度。在硫化过程中，过氧化物因分解而耗尽，其分解速率主要取决于硫化温度。过氧化物的半衰期是非常重要的特征量，它表示在某一特定温度下，过氧化物分解到原来浓度一半时所需的时间，用$T_{1/2}$表示。表2－34列出了半衰期与过氧化物热分解量的关系。

表2－34　半衰期与过氧化物分解量关系

时　间/min	分解量/%	时　间/min	分解量/%
半衰期×1	50	半衰期×6	98.4
半衰期×2	75	半衰期×7	99.2
半衰期×3	87.5	半衰期×8	99.6
半衰期×4	93.5	半衰期×9	99.8
半衰期×5	96.9	半衰期×10	99.9

从表 2－34 中可知，一般过了半衰期的 6～10 倍时间，过氧化物基本耗尽。因此过氧化物的正硫化时间，一般取预定硫化温度下过氧化物半衰期的 6～10 倍时间，例如 DCP，在 170℃的半衰期为 1min，则其正硫化时间为 6～10min，DCP 基本耗尽。图 2－46 为几种过氧化物半衰期与温度关系。

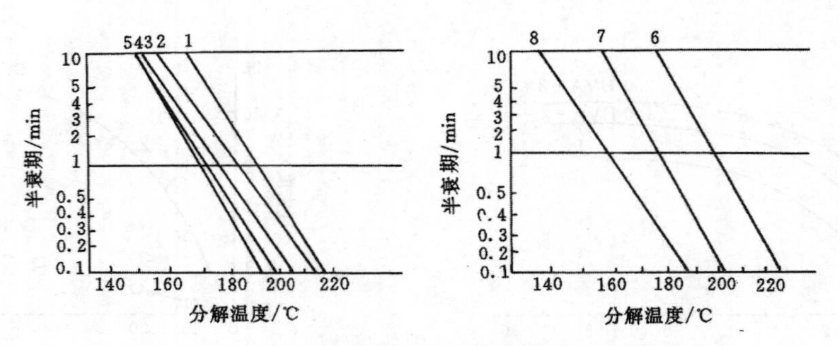

图 2－46 几种有机过氧化物的半衰期与温度的关系

1—2,5－二甲基－2,5－二叔丁基过氧－3－己炔；2—二叔丁基过氧；
3—2,5－二甲基－2,5－二叔丁基过氧己烷；4—1,4－二叔丁基过氧异丙苯；5—过氧化二异丙苯；
6—过苯甲酸叔丁酯；7—1,1－二叔丁基过氧－3,3－二甲基环己烷；8—过氧化二苯甲酰

二、金属氧化物硫化

金属氧化物对氯丁橡胶、卤化丁基橡胶、氯磺化聚乙烯、氯醇、聚硫橡胶以及羧基聚合物都具有重要意义。特别是氯丁橡胶、卤化丁基橡胶，常用金属氧化物硫化。

氯丁橡胶结构通式如下：

$$\left(CH_2-\overset{\displaystyle Cl}{\overset{|}{C}}=CH-CH_2\right)_n\left(CH_2-\overset{\displaystyle Cl}{\overset{|}{\underset{\displaystyle \underset{\displaystyle \underset{\displaystyle CH_2}{\|}}{\underset{|}{CH}}}{C}}}\right)_{0.015n}$$

由于氯丁二烯单元氯原子的极性，主链双键钝化，使 α－亚甲基上的氢变得不活泼，因此交联反应活性中心位于乙烯基团上，这是1,2 聚合所产生的。在硫化过程中，1,2 结构可能发生结构重排。

$$\sim\!CH_2-\overset{\displaystyle Cl}{\overset{|}{\underset{\displaystyle \underset{\displaystyle \underset{\displaystyle CH_2}{\|}}{\underset{|}{CH}}}{C}}}-\!\sim \quad \rightleftharpoons \quad \sim\!CH_2-\underset{\displaystyle \underset{\displaystyle \underset{\displaystyle CH_2Cl}{|}}{\underset{\|}{CH}}}{C}-\!\sim$$

氯丁橡胶的金属氧化物硫化有二种机理：

(1)

$$2CH_2=CH-\underset{|}{\overset{\overset{|}{CH_2}}{\underset{}{C}}}-Cl+ZnO+MgO \longrightarrow$$

$$CH_2=CH-\underset{\wr}{\overset{\overset{\wr}{CH_2}}{C}}-O-ZnO-\underset{\wr}{\overset{\overset{\wr}{CH_2}}{C}}-CH=CH_2+MgCl_2$$

(2)

$$\sim\!\sim CH_2-\underset{\underset{\underset{CH_2Cl}{|}}{CH}}{\overset{}{\underset{\|}{C}}}\sim\!\sim \xrightarrow{ZnO} \sim\!\sim CH_2-\underset{\underset{\underset{\underset{OZnCl}{|}}{CH_2}}{|}}{\underset{CH}{\underset{\|}{C}}}\sim\!\sim$$

$$\sim\!\sim CH_2-\underset{\underset{\underset{OZnCl}{|}}{\underset{CH_2}{|}}}{\underset{CH}{\underset{\|}{C}}}\sim\!\sim + \sim\!\sim CH_2-\underset{\underset{\underset{Cl}{|}}{\underset{CH_2}{|}}}{\underset{CH}{\underset{\|}{C}}}\sim\!\sim \longrightarrow ZnCl_2+\begin{array}{c}\sim\!\sim CH_2-C\sim\!\sim\\ \|\\ CH\\ |\\ CH_2\\ |\\ O\\ |\\ CH_2\\ |\\ CH\\ \|\\ \sim\!\sim CH_2-C\sim\!\sim\end{array}$$

$$MgO+ZnCl_2 \longrightarrow MgCl_2+ZnO$$

应该指出的是，氧化锌和氧化镁都能单独硫化氯丁橡胶，两者并用最佳，最宜比率为5:4（ZnO:MgO）。单独使用氧化锌，硫化速度快，易产生焦烧；单用氧化镁，则硫化速度慢。氧化锌的主要作用是硫化，并使胶料具有良好耐热性能，保证硫化的平坦性；氧化镁可提高胶料防焦性能，增加胶料贮存安全性和可塑性，在硫化过程中起硫化和促进作用。它能吸收硫化过程中放出的 HCl 和 Cl_2，保证胶料安全稳定性。若要制取耐热胶料，可提高氧化锌用量(增至 15～20 份)。若要制造耐水制品，可用 PbO 代替 MgO 和 ZnO，用量高至 20 份。单用 PbO，安全稳定性差，可使用 PbO－ZnO 系统代替。其他金属如钙、钛、铁的氧化物无硫化作用。

在氯丁橡胶中，一般不单独使用硫黄硫化系统的促进剂，因为各种促进剂对氯丁橡胶硫化影响不同，有些对氯丁橡胶的硫化起滞后作用，有的使硫化速度太快。最好的是 TMTD/S/D/ZnO/MgO 并用的体系，能获高的硫化状态，较高的强力、回弹性及伸长率。硫化胶具有良好加工安全性和网络稳定性。

氯丁橡胶中广泛使用的促进剂是亚乙基硫脲(NA－22 或 ETU)。它能提高 GN 型氯丁橡胶的生产安全性，并使物性及耐热性得到改善。Pariser 提出的硫化机理如下：

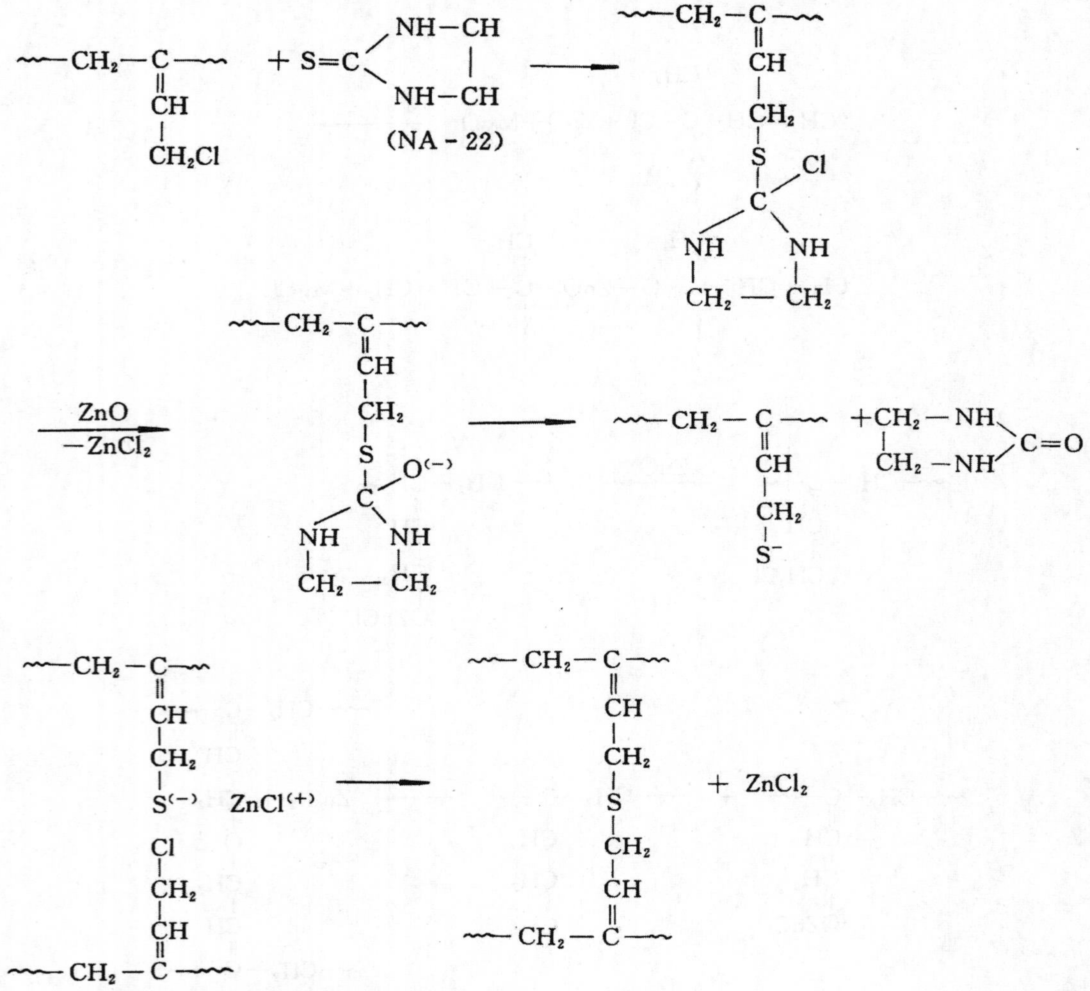

$$\sim CH_2-\underset{\underset{\underset{CH_2Cl}{|}}{CH}}{\overset{\|}{C}}\sim \; + \; S=C\begin{matrix} NH-CH \\ | \\ NH-CH \end{matrix} \longrightarrow \sim CH_2-C(=CH-CH_2-S-C(Cl)(NH-CH_2-CH_2-NH))\sim$$

(NA - 22)

$$\xrightarrow[-ZnCl_2]{ZnO} \sim CH_2-C(=CH-CH_2-S-C(O^{(-)})(NH-CH_2-CH_2-NH))\sim \longrightarrow \sim CH_2-C(=CH-CH_2-S^{-})\sim + \begin{matrix} CH_2-NH \\ | \\ CH_2-NH \end{matrix} C=O$$

$$\sim CH_2-C(=CH-CH_2-S^{(-)})\sim \; ZnCl^{(+)} \; + \; Cl-CH_2-CH=C(\sim CH_2-)\sim \longrightarrow \sim CH_2-C(=CH-CH_2-S-CH_2-CH=)C-CH_2\sim + ZnCl_2$$

金属氧化物硫化氯丁橡胶的配方举例如表 2 - 35。

三、酚醛树脂、醌类衍生物和马来酰亚胺硫化

(一) 酚醛树脂硫化

二烯类橡胶可用下列通式的化合物来硫化，以提高耐热性、曲挠性。以下酚醛树脂硫化特别适合于丁基橡胶。

下列左图 X 代表 OH 基、卤素原子，或是下列右图结构的酚醛树脂：

$$XCH_2-C_6H_2(OH)(R)-CH_2X \qquad\qquad -CH_2-C_6H_2(OH)(R)-CH_2-$$

其中 R 是烷基，通常是树脂类物质，硫化机理采用 Van der Meer 和 The lamon 的以下反应图式：

$$XCH_2-C_6H_2(OH)(R)-CH_2X \xrightarrow[H^+]{-HX} X-CH_2-C_6H_2(=O)(R)=CH_2$$

$$\sim CH-C=C\sim (\text{H}) + \text{XCH}_2\text{-quinone methide}(R) \longrightarrow \sim CH=C-C\sim(CH_2-C_6H(R)(OH)-CH_2X) \xrightarrow[RH]{-HX}$$

$$\sim CH=C-C\sim(CH_2-C_6H(R)(OH)-CH_2-C\sim C=CH\sim)$$

酚醛树脂硫化很慢，要求高的硫化温度，可用氧化锌使 X 或卤原子活化。烷基酚醛树脂硫化时，采用的活性剂是含结晶水的金属氯化物，如 $SnCl_2 \cdot 2H_2O$，$FeCl_2 \cdot 6H_2O$，$ZnCl_2 \cdot 1.5H_2O$。它们能加速硫化反应，并改善胶料的性能。

上述的硫化机理与间苯二酚/甲醛/胶乳的交联机理相似。这样浸胶的帘线，在硫化过程中，把橡胶与帘线键合一起，即：

$$C_6H_4(OH)_2 \xrightarrow[-H_2O]{CH_2O} HO-CH_2-C_6H_2(OH)_2-CH_2OH \xrightarrow{-H_2O} CH_2=C_6H_3(=O)(OH)-CH_2-C_6H_2(OH)_2-CH_2OH$$

$$-C(-CH-H)=C- + CH_2=C_6H_3(=O)(OH)-CH_2-C_6H_2(OH)_2-CH_2OH \longrightarrow \sim CH=C-C(-CH_2-C_6H_2(OH)_2-CH_2-C_6H_2(OH)_2-CH_2OH)\sim$$

橡胶与树脂结合

表 2-35　氯丁橡胶的硫化系统

ZnO	5	5	5
MgO	4	—	4
硬脂酸钙	—	5.5	—
硬脂酸	—	—	1
TMTM	—	—	1
DOTG	—	—	1
NA-22	0.5	0.5	—
硫化条件			
硫化温度/℃	153	153	153
正硫化/min	15	15	15

（二）醌类衍生物的硫化

苯醌以及它的许多衍生物都能使二烯类橡胶硫化，提高硫化胶的耐热性。但一般通用橡胶极少采用，因为它的成本昂贵，未能真正工业化，且仅用于丁基橡胶中。

对苯醌二肟是常用硫化剂，使用时需使用氧化剂，机理如下：

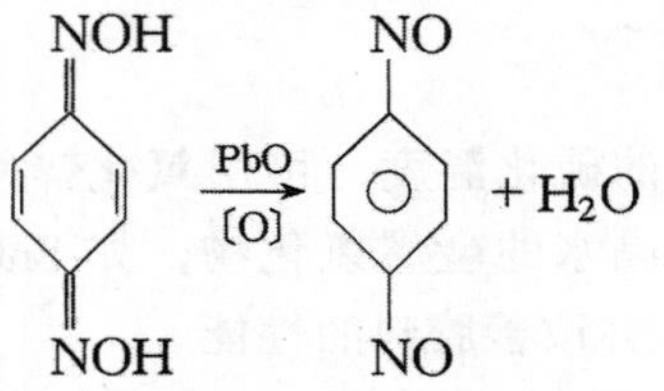

NOH / NOH（对苯醌二肟） —PbO〔O〕→ NO / NO（对二亚硝基苯） + H_2O

Sullivan 认为，亚硝基与橡胶双键发生如下作用：

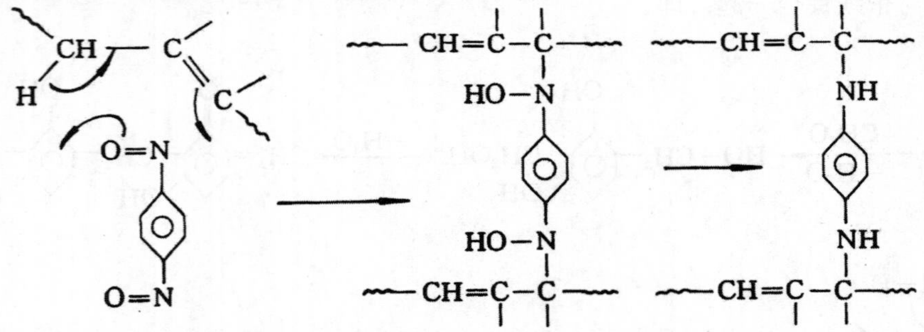

~CH(H)—C=C~ + O=N—C₆H₄—N=O → ~CH=C—C(—N(OH)—C₆H₄—N(OH)—)—~ … ~CH=C—C~ → ~CH=C—C(—NH—C₆H₄—NH—)—~ … ~CH=C—C~

最新研究表明，橡胶最后是通过胺键连结在一起的，详细机理至今尚未清楚。用对苯醌二肟作硫化剂需加入氧化剂氧化铅。加入氧化锌可改善胶料性能，促进剂 M 可提高交联效率，并改善胶料焦烧性能。

（三）马来酰亚胺硫化

用马来酰亚胺硫化不饱和二烯类橡胶是新近发展的一种方法。最有效的是一个分子中含有一个以上官能团的马来酰亚胺，如间亚苯基双马来酰亚胺。一般采用 DCP 进行自由基的引发反应。Kovacic 等人的反应机理如下：

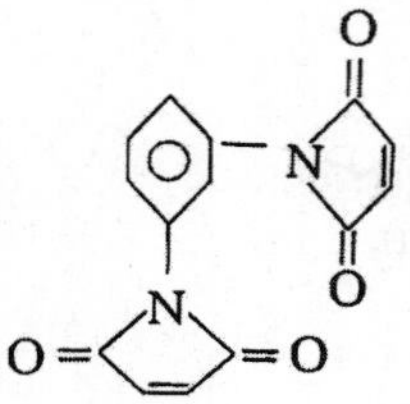

O
N
O
N
O=　=O

间-亚苯基双马来酰亚胺

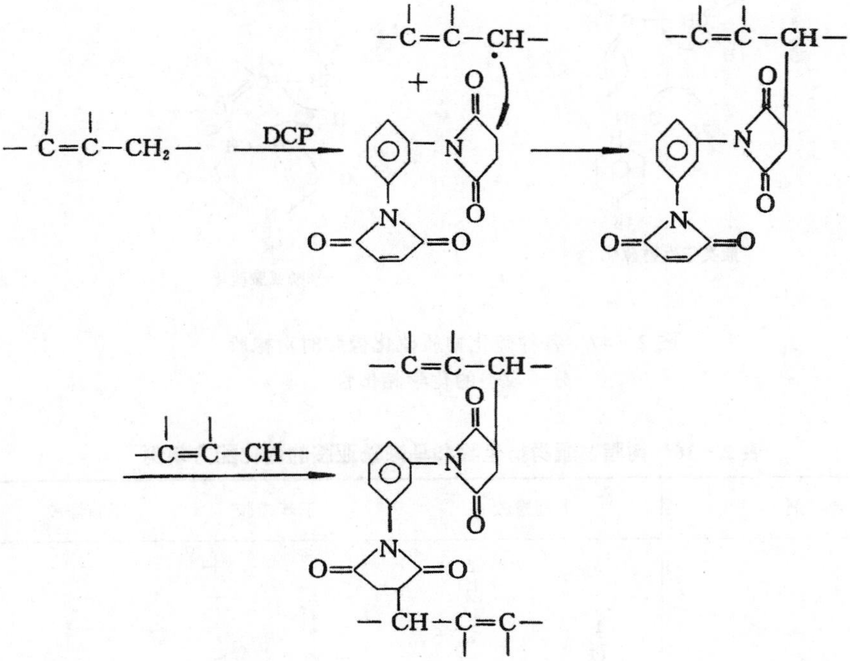

—C=C—CH—
+
O
—C=C—CH₂—　DCP→　N
O
N
O=　=O

—C=C—CH—
O
→　N
O
N
O=　=O

—C=C—CH—
O
—C=C—CH—
→　N
O
N
O=　=O
—CH—C=C—

除了过氧化物与马来酰亚胺并用外，其他促进剂如 DM 也能催化并促进马来酰亚胺的交联反应。在硫化温度下，不用引发剂，马来酰亚胺也能进行硫化反应，机理如下：

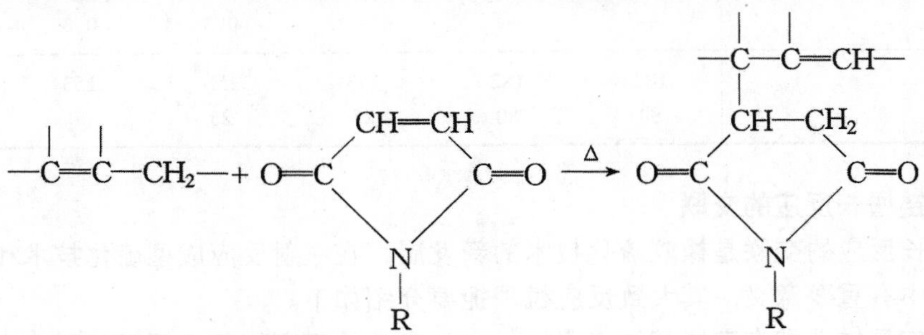

—C—C=CH—
CH═CH　CH—CH₂
—C═C—CH₂—+ O═C　C═O　Δ→　O═C　C═O
N　N
R　R

(四) 硫化体系化学的相似性

促进的硫黄硫化与酚树脂、醌的衍生物、马来酰亚胺的硫化都是通过相似的化学反应机理进行的。各类硫化剂对橡胶分子的攻击示意图如图 2-47 所示：

以上各类硫化剂的化学结构的基本条件可归结为橡胶分子必须含有烯丙基氢原子，即如果不饱和双键上没有α-活泼氢，上述的反应都不能进行。上述各类硫化剂配方举例如表 2-36 所示。

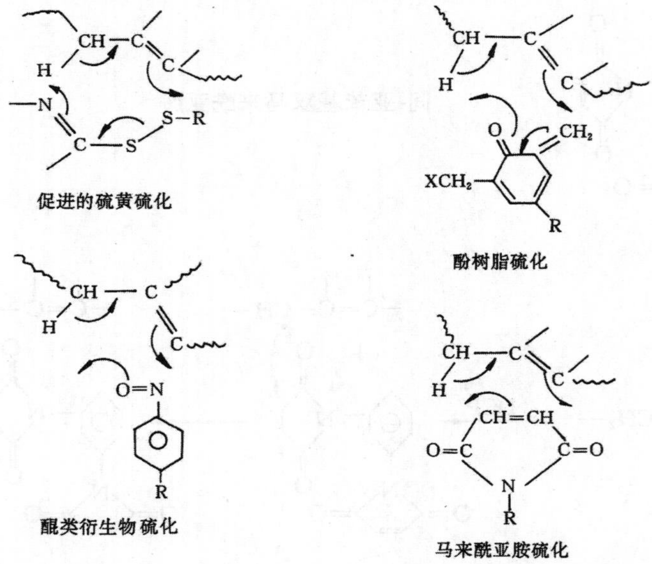

促进的硫黄硫化

酚树脂硫化

醌类衍生物硫化

马来酰亚胺硫化

图 2－47　各种硫化物质硫化橡胶时对橡胶分子攻击的化学相似性

表 2－36　树脂、醌类衍生物和马来酰亚胺的硫化配方举例

配　合　剂	丁基橡胶		丁苯橡胶		丁腈橡胶	乙丙橡胶
ZnO	5	5	—	—	—	—
PbO	—	2	—	—	—	—
硬脂酸	1	—	—	—	—	—
SP－1055 树脂	12	—	—	—	—	—
对苯醌二肟	—	2	—	—	—	—
间亚苯基双马来酰亚胺	—	—	0.85	0.85	3.0	3.0
DM	—	4	2.0	—	—	—
DCP	—	—	—	0.3	0.3	1.6
硫化温度/℃	182	182	153	153	153	160
T_{90} /min	80	80	25	25	30	15

四、通过链增长反应的交联

通过链增长反应的交联是橡胶硫化技术的新发展，在注射反应成型硫化技术和原位反应挤出成型加工中有重要意义，其大致反应机理扼要介绍如下。

链增长反应是链端带有官能基的齐聚物，在一定条件下官能基之间互相反应，使齐聚物分子链连接起来进而扩大分子量的反应。

$$X\sim\sim\sim X + Y\sim\sim\sim Y \longrightarrow X\sim\sim\sim X{-}Y\sim\sim\sim Y{-}X\sim\sim\sim X{-}Y\sim\sim\sim Y$$

这里，X 和 Y 是不同的官能团，它们之间可以发生加成反应，也可以发生缩聚反应。例如：

X	Y	高分子类型
—COOH	—OH	聚酯
—COOH	—NH_2	聚酰胺
—N═C═O	—OH	聚氨酯
—N═C═O	—NH_2	聚脲
—Si(—)(—)—OR	—Si(—)(—)—OH	硅橡胶

如果二官能团的分子被三官能团的代替，则反应除了链增长外又进行交联反应。这时 X 官能团数目应与 Y 官能团的数目大致相等，否则就会形成不完全的网络结构。聚氨酯橡胶就是一个链增长交联的例子。

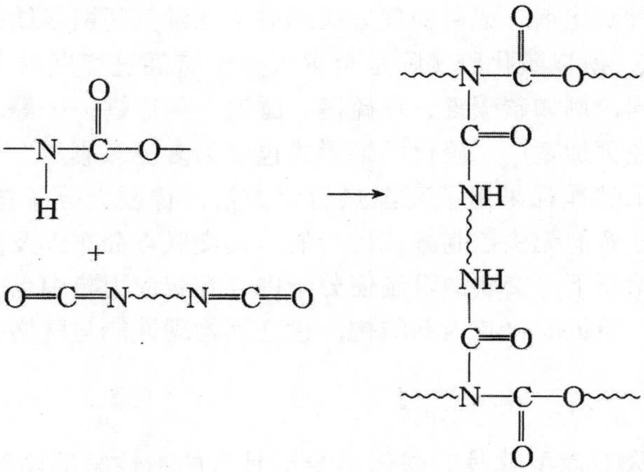

$$\begin{array}{c}-\text{N}(\text{H})-\text{C}(=\text{O})-\text{O}- \\ + \\ \text{O}{=}\text{C}{=}\text{N}\sim\sim\text{N}{=}\text{C}{=}\text{O}\end{array} \longrightarrow \begin{array}{c}\sim\sim\text{N}-\text{C}(=\text{O})-\text{O}\sim\sim \\ | \\ \text{C}{=}\text{O} \\ | \\ \text{NH} \\ \wr \\ \text{NH} \\ | \\ \text{C}{=}\text{O} \\ | \\ \sim\sim\text{N}-\text{C}(=\text{O})-\text{O}\sim\sim\end{array}$$

五、辐射硫化

二烯类橡胶可以采用高能辐射硫化，但用高能射线照射高分子，交联反应与裂解倾向并存，哪种反应占主流决定于高分子结构。若用一般式 $\left(\text{CH}_2-\underset{\text{Y}}{\overset{\text{X}}{\text{C}}}\right)_n$ 来代表二烯类橡胶，如 X、Y 都为氢原子，则易产生交联；若其中的一个氢被取代，则聚合物交联和裂解并存，但交联仍占主要地位；若 X、Y 都为侧基或其他基团取代，则以断裂为主。表 2－37 列举了交联和裂解的高聚物。

辐射交联的硫化程度与辐射剂量成正比，但防老剂以及其他游离基接受体的存在，将会影响交联效率。辐射硫化是游离基反应，反应过程大约如下：

$$\text{RH} \xrightarrow{h\gamma} \text{R}\cdot + \text{H}\cdot$$

$$\text{H}\cdot + \text{RH} \longrightarrow \text{R}\cdot + \text{H}_2\uparrow$$

$$2\text{R}\cdot \longrightarrow \text{R}-\text{R}$$

辐射硫化有许多优点：无污染、无副反应，能获得高质量卫生健康制品，配方简单，辐射穿透力强，可硫化厚制品；硫化胶耐热氧老化性能好，但它的机械性能差，设备昂贵，因此未能广泛应用。

表 2-37 按辐射效应的高聚物分类

能交联的聚合物	裂解的聚合物	能交联的聚合物	裂解的聚合物
天然橡胶	聚甲基丙烯酸甲酯	聚乙烯	纤维素
丁苯橡胶	聚氯乙烯	尼龙 66	聚硫橡胶
甲基硅橡胶	聚偏氯乙烯	聚 酯	丁基橡胶
顺丁橡胶	聚四氟乙烯	聚苯乙烯	
甲基乙烯基硅橡胶	聚三氟氯乙烯	聚丙烯酸酯	
氯磺化聚乙烯	聚异丁烯		

第六节 硫化胶的网络

橡胶大分子通过各种硫化剂、或用物理方法形成了三维空间网络结构，变成了摩尔质量（分子量）无限大的物质，所以硫化胶实际是全部大分子链经过交联的空间集合。硫化剂不同，形成的桥键亦不相同，例如碳碳键、单硫键、醚键、树脂键……等。由于近代液体橡胶的发展，交联反应的途径更加宽广，硫化网络形式也更为多姿多彩。

一般说来，橡胶加工过程都采用了高温热硫化方法，橡胶大分子链处于高度热运动状态。交联反应是以一种任意的无法控制方式进行的。其交联点分布以及交联分子量分布是不均匀的。在高温热运动状态下，交联的限制使分子内存在着应力集中点。以上种种因素影响了它的物理性能。因此，表征硫化胶内部结构，建立其物理性能与网络结构关系也是橡胶工程科学的重要方面。

一、几个基本概念

1. 交联官能度　交联官能度就是交联剂本身所具有的活性官能团的数目，或是从一个交联点出发射出的射线数目。例如，羟基封端的液体硅橡胶，用四乙氧基硅烷硫化，反应如下：

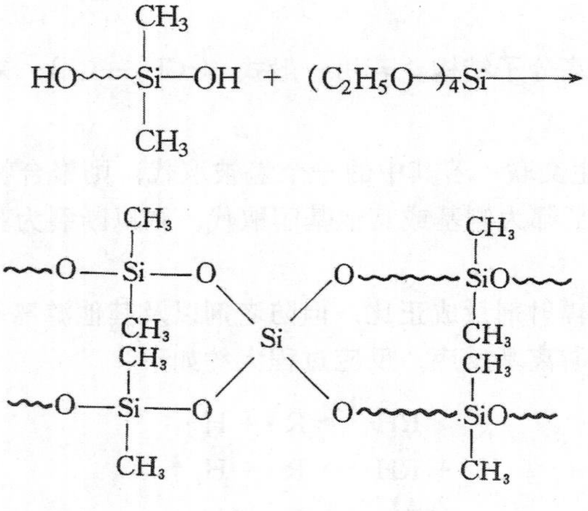

$$HO\sim\sim Si(CH_3)_2-OH + (C_2H_5O)_4Si \longrightarrow$$

CH_3
~~O—Si—O　　O~~~~$Si(CH_3)_2$O~~
CH_3　　Si
CH_3
~~O—Si—O　　O~~~~$Si(CH_3)_2$O~~
CH_3

很清楚，交联网络是四官能的网络，因为四乙氧基硅烷有四个反应官能团 C_2H_5O—，所以交联官能度为 4。用三异氰酸酯作硫化剂时，它的交联官能度为 3，因为它有三个官能度——NCO，它们的反应机理简述如下：

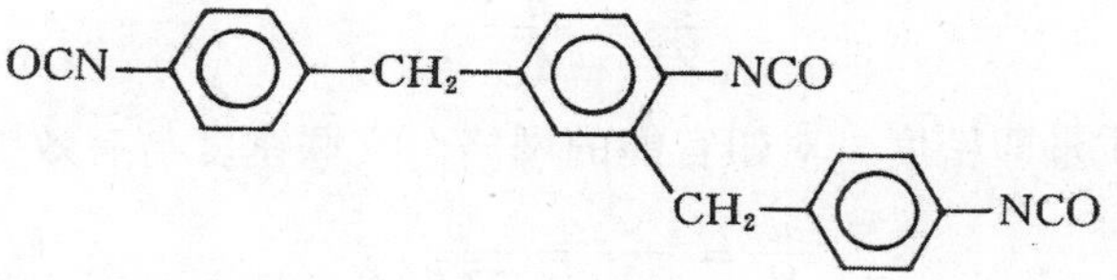

对于促进剂硫黄硫化的不饱和橡胶，其网络结构是多硫键或单双硫键，可认为是四官能的网络结构，即

其中 x 可以是1、2，或者3、4，因为交联键的分子量很小，可视为一个点，所以从一个交联点发射出四条射线。

2. 交联分子量 $\overline{M}_C$　交联分子量 $\overline{M}_C$ 就是两个交联点之间链段的分子量平均值。交联分子量与聚合物分子量分布情形相似，也是多分散的，如图2－48所示。

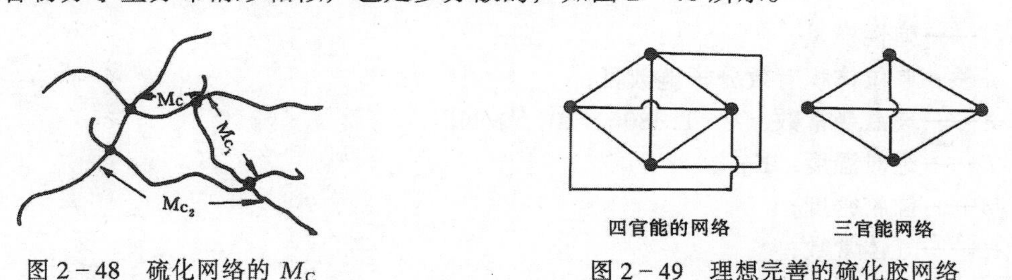

图2－48　硫化网络的 M_C

图2－49　理想完善的硫化胶网络结构示意图

对于遥爪型液体橡胶，其数均分子量 $\overline{M}_n=\overline{M}_C$。$\overline{M}_C$ 的大小可表示为交联程度，$\overline{M}_C$ 越大，硫化程度越低；反之，$\overline{M}_C$ 越小，硫化程度越大。

3. 交联密度　就是单位体积交联点数目，它和单位体积有效链数目有关。因此，交联密度与有效链数目成正比。一个完善的理想网络结构如图2－49所示。

设 u 为交联点数目，ν 为有效链数目，ϕ 代表交联官能度，V 代表硫化胶体积，则交联密度为：

$$交联密度=\frac{u}{V}$$

$$链密度=\frac{\nu}{V}$$

在交联官能度 $\phi=4$ 的条件下，$u=4$，$\nu=8$，则交联点数 u 与有效链关系 $u/\nu=1/2$。在交联官能度 $\phi=3$ 的条件下，$u=4$，$\nu=6$，则 u 与 ν 关系为 $u/\nu=2/3$。也就是说对四官能交联网络，每增加一个交联点则增加二条有效链；三官能交联网络，每增加一个交联点则增加1.5条有效链。因此交联点与有效链的关系可归纳如下：

$$u=\frac{2}{\phi}\nu$$

根据定义，有效链密度为：

$$\frac{\nu}{V}=\frac{\rho}{\overline{M}_C}$$

式中，ρ 为单位体积的质量即密度。对四官能的网络，交联密度与有效链密度关系为

$$\frac{u}{V}=\frac{\nu}{2V}=\frac{\rho}{2\overline{M}_C} \quad (2-4)$$

橡胶的密度值 $\rho\approx1$，

$\therefore$ 交联密度

$$\frac{u}{V}=\frac{1}{2\overline{M}_C} \quad (2-5)$$

所以，硫黄硫化胶的交联密度用$(2\overline{M}_C)^{-1}$表示。

4. 完善的交联网络与实际的交联网络　所谓理想的或完善的交联网络是对橡胶硫化或交联的简单化或理想化，意指交联点分布是均匀的，交联分子量是单一或等长分布的；在交联网络中，没有自由基末端或支化链；这些分子链在热运动中都处于高度卷曲状态，因此具有高弹性。它在变形中不产生能量损失，变形前后的体积都保持不变。这样的理想交联网络橡胶的贮能方程如下：

$$G=nkT=\frac{\rho RT}{\overline{M}_C} \quad (2-6)$$

式中　G——弹性横量；

n——单位体积有效分子链数目；

k——玻兹曼常数，$k=1.3806\times10^{-23}$J/K；

T——绝对温度，K；

ρ——橡胶密度；

R——气体常数；

$\overline{M}_C$——交联点间分子量。

理想的交联网络的应力应变公式如下：

$$\sigma=\frac{\rho RT}{\overline{M}_C}(\lambda-\lambda^{-2}) \quad (2-7)$$

式中　σ——拉伸应力；

λ——伸长比。

实际的交联的硫化胶网络存在着结构缺陷，如图 2－50 所示。

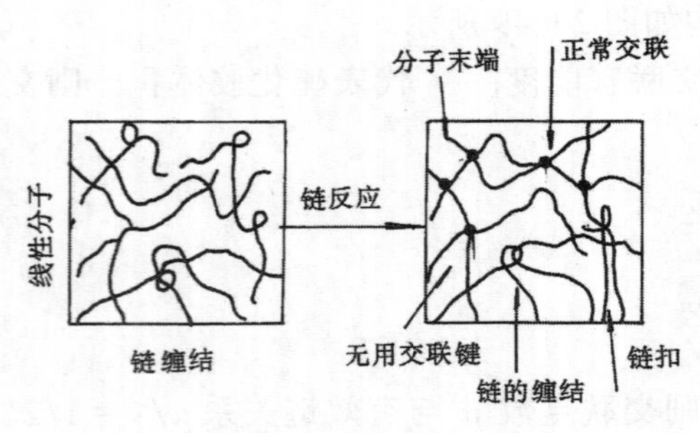

图 2－50　硫化胶网络结构缺陷示意图

因为硫化反应过程是随意性和无控制方式的，在交联过程中产生环化反应，称为链扣。此外，反应不完全，分子链存在许多游离末端，导致了交联网络产生许多不同的缺陷。这些缺陷在变形时不承受应力。如果硫化前，分子量不大，游离末端数目很多，必然会降低橡胶强力，对橡胶弹性没有贡献，使弹性方程的理论值与实验数据有差别。Flory 考虑到这种缺陷，对弹性方程进行了修正，并对游离末端的状态进行定量描述。设交联前原有分子链数目 n_0，硫化后引入分子链数 n。因为硫化前的一条分子链在硫化后具

有两个末端，故横键间的有效分子链 n_e 可按下式计算：

$$n_e = n - 2n_0$$

单位体积中，橡胶分子链数目和数均分子量成反比。设硫化前分子量为 $\overline{M}$，硫化后是 $\overline{M}_C$，则

$$n_0\overline{M} = n\overline{M}_C \tag{2-8}$$

或

$$n_0 = n\overline{M}_C/\overline{M} \tag{2-9}$$

$$\therefore \quad n_e = n\left(1 - \frac{2\overline{M}_C}{\overline{M}}\right) \tag{2-10}$$

将式2-6代入得

$$G = n_e kT = \frac{\rho RT}{\overline{M}_C}\left(1 - \frac{2\overline{M}_C}{\overline{M}}\right) \tag{2-11}$$

将式2-7代入得

$$\sigma = \frac{\rho RT}{\overline{M}_C}(\lambda - \lambda^{-2})\left(1 - \frac{2\overline{M}_C}{\overline{M}}\right) \tag{2-12}$$

这就是修正后的理想弹性方程。式中（$1-2\overline{M}_C/\overline{M}$）是个修正因数，它正比于无用的游离末端，橡胶的弹力可分解为三部分：

（1）热弹性力（RT）部分。弹力与绝对温度成正比，热弹性力由热运动产生；

（2）网络结构状态。$\frac{\rho}{\overline{M}_C}\left(1-\frac{\overline{M}_C}{\overline{M}}\right)$。说明弹力与有效链数有关，弹力与分子链密度成正比，即和交联程度有关；

（3）变形程度$(\lambda-\lambda^{-2})$。弹力与变形$(\lambda-\lambda^{-2})$成正比。

上述三部分影响因素说明：要取得最佳的拉伸强度或模量，必须在以上三者之间取得最佳平衡。若交联密度过大，M_C 很小，则 RT 的热运动受限制，使$(\lambda-\lambda^{-2})$下降，不利于链段热运动和应力传递。最佳的综合是取得最佳交联密度值，这样既有利于分子链运动又有利于链段的热运动。

用上述三项来描述橡胶弹性是比较合理的，在实际的硫化胶网络中，$\overline{M}_C/\overline{M}$ 的值约为5%，而理论值差值约为10%，因为Flory过高地估计了自由末端的影响。

二、交联密度、交联类型及交联效率参数的测定

前已述，橡胶的硫化状态可分为诱导期、热硫化、平坦硫化、过硫化几个阶段。在欠硫阶段，即热硫化阶段，交联反应还未取得最宜交联程度；平坦硫化表示在一定硫化时间范围内，硫化胶的物性都达到最佳的硫化状态，且没有显著变化的区域；而正硫化则是平坦硫化范围内的一个点；过硫化则是交联密度过大或是硫化返原引起交联度下降的阶段，物性下降。因此从硫化仪动力曲线可反映出它的交联程度变化。但是采用一般物理性能测定法（拉伸强度、扯断伸长率、永久变形等）无法准确测定它的交联密度，因为各项指标所需最佳硫化时间也不同。

（一）交联密度$(2M_C)^{-1}$的测定

交联密度的测定方法有三种。除了化学测定法计算交联键数量外，也可测定它的交联分子量 M_C，从而求得它的交联密度。

1. 化学法　这个方法的原理就是要熟知橡胶和交联剂的反应机理。早在1949年，Flory就用双偶氮二羧酸酯作为天然橡胶和丁苯橡胶的交联剂，并认为每结合一个酯分子可生成一

个交联键，其定量反应如下：

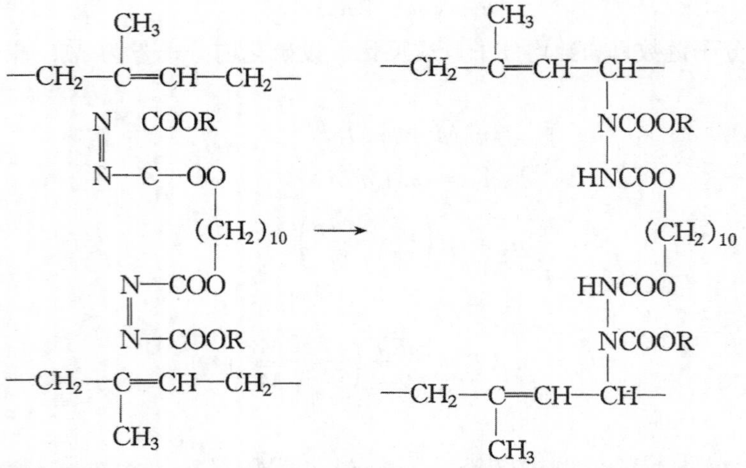

```
          CH3                                   CH3
          |                                     |
—CH2—C═CH—CH2—                        —CH2—C═CH—CH—
                                                      |
     N   COOR                                       NCOOR
     ‖                                                |
     N—C—OO                                     HNCOO
             |                                        |
           (CH2)10   ⟶                            (CH2)10
             |                                        |
       N—COO                                     HNCOO
       ‖                                              |
       N—COOR                                       NCOOR
                                                      |
—CH2—C═CH—CH2—                        —CH2—C═CH—CH—
          |                                     |
          CH3                                   CH3
```

1956 年穆尔和沃森采用二叔丁基过氧化物硫化天然橡胶，并能定量测定各种产物，因此能计算硫化胶的交联数量。例如在真空中只有下列反应：

$$(CH_3)_3C—O—O—C(CH_3)_3 \longrightarrow 2(CH_3)_3C\dot{O} \tag{1}$$

$$(CH_3)_3—C\dot{O} + RH \longrightarrow (CH_3)_3—COH + R\cdot \tag{2}$$

$$(CH_3)_3—C\dot{O} \longrightarrow (CH_3)_2—C{=}O + \dot{C}H_3 \tag{3}$$

$$\dot{C}H_3 + RH \longrightarrow CH_4 + R\cdot \tag{4}$$

$$2\dot{C}H_3 \longrightarrow C_2H_6 \tag{5}$$

$$2R\cdot \longrightarrow R—R \tag{6}$$

由上述反应可以看出，一个二叔丁基过氧化物如果完全反应，就可获得一个交联键。在反应(2)和(4)使橡胶生成交联键。由此可见，如果有一摩尔叔丁醇和一摩尔甲烷就可确定生成一个交联键。由此可得交联键数＝1/2(叔丁醇摩尔数＋甲烷摩尔数)。通过红外光谱分析，测定剩余过氧化物、反应产物叔丁醇或丙酮，就可测定交联密度，求出 M_C。

这种测定方法比较困难，因为测定交联密度必须定量了解交联剂与橡胶反应机理，而天然橡胶及其他二烯类橡胶与硫黄的反应非常复杂，无法用上述方法测定。

2．力学方法　根据橡胶弹性分子理论，利用弹性方程，依据应力应变的关系，测得平衡模量后，通过方程求出 M_C，也就是求出交联密度。因为一硫交联键、二硫交联键、多硫交联键、碳碳键、每个交联点都可产生四个网络末端，产生二条有效网络链段，属四官能度交联，因此可用 $(2M_C)^{-1}$ 表示交联密度。

3．平衡溶胀法　硫化胶在适宜溶剂中的最大溶胀度与它的交联密度有关。在溶胀过程中，橡胶网络舒张开，如图 2－51 所示。随着分子链的舒展，必然产生将溶剂挤出网外的弹性收缩力。当溶剂渗入橡胶的压力与网络的收缩力相等时，则橡胶体积达到极限值，即溶胀平衡。根据 Flory－Rehner 方程：

$$-[\ln(1-v_2)+v_2+uv_2^2]=\frac{\rho V_1}{M_C}\left(1-\frac{2\overline{M}_C}{\overline{M}}\right)\left(v_2^{1/3}-\frac{v_2}{2}\right) \tag{2-13}$$

式中　v_2——溶胀橡胶中的橡胶容积百分率；

V_1——溶剂的摩尔体积；

$\overline{M}$——交联前橡胶分子量；

$\overline{M}_C$——交联分子量；

ρ——干橡胶的密度；

u——橡胶溶剂相互作用参数。

u 是某一溶剂的热力学自由能参数，在特定的某种溶剂中，在一定温度下是一个常数，但实际上随溶液浓度而变化，如图 2-52 所示。

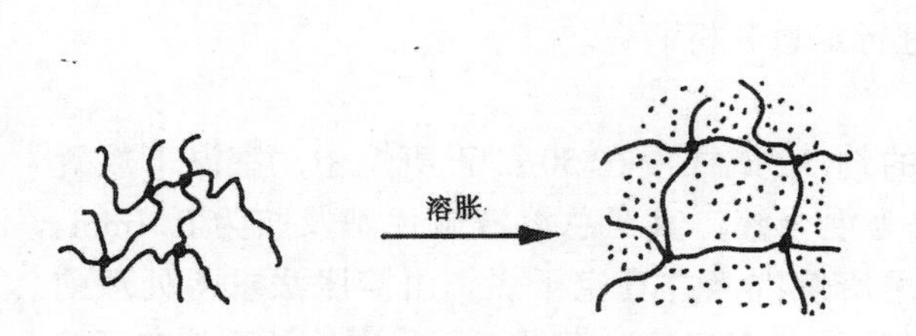

图 2-51　交联网络溶胀示意图

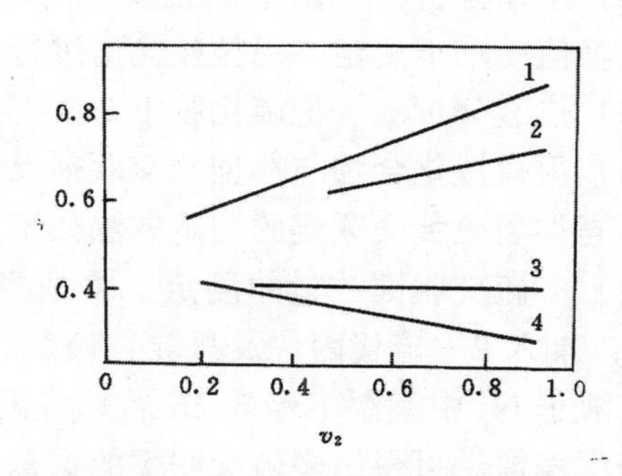

图 2-52　u 的实验数据与高聚物在溶液中溶积分数的关系

1—甲基硅橡胶/苯溶液；2—聚苯乙烯/丁酮溶液；3—天然橡胶/苯溶液；4—聚苯乙烯/甲苯溶液

由图 2-52 可见，在天然橡胶/苯溶液中，u 接近于常数，不随浓度而变。各种橡胶的 u 实验数据如下：

IR/苯（25℃）	$u=0.42$ 或
	$u=0.41+0.20V_R$（25℃）
IR/正庚烷	$u=0.425+0.20V_R$（25℃）
IR/癸烷	$u=0.411$ 或
	$u=0.40+0.20V_R$（25℃）
BR/甲苯	$u=0.38$（25℃）
BR/苯	$u=0.42$（25℃）
BR/癸烷	$u=0.49+0.18V_R$（25℃）
BR/正庚烷（20℃）	$u=0.428+0.535V_R$（硫黄硫化）
	$u=0.428+0.51V_R$（树脂硫化及过氧化物硫化）
EPDM（47%PP）	$u=0.44$（正庚烷，25℃）
	$u=0.49+0.33V_R$（苯，25℃）

若 u 值未给出，可以用平衡弹性模量法测定 u 值，或查有关方面手册。若 u 值可知，便可按下列公式求出任意条件的 M_C。

$$M_C=\frac{\rho V_1 v_2^{1/3}}{-\ln(1-v_2)+v_2+uv_2^2} \tag{2-14}$$

（二）交联类型的测定

橡胶硫化网络结构除了硫黄交联键、碳碳交联键外，还有其他交联类型，如羧基橡胶用金属氧化物硫化生成离子键；氯丁橡胶用金属氧化物硫化生成醚键。一般橡胶的硫黄硫化中，最常见的是—S_1—、—S_2—、—S_x—的分析。由于它的不溶性，分析结果较为复杂，交联键的分析可概括如下：

(1) 特殊化学试剂法　使用特殊试剂、它溶于溶剂中并能进入到溶胀的橡胶中或试剂能直接渗入到网络中，进入硫化胶的网络，有选择地与某种交联键型进行反应，其反应物也容易被抽提出来。

(2) 图谱分析法　由于硫化胶不溶解，需要制成极薄试样。但由于硫键的图谱讯号很弱，无峰值，难于测定，用拉曼光谱进行分析，才取得较好的效果。

(3) 热裂分析法　把硫化胶于700℃温度下进行干馏，分析环化物。

(4) 用模拟化合物与典型的交联剂反应进行定量分析研究。

不同类型硫黄交联键的测定方法如下：

(1) 多硫交联键数量的测定　将抽提过的约3g试样浸在50ml正庚烷中，室温下放置16h后，加入2－硫代丙烷及哌啶在庚烷中成为混合液，直至总溶液硫代基及胺为0.4mol。将此溶液于N_2中室温下停放2h后，将试样用庚烷洗涤并真空干燥，由溶胀法求得处理前后交联度差值，可得出多硫交联键的数量。其原理是多硫交联键经二硫代丙烷及哌啶在庚烷溶液中处理而裂解，双硫和单硫交联键保持不变，因而处理前后的差值就是多硫交联键的数量。

(2) 单硫交联键数量的测定　将抽提出的试样3g加到正硫代己烷(7ml)和哌啶(43ml)的混合溶液中，将混合物封闭在真空中48h(25℃)。真空干燥后，即可将试样在正癸烷中溶胀，求得溶胀度，即为单硫键数目。用正硫代己烷和哌啶溶液裂解的是多硫交联键和双硫交联键，单硫交联键则保持不变。

(3) 双硫交联键的测量　用溶胀法测得的总交联度减去(1)中的—S_x—值和方法(2)中的—S_1—的交联度值就可得—S_2—的值。

除了上述方法外，甲基碘可以与单硫交联键反应，三苯基膦可使双硫键、多硫键全部变成单硫键。图2－53说明SBR胶料经处理后交联密度和交联键型随老化的变化情况。

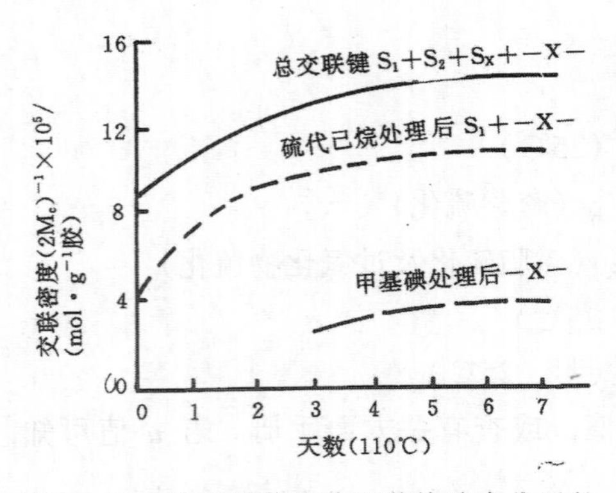

图2－53　普通硫黄硫化丁苯橡胶老化后的交联密度变化（110℃）

基本配方：SBR 100，S 2.0，CZ 1.2

—X— —称为非硫交联键

（三）交联效率参数的测定

由于现代测试技术的发展，对橡胶的交联键类型、交联密度的测定都已能容易测定，从而对交联效率及硫黄硫化过程中某种橡胶主链改性程度作出判断。这在理论上和工艺上都有实际意义。通常用Mooro－Trego的硫化效率参数E来表示硫化过程中硫黄的利用效率。

$$E=\frac{\text{摩尔结合硫黄 / 克硫化胶}}{\text{摩尔交联键 / 克硫化胶}}=\frac{\text{硫黄原子数}}{\text{每个交联键}} \tag{2-15}$$

通过分别测定结合硫和交联密度可求得E值。几个实例结果如表2－38所示。从表2－38可以看出，无促进剂的硫黄硫化效率参数E（40～55）

很高，说明形成一个交联键需很高的硫黄量，交联效率很低。加入促进剂后，交联效率有很大提高。例如，加入促进剂 M 后，E 值为 15～21；加入 CZ 后，E 值为 12～22；加入 ZDMC 后，E 值为 7～18；采用 TMTD，E 值为 13.5～3.2。TMTD 硫载体硫化显示出高的交联有效性。

表 2－38　某些硫化体系的硫化胶的 E 值

硫　化　体　系[1]	硫化温度/℃	E 值范围[2]
NR 100，S 6～10	140	40～45
NR 100，S 1.5　M 1.5　ZnO 5.0　月桂酸 1.0	140	15～21
NR 100，S 1.5　M 1.5　ZnO 5.0　月桂酸 10	100	11～14
NR 100，S 2.5　CZ 0.6　ZnO 5.0　月桂酸 0.7	140	12～22
NR 100，S 2.0　ZnO 2.0　ZDMC 2	100	7～18
IR 100，TMTD 4　ZnO 4	140	3.2～13.5

①配合剂的量按 Phr 计。

②为正硫化状态的数值。

交联效率低时，大量的硫黄耗费在生成分子链上的环化物中和较长的多硫交联键上，以及橡胶－硫黄－促进剂的侧挂基团上。

有了三苯基磷等特殊试剂后，可引进另一个参数 E'。它与 E 值含义相同，不同点仅是它是在硫化胶网络用三苯基磷处理后求得的。经处理后，所有的多硫和二硫交联键都转化为一硫交联键。因此$(E'-1)$为参加橡胶分子链改性的硫原子数量即硫黄结合到分子内环化合物或橡胶－硫黄－促进剂侧挂基团的数量。$E-(E'-1)$表示为平均每个交联键结合的硫黄原子数目。

三、硫化网络结构与性能

一般说来，硫化胶的性能决定于三方面：橡胶本身的结构、交联密度和交联键的类型。这里主要讨论交联键类型及交联密度对性能的影响。

（一）交联密度与性能关系

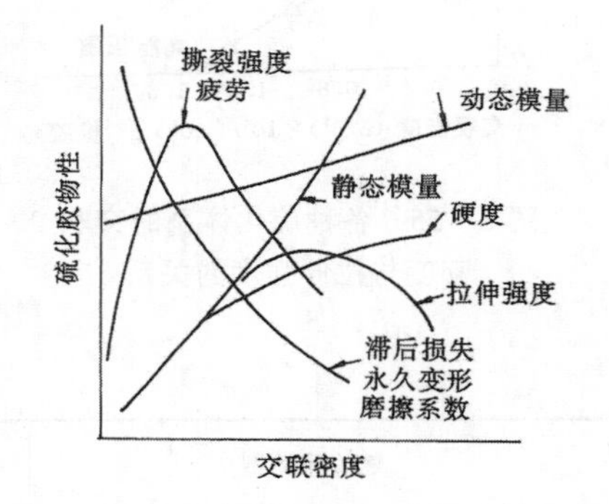

图 2－54　硫化胶物性与交联密度的关系示意图

橡胶在硫化过程中，硫化胶性能随交联密度的增加而变化，如图 2－54 所示。理论和实践都说明硫化胶的模量(动态模量和静态模量)与交联密度成正比。这是因为随着交联密度的增加，橡胶分子链的运动受到限制，产生一定变形所需要的力，即模量变得更大。静态模量就是通常的应力－应变的缓慢应力。而动态模量通常以正弦波方式快速测定的应力(快速施加和快速消除的变形应力)。静态模量接近纯胶的变形行为和应变成正比；而动态模量反映了橡胶粘弹性质。

随着交联密度的增加，扯断伸长，永久变形、蠕变、滞后损失都在降低，硬度增加，对刻痕的抗力也增加。

交联的形成和交联密度的增加都会降低滞后损耗，提高橡胶弹性。抗疲劳性能和抗撕裂性能都决定于断裂能，即应力－应变曲线下面所包围的面积大小。在一定交联度范围内其性能逐步增加到一个峰值，随之而下降。交联密度对硫化胶物性影响如表 2－39 所示。

综上所述，受交联密度影响最显著的性能有模量(强伸性能、压缩模量、剪切模量)、硬度、扯断伸长率、压缩永久变形、蠕变、抗疲劳、抗溶胀等。对下面几项物性如气透性、抗磨性、低温性能、导电性、热导性、化学稳定性等的影响则较少。

表 2-39　交联密度对硫化胶物性影响

性　能	随交联度增加的物性变化	性　能	随交联度增加的物性变化
仅与交联密度有关的物性		蠕变应力松弛	减　少
模　量	增　加	永久变形	减　少
硬　度	增　加	耐磨性	增　加
部分与交联度有关物性		耐疲劳龟裂	增　加
扯断伸长	减　少	低温结晶	以一定速率降低
回弹性	增　加	拉伸强度	先增加后降低
生　热	下　降	撕裂强度	先增加后降低
溶　胀	下　降		

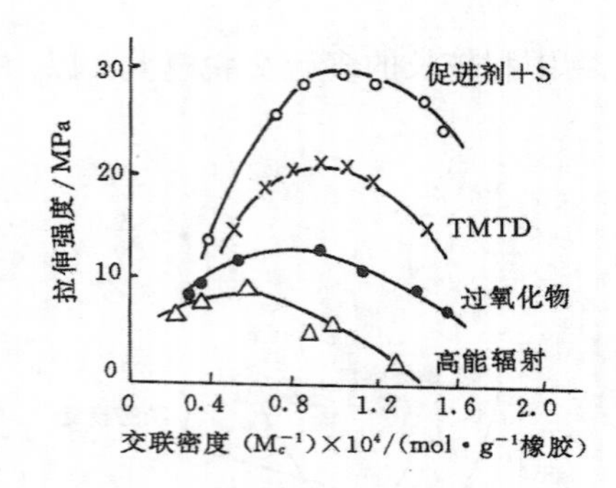

图 2-55　各种硫化体系的交联密度与拉伸强度的关系

各种硫化体系的交联密度对拉伸强度的影响如图 2-55 所示。由图可见，在一定交联密度范围内拉伸强度出现峰值，说明在这最佳点，橡胶分子链容易舒展，利于取向，形成有序排列，产生诱导结晶，在某种意义上形成了瞬时物理交联键，使硫化胶强力大大提高。而交联密度再进一步增加，交联点反而妨碍了分子链运动，取向和舒展，不利于橡胶分子链在拉伸中产生诱导结晶，导致强伸性能的下降。

（二）交联键类型对性能的影响

一般常见的交联键类型如表及键能 2-40 所示。从表可以看出，普通硫化体系产生的多硫交联键—S_x—键能比较低，过氧化物硫化产生的碳碳交联键键能最高。从图

表 2-40　交联键类型

交联键类型	硫 化 体 系	键 能/ (kJ/mol)
—C—C—	过氧化物	351.7
	辐射硫化	351.7
—C—S—C—	EV	284.7
—C—S_2—C—	Semi EV	267.9
—C—S_x—C	C V	小于 267.9

2-55 中知道，普通硫黄硫化体系的强伸性能最高，辐射硫化的强伸性能最低，强伸性能随着键能的降低而反向增加，按键强伸性能计的大小顺序为：—S_x—>—S_2—>—S_1—>—C—C—，这种键能高强力低的现象，与每种变联键本身化学特征及变形特性有关，网络变形时，应力分布不均匀，键能大的短键如 C—C、C—S—C 首先承受应力。随之，链段在低伸长下断裂，产生分子链的流动，增加了分子网的不均匀程度，最终导致了网络的整个断裂。对于多硫键为主体的硫化胶，它的应力疏导特性及交联键互换重排反应特性提高了硫化胶的性能。这是因为多硫键的存在及较早的断裂使集中应力得到均匀分散，而网络中强键继续维持网络链的高伸长状态，利于更多结晶的形成，从而提高了强力，更重要的是多硫键在它裂解后瞬时再形成新的交联键，在交联或使用过程中产生的交联互换反应。B. Milligan 和 Layer 对硫化胶中多硫键的互换反应研究表明：多硫交联键互换反应确存在，它与配方中

促进剂锌盐有关。其反应如下：

$$\text{R—}S_{x+y}\text{—R} + \text{促—}S_z\text{—Zn—促} \rightleftharpoons \text{R—}S_x\text{—R} + \text{促—}S_{y+z}\text{—Zn—促}$$

交联键的互换反应使网络内部产生瞬时流动，在一定程度上改变了初始硫化过程中的网络不均匀性，使硫化胶承受更大变形和应力，如图 2－56 所示。

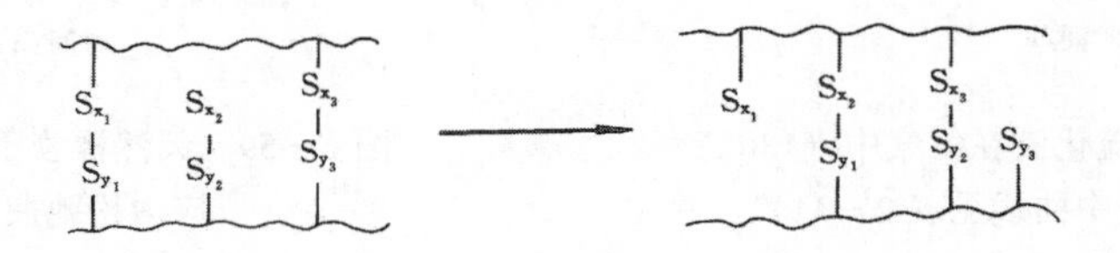

图 2－56　多硫键网络在使用过程中的网络均匀化示意图

（三）交联键类型与动态性能的关系

不同交联键类型不仅对硫化胶强度有显著影响，而且对疲劳性能有显著影响，如图 2－57 所示。由图可以看出，硫化胶网络中如含一定量多硫交联键时，耐疲劳性能较高，而网络中只有单一的一硫和二硫交联键时，硫化胶的耐疲劳性能较低，可能在有多硫交联键时，在温度和反复变形的应力作用下，多硫交联键的断裂和重排等作用缓和了应力的缘故。

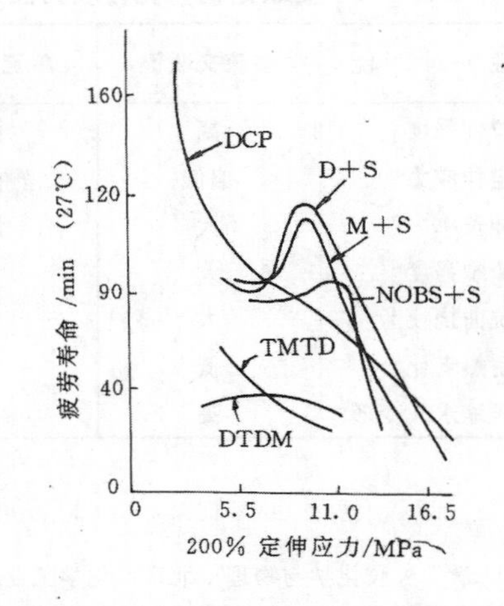

图 2－57　不同硫化体系硫化胶的定伸应力与疲劳寿命的关系

（四）交联键类型与热性能关系

不同交联键的类型对热稳定性表现为对热氧的稳定性。C—C 键键能高，而—S_x—键能低，因此 DCP 硫化胶的耐热氧老化性能比较好。

不同交联键的热稳定可用应力松弛来表征。应力松弛速度常数 K 的大小表示交联键的稳定性。天然橡胶不同硫化体系的应力松弛如表 2－41 和图 2－58 所示。

表 2－41　天然橡胶硫化胶的应力松弛速度常数

曲线号码	硫 化 体 系	应力松弛速度常数
1	硫黄/（无促进剂）	2.46×10^{-2}
2	TMTD	8.65×10^{-4}
3	S/促进剂 D	8.5×10^{-3}
4	S/促进剂 M	1.03×10^{-3}

从表 2－41 和图 2－58 可以看出，采用 TMTD 硫化，其应力松弛速度常数最小，而纯硫黄硫化胶的应力松弛速度常数最大。这说明单硫交联键热稳定性大，多硫交联键的热稳定

性最小，不同的交联键的应力松弛曲线如图 2－59 所示。由图可知，C—C 键的应力松弛最小，热稳定性最好。

综上所述，交联结构与硫化胶物性的关系如表 2－42、2－43 所示。

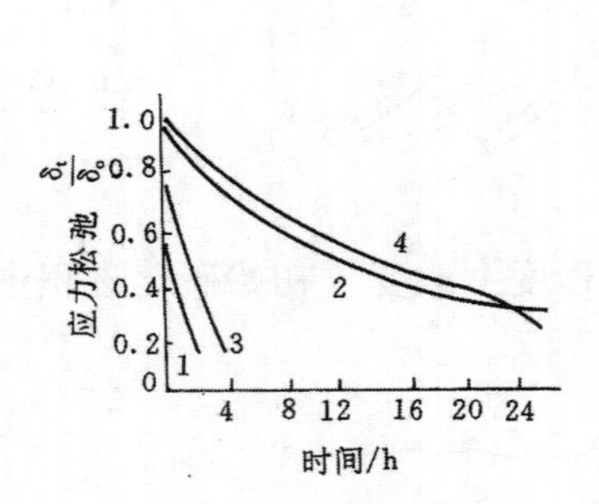

图 2－58 天然橡胶硫化胶在氮气中（130℃）的应力松弛（图中曲线见表 2－41）

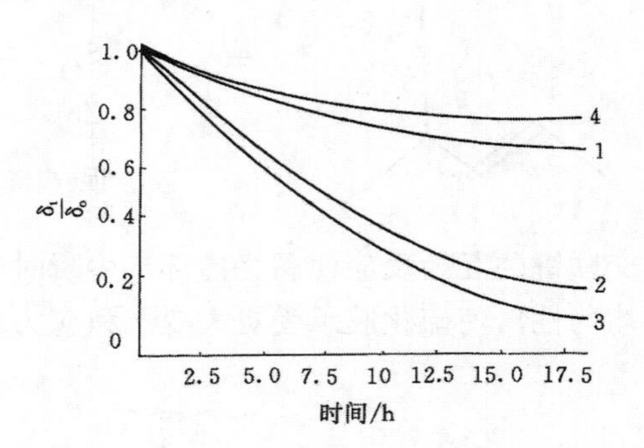

图 2－59 天然橡胶不同交联键的应力松弛曲线

1—单硫键；2—双硫键；3—多硫键；4—碳碳键

表 2－42 交联结构与硫化胶物性关系

性能	多硫交联键	单硫交联键
拉伸强度	高	中等
定伸应力	偏低	中等
伸长率	大	中等
撕裂强度	大	小
抗曲挠疲劳	大	小
耐热老化	低	高
压缩永久变形	高	低

表 2－43 双硫和多硫键对硫化胶物性影响

性能	网络中双硫和多硫交联键增加时性能变化
蠕变、应力松弛	增加
永久变形	增加
溶胀	增加
拉伸强度、撕裂强度	增加
回弹性	增加
疲劳寿命	降低
耐热性	降低
抗热老化	降低

参考文献

〔1〕 朱敏．橡胶化学与物理．北京：化学工业出版社，1984

〔2〕 邓本诚，纪奎江．橡胶工艺原理．北京：化学工业出版社，1984

〔3〕 Brydson J. A. Rubber Chemistry. London: Applied Science Publishers Ltd, 1978

〔4〕 Eirich, Frederick. R. Science and Technology of Rubber. Chapter Ⅶ. New York: Academic Press Inc., 1978

〔5〕 Stephens H. L. Textbook for Intermediat Correspondence Course. Part I. Akron: Edited by Department of Polymer Science, The University of Akron, Rubber Division, Akron. American Chemical Society, 1985

〔6〕 山西省化工研究所．塑料橡胶加工助剂．北京：化学工业出版社，1983

〔7〕 Morton M. Rubber Technology. Third edition. New York: Van Nostrand Reinhold, 1987

〔8〕 Yutaka, Kawaoka. IRC 85 论文集橡胶加工和制品分册．北京：中国化工学会译．1987．49～60

〔9〕 Yutaka, Kawaoka. IRC 85 论文集橡胶加工和制品分册．北京：中国化工学会译．1987．107

〔10〕 Whelan A, Lee K. S. Developments in Rubber Technology. Vol 1. Chapter 3. London, New York: Applied Science Publishers Ltd, 1982

〔11〕 Kuan T. H. Vulcanizate Structure and Properties－An overview, 123 nd meeting, Rubber Division. American Chemical Society, Toronto Canada: 1983

〔12〕 Krejsa M R. Rubber Chem. Tech. 1993, (66): 376

〔13〕 Monsanto Rubber Chemical Division. Improved Processing Economics through scorch control. Monsanto Technical Report,

1984
〔14〕 Monsanto Rubber Chemicals. Santogard PVI. Monsanto Technical Report, 1984
〔15〕 David J, Kora Si, Chanles J. Paper Presented at 1992 IRC Beijing. China, by Monsanto Rubber Chemical Division, 1992
〔16〕 Lloyd A. Walker, Helt W F. Rubber Chem. Tech, 1986, (59): 286～304
〔17〕 蔡蔼华译．轮胎技术资料．上海：上海轮胎研究所．1980，(3)：17
〔18〕 Morrison N J, Porter. M. Rubber Chem. Tech., 1984: (57) 63～84
〔19〕 Alliger G, Sfothun I J. Vulcanization of Elastomers. New York: Reinhold Publishing Co, 1963
〔20〕 英国工业展览会73技术资料．北京：橡胶工业，1973，(3)：52～61
〔21〕 Barlow F W. Rubber Compounding. New York: Marcel Dekker Inc., 1988
〔22〕 Tan E H, Wolff S. Paper Presented at the 131st Meeting of Rubber Divison ACS, Mantread Quebec Canada: 1987
〔23〕 Wolff S, Wesseling. 橡胶参考资料．1985，(5)：440
〔24〕 Harpell GA, Walrod DH. Rubber Chem. Tech., 1973, (46): 4
〔25〕 Whelan. A, Lee KS. Developments in Rubber Technology. Vol.3 Chapt I. New York: Applied Science Publisher Ltd., 1982
〔26〕 Lucidol Division Pennwalt Co. Organic Peroxide. Luadol Technical Report, 1984

结合硫/(g/100g 胶)　　结合硫/(g/100g 胶)

(mol/g 橡胶)　　$\times 10^5$/(mol/g 橡胶)

硫化速度(快

第三章　橡胶的补强与填充体系

第一节　概　　述

填料是橡胶工业的主要原料之一，属粉体材料。填料用量相当大，几乎与橡胶本身用量相当。含有填料的橡胶是一种多相材料。填料能赋与橡胶许多宝贵的性能。例如，大幅度提高橡胶的力学性能，使橡胶具有磁性、导电性、阻燃性、彩色等特殊的性能，使橡胶具有好的加工性能，降低成本等作用。

炭黑是橡胶工业中最重要的补强性填料。可以毫不夸张地说，没有炭黑工业便没有现代蓬勃发展的橡胶工业。炭黑耗量约占橡胶耗量的一半。许多无机填料主要来源于矿物，价格较低，它们的应用范围也越来越广泛。在橡胶工业中它们的用量几乎达到了与炭黑相当的程度。特别是近来无机填料表面改性技术的研究与应用，使无机填料的应用领域更加广泛。

填料性质对于填充聚合物体系的加工性能和成品性能具有决定性的影响。本章将重点讨论填料的性质及其对填充聚合物的作用。填料的性质包括一次结构的粒度、形态、表面活性等。填充橡胶的性能包括未硫化胶的加工性能和硫化胶的物理机械性能及动态力学性能等。

一、补强及填充的意义

补强指能使橡胶的拉伸强度、撕裂强度及耐磨耗性同时获得明显提高的作用。目前使用的补强剂通常也使橡胶其他性能发生变化，如硬度的提高、定伸应力的提高，而且还常常产生一些不良副作用，如应力松弛性能变差、弹性下降、滞后损失增大、压缩永久变形增大等。橡胶工业用的主要补强剂是炭黑及白炭黑。

如果没有炭黑的补强，许多非自补强合成橡胶便没有使用价值。炭黑可以使这些橡胶的强度提高约 10 倍。炭黑对橡胶拉伸强度的提高幅度见表 3－1。

填充可起到增大体积、降低成本，改善加工工艺性能，如减少半成品收缩率、提高半成品表面平坦性、提高硫化胶硬度及定伸应力等作用。最常用的填充剂主要是无机填料，如陶土、碳酸钙、滑石粉、硅铝炭黑等。

表 3－1　炭黑使橡胶拉伸强度提高的幅度

胶　种	未补强的拉伸强度/MPa	炭黑补强的拉伸强度/MPa	补强系数
SBR	2.5～3.5	20.0～26.0	5.7～10.4
NBR	2.0～3.0	20.0～27.0	6.6～13.5
EPDM	3.0～6.0	15.0～25.0	2.5～8.3
BR	8.0～10.0	18.0～25.0	1.8～3.1
NR	16.0～24.0	24.0～35.0	1.0～2.2

当然，对某一种填料往往是两种作用兼有，其中一种作用为主，例如陶土加到 SBR 中主要是填充作用，但也有一定的补强作用。

二、填料的分类

橡胶工业习惯把补强作用的炭黑等称为补强剂，把基本无补强作用的无机填料称为填充剂，这是按作用分类。本章把补强剂及填充剂统称填料。填料按不同方法分类如下：

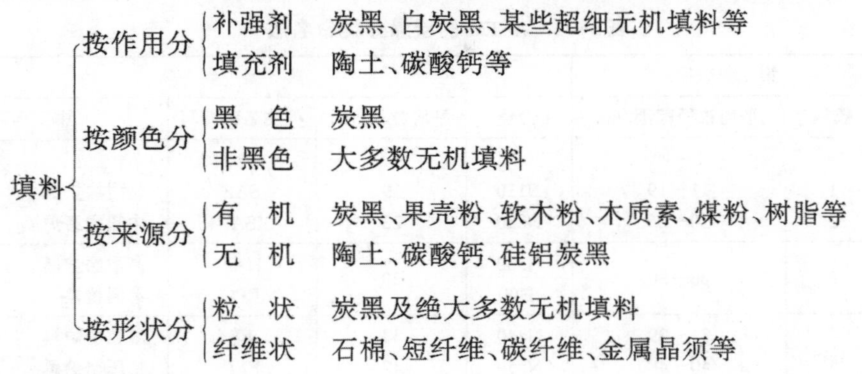

（一）炭黑的分类

炭黑是橡胶工业的主要补强剂。为适应橡胶工业的发展要求，人们开发了50余种规格牌号的炭黑。以前炭黑分类有按制法分，也有按作用分，后来发展了ASTM－1765这种新的分类方法。这种方法的出现结束了以前分类混乱、缺乏科学表征炭黑的状况，但其缺点是没有反映出炭黑的结构度。炭黑的几种分类方法分述如下。

1．按制法分

炉法炭黑：这是炭黑的主要品种，采用油或天然气为原料，在1300～1650℃的反应炉中反应，炉顶有冷水喷淋。反应到所需程度，其产物再经袋滤、粉碎、造粒、磁选等后处理得到炭黑。油炉法的转化率为40%～75%，气炉法28%～37%。炉法炭黑的特点是含氧量少(约1%)，呈碱性，灰分较多(一般为0.2%～0.6%)，这可能是由于水冷时水中矿物质带来的。

槽法炭黑：这种炭黑采用铁槽生产。即是使其原料燃烧的火焰从喷嘴喷出到铁槽底部，不完全燃烧的碳在底部集积，刮下后经一系列后处理而制得炭黑。转化率大约5%。特点是含氧量大(平均可达3%)，呈酸性，灰分较少(一般低于0.1%)。

热裂法炭黑：在空心火砖砌成的大型立式炉中，天然气在1200～1400℃下隔绝空气使其裂解($CH_4 \rightarrow C + 2H_2$)而制得的炭黑。转化率30%～47%。炭黑粒子粗大，补强性低，含氧量低(不到0.2%)，含碳量达99%以上。

新工艺炭黑：第二代炭黑，由原炉法炭黑生产工艺改进。新工艺炭黑补强性比相应传统炭黑高一个等级。例如同是HAF级，新工艺的补强性达到ISAF级。新工艺炭黑的聚集体较均匀，分布较窄，着色强度比传统的高十几个单位，形态较开放。表面较光滑，表面焦油物质较多，故甲苯透光率比传统炭黑约低10%。新工艺炭黑很快地在大范围内应用。N375、N339、N351、N234、N299等均为新工艺炭黑。

2．按作用分类

硬质炭黑：粒径在40nm以下，补强性高的炭黑，如超耐磨、中超耐磨、高耐磨炭黑等。

软质炭黑：粒径在40nm以上，补强性低的炭黑，如半补强炭黑，热裂法炭黑等。

3．按ASTM－1765－81标准分类

该分类方法由四位数码组成一个炭黑的代号(名称)。第一位是英文字码，有N和S两个，代表硫化速度。若是N，表示正常硫化速度，若是S，代表硫化速度慢。第二位数字从0到

9共10个数字,代表10个系列炭黑的平均粒径范围。例如0代表炭黑平均粒径范围在1～10nm这一系列的炭黑,9代表炭黑平均粒径范围在201～500nm这一系列的炭黑。详见表3－2。

表3－2 ASTM的炭黑分类命名法

第一位字码	第二位数字		典型炭黑			
	数字	平均粒径范围/nm	代号	平均粒径/nm	英文名称缩写	中文名称
N或S	0	1～10				
	1	11～19	N110	19	SAF	超耐磨炉黑
	2	20～25	N220	23	ISAF	中超耐磨炉黑
	3	26～30	N330 S300	29	HAF EPC	高耐磨炉黑 易混槽黑
	4	31～39	N440	33	FF	细粒子炉黑
	5	40～48	N550	42	FEF	快压出炉黑
	6	49～60	N660	60	GPF	通用炉黑
	7	61～100	N770	62	SRF	半补强炉黑
	8	101～200	N880	150	FT	细粒子热裂法炭黑
	9	201～500	N990	500	MT	中粒子热裂法炭黑

表3－2代号中第三、四位都是数字，这些数字是任选的，代表各系列中不同牌号间的区别。例如，N330炭黑就是一种硫化速度正常(也就是炉法生产的)，平均粒径范围在26～30nm内这个系列中的典型炭黑；N347是这个系列中高结构的炭黑；N326是这个系列中的低结构炭黑；N339是这个系列中的新工艺炭黑。它们的共同特点均有N3，后面两位数字表明该系列中不同的规格。

(二) 无机填料分类

由上述总分类可见，填充剂一般都是非黑的无机矿物填料。若按化学组成可以进一步分为很多类，见表3－3。

1．白炭黑分类　白炭黑有两种分类法。

第一种按制法及组成分类，分为二氧化硅类(包括气相法和沉淀法)和硅酸盐类(包括硅酸铝和硅酸钙)。

1957年前,硅酸盐类白炭黑占主要地位,后来惭被二氧化硅白炭黑取代。目前二氧化硅类占主要地位,其中气相法的补强性好,但价格贵,所以它的产量仅占沉淀法的十分之一左右。

第二种按BET比表面积分类。对沉淀法白炭黑提出六个等级的比表面积。

表3－3 无机填料的分类

含硅类	碳酸盐类	硫酸盐类	金属氧化物类	其他类
白炭黑 陶　土 硅铝炭黑 滑石粉 云母粉 硅灰石粉 硅藻土粉 凹凸棒土 海泡石粉 沸石粉	碳酸钙 碳酸镁 白云石粉 〔$MgCa(CO_3)_2$〕	硫酸钡 立德粉 ($BaSO_4$70%～72% ZnS 28%～30%) 石膏粉 ($CaSO_4\cdot 2H_2O$)	ZnO MgO CaO TiO_2 Sb_2O_3 PbO Pb_3O_4 Fe_2O_3 Al_2O_3	阻燃材料： $Mg(OH)_2$ $Ca(OH)_2$ $Al(OH)_3$ 导电及磁性材料： 铁粉 铜粉 锌粉 铝粉

续表

含硅类	碳酸盐类	硫酸盐类	金属氧化物类	其他类
叶蜡石 石英粉 霞石粉 油页岩灰 火山灰 赤泥 白坭 蛭石粉 WF 粒子 粉煤灰				银粉

级别	比表面积/(m^2/g)
A	201～260
B	166～200
C	136～165
D	101～135
E	51～100
F	20～50

2．碳酸钙的分类方法　目前世界上所生产的碳酸钙品种规格有 50 余种。其生产方法基本上有两种，一种是机械粉碎碳酸钙矿物(大理石、石灰石、贝壳等)的方法生产的重质碳酸钙。这种碳酸钙一般粒径较大，平均在 44μm 以下，粒径分布宽，粒子形状不规则。另一种是用化学方法生产的轻质碳酸钙。因为具体的制法是向石灰乳中通 CO_2 生成碳酸钙沉淀，故也叫沉淀法碳酸钙。这种碳酸钙粒径小，平均粒径在数微米以下，粒径分布较重质的窄。一般沉淀法的碳酸钙粒子形状呈纺锤形。近来在化学方法方面又发展了新的方法，能生产出粒径比一般轻质碳酸钙要小得多的粒子，其粒子形状为链锁状、针状、立方状等。这些碳酸钙往往都属于超细碳酸钙。为了改进碳酸钙在橡胶、塑料中的使用性能，对一些品种进行表面处理。为适应这种较为复杂的形势，"全国碳酸钙行业科学技术顾问组"建议采用三位数码分类命名体系。

第一位字码有 Z 和 Q 两个，代表生产方法。Z 表示非化学方法生产的重质碳酸钙；Q 表示化学方法生产的沉淀法碳酸钙。

第二位数字有从 1 到 5 共 5 个数字，代表平均粒径($\bar{D}_p$)范围。1 表示 $\bar{D}_p$ 在 5μm 以上；2 表示 $\bar{D}_p$ 在 $1\mu m<\bar{D}_p\leqslant 5\mu m$ 范围内；3 表示 $\bar{D}_p$ 在 $0.1\mu m<\bar{D}_p\leqslant 1\mu m$ 范围内；4 表示 $\bar{D}_p$ 在 $0.02\mu m<\bar{D}_p\leqslant 0.1\mu m$ 范围内；5 表示 $\bar{D}_p\leqslant 0.02\mu m$。

第三位字码有 B 和 G 两个，B 表示未进行表面处理；G 表示进行过表面处理。

例如，Q2B 表示用化学方法生产平均粒径在 1～5μm 间的未进行表面处理的碳酸钙。

3．陶土的分类　陶土一般分软质(比表面积在 $8m^2/g$ 以下)和硬质(比表面积在 $8m^2/g$ 以上)两种。

其他各种无机填料按各自化学组成、制法、粒子粗细、甚至按产地分类。

三、补强与填充的发展历史

橡胶工业中填料的历史几乎和橡胶的历史一样长。在 Spanish 时代亚马逊河流域的印第安人就懂得在胶乳中加入黑粉，当时可能是为了防止光老化。后来制做胶丝时曾用滑石粉做隔离剂。在 Hancock 发明混炼机后，常在胶中加入陶土、碳酸钙等填料。1904 年 S. C. Mote 用炭黑使天然橡胶的强度提高到 28.7MPa，但当时并未引起足够的重视，一段时间后，人们才重视炭黑的补强作用。

世界上公认我国最早生产炭黑。古代我国称炭黑为“炱”，距今三千多年前殷代甲骨文就用烟“炱”制成墨的记载。三国时，魏国曹植就有“墨出于青松之烟”的记载。明代学者宋应星在 1637 年所著的《天工开物》一书中记述了我国古代生产炭黑的烟窑结构，见图 3-1。国外制造炭黑是由我国传入的。直到 1872 年世界才开始工业化生产炭黑，同时也出现了“炭黑”这一术语。

图 3-1 《天工开物》中烧取松烟

炭黑的补强性不仅使它得到了广泛应用，而且也促进了汽车工业的发展。二战前槽黑占统治地位，50 年代后各国用炉黑代替了槽黑、灯烟炭黑，炉黑生产满足了轮胎工业发展的要求。70 年代在炉黑生产工艺基础上进行改进，又出现了新工艺炭黑。这种炭黑的特点是在比表面积和其他炭黑相同的条件下，耐磨性提高了 5%～20%，进一步满足了子午线轮胎的要求。目前，全球性轮胎业面临的主要问题是要求在保持良好耐磨性的同时，降低轮胎的滚动阻力和对干、湿路面具有较高抓着力。如何使炭黑适应这种要求，是炭黑工业面临的重要课题。

1991 年我国炭黑产量达 320kt，1989 年全世界炭黑总耗量达 6.1Mt，几乎占橡胶年消耗量的一半。

1939 年首次生产了硅酸钙白炭黑，1950 年发明了二氧化硅气相法白炭黑，近年来无机填料发展也很快，主要在粒径微细化、表面活性化、结构形状多样化三个方面。从填料来源看对工业废料的综合利用加工制造填料发展也较快。

第二节 填料的化学组成及一次结构

一、填料与粉体

绝大多数填料是粉状。粉体是无数微小粒子的聚合体。粉体的最小结构单元是一次结构或称原始粒子。一次结构是极其微小的固体粒子。这些微小粒子的尺寸、形状、表面对填充橡胶性能有着十分重要的影响。粉体的宏观性质既有固体特性，又有流体特性，见图 3-2。

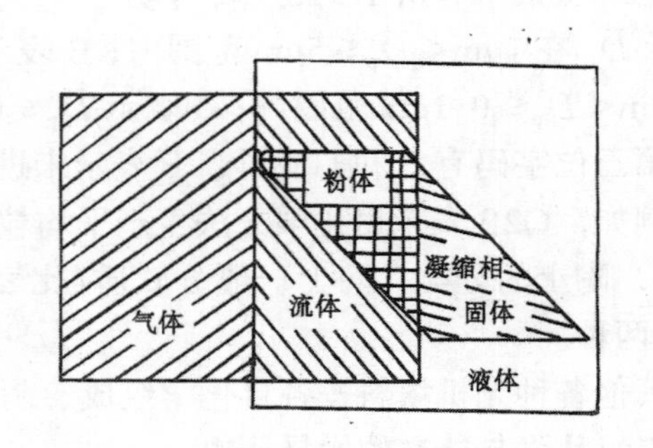

图 3-2 粉体的概念

一次结构即原始粒子间普通存在范德华力的作用，有时也有氢键作用，所以粒子间能产生凝聚，也有人称凝聚体为二次结构。这种二次结构内部粒子间是非化学键合的，所以在机械力作用下易被解体，但无机填料粒子间的凝聚力往往较它们与橡胶间的亲和力强，混炼加工的机械作用较难把它们分开。一些凝聚的颗粒还可以进一步产生絮聚，见图 3－3。絮聚体在加工过程中比凝聚体还容易被解体，可被微弱的剪切力打开。

只有填料的一次结构才能真正反映出粉体填料的固有特性。因此要了解填料就必须了解填料的一次结构。

粉体填料一次结构的微小固体粒子可能是结晶固体、多晶固体、无定形固体。具有同样化学组成的，也可能因是否结晶、以及晶形不同而成为不同的填料。

二、炭黑的一次结构

炭黑的一次结构，也就是炭黑的聚集体(aggrigate)，对于这个英文单词也有译成聚熔体、基本聚熔体。在此还按大多数习惯叫法——聚集体。

炭黑聚集体是炭黑的基本结构单元，如同聚异戊二烯大分子是天然橡胶的基本结构单元一样。一种炭黑中聚集体的大小，形状也是不相同的，呈现某种分布。当然不同品种的炭黑聚集体的形态、大小相差就更大了。

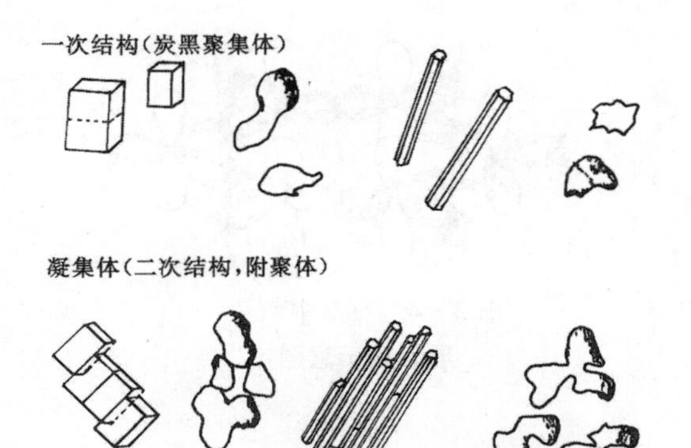

图 3－3　填料的一次结构、凝聚体和絮聚体的示意图

炭黑聚集体是准石墨晶体，它的结晶很不完整，晶体小，缺欠多，甚至有的炭黑中还有单个层面及无定形碳存在，所以有人说炭黑是半结晶体。不论是“准”，也不论是“半”，这只说明结晶不完全，但毕竟是结晶，而且是石墨型。所以下面参照石墨结晶模型来讲述炭黑的结构。

聚集体结构层次：碳原子→层面→微晶→粒子(区域或织粒)→聚集体。

(一) 层面

层面也有人称为基面，可以把它看成是聚省结构。层面由约 40 个正六角形碳环构成，在六角形中碳原子位于角顶点上，每个碳原子以 sp^2 杂化轨道与相邻的碳原子形成三个 σ 键，键长为 0.142nm，键角 120°，六个碳原子在同一平面上形成如图 3－4 所示的正六角形。在同一平面的碳原子各剩下一个 p 轨道电子，p 电子互相重叠，形成一个无限的二维的离域 π 体系，石墨、炭黑之所以具有较高的导电性、导热性正是由于离域 π 体系所致。炭黑层面长度 L_a 一般为 2.0nm 左右，分子量约 1000，而石墨的层面则较大。炭黑层面边缘有含氧基团及未反应完全的氢。甚至层面内部也有氢原子存在，石墨没有这些基团。炭黑的层面结构如图 3－5 所示。

(二) 微晶

石墨晶体是完整的六方晶系，层面之间以弱的范德华力结合，各层间以 ABAB…次序两层为一个重复单元平行叠落而成，相邻层间平移 0.142nm。间隔层间完全对应，层距 0.34nm。石墨结晶的层状结构如图 3－6 所示。

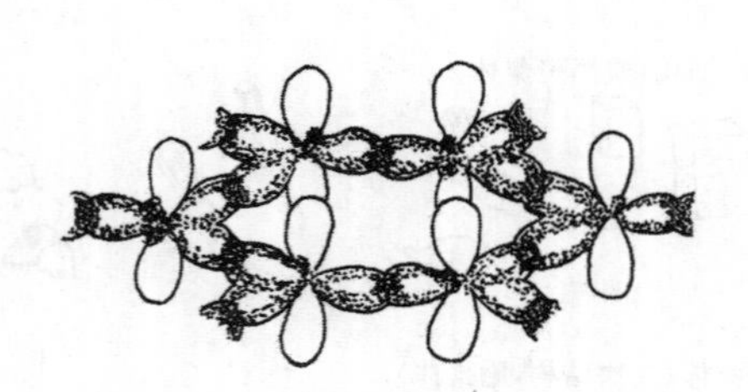

图 3-4　石墨中六角形碳核示意图

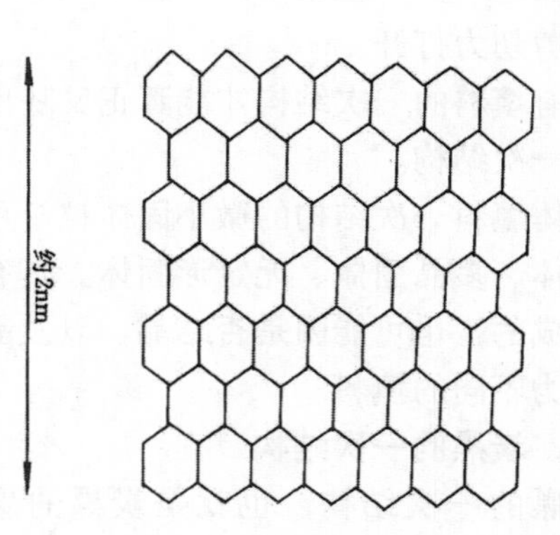

图 3-5　炭黑聚省或层面示意图

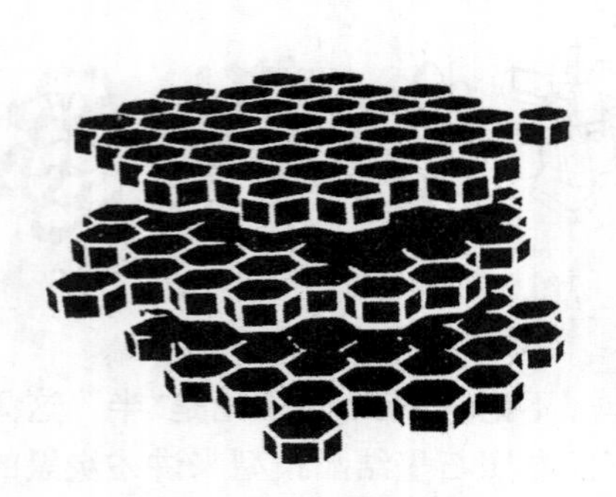

图 3-6　石墨的层状结构示意图

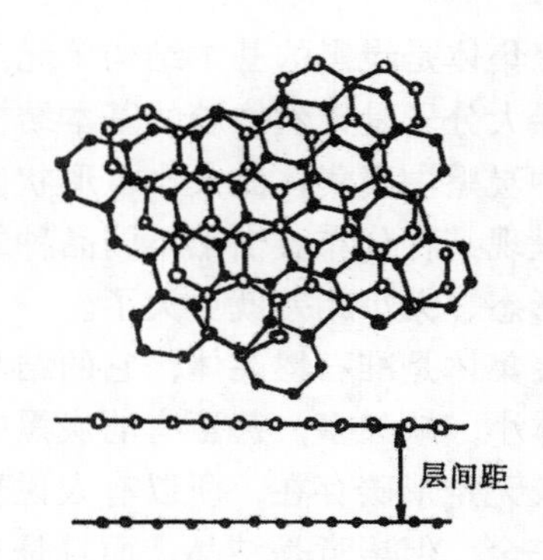

图 3-7　炭黑微晶的乱层结构示意图

炭黑的微晶比起石墨晶体要小得多，一般炭黑微晶是由 3～4 个层面叠落而成的，乙炔炭黑由 6～7 个层面组成，炭黑的层面距离比石墨的要大。各种炭黑的层面距不同，同一种炭黑也有波动范围，只能取平均值。例如，乙炔炭黑为 0.355nm，炉法炭黑平均为 0.377～0.385nm。炭黑的各层面间不如石墨对应的好，层面间有弯曲、扭转、平移、串层而形成如图 3-7 所示的乱层结构示意图。炭黑微晶高度 L_c 一般 1.3～1.6nm。各种炭黑相差不大。

（三）炭黑的粒子

在 ASTM D3849 中也称粒子为区域或织粒。炭黑粒子由成千上万个微晶构成。微晶在粒子中是怎样排列的呢？粒子外层由有秩序的微晶绕着粒子中心成环形排列，内部微晶排列规整性差见图 3-8，而且有的粒子中心可能存在有单层层面及无定形碳。

由图 3-8 还可见，相邻粒子最外层微晶连续排列。

研究表明，不同炭黑微晶的排列取向程度不同，热裂法炭黑取向程度最高。同粒径的槽黑取向程度高于炉黑，粒子细的炉黑取向程度最小，补强性越高的炭黑取向性越不好。

有的炭黑粒子，特别是槽黑粒子表面可能有孔洞，主要是由氧化引起的，进而形成内表面，这些内表面对补强不起作用。因为孔洞小，只有氮气才能进去，所以只有用氮吸附法测比表面积时才能测得。孔洞越多，表面越粗糙，所以可用粗糙度表示氧化程度。

(四) 聚集体

在 1932 年发明了电子显微镜后，首批观测对象之一就是炭黑。当时由于电镜分辨能力低，没能看出聚集体中粒子仅是整个聚集体中的一个区域，而把粒子误认为是基本单元，是炭黑的一次结构，并认为粒子中微晶都是无规的，粒子间以弱的物理力作用而形成聚集体，认为聚集体是二次结构。这就是聚集体的旧观念，见图 3-9。

随电镜技术的发展，已清楚观测到了炭黑的最小结构单元是链枝状、椭球状或球状聚集体。粒子是聚集体的一部分，粒子间是化学结合，在两粒子熔粘处形成颈部，此处微晶取向程度较低，此外，微晶继续在其表面取向排列，形成象花生壳式的结构。ASTM D3849 定义聚集体为“由一个或多个生长中心在长大期间聚集而成的最小准石墨结构单元”。单元中的生长中心称为织粒或区域。单元外表面微晶沿表层取向排列，织粒间是化学结合，这便是聚集体的新概念，见图 3-9。真实聚集体的高倍电镜照片见图 3-10。

三、白炭黑的一次结构

现在的白炭黑主要是二氧化硅类的，所以在此以它为主讨论白炭黑的一次结构。

白炭黑的一次结构和炭黑类似，是链枝状聚集体，但白炭黑是无定形的，聚集体由互相之间化学结合的粒子构成，粒子的化学成分是二氧化硅。粒子中硅原子周围有 4 个氧原子配位，而每个氧原子有 2 个硅原子配位。白炭黑由于制法不同，粒子结构不同，沉淀法白炭黑粒子内部有无规则的二元线型结构，因而有毛细孔内表面。气相法的粒子内部为无规则的三元体型结构，呈紧密填满状态。两种白炭黑的粒子结构模型见图 3-11。

白炭黑的聚集体由粒子化学熔结而形成的链枝状物。VN3 沉淀法白炭黑的聚集体电镜照片见图 3-12。

四、碳酸盐类填料的一次结构

碳酸钙是这类填料里最重要的一个品种。碳酸钙是由 Ca^{2+} 离子和 CO_3^{2-} 离子静电结合的离子型结晶体，有两种晶型。一种是菱面体型晶体(方解石)，另一种为斜方晶体(文石)，见图 3-13。

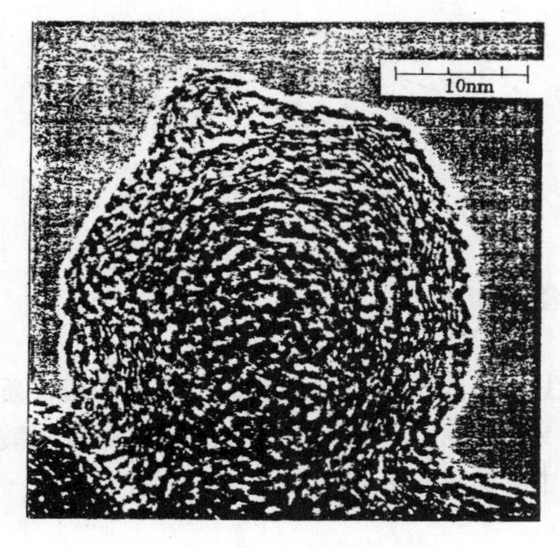

图 3-8　补强炉黑粒子超高倍数放大电镜照片

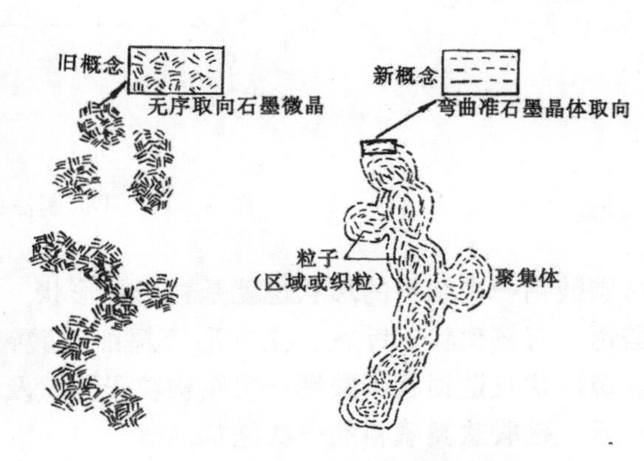

图 3-9　炭黑聚集体新、旧概念的对比

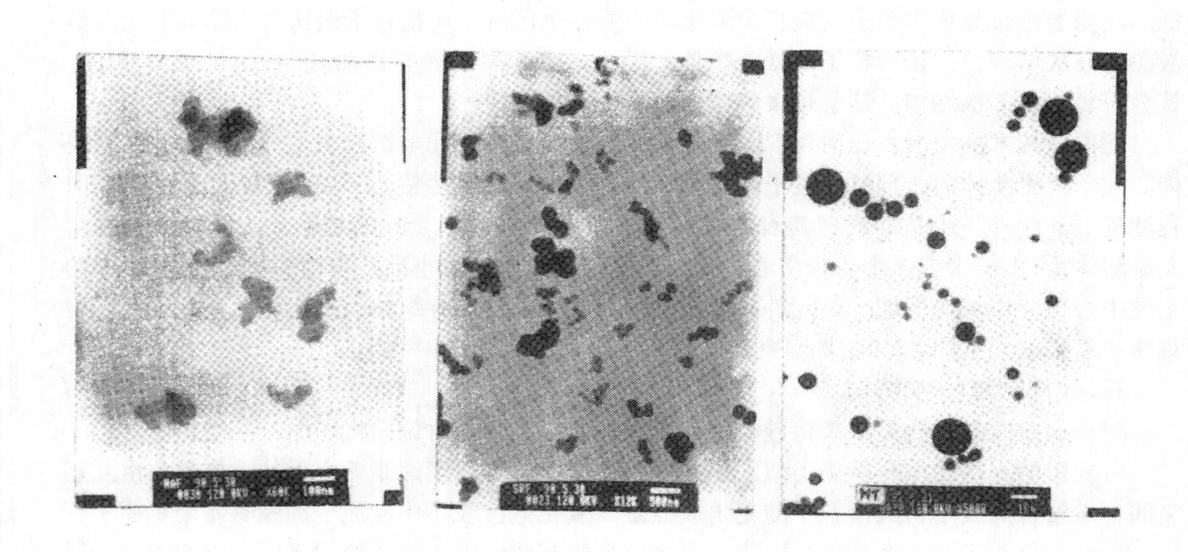

图 3－10 真实炭黑聚集体透射电镜照片

(1) —HAF；(2) —SRF；(3) —MT

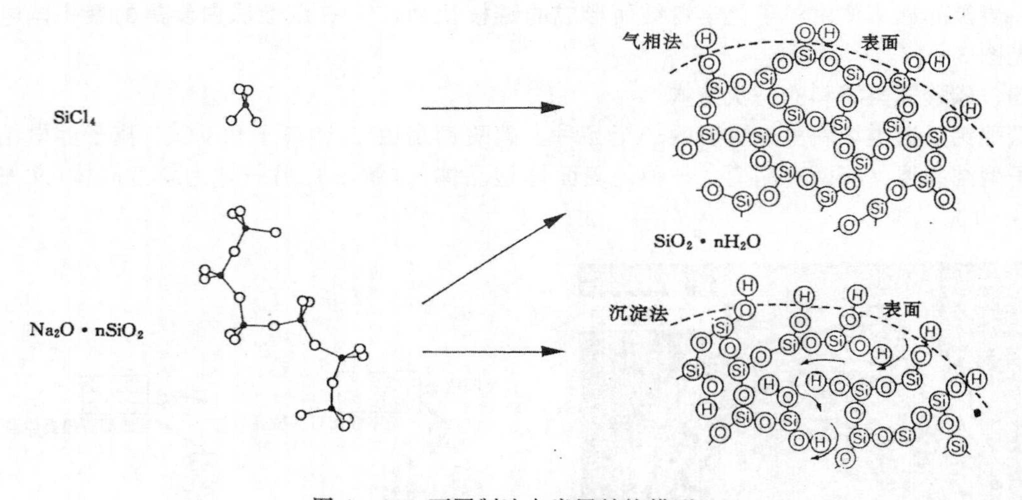

图 3－11 不同制法白炭黑结构模型

碳酸钙一次结构的形状也就是粒子的形状，因生成条件不同而异。有纺锤形的一般轻质碳酸钙，有链锁状、针状、立方形等超细碳酸钙，还有形状不规则的机械粉碎的重质碳酸钙。纺锤状及链锁状碳酸钙一次结构粒子形状及尺寸范围见图 3－14。

五、硅酸盐类填料的一次结构

陶土是硅酸盐类填料中应用量最大的典型代表。

陶土主要来源于高岭土，它是由于岩石风化物经过风选、漂选、沉淀等加工过程制得的。其主要成分为硅酸铝，属离子型的层状结晶，如图 3－15 所示。陶土的粒子往往呈现出六角形片状。粒子尺寸比较大，通常有两种，硬质陶土平均粒径较小，2μm 以下的占 80%以上。软质陶土平均粒径较大，在 2μm 以下的约占 50%。

其他的硅酸盐类填料基本都属于离子型晶体，由矿物经粉碎制得，也有从工业废料制得。其一次结构粒子都比较粗，形状多为不规则，对橡胶主要起增容作用。这类填料主要有表 3－4 所列的种类。

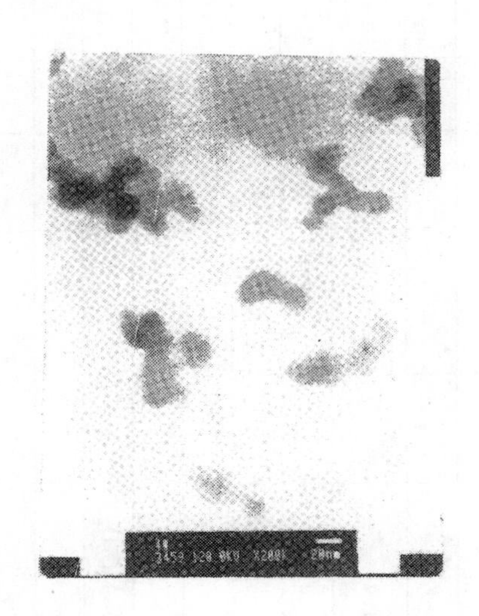

图 3－12　VN3 沉淀法白炭黑聚集体的电镜照片

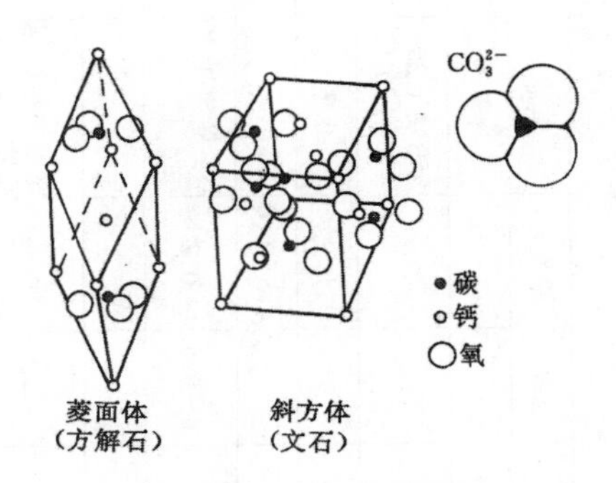

图 3－13　碳酸钙晶体构造

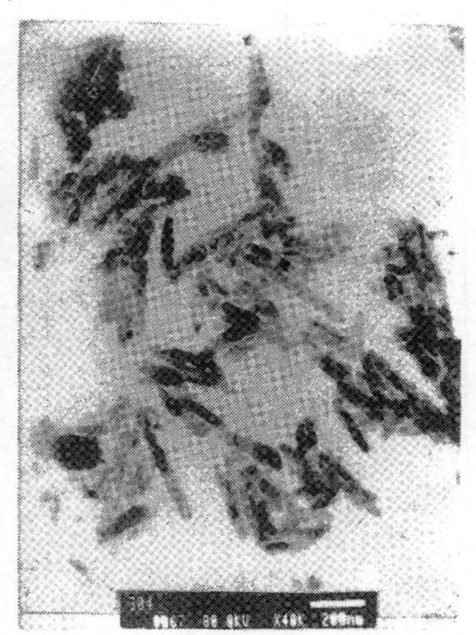

图 3－14　纺锤状和链锁状碳酸钙一次结构的电镜照片

表 3-4　硅酸盐类填料的主要化学组成及一次结构尺寸

序号	名　称	主　要　成　分/%										比表面积/(m^2/g)	粒径/μm	DPB/(ml/100g)	来　源
		SiO_2	Al_2O_3	CaO	MgO	Fe_2O_3	TiO_2	K_2O	MnO	挥发分	其他				
1	陶土	45～50	30～40			1.2～2.0				11～12		7～25		29软45硬	天然
2	硅铝炭黑	45.96	19.95	1.47	0.75	4.02					含S物1.35 含C物26.65	20～30		35	煤矿废石
3	硅灰石	51.7	0.52	46.9	0.1	0.005				0.9	0.7			20～26	天然
4	滑石粉	55.8～61.4	0.3	1.5	28～31	0.04				4.5～6.0					天然
5	硅藻土	91.9	3.3	0.5	0.5	1.2			0～0.5	0.2	Na、K等氧化物2.4				天然
6	红泥	10	少	20～30	少	40～50									硫酸厂废料
7	粉煤灰	50	30	3	1.7	6				1.73	SO_3、Na、K氧化物11		5～15		电厂废物
8	油页岩灰	40～59	20～31		0.1～1.0	10～15	0.1～1.2				固体碳4～14			35～50	
9	赤泥	20～22	4.9～7.3	42～48	1.5	6～8	2.0～2.6			6.58	Na、K氧化物2.4～2.9			45～50	铝厂废液
10	硼泥	20～22	1.3	2.6～2.9	36～38	10～13									硼砂废液
11	高铝填料	28～30	41～48			5.5～5.8		1.7～1.9			$SO_3$3.0～6.5			30～42	
12	WF型填料	28～30	45～48			5.5～5.8							1～4	37～42	明矾废液
13	凹凸棒土	55.8～61.4	12.3～14.3	1.6～2.1	5～6	5.6～6.2			0.05						天然
14	白泥														碱法造币厂废液
15	石棉														天然
16	云母粉	白云母 $KAl_2(AlSi_3O_{10})(OH)_2$　金云母 $K \cdot Mg_3(AlSi_3O_{10})(OH)_2$													天然
17	叶蜡石	$Al_2O_3 \cdot 4SiO_2 \cdot H_2O$(840粉)													天然
18	沸石	$Na(Al \cdot Si_2O_{12})_3 \cdot H_2O$													天然
19	海泡石粉	$Mg_4[(OH)_2Si_6O_{15}(OH)_2] \cdot 4H_2O$													天然

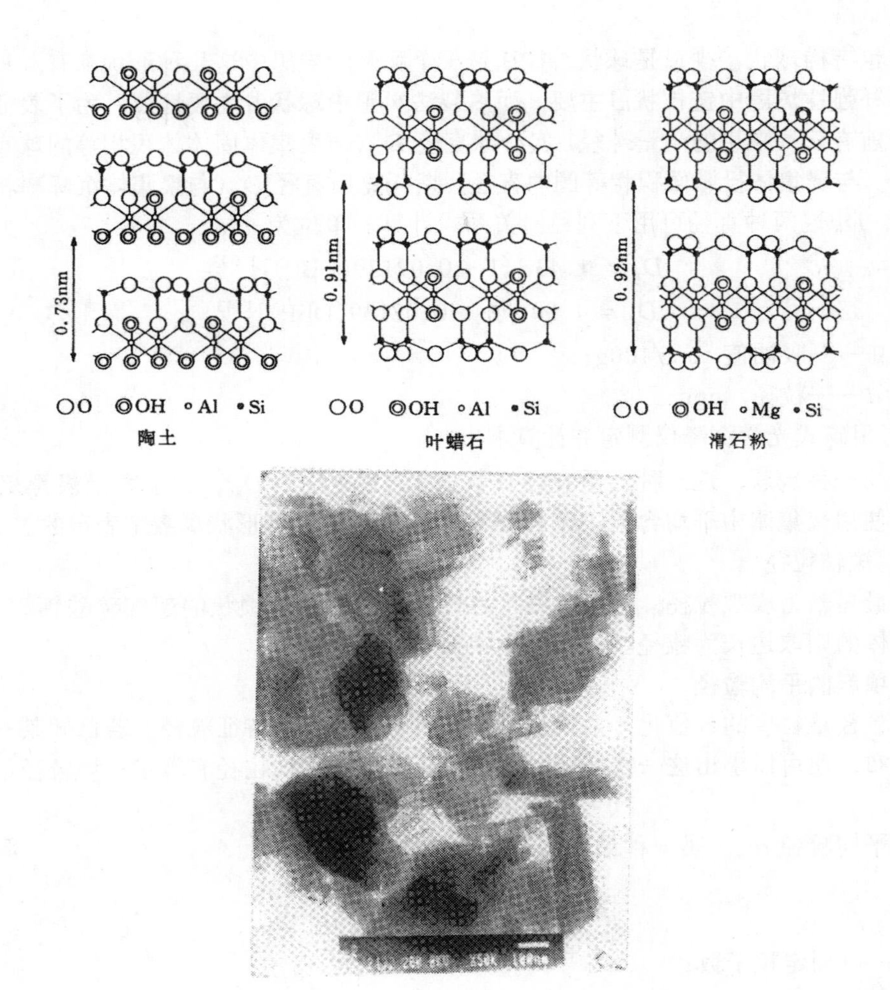

图 3-15 陶土结构

(1)—陶土、叶蜡石、滑石粉的层状结构；(2)—陶土粉体一次结构的电镜照片

第三节 填料的粒径

填料的粒径指一次结构粒子的直径，它是粉体填料最重要的性质之一，对填充聚合物性能有决定性影响。填料中有的是由天然矿物粉碎制得，有的是合成的，其尺寸及形状各不相同。即使是同一种填料，它的一次结构的尺寸及形状也是不同的，呈现某种分布。绝大多数粉体填料一次结构的形状不是球状，所以只能用表观粒径来表示填料一次结构的尺寸，用平均粒径来表示某种填料的粒子大小，用分布曲线来表示某种填料粒径的尺寸范围等情况。

一、填料的表观粒径

粉体工程中多用当量直径和定向直径作为表观粒径，代表单个粒子直径。这些直径是用粒子三维尺寸经一定的方法计算而得。这些表示方法同样适于填料。

(一) 当量直径

炭黑聚集体的直径用当量粒径表示，炭黑聚集体的形状不规则，炉法炭黑多半是链枝状，其中也有椭球状，少量是球状。往往是一个牌号的炭黑中这几种形状都有，只是其中比例不同。补强性炉黑中链枝状占主要，而热裂法炭黑中球状占主要地位。为了表征聚集体的直径，目前有三种常用的当量球径：实心球直径 D_a（与聚集体固体体积相等的球直径），等效球直径 D_e（与聚集体投影面积相等圆的直径），斯托克斯直径 D_{st}（与聚集体沉降率相等球的直径）。D_a、D_e 这两种直径可用下列经验关系式计算，单位为 nm。

$$D_a = 1.43d[1 + 0.02139(\text{DBP})]^{1.093} \tag{3-1}$$

$$D_e = 1.90d[1 + 0.02139(\text{DBP})]^{1.43} \tag{3-2}$$

式中 DBP——吸油值，ml/100g；

d——粒径，nm。

D_{st}可用碟式光学沉降仪测定并计算求出。

对于同一种炭黑，这三种当量直径在数值上 $D_e > D_a > D_{st}$。为了表示炭黑聚集体的大小。还有使用聚集体中平均含粒子数目(N_p)以及聚集体其他形状参数来表示的。

（二）短轴粒径

采用最短轴为表观粒径，对于纺锤状的轻质碳酸钙、链锁状的超细碳酸钙均可用此法。对于立方体的则取边长为粒径。

二、填料的平均粒径

平均粒径是粒度的数值化，是表征粒子分布中心趋势的特征粒径。若已知某一填料粒度的频率分布，便可以求出这一特征数。填料工业常用的平均粒径有算术平均粒径、表面平均粒径两种。

算术平均粒径 $\bar{d}_n$，是一种最常用的平均粒径：

$$\bar{d}_n = \frac{1}{N}\sum_{i=1}^{h} d_i f_i^* = \sum_{i=1}^{h} d_i f_i \tag{3-3}$$

式中 N——测定粒子数；

f_i^*——粒子频数，即样品中某一粒径或某粒径范围内粒子出现的数目；

f_i——粒子频率，把 f_i^* 变成相应的百分数；

d_i——某一粒径或某一粒径范围的中间粒径；

h——组数。

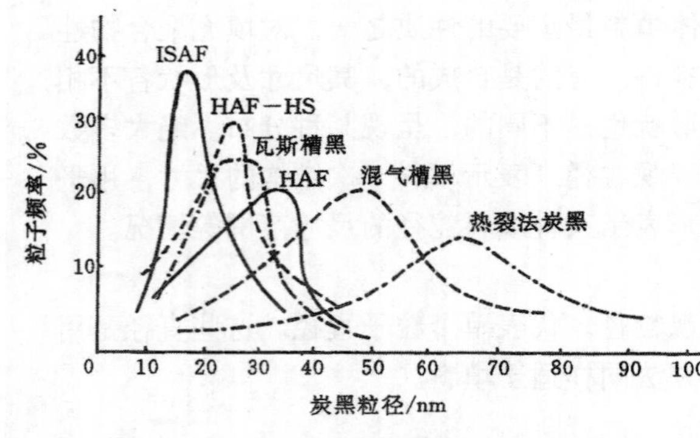

图 3-16 几种国产炭黑的粒径分布曲线

表面平均直径 $\bar{d}_S$ 有时也称几何平均直径，它的定义如下：

$$\bar{d}_S = \frac{\Sigma f_i^* d_i^3}{\Sigma f_i^* d_i^2} \tag{3-4}$$

$\bar{d}_S$ 特别适用于平均粒径与比表面积之间的换算。设 S 为单位质量填料的比表面积(m^2/g)，ρ 为密度(g/cm^3)。对于球体粒子，则 S 与 $\bar{d}_S$ 有下列关系：

$$S = \frac{\pi \bar{d}_S^2}{\frac{1}{6}\pi\rho\bar{d}_S^3} = \frac{6}{\rho\bar{d}_S} \tag{3-5}$$

$$S_v = \frac{6}{\bar{d}_S} \tag{3-6}$$

式中　S_v——体积比表面积，m^2/cm^3。

三、填料的粒度分布

填料粒径一般呈现某种分布，填料粒度分布曲线中最有意义的是频率分布。作炭黑的粒度分布曲线，一般用电镜观察至少2000个粒子，然后分组做成分布曲线。图3－16是几种国产炭黑的粒径分布曲线；图3－17是白炭黑的粒径分布曲线。由图可见，越细的填料分布往往越窄，反之亦然。图3－18是N220炭黑聚集体的两种当量直径的分布曲线。由图可见D_e大于D_{st}。

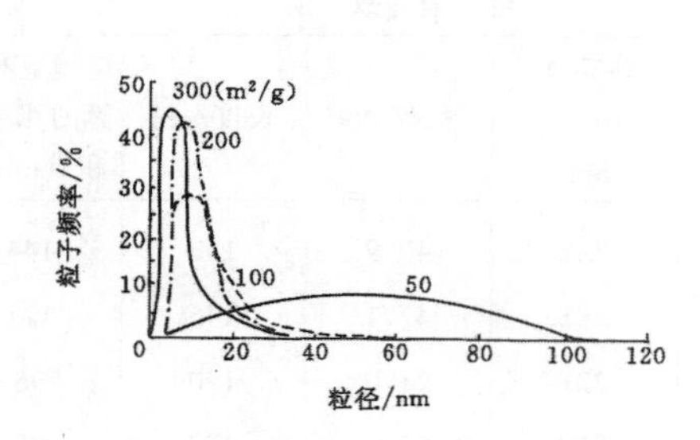

图3－17　白炭黑粒径分布曲线
（曲线旁数字为比表面积）

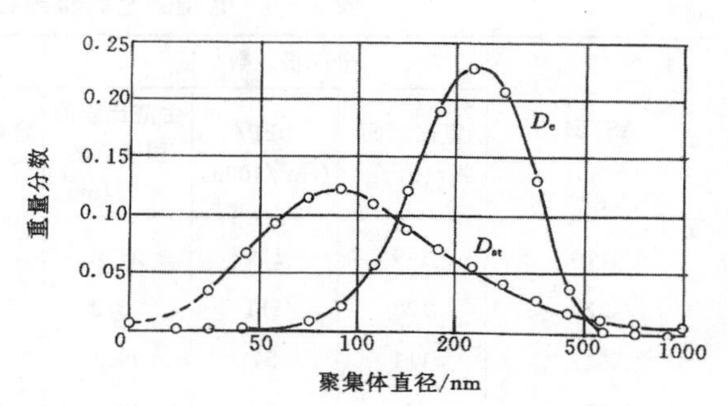

图3－18　N220的聚集体当量直径分布曲线
D_{st}—用离心光学沉降法测定；
D_e—由电镜加图象分析测定

四、填料的粒径及形状与比表面积的关系

填料粒径越细，比表面积越大，对橡胶的补强性也越高。用公式(3－5)可定量地将填料的比表面积与粒径互换计算。表3－5更直观地看出了分割程度与比表面积的关系。填料的比表面积越大，处于表面上的原子或原子团越多，表面能越大。

表3－5　粉体的分割程度与比表面积的关系

一边的长度	立方体的数目	比表面积	分类
1cm	1	$6cm^2$	粒体
10^{-1}cm(1mm)	10^3	$60cm^2$	粗粉体
10^{-2}cm(0.1mm)	10^6	$600cm^2$	
10^{-3}cm(0.01mm)	10^9	$6000cm^2$	微粉体
10^{-4}cm(1μm)	10^{12}	$6m^2$	
10^{-5}cm(0.1μm)	10^{15}	$60m^2$	超微粉体
10^{-6}cm(0.01μm)	10^{18}	$600m^2$	
10^{-7}cm(1nm)	10^{21}	$6000m^2$	

用球形与立方体形为例说明形状对比表面积的影响。体积等于$1cm^3$的球的半径应为0.6205cm，该球的表面积为$4.836cm^2$。所以说同体积球形的体积比表面积小于立方体的体积比表面积。若以球体的体积比表面积为1，则立方体的为1.24。对于其他各类异型体，如板状、棒状等，它们的体积比表面积比立方体的还大。

五、填料的粒径范围

填料属于粉体。人们习惯把一次结构尺寸在100μm以下的粒子称为粉体，把100μm到

1cm 间的肉眼可见的叫粒体。现在一般认可的分法如下：

粉粒体
- 粉体
  - 超微粉体　10nm～1μm
  - 微粉体　1μm～100μm
- 粒体　100μm～1cm

许多无机填料由无机矿物粉碎制得，其粒径一般都在微米级以上，而一般炭黑、白炭黑粒子都比较小。由表 3-6 可见，各种炭黑聚集体的长度在 120～450nm 间，这个范围相差只有几倍，不算大，但炭黑粒子的平均直径却相差很大。各种炭黑粒径在 21.6～403nm 间，相差 20 余倍，见图 3-19。所以不同类别炭黑间聚集体的体积与比表面积相差都很大。

表 3-6　电镜测定的炭黑粒子尺寸及聚集体形态尺寸

ASTM	分析数据			电镜数据				
	氮比表面积/(m^2/g)	DBP/(cm^3/100g)	由氮比表面积换算的粒径/nm	聚集体宽度/nm	体积×10^{-3}/nm^3	粒数 N_P	长度/nm	电镜直径换算的比表面积/(m^2/g)
N110	149	119	21.6	20.4	222	49.9	133	144
N220	128	111	25.2	22.5	281	47.1	145	121
N327	111	51	29.1	27.2	221	21.0	120	96
N330	79	98	40.8	27.5	570	52.3	187	85
N347	92	123	35.1	26.1	611	65.6	203	94
N550	42	117	77	52.5	6888	90.9	431	41
N660	32	89	101	60.0	9142	80.8	453	32
N770	27	70	119	62.2	6327	50.2	348	29
N990	8①	36①	403	203.5	11847	2.7	320	11

①取炭黑的典型数据。

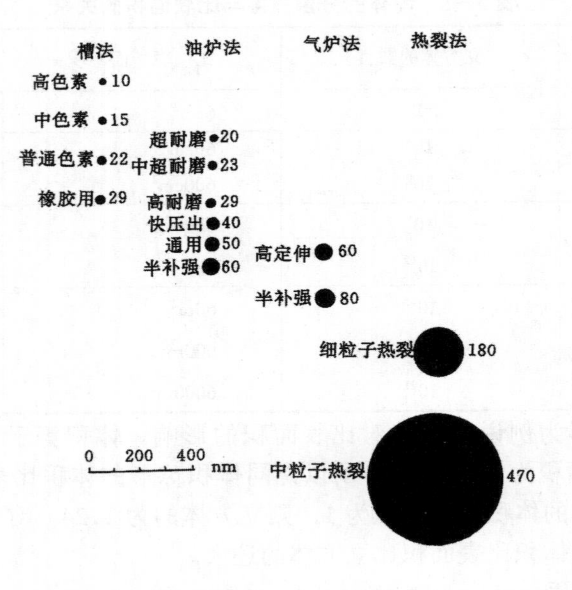

图 3-19　各种炭黑的平均粒径的对比

六、填料粒径测定方法

测定粒径最普遍的是用电镜或光学显微镜直接观测，或利用它们的吸附性测定比表面积，或利用光学性质等，在表 3－7 中分述。

表 3－7　测定填料粒径及比表面积的方法

方　法	基 本 原 理	测试范围及品种	特　点
电子显微镜法	用透射或扫描方法直接测定，测定至少 2000 个粒子，求平均粒径及分布曲线	0.001～10μm 的一切填料	精确，设备投资高
低温氮吸附法(BET 法)	在－196℃液氮的沸点温度下，氮气在填料表面上产生多层物理吸附。据 BET 方程作图可求出第一层吸附氮气的数量，氮的分子截面积，便可求出填料的比表面积。按标准 GB 10722 法测定	0.003～3μm 的一切填料	可靠、重现性好、精度高，但数据处理麻烦
碘吸附法	按标准 GB 3780.1 法测定	主要用于炭黑	方便，但不如 BET 准确，故不作基准用
大分子吸附法	测定炭黑对十六烷基三甲基溴化铵(CTAB)大分子的吸附量。按标准 GB 3780.5 法测定	主要用于炭黑	测得的填料 $S_{比}$ 更接近于橡胶大分子的吸附表面积
着色强度测定方法	炭黑吸收光的强度越大，着色强度越高；炭黑聚集体尺寸越小，吸光能力越强，按 GB 3780.6 标准测定	主要用于炭黑尤其适于新工艺炭黑	该测定方法测的为聚集体的尺寸，着色强度还与尺寸分布有关

第四节　填 料 形 态

填料形态指一次结构的形状和尺寸，这是填料的一个重要性质。形状对填充体系的流变性能、加工性能、成品力学性能、电性能等均有重要影响。

大多数填料的粒子形状均极不规则，就是一种填料的形状也有差异，大小也不同，呈现某种分布。归纳起来大致有表 3－8 所示类别。由表可见，一次粒子的形状越不规整，最大线度与最小线度比值越大，其比表面积越大。

表 3－8　填料一次结构的形状

颗粒类型	球　形	立方体	块状	片状	纤维状	链枝状
形状比						
长(L)	1	～1	1.4～4	1	1	
宽(W)	1	～1	1	<1	$<\frac{1}{10}$	
厚(T)	1	～1	1～<1	$\frac{1}{4}\sim\frac{1}{100}$	$<\frac{1}{10}$	
实例	玻璃球 微玻璃球 热裂法炭黑	方解石 长石	方解石 长石 硅石 重晶石 霞石	高岭土 云母 滑石 石墨 水合氧化铝	硅灰石 闪透石 木粉	炉法炭黑 白炭黑
方向性	各向同性	各向同性	各向异性	各向异性	各向异性	

一、炭黑的结构

炭黑的结构即炭黑的形态学问题。炭黑的结构对于填充橡胶性能有重要影响。

什么是炭黑的结构呢？炭黑聚集体形状不规则，一般炭黑聚集体的形状为链枝状，链越长，枝越多，结构越高。例如，在三个聚集体中的粒子频数不同，粒子在聚集体中排列方式不同，结构便不同。粒子多的结构高，排列枝叉多的结构也高，见表 3－9。

表 3－9 炭黑结构的含意

粒子频数(N_p)	粒子排列方式	结　构
1		低
10		中
10		高

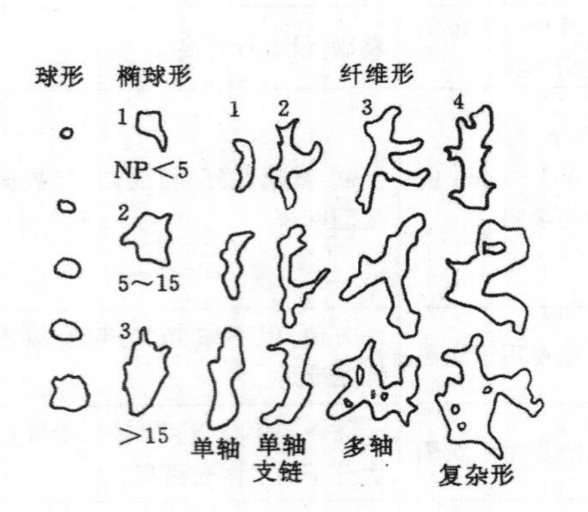

图 3－20　炭黑聚集体的形态分类

按图象分析方法观测的结果，可把炭黑聚集的形状定性的分为球形、椭球形、纤维状三大类八小类，见图 3－20。五种典型炭黑中各种形状所占比例见表 3－10。

表 3－10　五种炭黑聚集体形状的比例（%）

炭黑品种	球　形	椭　球　形			纤　维　形			
		1	2	3	1	2	3	4
高结构高耐磨炉黑 N347	1.4	1.6	14.2	11.3	5.5	33.4	12.2	19.8
高耐磨炉黑 N330	8.6	5.8	23.4	8.4	5.3	26.5	7.5	14.5
低结构高耐磨炉黑 N327	15.4	7.5	40.7	11.1	8.2	14.2	0.7	1.9
导电炭黑 N472	2.5	1.5	16.1	3.4	30.7	21.2	4.7	19.7
中粒子热裂炭黑 N907	85.5	10.3	3.8	0.2	0.2	0.0	0.0	0.0

新工艺炭黑比相同系列的一般炭黑聚集体的尺寸分布窄。这是新工艺炭黑特点之一，也许是新工艺炭黑具有较好性能的一个原因。

二、炭黑结构的测定方法

炭黑结构的测定有多种。电镜法及图象分析法能直观测定聚集体的几何形状，主要在研究中应用；吸油值法在工业上广泛采用，简便；视比容法及水银压入法；分数维方法利用分形几何学的原理及方法将不规则形体量化为分数维方法，这是新发展的方法。

下面介绍吸油值方法。在炭黑中，空着的空间即空隙体积。振动未造粒沉实市售炭黑的空隙体积可达 90%。因此，炭黑聚集体间及凝聚体间有很大的空隙。干炭黑中这种空间为空气充满。在正四面体中堆积时，大多数均一球体密集堆积的空隙体积大约为 36%，而不规则的聚集体对紧密堆砌的阻碍大，所以空隙体积也就更大。因此，可以利用这种空隙体积作为衡量炭黑结构的指标。利用空隙原理测结构的方法还有视比容法及水银压入法。吸油值法不仅为炭黑工业采用作为控制炭黑质量的标准，而且也广泛地用于测定无机填料的结构。

吸油值方法有DBP吸油值和压缩样DBP吸油值两种。两者均以单位质量炭黑吸收邻苯二甲酸二丁酯的体积表示。DBP吸油值的测定方法标准为GB 3780.2或GB 3780.4。

1. DBP吸油值　精确(0.001g)称取约1g炭黑，置于玻璃板上，开始快速滴入DBP，大约相当于炭黑吸收量的2/3时，用玻璃棒轻轻调合，使浸润均匀，再滚压，使粒状炭黑全部破碎，再以较慢速度滴入DBP，并不断滚压，直至混合物出现条状或块状即可将炭黑全部滚压在玻璃棒上，同时玻璃板上不出现油状黑迹为终点。以cm^3/g或$cm^3/100g$表示结果。这种方法的优点是方便，缺点是其中既含一次结构之间空隙，也含有凝集体，即二次结构之间的空隙，影响准确性，如图3－21所示。另外测试结果也会因人而异。用DBP测试仪器测定，准确性会提高。

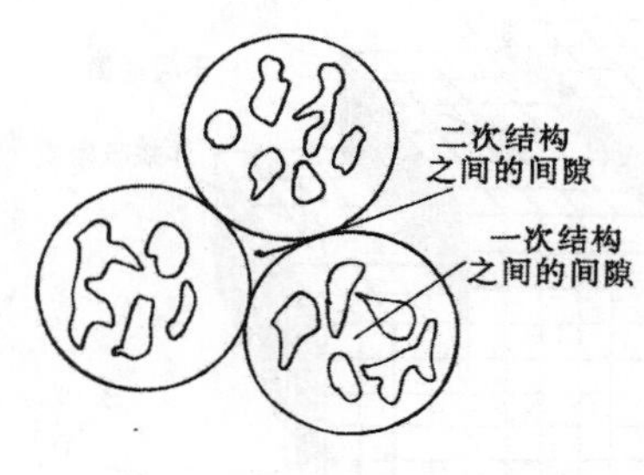

图3－21　DBP吸油值的空隙

2. 压缩样DBP吸油值　该值也称$24M_4$DBP吸油值，为了克服DBP吸油值方法中凝集体空隙所造成不准确而提出的。该法是将25g炭黑样品，加压力165MPa重复压缩4次使凝聚体打开。这样测得的吸油值基本上反映了聚集体间的空隙，其结果与其他方法测得的结果有很好的关系。一般炭黑的DBP值大于$1.2cm^3/g$者为高结构，在$0.80\sim1.2cm^3/g$间者为正常结构，低于$0.8cm^3/g$者为低结构。国产典型炭黑吸油值列于表3－11。

表3－11　国产典型炭黑标准吸油值

品　　种	DBP/($cm^3/100g$)	压缩DBP/($cm^3/100g$)
N110	113±7	91～105
N220	114±7	93～107
N330	102±7	81～95
N472	178±7	107～121
N550	121±7	81～95
N660	90±7	68～82
N774	72±7	
天然气槽黑	98±7	
喷雾炭黑	120±7	

第五节　填料的表面

对于填料来讲，表面性质是十分重要的性质，因为它决定了填充聚合物中两相间的界面，在填充聚合物中填料是分散相，聚合物是连续相，两相间的界面决定了填充聚合物的性能。

界面是两相间的一个有限厚度，一般是小于100nm的区域。在这个极薄的界面层中，组分及能量都是从一个体相连续过渡到另一个体相的。

橡胶与填料间的界面有两个要素。第一，比界面积，定义为单位数量的混合物中有多大的界面积，这是一个容量因素，决定于填料的比表面积、用量和分散性。分散性又决定于填料的表面性质及聚合物的性质。第二，界面性质、界面结合强度、结合性质等，这是一个强度因素，决定于聚合物性质、填料的表面形貌和表面性质、表面基团等。从根本上讲，填料的表面性质决定于它的化学组成、晶体结构及制造方法。

一、填料表面的一般性质

（一）填料表面与体相的不同

任何物质表面上的质点(原子、离子或分子)与体相中的质点不相同。体相中质点受到的作用是平衡的(饱和的)，而表面上的质点是不平衡的(不饱和的)，见图 3－22。

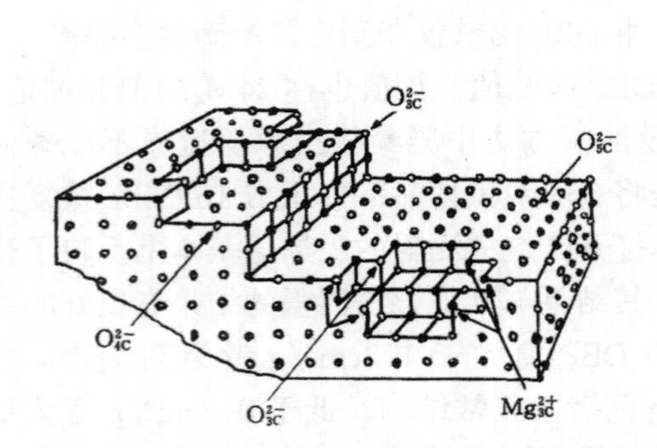

图 3－22　MgO 表面上 Mg^{2+} 及 O^{2-} 的配位数小于体相的示意图

·Mg^{2+}　　·O^{2-}；

（C 前面的数字表示该离子的配位数）

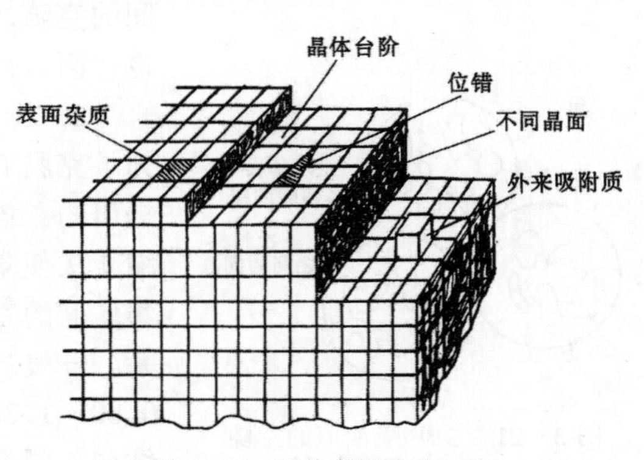

图 3－23　固体表面吸附位置不均匀性的某些来源

固体表面除了表面质点力场、电场不饱和之外，还因为晶体有错位、扭折、缺欠、杂质等，使表面不均匀，见图 3－23。这些错位和缺欠使表面能也不均匀。

不同晶面上的比表面能不同。例如，立方晶体在(100)、(110)、(111)三个断面的比表面能由(111)面、(110)面至(100)面逐渐下降。如 CaO(100)面的比表面能为 1.030J/m²，(110)面为 2.850J/m²。

填料表面不均匀是普遍现象，但不同制法的填料表面不均匀性有区别。机械粉碎法制得的填料不均匀性较大。化学方法制造的填料表面不均匀性次之。熔体喷雾法制得的填料表面不均匀性比前两者都低。

（二）填料的比表面能与表面能

在讨论填料表面时，必定会遇到这两个术语。它们是填料表面的重要参数，而且润湿与吸附等表面现象要用比表面能来解释。

比表面能是可逆地增加单位物质表面积对物系所做的非体积功称为比表面能(或比表面自由焓、Gibbs 自由能)，用 σ 表示

$$\sigma = \left(\frac{\partial G}{\partial A}\right)_{T、p、N} \tag{3-7}$$

液体的表面张力在数值上等于它的比表面能，但对粉体填料而言，情况要复杂得多。不同类型固体的比表面能有很大差别，一般共价键固体最高，分子间范德华力固体最低，见表 3－12 及表 3－13。

表 3-12　不同类型固体的比表面能

	比表面能 $\sigma/(J/m^2)$	例　子
共价固体	～2.500	SiC、Si_3N_4、金刚石
金属固体	1.000～2.500	Fe、Cu 等
离子固体	0.250～1.500	$CaCO_3$、CaO、MgO 等
范德华固体	<0.100	合成纤维、高聚物

表 3-13　高分子的比表面能分类

	比表面能 $\sigma/(J/m^2)$	性　质
极低能表面	0.015～0.020	排水性
低能表面	0.020～0.035	疏水性
中能表面	0.035～0.050	极　性
高能表面	0.050～0.060	亲水性
超高能表面	0.060～0.075	水溶性

填料的表面能等于该填料的表面积与比表面能的乘积。填料的比表面积越大，处于表面上的原子数越多，表面能也越大。以图 3-24 为例说明，若 8 个原子构成一个正六面体，每边上有两个原子，则这 8 个原子均处于表面上，表面原子与总体原子比为 100%，若共 27 个原子，正六面体每边 3 个原子，则表面上有 26 个原子，体相有 1 个原子，表面原子比例为 97%，若每边有 100000 个原子，则表面上原子个数为 6×10^{10}，体相中为 0.99994×10^{15}，其表面的原子比例为 0.006%。关于粒子大小及表面原子数与体相原子数比的关系见表 3-14。由表可见，粒子越小，处于表面上的原子比例越大，表面能越高。

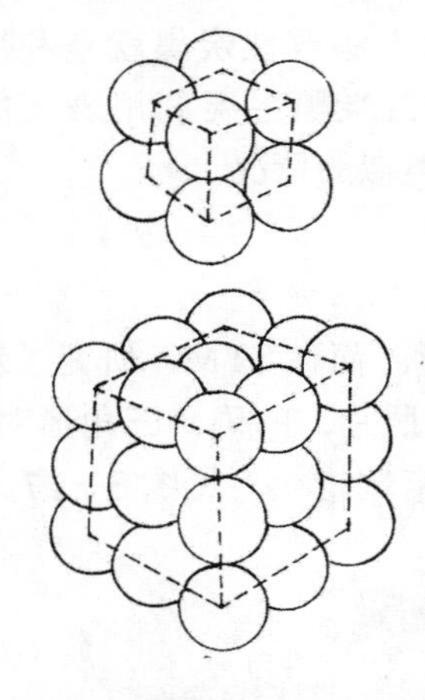

图 3-24　正方体填料表面原子数与体相原子数比的关系示意图

(三) 润湿与接触角

液体与固体接触时会因为它们之间的亲和性不同而出现不同的现象，亲和性有图 3-25 的四种状况。

表 3-14　立方体粒子大小及表面原子数与体相原子数比例关系①

一边上原子个数	表面上原子个数	总原子个数	$\frac{表面原子数}{总原子数}\times100\%$	例　子
2	8	8	100	
3	26	27	97	
4	56	64	87.5	
5	98	125	78.4	
10	488	1000	48.8	2nm
100	58800	1×10^6	5.9	20nm(相当于胶体 SiO_2)
1000	6×10^6	1×10^9	0.6	200nm(相当于 TiO_2)
10000	6×10^8	1×10^{12}	0.06	2μm(相当于轻质碳酸钙)
100000	6×10^{10}	1×10^{15}	0.006	20μm(相当于面粉、茶叶末)

①假定原子间距为 0.2nm。

填料微小粒子是固体。橡胶、塑料在加工条件下一般是熔融的粘稠状液体。它们是否互相润湿对填料在聚合物中的分散有极为重要的影响。炭黑是混合晶体，层面内为共价键及 π 键结合，层面间为范德华力结合，属有机物质，易被橡胶湿润，所以在胶中易分散开，而无机填料大多数是离子型固体，为无机物，表面不易被有机物湿润，所以在橡胶中难分散。

（四）表面吸附性

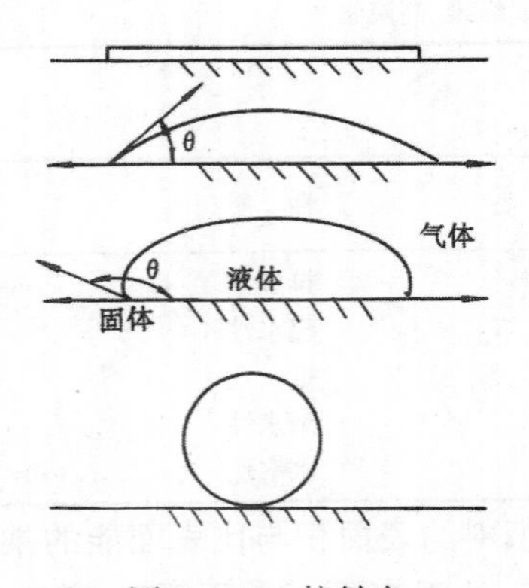

图 3-25　接触角的大小与湿润性

$\theta=0^{\circ}$　铺展；

$0^{\circ}<\theta<90^{\circ}$湿润；

$90^{\circ}<\theta<180^{\circ}$不湿润；

$\theta=180^{\circ}$完全不湿润

详细见第七节

（五）填料的表面基团

如前所述，各种填料因化学组成不同、制法不同，其表面基团及结构自然不同，表面性质也就不同。

几乎所有的无机填料表面均含有羟基，且易吸收水分，但这些羟基的酸、碱性却不一样，有的显酸性，有的显碱性。炭黑表面基团更复杂。

填料表面基团的反应性、酸碱性、基团的浓度对橡胶的补强性、在橡胶中的分散性、对填充橡胶的粘度等均有重要影响。

表面基团不仅影响填充胶的性质，而且也可能是填料改性的反应点。例如 Donnet 用酯化方法改性炭黑就是利用炭黑表面的羧基。硅烷偶联剂改性白炭黑主要利用表面的羟基，其他无机填料表面改性也有类似的情况。

二、炭黑的表面及表面基团

（一）炭黑的表面

近年来 Donnet 使用分辨能力为 0.2nm 的扫描隧道电子显微镜，简称 STM，研究了炭黑及石墨的表面。图 3-26 是完整的高度定向热解石墨表面的 STM 照片，的确是三角形对称。当观测范围适当时，可以看到层面边缘的典型结构，也就是层面末端指纹，见图 3-27。

图 3-26　高定向热解石墨的表面 STM 照片（视场 $1000\times1000nm^2$）

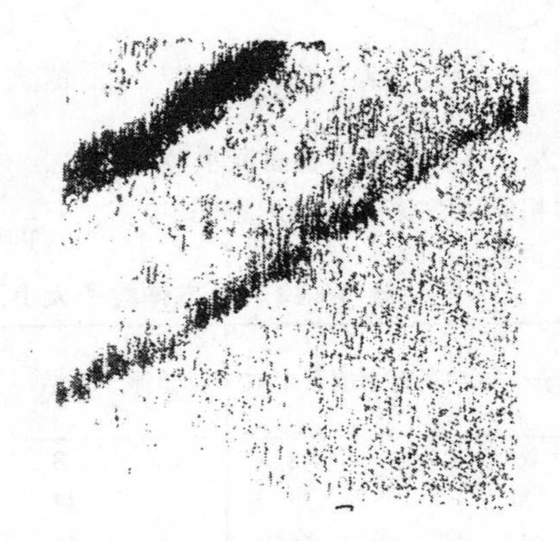

图 3-27　石墨层末端的指纹 STM 照片（视场 $25\times25nm^2$）

炭黑聚集体表面的 STM 照片见图 3-28。由该图可见，即使这个放大倍数不太高的表面也清晰可见表面不平。再放大一些可见粒子表面上的台阶，见图 3-29。进一步放大到原子分 辨级，由STM照片可清晰看到粒子表面上由规则的六角环构成的石墨层面网络，见图 3-30。

图 3－28　炭黑 N234 的 STM 照片
（视场 $1000\times1000nm^2$）

图 3－29　炭黑粒子表面台阶状 STM
照片（视场 $50\times50nm^2$）

在上述基础上提出炭黑粒子的表面分子模型，如图 3－31 所示。粒子表面上微晶层面错开排列，如屋顶瓦片的排列，或者说如鱼鳞状排列，而且这些层面间互相内聚，见图 3－32。

图 3－30　原子分辨率的 STM
照片（视场 $6.2\times6.2nm^2$）

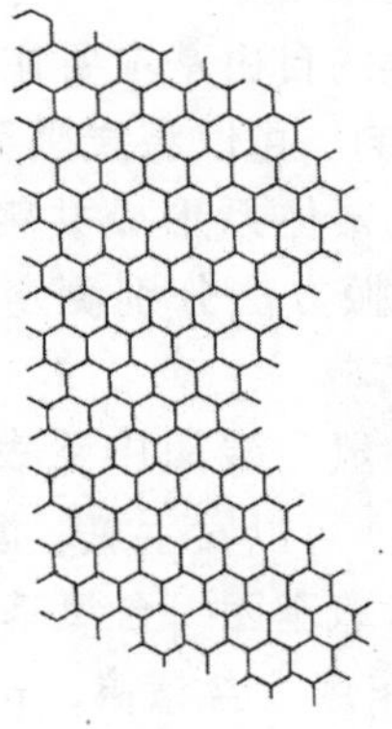

图 3－31　表面的分子模型

图 3－32　内聚排列的炭
黑粒子表面模型

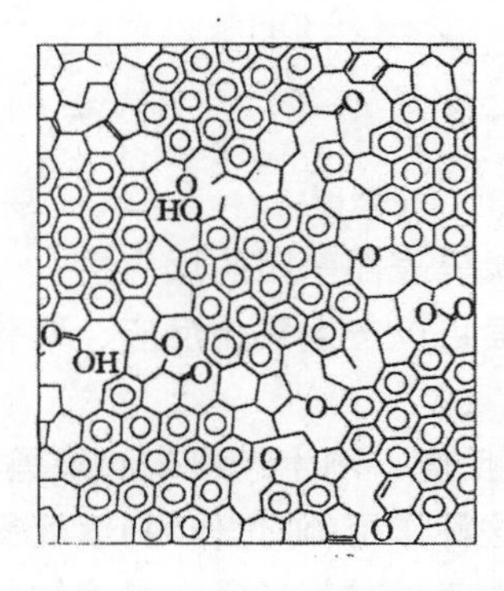

图 3－33　炭黑的
表面基团示意图

（二）炭黑的表面基团

炭黑表面上有自由基、氢、羟基、羧基、内酯基、醌基，见图 3－33。这些基团估计主要在层面的边缘。几种典型炭黑的基团含量见表 3－15。

表 3－15　某些市售炭黑及处理后炭黑的表面基团

	比表面积 $/(m^2/g)$	>H	>OH	>=O	$>CO_2H$	$>CO_2-$	含氧基团数（每 $100m^2$）
(1)市售炭黑							
S300	110	5.25	0.88	0.48	0.07	0.28	1.55
N110	135	1.50	0.59	0.01	0.03	0.17	0.59
N220	122	1.70	0.61	0.03	0.01	0.12	0.63
N330	76	1.94	0.55	0.00	0.01	0.17	0.96
N440	45	3.50	0.31	0.02	0.03	0.07	0.96
N770	23	3.79	0.18	0.02	0.01	0.05	1.13
N990	7	3.82	0.10	0.01	0.00	0.02	1.86
(2)处理 N220							
N220①	115	0.03	1.17	0.96	0.66	0.54	2.90
N220②	168	0.02	1.28	0.22	0.48	0.47	1.40

①在 25℃下 NO_2 气氛中球磨。

②100℃下硝酸处理。

③表中>代表基团连接到层面上。

1．自由基　炭黑的自由基主要在层面边缘上，特别是在表面瓦片状的边缘上的自由基对吸附作用有较大影响。可以将炭黑聚集体看作是一个许多自由基的结合体。由于这些自由基与层面聚省结构的 π 体系形成共轭，所以它们的稳定性较一般自由基高。Donnet 用偶氮二异丁腈及顺磁共振方法分别测定了几种炭黑的自由基数量，两种方法的结果均在 10^{20} 个/克炭黑的数量级上。

2．炭黑表面上的氢　炭黑中除表面上的氢外，内部也有，这是反应不完全剩下来的。表面上的氢比较活泼，可以发生氯、溴的取代反应。

3．炭黑表面的含氧基团　含氧基团有羟基、羧基、酯基及醌基。这些基团含量对炭黑水悬浮液的 pH 值有作用，含量高，pH 小，反之亦然。例如槽法炭黑水悬浮液的 pH 值在 2.9～5.5 间，炉法炭黑 pH 值一般在 7～10 间。

酸性　　弱酸性　　水解后酸性

（三）炭黑表面基团的反应性

炭黑表面可以产生氧化反应、取代反应、还原反应、离子交换反应、接枝反应等，分述如下。

1．氧化反应　刚生产出来的炭黑在常温空气中会与氧作用，使含氧基团增加，大约放置 3 个月后这种作用(陈化作用)就变得很少了。还可以用各种强氧化剂氧化，炭黑氧化后在涂料及油墨中使用时其光泽、黑度均较好。

2．与卤素和发烟硫酸的反应　炭黑与卤素能产生取代反应。炭黑同样能与发烟硫酸作用，引入磺酸基($—SO_3H$)，称为磺化炭黑。

3．还原反应　炭黑的还原反应多发生在炭黑表面，以炭黑中的醌基发生较多，如

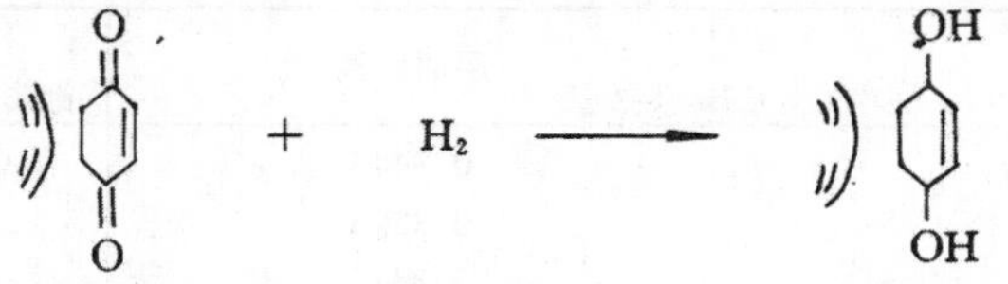

$$炭黑醌基 + H_2 \longrightarrow 炭黑酚基$$

在生产接触法色素炭黑中，在极严格控制条件下通氢、空气及油蒸气以制取高色素炭黑。

4．离子交换反应　主要是其他物质同炭黑表面上的官能团(如羧基、酚基等基团)的作用，如

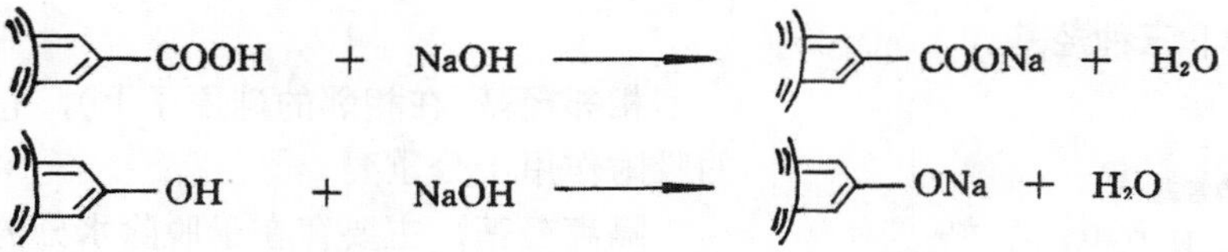

$$\text{—COOH} + NaOH \longrightarrow \text{—COONa} + H_2O$$

$$\text{—OH} + NaOH \longrightarrow \text{—ONa} + H_2O$$

5．炭黑的衍生物和接枝　当炭黑与重氮甲烷作用时，生成炭黑的衍生物，如

$$\text{—COOH} + CH_2N_2 \longrightarrow \text{—COOCH}_3 + N_2$$

炭黑粒子表面也可和各种单体，如丙烯腈、丙烯酸酯和苯乙烯等在引发剂存在下与炭黑表面反应生成炭黑的衍生物。例如炭黑与聚异戊二烯接枝可得如下产物。

$$\text{—C(=O)— 聚异戊二烯}$$

（四）炭黑的化学成分

炭黑的表面基团与炭黑化学成分关系密切，一般槽法炭黑中含氧较多，炉法炭黑较少。炉法炭黑中灰分比槽法炭黑多，这是炉法炭黑制造时用冷却水的缘故。几种炭黑的化学组成见表 3－16。

表 3－16　三类炭黑的化学组成（%）

炭黑牌号	C	H	O	S	灰　分
N330	97.96	0.30	0.83	0.59	0.32
S300	95.64	0.62	3.53	0.19	0.02
N990	99.42	0.33	0.00	0.01	0.27

（五）炭黑的石墨化及表面基团脱除

炭黑在惰性气体(如 N_2)中加热至 1000℃以上会渐渐地使微晶增大，如增大高度 L_c，层面距减小。表面形成环状多角形，结晶规整性提高，炭黑的比表面积减少，表面基团会逐渐脱除。当温度升到 2700℃时，变化达到了极限，再升高温度，变化很小。所以将炭黑加热到 2700℃以上称为石墨化。石墨化炭黑的微晶尺寸变大，见表 3－17。

表 3-17　石墨化炭黑的微晶尺寸①（nm）

石墨化炭黑	层面距离	微晶高度 L_c	
		电镜	X光
可混槽法炭黑(MPC)	0.3445	6.2	5.9
细粒子热裂法炭黑(FT)	0.3395	32.2	29.6
颜料炉法炭黑(CF)	0.3413	15.1	17.8

①炉法炭黑微晶宽度增加50%左右。

三、白炭黑表面上的基团

(一) 白炭黑表面上的基团

白炭黑表面上有羟基、硅氧烷基。白炭黑表面模型如图 3-34 所示。经过红外光谱分析研究已查明有以下三种羟基。

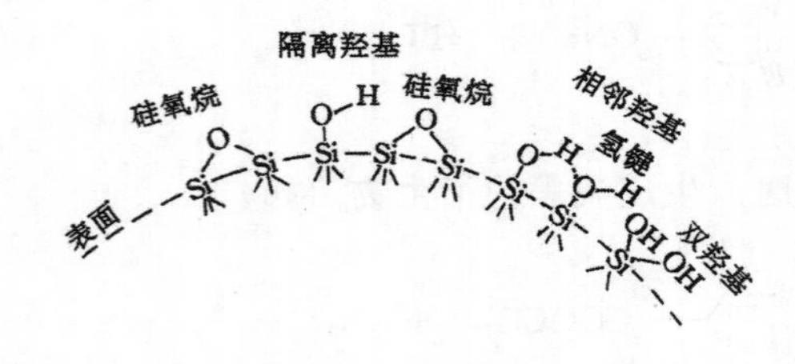

图 3-34　白炭黑的表面模型

相邻羟基(在相邻的硅原子上)，它对极性物质的吸附作用十分重要；

隔离羟基，主要存在于脱除水分的白炭黑表面上。这种羟基的含量，气相法白炭黑比沉淀法的要多，在升高温度时不易脱除；

双羟基，在一个硅原子上连有两个羟基。

白炭黑表面的不同羟基以及吸附了水的羟基、被吸附到白炭黑表面上水中的羟基，它们的红外吸收峰都有所不同，见表 3-18。

表 3-18　白炭黑表面上羟基种类及红外吸收峰

羟基类型	结构	红外吸收峰/cm^{-1}
未形成氢键的隔离羟基	≥Si—O—H	3720
形成氢键的隔离羟基	≥Si—O—H---O(H)—H	3740 3550
形成氢键的相邻羟基	Si(—O—H)—O—Si(—O—H)，H…O 氢键	3660 3550
与水形成氢键的相邻羟基	Si(—O—H)—O—Si(—O—H)，两 H…O(H₂) 氢键	3607 3540

续表

羟 基 类 型	结 构	红外吸收峰/cm^{-1}
吸附在单硅醇基上水中的羟基	$\equiv Si-O-H\cdots O\begin{smallmatrix}H\\H\end{smallmatrix}$	3456 1640
吸附在相邻羟基上水中的羟基	$H-O-H$ 的 O 与两个 $Si-O-H$ 的 H 形成氢键，两个 Si 以 $-O-$ 相连	3480 3400 3370
内部相邻羟基	$\equiv Si\begin{smallmatrix}O-H\\O-H\end{smallmatrix}$	3650
双羟基	$\equiv Si-O-H$	3500 1604

(二) 白炭黑表面羟基的化学反应

白炭黑表面羟基为硅醇基，具有醇的性质。表面上还有硅氧烷基，表面的反应包括：失水及水解反应、与酰氯反应、与活泼氢反应、形成氢键等。

1. 表面失水及水解反应　加热白炭黑会放出水分，随温度升高，放出水分数量增加。在150～200℃之前，放出水最多，200℃以后趋向平缓，有明显的转折点，见图3-35。折点以前主要是吸附水脱附，折点后是表面羟基缩水反应。DSC曲线也有相同现象，见图3-36。

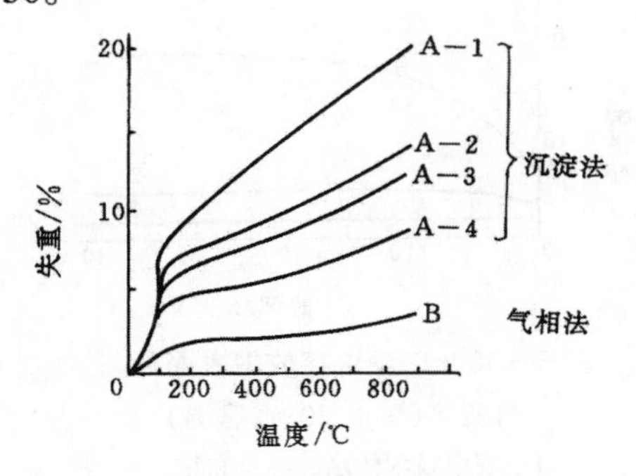

图3-35　不同白炭黑热失重图

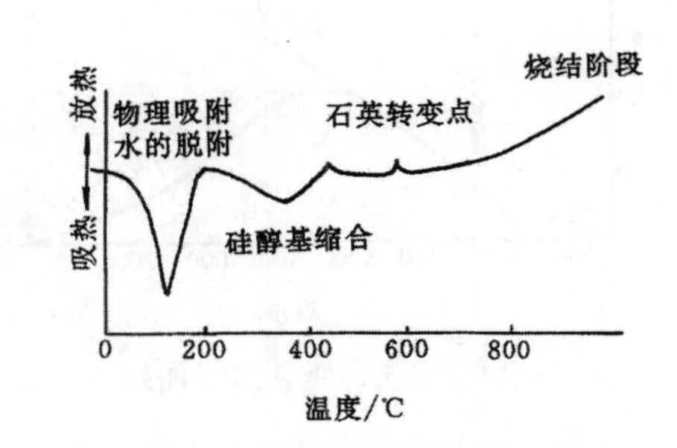

图3-36　白炭黑的差热分析图

若将不同温度下达到失重平衡的白炭黑暴露于水蒸气中，能重新发生水合作用。随着温度升高，重新水合作用下降，见图3-37。对这一现象解释为，在200℃以前是吸附水的脱附及吸附，为可逆的物理过程。在200～500℃中等温度下缩合失水的硅氧键有内应力。这种键易于重新可逆水合，生成结合羟基。在再高的温度下失水生成硅氧键构成的无内应力的环，这种环不易发生重新水合作用。其作用机理见如下说明。

$$\equiv Si{-}OH \;\; HO{-}Si\equiv \;+\; H_2O \underset{\text{脱附（200℃以下）}}{\overset{\text{吸附}}{\rightleftharpoons}} \equiv Si{-}OH\cdots OH_2 \cdots HO{-}Si\equiv$$

$$\equiv Si{-}OH \;\; HO{-}Si\equiv \xrightarrow{\text{缩水}} \begin{cases} \xrightarrow{200\sim500℃} Si{-}O^{*}{-}Si \xrightarrow{H_2O} \cdots \longrightarrow \equiv Si{-}OH \;\; HO{-}Si\equiv \\ \xrightarrow{500℃\text{以上}} Si{-}O{-}Si \end{cases}$$

白炭黑存放过程中，接触水蒸气，表面羟基浓度会增加，见图 3－38。其中相邻羟基增多，隔离羟基基本不变。Yonny 认为这是因为在制造白炭黑过程中即形成了部分应力环，也有部分非应力环。应力环水解形成相邻羟基，非应力环不易永解。

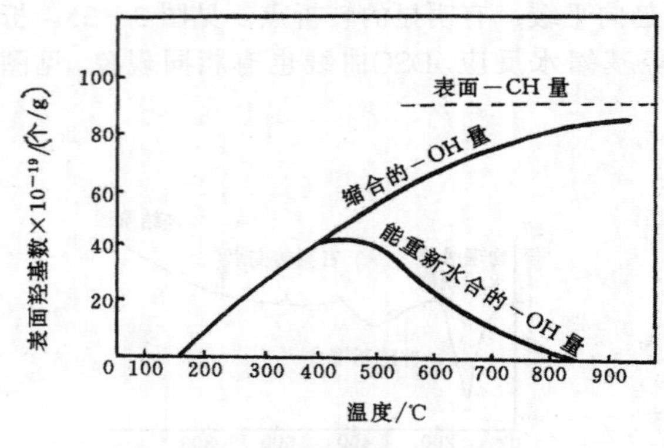

图 3－37 白炭黑重新水合曲线

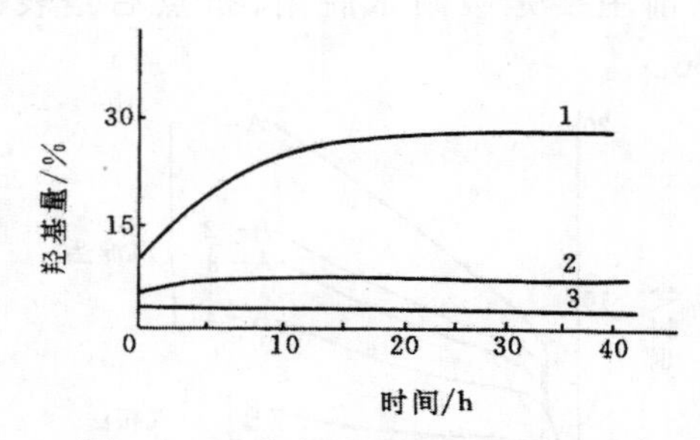

图 3－38 白炭黑存放中表面羟基的变化(湿度 70%，室温)

1—表面吸附的水的羟基和结合羟基之和；2—相邻羟基；3—隔离羟基

2．表面羟化化学反应　表面羟基为硅醇基，与醇有类似性。某些反应是白炭黑化学改性的基础。其反应如下：

与含羟化合物发生缩水反应

$$-\overset{|}{\underset{|}{Si}}-OH + OH-R \longrightarrow -\overset{|}{\underset{|}{Si}}-O-R + H_2O$$

与亚磺酰氯反应

$$-\overset{|}{\underset{|}{Si}}-OH + SOCl_2 \longrightarrow -\overset{|}{\underset{|}{Si}}-Cl + SO_2 + HCl$$

硅氯键可发生 Friedel－Crafts 反应

$$-\overset{|}{\underset{|}{Si}}-Cl + C_6H_6(AlCl_3) \longrightarrow -\overset{|}{\underset{|}{Si}}-C_6H_5 + HCl + AlCl_3$$

$$-\overset{|}{\underset{|}{Si}}-Cl + EtMgI \longrightarrow -\overset{|}{\underset{|}{Si}}-Et + MgICl$$

与碳酰氯反应

$$-\overset{|}{\underset{|}{Si}}-OH + R-\overset{O}{\overset{\|}{C}}-Cl \longrightarrow -\overset{|}{\underset{|}{Si}}-O-\overset{O}{\overset{\|}{C}}-R + HCl$$

与环氧化合物发生反应

$$-\overset{|}{\underset{|}{Si}}-OH + \underbrace{CH_2-CH}_{O}-CH_3 \longrightarrow -\overset{|}{\underset{|}{Si}}-O-CH_2CH(OH)CH_3$$

直接与格林试剂及四氢铝锂等发生活泼氢反应，可用这种方法测白炭黑表面的羟基浓度。

（三）白炭黑表面的吸附作用

白炭黑表面有吸附性，特别是对含 N、O 等低分子有机物有强烈的吸附性，见第七节。

（四）白炭黑表面的酸碱性

炭黑的水悬浮液中 pH 值，气相法的一般为 4～6，沉淀法的为 6～8。

四、陶土的表面及其基团

陶土的化学组成是硅酸铝，层状结晶，易形成六角板状粒子。在六角板的八个面上均有羟基，各侧面上的羟基红外光谱吸收带略有差异，见图 3－39。当混入橡胶后，其红外光谱

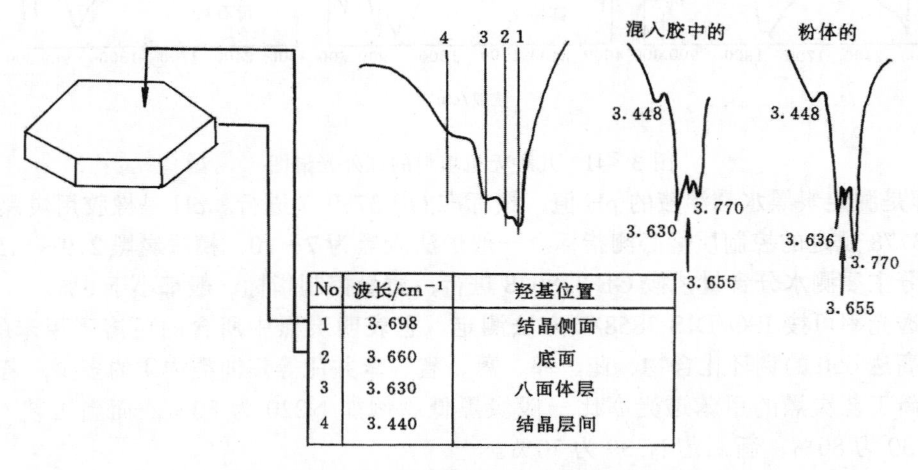

No	波长/cm⁻¹	羟基位置
1	3.698	结晶侧面
2	3.660	底面
3	3.630	八面体层
4	3.440	结晶层间

图 3－39　陶土粒子各部位的羟基红外吸收峰与填充后的变化

六角侧面的3770处峰明显减弱，在底面上的、层间的、层内的羟基吸收峰基本上未减弱，这说明橡胶主要与侧面的羟基起作用。

五、其他无机填料的表面及其基团

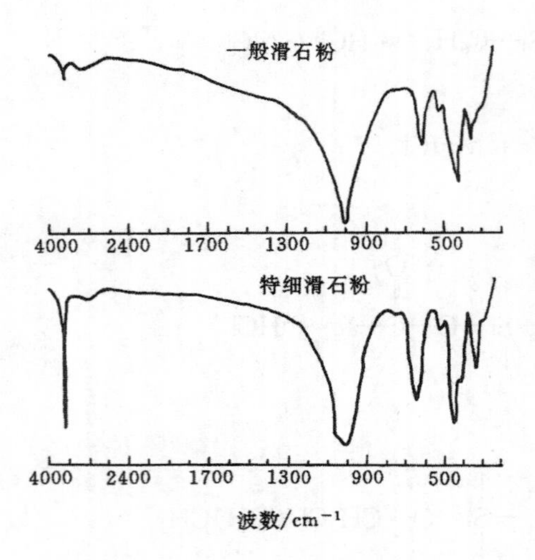

图3-40 滑石粉的粒径对红外光谱羟基吸收峰的影响

一般无机填料表面往往含有羟基，特别亲水，吸附空气中的水分趋于稳定。其吸附的水量随填料的比表面积增大而增加，有的吸附水即使在100℃下也难于脱附。

例如，滑石粉粒子表面有羟基，粒子越细，羟基含量越多，如图3-40所示。硅酸、硅酸钙、碳酸钙、碱式碳酸镁、陶土等的红外光谱如图3-41所示。图上均有羟基吸收峰，说明这些填料的表面上均有羟基存在。

六、填料表面性能的一般测试方法

填料表面是一个十分复杂的领域，自然表面性能的测定也是复杂的，而且在不断发展之中。在此仅介绍工程上常用的质量控制测试方法。

（一）炭黑表面性质的常规测试方法

目前工业上常用的有pH值、挥发分、甲苯透光率、DPG吸着率等测试方法。

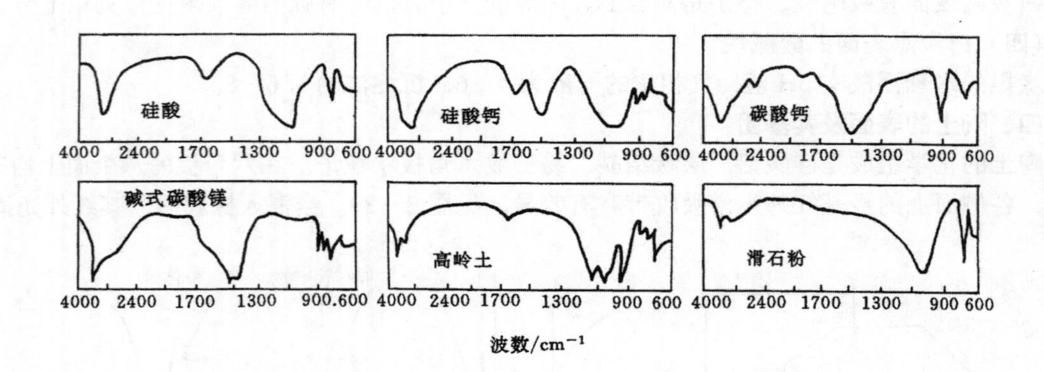

图3-41 几种无机填料的红外光谱图

pH即是测定炭黑水悬浮液的pH值，按标准GB 3780.7进行。pH是橡胶用炭黑技术条件中GB 3778规定的控制质量必测指标。一般炉法炭黑为7～10，槽法炭黑2.9～5.5。

挥发分主要测水分含量，按GB 3780.8进行，质量控制指标一般都小于3%。

甲苯透光率可按ISO/DIS 3858/2方法测定。它表明炭黑中所含的可溶于甲苯的物质，如分子量高达650的稠环化合物、芘、菲、蒽、省、苯并芘等焦油类物质的多少，若多则透光率低。新工艺炭黑的甲苯透光率比一般炭黑低。例如N220为80%，而新工艺N234为70%，N330为80%，新工艺N339为70%。

DPG吸着率表示炭黑对促进剂D，二苯胍的吸附能力。一般槽法炭黑为10%～22%，炉法炭黑为0.5%～9.0%。现已不太使用这个指标。

（二）无机填料表面性质的常规测试方法

1．无机填料的 pH 值　和炭黑一样，pH 值是一项控制无机填料质量的重要指标，一般气相法白炭黑的 pH 值在 4～6 之间，沉淀法的在 6～8 之间，陶土往往在 7 以下，碳酸钙在 8 左右。

2．无机填料的 DBA 值　无机填料表面对促进剂的吸附性可用填料二丁胺(DBA)的吸附值表示。其方法是基于二丁胺会从石油醚溶液中被吸附到填料表面上，未被吸附剩在溶液中的可以用滴定法测定。填料对 DBA 的吸附值用每公斤填料吸附 DBA 的毫当量表示，meq/kg，这称为填料的 DBA 值。该值越高说明对促进剂的吸附性越强，也就是说配合时需配入的促进剂需适当增加，常用填料的 DBA 值见表 3－19。

表 3－19　无机填料的 DBA 值

填　　料	DBA 值	填　　料	DBA 值
白　垩	10	沉淀法白炭黑(Durosil)，德国	100～110
超细 $CaCO_3$(Socal U)	20	沉淀法白炭黑(Vulkasil C)，德国	100～110
粘　土	40～60	沉淀法白炭黑(Hi－Sil233)，美国	230～250
含水硅酸钙(Calsil)，德国	60	沉淀法白炭黑(Vulkasil S)，德国	230～250
含水硅酸钙(Zeolex)，美国	70～80	沉淀法白炭黑(Ultrasil VN_3)，德国	240～260
含水硅酸钙(Silteg AS－7)，德国	60～90	气相法白炭黑(Aerosil)，德国	270～290
含水硅酸钙(Silene)，美国	80～100		

第六节　填料的其他性质

填料的粒径、结构(形状)和表面是填料的重要性质。其他性质还有光学性质、电性质、耐介质性质、热性质、阻燃性等。填料的这些性质对填充聚合物的性能也有重要的影响。

一、填料的容积单价及密度

使用填料目的之一是增大容积，降低成本。一般材料使用质量单价，但橡胶制品规格形状已设计好，体积固定，若橡胶是一定的，填充剂的密度越小，填充胶料的体积越大，填充胶料的价格会越便宜。填料的容积单价＝质量单价×密度。各类填料的密度见表 3－20。

二、填料的光学性质

某些橡胶制品要求高透光率，当选用填料时就要求选用与橡胶折光率相近的填料。因为这样填充胶中反射、折射就较小，透明性好，某些填料折光率列于表 3－20。碱式碳酸镁是一种有代表性的透明填料，折光率为 1.50～1.53，与天然橡胶(1.52)几乎相同。在透明橡胶中若加入折光率比较大的氧化锌(2.01～2.03)，即使少量的也会使制品出现混浊现象。因此对透明制品使用碱式碳酸锌全部或部分代替氧化锌。

相反，对于不透明的橡胶制品，应尽可能少透过光，应把光反射出去。填料与橡胶间折光率相差越大，反射越多，越不透明。例如二氧化钛的折光率为 2.76，常用其来作白色填料就是这个道理。

$$\text{反射率 } R = \left(\frac{n_1 - n_2}{n_1 + n_2}\right)^2 \qquad (3-8)$$

式中　n_1——填料的折光率；

n_2——橡胶的折光率。

表 3－20　填料的密度与折光率

填料名称	密度/(g/cm³)	折光率	填料名称	密度/(g/cm³)	折光率
气相法白炭黑	2.0～2.2		硅铝炭黑	2.1～2.4	
沉淀法白炭黑	2.0～2.1	1.44～1.50	碳酸钡	4.3～4.4	
炭黑	1.86～1.90		硫酸锆	4.7	
石英粉	2.5～2.6		二硫化钼	4.8	
陶土	2.5～2.6	1.55～1.57	三氧化二铁	5.2	
轻质碳酸钙(文石)	2.6	1.53～1.69	氧化锌	5.2	2.01～2.03
胶体碳酸钙	2.5～2.6		氧化锆	5.5	2.4
重质碳酸钙	2.7		钛酸钡	5.5～5.6	
白云石	2.8～2.9	1.51～1.68	三氧化二锑	5.5～5.9	2.09～2.29
叶蜡石	2.7～2.9	1.53～1.60	一氧化铅	9.35	
云母	2.8～3.2	1.55～1.59	硅藻土	2.0～2.6	1.52
硅酸钙	2.9	1.47～1.50(含水)	沸石	2.1～2.2	
石棉	2.8～3.3	1.60～1.71	碱式碳酸镁	2.2～2.3	1.50～1.53
三氧化二铝	3.7～3.9	1.56	氢氧化镁	2.4	1.54
二氧化钛	3.7～3.9 (锐钛矿)	2.52～2.76 (锐钛矿、金红石型)	$Al_2O_3·3H_2O$	2.4	
立德粉	4.2	1.94～2.09	硫化锌		2.37～2.43
沉淀法硫酸钡	4.2～4.5	1.64～1.65	碱性碳酸锌	3.3	1.7
硫酸钡(重晶石)	4.2～4.6	1.64～1.65	氧化镁	3.2～3.4	1.64～1.74
滑石	2.7～2.8	1.54～1.59			

三、填料的热性质

高聚物在加工中往往都有热过程，聚合物一般在熔融态、粘流态加工，因此也涉及到填料的热性质。

填料的热性质主要有导热系数、比热容、含结晶水填料的失水、热膨胀系数。一般的无机填料导热系数为0.42～3.34W/(m·K)，例如碳酸钙为 0.35W/(m·K)，多数聚合物的导热系数约为 0.04W/(m·K)，石墨导热系数为 41.84W/(m·K)，金属铜为 384.93W/(m·K)，可见填充的聚合物导热性要比纯的聚合物大得多。无机填料的热膨胀系数在$(1～8)\times10^6$/K，比聚合物小几乎一个数量级。无机填料的比热容大约为 400J/(kg·K)，比聚合物低得多。这些性质对填充聚合物的硫化升温、使用过程中的生热、散热等均有一定的影响。

表 3－21 上列出了常用无机填料的失水温度或脱羧温度，这些数据是名义失水温度，实际上，从加热开始便有少许水分失去。例如陶土、滑石粉、碳酸钙、氢氧化镁的失水有一个过程，它们的失水曲线见图 3－42。

表 3-21　常用填料脱水、脱羧温度

填充剂	化学组成	含水量/%	脱水、脱羧温度/℃
硫酸钙	$CaSO_4\cdot 2H_2O$	20.9	128～163
水合氧化铝	$Al_2O_3\cdot 3H_2O$	34.6	230℃开始明显失水，900℃失去水总重的35%终止
氢氧化镁	$Mg(OH)_2$	31.0	350
氢氧化钙	$Ca(OH)_2$	24.3	550
滑石粉	$3MgO\cdot 4SiO_2\cdot H_2O$	4.8	700～750
陶　土	$Al_2O_3\cdot 2SiO_2\cdot 2H_2O$	14.0	600
石灰石	$CaCO_3$	放出 CO_2	900

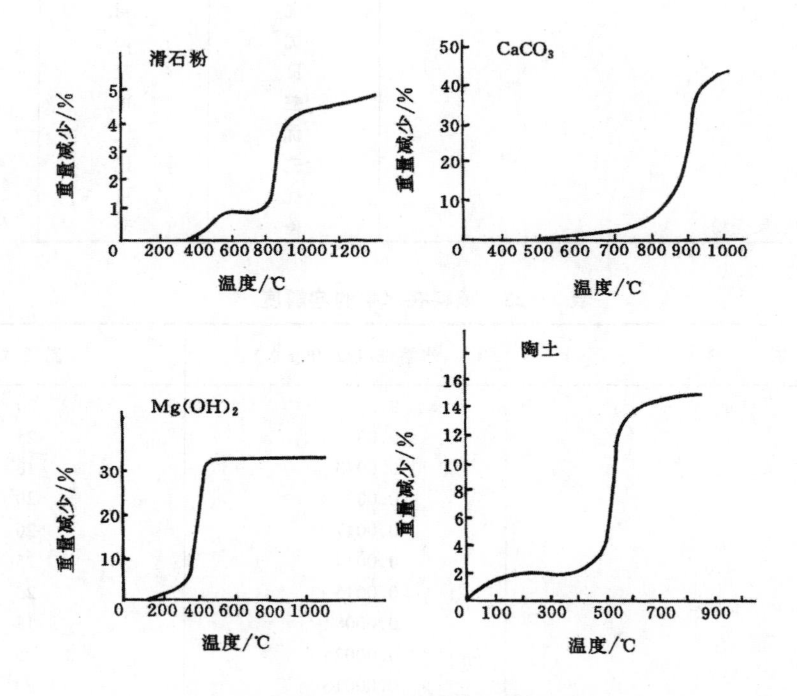

图 3-42　填料加热重量的变化率

四、填料的耐介质性能

填料的耐酸、耐碱及耐水性对填充胶的这些性能有影响。表 3-22 列出了各类填料的耐酸、碱性能。表 3-23 列出了在各相应温度下在水中的溶解度。由此表可见 $CaSO_4$ 不耐水，而 $\alpha-Al_2O_3$ 很耐水。这说明做耐水制品不应选 $CaSO_4$。也就是说胶料要耐哪种介质就应该选耐哪种介质的填料。

表 3-22　填料的耐介质性能

填　料	耐化学腐蚀性		
	酸	碱	其他
水铝矿(三水合氧化铝)	良	良	
氧化铝	良	良	
碳酸钙	差	可	水可溶
硫酸钡，重晶石	优	优	

续表

填料	耐化学腐蚀性		
	酸	碱	其他
霞石，碳酸钙(贝壳)	差	可	
硅酸锆，锆石	优	优	
硅酸钙，硅灰石	差	可	水可溶
硅酸镁钙，闪透石	可	良	
硅酸铝，高岭土	良	良	
硅酸铝钾，云母	良	良	
硅酸镁，滑石	良	良	
硅酸镁，蛇纹石(石棉)	良	良	
硅酸铝，叶蜡石	良	良	
氧化硅	优	差	
水合氧化硅，乳石	优	良	
玻璃(微珠)	良	差	
硅酸钙(沉淀法)	差	可	
结晶态碳，石墨	优	优	
金属	差	优	铝耐碱较差
煤(无烟煤)	优	可	含挥发物
木粉、树皮粉、软木粉、果壳粉	差	差	与酸、碱反应

表 3-23 填料在水中的溶解度

填料	水溶性/(g/100g 水)	温度/℃
硫酸钙(无水)	0.3	20
碱式碳酸镁	0.03	25
亚硫酸钙	0.0043	18
碳酸钡	0.002	20
一氧化铅	0.0017	20
碳酸钙(方解石)	0.0014	25
碳酸钙(文石)	0.0015	25
氢氧化镁	0.00084	18
硫酸钡	0.00025	25
氧化锌	0.00016	29
氢氧化铝	0.00015	20
三氧化二铝(α 型)	0.000098	29

第七节 填料表面的吸附性

在一定条件下，一种物质的分子、原子或离子能自动地附着在某固体表面上的现象，或某物质在界面层中浓度自动发生变化的现象称为吸附。

吸附现象可以发生在不同界面上，如气固、液固、气液、液液等界面上。

按吸附性质不同，可以分为物理吸附和化学吸附两种。两种区别在于物理吸附较快，易达平衡，可以形成多层吸附，即覆盖率 $\theta>1$，吸附热(每摩尔气体分子从气相被吸附到界面层过程中所放出的热量)低，其数值与气体液化热相近，易解吸。化学吸附是吸附质在固体表面起化学反应的吸附，所以反应较慢，单层吸附，吸附热大，一般 40～400kJ/mol，不易解吸。

物质的表面可以分为两类。一类是高能表面，其比表面能在 0.2～5.0J/m^2，另一类是低能表面，比表面能一般在 0.1J/m^2 以下，有机物一般为低表面能物质。低能表面物质倾向于强烈地吸附在高能表面的物质表面上，这是因为吸附后可以使高能表面上的不平衡力场得到某种程度的补偿，使体系自由焓下降。高能表面特别亲水，对水的亲和性比对有机物的吸附性大一个数量级以上。因此，水倾向于插在聚合物与高能物质界面之间，这样就减少了界面粘合性。

吸附强弱可用吸附热、平衡铺展压π_e(equilibrium spreading pressure)表征。吸附热越高，吸附能力越强。π_e代表吸附剂(固体或液体)在吸附质的平衡饱和蒸气压下，因吸附了吸附质，吸附剂的表面张力下降值。表面张力下降越多，π_e越大，则吸附力越高。

$$\pi_e = \gamma_s - \gamma_{sv} \tag{3-9}$$

式中 γ_s——固体或液体(吸附剂)的表面张力(在真空中或与它自身平衡蒸气压下)；

γ_{sv}——在润湿液体(吸附质)平衡饱和蒸气压下的固体(吸附剂)表面张力。

π_e一般随接触角减少而增大。当 $\theta=0$ 时，它会变得相当大。

填料一般属高能表面物质，高聚物室温下多为高分子量的范德华固体，所以填料对聚合物有吸附性，尤其在提高温度的加工条件下，聚合物变成熔体或半熔体，分子间范德华力比室温下大为降低，这时填料对聚合物的吸附性将进一步提高。

另外填料对聚合物的吸附能力还受吸附质与吸附剂互相间 Lewis 酸碱性和 Bronsted 酸碱性的制约。如果吸附偶一个是酸，另外一个是碱，便容易吸附。

吸附在填料工业上获得了广泛应用。例如人们熟知利用吸附方法测填料的表面积，BET 氮吸附是一种标准的测比表面积的方法。再如用不同类型物质的吸附等温线测填料表面上的吸附能。用酸碱指示剂吸附测定填料表面的酸碱点。近年来，反气相色谱法已成为表征填料表面活性的有力工具。

填料对橡胶的吸附决定了填料对橡胶的补强性，所以研究吸附不论在橡胶的补强理论上，也不论在填料的改性等实践方面均有十分重要的意义。

一、炭黑的吸附性

炭黑有很高的吸附能力，与橡胶有关的某些研究如下。

(一) 炭黑表面的吸附热

在液氮沸点 -196℃下做氮吸附，炭黑吸附氮放出的热量可以说明炭黑表面的吸附活性。氮是惰性气体，在低温下与炭黑没有化学反应，纯属物理吸附。所放出的热量表示范德华力作用的能量。

图 3-43 是槽法炭黑的吸附热曲线。图上横坐标 Q 为炭黑粒子表面的覆盖率。例如，$Q=0.2$ 即是指炭黑粒子的表面有十分之二的面积被氮分子所遮盖；$Q=1$ 即全部表面为氮分子所遮盖，成单分子层。$Q>1$ 时即有第二层分子的吸附，此时吸附放出的热量即接近于氮气液化放出的热量（用虚线表示）。纵坐标为微分吸附热，即每增加一部分的氮所放出的热量。

曲线显出的特点是在开始的时候放出大量的热，达到 19.4kJ/mol，以后逐渐减少，到完成一个单分子层的时候，吸附热只有 8.37kJ/mol 了。这种事实说明炭黑的表面结构不均匀，吸附性也不均匀，有少数高活性吸附点。分析这些活性点存在于微晶层面的边缘。这些活性点被吸附的氮遮盖后，吸附能力下降至与石墨相似。这些具有一般吸附能力的面积约占 80%，对补强也有相当的作用，这一点从下述石墨化炭黑的吸附中可以看出。石墨化炭黑是

MPC在3000℃石墨化处理后得到的，它没有特大的活性点，只有均匀的吸附能力(约11.7kJ/mol)。由图3-44可见微分吸附热曲线是比较平坦的，曲线的拱起部分是接近于单分子层时平面上氮分子相互作用引起的。

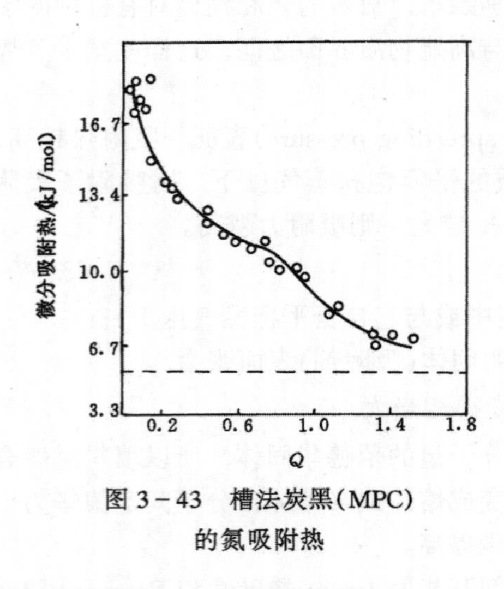

图3-43 槽法炭黑(MPC)的氮吸附热

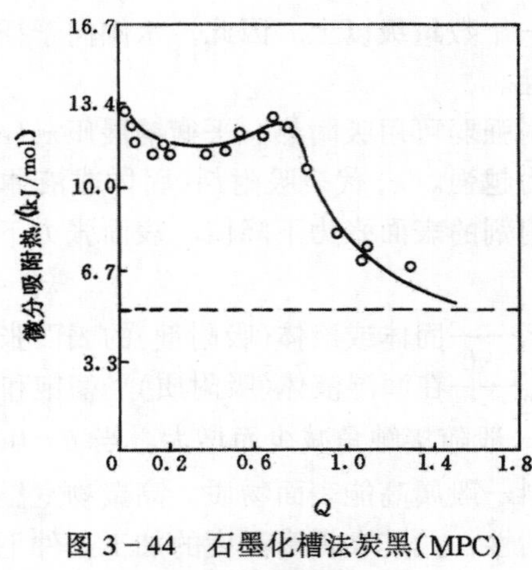

图3-44 石墨化槽法炭黑(MPC)的氮吸附热

炭黑的表面活性点的吸附能力不同，如图3-45所示。吸附在A点的分子需要有活化能E_A，才能移至B点或C点上，又要加上能量E_m才能脱离炭黑粒子的表面。石墨化炭黑的表面上能量分布均匀，没有特大的活性点，但石墨化炭黑仍然保持一部分的吸附能力，可见即使是范德华力也有一定的补强作用。

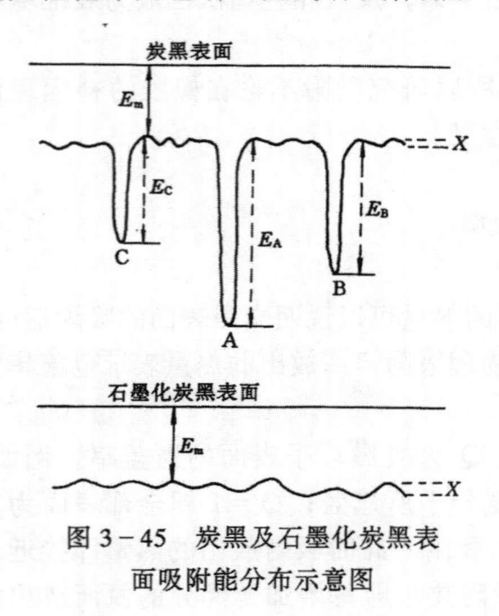

图3-45 炭黑及石墨化炭黑表面吸附能分布示意图

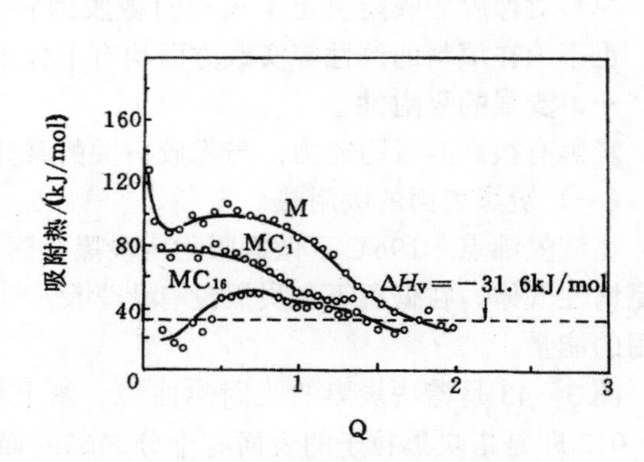

图3-46 M炭黑及其接枝炭黑对正己烷的吸附热与表面覆盖率的关系

炭黑对于正己烷蒸气的吸附热同样说明炭黑的表面具有不同吸附能量的吸附点。炭黑试样有三种，一种是未改性的比表面积为560m^2/g的Monarch 1300，简称M炭黑。第二种是该炭黑表面与甲醇反应(利用炭黑表面的羧基)形成的甲基酯接枝的，接枝量为0.70±0.02链/nm^2的MC_1炭黑。第三种为十六烷基酯化，接枝量为0.24±0.02链/nm^2的MC_{16}炭黑。

这三种炭黑对正己烷的吸附热与覆盖率的关系见图3-46。由图可知，未改性的M炭黑对正己烷的吸附热曲线与炭黑在 -196℃下对氮的吸附热曲线相似。

接枝炭黑 MC_1、MC_{16} 的吸附热低于 M 炭黑，特别是 MC_{16} 吸附热下降更大。因为烷基大，占体积大，空间占位也大。接枝把炭黑的表面高能吸附点屏蔽住了，所以大大降低了表面吸附能。

（二）炭黑从溶液中吸附橡胶

炭黑能从橡胶溶液中吸附橡胶。通过不同因素对这种吸附的影响及吸附与解吸的研究，可认识结合胶的本质和补强原理。

1. 吸附　向橡胶溶液中加入炭黑使其充分分散，保持一定的温度，经过一定时间，吸附于炭黑表面上的橡胶会达到平衡(或饱和)值，可用每克炭黑所吸附的橡胶克数表示。

一种橡胶对于各种炭黑来说，吸附量与炭黑的比表面积成比例。图 3-47 试验的炭黑包括有 FT、SRF、FEF、HAF、SAF，还有石墨化炭黑和乙炔炭黑。从丁苯橡胶的试验结果可见，吸附量(每克炭黑吸附的橡胶克数)随炭黑的比表面积增大而增加，这与炭黑的补强性一致。

吸附速度和吸附量与橡胶的种类和分子量有关。对同一种橡胶来说，分子量小的吸附速度快，但分子量大的吸附量大，如图 3-48 所示。

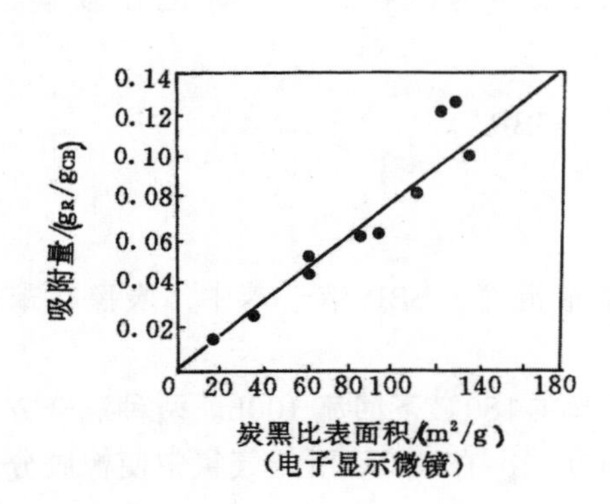

图 3-47　丁苯橡胶吸附量与炭黑比表面积的关系

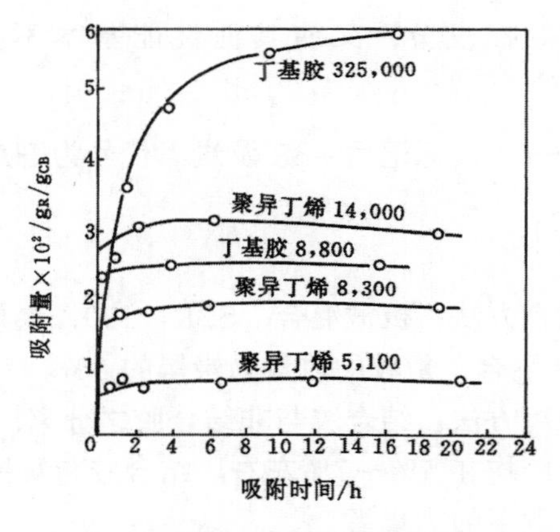

图 3-48　在正庚烷溶液中炭黑吸附丁基橡胶和聚异丁烯的速度

2. 解吸附　简单的物理吸附应是可逆的过程。这就是说物理吸附在炭黑表面上的物质可以用较稀的溶液或最后用纯溶剂把它完全除去，吸附和解吸附的过程应在同一曲线上。但炭黑吸附橡胶的过程不是这样，解吸附曲线在吸附曲线之上。图 3-49 是丁苯橡胶在正己烷熔液中的吸附曲线，虚线和矢头表示解吸附曲线。即用纯溶剂洗涤，如用苯抽提 72h，仍然有一部分橡胶不能除去。这部分不溶于苯的橡胶称为“结合橡胶”。

从图 3-50 可见，各种炭黑的吸附量大的，用苯不能抽出的结合橡胶也多。石墨化炭黑是低活性的。在溶液中吸附胶量与炭黑相同的情况下，再用苯抽出后得到结合橡胶的数量却较低。

（三）炭黑对橡胶的化学吸附

为了证实炭黑表面那一小部分高能吸附位置对橡胶产生的是化学吸附，特将 HAF、FT 炭黑以及 SBR 分别标记上放射性氚(T)。其中 HAF 事先在 950℃ ×1h 处理基本除去表面含

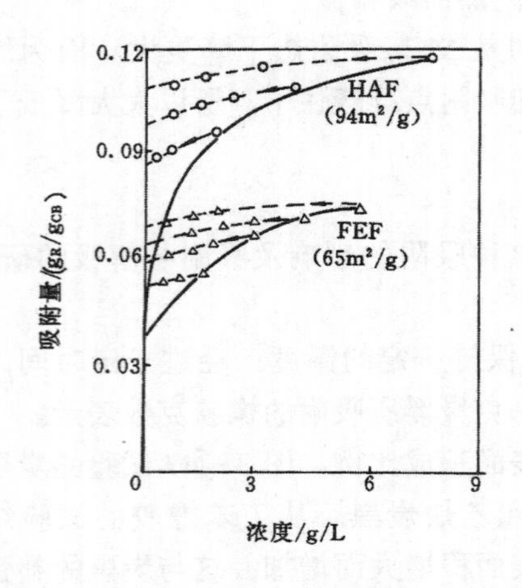

图 3-49　炭黑在丁苯 1500 的正己烷溶液中的吸附与解吸附曲线

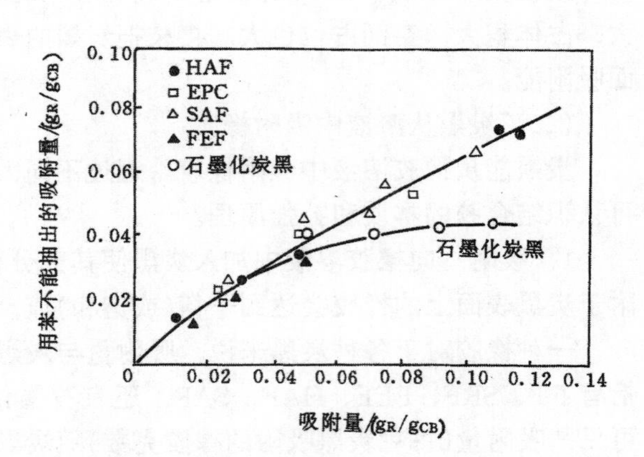

图 3-50　丁苯 1500 在正己烷溶液中炭黑的吸附量(横坐标)与用苯不能抽出的结合胶量(纵坐标)的关系

氧基团等挥发分，又使其他性能基本不变，再标记氚作为试样。SBR 标记在叔碳上，

R—C(T)(C₆H₅)—R，标记后 SBR 及炭黑代号为 HAF*、FT*、SBR*。

混合方法：机械混合，SBR　100，炭黑　50；溶液混合，SBR 溶于苯中，炭黑在苯中与 SBR 混合，橡胶的质量为炭黑的 5%。

分离方法：结合胶与非结合胶之分离，用邻二氯苯在 180℃下回流 100h。两种混合方法的结合胶均在 5%～7%左右。结合胶与炭黑的分离的办法，在 750℃下氮气氛中使橡胶分解除去，剩下的为炭黑。

测定方法：测定结合胶与炭黑一起的放射活性(氚放射 β 射线，1 居里的裂变次数为 3.7×10^{10}/s)称为原始放射活性，再测定分离后剩下炭黑的放射活性，两者之差便是交换部分。

试验结果见表 3-24。由表 3-24 可见 HAF* 炭黑中约有 20%的氚交换到 SBR 上，FT 没有交换。从表 3-25 可见橡胶 SBR* 上的氚也有约 12%～20%交换到炭黑上。由此可知，这些反应是在界面层结合胶中进行的。

表 3-24　标记炭黑*对 SBR 的交换率

	除去挥发分的 HAF*	FT*
原始放射活性/(Bq/g)	3.7×10^4	1.85×10^4
除去橡胶后炭黑上的放射活性(Bq/g)	2.96×10^4	1.85×10^4
炭黑上氚交换到 SBR 上的百分率	20	0

表 3-25　标记 SBR* 对炭黑的交换率

	HAF	除去挥发分的 HAF
原始放射活性/(Bq/g)	3.885×10^4	5.735×10^4
除去橡胶后放射活性/(Bq/g)	0.814×10^4	0.666×10^4
SBR* 上氚转移到炭黑的百分率	20	12

氢交换机理可表示如下

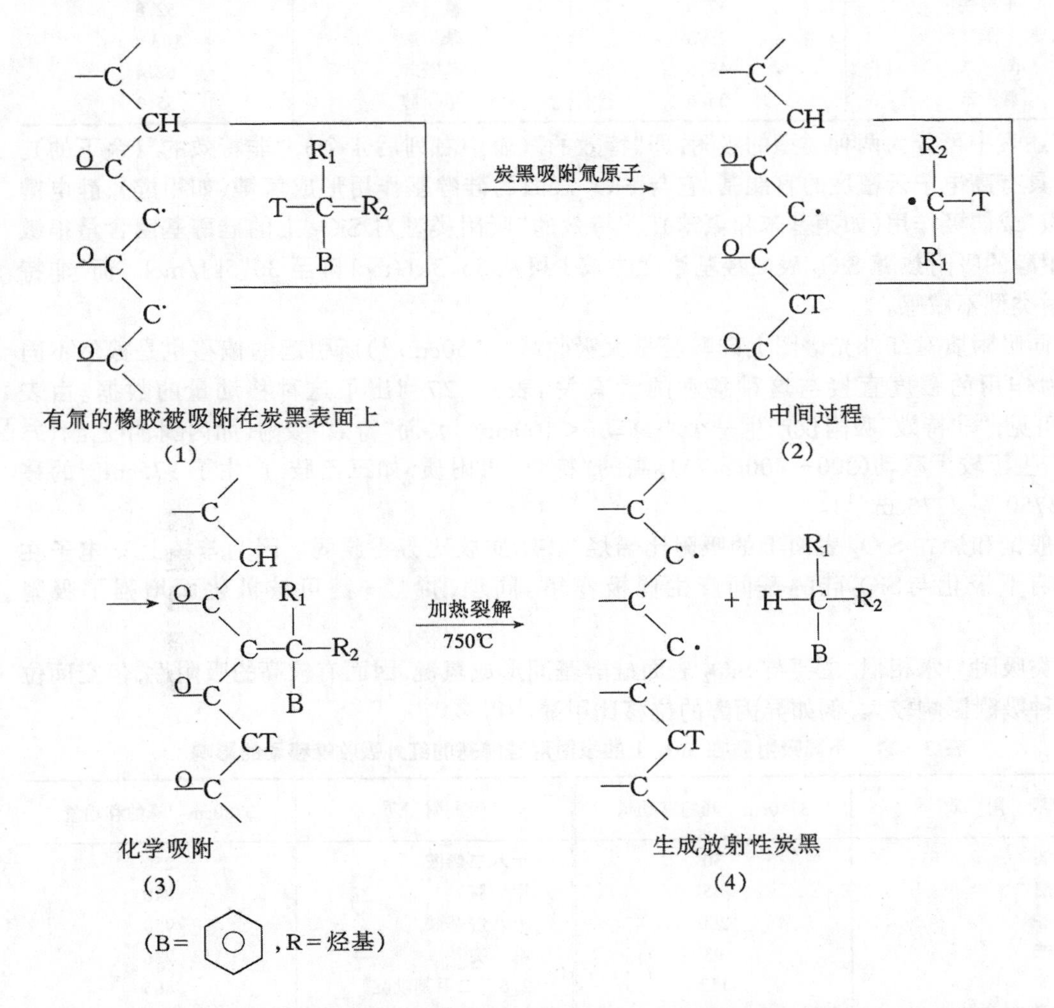

(B= ⌬ ,R=烃基)

上列反应式也可以逆转来看,也就是炭黑有放射性。氚交换到 SBR 上,这就说明了炭黑对橡胶之间有化学吸附。

二、白炭黑对于低分子有机物的吸附

为了弄清 SiO_2 在配入高聚物,特别是配入橡胶中后与橡胶分子的作用,从而有助于阐明补强机理,国外不少工作者对有机小分子物质在 SiO_2 表面的吸附作用作了大量的研究工作。这些工作一致表明,SiO_2 表面可与许多小分子有机物质发生吸附作用,而且表面羟基可和水分子发生强烈的氢键作用。表 3-26 列出了不同有机物质在燃烧法(气相法)白炭黑表面上的吸附热数据。

表 3-26 不同有机物在 SiO_2(BET-比表面积为 $93m^2/g$)上的吸附热

有机物	$\Delta H/(kJ/mol)$	有机物	$\Delta H/(kJ/mol)$
正己烷	31.8	苯乙烷(乙苯)	39.4
正庚烷	36.5	甲 苯	47.8
正辛烷	40.6	四氯化碳	30.2
正癸烷	47.8	氰 苯	52.8
苯	45.3	苯 胺	103.5
溴 苯	43.6	硝基苯	62.4
氯 苯	35.6	甲 醇	55.3

上述表中可分为两种类型的吸附,即"特效的"(表中右列后 4 个),"非特效的"(余下的)。特效的具有高电子云密度的官能基,它与 SiO_2 表面的硅醇基作用形成氢键(如甲醇)、静电键(如苯胺)或偶极作用(如硝基苯和氰苯)。"特效的"吸附类型对 SiO_2 上的硅醇基团含量很敏感,如甲醇的吸附热随 SiO_2 表面羟基浓度的减少可从 55.3kJ/mol 降至 36.5kJ/mol。而"非特效"吸附类型不敏感。

不同吸附质对红外光谱图上硅醇基最大吸收峰($3750cm^{-1}$)所引起的偏移也是截然不同的,因为作用的强度直接与这种移动的量有关。表3-27列出了这种移动量的数据。由表 3-27 可见,"非特效"吸附仅产生一个小移动($<100cm^{-1}$),而"特效"吸附(如丙酮、甲乙酮、二乙醚)产生了较大移动($300\sim400cm^{-1}$),高的"特效"吸附质,如三乙胺,产生了 $975cm^{-1}$ 的移动(从 3750 到 $2775cm^{-1}$)。

一般饱和烃在 SiO_2 表面上的吸附比烯烃弱,脂肪族比芳香族弱。因为苯核上 π 电子在 SiO_2 影响下极化与 SiO_2 硅醇基间产生偶极作用。同理,烯烃 π 键可被极化而增强了吸附作用。

醇类吸附与水相似,主要与 SiO_2 表面硅醇基间形成氢键,因而有较高的吸附性,但空间位阻对这种吸附影响较大,例如异丙醇的位移比甲醇小得多。

表 3-27 不同吸附质在 SiO_2 上的吸附对硅醇基的红外吸收峰移动的影响

吸附质	$3750cm^{-1}$ 峰的移动量	吸附质	$3750cm^{-1}$ 峰的移动量
正己烷	30	十八二烯酸	250
正戊烷	45	甲 胺	840
苯	200	十八烷基胺	750
溴 苯	95	吡 啶	736
硝基苯	112	2,6-二甲基吡啶	805
甲 醇	300	2,6-二异丙基吡啶	825
异丙醇	60	2,4,6-三甲基吡啶	855
乙 醛	280	2,6-二特丁基吡啶	100
二乙醚	460	三乙胺	975

胺类与 SiO_2 表面发生强烈作用。脂族胺和杂环胺类可使 SiO_2 的硅醇基红外光谱峰移动 $800\sim1000cm^{-1}$,这是因为它们间产生强烈的氢键,也有人认为是静电键所致。特丁基的空间位阻对这种作用有明显的减弱作用。

这种作用对于 SiO_2 应用于橡胶工业特别重要。在白炭黑补强的胶料中,SiO_2 表面会强烈吸附橡胶中的促进剂、防老剂和其他有关的配合剂,产生硫化迟延现象。为防止上述现象,可以加入一些胺类、醇类,使其优先吸附在白炭黑表面上,防止或减弱对促进剂的吸附。

值得一提的是多官能团的胺或醇类的吸附性高于单官能团的，所以 SiO_2 胶料中常用乙醇胺、乙二醇、三乙醇胺等多官能团化合物作活化剂。

白炭黑对 CZ 的吸附见图 3－51。由图可见，白炭黑对 CZ 的吸附性远大于 HAF 对 CZ 的吸附性。其吸附量随温度升高而增大。吸附平衡时间大约 1h。

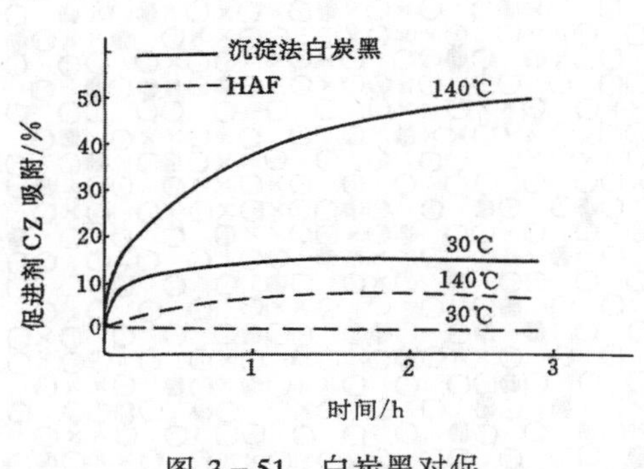

图 3－51　白炭黑对促进剂 CZ 的吸附

白炭黑粒径越小，pH 值越小，吸附力越强。例如，气相法 SiO_2、沉淀法 SiO_2、硅酸铝、硅酸钙(后两种是合成，不是矿物加工)吸附性及补强性是依次下降的。

三、填料的吸附与酸碱性

填料对聚合物的吸附作用强烈地受到它们间酸碱性的影响。若吸附偶都是同性，则不易互相吸引。例如 PMMA 在 $CaCO_3$ 上表面几乎不发生吸附，CPVC 在 SiO_2 上的吸附也极小。而当一个是酸，另一个是碱，则吸附较多。

对溶液中和界面分子间作用力认识的新进展为定量预测吸附和粘合能力带来了希望，对证明聚合物－填料相互作用很有价值。在界面上，每单位面积互相作用自由能(W，粘合功)由色散相和酸、碱相组成。70 年代 Drago 研究表明：所有的极性相互作用和氢键形成都是路易斯酸碱性的，其相互作用焓 ΔH^{ab} 可定量预测。

(一) 固体表面的酸碱性

关于固体酸碱理论有两种，一种是广泛采用的 Lewis 电子论的酸碱理论，能接受电子的受体为 Lewis 酸，给出电子的给体是 Lewis 碱。另一种是 Brönsted 质子酸碱理论，能放出 H^+ 的分子、离子均为 Brönsted 酸，能与 H^+ 结合的分子、离子均为 Brönsted 碱。

填料的表面，特别是离子固体的表面，往往有 Lewis 酸位置，也有 Lewis 碱位置，也可能还有 Brönsted 酸、碱位置。另外失水、水解等都可以引起酸、碱性的变化。例如，Al_2O_3 加热失水出现 Lewis 酸点和 Lewis 碱点，吸水后还可形成 Brönsted 酸点。固体 Al_2O_3 表面既有酸性位置，也有碱性位置(图 3－52)，当表面上 90.4% 的羟基被除去之后，表面上出现了许多两个以上相邻的 Al^{3+} 位置，而很少有两个以上相邻的 OH^- 位置，如图 3－53 所示。SiO_2 表面有弱酸性位置，也有弱碱性位置。各种无机物的 Lewis 酸碱性见表 3－28。ZnO、ZnS、SiO_2 在两类中都出现。

表 3－28　固体酸与固体碱

固体酸	酸性白土、皂土、高岭土、蒙脱土、白炭黑、Al_2O_3、ZnO、TiO_2、ZnS、$AlPO_4$ 等
固体碱	CaO、$CaCO_3$、$BaCO_3$、ZnO、SiO_2、MgO、ZnS、Al_2O_3 等

某些聚合物往往也表现出明显的酸、碱部分，例如聚乙烯醇、聚丙烯酰胺等，而 PMMA 没有明显的酸性部分，CPVC 没有明显的碱性部分。

(二) 溶剂酸碱性对聚合物在填料表面吸附的影响

关于溶剂酸碱性对吸附的影响可以用填料在不同酸、碱性的溶剂中对聚合物的吸附量来说明。其吸附量由聚合物品种、填料酸碱度、比表面积、溶剂酸碱度决定。当聚合物、填料一定时，主要由溶剂决定。试验了六种不同酸碱度的溶剂对 PMMA 在 SiO_2 表面上吸附的影响，其结果如图 3－54 所示。图的纵坐标为 PMMA 在 SiO_2 表面上的产生的吸附量，单位是

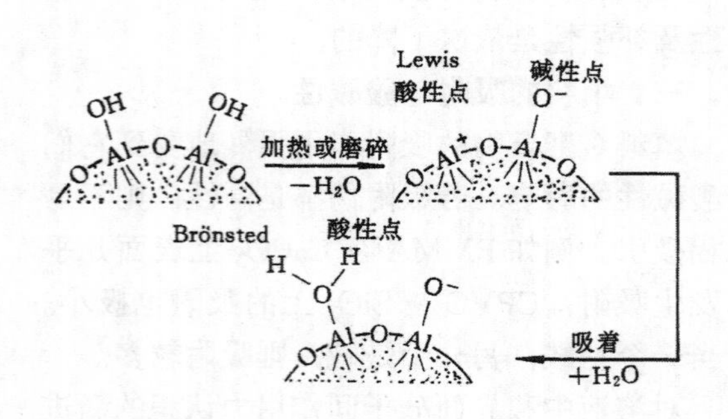

图 3－52　不规则的 Al_2O_3 表面的酸性位置和碱性位置

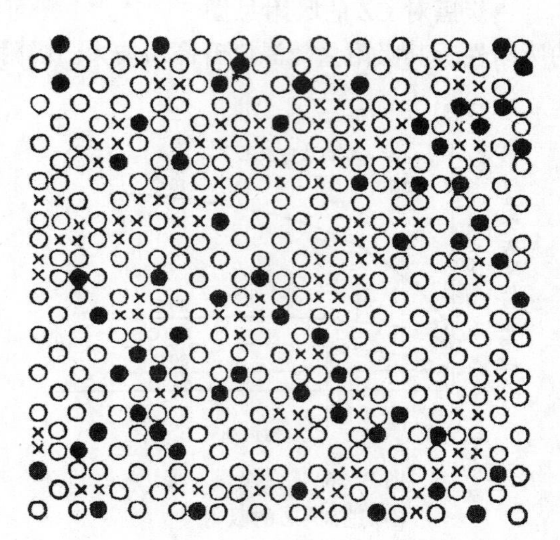

图 3－53　Al_2O_3 除去 90.4%羟基的表面情况

○为 O_2；×为连续两个以上的 Al^{3+}；●为 $-OH^-$（表面上无两个邻接的）

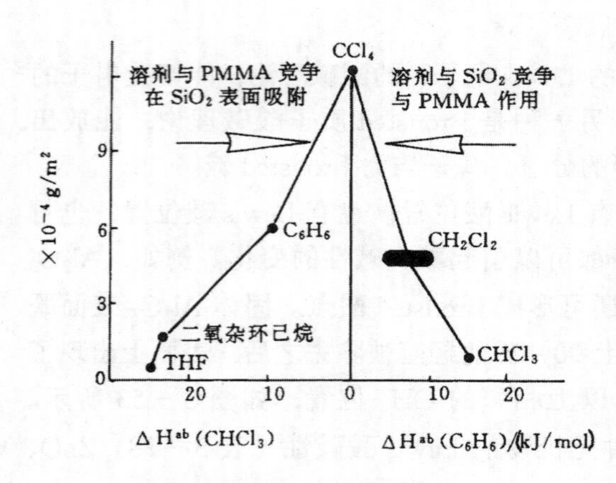

图 3－54　溶剂酸碱性对于聚合物在填料表面上吸附的影响

g/m^2，横坐标是用试验溶剂对选定基准溶剂之间酸碱作用产生的热焓变化来表示，图右侧的横坐标用所选基准溶剂苯（碱）对试验溶剂 CH_2Cl_2 和 $CHCl_3$（酸）的相互作用热焓 ΔH^{ab} 表示，图左侧横坐标用所选基准溶剂 CH_3Cl（酸）与试验溶剂苯、二氧杂环己烷、四氢呋喃（碱）之间相互作用热焓 ΔH^{ab} 表示。由图可见，当用中性的 CCl_4 溶剂时，PMMA 在 SiO_2 上吸附量最大。随溶剂碱性增大，吸附量减少，因为溶剂和 PMMA 竞争在 SiO_2 上吸附，吸附的溶剂多，自然就减少了对 PMMA 的吸附。而当溶剂的酸性增加时，PMMA 在 SiO_2 上的吸附也减少，因为溶剂和 SiO_2 竞争与 PMMA 作用。

由上述可见，溶剂的酸碱性对于聚合物在填料表面上的吸附有相当大的影响。

第八节　结合橡胶

一、结合橡胶的概念及测试方法

结合橡胶也称炭黑凝胶（bound－rubber），指填充的未硫化混炼胶中不能被它的良溶剂溶解的那部分橡胶。结合橡胶实质上是填料表面上吸附的橡胶，也就是填料与橡胶间的界面层中的橡胶。结合橡胶多则补强性强，所以结合橡胶是衡量炭黑补强能力的标尺。

核磁共振研究已证实，炭黑结合胶层的厚度大约 0.50nm，紧靠填料表面一面厚度约 0.5nm 左右，这部分是玻璃态的。在稍远点的地方，也就是靠橡胶母体这一面的呈亚玻璃态，厚度大约 4.5nm。

结合橡胶量虽然很重要，但测定方法及表示方法并未统一。下面提供一种参考方法，即将混炼后室温下放置至少一周的填充混炼胶剪成约 $1mm^3$ 小碎块，精确(0.0002g)称取约 0.5g(W_1)封包于线型橡胶大分子能透过而凝胶不能透过的已知质量(W_2)清洁的不锈钢网中或滤纸中，浸于 100ml 甲苯中室温下浸泡 48h，然后重新换溶剂再浸 24h，取出滤网真空干燥至恒量(W_3)，根据胶料中填料的质量分数或橡胶的质量分数，按下式计算结合胶量，结果以每克填料吸附的橡胶克数表示，或以胶料中橡胶变成结合胶的质量百分数表示(若进一步提高试验准确性应做未填充胶的空白试验，纯胶中若有凝胶应从结合胶中减去)。

$$\text{结合橡胶} = \frac{W_3 - W_2 - W_1 \times \text{混炼胶中填料质量分数}}{W_1 \times \text{混炼胶中填料质量分数}}, \text{g/g} \tag{3-10}$$

$$\text{结合橡胶} = \frac{W_3 - W_2 - W_1 \times \text{混炼胶中填料质量分数}}{W_1 \times \text{混炼胶中橡胶质量分数}} \times 100 \tag{3-11}$$

二、影响结合橡胶的因素

结合橡胶是由于填料表面对橡胶的吸附产生的，所以任何影响这种吸附的因素均会影响结合橡胶，其因素是多方面的，以炭黑为典型分述如下。

(一) 炭黑比表面积的影响

结合胶几乎与填料的比表面积成正比增加，图 3-55 是 11 种炭黑在天然橡胶中填充 50 份时的试验结果。CC 炭黑是色素炭黑，HMF 炭黑是高定伸炉法炭黑。随比表面积增大，与橡胶形成的界面积增大(当分散程度相同情况下)，吸附表面积增大，吸附量增大，即结合橡胶增加。

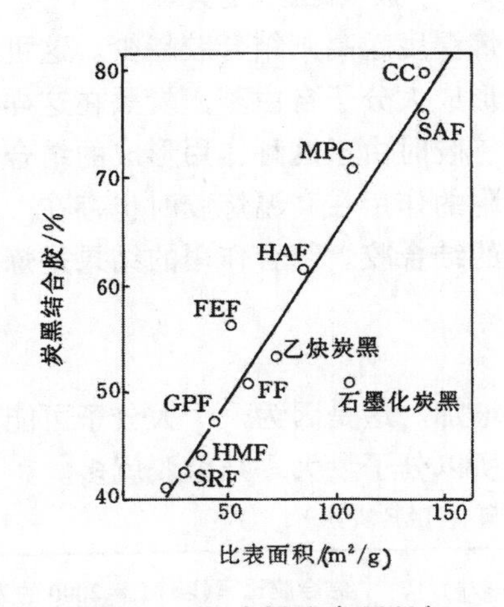

图 3-55　炭黑比表面积与结合橡胶的关系

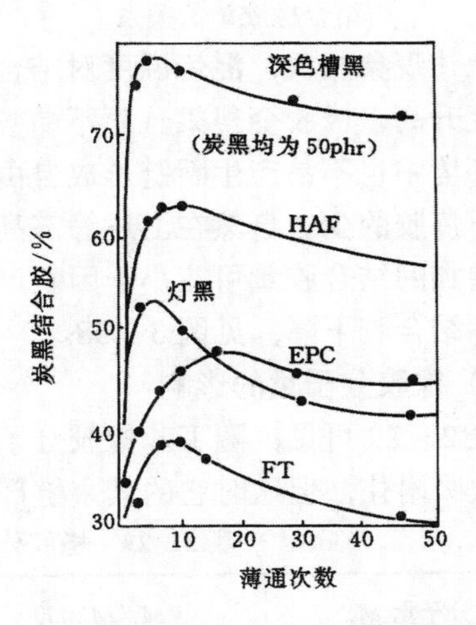

图 3-56　天然橡胶和 50 份炭黑混炼时生成的结合橡胶与薄通次数的关系

(二) 混炼薄通次数的影响

为了试验的准确性，采用溶液混合方法，即将炭黑加到橡胶溶液中混均匀，冷冻干燥，再薄通不同次数，取样测结合橡胶。

在天然橡胶中试验了 5 种炭黑，用量 50 份，薄通次数从 0 到 50 次，结果见图 3-56。

由图可见，结合胶约在10次时为最高，以后有些下降，约在30次后趋于平稳。开始的增加是由于混炼增加分散性，增加湿润的作用，同时也增加了大分子断链。天然橡胶是一种很容易产生氧化降解的物质，那些只有一两点吸附的大分子链的自由链部分可能存在于玻璃态层及亚玻璃态层外面。这部分橡胶分子链薄通时同样会产生力学断链及氧化断链。这种断链可能切断了与吸附点的连接，这样就会使结合胶量下降。

50份炭黑填充的氯丁橡胶、丁苯橡胶和丁基橡胶随薄通次数的变化如下：氯丁橡胶、丁苯橡胶结合胶随薄通次数增加而增加，大约到30次后趋于平衡。而丁基橡胶一开始就下降，也是约30次后趋于平衡。丁基橡胶下降的原因类似于天然橡胶。

（三）温度的影响

试样仍采用上述溶液混合，冷冻干燥法制备，将混好的试样放在不同温度下保持一定时间后测结合胶量，结果见图3-57。随处理温度升高，即吸附温度提高，结合胶量提高，这种现象和一般吸附规律一致。

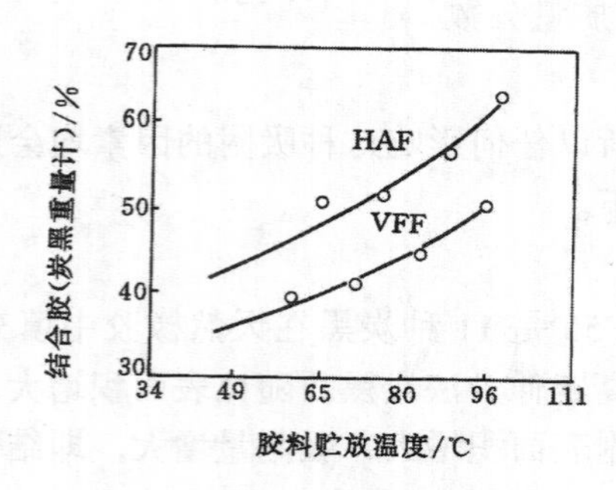

图3-57　胶料停放温度与结合橡胶量的关系

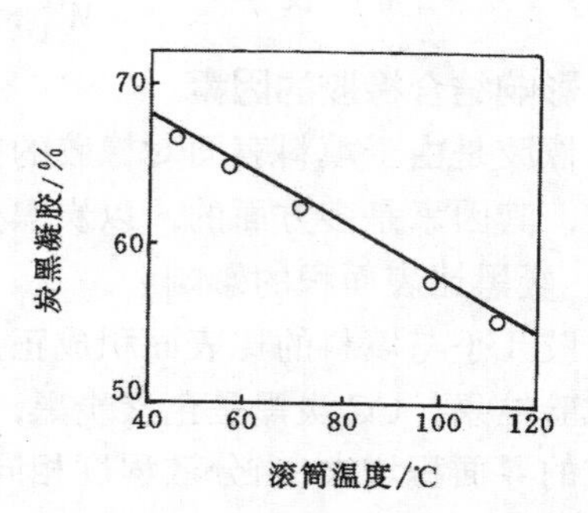

图3-58　结合橡胶与炼胶辊筒温度的关系

与上述现象相反，混炼温度对结合胶的影响却是混炼温度越高则结合胶越少。这可能是因为温度升高，橡胶变得柔软而不易被机械力破坏断链形成大分子自由基，炭黑在这样柔软的橡胶环境中也不易产生断链形成自由基，因些在高温炼胶时由于这种作用形成的结合胶会比低温下炼胶的少。自然在上述静态高温条件下增加吸附的作用在高温炼胶时也存在，但这种吸附增加的结合胶量可能小于因新产生自由基而形成的结合胶。综合作用的结果是炼胶温度升高，结合胶下降，见图3-58。

（四）橡胶分子量的影响

由表3-29可见，随丁苯橡胶分子量增加，结合胶增加。这是因为一个大分子可能只有一两点被吸附住，但这时它的其余链部分都是结合胶，所以分子量大，结合胶就多。

表3-29　橡胶分子量对结合胶的影响（HAF炭黑）

SBR分子量 M_r	$M_r/M2000$	结合胶/(mg/g)	结合胶比率(以 M_v=2000 的为1)
2000	1	45.7	1
13400	6.7	60.9	1.3
300000	150	145.0	3.2

（五）溶剂溶解温度的影响

试样是丁苯橡胶加25份在950℃×1h下除去表面含氧基团挥发分的N347炭黑，混炼30min，室温下停放48h后。再分别用四种不同沸点的溶剂，苯(80℃)、甲苯(110℃)、邻二甲苯(144℃)、邻二氯苯(182℃)分别回流100h后测结合橡胶量，结果见图3－59。随溶解温度提高，结合胶量下降，这一现象再一次说明了炭黑表面吸附能的不均匀性。四个温度点的结合胶可连成一条直线延长与横轴相交，该交点温度记作 T_m，不同炭黑的直线不同，活性低的或用量小的在下面。T_m 点的温度就是结合胶完全解除的温度。丁苯橡胶填充N347的 T_m 为375℃，而丁苯橡胶填充石墨化炭黑的 T_m 为210℃。这也说明石墨化炭黑对丁苯橡胶结给能低于N347炭黑对丁苯橡胶的结合能。

对丁基橡胶，试验得出类似的结果，但丁基橡胶与N347的 T_m 为245℃，说明丁基橡胶比丁苯橡胶对炭黑的结合能低。

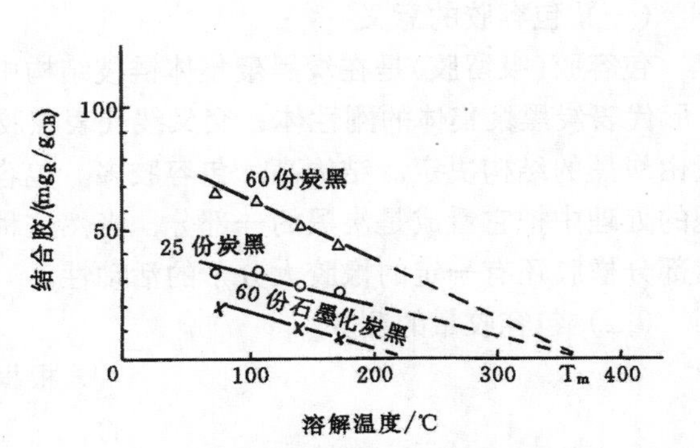

图3－59 丁苯橡胶的HAF和石墨化炭黑的结合胶与溶解温度关系

(六) 陈化时间的影响

试验表明，混炼后随停放时间增加，结合胶量增加，大约一周后趋于平衡。因为固体填料对固体橡胶大分子的吸附不象固体填料对气体或小分子吸附那么容易。另外化学吸附部分较慢，也需要一定时间。

(七) 炭黑中氢含量的影响

J. A. Ayala和同事将N121炭黑在氮气环境中分别加热到1000℃、1100℃、1500℃，在该峰值温度下保持30min，再在氮气中冷却，制得的试样氢含量和性能见表3－30。

表3－30 处理温度与N121炭黑表面基团和结构关系

温度/℃	氮比表面积/(m²/g)	CTAB/(m²/g)	氢含量/ppm①	L_c/nm
空白	131	124	3046	1.46
1000	144	127	2820	1.49
1100	140	131	1965	1.55
1500	128	132	106	2.71

①ppm为 10^{-6}，以下同。

用表3－30的炭黑45份与丁苯橡胶混炼（布拉本德混炼）。甲苯为溶剂，以每100m² 炭黑表面上所吸附的不溶解橡胶的质量百分率表示结合胶量，试验结果如图3－60所示。结合胶随着氢含量的增加而线性增加。

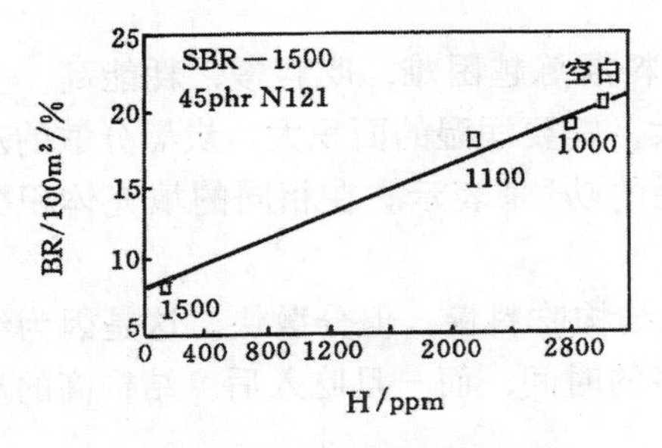

图3－60 结合胶与炭黑氢含量的关系

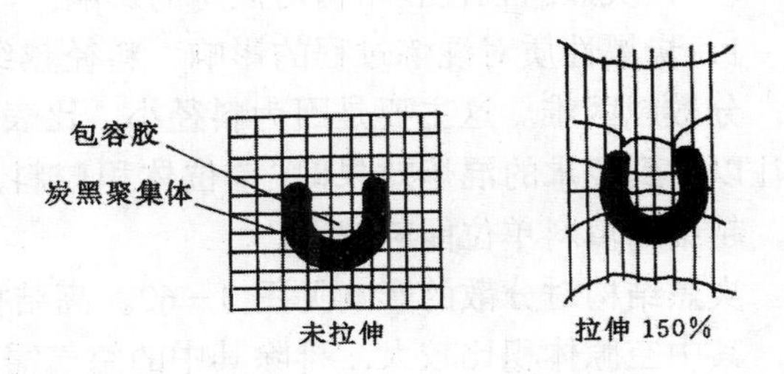

图3－61 包容橡胶及其拉伸形变示意图

第九节　填料性质对橡胶加工性能的影响

填料的粒径、表面和形状(炭黑的结构)等性能对橡胶的性能有重要影响，表现在混炼、压延、硫化各工艺过程和混炼胶的流变性能上。下面将主要以炭黑为典型叙述。

一、炭黑的结构与包容胶

(一) 包容胶的意义

包容胶(吸留胶)是在炭黑聚集体链枝结构中屏蔽的那部分橡胶，见示意图3-61。图中C形代表炭黑聚集体的刚性体；交叉线代表橡胶；屏蔽在C形窝中的橡胶为包容胶，它的数量由炭黑的结构决定，结构高，包容胶多。包容胶的活动性受到极大的限制，所以在一些问题的处理中把它看成是炭黑的一部分，当然这种看法不够准确。当剪切力增大或温度升高时这部分橡胶还有一定的橡胶大分子的活动性。

(二) 包容胶量的测算

根据包容胶的含意可知，它是由炭黑的结构决定的。

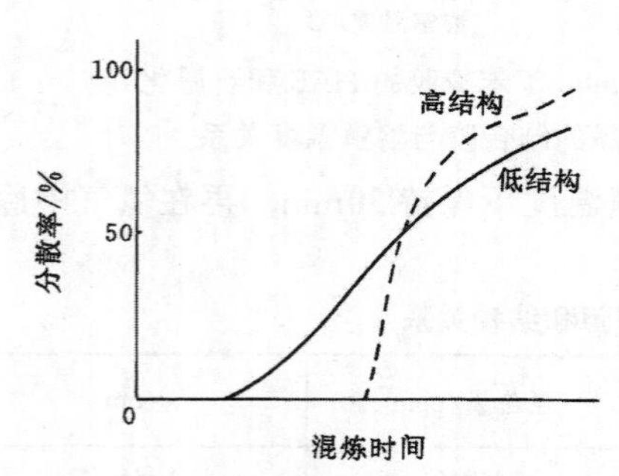

图3-62　炭黑结构对分散的影响

Medalia根据炭黑聚集体的电镜观测、模型、计算等大量研究工作提出下列经验公式：

$$\phi' = \phi \cdot \left(\frac{1 + 0.02139\text{DBP}}{1.46}\right) \quad (3-12)$$

式中　ϕ'——在胶料中炭黑加包容胶的体积分数；

ϕ——在胶料中炭黑的体积分数；

DBP——炭黑的DBP吸油值，$cm^3/100g$ 炭黑。

$$v = \phi' - \phi \quad (3-13)$$

式中　v——包容胶体积分数。

上式已获实际应用，但在计算填充炭黑胶的应力时，发现按式3-12计算的结果比实测值高，比例为1:0.68，说明在这样的拉伸条件下，包容胶中的橡胶大分子还是有一定的活动性，Medalia公式有一定的局限性。

二、填料性质对混炼的影响

填料的粒径、结构和表面性质对于混炼过程和混炼胶性质均有影响，分述如下。

(一) 炭黑的粒径和结构对混炼的影响

1．炭黑性质对混炼过程的影响　料径越细的填料混炼越困难，吃料慢，耗能高，生热高，分散越困难。这主要是因为料径小，比表面积大，需要润湿的面积大，炭黑分散的难易往往以达到要求的混炼效果时“单位体积胶料所消耗的功”来表示。在相同的填充体积分数时，越细的填料单位能耗越大。

炭黑结构对分散的影响见图3-62。高结构比低结构吃料慢，但分散快。这是因为结构高，其中空隙体积比较大，排除其中的空气需要较多的时间，而一旦吃入后，结构高的炭黑易分散开。

炭黑胶料混炼时间与分散程度、流变性能、橡胶物理机械性能的关系见图3-63。

2．炭黑性质对混炼胶粘度的影响　混炼胶的流动粘度在加工过程中十分重要。一般填料粒子越细、结构度越高、填充量越大、表面活性越高，则混炼胶粘度越高。

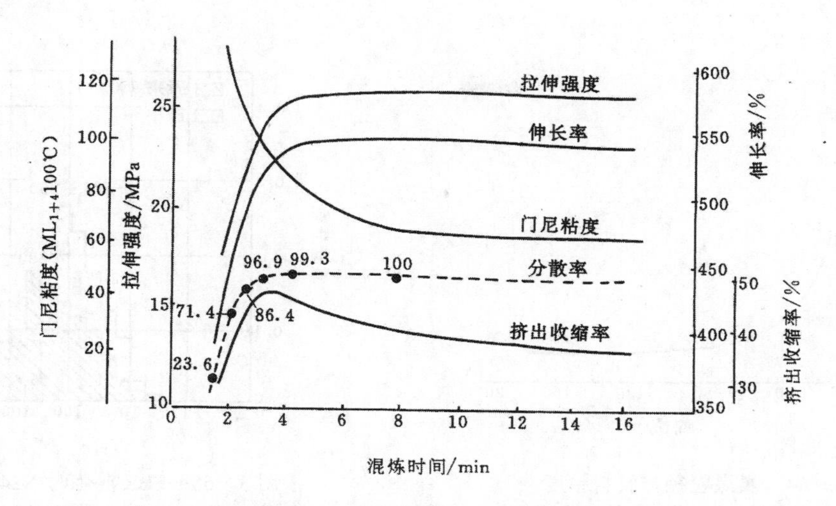

图 3-63　混炼时间与胶料流变性及硫化胶强伸性能的关系(充油 SBR + ISAF, 69phr)

结构及用量对胶料粘度的影响可用 Einstein - Guth 公式估算。填充橡胶是一种填料粒子悬浮于橡胶基体中的多相分散体系,类似于刚性球悬浮于液体中的情况。Einstein 对含刚性球状固体粒子悬浮液,在无其他互相作用的条件下,仅考虑球的体积效应。因流体动力学的作用,该悬浮液的粘度可用公式(3-14)表示

$$\eta = \eta_0(1 + 2.5\varphi) \tag{3-14}$$

式中　η——悬浮液粘度;

η_0——未填加固体球原来液体的粘度;

φ——悬浮于液体中固体球的体积分数。

后来 Guth - Gold 对于炭黑填充橡胶的粘度又修改如下

$$\eta = \eta_0(1 + 2.5\varphi + 14.1\varphi^2) \tag{3-15}$$

公式中符号意义同公式(3-14)。

式(3-15)对于 MT 炭黑,φ 值小于 0.3 条件下适应性好,对补强性炭黑不适用。即使对于那些表面活性不高,但有结构的石墨化炭黑也不适用。若将包容胶体积分数包括到炭黑聚集体中,即将式(3-15)中的 φ 用 φ' 代替,所计算的胶料粘度 η 才比较接近实测值。

从前述可见,炭黑的结构越高,橡胶的粘度越高;填料用量越大,φ 值越大,则粘度也越高。

炭黑粒径对粘度同样有着重要的影响,粒子越细则胶料粘度越高,因为粒子小,比表面积大,结合胶增加。粒径与门尼粘度的关系见图 3-64。

(二) 混炼过程中炭黑聚集体的断裂

混炼中炭黑会断裂。用热解方法及溶解方法(特殊处理除去结合胶的影响)从 SBR-1500 加 50 份炭黑的混炼胶中分离出炭黑,用电镜和 DBP 法测定聚集体的形态结构,结果见表 3-31 和图 3-65。聚集体的吸油值、投影面积、重均粒数($N_{p,w}$)均减少,说明混炼过程中聚集体断裂。

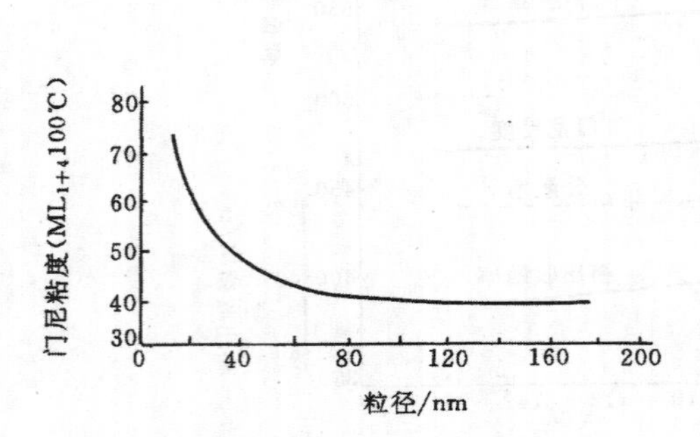

图 3-64　炭黑粒径与胶料粘度的关系(炭黑用量 45phr)

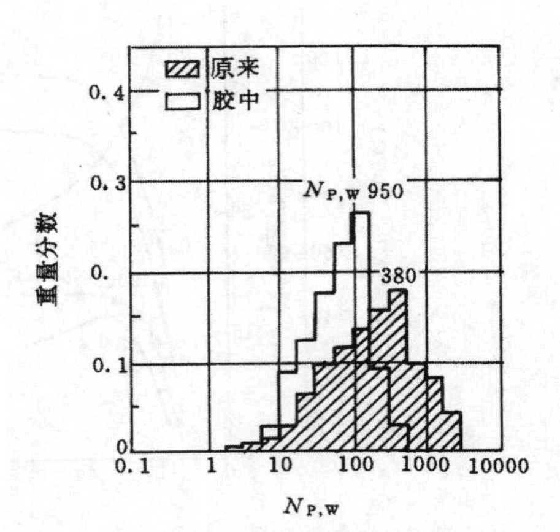

图 3-65　SBR 混炼时 N242 炭黑聚集体的断裂情况

表 3-31　SBR-1500 加 50 份炭黑混炼胶中炭黑聚集体的断裂

炭　黑	热裂解分离出的炭黑		溶解法分离出的炭黑的电镜法数据			
	吸油值/(cm^3/100g)		聚集体数均投影面积×10^4/μm^2		$N_{p,w}^{①}$	
	前	后	前	后	前	后
Vulcan SC	280	140				
ISAF-HS(N242)	170	134				
N242	142	118	170	106	380	95
N220	135	108				
N220	129	111	207	126	261	128
N219	75	78	75	68	103	48
HAF-HS(N374)	168	128				
N347	133	121	290	227	331	277
N330	116	108				
N326	81	84	119	123	136	94
S301	86	90	160	82	137	54
N330	106	106	234	265	278	149

①用数字轮廓法(digitiyed outline method)计算的,为聚集体中的重均粒数。

(三) 炭黑及无机填料的分散性

填料在橡胶中的分散过程及分散性检测方法见混炼部分。炭黑与一般无机填料在橡胶中的分散性有本质区别。无机填料对于橡胶类有机聚合物的亲和性低于炭黑的亲和性。实践证明,无机填料在橡胶中很难以一次结构形式单个地分散开,而主要是以很多(成百上千)个一次粒子结团在一起的形式存在。所以从本质上说,在通常的混炼条件下它没有能力达到主要以单个一次结构的形式分散在橡胶中的真分散。而在相同条件下炭黑主要以单个聚集体形式分散在胶中,它有能力达到真分散。图 3-66 是图 3-14 中链锁状(超细)碳酸钙分散在丁苯橡胶

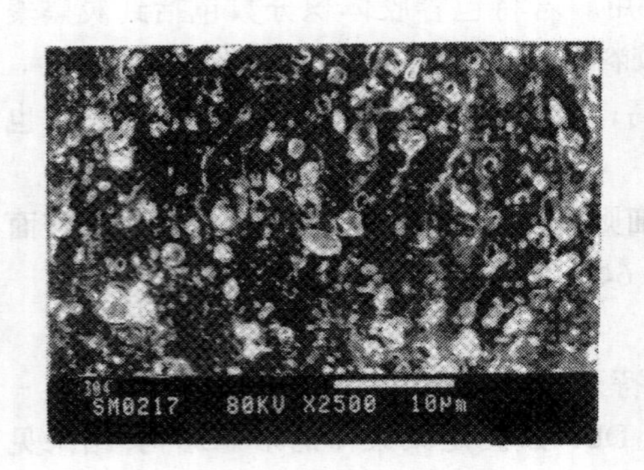

图 3-66　超细 $CaCO_3$ 混入 SBR 中分散状况的扫描电镜照片

中粒子大小的扫描电镜照片，图上白色粒子是 $CaCO_3$ 结团的粒子，黑凹洞是制样时因 $CaCO_3$ 粒子掉下来留下的凹坑。图 3－67 是图 3－66 中一个中等粒子的特写放大，该粒子中包含了成百上千个一次结构。由此可见碳酸钙在 SBR 中主要以结团形式存在。

图 3－68 是图 3－10 中 HAF 分散在 SBR 中的扫描电镜照片。从这两张照片的对比中可见，胶中炭黑颗粒大小与它的聚集体基本相符或稍小一些，因有的聚集体混炼时会断裂。可见 HAF 在橡胶中主要以单个聚集体形式存在，达到了真分散的程度。

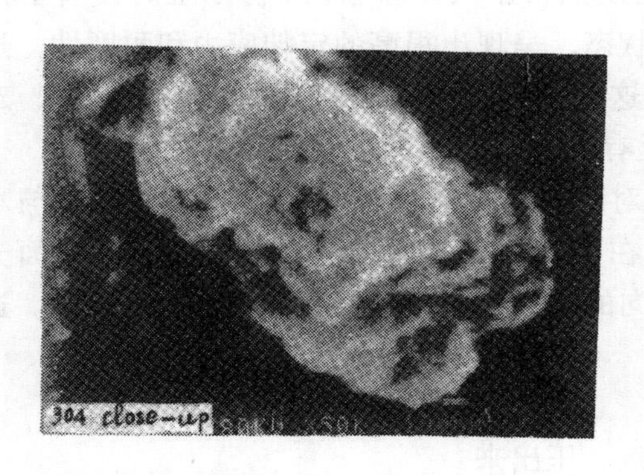

图 3－67 超细 $CaCO_3$ 在 SBR 中一个中等结团粒子的特写放大

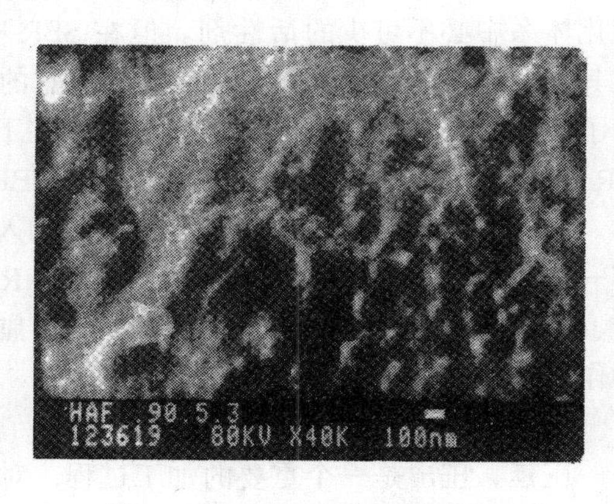

图 3－68 HAF 混入 SBR 中分散状况的扫描电镜照片

（四）白炭黑的表面羟基与混炼

1. SiO_2 填料表面羟基含量对混炼的影响　白炭黑和石英粉都是二氧化硅，表面都有硅醇基和硅氧烷基，这些基团易吸附水分。适当的水分可以防止白炭黑粒子间凝聚，橡胶在加工过程中，混炼温度升高，水从硅醇基上脱离，填料与橡胶接触更好。若事先使填料水分脱掉，填料粒子间的羟基会以氢键结合，比较牢固，反而使填料难于分散，对性能不利。从图 3－69 可看出，沉淀法白炭黑热处理温度对橡胶性能的影响规律，在不同温度下处理沉淀法白炭黑，硅醇基逐渐脱掉，温度越高脱掉越多。大约在 400℃下处理的白炭黑的润湿热曲线最高(1)，说明这时的分散性最好，其硫化胶的力学性能曲线也最好(2)。若再升温，表面羟基再减少，对性能反而不利。由最下面的曲线(3)可以看出羟基量与润湿热间的关系。这一切均说明白炭黑表面的羟基数要适量，多、少均不好。

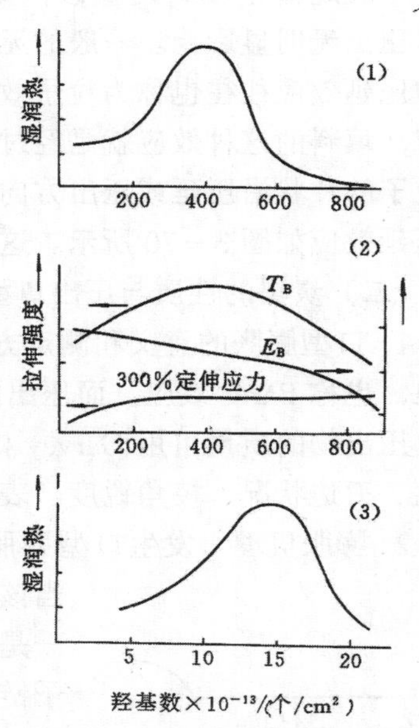

图 3－69 沉淀法白炭黑表面羟基数与润湿热及胶料性能间的关系

2. 白炭黑补强硅橡胶混炼胶中的结构控制　白炭黑，特别是气相法白炭黑是硅橡胶最好的补强剂，其补强系数可高达 40，但有一个使混炼胶硬化的问题，一般称为“结构化效应”。其结构化随胶料停放时间延长而增加，甚至严重到无法返炼、报废的程度。对此有两种解释，一种认为是硅橡胶端基与填料表面羟基缩合；另一种认为硅橡胶硅氧链节与填料表面羟基形成氢键。

防止结构化有两个途径，其一是混炼时加入某些可以与白炭黑表面羟基发生反应的物质，如羟基硅油、二苯基硅二醇、硅氮烷等。当使用二苯基硅二醇时，混炼后应在160～200℃下处理0.5～1h。这样就可以防止白炭黑填充硅橡胶的结构化。另一途径是预先将白炭黑表面改性，先去掉部分表面羟基，从根本上消除结构化。

3. ZnO在白炭黑胶料混炼时的加药顺序及无ZnO的白炭黑胶料　ZnO是硫黄－促进剂硫化体系中必不可少的活性剂。但在SBR中用白炭黑(Hi－Sil牌号)40份以上时没有ZnO及其他金属氧化物同样可以获得令人满意的硫化状态，呈现出很高的定伸应力和耐磨性，达到了炭黑的水平，特别是要在脂肪酸存在下才有这种结果。但无ZnO配方损失粘合性，对NR和IIR不用ZnO也有类似作用，对NBR则没有。

另外，ZnO在白炭黑胶料混炼中的加入顺序对胶料的性能也很有影响。一般ZnO与小药一起先加，但对白炭黑填充的SBR、NR一般在混炼后期加入，这样可以使压出表面光滑、降低收缩率，有改善硫化速度和改善焦烧倾向的作用，同时会损失一定的撕裂强度。这种作用对IR的影响不如对SBR、NR大。

三、填料性质对压延压出的影响

压延、压出是一个重要的加工过程，对于压延、压出来说，最重要的是收缩率(纵向)、膨胀率(横向)要小、表面光滑、棱角畸变小。是否填充、填料性质，特别是形态(炭黑结构性)对其影响很大。

(一) 填料的压延效应

一般规律是填料用量多，易压出，炭黑表面活性对压延、压出无明显影响。一般的无机填料因粒子的各向异性引起的压延效应往往也称为粒子效应，以区别大分子链的压延效应，填料的这种效应就是经过压延或压出之后粒子的长轴或粒子的片状沿压延或压出方向取向的现象。陶土板状粒子的压延效应如图3－70所示。这使胶片的某些性能会出现各向异性。

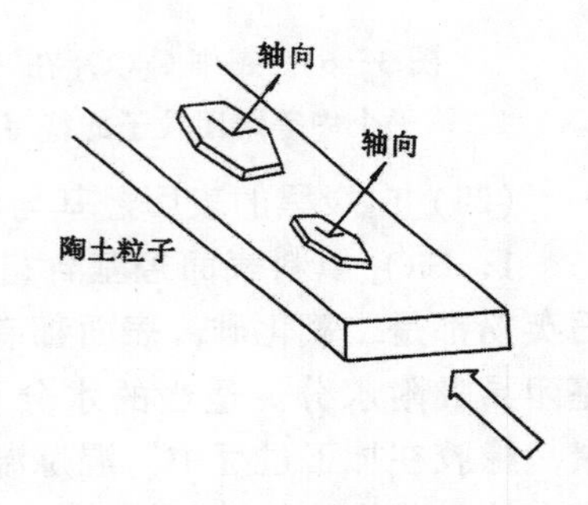

图3－70　陶土板状粒子的压延效应

(二) 炭黑的性质与压出口型膨胀的关系

1. 口型膨胀的意义和测定方法　压出产物的断面要比口型大，这种现象称为口型膨胀现象，也称Barus效应。而压出的产物沿压出方向会产生收缩。

压出物的质量可用Garvey口型按ASTM D2230－83方法评定压出物断面的膨胀率及致密性、刃边状况、棱角锐度、表面状况四个指标来评价。

2. 膨胀机理　发生口型膨胀的原因是橡胶的弹性(记忆)作用。胶料在口型中流动时，当该口型为一圆形长管，在管中流动的胶料受到两种力的作用，一是平行于轴的剪切应力τ，这个力使胶料流动，同时使橡胶分子链拉伸和定向；另一个力是垂直于管壁的压力p，该力使分子链不能收缩。当胶料出了口型以后，管壁的压力没有了，按分子运动的弹性理论，分子链要恢复蜷曲状态，即发生口型膨胀，如图3－71。影响口型膨胀的因素是复杂的，填料是其中一个重要因素。

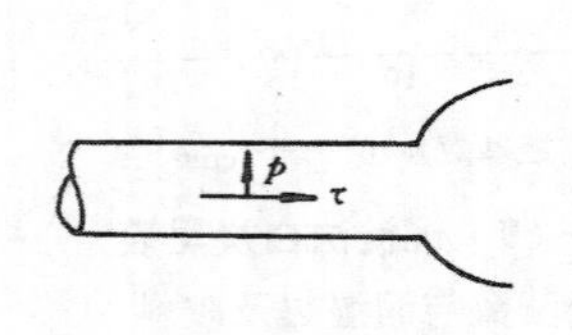

图3－71　口型膨胀机理示意图

3. 炭黑性质与填充胶料的口型膨胀　Cotten用Instron毛细管流变仪测定了口型膨胀率

（该试验中令膨胀率 $B=\dfrac{d}{D}$，d 为压出物直径，单位 cm，D 是口型直径，等于 0.2cm）与管壁的剪切力 τ_w 的关系。

试验确定了在该条件下毛细管长径比大于 15 时，口型膨胀率表观上与压出温度、速度、分子量分布等无关，只与剪切应力 τ_w 有比例关系，因为这些因素均可包容在 τ_w 中。应用这种条件专门研究了炭黑对膨胀的影响。

炭黑表面活性的影响：试验了 N220 和 N219 两种炭黑和它们的石墨化产物在 SBR 中 50 份条件下的口型膨胀率与 τ_w 的关系，见图 3－72。两种炭黑和石墨化产物分别落在各自的直线上，这说明表面活性与上述温度等压出条件一样对口型膨胀率与剪切应力 τ_w 成比例关系，没有干扰。

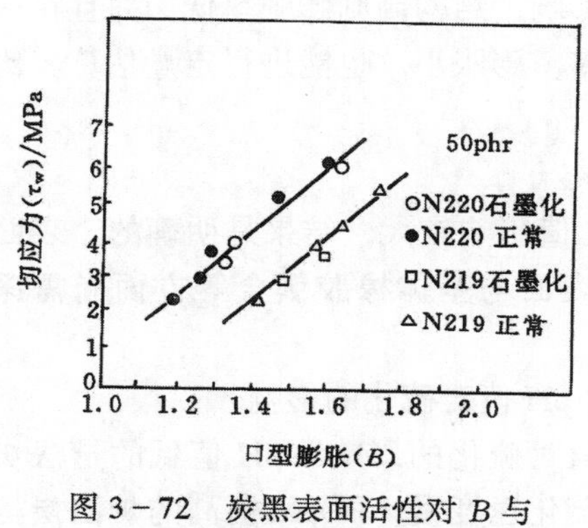

图 3－72　炭黑表面活性对 B 与 τ_w 关系的影响

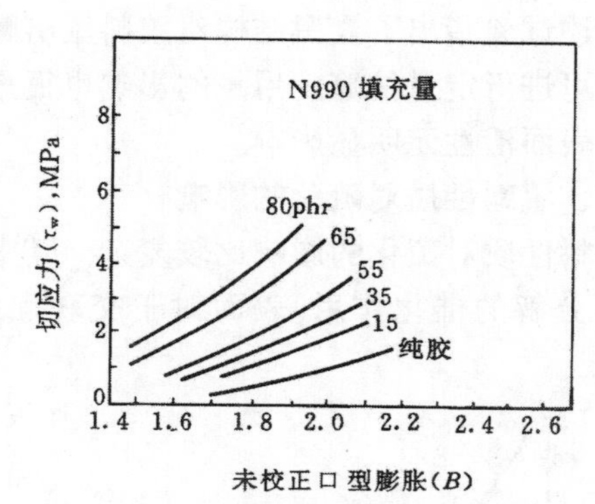

图 3－73　不同用量的 N990 与 B 与 τ_w 关系的影响

炭黑用量的影响：不同用量 N990 炭黑未经体积校正的口型膨胀率 B 与 τ_w 的关系见图 3－73。不同用量有各自的曲线，在相同 τ_w 下，填充量高，口型膨胀率小。炭黑体积分数 φ 值校正后的关系见图 3－74，均在一条近似直线上。这说明球状的没有结构的 N990 炭黑用量经 φ 校正后也和上述的压出条件等一样基本上不干扰 B 和 τ_w 的关系。

结构的影响：高结构炭黑尽管经过 φ 校正，其用量对 B 与 τ_w 的比例关系仍有影响。φ 校正后的不同用量的曲线离散，见图 3－75，说明无统一规律。对这一困难问题，Medalia

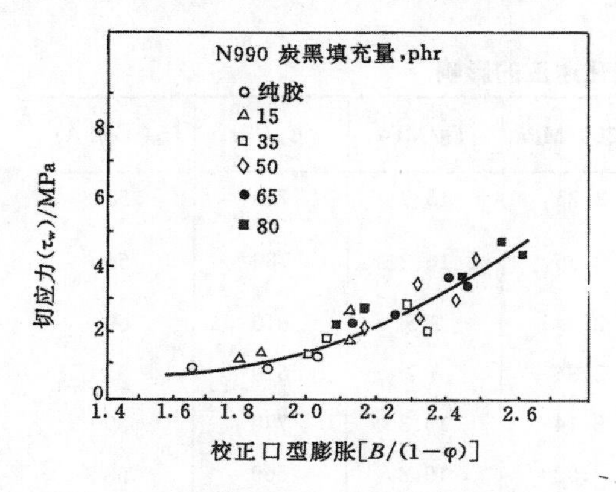

图 3－74　不同用量的 N990 对经过 φ 校正后的口型膨胀率与 τ_w 关系的影响

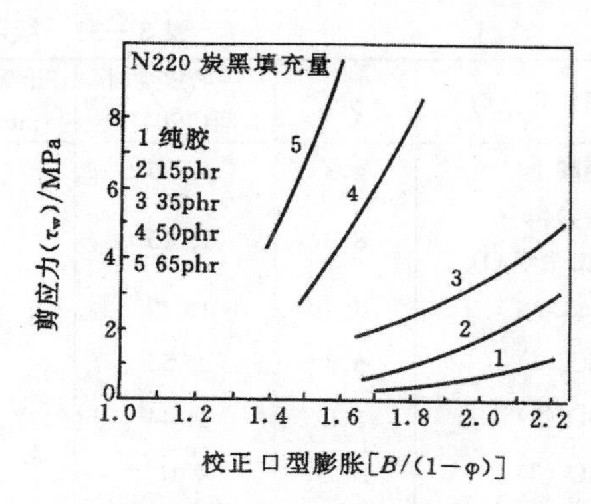

图 3－75　不同用量的 N220 对经过 φ 校正的口型膨胀与 τ_w 关系的影响

用包容胶体积分数加上炭黑体积分数之和。φ'校正后得到了初步解决。但这种校正也只适用于用量少于35份的情况。这些都说明了炭黑结构对于压出的影响是显著的。

填充量为35份时几种炭黑的 φ、φ'值见表3-32。

表3-32 几种炭黑的 φ 和 φ' 数据

炭黑		DBP吸油值/(cm^3/100g)	填充量/phr	φ	φ'
Regal 600	N210	85.0	35	0.15	0.290
Stecling 105	N683	135.5	35	0.15	0.400
Vulcan 6	N220	115.2	35	0.15	0.356
Vulcan XC-72	N472	187.0	35	0.15	0.514

上述试验指出了炭黑结构对胶料压出膨胀有重大影响，结构高则膨胀率低，并且在一定条件下可进行定量估算。用量的影响也很重要，用量多，膨胀小，也能进行定量估算。比表面积、表面活性无明显影响。

四、填料性质对硫化的影响

填料性质对硫化的影响比较复杂，其中填料的pH值影响较大，结果是明确的。表面对促进剂分解的催化作用，表面对于交联程度的影响，表面与基体橡胶键合等方面尚需深入研究。

（一）填料的pH值对硫化的影响

1. 炭黑pH值对硫化的影响　pH值低的槽法炭黑或氧化炉法炭黑硫化速度慢，而pH值高的炉法炭黑一般无迟延现象。pH值对正硫化时间的影响见图3-76。

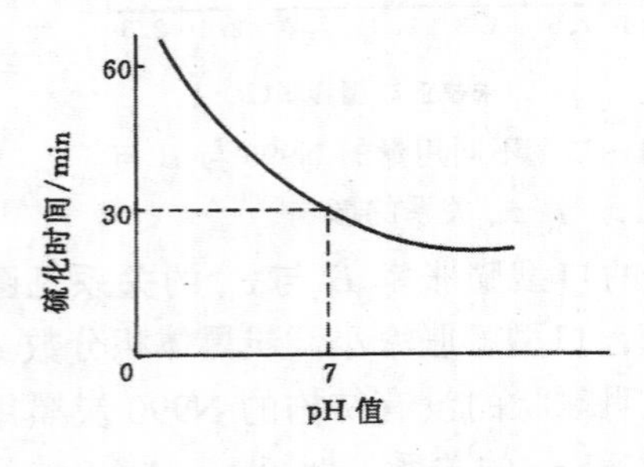

图3-76　炭黑pH值对正硫化时间的影响（NR，硫黄-促进剂硫化）

2. 无机填料pH值对硫化的影响　试验用配方如下：BR　100，ZnO　5，硬脂酸　1，增塑剂Sircosol 2XH　5，S　2，活性剂DEG　2，促进剂CBS　1；填充量分别为：硬质陶土　100，白艳华　100，$MgCO_3$　100，SiO_2　40，炭黑　50。结果见表3-33。由表可见pH低的硫化慢，焦烧时间长，特别是相同化学结构的三种SiO_2白炭黑和两种炭黑可比性更明显。

表3-33　填料pH值对硫化速度的影响

填充剂	pH	门尼焦烧时间(120℃)	正硫化时间/min(148℃)	$M300$/MPa	T_B/MPa	E_B/%	H_S(邵尔A)
硬陶土	4.3	63′25″	30	3.23	13.7	780	58
碳酸钙(白艳华O)	8.0	15′15″	10	2.55	16.2	780	56
$MgCO_3$	10.0	16′10″	15	2.84	7.5	610	69
SiO_2(1)	6.3	25′55″	30	2.84	6.2	610	55
SiO_2(2)	8.0	31′44″	30	3.14	13.3	770	59
SiO_2(3)	10.5	7′10″	10	4.02	10.8	660	68
EPC炭黑	4.3	22′10″	30	8.53	16.1	460	66
HAF炭黑	8.6	16′10″	20	15.58	18.9	360	71

3．无机填料的DBA值与所需促进剂之间的关系　某些无机填料的表面呈酸性，对二丁胺(DBA)的吸附量就大。DBA值单位为每公斤填料吸附的二丁胺毫当量，meq/kg。在NR中填充不同DBA值的填料时所需D和DM促进剂数量不同，如图3－77所示。由图还可见填料用量多，使用D也要相应增加。

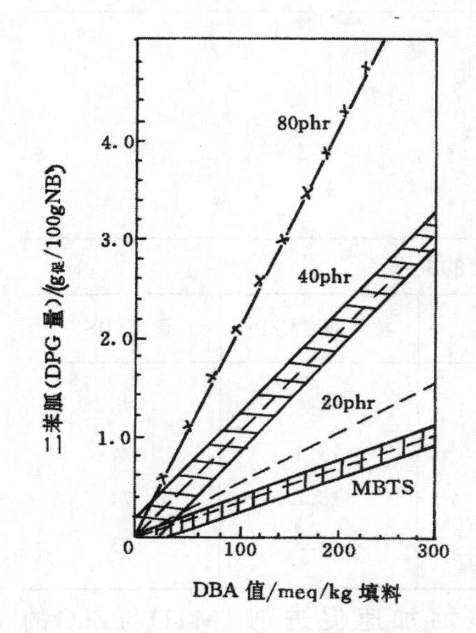

图3－77　DBA值与促进剂需要量的关系（NR，DM/D并用体系）

4．活性剂的应用　因为填料的酸性表面对于促进剂有吸附作用。为减少酸性表面对促进剂的吸附作用，可采用活性剂，使活性剂优先吸附在填料表面的酸性点上，这样就减少了它对促进剂的吸附。

活性剂一般是含氮或含氧的胺类、醇类、醇胺类低分子化合物。对NR来说胺类更适合，如二乙醇胺、三乙醇胺、丁二胺、环已胺、环已二胺、六亚甲基四胺、二苯胺等。对SBR来说，醇类更适合，如已三醇、丙三醇、乙二醇、二甘醇、丙二醇、聚乙二醇等。活化剂用量要根据填料用量、填料pH值和橡胶品种而定，一般用量为填料的1%～3%。

5．填料表面的酸性对过氧化物硫化的影响　酸性较强的环境会促使有机过氧化物产生离子型分解(见下反应式)，只有自由基分解才能产生自由基交联，所以酸性表面对于过氧化物交联有不利影响。

$$C_6H_5-C(CH_3)_2-O-O-C(CH_3)_2-C_6H_5 \xrightarrow{(1)} 2\,C_6H_5-C(CH_3)_2-O\cdot \quad \text{交联作用}$$

$$2\,C_6H_5-C(CH_3)_2-O\cdot \longrightarrow 2\,C_6H_5-C(CH_3){=}O + 2CH_3 \longrightarrow \text{交联作用}$$

$$C_6H_5-C(CH_3)_2-O-O-C(CH_3)_2-C_6H_5 \xrightarrow[H^+]{(2)} C_6H_5-C(CH_3)_2-O-O-H + CH_2{=}C(CH_3)-C_6H_5 \quad \text{不交联}$$

$$\longrightarrow C_6H_5-OH + CH_3-CO-CH_3 \quad \text{不交联}$$

（二）炭黑粒径及白炭黑水分对硫化速度的影响

1．炭黑粒径对焦烧时间的影响　炭黑粒径越小，焦烧越快，见表3－34。这是因为粒径越小，比表面积越大、结合胶越多，自由胶中硫化剂浓度较大的原因。

2．白炭黑的含水率对焦烧时间的影响　如表3－35所示，白炭黑中含水率大会引起焦烧时间缩短及正硫化时间缩短。

表 3－34　炭黑粒径对焦烧的影响

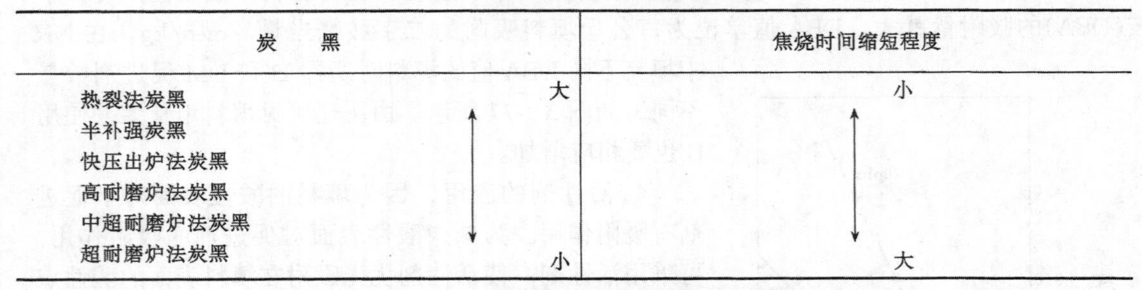

炭　　黑		焦烧时间缩短程度
热裂法炭黑	大	小
半补强炭黑	↑	↑
快压出炉法炭黑		
高耐磨炉法炭黑		
中超耐磨炉法炭黑	↓	↓
超耐磨炉法炭黑	小	大

表 3－35　白炭黑含水率与硫化速度的关系

混炼时的水分/%	门尼粘度（ML_{1+4}100℃）	门尼焦烧/min	正硫化时间/min	拉伸强度/MPa	硬度(JIS)
2.4	113	6	20	24.5	76
5.4	97	5	10	25.5	74
6.8	90	5	10	26.1	74
10.0	85	4	10	24.3	73

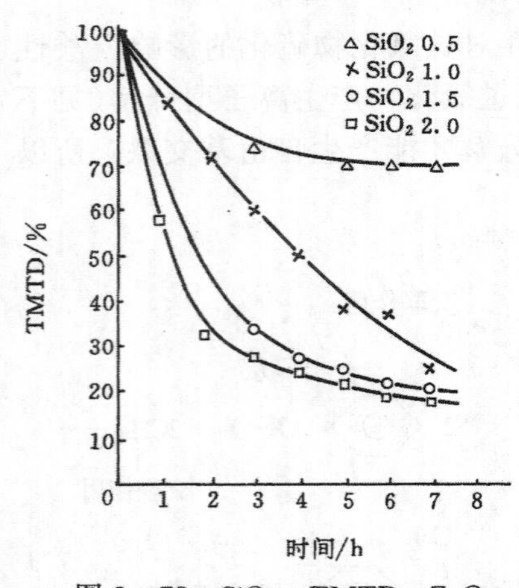

图 3－78　SiO_2－TMTD－ZnO 体系中 TMTD 的分解速度与白炭黑量的关系

（三）白炭黑表面加速促进剂 TMTD 与 ZnO 的作用

白炭黑存在下促进剂 TMTD 很容易与 ZnO 生成 Zn－DMDC。该过程受白炭黑的影响很大。随白炭黑用量的增大，在加热条件下，TMTD 消失速度加快(配方中 TMTD 为 3phr)，如图 3－78 所示。这说明白炭黑的表面对 TMTD－ZnO 反应有催化作用。

第十节　填料性质对硫化胶性能的影响

填料的性质对硫化胶的性能有决定性的影响，因为有了炭黑的补强作用才使那些非自补强橡胶的力学性能得到了很大的提高，才具有了实用价值。就总体来说，填料的粒径对于橡胶的拉伸强度、撕裂强度、耐磨耗性的作用是主要的，而炭黑的结构度对于橡胶模量的作用是主要的，炭黑表面活性对各种性能都有影响。因为一般无机填料的粒径都比较大，对橡胶基本上无补强作用，只有超细化的无机填料才有些补强作用，所以在此以炭黑为主进行讨论。

一、填料性质对硫化胶一般技术性能的影响

（一）填料粒径的影响

1．炭黑粒径的影响　填料粒径对橡胶的拉伸强度、撕裂强度、耐磨性都有决定性作用。炭黑粒径(指聚集体中的织粒)的影响见表 3－36。

表中炭黑结构有相当的差别，这就会使人产生疑问，结构因素是否有作用？粒径作用究竟有多大？表 3－37 列出了结构度相近的三种炭黑粒径对拉伸强度的影响，进一步看到了粒径的影响是主要的。

表 3-36　炭黑的比表面积对 SBR-1500 硫化胶拉伸强度和耐磨性的影响

炭黑标准代号	比表面积/(m^2/g)	拉伸强度/MPa	Pico 磨耗指数	路面磨耗指数
N110	140	25	1.35	1.25
N234	120	24	1.30	1.24
N220	120	23	1.25	1.15
N330	80	22.5	1.00	1.00
N375	90	22	1.24	1.14
N550	45	18.5	0.64	0.72
N660	37	17	0.55	0.65
N774	28	15	0.48	0.60
N880	14	12.5	0.22	—
N990	6	10	0.18	—
0	—	3	—	—

表 3-37　炭黑粒径对硫化胶性质的影响①

测定项目＼炭黑		FEF	HAF	SAF
比表面积/(m^2/g)		46	80	135
粒子直径(数均)/nm		43	28	16
吸油值/(cm^3/100g)		126	124	130
定伸应力/MPa	100%	2.83	3.03	2.96
	200%	8.07	8.76	8.14
	300%	14.13	16.48	16.41
	400%	19.03	23.79	25.03
扯断强度/MPa		22.48	28.34	32.20
伸长率/%		490	480	490

①配方:SBR-1500　100,炭黑　50,ZnO　3,硬脂酸　1,硫黄　1.75,促进剂 CZ　1.2,防老剂　1。

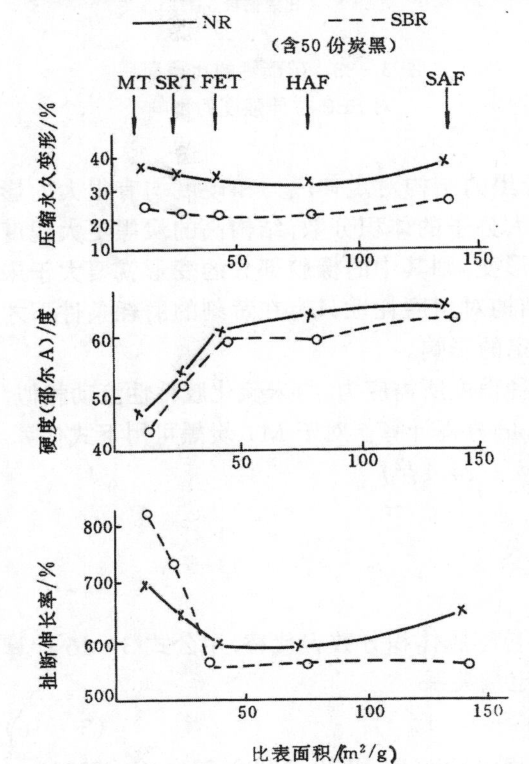

图 3-79　炭黑比表面积对硫化橡胶压缩永久变形、硬度和伸长率的影响

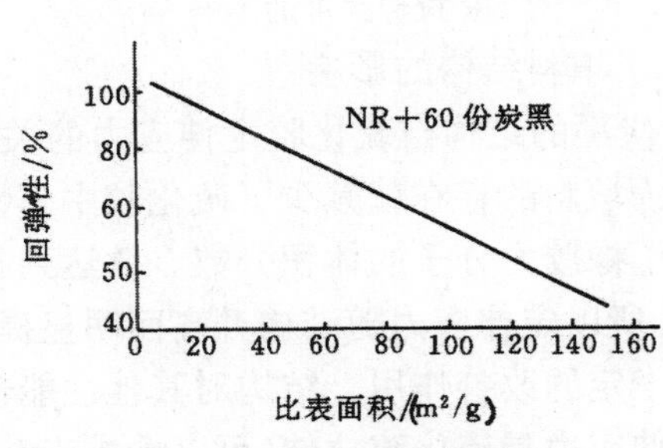

图 3-80　炭黑粒径对硫化橡胶回弹性的影响

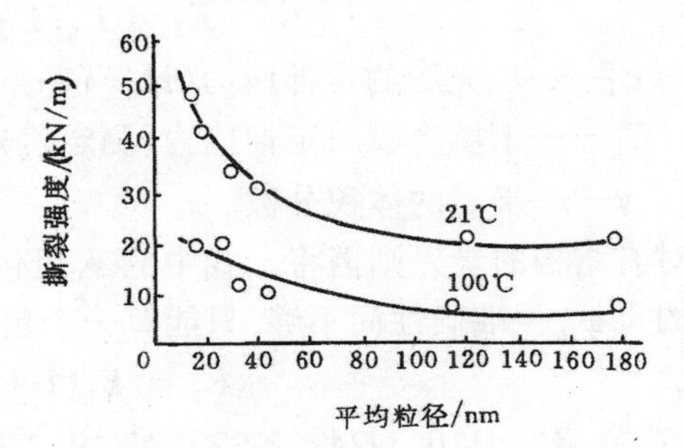

图 3-81　炭黑粒径对硫化橡胶撕裂强度的影响

由图 3-79、图 3-80 和图 3-81 可见，粒径对其他性能的影响。粒径小，撕裂强度、定伸应力、硬度均提高，而弹性和伸长率下降，压缩永久变形变化很小。这是因为粒径小，比表面积大，使橡胶与填料间的界面积大，两者间相互作用产生的结合胶多，自然强度因素都会上升，而弹性因素都会下降。

2. 无机填料粒径的影响　白炭黑、碳酸钙和陶土等填料和上述规律一致。气相法白炭黑比沉淀法白炭黑补强性高，硬质陶土比软质陶土补强性高，其主要原因就在于气相法的比表面积比沉淀法的大，硬质陶土的比表面积比软质的大。碳醚钙的比表面积对 NR 和 SBR 的拉伸强度的影响见图 3-82 和图 3-83。由图可见，随比表面积增大，硫化胶的拉伸强度增大，且对于非自补强的 SBR 作用更明显。

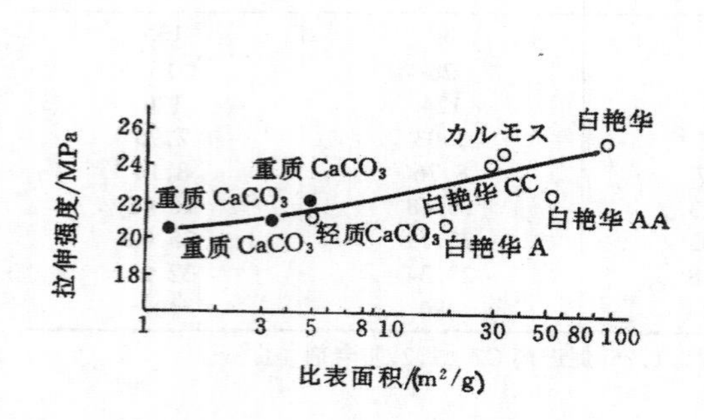

图 3-82　碳酸钙的比表面积对 NR 拉伸强度的影响

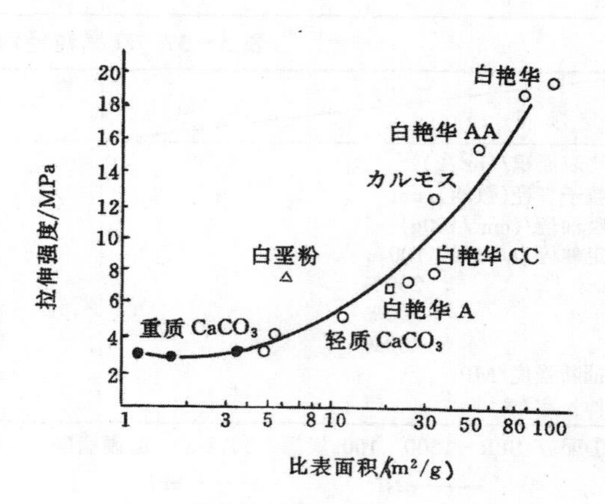

图 3-83　碳酯钙的比表面积对 SBR 拉伸强度的影响

（二）填料结构的影响

1. 炭黑的结构与硫化胶定伸应力的关系　炭黑的结构对定伸应力和硬度均有很大的影响。因为填料的存在就减少了硫化胶中弹性橡胶大分子的体积分数，结构高的炭黑更大程度上减少了橡胶大分子的体积分数。欲达到相同的形变，则其中的橡胶部分的变形就要大于未填充的，所以定伸应力随结构升高而明显提高。结构对耐磨耗性只有在苛刻的磨耗条件下才表现出一定的改善作用。结构对其他性能也有一定的影响。

定伸应力是硫化胶拉伸(可以看成流动)到某种程度所需应力，与未硫化胶粘性流动相似，炭黑的填充量及结构的贡献同样可以用 Guth－Gold 方程计算。对于 MT 炭黑可用下式估算

$$E_f = E_g(1 + 2.5\phi + 14.1\phi^2)$$

式中　E_f——填充胶的定伸应力(计算值)；

E_g——未填充胶的定伸应力(测定值)；

ϕ——炭黑的体积分数。

对有结构的炭黑则需将上式中的 ϕ 用包含了包容胶体积分数 ϕ' 代替，用公式 3-16 计算炭黑的贡献，但准确性尚不够，只能算一个粗略的定量关系

$$E_f = E_g(1 + 2.5\phi' + 14.1\phi'^2) \tag{3-16}$$

例如，对 N110、N242、N220、N219、N330、N550、N660、N880、N990、N242G、N220G、、N219G 12 种炭黑填充 SBR，在变形不大情况下，20℃ 下测定 E_f/E_g 值与按公式 3-16 计算的 E_f/E_g 值对比，有图 3-84 所示之差别。计算值为直线，有规律性，说明包容胶理论不失其正

确性，但计算值比实测值高，两者之比为1∶0.68。这是因为计算公式中把包容胶当成完全不能变形的，算为炭黑的一部分，这种作法需要修正。若提高试验温度，在20℃、50℃、75℃和150℃下测定的 E_f/E_g 值与计算的 E_f/E_g 值相比，明显可见(图3－85)，温度升高，计算值与实测值差值增大。在150℃下比值降至1∶0.42。这说明温度升高包容胶的活动性增大。上述可见结构对定伸应力不仅影响较大，而且有可能实现定量估算。

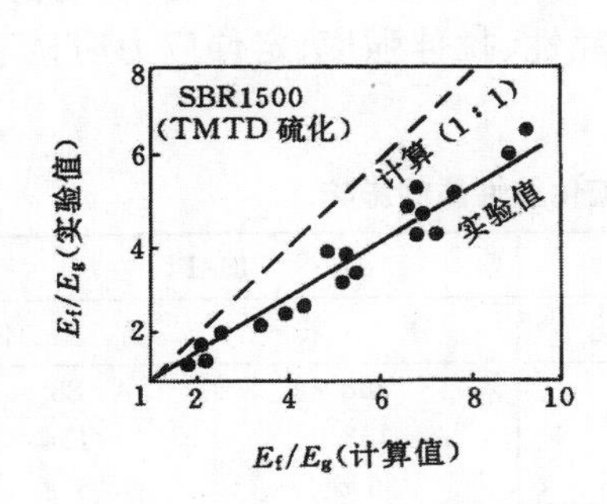

图3－84　方程式3－16的计算值与各种炭黑实验值的对比(试验温度20℃)

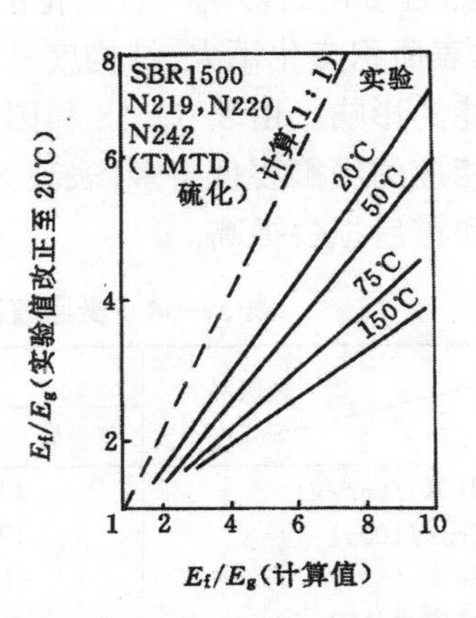

图3－85　方程式3－16的 E_f/E_g 计算值与不同温度下实验值(修正到20℃)的关系

2. 炭黑结构对磨耗的影响　做了4种炭黑的试验，分两组，组内炭黑的比表面积相近，结构度不同，填充在SBR1712/BR为70/30的胶料中，加油40份，炭黑70份。在苛刻程度不同的路面上做轮胎的磨耗试验，结果如图3－86所示。由图可见，炭黑结构对磨耗的影响小于炭黑比表面积的影响，而且它的影响只有在苛刻磨耗条件下才明显化。

3. 白炭黑的结构对几种橡胶应力－应变行为的影响　由图3－87可见，白炭黑结构高的，在同样应变条件下其应力高，也就是说高结构的定伸应力高，和炭黑有相同的规律。

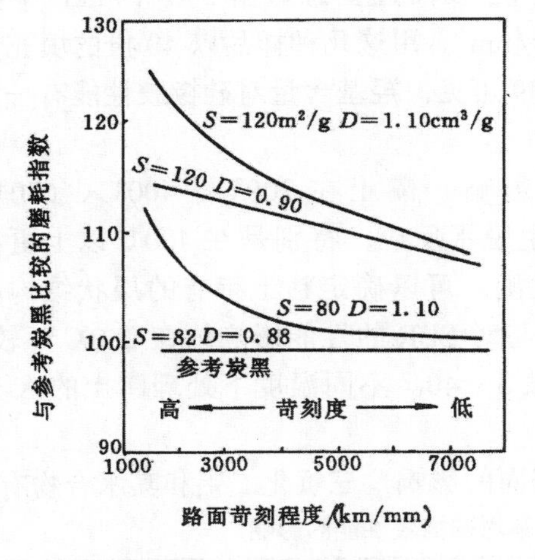

图3－86　炭黑结构对胎面磨耗的影响

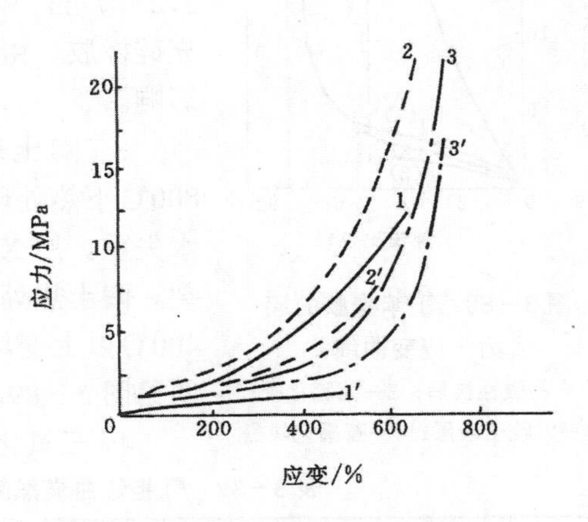

图3－87　白炭黑结构对几种橡胶应力－应变行为的影响

1,1′—分别为高、低结构　硅橡胶，$\bar{d}=5.8$nm；

2,2′—分别为高、低结构　乙丙胶，$\bar{d}=7.8$nm；

3,3′—分别为高、低结构　SBR，$\bar{d}=7.8$nm

(三) 填料表面性质对硫化胶性能的影响

填料与橡胶间的作用主要是两相间界面的作用,所以填料表面的影响应该是主要的。填料表面应包括两个方面:一个是表面积,一个是表面活性。填料表面积的作用就是粒径的作用,前面已讨论过了。这里所指的表面的影响主要是炭黑表面活性,如表面吸附能力和表面上基团等的作用。

1. 炭黑石墨化的影响 石墨化的炭黑表面失去了高能吸附点,失去了表面基团,即失去了活性,比表面积变化不大,结构度基本未变化。石墨化炭黑与炭黑的比较能明确地判定表面活性对性能的影响。由表 3-38 和图 3-88 可见石墨化炭黑虽然也有些补强性,但它的补强性比与它相应的炭黑要低得多,表现为结合胶含量、耐磨耗性、拉伸强度、定伸应力明显下降,而伸长率和滞后损失提高。

表 3-38 炭黑表面活性对 SBR-1500 硫化胶性质的影响

性能 \ 炭黑品种	高结构 ISAF		ISAF	
	原来	石墨化	原来	石墨化
比表面积(氮)/(m^2/g)	116	86	108	88
吸油值/(cm^3/100g)	172	178	133	154
结合胶/%	34.4	5.6	30.6	5.8
300%定伸应力/MPa	14.48	3.52	10.34	2.90
扯断强度/MPa	26.2	23.4	27.6	20.7
伸长率/%	450	730	630	750
磨耗/(cm^3/100 转)	62	181	67	142
滞后损失	0.20	0.30	0.24	0.32

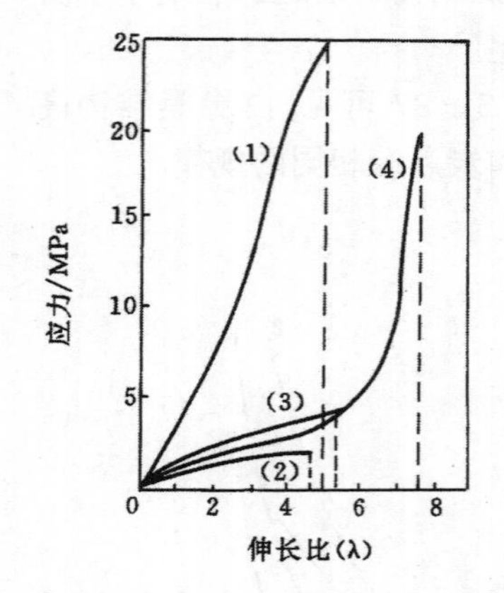

图 3-88 丁苯橡胶的应力-应变曲线

1—补强性炭黑;2—纯硫化胶;3—大粒子炭黑;4—石墨化炭黑

2. 白炭黑表面羟基数量对橡胶性能的影响 由上所述,白炭黑表面羟基量太多太小均不好,要有一个适当的量。将沉淀法白炭黑暴露在 100%相对湿度的空气中,使表面羟基总数由 3.8 个/nm^2 增加到 5.3 个/nm^2。将原来的白炭黑在 400℃、1000℃分别加热 1h,使表面羟基总数由 3.8 个/nm^2 下降到 3.2 个/nm^2 和 2.3 个/nm^2。用这几种样品以 40 份的填充量填充硅橡胶。由表 3-39 可见,羟基含量对硅橡胶性能有一定的影响。

3. 陶土表面的影响 陶土在 200℃、400℃、650℃和 800℃下热处理易发生脱水反应,特别是在 400℃以上更易脱水失重。用 X 射线检测,可以确定粘土特有的层状结构的破裂。陶土热处理温度与对 SBR 的性能影响约在 200℃下较好,400℃以上变坏,见表 3-40。不同温度下处理陶土的 X 光谱图见图 3-89。

4. 三氧化二铝表面的影响 三氧化二铝和其水合物有很

表 3-39 气相法白炭黑的表面羟基对硅橡胶性能的影响

试样		1	2	3	4
白炭黑的性质	比表面积/(m^2/g)	205	199	208	187
	总羟基数/(个/nm^2)	5.3	3.8	3.2	2.3
	隔离羟基数/(个/nm^2)	1.6	1.5	2.3	2.5

续表

	试样	1	2	3	4
工艺性能	混炼时间/min	15	12	16	13
	返炼时间/min	15.5	6.5	10.7	4
硫化胶的性能	拉伸强度/MPa	7.94	8.62	8.04	9.90
	伸长率/%	270	260	250	260
	200%定伸应力/MPa	5.29	6.08	5.98	6.37
	硬度(邵尔 A)	73	71	72	72

表 3-40　200～800℃下处理陶土对 SBR 性能的影响①

处理温度/℃	141℃硫化/min	300%定伸应力/MPa	拉伸强度/MPa	伸长率/%	硬度(JIS)
处理前	20	4.9	21.3	630	67
200	20	5.1	22.1	655	66
400	20	5.3	20.0	620	67
500	30	5.1	17.7	620	68
650	30	4.3	11.2	760	65
800	30	4.3	10.2	800	65

①配方：SBR-1500　100，ZnO　5，硬脂酸　1，硫黄　2，促进剂 MBTS　1.2，促进剂 TMTM　0.2，DEG　2，陶土　100。

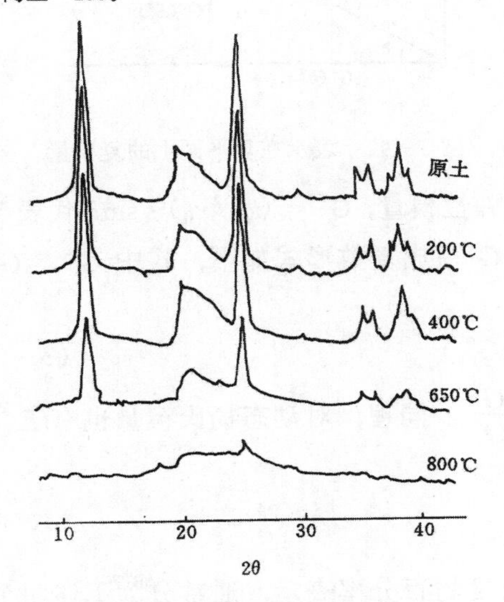

图 3-89　在 200～800℃下处理陶土的 X 光谱图

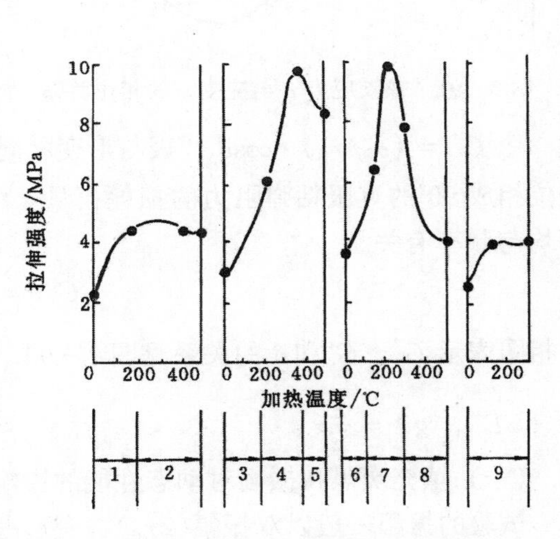

图 3-90　Al_2O_3 及其水合物结构变化对 SBR 性能的影响

1—三羟铝石；2—r-Al_2O_3；3—水铝矿；4—勃姆石；5—r-Al_2O_3；6—无定形 Al_2O_3 的水合物；7—拟勃姆石；8—r-Al_2O_3；9—无定形 Al_2O_3 水合物

多种结晶，加热结晶发生变化，对填充橡胶的性能就有影响。如图 3-90 所示，三羟铝石→$\gamma-Al_2O_3$，水铝矿→勃姆石（$\gamma-Al_2O_3 \cdot H_2O$）→$\gamma-Al_2O_3$；无定形 Al_2O_3 的水合物→拟勃姆石→$\gamma-Al_2O_3$；无定形的 Al_2O_3 水合物对 SBR-1500 硫化胶性能的影响。

由前面白炭黑、陶土和 $Al_2O_3 \cdot 3H_2O$ 三种填料试验可见，无机填料中羟基含量(包括水分)太高、太低都不利，要有适当范围。这似乎是共同规律，有关这方面的情况尚需进一步的研究。

二、填料的性质对硫化橡胶动态性能的影响

橡胶作为轮胎、运输带和减振制品时，受到的力往往是交变的，即应力呈周期性变化，因此有必要研究橡胶的动态力学性质。特别是上述制品绝大多数都用炭黑补强，所以应该研究炭黑及其性质对橡胶动态力学性能的影响。橡胶制品动态条件下使用的特点是变形(或振幅)不大，一般小于10%，频率较高，基本上是处于平衡状态下的，是一种非破坏性的性质。而静态性质，如拉伸强度、撕裂强度、定伸应力等都是在大变形下，与橡胶抗破坏性有关的性质。

对于粘弹性材料来说，在正弦波应力作用下，产生的变形正弦波会落后应力一个相位角 δ $(0<\delta<90^\circ)$，如图3-91所示。由此，应力由两部分组成，一部分和应变同相位，其值为 $\sigma_0\cos\delta$，另一部分与应变相位差 90°，其值为 $\sigma_0\sin\delta$。r_0 为一个变形振幅峰的高度，$2r_0$ 为双振幅峰，以试片长度的百分率表示。

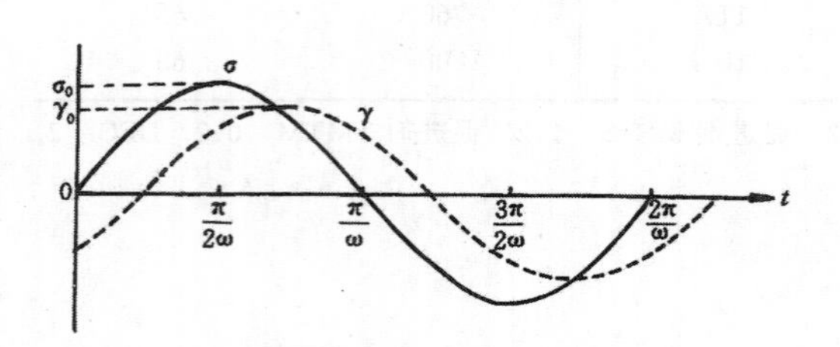

图3-91　橡胶应力 σ 与应变 r 的相位关系

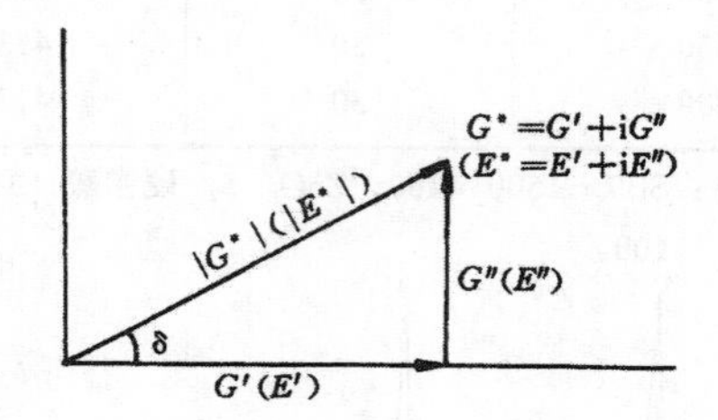

图3-92　表示在复平面上的复模量

令 $G' = (\sigma_0/r_0)\cdot\cos\delta$ 代表与形变相同位相的弹性模量，$G'' = (\sigma_0/r_0)\cdot\sin\delta$ 代表与形变位相成 90° 的克服粘弹阻力的损耗模量。将 G'、G'' 写成复数形式如下，式中 G^*、G' 和 G'' 均与频率有关。

$$G^* = G' + iG'' \tag{3-17}$$

用相图表示 G'、G'' 和 δ 的关系见图3-92，$\mathrm{tg}\delta = \dfrac{G''}{G'}$。同理，对动态杨氏模量也有 $E^* = E' + iE''$，$\mathrm{tg}\delta = \dfrac{E''}{E'}$。

(一) 填充炭黑和振幅对动态性能的影响

试验的振幅一般以双振幅($2r_0$)、变形占试样长度的百分率表示，通常分为下述四个等级，其中，中高振幅较有实用价值。

特低振幅　0.2% (2×10^{-3}) 以下

低振幅　0.2%～1% $(2\times10^{-3}\sim1\times10^{-2})$

中振幅　1%～5% $(1\sim5\times10^{-2})$

高振幅　5% (5×10^{-2}) 以上

橡胶的动态模量受炭黑的影响，加入炭黑使 G'、G'' 均增加。炭黑的比表面积大、活性高、结构高均使 G'、G'' 增加，同时受测试条件(如温度、频率和振幅)的影响。

Payne 曾用不同填充量 HAF 对丁基硫化胶动态性能的影响进行了研究，可作为典型讨

论如下。

1．填充炭黑和振幅对 G' 的影响　由图 3－93 可见，填充炭黑的 G' 高于纯胶的，且随炭黑填充量增加而提高。填充炭黑的 G' 受振幅的影响，随振幅增大而减弱，到大约 10% 时趋于平稳。

炭黑能提高橡胶的 G' 的道理和它能提高橡胶的静态模量的道理一样。而振幅对于 G' 的影响是因为炭黑的二次结构网络(临时结构)在橡胶中形成的缘故。二次结构网络是由于范德华力的作用，易于分解也易于形成。二次结构网络也能抵抗橡胶的流动变形，提高动态模量。当振幅增大到某一数值时，这种结构被破坏(破坏的多于生成的)，于是模量下降。当振幅再进一步增大时(例如 0.1)，这些结构差不多全被破坏，模量趋于一定值，用 G'_0 表示低振幅模量，G'_∞ 表示高振幅模量，则 $G'_0 - G'_\infty$ 可以作为表示炭黑二次结构的参数。

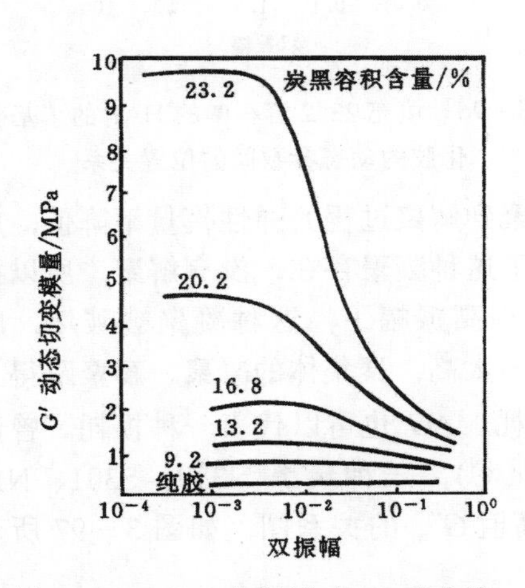

图 3－93　HAF 和振幅对 IIR 硫化胶动态剪切模量的影响

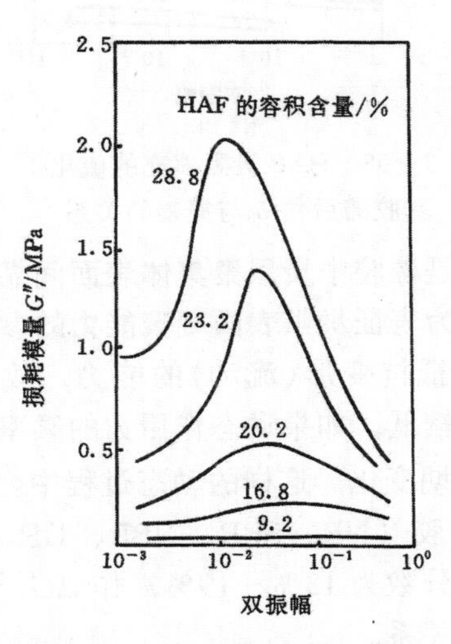

图 3－94　HAF 炭黑填充的丁基硫化胶损耗模量与振幅的关系

2．填充炭黑和振幅对 G'' 和 $\mathrm{tg}\delta$ 的影响　同上试验条件(频率和温度)，可以同时测定损耗模量 G'' 和 $\mathrm{tg}\delta$，如图 3－94 和图 3－95。G'' 和滞后角 δ 都随填料量的增加而增大，而且随振幅的变化出现明显的峰值，填充量小时，随振幅的变化和峰值都不明显。G''（或 E''）、$\mathrm{tg}\delta$ 等都为损耗参数，意义类同，表示单位容积胶料在定变形或定输入能量等条件下每周所损失的能量。

G'、G'' 和 $\mathrm{tg}\delta$ 的数值和相对位置的关系可以用下面的实验数据表示，如图 3－96。G'' 的高峰出现在 G' 下降最快的地方。

炭黑的加入使胶料的 G'' 和 $\mathrm{tg}\delta$ 增大也就会使胶料生热性增高，阻尼性增高。这种作用对于作为减振橡胶制品是很需要的，因为它能减少振动、减少噪音。另外，这种作用可以增加材料的韧性，增加抵抗外力破坏的能力，增加轮胎对路面的抓着力。其缺点是增加了轮胎的滚动阻力，使汽车耗油量增加，温升还促使轮胎老化。

（二）动态弹性模量与填料的二次结构网络

令低振幅下的 G' 为 G'_0，高振幅下的 G' 为 G'_∞，两者之差称为 G' 的增量，用 $\Delta G'$ 表示。

$$\Delta G' = G'_0 - G'_\infty \qquad (3-18)$$

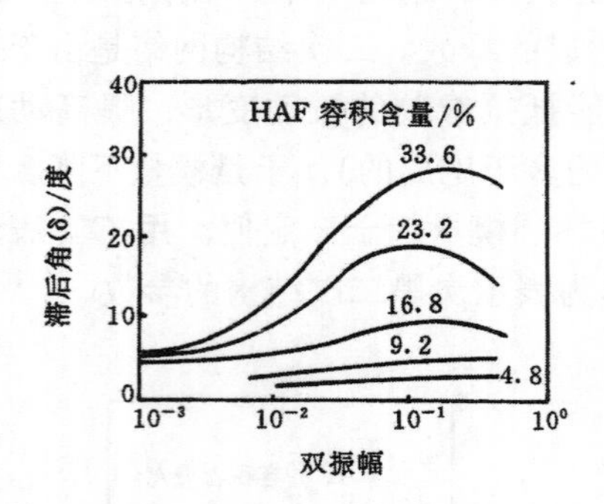

图 3-95　HAF 炭黑填充的硫化丁基胶滞后角 δ 与振幅的关系

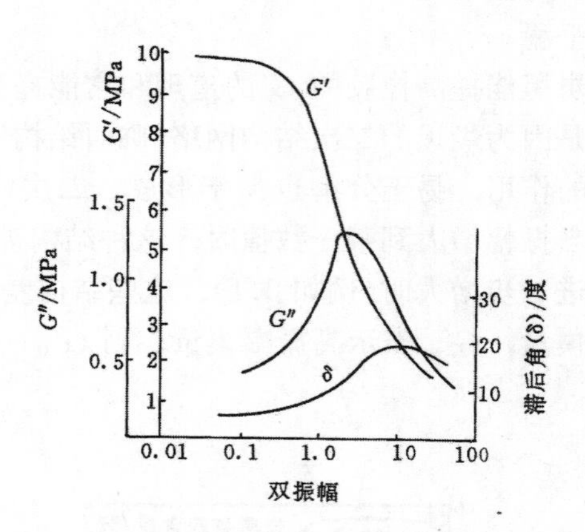

图 3-96　填充 23.2 容积% 的 HAF 的丁基硫化胶的动态参数间的位置关系

$\Delta G'$是橡胶中炭黑聚集体表面间靠范德华力由凝聚到解聚过程的弹性模量下降值，所以$\Delta G'$可作为表征炭黑表面凝聚能力的参数。在低振幅下这种凝聚存在，没有解聚，所以提供了较大的抵抗变形(流动)的能力，故 G'_0 比较高。在高振幅下，这种凝聚被破坏，所以G'_∞就比较低，如果动态作用力的频率不太高，振幅不太高，聚集体的凝聚、解聚跟得上作用力的周期变化，这样的动态过程中会产生更多的能耗。$\Delta G'$也可以代表一种损耗。曾试验过六种橡胶（NR、SBR、NBR、IIR、BR、Cidiprene C），三种炭黑 N330、S301、N110，填充体积分数为 13%～19%，作 $\Delta G'$与损失模量最高值 G''_m 的关系图，如图 3-97 所示的正比线性关系。

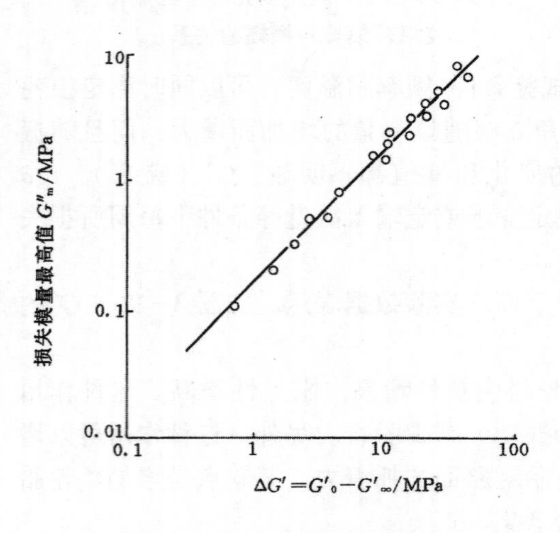

图 3-97　损耗模量最高值 G''_m 与 $\Delta G'$的关系

反过来，也可以通过测试$\Delta G'$(或 $\Delta E'$)来研究在橡胶中炭黑二次结构网络的情况。$\Delta G'$反映了填料聚集体间的相互作用形成二次网络的能力。

（三）炭黑性质对动态性能的影响

1. 炭黑的比表面积和表面活性的影响　当振幅小时主要表现为比表面积的影响，见图 3-98，结构影响不明显，这意味着在该条件下粒径的影响太强，把结构的影响掩盖住了。另外，在 10^{-3}～10^{-1}的振幅下，比表面积与结构对 E′都有明显影响，见图 3-99，图上六条曲线按比表面积可分为两组，每组内三种炭黑结构不同，1、2、4 为比表面大的一组，3、5、6 为比表面积小的一组。明显可见，比表面积大的 E′大，且随振幅增大，下降程度也大。比表面积接近，结构高的 E′大，但对振幅变化不敏感。

2. 结构对动态模量的影响　和对静态模量的影响一样重要，可以用经验公式粗略地定量估算，方法如下。

Medalia的包容胶公式ϕ'在计算静态模量时已发现它的偏差及受试验条件的影响。在计算动态模量时将按$\phi'-\phi$所得包容胶体积分数V，再乘一个0.5的系数，得到的包容胶的有效体积分数，将该值再加ϕ得到V'

$$V'=0.5(\phi'-\phi)+\phi=0.5\phi\left(1+\frac{1+0.02139\text{DBP}}{1.46}\right) \quad (3-19)$$

将V'代替ϕ'代入下式求出炭黑胶料的G'_m

$$G'_m=G'_g(1+2.5V'+1.41V'^2) \quad (3-20)$$

式中 G'_m——炭黑胶料的动态模量；

G'_g——纯胶的动态模量。

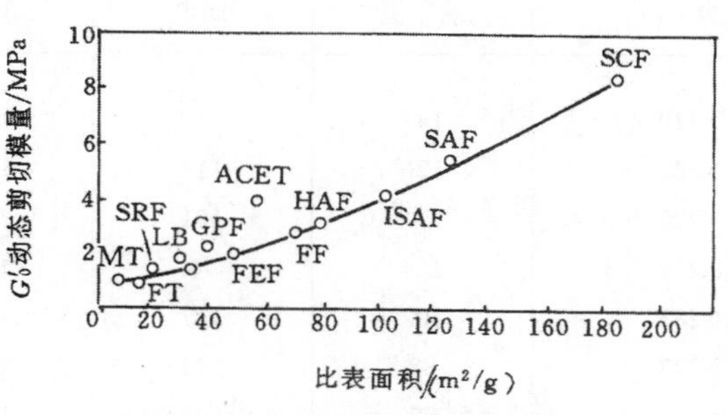

图3－98 炭黑比表面积(氮吸附测定)与动态切变模量G'_0的关系

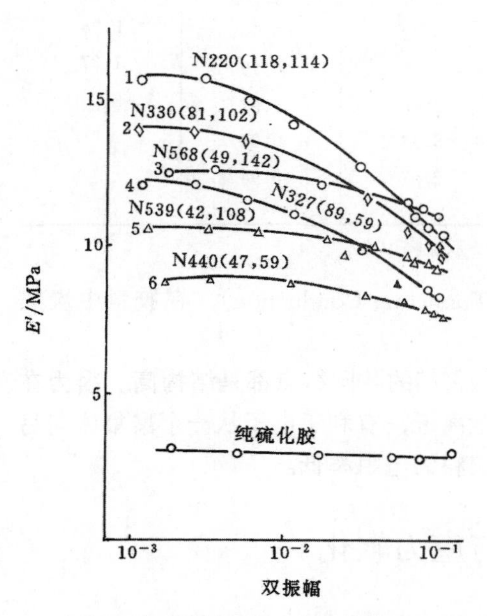

图3－99 结构和比表面积对填充50份炭黑的SBR－1500硫化胶E'的影响

25℃；0.25Hz；BET比表面积在括号的左面，DBP吸油值在括号的右面

曾经用不同比表面积、不同结构度的12种炭黑，丁苯橡胶增充50份，双振幅10%下测定了G'_f和G'_g，计算了G'_m。将G'_m和G'_f、G'_g的比值列于表3－41。对于高比表面积的炭黑计算值比实测值大约10%，低比表面积的则相反，低了约10%。这说明在该测试条件下，取按$\phi'-\phi$的0.5倍作为包容胶实际起作用的体积分数，其计算值进一步靠近了实测值，提高了准确性。这样当已知纯胶的G'_g和炭黑的填充量及DBP值的条件下，就可以利用这种经验公式进行填充炭黑胶料的动态弹性模量的定量估算了。

3. 炭黑表面石墨化对动态性能的影响 石墨化炭黑的比表面积和结构与炭黑基本相当，主要是表面活性下降了许多，失活后$\text{tg}\delta$增大。由表3－41可见，用N220、N330和N359三种炭黑和相应的石墨化炭黑共六种填料，试验结果是G'_m/G'_f比值小于原炭黑，且均小于1，$\Delta G'$远高于原来的炭黑。由此可以说明石墨化表面对橡胶的结合性下降了，结合胶减少。相比之下它本身的凝聚作用对G'的贡献提高了，即$\Delta G'$增大。

三、炭黑的性质对橡胶导电性的影响

炭黑本身有导电性，因为层面中有共轭π键。炭黑本身的电阻率一般在$10^{-1}\sim10\Omega\cdot\text{cm}$间。炭黑表面氧化程度高，其含氧基团起到绝缘作用，所以粒子表面比较“洁净”，即无挥发物时导电性最好，导电性最好的炭黑电阻率仅仅有$0.8\Omega\cdot\text{cm}$。

炭黑填充胶会使胶料电阻率下降，其炭黑胶料的电性能受炭黑结构影响最明显，其次受炭黑的比表面积、炭黑表面粗糙度、表面含氧基团浓度的影响。前两个因素高则胶料的电阻率低，另外均匀的分散使电阻率提高，若需要高电阻的制品应使用大粒子、低结构、表面挥发分大的炭黑。炭黑用量增大，降低电阻率。

表 3－41　有效包容胶 Guth－Gold 方程式预算大振幅的动态模量①

炭　黑	碘　值	DBP	V'/ϕ	G'_m/G'_g	G'_m/G'_f	$\Delta G'$
N110	147	117	1.70	1.70	1.10	
N220	126	114	1.68	3.32	1.09	1.54
N220 石墨化		101			0.89	2.59
N219	124	76	1.40	2.73	1.10	
N285	102	127	1.77	3.54	1.00	
N347	88	122	1.73	3.45	1.10	
N330	87	102	1.59	3.12	1.10	1.01
N330 石墨化		90.3			0.88	1.72
N327	93	59	1.27	2.48	1.14	
N568	47	142	1.89	3.81	1.00	
N539	42	108	1.63	3.22	0.99	0.38
N539 石墨化		95.7			0.79	1.37
N440	50	59	1.27	2.48	1.07	
N765	32	115	1.69	3.33	0.94	
N770	27	65	1.32	2.57	0.94	

①SBR，炭黑填充量 50 份（$\phi=0.1945$），测量温度 25℃，0.25Hz，双振幅 10％。

炭黑使橡胶具有导电性的机理为隧道导电机理（Tunneling Conduction），在胶料中炭黑聚集体间距离越小越有利于导电。

导电炭黑有乙炔炭黑、N472、Ketjenblack EC 等。它们的共同特点都是结构高。因为在相同的填充量下，结构高的炭黑会使胶料中聚集体间距离近，有利于电子从一个聚集体向另一个聚集体跃迁。炭黑用量大也有相同的作用，可使胶料的电阻率低。

第十一节　补强机理与应力软化

炭黑补强作用使橡胶的力学性能提高，同时也使橡胶在粘弹变形中由粘性作用而产生的损耗因素提高。例如 tan δ、生热、损耗模量、应力软化效应提高。因应力软化效应能够比较形象的说明大分子滑动补强机理，因此将两者结合一起讨论。

一、应力软化效应

（一）应力软化效应的含义

硫化胶试片在一定的试验条件下拉伸至给定的伸长比 λ_1 时，去掉应力，恢复。第二次拉伸至同样的 λ_1 时所需应力比第一次低，如图 3－100 所示，第二次拉伸的应力－应变曲线在第一次的下面。若将第二次拉伸比增大超过第一次拉伸比 λ_1 时，则第二次拉伸曲线在 λ_1 处急骤上撇与第一次曲线衔接。若将第二次拉伸应力去掉，恢复。第三次拉伸，则第三次的应力应变曲线又会在第二次曲线下面。随次数增加，下降减少，大约 4～5 次后达到平衡。从应变能角度看，第一次拉伸应变能大于第二次。上述现象叫应力软化效应，也称为 Mullins 效应，见图 3－100。

应力软化效应用拉伸至给定应变所造成的应变能下降百分率 ΔW 表示。

$$\Delta W = \frac{W_1 - W_2}{W_1} \times 100\% \tag{3-21}$$

式中　W_1——第一次拉伸至给定应变时所需的应变能；

W_2——第一次拉伸恢复后，第二次(或更多次数)再拉伸至同样应变时所需的应变能。

（二）应力软化效应的影响因素

应力软化效应代表一种粘性的损耗因素，所以凡是影响粘弹行为的因素对它均有影响。填料及其性质对于应力软化效应有决定性作用。

1.填充的影响　填充显著提高应力软化效应。对于象 SBR 这样的非自补强性橡胶来说，未填充胶几乎没有软化效应，填充胶比未填充胶的软化效应高得多。如未填充的 SBR－1500 的硫黄硫化体系硫化胶软化效应为7.7%，而相应填充体积分数为0.2的沉淀白炭黑的为45.0%，HAF 的则为59.2%。

2.填料品种对应力软化效应的影响　补强性高的填料软化效应高，炭黑具有比较高的应力软化效应。无机填料应力软化效应较低。如用 SBR－1500，填充体积分数为0.2，硫黄硫化体系的HAF、VN_3 白炭黑和轻质 $CaCO_3$ 硫化胶的应力软化效应见图3－101。炭黑

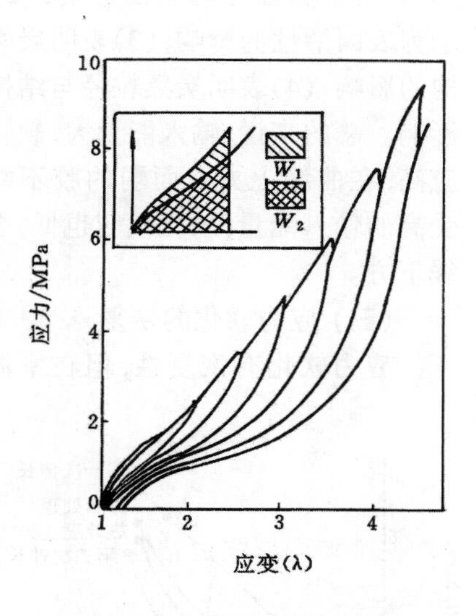

图3－100　应力软化示意图

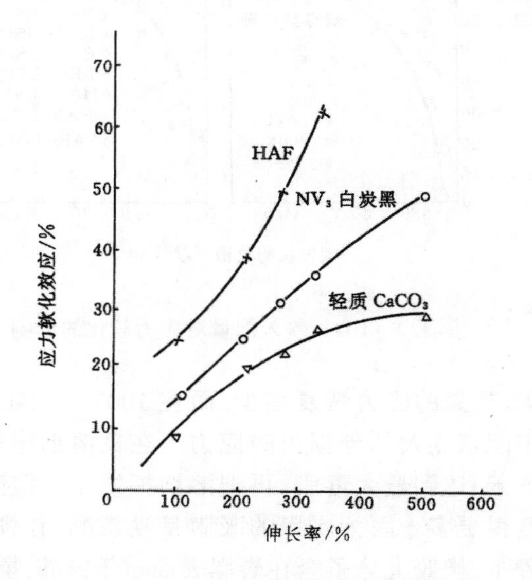

图3－101　填料品种和伸长率对应力软化效应的影响

1—室温，拉伸速度　50mm/min；

2—SBR－1500，硫黄－促进剂体系，填料体积分数为0.2。

HAF 的应力软化效应最高，且随伸长率提高，软化效应迅速增大，曲线趋向纵轴。$CaCO_3$ 软化效应最低，随伸长率提高，软化效应下降，曲线趋向横轴。

3.炭黑品种对应力软化效应的影响　总的趋势是补强性高的炭黑应力软化效应比较高，反之亦然。SBR－1500 填充体积分数为0.2，硫黄硫化，相同伸长比时的软化效应如表3－42所示。

表 3-42 炭黑品种与应力软化效应

炭 黑	ISAF	HAF	EPC	EFE	SRF	喷雾	MT	煤粉	空白
应力软化效应/%	70.5	74.6	61.2	60.8	59.9	44.7	39.2	32.7	7.7

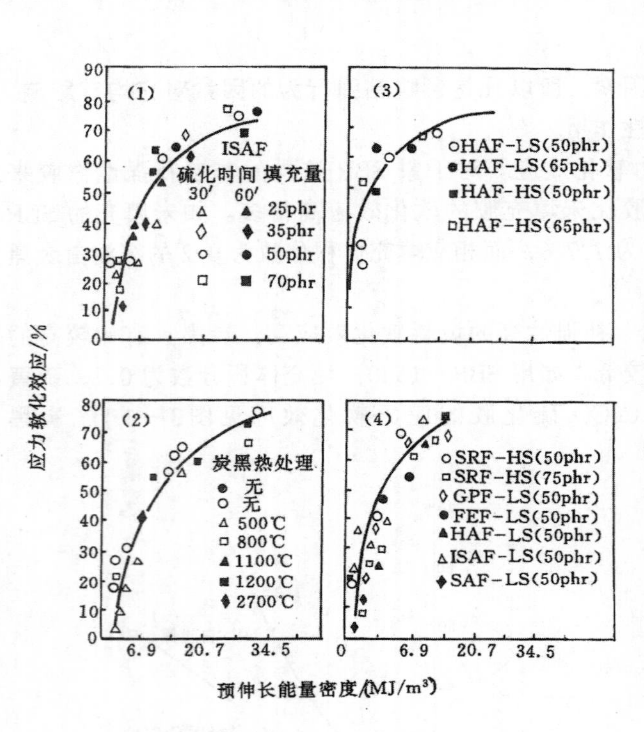

图 3-102 输入能量对应力软化的影响

4. 拉伸时输入能量对应力软化的影响 由于炭黑品种及性质、试样的拉伸比、拉伸速度等试验条件不同对应力软化效应影响比较复杂，所以试验了能包括比表面积、结构、表面活性等多种因素的输入能量(预拉伸所吸收的能量)与应力软化效应的关系。输入能量大，软化效应也大。图 3-102 所示的 SBR-1500 加入各种炭黑的试验结果，各种炭黑可以表示为同一个规律。图 3-102(1)表明 ISAF 用量和硫化时间的影响，(2)表示为表面活性的影响，(3)表明炭黑结构的影响，(4)表明炭黑粒径与结构的影响。总的来说，输入能量大，软化效应高，在曲线上方。而弱的胶不能接受高的输入能量，软化效应也低，在曲线下方。

(三) 应力软化的恢复

应力软化有恢复性，但在室温下几天，损失的应力恢复很少，而在 100℃×24h 真空中能恢复大部分损失的应力。在良溶剂中(如苯)达到最大溶胀，再把溶剂挥发干，其应力恢复得更多。因为炭黑的吸附是动态的，在恢复条件下，橡胶大分子会在炭黑表面重新分布，断的分子链可被新链代替。剩下的不能恢复的部分称为永久性应力软化作用。由图 3-103 可见，NBR 加 60 份 ISAF 炭黑胶的应力软化的恢复情况。

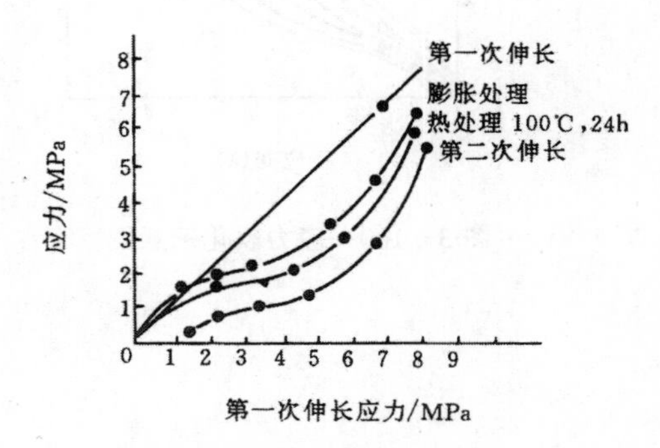

图 3-103 填充 60 份 ISAF 丁腈橡胶的应力软化恢复

二、炭黑的补强机理

近半个世纪以来，人们对炭黑补强机理曾进行了广泛的探讨。各个作者提出的机理虽然能说明一定的问题，但有局限性。随着时间进展，对机理不断在深化完善。橡胶大分子滑动学说的炭黑补强机理是一个比较完善的理论。现将各种论点简述如下。

(一) 容积效应

炭黑在应力作用下不会变形，所以在炭黑胶料中，橡胶大分子受到的变形比外观的变形要大，这叫做容积放大效应。Mullins 和 Tobin 认为炭黑胶料的应力软化与纯硫化胶一样，所不同的是炭黑胶料中由于容积效应而有较大的应力软化和损耗。

（二）弱键和强键学说

Blanchard 和 Parkinson 早在 50 年代就提出这个学说。应力软化是物理吸附的弱键在外力的作用下橡胶链脱离炭黑表面的结果。断裂时剩下的仅为强键，对于炭黑的补强作用，诸如拉伸强度、抗撕裂和耐磨耗等有关橡胶抵抗最后破裂作用的能力来说，少数化学吸附的强键数目最为重要。因此对要求补强性高的就应该有较多的强键数目，即要使用高活性的比表面积大的炭黑。

（三）Bueche 的炭黑粒子与橡胶链的有限伸长学说

这个学说只考虑炭黑粒子与橡胶链所成的强键，橡胶链在应力作用下它伸长到接近它们在粒子间的最大长度时，得到高模量。当超过这个长度就会脱离炭黑表面或断裂如图 3－104。当拉伸超过最短链 A 的长度时，它先行断裂，依次为 B 和 C。第一次伸长时，一些分子链断裂；第二次伸长时，就缺乏这些链的支持，应力下降，即应力软化。应力恢复是在松弛状态下炭黑粒子间的橡胶链重新分布，脱离了的链又为新链所替代。无炭黑存在时，橡胶链断裂后，它的应力由相邻的链负担，易于相继断裂；有炭黑存在时，粒子间有多条橡胶链，一条链断了，应力由其他链分担，故炭黑起着均匀应力的作用，减慢整体的破裂。当伸长大时，炭黑粒子也会移动，这种移动也起着缓和应力的作用。均匀和缓和应力就是补强的原因。

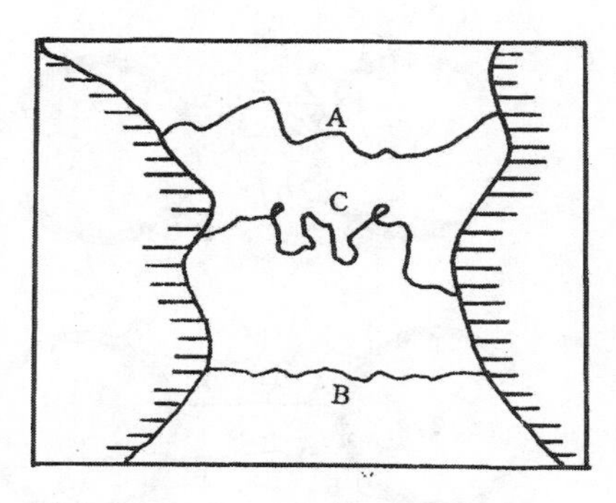

图 3－104　两个填料粒子间被吸附的橡胶分子链

（四）壳层模型理论

核磁共振研究已证实，在炭黑表面有一层由两种运动状态橡胶大分子构成的吸附层。在紧邻着炭黑表面的大约 0.5nm（相当于大分子直径）的内层，呈玻璃态；离开炭黑表面大约 0.5～5.0nm 范围内的橡胶有点运动性，呈亚玻璃态，这层叫外层。这两层构成了炭黑表面上的双壳层。关于双壳层的厚度 $\Delta\gamma_c$，报道不一，不过基本上是上述范围。这个双壳的界面层中的结合能必定从里向外连续下降，即炭黑表面对大分子运动性的束缚不断下降，最后到橡胶分子不受束缚的自由状态。

对壳层补强作用的解释是双壳层起骨架作用。提出了填充炭黑橡胶的不均质结构示意图，见图 8－21。图中 A 相为自由大分子，B 相为交联结构，C 相为双壳层，该理论认为 C 相起着骨架作用联结 A 相和 B 相，构成一个橡胶大分子与填料整体网络，改变了硫化胶的结构，因而提供了硫化胶的物理机械性能。

（五）橡胶大分子链滑动学说

这是比较新和比较全面的炭黑补强理论。该理论的核心是橡胶大分子能在炭黑表面上滑动，由此解释了补强现象。炭黑粒子表面的活性不均一，有少数强的活性点以及一系列的能量不同的吸附点。吸附在炭黑表面上的橡胶链可以有各种不同的结合能量，由多数弱的范德华力的吸附以至少量强的化学吸附。吸附的橡胶链段在应力作用下会滑动伸长。

大分子滑动学说的基本概念可用示意图 3－105 表示。（1）表示胶料原始状态，长短不等的橡胶分子链被吸附在炭黑粒子表面上。（2）当伸长时，这条最短的链不是断裂而是沿炭黑表面滑动,原始状态吸附的长度用点标出,可看出滑移的长度。这时应力由多数伸直的链承担,起应力均匀作用,缓解应力集中为补强的第一个重要因素。(3)当伸长再增大,链再滑动,使橡胶链高度取向,承担大的应力,有高的模量,为补强的第二个重要因素。由于滑动的摩擦使胶料有滞后损耗。损耗会消去一部分外力功,化为热量,使橡胶不受破坏,为补强的第三个因素。(4)是收缩后胶料的状况,表明再伸长时的应力软化效应,胶料回缩后炭黑粒子间橡胶链的长度差不多一样,再伸长就不需要再滑动一次,所需应力下降。在适宜的情况(如膨胀)下,经过长时间,由于橡胶链的热运动,吸附与解吸附的动态平衡,粒子间分子链长度的重新分布,胶料又恢复至接近于原始状态。但是如果初次伸长的变形量大,恢复常不超过50%。

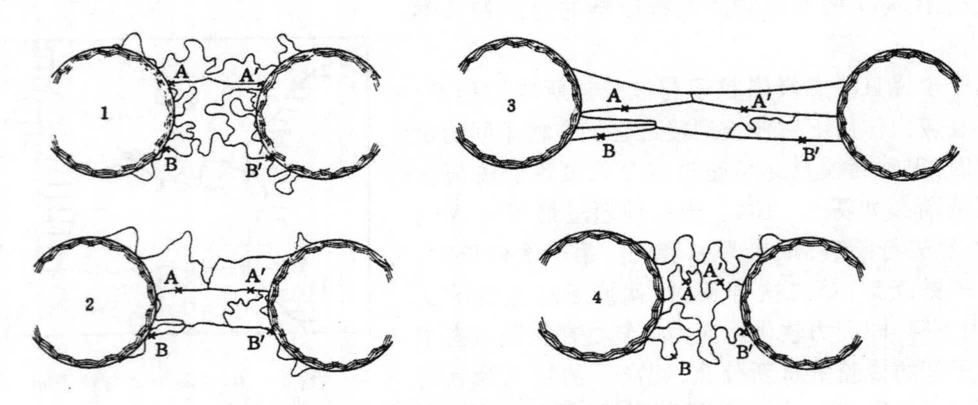

图3-105　橡胶大分子滑动学说补强机理模型

1—原始状态;2—中等拉伸,AA′链滑移;3—再拉伸,AA′再滑移,BB′也发生滑移,全部分子链高度取向,高定伸,缓解应力集中,应力均匀,滑动耗能;4—恢复,炭黑粒子间的分子链有相等的长度,应力软化

第十二节　填料的表面改性

在橡胶中无机填料的用量与炭黑的用量大致相当,约占橡胶用量的50%。若是从整个高聚物领域来看,则无机填料的用量远超出炭黑的用量,因为塑料工业、涂料工业使用的填料主要是无机的。橡胶工业中广泛使用无机填料是碳酸钙、陶土等。

一、无机填料的特点

与炭黑比较,无机填料具有以下特点:

(1)来源丰富,主要来源于矿物,价格比较低。

(2)多为白色或浅色,可以制造彩色橡胶制品。

(3)制造能耗低,制造炭黑的能耗比制造无机填料的高,见下表:

填　　料	能耗/(MJ/kg)	填　　料	能耗/(MJ/kg)
ISAF	90～110	MT	140
沉淀法 SiO_2	70	沉淀法硅酸盐	17
煅烧陶土	14	空气悬浮陶土	0.5
重质 $CaCO_3$	5		

(4)某些无机填料有特殊功能,如阻燃性、磁性等。

(5)对橡胶基本上无补强性,或者补强性低。

对于橡胶工业，补强是非常重要的，否则许多非自补强橡胶便失去了使用价值，大量的事实都证明了在橡胶中具有与炭黑同等体积比表面积的无机填料的补强性远低于炭黑。由图3－106可见常用填料体积比表面积的范围。具有相同体积比表面积的无机填料填充橡胶的拉伸强度比炭黑的低，见图3－107。在相同的硬度时，无机填料胶的定伸应力也比炭黑胶的低，见图3－108。

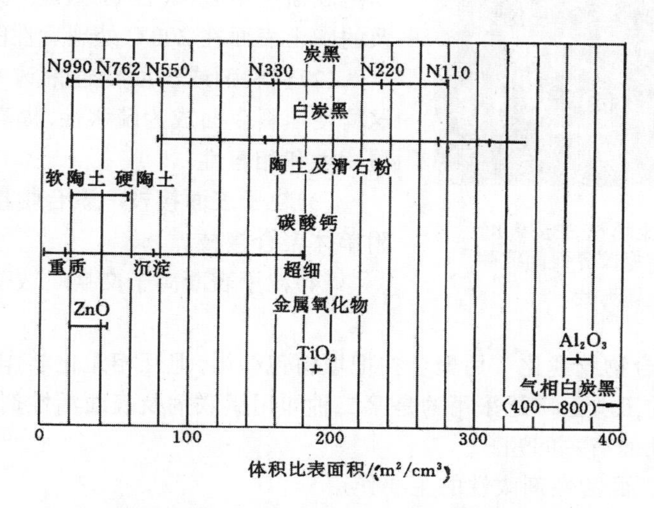

图3－106　常用填料的体积比表面积范围

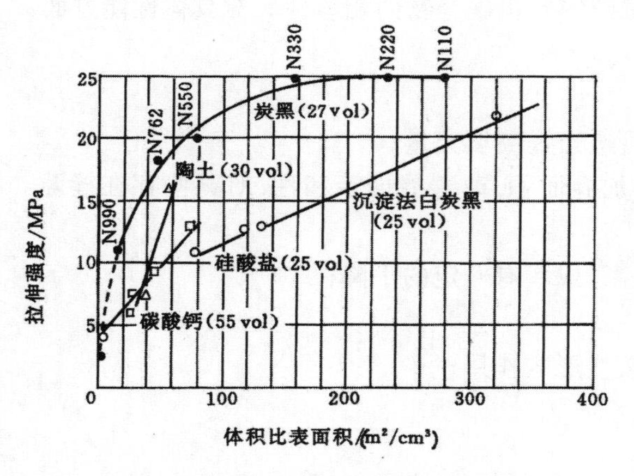

图3－107　无机填料与相同体积比表面积炭黑的拉伸强度的对比

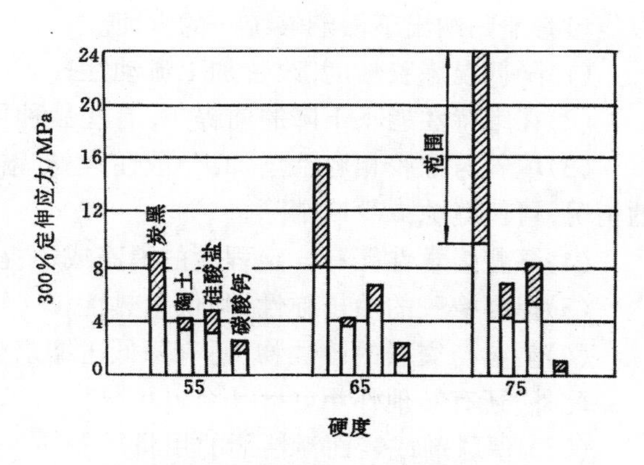

图3－108　相同硬度时无机填料与炭黑的300%定伸应力范围的对比

究其原因是无机填料具有亲水性，与橡胶的亲和性不好。在无机填料填充橡胶中表现为两方面的现象：一是界面积小，无机填料粒子不容易被橡胶大分子润湿，往往是填料粒子间的亲和性大于粒子与橡胶间的亲和性。所以填料粒子容易结团，分散在胶中的粒子往往凝聚。这样就不能充分发挥填料粒子比表面积的作用，与橡胶间形成相应的界面积。二是界面结合不良，有时无机填料粒子与橡胶间存在缝隙。图3－109是陶土填充SBR的扫描电镜照片。由图可见，白色粒子是陶土一次结构结团的大粒子（当然也可能有少许不结团的陶土粒子存在），在粒子与胶之间的界面上明显可见有缝隙存在。

二、无机填料表面改性的主要方法及其表征方法

图3-109 陶土填充SBR硫化胶中陶土粒子与橡胶界面间缝隙扫描电镜照片

(一) 主要改性方法

填料的表面改性,对填料表面进行设计,一般有下述几种方法。

(1)亲水基团调节　通过物理方法热处理就可以把表面羟基脱掉,控制羟基数量。例如,前面已述及的陶土表面在200℃处理后性能最好。

(2)偶联剂或表面活性剂改性无机填料表面　这样使填料表面成为疏水性,提高对橡胶的亲和力、湿润性和相容性。

(3)粒子表面接枝　聚合物接枝,引发活性点吸附单体聚合接枝。

(4)粒子表面离子交换　改变表面离子,自然改变了表面的性质。

(5)粒子表面聚合物胶囊化　用聚合物把填料包一层,但互相无化学作用。

这些方法中目前工业上广泛采用的是第二种即用偶联剂及表面活性剂改性无机填料。下面主要讨论这种改性的有关问题。

(二) 偶联剂或表面活性剂改性的主要作用

改性的填料性能变化范围很广,也较复杂,很难概括。就总体来说,填料表面被偶联剂屏蔽,使填料的表面吸附能下降,但同时增加了与橡胶等有机聚合物的相容性。对具体性能方面只能粗略地归纳出下面能够统一的方面。

(1)降低混炼胶粘度,改善加工流动性;

(2)在维持性能不下降的前提下,有些品种可适当提高填充量;

(3)填料与橡胶相容性增加,分散性改善,增加界面积,改善界面亲和性,对某些存在缝隙的情况,可使缝隙减少或消除;

(4)某些力学性能有一定程度的提高或不提高,或者有一定的下降;

(5)提高橡胶的冲击弹性,降低生热性;

(6)能参与交联的改性物,还有降低压缩永久变形的作用;

此外,还有其他作用。

(三) 偶联剂或表面活性剂的用量

一般偶联剂或改性剂用量为填料的1%～3%,主要根据实验确定。如果用计算方法也可以估算其用量,这就要求知道三个前提条件:一是填料比表面积 S,单位 m^2/g;二是改性剂在填料表面上每个分子的吸附面积 S_m,单位 m^2;三是覆盖率 θ。令 $\theta=1$,计算公式如下(理想条件下):

$$W = \frac{S}{S_m \cdot N_A} \cdot M \times 100 \tag{3-22}$$

式中　W——每100克填料需要的改性剂质量,g;

N_A——阿伏伽德罗常数,6.02×10^{23}/mol;

M——改性剂的摩尔质量,g/mol。

（四）偶联剂或表面活性剂改性填料的方法

这种表面改性原则上有两类方法：干法和湿法。相比之下，干法不易混匀，但方便。

干法有两种混合方法。一是用液态改性剂或稀释的改性剂喷在一定温度下搅拌翻动的填料中混合；二是在聚合物混炼时将改性剂与填料一起加入机械混炼。

湿法也有两种混合方法。一是改性剂水溶剂或乳液或改性剂直接加到填料水悬浮液中搅拌反应、除水、干燥；二是填料悬浮于改性剂的溶液中，让其吸附改性剂，再除溶剂，干燥。

（五）填料表面改性的检测

填料表面改性的检测方法有简易的及常规的方法；有研究工作中应用的复杂的方法；有测改性填料本身的；有直接测填充到聚合物中的效果的，当然最后这种方法最实际。现分述如下。

1. 填料简易疏水性检查　具体的检测方法：第一种把少许填料粉末静置于水面上观察：①迅速沉入水中；②静置水面；③任意搅动也不沉。第二种把填料放到水/苯或水/四氯化碳的混合液中观察：①分散在水中；②两相分散；③在界面有机物一侧聚集。无论哪种方法，③为疏水性。

2. 化学分析填料表面改性剂　例如对硬脂酸表面改性 $CaCO_3$ 的硬脂酸含量分析，现已有了标准检验方法。这是一种对硬脂酸改性 $CaCO_3$ 的质量指标。

3. 橡胶性能检测法　把改性的填料混入橡胶中，检测工艺性能及硫化胶的各种性能。这是一种最普遍、最实际、最重要的方法。橡胶技术人员对此十分熟悉，在此不再赘述。

4. 一些研究工作中使用的方法

补强性测定：补强度表示橡胶与填料间的相互作用程度，用 Cunneen 和 Russell 方程即式 3－23 来表示，也可用 Lorenz 和 Parks 方程即式 3－24 表示。

$$V_{ro}/V_{rf}=a\mathrm{e}^{-z}+b \tag{3-23}$$

$$\because \quad Q_f/Q_g=\frac{V_{ro}(1-V_{rf})}{V_{rf}(1-V_{ro})}\approx V_{ro}/V_{rf}$$

$$\therefore \quad Q_f/Q_g=a\mathrm{e}^{-z}+\mathrm{b} \tag{3-24}$$

式中　V_{ro}——平衡溶胀时无填料硫化胶中橡胶烃的体积分数；

V_{rf}——平衡溶胀时有填料硫化胶中橡胶烃的体积分数；

Q_g、Q_f——分别为平衡溶胀时，无填料和有填料硫化胶中每克橡胶烃所吸收的溶剂克数；

z——填料填充胶中填料的质量分数；

a、b——为特征常数，a 值越大补强度越大，这是公式原本的含意。

但对各种填料改性，情况比较复杂，有时 a 值提高并不表明提高了补强性，如羧基化聚丁二烯改性 $CaCO_3$、$Al(OH)_3$ 等测定后，其 a 值增加很多。硫黄硫化的 SBR 中改性 $CaCO_3$ 的 a 值为 0.58，未改性的为 0.13；改性 $Al(OH)_3$ 的 a 值为 2.07，未改性的为 1.27。但代表补强性的拉伸强度、耐磨性改善甚微，甚至不如硬脂酸改性的。撕裂性提高约 25%。因为羧化聚丁二烯改性的 $CaCO_3$ 表面上的聚丁二烯有双键参与交联反应，所以说这样改性增加了填料与橡胶间的化学作用，a 值高，但补强性却未见明显提高。因此，a 值代表界面作用程度，不一定代表补强度。用 a 值表征填料与聚合物相互作用程度的确是一种有效的方法。这也说明填料与胶之间的作用与补强性的关系还是比较复杂的。

吸附性检测：填料对橡胶具有补强性，主要是因为有吸附性。所以用吸附性质表征改性作用是最能看出本质问题的方法。吸附方法中有测吸附热，还有最近新发展起来的反气相色谱法。这个方法已成为表征填料表面吸附性的有利工具。气相色谱法是用已知的柱子填料来检测未知气体，而反气相色谱法是将柱子中的填料变为被测物，例如改性的填料、$CaCO_3$、炭黑等。再用惰性载气带入已知物质，例如己烷、四氢呋喃、苯等的蒸气，测定填料对于各种物质的吸附性，以保留体积表示，保留体积越大，填料吸附性越大。

填料的接触角测定：将待测的填料压成饼，然后用常规方法测定。接触角变化能定量反映填料的表面特性、亲水或疏水的程度。

电镜观察：表面改性情况。

其他：如傅立叶变换红外光谱、脉冲核磁共振等。

三、改性剂的分类及其改性效果

改性剂主要包括偶联剂和表面活性剂两类，最近又发展了填料表面催化接枝。

偶联剂有硅烷类、钛酸酯类、铝酸酯类、磷酸酯类和叠氮类等。

表面活性剂主要有脂肪酸和树酯酸类、官能化齐聚物类、其他还有阳离子、阴离子、非离子等类。

填料表面催化活化，用有机物表面接枝或聚合物接枝。

（一）偶联剂

1．硅烷类　表 3－43 中列出了常用硅烷偶联剂。硅烷类偶联剂是目前品种最多、用量较大的一类偶联剂，通式为 $X_3—Si—R$。X 为能水解的烷氧基，如甲氧基、乙氧基、氯等，3 表示基团个数为 3 个。水解后生成硅醇基与填料表面羟基缩合而产生化学结合。R 为有机官能团，如巯基、氨基、乙烯基、甲基丙烯酰氧基、环氧基等，往往它们可以与橡胶在硫化时产生化学结合。硅烷偶联剂在填料表面是多层吸附的。

表 3－43　常用硅烷偶联剂

化学名称	结构式	国内商品名	国外商品名	适用橡胶
乙烯基三乙氧基硅烷	$CH_2{=}CH—Si\ (OC_2H_5)_3$	A151	A151	EP(D)M、Q
γ－胺丙基三乙氧基硅烷	$NH_2(CH_2)_3—Si—(OC_2H_5)_3$	KH550	A1100	EP（D）M、CR、Q、NBR、SBR、PU
γ－缩水甘油醚丙基三甲氧基硅烷	$\underset{\diagdown O \diagup}{CH_2—CH}CH_2O(CH_2)_3Si(OC_2H_5)_3$	KH560	A187	氯醇胶、PU、IIR
γ－甲基丙烯酰氧基丙基三甲氧基硅烷	$CH_2{=}C(CH_3)—C(=O)—O—(CH_3)_3Si(OCH_3)_3$	KH570	A174	EP（D）M、BR
γ－巯基丙基三甲氧基硅烷	$HS—(CH_2)_3Si(OCH_3)_3$	KH580	A189	EP（D）M、SBR、CR、NR、IR、BR、NBR、IIR、PU、CHC（CHR）
乙烯基三（叔丁基过氧化硅烷）	$CH_2{=}CHSi\ (O_2—C(CH_3)_2—CH_3)_3$	VTPS	A1010	多种聚合物
四硫化双（三乙氧基丙基）硅烷	$(C_2H_5O)_3Si(CH_2)_3S_4(CH_2)_3—Si(OC_2H_5)_3$	Si－69	Si－69	EP(D)M、NR、IR、CR、SBR、BR、NBR、IIR
N－β 氨乙基－γ 氨丙基三甲氧基硅烷	$NH_2(CH_2)_2NH(CH_2)_3Si(OCH_3)_3$	YG01305	A1120	EP（D）M、SBR、CR、NBR、PU

续表

化学名称	结构式	国内商品名	国外商品名	适用橡胶
乙烯基三甲氧基硅烷	$CH_2{=}CH{-}Si{-}(OCH_3)_3$	Y4302	A171	EP(D)M、Q
乙烯基三(β-甲氧基乙氧基)硅烷	$CH_2{=}CHSi(OC_2H_4OCH_3)_3$	YG01204	A172	EP(D)M、BR
乙烯基三氯硅烷	$CH_2{=}CH{-}Si{-}Cl_3$	YG01201	A150	聚酯、玻璃纤维

硅烷中巯基硅烷在橡胶中使用较多,巯基与二烯类橡胶反应如下:

$$HS{-}(CH_2)_3{-}Si(OC_2H_5)_3 \xrightarrow{H_2O} HS{-}(CH_2)_3{-}Si(OH)_3 \xrightarrow{\text{陶土}}$$

$$HS{-}(CH_2)_3{-}Si(OH)_2{-}O{-}\text{陶土} \xrightarrow{\sim CH_2{-}CH{=}CH{-}CH_2\sim} \sim CH_2{-}CH(\sim CH_2{-}CH_2\sim){-}S{-}(CH_2)_3{-}Si(OH)_2{-}O{-}\text{陶土}$$

$$HS{-}(CH_2)_3{-}Si(OH)_2{-}O{-}\text{陶土} \underset{H_2O}{\overset{\Delta}{\rightleftharpoons}} HS{-}(CH_2)_3{-}Si(OH)_2{-}O{\cdots}H{-}O(H){\cdots}H{-}O{-}\text{陶土}$$

选择什么基团的硅烷主要取决于橡胶中硫化体系和填充体系。表 3-44 给出了 EP(D)M 橡胶硫黄硫化体系和过氧化物硫化体系中各种硅烷的影响。表 3-45 给出了氨基硅烷对不同填料的效果。由表可见,硅烷偶联剂对含硅填料比对 $CaCO_3$、TiO_2 效果好。

图 3-110 是巯基硅烷对于白炭黑填充的常用六种橡胶七种性能的影响。

表 3-44 各类硅烷对 EP(D)M 的影响

硅烷	M_{300}/MPa	
	硫黄硫化滑石粉填充	过氧化物硫化陶土填充
—	3.38	2.90
乙烯基	2.96	7.65
巯基	5.45	8.27
氨基	5.45	9.53
甲基丙烯酰氧基丙基	—	11.45

表 3-45 氨基硅烷对 EP(D)M/SBR/NR 中不同填料的效果①

填充剂	M_{300}/MPa		
	空白	氨基硅烷(1phr)	提高百分率
—	2.62	3.31	26
$CaCO_3$	3.72	5.58	50
TiO_2	4.50	6.55	56
滑石粉	5.24	9.31	78
陶土(煅烧)	5.31	9.45	78
陶土(水合)	6.48	11.45	77
沉淀法白炭黑	5.09	8.96	78

①胍类、次磺酰胺类促进剂。

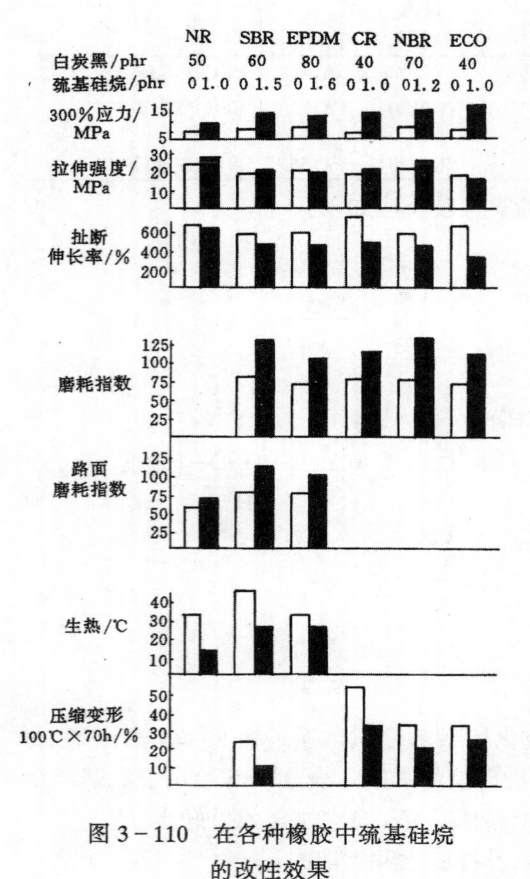

图 3－110 在各种橡胶中巯基硅烷的改性效果

2．钛酸酯类 为了解决硅烷偶联剂对聚烯烃等热塑性塑料缺乏偶联效果的问题，70 年代中期发展了钛酸酯类偶联剂。这类偶联剂在塑料中有相当的效果，但对提高橡胶补强性效果往往不明显。钛酸酯偶联剂中的一些品种已工业化生产。其典型代表是异丙基三异硬脂酰基钛酸(简称 TTS)，其结构如下

$$CH_3-\underset{\displaystyle CH_3}{\underset{|}{CH}}-O-Ti\left[O-\underset{\displaystyle O}{\underset{\|}{C}}-(CH_2)_{14}-\underset{\displaystyle CH_3}{\underset{|}{CH}}-CH_3\right]_3$$

单烷氧基钛酸酯的单烷氧基可以与填料表面上的羟基氢原子反应，形成单分子层的化学结合。这类钛酸酯的三个长脂肪链，改变了填料表面的亲水性，成为疏水性的，增加了与有机聚合物的相容性，另外长链还能与聚合链互相纠缠，其作用见本页下方示意图。这类偶联剂缺点是对水敏感，易水解失去偶联作用。

为了克服单烷氧基钛酸酯偶联剂对水敏感的缺点又发展了单烷氧基磷酸酯型、单烷氧基焦磷酸酯类、螯合型、配位体型钛酸酯类偶联剂。各类的结构及特点见表 3－46。例如，钛酸酯偶联剂在 PVC 中应用的效果是提高填充量、混炼胶粘度下降，加工性能变好，填料在聚合物中分散改善。图象分析照片见图 3－111 和图 3－112，是 PVC 中加入不同用量超细 $CaCO_3$ 的分散情况的图象分析照片及用 NDZ－102 钛酸酯改性超细 $CaCO_3$ 的分散情况的图象分析照片。可见用偶联剂改性的分散粒子小且较均匀。改性超细 $CaCO_3$ 提高 PVC 抗冲性能见图 3－113。

$$CH_3-\underset{\displaystyle CH_3}{\underset{|}{CH}}-O-Ti\left[O-\underset{\displaystyle O}{\underset{\|}{C}}-(CH_2)_{14}-\underset{\displaystyle CH_3}{\underset{|}{CH}}-CH_3\right]_3 + HO-(\text{填料})-OH \quad (\text{OH},\ \text{OH})$$

$$\longrightarrow \text{填料}(-O-Ti\equiv)_8 \xrightarrow{\text{混合胶中}}$$

增加与橡胶大分子的相容性并可产生纠缠作用

表 3-46 钛酸酯偶联剂

类 型	名 称	结 构	代 号	特 点
单烷氧基	异丙基三异硬脂酰基钛酸酯	$CH_3CH(CH_3)OTi\left[OC(=O)(CH_2)_{14}CH(CH_3)CH_3\right]_3$	TTS	填料表面水分要少，湿法填料要煅烧
单烷氧基磷酸酯基	异丙基三(二异辛基磷酸酯基)钛酸酯	$CH_3CH(CH_3)OTi\left[O-P(=O)(OCH_2CH(C_2H_5)(CH_2)_3CH_3)_2\right]_3$	TTOP-12	对水分不太敏感，干、湿法填料均不必煅烧
单烷氧基焦磷酸酯基	异丙基三(二异辛基焦磷酸酯基)钛酸酯	$CH_3CH(CH_3)OTi\left[O-P(=O)(OH)-O-P(=O)(OCH_2CH(C_2H_5)(CH_2)_3CH_3)_2\right]_3$	TTOPP-38	湿法填料不必煅烧，也适于一定湿量填料
螯合型	二(二异辛基磷酸酯基)钛酸亚乙酯	$(CH_2O)_2Ti\left[O-P(=O)(CH_2CH(C_2H_5)(CH_2)_3CH_3)_2\right]_2$	ETDOP212	适于高湿度填料及含水聚合物
配位体型	二(二月桂基亚磷酸酯)合四辛氧基钛	$(H_{17}C_8O)_4Ti\cdot[O-P(-O-C_{12}H_{25})_2]_2$（$H_{25}C_{12}-O-P-O-C_{12}H_{25}$ 经 O 配位于 Ti 上下两侧）	OTDLPI-46	克服钛酸酯在聚酯及醇酸树脂中有阻碍酯交换反应，在环氧树脂中与—OH 反应等毛病

3. 其他偶联剂　由于硅烷类偶联剂对于聚烯烃、PS、ABS 等缺乏反应性，改性作用不明显，因此又进一步研究了其他类的偶联剂。最近发展起来的有叠氮硅烷类、磷酸酯类、铝酸酯类。例如，福州师范大学提出的铝酸酯的结构为$(C_3H_7O)_xAl(OCOR')_m(OCOR^2)_n(OAB)$，其中 Al 为中心原子。又如有下述结构的磷酸酯：

$$RO-\overset{\overset{\displaystyle O}{\|}}{\underset{\underset{\displaystyle OH}{|}}{P}}-OH$$

与 $CaCO_3$ 反应生成难溶于水的磷酸钙盐，并认为磷酸酯中的 R 为3，7－二甲基－6－辛烯基或

图 3－111　PVC　中填充超细 $CaCO_3$ 分散情况的图象分析照片

图 3－112　PVC　中填充用 NDZ－102 表面改性超细 $CaCO_3$ 分散情况的图象分析照片

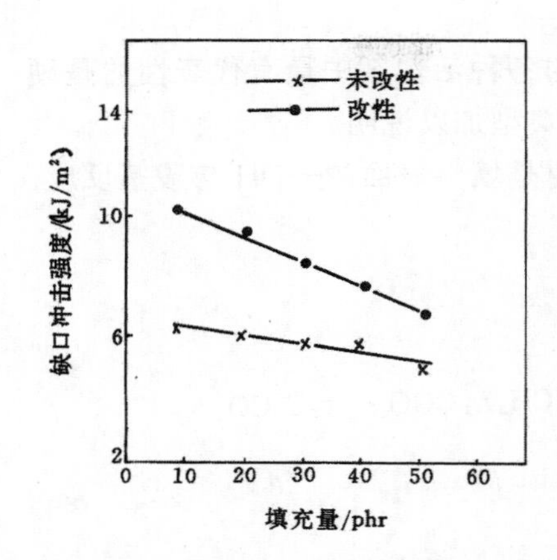

图 3－113　NDZ－102 改性超细 $CaCO_3$ 对 PVC 抗冲击性的影响

6－巯己基比较好。最近发现某些叠氮硅烷类及磺酰叠氮硅烷对热塑性塑料较为有效。关于叠氮偶联剂在橡胶方面的应用，1985 年 T.Korenaga 发表了用叠氮苯甲酸改性比表面积为 $100m^2/g$ 的微细 $CaCO_3$ 在 SBR 中的效果，见图 3－114。用脉冲核磁共振测得改性的(M)结合胶为 4.1%，未改性的(C)为 3.2%。叠氮苯甲酸对 $CaCO_3$ 的改性机理如下页；

（二）表面活性剂

表面活性剂一端有亲无机物的基团，另一端有亲有机物的基团。有非离子型的及离子型的。填料改性剂工业上获得广泛应用的主要有高级脂肪酸，例如硬脂酸，树脂酸，官能化的齐聚物象羧基化的液体聚丁二烯等。

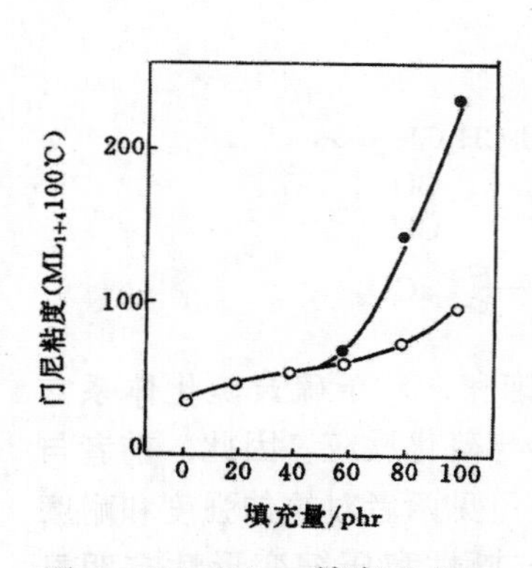

图 3－114（1）　填充 $CaCO_3$ 的 SBR 胶料的门尼粘度

○—$CaCO_3$（M）　●—$CaCO_3$（C）

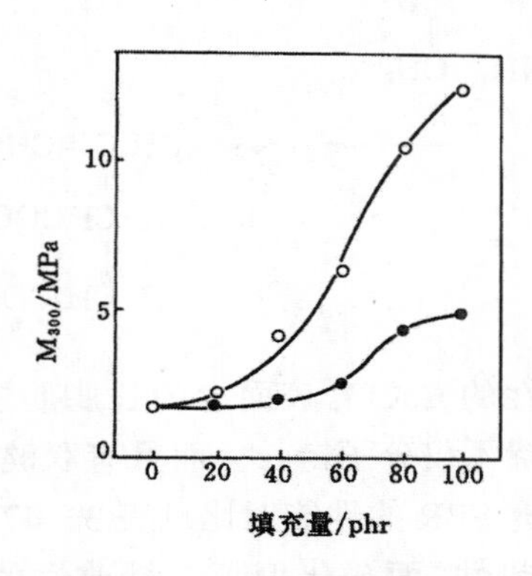

图 3－114（2）　填充 $CaCO_3$ 的 SBR 硫化胶的 M_{300}

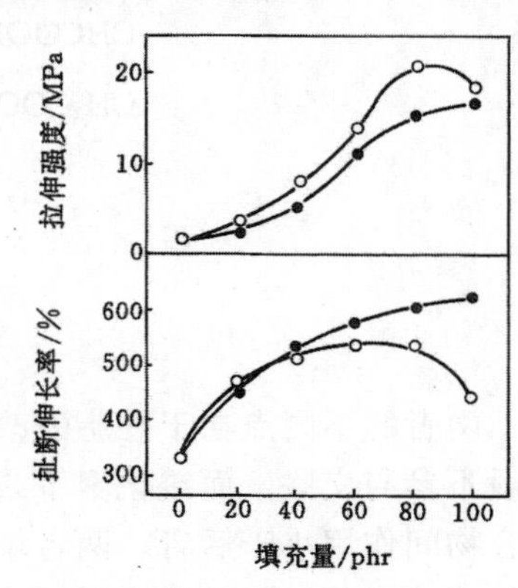

图 3－114（3）　填充 $CaCO_3$ 的 SBR 硫化胶的拉伸强度（T_B）和扯断伸长率（E_B）

图 3－114　叠氮苯甲酸改性 $CaCO_3$ 的效果

$CaCO_3$ 变量：20、40、60、80、100　SBR 100，ZnO 5，SA 1，S 2，M 1.2，TMTM 0.2，

N_3—C₆H₄—COOH + HO—$CaCO_3$ ⟶ N_3—C₆H₄—C(=O)—O—$CaCO_3$

Δ → :N̈—C₆H₄—C(=O)—O—$CaCO_3$ —SBR→ ~CH=CH—CH(~)—NH—C₆H₄—C(=O)—O—$CaCO_3$

Δ → ·N̈:—C₆H₄—C(=O)—O—$CaCO_3$ —SBR→ ~CH—CH=CH~ / ~CH—CH=CH~ + NH_2—C₆H₄—C(=O)—O—$CaCO_3$；~CH_2—CH(—CH—)N—C₆H₄—C(=O)—O—$CaCO_3$

叠氮苯甲酸对 $CaCO_3$ 的改性机理

这些改性剂主要用于改性碳酸钙。用于 $CaCO_3$ 改性的各种活性剂中最有代表性的是硬脂酸，比较新的一种是羧基化聚丁二烯。现以这两种作为典型加以说明。

这两种改性剂的共同点在于与 $CaCO_3$ 表面的化学吸附是填料表面的—OH 与羧基反应，以羧酸钙盐形式覆盖在表面上。推测其反应如下：

硬脂酸

$$CH_3(CH_2)_{16}COOH + HO—\{CaCO_3 \longrightarrow CH_3(CH_2)_{16}COO—\{CaCO_3$$

羧化聚丁二烯

$$\sim\sim CH_2\underset{\substack{|\\ CHCOOR\\ |\\ CH_2COONH_4}}{C}=CHCH_2CH_2\underset{\substack{|\\ CH\\ \|\\ CH_2}}{CH}\sim\sim + HO—\{CaCO_3$$

$$\longrightarrow \sim\sim CH_2\underset{\substack{|\\ CHCOOR\\ |\\ CH_2COO—\{CaCO_3}}{C}=CHCH_2CH_2\underset{\substack{|\\ CH\\ \|\\ CH_2}}{CH}\sim\sim$$

两者的不同点在于硬脂酸改性的 $CaCO_3$ 表面上的长脂肪链饱和，对于硫黄硫化体系它一般不参与交联，而羧化聚丁二烯不仅分子链长，而且有双键参与硫化反应。因此，前者与聚合物间作用小于后者。两者填充 SBR 的性能对比见表 3－47。可见两者对拉伸强度和耐磨性没多大改善，但明显降低了生热性。而羧化聚丁二烯改性的抗撕性和压缩变形性有明显改善。

羧化聚丁二烯改性 $CaCO_3$ 与橡胶之间形成化学交联界面作用较强，这一点还可以从式(3－23)中得到证实。将羧化聚丁二烯改性超细 $CaCO_3$ 与未改性的超细 $CaCO_3$ 分别以不同

表 3－47　两种改性超细 $CaCO_3$ 在 SBR－1500 中的性能对比

性　　能	硬脂酸改性	羧化聚丁二烯改性	空　白
拉伸强度/MPa	15.0	13.8	13.2
阿克隆磨耗/cm^3	1.30	1.44	1.54
撕裂强度/（kN/m）	25	34	27
300％定伸应力/MPa	1.9	3.7	2.3
压缩永久变形/％	78	62	80
生热性(NR 中）/℃	7	7	10
(NR 中）/℃	20	20	26

的用量混入 SBR 硫黄硫化体系配合中，测各硫化胶的平衡溶胀值，再计算各硫化胶中每克橡胶烃平衡溶胀时所吸收的溶剂克数 θ，求出有填料与无填料各硫化胶的 θ_f/θ_g。θ_f/θ_g 与填料量(e^{-z})作图，得 3－115 图，因为 $\theta_f/\theta_g \approx V_{ro}/V_{rf}$，所以图便是 V_{ro}/V_{rf} 与 e^{-z} 的关系图。由图求出公式中的 a 和 b 值。a 值越高，说明填料与橡胶之间作用越强。

$CaCO_3$（改性）

$$V_{ro}/V_{rf} = 0.58e^{-z} + 0.66$$

$CaCO_3$（未改性）

$$V_{ro}/V_{rf} = 0.13e^{-z} + 0.97$$

改性的 $CaCO_3$ 的 a 值为 0.58，而未改性的 $CaCO_3$ 的 a 值仅为 0.13。

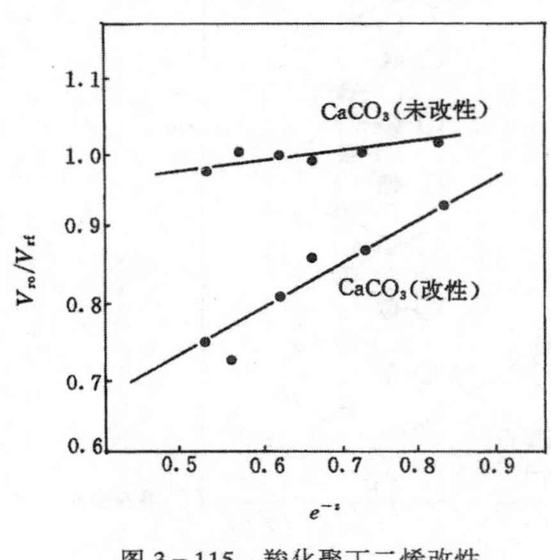

图 3-115　羧化聚丁二烯改性 $CaCO_3$ 对 V_{ro}/V_{rf} 的影响

（三）催化剂存在下填料的表面接枝

在 Lewis 酸如 $AlCl_3$ 或 $TiCl_4$ 催化剂的存在下，不论饱和或不饱和的烃类均可引发生成正碳离子，进而与填料表面反应或进行自身聚合反应，反应如下：

$$AlCl_3 + HX \longrightarrow H^+ \ [AlCl_3X]^-$$

$$H^+ \quad \rangle C{=}C\langle \longrightarrow \ \rangle CH{-}\overset{+}{C}\langle$$

不饱和碳氢化合物

$$H^+ + -\overset{|}{C}H- \longrightarrow -\overset{|}{\underset{+}{C}}- + H_2$$

饱和碳氢化合物

$$-\overset{|}{\underset{+}{C}}- + HO- \text{填料粒子} \longrightarrow -\overset{|}{\underset{|}{C}}-O- \text{填料粒子}$$

例如，将填料悬浮于含 $TiCl_4$ 或 $AlCl_3$ 的 CH_2Cl_2 溶液中，搅拌后减压除溶剂。把这样处理的干燥填料同丁二烯气体接触一定时间，令其反应，再用苯除去未接在填料上的聚合物。经过检验填料是疏水性的，这说明丁二烯在填料表面很可能发生了接枝反应，否则就是胶囊化了。

四、表面改性对填料表面吸附性和润湿性的影响

表面改性的目的是改变无机表面成为有机表面，改性后的填料表面能必定下降，它的吸附性 会下降，这对补强不利。但与此同时其粒子间的作用也会下降，与橡胶等聚合物润湿性会增加，这对补强有利。这是一对矛盾因素。改性效果往往是上述不利和有利因素的综合作用结果。

（一）硬脂酸改性碳酸钙对吸附性的影响

1. 硬脂酸在碳酸钙表面上的吸附　试验用的碳酸钙的 BET 比表面积为 $32m^2/g$，硬脂酸在第九、第十个碳原子上用氚作放射性标记。恒温 30℃ 下使 $CaCO_3$ 悬浮于硬脂酸的甲苯溶液中吸附。分别测不同平衡浓度下硬脂酸吸附在 $CaCO_3$ 表面上的数量。采用测定溶液或固体 $CaCO_3$ 的放射性的方法，进而做出硬脂酸在 $CaCO_3$ 表面上的物理吸附等温度，是Ⅱ型吸附等温线，说明为多层吸附。当将各浓度下吸附了硬脂酸的碳酸钙用热甲苯抽提 24h，再测定其表面吸附量，可得到各平衡浓度下的化学吸附等温线，为单层吸附。其单层吸附量为 $CaCO_3$ 质量的 8%左右。已知硬脂酸羧基面积为 $2.05nm^2$，若以此计算可求出 $CaCO_3$ 的比表面积为 $34m^2/g$。这与 $32m^2/g$ 相一致，说明硬脂酸在 $CaCO_3$ 表面上以脂肪链朝外，羧基朝

$CaCO_3$ 表面垂直姿态吸附，见图 3－116。硬脂酸在 $CaCO_3$ 表面的吸附等温线见图 3－117。

2．硬脂酸改性碳酸钙对接触角的影响　碳酯钙试样为表面上被硬脂酸覆盖率分别为 0、25%、50%、75%、100%，即相对应吸附了的硬脂酸对碳酸钙的质量百分数分别为 0、2%、4%、6%、8%。

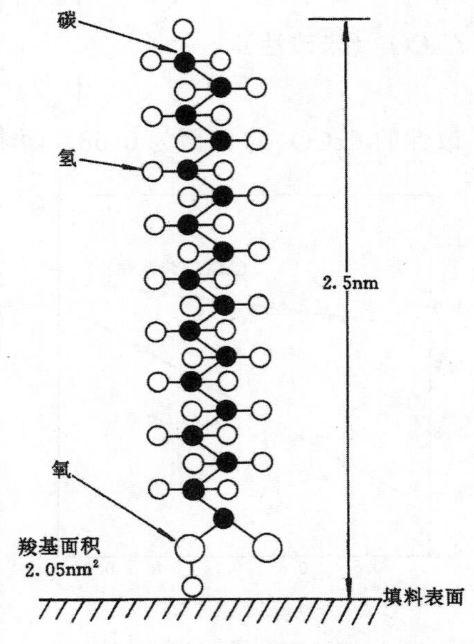

图 3－116　硬脂酸在 $CaCO_3$ 表面的吸附姿态示意图

改性碳酸钙的接触角测定，方法是对装在模型中的碳酸钙加压力使其成饼，再按一般的方法测接触角，试验结果如图 3－118。由图 3－118 可见，未改性的碳酸钙对于水等三种物质的接触角均为 0，即是说明这三种物质均能在未改性 $CaCO_3$ 表面上铺展。因为未改性的是高能表面，其表面能的色散分量（γ_S^D）、极性分量（γ_S^P）均大于 50mJ/m²。随覆盖率增大，其接触角也增大，说明对几种极性物质，特别是水的润湿性下降，即变成疏水性了。当覆盖率为 100% 时，其表面能 $\gamma_S = \gamma_S^D = 22$mJ/m²，这与文献中纯硬脂酸的表面能相符。这就再一次证明了硬脂酸在碳酸钙表面上以长脂肪链朝外方向取向。

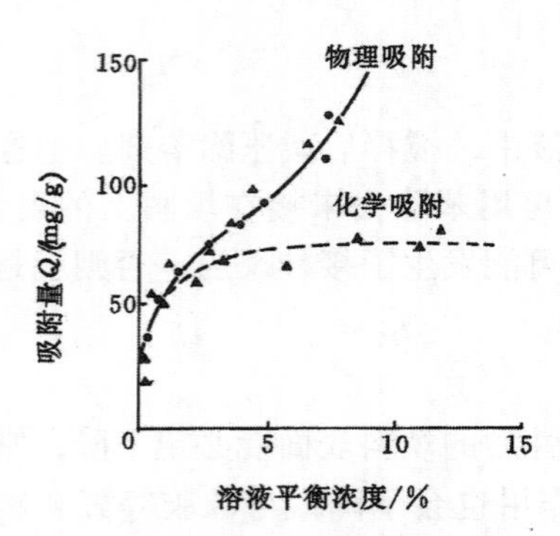

图 3－117　30℃下的硬脂酸物理吸附曲线和化学吸附曲线

●—由溶液浓度变化测定的数据；▲—通过对改性 $CaCO_3$ 固体测定所得的数据

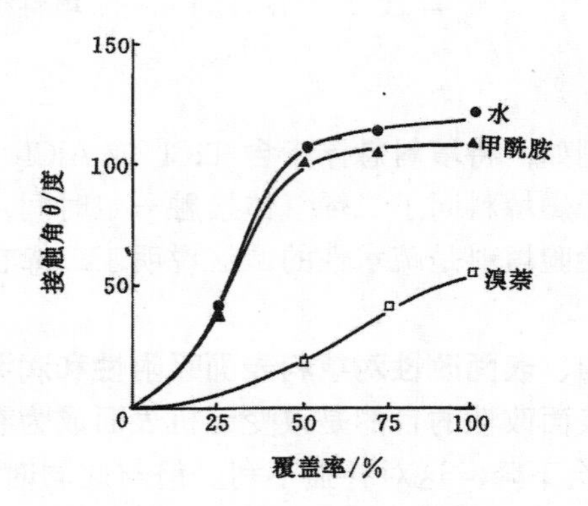

图 3－118　硬脂酸处理碳酸钙表面的覆盖率对液体接触角的影响

3．硬脂酸改性对碳酸钙吸附性的影响　用反气相色谱法测定。碳酸钙样品为前述的空白和覆盖率为 100% 的两种，吸附质有脂肪族和芳香族化合物。吸附条件是柱子为不锈钢的，长度 50cm，直径 3.17mm，汽化温度 180℃，火焰离子化检测器温度 180℃，柱子温度 70～100℃，氦气(载气)流速 35cm³/min。测定不同挥发性的吸附质对改性和未改性碳酸钙的吸附保留值 V_g 与各相应吸附质的蒸气压 P_0 的关系，其结果由图 3－119 和图 3－120 可见。改性的保留值比未改性的小，说明其吸附性下降了。另外，对改性的极性与非极性吸附质均在一条线上，而未改性的对极性吸附质的吸附能力比非极性的大。这说明未改性碳酸钙表面上有 Lewis 酸性作用点(可以认为是阳离子 Ca^{2+})、Lweis 碱性作用点(可以认为是 CO_3^{2-}),这些点对碱性分子(芳香烃)和酸性分子(CH_2Cl_2、CH_3Cl)有较强的吸附性。而对于表面覆盖率为100%的改性碳酸钙，其表面再没有酸性作用点和碱性作用点了。表面完全为脂肪链烃包覆，所以所有的化合物，不管极性、非极性的都落在同一条曲线上。对 PTFE 表面吸附也有这样的结果。这一结果与接触角试验结果有一致性。

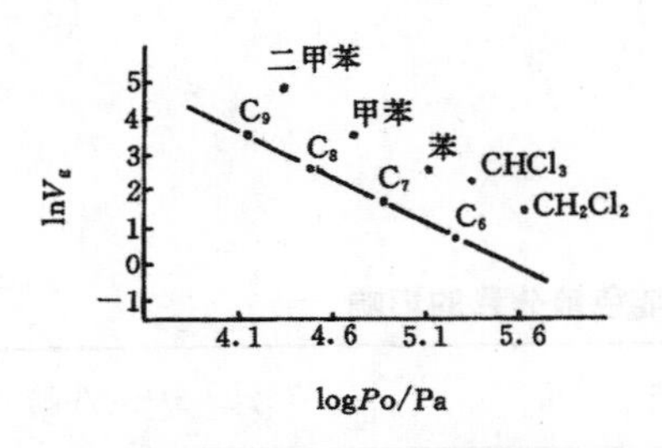

图 3-119 未处理 $CaCO_3$ 的保留体积 V_g 和吸附质蒸气压 P_s 的关系 ($\theta = 100\%$)

图中 $C_6 \sim C_9$ 分别表示正烷烃

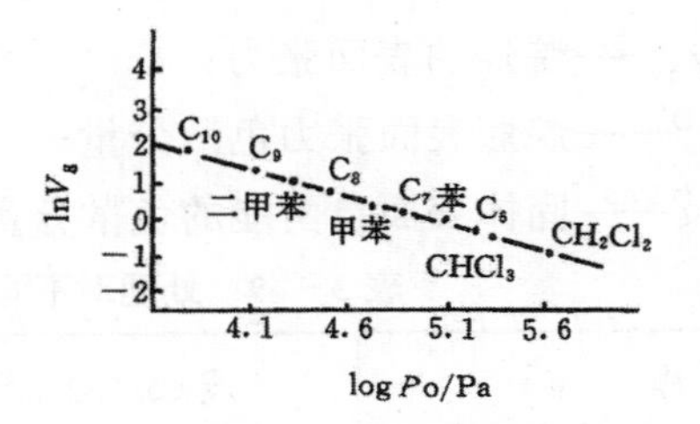

图 3-120 改性 $CaCO_3$ 的保留体积与吸附质蒸气压的关系 ($\theta = 100\%$)

图中 $C_6 \sim C_9$ 分别表示正烷烃

Milan Dressler 和其同事对硬脂酸改性碳酸钙的的反气相色谱研究也得到了与上述相同的结果，即改性后的碳酸钙对吸附质的保留体积下降，也就是吸附性下降。

(二) 炭黑改性对吸附性的影响

表 3-48 炭黑的接枝率

样品	BET 比表面积 /(m^2/g)	接枝率 /(链数/nm^2)	样品	BET 比表面积 /(m^2/g)	接枝率 /(链数/nm^2)
ML	138	—	N110	143	—
MLC_1	—	1.60±0.03	$N110C_1$	—	0.52±0.01
MLC_{16}	—	1.66±0.66	$N110C_{16}$		0.83±0.01
M	560	—	N326	83	—
MC_1	—	0.70±0.02	$N326C_1$	—	1.47±0.30
MC_{16}	—	0.24±0.02	$N326C_{16}$	—	1.25±0.20

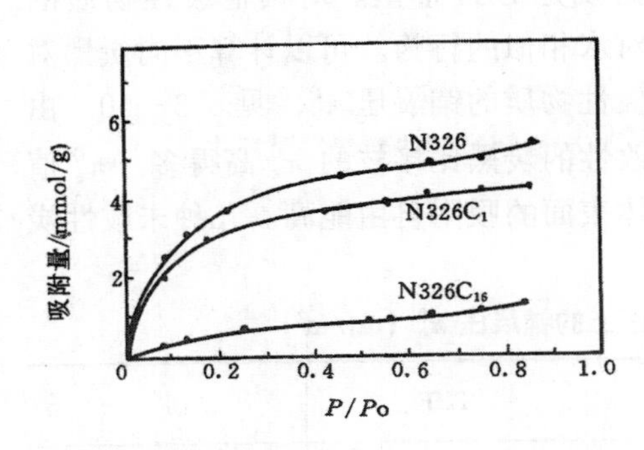

图 3-121 正己烷在 N326、$N326C_1$ 和 $N326C_{16}$ 上的吸附等温线(60℃下)

Donnet 和其同事用甲醇和十六烷醇与炭黑的表面基团(特别是羧基)反应酯化来改性炭黑。原始炭黑和改性炭黑的接枝率参数见表 3-48。

对改性的四种炭黑研究了对非极性和极性物质的吸附性。

1. 改性炭黑对非极性物质吸附的影响 非极性物质正己烷在 N326 和 $N326C_1$、$N326C_{16}$ 于 60℃下吸附等温线见图 3-121。图的纵坐标为吸附量，横坐标是在试验蒸气压与在试验温度下它的饱和蒸气压的比值。由图可见，N326 的吸附等温线属于 BET 分类中的Ⅱ型曲线，即吸附质与吸附剂间有强的吸附作用。但它们之间只能有色散作用，因为正己烷是非极性的。

对于接枝的吸附量下降，对 C_{16} 这样的大的烷基下降更大。

在等温吸附条件下，假定正己烷蒸气为理想气体，应用 Gibbs 方程求出在饱和蒸气压下在固体表面的铺展压 π_e^0。根据 Fowkes 的工作，在烷烃的平衡蒸气压下，固体表面自由能色散分量 γ_S^D 与 π_e^0、γ_e、γ_e^D 有下列关系

$$\pi_e^0 + 2\gamma_e = 2(\gamma_S^D \cdot \gamma_e^D)^{1/2} \tag{3-25}$$

式中 γ_e——烷烃的表面张力；

γ_e^D——烷烃表面张力色散分量；

γ_S^D——固体表面自由能的色散分量。

表 3-49 处理对不同炭黑的表面自由能色散分量的影响

样品	$\gamma_S^D \pm 5$/(mJ/m²)	样品	$\gamma_S^D \pm 5$/(mJ/m²)
M	133.5	N110	97.8
MC_1	38.8	$N110C_1$	71.6
MC_{16}	20.4	$N110C_{16}$	27.7
ML	107.2	N326	98.3
MLC_1	41.3	$N326C_1$	73.8
MLC_{16}	17.9	$N326C_{16}$	22.4

在 60℃ 下测不同炭黑的 γ_S^D 列于表 3-49。由表可见，接枝炭黑的 γ_S^D 下降，特别是 C_{16} 接枝的下降更大。

2. 改性炭黑对极性物质吸附的影响　极性物质选用氯仿、四氢呋喃、水。三种炭黑 ML、MLC_1 和 MLC_{16} 对水的吸附等温线和等温解吸附线见图 3-122。由图可见，未接枝的炭黑对水有强烈的亲和性，而且解吸附过程有滞后现象，即是有一部分水可能已与表面牢固地结合，因而不能被解吸下来。接枝的对水吸附量下降，特别是 C_{16} 的更严重，它的曲线是 BETⅢ型。对其他极性物质的吸附也有与对水相似的行为。可以计算不同炭黑对于上述几种极性物质的铺展压 π_e^0，见表 3-50。由表可见，未改性的炭黑比接枝的 π_e^0 高得多，π_e^0 值高，说明固体表面的吸附自由能高。几种未改性炭黑对极性物质的亲和性也不同。

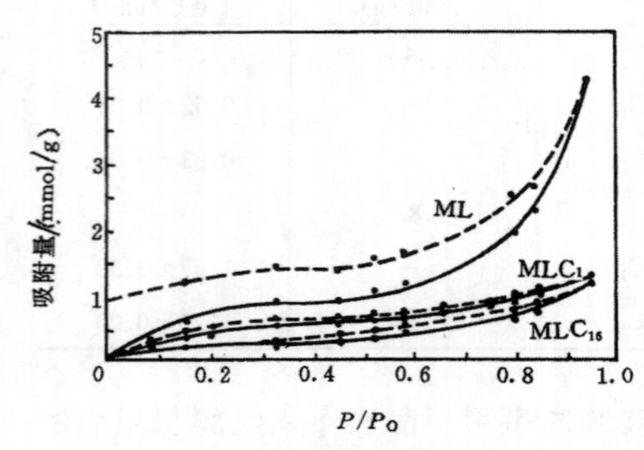

图 3-122 水在 ML、MLC_1 和 MLC_{16} 炭黑表面上的吸附和解吸附等温线

吸附——；解吸附- - - - -

表 3-50 60℃ 下极性吸附质在不同炭黑表面上的铺展压 π_e^0 (mJ/m²)

样品	苯	氯仿	THF	水
N110	49.2	27.6	32.6	57.2
$N110C_1$	36.2	—	—	10.1
$N110C_{16}$	10.8	10.2	8.4	5.7

续表

样品	苯	氯仿	THF	水
N326	49.8	35.8	25.6	27.9
$N326C_1$	36.4	—	—	18.8
$N326C_{16}$	6.8	9.4	8.4	10.2
ML	—	—	—	62.4
MLC_1	—	—	—	13.5
MLC_{16}	—	—	—	7.3
M	—	—	—	59.4
MC_1	—	—	—	29.6
MC_{16}	—	—	—	18.7

3. 改性减弱了炭黑聚集体表面之间的互相作用　将 N110、$N110C_1$、$N110C_{16}$分散在模拟橡胶母体材料的高级液态烃 $C_{30}H_{62}$(角鲨烷)中，测定其流变性能。由图 3-123 可见，N110 的剪应力比 $N110C_1$、$N110C_{16}$大，非牛顿性比 $N110C_1$、$N110C_{16}$大，特别是 N110 有明显的触变性。这一切都说明 N110 炭黑粒子表面之间作用力大于改性的 $N110C_1$ 和 $N110C_{16}$。

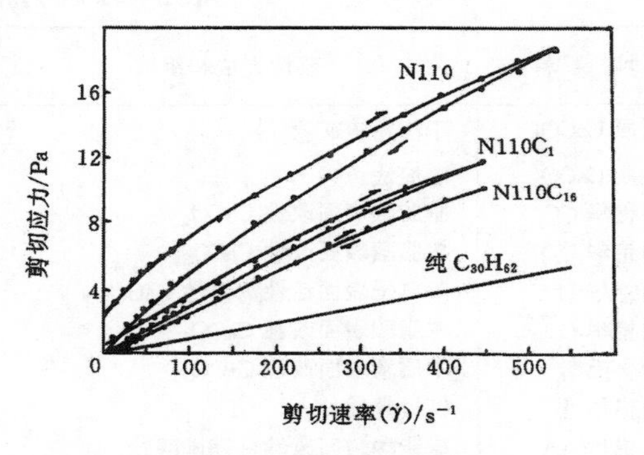

图 3-123　分散在角鲨烷中 N110、$N110C_1$ 和 $N110C_{16}$的剪应力与剪切速率的关系

(三) 表面改性对技术性能的影响

试验用 NR 和 SBR 的过氧化物硫化，测试了拉伸强度、磨耗、门尼粘度等性能的影响，情况比较复杂。总的来看对 SBR 影响比对 NR 的影响大；十六烷基改性的比一烷基改性的影响大；改性后使混炼胶的门尼粘度下降，硫化胶的定伸下降，硬度下降；伸长率增加；关于对拉伸强度和磨耗的影响比较复杂。见表 3-51。

表 3-51　改性对橡胶技术性能的影响

样品 \ 性能	门尼粘度 (M_{1+4}100℃)	定伸应力/MPa 100%	200%	300%	硬度 (邵尔 A)	回弹性 /%	阿克隆磨耗/cm^3	拉伸强度/MPa	伸长率 /%	断裂能 /J
SBR	50	1.1	—	—	45	69.0	—	1.6	160	0.3
SBR + N110	94	3.4	8.6	16.3	94	46.9	0.071	25.8	420	8.2
SBR + $N110C_1$	103	3.6	10.0	18.6	65	47.2	0.060	26.4	380	7.9
SBR + $N110C_{16}$	73	2.1	5.6	11.1	58	46.1	0.067	22.9	480	7.7
SBR + N326	91	3.8	10.7	20.2	62	53.1	0.070	20.9	310	4.6
SBR + $N326C_1$	85	3.1	8.9	16.8	61	51.6	0.074	21.9	360	5.9
SBR + $N326C_{16}$	39	1.2	2.4	4.7	51	48.1	0.082	12.4	510	4.0
NR	16	0.6	0.9	1.3	29	67.8	—	5.7	530	1.4
NR + N110	48	1.7	6.0	12.5	54	42.0	0.137	15.2	340	3.8

续表

样品＼性能	门尼粘度 (M_{1+4}100℃)	定伸应力/MPa			硬度 (邵尔 A)	回弹性 /%	阿克隆磨耗/cm^3	拉伸强度/MPa	伸长率 /%	断裂能 /J
		100%	200%	300%						
NR + N110C_1	53	2.0	6.6	12.6	54	43.7	0.160	16.9	370	4.7
NR + N110C_{16}	46	1.8	6.0	12.1	54	41.9	0.123	18.9	410	5.2
NR + N326	35	1.7	6.0	11.8	50	53.1	0.160	11.8	300	2.3
NR + N326C_1	36	1.4	4.9	11.0	47	54.9	0.191	12.2	350	2.0
NR + N326C_{16}	29	1.4	4.6	10.1	47	49.4	0.208	14.0	370	3.1

五、典型填料与各种改性碳酸钙的性质及其填充胶的性能对比

市售各种无机填料及各种改性碳酸钙的性质的对比见表 3-52。几种典型填料与改性碳酸钙填充 SBR 胶的力学性能对比见表 3-53，工艺性能对比见表 3-54。

表 3-52　市售改性碳酸钙的性质

填　料	改性方法和组成	密　度	比表面积 /(m^2/g)	pH 值	粒子形状
重质 $CaCO_3$	干法粉碎矿物	2.7	3.5	8.7	不定形
轻质 $CaCO_3$	沉淀法	2.6	5.5	9.8	纺锤形
白艳华 CC	脂肪酸表面改性 $CaCO_3$	2.6	26	8.8	立方体
白艳华 DD	树脂酸表面改性 $CaCO_3$	2.6	26	9.0	立方体
白艳华 U	阳离子表面活性剂改性 $CaCO_3$	2.6	26	9.0	立方体
白艳华 O	树脂酸表面改性 $CaCO_3$	2.6	55	8.4	立方体
卡鲁毛斯	木质素表面改性 $CaCO_3$	2.6	26	8.8	立方体
白艳华 A	钙镁碳酸盐	2.4	15	10.3	立方体、薄片状
白艳华 AA	树脂酸表面改性钙镁碳酸盐	2.4	35	10.2	纺锤体、薄片状
碱式碳酸镁	$4MgCO_3 \cdot Mg(OH)_2 \cdot 4H_2O$	2.2	20	10.4	薄片状
硬质陶土	$Al_2O_3 \cdot 2SiO_2 \cdot 2H_2O$	2.6	25	5.5	板状
软质陶土	$Al_2O_3 \cdot 4SiO_2 \cdot H_2O$	2.8	7	7.8	板状
煅烧陶土	高岭土的灼烧物	2.6	12	5.5	板状
滑石粉	$3MgO \cdot 4SiO_2 \cdot H_2O$	2.8	—	8.5	薄片状
微细滑石粉	$3MgO \cdot 4SiO_2 \cdot H_2O$	2.8	16	9.0	薄片状
沉淀法白炭黑	$SiO_2 \cdot nH_2O$	2.0	180	5.5	链枝状

表 3-53　改性 $CaCO_3$ 和有关填料在 SBR 中的配合效果对比

填充剂	配合/phr	141℃硫化/min	300%定伸应力/MPa	拉伸强度/MPa	伸长率/%	硬度 (邵尔 A)	永久变形/%	冲击弹性/%	撕裂强度 /(kN/m)
重质 $CaCO_3$	100	50	1.86	2.84	500	54	4.8	37	12.7
轻质 $CaCO_3$	100	40	2.25	3.92	515	58	7.0	31	14.7
白艳华 CC	100	50	2.35	9.22	640	50	6.5	29	21.6
白艳华 DD	100	40	2.55	12.06	700	58	8.6	28	31.4
卡鲁毛斯	100	40	2.75	13.53	600	59	6.1	29	33.3
白艳华 O	100	40	3.14	18.82	640	62	—	21	37.2
白艳华 AA	100	15	3.43	16.67	640	61	19.0	26	34.3
白艳华 A	100	15	3.24	7.25	480	61	10.2	31	18.6

续表

填充剂	配合/phr	141℃硫化/min	300%定伸应力/MPa	拉伸强度/MPa	伸长率/%	硬度(邵尔 A)	永久变形/%	冲击弹性/%	撕裂强度/(kN/m)
碱式碳酸镁	100	40	3.04	9.12	550	60	29.5	26	23.5
陶土(硬)	100	15	4.61	19.40	615	63	33.8	32	29.4
陶土(软)	100	40	2.35	6.27	970	57	34.9	34	18.6
沉淀法白炭黑	60	30	6.47	24.71	720	78	23.9	31	88.2
FT 炭黑	100	40	12.2	13.14	345	67	1.0	42	—
HAF 炭黑	60	40	—	26.37	280	77	4.0	35	100

表 3-54 改性碳酸钙及有关填料在 SBR 中的工艺性能对比①

填充剂	配合/phr	混炼胶		门尼粘度($ML_{1+4}100℃$)	粘着强度②
		收缩率/%	表面平滑性		
重质 $CaCO_3$	100	29.2	良~可	57	320
轻质 $CaCO_3$	100	30.2	良	65	260
白艳华 CC	100	42.7	差	52	550
白艳华 DD	100	42.1	差	60	610
碱式碳酸镁	100	27.6	良~可	72	285
硬陶土	100	28.8	良~可	65	340
软陶土	100	27.2	良~可	54	320
煅烧陶土	100	22.1	良~可	80	240
白炭黑	60	26.6	可	210	0
HAF	50	32.3	良	88	50
FEF	50	23.6	良	81	155
FT	50	43.5	差	51	380

①配方：SBR 100，ZnO 5，SA 1，TT 0.2，DM 1.2，S 2，(陶土和白炭黑加甘二醇 3)。

②自粘性用长×宽×厚=8cm×1.5cm×1.5mm 混炼胶片，一面贴薄胶布，另一面互贴，施 200g/cm² 压力压 5h，用重砣为 5kg，速度 100mm/min 的邵波尔试验机剥离，以剥离时最大负荷计算粘着强度。

各种无机填料的性能归纳于表 3-55，供选用填料参考。

表 3-55 无机填料种类和配合橡胶性质一览表

配合橡胶性质		碱式碳酸镁	碳酸钙			陶土			滑石粉		白炭黑	
			重质	轻质	极微细表面处理	软	硬	煅烧	普通品	微粉品	硅石粉	白炭黑(SiO_2)
加工性	分散、混入性	△	◎		△					△	○	△~×
	流动性	△	◎		○				○		◎	×
	压延收缩性	○			△~×		○	○		○		◎
	粘着性	△			○~◎			△~×				×

续表

配合橡胶性质		碱式碳酸镁	碳酸钙			陶土			滑石粉		白炭黑	
			重质	轻质	极微细表面处理	软	硬	煅烧	普通品	微粉品	硅石粉	白炭黑(SiO_2)
硫化橡胶的性质	定伸应力	○	×		△		○			○	×	◎
	拉伸强度		×		○~◎		○		△~×	○	×	◎
	伸长率	△			◎							×
	硬度	○~◎	×		△		○			○	×	◎
	弹性		◎		△		△			△	◎	×
	拉伸永久变形（压缩永久变形）	×	○~◎		○~◎	×	×	×	×	×		
	撕裂强度		×		○~◎		○			○	×	◎
	耐磨耗性		×		○		○		△~×	○	×	◎
	耐屈挠龟裂性		×		○~◎				△~×		×	○
	电气绝缘性				○~△			◎	○	○	○	△
	光学的性质：光泽		×		◎	×			×		×	○
	光学的性质：透明性	○~◎										○~◎
	耐药品性：酸	×	×	×	×	○	○	○			◎	
	耐药品性：碱								○	○	○	△

相对的评价（无号的普通），◎ 优，○ 良，△ 略差，× 差。

第十三节　短纤维补强

橡胶与纤维复合材料的应用有悠久的历史，可以追溯到16世纪，如南美洲印第安人将橡胶涂到纺织物上做防水材料。连续的长纤维在橡胶中应用非常广泛，可以说没有纺织物与橡胶的复合便没有这么丰富多彩的满足了多种需要的橡胶制品。但短纤维对橡胶的补强（或增强）却是近代的事了。

橡胶中使用长纤维做骨架材料的主要目的在于提高制品的力学强度和模量，限制其外力作用下的变形。长纤维与橡胶的复合，制造工艺是比较麻烦的。如果在某些制品中能用短纤维代替长纤维做为骨架增强材料，即可大大简化工艺，又不损害其性能，这将是一件很有意义的事。

短纤维补强的特点：

与炭黑比较，它具有高定伸、耐切割、耐撕裂、耐刺穿、低生热、低压缩变形等优点，但补强性不如炭黑，加工比粉体填料麻烦。

与长纤维比较，它可用一般设备加工，简化了长纤维复合那些繁杂的加工过程，节约人才、物力和财力，但是在一些重要的橡胶长纤维复合产品中尚不能使用，只能在一部分要求不那么苛刻的需纤维增强的产品中应用。

一、短纤维的性能特点

一般认为 $L/D>10$ 者属于纤维。纤维的特点是它的强度和模量都比块状材料的大得多,大约高一个数量级以上。橡胶工业用的短纤维一般指纤维断面尺寸在1到几十微米间,长径比在250以下,通常在100～200间,长度在35mm以下,通常为3～5mm的各类纤维,如:纤维素(包括棉纤维和人造丝)、尼龙6、尼龙66、芳纶、聚酯、玻璃纤维和金属丝。

各类纤维性能特点见表3-56。

表 3-56　各种纤维的一般物化性质

性能 / 类型	密度/(g/cm³)	单纤维平均直径/μm	熔点/℃	耐热(在所示温度下良好)	150℃收缩率/%	燃烧性质	耐酸	耐碱	拉伸强度/MPa	相对湿强度/%	伸长率/%	初始模量①	其他特点
棉	1.54	15	<230	120℃×5h 变黄,150℃分解	0	迅燃	耐热稀酸 耐冷浓酸	耐	230	120	8	225	易粘
人造丝	1.52	8	<210	150	0	迅燃	耐热稀酸 冷浓酸	耐	685	约 60	10	600	不易粘
尼龙 66 尼龙 6	1.14	25	250 225	180	5 6	火中熔化 燃不快	溶于热浓酸	耐	950 850	90	16 19	500 300	不易粘
聚　酯	1.38	25	250	180	11	火中熔化 燃不快	溶于热浓酸	一般良好与胺反应时稍有水解	1100	90	13	850	很不易粘
芳　纶	1.44	12	<500	250	0.2	不燃不熔	溶于沸腾的浓硫酸	耐	2750	90	4	4000	价格高
玻璃纤维	2.54	—	软化点 846	300℃×24h 强力下降 20%	0	不　燃			2250		5	2150	不易粘、脆
碳纤维		10～12		—	—	—	—	—	—	—	—	—	有导电性、脆,价高
钢　丝	7.85	—			—	不燃			2750		2.5	1500	不易粘

①数据是 100%伸长率下的由 2%伸长率下的应力外推的。

图 3-111　PVC 中填充超细 $CaCO_3$ 分散情况的图象分析照片

图 3-112　PVC 中填充用 NDZ-102 表面改性超细 $CaCO_3$ 分散情况的图象分析照片

图 4-28　典型酚类防老剂（防老剂 264）在抑制氧化过程中所产生的变化

二、短纤维增强的受力分析

短纤维增强橡胶是一种多相体系，其中橡胶为连续相，短纤维为分散相，两相间形成界面层。体系中这三个要素的关系见图 3－124。为了使该复合材料具有优良的性能，橡胶基质、纤维和界面层必须各自达到一定的性能要求。

纤维的作用是增强作用，赋予复合材料高强度、高模量。

橡胶的作用是基体，将个体的纤维按一定取向牢固地粘结成整体，将应力传递并分配到各个纤维上，保护纤维不受环境侵蚀和磨损，复合材料的最高使用温度往往取决于橡胶。

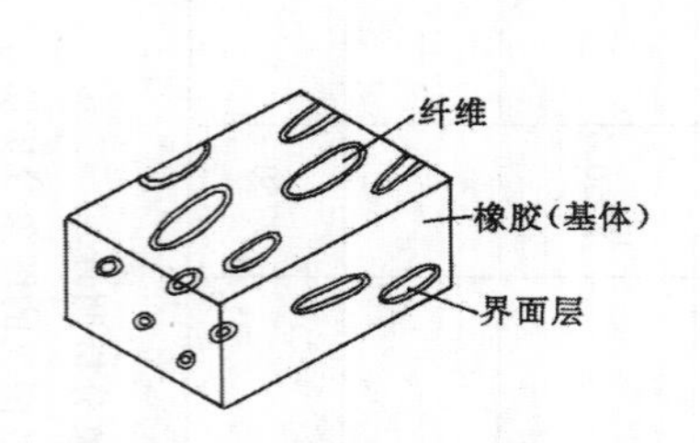

图 3－124　短纤维与橡胶复合体系示意图

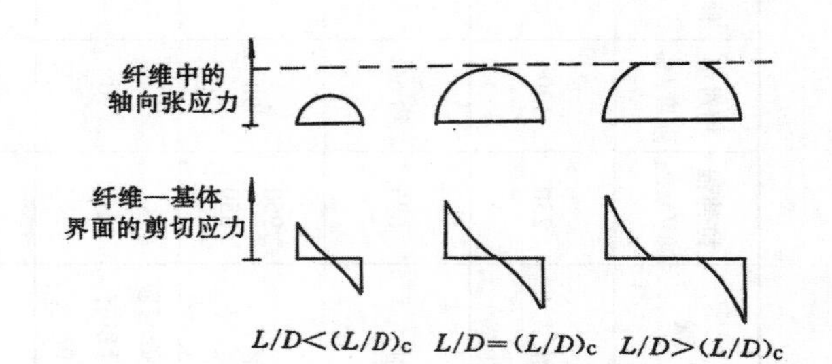

图 3－125　短纤维复合材料中张应力和剪切应力的分布

界面层是决定复合材料性能的重要因素，界面区起到传递应力、承受由于热收缩系数不同而产生的应力的作用。若界面不牢，则它就变成了复合材料的薄弱环节，所以许多短纤维需要进行与长纤维类似的预处理，以增强界面结合。

在短纤维－橡胶复合材料中，当受到一个拉力作用时，橡胶将通过界面把应力传递到纤维上。沿纤维轴应力的分布不均匀。张应力在纤维末端较中间要小，中间最大。若纤维有足够的长度，即 L/D 等于或大于临界比值 $(L/D)_C$ 时，其中间张应力与长纤维受到的张应力相同，而在纤维的端部，纤维与橡胶的界面处剪切应力达到最大值，如图 3－125 所示。

复合体中短纤维有个最低用量问题，只有达到该用量才有明显增强作用。对于塑料至少要加 10%。主要是为了减少纤维末端的应力集中。一般短纤维补强复合材料的抗张强度仅为连续纤维复合材料的 55%～86%，其模量为长纤维的 90%～95%。

关于橡胶－短纤维复合体系的强度、模量，由于情况复杂，现在尚不能较为满意的预测，主要仍靠实测。

三、短纤维应用于橡胶中的某些实际问题

短纤维在橡胶中应用有几个问题需要十分注意，这就是分散、粘合　取向三个问题。

（一）分散

为了使短纤维在橡胶中能迅速分散，且使纤维受到最小的破坏，可采用以下措施。

（1）胶乳－短纤维共沉预处理方法。

（2）胶浆－短纤维共沉法　将短纤维的水预分散体在搅拌下缓慢混到橡胶溶液中，分离得到含短纤维的橡胶溶液，用 100℃ 水蒸气蒸发有机溶剂，得到预分散体。

（3）机械分散法　采用特殊的机械分散纤维束，再在搅拌情况下加到橡胶溶液中，真空干燥制得预处理的短纤维。

（4）干胶共混法　将少量橡胶和一定量润滑剂与大量短纤维均匀制成短纤维预分散体。

（5）用粉体填料涂覆　如用配方中的炭黑或白炭黑等将短纤维混涂使纤维处于分离状

态。

(二) 短纤维在胶中的取向

纤维的取向有三个方向，即与压延方向一致的轴向(L)、与 L 处于同一平面并垂直于压延方向(T)和垂直 $L-T$ 平面的方向(Y)，见图 3－126。

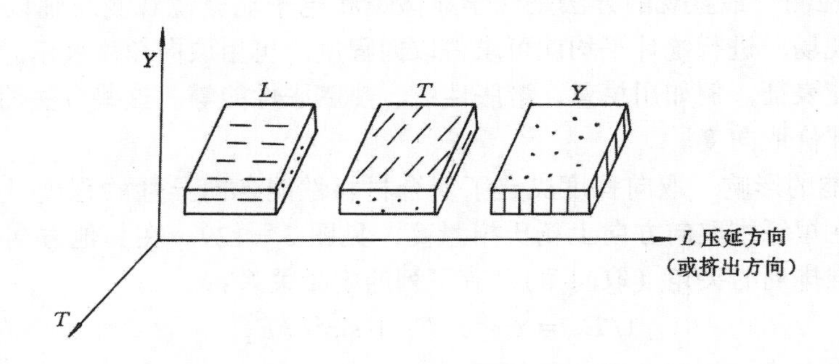

图 3－126　短纤维取向示意图

1. 影响取向的因素　影响取向的最重要因素是复合材料制造成品工艺过程中最后工序流道的尺寸、形状、温度、压力和速度等工艺条件。

对于压延来说，辊隙越小则 L 取向越高，如图 3－127。

对于压出来说，通过特殊口型设计可以得到不同取向的制品，如图 3－128。

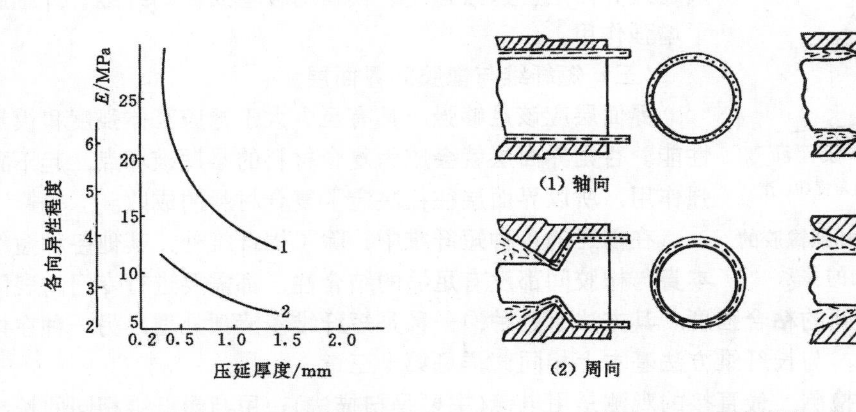

图 3－127　压延厚度对 CR/玻璃纤维复合材料的弹性模量(1)和模量各向异性程度(2)的影响

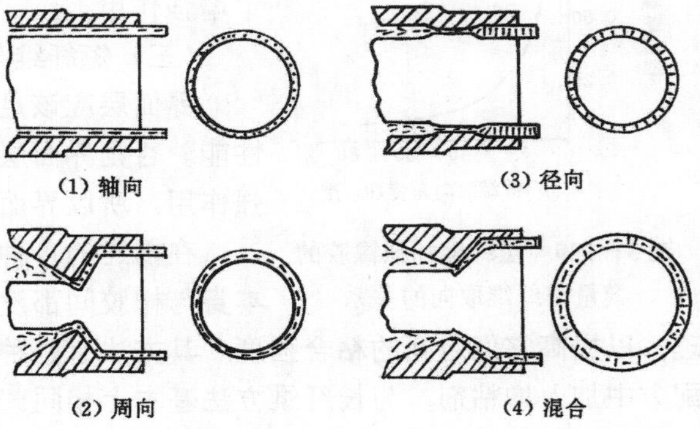

图 3－128　压出橡胶－短纤维复合胶管短纤维取向口型

短纤维轴向取向　图 3－128(1)，通过纤维收敛流动产生，但壁上剪切作用会使表面纤维有改变方向的可能。

短纤维周向取向　膨胀芯口型如图 3－128(2)，由于减少口型直径，流通道的厚度不变，然后突然放大直径，使胶料流过突然膨胀，使胶料由剪切拉伸流动沿压出方面取向变成沿周向取向。试验表明，当半径扩张比为 4:1，扩张角为 60～75°时，取向效果最好。周向取向的胶管能承受胶管内液体的径向压力，起到增强作用。

短纤维径向取向　图 3－128 (3)，保持平均直径不变，收缩流道厚度，然后再恢复到原来的厚度，使纤维产生径向取向。这样制出的半成品挺性好，能采用无芯硫化，但不能增强管壁。

短纤维混合取向　采用图3－128(4)的综合结构特征的口型，即有图 3－128(1)、(2)、(3)三种结构因素的口型，所以纤维 L、T、Y 三个方向都有一定取向。

混炼工艺对取向有影响，混炼过程中如果能注意取向方向，对制取高度取向材料有利。

2. 取向程度检测　最直观的方法是光学显微镜和电子显微镜观测或辅以图象分析仪检测。多观察一些视场，进行统计平均就可求得取向程度，可用取向角度表示。另外可以用复合材料的物理性能表征，例如用模量、溶胀性能、热膨胀性能等。这些方法简单，但却不直观，且不能准确评价取向度。

3. 取向对性能的影响　取向程度决定了复合材料性能各向异性的程度。取向对性能有重要影响，一般在短纤维取向方向上杨氏模量高，见图 3－129。在其他方向杨氏模量取决于拉力方向与纤维排列的夹角（取向角），有下列的定量关系：

$$1/E_\theta = \cos^2\theta/E_n + \sin^2\theta/E_r \qquad (3-26)$$

式中　E_θ——取向角为 θ 时试样的杨氏模量；

E_n——取向角为 0 时试样的杨氏模量；

E_r——取向角为 90°时试样的杨氏模量。

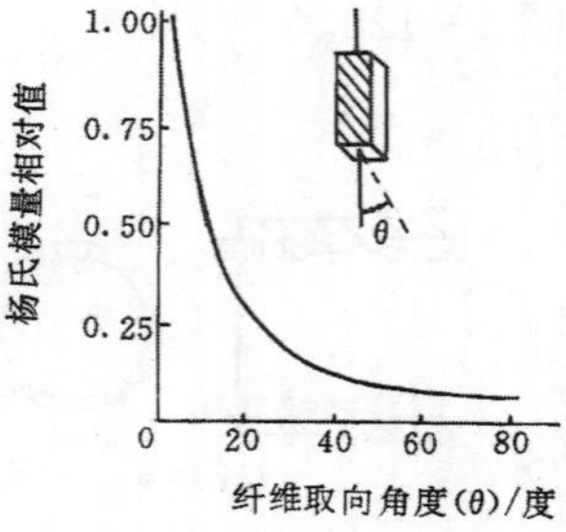

对于拉伸强度、弯曲模量都是沿 L 方向比沿 T 方向大。耐磨性 Y 方向最好，耐撕裂性情况比较复杂。

以上这些作用正是短纤维起骨架作用的表现，即外力由基质通过界面层传递给强度、模量均较基质高的纤维。纤维起到了增强作用。

图 3－129　短纤维补强橡胶的模量与纤维取向的关系

（三）短纤维与橡胶间界面层

界面层应该足够强，具有至少大于橡胶基体强度和模量的性能。否则界面层就会成为复合材料的早期破坏点，起不到增强作用，所以界面层往往决定了复合材料的成败。

在前述的各种短纤维中，除了棉纤维外，其他各种短纤维本身与橡胶间都没有足够的结合性，都需要进行专门的表面处理，以提高它们之间的粘合强度。其方法有两种，一种是短纤维浸渍预处理，另一种在橡胶配方中加入增粘剂，与长纤维方法基本上相同，详见第十三章。

界面粘合状况检测　最直接的观测是用电镜(主要是扫描法)；用与短纤维相同的长纤维做 H 抽出测定；复合材料的物理机械性能测定；动态粘弹性能；抗溶胀能力方法等。溶胀越小则界面结合越强，与粉体填料用溶胀度表示填料与橡胶间界面作用强度的道理一致。用橡胶－短纤维复合材料的抗溶胀指数 V_r 来表示。V_r 是平衡溶胀时，复合材料中橡胶烃的体积分数，公式如下

$$V_r = \frac{\text{橡胶烃的体积}}{\text{橡胶烃的体积} + \text{溶剂的体积}} \qquad (3-27)$$

V_r 值大，表示抗溶剂膨胀能力强，粘合效果好。界面层结合对复合材料性能有决定性的影响。例如，短纤维用 RFL 处理的抗溶胀指数高，拉伸强度和撕裂强度都高于未处理的。这些技术性能的提高表示经表面处理的纤维与基体界面粘合得比较好。

四、短纤维在橡胶制品中的实际应用

短纤维已成功地应用于胶管、三角带中，在轮胎、密封制品等各领域也在试用，起到了

简化工艺、降低成本、提高经济效益的作用。

1．胶管中应用　主要用于制造耐中低压胶管，例如农田和园艺灌溉胶管、汽车中低压油管、一般水管等。特别是短纤维复合材料在不同的口型压出后便可以有不同取向。周向取向提高 耐压能力，径向取向提高胶的挺性，可在无芯棒条件下连续生产胶管。用这一技术还可以制造汽车用异型管，提高了生产效率。用短纤维“Santoweb”增强胶管，平均重量降低30%，比针织管成本降了12%。对于金属编织的高压胶管，可以用短纤维增强材料置于金属编织层下面，防止金属丝割破胶料，提高了使用寿命。

2．胶带中应用　在三角带中压缩层中使用5～20份短纤维可明显提高三角带的横向刚度，具有较好的纵向挠性、较低的弯曲模量，提高侧面摩擦力，提高传动效率，不易打滑。在表面层中使用可以增大胶带与槽轮的摩擦力，降低噪声。防护胶带磨损，伸张层中使用可有效地提高横向刚度。前苏联已实际应用短纤维增强的三角带。

3．轮胎中应用　短纤维提高耐磨耗、耐刺穿、耐撕裂性的特点在工程胎胎面胶方面很有意义。在胎面胶中掺2.5份就明显地表现出其优越性，在胎体中、三角胶条中、胎圈包布胶中应用都有一定的好处。

4．密封件应用　在耐高压的夹布密封件中，用纤维代替夹布，将大大简化工艺，节约人力物力。

5．防水片材中应用　提高了抗刺穿、抗割裂能力。

6．减震器中应用　主要利用了短纤维胶料的吸能特点。

第十四节　填料的使用

一、填料的选用原则

（一）选用填料的三个原则

符合填充胶料或橡胶制品物理机械性能和成品最终使用性能的要求；

符合填充胶料或橡胶制品加工工艺性能的要求；

成本要求和其来源稳定等其他要求；

（二）选用填料的方法

根据上述三个原则，首先选大类。例如先要决定用粉体填料还是用短纤维；用黑色的还是用浅色的；用一般的还是用特殊性能的等。

接下来选品种。例如在红色天然橡胶内胎中选用填充剂，先$CaCO_3$？选陶土？还是选别的填料？因为要做成红色的，所以选用白色填料，价格便宜的$CaCO_3$较好。$CaCO_3$用重质的还是轻质的？因为内胎强伸性能不能太低，特别要求气密性，故不能用太粗的，应选用轻质的。当然这一切往往都需要做试验才能最后确定下来。

（三）填料性能特点举例

补强性填料：比表面积大的炭黑及白炭黑是补强性的，例如N110、N121、N231、N234、N347、N356、M358、N375、VN_3等。

半补强的填料：有N539、N630、N683、N787等。

降低成本的填料：有天然矿物或由废渣加工而得的填料，如陶土、碳酸钙、硅铝炭黑、粉煤灰等。

特殊功能的填料：阻燃的有Sb_2O_3、$Al(OH)_3$、$Mg(OH)_2$、MoO_3、Fe_2O_3等；导电的有乙炔

炭黑、N472、N293 等导电炭黑以及金属粉等；提高耐热的有 ZnO、Fe_2O_3 等；增白最好用 TiO_2，还可以用 $BaSO_4$、硅石灰等；透明性最好的是 $MgCO_3$、$ZnCO_3$ 和透明白炭黑等。

（四）炭黑与白炭黑的主要应用领域举例

1. 关于炭黑的使用　轮胎工业所使用的炭黑占橡胶工业所使用全部炭黑的 60%～75%。现以轮胎各部位用炭黑的品种选用为例加以说明。胎面要求用高补强性炭黑，所以我国胎面中主要用 N300 系列或适当并用别的系列，但近年来 N200 系列的使用有所上升，胎体主要用 N700 系列，近年 N600 用量有所上升。其他国家在轮胎中使用的炭黑品种与我国使用的大方向一致，但也有一定差别。美国、西欧和日本胎面也主要用 N300 系列，但前苏联主要用 N200 系列。胎体中欧美主要用 N600 系列。在具体品种方面，美国在胎面胶中主要用滚动阻力与磨耗具有良好平衡的 N299，西欧主要用 N375。在轮胎中使用炭黑所以存在这些差别，主要是因为各国情况不同。各国对轮胎的安全性、舒适性、经济性要求侧重不同，我国侧重于经济性，即耐磨性要好，寿命长；各国用胶情况不同，国外主要用合成胶，我国目前主要用天然胶；路面苛刻程度不同，我国路面虽然不算好，但行驶速度低，所以可以算是低苛刻程度的路面。

各国不同品种炭黑耗量比见表 3－57。

表 3－57　各国炭黑耗量比（%）

炭黑系列	中　国	美　国	日　本	前苏联	法　国
	1986 年	1984 年	1984 年	1985 年	1984 年
N100	0.3	2.1	—	—	3.8
N200	21.9	11.2	14.7	40.6	14.0
S200	0.9	—	—	0.6	—
N300	36.9	43.0	44.0	8.3	48.0
S300	4.8	—	—	—	—
N500	2.2	8.5	19.7	23.8	9.8
N600	12.8	25.6	15.6	1.4	13.7
N700	18.7	9.6	4.4	5.5	9.7
N800	1.5	—	—	—	—
N800～N900	—	—	1.6	19.8	0.2

2. 关于白色填料的使用　一般天然矿物加工和工业废渣加工的填料，由于粒子较大，主要做填充剂使用。白炭黑是浅色补强性填料。气相法白炭黑由于价格高，主要用于补强硅橡胶。沉淀法 SiO_2 白炭黑已逐步代替了硅酸盐类白炭黑。例如，沉淀法二氧化硅白炭黑 VN_3、VN_2，用量已占 85%，而硅酸盐类的 Silteg AS－7、Silteg AS－9 等只占 15%。

沉淀法白炭黑主要用于鞋业。因为它是白色的，耐磨性、防滑性、粘着性好。另外在胎面胶料和胎体胶料中掺用有助于提高抗撕、粘着等性能。例如，在比较苛刻的高载重轮胎胎面中掺用 10～25 份白炭黑 HS－200，就能提高它的抗剥离和抗切割性，但同时橡胶的耐磨性下降，生热性提高。采用改性剂，如 Si69，改性的这种白炭黑就能克服上述缺点。沉淀法白炭黑产量约 67%用于橡胶工业，其中约 45%用于鞋类，约 16%用于轮胎类，约 6%用于其他类产品。

二、填料的常规质量检测

如前所述，现在橡胶工业使用的填料品种繁多。在橡胶工业中的填料为原材料，进厂均应按规定、按标准要求进行验收性检测，免检除外。

一般填料的常规检测项目基本上是控制粒径、结构、表面和成分四个方面。具体性能指标一般有加热减量、灼烧减量、pH、DPG吸着率、一定目数筛子的筛余物、碘值、BET比表面积、DBP吸收值、某填料化学成分的含量、灰分和白度等。还有填料要求配入规定的胶中检测胶的性能等。

现以炭黑为典型代表来讲解它的质量控制检测。

(一) 炭黑的技术条件

我国炭黑的技术条件为GB 3778－89。该技术条件中规定的检测项目包括两大方面内容。第一方面是炭黑本身的理化指标，包括有吸碘值、DBP吸油值、压缩DBP吸油值、CTAB比表面积、BET比表面积、着色强度、pH值、加热减量、灰分、325目筛余物、100目筛余物、35目筛余物、杂质；第二方面是炭黑混入胶中硫化胶的性能，其中包括300%定伸应力、拉伸强度、伸长率三项。这三项性能的结果用与标准参比炭黑平行试验的差值来表示，也就是说试验时同时做标准参比炭黑的，这样就消除了由于其他因素，如配合用橡胶及配合剂、炼胶、硫化、测试因素所造成的系统误差。试验配方按GB 3780.18中规定的天然胶配方，参比炭黑用国产SBR 1号炭黑。试验结果的差值若在规定范围内为合格。例如N330优质品的拉伸强度与SBR 1号的差值要不高于－1.5MPa，伸长率要不高于－10%，300%定伸应力在－1.7±1.3MPa范围内。分析化验的项目直接用测试结果，不用差值表示。

(二) 标准参比炭黑

也有叫工业标准炭黑、标准炭黑。美国ASTM D24标准化委员会发布的标准参比炭黑有两类。一类叫IRB(Industry Referece Black)，这类用于检测商业炭黑的质量；另一类是校正炭黑检测仪器、统一试验室间操作方法用。

GB 3778－89技术条件中的SBR 1号与美国ASTM D1765的工业参比炭黑的性能见表3－58。

表3－58　标准参比炭黑标准值表

项　　目		SBR 1号①	IRB 6号②	试验方法
吸碘值/(g/kg)		78.7	79.8	GB 3780.1
DBP吸收值/(cm^3/100g)		100.0	100.8	GB 3780.3
CDBP吸收值/(cm^3/100g)		84.2	84.3	GB 3780.4
CTAB吸附比表面积/(m^2/g)		81.6	80.6	GB 3780.5
着色强度/%		102.2	99.7	—
NR(30min)	扯断伸长率/%	463	527	GB 528
	拉伸强度/MPa	26.7	25.5	GB 528
	300%定伸应力/MPa	17.3	13.9	GB 528

①SBR 1号为国产标准参比炭黑。

②IRB 6号为ASTM D1765工业参比炭黑。

参 考 文 献

〔1〕Enid Keil Sichel. Carbon Black－Polymer Composites. New York：Marcel Dekker，Inc，1982

〔2〕炭黑工业研究设计院．炭黑生产基本知识．北京：化工出版社，1980

〔3〕Maurice M. Rubber Technology. Third Edition. New York：Van Nostrand Reinhold，1987

〔4〕剣菱　浩．日本ゴム協會誌，1986，59（3）：156
〔5〕荒井康夫．Gypsum & Lime，1985，（198）：253
〔6〕〔美〕Katz H S，Milewski J V．李佐邦，张留城，吴培熙等译．塑料用填料及增强剂手册．北京：化工出版社，1978
〔7〕Wu Souheng．Polymer Interface and Adhesion．New York：Marcel Dekker Inc，1982
〔8〕〔法〕Donnet J B，Voet A．王梦蛟，李显堂，龚怀耀等译．炭黑，北京：化工出版社，1982
〔9〕杨宗志．超微气流粉碎．北京：化工出版社，1988
〔10〕小林　伸．日本ゴム協會誌，1985，58（8）：506
〔11〕全国碳酸钙行业科学技术顾问组．无机盐工业，1989，（1）：1
〔12〕赵学华，胡志彤．无机盐工业，1982，（9）：19
〔13〕洪杏生．化学世界，1984，（2）：43
〔14〕杨富祥．分数维在炭黑形态表征方面的应用，全国炭黑学术研讨会，山东省青州市，1992
〔15〕Zvi Rigbi．Rubber Chemistry and Technology，1982，55（4）：1180
〔16〕Donnet J B，Custodero E．Paper，Proc．Int．Rubber Conf．，Beijing，1992，（10）：13～16
〔17〕Vidal A，Hao S Z，Donnet J B．Kautschuk Gummi Kunststoffe，1991，44（5）：419
〔18〕William B．Jensen．Rubber Chemistry and Technology 1982，55（3）：881
〔19〕Ayala J A，Hess W M and Joyce G，et al．Kautschut Gummi Kunstoffe，1991，44（5）：424
〔20〕占部誠亮．日本ゴム協會誌，1986，59（5）：266
〔21〕平田好顯．日本ゴム協會誌，1986，59（8）：450
〔22〕川崎仁士．日本ゴム協會誌，1986，59（9）：521
〔23〕白木義一．日本ゴム協會誌，1986，59（7）：399
〔24〕王梦蛟，Kelley F N．白炭黑与橡胶之间相互作用对橡胶补强性能的影响，全国炭黑技术讨论会，辽宁省丹东市，1987
〔25〕杨清芝，郑志伟，周大庆．无机填料补强性能的研究报告，〔学位论文〕．青岛：青岛化工学院，1990
〔26〕郭隽奎．炭黑工业，1988，（1）：14
〔27〕高汉武．炭黑工业，1985，（1）：32
〔28〕Fowkes Frederick M．Rubber Chemistry and Technology，1984，57（2）：328
〔29〕Peter T K Shih，Gerald C Goldfinger．Rubber World，1989，（3）：31
〔30〕Dannenberg E M．Rubber Chemistry and Technology，1982，55（3）：860
〔31〕Yang Qingzhi，Zhang Dianrong，Jiao Yi et al．Paper，Proc．Int．Rubber Conf．，Beijing，1992，10：195～198
〔32〕Zhang Diaorong，Yang Qingzhi，hiu Weiming et al．Paper，Proc．Int．Rubber Conf．，Beijing，1992，10：585～588
〔33〕Pranab K Pal，S N Chakravarty，S K De．Journal of Applied Polymer Science，1983，28：659
〔34〕木地实夫．高分子加工，1983，32（10）：26
〔35〕张忠义，黄锐．用图象分析仪研究碳酸钙填充硬质聚氯乙烯材料．中国塑料工程学会第二届塑料改性技术及应用学术报告会，湖北武汉，1988，P.1～9
〔36〕日本公开特许，昭53－147743
〔37〕Korenaga T，Tsukisaka R，Yamashita S．Paper 18A06，Proc．Int．Rubber Conf．，Kyoto，Japan，1985，10：15～18
〔38〕Takuo Nakatsuka，Hitoshi Kawasaki．Rubber Chemistry and Technology，1985，58（1）：107
〔39〕杨清芝，张殿荣，王巧娥等．橡胶工业，1980，35（12）：213
〔40〕Papirer E，Schultz J，Turchi C．Eur．Polym．J．，1984，20（12）：1155
〔41〕Milan Dressler，Miroslav Ciganek．Journal of Chromatography，1989，462：155
〔42〕〔英〕Wake W C，Wootton D B．袁世珍，薛川华，赵振华译．橡胶的织物增强．北京：化工出版社，1982
〔43〕朱敏主编．橡胶化学与物理，北京：化工出版社，1984

第四章　橡胶的老化与防护体系

第一节　概　　述

橡胶以其独特的高弹性而广泛应用于轮胎、胶管、胶带、胶鞋及密封制品等各个领域，但这些制品就象其他高分子材料制品一样，都有在使用过程中逐渐发生老化这一缺点，以致最后完全丧失它原有的宝贵性能。

一、橡胶老化的概念

所谓橡胶的老化（或劣化），是指生胶或橡胶制品在加工、贮存或使用过程中，由于受热、光、氧等外界因素的影响使其发生物理或化学变化，使性能逐渐下降的现象。

随着橡胶老化的进行，常伴有一些外观表现，如长时间贮存的天然生胶会变软、发粘、出现斑点；长期使用后的轮胎胎侧会产生龟裂等。因橡胶的品种不同，制品所处的老化环境不同，它们的老化现象的外观表现也是多种多样的，最常见的外观变化是：变软、发粘、变硬、变脆、龟裂、发霉、失光、变色、粉化等。随着外观的变化，橡胶制品的使用性能逐渐变坏，常表现为强度降低、弹性消失、电绝缘性下降和耐磨性降低等。无论是外观变化还是性能变化，其实质是因为橡胶在老化过程中发生了结构变化。经研究表明，橡胶在老化过程中分子结构可发生如下几种类型的变化：①分子链降解；②分子链之间产生交联；③主链或侧链的改性。因橡胶品种及老化条件的不同，橡胶分子结构的变化也不一样，外观的表现也不尽相同。

二、橡胶老化的原因

橡胶的老化除受其本身的分子结构影响外，主要受其工作的环境即外部因素的影响。这些外部因素可分为物理因素，化学因素和生物因素三种类型，而每一种类型又包含着很多不同的因素，具体情况如表 4－1 所示。这些外界因素在橡胶老化过程中，往往不是独立地起作用，而是相互影响，加速了橡胶老化进程。如常见的轮胎，其胎侧是为从侧面保护胎体，在使用过程中它要经受反复屈挠和日光暴晒，因而影响其老化的物理因素有热（屈挠生热、光照生热等）、光、交变应力和应变；化学因素主要有氧、臭氧等。这些因素中，热与氧一起产生了热氧老化，光与氧一起产生了光氧老化，热与臭氧一起加速了臭氧老化，交变应力与应变同氧及臭氧一起加速了疲劳老化。所有这些老化反应同时在胎侧上发生，使胎侧比其他部位的老化更加严重。不同的制品在不同的使用条件下，各种因素的作用程度不同，其老化情况也不一样。即使同一制品，因使用的季节和地区不同，老化情况也有一定的差异。因此，橡胶的老化是一种由多种因素参入的复杂的化学反应。在这些因素中，最常见而且最重要的化学因素是氧和臭氧；物理因素是热、光和机械应力。一般橡胶制品的老化主要是由于它们中的一个或数个因素共同作用的结果，最普遍的是热氧老化，其次是臭氧老化，疲劳老化和光氧老化。

表 4-1　影响橡胶老化的外部因素的种类

影响橡胶老化的外部因素	物理因素：热、光、电、应力、变形等
	化学因素：氧、臭氧、SO_2、NO_x、酸、碱及金属离子等
	生物因素：微生物（霉菌，细菌）、昆虫（白蚁等）

三、橡胶老化的防护

橡胶的老化过程是橡胶的实用价值逐渐丧失的过程。因此，研究橡胶的老化与防护有着重要的实用价值和经济意义。但是，橡胶的老化是一种复杂的不可逆的化学反应过程，是一种不依人们的意志为转移的客观规律，要想绝对防止橡胶老化的发生是不可能的，只能通过对老化的研究掌握其老化的规律，然后利用这种规律采取适当的措施，延缓老化速度，达到延长使用寿命的目的。为此，制造出了各种防老剂，它们都是能不同程度地延缓橡胶的老化进程。与此同时，人们也竞相开发其他的防护方法。但迄今为止所采用的防护方法可概括为二种，即物理防护法和化学防护法。

所谓物理防护法是指能够尽量避免橡胶与老化因素相互作用的方法，如橡塑共混，表面镀层或处理，加光屏蔽剂，加石蜡等。

所谓化学防护法是指通过参入老化反应来阻止或延缓橡胶老化反应继续进行的方法。如加入胺类或酚类化学防老剂。

由于不同的因素所引起的橡胶老化的机理不同，因而应根据具体情况采取相应的防老剂或防护方法。

四、橡胶老化与防护的历史与研究进展

自 1820 年天然橡胶真正成为商品以后，首先研究橡胶的老化现象与氧化的关系的是 Hofman。他在 1861 年发现天然橡胶的异构体固塔波胶老化后常常含有键合氧，从而认为橡胶的老化是由于吸收氧引起的。1865 年，Spiller 及 Miller 也得出了橡胶老化起因于氧化这一结论。到 1885 年，Thomson 确证了橡胶在不活泼气体中或者在真空中不发生老化。在这期间，人们逐渐发现了阳光、金属、热等能加速橡胶的老化。1912 年，Peachey 认为橡胶的吸氧量有一定的界限存在。1913 年，Ostwald 证明了橡胶的氧化是自动催化反应，并有诱导期存在。同年 Kirchhof 确认了生胶及硫化胶在老化时有过氧化物中间体生成。1916 年，Geer 发明了研究老化的吉尔老化恒温箱。1922 年，Mourea 提出了关于自催化氧化的一般概念。1931 年，Semenou 证明了氧化反应的机理是自由基反应。到 40 年代，Bolland 首先提出了自由基链式自催化氧化机理，从此氧化老化机理基本被确定。在这期间，关于橡胶的臭氧老化也进行了研究，1953 年，Criegee 提出了臭氧老化的机理。

随着橡胶老化机理逐渐解明，橡胶防护剂的研究也在不断进行。1870 年，Murphy 发现把苯酚、甲酚等混入生胶中，或将硫化胶在含有这种酚的溶液中浸泡后，橡胶的耐老化性提高，从而取得了这一方法的专利。1881 年，Kreusler 获得用石蜡作为防老剂的专利权。1887 年，Scoot 提出用无机及有机还原剂作为防老剂，并对一些物质进行了测试。1901 年，Moore 为了保持未硫化橡胶糊的粘着性，使用了对苯二酚、1，2，3-苯三酚、对氨基苯酚硫酸盐等。1908 年，Ostwald 用中性及碱性的芳香族氮化合物，如吡啶、喹啉、二甲基苯胺等作合成橡胶的防老剂，获得了专利权。1911 年，Fickendey 发现在橡胶凝固时加入丹宁，可以防止橡胶暴露在阳光下的变粘现象。1918 年，拜耳公司取得了酚系化合物防止合成橡胶自动氧化的专利权；1922 年，该公司又获得了含有氨基、羟基的很多化合物如二氨基二苯胺、二苯基间苯二胺等作为橡胶防老剂的专利。1924 年，Winkelmann 把不具有硫化促进

作用的醛胺类缩合物如醛醇和 α－萘胺的缩合物及糠醛和邻甲基苯胺的缩合物作为防老剂，获得专利。此后，人们为了获得更好的防护效果，或者针对某些因素引起的老化进行防护，开发了很多不同类型的防老剂，以致于现在市场上出现了可供选择的各种各样的防老剂。尤其是近年来，人们为了提高防老剂的长效性，降低防老剂在硫化橡胶中的易动性，开发出了非迁移性防老剂，研究异常活跃。

虽然人们对橡胶老化及防护做了大量的研究工作，取得了很大进展，但在橡胶老化机理及防护机理方面还有很多不明之处，对橡胶老化的防护效果还不能完全达到令人满意的程度。因此，进一步弄清橡胶在各种因素影响下的老化机理，寻找高效而持久的防老剂，还有待于人们的继续努力。

第二节　橡胶的热降解

在影响橡胶老化的物理因素中，热是最基本而且是最重要的因素。当橡胶处于无氧的惰性介质中时，如在模压过程中或者是当橡胶体积很大，氧难以扩散进入时，或者当橡胶制品在高温下短时间使用时，橡胶的耐热性主要取决于它的热降解特性。不仅如此，橡胶的热降解性也很大程度影响着橡胶的热氧老化性。

通用聚合物的热降解行为分为如下两类：

通用聚合物的热降解行为
- (1) 侧链作为反应点产生化学反应，如脱去侧基或分子内环化或分子间交联等
- (2) 分子主链断裂、降解
  - 解聚，如 PMMA
  - 无规降解，如 PE
  - 二者兼有，如 PS

按情况（1），如聚氯乙烯（PVC）在 150～350℃ 降解、沿聚合物链相继脱去 HCl。这是大家都非常熟知的一个例子。

$$\sim CH_2CHClCH_2CHClCH_2CHClCH_2CHCl \sim \xrightarrow[\triangle]{} \sim CH{=}CHCH{=}CHCH{=}CHCH{=}CH \sim + HCl\uparrow$$

大部分的通用聚合物在高温下都是按照方式（2）进行降解的。这种方式又分为三种情形。第一种情况是聚合物在高温下产生解聚反应，聚合物沿分子链末端逐个切断单体单元，反应终了形成 100% 的聚合物单体，如聚甲基丙烯酸甲酯 PMMA 和聚四氟乙烯（PTFE），这类聚合物在降解过程中，数均分子量的降低比较缓慢。第二种情形是聚合物在高温下产生主链的无规降解，生成各种大小不等的分子链碎片，数均分子量在降解初期急剧下降，如聚乙烯（PE）在降解过程中，单体收率接近于零。实际上，大多数情况下解聚与无规降解在同一聚合物的热降解过程中同时发生，如聚苯乙烯（PS）就是第三种情形。这时，聚合物在降解过程中，可以是解聚占支配地位，也可以是无规降解占支配地位。如聚三氟氯乙烯（PCTFE）的单体收率为 28%，可见它在降解过程中无规降解处于支配地位。

在聚合物进行主链断裂的热降解过程中，是以解聚反应为主还是以无规降解反应为主，或者是二者平分秋色，主要取决于分解生成的高分子自由基的反应性和原聚合物中存在的易反应原子（通常是氢原子）的性质。如 PCTFE 中的 C—Cl 键比 C—F 键弱，易引起自由基的转移，所以降解过程中的单体收率为 28%，而 PTFE 的单体收率为 100%。

表4－2是几种通用橡胶高温降解的重量减半温度（T）和单体收率。所谓重量减半温度是指聚合物在高温降解时，挥发减量为原始试样的50％时的温度。由表可见，这几种橡胶均是进行以无规降解为主的热降解反应。对于IIR，由于带有甲基侧链，因而易引起热解时所生成的自由基的转移，所以以无规降解为主，单体收率为18.1％。

表4－2　几种通用橡胶高温降解的重量减半温度（T）和单体收率

橡　胶	T/℃	分解温度范围/℃	单体收率/％
聚异戊二烯（IR）	323	280～360	3.2
聚异丁烯（IIR）	348	288～425	18.1
丁苯橡胶（SBR，苯乙烯25％）	375		
聚丁二烯（BR）	407		1.5

天然橡胶在高于200℃时开始发生降解，高于300℃时降解迅速，当接近400℃时经30min几乎可完全被降解掉。经分析鉴定发现，NR的热降解产物主要是分子量约为600左右的低分子物，此外还有少量的异戊二烯单体、戊烯和双异戊二烯等。这说明NR的热降解也以无规降解为主。丁腈橡胶加热到500℃时，有大量低分子碳氢化合物、胺和HCN等产生，也说明是无规降解反应。图4－1为几种通用橡胶与其他聚合物的热降解特性。这是把40～50mg的聚合物放入铂坩锅中，在10～15min内将其升温到横坐标所指示的温度后并保持30min时的挥发量作为纵坐标绘成的。

一般来说，热稳定性的高低取决于键解离能的大小。表4－3显示了各种化学键的解离能大小。解离能大的键，热稳定性就高。因此，硅橡胶与氟橡胶的热稳定性就比一般的通用橡胶高。基于对聚合物的热降解研究结果，链上键的稳定性次序为：

$$C—F > C—H > C—C > C—Cl$$

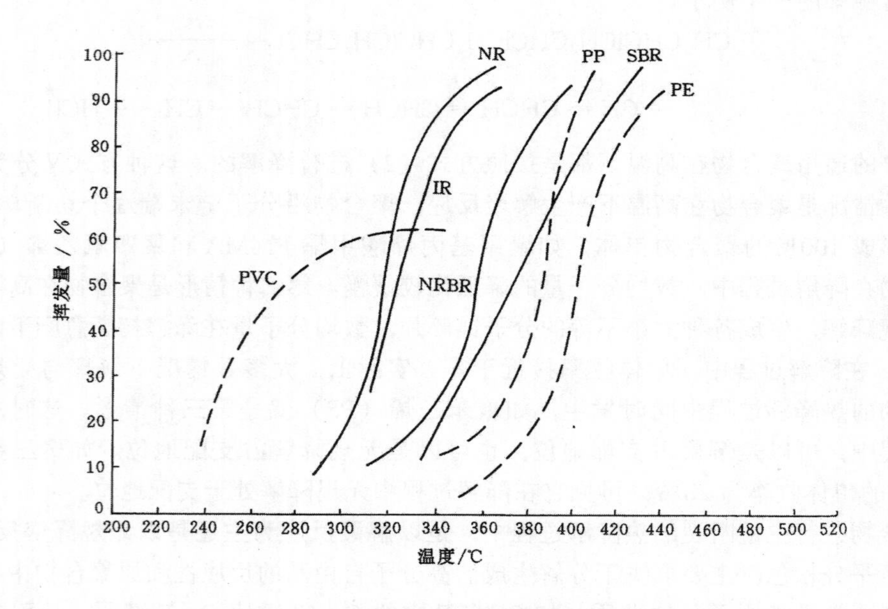

图4－1　几种通用橡胶与几种树脂的热降解特性

表 4-3 不同化学键的解离能

键	解离能 /(kJ/mol)	键	解离能 /(kJ/mol)
B ┼ F	884 ± 42	—CH$_2$┼CH$_2$—CO—	280
B ┼O	872～726	CH$_3$CH$_2$┼CH$_2$CH$_3$	-325
Si ┼ O	688	CH$_3$—S ┼ S—CH$_3$	-305
—O ┼CO —	521	—CH—CH═CH—CH— ┼　　　　　┼ H　　　　　H	163（脱氢）
—C ┼ F	496		
CF$_3$┼ CF$_3$	517	(c) H┼CH$_2$ 　　| —CH—C═CH—CH— ┼　　　　　┼ H　(b)　　H　(a)	(a) 142（脱氢） (b) 163（脱氢） (c) 188（脱氢）
CH$_2$┼ H	375～384		
CH ┼ H	375～384		
—CH$_2$┼ Ph	380	—CH$_2$—CH$_2$—CH　CH—	300
—CH$_2$┼ O—	330	—CH$_2$—S$_X$┼ CH$_2$—	121

但是，键的解离能还要受到共振效应，邻近基团的位阻效应等的影响，如表 4-4 所示。因此，一般碳链聚合物上有侧基取代基时，往往使热稳定性降低。从图 4-1 也可看出，聚乙

表 4-4 邻近结构和基团对键解离能的影响

含 C—C 键的分子	C—C 键解离能 /(kJ/mol)	含 C—H 键的分子	C—H 键解离能 /(kJ/mol)
CH$_3$—CH$_3$	367	RCH$_2$—H	409
(CH$_3$)$_3$C—C (CH$_3$)$_3$	284	CH$_2$═CHCH$_2$—H	355
(C$_6$H$_5$)$_3$C—C (C$_6$H$_5$)$_3$	63	CH$_2$CH$_2$—H	163

烯的热稳定性高于聚丙烯、聚苯乙烯等。图 4-2 则表明，取代基的位阻效应能降低聚乙烯的挥发温度。研究表明，碳碳链的相对强度为：

$$-C-C-C- > -C-\underset{\displaystyle C}{\underset{|}{C}}-C- > -C-\overset{\displaystyle C}{\overset{|}{\underset{\displaystyle C}{\underset{|}{C}}}}-C-$$

在链中靠近季碳原子或叔碳原子的键较易断裂。

对于分子链为 $-\overset{\displaystyle R}{\overset{|}{\underset{\displaystyle R}{\underset{|}{Si}}}}-O-$ 的硅橡胶来说，链上 R 基团不同，热稳定性的顺序为：

$$-C_6H_5 > -C_6H_4Cl > -C_6H_2Cl_3 >$$
$$-C_6H_3Cl_2 > -CH=CH_2 > -CH_3 > -C_2H_5$$

值得指出的是，对于主链常含有不饱和双键的碳链橡胶来说，不饱和性对热稳定性的影响甚小。从图 4-1 也可看出，BR 的热稳定性与完全饱和的聚乙烯差别很小。因此，BR 的热稳定性

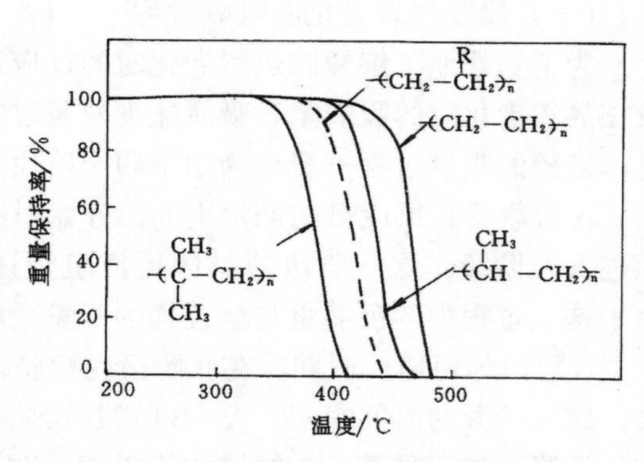

图 4-2 支化聚烯烃的热降解

高于 IIR（图 4－1）是可以理解的。对于 SBR 和 NBR 来说，就象 BR 主链上的—H 部分地被—CN 或 —⟨◯⟩ 基取代一样，或者更形象地说就象聚乙烯链上的—H 部分地被—CN 或 —⟨◯⟩ 基取代一样，因而热稳定性顺序为 PE＞PS＞聚丙烯腈（PAN）（图 4－1），橡胶的热稳定性为 BR＞SBR＞NBR。从另一方面看，由于 SBR 是在 BR 中引入了不稳定的苯乙烯链节，NBR 是在 BR 中引入了更不稳定的丙烯腈链节，因而使它们的热稳定性有如上所述的顺序。总起来看，几种橡胶的热稳定性顺序为：

$$BR > SBR > NBR > IIR > NR、IR$$

聚合物在热降解时，在分子链的弱键处断裂的几率最大。上面讨论的都是在假定按理想方式合成的聚合物的情况下进行的。实际上，合成的聚合物都与理想的情况不太一样，往往在分子链结构中结合有“杂质”，如头－头连接、氧的引入等，这些往往都使聚合物的热稳定性降低。但是，也有象聚氯乙烯和聚偏二氯乙烯那样的特殊情况。因为在这类聚合物中头－头结构的脱氯化氢速率低于正常的头－尾结构，这从氯化聚乙烯（CPE）的热稳定性介于 PE 和 PVC 之间也可说明。

橡胶一般要经过硫化后才能使用。因此，硫化胶的热稳定性除受橡胶分子本身的结构影响外，还受交联键的类型及密度的影响。从上面的讨论可推知，交联键的解离能越大，则硫化胶的热稳定性越高。实际情况正如所推知的那样，如用过氧化物（C—C 交联）或用醌肟（C—N 交联）硫化的 CIIR 的热稳定性要优于用硫黄（$C—S_x—C$ 交联）硫化的；再如用过氧化物硫化乙丙橡胶（EPM）时若引入硫黄交联键，则热稳定性降低。一般来说，当交联键的解离能较高时，硫化胶的热稳定性随交联密度的提高而提高。金刚石是交联的非芳族结构的最高形式，在惰性气体中于 1300℃ 以下时是十分稳定的，当高于 1500℃ 以上时迅速石墨化。

第三节　橡胶的热氧老化

生胶或橡胶制品在热和氧两种因素的共同作用下产生的老化称之为热氧老化。这时，热促进了橡胶的氧化，而氧促进了橡胶的热降解。橡胶制品在实际使用过程中，往往要经受热并与空气中的氧接触，受到不同程度的热氧老化的破坏。因此，橡胶的热氧老化是橡胶老化中最普遍而且最重要的一种老化形式。

一、热氧老化的机理

（一）橡胶热氧老化的吸氧过程

为了更好地了解橡胶热氧老化时的反应过程，首先看一下它的吸氧过程。图 4－3 为橡胶在热氧老化时的吸氧量、吸氧速度及氢过氧化物累积量随老化时间关系的模型图。由图可见，橡胶的吸氧过程一般分为如下四个阶段。

A 阶段是在反应最初期发生的，开始时吸氧速度很快，但很快降至一个相当小的恒定值而进入 B 阶段。这一阶段的具体反应机理还不太清楚，常在硫化橡胶的老化过程中发生。由于这一过程中的吸氧量与全过程的吸氧量相比很小，因而对橡胶性质的变化影响不大。

B 阶段为恒速反应期。在此阶段内橡胶以恒定的速度与氧反应并吸收氧。对于纯化的橡胶，这一阶段的时间很短。A－B 阶段合称为诱导期，此期间虽因橡胶吸收一定的氧使性能有所下降，但不显著，为橡胶的使用期。在诱导期内，随橡胶吸氧量的增多，生成的氢过氧化物的量不断增加，并接近最大值。

C阶段为加速反应期，此时橡胶的吸氧速度激烈增加，比前一阶段大几个数量级。在这一阶段内、氢过氧化物量随吸氧速度的加速进行而从最大值逐渐减少。到这个阶段的末期，橡胶已深度氧化变质，丧失使用性能。

D阶段，橡胶的吸氧速度又转入恒速，之后逐渐下降。在此阶段，橡胶的氧化处于完结。

对于不同的橡胶，老化过程中的吸氧量与时间的关系曲线也不相同，主要表现在B阶段和C阶段的时间的相对长短不同。

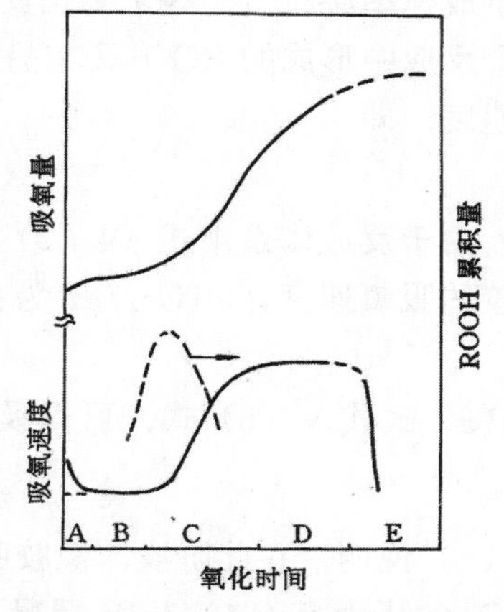

图4－3　橡胶热氧老化时的吸氧量、吸氧速度及ROOH的累积量与时间的关系

（二）橡胶热氧老化时的初期反应

研究表明，高分子碳氢化合物的热氧老化反应与低分子碳氢化合物的热氧化反应相似。通过对低分子模拟化合物和高分子的热氧老化反应的研究，由Bolland及其同事首先提出了自由基链式自动氧化机理，现在所有的氧化降解过程，都是以这一机理为基础的。基于这一机理，橡胶在热氧老化过程中的初期阶段即吸氧过程的诱导期内的化学反应为：

引发：

$$\left.\begin{array}{l} RH \xrightarrow[O_2\text{或催化剂}]{\text{热、光}} R\cdot + H\cdot \\ \text{少量的}ROOH \longrightarrow RO\cdot + \cdot OH \end{array}\right\} \quad (4-1)$$

传递：

$$R\cdot + O_2 \xrightarrow[\text{快}]{k_2} ROO\cdot \quad (4-2)$$

$$ROO\cdot + RH \xrightarrow[\text{慢}]{k_3} ROOH + R\cdot \quad (4-3)$$

终止：

$$R\cdot + R\cdot \xrightarrow{k_4} R—R \quad (4-4)$$

$$R\cdot + ROO\cdot \xrightarrow{k_5} ROOR \quad (4-5)$$

$$ROO\cdot + ROO\cdot \xrightarrow{k_6} \text{稳定产物} \quad (4-6)$$

在上述反应式中，RH表示橡胶大分子。式（4－1）表示橡胶大分子在热、光或O_2作用下，从分子中的弱键处断裂，产生橡胶大分子自由基R·；或者由于橡胶在加工等过程中所生成的痕量过氧化物，通过均裂产生大分子自由基（在低于60℃下也可产生）。R·一旦产生，很快与氧反应生成过氧自由基ROO·〔式（4－2）〕。ROO·按反应式（4－3）较慢地再从另一个橡胶大分子上夺取氢，生成氢过氧化物ROOH，同时又生成一个R·。新生成的这个橡胶大分子自由基，又可按式（4－2）及（4－3）重复反应。反应体系中的自由基ROO·及R·，相互之间按式（4－4）、（4－5）、（4－6）反应，从而终止链反应。当氧的浓度较高时，R·与O_2的反应速度很快，以至体系中〔R·〕≪〔ROO·〕，因而这时唯一重要的终止反应为两个ROO·的双基结合〔式（4－6）〕。当氧的浓度较低或温度较高且碳氢化合物的反应性极强时，稳态时的R·浓度增大，此时的主要终止反应为式（4－4），同时也发生式（4－5）、（4－6）的终止反应。

当氧的浓度较高时，如果上述反应体系中的ROO·达到稳态浓度，则引发过程中自由基的生成速率必将恰恰等于终止反应中自由基的消耗速率（两个传递反应可不必考虑，因为在一个反应中形成的ROO·又在另一个反应中消耗掉）。这样，反应的引发速度 r_i 等于终止反应速度，即

$$r_i = k_6[ROO\cdot]^2 \tag{a}$$

由于反应体系中式（4-3）的反应较慢，因而控制着橡胶的氧化速度。因此，在稳态时橡胶的吸氧速度 $-d[O_2]/dt$ 为：

$$-d[O_2]/dt = k_3[ROO\cdot][RH] \tag{b}$$

将（a）式代入（b）式，可得吸氧速度为：

$$-d[O_2]/dt = k_3 k_6^{-\frac{1}{2}} r_i^{\frac{1}{2}}[RH] \tag{c}$$

式（b）说明，在此阶段，橡胶吸收的氧以氢过氧化物的形式累积在反应体系中。式（c）是在 O_2 的压力高于13.3kPa情况下碳链橡胶热氧老化的一般形式。从（c）式可以看出，自由基引发速度对吸氧速度的影响很大，在此阶段橡胶老化反应的引发速度是恒定的，因而吸氧速度也是恒定的。

（三）橡胶热氧老化的自动催化氧化阶段

随着橡胶在热氧老化的初期阶段氧的不断吸收，ROOH不断产生并累积。此时，ROOH逐渐按式（4-7）分解。在固体橡胶中，由于氢过氧化物在链上无规则地形成，因而当其浓

$$ROOH \longrightarrow RO\cdot + \cdot OH \tag{4-7}$$

度较低时，式(4-7)的单分子分解是ROOH分解的基本形式，但当体系中有溶剂或微量金属离子存在时（关于金属离子对橡胶氧化老化的影响将在以后讨论），将产生诱导分解。当体系内ROOH累积到某一浓度时，就会按式（4-8）产生双分子分解。式（4-8）的双分子分解反应比式（4-7）的单分子分解反应快得多。

$$\begin{matrix} R{-}O{-}O{-}H \\ \vdots \quad\;\; \vdots \\ H{-}O{-}O{-}R \end{matrix} \longrightarrow RO\cdot + ROO\cdot + H_2O \tag{4-8}$$

当ROOH积累到一定浓度时，式（4-7）尤其是式（4-8）成为主要的引发反应。整个反应过程为：

引发：

$$\left.\begin{matrix} ROOH \longrightarrow RO\cdot + \cdot OH \\ 2ROOH \longrightarrow RO\cdot + ROO\cdot + H_2O \end{matrix}\right\} \tag{4-9}$$

传递：

$$RO\cdot + RH \longrightarrow ROH + R\cdot \tag{4-10}$$

$$ROO\cdot + RH \longrightarrow ROOH + R\cdot$$

$$\cdot OH + RH \longrightarrow R\cdot + H_2O \tag{4-11}$$

$$R\cdot + O_2 \longrightarrow ROO\cdot$$

终止：

$$R\cdot + R\cdot \longrightarrow R{-}R$$

$$R\cdot + RO\cdot \longrightarrow ROR \tag{4-12}$$

$$RO\cdot + RO\cdot \longrightarrow ROOR \tag{4-13}$$

$$ROO\cdot + ROO\cdot \longrightarrow \text{稳定产物}$$

$$R\cdot + \cdot OH \longrightarrow ROH \tag{4-14}$$

由于在这一阶段ROOH按式(4-7)尤其是按式(4-8)分解引发的速度远高于氧化初期按式(4-1)的引发，而且引发后产生的ROO·及RO·等自由基又按自由基链式反应产生大量

的ROOH，结果使ROOH的引发速度更快。根据上面从反应初期导出的吸氧速度式(C)可知，随ROOH分解所带来的引发速度 r_i 的增大，吸氧速度不断增大，即发生了自催化氧化反应。因此，自催化氧化反应的产生是ROOH积累后分解引发的结果。

（四）整个热氧老化反应的全过程

橡胶热氧老化的整个反应过程属自由基链式自催化氧化反应机理，目前已被大家所接受。整个反应过程可表示为：

引发：

$$\left.\begin{aligned} &RH \xrightarrow[\text{或催化剂}]{\text{热、光、氧}} R\cdot + \cdot H \\ &ROOH \longrightarrow RO\cdot + \cdot OH \\ &2ROOH \longrightarrow RO\cdot + ROO\cdot + H_2O \end{aligned}\right\}$$

传递：

$$R\cdot + O_2 \longrightarrow ROO\cdot$$

$$ROO\cdot + RH \longrightarrow ROOH + R\cdot$$

$$RO\cdot + RH \longrightarrow ROH + R\cdot$$

$$\cdot OH + RH \longrightarrow R\cdot + H_2O$$

终止：

$$R\cdot + R\cdot \longrightarrow R{-}R$$

$$RO\cdot + R\cdot \longrightarrow ROR$$

$$RO\cdot + RO\cdot \longrightarrow ROOR$$

$$ROO\cdot + ROO\cdot \longrightarrow \text{稳定产物}$$

$$R\cdot + \cdot OH \longrightarrow ROH$$

$$R\cdot + ROO\cdot \longrightarrow ROOR$$

当橡胶的自动催化氧化阶段趋于结束时，橡胶的吸氧过程进入D阶段。在D阶段的初期，ROOH基本已完全分解，这时引发反应又与终止反应相平衡，从而吸氧速度又趋于恒速；到D阶段的后期，由于橡胶大分子上的活性点越来越少，引发速度越来越慢，从而使吸氧速度越来越慢，橡胶已处于深度氧化状态。

在橡胶的自由基链式氧化老化过程中，自由基链反应可以因交联或断链而终止。在反应过程中，也可发生交联或断链。上述机理是对橡胶热氧老化过程的一个理想模型描述。对于不同的橡胶或不同的老化条件，反应方式及过程都有一定的差别，如有的橡胶在热氧老化过程中以交联反应为主，有的橡胶以断链反应为主。

二、橡胶在热氧老化过程中的变化

（一）结构变化

橡胶在热氧老化过程中的结构变化可分为两类：一是以分子链降解为主的热氧老化的反应；二是以分子链之间交联为主的热氧老化反应。表4－5为几种橡胶在125℃热氧老化时所引起的分子链降解或交联的情况。由表可见，天然橡胶等含有异戊二烯单元的橡胶在热氧老化过程中都是以分子链断裂为主；顺丁橡胶等含有丁二烯的橡胶在热氧老化过程中都是以交联反应为主。下面分别以天然橡胶和顺丁橡胶作为两种典型例子，介绍热氧老化过程中的结构变化。

1．天然橡胶在热氧老化过程中的结构变化

天然橡胶的分子结构如下页表下。根据橡胶热降解的讨论可知，在天然橡胶中a、b、c

表 4-5　橡胶在 125℃ 热氧老化对在苯中的溶解度及特性粘度的影响

橡　胶	在苯中的溶解度/%				特 性 粘 度			
	未老化	老化 20h			未老化	老化 30h		
		真空中	空气中	氧气中		真空中	空气中	氧气中
天然橡胶	98	80	98	97	5.62	2.42	0.47	0.47
聚异戊二烯①	78	74	98	96	1.06	0.93	0.28	0.32
异戊二烯-苯乙烯共聚物（75/25）①	71	69	90	95	1.33	0.83	0.47	0.33
顺丁橡胶	85	39	39	53				
丁二烯-苯乙烯共聚物（75/25）①	79	48	44	53				

①含有防老剂 D。

$$\sim\!\sim CH(\overset{b}{-}H)-C(-\overset{c}{H}-CH_2)=CH-CH(\overset{a}{-}H)\sim\!\sim$$

键的解离能大小顺序为：c＞b＞a。因此，天然橡胶大分子在热、光、O_2 或催化剂作用下应先在最弱的键 a 键处断裂，引发链式反应（但也有人认为在 b 键处断裂的）。

$$\sim\!\sim CH_2-C(CH_3)=CH-CH_2-CH_2-C(CH_3)=CH-CH_2\sim\!\sim \xrightarrow[\text{或催化剂}]{\text{热、光、}O_2}$$

$$\sim\!\sim CH_2-C(CH_3)=CH-\dot{C}H-CH_2-C(CH_3)=CH-CH_2\sim\!\sim + \cdot H \quad (4-15)$$

$$\sim\!\sim CH_2-C(CH_3)=CH-\dot{C}H-CH_2-C(CH_3)=CH-CH_2\sim\!\sim + O_2 \longrightarrow$$

$$\sim\!\sim CH_2-C(CH_3)=CH-CH(OO\cdot)-CH_2-C(CH_3)=CH-CH_2\sim\!\sim \quad (4-16)$$

$$\sim\!\sim CH_2-C(CH_3)=CH-CH(OO\cdot)-CH_2-C(CH_3)=CH-CH_2\sim\!\sim + RH \longrightarrow$$

$$\sim\!\sim CH_2-C(CH_3)=CH-CH(OOH)-CH_2-C(CH_3)=CH-CH_2\sim\!\sim + R\cdot \quad (4-17)$$

$$\sim\!\sim CH_2-C(CH_3)=CH-CH(OOH)-CH_2-C(CH_3)=CH-CH_2\sim\!\sim \longrightarrow$$

$$\sim\sim CH_2-\underset{}{\overset{CH_3}{\overset{|}{C}}}=CH-\underset{\underset{O\cdot}{|}}{CH}-CH_2-\overset{CH_3}{\overset{|}{C}}=CH-CH_2\sim\sim \quad +\cdot OH \qquad (4-18)$$

在老化过程中所产生的氢过氧化物可按下式切断分子链：

$$\sim\sim CH_2-\overset{CH_3}{\overset{|}{C}}=CH-\underset{\underset{O + OH}{|}}{CH}+CH_2-\overset{CH_3}{\overset{|}{C}}=CH-CH_2\sim\sim \longrightarrow$$

$$-CH_2-\overset{CH_3}{\overset{|}{C}}=CH-CHO \;+\; HOCH_2-\overset{CH_3}{\overset{|}{C}}=CH-CH_2\sim\sim \qquad (4-19)$$

所生成的过氧化自由基可按下列方式切断分子链：

$$\sim\sim CH_2-\overset{CH_3}{\overset{|}{C}}=CH-\underset{\underset{OO\cdot}{|}}{CH}-CH_2-\overset{CH_3}{\overset{|}{C}}=CH-CH_2\sim\sim \longrightarrow$$

$$\sim\sim CH_2-\overset{CH_3}{\overset{|}{C}}=CH-CH\langle \overset{CH_2-\overset{CH_3}{\overset{|}{C}}\cdot}{\underset{O-O}{}} \rangle CH-CH_2\sim\sim \qquad (4-20)$$

$$\sim\sim CH_2-\overset{CH_3}{\overset{|}{C}}=CH-CH\langle \overset{CH_2-\overset{CH_3}{\overset{|}{C}}\cdot}{\underset{O-O}{}} \rangle CH-CH_2\sim\sim \;+O_2 \longrightarrow$$

$$\sim\sim CH_2-\overset{CH_3}{\overset{|}{C}}=CH-CH\langle \overset{CH_2-\overset{CH_3}{\overset{|}{C}}-OO\cdot}{\underset{O-O}{}} \rangle CH-CH_2\sim\sim \qquad (4-21)$$

$$\sim\sim CH_2-\overset{CH_3}{\overset{|}{C}}=CH-CH\langle \overset{CH_2-\overset{CH_3}{\overset{|}{C}}-OO\cdot}{\underset{O-O}{}} \rangle CH-CH_2\sim\sim \xrightarrow{\text{按链式反应}}$$

$$\sim\sim CH_2-\overset{CH_3}{\overset{|}{C}}=CH-CH\langle \overset{CH_2-\overset{CH_3}{\overset{|}{C}}-O\cdot}{\underset{O-O}{}} \rangle CH-CH_2\sim\sim \qquad (4-22)$$

$$\sim\sim CH_2-\overset{CH_3}{\overset{|}{C}}=CH-CH\langle \overset{CH_2-\overset{CH_3}{\overset{|}{C}}-O\cdot}{\underset{O-O}{}} \rangle CH-CH_2\sim\sim \longrightarrow$$

$$\sim\sim CH_2-\overset{CH_3}{\overset{|}{C}}=CH-CHO \;+\; \cdot CH_2-\overset{O}{\overset{\|}{C}}-CH_3 \;+\; OHC-CH_2\sim\sim \qquad (4-23)$$

所生成的烷氧自由基可按下列方式断链：

$$\sim\!\sim CH_2-\overset{\overset{\large CH_3}{|}}{C}=CH-CH_2 + \overset{\overset{\large O\cdot}{|}}{CH}-\overset{\overset{\large CH_3}{|}}{C}=CH-CH_2\sim\!\sim \longrightarrow$$

$$\sim\!\sim CH_2-\overset{\overset{\large CH_3}{|}}{C}=CH-CH\cdot + H(O=)C-\overset{\overset{\large CH_3}{|}}{C}=CH-CH_2\sim\!\sim$$

$$\Updownarrow$$

$$\sim\!\sim CH_2-\underset{\cdot}{\overset{\overset{\large CH_3}{|}}{C}}-CH=CH_2$$

$$\downarrow + O_2$$

$$\sim\!\sim CH_2-\underset{\underset{\large OO\cdot}{|}}{\overset{\overset{\large CH_3}{|}}{C}}-CH=CH_2$$

$$\downarrow \text{过氧化物环化}$$

$$\sim\!\sim CH_2-\underset{\underset{\large O\cdot}{|}}{\overset{\overset{\large CH_3}{|}}{C}}\vdots\underset{\underset{\large O}{|}}{CH}-CH_2-CH_2-\underset{\underset{\large O}{|}}{\overset{\overset{\large CH_3}{|}}{C}}\vdots\underset{\underset{\large O}{|}}{CH}-CH_2-CH_2-\underset{\underset{\large O\cdot}{|}}{\overset{\overset{\large CH_3}{|}}{C}}-CH=CH_2$$

（环内 O—O 键断裂处以虚线标出）

$$\downarrow$$

$$\sim\!\sim CH_2-\overset{\overset{\large CH_3}{|}}{C}=O + H(O=)C-CH_2-CH_2-\overset{\overset{\large O}{\|}}{C}-CH_3 + OHC-CH_2-CH_2-\underset{\underset{\large O\cdot}{|}}{\overset{\overset{\large CH_3}{|}}{C}}-CH=CH_2$$

$$\downarrow + RH$$

$$CH_2=CH-\underset{\underset{\large OH}{|}}{\overset{\overset{\large CH_3}{|}}{C}}-CH_2-CH_2-C(=O)H$$

$$\Updownarrow$$

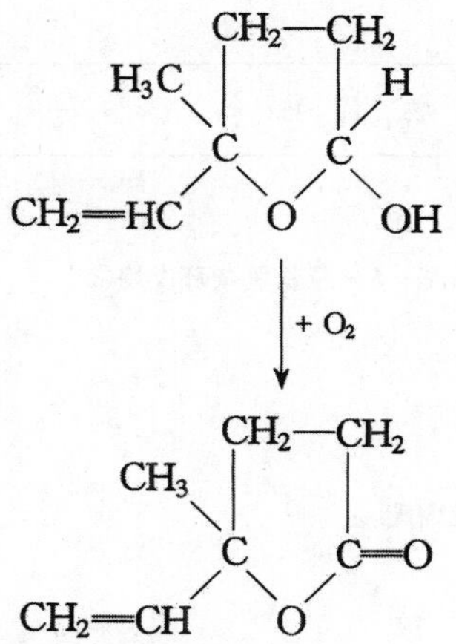

$$
\begin{array}{c}
\begin{array}{ccc}
 & CH_2{-}CH_2 & \\
H_3C & | \quad\quad | & H \\
 & \diagdown C \quad\;\; C \diagup & \\
CH_2{=}HC & \diagup \;\; O \;\; \diagdown & OH
\end{array}\\
\downarrow + O_2\\
\begin{array}{ccc}
 & CH_2{-}CH_2 & \\
CH_3 & | \quad\quad | & \\
 & \diagdown C \quad\;\; C{=}O & \\
CH_2{=}CH & \diagup \;\; O \;\; \diagdown &
\end{array}
\end{array}
$$

天然橡胶在热氧老化过程中，还可以按下列方式断链：

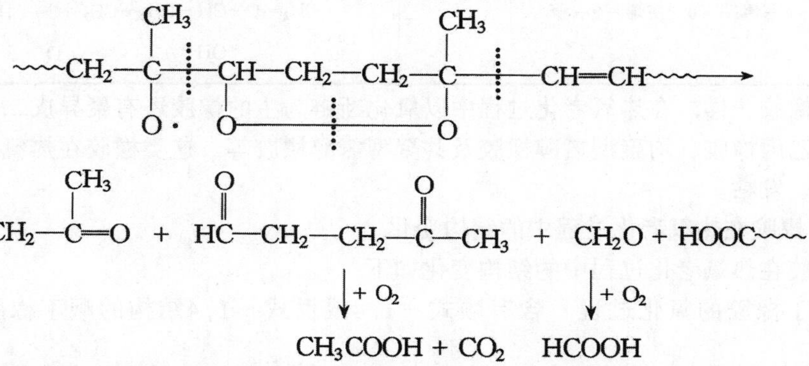

$$
\sim\!\sim CH_2{-}\underset{\underset{O\cdot}{|}}{\overset{\overset{CH_3}{|}}{C}}\,\vdots\,{-}CH{-}CH_2{-}CH_2{-}\underset{\underset{O}{|}}{\overset{\overset{CH_3}{|}}{C}}\,\vdots\,{-}CH{=}CH\sim\!\sim \longrightarrow
$$

（其中 CH 与下方 O 以虚线相连的 O 键断开）

$$
{-}CH_2{-}\overset{\overset{CH_3}{|}}{C}{=}O \;+\; H\overset{\overset{O}{\|}}{C}{-}CH_2{-}CH_2{-}\overset{\overset{O}{\|}}{C}{-}CH_3 \;+\; CH_2O + HOOC\sim\!\sim
$$

$$
\downarrow + O_2 \qquad\qquad \downarrow + O_2
$$

$$
CH_3COOH + CO_2 \qquad HCOOH
$$

通过对天然橡胶热氧老化产物的分析发现，有醇、酸、醛及二氧化碳等产生。表 4－6 为提纯聚异戊二烯氧化断链后所得到的主要挥发产物。

表 4－6　提纯聚异戊二烯氧化断链所得主要的挥发产物

产 物 名 称	分 子 式
2－甲基丙烯醛	$CH_2{=}\underset{\underset{CH_3}{|}}{C}{-}\overset{\overset{O}{\|}}{C}{-}H$
甲基乙烯基酮	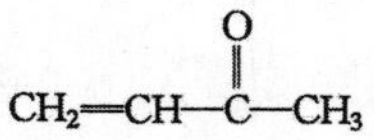 $CH_2{=}CH{-}\overset{\overset{O}{\|}}{C}{-}CH_3$
乙酰丙醛	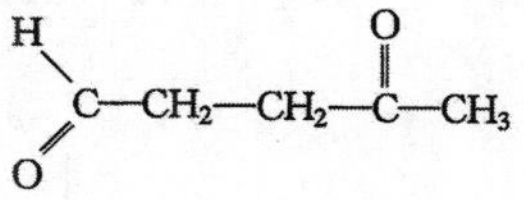 $H{-}\overset{\overset{O}{\|}}{C}{-}CH_2{-}CH_2{-}\overset{\overset{O}{\|}}{C}{-}CH_3$
4－羟基－2－丁酮	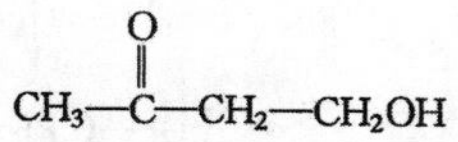 $CH_3{-}\overset{\overset{O}{\|}}{C}{-}CH_2{-}CH_2OH$
4－羟基－4－甲基－5－己烯醛[①]	$CH_2{=}CH{-}\underset{\underset{OH}{|}}{\overset{\overset{CH_3}{|}}{C}}{-}CH_2{-}CH_2{-}\overset{\overset{O}{\|}}{C}{-}H \rightleftharpoons$ ①

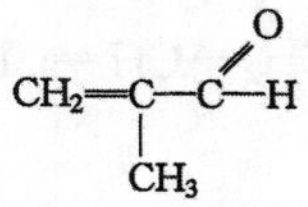

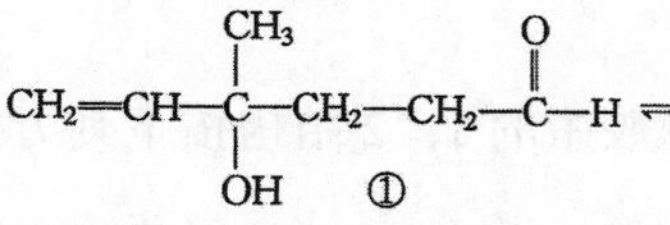

续表

产物名称	分子式
2-甲基-2-乙烯基-5-羟基氧杂环戊烷②	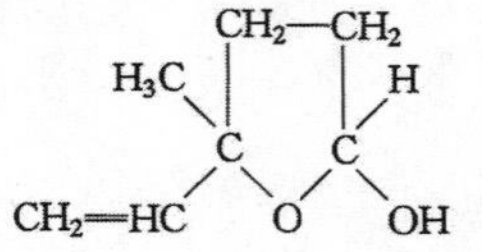 五元环：$CH_2—CH_2$，H_3C、$CH_2=HC$ 连于C，O，C上连H、OH ②
4-乙烯基-4-戊内酯	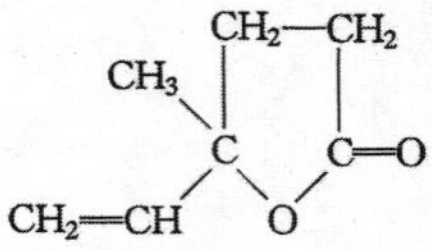 五元环：$CH_2—CH_2$，CH_3、$CH_2=CH$ 连于C，O，C=O
5-羟基-6-甲基-6-庚烯-2-酮	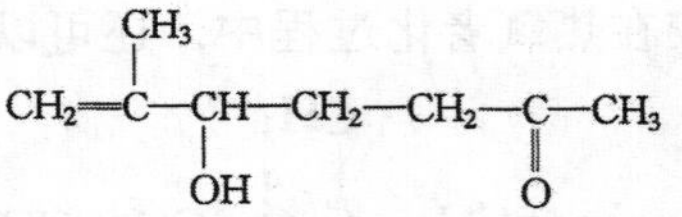 $CH_2=C(CH_3)—CH(OH)—CH_2—CH_2—C(=O)—CH_3$ （可能）

象天然橡胶一样，在热氧老化过程中以氧化断链为主的橡胶还有聚异戊二烯橡胶、丁基橡胶、二元乙丙橡胶、均聚型氯醇橡胶及共聚型氯醇橡胶等。这类橡胶在热氧老化后的外观表现为变软、发粘。

2. 顺丁橡胶在热氧老化过程中的结构变化

顺丁橡胶在热氧老化过程中的结构变化如下：

(1) 顺丁橡胶的氧化过程　含有顺式-1,4或反式-1,4结构的顺丁橡胶按下列方式氧化：

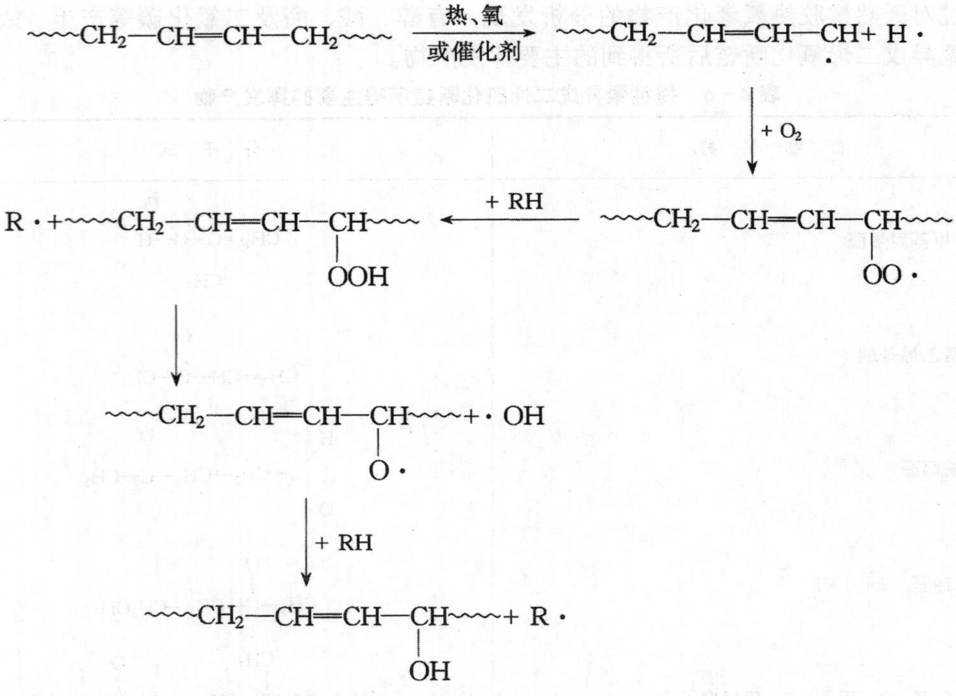

$$\sim\sim CH_2—CH=CH—CH_2\sim\sim \xrightarrow[\text{或催化剂}]{\text{热、氧}} \sim\sim CH_2—CH=CH—\dot{C}H + H\cdot$$

$$\xrightarrow{+O_2} \sim\sim CH_2—CH=CH—CH(OO\cdot)\sim\sim$$

$$\xrightarrow{+RH} R\cdot + \sim\sim CH_2—CH=CH—CH(OOH)\sim\sim$$

$$\longrightarrow \sim\sim CH_2—CH=CH—CH(O\cdot)\sim\sim + \cdot OH$$

$$\xrightarrow{+RH} \sim\sim CH_2—CH=CH—CH(OH)\sim\sim + R\cdot$$

顺丁橡胶中的1，2结构按下列方式氧化：

$$\sim\sim CH_2-\underset{\underset{CH_2}{\overset{\|}{CH}}}{\overset{}{CH}}\sim\sim \xrightarrow[\text{或催化剂}]{\text{热、}O_2} \sim\sim CH_2-\underset{CH=CH_2}{\overset{\cdot}{C}}\sim\sim + H\cdot$$

$$\downarrow + O_2$$

$$\sim\sim CH_2-\underset{CH=CH_2}{\overset{OOH}{C}}\sim\sim \xleftarrow{+RH} \sim\sim CH_2-\underset{CH=CH_2}{\overset{OO\cdot}{C}}\sim\sim$$

$$\downarrow$$

$$\sim\sim CH_2-\underset{CH=CH_2}{\overset{O\cdot}{C}}\sim\sim + \cdot OH$$

$$\downarrow + RH$$

$$\sim\sim CH_2-\underset{CH=CH_2}{\overset{OH}{C}}\sim\sim$$

（2）氧化断链过程　氧化过程中所生成的烷氧自由基可按下列几种方式断链：

$$\sim\sim CH_2-CH=CH+\underset{O\cdot}{\overset{H}{C}}+ \longrightarrow \begin{cases} \sim\sim CH_2-CH=CH-\underset{O}{\overset{\|}{C}}\sim\sim + H\cdot \\ \sim\sim CH_2-CH=CH-C(=O)H + R\cdot \\ \sim\sim CH_2-CH=\overset{\cdot}{C}H + H-\overset{O}{\overset{\|}{C}}\sim\sim \end{cases}$$

$$\sim\sim CH_2+\underset{CH=CH_2}{\overset{O\cdot}{C}}+\sim\sim \longrightarrow \begin{cases} \sim\sim CH_2-\overset{O}{\overset{\|}{C}}-CH=CH_2 + R\cdot \\ \sim\sim\overset{O}{\overset{\|}{C}}-CH=CH_2 + \sim\sim CH_2 \\ \sim\sim CH_2-\overset{O}{\overset{\|}{C}}\sim\sim + CH_2=\overset{\cdot}{C}H \end{cases}$$

(3) 交联过程　在氧化过程中所产生的自由基及氧化断链产物，可按下列方式交联：

$$R\cdot + \sim\sim CH_2-CH{=}CH-CH_2\sim\sim \longrightarrow \sim\sim CH_2-\underset{}{\overset{R}{\overset{|}{C}H}}-\dot{C}H-CH_2\sim\sim$$

$$\downarrow + n\sim\sim CH_2-CH{=}CH-CH_2\sim\sim$$

$$\sim\sim CH_2-\overset{R}{\overset{|}{C}H}-CH-CH_2\sim\sim$$

$$\sim\sim CH_2-CH-CH-CH_2\sim\sim \quad (n-1)$$

$$\sim\sim CH_2-CH-\dot{C}H\sim\sim CH_2\sim\sim \quad n-1$$

$$\sim\sim CH_2-CH{=}CH-\overset{O}{\overset{\|}{C}}-H + \sim\sim CH_2-CH{=}CH-\overset{O}{\overset{\|}{C}}-H \xrightarrow{\text{热或光}} \begin{matrix}\sim\sim CH_2-CH-CH-CHO \\ | \quad\quad | \\ \sim\sim CH_2-CH-CH-\overset{H}{\overset{|}{C}}{=}O\end{matrix}$$

$$\sim\sim\underset{O}{\underset{\|}{C}}-CH{=}CH_2 + CH_2{=}CH-\overset{O}{\overset{\|}{C}}\sim\sim \xrightarrow{\text{热或光}} \begin{matrix}\sim\sim\underset{O}{\underset{\|}{C}}-CH-CH_2 \quad \overset{O}{\overset{\|}{}} \\ \quad | \quad\quad | \\ \quad CH_2-CH-C\sim\sim\end{matrix}$$

(4) 顺反异构的变化　顺丁橡胶在热氧老化过程中还将按下式产生顺反异构的变化：

$$\sim\sim CH_2CH_2-CH{=}CH-\dot{C}HCH_2\sim\sim \rightleftharpoons \sim\sim CH_2CH_2-\dot{C}H-CH{=}CHCH_2\sim\sim$$

$$\downarrow + O_2 \qquad\qquad \downarrow + O_2$$

$$\sim\sim CH_2CH_2-CH{=}CH-\underset{OO\cdot}{\underset{|}{C}H}CH_2\sim\sim \qquad \sim\sim CH_2CH_2-\overset{\cdot OO}{\overset{|}{C}H}-CH{=}CHCH_2\sim\sim$$

从上述反应过程中可见，顺丁橡胶在热氧老化过程中既有断链反应又有交联反应，但由于断链后的产物仍能进行交联，所以是以交联反应为主的氧化过程。

图 4-4 为傅里叶红外转换光谱（FTIR）对顺丁像胶在热氧老化过程中的检测结果。可

见，顺丁橡胶在热氧老化过程中生成含有—OH、—C═O 基团的物质及含有—C—O 基团的过氧化物或其他氧化物质，同时也有顺式结构转变为反式结构。图中的曲线呈 S 型，说明氧化过程属自催化氧化反应。

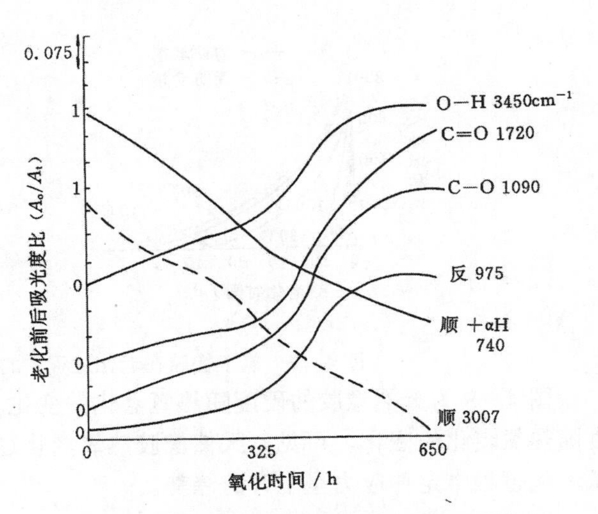

图 4－4　顺丁橡胶在 25℃ 氧化时傅里叶红外光谱的检测结果

虚线为 3007cm^{-1}时老化前后吸光度比 A_o/A_t

实线为 740cm^{-1}时老化前后吸光度比 A_o/A_t

象顺丁橡胶这样在热氧老化过程中以交联反应为主的橡胶还有 NBR、SBR、CR、EPDM、FPM 及 CSM 等。这类橡胶在热氧老化后，外观表现为变硬、变脆。

（二）性能变化

橡胶在热氧老化过程中随着结构的变化，性能也发生相应的变化。图 4－5、4－6、4－7 分别表示天然橡胶、丁苯橡胶及氯丁橡胶随热氧老化过程拉伸强度及伸长率所发生的变化。可见，无论是氧化断裂型的天然橡胶还是以氧化交联为主的丁苯橡胶及氯丁橡胶，拉伸强度和伸长率都随着热氧老化的进程而下降。

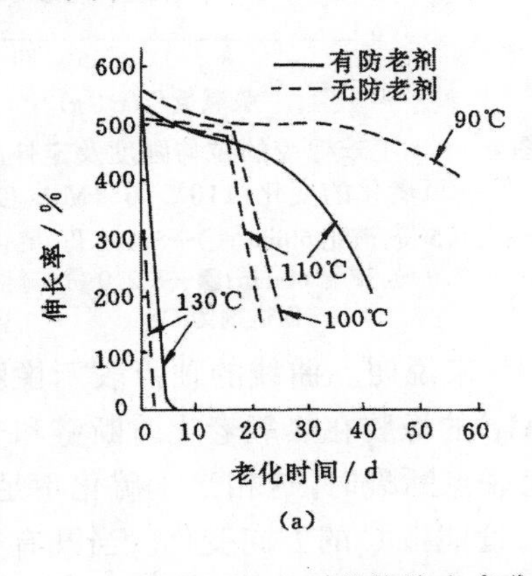

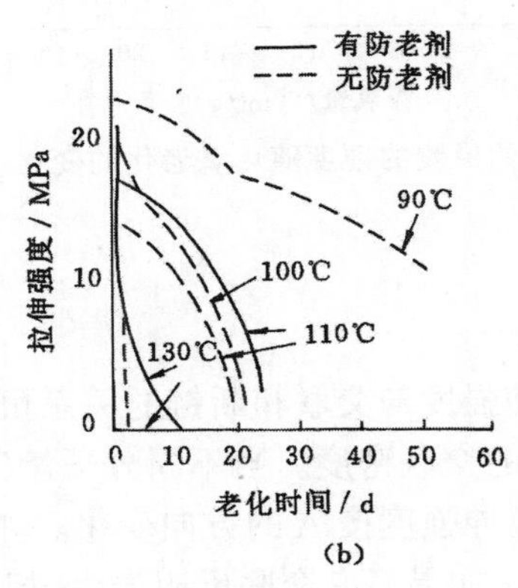

图 4－5　天然橡胶在老化过程中的拉伸强度及伸长率的变化

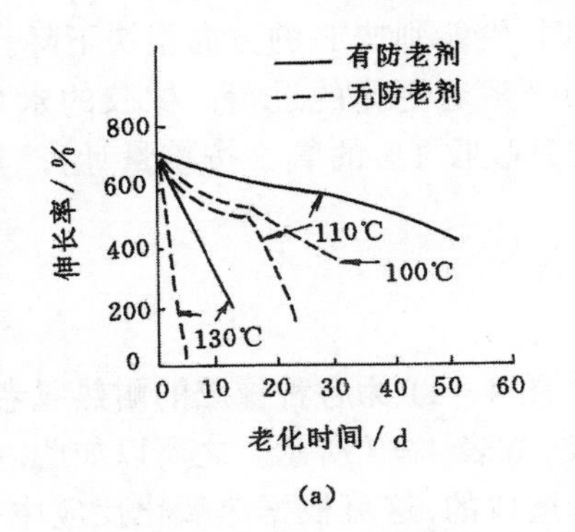

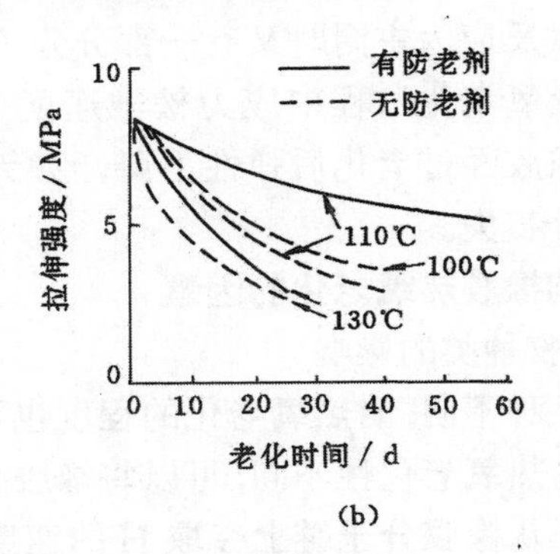

图 4－6　丁苯橡胶在老化过程中的拉伸强度及伸长率的变化

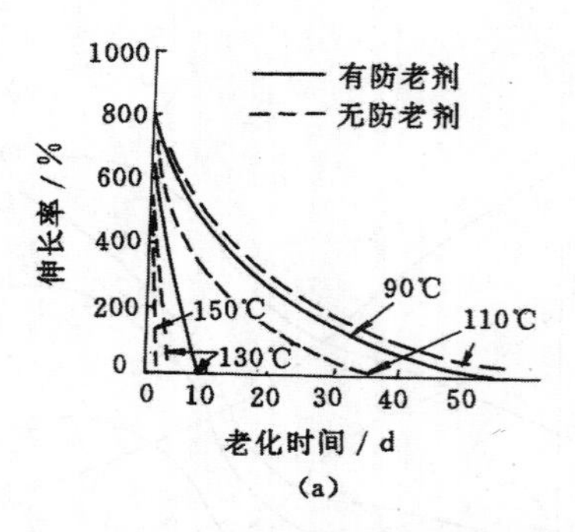

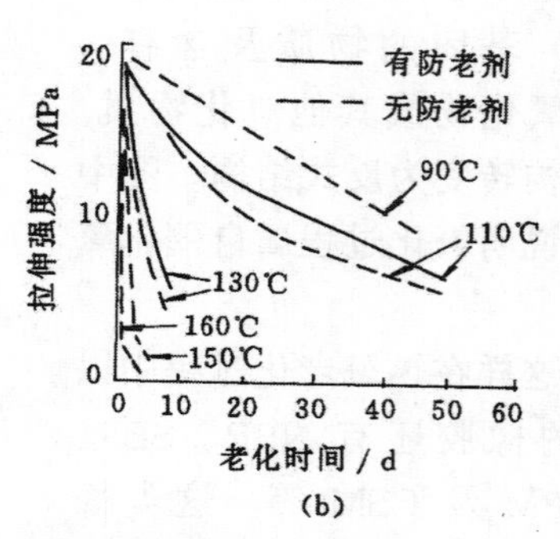

图 4－7　氯丁橡胶在老化过程中的拉伸强度及伸长率的变化

图 4－8 为天然橡胶的硬度随热氧老化的变化。图 4－9 为丁苯橡胶的定伸应力和拉伸强度随热氧老化的变化。可见，天然橡胶热氧老化过程中硬度呈下降的趋势，而丁苯橡胶在热氧老化过程中定伸应力呈上升的趋势。

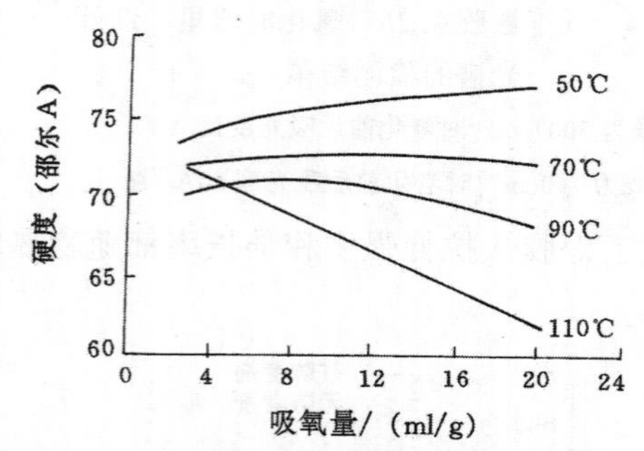

图 4－8　天然橡胶的硬度随热氧老化的变化

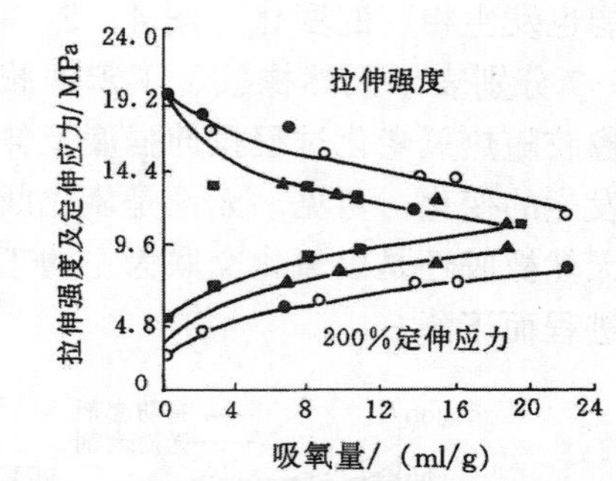

图 4－9　丁苯橡胶的拉伸强度及定伸应力随热氧老化的变化(110℃，0.1MPa O_2)

●—S，1.5 份，硫化 60min；○—S，1.5 份，硫化 90min；
▲—S，2.0 份，硫化 60min；■—S 2.0 份，硫化 90min；
促进剂为 CZ

关于硬度、拉伸强度与交联和断链的关系可用图 4－10 来说明。曲线的顶点表示橡胶获得了具有最大强度的交联密度。当不同分子量(M_1、M_2、M_3)的橡胶在热氧老化时断链和交联处于平衡状态，则拉伸强度按 A 的方向变化。如果只有交联点断裂时，这相当于硫化不足，性能按 B 的方向下降。如果只有交联反应产生，相当于过硫，性能按 C 的方向变化。当既有交联点断裂又有分子链断裂时，相当于硫化不足和分子量下降的双重作用，使性能按 D 的方向很快下降。当以交联反应为主同时又有一部分分子链断裂时，性能则按 E 的方向很快下降。

橡胶在热氧老化过程中应力松驰速度变大，因而随着老化的进行，橡胶的永久变形增大。另外，橡胶经过老化后弹性下降，如天然橡胶只吸收 1% 的氧（按重量计），其弹性体性能即大部分丧失。

三、影响橡胶热氧老化的因素

(一) 橡胶种类的影响

橡胶的品种不同，耐热氧老化的程度也不一样。图 4－11 为各种橡胶的耐热氧老化特性。根据橡胶的耐热氧老化性不同，可以将橡胶分为两类，如表 4－7 所示。之所以如此，主要是因为过氧自由基从橡胶分子链上夺取 H 的速度不同所造成的，这可根据热氧化反应中 ROO· 夺取 H 是速度控制反应来理解。而这种夺取 H 的速度及其后所产生的自由基的稳定性都强烈地依赖于活泼氢的电子性质。活泼氢的电子性质又受分子链中的双键及取代基的影响。

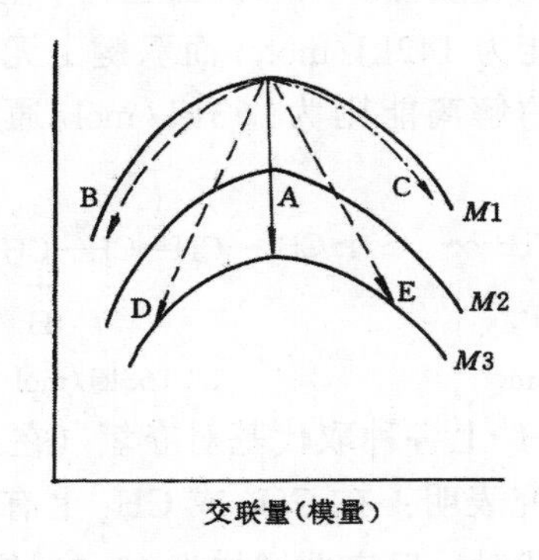

图 4－10　橡胶热氧老化引起性能下降的关系图

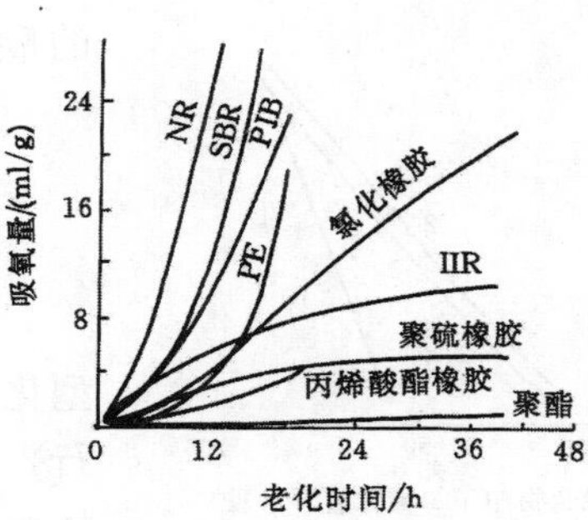

图 4－11　各种橡胶在 130℃ 时的吸氧曲线

表 4－7　各种橡胶的耐热性

(1) 耐热氧老化弹性体	
丙烯酸酯橡胶	聚酯型聚氨酯橡胶
氯磺化聚乙烯	聚醚型聚氨酯橡胶
三元乙丙橡胶	丁基橡胶
氯醇橡胶（二元）	卤化丁基橡胶
硅橡胶	
(2) 不耐热氧老化弹性体	
天然橡胶	顺丁橡胶
异戊橡胶	丁腈橡胶
丁苯橡胶	氯丁橡胶

1．双键的影响　若聚合物主链上含有双键，则双键的 α 碳原子上的 C—H 键的解离能很低，很易被氧化过程中所产生的过氧自由基夺去 H，而且去 H 后的自由基可按下式的共振

$$\sim\sim CH{=}CH{-}\dot{C}H\sim\sim \rightleftharpoons \sim\sim\dot{C}H{-}CH{=}CH\sim\sim$$

方式使自由基稳定。橡胶分子链上一旦形成自由基后，自由基碳原子上的 C—H 键和 C—C 键就可被很低的能量打断，从而易发生氧化老化。一些模型化合物中自由基碳原子上的 C—C 键及 C—H 键的解离能如表 4－8 所示。键解离能降低的原因是由于键断裂形成新的双键时有能量放出。因此，在橡胶分子链中随双键含量的增多耐热氧老化性降低。图 4－12 表明，共聚物的吸氧速度随丁二烯含量的增加而提高，是对这一情况的最好说明。

表 4－8　自由基上的键解离能

自由基上的键	解离能/（kJ/mol）	自由基上的键	解离能/（kJ/mol）
$CH_3CH_2CH_2\dot{C}H + H$	150	$CH_3\dot{C}HCH_2 + CH_3$	113
$CH_3CH_2CH_2\dot{C}H_2 + H$	167	$\dot{C}H_2CH_2 + C_2H_5$	88
$(CH_3)_2CH\,\dot{C}H + H$	146	$\dot{O}CH_2 + H$	92
$(CH_3)_2\dot{C}CH_2 + H$	175	$\dot{O}CH_2 + CH_3$	54
$CH_3CH_2\dot{C}H + CH_3$	100	$\dot{O}C\ (CH_3)_2 + CH_3$	25

2．双键上取代基的影响　当双键C原子上连有烷基等推电子取代基时，双键的α－H的解离能降低，易产生氧化反应。如双键上连有甲基的天然橡胶的α－H的解离能为142kJ/mol，而双键上无取代基的顺丁橡胶的α－H的解离能则为163kJ/mol。通过对模

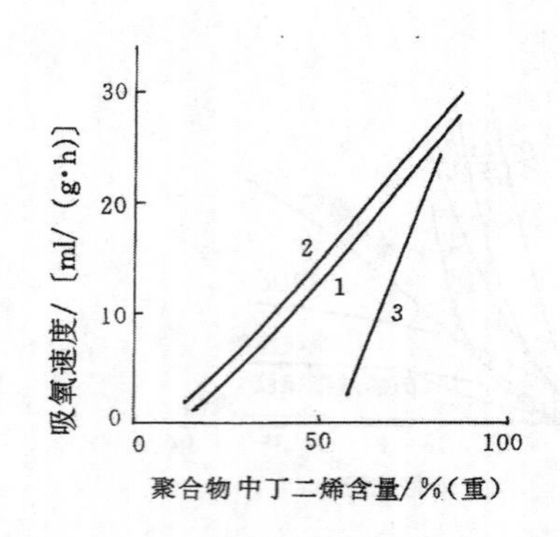

图4－12　丁二烯共聚物对氧的吸收
1—丁二烯苯乙烯共聚物；
2—丁二烯丙烯酸甲酯共聚物；
3—丁二烯丙烯腈共聚物；80℃

$$\sim\sim CH_2-\overset{CH_3}{\overset{|}{C}}=CH-\underset{H}{\underset{+}{CH}}\sim\sim \qquad \sim\sim CH_2-CH=CH-\underset{H}{\underset{+}{CH}}\sim\sim$$

142kJ/mol　　　　163kJ/mol

型化合物$CH_3CH=CH_2$上各种取代基对夺氢（在45℃进行）反应的影响的研究表明：在CH_3或CH_2上有一个或两个氢原子被烷基取代时，反应性增加为$(3.3)^n$倍，n为取代基的总数；CH_3上有一个氢原子被苯基取代时，反应性增加为23倍；CH_3上一个氢原子被链烯—1基取代时，反应性增加为107倍；ROO·夺取环状结构中双键α－H的反应速度常数为1.7，与非环状类似物中相同基团的值相同。如果将上述规律应用到含有如下结构的橡胶中，可推算出这些橡胶的可氧化性之比为

$$-C-\overset{C}{\overset{|}{C}}=C-C-C-\overset{C}{\overset{|}{C}}=C-C-C-\overset{C}{\overset{|}{C}}=C-C- \qquad NR$$

$$-C-C=C-C-C-C=C-C-C-C=C-C- \qquad BR$$

$$-C-C=C-C-\underset{C_6H_5}{\underset{|}{C}}-C-C-C=C-C-C-C=C-C- \qquad SBR$$

$$-\underset{C}{\underset{|}{\overset{C}{\overset{|}{C}}}}-C-\underset{C}{\underset{|}{\overset{C}{\overset{|}{C}}}}-C-\underset{C}{\underset{|}{\overset{C}{\overset{|}{C}}}}-C-C-\overset{C}{\overset{|}{C}}=C-C-\underset{C}{\underset{|}{\overset{C}{\overset{|}{C}}}}-C- \qquad IIR$$

NR∶BR（或SBR）∶IIR＝60∶20∶1。尽管这个比率仅适用于不含杂质、催化剂及防老剂的无定形聚合物，并且仅有半定量的意义，但它能正确地指出，在热氧老化反应中天然橡胶的反应性比顺丁橡胶和丁苯橡胶都大，而丁基橡胶的反应性则很小，即它们的热氧老化顺序为NR＞BR、SBR＞IIR。

双键碳原子上连有吸电子取代基时，由于吸电子基团的作用，使得双键α－H的电子云密度降低，反应活性降低。因此，当双键上连有吸电子取代基时，热氧老化性下降。由第一章可知，在双键碳原子上连有吸电子性Cl原子的氯丁橡胶的耐热氧老化性要优于丁苯橡胶和天然橡胶等二烯类橡胶。

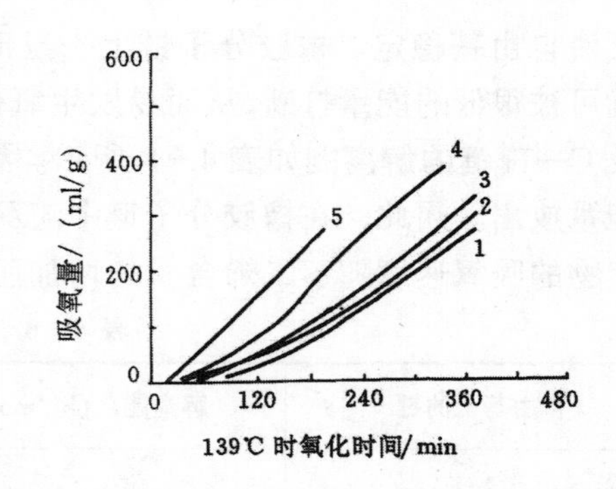

图4－13　乙丙共聚物组成与热氧老化性的关系
1—高密度聚乙烯（1.0 CH_3/1000C）；
2—乙丙共聚物（10.7 CH_3/1000C）；
3—乙丙共聚物（21.0 CH_3/1000C）；
4—乙丙共聚物（35.5 CH_3/1000C）；
5—聚丙烯（333 CH_3/1000C）

3．饱和链段上取代基的影响　饱和碳链上连

有一个烷基取代基时，原来碳原子上的氢则由仲碳原子氢变为叔碳原子氢，使 C—H 键的解离能下降（如下所示），氢原子的反应活性提高，热氧老化活性提高。图 4－13 为乙丙共聚

$$(CH_3)_2—CH \underset{H}{+} \quad 解离能\ 394kJ/mol \qquad (CH_3)_3—C \underset{H}{+} \quad 解离能\ 380kJ/mol$$

物组成与热氧老化性的关系，表明随着丙烯含量的增加，热氧老化活性提高。

在饱和碳链上的同一个碳原子上连有两个烷基取代基时，除掉了叔碳上的活泼氢原子，同时这两个烷基取代基对主链又有着空间位阻保护作用，按理应具有很好的耐热氧老化性能。但是，象聚异丁烯这样的聚合物，在热氧老化过程中一旦有自由基产生，将按下述方式产生断链：

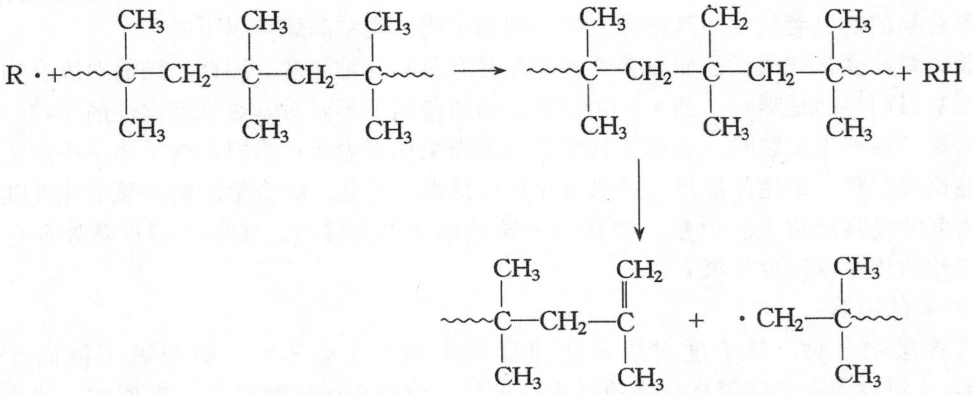

$$R\cdot + \sim\sim C(CH_3)_2—CH_2—C(CH_3)_2—CH_2—C(CH_3)_2\sim\sim \longrightarrow \sim\sim C(CH_3)_2—CH_2—\underset{CH_3}{\overset{\dot{C}H_2}{C}}—CH_2—C(CH_3)_2\sim\sim + RH$$

$$\downarrow$$

$$\sim\sim C(CH_3)_2—CH_2—\underset{CH_3}{\overset{CH_2}{\overset{\|}{C}}} \quad + \quad \cdot CH_2—C(CH_3)_2\sim\sim$$

结果生成了具有较高反应活性的双键 α—H，将导致聚异丁烯在热氧老化过程中的反应性提高，使之比聚乙烯更易热氧老化（图 4－11）。当异丁烯与少量异戊二烯共聚制成丁基橡胶时，自由基就优先与异戊二烯单元反应，如异丙苯氧自由基与异戊二烯单元的反应比与异丁烯单元的反应快 300 倍，从而可降低 IIR 断链的产生。尽管在丁基橡胶中引入少量的反应性较高的双键 α—H 使得在热氧老化初期的反应性比较高，但在氧化后期丁基橡胶的反应性反而比聚异丁烯低（图 4－11）。

当在饱和碳链上连有苯基取代基时，苯基对本身苄基叔碳氢将有活化作用，这是可以想象的。但当苯环沿主链分布比较密集时，却能显示出相当惊人的热氧稳定性，如聚苯乙烯的耐热氧老化性远高于聚乙烯。这可能是由于三种原因造成的。一是由于庞大苯基的空间位阻效应；二是由于碳链上每隔一个碳原子就有一个庞大的苯基，空间的拥挤造成苯环的不利取向，丧失了对自由基的共振稳定作用；三是在氧化过程中生成的苄基过氧化氢通过极化机理分解，形成的少量苯酚对苯乙烯起着一定的保护作用。但对于丁苯橡胶来说，由于苯乙烯含量较少（一般重量含量在 23.5% 左右），且是苯乙烯与丁二烯的无规共聚物，苯基沿主链无规分布，象聚苯乙烯那样的空间位阻效应很小，且苯基有对自由基的共振稳定作用，结果使丁苯橡胶有着与顺丁橡胶类似的热氧老化稳定性。

在饱和链段有腈基取代的丁腈橡胶有如下结构存在。由于腈基的吸电子作用，使得反

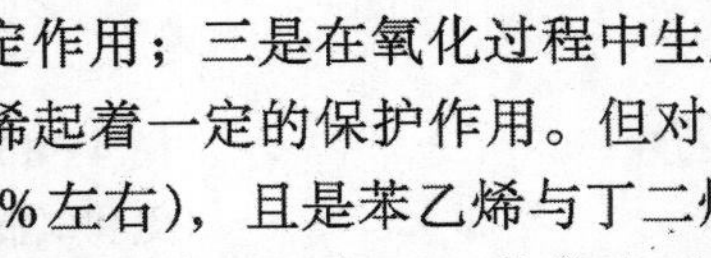

$$\sim\sim\overset{\delta^-}{CH}—\overset{\delta^{++}}{CH_2}—\overset{\delta^-}{CH}=CH\sim\sim$$
$$\downarrow$$
$$C\equiv N$$

应活性较大的双键 α—H 的电子云密度大大降低，难以受到具有亲电作用的过氧自由基的攻

击，反应活性下降，耐热氧老化性提高。因此，丁腈橡胶的耐热氧老化性在二烯类橡胶中要优于NR、IR、BR及SBR，甚至与CR相持平。当然，丁腈橡胶较好的耐热氧老化性还与在热氧老化时能产生防护性物质有关。

4. 橡胶的结晶性影响　除了橡胶的化学结构和组成外，聚集态结构对热氧的老化性也有影响。结晶对橡胶的可氧化性有显著影响。例如，在常温下古塔波橡胶（反式-1,4聚异戊二烯）的氧化反应性比天然橡胶（顺式-1,4聚异戊二烯）低，因为前者在室温下为结晶体，后者为非结晶体。当温度在50℃以上时，两种橡胶的氧化速度相差不大，因在此温度两者基本上都是非结晶体。

当聚合物产生结晶时，分子链在晶区内产生有序排列，使其活动性降低，聚合物的密度增大，氧在聚合物中的渗透性降低。因此，聚合物结晶区域的氧化反应多受氧扩散的控制。所以，聚合物的热氧老化性随其结晶度的不同而不同（在结晶熔点以下）。

橡胶的结晶度往往很低，而很多塑料往往具有很高的结晶度。因此，结晶对聚合物热氧老化性影响最明显的是塑料。图4-14为聚乙烯的结晶度不同对其热氧老化性的影响。由图可见，当聚乙烯产生交联时，破坏了其结晶，易产生热氧老化；当聚乙烯从溶液中产生结晶时，结晶比较完整，结晶度最高，热氧老化反应最慢。因此，聚合物的耐热氧老化性随着结晶度及密度的提高而增大。但是，聚合物的结晶都是不完善的，在分子链折叠处及自由链端，同样按前述规律发生热氧老化。

（二）氧的影响

对纯碳氢化合物，氧浓度对热氧化速度的影响可忽略不计，除非氧压很低（低于13.3kPa）或温度较高且碳氢化合物的反应性极强。前面在讨论热氧老化机理时，就是在假定氧压高于13.3kPa下进行的。但是，在含有防老剂的情况下，被抑制的热氧化速度易受氧浓度的影响。图4-15为含有炭黑和以2，2，4-三甲基-6-苯基-1，2-二氢化喹啉作

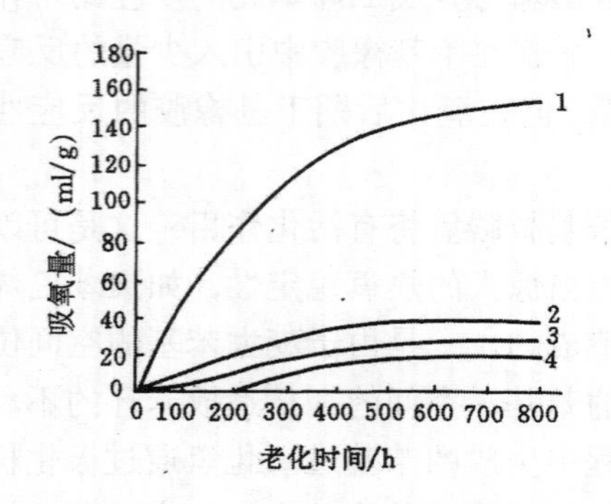

图4-14　不同成型条件的聚乙烯在100℃的吸氧曲线

1—交联；2—挤出成型；3—退火；4—由溶液中结晶

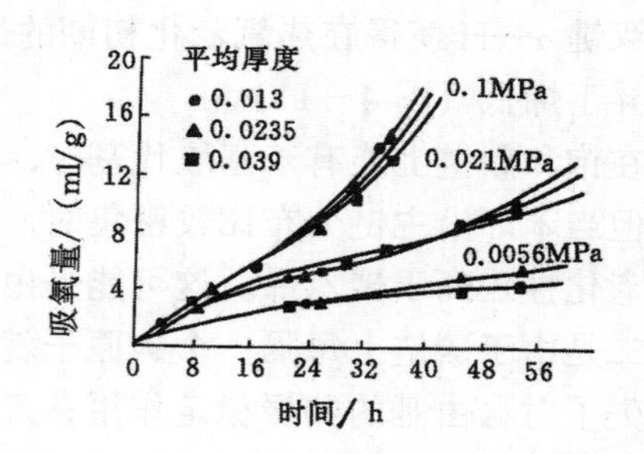

图4-15　在100℃和不同氧分压（氮和氧混合气体，总压为0.1MPa）下含抗氧剂的炭黑天然橡胶的氧吸收情况

防老剂的天然硫化胶，在氧和氮的混合气体中（总压为101.3kPa）热氧化时氧吸收与氧分压的关系。由图4-15可见，热氧老化随氧分压的增大而增大，恒速阶段的吸氧速度与氧分压的平方根成正比。这是由于氧直接攻击防老剂而导致链引发所引起的。热氧化反应速度与氧的浓度的关系可用下式表示：

$$R_a = \alpha\{1 + (1 + \beta p)^{1/2}\} + rp$$

式中　R_a——氧化速度；

p——氧的分压；

α、β、r——反应速度常数、防老剂浓度及橡胶分子浓度的函数。

上式还可用下式更近似地表示：

$$R_a = Kp^{\frac{1}{2}} \quad \text{（强抑制体系）}$$

$$R_a = K(p + a)^{\frac{1}{2}} \quad \text{（弱抑制体系）}$$

式中，a 为常数。

（三）试样厚度的影响

在热氧老化反应时所需要的氧是通过扩散从外部向内部提供的。因此，如果扩散速度很慢，不能向内部提供足够的氧，则使氧化反应速度下降。当试样很厚时，扩散到内部的氧很少，从而使内部的氧化速度比外部的慢。所以，一定有一个临界厚度存在，在这个厚度内氧能很快地扩散，对氧化反应速度不产生影响，如果超过这个厚度，氧化速度将受扩散控制。通常有机物的氧化反应的活化能大致为83～146kJ/mol，氧扩散的活化能大致为42kJ/mol，因此试样厚度的影响随着温度的升高而增大。非扩散控制氧化反应的临界厚度随着温度的升高而变小，且热氧老化性越高，临界厚度变得越小。表4-9为几种橡胶在不同温度下非扩散控制氧化反应的临界厚度。

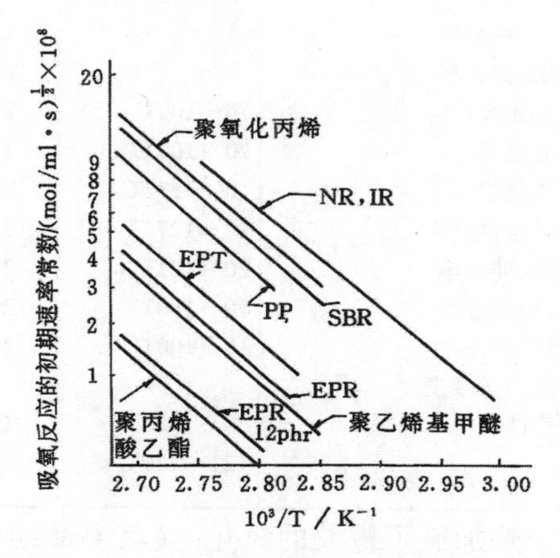

图4-16　各种聚合物在吸氧反应初期的反应速度常数与温度的关系

（四）温度的影响

在热氧老化过程中，温度起着加速橡胶氧化的作用，而且有时影响着反应机理。从图4-16

表4-9　非扩散控制氧化的试样临界厚度

试　样	温度/℃	非扩散氧化临界厚度/cm	试样	温度/℃	非扩散氧化临界厚度/cm
含炭黑SBR	110	0.191	NR	60	0.191
	120	0.102		80	0.102
	130	0.102		100	0.051
	150	0.051	含炭黑BR	90	0.102
SBR	110	0.191		100	0.102
	120	0.191		130	0.038
	130	0.051			
含炭黑和防老剂的NR	80	0.191	BR	90	0.102
	100	0.191		100	0.051
	110	0.102		130	0.025
含炭黑不含防老剂的NR	60	0.191	含炭黑CR	90	0.102
	80	0.102		100	0.102
	90	0.102		110	0.051
	100	0.102	CR	90	0.114
				100	0.114
				110	0.064

可见，各种聚合物在氧化初期的反应速度常数均随着温度的提高而增大，服从通常的 Arrhenius 公式。因此，为了表示热氧老化与温度的关系可以采用活化能，但在实际应用中常用老化温度系数来表示。表 4－10 是几种橡胶的老化温度系数。所谓老化温度系数是指在相差 10℃ 老化时，性能降到相同指标所需时间之比。

表 4－10　几种橡胶在空气恒温箱老化时的温度系数

测定性能	温度范围	温度系数	橡胶种类	报道者
拉伸强度、伸长率	室温～70℃	约 3.21	NR	Geer 和 Evans
应力应变曲线	室温～70℃	2.6～3.3	NR	Kral
应力应变曲线	室温～70℃	2.88～3.02	NR	Follansbee
拉伸强度、伸长率	室温～70℃	2.54～4.04	NR	TenerSmith, Holt
拉伸强度、伸长率	室温～70℃	2.27	NR	Nellen 和 Sellar
应力应变曲线	70～100℃	2.65～2.73	NR	Vanderbilt Handbook
应力应变曲线	70～100℃	2.6	NR	同上
应力应变曲线	100～132℃	2.0	SBR	Harrison 和 Cole
伸长率及拉伸应力	90～127℃	2.0	SBR	Tuve 和 Garvey
拉伸强度、伸长率	70～121℃	2.2	SBR	Massie 和 Warner
伸长率、拉伸应力	70～100℃	2.1	SBR	Sturgis, Baum 等
拉伸强度、伸长率、拉伸应力及硬度	15～100℃	2.25	SBR	Scott
应力应变曲线	80～100℃	1.97～2.09	SBR	Shelton 和 Winn
伸长率	121～149℃	2.0	NBR	Mccarth 等

由于热加速了橡胶的氧化，使其寿命缩短。因此，建立在含氧气氛下的橡胶寿命与温度的关系，对实际应用中的橡胶制品设计是非常重要的。根据热氧化的反应速度理论，可导出性能、时间及温度之间的关系式如下：

$$\ln t = \ln\left(\frac{1}{A}\ln\frac{p_0}{P}\right) + \frac{E}{RT} \tag{a}$$

式中　t——时间；

A——常数；

T——热力学温度，K；

E——活化能；

R——气体常数；

p_0——$t=0$ 时的物性，如拉伸强度，伸长率等物性；

P——t 时的物性。

因此，如果假定 P 达到某一定值所要的时间 t_e 为寿命，则有

$$\ln(t_e) = A' + (E/RT) \tag{b}$$

式中，A′为常数。由此式可求得温度相差 10℃ 时的老化寿命之比 t_{e1}/t_{e2}，即温度系数的关系式为

$$\ln\frac{t_{e_1}}{t_{e_2}} = \frac{E}{R}\left(\frac{1}{T} - \frac{1}{T+10}\right) \tag{c}$$

假定各种橡胶在热氧老化过程中拉伸强度下降到 4MPa 以下，或者伸长率下降到 40％ 以下所需要的时间为该橡胶在此温度下的寿命。通过对几种橡胶在不同温度下的寿命进行测定，得到如图 4－17 那样的温度与寿命的关系。可见实验结果与 b 式所预示的一致。把实验

结果代入 b 式中计算,就可得到如表 4-11 所示的实验式。利用这些实验式就可计算在满足假定条件下各温度相应的寿命。从各实验式计算出各种聚合物热氧老化的表观活化能如表 4-12 所示。由表可见,各种橡胶的活化能大致在 95kJ/mol 左右,说明在实验温度范围内,各种橡胶热氧老化的温度依赖性因橡胶品种的不同,变化不太大。

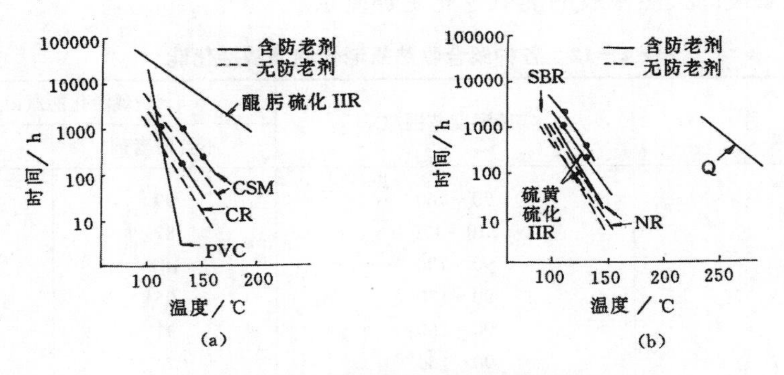

图 4-17 各种材料的温度与寿命的关系

(到拉伸强度为 4MPa 或伸长率为 40%时所需要的温度与时间)

表 4-11 各种聚合物的寿命与温度的关系②

材料名称	实验式①	实验温度范围/℃
CR	$\log t=-12.57+\frac{0.598\times10^4}{T+273}$	90~160
CSM	$\log t=-8.42+\frac{0.459\times10^4}{T+273}$	110~170
NR	$\log t=-12.17+\frac{0.570\times10^4}{T+273}$	90~130
SBR	$\log t=-11.45+\frac{0.566\times10^4}{T+273}$	90~130
硫黄硫化 IIR	$\log t=-11.35+\frac{0.550\times10^4}{T+273}$	90~130
醌肟硫化 IIR	$\log t=-6.74+\frac{0.380\times10^4}{T+273}$	90~160
PVC	$\log t=-19.30+\frac{0.840\times10^4}{T+273}$	90~130

① t —时间,h; T —温度,℃。

②假定拉伸强度为 4MPa,伸长率为 40%作为最终性能。

虽然确定某一制品当性能下降到什么程度时就失去使用价值是很困难的,但在假定某一性能值为橡胶的最终性能的前提下弄清温度与寿命的关系,对橡胶制品的设计无疑具有很大的参考价值。

最后需要说明一点的是,温度不仅影响橡胶的氧化速度,而且还可能影响橡胶的氧化反应机理。图 4-18 和 4-19 分别为在不同温度下含炭黑天然橡胶的吸氧量与拉伸强度的关系及吸氧量与200%定伸应力的关系。由图可见，在各温度下随着吸氧量的增多，拉伸强度下降，而且在相同吸氧量时温度高，其下降得更大。但200%定伸应力随着温度的不同表现出不同的现象。当温度高于90℃时，定伸应力随吸氧量的增加而下降，且温度越高下降得越大，而当试验温度在50～70℃时，定伸应力随吸氧量的增加而增大，温度越低增大得越快。这些现象说明，含炭黑及交联键的天然橡胶的热氧老化更加复杂。

表4-12 各种聚合物热氧老化的表观活化能

材料名称	实验温度范围/℃	表观活化能/(kJ/mol)	
		不含防老剂	含有防老剂
CR	90～160	99	114
CSM	110～170	87	87
NR	90～130	107	109
SBR	90～130	95	108
硫黄硫化 IIR	90～160	91	105
醌肟硫化 IIR	90～160	73	—
PVC	90～130	161	

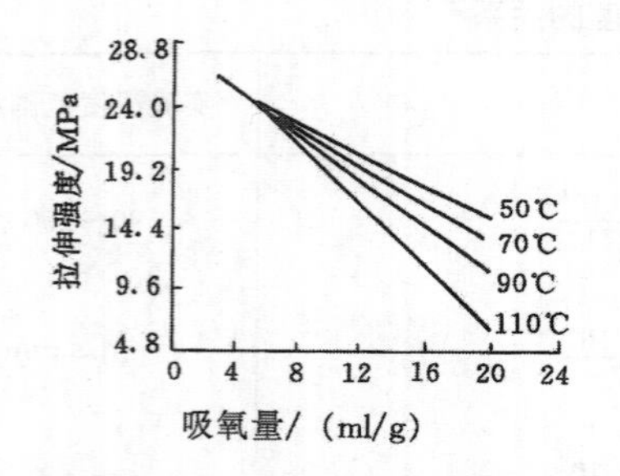

图4-18 不同温度下含炭黑天然橡胶的吸氧量与拉伸强度的关系

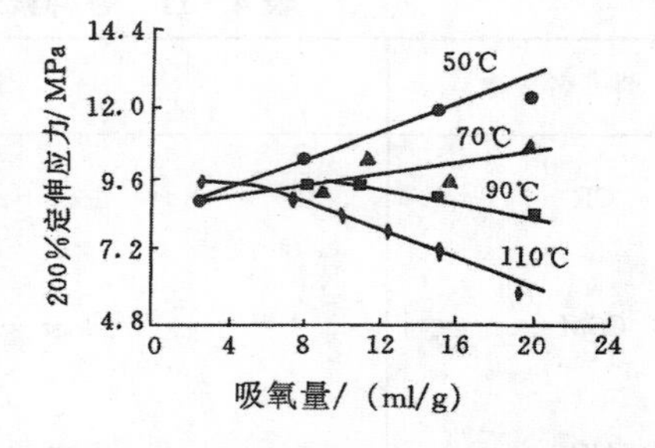

图4-19 不同温度下含炭黑天然橡胶的吸氧量与200%定伸应力的关系

(五)硫化的影响

前面论述的影响因素及老化机理，都是在不考虑硫化的情况下进行的。但是除热塑性弹性体外，所有的橡胶基本上都要经过硫化后才具有实用价值。由图2-29可见，橡胶经过硫化后要产生不同的交联结构及网外物质，这将对橡胶的热氧老化产生很大的影响。但是关于硫化对热氧老化的影响研究得还很不充分，在不少问题上还存在着分歧。

1. 交联键键能理论　这个理论认为，交联键的键能越大，硫化胶的耐热氧老化性越好。这一观点提出得很早，的确对很多技术人员造成了很深的影响，并具有一定的指导意义。例如，由图4-20可见，不同硫化体系硫化胶的耐热氧老化顺序为硫黄硫化＜硫黄/促进剂硫化＜TMTD无硫硫化、低硫/高促硫化(EV硫化)＜过氧化物硫化。在硫化过程中所产生的交联键的解离能如表4-13所示。图4-21和表4-14表示丁基橡胶的硫化体系与老化性的关系。由图可见，交联键断裂的倾向性为硫黄硫化＞醌肟硫化＞树脂硫化。由表4-14可见，树脂硫化的耐热氧老化性比醌硫化的高30～40℃，比硫黄硫化的更高。用硫黄硫化IIR是不能充分发挥它原有的耐热氧老化性的，只有采用能产生具有较高键能的树脂等硫化才行。

表 4-13　各种交联键的解离能

交联键	硫化体系	解离能 /(kJ/mol)
—C—S_Z—C—	S+促 CZ	115
—C—S—S—C—	促 TT	115
—C—S—C—		227
C—C—		260

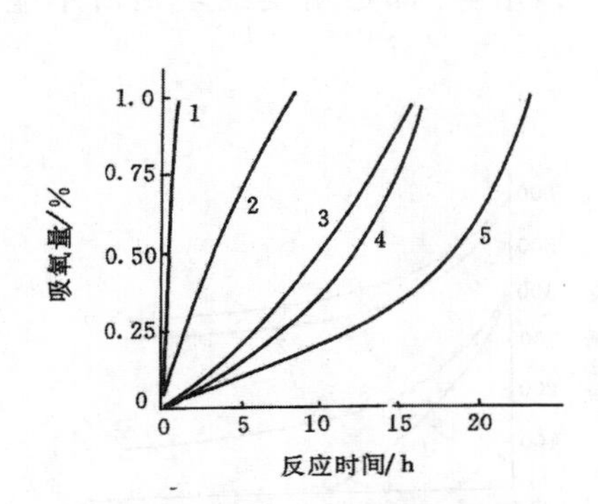

图 4-20　不同硫化体系硫化的天然橡胶在 100℃、0.1MPa 氧压下测定的吸氧曲线（硫化后抽提）

1—纯硫黄硫化（S　10）；2—硫黄/促进剂硫化（S/CZ，2.5/0.6）；3—无硫硫化（TMTD，4.0）；4—EV 硫化（S/CZ，0.4/6.0）；5—过氧化物硫化（DCP　2.0）

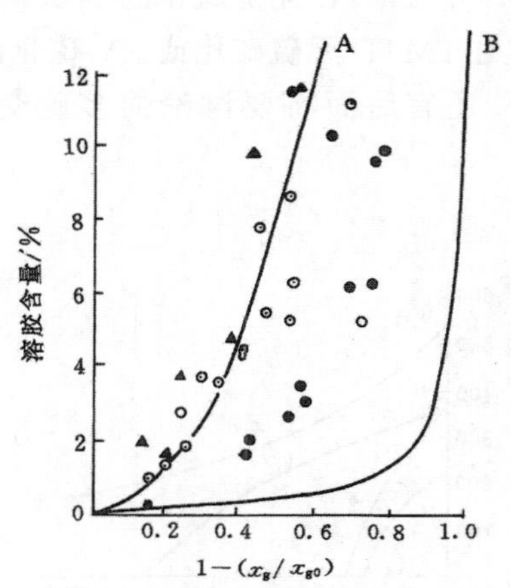

图 4-21　硫化丁基橡胶的老化

●—硫黄硫化；⊙—醌肟硫化；▲—树脂硫化

A—主链断裂理论曲线；

B—交联点断裂理论曲线；

x_g/x_{g0}为老化后的凝胶量与老化前的比值

表 4-14　硫化 IIR 的老化速度及其活化能

聚合物不饱和度的摩尔百分数	硫化体系	老化速度① 149℃	老化速度① 177℃	老化速度① 204℃	活化能/(kJ/mol)
0.8	硫黄	11.25	—		
	醌肟	0.420	0.64	—	77
	树脂	—	0.00789	0.0483	116
1.4	硫黄	4.75	34.1	—	112
	醌肟	0.345	0.907	—	55
	树脂	—	0.00637	0.429	122
2.2	硫黄	1.52	12.0	—	117
	醌肟	0.183	0.468	—	53
	树脂	—	0.00563	0.0322	103
2.8	硫黄	0.92	9.30	—	131
	醌肟	0.100	0.278	—	58
	树脂	—	0.00658	0.0405	116

①硫黄及醌肟硫化的老化速度的单位为 L/(mol·h)，树脂硫化的单位为 h^{-1}。

2. 交联键能的反对论　硫化胶的热氧老化主要受老化过程中橡胶分子链的断裂，交联键的断裂和重新交联这四个反应的影响。在分子链断裂机理方面，是橡胶分子链优先断裂还是交联键优先断裂存在着争论性的情况还很多。因此，仅考虑交联键键能的大小来说明热氧老化性似乎还有些不足，尤其是对于下列问题，用键能理论似乎难以解释。

（1）SBR 等二烯类橡胶在热氧老化过程中主要以分子之间的交联反应为主，并产生具有很高键能的 C—C 键。按照键能理论，应该随着这样的交联键的增多，耐老化性提高，结果反而降低。

（2）用过氧化物或 γ －射线硫化的不加防老剂的橡胶，主要以 C—C 交联。按键能理论应具有很好的耐热氧老化性，结果反而很差。例如，由图 4－22 可见，不加防老剂，用过氧化物或放射线硫化的 SBR，并不具有很好的耐老化性，而防老剂的加入对耐老化性影响很大。但是，用 TMTD 无硫硫化的 SBR 的耐老化性受防老剂的影响却很小（图 4－23）。

（3）用 TMTD 无硫硫化或 EV 硫化的橡胶，经过溶剂抽提后耐热氧老化性变得很差。

此外，还有后面将要讨论的多硫交联键具有防护作用等，都是用键能理论所不能说明的。

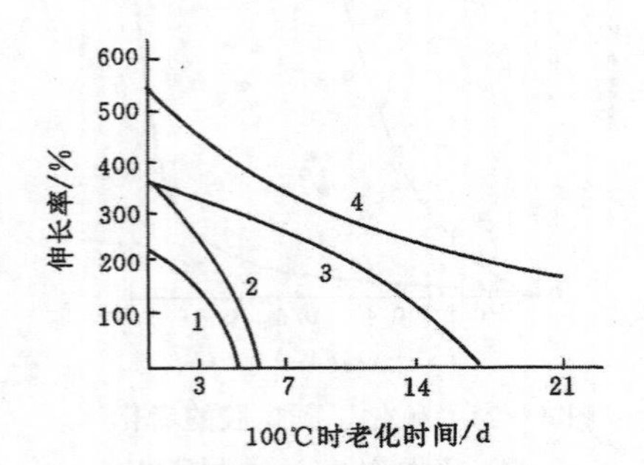

图 4－22　过氧化物及射线硫化的 SBR 的热氧老化性

1—过氧化物硫化（无防老剂）；
2—射线硫化（无防老剂）；
3—过氧化物硫化（含防老剂）；
4—射线硫化（含防老剂）

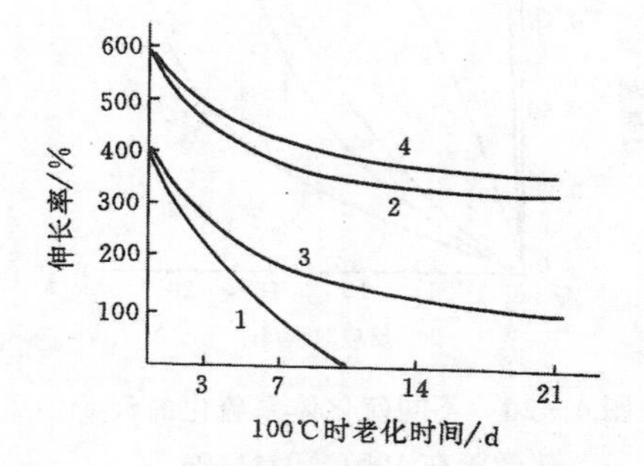

图 4－23　硫黄/促进剂及秋兰姆无硫硫化 SBR 的热老化性

1—硫黄/促进剂硫化（无防老剂）；
2—秋兰姆无硫硫化（无防老剂）；
3—硫黄/促进剂硫化（含防老剂）；
4—秋兰姆无硫硫化（含防老剂）

第四节　橡胶热氧化老化的防护

前已述及，橡胶的热氧化是一种自由基链式自催化氧化反应。因此，凡是能终止自由基链式反应或者防止引发自由基产生的物质，都能抑制或延缓橡胶氧化反应。能够抑制或延缓橡胶热氧老化的防老剂（也称为抗氧剂），根据作用方式不同可分为两大类。第一大类也是最明显的一类，是通过截取链增长自由基 R· 或 ROO· 终断链式反应，来抑制或延缓氧化反应，具有这种作用的物质称为链断裂型防老剂，也称为链终止型防老剂或自由基终止型防老剂，有时还称主防老剂。第二大类是指能够以某种方式延缓自由基引发过程的化合物，这种物质不参入自由基的链式循环过程，只是防止自由基的引发，因而称之为预防型防老剂。预防型防老剂包括三类，即光吸收剂、金属离子钝化剂和氢过氧化物分解剂。光吸收剂和金属离子钝化剂将在后面有关章节论述，本节主要讨论链终止型防老剂和氢过氧化物分解型防老剂的防护机理，以及防老剂的结构与防护效能的关系。

一、链断裂型防老剂的作用机理

链断裂型防老剂可与氧化过程中所产生的 R· 或 RO_2· 两种自由基中的任一种起反应，但多数这类防老剂易与过氧自由基 RO_2· 反应。这类防老剂与链增长自由基可以加成或偶合、电子转移及氢转移等方式反应。因此，链断裂型防老剂根据其作用方式还可分为三类：自由基捕捉体、电子给予体和氢给予体型。

（一）自由基捕捉体

凡是能与自由基反应，形成的产物不再引发氧化反应的物质都可称为自由基捕捉体。一般这类物质的分子结构与自由基聚合中的阻聚剂相同。具有这种作用的物质有醌类化合物、硝基化合物和稳定的氮氧或苯氧自由基。

例如，当氧化过程中产生的大分子烷基自由基遇到醌类化合物时，可产生如下的反应：

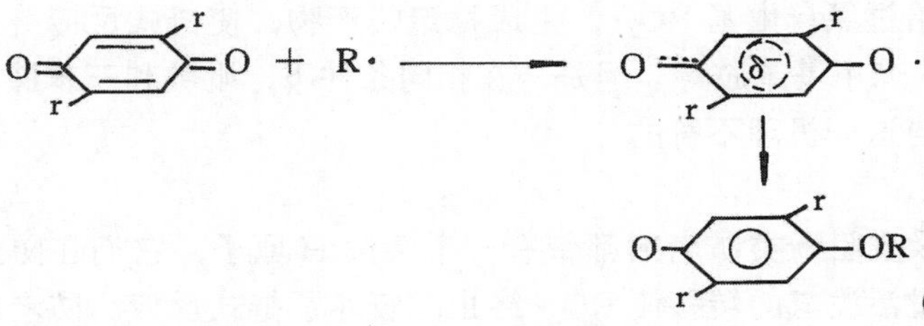

$$O{=}C_6H_2r_2{=}O + R\cdot \longrightarrow O{\cdots}(C_6H_2r_2)^{\delta-}{-}O\cdots R^{\delta+} \longrightarrow O{-}C_6H_2r_2{-}OR \quad ①$$

反应后所产生的自由基①比较稳定，它可进行二聚、歧化或与第二个 R·反应生成稳定产物。醌上的取代基 γ 的吸电子性及离域性都能提高对烷基自由基的亲合力，提高醌的防护效能。在橡胶加工过程中，醌类及硝基化合物是烷基自由基的有效捕捉体。但是，由于在大量氧存在下这类物质同烷基自由基的反应能力比氧同烷基自由基的反应能力低，因而防护效能很低，实用价值不大。

稳定的二烷基氮氧自由基，如二叔丁基氮氧自由基②和 2,2,6,6－四甲基－4－哌啶酮氮

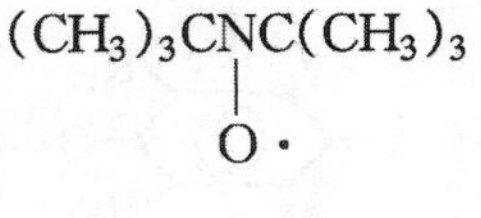

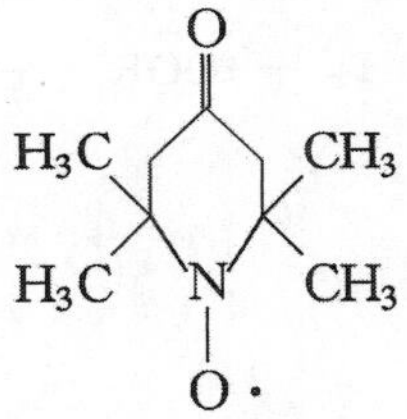

$(CH_3)_3CN(O\cdot)C(CH_3)_3$ ②

2,2,6,6-四甲基-4-哌啶酮-1-氧自由基（环上C=O；两个 H_3C、两个 CH_3；N—O·）③

氧自由基③，能与自由基 R·迅速反应生成稳定的产物。其反应过程为：

$$R'_2NO\cdot + R\cdot \longrightarrow R'_2NOR$$

二烷基氮氧自由基与醌类及硝基化合物一样，它们也将与氧竞争同 R·的反应。研究结果表明，二烷基氮氧自由基只与 R·反应，不与 $RO_2\cdot$反应。

二芳基氮氧自由基比二烷基氮氧自由基稳定，是一种稍好的防老剂，如4,4′－二甲氧基二苯基氮氧自由基④既能与 R·反应，也能与 $RO_2\cdot$反应，不过后一反应非常慢。这类物质的防护效能也不及常用的链断裂型防老剂。

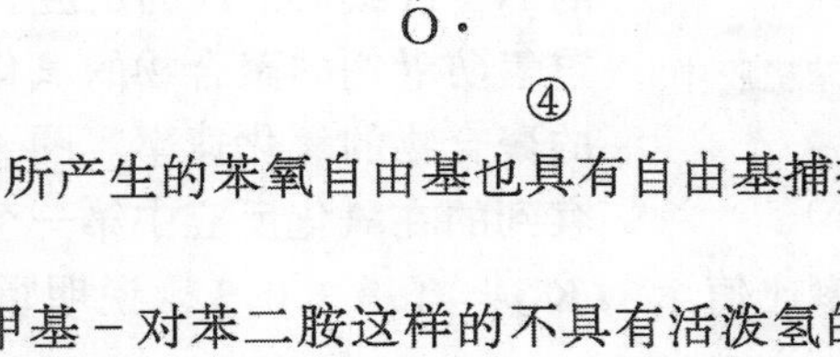

$CH_3O{-}C_6H_4{-}N(O\cdot){-}C_6H_4{-}OCH_3$ ④

常用的酚类防老剂，脱氢后所产生的苯氧自由基也具有自由基捕捉体的功能。

（二）电子给予体

象 N,N,N',N' －四甲基－对苯二胺这样的不具有活泼氢的物质，也是一种有效的防

老剂。这种物质的防护作用据认为是按如下的电子转移机理进行的：

$$ROO\cdot + \left(R'_2N-\text{C}_6\text{H}_4-NR'_2\right) \rightleftharpoons ROO^- \left[R'_2\overset{+}{N}-\text{C}_6\text{H}_4-NR'_2\right]$$

即叔胺上的电子转移给过氧自由基 $RO_2\cdot$，生成稳定的产物，使链式反应终止。具有防护功能的叔胺还有 N,N －二甲基苯胺等。但是，在相同条件下，吡啶和三苯胺之类的化合物不能抑制氧化反应，是与这一机理不符的。

（三）氢给予体

通常使用的胺类及受阻酚类防老剂都带有一个活泼 H 原子，它们在防止橡胶或其他聚合物氧化过程中是通过活泼氢的转移使 $RO_2\cdot$ 终止，破坏了链式反应。防老剂脱氢后所产生的防老剂自由基，还可以不同的方式参入氧化反应。

1. InH 终止 $RO_2\cdot$ 的氢转移过程　这里 InH 表示胺类或受阻酚类链断裂型防老剂。这类防老剂在抑制氧化反应过程中，按下列方式通过氢转移终止浓度最高的自由基 $RO_2\cdot$。

$$RO_2\cdot + InH \longrightarrow ROOH + In\cdot \qquad (4-24)$$

例如，受阻酚类的反应过程为：

$$X-\text{C}_6\text{H}_2(R_1)(R_2)-OH + \cdot OOR \longrightarrow X-\text{C}_6\text{H}_2(R_1)(R_2)^{\delta^-}-O\cdots H\cdots \overset{\delta^+}{OOR} \longrightarrow X-\text{C}_6\text{H}_2(R_1)(R_2)-O\cdot + HOOR$$

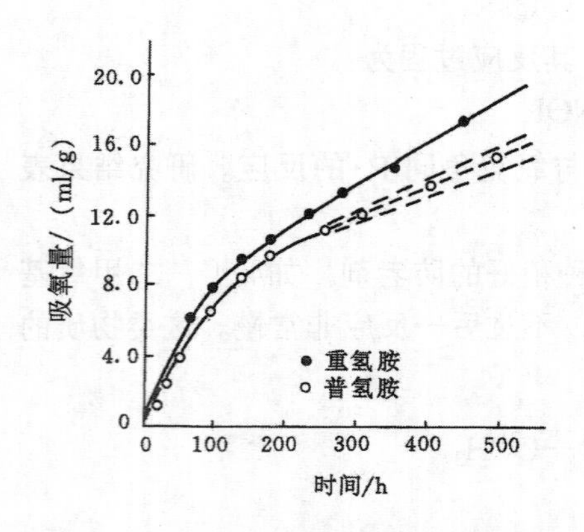

图 4－24　3 份防老剂 D 在丁苯橡胶中的动力学同位素效应

（90℃，氧压为 0.1MPa）

通过对反应速度常数的测定发现，式（4－24）的反应远远快于在自催化氧化过程中控制氧化反应速度的 $RO_2\cdot$ 从橡胶大分子上夺取氢的反应。

上述反应是 InH 在抑制氧化反应过程中的一个关键过程，其机理与大多数动力学研究结果及所观察到的防老剂反应产物是一致的。如果这一机理是正确的，那么用重氢取代防老剂中的活泼氢就应当产生动力学同位素效应。因为重氢化防老剂的 N－D 或 O－D 官能团与 $RO_2\cdot$ 的链终止反应速率低于普通防老剂的 N－H 或 O－H 的反应。因此，在同样用量下，含重氢防老剂的聚合物的氧化速度会大于含普通防老剂的聚合物的氧化速率。图 4－24 所示结果是人们所观察到的在氧化反应中第一个有意义的动力学重氢同位素效应。曲线恒速部分的速率比值 $K_D/K_H = 1.8 \pm 0.3$，说明重氢化使氧化速率加快。这证明了氢转移机理的正确性。

按照反应式（4－24），1摩尔的防老剂 InH 可以终止一个摩尔的反应链，但所产生的防老剂自由基 In·还可与 RO_2·反应终止另一个链。防老剂与 RO_2·反应终止链的数量即为防老剂的化学计量系数 f。对于只有一个官能团的防老剂，在很多情况下 f 约为2。但是，即使同一防老剂，由于它的副反应特性及程度的不同，f 也不同。

2.InH的氧化反应　InH 在橡胶氧化过程中不仅有终止自由基链的作用，而且还按下式反应：

$$InH + O_2 \longrightarrow HO_2 \cdot + In \cdot \qquad (4-25)$$

产生一个不希望的氧化引发过程。所产生的 HO_2·活性较高，可以从大分子上夺取氢产生大分子自由基。

这一反应是抑制氧化反应早期阶段的主要引发来源。尤其是在较高的温度下、或者防老剂 InH 浓度较高或防老剂 InH 具有很高的反应活性时，这一反应容易发生。

在讨论氧对氧化反应的影响时曾提到被抑制自动氧化反应的速率依赖于氧的浓度(图4－15)。这清楚地表明，链的引发是始于氧对聚合物的直接进攻或对添加的防老剂的直接进攻。氧对聚合物的直接进攻方式有两种，即加成到其反应性双键上或夺取其反应性氢原子，而这些反应的速率都不及胺类及酚类防老剂的氧化速率快。因此，在防老剂存在下，引发反应主要来源于氧对防老剂 InH 的直接进攻或氧化。

防老剂的氧化引发反应也可用重氢取代的动力学同位素效应来证明。但是，由于引发过程中 O_2 从普通防老剂的 N－H 或 O－H 上夺取氢的速率大于从相应的重氢化防老剂的 N－O 或 O－D 上夺取重氢原子的速率（InH 的氧化速度快，InD 的氧化速度慢)，而在链终止反应中，RO_2·夺取普通氢原子的速率快于重氢原子（含有 InH 的氧化速率慢，而含有 InD 的氧化速率快)，所以这两个竞争过程在吸氧速率上所表现出的同位素效应是相反的。因此，所测得的速率比值 K_D/K_H 是重氢取代对两种过程影响的净效应。当防老剂用量很大超过其最适用量时，它参入引发的作用增加，但参入终止的作用无相应增加，由 K_D/K_H 测出的同位素效应就减小。例如，在丁苯橡胶中防老剂 D 的浓度增加到 5 份（大大超出在该聚合物中的最适宜浓度）时，其防护效应被引发（或助氧化）效应所抵消，只能看到很小的净同位素效应（图4－25)。图中，曲线的恒速部分计算出的 $K_D/K_H = 0.86 \pm 0.5$，表明这是一个反向的同位素效应，即当使用未重氢化的普通防老剂抑制氧化时，聚合物的氧化速率稍快。比较图4－25与图4－24可知，当防老剂用量过多时，氧化引发（或助氧化）反应增加。当防老剂含量一定时，随着氧化温度的升高，防老剂参入引发反应的作用相对提高。这与 O_2 夺取防老剂氢原子的活化能大于反应性较大的 RO_2·从防老剂上夺取氢原子的活化能是一致的。这种温度效应通过比较图4－26和图4－27可以清楚地看出。这两个图分别为含3份普通二苯胺和重氢化二苯胺的丁苯橡胶在80℃和90℃的氧化速率。温度较低时两种竞争效应相互

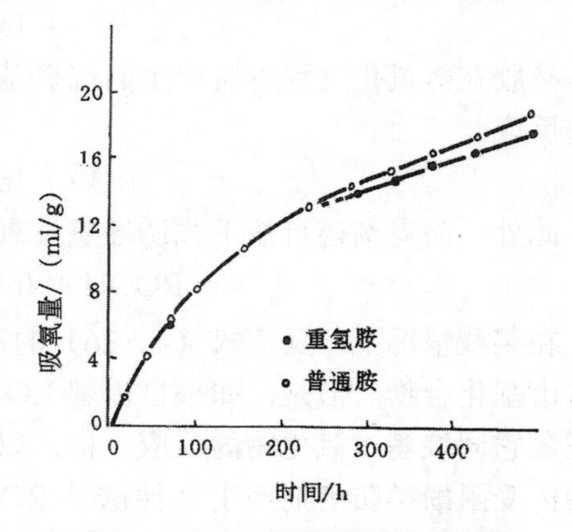

图4－25　含5份普通的和重氢化的防老剂D的丁苯橡胶吸氧速度比较（90℃，氧压为0.1MPa)

抵消，因此在图4－26中看不出重氢化取代对氧化的净同位素效应。温度较高时，有显著的同位素效应但方向相反，$K_D/K_H = 0.78 \pm 0.06$，这与在这种条件下二苯胺的氧化引发（助氧化）效应占优势的情况相一致。

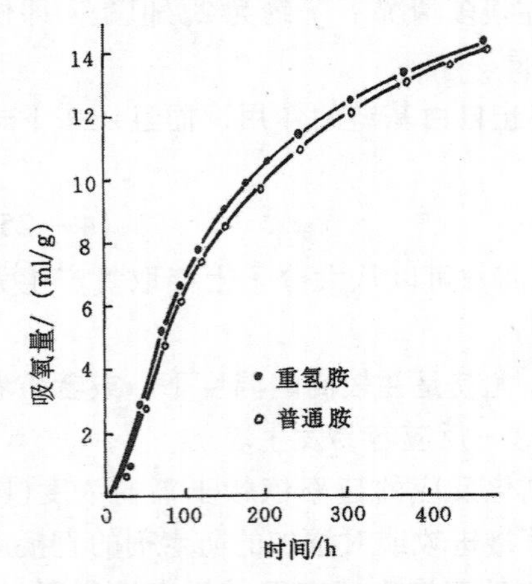

图4－26　含3份普通和重氢化二苯胺的丁苯橡胶氧化速率（80℃，氧压为0.1MPa）

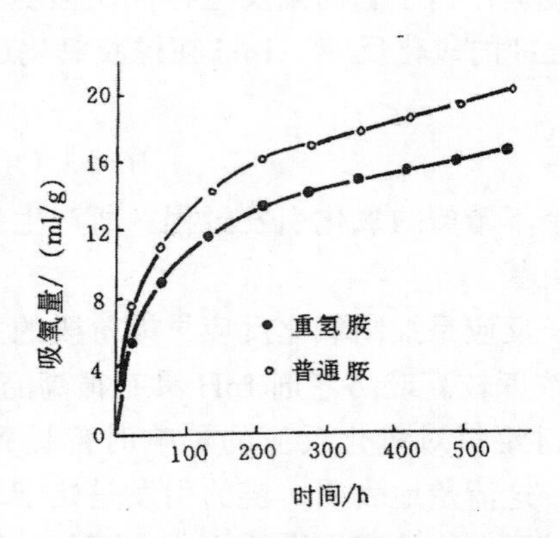

图4－27　含3份普通和重氢化二苯胺的丁苯橡胶氧化速率（90℃，氧压为0.1MPa）

3.InH的其他反应　在供氧不足的情况下，防老剂可按下式与烷基自由基反应，终止链反应。在受阻酚类防老剂存在下，可以降低用γ－射线照射聚丙烯所引起的交联程度，就是由于这一反应引起的。

$$R\cdot + InH \longrightarrow RH + In\cdot$$

橡胶在热氧化过程中所产生的烷氧基自由基，也可按下式与防老剂反应，通过氢转移终止链反应。

$$RO\cdot + InH \longrightarrow ROH + In\cdot$$

此外，防老剂还可按下式诱导氢过氧化物分解。

$$ROOH + InH \longrightarrow RO\cdot + In\cdot + H_2O \qquad (4-26)$$

在某些情况下，反应式（4－26）的产物由于笼蔽效应可以在聚合物中反应生成稳定的非自由基化合物。但是，如果自由基RO·逃出笼子，将产生引发反应。苯酚同ROOH的反应正象它同烷基过氧化物的反应一样，以相同的方式产生。但幸运的是，在实际使用的浓度范围内受阻酚类防老剂产生这种诱导ROOH分解的反应可忽略不计。关于芳胺类防老剂的行为，尚不清楚。

4.In·的反应　根据初始防老剂InH的特性不同，所产生的防老剂自由基可以是苯氧自由基，或是胺自由基。对于具有实用价值的防老剂来说，这些防老剂自由基的进一步消失，主要是通过与链传递无关的其他反应。图4－28为2,6－二叔丁基－4－甲基苯酚在抑制氧化过程中所产生的反应。

二、破坏氢过氧化物型防老剂的作用机理

由橡胶热氧老化的机理可知，在老化过程中产生大量的氢过氧化物，它们的分解加速了引发反应，发生了自催化氧化反应。因此，设法破坏氧化过程中所产生的氢过氧化物，防止或延缓它的引发及自催化氧化反应的发生，就能抑制橡胶的老化。在预防型防老剂中，破坏氢过氧化物型防老剂对橡胶的稳定是非常重要的。根据作用机理不同，破坏氢过氧化物型防老剂又可分为两类：计量化学型破坏氢过氧化物防老剂和催化氢过氧化物分解型防老剂。

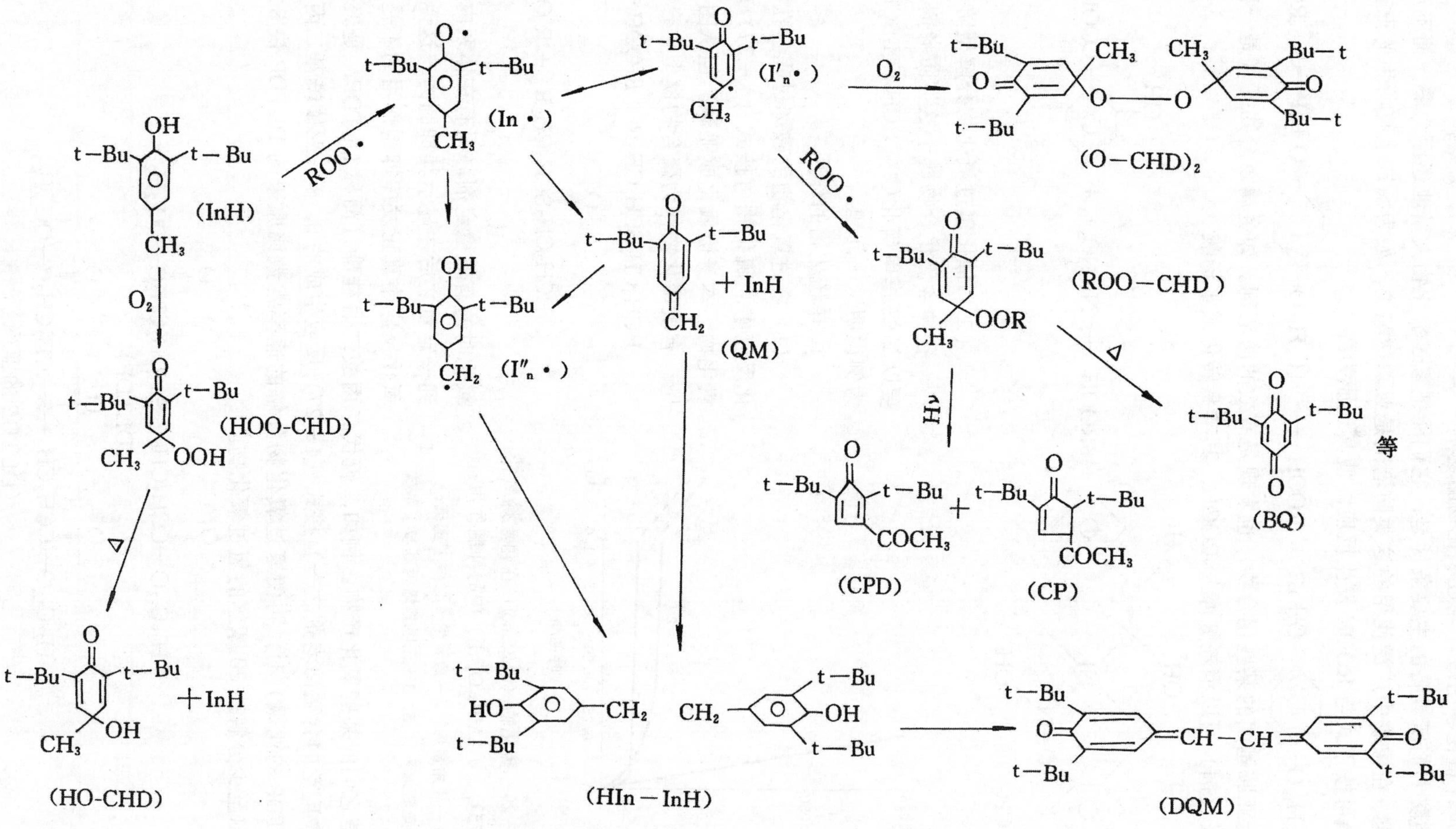

图4－28　典型酚类防老剂（防老剂264）在抑制氧化过程中所产生的变化

（一）计量化学型破坏氢过氧化物防老剂

这类防老剂所具备的主要条件是，它们能把氢过氧化物大量地还原为醇，而不产生大量的自由基。在橡胶中广泛使用的这类防老剂是亚磷酸酯类，如为稳定生胶所用的三壬氧苯基亚磷酸酯可按下式与 ROOH 发生反应，使其还原为醇。

$$[C_9H_{19}O-C_6H_4-O]_3P + ROOH \longrightarrow [C_9H_{19}O-C_6H_4-O]_3P{=}O + ROH$$

含有亚胺基团的某些化合物，也发现是有效的防老剂。如金属复合物⑤（是一种有效的紫外线吸收剂）可以消耗 8 摩尔 ROOH，其本身转化成水杨酸。

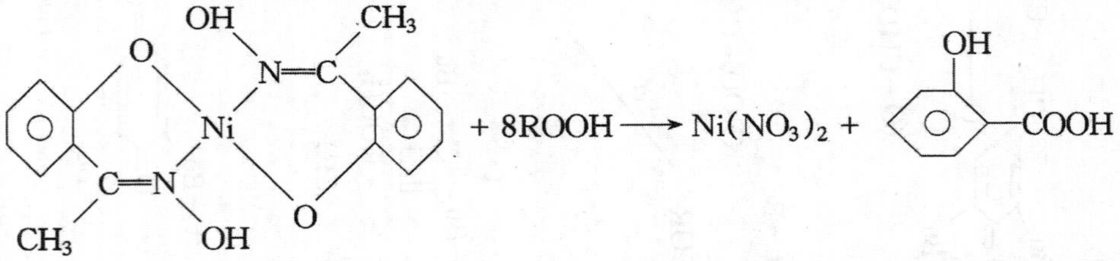

$$\text{Ni 复合物（双[2-(}CH_3C{=}N{-}OH\text{)苯氧基]镍）} + 8ROOH \longrightarrow Ni(NO_3)_2 + HO{-}C_6H_4{-}COOH$$

（二）催化氢过氧化物分解型防老剂

各种含硫化合物属于这类防老剂。下面主要以二烷基单硫化物（$RCH_2CH_2SCH_2CH_2R$）为例说明这一问题。

1. 单硫化物的作用

（1）氢过氧化物的破坏过程　在橡胶热氧化反应中，硫化物可按式（4－27）破坏氢过氧化物，本身被氧化成亚砜。但从图 4－29 可见，有机硫化物作为聚合物模型化合物在自动氧化时的有效稳定剂，只有在体系内氧吸收达到一定量之后才显示其抑制力。这说明在自动氧化反应中真正发挥抑制作用的不是硫化物本身，而是它们的某些氧化产物。例如，硫代二丙酸二月桂酯（简称 DLTDP，是聚烯烃稳定中应用最广泛的含硫防老剂之一）按式（4－27）反应生成的β，β′－亚磺酰基二丙酸二月桂酯（DLTDP 的亚砜）时，再使氢过氧化物分解的速率常数比原来的 DLTDP 快 8.6 倍，而且每摩尔至少分解掉 20 摩尔的氢过氧化物。

$$RCH_2CH_2SCH_2CH_2R + R'OOH \longrightarrow RCH_2CH_2\overset{\overset{O}{\|}}{S}CH_2CH_2R + R'OH \quad (4-27)$$

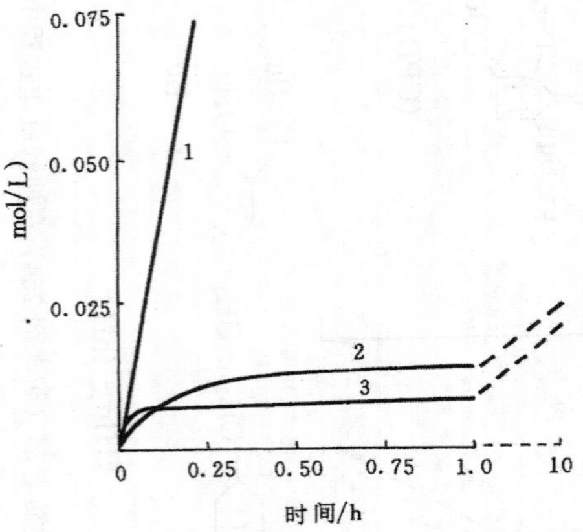

图 4－29　硫化物（0.25mol）在角鲨烯氧化（75℃，0.1MPa O_2 压）中的抑制作用

1—纯角鲨烯；2—角鲨烯＋二叔丁基硫；3—角鲨烯＋1，3，3－三甲基烯丙基叔丁基硫

$$H_{25}C_{12}O-\overset{\overset{O}{\|}}{C}CH_2CH_2-S-CH_2CH_2\overset{\overset{O}{\|}}{C}-OC_{12}H_{25}$$

（DLTDP）

$$H_{25}C_{12}O-\overset{\overset{O}{\|}}{C}CH_2CH_2-\overset{\overset{O}{\uparrow}}{S}-CH_2CH_2\overset{\overset{O}{\|}}{C}-OC_{12}H_{25}$$

（DLTDP 的亚砜）

对反应产物的研究发现，亚砜具有热不稳定性，按下式分解，产生β-消除反应。

$$RCH_2CH_2\overset{\overset{O}{\uparrow}}{S}CH_2CH_2R \longrightarrow RCH_2CH_2SOH + CH_2=CH-R$$

$$2RCH_2CH_2SOH \longrightarrow RCH_2CH_2\overset{\overset{O}{\uparrow}}{S}S-CH_2CH_2R + H_2O \qquad (4-28)$$

$$RCH_2CH_2SOH + R'OOH \longrightarrow RCH_2CH_2\overset{\overset{O}{\|}}{S}-OH + R'OH \qquad (4-29)$$

$$RCH_2CH_2\overset{\overset{O}{\uparrow}}{S}SCH_2CH_2R + 3R'OOH \longrightarrow 2RCH_2CH_2\overset{\overset{O}{\|}}{S}-OH + 3R'OH \qquad (4-30)$$

所生成的次磺酸 RCH_2CH_2SOH 可以再相互缩合，生成硫代亚磺酸酯 $RCH_2CH_2\overset{\overset{O}{\uparrow}}{S}SCH_2CH_2R$，如图4-30所示。次磺酸还可按式（4-29）分解氢过氧化物，本身被氧化成亚磺酸 $RCH_2CH_2\overset{\overset{O}{\|}}{S}-OH$。硫代亚磺酸酯可按式（4-30）反应，分解氢过氧化物。

式(4-29)和(4-30)生成的亚磺酸，可按下式分解氢过氧化物，生成磺酸 $RCH_2CH_2SO_3H$。

$$RCH_2CH_2\overset{\overset{O}{\|}}{S}-OH + R'OOH \longrightarrow RCH_2CH_2-\overset{\overset{O}{\|}}{\underset{\underset{O}{\|}}{S}}-OH + R'OH \qquad (4-31)$$

硫代亚磺酸酯也具有热不稳定性，按式（4-32）分解，生成硫代次磺酸 RCH_2CH_2SSOH。

$$RCH_2CH_2\overset{\overset{O}{\uparrow}}{S}SCH_2CH_2R \longrightarrow RCH_2CH_2SSOH + CH_2=CHR \qquad (4-32)$$

硫代次磺酸可进一步分解氢过氧化物，本身被氧化成硫代亚磺酸 $RCH_2CH_2SSO_2H$ 和硫代磺酸 $RCH_2CH_2SSO_3H$。

$$RCH_2CH_2SSOH + R'OOH \longrightarrow RCH_2CH_2SSO_2H + R'OH$$

$$RCH_2CH_2SSO_2H + R'OOH \longrightarrow RCH_2CH_2SSO_3H + R'OH$$

在上述反应中所产生的亚磺酸及磺酸，可以按极化机理，有效地催化氢过氧化物分解，使其产生非自由基产物。

$$R'OOH \xrightarrow[\text{磺　酸}]{\text{亚磺酸}} \text{非自由基产品} \qquad (4-33)$$

这一点，可通过模型化合物证明。图4-31是碱性物质对叔丁基次磺酸及其氧化产物分解异丙苯过氧化氢（CHP）的影响。当不加叔丁基次磺酸时，$CaCO_3$ 对异丙苯过氧化氢不产生影响。加入少量的碱性物质(CHP:RSOH:$CaCO_3$ 的摩尔比为10:1:0.4)，可降低次磺酸与氢过氧化物的初始反应及之后的氢过氧化物的催化分解。当过量的碱存在(CHP:RSOH:$CaCO_3$ 的摩尔比为10:1:12)时，初始反应变得相当慢，最后每摩尔叔丁基次磺酸可消耗两摩尔氢过

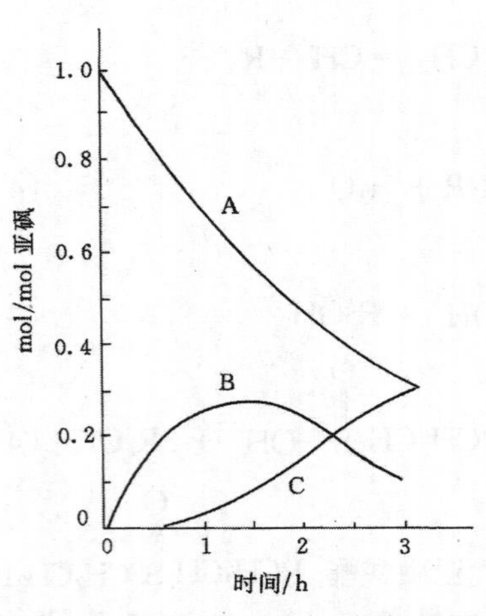

图 4－30　0.5mol 二叔丁基亚砜在苯中于 80℃ 加热不同时间后亚砜(A)、次磺酸 (B) 和硫代亚磺酸酯 (C) 的浓度变化

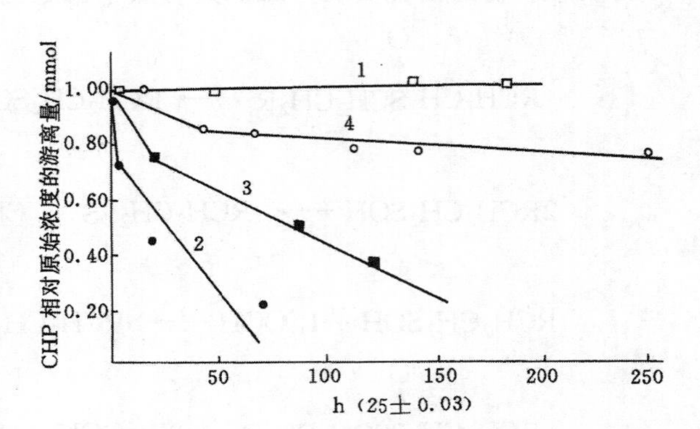

图 4－31　在叔丁基次磺酸存在下，碱对异丙苯过氧化氢分解的影响（在苯中的浓度为 mmol/L　25±0.03℃）

CHP　2.0±0.1；

1—$CaCO_3$　0.08；2—t－BuSOH　0.2；

3—t－BuSOH　0.2，$CaCO_3$　0.08；

4—t－BuSOH　0.2，$CaCO_3$　2.5

氧化物。过量的碱性物质存在，几乎可以完全停止次磺酸对氢过氧化物的催化分解反应。这个实验事实充分说明，在初始反应中，叔丁基次磺酸是按式（4－29）和（4－31）分解氢过氧化物，本身被氧化成叔丁基磺酸。当 $CaCO_3$ 存在时，所生成的磺酸与 $CaCO_3$ 按下式发生中和反应，阻止了酸按式（4－33）催化分解氢过氧化物。

$$t-BuSO_3H + CaCO_3 \longrightarrow t-BuSO_3CaHCO_3$$

另外，在防护过程中，亚磺酸和硫代磺酸还可发生下述反应。反应生成的二氧化硫可按（4－34）式分解氢过氧化物，本身被氧化成三氧化硫（有水存在时成为硫酸）。所生成 SO_3 可按式（4－35）式有效地催化氢过氧化物分解，使其形成非自由基产物。反应中所形成的硫酸也具有催化氢过氧化物分解的特性，但由于产生相分离，只具有较小的催化活性。

$$RCH_2CH_2SO_2H \xrightarrow[\text{大于 250℃}]{} SO_2 + RCH_2CH_3$$

$$RCH_2CH_2SSO_3H + H_2O \xrightarrow{[O]} RCH_2CH_2SSCH_2CH_2R + H_2SO_4$$

$$SO_2 + R'OOH \longrightarrow SO_3(H_2SO_4) + R'OH \qquad (4-34)$$

$$R'OOH \xrightarrow{SO_3} \text{非自由基产品} \qquad (4-35)$$

由上述反应可见，有机单硫化物除其本身容易分解氢过氧化物被氧化成亚砜外，亚砜及由其形成的硫代亚磺酸酯分解，形成了具有更高的分解氢过氧化物能力的产物，尤其是这些被进一步氧化所形成的亚磺酸、磺酸及 SO_3 等，能更显著地按极化机理催化分解大量的氢过氧化物。因此，为了更有效地破坏氢过氧化物，亚砜及硫代亚磺酸酯的热不稳定性是一个必要条件。但是，这种不稳定性也是有限度的，因为太不稳定的化合物寿命过短，对基体物质不能提供充分的保护。在给定体系和氧化条件下，应有一个最佳稳定性，因为为发挥有效的抑制作用所需要的不稳定性应与它能长久地发挥破坏氢过氧化物 防老剂的作用所需要的充分稳定性相平衡。当然，原始有机硫化物能否容易地被氧化成单硫衍生物（如亚砜），以及该衍生物固有的分解氢过氧化物的能力，都影响着该防老剂抑制氧化的能力。

由于亚砜及硫代亚磺酸酯具有不稳定性，因而作为实用的抗氧剂还是以母体一硫化物和二硫化物为好。这些母体化合物就象是有效防老剂的贮存器，当被防护物质发生自动氧化形成了氢过氧化物需要加以抑制时，从贮存器中就会产生出有效的抑制剂。

(2) 链终止过程　有机硫化物在分解氢过氧化物后所生成的次磺酸，象典型的受阻酚那样，与过氧自由基$R'O_2\cdot$发生氢转移反应，终止链反应

$$RCH_2CH_2SOH + R'O_2\cdot \longrightarrow RO_2H + RCH_2CH_2SO\cdot \tag{4-36}$$

由硫代亚磺酸酯分解所形成的硫代次磺酸（RCH_2CH_2SSOH），也具有类似的链终止作用。近来的研究证明，在自动氧化体系中所产生的SO_2，除具有分解氢过氧化物的作用外，还具有捕捉自由基的活性。

(3) 助氧化作用过程　有机硫化物与受阻酚及胺类防老剂一样，除表现出它们的防护效能外，也表现出助氧化作用。亚砜分解所形成的次磺酸（RCH_2CH_2SOH）及硫代亚磺酸酯分解所形成的硫代次磺酸（RCH_2CH_2SSOH），都可与氢过氧化物形成氢键，诱导其O—O键均裂，产生自由基。硫代亚磺酸酯也可分解成自由基。所生成的这些自由基，进一步引发

$$R'O\overset{H}{\overset{|}{O}}\cdots HOSCH_2CH_2R \longrightarrow R'O\cdot + H_2O + RCH_2CH_2SO\cdot \tag{4-37}$$

$$RCH_2CH_2\overset{O}{\overset{\uparrow}{S}}SCH_2CH_2R \longrightarrow RCH_2CH_2SO\cdot + RCH_2CH_2S\cdot \tag{4-38}$$

$$RCH_2CH_2SO\cdot + O_2 \longrightarrow RCH_2CH_2\overset{O}{\overset{\uparrow}{S}}O_2\cdot$$

$$RCH_2CH_2\overset{O}{\overset{\uparrow}{S}}O_2\cdot + R'H \longrightarrow RCH_2CH_2OH + SO_2 + R'\cdot$$

了氧化反应。这种助氧化效应受含硫化合物浓度的影响。图4－32是亚磺酰基二丙酸甲酯$(CH_3OCOCH_2CH_2)_2S{=}O$(DMSD)的浓度对模型化合物异丙基苯氧化的影响。当〔ROOH〕/〔S〕的摩尔比较低（0.23）时，反应中间产物的助氧化效应是很明显的。随着〔ROOH〕/〔S〕摩尔比的提高，有一个明显的诱导期，但紧跟其后的是推迟的助氧化效应。根据对反应产物的分析推断，当〔ROOH〕/〔S〕＜1时，产生助氧化效应的原因可能是反应式（4－37）。

在反应过程中所产生的SO_2除具有上述的分解氢过氧化物和终止链反应外，还可按下式产生助氧化效应。对模型化合物的研究发现，当〔ROOH〕/〔SO_2〕的摩尔比小于40时，产生助氧化效应；当摩尔比大于40时，没有助氧化效应产生。当〔ROOH〕/〔SO_2〕的摩尔比小于1时，助氧化效应主要是由反应式（4－39）引起的。

$$ROOH + SO_2 \rightarrow [\ ROO\overset{OH}{\overset{|}{S}}{=}O\ ]$$

$$\rightarrow RO\cdot + \cdot OS(=O)OH \quad (4-39)$$

当然，在上述反应过程中所产生的某些自由基，也可按下式发生二聚反应，生成稳定的产物。

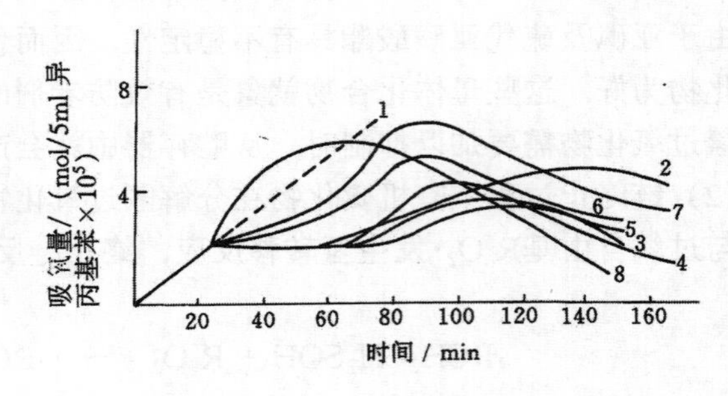

图 4-32　亚磺酰基二丙酸甲酯（DMSD）对 75℃下异丙苯过氧化氢（CHP）引发异丙基苯氧化的影响（［CHP］=0.05 mol）

［CHP］/［DMSD］的摩尔比为：1—无添加 DMSD；2—18.5；3—3.0；4—2.0；5—1.0；6—0.85；7—0.59；8—0.23

$$2RCH_2CH_2SO\cdot \longrightarrow RCH_2CH_2S(\rightarrow O)(\rightarrow O)SCH_2CH_2R$$

$$2RCH_2CH_2S\cdot \longrightarrow RCH_2CH_2SSCH_2CH_2R$$

2. 其他硫化物　二硫化物（$RCH_2CH_2SSCH_2CH_2R$）可以按下式分解氢过氧化物，本身被氧化成硫代亚磺酸酯。生成的硫代亚磺酸酯，可按前述反应过程破坏氢过氧化物。

$$RCH_2CH_2SSCH_2CH_2R + R'OOH \longrightarrow RCH_2CH_2S(\rightarrow O)SCH_2CH_2R + R'OH$$

二硫代磷酸盐⑥、巯基苯并咪唑盐⑦及前面讲过的橡胶硫化时所产生的网外物促进剂残余物二硫代氨基甲酸盐⑧和巯基苯并噻唑盐⑨，通常也通过形成的酸性产物（氧化硫或酸等）破坏氢过氧化物。

$$(RO)_2P(=S)S\text{—}M\text{—}S(S=)P(OR)_2$$

⑥

$$\left[\text{苯并咪唑-2-基}(N\text{—}H)\text{—}C\text{—}S\text{—}\right] M$$

⑦

$$R_2NC(=S)S\text{—}M\text{—}S(S=)CNR_2$$

⑧

$$\left[\text{苯并噻唑-2-基}\text{—}C\text{—}S\text{—}\right] M$$

⑨

例如，在促进剂 CZ/硫黄组成的有效硫化体系中所产生的苯并噻唑锌盐，可按如下机理起反应：

$$\left[\text{苯并噻唑-2-基}-S\right]_2 Zn$$

(a) ROOH 缺乏时 → $HO-Zn-S-C(=N)(S)$（苯并噻唑基） + 苯并噻唑-2-基$-S\cdot$ + $RO\cdot$ → $\left[\text{苯并噻唑-2-基}-S\right]_2$ $\xrightarrow{ROOH}$ SO_2/SO_3

(b) ROOH 过量时 → $\left[\text{苯并噻唑-2-基}-S(=O)-O\right]_2 Zn$ $\xrightarrow{ROOH}$ SO_2/SO_3 → 进一步催化 ROOH 分解

对模型化合物的研究发现，当〔ROOH〕/〔S〕摩尔比较小时，初始阶段产生助氧化效应，但随后又产生抑制作用，这时按（a）的方式反应；当〔ROOH〕/〔S〕较高时，对氧化产生抑制作用，反应按（b）的方式进行。

秋兰姆无硫硫化体系中所生成的二硫代氨基甲酸锌及用作防老剂的过渡金属的二硫代氨基甲酸盐⑧，在抑制氧化过程中可能发生如下反应：

$$R_2NC(S)_2M(S)_2CNR_2 \xrightarrow{R'OOH} R_2NC(=S)-S(=O)-OMO-S(=O)-C(=S)NR_2 \xrightarrow{R'OOH}$$

$$R_2NC(S)_2M(S)_2CNR_2 \xrightarrow{R'OOH} R_2NC(=S)-S-S-C(=S)NR_2 \xrightarrow{R'OOH}$$

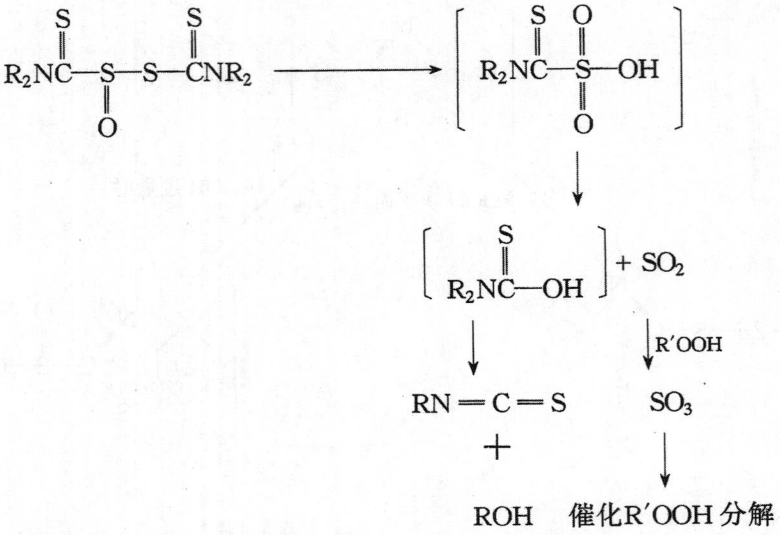

$$R_2N\overset{S}{\overset{\|}{C}}-\underset{\underset{O}{\|}}{S}-S-\overset{S}{\overset{\|}{C}}NR_2 \longrightarrow \left[R_2N\overset{S}{\overset{\|}{C}}-\overset{O}{\overset{\|}{\underset{\underset{O}{\|}}{S}}}-OH\right]$$

$$\downarrow$$

$$\left[R_2N\overset{S}{\overset{\|}{C}}-OH\right] + SO_2$$

$$\downarrow \qquad\qquad \downarrow R'OOH$$

$$RN=C=S \qquad SO_3$$

$$+ \qquad\qquad \downarrow$$

ROH　催化R′OOH分解

从上述反应可见，该类化合物也是有效防老剂的贮存器。

这些金属复合物⑥～⑨在硫化胶中，能够有效地与橡胶中所产生的氢过氧化物反应，并与硫交联键产生竞争。它们的有效防护性能，部分是由于它们能同氢过氧化物很快地发生反应，另一部分是它们还能按下式捕捉烷基过氧自由基。

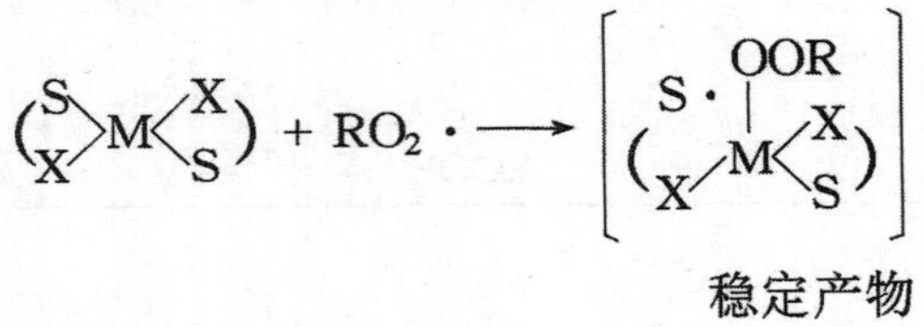

$$\left(\begin{smallmatrix}S\\X\end{smallmatrix}\right\rangle M\left\langle\begin{smallmatrix}X\\S\end{smallmatrix}\right) + RO_2\cdot \longrightarrow \left[\begin{matrix} S\cdot\ \overset{OOR}{|} \\ \left(X/M\left\langle\begin{smallmatrix}X\\S\end{smallmatrix}\right)\right. \end{matrix}\right]$$

稳定产物

二烷基硫化物⑩中 R、R′ = 烷基，$n = 1 \sim 8$、

$$RS_nR' \quad ⑩$$

二芳基硫化物⑩中 R、R′ = 芳基，$n > 1$ 及相应的硫醇⑩中 R = 烷基或芳基，R′ = H 都具有防护效能，但通常看到有较大的初始助氧化效应。实际上这种效应已经使用于橡胶在塑炼过程中的化学增塑。下列所示的典型塑解剂（⑪～⑭）都显示出典型的初始助氧化效应，但在后一阶段，它们可以自动延缓，有效地稳定橡胶的熔体粘度。这一现象是由于〔ROOH〕/〔S〕比不同所

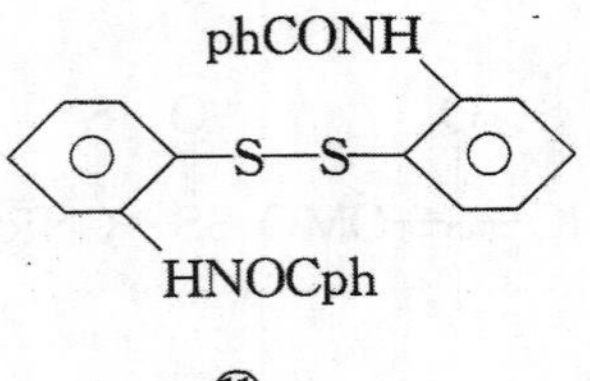

phCONH — C₆H₄ — S — S — C₆H₄ — HNOCph

⑪

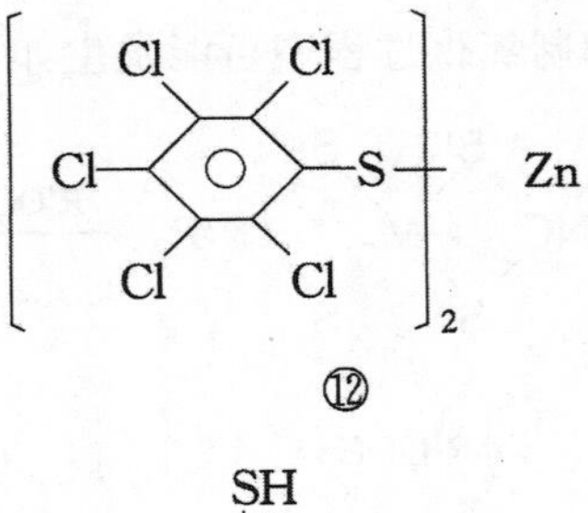

$$\left[Cl_5C_6-S-\right]_2 Zn$$

⑫

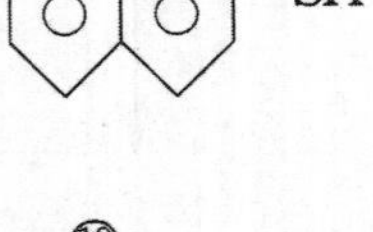

2-萘硫醇（C₁₀H₇—SH）

⑬

SH-C₆H₃(CH₃)₂（3,5-二甲基苯硫酚）

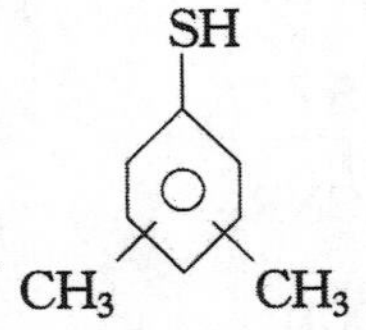

⑭

引起的。这些硫醇、硫醇盐及二硫化物在氧存在下，在反应性橡胶基体中的助氧化效应可能主要是由下列反应引起的：

$$RSH + R'OOH \longrightarrow RS\cdot + R'O\cdot + H_2O$$

$$RSSR + R'OOH \longrightarrow \underset{}{R\overset{\overset{O}{\uparrow}}{S}SR} + R'OH$$

$$R\overset{\overset{O}{\uparrow}}{S}SR \longrightarrow RSO\cdot + RS\cdot$$

在后一阶段对橡胶粘度的稳定，主要是由于发挥了它们的防护效能的结果。

（三）硫交联键的氧化行为

用硫黄/促进剂硫化的天然橡胶及合成橡胶，其网状结构既含有单硫交联键，又含有双硫及多硫交联键，聚合物主链的其他改性又生成了含硫侧挂基团及环状结合硫。可以想象，当硫化胶热氧老化生成氢过氧化物时，单硫、双硫及多硫基团与氢过氧化物反应生成各种氧化的有机硫基团。这些氧化的结构与上述的有机硫化物相似，显示出防护效能和助氧化效应。

研究发现，硫化胶在热氧老化过程中，既有主链断裂又有交联键断裂。硫黄/促进剂硫化的天然橡胶中存在的二链烯单硫交联键，在热氧老化过程中象前述的有机硫化物一样产生如下反应。

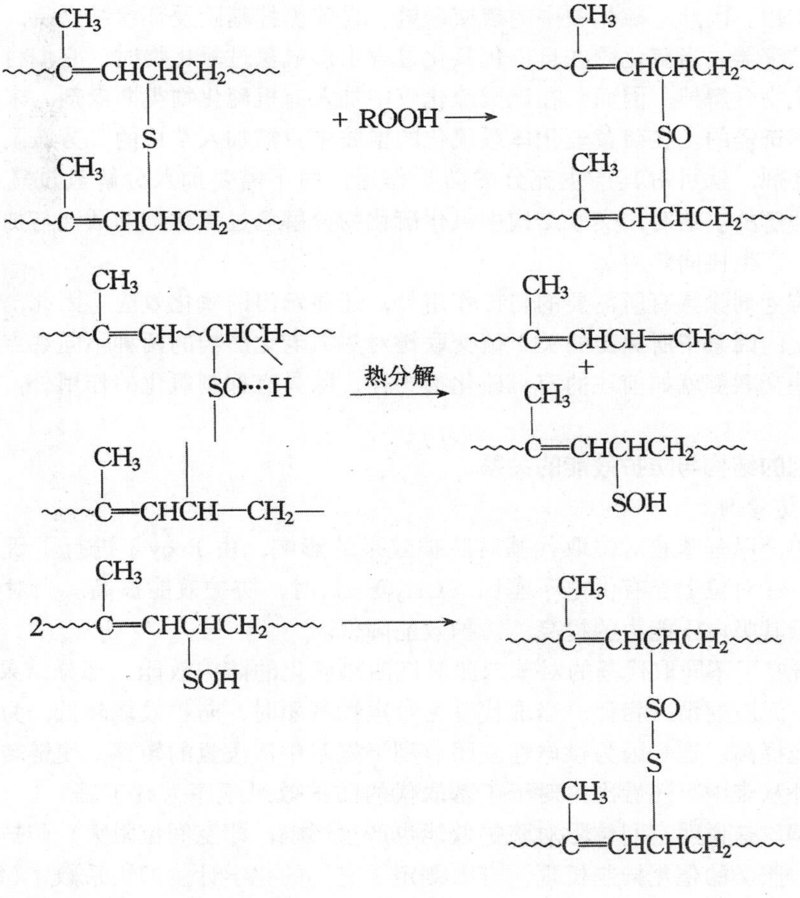

$$\begin{array}{c}\sim\!\sim C(CH_3){=}CHCHCH_2\sim\!\sim \\ | \\ S \\ | \\ \sim\!\sim C(CH_3){=}CHCHCH_2\sim\!\sim\end{array} + ROOH \longrightarrow \begin{array}{c}\sim\!\sim C(CH_3){=}CHCHCH_2\sim\!\sim \\ | \\ SO \\ | \\ \sim\!\sim C(CH_3){=}CHCHCH_2\sim\!\sim\end{array}$$

$$\begin{array}{c}\sim\!\sim C(CH_3){=}CH\sim CHCH\sim\!\sim \\ | \quad \diagdown \\ SO\cdots H \\ | \\ \sim\!\sim C(CH_3){=}CHCH{-}CH_2{-}\end{array} \xrightarrow{\text{热分解}} \begin{array}{c}\sim\!\sim C(CH_3){=}CHCH{=}CH\sim\!\sim \\ + \\ \sim\!\sim C(CH_3){=}CHCHCH_2\sim\!\sim \\ | \\ SOH\end{array}$$

$$2\begin{array}{c}\sim\!\sim C(CH_3){=}CHCHCH_2\sim\!\sim \\ | \\ SOH\end{array} \longrightarrow \begin{array}{c}\sim\!\sim C(CH_3){=}CHCHCH_2\sim\!\sim \\ | \\ SO \\ | \\ S \\ | \\ \sim\!\sim C(CH_3){=}CHCHCH_2\sim\!\sim\end{array}$$

在这些反应中，单硫交联键氧化并分解，形成中间产物次磺酸。两分子次磺酸通过缩合，形成了含有两个硫原子的交联键。由于每一个新的交联键的形成，都需要两个单硫交联键的断裂，因而导致硫化胶网状结构的降低。形成的新的硫代亚磺酸酯交联键，与前述硫化物的反应相似，发生如下的分解反应。

```
     CH3
     |
   —C═CHCHCH~~~~                              CH3
          |    \                              |
         SO···H                             —C═CHCH═CH~~~~
          |            热分解
          |          ————————→                  +
          S
          |                                  SSOH
     CH3  |                                    |
     |    |                                 —C═CHCH—CH2~~~~
   —C═CHCH—CH2~~~~
```

相同的硫代亚磺酸酯结构，也可由硫化胶中的双硫键与氢过氧化物反应产生。如果多硫交联键中与主链碳原子相连的硫原子被氧化成亚磺酰基团，也变成一种不稳定的结构。根据对硫化胶在氧气中氧化及与已知的氢过氧化物反应所产生的网状结构变化的研究结果，可以清楚地推断出硫化胶中各种类型的硫交联网结构在热氧老化过程中有交联键断裂产生。

可以想象，硫黄硫化胶在氧化过程中按上述反应所生成的次磺酸（RSOH）及硫代次磺酸（RSSOH），可以与氢过氧化物反应形成亚磺酸（RSO_2H）、磺酸（RSO_3H）和硫代磺酸（$RSSO_3H$）。这些酸性产物都可催化氢过氧化物分解成非自由基产物，起到了破坏氢过氧化物型防老剂的作用。因此，硫化胶中的硫交联键、含硫侧挂基团及环状结合硫，都是潜在的氧化硫化物的贮存器。当硫化胶在自催化氧化过程中形成氢过氧化物时，它们将产生氧化硫化物使氢过氧化物分解掉。因而，在硫黄硫化胶中加入有机硫化物类防老剂，未发现有相应的防护效果是不奇怪的。在硫黄硫化体系硫化的橡胶中只需加入常用的二芳胺及受阻酚这样的链断裂型防老剂，就可对其产生充分的防护作用，而不需要加入分解氢过氧化物型防老剂，这是可以理解的。这时，交联结构中氧化硫化物分解氢过氧化物的活性与加入的链断裂型防老剂一起，产生协同效应。

鉴于很多防老剂除具有所需要的防护作用外，还显示出助氧化效应。因此，在前述的影响橡胶热氧老化的因素中所提出的关于硫交联键对热氧老化影响的两种不同观点，是不足为奇的。因为这些交联键就如前述的有机硫化物一样，除具有抑制氧化的作用外，也显示出助氧化作用。

三、防老剂的结构与防护效能的关系

（一）胺类防老剂

在单胺类中，甲基苯胺对位取代基对防护效果的影响，由 Booyer 进行了研究，结果如表 4－15 所示。在对位上连有供电子基团（CH_3O—）时，防护效能提高。当对位连有吸电子基团时，随着其吸电子能力的提高，防护效能降低。

Pederson 研究了不同取代基的对苯二胺对汽油热氧化的防护效能，部分结果如表 4－16 所示。可见与一元胺的情况相似，当取代基为吸电性基团时，防护效能降低，为供电性取代基时，防护效能提高。这是因为供电性基团有利于氨基中活泼氢的转移，使链转移自由基终止的缘故。另外从表中可还看出，对于丁基取代的防护效果顺序为叔丁基、1－甲基丙基≫异丁基＞正丁基。这说明空间位阻对防护效能也产生影响，即空间位阻大，防护效能高。

为了说明仲胺类的催化抑制机理，有人测定了它们的化学计量抑制系数 f（每摩尔防老

表 4-15 取代基对甲基苯胺防护效能的影响

不同取代基的甲基苯胺	防氧化效率	不同取代基的甲基苯胺	防氧化效率
$C_6H_5-NHCH_3$	0.67	$Br-C_6H_4-NHCH_3$	0.45
$CH_3O-C_6H_4-NHCH_3$	4.60	$NO_2-C_6H_4-NHCH_3$	0.01
$CH_3-C_6H_4-NHCH_3$	1.42		

表 4-16 不同取代基对对苯二胺防护效能的影响

取代基 R 的种类	摩尔效率/%	取代基 R 的种类	摩尔效率/%
	$R-NH-C_6H_4-NH-R$		$R-NH-C_6H_4-NH-R$
H	25	$(CH_3)_3C-$	96
$CH_3CH_2CH_2CH_2-$	38	$(CH_3)_2N-CH_2CH_2-C(CH_3)-$	137
$CH_3-CH(CH_3)-CH_2-$	40	$NC-C(CH_3)_2-$	31
$CH_3-CH_2CH(CH_3)-$	100		

剂消除的自由基数），部分结果如表 4-17 所示。在二苯胺中，当苯环的对位氢原子被叔碳烷基取代时，捕捉自由基的数量提高；当苯环上有吸电子基团时，降低了清除自由基的能力，甚至完全破坏催化抑制活性〔(5)、(7) 及 (8)〕；取代的乙氧基对清除自由基能力影响很小 (2)。乙氧基取代的二苯胺 (2)、二苯胺氮氧自由基 (9) 及二苯胺羟胺 (10) 有大致相同的消除自由基的能力。在二苯基羟胺中，一个苯基被叔碳烷基取代后 (11)，化学计量抑制系数提高；苯环对位有叔碳烷基取代基 (12) 时，也可提高 f。环状化合物比直链化合物更加有效（比较表 4-17 中的 (14) 与 (15)）。这种差别是由于直链的烷基氮氧自由基的热稳定性比环状的烷基氮氧自由基差引起的。

表 4-17 某些仲胺、羟胺及氮氧自由基在 130℃ 石蜡油中的化学计量抑制系数 f

化合物	f
(1) $C_6H_5-NH-C_6H_5$	41
(2) $C_6H_5-NH-C_6H_4-OC_2H_5$	36

续表

化合物	f
(3) C_6H_5—NH—C_6H_4—$C(CH_3)_3$	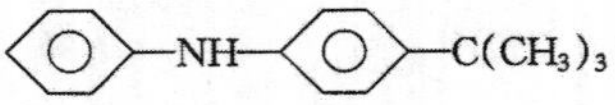 53
(4) $(CH_3)_3C$—C_6H_4—NH—C_6H_4—$C(CH_3)_3$	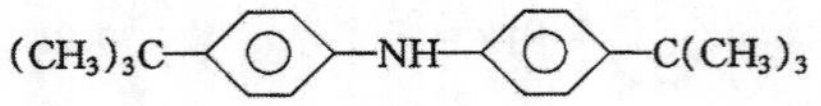 52
(5) C_6H_5—NH—C_6H_4—CF_3	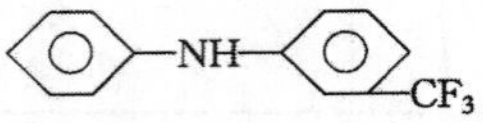 0
(6) C_6H_5—NH—C_6H_4—Cl	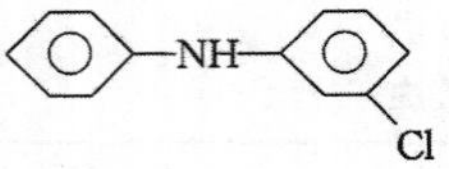 17
(7) C_6H_5—NH—C_6H_4—NO_2	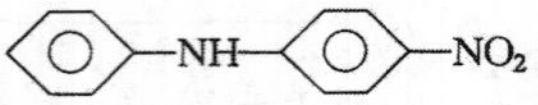 0
(8) O_2N—C_6H_4—NH—C_6H_4—NO_2	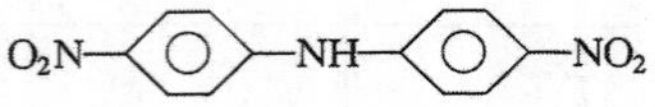 0
(9) C_6H_5—N(O·)—C_6H_4—OC_2H_5	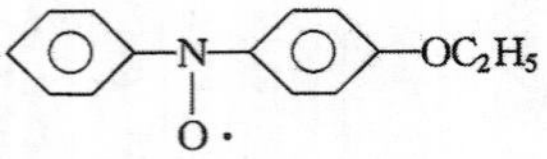 26
(10) C_6H_5—N(OH)—C_6H_4—OC_2H_5	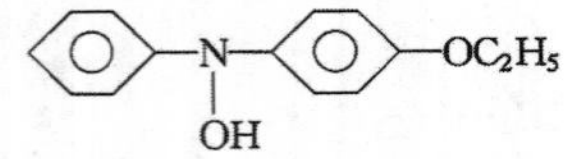 35
(11) C_6H_5—N(OH)—$C(CH_3)_3$	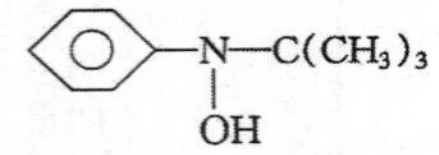 95
(12) $(H_3C)_3C$—C_6H_4—N(OH)—$C(CH_3)_3$	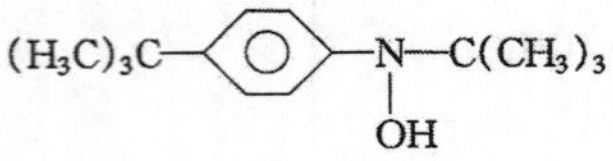 250
(13) 2,2,6,6-四甲基哌啶（N—H）	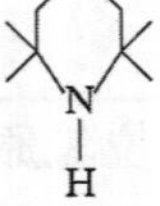 420
(14) 2,2,6,6-四甲基哌啶（N—O·）	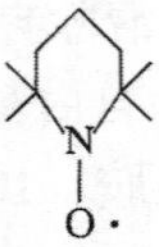 510
(15) $(H_3C)_3C$—N(O·)—$C(CH_3)_3$	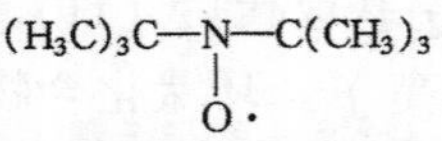 225

对胺类防老剂的氧化半波电位与防护效能的关系，早就进行了各种研究。表 4－18 为各种胺类化合物的氧化电位。这些化合物的抑制氧化效能和抑制臭氧化效能与氧化电位的关系如图 4－33 所示。可见抑制氧化效能和抑制臭氧化效能随其氧化电位的升高而增加，在 0.4V 左右抑制氧化效能达到最大值；在 0.25V 左右抑制臭氧化效能达最大值；之后，随着氧化电位的升高其抑制效能下降。很显然，某些胺类化合物对橡胶来说既显示抑制氧化能力，又具有抑制臭氧化的能力，在每种场合的效能与其氧化电位有很好的相关性。但是，某些氧化电位很低的胺类化合物并没有抑制氧化的效能，这说明对于抑制氧化的防老剂来说低的氧化电位是必要的，但还不是评价抑制氧化效能的足够依据。

表 4-18 胺类化合物的氧化电位

编 号	胺 类 化 合 物	氧化半波电位 (SCE)
(1)	苯胺	0.65
(2)	对甲氧基苯胺	0.47
(3)	对羟基苯胺	0.45
(4)	对苯基苯胺	0.65
(5)	*N* - 甲基苯胺	0.75
(6)	*N*, *N* - 二甲基苯胺	—
(7)	二环己胺	0.70
(8)	二苯胺	0.62
(9)	4, 4′ - 二甲基二苯胺	—
(10)	对羟基二苯胺	0.58
(11)	*N* - 苯基 - β - 萘胺	0.54
(12)	对苯二胺	0.18
(13)	*N* - 苯基对苯二胺	0.22
(14)	*N* - 苯基 - *N′* - 环己基对苯二胺	0.24
(15)	*N* - 对甲氧基苯基 - *N′* - 环己基对苯二胺	0.20
(16)	*N* - 苯基 - *N′* - 异丙基对苯二胺	0.26
(17)	*N*、*N′* - 二苯基对苯二胺	0.35
(18)	*N* - 对甲氧基苯基对苯二胺	0.20
(19)	*N*, *N′* - 二亚硝基苯基对苯二胺	0.84
(20)	*N*, *N′* - 二邻甲苯基对苯二胺	0.33
(21)	*N*, *N′* - 二对甲苯基对苯二胺	0.30
(22)	*N*, *N′* - 二 (β - 萘基) 对苯二胺	0.40
(23)	联苯胺	0.18
(24)	*N*, *N′* - 二环己基联苯胺	0.45
(25)	*N*, *N′* - 二苯基联苯胺	0.48
(26)	2, 2, 4 - 三甲基 - 1, 2 - 二氢化喹啉	0.47
(27)	6 - 乙氧基 - 2, 2, 4 - 三甲基 - 1, 2 - 二氢化喹啉	0.33

(二) 酚类防老剂

酚类防老剂中的取代基不同，对其抑制氧化的能力有很大的影响。通过不同取代基的苯酚抑制石油氧化的研究发现，推电子取代基 (甲基、叔丁基、甲氧基等) 的导入，可显著地提高其抑制氧化的能力；吸电子取代基 (硝基、羧基、卤基等) 的导入，可降低抑制氧化的能力。很显然，这是因为取代基影响了酚类防老剂通过氢转移机理终止自由基链的能力，推电子取代基有利于氢转移，吸电子取代基使氢转移困难。

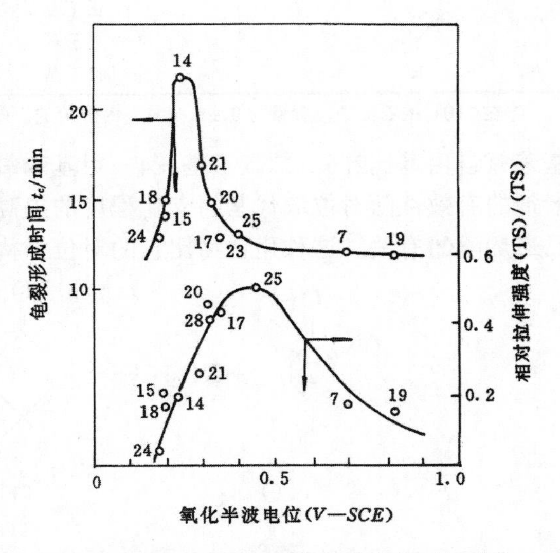

图 4-33 胺类化合物的氧化电位与天然硫化胶的相对拉伸强度 (*TS*)/(*TS*) 。及龟裂形成时间 t_c 的关系 (图中编号与表 4-18 相同)

即使同是烷基取代的苯酚，由于取代的位置及取代基的体积不同，防护效能也有很大的差别。两个邻位具有叔碳烷基，对位有正烷基的苯酚，与受阻作用小的烷基化苯酚相比，是橡胶的有效防老剂。当邻位取代基的体积降低时，对氧化的抑制效能显著降低。这种防护效能的降低是由于苯氧自由基的空间稳定性降低，它们经过副反应、自缩聚反应生成醌醚⑮、双环已二烯酮⑯及与氧反应生成双环已二烯酮过氧化物⑰。由于这些反应的产生取代了有效酚类防老剂的苯氧自由基终止过氧自由基生成烷基过氧环已二烯酮⑱的反应，因此未受阻的

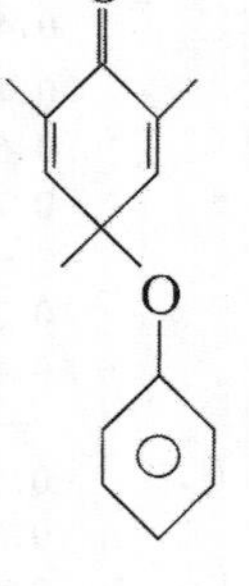

⑮ 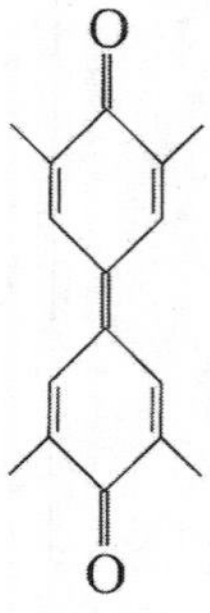 ⑯ 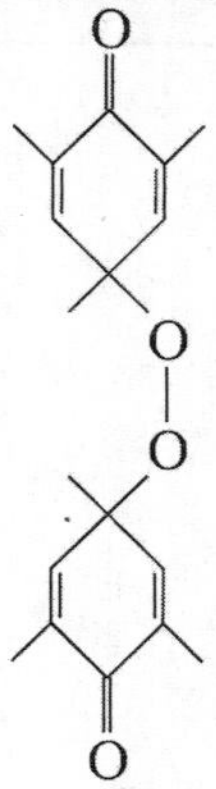 ⑰ 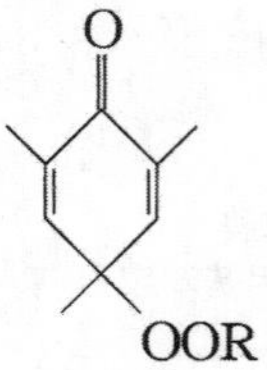 ⑱

苯酚不能有效地消除发生链传递的过氧自由基。实际上，对抑制苯乙烯的自动氧化研究发现，受阻苯酚可以终止两个过氧自由基，而受阻作用小的苯酚只能终止 1.2 个过氧自由基。未受阻酚所产生的稳定性较差的苯氧自由基，除发生各种副反应外，还可象前述的防护机理中所讨论的那样，通过夺取橡胶大分子上的氢或氢过氧化物上的氢，引发新的链反应。

苯酚对位的烷基取代基，随着从正烷基到异及叔烷基支化程度的提高，防护效能下降（表 4－19 所示），这并不是由于苯氧自由基的稳定性不同引起的。事实上，2,4,6－三叔丁

表 4－19 对位取代基的支化对受阻酚防护效能的影响

OH ②	R	相对效能①
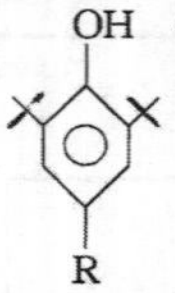 R	正丁基	100
	异丁基	61
	叔丁基	26

①在 110℃的石油中，含量为 0.1%（重）时评价的。②苯环上×表示叔丁基，后文同。

基苯氧自由基比2,6－二叔丁基－4－甲基苯氧自由基稳定 10^3 倍。近来的研究表明，酚类防老剂的有效性随对位取代基的支化程度的提高而降低，与下式反应中所产生的邻烷基过氧环已二烯酮⑲有关。这种化合物比它的对位异构体容易产生分解，形成新的引发自由基。

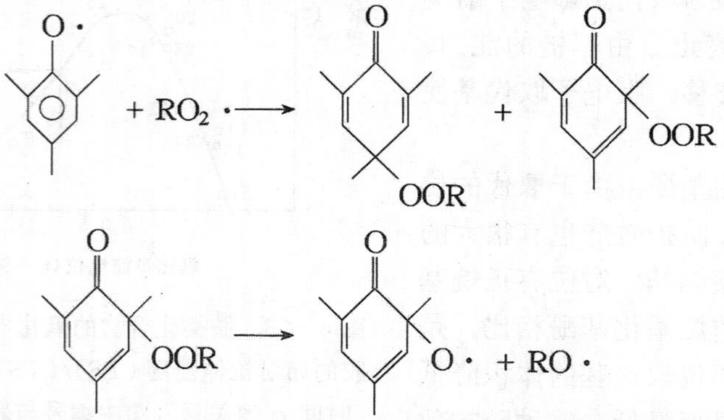

O· + RO_2· ⟶ OOR + OOR ⑲

OOR ⟶ O· + RO·

烷基苯酚氧化所形成的邻、对位烷基过氧环已二烯酮之比，随取代基的体积及取代位置而变化。当对位取代基的体积增大或者邻位取代基的体积减小时，有利于邻烷基过氧环已二烯酮

的形成。当大的对位取代基和小的邻位取代基同时存在时，几乎完全生成邻烷基过氧环已二烯酮。通过对2－甲基－4,6－二叔丁基苯酚的邻烷基过氧环已二烯酮和2,6－二叔丁基－4－甲基苯酚的对烷基过氧环已二烯酮的热稳定性研究表明，前者在75℃分解，后者在125℃分解。尽管目前对烷基过氧环已二烯酮类化合物的稳定性研究很少，还不能充分说明邻烷基过氧环已二烯酮比它的对位异构体更易分解，但可以帮助我们理解某些酚类防老剂的防护效能的差别。

受阻酚通常指在两个邻位上有叔碳烷基取代基的苯酚。取代基的体积稍小时，通常认为是部分受阻酚。所谓受阻酚防老剂主要是指在对位上有亚甲基键的受阻酚，并可用结构式⑳表示。

OH

CH_2—R ⑳

正如前述，受阻酚对位取代基的空间位阻及取代基特性不同，对防护效能产生很大的影响。不同取代基受阻酚对未硫化异戊橡胶的防护效能如表4－20所示。由于受阻酚防老剂可产生稳定的苯氧自由基，消除2摩尔过氧自由基并主要生成稳定的对烷基过氧环已二烯酮，因而它们对所有的聚合物都是有效的防老剂。这些化合物被广泛使用于聚烯烃、塑料及油的稳定，只有少数的受阻酚使用于橡胶的稳定。由表4－20看出，对位取代基的空间位阻较小的

表4－20 受阻酚对未硫化异戊橡胶的防护效能①

HO—(2,6-二叔丁基苯基)—R 添加1份 R	门尼粘度保持率/%	颜 色
无添加	<20	—
—CH_3（防老剂264）	91	很轻微褐色
—CH_2ph	53	褐色
—CH（CH_3）ph	<20	褐色
—C（CH_3）$_2$ph	<20	轻微褐色
—*t*—Bu	<20	轻微褐色
—CH_2N（Bu）$_2$	82	黄色
—CH_2SH	85	黄色
—CH_2P（O）（$OC_{18}H_{35}$）$_2$	65	很轻微褐色
—CH_2SCH_2—	90	很轻微褐色
—CH_2—	88	黄色
HO—(2,6-二叔丁基苯基)—	100	嫩黄色
［CH_2CH_2C（O）OCH_2］$_4$C	80	很轻微褐色
—CH_2CH_2C（O）$OC_{18}H_{37}$	65	很轻微褐色

①在温度为70℃，老化10天测得。

2,6 －二叔丁基－4－甲基苯酚（防老剂 264）有较高的防护效能。它是最常用的受阻酚防老剂。影响这种防老剂在橡胶中广泛使用的原因之一是它的高挥发性。

部分受阻的烷基化苯酚可用结构式㉑～㉔表示。这些苯酚氧化产生不稳定的苯氧自由基，并且所产生的自由基由于空间位阻的原因可以产生偶合副反应、引发新的自由基链及

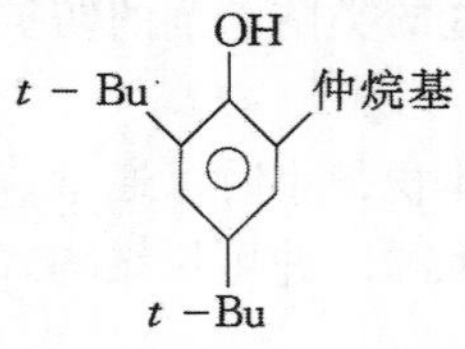

OH　*t*－Bu　仲烷基　*t*－Bu　㉑

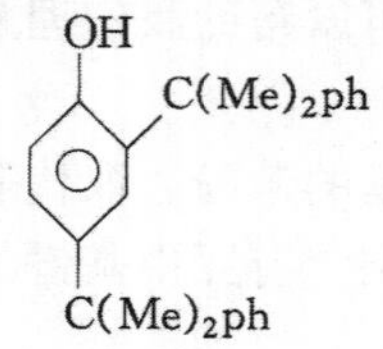

OH　C(Me)$_2$ph　C(Me)$_2$ph　㉒

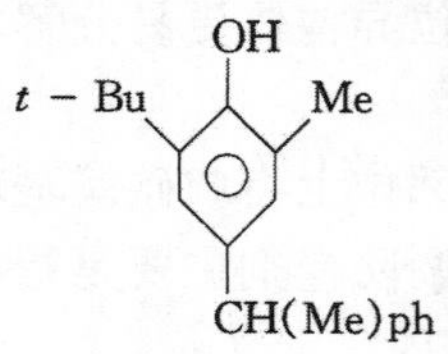

OH　*t*－Bu　Me　CH(Me)ph　㉓

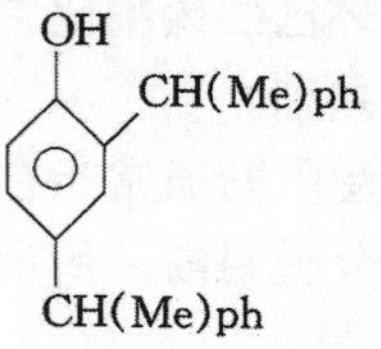

OH　CH(Me)ph　CH(Me)ph　㉔

形成不稳定的邻烷基过氧环已二烯酮。因此，部分受阻酚并不是高效的防老剂。实际上，它们对于未硫化的异戊橡胶来说是较差的防老剂（表 4－21 所示），但却是丁苯橡胶和丁腈橡胶的有效防老剂，尤其是与亚磷酸酯并用时效果更好。由于它们是很便宜的非污染性酚类防老剂，并且所引起的颜色改变也很小，因而广泛地使用于浅色的橡胶制品中，如鞋、海绵等。

表 4－21　部分受阻酚对未硫化 IR 的防护效能①

添加 1 份	门尼粘度保持率/%
2,6－二叔丁基－4－甲基苯酚（对比）	90
2－叔丁基苯酚	<20
2,4 －二叔丁基苯酚	<20
2,4 －二（1－甲基苯甲基）苯酚	<20
2,4 －二（1－甲基苯甲基）－6－甲基苯酚	<20
2－叔丁基－4－甲基苯酚	26
叔丁基化的对甲酚与双环戊二烯的产物（Wingstayl）	56

①在温度为 70℃，老化 10 天测得。

由烷基化苯酚缩合成的双酚，有着与污染性胺类相似的防护效能。表 4－22 为双酚防老剂在天然硫化胶和未硫化 IR 中的防护效能。可见，连接双酚的基团按下列顺序使双酚在硫化NR及未硫化IR中的防护效能下降：邻亚甲基＞对亚甲基⩾硫代＞对亚烷基＞对亚异丙基。

邻亚甲基连接的双酚，由于苯环上的取代基不同及亚甲基上的氢原子被取代与否，对其防护效能有很大的影响。表 4－23 为邻亚甲基双酚上的取代基对其在硫化 NR 及未硫化 IR 中防护效能的影响。这些化合物在两种橡胶中的防护效能相似。当双酚上的烷基取代基按如下规律变化时，

（1）提高对位取代基体积；

（2）降低邻位取代基体积；

（3）连接双酚亚甲基上氢原子被逐渐取代；

导致其防护效能的降低。但2,2′－亚异丁基双（4－甲基－6－叔丁基苯酚）不符合这个一般规律，它有较高的防护效能，并不引起变色。这类防老剂的一个突出特性是它们能延缓被铜污染的橡胶制品的氧化。它们在这方面的应用超过很多胺及所有其他酚类防老剂，只有高污染性的对苯二胺与这类双酚一样有效。已经商品化的这类防老剂有2,2′－亚甲基双（4－甲基－6－叔丁基苯酚）（防老剂 2246）、2,2′－亚甲基双（4－乙基－6－叔丁基苯酚）

(AO425) 及2,2′-亚甲基双〔4-甲基-6-(α-甲基环已基) 苯酚〕(防老剂 WSP)。防老剂 2246 可广泛用于合成橡胶的稳定剂、SBR 的凝胶抑制剂及浅色的橡胶制品中。

表 4-22 双酚对硫化 NR 和未硫化 IR 的防护效能

加入1份	相对防护效能①	变色程度②	门尼粘度保持率/%③	颜色
2,6-二叔丁基-4-甲基苯酚 (防老剂 264)	—	0	90	很轻微的褐色
2,2-亚甲基双 (4-甲基-6-叔丁基苯酚) (防老剂 2246)	100	100	92	带粉红的褐色
4,4′-亚甲基双 (2, 6-二叔丁基苯酚) (防老剂 Ethyl 702)	63	230	87	黄色
4,4′-亚甲基双 (2-叔丁基-6-甲基苯酚)	77	170	80	黄色
4,4′-硫代双 (3-甲基-6-叔丁基苯酚) (Santowhite 结晶)	67	0	88	浅褐色
4,4′-硫代双 (2-甲基-6-叔丁基苯酚) (防老剂 Ethyl 736)	—	—	35	黄色
2,2′-硫代双 (4-甲基-6-叔丁基苯酚)	—	—	<20	玫红色
4,4′-亚丁基双 (3-甲基-6-叔丁基苯酚) (Santowhite 粉)	67	30	<20	很轻微褐色
1,1,3-三 (2-甲基-4-羟基-5 叔丁基苯基) 丁烷 (Topanol CA)	—	—	<20	很轻微褐色
4,4′-亚异丙基双 (2-叔丁基苯酚)	60	—	<20	很轻微褐色

①基于 70℃, 2.1MPa 氧压的氧弹中老化 6、11 及 16 天后的拉伸强度及回弹性保持率, 并把防老剂 2246 的有效看成 100。
②未添加的作为零, 添加防老剂 2246 的作为 100。
③在 70℃ 老化 10 天后测得。

表 4-23 邻亚甲基双酚上的取代基对其在硫化 NR 及未硫化 IR 中防护效能的影响

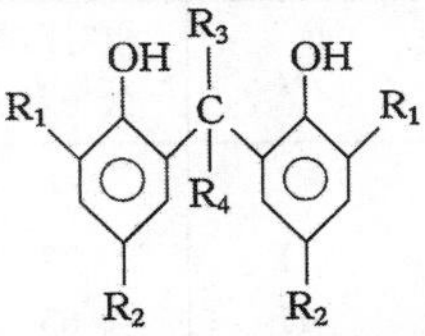

在双酚上的取代基				相对防护效能①	变色程度②	门尼粘度保持率/%③	颜色
R_1	R_2	R_3	R_4				
叔丁基	甲基	H	H	100	100	92	带粉红的褐色
叔丁基	乙基	H	H	87	60	—	—
叔丁基	甲基	正丙基	H	77	100	41	褐色
叔丁基	甲基	甲基	甲基	13	0	<20	很轻微褐色
环已基	甲基	H	H	73	60	—	—
环已基	叔丁基	H	H	20	0	—	—
1, 1-二甲基苯甲基	甲基	H	H	50	30	—	—
甲基	甲基	H	H	57	120	60	—
甲基	甲基	甲基	H	67	20	—	—
甲基	甲基	异丙基	H	93	0	—	—
叔丁基	甲基	甲基	H	—	—	<20	中褐色
叔丁基	甲基	乙基	H	—	—	<20	中褐色
叔丁基	甲基	异丙基	H	—	—	47	浅褐色
叔丁基	甲基	苯基	H	—	—	<20	浅黄色
叔辛基	叔辛基	H	H	—	—	<20	浅黄色
叔丁基	甲基	C (R_3, R_4) =S		—	—	<20	暗褐色 (玫色)

注: ①、②、③与表 4-22 中的相同。

取代基对对亚甲基双酚在硫化 NR 及未硫化 IR 中防护效能的影响如表 4-24 所示。可见，在连接双酚的亚甲基上的氢原子被烷基取代后，防护效能降低。这种化合物中一个可取的商品化防老剂是4,4′-亚甲基双（2,6-二叔丁基苯酚）(Ethyl702)，也可看成是受阻酚。这种防老剂被推荐用于橡胶与塑料的稳定。它在未硫化 IR 中与防老剂 2246 及防老剂 264 有类似的防护效能（如表 4-22），但使橡胶变成黄色。

间亚甲基双酚是近来发现的一种较新型的双酚。它的一般结构式为㉕。在相当低的用量下，它们就能对聚烯烃产生有效的防护作用。但由于价格过高，限制了它们的应用。

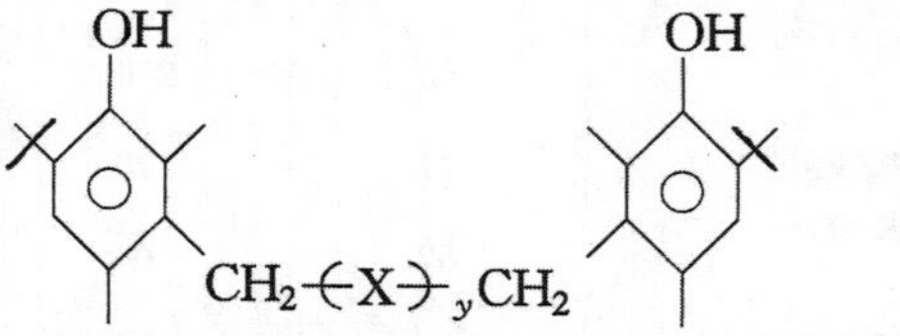

$$CH_2\text{-}(X)_y\text{-}CH_2 \quad ㉕$$

硫代双酚终止过氧自由基的能力要比受阻酚差一些，但它们还可以分解氢过氧化物。在高温下（高于 100℃），它们分解氢过氧化物的作用比终止自由基链的作用更有效。从表 4-22 可见，它们在未硫化 IR 及硫化 NR 中有较好的防护效能，并且所引起的变色也很小。这些化合物常用于对合成橡胶及聚烯烃的防护，但它们的主要用途是使用在象乳胶丝那样的既需要有较好的颜色，又需要较好的防护效果的应用中。

表 4-24 取代基对对亚甲基双酚在硫化 NR 及未硫化 IR 中防护效能的影响

(A) (B)

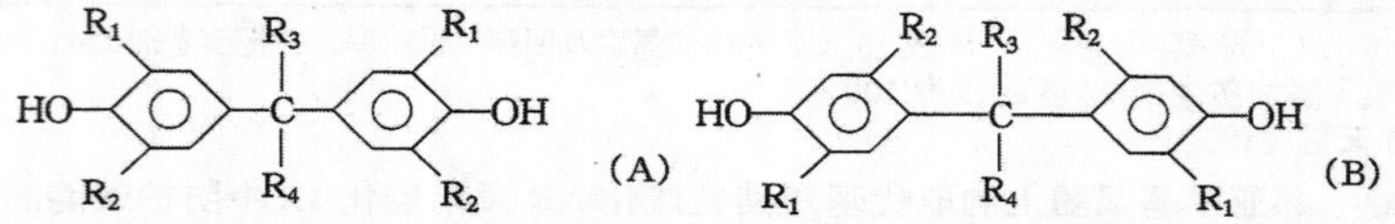

R_1	R_2	R_3	R_4	相对防护效能①	变色程度②	门尼粘度保持率/%③	颜色
在（A）上的取代基							
叔丁基	甲基	H	H	77	170	80	黄色
叔丁基	叔丁基	H	H	63	230	87	黄色
甲基	甲基	H	H	57	200	—	—
甲基	甲基	异辛基	H	27	100	—	—
叔丁基	H	甲基	甲基	60	0	<20	浅褐色
叔丁基	叔丁基	甲基	H	—	—	43	褐色
叔丁基	叔丁基	苯基	H	—	—	<20	浅褐色
叔丁基	叔丁基	甲基	甲基	—	—	<20	浅褐色
叔丁基	甲基	C（R_3、R_4）=S		—	—	35	黄色
在（B）上的取代基							
叔丁基	甲基	正丙基	H	67	30	<20	很轻微的褐色
叔丁基	甲基	异丙基	H	60	60	—	—
叔丁基	甲基	C（R_3、R_4）=S		67	0	88	很轻微的褐色

注：①、②、③与表 4-22 中的相同。

与胺类防老剂一样，酚类防老剂的抑制氧化能力与氧化电位的关系也得到广泛研究。通过对酚类化合物抑制汽油氧化的诱导期与氧化电位的关系的研究发现，氧化电位为 0.8V 左右的酚类化合物使汽油氧化的诱导期最长，氧化电位低于 0.4V 的酚类化合物由于可以直接被氧氧化，使诱导期变短。但是，酚类防老剂的氧化电位的大小，同样也不是评价其抑制氧化能力的足够依据。

（三）有机硫化物防老剂

有机硫化物是破坏氢过氧化物型防老剂。根据它的防护机理可知，有机硫化物的抑制效能主要取决于它是否容易氧化成为单氧化衍生物，以及该衍生物是否具有最佳稳定性。因此，凡是对它的这两种行为产生影响的结构，都影响着抑制效能。

表 4－25 为不同结构的一硫化物对烯烃自动氧化的抑制效率。大多数一硫化物抑制氧化的效果小，但当两侧的基团为不同的叔烷基时，或者一个取代基为叔烷基，另一个取代基为 1 位和 3 位上连有烷基的烯丙基时，抑制效果就高。苯基的取代效应通常相当于一个简单的烷基，当与适当的烯丙基硫结合时能增加抑制效果。

表 4－25　不同结构的一硫化物对烯烃自动氧化的抑制效果

低效一硫化物	阻缓比[①]	有效一硫化物	阻缓比[②]
$(CH_3CH_2CH_2CH_2)_2S$	1.7[②]	$(CH_3)_3CSC(CH_3)_3$	256
$(CH_3)_3CSC_6H_5$	1.4	$CH_3CH{=}CHCHCH_3SC(CH_3)_3$	93310[②]
$(CH_3)_3CSCH_3$	1.4	$(CH_3)_2C{=}CHCHCH_3SC(CH_3)_3$	276
$CH_2{=}CHCH_2SC(CH_3)_3$	1.5	$CH_3CH{=}CHCHCH_3SC_6H_5$	270[②]
$CH_3CH{=}CHCH(CH_3)SCH_3$	3.1		
$[(CH_3)_2C{=}CHCH(CH_3)_2]_2S$	4.4		
$C_6H_5CH{=}CHCHC_6H_5SC_6H_5$	2.3		

①阻缓比是抑制效率的量度，其定义为加有 0.25 摩尔硫化物的烯烃与纯烯烃吸氧量达 190（重量）所需时间的比率。
②在 53.2kPa 氧压下测得，其他均为 0.1MPa 氧压下测得。

烷基链上有酮取代基的一硫化物，其抑制氧化效能的高低取决于羰基和硫的相对位置。如果硫连结在羰基的 β 碳原子上 $-S-CH_2CH_2-\overset{|}{C}{=}O$，只要硫的 β 碳原子（羰基的 α 碳原子）上带有一个或两个氢原子，则该化合物显示很大的抑制氧化的能力。多支化的烷基取代基能提高这一抑制效能，如 $(CH_3)_3C-CO{\leftarrow}CH_2{\rightarrow}_2S-C(CH_3)_3$ 的阻缓比为 330，而 $CH_3CO(CH_2)_2S-CH_3$ 的阻缓比仅为 27。

与一硫化物相反，简单的烷基二硫化物有相当高的抑制能力，而比较复杂的烷基二硫化物和芳基二硫化物则效果降低，如表 4－26 所示。

表 4－26　二硫化物对烯烃自动氧化抑制效率

二　硫　化　物	阻　缓　化	二　硫　化　物	阻　缓　比
$[(CH_3)_2CHS]_2$	66	$[(CH_3)_3CS]_2$	1.6
$(CH_3CH_2CH_2CH_2S)_2$	121	$[CH_3(CH_2)_4C(CH_3)_2S]_2$	1.7
$[CH_3(CH_2)_5S]_2$	51	$[(C_6H_5)S]_2$	2
$[(CH_3)_2C{=}CHCHCH_3S]_2$	9	$[(C_6H_5)CH_2S]_2$	8

值得注意的是，取代的烯丙基叔烷基一硫化物（存在于天然橡胶的非促进剂硫黄硫化胶中）有突出的抑制氧化效能，而二链烯基一硫化物和二硫化物（存在于大多数使用促进剂的硫黄硫化胶的交联结构中）抑制氧化效能却很小。

四、抑制热氧化防老剂的并用与协同效应

为了获得好的防护效果，可以选用具有不同作用机理的防老剂进行并用。在实际应用中，选用两种具有不同作用机理的防老剂并用使用，常常可获得增效的防护效果。不仅如此，即使选用同一防护机理的两种防老剂并用使用，或者使用在同一分子上按不同机理起作用的基团同时存在的防老剂，有时也可获得增效的防护效果。但是，在某些情况下，当两种具有防护作用的物质并用使用时，反而使防护效能下降的情况也有。因此，在选用防老剂并用时，必须通过实验进行认真的选择。

(一) 对抗效应

所谓对抗效应是指当两种或两种以上的防老剂并用使用时，所产生的防护效能小于它们单独使用时的效果之和。也就是说，防老剂之间产生了有害的不良影响。在实际使用中应尽量避免这种效应产生。

当显酸性的防老剂与显碱性的防老剂并用时，由于二者产生了类似于盐的复合体，因而产生对抗效应。另外，通常的链断裂型防老剂与某些硫化物尤其是多硫化物之间也产生对抗效应，如在含有1%的4010NA的硫化天然橡胶中，加入多硫化物后使氧化速率提高，这也是对抗效应。在含有芳胺或受阻酚的过氧化物硫化的纯化天然橡胶中，加入三硫化物，也发现有类似的现象。对抗效应的产生与硫化物的结构有很大关系，如二链烯硫化物与防老剂有显著的对抗效应，而二正丁基硫化物和三正已基三硫化物则无对抗效应。一般单硫化物的影响比多硫化物小。

炭黑在橡胶中既有抑制氧化的作用，又有助氧化的作用。在链断裂型防老剂存在下炭黑抑制效果的减小，或在炭黑存在下防老剂防护效能的下降，都清楚地表明它们之间产生对抗效应，但产生这种对抗作用的实质尚不清楚。

(二) 加和效应

防老剂并用后所产生的防护效果等于它们各自作用的效果之和时，称之为加和效应。在选择防老剂并用时，能产生加和效应是最基本的要求。

同类型的防老剂并用后通常只产生加和效应，但有时并用后会获得其它好处。例如，两种挥发性不同的酚类防老剂并用，不但能产生加和效应，而且与等量地单独使用一种防老剂相比能够在更宽广的温度范围内发挥抑制效能。另外，大多数防老剂在使用浓度较高时显示助氧化效应，这可通过将两种或几种防老剂以较低的浓度并用予以避免，并用后的效果为各组分通常效果之和。

(三) 协同效应

当两种或多种防老剂并用使用时的效果大于每种防老剂单独使用的效果之和时，称之为协同效应。在选择防老剂时，这是希望得到的防老剂并用体系。当防老剂并用时，根据产生协同作用的机理不同，又可分为杂协同效应和均协同效应。如果同一防老剂分子上同时具有按不同机理起作用的基团时，它本身将产生自协同效应。

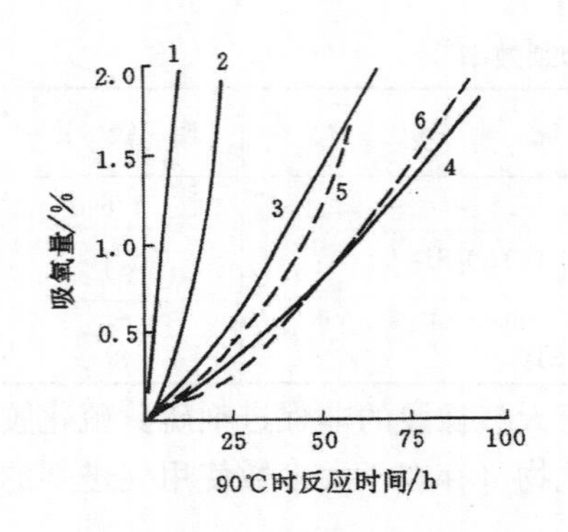

图4-34 防老剂在含铜天然硫化胶90℃氧化时的协同效应

1—含200ppm铜；2—在1中加入2份，防老剂MB；3—在1中加入2份防老剂D；4—在1中加入1份防老剂MB和1份防老剂D；5—在1中加入2份防老剂WSP；6—在1中加入1份防老剂WSP和1份防老剂MB

1. 杂协同效应 两种或两种以上按不同机理起作用的防老剂并用所产生的协同效应，称之为杂协同效应。链断裂型防老剂与破坏氢过氧化物型防老剂并用所产生的协同效应，属杂协同效应。当然，链断裂型防老剂与紫外线吸收剂、金属离子钝化剂及抑制臭氧老化的防老剂等之间的协同效应，也属于杂协同效应。

图4-34为防老剂D及防老剂WSP与防老剂MB之间在硫化NR中的协同效应。可见防老剂D及

防老剂WSP均与防老剂MB产生协同效应。表4－27为防老剂2246及防老剂4010与防老剂DLTDP（硫化二丙酸二月桂酯）在过氧化二异丙苯（DCP）硫化的天然橡胶中所产生的协同效应。据报道，防老剂D与防老剂TNP〔三（壬基苯基）亚磷酸酯〕或防老剂DSTP〔硫代二丙酸二（十八酯）〕也可产生协同效应。在链断裂型防老剂与TMTD无硫硫化胶中所产生的二硫代氨基甲酸锌之间，以及链断裂型防老剂与在EV或SEV硫化胶中所生成的苯并噻唑的锌盐之间，也发现有很强的协同效应。在聚烯烃中广泛使用的具有协同效应的防老剂并用体系是，DLTDP与防老剂264并用。这一体系非常有价值，因为这两种成分都是无毒性稳定剂，经美国食品和药物检验局批准可用于食品包装材料。

表4－27 防老剂在硫化NR中的防护效能①

防老剂	未老化		125℃×2天老化后	
	拉伸强度/MPa	100%定伸应力/MPa	拉伸强度/MPa	100%定伸应力/MPa
防老剂2246（2%）	18.0	0.77	0.8～1.8	0.21
防老剂DLTDP（2%）	18.0	0.77	5.3	0.47
防老剂4010（1%）	15.4	0.75	4.5	0.48
防老剂2246（0.5%）/防老剂DLTDP（0.5%）	17.0	0.66	6.0	0.47
防老剂4010（0.5%）/防老剂DLTDP（0.5%）	19.6	0.78	12.4	0.49

①配方为NR100，DCP3，140℃×60min硫化的物性。

协同效应的大小不仅与防老剂种类有关，而且也与防老剂的配比有关。图4－35为对羟基二苯胺（HDPA）与防老剂MB及2—巯基苯并噻唑（MBT）所产生的协同效应与配比的关系。可见，HDPA与MBT及防老剂MB均产生协同效应，但根据配比不同，分别在不同的配比下产生最大的协同效应。有人对链断裂型防老剂与破坏氢过氧化物型防老剂并用所产生的协同效应与配比的关系进行了理论计算。

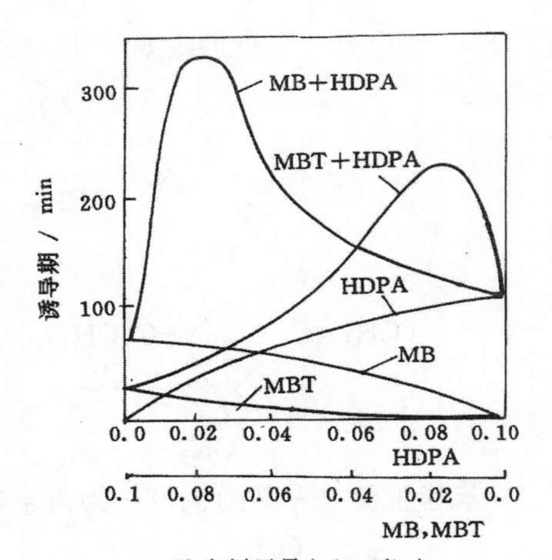

图4－35 硫化胶在200℃氧化时不同防老剂所产生的协同效应与配比的关系

链断裂型防老剂与破坏氢过氧化物型防老剂并用能产生协同效应的原因是，破坏氢过氧化物型防老剂分解氧化过程中所产生的氢过氧化物为非自由基，使作为自由基来源的氢过氧化物的链引发作用减小到可忽略不计的程度，从而减少了链断裂型防老剂的消耗，使其能在更长的时期内有效地发挥抑制作用。同样，链断裂型防老剂可以有效地终止产生链传递的自由基，使氧化的动力学链长（每个引发的自由基与氧反应的氧分子数）缩短，仅生成少量的氢过氧化物，从而大大减慢了破坏氢过氧化物型防老剂的消耗速率，延长了其有效期。因此，在这样的并用体系中，两种防老剂相互依存，相互保护，并且共同起作用，从而有效地使聚合物的使用寿命延长，防护效果远远超过各成分的效果之和。

2．均协同效应　两种或两种以上的以相同机理起作用的防老剂并用所产生的协同效应称为均协同效应。

两种不同的链断裂型防老剂并用时，其协同作用的产生是氢原子转移的结果，即高活性防老剂与过氧自由基反应使活性链终止，同时产生一个防老剂自由基，此时低活性防老剂向新生的这个高活性防老剂自由基提供氢原子，使其再生为高活性防老剂。这些能提供氢原子的防老剂是一种特殊类型的防老剂，一般称为抑制剂的再生剂。两种邻位取代基位阻程度不同的酚类防老剂并用，两种结构和活性不同的胺类防老剂并用，或者一种仲二芳胺与一种受阻酚并用，都可产生良好的协同效应。其原因就在于并用后高活性防老剂能有效地清除体系内发生链传递的自由基，而低活性防老剂又不断地提供氢原子，使高活性的防老剂再生，从而延长了高活性防老剂的有效期。

从以前的讨论可知，邻位取代位阻较小的苯氧自由基可以引发聚合物氧化，因此，邻位取代基位阻程度不同的酚类防老剂并用时，能够避免苯氧自由基链引发反应，也是其产生协同效应的原因之一。不同位阻酚类化合物并用时的协同作用机理如下：

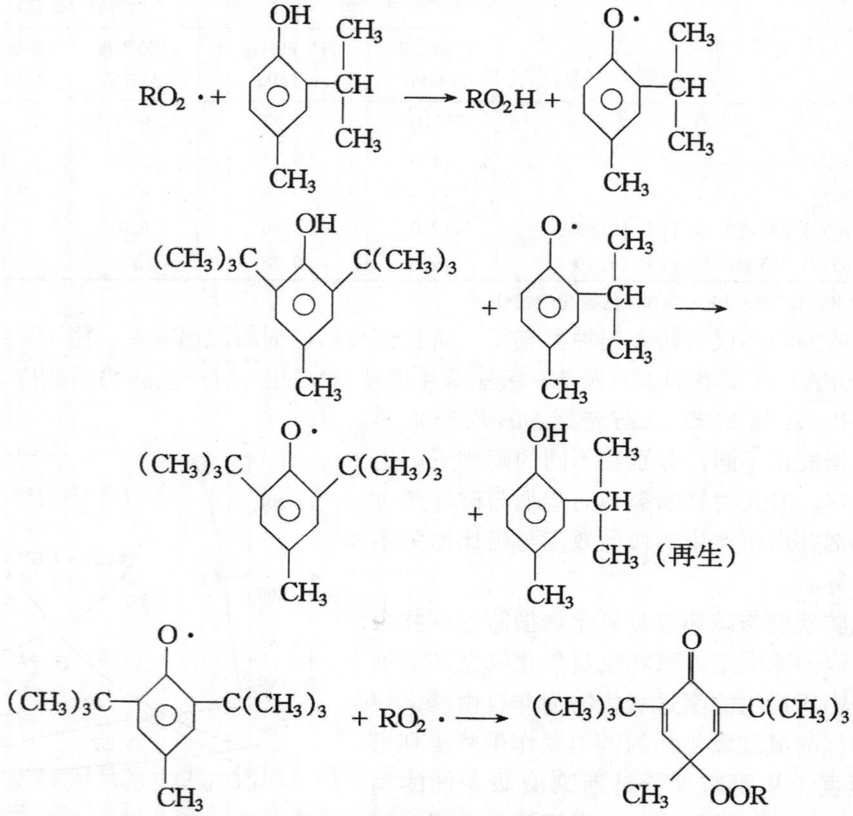

$RO_2\cdot$ + (OH, $CH(CH_3)_2$, CH_3 取代苯) $\longrightarrow$ RO_2H + (O·, $CH(CH_3)_2$, CH_3 取代苯)

(OH, $(CH_3)_3C$, $C(CH_3)_3$, CH_3 取代苯) + (O·, $CH(CH_3)_2$, CH_3 取代苯) $\longrightarrow$

(O·, $(CH_3)_3C$, $C(CH_3)_3$, CH_3 取代苯) + (OH, $CH(CH_3)_2$, CH_3 取代苯)（再生）

(O·, $(CH_3)_3C$, $C(CH_3)_3$, CH_3 取代苯) + $RO_2\cdot$ $\longrightarrow$ (O=, $(CH_3)_3C$, $C(CH_3)_3$, CH_3, OOR 环己二烯酮)

二苯基肼及 β －萘酚也可作为再生剂与某些酚类防老剂产生协同效应，其机理如下：

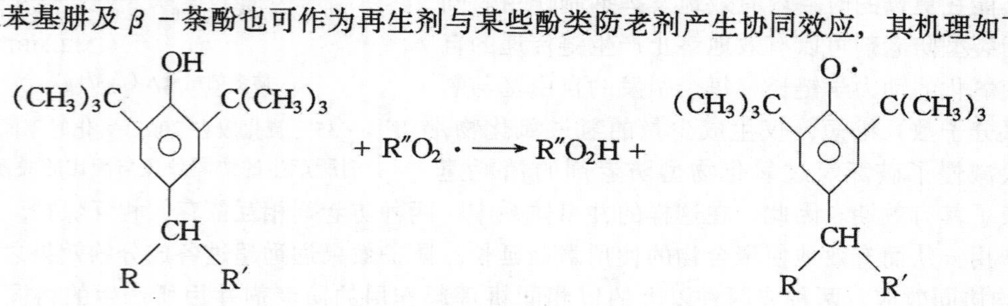

(OH, $(CH_3)_3C$, $C(CH_3)_3$, CH(R)(R′) 取代苯) + $R''O_2\cdot$ $\longrightarrow$ $R''O_2H$ + (O·, $(CH_3)_3C$, $C(CH_3)_3$, CH(R)(R′) 取代苯)

$$2\ \text{[O·; }(CH_3)_3C\text{, }C(CH_3)_3\text{; }CH(R)(R')\text{]} + C_6H_5{-}NH{-}NH{-}C_6H_5 \longrightarrow$$

$$2\ \text{[OH; }(CH_3)_3C\text{, }C(CH_3)_3\text{; }CH(R)(R')\text{]} + C_6H_5{-}N{=}N{-}C_6H_5$$

$$\text{[OH; }(CH_3)_3C\text{, }C(CH_3)_3\text{; }CH_3\text{]} + RO_2\cdot \longrightarrow RO_2H + \text{[O·; }(CH_3)_3C\text{, }C(CH_3)_3\text{; }CH_3\text{]}$$

$$2\ \text{[O·; }(CH_3)_3C\text{, }C(CH_3)_3\text{; }CH_3\text{]} + \text{[naphthyl–OH]} \longrightarrow$$

$$\text{[naphthyl–O–C(}CH_3\text{); }(CH_3)_3C\text{, }C(CH_3)_3\text{; O]} + \text{[OH; }(CH_3)_3C\text{, }C(CH_3)_3\text{; }CH_3\text{]}$$

有些物质单独使用时没有防护效果，但与某些防老剂并用时，可象前述的均协同机理一样，作为再生剂产生协同效应。如二烷基亚磷酸酯可与某些酚类防老剂按如下机理起作用：

$$\text{[OH; }(CH_3)_3C\text{, }C(CH_3)_3\text{; R]} + R'O_2\cdot \longrightarrow R'O_2H + \text{[O·; }(CH_3)_3C\text{, }C(CH_3)_3\text{; R]}$$

$$\text{[O·; }(CH_3)_3C\text{, }C(CH_3)_3\text{; R]} + H{-}\overset{O}{\overset{\|}{P}}{(}OR''{)}_2 \longrightarrow \text{[OH; }(CH_3)_3C\text{, }C(CH_3)_3\text{; R]} + \cdot\overset{O}{\overset{\|}{P}}{(}OR''{)}_2$$

$$2\ (CH_3)_3C\text{-}[\text{quinone methide, C=O, =R}]\text{-}C(CH_3)_3 + H\text{—}\overset{O}{\overset{\|}{P}}(OR'')_2 \longrightarrow$$

$$(CH_3)_3C\text{-}[\text{C}_6\text{H}_2(OH)(R)]\text{-}C(CH_3)_3 + (CH_3)_3C\text{-}[\text{C}_6\text{H}_2(O\text{—}P(=O)(OR'')_2)(R)]\text{-}C(CH_3)_3$$

2,6－二叔丁基苯酚也可作为再生剂，与某些链断裂型防老剂并用产生协同效应。但是，若两种防老剂除按这种再生机理产生协同效应外，某一种或两种防老剂还具有过氧化物分解剂的功能，则可获得更高的协同效应。例如苯环上连有取代基的苯酚与象 β,β'－二苯基乙基单硫化物那样的 β 活化的硫醚并用使用时，可在很长的时期内显示非常有效的链断裂型防老剂的作用。这是由于 β 活化的硫醚提供氢原子使酚类防老剂不断再生，同时这种硫醚还可以破坏氢过氧化物，并且在破坏氢过氧化物生成亚砜后分解的衍生物，也有助于酚类防老剂的再生。

3．自协同效应　当同一防老剂可以按两种或两种以上的机理起抑制作用时，可产生自协同作用。一个最常见的例子是既含有受阻酚的结构，又含有二芳基硫化物结构的硫代双酚类防老剂。例如4,4′－硫代双（2－甲基－6－叔丁基苯酚）既可以象酚类防老剂那样终止链传递自由基，又可以象硫化物那样分解氢过氧化物。前面讨论的二硫代磷酸盐、巯基苯并噻唑盐、二硫代氨基甲酸盐及巯基苯并咪唑盐，除破坏氢过氧化物外，还可以清除过氧自由基。例如不同的锌盐在30℃时清除过氧自由基的顺序为：黄原酸锌＞二硫代磷酸锌≥二硫代氨基甲酸锌。有机硫化物在抑制氧化过程中，也有终止过氧自由基的能力。当然，这些金属盐及有机硫化物的链断裂作用对整个抑制氧化过程的贡献是比较小的，主要的作用还是分解氢过氧化物。

另外，某些胺类防老剂除起到链终止作用外，还可以络合金属离子，防止金属离子引起的催化氧化，甚至具有抑制臭氧化的能力。二烷基二硫代氨基甲酸的衍生物既有金属离子钝化剂的功能，又有过氧化物分解剂的功能。二硫代氨基甲酸镍不仅可以分解氢过氧化物，而且还是一种非常有效的紫外线稳定剂。所有这些，都产生自协同效应。

由于硫黄硫化胶中含有高浓度的单硫、双硫及多硫交联键，因而含硫防老剂在这种硫化胶中产生的自协同效应不太明显。然而当 R 为氢原子，结构为㉖的化合物，与不饱和橡胶反应连接到橡胶大分子上后（此时㉖中的 R 为橡胶大分子），所显示出的抑制氧化效果优于

$$C_6H_5\text{—NH—}C_6H_4\text{—NHCOCH}_2SR$$

㉖

防老剂 N－异丙基－N'－苯基对苯二胺（防老剂4010NA或防老剂 IPPD）。当 R 为 H 原子结构为㉗的化合物（BHBM）与丁腈橡胶反应连接到大分子上后（R 变为丁腈橡胶大分子），也显示出自协同效应，抑制氧化的效果比防护效能很高的2,2,4－三甲基－1,2－二氢化喹啉

聚合体（防老剂 RD）还高。

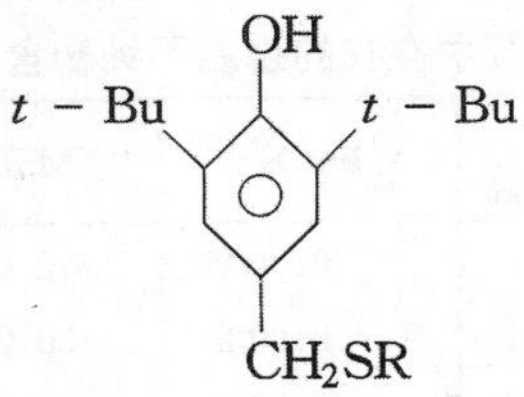

OH

$t-Bu$ $t-Bu$ ㉗

CH_2SR

第五节　金属离子的催化氧化

橡胶在产生热氧老化或光氧老化时，若有某些金属离子存在，可大大加速老化进程，这称之为金属离子的催化氧化。

一、橡胶中金属离子的来源及种类

在橡胶或其他聚合物制品中，都以金属氧化物、盐或金属有机化合物的形式含有一些金属不纯物。这些金属不纯物主要来源于三个过程，即①在生胶的制造过程中混入的；②在橡胶制品的加工过程中混入的；③在制品的使用过程中混入的。

对于天然橡胶来说，因产地的水质不同，所含的金属离子的种类及量也不同；在使 NR 胶乳凝固时所用的凝固剂醋酸，常含有微量的铜，从而使 NR 中铜含量增加。在乳液聚合法合成橡胶时，所使用的金属皂及凝固剂，均使一定量的金属离子残存在橡胶中。很多橡胶或其他聚合物聚合时常使用金属化合物作为催化剂，如为大家所熟知的 Ziegler－Natta 催化剂，是有机金属不纯物的主要来源，尽管在聚合后通过适当的方法除掉这些催化剂，但完全除掉是不可能的，总有一部分残存在聚合物中。另外，聚合物中的某些金属不纯物，也可以来自包装材料。

橡胶在加工过程中要用混炼机、压延机、压出机等设备，因而某些金属不纯物来自于这些加工设备。在橡胶中加入的各种配合剂常含有一定量的金属不纯物，尤其是某些颜料表面常吸附一些金属化合物，这也是金属离子的主要来源之一。用纤维作增强材料的橡胶制品，纤维中也含有一定量的金属，例如 ASTM 规定纤维中的铜含量应低于 0.001%。当然，含有金属骨架的橡胶制品，金属骨架也是金属不纯物的一个重要来源。

除上述来源外，金属不纯物还可在橡胶制品的使用过程中从与其接触的金属部件上迁入，如用橡胶作为绝缘保护体的金属导线等。

由此可见，橡胶或橡胶制品中金属不纯物的来源有很多，因而不同的橡胶、不同的橡胶制品中金属不纯物的含量是不同的。即使同一类橡胶制品，因原料、配方、加工过程及使用条件的差异，金属不纯物的含量也有区别。表 4－28 为不同橡胶中存在的金属不纯物的含量。对橡胶制品的分析发现，其中含有 23 种微量元素，分别是铝、锰、钡、硼、铬、钙、镉、铜、铁、铅、锑、镁、钼、镍、磷、钾、砷、钠、锶、锡、钛、钒及锌等。

二、金属离子对橡胶的催化氧化

（一）金属离子对橡胶氧化的催化作用

橡胶中存在的微量金属对老化的促进作用，早在本世纪初就已发现，例如很早之前就报道了使 NR 胶乳凝固的醋酸中所含的微量铜能加速氧化，使生胶的粘着性增加。铜离子对 NR 的催化老化，以前被人们称之为铜害，并进行过很多研究。表 4－29 为铜对天然硫化胶热氧老化的影响。图 4－36 为不同金属的硬脂酸盐对 NR 热氧老化过程中吸氧量的影响。可

见铁、铜、锰及钴均能促进热氧老化，其中锰和钴最为显著。因此，荷兰规定了原材料中

表 4-28　橡胶中存在的金属不纯物含量

橡 胶 种 类	Co/%	Cu/%	Fe/%	Mn/%	Ni/%	Pb/%
IR①	<0.0001	<0.0001	0.0005	<0.0001	<0.0001	<0.0001
BR②	<0.0001	<0.0001	<0.0003	<0.0001	<0.0001	<0.0001
cis-BR③	<0.0005	<0.0005	0.0080	<0.0001	<0.0005	<0.0010
SBR④	<0.0001	0.0005	0.0018	<0.0001	0.0001	<0.0001
IIR⑤	<0.0005	0.0001	0.0050	<0.0001	<0.0005	0.0010
EPDM⑥	<0.0002	0.0002	0.0020	<0.0001	<0.0002	0.0010
POR⑦	<0.0001	0.0003	0.0014	<0.0001	<0.0005	<0.0010
PAR⑧	<0.0002	0.0001	0.0060	<0.0001	<0.0005	<0.0010
NBR⑨	<0.0005	0.0002	0.0030	<0.0001	<0.0005	<0.0012

①Sell 公司产，异戊橡胶-309（含有防老剂）。
②Firestone 公司产，顺丁橡胶（含有少量防老剂）。
③Philips 公司产，顺丁橡胶（含有防老剂）。
④Philips 公司产，溶聚丁苯 4/SK-4（含有防老剂）。
⑤Polysar 公司产，IIR-101（不含防老剂）。
⑥Du Pont 公司产，Nordel（含有防老剂）。
⑦Dow 公司产，聚氧化丙烯，试验品（含有防老剂）。
⑧Goodyear 公司产，聚丙烯酸，RPA-1167A（不含防老剂）。
⑨美国橡胶公司产，丁腈橡胶，丙烯腈含量约为 32%（含有防老剂）。

表 4-29　铜对 NR 硫化胶热氧老化的影响

老化时间/天 铜含量/%	老化后的拉伸强度/MPa（70℃，氧压为 2.1MPa 下老化）				
	0	1	2	3	7
0	28.5	25.7	24.6	22.9	19.9
0.00001	28.5	25.0	25.7	22.7	19.3
0.0001	28.5	23.9	24.6	22.2	18.3
0.0005	28.5	25.1	22.5	19.2	13.5
0.001	28.5	24.6	21.1	16.7	13.4
0.005	27.4	20.2	13.0	3.9	液态化

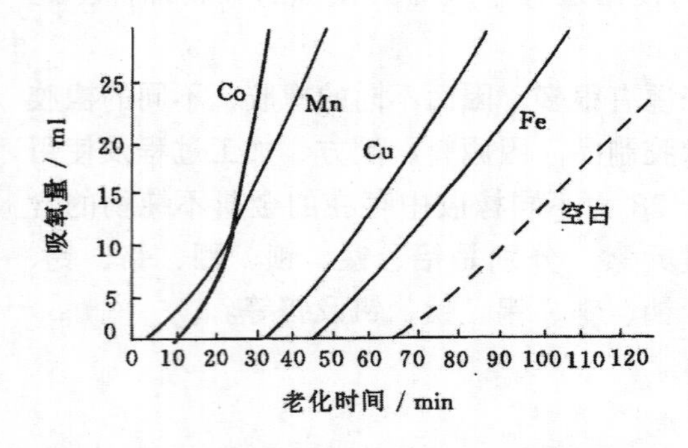

图 4-36　金属硬脂酸盐对 NR 老化的影响
（添加量 0.1%，氧压 0.1MPa，老化温度 110℃）

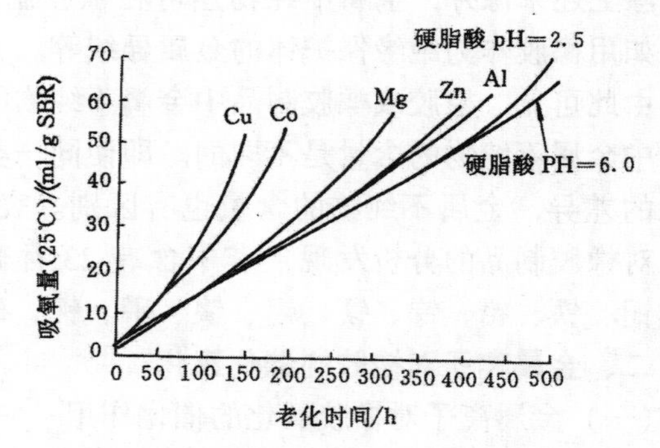

图 4-37　各种凝固剂对 SBR 硫化胶的吸氧量的影响（氧压 0.1MPa，老化温度 100℃）

锰的最大允许量，对于生胶为 0.001%，配合剂为 0.002%，无机填充剂为 0.005%。

乳液聚合的 SBR，由于采用的凝固剂不同，因而残存在橡胶中的金属离子也不一样，

图 4－37 为不同凝固剂残存的不同金属离子对 SBR 硫化胶吸氧量的影响。为了合成 IR 及 BR 等有规立构橡胶，常使用烷基铝和卤化钛的混合物作为催化剂。因此，由该法制得的 IR 及 BR 中，必定残存有一定量的钛盐。为了考察钛盐对橡胶老化的影响，将硬脂酸钛加入到纯化的天然生胶中，并加入防老剂 D，测定其吸氧曲线，结果如图 4－38 所示。为了对比起见，图中还标出了加有硬脂酸铜的吸氧曲线。由图可见，钛的加入可提高吸氧速度，但铜催化氧化的效果要比钛显著得多。

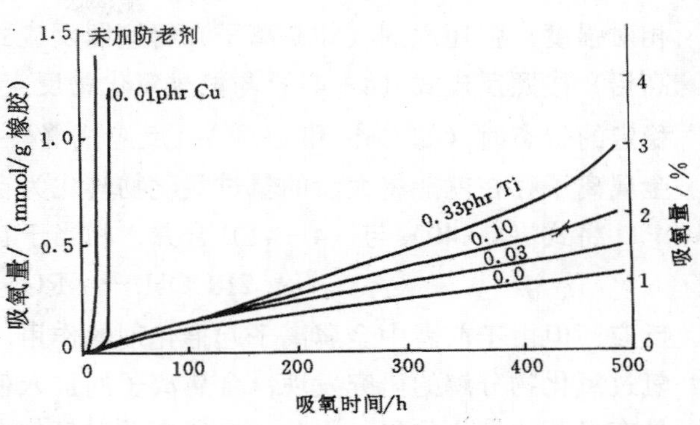

图 4－38　钛及防老剂对未硫化 NR 氧化的影响

金属离子不同，对橡胶的催化氧化作用是不同的，表 4－30 为各种金属对橡胶吸氧速度的影响。

表 4－30　各种金属对吸氧速度（ml/h）的影响①

橡　胶	温度/℃	无	硬脂酸	硬脂酸盐									
				Ce	Co	Cu	Fe	Pb	Mn	Ni	Na	Sn	Zn
IR（Shell 公司）	110	23.0	30.0	—	72.0	36.0	31.0	—	46.0	31.0	34.0	—	35.0
BR（Firestone 公司）	120	32.8	24.6	30.5	61.5	48.0	51.8	41.5	43.5	34.1	32.0	6.3	37.5
BR（Philips 公司）	150	39.5	22.5	62.0	43.5	35.6	97.0	51.0	38.0	24.0	39.6	45.0	23.8
溶聚 SBR（Philips 公司）	120	35.0	17.0	55.5	125.0	54.0	31.0	39.3	42.0	43.0	35.0	21.1	39.4
IIR（Polysar 公司）	130	5.9	6.8	6.0	7.7	6.2	5.1	4.6	5.2	5.3	6.6	4.1	5.0
EPDM（Du Pont 公司）	150	38.0	30.0	32.0	62.0	46.0	60.0	28.0	33.0	34.0	34.0	25.5	23.0
POR（Dow 化学公司）	120	36.2	35.8	34.5	49.8	28.0	33.0	36.4	50.4	37.1	31.7	36.1	38.6
丙烯酸橡胶（Goodyear 公司）	130	4.9	6.3	7.1	5.5	8.4	7.8	6.0	5.7	5.8	6.2	6.0	6.1
NBR（美国橡胶公司）	120	6.4	12.0	15.0	22.0	10.0	29.0	13.0	12.0	9.0	12.0	—	11.0

①添加量为 0.1%。

（二）金属离子的催化氧化机理

尽管早就知道金属离子对橡胶的催化氧化作用，并进行了较多的研究，但到目前为止仍有许多问题尚未了解清楚。关于金属离子的催化氧化过程，人们曾提出了许多不同的机理，如金属（式中用 M 表示）离子直接与聚合物的反应：

$$M^{(n+1)+} + RH \longrightarrow M^{n+} + R\cdot + H^{+}$$

金属直接与氧的反应：

$$M + O_2 \longrightarrow M\cdots O_2$$

$$M\cdots O_2 + RH \longrightarrow R\cdot + M + \cdot O_2H$$

等。但目前较为人们所接受的是金属离子通过单电子的氧化还原反应催化氢过氧化物分解成自由基的机理：

$$ROOH + M^{n+} \longrightarrow RO\cdot + M^{(n+1)+} + OH^{-} \qquad (4-40)$$

$$ROOH + M^{(n+1)+} \longrightarrow ROO\cdot + M^{n+} + H^{+} \qquad (4-41)$$

其反应过程为，金属离子先与烷基氢过氧化物形成不稳定的配位络合物，然后通过电子转移生成自由基，对氧化产生催化效应。某些实验已证实了烷基氢过氧化物与金属离子之间配位络合物的存在。因此，金属离子作为氧化还原催化剂效能的高低取决于它与氢过氧化物形成配位络合物的难易及形成的络合物的氧化还原电位的大小。

式（4－40）及（4－41）两种反应的相对难易，取决于金属离子作为氧化剂或还原剂的相对强度，强还原剂（如铁离子）将按照反应式（4－40）形成 RO·，而强氧化剂（如醋酸高铅）按照反应式（4－41）与氢过氧化物反应形成 RO_2·自由基。当金属离子具有两种比较稳定的价态时（如 Co^{2+} 和 Co^{3+}），反应式（4－40）及（4－41）都可发生，以致很微量的金属离子存在就能将大量的氢过氧化物转化为自由基。

将式（4－40）与（4－41）合并，相当于在热氧老化中所讲的氢过氧化物的双分子分解

$$2ROOH \longrightarrow RO\cdot + ROO\cdot + H_2O$$

反应，但由于前者中金属离子起催化剂的作用，分解速度远大于后者。通过对金属离子催化氢过氧化物分解的研究发现，金属离子的加入使氢过氧化物分解的活化能约降低 42kJ/mol，具有显著的催化作用。因此，金属离子对氧化老化的影响就在于加速氢过氧物的分解为自由基，从而增加链引发的速率。

但是，应该指出的是，并非金属离子都具有催化氧化的作用，如二硫代氨基甲酸及二烷基二硫代磷酸的镍盐和锌盐，都是较好的热氧老化和光氧老化的防老剂。当某些过渡金属离子以较高的浓度存在时，也发现有抑制自动氧化的作用。这些金属离子可能以高价或低价状态通过单电子的氧化还原反应终止链传递自由基：

$$RO_2\cdot + M^{n+} \longrightarrow RO_2^- + M^{(n+1)+} \qquad (4-42)$$

$$R\cdot + M^{(n+1)+} \longrightarrow R^+ + M^{n+} \qquad (4-43)$$

对于 Mn^{2+} 和 Co^{2+} 来说，终止反应可能按反应式（4－42）进行，而对于 Cu^{2+} 是按反应式（4－43）发生终止反应。实际上，当体系中有足够的氧提供时，烷基自由基的浓度远低于烷基过氧自由基的浓度，因而式（4－43）的反应速率是相当低的。Laver 认为，既然金属离子很容易通过单电子转移的氧化还原过程催化氢过氧化物分解，那么也没有明显的理由说明这样的金属离子为什么不能通过类似的过程按式（4－42）及（4－43）促进链终止。

另外需要说明的是，上述所讨论的金属离子通过单电子转移的氧化还原过程催化氢过氧化物分解的机理，可以解释过渡金属离子或者变价金属离子的催化过程。人们通常所说的金属离子的催化氧化往往也都是指变价金属离子或过渡金属离子。但是，由金属离子对氧化的催化作用的讨论可知，钠离子在某些橡胶中有时也表现出催化氧化作用，这似乎是用氧化还原催化氢过氧化物分解的机理所不能解释的。

（三）影响金属离子催化氧化的因素

1．金属离子及橡胶的种类　不同的金属离子在同一橡胶中显示出不同的催化氧化作用，而同一金属离子在不同的橡胶中也往往显示出不同的催化效果。通过实验，不同的金属离子在不同的橡胶中对提高氧化速率的有效性为：

顺式聚异戊二烯橡胶（IR）

$Co^{2+} > Mn^{2+} > Cu^{2+} \gg Zn^{2+} > Na^+ > Fe^{3+} \approx Ni^{2+}$

BR（高顺式）

$Fe^{3+} \gg Ce^{4+} > Pb^{2+} > Sn^{2+} \approx Co^{2+} > Na^+ \gg Mn^{2+} > Ni^{2+} > Zn^{2+}$

BR（低顺式）

$Co^{2+} > Fe^{3+} > Cu^{2+} > Mn^{2+} > Pb^{2+} > Zn^{2+} > Ni^{2+} > Na^+ > Sn^{2+}$（$Sn^{2+}$ 显示抑制）

溶聚 SBR

$Co^{2+} \gg Ce^{4+} \approx Cu^{2+} > Ni^{2+} \approx Mn^{2+} > Zn^{2+} > Na^{+} > Fe^{3+} > Sn^{2+}$

EPDM

$Co^{2+} > Fe^{3+} > Cu^{2+} \gg Na^{+} \approx Ni^{2+} \geqslant Mn^{2+} \geqslant Ce^{4+} > Pb^{2+} > Sn^{2+} > Zn^{2+}$

聚氧化丙烯

$Mn^{2+} \geqslant Co^{2+} \gg Zn^{2+} > Ni^{2+} > Pb^{2+} \approx Sn^{2+} > Ce^{4+} \geqslant Fe^{3+} > Na^{+} > Cu^{2+}$

（Ce^{4+}、Fe^{3+}、Na^{+}及Cu^{2+}显示抑制作用）

IIR

$Co^{2+} > Na^{+} > Cu^{2+} > Ce^{4+} > Ni^{2+} > Mn^{2+} > Fe^{2+} > Zn^{2+} > Pb^{2+}$

NBR

$Fe^{3+} > Co^{2+} \gg Ce^{4+} > Pb^{2+} > Mn^{2+} \approx Na^{+} > Zn^{2+} > Cu^{2+} > Ni^{2+}$

在上述橡胶中，钴离子总是显示出很强的催化氧化作用；铜、铁及锰通常显示催化氧化作用，但并不总是如此；而铅、锌及钠也并不总是象想象的那样呈现出惰性。因此，某种金属离子在某一种橡胶中可能是惰性的，而在另一种橡胶中就可能显示出催化氧化作用，不能一概而论。

2．金属离子之间的协同催化效应　若氧化体系有两种或两种以上的金属离子同时存在，则金属离子之间根据情况不同将产生不同的协同催化效应。对不含防老剂的SBR中的金属离子催化氧化的研究发现，钴总是显示正的协同效应，钙总是显示零或负的协同效应，锰、铁、铜、铈、钒、锌及铅根据成对金属的特性不同而显示出正的协同效应或负的协同效应；令人惊奇的是，通常显示正协同效应的锰、铁及铜之间却显示负的协同效应。

因橡胶的品种不同，硬脂酸既显示出促进氧化的作用，又显示出抑制氧化的作用。有时硬脂酸与某些金属一起，也显示出协同催化效应。图4－39为硬脂酸及某些硬脂酸盐对BR氧化的影响，可见硬脂酸有加速老化的作用，硬脂酸与硬脂酸的铜盐及铁盐有正的催化氧化的协同效应。

由上述讨论可见，不同金属离子之间及金属离子与其他物质之间对氧化的影响是比较复杂的。因此，对于通常含有痕量各种金属的商品聚合物来说，这些金属对氧化的总的影响是很难预测的。此外，阴离子的特性还影响着金属离子的溶解性和活性。就目前的认识程度来说，任何金属不纯物都值得怀疑，但必须通过实验加以确定。

3．金属离子的浓度　一般说来，随着金属离子浓度的提高，催化作用加强，氧化速度加快（如表4－30）。但是，对某些金属离子（Co^{2+}、Cn^{2+}、Mn^{2+}）的研究发现，当其浓度超过一定值后，氧化的催化作用突然停止，并且直到一个长的诱导期结束后催化作用也不再重新开始。图4－40为癸酸锰催化萘满氧化时的氧化速率与锰的浓度的关系。由图可见，随着癸酸锰浓度的提高，氧化速率提高并达到一个极限值，但当金属离子的浓度超过某一值后，吸氧速率激烈地下降。金属离子浓度提高后所产生的抑制作用，是由于金属离子按式（4－42）及（4－43）反应，终止了产生链传递反应的自由基的结果。

4．橡胶硫化的影响　金属离子对橡胶氧化老化的催化作用不仅与橡胶的种类有关，而且既使对同一橡胶还与橡胶的硫化与否及硫化体系的不同而不同。表4－31为钛对采用不同硫化体系并含有1份防老剂的NR氧化的影响。由表4－31可见，除含DPPD的TMTD无硫硫化胶外，其他硫化橡胶都比生胶易发生热氧老化；硫黄/次磺酰胺硫化的比TMTD无硫硫化的NR的氧化更易受钛的催化作用。

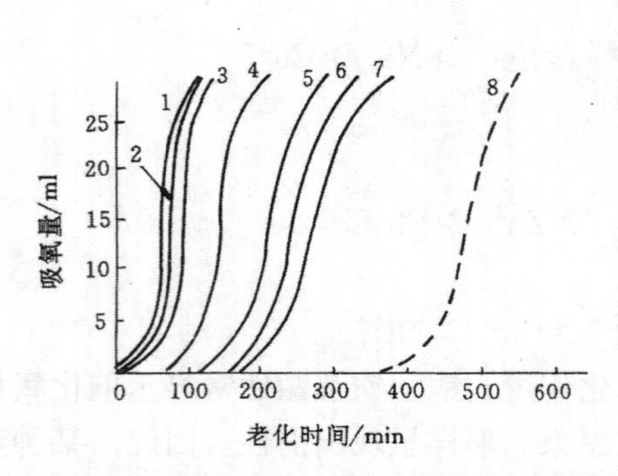

图 4－39　硬脂酸及硬脂酸盐对 BR 氧化的影响

1—铜 0.1%；2—铜 0.05%；硬脂酸 0.05%；3—铜 0.05%；4—铁 0.05%，硬脂酸 0.05%；5—铁 0.1%；6—铁 0.05%；7—硬脂酸 0.1%；8—空白

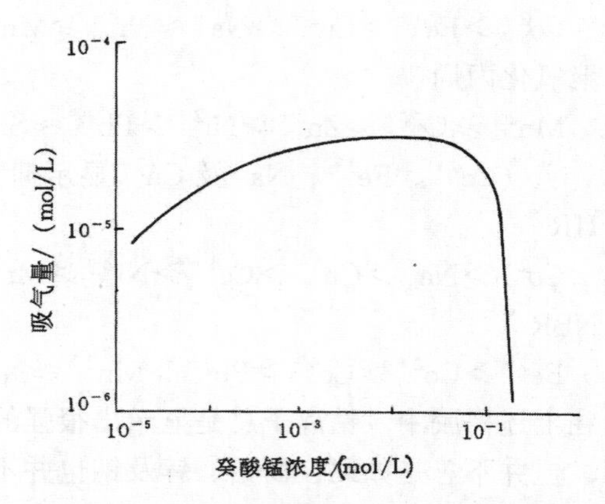

图 4－40　十氢萘在 65℃氯苯中的氧化速率与癸酸锰浓度的关系

表 4－31　钛对 NR 氧化的影响

防老剂 1 phr	硬脂酸钛配合量换算为钛/phr	在 100℃吸收 1%的氧所需时间/h		
		未　硫　化	TMTD 无硫硫化	硫黄＋次磺酰胺硫化
防老剂 264	0	270	90	16
	0.07	140	62	8
防老剂 2246	0	430	136	33
	0.07	40	65	11
防老剂 D	0	460	215	27
	0.07	240	210	10
防老剂 DPPD	0	160	210	44
	0.07	165	200	18

三、防止金属离子催化氧化的方法

根据金属离子通过单电子转移的氧化还原反应催化氢过氧化物分解的机理来看，要抑制金属离子的催化作用有两个基本途径：或是将金属离子稳固地络合至最高配位数；或是将金属离子稳定在一个价态，摈弃其他价态。此外，形成不溶性产物（如橡胶中有铁离子存在时，在硫黄硫化过程中形成 FeS）也能钝化金属离子。

凡是能使金属离子失去催化活性的物质称为金属离子钝化剂或金属离子失活剂。具有这种作用的物质有 3，5－二叔丁基－4－羟基苯基乙酸、亚乙基二氮川四乙酸等可作为配位体的化合物，以及烷基二硫代磷酸镍、二烷基二硫代氨基甲酸锌、乙酰丙酮钴等的螯合化合物。如二乙基二硫代氨基甲酸盐可以钝化铜对 BR 的催化氧化。

作为金属离子钝化剂的各种配位体化合物，是通过与金属离子配位形成稳固的络合物来钝化金属离子的。例如 N,N'－二（亚水杨基）甲基乙二胺是按如下方式钝化铜离子的：

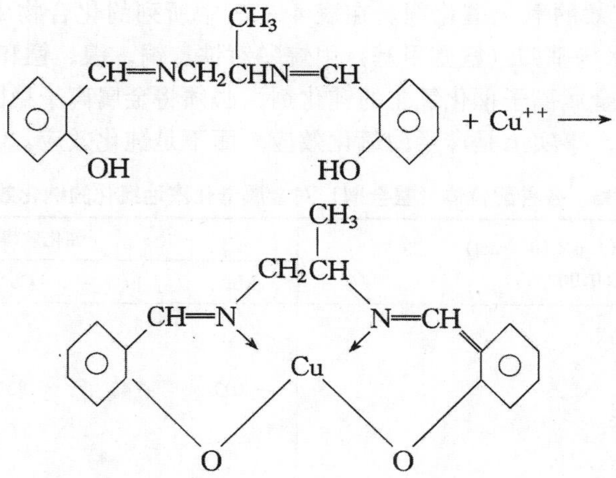

$$\text{(2-HOC}_6\text{H}_4\text{)CH=NCH}_2\text{CH(CH}_3\text{)N=CH(C}_6\text{H}_4\text{OH-2)} + \text{Cu}^{++} \longrightarrow$$

[铜螯合物结构式：两个 CH=N 中的 N 和两个酚 O 与 Cu 配位，N 之间以 $CH_2CH(CH_3)$ 相连]

配位体钝化效应的大小在很大程度上取决于其与金属所形成的螯合物的稳定性。配位体上取代基的特性不同，对螯合物的稳定性有很大影响。由表4－32可见，供电子取代基如—OCH_3 使螯合物的稳定性增加，反之，吸电子取代基使铜螯合物的稳定性下降。这是由于配位体在形成配位络合物时起路易斯碱的作用，因而供电子取代基能增加螯合物的稳定性，吸电子取代基则降低其稳定性。

表 4－32　取代基对铜配位体结合力的影响

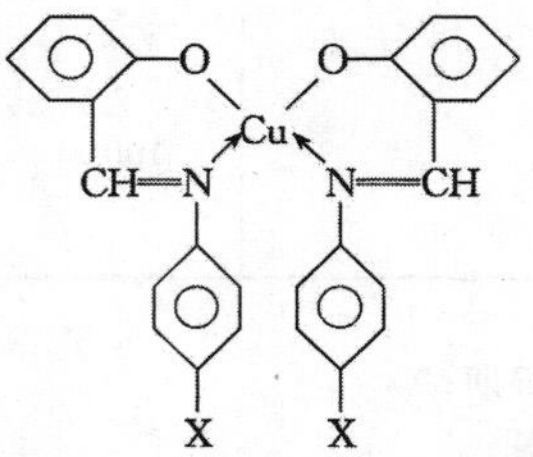

[结构式：双（N-对X苯基亚水杨胺）铜螯合物，两个 O 和两个 N 与 Cu 配位，N 上各连对位取代 X 的苯环]

X	还原半波电位/V
NO_2	+0.03
SO_3Na	−0.09
H	−0.12
CH_3	−0.15
OH	−0.17
OCH_3	−0.21

但是，仅根据螯合物的稳定性这一标准还不足以判断对金属离子钝化效能的高低。表 4－33 为各种螯合剂对过渡金属催化汽油氧化的钝化效率。表中的金属离子钝化效率 E_D 表示使用钝化剂后对不含金属和钝化剂时的诱导期恢复百分率。当其为负值时表明是一种助氧化效应而不是钝化效应。由表可见，N,N' －二（亚水杨基）乙二胺㉘能有效地抑制铜离子的

催化效应，但铁、锰和钴等金属离子却因与其螯合而被活化。所有的四价配位体对铜都有钝化效果，能与铜形成平面的四价配位螯合物，但对于最高配位数大于4的过渡金属来说，却往往能将其转化为更有效的氧化催化剂。在表4-33中所列的化合物中，唯有八价配位体N,N',N'',N'''-四亚水杨基四（氨基甲基）甲烷㉙对铁、铜、镍、锰和钴都显示钝化效果。由此看来，有效地防止金属离子催化氧化的钝化剂，必须将金属离子稳固地配位到其最高配位数。当配位数不足时，事实上是产生助氧化效应，而不是钝化效应。

表4-33 各种配位体（螯合剂）对金属催化汽油氧化的钝化效率

油酸金属盐（1.6×10^{-8}mol） 螯合剂（0.002%）	钝化效率E_D①				
	Mn	Fe	Co	Ni	Cu
（2-OH-C₆H₄）CH═NCH₂CH₂N═CH（C₆H₄-2-OH） ㉘	-103	-43	-833	—	100
（2-OH-C₆H₄）CH═N—OH	—	0	-96	100	100
（2-OH-C₆H₄）CH═N（C₆H₄-2-OH）	-84	100	96	-55	100
（2-OH-C₆H₄）N═N（C₆H₄-2-OH）	-73	100	—	-124	100
[（2-OH-C₆H₄）CH═N—CH₂]₄C ㉙	100	100	100	100	100

① $E_D=(c-b)/(a-b)\times100\%$

式中 a——无金属离子及钝化剂时的诱导期；

b——只有金属离子存在时的诱导期；

c——金属离子与钝化剂并存时的诱导期。

此外，配位体在金属离子周围排布的良好与否、所形成的螯合环的数目及大小、两个螯合基间桥连的长短、烷基取代基的空间位阻等都影响配位体的钝化效率。螯合环的数目越多，螯合环越大，配位基间形成桥连，则钝化效率越高。表4-34为有代表性的金属离子钝化剂。

但是，使用配位体型的金属离子钝化剂，有时是不能完全抑制金属离子的催化作用的。将金属离子钝化剂与常用的胺类或酚类防老剂并用使用，有时可以提高其钝化效果。据报道，N-水杨酰基-N'-亚水杨基肼（Chell180）、N,N'-二苯基乙二酰胺及N,N'-二（2-羟基苯基）乙二酰胺等金属离子钝化剂，当与胺类、酚类或其他防老剂并用时，可以非常有效地钝化金属离子。图4-41的结果表明，当防老剂4,4′-硫代双（3-甲基-6-叔丁基苯酚）与金属离子钝化剂N,N'-二苯基乙二酰胺并用，钝化金属离子的效果更显著。

表 4-34　有代表性的金属离子钝化剂

结构及名称	商品名（生产厂家）
3-（*N*-水杨酰）氨基-1，2，4-三唑 OH-C₆H₄-C(=O)-NH-C（三唑环：C=N-CH=N-N(H)）	MARK 1475
己二酸二（乙酰酰肼） $(CH_3C(=O)NHNHC(=O))_2(CH_2)_4$	GIO_9-367（汽巴）
N, *N*′-六亚甲基双(3,5-二叔丁基-4-羟基苯丙酰胺 $[HO-C_6H_2(t-Bu)_2-CH_2CH_2C(=O)NH]_2(CH_2)_6$	Irganox 1098（汽巴）
N, *N*′-双〔3-(3′,5′-二叔丁基-4′-羟基苯基）丙酰基〕肼 $[HO-C_6H_2(t-Bu)_2-CH_2CH_2C(=O)NH]_2$	MDA-1（汽巴）
N, *N*′-双〔3-（4′-羟基苯基）丙酰基〕肼 $[HO-C_6H_4-CH_2CH_2C(=O)NH]_2$	Irganox MD-1024（汽巴）
乙二酰双（亚苄基酰肼） $[C_6H_5-CH{=}NNHC(=O)]_2$	OABH（Eastman Chemicals）
N, *N*′-二亚水杨基乙二酰二酰肼 $[HO-C_6H_4-CH{=}NNHC(=O)]_2$	OASH
N-水杨酰基-*N*′-亚水杨 基肼 $HO-C_6H_4-CH{=}NNH-C(=O)-C_6H_4-OH$	Chell 180（汽巴）
N-水杨酰基-*N*′-乙酰 肼 $HO-C_6H_4-C(=O)-NHNH-C(=O)CH_3$	

续表

结构及名称	商品名（生产厂家）
N,*N*′-二苯基乙二酰胺 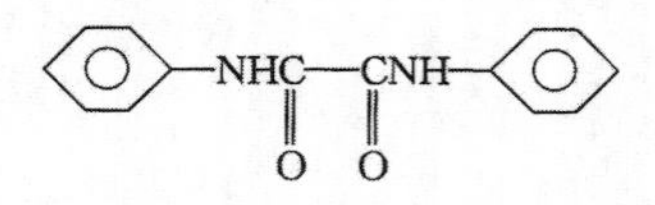	
N,*N*′-二（2-羟基苯基）乙二酰胺 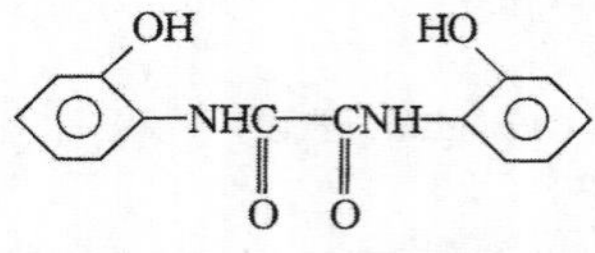	
苯二甲酸双（2-苯氧基丙酰酰肼） 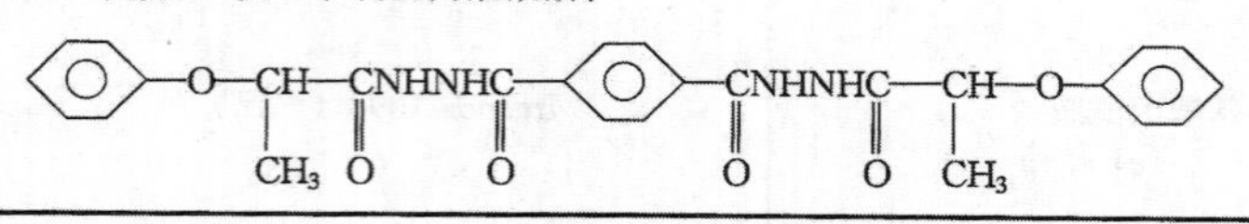	CUNOX（三井东压精细化学）

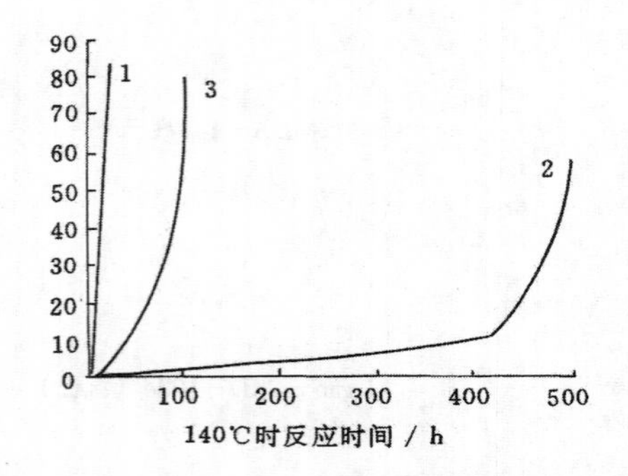

图 4-41 *N*,*N*′-二苯基乙二酰胺对含有 0.5%(重)4,4′-硫代双(3-甲基-6-叔丁基苯酚)防老剂的聚(1-丁烯)的铜催化氧化的影响
1—加入 1.4%(重)的铜粉；2—加入 1.4%(重)的铜粉和 0.5%(重) *N*,*N*′-二苯基乙二酰胺；3—未加铜

常用的防老剂也有不同程度地钝化金属离子的作用，如二苯胺的衍生物可作为聚合物的铜钝化剂。从表 4-31 可见，在表中所列的防老剂中，防老剂 D 相对来说具有较好的钝化钛离子的效果。另外还发现，防老剂 D 在 NR 中有钝化铜离子的效果。图 4-42 为铜、铁(以硬脂酸盐的形式，换算为金属的含量为 200×10^{-6}）及非污染性防老剂对促进剂 M 硫化的白色 NR 老化的影响。由图 4-42 可见，硬脂酸铜及硬脂酸铁对 NR 氧化的催化作用大致相等，但加入非污染性防老剂后，均能降低其催化作用，而且对铜的抑制作用要比对铁的大，几乎可以完全除掉铜的影响。图 4-43 为

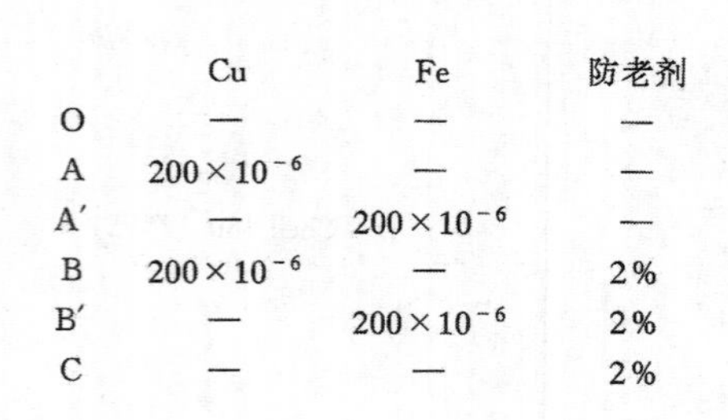

	Cu	Fe	防老剂
O	—	—	—
A	200×10^{-6}	—	—
A′	—	200×10^{-6}	—
B	200×10^{-6}	—	2%
B′	—	200×10^{-6}	2%
C	—	—	2%

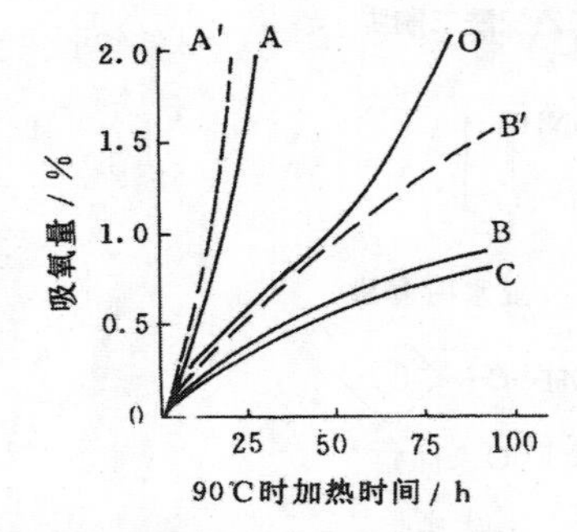

图 4-42 铜、铁及非污染性防老剂对促进剂 M 硫化的白色 NR 老化的影响

铜、铁（以硬脂酸盐的形式，换算成金属的量为 200×10^{-6}）及非污染性防老剂对促进剂 CZ 硫化的白色 SBR 老化的影响。可见铜及铁对 SBR 的催化氧化效果也大致相同，但当 2%

的非污染性防老剂加入后，可以比较显著地抑制铜的影响，而对铁的抑制作用不太大，与在NR中相似。当上述试验的老化温度降低时，非污染性防老剂的抑制作用更明显。当防老剂MB与胺类或酚类防老剂并用于促进剂D硫化的NR中时，发现对铜催化氧化的抑制作用比它们单独使用时大，具有协同效应。关于这些防老剂是否是按照与金属离子产生络合的机理起钝化作用的，尚有不同的争论。但是可以肯定，这些防老剂抑制金属离子催化氧化的效果除可能按形成络合物的机理之外，它们原有的抑制氧化的能力也将产生很大的影响。

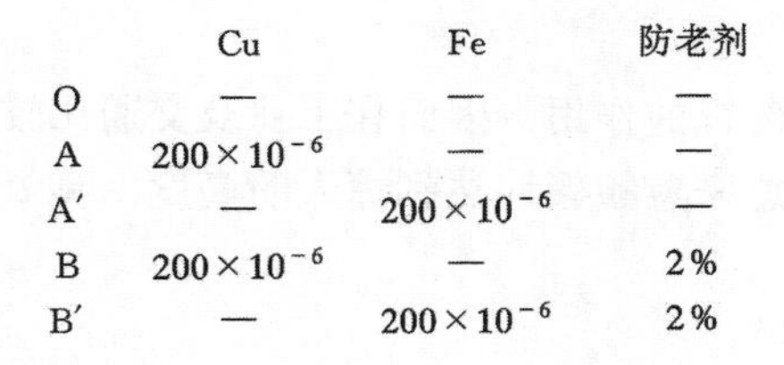

	Cu	Fe	防老剂
O	—	—	—
A	200×10^{-6}	—	—
A′	—	200×10^{-6}	—
B	200×10^{-6}	—	2%
B′	—	200×10^{-6}	2%

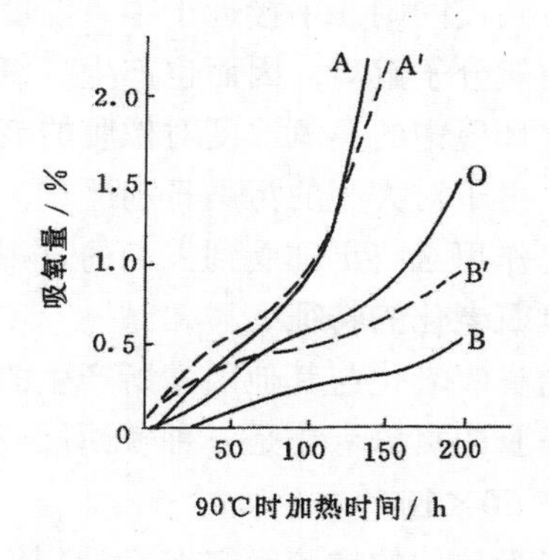

图4-43　铜、铁及非污染性防老剂对促进剂CZ硫化的白色SBR老化的影响

第六节　橡胶的臭氧老化及防护

早在1885年就发现，受拉伸的橡胶在老化过程中发生龟裂，这曾被认为是由于阳光的照射所致，但后来发现未经阳光照射的橡胶制品上，也有同样的龟裂产生。经分析发现，不受阳光照射的橡胶拉伸所产生的龟裂，是由于大气中存在的微量臭氧所致。造成人们对臭氧老化认识迟缓的主要原因可能是引起橡胶臭氧老化的臭氧浓度太低，臭氧劣化的物理表现不易辨认及光效应的干扰等。目前，人们对臭氧是一个单独的破坏因素已有了深入的认识。

距地面20～30km的高空，氧分子吸收来自太阳光中的0.11～0.22μm的短波长紫外线分解成氧原子，该氧原子与氧分子结合产生臭氧，使之形成了一个臭氧浓度高达500pphm（亿分之一，以下同）的臭氧层。这一臭氧层能够有效地吸收太阳光的短波紫外线，使之不能到达地面，从而保护了地球表面的生物免遭其害。地球表面的臭氧是由风将扩散到对流层的臭氧带下来的。进入地球表面的一部分臭氧与环境中的材料反应而被破坏，因而所测到的臭氧浓度实际上是高空输入与地面破坏达到平衡时的浓度。通常，未污染的大气中的臭氧浓度为0～5pphm。不同的地区臭氧浓度有很大差异，沿海地区的臭氧浓度一般较高，这可能是由于环境中能分解臭氧的材料比较少的缘故。

大气受到污染后，臭氧浓度变高。一个极端的例子是美国的洛杉矶，该地区在光化学烟雾严重期间，臭氧浓度竟达40～100pphm。这是由于某些污染物有利于臭氧的产生，如汽车排出的废气中所含的一氧化氮，与污染大气中的酰基过氧自由基（在空气中烯烃与单线态氧反应生成的）反应后光解，生成二氧化氮，此二氧化氮与氧在光的作用下生成臭氧和一氧化氮，其反应过程为：

$$\overset{O}{\overset{\|}{RCOO}}\cdot + NO \longrightarrow \overset{O}{\overset{\|}{RCOONO}} \xrightarrow{h\nu} \overset{O}{\overset{\|}{RCO}}\cdot + NO_2$$

$$NO_2 + O_2 \xrightarrow{h\nu} NO + O_3$$

关于被污染大气中臭氧的产生机理，是一个受到广泛研究的课题。

由于臭氧通常是通过光分解反应产生的，因而影响太阳光的因素都将影响着臭氧浓度。所以，在光照时间较长且阳光强度较强的夏季，臭氧浓度最高；在一天中，接近中午时臭氧浓度最高，到夜间则几乎接近于零。温度对臭氧的产生影响很小。另外，在雷雨季节，由于静电放电使氧分子解离，因而也产生臭氧。

在正常环境中的臭氧浓度对橡胶的老化产生不可忽视的作用，因而在工业及交通比较发达的今天，由于对大气的污染日趋严重，臭氧的浓度愈来愈频繁地达到惊人的高度，臭氧对橡胶的老化作用必将更加受到人们的重视。

一、臭氧老化的特征

橡胶的臭氧老化与其他因素所产生的老化不同，主要有如下特征：

（1）橡胶的臭氧老化是一种表面反应，未受应力的橡胶表面反应深度为10～40个分子厚，或$10 \sim 50 \times 10^{-6}$mm厚。

（2）未受拉伸的橡胶暴露在O_3环境中时，橡胶与O_3反应直到表面上的双键完全反应掉后终止，在表面上形成一层类似喷霜状的灰白色的硬脆膜，使其失去光泽。受拉伸的橡胶在产生O_3老化时，表面要产生臭氧龟裂，但此时橡胶的伸长或所受的应力须高于它的临界伸长或临界应力。当橡胶的伸长或所受的应力低于临界值时，在发生臭氧老化时是不会产生龟裂的。曾经认为NR的临界伸长率为3%，NBR为8%，CR为18%，IIR为26%。Braden等通过研究认为，橡胶的臭氧龟裂有一临界应力存在，这是橡胶的固有特性。表4-35为各种硫化胶在20℃时的临界应力。

表4-35　各种硫化胶在20℃时的临界应力

橡　胶	杨氏模量/MPa	临界应力/MPa
NR	1.50	0.0065
SBR	1.25	0.0064
NBR	1.32	0.0070
IIR	0.74	0.012
CR	2.50	0.021

（3）橡胶在产生臭氧龟裂时，裂纹的方向与受力的方向垂直，这是臭氧龟裂与光氧老化致龟裂的不同之处。但应当注意，在多方向受到应力的橡胶产生臭氧老化时，所产生的臭氧龟裂很难看出方向性，与光氧老化所产生的龟裂相似。当然，上述二种情况下产生龟裂的条件还是有区别的。

二、橡胶臭氧老化机理

（一）臭氧与橡胶的反应

臭氧与不饱和橡胶的反应机理类似于Criegee最早提出的臭氧与烯烃的反应机理。尽管某些实验结果仅用这一机理还不能得到完满的解释，但很多实验结果却支持这一机理。臭氧与橡胶双键产生的双分子反应如图4-44所示。反应的第一步是臭氧直接对双键产生1,3-偶极加成，形成初级臭氧化物或分子臭氧化物㉚。分子臭氧化物只有在很低的温度下才能测到，在室温下它们很快分解生成醛或酮㉛，以及两性离子㉜。由于分解是按有利于形成最稳定的两性离子的方向产生的，因而象 NR 中甲基这样的供电子取代基主要连接在两性离子上，而象 CR 中氯原子这样的取代基则连接在醛上。当反应是在溶液中进行时，醛与两性离子重新结合形成异臭氧化物㉝，当两性离子相互结合时也形成高分子量的聚过氧化物㉞，但酮与两性离子的反应性要比醛低。当体系中有带有活泼氢的物质（如醇、水等）存在时，两性离子可与之反应形成氢过氧化物㉟。无论是处于溶液状态还是处于固体状态，橡胶与臭氧都发生相同的化学反应。

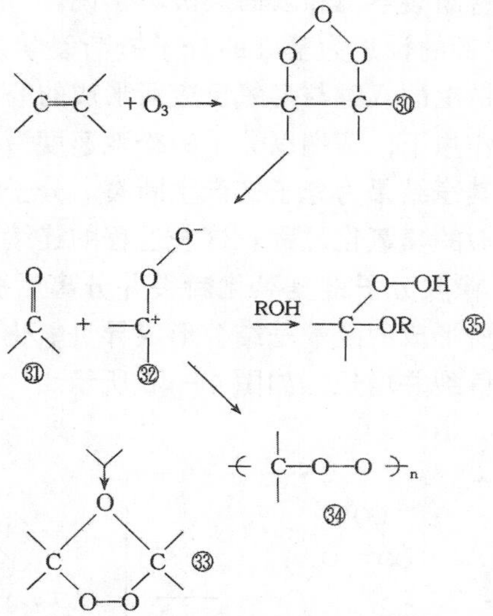

图 4－44　橡胶中的双键与 O_3 的反应机理

臭氧与烯烃的反应相当快，有着很低的反应活化能。这说明臭氧对不饱和橡胶的攻击是在暴露的表面上产生的，只有当表面上的双键消耗完后臭氧才能攻击样品内部的不饱和键。因此，臭氧对不饱和橡胶的攻击主要是一个表面作用。

尽管臭氧对饱和橡胶及其他饱和聚合物的作用不象对不饱和橡胶那样产生臭氧龟裂，但它们之间也发生反应。臭氧与饱和烃及硫交联键的反应要比与烯烃的反应慢得多。例如，臭氧与二硫及多硫化物的反应速度只相当其与烯烃的反应的 1/50 下以。表 4－36 为各种基团与臭氧反应的相对速率及所消耗的相对臭氧量。可见，所有的臭氧几乎完全与双键反应。

饱和聚合物与臭氧的反应是按自由基的途径进行的，其机理如下。这一反应有时常用于对聚乙烯、聚丙烯等饱和碳烃聚合物的表面进行处理，提高其表面极性，改善其与金属、涂料及其他物质的粘合力。

表 4－36　各种基团与臭氧的相对反应性

基　团	反应速率/〔L/（mol·s)〕	臭氧消耗/%
C═C	100000	99.99
C—H	0.1	0.00001
—S_x—	50	0.0001

$$RH + O_3 \longrightarrow RO_2\cdot + HO\cdot$$

$$RO_2\cdot + RH \longrightarrow ROOH + R\cdot$$

$$R\cdot + O_2 \longrightarrow ROO\cdot$$

由于臭氧与硫化物可产生较慢的反应，因而它与聚硫橡胶也发生反应。尽管聚硫橡胶不含双键，但它也产生臭氧龟裂。多硫交联键的臭氧分解是如下一系列反应的结果。

$$RSSSR \xrightarrow{O_3} SO_2 + RSO_2—O—SO_2R \xrightarrow{H_2O} 2RSO_2H\cdot$$

（二）臭氧龟裂的产生与增长机理

暴露在臭氧中的拉伸不饱和橡胶，首先在表面上形成臭氧龟裂，然后龟裂增长变大，最后使其断裂。关于橡胶臭氧龟裂的产生和增长的机理，目前尚未定论，有很多不同的观点，但基本上可分为两种，即分子链断裂学说和表面层破坏学说。

1．分子链断裂学说，以牛顿的设想为基础的分子链断裂学说认为，处于拉伸状态的橡胶暴露在臭氧中时，橡胶分子链上的双键与臭氧反应所形成的醛（图 4－44 中㉛）及两性离子（图 4－44 中㉜）在应力的作用下，两端以分子的松弛速度沿相反方向相互分离，使两者重新结合的可能性显著降低，其净结果为分子链产生断裂。分子链断裂并分离后，下层的新的不饱和键露出，又可发生类似的臭氧化过程。这一过程的连续发生，导致臭氧龟裂的产生和增长。Razumovskii 等认为，橡胶分子链臭氧化断裂并分离后所形成的两性离子端基，尽管可以与相邻分子臭氧化断裂所形成的醛端基结合形成异臭氧化物，但由于原始分子链的断裂并分离，所以最终形成臭氧龟裂并增长，如图 4－45 所示。

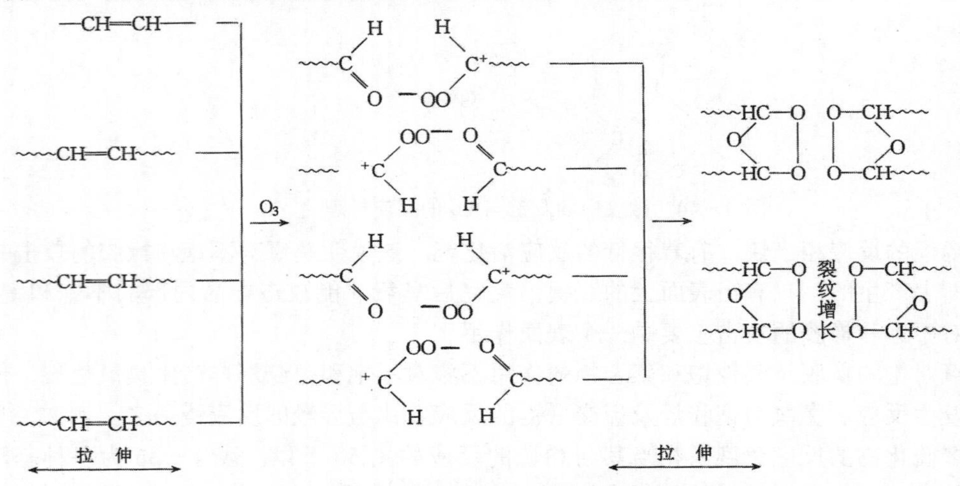

图 4－45　橡胶臭氧龟裂与增长示意图

Gent 及 Braden 通过独特的实验设计和研究发现，当施加于橡胶样品上的应力超过某一值时才产生臭氧龟裂，若低于这一值则无臭氧龟裂产生。他们把臭氧龟裂所需的最小限度的应力称之为临界应力。临界应力可以看成是使被臭氧分解的橡胶分子链两端分离所需要的最小应力。起初发现臭氧龟裂的临界应力与橡胶的种类有关，但后来的研究结果表明，临界应力是提供产生臭氧龟裂所需的最小能量（临界能量），即试样弹性变形的临界贮存能。不同橡胶的临界应力的差别主要是由于它们的硫化胶的模量不同所致。当硫化胶在同一个模量基础上进行对比时，它们都有类似的临界贮存能，如表 4－37 所示。对于所有的橡胶，在产生臭氧龟裂时都需要相同的临界贮存能量。这个能量可认为是产生龟裂，分离成两个表面所需要的能量，大致为 $0.001mJ/cm^2$。但由于在动态条件下的臭氧龟裂实质上没有临界贮存能，因而这个表面能是否需要值得怀疑。Layer 等认为，为使表面产生龟裂和增长，需要某些形式的能量，在静态条件下这相当于临界贮存能，在动态条件下由于屈挠提供能量扰乱了表面，因而没有临界能量。

表 4-37 硫化 NR 臭氧龟裂的临界参数

杨氏模量/MPa	临界应力/MPa	临界伸长/%	临界贮存能/(μJ/cm²)
0.45	0.080	21.0	0.83
0.96	0.135	15.0	1.05
1.43	0.145	10.5	0.81
1.50	0.150	10.4	0.81

按照分子链断裂学说，臭氧龟裂的增长应与臭氧浓度和橡胶分子链的运动性有关。在臭氧浓度一定的情况下，若分子链的运动性强，则当臭氧使表面的分子链断裂后，断裂的两端将以较快的速度相互分离，露出底层新的分子链继续受臭氧的攻击，因而臭氧龟裂增长的速度受臭氧与橡胶的反应速率的控制，即在橡胶确定的情况下龟裂增长速度与臭氧浓度成正比。当分子链的运动性较弱时，表面上的分子被臭氧攻击断裂后两端以很慢的速度分离，使底层新的分子暴露出来很慢，而且暴露出来的新的表面不一定都含有双键。在此附近的橡胶分子上的双键在臭氧继续龟裂之前必须通过链段的移动暴露出来，受臭氧的连续攻击，因而这时臭氧龟裂增长速度受分子链的运动性控制。分子链的运动性提高，龟裂增长速度增大。Gent 及 McGrath 研究了 SBR 及 BR 的龟裂增长速度与温度的关系，图 4-46 是其 SBR 的实验结果。图中纵坐标表示龟裂增长速度，横坐标表示测定温度与玻璃化温度之差，虚线为根据分子的运动性与温度的关系式 WFL 方程式进行的理论计算值，实线为实测值。由图可见，当温度低于 T_g+50℃时，龟裂速度的测定值与理论值非常吻合，龟裂速度随着温度的提高而增大，说明龟裂速度随着分子运动性的加强而增大；当温度高于 T_g+60℃时，龟裂速度与温度的升高关系不大，并趋近于一平衡值，说明此时分子的运动性相当强，龟裂速度取决于臭氧浓度的大小。这一结果，与分子链断裂学说的预测相一致。对 IIR 的研究发现，在 T_g+180℃的范围内，龟裂速度与温度的升高成正比。因此，按照分子链断裂学说，影响分子链运动性的因素必将影响龟裂速度。

2．表面层破坏学说　表面层破坏学说是着眼于橡胶臭氧老化过程中表面所形成的臭氧化层的物性与未老化前的橡胶的物性不同，从而在应力的作用下使表面产生臭氧龟裂并增长。最早提出表面层破坏学说的是 Kearsley。他通过实验发现，随着温度的升高产生臭氧龟裂所需要的临界伸长变小，产生龟裂所需的时间也显著变短，认为这主要是形成了易产生龟裂的表面层所致。Tucker 认为，臭氧与橡胶表面上的双键反应很快，直到橡胶表面上的双键反应完毕为止，橡胶表面上的所有双键受臭氧攻击的机会都是均等的，因而在伸长时由分子链断裂引起龟裂这一想法是不现实的。橡胶表面与臭氧反应后所形成的臭氧化层的性质与橡胶的性质相差很远。图 4-47 是他设想的所生成的臭氧化层的应力应变曲线，从 b 到 e 反应程度逐渐变化（a 表示反应前的应力-应变曲线），所生成的臭氧化层的断裂伸长低于所施加到试样上的伸长，因而产生龟裂。Andrews 认为臭氧通过表面逐渐向内部渗透，与其中的不饱和双键反应。当臭氧与渗透层中的全部双键反应完全后再继续向更深层未反应的橡胶中渗透，伸长使裂纹伸展，增大了与臭氧的接触面积，使臭氧容易渗透，使裂纹变大。根据 Griffith 理论，使液体开裂产生新的表面所需要的能量大致为其表面能的两倍。但对于橡胶及塑料来说，由于其粘弹性，在开裂过程中还要消耗一部分能量，因而产生新的表面所需要的能量要远远高于它的表面能。不饱和橡胶在臭氧龟裂时所需的能量很低。Andrews 认为这是由于表面上所形成的臭氧老化层接近于理想液体状态，使开裂所需要的能量减小，因而显著地促进了龟裂的产生和增长。但是，Zuew 等认为 NR 和 IIR 的臭氧化物是液态，在臭氧老化过程中产生分子链断裂，而BR及大部分合成橡胶的臭氧化物是固体，产生表面形成层破坏。

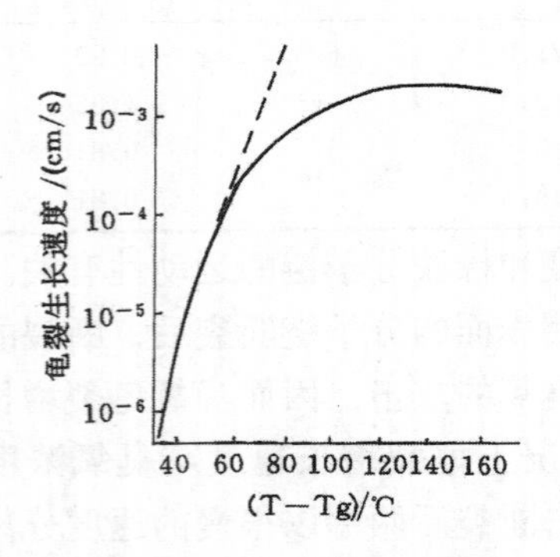

图4－46　SBR的臭氧龟裂增长速度与 $T-Tg$ 的关系

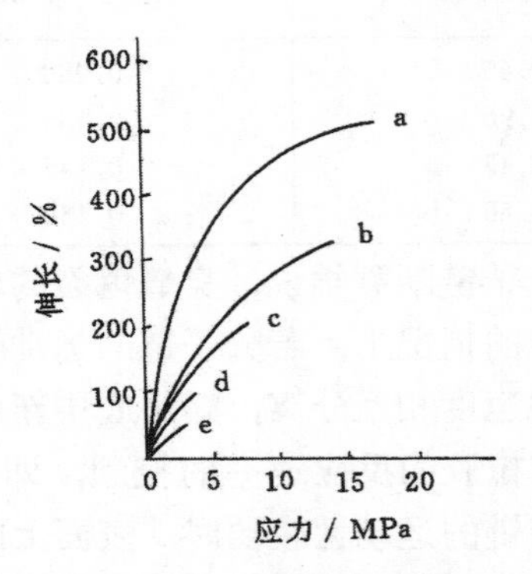

图4－47　吸收臭氧后橡胶应力—应变（伸长）曲线

Salomon等根据臭氧化层的流变性不同来解释橡胶的耐臭氧老化性，认为橡胶的耐臭氧老化性与其龟裂前端的形状有关，如CR的耐臭氧老化性优于NR，其原因之一是由于前者龟裂的顶端不产生应力集中之故，Murray既强调了臭氧与橡胶的化学反应对臭氧老化的影响，又强调了臭氧化层的物性降低导致臭氧龟裂，认为臭氧龟裂过程是化学变化和物理变化在表面上相伴发生的一个过程。当橡胶与臭氧接触时，表面的不饱和键迅速地与臭氧反应，大部分形成臭氧化物，使含有碳—碳不饱和双键的柔顺橡胶链迅速转变为含许多臭氧化物环的僵硬链。当有应力施加于橡胶上时，应力将橡胶链拉伸展开，使更多的不饱和键与臭氧接触，致使橡胶链含有更多的臭氧化物环，变得更脆。造成表面脆化的另一种可能的化学过程是臭氧使 相邻的橡胶链之间形成类似臭氧化物的键合，而应力的存在更促使其发生。脆化的表面在应力和屈挠的作用下发生龟裂。按照Murray的观点，不易形成非臭氧化物的橡胶应当不易发生龟裂。例如，CR的初级臭氧化物分裂后形成的羰基化合物是酰氯，酰氯不易形成异臭氧化物，而可与其他反应物如大气中或表面上的湿气反应，形成非臭氧化物，因而CR耐臭氧老化较好。尽管Murray强调了化学反应的重要性，但按照他的观点，导致橡胶臭氧龟裂的原因仍认为是由于臭氧化层物性的下降，因而仍属于物性论派。

三、影响橡胶臭氧老化的因素

（一）橡胶种类的影响

不同的橡胶耐臭氧老化性不同。表4－38为不同硫化胶在大气中的而臭氧老化性。造成这种差异的主要原因是它们的分子链中不饱和键的含量、双键碳原子上取代基的特性以及分子链的运动性等。

1. 双键含量　由表4－38可见，在主链上不含碳—碳双键的橡胶的耐臭氧老化性远远优于不饱和橡胶，尤其是硅橡胶、氟橡胶及氯磺化聚乙烯橡胶，即使暴露3年后仍未出现老化迹象。比较一下丁基橡胶与异戊橡胶的耐臭氧老化性可以发现，双键含量降低可以显著地改善耐臭氧老化性。这大概是由于在龟裂形成过程中大分子断链形成的较长链段的运动性受到限制，但更可能的原因是断链的大分子移动所形成的裂纹中不含反应性双键，不能使龟裂连续增长。

表4－39的数据也说明双键含量多的橡胶易发生臭氧老化。对于NBR来说，随着丙烯

腈（AN）含量的提高，龟裂速度明显地降低，当丁二烯（B）含量从82％下降到60％时，尽管不饱和度的下降幅度不大，但可使龟裂增长速度下降到原来的1/5以下。这似乎不应归因于不饱和度的降低，而主要是由于随着丙烯腈含量的提高使分子的运动性降低所致。

表4－38　不同硫化胶在大气中的耐臭氧龟裂性

橡　胶	出现龟裂的时间/天			
	在阳光下伸长		在暗处伸长	
	10％	50％	10％	50％
二甲基硅橡胶	>1460	>1460	>1460	>1460
氯磺化聚乙烯	>1460	>1460	>1460	>1460
26型氟橡胶	>1460	>1460	>1460	>1460
乙丙橡胶	>1460	800	>1460	>1460
丁基橡胶	>768	752	>768	>768
氯丁橡胶	>1460	456	>1460	>1460
氯丁橡胶/丁腈橡胶共混物	44	23	79	23
天然橡胶	46	11	32	32
丁二烯与α－甲基苯乙烯共聚物	34	10	22	22
异戊橡胶	23	3	9	56
丁二烯与α－甲基苯乙烯的低温共聚物(充入15％矿物油)	18	3	—	15
丁腈橡胶－26	7	4	4	4

表4－39　各种硫化胶的臭氧龟裂增长速度

橡　胶	增长速度①/(mm/min)
NR	0.22
SBR(S/B＝30/70)	0.37
IIR	0.02
NBR(B/AN＝60/40)	0.04
NBR(B/AN＝70/30)	0.06
NBR(B/AN＝82/18)	0.22
CR	0.01

①〔O_3〕＝1.15mg/L

2．双键碳原子上的取代基特性　由于臭氧与双键的加成反应是一种亲电反应，因而碳－碳双键上的取代基将按照亲电反应的规律影响臭氧老化。因此，不饱和双键碳原子连有象烷基基团这样的供电子取代基时，可加快与臭氧的反应。当连有象氯原子这样的吸电子取代基时，将降低与臭氧的反应。根据这一规律可以推断，与臭氧的反应速率按如下顺序降低：CR＜BR＜IR（NR）。表4－40的实验结果证明了这一点。由于CR与臭氧的反应活性低，因而是比较耐臭氧老化的橡胶，这可从表4－39及4－40得到验证。但CR耐臭氧老化的其他原因还有如前所述的它的初级臭氧化物分解形成的酰氯不易形成臭氧化物，而且酰氯与水分反应在其表面上形成了一层柔软的膜，不因变形或受力而破坏，对其内层免受臭氧攻击有很好的保护作用。

（二）臭氧浓度

图4－48为不同硫化胶产生臭氧龟裂所需要的时间与臭氧浓度的关系。由图可见，各种橡胶的龟裂时间均随着臭氧浓度的提高而显著缩短，但因橡胶的品种不同，程度有差异。臭

氧浓度也影响着龟裂增长速率。图 4－49 为 NR 及 SBR 的龟裂增长速度与臭氧浓度的关系。由图可见，随着臭氧浓度的提高，龟裂增长速度提高。

表 4－40　橡胶与臭氧反应的速率常数

橡　胶	反应速率常数/〔g/mol·s〕
BR	0.6
IR	1.4
SBR	0.6
CR	0.4

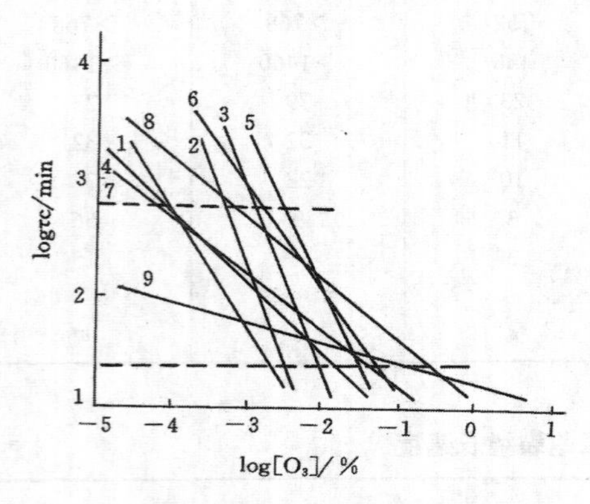

图 4－48　各种硫化胶产生龟裂的时间与臭氧浓度的关系

NBR：1—18％AN；2—26％AN；SBR：3—30％S；7—50％S；9—90％S；4—NR；丁二烯与α－甲基苯乙烯共聚物；5—加 50 份炭黑；6—无炭黑；8—CR

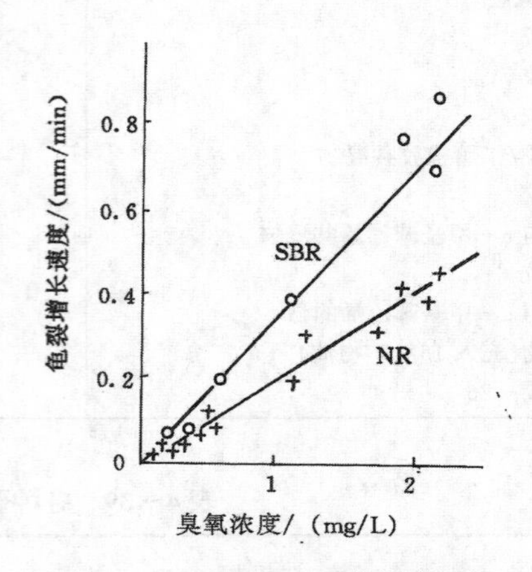

图 4－49　NR 及 SBR 的龟裂增长速度与臭氧浓度的关系

某些研究者发现，含有惰性填料及增塑剂的样品暴露在臭氧环境下，初始产生龟裂所需要的时间 τ_c 与样品断裂所需时间 τ_d 之比，在较宽的臭氧浓度范围内保持常数（表 4－41）。在很多情况下，τ_c 与 τ_d 以相同方式与臭氧浓度有关。τ_c/τ_d 之比对于力及样品中所含的防止热氧老化的防老剂及防止臭氧老化的防老剂比较敏感。

表 4－41　硫化 SBR（苯乙烯 30%）在不同臭氧浓度下 τ_c/τ_d 比

$[O_3]/(10^{-7}mol/L)$	5.36	7.6	9.4	16.5	20.6	44.6
τ_c/τ_d	0.14	0.10	0.18	0.10	0.12	0.11

在同一臭氧浓度下，由于 NR 与 SBR、BR 及 NBR 的结构不同，臭氧老化特性也不同。伸长的 NR 在臭氧环境中短时间内就产生龟裂，但龟裂增长的速度慢，龟裂的数量多且浅而小。与此相反，SBR、BR 及 NBR 产生龟裂的时间要长一些，但龟裂的增长速度快，有变成大龟裂的倾向。

（三）应力及应变

前已述及，橡胶的臭氧龟裂与其所受的力或伸长有关，当施加到橡胶上的力超过临界应力，或伸长超过临界伸长时才产生。但是，龟裂形成时间和龟裂增长速率与所施加的应力及应变有着很复杂的关系，有时不同的作者报道的数据可能相互矛盾。

图 4-50 为不同硫化胶的臭氧龟裂时间与伸长率的关系。可见，因橡胶种类不同，龟裂时间与伸长率的关系也不一样。有的橡胶（如 NR、SBR）当伸长超过临界伸长时，龟裂时间与伸长关系不大；而另一些橡胶（如 CR）当超过临界伸长时，龟裂时间随伸长率的提高而降低。

Braden 等的研究发现，当所施加的应力超过临界应力时，龟裂增长速度与应力无关。但是，图 4-51 的结果则说明，龟裂增长速度与应变有关，当在某一应变值时龟裂速率最大。一般的结论是，在应变值相当低时龟裂速率最大，在许多情况下应变值为 3%～5%。Zuew 等的研究表明，龟裂增长速率在称为“临界伸长”的状态下最大，试样完全断裂所需要的时间最短。

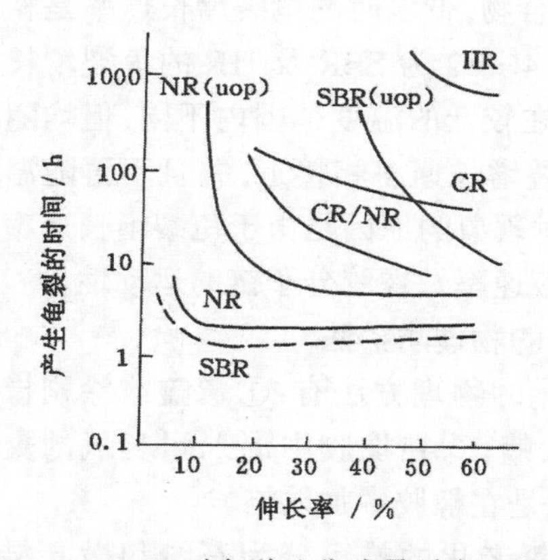

图 4-50　20℃时各种硫化胶暴露在 50pphm 的臭氧中的龟裂发生时间与伸长率的关系（UOP 为一种抗臭氧剂）

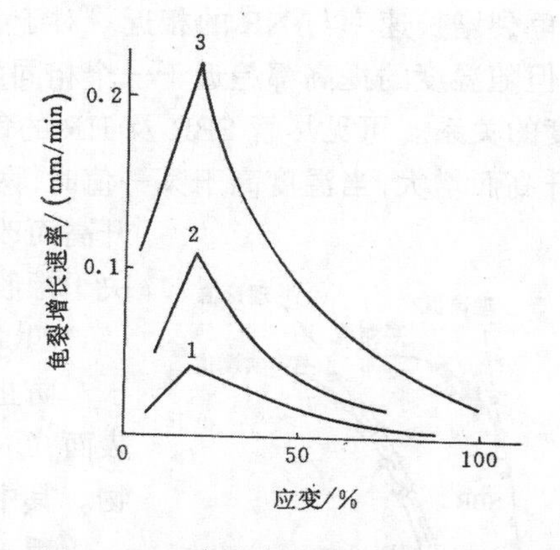

图 4-51　未填充 SBR（30%S）在不同臭氧浓度下的龟裂增长速率与应变的关系

$[O_3]$ / (mol/L)：1—2.2×10^{-7}；2—11.0×10^{-7}；3—16.5×10^{-7}

通常，在低伸长时产生龟裂的数量少，龟裂增长速率大，龟裂深；而在高伸长时产生龟裂的数量多，龟裂增长速度慢，龟裂也小。这是因为，在低伸长时被臭氧打断的分子链不能完全分离形成不可逆的微细裂纹，而是有选择地在有缺陷的部位首先形成小的裂纹，使应力在此处产生集中，龟裂增长速率增大，龟裂变大。当在高伸长时，不仅缺陷部位，整个样品均处于拉伸状态，在各处都能遭受臭氧攻击并使分子链断裂所产生的两端相互之间分离很大，形成很多的龟裂；由于应力在很多的龟裂点平均化，使各点的应力较低，因而龟裂增长速率较慢，所产生的龟裂较小。由此也可理解，橡胶表面的缺陷少、光滑度好，耐臭氧性将会提高。

在动态条件下，由于臭氧老化与其他老化相重叠，使得龟裂的产生及增长比静态条件下快得多。

（四）温度的影响

对臭氧龟裂时间与温度关系的研究表明，龟裂时间随温度的降低而显著地延长。实际上这时吸收臭氧的速率基本保持不变。

按照臭氧龟裂的分子链断裂学说，凡影响橡胶分子链运动性的因素都影响龟裂增长速率。由表 4－42 可见，在 20℃时由于丙烯腈含量 40％的 NBR 的分子运动性低，其龟裂增长

表 4－42　各种硫化胶在不同温度下的龟裂增长速率

硫化胶种类	龟裂增长速率/(mm/min)，[O_3]为 1.15mg/L		
	2℃	20℃	50℃
NR	0.15	0.22	0.19
SBR(S,25％)	0.13	0.37	0.34
NBR(AN,18％)	—	0.22	—
NBR(AN,30％)	—	0.06	—
NBR(AN,40％)	0.004	0.04	0.23
IIR	—	0.02	0.16
CR	—	0.01	—

速率远低于 NR 的龟裂增长速率，但当温度提高到 50℃时，由于 NBR 的分子运动性提高较大，使其龟裂增长速率与 NR 的相近。对于各种不同的聚合物，低温时的龟裂增长速率是相当不同的，但随温度的提高都趋近于一个相同的界限值。图 4－52 为 SBR 及 IIR 的龟裂增长速率与温度的关系。可见尽管 SBR 及 IIR 的龟裂增长速率在较低的温度范围内不同，但均随着温度的升高而增大，当温度高于某一值时，两种橡胶的龟裂增长速率相接近，并且不再随温度升高而改变。造成这种现象的原因是由于龟裂增长速率取决于橡胶与臭氧的反应速率及橡胶分子链的运动性。

图 4－52　龟裂增长速率与温度的关系

四、橡胶臭氧老化的物理防护法

防止橡胶臭氧老化的物理方法有：①覆盖或涂刷橡胶表面；②在橡胶中加入蜡；③在橡胶中混入耐臭氧的聚合物。其中，经常采用的是在橡胶中加入蜡。

用于防止橡胶臭氧老化的蜡可分为石蜡和微晶蜡两种。石蜡主要由直链烷烃组成，分子量较低，约为 350～420。由于石蜡是线型结构，因而它有高的结晶度，可形成大的结晶，其熔点范围为 38～74℃。微晶蜡来自高分子量石油的残余物，分子量范围为 490～800，比石蜡的高。与石蜡相比，微晶蜡主要是由支化的烷烃或异构链烷烃组成，因而形成小且很不规整的结晶，熔点范围为 57～100℃。

当在橡胶中加入一定的蜡时，在硫化温度下它可完全溶解，但当硫化完冷却后则处于过饱和状态，因而不断向表面喷出形成一层薄的蜡膜，在橡胶表面形成了一层屏障，阻止了空气中的臭氧对橡胶的进攻，防止了臭氧龟裂的产生。因此，蜡对橡胶的防护作用主要取决于它的喷出特性及所形成的蜡膜的特性。

一般说来，各种蜡在静态使用条件下均有良好的防护效果。在经常屈挠的动态条件下，不仅石蜡易剥落，即使是与橡胶结合牢固度高的微晶蜡也会剥落，从而丧失保护作用。但在屈挠程度不大时，通过精心设计蜡的并用，可以防止臭氧龟裂。当屈挠程度大时，应采用蜡与抗臭氧剂并用等方法。

五、橡胶臭氧老化的化学防护法——抗臭氧剂的使用

(一)化学抗臭氧剂

在对污染性要求不高的条件下，在橡胶中加入 1.5～3.0phr 的化学抗臭氧剂是广泛使用

的防止臭氧老化的方法。目前的研究表明，很多化合物都可以用作化学抗臭氧剂，但它们几乎都是含氮化合物。其中，*N*，*N*′－二取代的对苯二胺类是最有效的化学抗臭氧剂。但在一个分子中，仲芳胺部分的存在并不是获得有效的抗臭氧剂的充分条件，如二芳仲胺类防老剂只是防止氧化老化的防老剂和屈挠龟裂的抑制剂，而没有明显的抗臭氧老化活性。另外，*N*，*N*′－二取代的对苯二胺中的大部分还可作为屈挠龟裂的抑制剂。

在对苯二胺类抗臭氧剂中，*N*，*N*′－二(1－烷基烷基)取代的对苯二胺与臭氧的反应性最高，有着比其他取代的更好的防臭氧老化效能。二烷基对苯二胺对静态臭氧老化有着非常有效的防护效能，但它们易导致焦烧。二芳基取代的对苯二胺促进焦烧的倾向小，但它们与臭氧的反应性很差，而且在橡胶中有很低的溶解性。这类物质不能作为NR、BR、IR及SBR的抗臭氧剂使用。烷基芳基混合取代的对苯二胺的特性处于上述两者之间，有着很好的综合性能，对动态条件下的臭氧老化具有优越的防护效果，是市场上的主要抗臭氧剂。近来的研究表明，二芳基取代的对苯二胺与烷基芳基混合取代的对苯二胺并用，在制品的长期使用过程中可以获得持久的抗臭氧效果。

商品化的抗臭氧剂的结构是有效性、物理性能及毒性的最佳组合。表4－43是商品化的对苯二胺抗臭氧剂。在美国使用*N*，*N*′－双(1－烷基烷基)对苯二胺，如*N*，*N*′－双(1－甲基丙基)对苯二胺，在欧洲优先使用*N*－(1－烷基烷基)－*N*－芳基对苯二胺，我国则主要使用4010NA和4010(见表4－43)。

表4－43　商品化的对苯二胺抗臭氧剂

对苯二胺的取代基	英文缩写
N，*N*′－二(1－甲基庚基)	DOPPD
N－(1，3－二甲基丁基)－N′－苯基	HPPD
N－异丙基－*N*′－苯基	IPPD(4010NA)
N，*N*′－二(1，4－二甲基庚基)	DMPPD
N，*N*′－二(1－乙基－3－甲基庚基)	DEMPD
N－环己基－*N*′－苯基	CHPD(4010)
N，*N*′－二苯基	DPPD(防老剂H)
N，*N*′－混合的二甲苯基	DTPD
N，*N*′－二萘基	DNPD
N，*N*′－二环己基	DCHPD

除对苯二胺外，很早还发现6－乙氧基2，2，4－三甲基－1，2－二氧化喹啉(防老剂AW)具有防止臭氧老化的效能。Kilbourne等研究了2，2，4－三甲基－1，2－二氢化喹啉(式㊱)的化学结构与在SBR中防止臭氧老化效能之间的关系。当取代基X为烷氧基时具有优异的抗臭氧性；当X为叔丁基、叔戊基、叔十二烷基等烷基取代基时，使抗臭氧性下降。在6位上具有供电子取代基是抗臭氧性所必须的。当X为氨基、烷基氨基、二烷基氨基等时，也发现有很好的抗臭氧性。当防老剂AW中胺基上的氢原子被 甲基取代后，抗臭氧性显著降低。防老剂AW的加入，不改变临界应力，但可以降低臭氧龟裂的增长速率。当防老剂AW与防老剂4010NA并用时，可以产生协同效应。

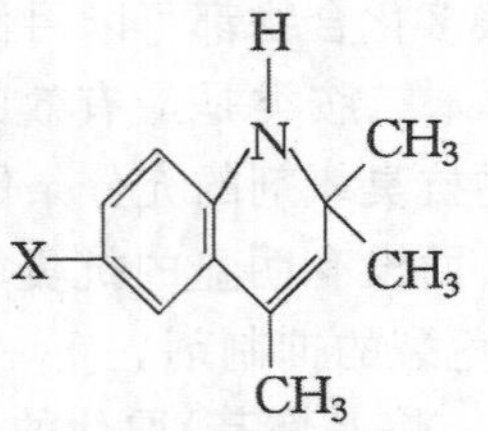

H
N — CH_3
X — (二氢喹啉环) — CH_3
CH_3

X 为取代基 ㊱

另外，二硫代氨基甲酸的镍盐、硫脲及硫代双酚也具有抗臭氧性。后两者可以作为非污染性的抗臭氧剂使用，但其防护效果远远不及污染性抗臭氧剂。

(二)抗臭氧剂的作用机理

化学抗臭氧剂的作用机理目前尚未定论，一些研究者提出了不同的理论。这些理论可分为如下 4 种：即清除剂理论、单纯防护膜理论、重新键合理论及自愈合理论。

1. 清除剂理论　这一理论认为，加入的抗臭氧剂扩散到橡胶表面优先与臭氧反应，在抗臭氧剂消耗完之前橡胶不会受到臭氧的攻击。也就是说，抗臭氧剂之所以生效是因为它能扩散到表面把攻击橡胶的臭氧清除。按照这一理论，当抗臭氧剂在表面直接被臭氧化消耗掉后，新的抗臭氧剂必须从橡胶内部很快地向外扩散，以重新保持平衡的表面浓度。因此，在浓度及迁移速率一定的条件下，抗臭氧剂的有效性取决于它的臭氧化速率。从这一点来看，抗臭氧剂的臭氧化速率是一个重要因素，而 1 摩尔抗臭氧剂所能消耗的臭氧数并不重要。

清除剂理论的提出是基于抗臭氧剂与臭氧的反应要比它所防护的橡胶中的双键与臭氧反应快得多这一事实。Delman 等最先发现，在 SBR 溶液中通入臭氧时使粘度下降，但加入防老剂后可以显著地抑制这种现象。Cox 根据这一实验结果计算了抗臭氧剂与臭氧的反应速率常数 k_a 和橡胶与臭氧反应的速率常数 K_r 之比 K_a/K_r，结果如表 4－44 所示。可见有效的

表 4－44　抗臭氧剂及 SBR 与臭氧反应的速率常数比

抗臭氧剂	K_a/K_r
N,N'－二异丁基对苯二胺	320
N,N'－二(1－甲基庚基)对苯二胺	275～340
N,N'－二(1－乙基－3－甲基庚基)对苯二胺	250
对苯二胺	200
N－苯基对苯二胺	120
N,N'－二苯基对苯二胺	25
N,N'－二 β 萘基对苯二胺	32
联苯胺	4
对亚甲基二苯胺	1 以下

抗臭氧剂与臭氧的反应速率是橡胶与臭氧反应速率的 30～300 倍。抗臭氧剂与臭氧的反应速率是非常快的，超过目前已知的所有臭氧参入的反应。Layer 在 SBR 的溶液中加入不同的对苯二胺类抗臭氧剂，研究在通臭氧时对粘度下降的抑制效果，发现它们的抑制效果按如下顺序降低：二烷基对苯二胺＞烷基芳基对苯二胺＞二芳基对苯二胺。这一结果与它们在硫化胶中的抗臭氧老化效果是一致的。图 4－53 为暴露在臭氧下 BR 的分子量改变与溶液中抗臭氧剂 4010NA 浓度的关系。可见，随着抗臭氧剂用量的增加，抑制橡胶分子量因臭氧而产生变化的作用越强。按照清除剂理论，只有与臭氧的反应速率超过臭氧与橡胶中双键的反应速率的物质才具有抗臭氧效能，且抗臭氧剂与臭氧的反应速率越大，防护效能越高。图 4－54 显示了抗臭氧剂的相对有效性 τ_{an}/τ_c（被防护橡胶的臭氧龟裂时间 τ_{an} 与未防护橡胶的臭氧龟裂时间 τ_c 之比）与抗臭氧剂和橡胶中 C═C 键同臭氧的反应速率常数比 K_a/K_r（抗臭氧剂同

臭氧的反应速率常数 k_a 与橡胶中 C═C 键同臭氧的反应速率常数 K_r 之比）的关系。可见，K_a/K_r 越大防护效果越高，$\log\tau_{an}/\tau_c = f\ (K_a/K_r)$ 是线性关系。Razumovskii 等认为 $\log\tau_{an}/\tau_c = f\ (K_a/K_r)$ 的关系式有两个方面的意义，首先它可以作为建立定量估计抗臭氧剂有效性的基础，弥补目前只能进行定性估计之不足；其二是利用它可以近似计算抗臭氧剂的最大防护效能。

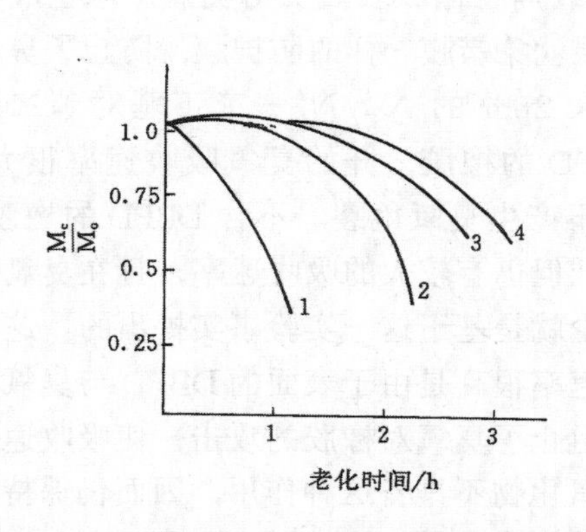

图 4-53 溶液中 BR 的分子量（M_o）在臭氧作用下所产生的变化（M_c）与溶液中抗臭氧剂 4010NA 浓度的关系

抗臭氧剂 4010NA 浓度，mol/L；1—0；2—2.7×10^{-3}；3，4—5.3×10^{-3}。BR 分子量：1～3—60000；4—4000。溶剂为 CCl_4。$[O_3]=4\times10^{-5}$mol/L

温度，20℃

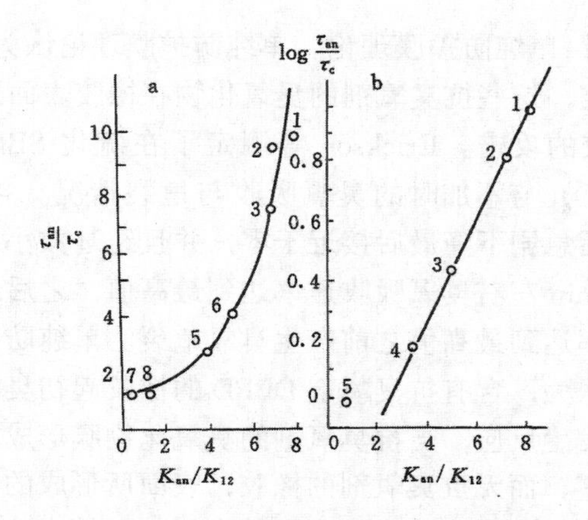

图 4-54 抗臭氧剂的相对有效性

a—$\tau_{an}/\tau_c = f\ (K_a/K_r)$；b—$\log\tau_{an}/\tau_c = f\ (K_a/K_r)$；1—*N*, *N′*-二辛基对苯二胺；2—*N*, *N′*-二异庚基对苯二胺；3—*N*-苯基-*N′*-异丙基对苯二胺；4—*N*, *N′*-二(α-甲苯基)对苯二胺；5—*N*-(α-甲苯基)茴香胺；6—*N*, *N*, *N′*-三丁基硫脲；7—2,2-硫代双(6-叔丁基-4-甲基苯酚)；8—油酸甲酯。

上述讨论的是支持清除剂理论的实验事实。但是，有很多问题尚不能用清除剂理论进行说明。很多化合物如二月桂基硒化物，与臭氧具有很高的反应性，但作为抗臭氧剂使用却没有防护效果。按照清除剂理论，有效的抗臭氧剂必须在制品表面保持有较高的表面浓度。但由于在硫化胶的长期工作过程中，抗臭氧剂不仅在表面上通过化学过程（如氧化、臭氧化等）消耗掉，而且也通过物理过程（挥发、浸出、磨耗等）消耗，因而很难保持较高的表面抗臭氧剂浓度。通过对含有 6phr DOPPD 的 NR 在臭氧浓度为 0.2mg/L 的条件下的计算发现，抗臭氧剂向橡胶表面的扩散速率很慢，不能清除所有到达橡胶表面的臭氧。Scott 对聚合物键合的 4-（硫醇乙酰胺基）二苯胺㊲的研究结果，对抗臭氧剂扩散的重要性提出了怀疑。尽管通过一定结构键合到聚合物上的扩抗臭氧剂的抗散性受到限制，但即使通过抽提后的样品仍可获得很高的防护效果。对于很多取代的对苯二胺，如 *N*，*N′*-二正辛基对苯二胺（DnOPPD）有较差的防护活性，而与之相比它的异构体 *N*，*N′*-二（1-甲基庚基）对苯二胺却有优异的防护活性。由于这些异构体与臭氧的反应性相同，在橡胶中又有相同的溶解性，有相同的分子量（相同的扩散速率）和熔点（均为液体），因而它们作为抗臭氧剂时的防护活性不同只能归因于它们的臭氧化产物。与清除剂理论不相符的另一实验事实是，在某些情况下抗臭氧剂浓度增加1%而防护效率并不增加。当抗臭氧剂的最适宜浓度找到后，超过这一浓度则防护效率反而下降。某些抗臭氧剂能提高橡胶臭氧龟裂的临界应力，而另一些抗臭氧剂与临界应力无关但可降低臭氧龟裂的增长速率，这也是清除剂理论所不能解释的。

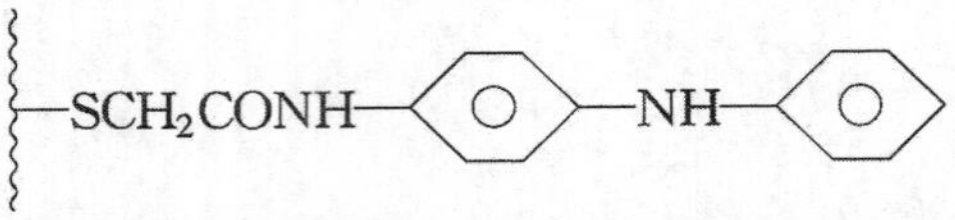

$$\text{—}SCH_2CONH\text{—}C_6H_4\text{—}NH\text{—}C_6H_5 \quad ㊲$$

2．单纯防护膜理论　单纯防护膜理论认为，抗臭氧剂在橡胶表面上与臭氧反应生成臭氧化物，这些抗臭氧剂的臭氧化物在橡胶表面形成一层就象蜡膜一样的防护膜，防止了臭氧对橡胶的攻击。Erickson 等测定了在硫化 SBR 中加入 2phr 的 *N*，*N′*－二丁基对苯二胺（DBPD）与不加时的臭氧吸收与龟裂情况。含有 DBPD 的橡胶，开始臭氧吸收速率很大，但之后急剧下降最后接近于零，并且经过数小时后也不产生臭氧龟裂。不含 DBPD 的橡胶，在 30min 左右臭氧吸收速率达到最高值，之后逐渐降低但仍有较大的吸收速率，且在臭氧吸收速率达到最高值之前产生臭氧龟裂。单纯防护膜理论就是基于这一实验事实提出的。这一理论认为，含有抗臭氧剂 DBPD 的橡胶起初臭氧吸收速率很高是由于表面的 DBPD 与臭氧急速地发生反应，当抗臭氧剂的臭氧化物膜形成之后，阻止了臭氧对橡胶的攻击，使吸收速率降为零；而无抗臭氧剂的橡胶，表面所形成的橡胶臭氧化物不具备这种作用，因而仍保持较高的臭氧吸收速率。Lorenz 等利用丙酮抽出法测定了分别含有 4phr 的 DOPPD 和 4010NA 的两种硫化 BR 在 50pphm 臭氧中暴露后的抗臭氧剂残留量，结果如图 4－55 所示。对于抗臭氧剂 DOPPD，可以认为在一定时间后抗臭氧剂臭氧化物的防护膜形成，因而抗臭氧剂的残留量不再随着臭氧老化时间的延长而改变；而对于 4010NA，被认为防护膜正在形成过程中，对分别含有 DOPPD、4010NA 及 *N*，*N′*－二苯基对苯二胺（DPPD）的三种橡胶经臭氧老化后的表面用显微镜进行观察发现，含有前两种抗臭氧剂的在橡胶表面上均有薄膜形成，而含有 DPPD 的在橡胶表面未发现有薄膜形成。因此，上述三种物质生成臭氧化物薄膜的机能明显地按如下顺序变化：二烷基对苯二胺（DOPPD）＞烷基芳基对苯二胺（4010NA）＞二芳基对苯二胺（DPPD）。这与它们防止臭氧老化效果的顺序是一致的。Lake 在橡胶中加入 10phr 的 DOPPD，然后在很高的臭氧浓度下进行老化，结果发现用肉眼都可看到在表面上形成了有光泽的暗红色的膜。对这种薄膜进行光谱研究发现，它是由未反应的抗臭氧剂及它的臭氧化物组成，橡胶没有参入该膜的形成。由于这些产物是极性的，因而它们在橡胶中有很差的溶解性并将在其表面上积累。它们很容易溶解在象丙酮那样的极性溶剂中。从橡胶表面上除掉这种膜，将导致防止臭氧老化效能的丧失。

但是，有时出现的抗臭氧剂的最适宜浓度现象，用这一理论是无法解释的。如果抗臭氧剂按单纯防护膜机理或清除剂机理作用，那么含抗臭氧剂的硫化胶经过臭氧老化后再用丙酮抽提，在臭氧老化过程中所生成的抗臭氧剂臭氧化物和未完全反应的抗臭氧剂应被完全抽出。Lorenz 等对含有 DOPPD 的 BR 进行臭氧老化后用丙酮抽提，结果发现在 BR 中有未抽提出的氮存在。这说明在抗臭氧剂的防护机理中，抗臭氧剂与橡胶之间可能要产生化学反应。

3．重新键合理论　重新键合理论认为，双功能的对苯二胺抗臭氧剂与橡胶臭氧化断裂而产生的两性离子或醛基反应，并将它们重新连接起来，防止了大分子的断裂。Gent 等在 NR 中加入 DOPPD 后，测定了将其暴露在大气中臭氧龟裂的临界伸长，结果如表 4－45 所示。图 4－56 为不同含量 DOPPD 的临界应力与臭氧浓度的关系。图中虚线为不含抗臭氧剂

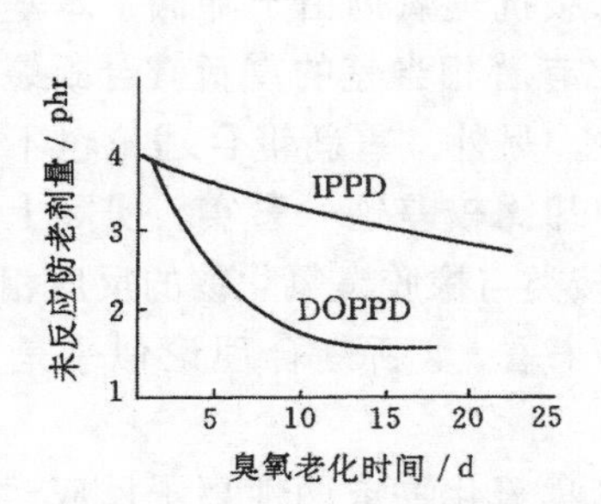

图 4-55 抗臭氧剂的残留量与臭氧老化时间的关系

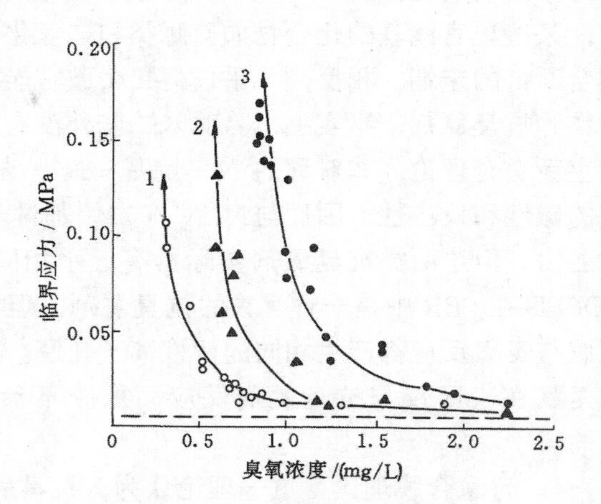

图 4-56 不同 DOPPD 含量的 NR 的临界应力与臭氧浓度的关系

DOPPD 含量，phr：1—6；2—7.5；3—10

时 NR 的临界应力。可见，在臭氧浓度一定的条件下，抗臭氧剂 DOPPD 的含量越多则临界应力或临界伸长越大。这一现象是清除剂理论所不能解释的。通过溶胀法将 DOPPD 的臭氧化物加入到硫化胶中后测定其临界伸长，结果发现与未含抗臭氧剂臭氧化物的硫化胶没有什么差别。因此，Gent 等否定了清除剂理论和单纯防护膜理论，认为是由于抗臭氧剂与橡胶臭氧化物反应所形成的稳定的防护膜阻止了臭氧与橡胶的接触，抑制了臭氧龟裂。Lorenz 等选用2,6－二甲基－2,6－辛二烯和 2－丁烯作为 NR 的模型化合物，研究了含有抗臭氧剂的这些模型化合物在臭氧作用下的反应机理。根据实验结果，他认为橡胶分子中的双键被臭氧打断后所生成的含有醛端基的断链，可以被对苯二胺类抗臭氧剂重新连接起来，从而抑制了臭氧龟裂。前已述及，Lorenz 等对含有 4 phr DOPPD 的 BR 进行臭氧老化后用丙酮抽提，测定了橡胶中存在的未被抽出的氮含量，结果如表 4－46 所示。这一结果说明抗臭氧剂与橡胶臭氧化物之间发生了一定的化学反应。

表 4－45 DOPPD 的加入量与临界伸长的关系

DOPPD 加入量/phr	临界伸长/%
0	6
0.5	7～8
1.0	10～15
2.0	40～70
3.0	200 以上

表 4－46 未抽出氮含量

臭氧暴露时间/d	消耗的 DOPPD 的 N/(mg/g)	未抽出 N/(mg/g)	未抽出 N 百分率/%
3	0.60	0.17	28
6	1.30	0.39	30
9	1.53	0.38	25
16	1.81	0.42	23

但这一理论也因很多原因而受到反驳。首先，当伸长的橡胶链被臭氧打断时，由于回缩

力的作用它们直接分离，因此，即使重新键合发生，也不能防止下层的双键暴露出来。其次，某些单官能基的化合物如硫脲类和二氢化喹啉类都是有效的抗臭氧剂，但它们不能重新键合断链的末端。相反，几乎任何二个胺官能基的化合物都可重新键合断链的末端，因而将可作为抗臭氧剂，事实上，除对苯二胺外没有发现其他类型的二元胺可以作为抗臭氧剂。按照重新键合理论，非对称的 N－烷基－N'－苯基对苯二胺抗臭氧剂由于降低了苯基取代的氮的碱性和反应性，因而与N,N'－二烷基对苯二胺相比有着相当差的重新键合断裂链末端的能力。但这两类抗臭氧剂实际具有近乎相同的有效性。另外，重新键合理论也不能说明DOPPD在SBR中是一种优秀的抗臭氧剂，但在NBR中却比较差这一事实。实际上这两种橡胶与臭氧反应都产生相同的两性离子和醛。从对苯二胺类与橡胶臭氧化物的反应相当慢以及臭氧在表面仅与抗臭氧剂反应而橡胶不参与的事实来看，重新键合理论似乎是不能成立的。

4．自愈合膜理论　这一理论认为，抗臭氧剂与橡胶臭氧化物或两性离子反应，在表面上形成了低分子量的惰性的易流动松弛的“自愈合膜”。按照这一理论，凡是能与下列化合物反应的都是有效的抗臭氧剂：①橡胶的臭氧分解产物，如臭氧化物、二过氧化物等；②臭氧分解的中间产物，特别是两性离子；或③这些化合物的结合。这一理论的提出是基于橡胶的臭氧龟裂是由于其表面的含有碳—碳双键的柔性链迅速与臭氧反应形成含有许多臭氧化物环的僵硬链所致，即基于臭氧龟裂的表面层破坏学说提出的。因此，凡是干扰形成僵硬链的橡胶臭氧化物生成的化合物都应当是有效的抗臭氧剂。当抗臭氧剂与两性离子或橡胶臭氧化物反应后，橡胶表面变得松弛易流动，从而避免了未加抗臭氧剂时那种不饱和键转化为异臭氧化物时所形成的刚性链致使在很低的伸长下就发生龟裂。当臭氧再与松弛表面反应时，形成某些臭氧化物和二过氧化物，它们不能引起表面龟裂。这一理论不要求抗臭氧剂和臭氧之间有化学计量关系。前述的Lorenz等发现一些抗臭氧剂结合到橡胶网络上，无疑也是对这一理论的支持。抗臭氧剂可分解臭氧化物，特别是二丁基二硫代氨基甲酸镍效果最高，也可作为这一机理的支持。另外，有人发现在使用潮湿臭氧实验时，硫化胶表面上会产生一层防护膜，这可解释为是两性离子与水分子反应形成的易流动松驰表面。在此意义上，水分子与加入的抗臭氧剂具有相同的功能。

如果这一理论是正确的，那么实际上真正的抗臭氧剂即防护剂并不是在配炼时加入到橡胶中的抗臭氧剂，而是就地形成的。这种防护剂是由臭氧化橡胶和抗臭氧剂结合而成。这表明抗臭氧剂不是加入后立即生效，而是需要一段作用时间。这一点对于评价潜在的抗臭氧剂是很重要的。如果将含有潜在抗臭氧剂的试样置于臭氧浓度高（如50pphm）的加速试验箱中，抗臭氧剂有可能不产生防护效果，因为没有足够的时间发生上述反应。反之，同样的抗臭氧剂在臭氧浓度低得多的户外进行实验时，则可发生上述反应，显示防护效果。这可能是加速试验和户外曝露试验经常出现误差的部分原因。如果将含潜在抗臭氧剂的橡胶放在50pphm臭氧浓度的试验箱中试验效果不好，可把这种试样先在25pphm臭氧浓度的试验箱中预老化，然后再放入同样的试验箱中试验，则防护效果会大大提高。这可能是在较低臭氧浓度下的预老化期间形成了防护性松弛表面膜的缘故。

但这一理论难以解释双官能基是抗臭氧剂显示效能的一个重要特征。前已述及的对苯二胺类与橡胶的臭氧化物反应相当慢以及臭氧在表面仅与抗臭氧剂反应而橡胶不参与等实验结果，也不支持这一理论。

5．清除剂与单纯防护膜共存理论　前述的几种理论虽都得到一些实验结果的支持，但也都分别存在一些缺点。为此，近年来有人提出了清除剂与单纯防护膜共存的理论。这一理论认为，抗臭氧剂喷出到表面在橡胶的双键与臭氧反应之前优先与臭氧反应，由此所生成的抗臭氧剂臭氧化物在表面上形成薄膜，防止了臭氧对其下层橡胶的攻击。Andries 等测定了含有 DOPPD 的 NR 在臭氧老化后的全反射红外光谱（ATR），发现与纯抗臭氧剂 DOPPD 臭氧化后的全反射红外光谱基本一致，没有检测出橡胶臭氧化物及它与抗臭氧剂之间的反应产物。接着，Andries 等对含有炭黑及含有 DOPPD 的 NR 进行了同样的试验。随着在臭氧中暴露时间的延长，在初期看到的炭黑对光谱的影响完全消失。这是由于抗臭氧剂臭氧化物在表面积累，最后完全覆盖了表面的炭黑所致。用 1 万倍电子显微镜对试样表面进行观察发现，未加 DOPPD 的橡胶在臭氧中暴露时，其表面产生很多的裂痕或细孔。这是由于炭黑的分散使橡胶表面产生小的变形，臭氧对因变形而处于受力状态的橡胶攻击所致。对于含有抗臭氧剂的橡胶，不产生裂痕及细孔，而是在表面上形成了连续的膜。将此膜除掉，露出的是未受臭氧攻击的橡胶。含有炭黑及 DOPPD 的橡胶暴露于臭氧中后的表面光谱与仅含 DOPPD 的橡胶臭氧老化后的一样，仅检测出 DOPPD 的臭氧化物，而未发现橡胶臭氧化物及其与抗臭氧剂的反应产物。Lattimer 等采用与前述过的 Lorenz 等相同的方法，测定了含有 DOPPD 的 BR 或 IR 在臭氧老化后的未被抽提出的氮。尽管他克服了 Lorenz 等在实验中的某些不足后仍测定出有未抽提出的氮存在，但他认为某些未抽提出的氮可以是由于橡胶臭氧化物与抗臭氧剂反应产生的，但一些其他途径也是可能的，如 DOPPD 可以作为促进剂在硫化过程中键合到橡胶网构中，更可能是作为烷基自由基的捕捉体在老化过程中键合到橡胶上。以顺－9－廿三碳烯和角鲨烯作为模型化合物，研究了臭氧化的烯烃与 DOPPD 之间的的反应。尽管臭氧化的烯烃与抗臭氧剂之间可以发生反应，但在整个防止橡胶臭氧老化的防护过程中不可能起到重要作用。因为这些产物只有在橡胶变成臭氧化物之后才能产生，但在抗臭氧剂接近完全消耗完之前臭氧不发生对橡胶的攻击。Lattimer 等否定了重新键合理论和自愈合膜理论，与前述的 Andries 的实验结果一样，支持清除剂与单纯防护膜共存理论。

按照这一理论，可以推断 DOPPD 的加入可提高临界伸长（如表 4－45）是由于在其表面上形成了连续的防护膜，正象在表面形成蜡膜后可以提高临界伸长一样。实际上，前已述及含有 DOPPD 的橡胶在臭氧老化时已发现在其表面上形成抗臭氧剂的臭氧化物薄膜。连续膜的形成也可以说明 DOPPD 为什么不能提高动态条件下的临界伸长。因为在这种情况下，屈挠可以破坏膜的连续性和对橡胶表面的涂覆能力，正象屈挠可以破坏蜡的有效性一样。还可以说明，DOPPD 为什么不能提高 NBR 的临界伸长。因为在 NBR 中，DOPPD 在表面的浓度很低，以至于在臭氧化过程中所形成的薄膜太薄不能产生有效的防护作用。DOPPD 在 NBR 与 SBR 中的表面浓度的差别是由于它在 NBR 中具有高的溶解性所致。另外，前已述及的臭氧与 DOPPD 浓度对临界应力的影响（图 4－56）也可以通过表面膜的形成与破坏得到解释。在一定臭氧浓度下，随着 DOPPD 浓度的提高，临界应力提高是由于 DOPPD（≈DMPPD）在橡胶表面的平衡浓度随其加入时量增大而提高（如表 4－47 所示），这将导致在表面形成更厚更耐久的薄膜。在薄膜下面 DOPPD 的高的平衡表面浓度可以保证被臭氧破坏的薄膜在臭氧龟裂之前被有效地修补。在一定的 DOPPD 浓度下，提高臭氧浓度将降低临界应力是由于表面薄膜产生并很快地被臭氧破坏以至于不能及时修复。因此，临界伸长是臭氧破坏薄膜的速度快于膜的修补那一点时的伸长。在很高的臭氧浓度下，防护膜被很快地破坏，以至于使得临界应力与未受抗臭氧剂防护的相同。

表 4-47　抗臭氧剂在 NR 中的平衡表面浓度

抗臭氧剂加入量/phr	平衡表面浓度/($\mu g/cm^2$)	
	DMPPD①	HPPD②
1.0	8	12
3.0	27	35
5.0	45	61
10.0	104	126
20.0	209	247

①为 N, N′-二(1,4-二甲基庚基)对苯二胺。

②为 N-(1,3-二甲基丁基)-N′-苯基对苯二胺。

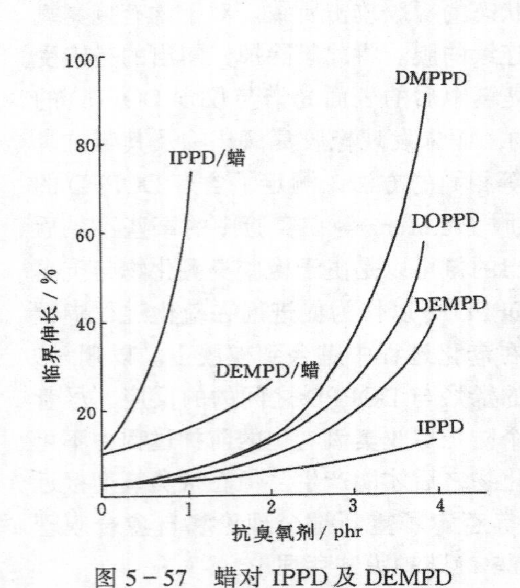

图 5-57　蜡对 IPPD 及 DEMPD 的临界伸长的影响
(臭氧浓度为 25pphm，蜡为加入 1phr 微晶蜡)

由于抗臭氧剂 4010NA（IPPD）不能提高临界伸长，因而它与臭氧的反应产物必定形成了含有很多裂缝的屏障。实际上，IPPD 是产生粉末状的喷霜。但当 IPPD（≈HPPD）与蜡并用时，可显著提高其临界伸长，见图 4-57。这是由于 HPPD 可以促进蜡的喷出，提高了喷出蜡膜的厚度和连续性。由于 DOPPD（≈DEMPD）可以在表面形成连续的防护膜，因而当它与蜡并用时并不能显著地提高其临界伸长（图 4-57）是不足为怪的。另外应注意，抗臭氧剂与蜡并用时，蜡的加入还将影响着抗臭氧剂的喷出。当抗臭氧剂在蜡中溶解性大于在橡胶中的溶解性且蜡的喷出速度远大于抗臭氧剂时，二者并用也会促进抗臭氧剂的喷出，从而提高了防护效果。Lederer 的研究发现，在实际使用的抗臭氧剂浓度下，蜡与对苯二胺类抗臭氧剂在动态及静态条件下并不产生协同效应，但在间歇条件产生很大的协同效应。这是由于蜡有效地对静态臭氧老化的防护与对苯二胺对动态臭氧老化的有效防护相结合所致。

尽管 IPPD 不能提高临界伸长，但仍显示出较好的抗臭氧活性。这是由于尽管它不能在橡胶表面形成连续的防护膜，但它能在橡胶表面保持一个稳态浓度而有效地清除臭氧，结果使龟裂增长速率降低。

第七节　橡胶的疲劳老化及防护

橡胶的疲劳老化是指在交变应力或应变作用下，使橡胶的物理机械性能逐渐变坏，以致最后丧失使用价值的现象。如受拉伸疲劳的橡胶制品，在疲劳老化过程中逐渐产生龟裂，以致最后完全断裂。在实际使用的橡胶制品中，经受疲劳老化的例子有汽车轮胎、橡胶传动带及防震橡胶制品等。橡胶的疲劳老化除取决于所承受的交变应力及应变之外，还受橡胶结构、配方组成及所处的环境因素如温度、氧、臭氧及其他环境介质等的影响。

一、疲劳老化的机理

橡胶的疲劳老化也是橡胶制品在使用过程中经常遇到的一种重要的老化形式，但有关这方面的研究与热氧老化相比要少得多，有很多问题尚有待于进一步的研究。关于橡胶疲劳老化的机理，目前尚未有明确的定论，但经过一段长时间的争论后，现在基本上可以分为两种理论，即机械破坏理论与力化学理论。

（一）机械破坏理论

这一理论认为，橡胶的疲劳老化不是一个化学反应过程，而纯粹是由所施加到橡胶上的机械应力使其结构及性能产生变化，以致最后丧失使用价值的过程；如果说在这个过程中有化学反应产生的话，那也只能看成是影响疲劳过程的一个因素。

藤本将含有填充剂的硫化胶的疲劳过程分为三个阶段：

第一阶段：承受负荷后应力或变形急剧下降阶段（应力软化现象）

第二阶段：应力或变形的变化较为缓慢，在表面或内部产生破裂核阶段（温度不太高时产生硬化现象）

第三阶段：破坏核增大直到整体破坏阶段（破坏现象）

第一阶段实际上为应力软化阶段，这仅在含有填料的硫化胶中产生这一现象，不含填料的硫化胶不产生这一现象。根据橡胶大分子在填料粒子表面产生滑动的补强机理，应力软化现象是很容易理解的。在第二阶段，硫化胶的高次结构产生变化，它包括物理变化和一定的化学变化。第三阶段是在表面或内部产生的破裂核，由于在其周围产生应力集中，从而使其逐渐增大以致整体破裂的阶段。在整个疲劳老化过程中，橡胶的各种性能随着疲劳的进程产生不同程度的变化，通常是力学损耗系数的减小、高伸长模量的增加及各种破坏强度的下降。

关于疲劳过程中硫化胶高次结构的变化，藤本采用图 8－21 所示的含有填料的硫化胶的不均质结构模型进行了解释。在疲劳过程中，可以产生微观布朗运动的 A 相中的橡胶分子在经受应力的变化时，分子链被张紧，从而破坏了由分子之间相互作用所形成的凝聚点。因此，橡胶分子链的运动性增加，链的熵增大。在填充剂表面形成稠密结构的 C 组中的橡胶分子，由于其分子链的运动性几乎被固定，因而受力刺激时分子链将以更加有序的结构排列，分子之间的相互作用增加。C 相内的硫交联键可以束缚该相内的橡胶分子采取有序的结构排列，硫交联键中的硫原子数越少，束缚作用越大，C 相的结构变化越小。

由上述可见，含有填充剂的硫化胶的结构在疲劳过程中被明确地分离成运动性相和非运动性相二相，并且使 A 相的熵弹性增大，C 相的能弹性增大。这一变化结果，使宏观的弹性模量增大。通过核磁共振的研究已证明，在疲劳前从运动性的橡胶分子到非运动性的橡胶分子是连续分布的，但经过疲劳后这被明确地分离开。关于疲劳过程中这一结构变化，可用图 4－58 来表示。图中的 v 表示单位体积内的橡胶分子的密度，r 表示分子之间相互作用力，R 表示填充剂间的距离。在疲劳前，v、r 分布如图中实线所示，疲劳后，如图中虚线所示。

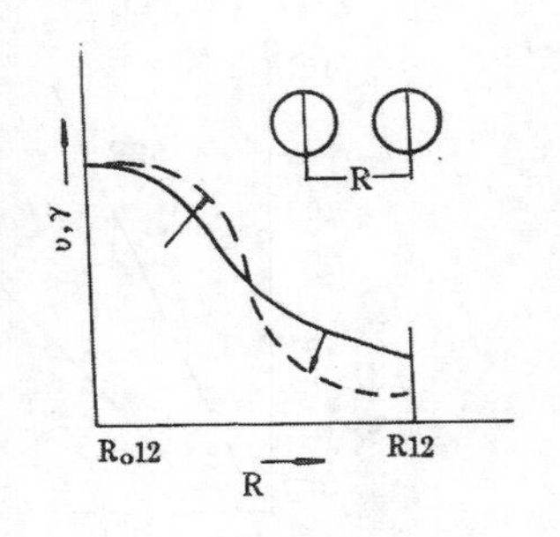

图 4－58　疲劳引起的 v，r 分布的变化

含填料的硫化胶在疲劳过程中除上述的分子结构发生变化外，填充剂之类的物质在橡胶中还发生移动或取向。通过电子显微镜的观察发现，含填充炭黑的硫化胶在经过反复伸长后，炭黑的分散状态向不均匀化方向转变，并形成较大的凝聚体结构。炭黑表面形成的分子运动受约束的 C 相（见图 8－21），在随着疲劳的进程而不断增大的同时，还随着炭黑形成较大的凝聚体而相互之间溶合在一起。如果将这一变化看成是向降低 C 相的表面能方向变化的话，这种现象也可以理解为疲劳使整个体系的自由能降低，

使体系向更稳定的方向移动。但是，这样形成的较大的炭黑凝聚体，反而成为宏观的应力集中点，并可能与裂纹的形成和增长相联系。因此从总体上看，通过反复变形，使结构向着体系的能量更稳定的方向变化，结果使物性特别是强度特性下降，即引起疲劳现象。

上面讨论的是疲劳过程中的第一阶段及第二阶段的结构变化。下面将要论述疲劳过程中的第三个阶段，即破裂核的生成到整体破坏的阶段。从整个制品的寿命来看，这一阶段是制品的实用性能将要完全丧失的阶段，因而只占整个寿命的10%～20%左右。

关于疲劳过程的第三阶段，有些研究者用撕裂能的概念对裂纹的生长过程进行了解析，并考察了疲劳破坏行为。所谓撕裂能T是指裂纹增长单位厚度所需要的能量，并用下式表示：

$$T = -\frac{\partial u}{\partial A} \tag{4-44}$$

式中　u——试样中总的内储弹性能；

　　　A——非变形状态下裂纹的破坏表面的面积。

因此，撕裂能T与试样的弹性变形及裂纹的大小有关。当变形从零开始，使试样在一定载荷下产生重复变形时，每一变形循环使裂纹的增长速度可用式（4－45）表示：

$$\frac{dc}{dn} = f(T) \tag{4-45}$$

式中　c——裂纹长度；

　　　n——变形循环数。

可见，在疲劳过程中裂纹的增长速率是撕裂能的函数。图4－59为NR及SBR的纯胶硫化胶的最大撕裂能与裂纹增长速率的关系。由图中的实验曲线可见，式（4－45）具有如下的指数关系：

$$\frac{dn}{dc} = B \cdot T^{\beta}$$

式中　B，β——常数。

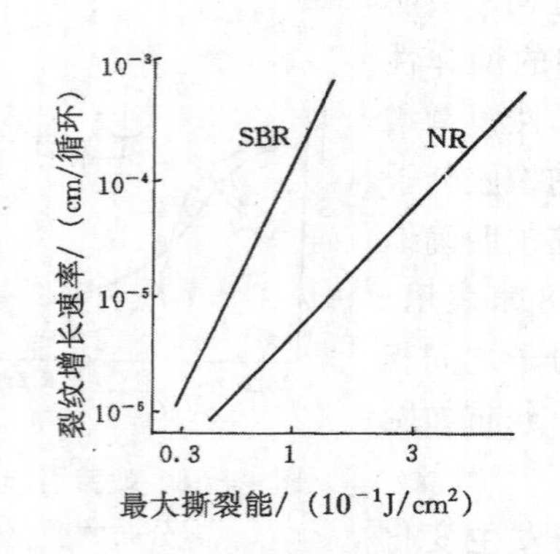

图4－59　NR及SBR纯胶硫化胶的最大撕裂能与裂纹增长速率的关系

在疲劳过程中，随着疲劳的进行，T与C一起增大。当撕裂能达到某一值T_c时，试样产生的断裂。

在反复拉伸实验中，当撕裂能在某一值T_o以下时，不产生裂纹，该值是固定不变的，几乎不受橡胶种类的影响。从另一个角度来看，这种现象也可以看成是从疲劳的第二阶段向第三阶段过渡时有一个能量位垒存在。从各种橡胶的实验结果可得，T_o值约为5×10^{-3} J/cm^2。从与橡胶的种类无关这一点来看，该值与橡胶分子主链中C—C键的断裂能有关。实际上，在这一假定下由T_o计算出的NR的C—C键的解离能与实际值相近。因此，如果施加到试样的力学能量不超过T_o，则永远不会有裂纹的产生及增长。但是，外部的环境条件将影响T_o值的大小及裂纹增长速率。

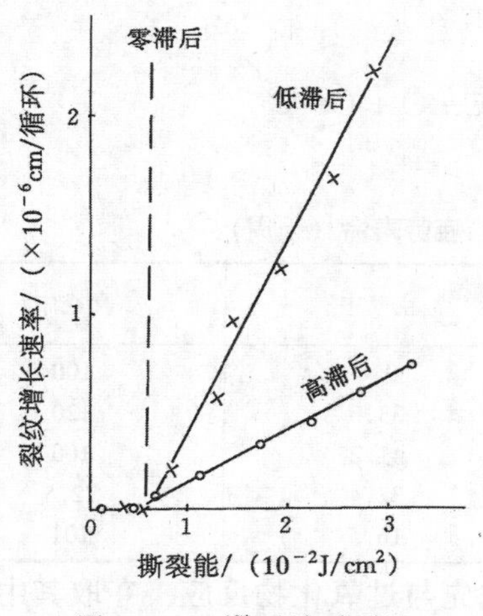

图 4－60　滞后性对裂纹增长速率的影响

在外部条件及撕裂能一定的条件下，裂纹增长速率受硫化胶的滞后性影响。图 4－60 以模型的形式显示了滞后性对裂纹增长速率的影响。由于材料的内储弹性能是驱动裂纹增长的原动力，因而在同一应力或变形的反复变形过程中，损耗系数大（滞后性大）的体系，试样的内储弹性能小，因而驱使裂纹增长的能力降低。从另一角度来看，滞后性即耗散能量，具有缓解裂纹顶端应力集中程度的作用。

（二）力化学理论

这一理论认为，橡胶的疲劳老化过程是在力的作用下的一个化学反应过程，主要是在力作用下的活化氧化过程。

尽管力化学理论的研究者都认为橡胶的疲劳老化过程是在力的作用下的氧化过程，但对具体反应过程不同的研究者尚存在一定的分歧。Gent 通过对 NR 的疲劳老化的研究后认为，在疲劳过程中橡胶分子链被机械力打断，由此所产生的自由基与氧反应，引发了氧化老化。因此，由分子链切断而形成的裂纹的顶端附近随着老化的进行使强度降低，从而在不断的重复变形作用下使分子链断裂更容易，结果使裂纹不断增大。现在不少研究者都支持 Gent 的这一假说，并用式（4－46）来表示其反应。

$$
\begin{array}{c}
\sim\!\sim C(CH_3)\!=\!CHCH_2CH_2\!-\!C(CH_3)\!=\!CH\!\sim\!\sim \\
\downarrow \\
\sim\!\sim C(CH_3)\!=\!CHCH_2\cdot \quad + \quad \cdot CH_2\!-\!C(CH_3)\!=\!CH\!\sim\!\sim \\
\downarrow O_2\,(R\cdot) \qquad\qquad\qquad \downarrow O_2\,(R\cdot) \\
\sim\!\sim C(CH_3)\!=\!CHCH_2OO\cdot \qquad \cdot OOCH_2\!-\!C(CH_3)\!=\!CH\!\sim\!\sim \\
(ROO\cdot) \qquad\qquad\qquad (ROO\cdot)
\end{array}
\tag{4-46}
$$

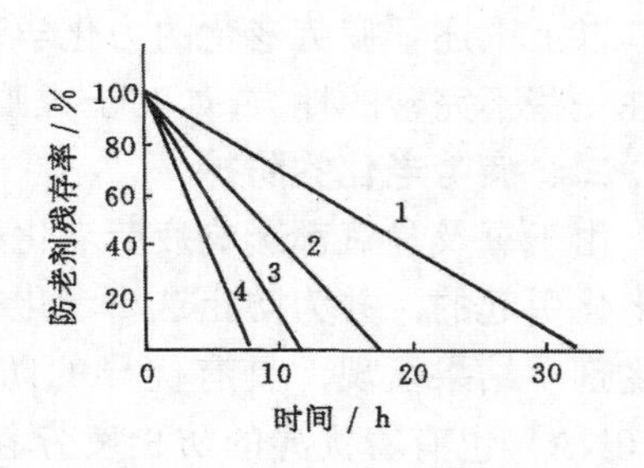

图 4－61　SBR 硫化胶中防老剂 D 在不同条件下的消耗速率

1—123℃无变形；2—123℃反复变形；3—143℃无变形；4—143℃反复变形

表 4－48 为含不同配合剂的 NR 硫化胶在不同环境中的疲劳寿命。由表可见，在无氧的真空中的疲劳寿命大于在空气中的，防老剂及自由基捕捉剂（β－萘硫酚及三硝基苯）的加入均使在空气中的疲劳寿命延长。这无疑在一定程度上是对上一假说的支持。尤其是近年来 Scott 等人对橡胶疲劳老化防护机理的研究，使上述假说的正确性更加明朗化。

Kuzuminskii测定了在不同条件下防老剂D在SBR硫化胶中的消耗速度，其结果如图 4－61 所示。可见在变形条件下的防老剂 D 的消耗速率大于不变形条件下的，说明疲劳可促进橡胶的氧化老化。但是，Kuzuminskii 并不认为这是由于象前述的 Gent 所说的那样，而是认为氧与橡胶按下式那样反应，首先形成过氧化物，然后橡胶分子链产生断链。

$$>C=C< \xrightarrow{O_2} >\underset{}{C}(-O-O-)\underset{}{C}< \longrightarrow >C=O + O=C<$$

过氧化物

表 4-48 NR 硫化胶在空气中及真空中的疲劳寿命（千周）

配合剂	加入量/phr	空气中	真空中
无	无	9.4	100
防老剂 D	2	33.6	120
防老剂 IPPD	1	41.2	100
β-萘硫酚	2～6	32.4	72.5
三硝基苯	2	16.5	101

当有防老剂 D 存在时，在橡胶分子链断链之前它优先与过氧化物反应，夺取其中的氧，通过自身的消耗避免了橡胶分子链的断链。在反复变形的作用下，橡胶分子主链的 C═C 键变弱，从而使其与氧反应所需要的活化能降低，促进了氧化反应。从微观上来看，橡胶分子主链在伸长时，只是其中的几个链段承受机械应力。从统计学的角度来看，某一部位的机械能相当高，使链段产生断裂的概率是相当低的。因此，在大多数情况下，因为承受较低的机械应力而按活化能降低⟶同氧的反应容易⟶过氧化物的形成⟶主链断裂的方式产生反应使其老化。Kuzuminsky 认为，与力学破坏相比，更可能发生的是应力活化的氧化破坏。

特别值得说明的是，在变形的硫化胶中表现出两个相互竞争的趋势：一是在机械应力作用下使主链的 C—C 减弱所导致的氧化过程的机械活化作用；另一是由于降低了变形分子链的构象运动性而抑制了化学反应。在氧化的初始阶段，当机械应力相当高时，第一个趋势是主要的。当经过松弛，应力较大地降低后，第二个趋势是主要的。

以上论述了疲劳老化的力化学理论。尽管这一理论目前受到较多的研究者的支持，但尚存在一些不完善的地方，如对于橡胶在真空或惰性气体中的疲劳老化就不能作出完满的解释。

二、疲劳老化的防护

由于氧及臭氧都影响疲劳老化过程，因而起初有不少人认为疲劳老化是由氧化老化或臭氧老化引起的，并为防止这一老化在橡胶中加入了防止热氧老化的防老剂或防止臭氧老化的防老剂。结果发现，具有优异的防止臭氧老化的对苯二胺类防老剂尤其是 IPPD（防老剂 4010NA）也有着优异的防止疲劳老化的效果（防老剂 H 或 DPPD 在对苯二胺类中有着非常大的防止疲劳老化的效果，但因易喷霜使其应用受到限制），但对 NR 的热氧老化具有防护效果而对其臭氧老化无防护效能的防老剂 D，对 NR 的疲劳老化也表现出一定的防护效果。对 SBR 的研究发现，防老剂 IPPD 对其疲劳老化具有防护效果，但防老剂 D 则无效。因此有人认为，防老剂对疲劳老化的抑制机理处于其防止臭氧老化与防止热氧老化的机理之间。这进一步说明，橡胶的疲劳老化与热氧老化及臭氧老化在机理上是不同的。因此，为防止疲劳老化，在防老剂的选择及防护机理上也应不同于热氧老化及臭氧老化。

近年来，英国学者 Scott 等对橡胶疲劳老化的防护进行了较多的研究，提出了新的不同于以前的观点。对于防老剂 InH 在切断链式氧化反应过程中，当按式（4-47）反应时称之为供电子型断链反应（简称为 CB—D 型），当按式（4-48）反应时称之为接受电子型断链反应（简称为 CB—A 型）。

$$InH + ROO\cdot \longrightarrow ROOH + In\cdot \tag{4-47}$$

$$In\cdot + R\cdot \longrightarrow InR \tag{4-48}$$

Katbab 等测定了加有防老剂 IPPD 的 NR 试样在疲劳过程中的顺磁共振谱（ESR），发现有氮氧自由基及过氧自由基产生，并得到了如图 4－62 所示的两种自由基浓度随屈挠时间的变化规律。图中屈挠初期生成较多的过氧化物自由基，可能正如前述的 Gent 所提出的假说那样，是由于屈挠打断橡胶分子链所产生的橡胶大分子自由基与试样中存在的氧反应生成的。因此，这一结果支持前述的疲劳断链引发氧化的假说。当过氧自由基浓度达到最高值时，氮氧自由基开始产生，这说明试样中的氧并不直接与胺防老剂反应，而是由过氧自由基与其发生反应。胺防老剂通过与过氧自由基反应而变成氮氧自由基，从而使前者的浓度急剧下降，后者的浓度急剧增加。造成过氧自由基浓度急剧降低的另一原因是由于屈挠断链生成的橡胶大分子自由基不断与试样中的氧反应，使试样中缺乏足够的氧。当氮氧自由基浓度达到最高值后，也急剧降低，最后达到一稳态，并长时间地保持这一状态。通过对实验结果的分析，Katbab 认为 IPPD 及二苯胺类防老剂按图 4－63 所示，首先与烷基过氧自由基反应迅速生成氮氧自由基，

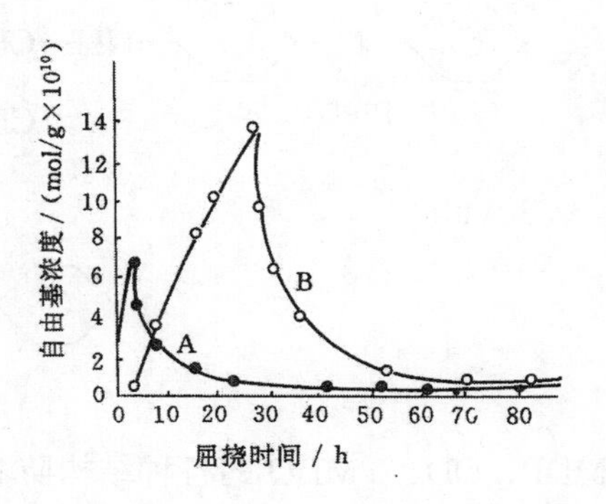

图 4－62　在屈挠橡胶中过氧自由基（曲线 A）与氮氧自由基（曲线 B）的生成与消失状况

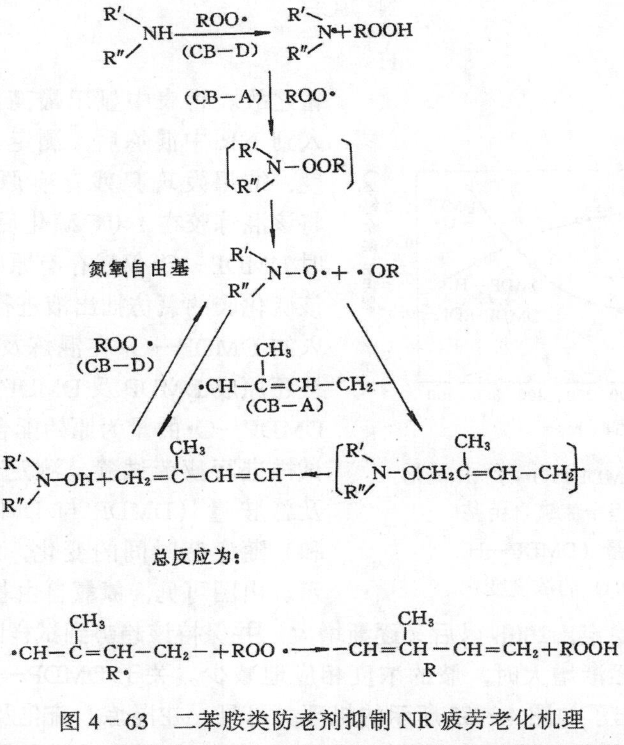

$$R'R''NH \xrightarrow[(CB-D)]{ROO\cdot} R'R''N\cdot + ROOH$$

$$\downarrow (CB-A)\ ROO\cdot$$

$$[R'R''N-OOR]$$

$$\downarrow$$

氮氧自由基　$R'R''N-O\cdot + \cdot OR$

$ROO\cdot$ (CB—D)　　$\cdot CH-C(CH_3)=CH-CH_2-$ (CB—A)

$$R'R''N-OH + CH_2=C(CH_3)-CH=CH- \longleftarrow [R'R''N-OCH_2C(CH_3)=CH-CH_2-]$$

总反应为：

$$\cdot CH-\underset{R\cdot}{C}(CH_3)=CH-CH_2- + ROO\cdot \longrightarrow -CH=\underset{R}{C}(CH_3)-CH=CH_2 + ROOH$$

图 4－63　二苯胺类防老剂抑制 NR 疲劳老化机理

然后氮氧自由基再通过 CB—A 型及 CB—D 型反应，进行有效的连续终止及再生反应，使短期内产生的较多的 R· 及 ROO· 稳定化，从而有效地抑制了橡胶的疲劳老化。酚类防老剂由于不能发生这种再生反应，因而不具备防止疲劳老化的功能。Dweik 认为，在抑制疲劳老

化过程中式(4－49)的平衡式存在是很重要的。他将式(4－49)中的各种结构的防老剂及

IPPD $\longrightarrow$ IPPO－O· $\underset{-e-H\cdot}{\overset{+e+H\cdot}{\rightleftharpoons}}$ IPPD—OH　　(4－49)

DMDP、OD、TMDQ 的各种结构防老剂分别加入 NR 中，测定其疲劳寿命，所得结果如表 4－49 所示。含有 DMDP—OH 的疲劳寿命较低，是由于它在橡胶中的溶解度较低易产生喷

DMDP　　OD　　TMDQ

霜之故。将表中显示最高值的 DMDP—O·加入到 NR 中混炼后，测定其 DMDP—O·的浓度，结果发现只残存有原始配合量的 60%。将该混炼胶在 140℃硫化后再测定其浓度，此时 DMDP—O·仅残存有原始配合量的 1%。对该硫化胶的氯仿抽出液进行测定后证明，所加入的 DMDP—O·在混炼及硫化过程中大部分被还原成 DMDP 及 DMDP—OH。将这种残存 DMDP—O·的量为原始配合量的 1% 的硫化胶试样进行疲劳试验，测定 DMDP—O·的浓度及总胺量（DMDP 与 DMDP—OH 的含量之和）随疲劳时间的变化，结果如图 4－64 所示。由图可见，氮氧自由基在最初的 50h 之内逐渐减少，之后保持稳定，200h 以后又逐渐增大，并保持该趋势到试样断裂时间，即 411h；当氮氧自由基的浓度逐渐增大时，胺的浓度相应地减少。关于 DMDP—O·抑制疲劳老化的反应过程，Dweik 提出了如图 4－65 所示的机理。可见，在混炼、硫化及疲劳过程中再生的胺及羟胺，通过如图 4－65 所示的强烈的 CB—D 机能，在切断过氧自由基的链式氧化反应的同时，释放出氮氧自由基，从而起到了氮氧自由基的贮存库的作用。所生成的氮氧自由基，通过其 CB—A 机能，终止烷基自由基。随着疲劳的过程，如图 4－64 所显示的那样，

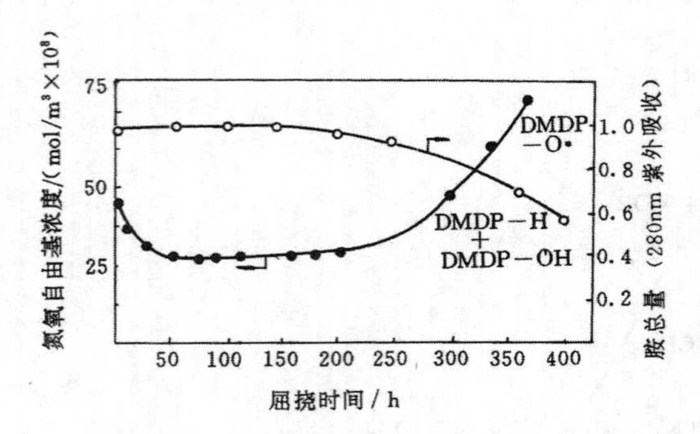

图 4－64　含有 DMDP—O·的 NR 硫化胶在疲劳过程中氮氧自由基 NO·及胺总量（DMDP—H + DMDP—OH）的浓度变化

胺量开始减少，式（4－49）的平衡向氮氧自由基方向移动，从而使清除烷基过氧自由基的能力降低，对疲劳老化的抑制变得困难，最终导致疲劳断裂。

表 4－49　含各种防老剂的 NR 试样的疲劳寿命，h

防老剂(加 1 份)	X＝H	X＝O·	X＝OH
IPPD—X	273	337	—
DMDP—X	207	411	55
OP—X	83	88	107
TMDQ—X	53	56	55

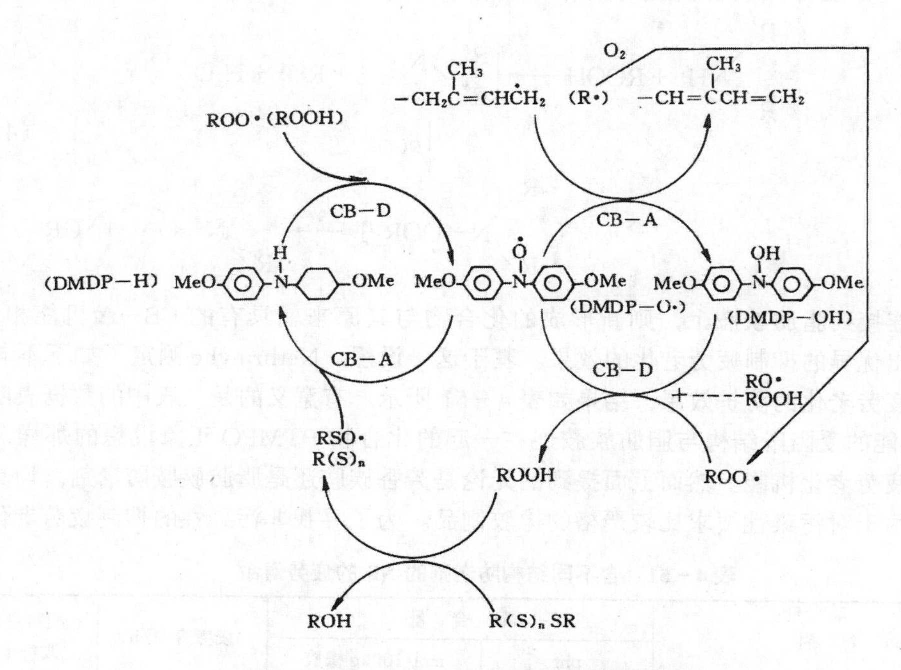

图 4－65　DMDP—O· 抑制屈挠断裂的机理

Katbab 测定了以 IPPD 为代表的芳香族胺与脂肪族胺在 NR 中抑制疲劳老化的能力，结

IPPD　　HTMPO

Tinuvin770

果如表 4－50 所示。可见脂肪族胺防老剂 Tinuvin770 的防护能力远远不及芳香族胺防老剂

表 4-50　含不同防老剂的 NR 硫化胶的疲劳寿命

1phr 防老剂	屈挠次数	疲劳寿命/h
空白	253900	42.31
IPPD	1327900	221.31
Tinuvin770	764070	127.00
HTMPO	526300	87.48

IPPD。Nethringhe 认为，这是由于脂肪族胺本身不具备象式（4-47）那样的 CB—D 机能，而只能象式（4-50）那样在借助烷基过氧化氢 ROOH 的作用下产生氮氧自由基，使脂肪族胺不能充分发挥氮氧自由基的贮存库的作用。因此，如果通过某种方式将具有CB—D

$$R'R''NH + ROOH \longrightarrow [R'R''N\cdot] + RO\cdot + H_2O$$
$$\downarrow ROO\cdot$$
$$[R'R''N{-}OOR] \longrightarrow R'R''N{-}O\cdot + \cdot OR \quad (4-50)$$

机能的结构连接到脂肪族胺上，则新形成的化合物与其原来就具有的 CB—A 机能相结合，必定能发挥出优异的抑制疲劳老化的效果。基于这一设想，Nethringhe 测定了如下不同结构的防老剂对疲劳老化的防护效果，结果如表 4-51 所示。有意义的是，表中的数据表明将具有 CB—D 机能的受阻酚结构与脂肪族胺连在一起的化合物 PTMPO 正象设想的那样，发挥出突出的抗疲劳老化机能。然而上面提到的无论是芳香族胺还是脂肪族胺防老剂，均具有污染性，不能用于对污染性要求比较严格的橡胶制品。为了寻找非污染性的抑制疲劳老化的防

表 4-51　含不同结构防老剂的 NR 的疲劳寿命

防老剂	配合量		疲劳寿命/h	相对空白的改善率/%
	phr	mol/100kg 橡胶		
空白	0	0	20.0	—
HTMPO	1.08	6.37	24.9	24
HTMPOH	1.1	6.37	26.3	30
STMPO	1.62	3.19	29.0	45
STMPOH	1.63	3.20	37.5	87
PTMPO	1.30	3.19	47.0	135

HO—(2,2,6,6-四甲基哌啶, CH_3×4)N—O·　HTMPO

HO—(2,2,6,6-四甲基哌啶, CH_3×4)N—OH　HTMPOH

$[(CH_2)_4COO$—(2,2,6,6-四甲基哌啶, CH_3×4)N—O·$]_2$　STMPO

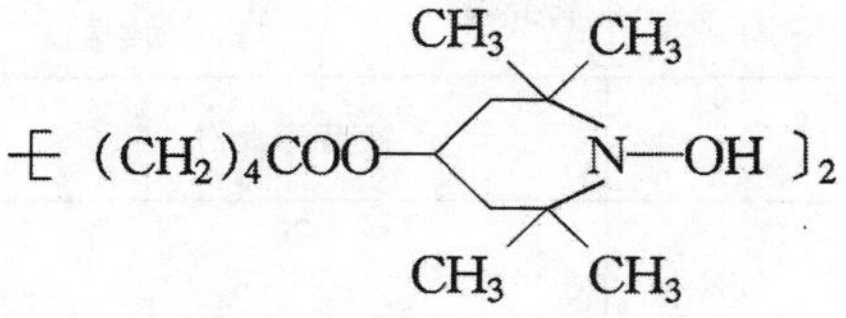

$$\left[(CH_2)_4COO-\text{(2,2,6,6-四甲基哌啶-4-基)}N-OH \right]_2$$

STMPOH

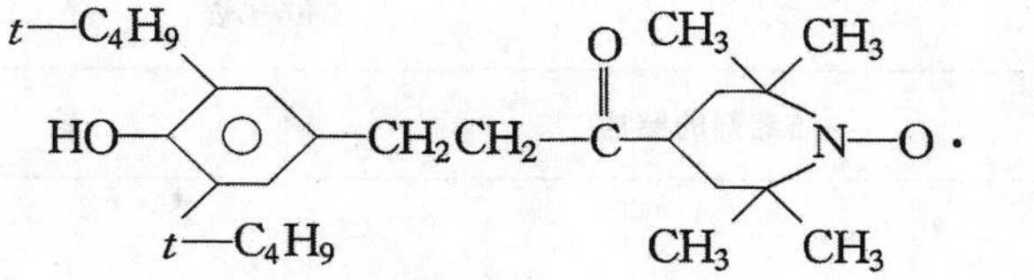

$$HO-\text{(3,5-di-}t\text{-}C_4H_9\text{-苯基)}-CH_2CH_2-\overset{O}{\overset{\|}{C}}-\text{(2,2,6,6-四甲基哌啶)}N-O\cdot$$

PTMPO

老剂，Nethringhe 又基于与上述相同设想，将具有防止氧化老化作用且不产生污染而又易于产生氮氧自由基(具有 CB－A 机能)的亚胺氧化物类化合物与不产生污染的具有 CB—D 机能的受阻酚结构相结合，合成出了新结构化合物。表 4－52 是不同结构的化合物对 NR 疲劳寿命的影响。由表可见，正象预期的那样，具有受阻酚结构的亚胺氧化物化合物 MHPBN 及 MHPPN 对疲劳老化的抑制效果尽管远不如防老剂 IPPD，但还是比较突出的，与不添加防老剂及添加PBN、PMN 相比具有较大的改善，关于 MHPBN 对疲劳老化的抑制过程，Nethringhe

表 4－52　亚胺氧化物类化合物对 NR 疲劳寿命的影响

防老剂的结构	缩　写	疲劳寿命/h
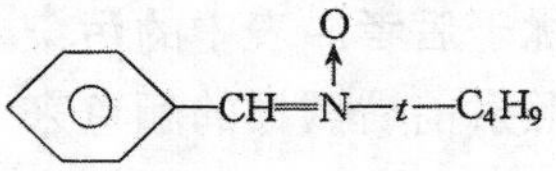 $C_6H_5-CH=N(\rightarrow O)-t-C_4H_9$	PBN	26
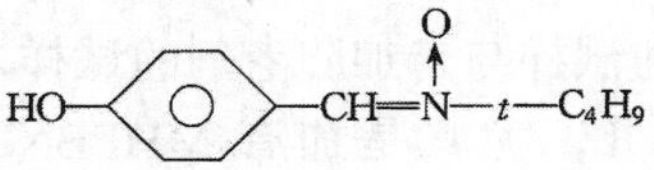 $HO-C_6H_4-CH=N(\rightarrow O)-t-C_4H_9$	HPBN	30
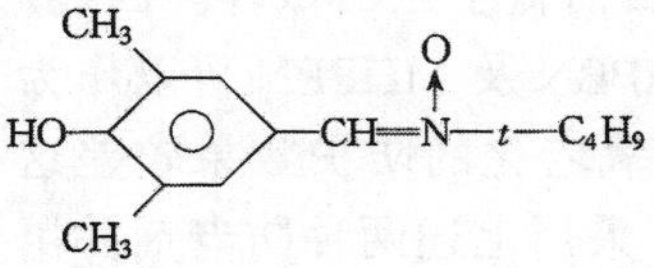 $HO-C_6H_2(CH_3)_2-CH=N(\rightarrow O)-t-C_4H_9$	MHPBN	110
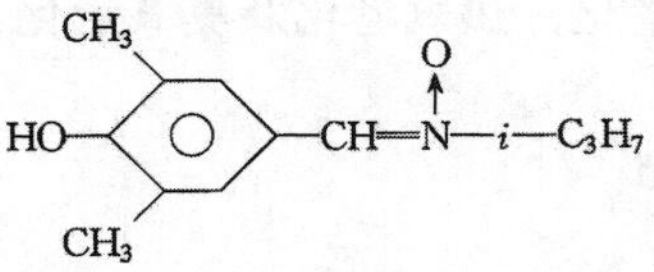 $HO-C_6H_2(CH_3)_2-CH=N(\rightarrow O)-i-C_3H_7$	MHPPN	130
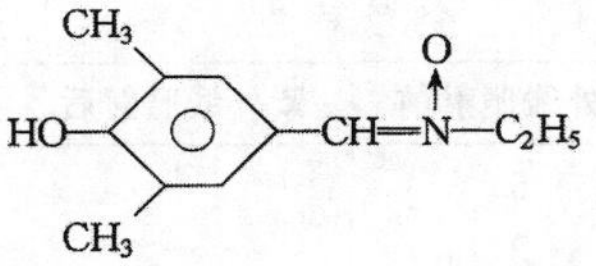 $HO-C_6H_2(CH_3)_2-CH=N(\rightarrow O)-C_2H_5$	MHPEN	93
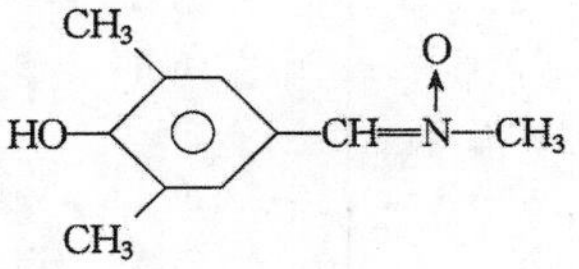 $HO-C_6H_2(CH_3)_2-CH=N(\rightarrow O)-CH_3$	MHPMN	80
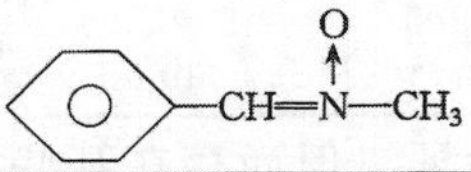 $C_6H_5-CH=N(\rightarrow O)-CH_3$	PMN	29

续表

防老剂的结构	缩　写	疲劳寿命/h
无添加		20
$C_6H_5-NH-C_6H_4-NH-CH(CH_3)_2$	IPPD	270

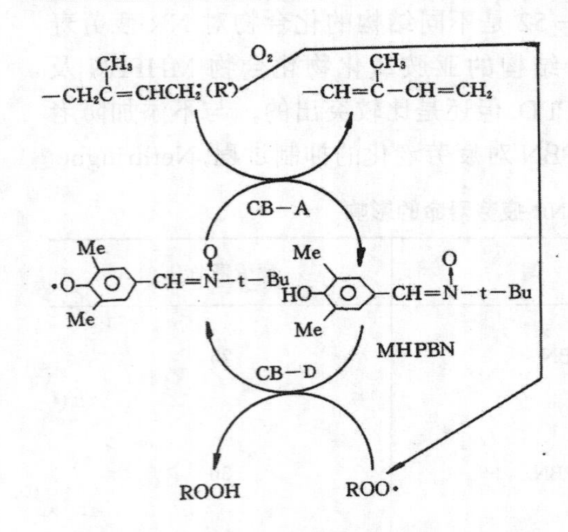

图 4-66　MHPBN 抑制疲劳老化的机理

提出了如图 4-66 所示的机理。在疲劳老化过程中，通过不断的 CB—A 型及 CB—D 型反应，切断了产生链式氧化反应的烷基自由基 R. 及烷基过氧自由基，从而延缓了疲劳老化的进程。表 4-53 是亚胺氧化物类化合物对试样的热氧化，臭氧老化及变色性的影响。可见，亚胺氧化物类化合物对热氧老化的防护效果不如防老剂 IPPD，但防止臭氧老化的效果却优于后者。表中的污染性是采用肉眼观察紫外线照射前后试样的颜色来评价的，变色程度从 0→5→10 依次增大。加有亚胺氧化物类化合物的试样与未加防老剂的试样在变色程度上相差无几，尤其是加有 MHPBN 的试样，其变色程度反而低于空白试样。因此，就象预期的那样，MHPBN 及 MHPPN 可以作为非污染性的疲劳老化防老剂使用。为了弥补单用 MHPPN 时对热氧老化的防护效果较差这一缺点，可将其与非污染性防老剂 WSP 并用。由表 4-54 可见，采用上述两种防老剂并用的防护体系，不仅具有好的非污染性，而且具有很好的防止疲劳老化，热氧老化及臭氧老化的效果。

表 4-53　亚胺氧化物类化合物对试样的耐热氧老化、臭氧老化及变色程度的影响

防　老　剂	耐热氧化老化性，应力松弛到 50% 所需时间/h	耐臭氧老化性，臭氧切断所需时间/h	变色程度	
			紫外线照射前	紫外线照射后
PBN	2.5	50	5	—
HPBN	8.6	48	2	—
MHPBN	8.8	58	2	3
MHPPN	8.5	72	5	6
MHPEN	8.0	68	6	6
MHPMN	6.3	55	5	6
PMN	2.6	60	5	—
无添加	2.8	20	5	5
IPPD	50.0	35	8	10

尽管 Scott 等提出了新的抑制疲劳老化的机理，并进行了一些实验验证，但尚存在某些不足。如前述的防老剂 D 在 NR 中具有抑制疲劳老化的作用，但在 SBR 中却不起作用，这是用他们所提出的理论难以解释的。因此，为彻底弄清防老剂抑制疲劳老化的机理，尚有待于进一步探讨。

表 4-54　防老剂的不同防护效果

防　老　剂	疲劳寿命/h	应力松弛 50%所需时间/h	臭氧切断所需时间/h	变色程度
MHPPN	130	8.5	72	6
WSP	65	34.0	20	4
MHPPN+WSP	206	30.0	56	6
无添加	20	2.8	21	5

WSP 为

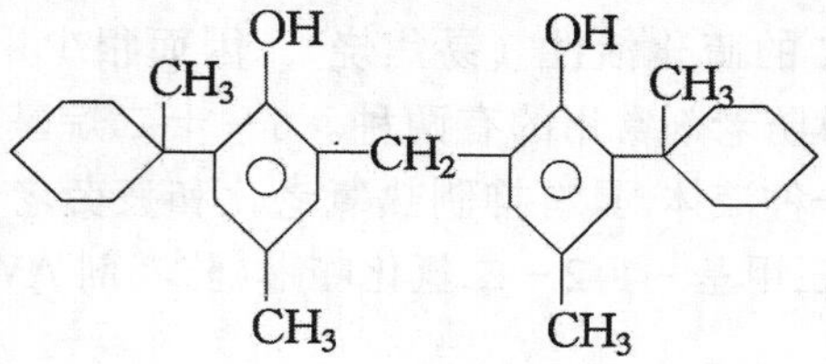

OH　OH
CH_3　CH_3
CH_2
CH_3　CH_3

第八节　橡胶防老剂

防老剂又称抗降解剂，是指能够延缓或阻滞老化反应，延长橡胶或橡胶制品使用寿命的物质。在合成过程中加入到聚合物中的防老剂，主要是为了阻滞其在加工、贮运过程中所产生的老化，通常称之为稳定剂。通过适当的选择和使用防老剂，可使制品的使用寿命延长至未使用防老剂的2～4倍。

一、常用橡胶防老剂

（一）常用橡胶防老剂的类型及特性

根据防老剂对各种不同老化现象的防护作用，可将其分成如下几类。

（1）抗氧剂　用于抑制制品在长时间使用过程中所产生的氧化老化，主要是抑制热氧老化。

（2）抗臭氧剂　用于抑制制品在使用过程中所产生的臭氧老化。

（3）抗疲劳剂或屈挠龟裂抑制剂　用于抑制在动态条件下使用的制品所发生的疲劳老化或屈挠龟裂。

（4）金属离子钝化剂　用于钝化橡胶制品中的有害金属离子，抑制该类金属离子对橡胶的催化氧化。

（5）紫外光吸收剂　用于吸收对橡胶有害的紫外光，抑制光对橡胶的催化氧化。习惯上这类物质不称为防老剂。

虽然按防护功能可以把防老剂分成上述几类，但多数防老剂都同时具有几种防护功能，因此将某一防老剂严格地按功能区分属于哪一类是比较困难的。通常，防老剂都按其化学结构分类如下：

1．胺类防老剂　胺类防老剂主要用于抑制热氧老化、臭氧老化、疲劳老化及重金属离子的催化氧化，防护效果突出。其缺点是具有污染性。根据其结构，胺类防老剂可进一步分成如下几类：

（1）苯基萘胺类　有苯基 α-萘胺（防老剂甲或 A，PANA）和苯基-β-萘胺（防老剂丁或 D，PBNA），是最古老而有效的防老剂之一，主要用于抑制热氧老化和疲劳老化。但是由于毒性原因，目前这类防老剂在国外已较少使用。

（2）酮胺类　这类防老剂主要有丙酮与二苯胺的缩合物和丙酮与伯胺的缩合物。丙酮与二苯胺的缩合物可赋予二烯类橡胶很好的耐热氧老化性，在某些情况下还可赋予很好的耐屈挠龟裂性，但很少有抑制金属离子的催化氧化和臭氧老化的功能。因此，它们可广泛用于要求耐热的轮胎、电缆及重型机械配件等。广泛使用的品种为防老剂 BLE。丙酮与伯胺的缩合物是二氢化喹啉聚合体和单一的二氢化喹啉。二氢化喹啉聚合体是一种非常有前途并被广泛使用的通用防老剂，能抑制条件较苛刻的热氧老化，并具有钝化象铜、锰、镍及钴等重金属离子的作用，它的分子量取决于聚合度的大小，该种防老剂的污染性比其他常用的胺类防老剂小。由于它能增加 CR 的硫化活性（易焦烧），因而很少用于 CR 中。常用的品种是防老剂 RD。单一二氢化喹啉防老剂常用的有两种。6－十二烷基－2,2,4－三甲基－1,2－二氢化喹啉(防老剂 DD)是一种液体,具有抑制热氧老化和疲劳老化的功能,是 CR 的有效抗氧剂。6－乙氧基－2,2,4－三甲基－1,2－二氢化喹啉(防老剂 AW)不仅具有抗氧剂的功能,而且常作为抗臭氧剂使用。

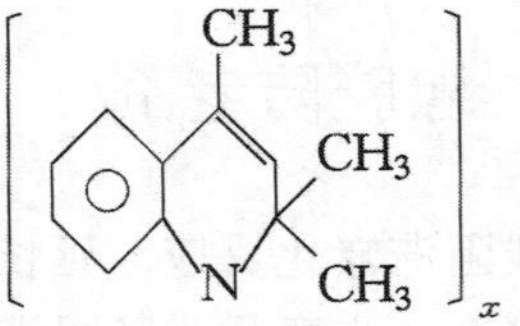

$$\left[\text{2,2,4-三甲基-1,2-二氢化喹啉}\ (CH_3, CH_3, CH_3)\right]_x$$

防老剂 RD

(3) 二苯胺衍生物　这类防老剂的结构为 R—C_6H_4—NH—C_6H_4—R′，R 和 R′表示取代基。根据老化温度不同，这类防老剂抑制热氧老化的效能等于或小于二氢化喹啉聚合体。当作为抗氧剂使用时，它们相当于防老剂 DD，但对疲劳老化的防护作用却低于后者。它们具有轻微的污染性。在 NR 中，这类防老剂的防护功能不如前两类，但却是 NBR 和 CR 的有效抗氧剂。

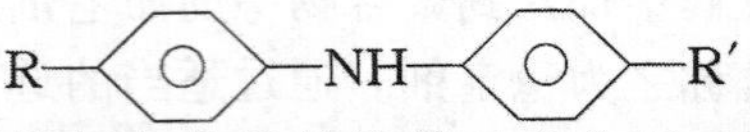

(4) 对苯二胺类衍生物　这类防老剂是目前橡胶工业中最广泛使用的一类防老剂。它们可以抑制橡胶制品的臭氧老化、疲劳老化、热氧老化及金属离子的催化氧化。尽管它们的价格较高，但与它们的全面防护效能相比，是不会成问题的。

经常使用的对苯二胺类防老剂（ R—NH—C_6H_4—NH—R′ ），根据其胺基上的取代基 R 及 R′的不同，又分为三种类型。

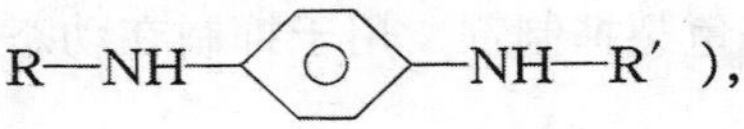

一是当 R 及 R′均为烷基时，称为二烷基对苯二胺（如商品化的防老剂 UOP 788)。这类物质有着突出的防止静态臭氧老化，尤其是无石蜡时静态臭氧老化的效能，并具有良好的抑制热氧老化的作用，但有促进焦烧的倾向。将这类物质与烷基芳基对苯二胺并用，可以对静态及动态条件下的臭氧老化起到很好的防护作用。实际上，二烷基对苯二胺几乎总是与烷基芳基对苯二胺并用使用。

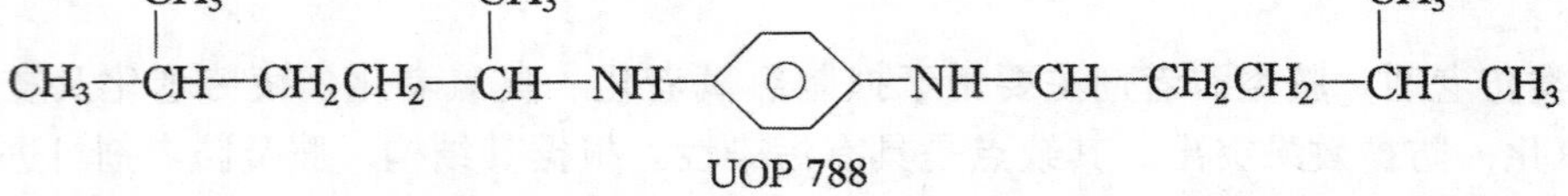

$$CH_3—\underset{}{\overset{CH_3}{CH}}—CH_2CH_2—\overset{CH_3}{CH}—NH—C_6H_4—NH—CH—CH_2CH_2—\overset{CH_3}{CH}—CH_3$$

UOP 788

二是当胺上的取代基一个为烷基、另一个为芳基时，称为烷基芳基对苯二胺（如防老剂 UOP588 或 6PPD)。这个芳基通常是苯基。这类物质对动态臭氧老化有着突出的防护效果，当与石蜡并用时，对静态臭氧老化也表现出突出的防护作用。它们在橡胶中，通常不存在喷霜问题。这类物质中最早的品种是防老剂 4010NA，且到目前仍被广泛地应用。但是，由于 4010NA 刺激皮肤会引起皮炎，因而使其在某些情况下的应用逐渐减少。6PPD 是这类物质

$CH_3-CH(CH_3)-CH_2CH(CH_3)-NH-C_6H_4-NH-C_6H_5$

UOP588 或 6PPD

中目前经常被采用的防老剂，其原因有：①它不引起皮炎；②与其他的烷基芳基对苯二胺及二烷基对苯二胺相比，它对加工安全性的影响小，即促进焦烧的倾向小；③与其他广泛使用的烷基芳基及二烷基对苯二胺相比，它的挥发性小；④它是 SBR 的优异稳定剂，并显示出抗臭氧剂的特性，从而可以降低橡胶在配炼时的抗臭氧剂用量。

三是当两个取代基均为芳基时，称为二芳基对苯二胺。与烷基芳基对苯二胺相比，二芳基对苯二胺的价格低，但抗臭氧活性也低。由于它们的迁移速率很慢，所以这类物质的耐久性很好，是有效的抗氧剂。它们的主要缺点是在橡胶中的溶解度低，当使用量超过 1.0～2.0phr 时就产生喷霜。当然不产生喷霜的最高使用量大小要取决于橡胶的种类。在 NR 中用 1phr 时，有时也产生喷霜。二芳基对苯二胺在 CR 中是非常有用的，它们可以对 CR 产生很好的防护作用，并不存在象二烷基及烷基芳基对苯二胺所产生的促进焦烧的问题。二萘基对苯二胺可以抑制铜及其他金属离子对 NR 的催化氧化。

不同结构对苯二胺的防护效能如表 4－55 所示。

除上述几类胺防老剂之外，醛胺类缩合物，某些烷基芳基仲胺及芳香二伯胺也都属于胺类防老剂，但由于它们的防护效果差等原因，目前几乎很少使用。

2．酚类防老剂　这类防老剂主要作为抗氧剂使用，个别品种还具有钝化金属离子的作用，但其防护效能均不及胺类防老剂。这类防老剂的主要优点是非污染性，适用于浅色橡胶制品中。根据其结构，酚类防老剂可进一步分成如下几类：

表 4－55　不同结构的对苯二胺防老剂的防护效能

防老剂的名称及结构	熔点/℃	120°门尼焦烧/min[①]	对 NR 的臭氧防护		对 SBR 臭氧防护		De Mattia 屈挠/kc[②]
			静态	动态	静态	动态	
N－异丙基－*N*′－苯基对苯二胺（4010NA）[③] $(CH_3)_2CH-NH-C_6H_4-NH-C_6H_5$	75	23	100	100	100	100	430
N－1，3－二甲基丁基－*N*′－苯基对苯二胺（6PPD） $CH_3-CH(CH_3)-CH_2-CH(CH_3)-NH-C_6H_4-NH-C_6H_5$	45	26	100	90	85	80	300
N－环己基－*N*′－苯基对苯二胺（4010） $C_6H_{11}-NH-C_6H_4-NH-C_6H_5$	118	24	130	80	85	80	300
N，*N*′－双（1，4－二甲基戊基）对苯二胺（77PD） $CH_3CH(CH_3)-CH_2CH_2CH(CH_3)-NH-C_6H_4-NH-CH(CH_3)-CH_2CH_2CH(CH_3)CH_3$	液体	19	160	65	130	75	200
N，*N*′－二环己基对苯二胺（DCPD）	104	15	150	65	125	70	225

续表

防老剂的名称及结构	熔点/℃	120°门尼焦烧/min①	对NR的臭氧防护		对SBR臭氧防护		De Mattia屈挠/kc②
			静态	动态	静态	动态	
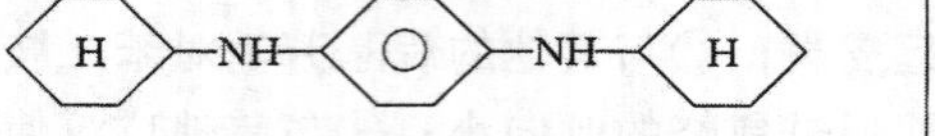 N，N′-二甲苯基对苯二胺（DTPD） 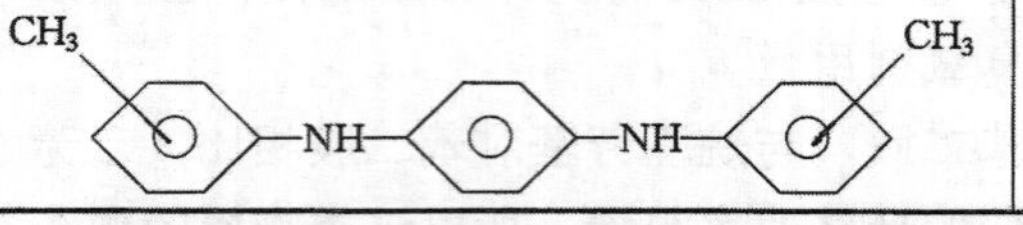	95	25	50	70	50	40	280

①含2%防老剂的NR胎面胶在120℃门尼值上升10个单位的时间。空白样品的门尼焦烧时间为27min。

②含2%防老剂的NR胎面胶在De Mattia屈挠产生深度裂纹时所要的千周数（kc）。

③4010NA作为标准，对NR及SBR的防护效果作为100。

（1）受阻酚类　这类防老剂中被广泛使用的是防老剂264（BHT）和防老剂SP（苯乙烯化苯酚）。与其他的高分子量防老剂相比，这类物质的挥发性大，因而耐久性差。但是，这类物质有中等程度的防护效能，其成本处于中低等水平。另外，防老剂264可用于与食品接触的橡胶制品中。这类防老剂可用于胶乳、胶鞋、一般工业制品及生胶的稳定中。

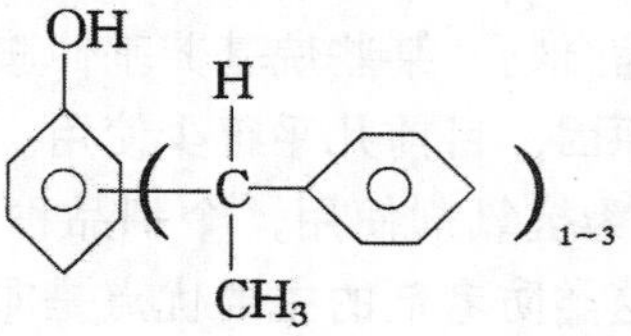

防老剂SP

（2）受阻双酚类　这类防老剂是指通过亚烷基或硫桥将两个一元受阻酚的邻位或对位桥联在一起的双酚。常用的品种有防老剂2246和2246S。这类物质的防护效能及非污染性优于前述的受阻酚类，但其价格较高。亚烷基桥连的双酚具有较好的非污染性，而硫桥连的双酚在高温下具有很好的防止热氧老化的效能。这两类物质能对橡胶海绵制品提供有效的防护，同时也常用于胶乳制品中。

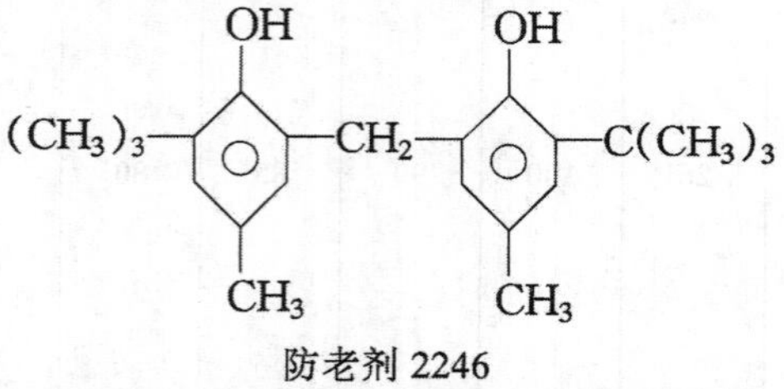

防老剂2246 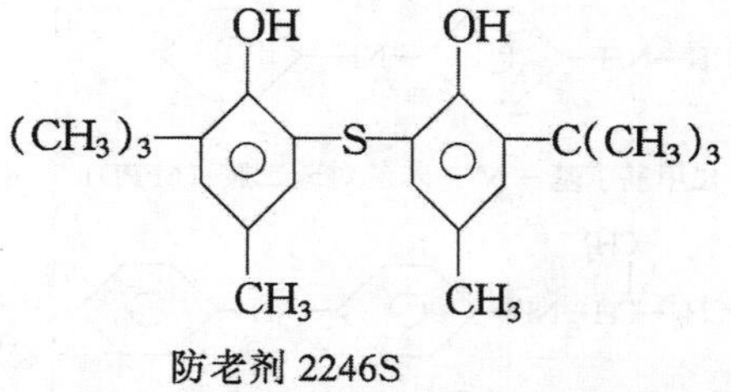　　防老剂2246S

（3）多元酚类　主要是指对苯二酚的衍生物，如2,5-二叔戊基对苯二酚就是其中的一种。这类物质主要用于保持未硫化橡胶薄膜及粘合剂的粘性，同时也可用于某些合成橡胶（NBR、BR）的稳定剂。值得指出的是，这类物质仅在未硫化橡胶中具有防护活性，而在硫黄硫化的橡胶中没有防护效能。

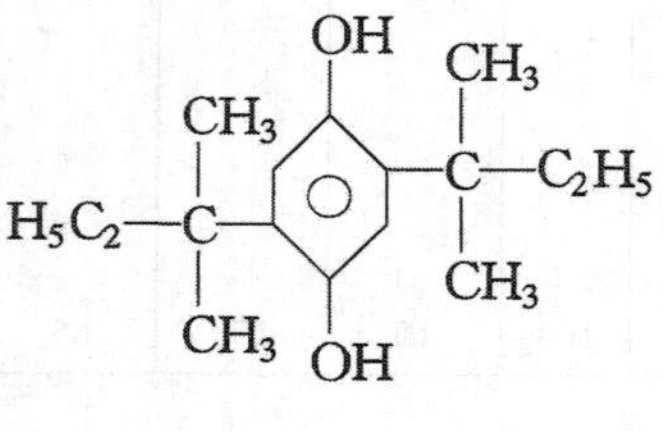

防老剂DAH

表 4-56 为不同结构的酚类防老剂的防护效能比较。

表 4-56　不同酚类防老剂的防护效能比较

类　别	耐热氧老化性	耐屈挠龟裂性	耐臭氧老化性	污染性
受阻酚类 如防老剂 264	中	差～中	无	轻微
亚烷基桥连受阻双酚类 如防老剂 2246	中～很好	差～中	微弱	中
硫桥连受阻双酚类 如 4,4′-硫代双(6-叔丁基-3-甲基苯酚)	中～好	差～中	微弱	中
多核多酚类	中～很好	差～中	微弱	轻微

3．有机硫化物类防老剂　这类防老剂作为破坏氢过氧化物型的防老剂而被广泛地用于聚烯烃塑料的稳定中，在橡胶中应用较多的是二硫代氨基甲酸盐类和硫醇基苯并咪唑等。

目前应用较多的一种物质是二丁基二硫代氨基甲酸锌。这种物质常用于生产丁基橡胶的稳定剂和橡胶基粘合剂的抗氧剂。但由于这种物质还是一种高效促进剂，易促进焦烧，因而在应用时应有选择地采用。另一种二丁基二硫代氨基甲酸盐是二丁基二硫代氨基甲酸镍，即防老剂 NBC。它作为抗臭氧剂对 NBR、CR 及 SBR 的静态臭氧老化具有一定程度的防护作用，并可作为抗氧剂提高 CR、氯醇橡胶及氯磺化聚乙烯橡胶的耐热氧老化性。但是，由于它对 NR 有助氧化效应，因而不能用于 NR 中。

硫醇基苯并咪唑（防老剂 MB）及其他的锌盐（防老剂 MBZ）也是橡胶常用的防老剂之一。它们对 NR、BR、SBR 及 NBR 的氧化老化有中等程度的防护作用，并有抑制铜离子的催化氧化功能。这类物质与某些常用的防老剂并用时，常产生协同效应。另外，这类防老剂的污染性很小，适用于透明橡胶制品及白色或浅色橡胶制品中。

4．其他防老剂　亚磷酸酯类物质也具有抑制氧化老化的效能，如防老剂 TNPP〔三(壬基苯基) 亚磷酸酯〕就是其中一例。这类物质常用于合成橡胶的稳定剂，防止聚合物在制造和贮存过程中所产生的凝胶含量增大及粘度升高现象，尤其适用于乳液聚合的 SBR。但是，这类物质在硫化橡胶中并不是有效的抗氧剂。因此，为防止橡胶制品的老化，很少采用这类防老剂。若将这类物质与酚类防老剂并用，有时产生较为明显的协同效应。

$$\left[C_9H_{19}-C_6H_4-O- \right]_3 P$$

防老剂 TNPP

石蜡作为一种物理防老剂广泛应用于对橡胶臭氧老化的防护。有关这方面的内容，已在橡胶的臭氧老化与防护一节作了论述，在此不再赘述。

（二）防老剂应具备的条件

不言而喻，防老剂必须具备很高的防护效能，但也应当看到仅是防护效果大未必就是优良的防老剂。作为理想的防老剂，应具备如下的条件。①防护效能高；②污染性小；③对硫化无影响（不焦烧，不影响硫化胶物性）；④挥发性小，不抽出，不迁移，不喷霜；⑤分散性好，固体粉末不飞扬，使用时易于计量；⑥无毒、无臭、无苦味；⑦价廉易得；⑧用作合成橡胶的稳定剂时，对橡胶和乳液的分散性好，无水解性。

实际使用的防老剂中，几乎没有一种能完全具备上述条件。因此，在选用防老剂时，应根据具体情况进行具体分析。一般说来，应根据制品的要求，首先考虑污染性问题，其次考虑防护效能的大小，第三考虑防老剂对橡胶性能的影响，第四考虑防老剂的挥发性、迁移性、毒性及价格等。通过对以上因素的综合考虑，选择出适合制品要求的防老剂。

二、非迁移性防老剂

近年来，人们在防老剂的领域内做了大量研究工作，但大都集中在提高防护效能的持久性方面。其原因有二：一是适应橡胶制品使 用条件日益苛刻的要求，减少高温挥发性、表面迁移或溶剂抽出所造成的防老剂损失并可避免造成污染，或危害人体健康；其二是防老剂的持久性提高后，可减少在橡胶中的用量，获得经济利益。

凡是能在橡胶中持久地发挥防护效能的防老剂称之为非迁移性防老剂，有的也称为非抽出性防老剂或持久性防老剂。非迁移性防老剂与一般防老剂相比，主要是具有难抽出性、难挥发性和难迁移性。因此，使防老剂在橡胶中持久地发挥防护效能的方法有如下 4 种：①提高防老剂的分子量（高分子量防老剂）；②在加工过程中防老剂与橡胶化学键合；③在加工前将防老剂接枝在橡胶上；④在橡胶制造过程中，使具有防护功能的单体与橡胶单体共聚。后三种方法中的防老剂，有时也称为反应性防老剂或聚合物键合防老剂。

（一）高分子量防老剂

提高分子量是改善防老剂耐挥发性和耐溶剂抽出性的方法之一。这可将液状低分子防老剂聚合成为固状物（例如将2,2,4－三甲基－1,2－二氢化喹啉进行阳离子聚合，制成平均聚合度为 $n=2\sim4$ 的树脂状物）；也可将含有防护功能基的不饱和单体聚合成为固状物。渡边等人用偶氮二异丁腈作引发剂，将下列单体进行均聚或与苯乙烯共聚，制备了各种高分子量防老剂。

t—Bu / HO— / —$CH_2OCOCH{=}CH_2$ / t—Bu

t—Bu / HO— / —$CH_2NHC(=O)CH{=}CH_2$ / t—Bu

t—Bu / HO— / —$CH_2OCH_2NHC(=O)CH{=}CH_2$ / t—Bu

另外，由缩聚也可制得高分子量防老剂。如由对甲酚与甲醛缩聚得到的齐聚物，作为乙丙橡胶的高温防老剂具有良好的防护效果。再如，由4,4′－硫代双(烷基苯酚)和甲醛缩合，可制得聚硫醚型酚类防老剂。

OH, R, CH_3 — [CH_2, OH, CH_3]$_n$ — R

[CH_3, CH_3, S, CH_2, HO, OH, $C(CH_3)_3$, $C(CH_3)_3$]$_n$ 或 [CH_3, CH_3, S, CH_2OCH_2, HO, OH, $C(CH_3)_3$, $C(CH_3)_3$]$_n$

增大聚合度可以改善挥发性,但改善耐溶剂抽出性仍然困难。

(二)在加工过程中防老剂与橡胶化学键合

分子上连有亚硝基、硝酮基、丙烯酰基及马来酰亚胺基等活泼性基团的防老剂，当将其象普通防老剂一样在混炼过程加入到橡胶中，则在硫化过程中它们通过活泼基团与橡胶反应而连结在硫化胶的网构中，从而大大提高了防老剂的耐迁移、耐挥发和耐抽出性，长期地保持其防护效能。这类防老剂有时又称为加工型反应性防老剂。

连有亚硝基的防老剂是人们研究得最早的一类反应性防老剂。英国天然橡胶生产者研究协会研究了一系列亚硝基化合物作反应性防老剂，典型品种为对亚硝基二苯胺，简称 NDPA。在混炼时将其加入胶料中，硫化期间与橡胶分子发生如下反应：

$$\sim\sim CH_2-C(CH_3)=CHCH_2\sim\sim + ON-C_6H_4-NH-C_6H_5 \longrightarrow \sim\sim CH=C(CH_3)-CH(N(OH)-C_6H_4-NH-C_6H_5)CH_2\sim\sim$$

$$\downarrow$$

$$\sim\sim CH=C(CH_3)-CH(NH-C_6H_4-NH-C_6H_5)CH_2\sim\sim + \sim\sim CH=C(CH_3)-C(=N(\rightarrow O)-C_6H_4-NH-C_6H_5)\sim\sim$$

NDPA 能和 NR 及二烯类合成橡胶反应，形成对苯二胺型的键合防老剂，初始防护效能略低于普通的优良防老剂，但耐抽出性显著提高。由表 4－57 中的数据可见，用甲醇/氯仿/丙酮共沸溶剂抽出后，含 NDPA 的硫化胶吸氧速度基本不变，甚至略有减慢；而含一般防老剂的硫化胶吸氧速度大大加快。但此类防老剂的缺点是混炼时不易分散、容易引起焦烧，损害加工安全。为此，有人提出用芳香族异氰酸酯（如 TDI 或 MDI）或酰化剂与 NDPA 反应，制成氨基甲酸酯化合物作防老剂，在不改变反应性的同时，可提高加工安全性。

表 4-57　NDPA 与普通防老剂的效能比较①

橡　胶	防老剂	125℃吸氧 1%所需时间/h	
		抽出前	抽出后②
NR	NDPA	48	59
	4010NA	57	4
SBR	NDPA	35	36
	4010NA	36	16
CR	NDPA	55	50
	防老剂 D	91	23
NBR	NDPA	84	39
	AH	48	15
BR	NDPA	25	30
	4010NA	25	11

①防老剂用量：NR 中为 1 份，合成胶中 2 份。

②抽出用共沸溶剂：甲醇/氯仿/丙酮 = 28/29/35。

结构通式为 A—N(→O)═CH—A′ 的亚胺氧化物可作为加工型反应性防老剂，其与橡胶上的双键发生1,3-环化加成反应，将防护基团（A 或 A′）连结到橡胶分子上：

$$\mathrm{A{-}\overset{\displaystyle O\atop\uparrow}{N}{=}CH{-}A'} + \sim\sim\mathrm{CH_2CH{=}CHCH_2}\sim\sim \longrightarrow \sim\sim\mathrm{CH_2CH{-}CH{-}CH_2}\sim\sim \text{（O、CH—A′、N—A 成环）}$$

这一技术已成功地应用于顺丁橡胶和异戊橡胶，在硫化期间约有 70%的亚胺氧化物与橡胶键合。防护基因 A 或 A′可为芳胺基，也可为酚基。胺基亚胺氧化物的防护效能比酚基亚胺氧化物高，但易变色，只能用于黑色橡胶制品中；酚基亚胺氧化物的污染性小，防护效能也较低。另外，亚胺氧化物本身具有抗氧效能，它既是自由基捕捉剂，又是氢过氧化物分解剂，两种机理协同地发挥作用。因此，即使亚胺氧化物没有键合到橡胶上，在被溶剂抽出之前仍可发挥防护效能。但是，亚胺氧化物防老剂的主要缺点是能缩短焦烧时间，降低加工安全性。

含有防护基团和丙烯酰氧基（或甲基丙烯酰氧基）的化合物，是近年来研究最多的反应性防老剂，已有工业化品种出现，如日本大内新兴化学公司的键合型防老剂 NocracG-1（N-（3-甲基丙烯酰氧基-2-羟基丙基）-N-苯基对苯二胺）就是一例。

$$\mathrm{C_6H_5{-}NH{-}C_6H_4{-}NH{-}CH_2{-}\underset{\displaystyle OH}{CH}{-}CH_2{-}O{-}\overset{\displaystyle O}{\overset{\|}{C}}{-}\underset{\displaystyle CH_3}{C}{=}CH_2} \quad \text{NocracG-1}$$

NocracG-1 适用于二烯类橡胶，防护效能与 4010NA 类似，对胶料硫化特性无影响，因能通过甲基丙烯酰氧基的反应而键合到橡胶上，故耐热性和耐抽出性优异。NocracG-1 的抗臭氧性优于 4010NA，可以显著地改善硫化胶油抽出后的抗臭氧性。此外，在耐油性良好的 NBR 中，NocracG-1 与咪唑防老剂并用，可进一步提高其耐油性。

马来胺亚胺衍生物可以作为二烯类橡胶的硫化剂使用。因此，带有防护功能基团的马来酰亚胺都可作为加工型反应性防老剂使用，如下式的 N-苯胺基苯基马来酰亚胺。

$$\text{HC}=\text{CH}(\text{CO})_2\text{N}-C_6H_4-\text{NH}-C_6H_5$$

此外，马来酸酐与胺的缩合物、与甲醛和苯乙烯化苯酚的聚合物都可用作NR的键合型防老剂。不过有资料报道，带有防护基团的单马来酰亚胺影响硫化速度。

含有硫醇基的防老剂反应率高，如3,5－二叔丁基－4－羟基苄基硫醇（BHBM）容易按下式与橡胶中的双键发生加成反应，使防老剂键合到橡胶上。

$$\sim\sim CH_2-\overset{CH_3}{C}=CH-CH_2\sim\sim + (t\text{—Bu})_2(\text{OH})C_6H_2-CH_2S\cdot \longrightarrow \sim\sim CH_2-\overset{CH_3}{\dot{C}}-\underset{S-CH_2-C_6H_2(t\text{—Bu})_2\text{OH}}{CH}-CH_2\sim\sim$$

$$\xrightarrow{+\ (t\text{—Bu})_2(\text{OH})C_6H_2-CH_2SH\ (\text{BHBM})} (t\text{—Bu})_2(\text{OH})C_6H_2-CH_2S\cdot + \sim\sim CH_2-\overset{CH_3}{CH}-\underset{S-CH_2-C_6H_2(t\text{—Bu})_2\text{OH}}{CH}-CH_2\sim\sim$$

（三）在加工前将防老剂接枝到橡胶上

分子上带有—COOH、—COOR、—NH_2、—OH、—Cl、—SO_3H、—SO_2Cl等官能基的橡胶，在加工之前可将其直接与某些防老剂反应，将防老剂键合到橡胶上，使其具有持久的防护效能。

液状端羟基聚丁二烯（PBD—OH）在催化剂作用下可与二芳基胺或二芳基对苯二胺、烷基芳基对苯二按缩合，使防护功能基团键合到橡胶分子上，转化率为87%～96%。如PBD—OH与二苯胺的反应过程如下：

$$\text{PBD—OH} + C_6H_5-\text{NH}-C_6H_5 \longrightarrow \text{PBD}-C_6H_4-\text{NH}-C_6H_5 + H_2O$$

若橡胶分子上无与防老剂反应的官能团，则可先将其通过一定的方法处理，使其产生能反应的基团。如聚丁二烯可先用过氧化苯甲酸与其反应，使其分子上产生环氧基团，然后再与胺类或酚类防老剂反应。

$$\sim\sim CH_2CH=CH-CH_2\sim\sim + C_6H_5-\overset{O}{\overset{\|}{C}}-OOH \longrightarrow$$

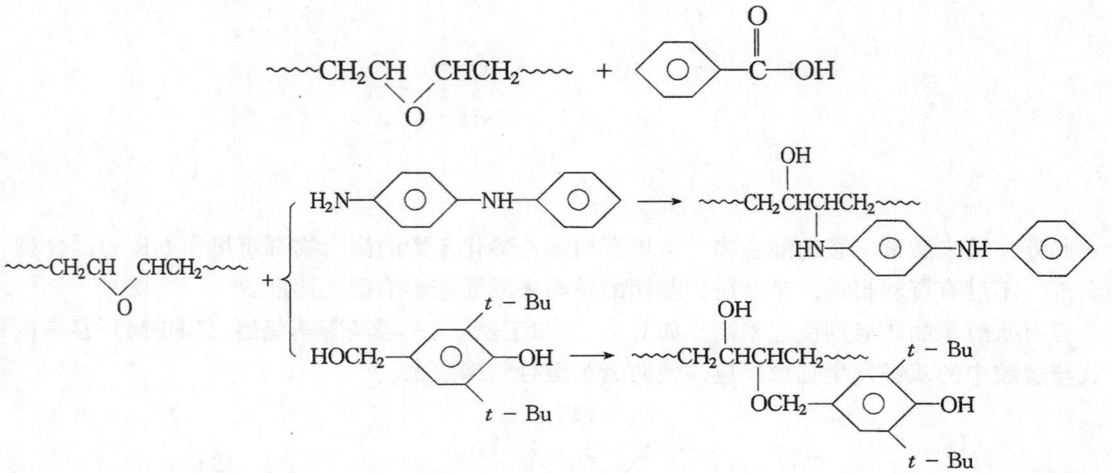

$$\sim\sim CH_2CH\underset{O}{\diagdown\diagup}CHCH_2\sim\sim + C_6H_5-\overset{O}{\overset{\|}{C}}-OH$$

$$\sim\sim CH_2CH\underset{O}{\diagdown\diagup}CHCH_2\sim\sim + \begin{cases} H_2N-C_6H_4-NH-C_6H_5 \longrightarrow \sim\sim CH_2\overset{OH}{\overset{|}{C}H}CHCH_2\sim\sim \text{（CH 上连 } HN-C_6H_4-NH-C_6H_5\text{）} \\ HOCH_2-C_6H_2(t-Bu)_2-OH \longrightarrow \sim\sim CH_2\overset{OH}{\overset{|}{C}H}CHCH_2\sim\sim \text{（CH 上连 } OCH_2-C_6H_2(t-Bu)_2-OH\text{）} \end{cases}$$

另外，在制造合成橡胶时向聚合物分子上导入能与防老剂反应的基团，然后再与防老剂反应，也可将防老剂键合到橡胶分子上。例如，用三聚丙烯醛与丁二烯共聚，所得的共聚物再与胺类或2，6－二叔丁基苯酚反应，将防护基团引入到聚合物上。

（四）具有防护功能的单体与橡胶单体共聚

带有能参与聚合反应基团的防老剂，可将其与橡胶单体一起进行聚合，使其在橡胶的合成过程中键合到橡胶分子上。在这方面研究得比较成功的是Goodyear公司。他们将如下结构的防老剂单体参与SBR及NBR的乳液聚合，合成出了连有键合防老剂的SBR及NBR，

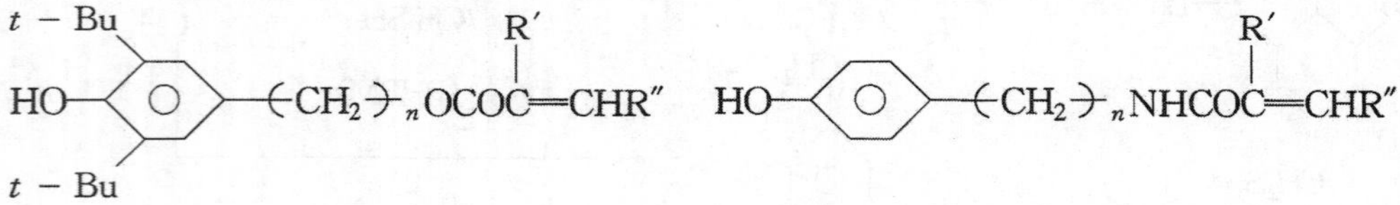

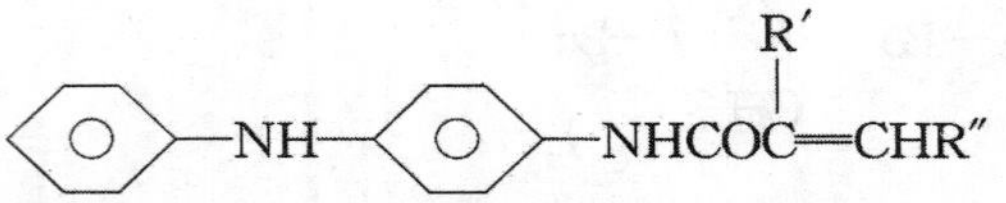

$$HO-C_6H_2(t-Bu)_2-(CH_2)_nOCO\overset{R'}{\overset{|}{C}}=CHR'' \qquad HO-C_6H_4-(CH_2)_nNHCO\overset{R'}{\overset{|}{C}}=CHR''$$

$$C_6H_5-NH-C_6H_4-NHCO\overset{R'}{\overset{|}{C}}=CHR'' \qquad ㊳$$

并已商业化。表4－58为连有键合防老剂㊳（$R'=CH_3$，$R''=H$）的NBR与含有常用防老剂OD（辛基化二苯胺）的NBR耐老化性对比。这种连有键合防老剂的NBR的配合和加工，与一般NBR相同，且键合防老剂的存在对硫化速率及未老化硫化胶的物理机械性能均不产生影响。这种NBR具有卓越的耐热性和耐油性，主要用于普通NBR不能满足性能要求的场合，或者代替氯醇胶和丙烯酸酯橡胶以降低成本，在汽车工业中用作密封件、油管等非常适宜。

表4－58　键合防老剂㊳（$R'=CH_3$，$R''=H$）与防老剂OD在NBR中防护效能

胶　　料	100℃吸氧1%所需时间/h	
	键合防老剂㊳	OD
抽出前未硫化胶	676	250
抽出后未硫化胶	620	10
抽出前硫化胶	290	185
抽出后硫化胶	415	16

另外，据报道连有马来酰亚胺基的防老剂也可参与橡胶的聚合反应。但是，目前这种方法存在的主要问题是防老剂单体中的防护基团常常影响聚合反应。

参 考 文 献

〔1〕 Scott G. Developments in polymer Stabilisation—4. London: Applied Science Publishers LTD, 1981

〔2〕 Scott G. Developments in polymer Stabilisation—6. London: Applied Science Publishers LTD, 1983

〔3〕 Shelton J R. Oxidation and Stabilization of rubber. Rubber Chemistry and Teehnology, 1983, 56: G71

〔4〕 Keller R W. Oxidation and ozonation of rubber. Rubber Chemistry and Technology, 1985, 58: 637

〔5〕 Klemchuk P P. Polymer Stabilisation and degradation. Washington: American Chemical Society, 1985

〔6〕 Bousquet J A, Fouassier J P. Photo - oxidation of a random styrene - butadiene copolymer. European Polymer Journal, 1987, 23: 367

〔7〕 Engels H W, Hammer H, Brück D, Redetzky W. Effectiveness of new alkyl - aryl - p - Phenylenediamines Which can be chemically bound to Polymer - model Study. Rubber Chemistry and Technology, 1989, 62: 609

〔8〕 Layer R W, Lattimer R P. Protection of rubber against ozone. Rubber Chemistry and Technology, 1990, 63: 426

〔9〕 渡邊 隆，酒向泰藏．酸化劣化防止劑の變遷．日本ゴム協會誌，1986，59：555

〔10〕 占部誠亮．ゴムの光劣化におけるハイドロパーオキサイドの役割．ポリマーダイジスト，1987，(3)：81

〔11〕 山下晋三．高性能エラストマーの分子設計．日本ゴマ協會誌，1990，63：305

第五章 橡胶的增塑体系

橡胶的增塑剂通常是一类分子量较低的化合物。加入橡胶后,能够降低橡胶分子链间的作用力,使粉末状配合剂与生胶很好地浸润,从而改善了混炼工艺,使配合剂分散均匀,混炼时间缩短,耗能低,并能减小混炼过程中的生热现象,同时它能增加胶料的可塑性、流动性、粘着性,便于压延、压出和成型等工艺操作。橡胶的增塑体系还能改善硫化胶的某些物理机械性能,如降低硫化胶的硬度和定伸应力,赋予硫化胶较高的弹性和较低的生热,提高其耐寒性。此外,由于某些增塑剂的价格一般较低,并在某些橡胶中能大量填充,所以它又可作为增容剂降低橡胶成本。由此看来,橡胶的增塑体系在橡胶的配合及加工过程中也是极其重要的一部分。

第一节 橡胶增塑剂的分类

橡胶增塑剂过去习惯上常根据应用范围的不同分为软化剂和增塑剂。软化剂多来源于天然物质,常用于非极性橡胶,例如石油系的三线油、六线油、凡士林等,植物系的松焦油、松香等。增塑剂多为合成产品,主要应用在某些极性合成橡胶或塑料中,例如酯类增塑剂邻苯二甲酸二辛酯(DOP)、邻苯二甲酸二丁酯(DBP)等。也就是说习惯上称为软化剂的大多属于非极性物质,称为增塑剂的多为些极性物质。但是,目前两种叫法已统一称为增塑剂。但现在仍有许多人习惯于称软化剂,故本书中两个术语通用。

本章所谈及增塑剂主要是物理增塑的增塑剂,即增塑剂低分子物质进入到橡胶分子内,增大橡胶分子间距离,减弱大分子间作用力(降低粘度),使大分子链较易滑动,宏观上增大了胶料的柔软性和流动性,因此,该类增塑方法被称为物理增塑法,当然这一类物质就被称为物理增塑剂。

根据生产使用要求,物理增塑剂应具备下列条件:增塑效果大,用量少,吸收速度快,与橡胶相溶性好,挥发性小,不迁移,耐寒性好,耐水、耐油和耐溶剂,耐热、耐光性好,电绝缘性好,耐燃性好,耐菌性强,无色、无臭、无毒,价廉易得。

实际上,目前还没有真正能全部满足上述要求的增塑剂。因此,多数情况是把两种或两种以上的增塑剂混合使用,以提高其增塑效果,并用量多的叫主增塑剂,起辅助作用的叫助增塑剂。

增塑剂按其来源不同可分为如下五类:①石油系增塑剂;②煤焦油系增塑剂;③松油系增塑剂;④脂肪油系增塑剂;⑤合成增塑剂。

此外,还有一类增塑剂即塑解剂,该类增塑剂是通过力化学反应,能促使橡胶大分子断链,降低分子量,增大橡胶可塑性。该增塑法为化学增塑法,这一类物质也称为化学增塑剂,例如促进剂 M、DM 就属于此类增塑剂。本章不讨论这一方法,详见第十一章。

第二节 橡胶增塑原理

橡胶的增塑实际上就是增塑剂低分子物质与高分子聚合物或橡胶形成分子分散的溶液,

这时增塑剂本身是溶剂或者更确切地说是橡胶的稀释剂，只不过橡胶的浓度较高而已。因此，有关聚合物－溶剂体系的相应规律全部可以用于分析聚合物与增塑剂的相互作用。

一、增塑剂与橡胶的相溶性

根据橡胶制品的要求，增塑剂应具有与橡胶相溶性好，增塑效果大，挥性性小，耐寒性好，迁移性小等特点。可是，完全满足上述性能的增塑剂是不存在的，所以就得根据用途要求适当地选择不同的增塑剂，或者采取二种以上增塑剂的并用。但是无论什么场合，增塑剂与橡胶的相溶性都是不可忽视的，否则增塑剂会从橡胶中喷出，甚至难于加工。作为增塑剂与橡胶相溶性的预测手段一般是采用溶解度参数(SP 或 δ)，溶解度参数相近的聚合物和增塑剂其相溶性好，能够取得良好的增塑效果，改善其橡胶物性。关于溶解度参数的基本概念在此只作简要叙述。

溶解度参数 δ 是由 Hildebrand 和 Scott 首先提出，按下式定义：

$$\delta = \sqrt{e} = \left(\frac{\Delta E}{V}\right)^{1/2} \tag{5-1}$$

式中 e——内聚能密度；

ΔE——摩尔汽化能；

V——摩尔体积。

从热力学角度来看，当考虑溶解的自由能变化时，可得到如下式：

$$\Delta F = \Delta H - T\Delta S \tag{5-2}$$

式中 ΔF——溶解自由能变化；

ΔH——溶解热焓变化；

ΔS——溶解熵变化；

T——热力学温度。

当 ΔF 为负值时，其溶解自动进行，也就是说，ΔS 通常为正值。当 ΔH 是负值或小于 $T\Delta S$ 值时，其溶解自动进行。当溶剂分子间的内聚能为 e_1，溶质分子间的内聚能力 e_2，其溶剂和溶质间的相互作用能 e_{12} 等于两者的几何平均数 $\sqrt{e_1 e_2}$ 时，

$$\Delta H = v_1 v_2 (\delta_1 - \delta_2)^2 \tag{5-3}$$

式中 v_1——溶剂的体积分数；

v_2——溶质的体积分数；

δ_1——溶剂的溶解度参数；

δ_2——溶质的溶解度参数。

由此看来，δ 值相近的物质其互溶性好。但是实际上，仅仅利用 δ 值的近似性来预测聚合物的溶解现象是不够充分的，因为聚合物和增塑剂的相互作用 $\sqrt{e_1 e_2}$ 计算时尚需考虑溶剂与溶质之间的氢键及极性的互相作用。

Burrell、Lieberman、Dyck 和 Hoyer 等人认为 $e_{12} \neq \sqrt{e_1 e_2}$ 的重要因素是由于氢键力。为了正确的预测聚合物的溶解性，他们提议引入氢键参数 γ。即使这样，上述公式对硝化纤维素也不太适用，Crowley 等人在，δ 和 γ 的基础上又引入了偶极距 μ 这一参数，使其问题得到了解决。

尽管如此，但从实际使用的情况看，Hildebrand 的方法较为简便，利用价值较高。

溶解度参数的确定可由式(5－1)通过测定蒸发热来求得。此外，因为表面张力和 δ 有密切的关系，所以也可以通过测定表面张力来求出 δ。

$$\delta \approx 4.1\left(\frac{\gamma}{V^{1/3}}\right)^{0.43} \tag{5-4}$$

式中　γ——表面张力；

V——摩尔体积。

Small 还提出由组成聚合物分子链基本链节的各种原子团相互作用能来算出溶解度参数，详见第六章。

虽然按 Small 公式计算简单方便，但它未考虑分子间相互作用的全部因素，例如氢键等，所以只是近似值。

为了使用方便，现列举部分橡胶和增塑剂的溶解度参数于表 5-1 和表 5-2 中。

表 5-1　几种橡胶的 δ 值 $(J/cm^3)^{1/2}$

橡　胶	δ 值	橡　胶	δ 值	橡　胶	δ 值
甲基硅橡胶	14.9	顺丁橡胶	16.5	聚乙烯醇	31.6
天然橡胶	16.1～16.8	丁苯橡胶	17.5		
三元乙丙橡胶	16.2	丁腈橡胶(丙烯腈 30%)	19.7		
氯丁橡胶	19.2	聚硫橡胶(FA)	19.2		
丁基橡胶	15.8	丁吡橡胶	19.3		

表 5-2　几种增塑剂的 δ 值 $(J/cm^3)^{1/2}$

增　塑　剂	δ　值	增　塑　剂	δ　值
己二酸二辛酯(DOA)	17.6	磷酸三甲苯酯(TCP)	20.1
邻苯二甲酸二癸酯(DDP)	18.0	邻苯二甲酸二乙酯(DEP)	20.3
邻苯二甲酸二辛酯(DOP)	18.2	磷酸三苯酯(TPP)	21.5
癸二酸二丁酯(DBS)	18.2	邻苯二甲酸二甲酯(DMP)	21.5
邻苯二甲酸二丁酯(DBP)	19.3	环氧大豆油	18.5
钛酸二丁酯	19.3	氯化石蜡(氯含量 45%)	18.9

二、增塑剂对橡胶玻璃化温度的影响

增塑剂能够降低橡胶的玻璃化温度，但非极性增塑剂(软化剂)和极性增塑剂(软化剂)的作用机理不同。非极性增塑剂分子按随机规律分布在橡胶大分子之间，削弱了大分子间的相互作用。当非极性增塑剂与橡胶基团之间无显著能量作用时，这种削弱来源于简单的稀释。简单稀释作用的推动力是体系熵值的增加，典型的体系是组分均为非极性物质的体系，如非极性橡胶与非极性增塑剂的烃类物质，即天然橡胶与植物油增塑剂的体系，顺丁橡胶与石油系增塑剂的体系等就属于该类体系。而当极性增塑剂与极性橡胶的体系，如丁腈橡胶与邻苯二甲酸酯类增塑剂的体系，它们之间存在着较强的相互作用时，焓因素便成为体系吉布斯自由能变化的重要组成部分。

在非极性增塑剂增塑非极性橡胶的情况下，橡胶的玻璃化温度下降数值 ΔT_g 与增塑剂的体积分数有直接关系。Каргин 和 Малинский 的工作确定了这种关系，故称之为体积分数规则或 Каргин - Малинский 规则：

$$\Delta T_g = k\phi_1 \tag{5-5}$$

式中　k——与增塑剂性质有关的常数；

ϕ_1——增塑剂的体积分数。

当然，只有当橡胶的稀释程度不大时，上述关系才成立。因为随着稀释作用的进行，大分子之间相互作用的机理会发生很大的变化。也应当考虑到，对非极性体系，虽然聚合物与溶剂之间的作用较小，但尚不能认为与熵的贡献相比，它对自由能变化的影响小到可以被忽略不计的程度。

接着，Jenkel 和 Heusch 又提出了相似的公式，式中用增塑剂的重量分数代替体积分数，有

$$\Delta T_g = kW_1 \tag{5-6}$$

式中 W_1——增塑剂的重量分数。

大多数增塑剂的比容相差不大，所以公式(5-5)(5-6)两式基本一致。

在用极性增塑剂增塑极性橡胶时，由于极性橡胶分子结构中含有极性基团，增大了大分子链段之间的作用力，降低了大分子链段的柔顺性，使之难于在外力场的作用下产生变形。但当加入极性增塑剂时，增塑剂分子的极性部分定向排列于大分子极性部位，对大分子链段起着包围隔离作用，通常称为溶剂化作用，因而增加了大分子链段之间的距离，增大了分子链段的运动性，提高了橡胶的塑性，降低了橡胶的玻璃化温度。其关系如下式。

$$\Delta T_g = kn \tag{5-7}$$

式中 k——与增塑剂性质有关的常数；

n——增塑剂的摩尔数。

但是，聚合物的每一个极性基团可以与 1～2 个溶剂分子作用，再多加入增塑剂，它所引起的能量变化减小。所以，可以认为增塑剂的效率与其摩尔数成比例的条件，只是在增塑剂的摩尔数达到聚合物的极性基团 2 倍之前，这种比例关系式(5-7)才近似成立。

为了更正确、全面地建立 ΔT_g 与增塑剂用量的关系，必须同时考虑组分间混合时熵和焓的变化。

Kanig 改进的方程考虑了体系自由体积的变化。他从 Френкелб 的液体结构概念出发，假定增塑聚合物是由聚合物分子、增塑剂分子和空隙所组成的三元体系，从而导出如下的关系式：

$$\Delta T_g = k_1 \frac{T_g^p}{v_f} + k_2(A_{p,p} - A_{p,p\phi}) + k_3(A_{p,p} - A_{p\phi,p\phi}) \tag{5-8}$$

式中 T_g^p——聚合物的玻璃化温度；

v_f——增塑剂的自由体积；

$A_{p,p}$——聚合物分子之间的亲合性；

$A_{p,p\phi}$——聚合物分子与增塑剂分子之间的亲合性；

$A_{p\phi,p\phi}$——增塑剂分子之间的亲合性。

上述式(5-8)仅是定性的，因为准确计算系数 k_1、k_2 和 k_3 是很困难的。但由此式可知，在其他条件相同的情况下，增塑剂的效率随增塑剂自由体积的增加而增加，即随增塑剂分子量的增大而下降。在估计增塑剂的自由体积时应考虑其分子结构和构象的影响。

要深入研究聚合物与增塑剂之间的相互作用，与研究聚合物与溶剂的相互作用一样，核磁共振(NMR)，特别是脉冲核磁共振是一种有前途的研究方法。用 NMR 可分析聚合物-增塑体系中增塑剂的作用特性，并区分增塑剂中与聚合物已结合与未结合的部分等。另外，此方法还可阐明增塑剂化学结构与其增塑效率之间的关系。

此外，天然物质的增塑剂对胶料的硫化过程和硫化胶的物理性能及老化过程均有影响。它与胶料中的各种成分起着复杂的反应，如聚合、缩合、氧化、磺化等。例如，氧茚类增塑剂加热就可以氧化聚合；松香中含有共轭双键及羧基，都较活泼；松焦油中含有一羧酸、二

羧酸和酚类等，在加热情况下可能会发生缩合作用。可见，天然物质的增塑剂在橡胶中的作用是复杂的。

第三节　石油系增塑剂

石油系增塑剂是橡胶加工中使用最多的增塑剂之一。它具有增塑效果好、来源丰富、成本低廉的特点，几乎在各种橡胶中都可以应用。我国有丰富的石油资源，可为橡胶工业提供多种石油系增塑剂，如操作油、三线油、变压器油、机油、轻化重油、石蜡、凡士林、沥青及石油树脂等。

一、石油系增塑剂的生产

石油系增塑剂的生产属于石油炼制过程，其生产的基本过程如图 5－1 所示。选择适当的原油进行常压和减压蒸馏。将减压蒸馏所得的轻质及重质油馏分，从特定的溶剂抽提精制，除去溶剂后进一步减压蒸馏，得到作为石油系增塑剂使用的各种规格的油品。

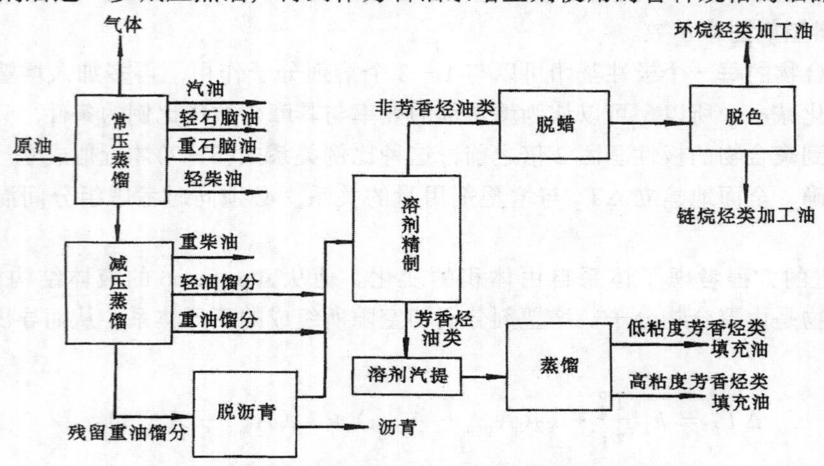

图 5－1　由原油生产石油系增塑剂的基本过程

二、操作油

操作油是石油的高沸点馏分，它由分子量在 300～600 的复杂烃类化合物组成，并具有很宽的分子量分布。这些烃类可分为芳香烃类、环烷烃类和链烷烃类。此外还含有烯烃、少量的杂环混合物。例如，可以用如下结构表示它们：

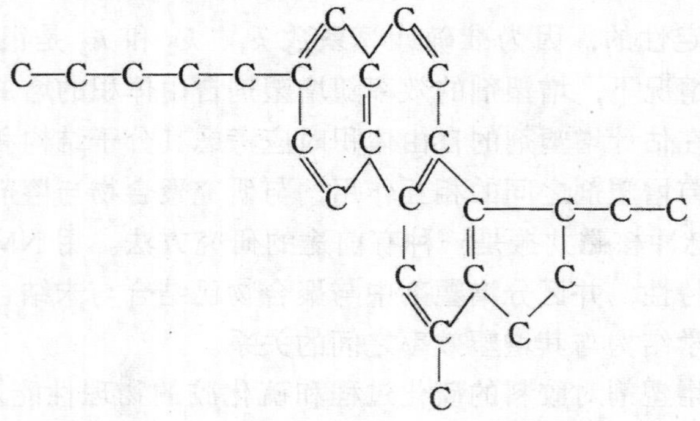

芳香烃

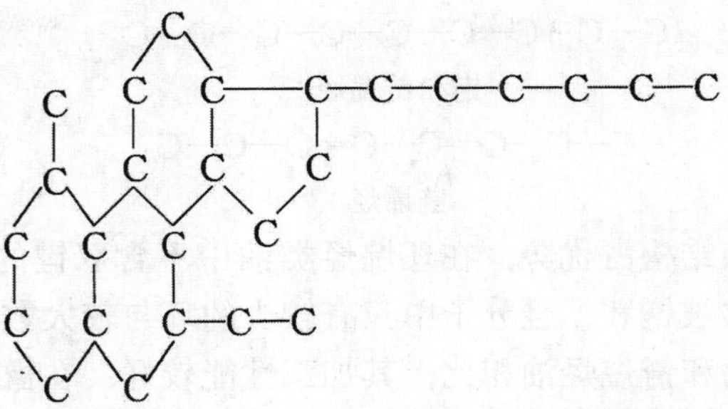

环烷烃

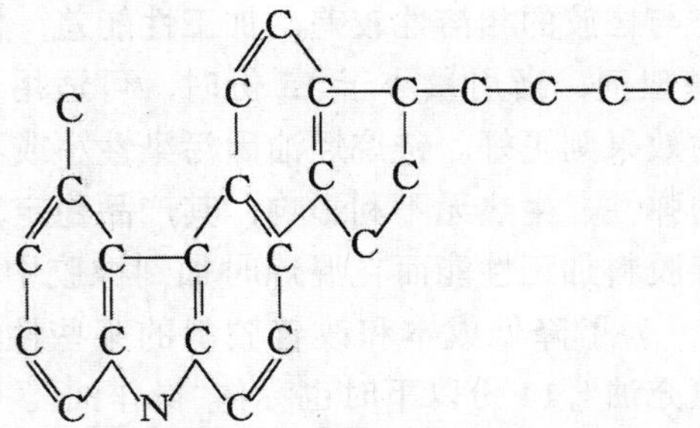

含氮的典型极性或杂环化合物

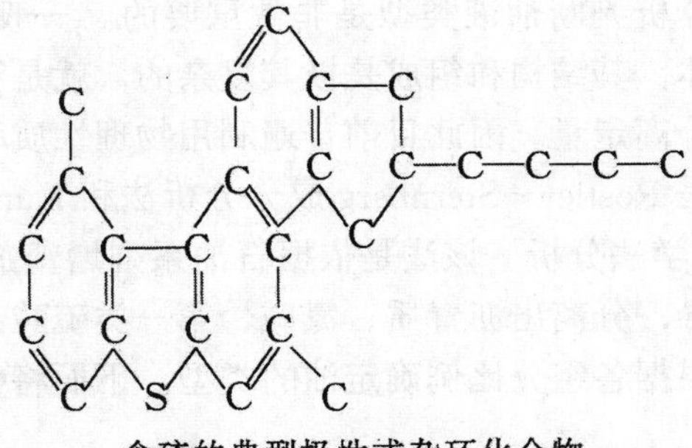

含硫的典型极性或杂环化合物

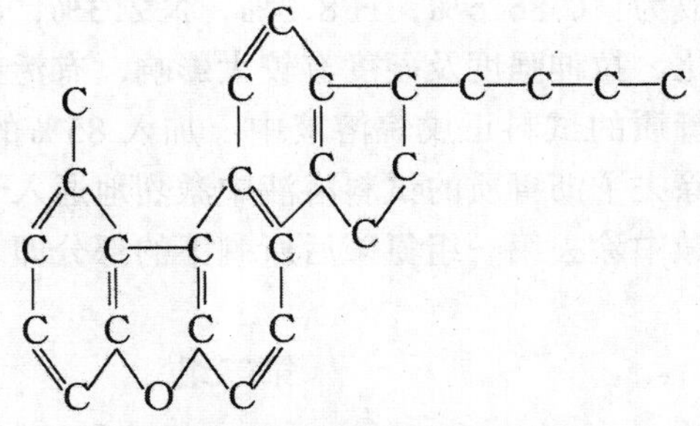

含氧的典型极性或杂环化合物

C—C—C—C—C—C—C—C—C

饱和链烷烃

C—C—C═C—C═C—C—C

链烯烃

在芳香烃类油中芳香族结构占优势，在环烷烃类油中不含双键的环烷结构占支配地位，在链烷烃类油中主链都再次被饱和，且分子中只有较少的环与较大数目的侧链相连接。

芳香烃油类与环烷烃油和链烷烃油相比，其加工性能较好，在橡胶中的配合量也较前两种高些，适用于天然橡胶和多种合成橡胶，但具有一定的污染性，宜用于深色橡胶制品。

环烷烃油是对含芳烃少的油类进行脱蜡、脱色，从而得到的浅色的各种环烷油，其性能介于链烷烃油和芳香烃油之间，适用于天然橡胶和多种合成橡胶，污染性比芳香烃油小。

链烷烃油又称石蜡油。它与橡胶的相溶性较差，加工性能差，但对橡胶物理机械性能的影响比较好。它用作一般的增塑剂，当用量小于 15 份时，可适用于天然橡胶和合成橡胶，用于饱和性橡胶如乙丙橡胶的效果则更好。链烷烃油因污染性小或不污染，所以可用作浅色橡胶制品的增塑剂，对胶种的弹性、生热无不利影响，其产品稳定，而寒性也好。

此外，上述油类为了改善胶料加工性能而在混炼时加到橡胶中去的称为“操作油”或“加工油”；而在合成橡胶生产时，为了降低成本和改善胶料的某些性能，直接加到橡胶中的，其用量在 15 份以上的称为“填充油”，14 份以下时也称作“操作油”。

（一）操作油的类型判断及分析

油液的成分组成对于橡胶的相溶性、污染性、耐候性、耐老化性有很大影响。因此，为了合理地使用油液，正确地分析判断油液类型是非常重要的。一般油液是含碳数在 18～40 的不同分子量化合物的混合体，其结构和组成是极其复杂的，就是利用目前最先进的分析仪器也难于把组成的各个成分分离定量。因此目前普遍利用物理性质和化学成分来判断油的类型。当前较有代表性的方法是 Rostler－Sternberg 成分分析法和 Kurtz 物理法。

1．Rostler－Sternberg 化学法分析　该法是依据石油系列增塑剂及其与硫酸反应的生成物在正戊烷中的溶解度的差异，分离出沥青质、氮碱、第一类硫酸亲和物、第二类硫酸亲和物和石蜡五种化学成分，再根据各组分比例确定油的类型。下面将分述各组分的构成及对橡胶的作用。

（1）沥青质　是石油系增塑剂中不溶于正戊烷的含少量 S、O、N 的化合物。它是原油蒸馏残渣的成分。其元素组成为：C 86.5%，H 8.3%，N 2.3%，S 1.5%，O 1.4%。沥青质在胶料中不易分散，对硫化、拉伸强度及硬度有较大影响，有污染性。

（2）氮碱　在已除去沥青质的试料正戊烷溶液中，加入 85%的冷硫酸，沉淀物即为总氮碱。氮碱可分为两组。向除去了沥青质的试料溶液中激烈地通入干燥的氯化氢，所得到的沉淀物为第一组氮碱。总氮碱中除去第一组氮碱后所剩下的部分即为第二组氮碱。两组氮碱的成分（%）分别举例如下：

第一组		第二组	
C	8.66	C	81.6
H	8.6	H	11.8
S	0.41	S	0.50
N	4.13	N	2.99
O	0.26	O	3.10

氮碱是分子量较大的树脂部分，为粘度高的暗褐色粘性液体，略带吡啶的臭味，其中含有吡啶、硫醇、羧基、醌环等各种极性化合物。在橡胶硫化过程中它是弱的促进剂，会影响硫化速度，使硫化曲线平坦。含氮碱多的油对橡胶的增塑作用大，且不使硫化胶的物理性能过分降低。氮碱会使橡胶制品污染和着色。

(3) 第一亲酸物　把不与85％的硫酸反应的部分用97％～98％的冷硫酸处理，不溶于正戊烷的部分即是第一亲酸物。它是不饱和度高的复杂的芳香族化合物，碘值为65～100g/100g，与橡胶相溶性好，是有效的增塑剂。与一般的橡胶及有极性的耐油橡胶都有很好的相溶性。由于不饱和度相当高，硫化时易与硫黄作用，故有迟延硫化的倾向。其元素组成实例为(％)：C　90.0，H　7.8，S　1.86，N　0.34。

(4) 第二亲酸物　用98％的硫酸除去了第一亲酸物后所剩下的部分，再用发烟硫酸(含SO_3 27％～30％) 处理，得到的沉淀部分就是第二亲酸物。其碘值约为5～12g/100g，不饱和度比第一亲酸物小，与所有橡胶的相溶性好，没有污染性，对硫化无影响，其元素组成实例为(％)：C 88.8，H 9.6，S 0.94，N 0.01，O 0.65。

(5) 饱和烃　饱和烃是除去了第二亲酸物后的残留部分。它不与发烟硫酸作用，是油中最稳定的部分，为各种饱和物质的混合物。其中包括有直链烷烃，带有支链的烷烃、环烷烃以及带有侧链的环烷烃。其元素组成实例为(％)：C 86.5，H 13.5。

含饱和烃多的油多用在丁基橡胶、乙丙橡胶等饱和性橡胶中，它与不饱和性橡胶以及极性强的橡胶相溶性差，如果添加量多会使混炼操作困难，损害粘性，甚至引起渗出。在粘性过大的场合作为粘性抑制剂是有效果的。环烷烃与橡胶的相溶性较链烷烃好，溶解力也大，渗出的倾向小。直链烷烃与橡胶的相溶性最差。

2．Kurtz物理法分析　石油系增塑剂的物理性质对判断它的品质以及它对橡胶的作用也是很有用的。油的相对密度、粘度、粘温系数等物理性质与塑化作用有直接的关系，油的平均分子量对橡胶的性质也有很大的影响。Kurtz等人研究了油的相对密度、粘度、闪点、苯胺点、折光率等物理数据与油品性质之间的关系，计算出了粘度相对密度常数(V.G.C.)与油品组成的关系。由折光率求出的比折光度可以根据图表得出链烷烃(C_p)、环烷烃(C_N)、和芳香烃(C_A)所含的碳原子百分数。表5－3表示了V. G. C. 和油品化学组成之间的关系。

表5－3　V. G. C. 和油品化学组成的关系

V.G.C.值	油品类型	C_P/％	C_N/％	C_A/％
0.790～0.819	链烷烃类	75～60	20～35	0～10
0.820～0.849	亚链烷烃类	65～50	25～40	0～15
0.850～0.899	环烷烃类	55～35	30～45	10～30
0.900～0.949	亚环烷烃类	45～25	20～45	25～40
0.950～0.999	芳香烃类	35～20	20～40	35～50
1.000～1.049	高芳香烃类	25～0	25～0	60以上
1.050以上	超芳香烃类	25以下	25以下	60以上

粘度相对密度常数(V.G.C.)是和油的组成有关的数据。如果油中的芳香环及环烷环的数目增加，则粘度相等的油的相对密度也随之增大；相反，相对密度相同的油则粘度随之增大。V. G. C. 能通过不同的方程式计算得到，常用的是：

$$V.G.C. = 10G - 1.0752\log(v - 38)/10 - \log(v - 38) \quad (5-9)$$

式中 G——油在15.6℃时的相对密度；

v——油在37.8℃时的赛波特粘度(SUS)，s。

根据该计算所得的粘度相对密度常数，由表5－3可知油品的类型。表5－4表示各类油品的性质。表5－5表示按V.G.C.分类的不同油品对橡胶性质的影响。

表5－4 各类油品的性质

油品性质	链烷类 $C_P>50\%$	环烷类 $C_N=30\%\sim45\%$	芳香类 $C_A>35\%$
相对密度	小	中	大
粘度	小	中	大
折光率	小	中	大
苯胺点/℃	60以上	60～50	50以下
加工性	可	良	优
非污染性	优	良	劣
稳定性	优	良	可～劣
耐寒性	优	良	可

表5－5 按V.G.C.分类的不同油品对橡胶性能的影响

橡胶性能	链烷类V.G.C. 0.790～0.849	环烷类V.G.C. 0.850～0.899	芳香类V.G.C. 0.900以上
加工难易	稍困难	良 好	极 好
耐污染性	极 好	良 好	不 良
低温特性	极 好	良 好	大致良好
生热性	极 低	低	稍 高
耐老化性	好	较 好	较 差
弹性	极 好	良 好	大致良好
拉伸强度	极 好	良 好	大致良好
300%定伸应力	良 好	良 好	良 好
硬度	良 好	良 好	良 好
配合量	少 量	多 量	极多量
稳定性	极 好	良 好	大致良好
硫化速度	慢	中	快

对具有类似的组成而分子量不同的油，其折光率和相对密度之间有一定的关系，比折光度 γ_f 计算公式如下：

$$\gamma_f = n_D^{20} - \frac{1}{2}d_4^{20} = n_D^{20} - \frac{1}{2}(G - 0.0037) \quad (5-10)$$

式中 n_D^{20}——油在20℃的折光率；

d_4^{20}——油在20℃的相对密度；

G——油在15.6℃的相对密度。

由比折光度(γ_f)和V.G.C.通过三角坐标就能得到油的组成，即能得到油中芳香环、环烷环以及链烷链的各类碳原子(C_A、C_N、C_P)占全部碳原子的百分数，见图5－2。Kurtz法规定，芳香碳原子数占35%以上者称为芳香类油；环烷碳原子数占30%～45%者称为环烷类油；链烷链的碳原子数占整个碳原子数的50%以上者称为链烷类油。

(二) 操作油的性能对橡胶加工及硫化胶性能的影响

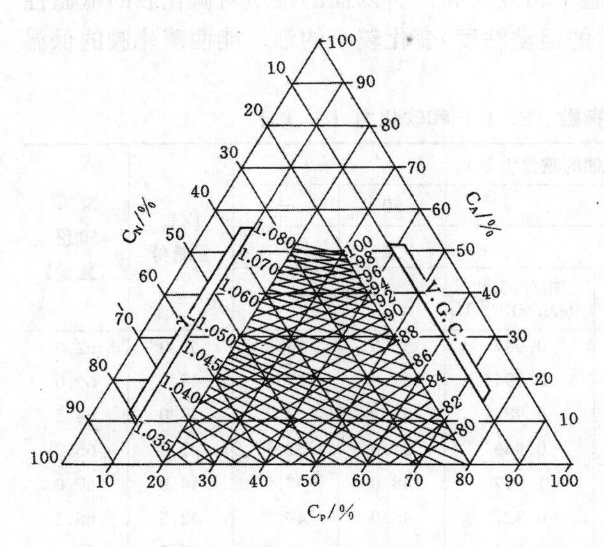

图 5-2　油的 V. G. C. 比折光度和油的组成

1. 油对橡胶增塑作用的表示方法

橡胶分子量越大，分子间作用力越大，粘度就越高，从而使加工困难。所以往往需要在这样的橡胶中加入适量的油，使粘度降低，以利加工。油对于橡胶的塑化作用通常用橡胶的门尼粘度的降低值来衡量。这个降低值可以用填充指数或软化力来表示。

(1) 填充指数(E.I.)　把高门尼粘度的 SBR 塑化为门尼粘度为 53.0（在 100℃）时所需要的油量份数(phr)叫做填充指数(即该油对此种聚合物的填充指数)。改变油的填加量从充油橡胶的粘度曲线就可以图解出填充指数，如图 5-3 所示。由于 SBR 中添加 50 份炭黑时其混炼胶的门尼粘度在 60 左右时加工性最好，与此相应的生胶的门尼粘度约为 53，因此 SBR 生胶的粘度采用 $ML_{1+4}^{100℃}=53$ 作为标准。

油对橡胶增塑作用的相对值还可以用油效率来表示，即把 SBR 的门尼粘度降低到 $ML_{1+4}^{100℃}=53.5$ 的标准油 Sundex-53 (因为 Sundex-53 是最早使用的填充油，所以以它为标准)的重量作为标准(100%)，和其他油的需要量进行比较。显然，效率高的，填充指数低。V. G. C. 和油效率之间的关系如图 5-4 所示。

(2) 软化力(S.P.)　以一定量的油填充橡胶聚合物时，其门尼粘度下降率叫做油的软化力。

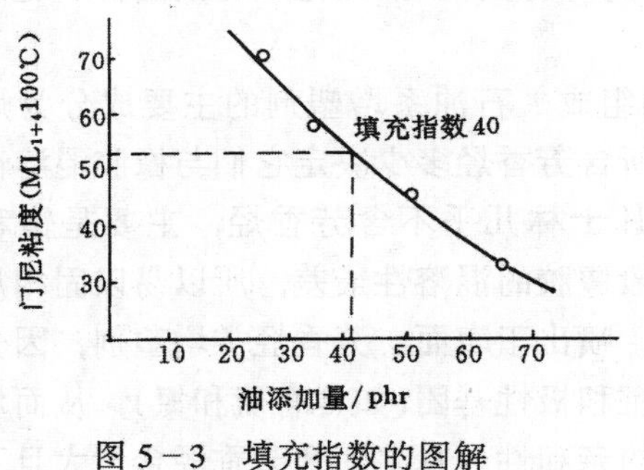

图 5-3　填充指数的图解

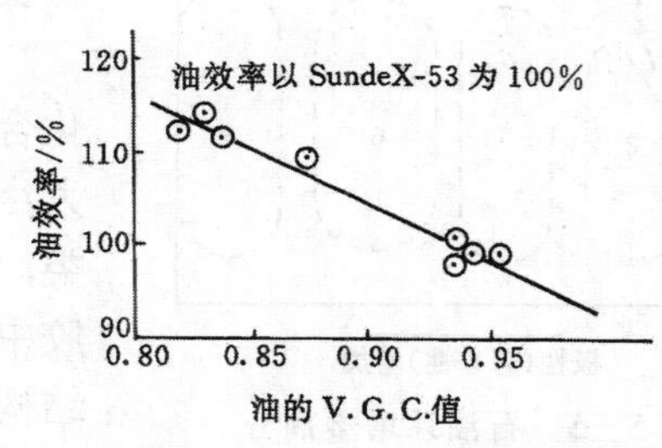

图 5-4　V. G. C. 值和油效率的关系

$$S.P.=\frac{\text{原聚合物的门尼粘度}-\text{充油聚合物的门尼粘度}}{\text{原聚合物的门尼粘度}}\times 100$$

同一种油对某一聚合物而言，软化力高的，则填充指数低。一些商品油的填充指数和软化力见表 5-6。

2. 操作油粘度　操作油粘度越高，则油液越粘稠，因此操作油对胶料的加工性能及硫化胶的物性都有影响。采用粘度低的操作油，润滑作用好，耐寒性提高，但在加工时挥发损失大。当闪点低于 180℃ 时，挥发损失更大，应特别注意。

操作油的粘度与温度有很大关系。在低温下粘度变高，所以油的性质对硫化胶的低温性能有很大的影响，采用低温下粘度(在－18℃的运动粘度)变化较小的油，能使硫化胶的低温性能得到改善。

表 5－6　一些商品油的填充指数（E. I.）和软化力（S. P.）

№	油的添加量(每 100 份聚合物①用油的重量份数)		50	—	E.I. 重量份	S.P. 50 份 (重量)
	重量份数		50	—		
	体积份数		—	50		
	油的类型	相对密度 (60/60℉②)	门尼粘度			
1	芳香的 Sundex 170	0.987	55.0	54.5	52.0	62.0
2	高芳香的 Sundex 1585	0.994	51.0	51.0	48.0	65.0
3	芳香的 Sundex 53	0.982	51.5	53.2	48.0	64.5
4	环烷的 Circosol 2XH	0.945	51.0	52.5	47.0	65.0
5	高芳香的 Sundex 85	1.017	48.0	47.5	44.0	67.0
6	环烷的 Circolight	0.927	46.0	49.5	42.5	68.5
7	链烷的 PRO 551	0.880	46.0	51.5	42.0	68.5
8	环烷的 Circosol NS	0.870	45.0	51.0	42.0	69.0
9	高芳香的(特制品)	1.070	41.5	39.3	39.0	71.5
10	链烷的 PRO 521	0.874	42.0	48.0	38.5	71.5

①原 SBR 聚合物在 100℃时的门尼粘度为 146。

②60℉相当于 15.6℃。

操作油的粘度与硫化胶的生热有关，使用高粘度油的橡胶制品生热就高。在相同粘度的情况下，芳香类油的生热低。拉伸强度和伸长率随油粘度的提高而有所增大，曲挠性变好，但定伸应力变小。相同粘度的油，如以等体积加入，则芳香类油比饱和的油能得到更高的伸长率。

3．操作油组成　石油系增塑剂的主要成分为烃类化合物，其中所含芳香烃多少决定它们与橡胶混溶性的大小。石蜡和凡士林几乎不含芳香烃，主要是饱和烃类，它们与一般橡胶的混溶性最差，所以易以固相从橡胶中分离出来，喷出于表面。芳香烃类增塑剂，因分子结构内含有双键和极性基团(如含有硫和氮)，从而增加了与多数橡胶的亲和性。总之，凡芳香烃含量大且不饱和度高时，一般与二烯类橡胶的混溶性都比较好，对填料的湿润性及胶料的粘着性高。表 5－7 是不同烃类含量的操作油与橡胶混溶性及硫化胶物性的关系。

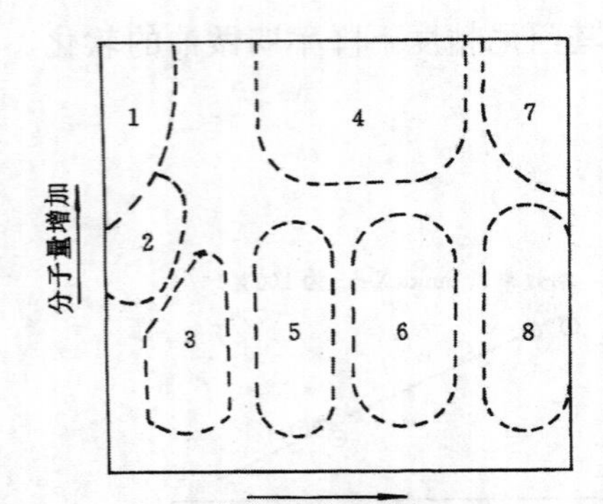

图 5－5　石油系增塑剂分子量的分类范围(按极性)

1—石蜡；2—凡士林；3—轻油；4—沥青；5—萘油类；6—中芳烃油；7—高芳烃树脂；8—高芳烃油

根据石油系增塑剂极性和分子量，可把该系统增塑剂分成如图 5－5 所示的各种范围。

4．苯胺点　在试管内先加入 5～10ml 苯胺后，再加入同体积的试料，然后从下部加热，直至出现均匀的透明溶液，此时的温度谓之苯胺点。芳香烃类增塑剂的分子结构与苯胺最接近，易溶于其中，故苯胺点最低。苯胺点低的油类与二烯类橡胶有较好的互溶性，大量加入而无喷霜现象。相反，苯胺点高的油类，需要在高温时才与生胶互溶，所以在温度降低时就易喷出表面。操作油苯胺点的大小，实质上是油液中芳香烃含量的标志。一般说来，操作油苯胺点在35～115℃范围内比较合适。

此外，油液的相对密度、闪点、流动点、折光率、外观颜色等指标，也都能反映其组成情况。应用在橡胶中时，组成不同则影响也不同。

表5-7　各种橡胶与操作油混溶性及对橡胶物性的影响

		操作油		
		石蜡烃	环烷烃	芳香烃
溶解度参数 $(\delta)/(J/cm^2)^{1/2}$	三元乙丙橡胶　16.2	好	好	好
	天然橡胶　16.1～16.8	好	好	好
	丁苯橡胶　17.5	一般	一般	好
	顺丁橡胶　16.5	一般	一般	好
	丁基橡胶　15.8	好	一般	差
	氯丁橡胶　19.2	差	一般	好
	丁腈橡胶　19.7	差	差	一般
对橡胶性能的影响	低温性能	优良	好	尚可
	加工混炼性能	不良	好	优良
	蒸发性(200℃以上)	无	很少	无
	污染性	优越	好→优越	不良
	变色性	无	无→很少	不良
	硫化速度	迟缓	中等	快
	回弹性	优良	好	尚可
	拉伸强度	好	好	好
	300%定伸应力	好	好	好
	硬度	好	好	好
	生热性	低	中等	高
性质	粘度SUS①(37.8℃)	100～500	100～2100	2600～1500
	相对密度(15℃)	0.86～0.88	0.92～0.95	0.95～1.05
	苯胺点/℃	90～121	66～82	32～49
成分/%	石蜡烃碳原子(C_P)	64～69	41～46	34～41
	环烷烃碳原子(C_N)	28～33	35～40	11～29
	芳香烃碳原子(C_A)	2～3	18～20	36～48

①赛波特通用粘度。

5．混炼时胶料对油液的吸收　胶料在混炼时，橡胶对油液的吸收速度是混炼过程中的重要问题。它与油液的V．G．C．值(油液的组成)、分子量、粘度变化、混炼条件(特别是混炼温度)以及生胶的化学结构等因素有密切的关系。图5-6表示了油液的V．G．C．值及其分子量与吸油时间的关系。由图可见，吸油时间随V．G．C．值的增大及油液分子量的减小而缩短。石蜡烃油吸收速度慢，而芳香烃油吸收得最快。油液的V．G．C．值与油液的化学组成密切相关，增大油液的芳香烃含量，可使V．G．C．值增加。

图5-7表明不同组成的油液对丁苯橡胶胶料门尼粘度的影响。由图可知，采用芳香烃油的胶料，门尼粘度降低率最大，即它有良好的增塑效果。丁苯橡胶在密炼机中混炼时，增大油液芳香烃含量，可加快吸油速度。而当采用石蜡烃油时，则分子量越大，吸油速度就越慢。

另外，油的粘度与温度有关，所以吸油速度与混炼温度也有密切关系。

门尼粘度 $ML_{1+4}100℃$ 为53左右的充油丁苯橡胶，可使50份炭黑很好地分散。此时丁苯橡胶所填充的油量为20～27phr，即填充指数为20～27。当填充指数在30以上时，炭黑的分散效果变差；当填充指数超过34以上时，则填料的分散效果恶化，以至不能满足实际要求，这说明使用过量油类，将促使炭黑分散性变坏，混炼过程中，若油料先于炭黑加入，会使分散性降低，硫化胶物性下降。特别对超细粒子炭黑来说，混炼时，必须使体系呈高粘度 状态。因此，油料不应使胶料粘度有太大的降低。鉴于这种情况，在混炼末期加入油料是必要的。

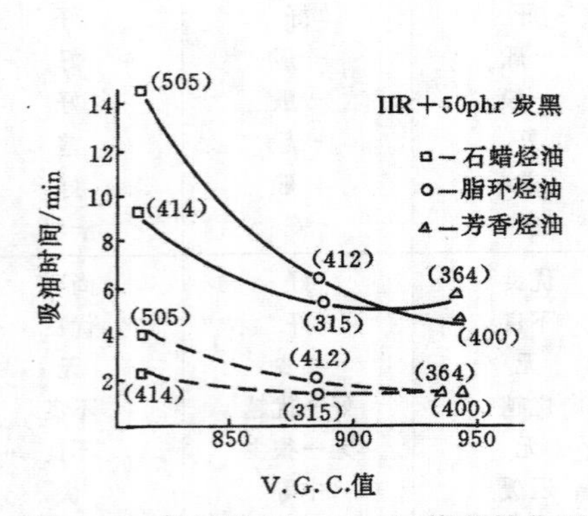

图5－6　油液的V．G．C．值及其分子量和吸油速度的关系

（　）数字为分子量；——20份油；－－－－－10份油

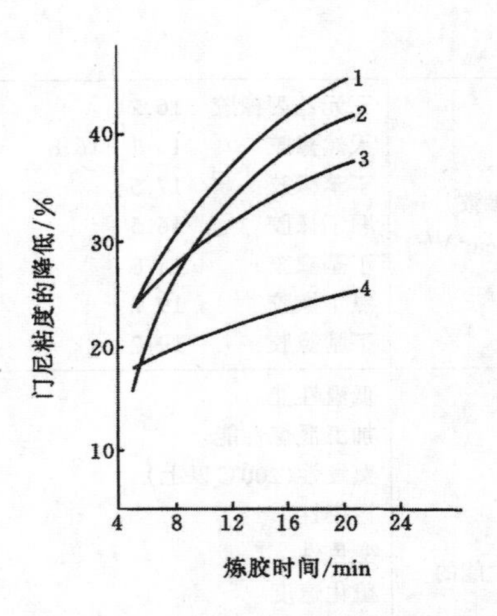

图5－7　丁苯橡胶混炼过程中不同油类对粘度的影响

1—芳香烃油；2—环烷烃油；3—石蜡烃油；4—未加油

6．操作油对挤出工艺的影响　在胶料中加入适量的油液，可使胶料软化，半成品表面光滑，变形小，压出速度快。当加入等容积的油液时，油的分子量愈小，粘度愈低，赋予胶料的挤出速度就愈快。挤出口型的膨胀率因油液的加入也可降低。

7．对硫化工艺的影响　随着胶料中油液填充量的增加，硫化速度有减缓的倾向。这是因为加入多量的油液起稀释作用，导致硫化速度减缓。石油中含有的某些环化物、如硫醇、环烷酸和酚等分合物对硫化速度也都有影响。操作油因精制不充分，有时可能存在碱性含氮化合物等，这种物质有弱硫化促进作用。另外，含芳香烃量多的油液，有促进焦烧和加速硫化的作用。芳香烃油中的极性环化物，不仅影响硫化速度，而且这种极性环化物对橡胶工艺性能、炭黑分散度及硫化胶物性都有很大影响，所以在使用操作油时，应注意选择。

8．操作油的渗出作用　油液从橡胶制品的内部迁移至表面谓之渗出。在橡胶中加有过量的油液时，由于分散的不均匀性，产生含量多的部位向含量少的部位迁移的现象。假如渗出表面，会使硫化胶物性变坏，如伸长率降低，硬度增大等。

近年来，有人采用含放射性^{14}C的油液，用^{14}C作示踪同位素来测定油液在橡胶中的迁移程度。油液的渗出是基于分子链段的运动，使橡胶大分子链间出现瞬时局部分离。当分离到一定程度时，油液分子在一定的动能下，就会从分离的间隙中透过。透过的几率与橡胶大分子链段的运动、链节长度及温度有密切关系。事实上，结构较复杂的油液分子通过大分子链间隙的几率是较少的。

（三）操作油在几种橡胶中的使用特点

石油系增塑剂与各种橡胶的相溶性范围见表5－8。

表5－8　油与各种橡胶的相溶性范围

橡　　胶②	油的相溶性范围/phr		
	链烷类油	环烷类油	芳香类油
丁基橡胶(IIR)	10～25	10～25	不用
二元乙丙橡胶(EPM)	10～50	10～25	10～50
三元乙丙橡胶(EPDM)	10～50	10～50	10～50
天然橡胶(NR)	5～10	5～15	5～15
丁苯橡胶(SBR)	5～10	5～15	5～50
聚异戊二烯(IR)	5～10	5～15	5～15
顺丁橡胶(BR)	5～10	10～20	5～37.5
氯丁橡胶(CR)	不相溶	5～25	10～50①
丁腈橡胶(NBR)	不相溶	不相溶	5～30
聚硫橡胶(T)	不相溶	不相溶	5～25

①除某些高粘度氯丁橡胶能填充50phr外，一般填充25phr；

②各种橡胶中均填充50phr填料。

1．对丁苯橡胶硫化胶性能的影响　实践表明，各种成分的操作油对硫化胶性能没有太明显的影响。当各种油液以等容量配合时，硫化胶的拉伸强度大体相同，定伸应力和硬度随油料的V．G．C．值的增高而稍有降低。当油液以等重量配合时，因芳香烃油组分相对密度较大，可降低油液配合量，使硫化胶拉伸强度提高。提高油液粘度，也可增大胶料的拉伸强度和伸长率，而定伸应力则随油液粘度增大而降低。硫化胶生热性与油液粘度亦有关系，油液粘度高，生热性大。油液粘度相同时，芳香烃含量高的胶料生热性低。

硫化胶的耐曲挠性与定伸应力和伸长率有关。提高定伸应力使曲挠性急剧下降，芳香烃油比饱和烃油的伸长率大，所以，表现有较大的耐曲挠性。由于高粘度油液赋予胶料高伸长率和低定伸应力，故具有良好的耐曲挠性能，这方面芳香烃油效果更好。

2．对顺丁橡胶硫化胶性能的影响　顺丁橡胶中的填料用量比天然橡胶和丁苯橡胶多，因而操作油的用量也需增多。但随着油液用量的增加，顺丁橡胶性能降低得并不显著。表5－9所示是各油液对顺丁橡胶性能的影响。丁苯橡胶也有类似的影响规律。

表5－9　各种成分油对顺丁橡胶物性的影响

性　　能	石蜡烃油	环烷烃油	芳香烃油
抗龟裂生长	低	高	低
撕裂强度	低	中间	高
油混入时间	长	短	短
硬度	低	中间	高
拉伸强度	低	中间	高
耐磨耗	高	高	低
回弹性	高	中间	低
焦烧时间	长	中间	短

3．对氯丁橡胶硫化胶性能的影响　普通粘度的氯丁橡胶中使用油液的目的是为了改善加工性能，故用量不多，对油的品种要求也不严，一般宜用V．G．C．值约为0.855左右的环烷烃油类，对于高粘度的氯丁橡胶来说，大量填充粉料和油液时，会使拉伸强度和伸长率下降，油液用量过大时，还有渗出现象，因此，选用V．G．C．值较高（0.95左右）的芳

香烃油类较为适宜。

4．对丁腈橡胶硫化胶性能的影响　丁腈橡胶使用操作油的情况不多，通常使用酯类增塑剂。当应用芳香烃油或环烷烃油时，前者能够提高胶料的粘性并稍能提高拉伸强度，后者则能延长焦烧时间，但不宜大量填充。由于丁腈橡胶极性较大，应注意因增塑剂选择不当而出现的渗出现象。在丁腈橡胶中大量填充炭黑和油液有降低硫化胶强度的倾向。

5．对丁基橡胶硫化胶性能的影响　丁基橡胶因大分子链运动性较差，故室温下弹性很低，低温更会使粘度急剧增大。为便于加工，提高硫化胶弹性，可以使用低粘度操作油。但需注意，在高温条件下其油液会从橡胶中挥发，并产生迁移损失。另外，一般油液的 V. G. C. 值应在 0.820 以下，即油液极性偏低为宜。

6．对乙丙橡胶硫化胶性能的影响　二元乙丙橡胶一般不使用芳香烃油，因该油含有稠环化合物，有吸收自由基的作用，故有碍过氧化物交联，另外它与橡胶的相溶性也不好。石蜡烃油能赋予胶料良好的低温性能。环烷烃油则使胶料有良好的加工性能，并使硫化胶具有好的拉伸强度。

三元乙丙烯橡胶使用低粘度油时，拉伸强度较低。环烷烃油赋予三元乙丙橡胶以优良的综合性能，特别是抗撕裂性好。石蜡烃油使三元乙丙橡胶有良好的低温性能，在要求提高耐热性能时，使用高粘度的石蜡烃油效果较好。

三、工业凡士林、石蜡和石油树脂

（一）工业凡士林

工业凡士林是一种淡褐色至深褐色膏状物，污染性小，相对密度 0.88～0.89，由石油残油精制而得。在橡胶中它主要作润滑性增塑剂用，能使胶料有很好的压出性能，能提高橡胶与金属的粘合力，但对胶料的硬度和拉伸强度有不良影响，有时会喷出制品表面，一般用于浅色制品。由于凡士林含有地蜡成分(微晶蜡)，所以有物理防老剂作用。

（二）石蜡

工业用石蜡为白色结晶体，由天然石油或页岩油的重馏分加工而得的粗蜡经再精制而得。它对橡胶有润滑作用，使胶料容易压延、压出和脱模，并能改善成品外观。它也是橡胶的物理防老剂，能提高成品的耐臭氧、耐水和耐日光老化等性能。在胶料中的用量在 1～2 份，增大用量会降低胶料的粘合性并降低硫化胶的物理机械性能。

（三）石油树脂

石油树脂是黄色至棕色树脂状固体，能溶于石油系溶剂，与其他树脂的相溶性好，分子量为 600～3000。它是由裂化石油副产品烯烃或环烯烃进行聚合或与醛类、芳烃、萜烯类化合物共聚而成。石油树脂的用途、用法与古马隆树脂相似，在橡胶中用作增塑剂和增粘剂。它用于丁基橡胶，可以提高其硬度、撕裂强度和伸长率；用于丁苯橡胶可改善胶料的加工性能，并提高硫化胶的耐曲挠性和撕裂强度；在天然橡胶中可提高胶料的可塑性。在橡胶中的用量一般为 10 份左右。

第四节　煤焦油系增塑剂

煤焦油系增塑剂包括煤焦油、古马隆和煤沥青等。此类增塑剂含有酚基或活性氮化物，因而与橡胶相溶性好，并能提高橡胶的耐老化性能，但对促进剂有抑制作用，同时还存在脆性温度高的缺点。在这类增塑剂中最常使用的是古马隆树脂，它既是增塑剂又是一种良好的增粘剂，特别适合于合成橡胶。

一、古马隆树脂

古马隆树脂是苯并呋喃与茚的共聚物，其化学结构式如下：

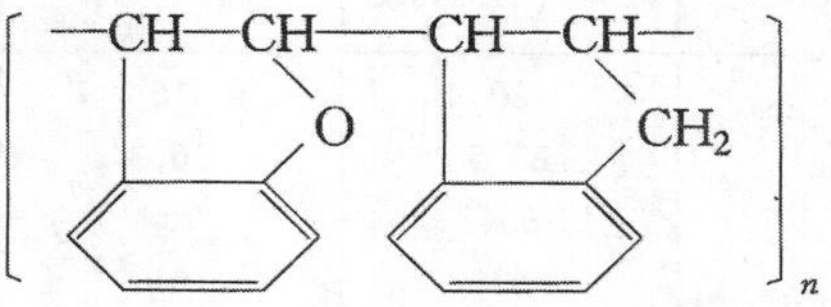

$$\left[-CH-CH-\;-CH-CH- \quad O \quad CH_2 \right]_n$$

它是煤焦油 160～200℃ 的馏分，经浓硫酸处理，并在催化剂作用下经聚合得到的产物。根据聚合度的不同，古马隆树脂分为液体古马隆树脂和固体古马隆树脂。固体古马隆树脂为淡黄色至棕褐色固体；液体古马隆为黄至棕黑色粘稠状液体，有污染性。根据古马隆软化点的范围不同其应用也有所不同，一般，软化点为 5～30℃ 的是粘稠状液体，属于液体古马隆，在除丁苯橡胶以外的合成橡胶和天然橡胶中作增塑剂、粘着剂及再生橡胶的再生剂；软化点在 35～75℃ 的粘性块状古马隆，可用作增塑剂、粘着剂或辅助补强剂；软化点在 75～135℃ 的脆性固体古马隆树脂，可用作增塑剂和补强剂。

使用古马隆树脂在橡胶加工中有如下优点：

(1) 压型工艺顺利，可获得表面光滑的制品。

(2) 合成橡胶的粘性差，成型困难，有时甚至在硫化后出现剥离现象。因此在合成橡胶中加入古马隆树脂能明显的增加胶料的粘着性。

(3) 古马隆树脂能溶解硫黄，故能减缓胶料在贮存中的自硫现象和混炼过程中的焦烧现象。

(4) 由于不同分子量的古马隆树脂软化点不同，所以对硫化胶的物性影响也有差异，例如在丁苯橡胶中使用高熔点古马隆树脂时，硫化胶的压缩强度、撕裂强度、耐曲挠性、耐龟裂性能等可有显著的改善。丁腈橡胶中用低熔点的古马隆树脂比高熔点的好，对其可塑性及加工性能均有所改善。单独使用时，具有较高的拉伸强度、定伸应力和硬度。古马隆树脂对氯丁橡胶有防焦烧作用，可以减少橡胶在加工贮藏中所发生的自硫现象，还可以防止炼好的胶料硬化。在丁基橡胶中采用饱和度大的古马隆树脂为好。

古马隆树脂对于橡胶加工性能的改善及硫化胶的物性的提高都带来好的影响。这主要与其分子结构有关，古马隆树脂的分子结构中除含有许多带双键的杂环外，还有直链烷烃。这种杂环结构与苯环相似，可以增加与橡胶的互溶性，甚至在极性较大的氯丁橡胶和丁腈橡胶中也有较好的分散性和互溶性，因此增塑效果很好。同时，古马隆树脂分子中的杂环结构还具有溶解硫黄、硬脂酸等的能力，能减少喷霜现象。此外，还能有效地提高炭黑的分散性和胶料的粘着性。

古马隆树脂是一种综合性能较好的增塑剂(见表 5－10)，但由于产地不同，质量波动的现象较为明显，所以使用前最好经过加热脱水处理，以除去水分和低沸点物质，对质量进行控制。

经验表明，古马隆树脂用量在 15 份以下时，对硫化胶物性无大影响。超过 15 份时，硫化胶的硬度、强度、老化性能均有下降的倾向。与其他增塑剂并用比单用更能满足胶料性能的要求。在丁苯橡胶中，古马隆树脂与重油并用可提高硫化胶耐磨性和强伸性能；在丁腈橡胶中，古马隆树脂与邻苯二甲酸二丁酯并用时，所得硫化胶的强伸性能较高，耐寒性较好，而耐热性一般；在氯丁橡胶中，综合性能以古马隆10份与其他增塑剂5份并用较为理想。

表5-10　添加古马隆树脂与其他增塑剂硫化胶性能的比较

物　性	固体古马隆树脂	沥　青	松焦油	重柴油
硫化时间(150℃)/min	20	15	20	15
拉伸强度/MPa	23.5	20.3	19.3	19.6
伸长率/%	664	754	667	537
硬度(邵尔A)/度	63	61	65	62
300%定伸应力/MPa	7.4	4.8	5.7	8.8
永久变形/%	24.7	26	28.7	12
撕裂强度/(kN/m)	13.1	98	102	77
曲挠/万次				
初裂	8	15	6	8~20
断裂	124	146	33~38	15~38

配方：丁苯橡胶　100，硫黄　2.0，促进剂TT　0.3，促进剂DM　2.15，硬脂酸　2.0，氧化锌　5.0，粗蒽炭黑　60，增塑剂　10。

二、煤焦油

煤焦油是由煤高温炼焦产生的焦炉气经冷凝后制得，是一种黑色粘稠液体，有特殊臭味。

由于煤焦油的主要成分是稠环烃和杂环化合物，所以和橡胶的相溶性好，是极有效的活化性增塑剂，可以改善胶料的加工性能。煤焦油主要用作再生胶生产过程中的脱硫增塑剂，也可作为黑色低级胶料的增塑剂。煤焦油能溶解硫黄，可防止胶料硫黄喷出。此外，因煤焦油含有少量酚类物质，所以对胶料有一定的防老作用，但有迟延硫化和脆性温度高的缺点。

第五节　松油系增塑剂

松油系增塑剂也是橡胶工业早期使用较多的一类增塑剂，包括松焦油、松香、松香油及妥尔油等。该类增塑剂含有有机酸基团，能提高胶料的粘着性，有助于配合剂的分散，但由于多偏酸性而对硫化有迟缓作用。该类增塑剂大部分都是林业化工产品，其中最常用的是松焦油，它在全天然橡胶制品中使用非常广泛，合成橡胶中也可使用。

一、松焦油

松焦油是干馏松根、松干除去松节油后的残留物质，成分很复杂，其干馏加工方法不同，质量也有所不同，表5-11表示了三种松焦油成分和基本性质。

表中，A试料是150℃以下的馏分，低沸点物质多，主要成分是烯类、树脂酸、脂肪酸及水溶性酚类等。C试料是高温干馏物，其酸性物质(特别是树脂酸)高温加热时大部分生成沥青。B试料则采用介于两者之间的干馏温度，大部分是松脂热分解而成的中性油。以上成分表明，不论哪一种松焦油均含有有机酸的基团。这种基团有助于提高胶料的自粘性，改善颜料的湿润力，同时还具有一定的防焦作用。

由于松焦油中所含各种成分的百分比不同，所以对橡胶的增塑能力也不同。当含有萜烯类及松香烯类的成分多(如B试料)时，因其活性大，对橡胶的增塑效果最显著。如松焦油中沥青含量大时，因沥青分子量较大，不饱和度大，对胶料(尤其丁苯橡胶)的耐热、耐老化，耐曲挠等性能产生不良影响。

总之，与石油增塑剂比较，松焦油的品质不够稳定，在合成橡胶中使用量较大时，会严重影响胶料的加工性能(如迟延硫化)及硫化胶的物理机械性能。同时，松焦油的动态发热

表 5－11　松焦油的化学组成和性质

	组成和性质	A	B	C
化学组成	中性物质			
	单、双烯、倍半烯、萜烯、松香/%	16.8	25.5	36.7
	松香烯类/%	21.9	29.7	29.0
	酸性物质			
	中级脂肪酸/%	0.6	6.1	0.1
	高级脂肪酸/%	1.5	0.4	—
	树脂酸/%	39.6	24.4	7.0
	水溶性物质			
	低级脂肪酸/%	1.6		
	酚类/%	0.8		
	水分/%	1.8		
性质	相对密度	1.065	1.020	1.042
	恩氏粘度	9.20	10.7	10.4
	酸值	92.5	40.5	10.8
	碱度	140.5	131.0	39.4

量大，在丁苯橡胶轮胎胶料中不宜过多使用。这也就是松焦油在合成橡胶中的使用不如石油系增塑剂广泛的原因。

二、松香

松香是由松脂蒸馏，除去松节油后的剩余物。它除有一定的增塑作用外，还可以增大胶料的自粘性，改善工艺操作，主要用于擦布胶及胶浆中。松香主要含松香酸，是一种不饱和的化合物，能促进胶料的老化，并有迟延硫化的作用。此外，耐龟裂性差，脆性大，如经氢化处理制成氢化松香可克服上述缺点。

三、妥尔油

妥尔油是由松木经化学蒸煮萃取后所余的纸浆皂液中取得的一种液体树脂再经氧化改性而得，主要成分是树脂酸、脂肪酸和非皂化物。妥尔油对橡胶的增塑效果好，使填料易于分散，且成本低廉，主要用于橡胶再生增塑剂，适用于水油法和油法再生胶的生产。它的增塑效果近似松焦油，可使制得的再生胶光滑、柔软、并有一定粘性、可塑性和较高的拉伸强度，同时不存在返黄污染的弊病。妥尔油再生胶的特点是冷料较硬、热料较软、混炼时配合剂容易分散均匀。妥尔油的用量一般为 4～5 份。

第六节　脂肪油系增塑剂

脂肪油系增塑剂是由植物油及动物油制取的脂肪酸、干油和黑油膏、白油膏等。植物油的分子大部分由长烷烃链构成，因而与橡胶的互溶性低，仅能供润滑作用。它们的用量一般很少，它主要用于天然橡胶中。脂肪酸(如硬脂酸、蓖麻酸等)有利于炭黑等活性填充剂的分散，能提高耐磨性，同时又是硫化的活性剂。月桂酸对天然橡胶和合成橡胶都有很大的增塑作用。

一、油膏

油膏分为黑油膏和白油膏两种。前者是不饱和植物油(如亚麻仁油、菜籽油)与硫黄在160

~170℃加热下制得的，是略带有弹性的黑褐色固体，相对密度 1.08~1.20。白油膏是不饱和植物油与一氯化硫共热而得到的白色松散固体，相对密度 1~1.36。

油膏能促使填充剂在胶料中很快分散，能使胶料表面光滑、收缩率小、挺性大、有助于压延、压出和注压操作，能减少胶料中硫黄的喷出，硫化后易脱模，油膏还具有耐日光、耐臭氧和电绝缘性能，但用量过多时有迟延硫化和不耐老化的作用，其中白油膏用量多时对制品物性的影响较黑油膏大。由于油膏中含游离硫黄，硫黄用量应少些。油膏易皂化，不能用于耐碱和耐油制品中。

二、硬脂酸

硬脂酸是由动物固体脂肪经高压水解，用酸、碱水洗后，再经处理而制得，它与天然橡胶和合成橡胶均有较好的互溶性(丁基橡胶除外)，能促使炭黑、氧化锌等粉状配合剂在胶料中均匀分散。此外，硬脂酸还是重要的硫化活性剂。

第七节　合成增塑剂

合成增塑剂是合成产品，主要用于极性较强的橡胶中，例如丁腈橡胶和氯丁橡胶。由于其价格较高，总的使用量一般较石油系增塑剂少。但是，由于合成增塑剂除能赋予胶料柔软性、弹性和加工性能外，如选择得当还可以满足一些特殊性能要求，例如耐寒性、耐老化性、耐油性、耐燃性等。因此，目前合成增塑剂的应用范围不断扩大，使用量日益增多。

一、合成增塑剂的分类及特性

合成增塑剂的分类有多种，按化学结构分有如下八类：①邻苯二甲酸酯类；②脂肪二元酸酯类；③脂肪酸类；④磷酸酯类；⑤聚酯类；⑥环氧类；⑦含氯类；⑧其他。

(一) 邻苯二甲酸酯类

该类增塑剂通式为

$$C_6H_4(COOR)_2 \quad \text{(邻位)}$$

R是烃基(从甲基到十二烃基)或芳基、环已基等。这类增塑剂在橡胶工业中用量最大，用途较广。由于R基团的不同，在性能方面存在着一定的差异。其中邻苯二甲酸二丁酯(DBP)与丁腈橡胶等极性橡胶有很好的相溶性，增塑作用好，耐曲挠性和粘着性都好，但挥发性和水中溶解度较大，因此耐久性差。然而能改善橡胶的低温下的使用性能。邻苯二甲酸二辛酯(DOP)在互溶、耐寒、耐热以及电绝缘等性能方面，具有较好的综合性能。邻苯二甲酸二异癸酯(DIDP)和邻苯二甲酸二(十三)酯具有优良的耐热、耐迁移和电绝缘性，是耐久型增塑剂，但它的互溶性、耐寒性都较 DOP 稍差，受热时会变色，与抗氧剂并用可以防止变色。

一般说来，R基团小，其与橡胶的相溶性好，但挥发性大，耐久性差；R基团大，其耐挥发性、耐热性等提高，但增塑作用、耐寒性变差。

(二) 脂肪二元酸酯类

脂肪二元酸酯类可用如下通式表示：

$$R_1-O-\overset{O}{\overset{\|}{C}}-(CH_2)_n-\overset{O}{\overset{\|}{C}}-O-R_2$$

式中，n 一般为2～11，R_1、R_2 一般为 C_4～C_{11}的烷基，也可为环烷基，如环己基等。

脂肪二元酸酯类增塑剂主要作为耐寒性增塑剂。属于这一类增塑剂的有己二酸二辛脂(DOA)$H_{17}C_8OOC(CH_2)_4COOC_8H_{17}$、壬二酸二辛酯(DOZ)$H_{17}C_8OOC(CH_2)_7COOC_8H_{17}$、癸二酸二丁酯(DBS)$H_9C_4OOC(CH_2)_8COOC_4H_9$ 和癸二酸二辛酯(DOS)等。其中DOS具有优良的耐寒性、低挥发性以及优异的电绝缘性，但耐油性较差。DOA具有优异的耐寒性，但耐油性也不够好。另外DOA较DOS挥发性大，电绝缘性差。DOZ耐寒性与DOS相似，但其挥发性低，能赋予制品很好的耐热、耐光和电绝缘性能。DBS适合用于丁苯、丁腈、氯丁等合成橡胶和胶乳，有较好的低温性能，但挥发性大，易迁移，易被水、肥皂和洗涤剂溶液抽出。

(三) 脂肪酸酯类

此类增塑剂的种类较多，除脂肪二元酸酯外的脂肪酸酯都包括在此类。例如油酸酯、蓖麻酸酯 、季戊四醇脂肪酸酯和柠檬酸酯，以及它们的衍生物等。单酯的增塑剂耐寒性极好，但互溶性差。脂肪酸酯类增塑剂的互溶性与其结构有关，一般按下列顺序逐渐下降：

烷基环氧化合物＞有机酸酯≥烷基苯≥脂肪醚≥芳香醚≥含氯类脂肪酸酯＞烷基环己烷＞脂肪类烯烃。

常用的脂肪酸酯类有油酸丁酯(BO)$C_{17}H_{33}COOC_4H_9$，具有优越的耐寒性和耐水性，但耐候性和耐油性很差。

(四) 磷酸酯类

磷酸酯具有如下通式：

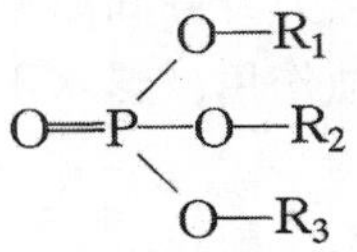

$$O{=}P\begin{matrix} \diagup O{-}R_1 \\ {-}O{-}R_2 \\ \diagdown O{-}R_3 \end{matrix}$$

式中，R_1、R_2、R_3 分别是烷基、卤代烷基和芳基。

磷酸酯类是耐燃性增塑剂。其增塑胶料的耐燃性随磷酸酯含量的增加而提高，并逐步由自熄性转变为不燃性。磷酸酯类增塑剂中烷基成分越少，耐燃性越好。在磷酸酯中并用卤元素的增塑剂更能提高耐燃性。常用的有磷酸三甲苯酯(TCP)$PO(CH_3C_6H_4O)_3$ 、磷酸三辛酯(TOP)$PO(C_8H_{17}O)_3$。采用TCP作增塑剂的橡胶制品具有良好的耐燃性，耐热性、耐油性及电绝缘性，但耐寒性差。为了提高使用TCP橡胶的耐寒性，必须与TOP并用。单用TOP的橡胶制品有比TCP好的耐寒性，还具有低挥发性，耐菌性等优点，但迁移性大，耐油性差。

(五) 聚酯类

聚酯类增塑剂的分子量较大，一般在1000～8000范围内，所以它的挥发性和迁移性都小，并具有良好的耐油、耐水和耐热性能。聚酯增塑剂的分子量越大，它的耐挥发性、耐迁移性和耐油性越好，但耐寒和增塑效果随之下降。

聚酯类增塑剂通常以二元酸的成分为主进行分类，称为癸二酸系、己二酸系、邻苯二甲酸系等，癸二酸系聚酯增塑剂的分子量为8000，增塑效果好，对汽油、油类、水、肥皂水都有很好的稳定性；己二酸系聚酯增塑剂的分子量为2000～6000，增塑效果不及癸二酸系，耐水性差，但耐油性好；邻苯二甲酸系聚酯增塑剂价廉，但增塑效果不太好，无显著特性，未广泛采用。

（六）环氧类

此类增塑剂主要包括环氧化油、环氧化脂肪酸单酯和环氧化四氢邻苯二甲酸酯等。环氧增塑剂在它们的分子中都含有环氧结构$\left(\underset{\backslash O /}{CH-CH}\right)$，具有良好的耐热、耐光性能。

环氧化油类，如环氧化大豆油、环氧化亚麻子油等，环氧值较高，一般为6%～7%，其耐热、耐光、耐油和耐挥发性能好，但耐寒性和增塑效果较差。

环氧化脂肪酸单酯的环氧值大多为3%～5%，一般耐寒性良好，且塑化效果较DOA好，多用于需要耐寒和耐候的制品中。常用的环氧化脂肪酸单酯有环氧油酸丁酯、辛酯、四氢糠醇酯等。

环氧化四氢邻苯二甲酸酯的环氧值较低，一般仅为3%～4%，但它们却同时具有环氧结构和邻苯二甲酸酯结构，因而改进了环氧油相溶性不好的缺点，具有和DOP一样的比较全面的性能，热稳定性比DOP还好。

（七）含氯类

含氯类增塑剂也是耐燃性增塑剂。此类增塑剂主要包括氯化石蜡、氯化脂肪酸酯和氯化联苯。

氯化石蜡的含氯量在35%～70%左右，一般含氯量为40%～50%。氯化石蜡除耐燃性外，还有良好的电绝缘性，并能增加制品的光泽。随氯含量的增加，其耐燃性、互溶性和耐迁移性增大。氯化石蜡的主要缺点是耐寒性、耐热稳定性和耐候性较差。

氯化脂肪酸酯类增塑剂多为单酯增塑剂，因此，其互溶性和耐寒性比氯化石蜡好。随氯含量的增加耐燃性增大，但会造成定伸应力升高和耐寒性下降。

氯化联苯除耐燃性外，对金属无腐蚀作用，遇水不分解，挥发性小，混合性和电绝缘性好并有耐菌性。

二、酯类增塑剂对橡胶物性的影响

由于这类物质的化学结构中都含有极性很强的基团，使化合物具有较高的极性，因此，特别适应于极性橡胶，但是酯类增塑剂由于本身结构不同，对橡胶的物理机械性能影响也不同。

（一）对橡胶物理机械性能的影响

随各种增塑剂用量的增大，橡胶物理机械性能都有不同程度的下降，但伸长率和回弹性却有所提高。使用邻苯二甲酸二辛酯(DOP)、磷酸三甲苯酯(TCP)等，可使硫化胶拉伸强度不至于显著下降，当要求降低丁腈橡胶硬度时，可适当提高邻苯二甲酸二丁酯(DBP)、癸二酸二丁酯 (DBS)或已二酸二辛酯(DOA)的用量。

（二）对橡胶耐寒性及耐热性的影响

对橡胶耐寒性的影响与所用增塑剂的化学结构有关，环状结构分子(如磷酸三甲苯酯)能降低硫化胶的耐寒性，邻苯二甲酸丁苄酯(BBP) $H_9C_4OOC-C_6H_4-COOCH_2-C_6H_5$ 等增塑剂也使耐寒效果变差。具有亚甲基直链结构的脂肪酸酯类可赋予硫化胶以良好的耐寒性。此外，结构中存在支链也会降低耐寒性。

耐热性配方应采用高沸点、低挥发性的增塑剂，如邻苯二甲酸二(十三)酯(DTDP)、间苯三甲酸三辛酯(TOT)等，聚酯类增塑剂耐热效果更好，如同时要求耐寒性时，可与耐寒性增塑剂并用。

（三）对橡胶耐溶剂性能的影响

耐溶剂性取决于增塑剂在橡胶中被溶剂抽出的程度，这一点与增塑剂的结构有关。一般说，含有烷烃直链结构的增塑剂易被饱和烷烃溶剂抽出，而含有芳香基或酯基的极性增塑剂就不易被饱和烷烃类溶剂抽出。此外，在烷烃结构中含有支链的增塑剂，由于支链的作用阻碍了增塑剂的扩散，因此其耐溶剂性较好。因为增塑剂不被抽出，使橡胶保持了一定的物理机械性能，实际上就是提高了橡胶的耐溶剂性，否则会损害橡胶的物性，使制品变硬，体积缩小。

另外，增塑剂对耐寒性与耐溶剂性存在着矛盾。耐寒性增塑剂易被烷烃溶剂抽出，所以就恶化了耐烷烃溶剂性能。较好的耐烷烃类溶剂的增塑剂有邻苯二甲酸丁苄酯(BBP)、磷酸三甲苯酯(TCP)以及邻苯二甲酸二壬酯(DNP)等。

各类增塑剂的用量一般可达 10～30 份。

三、增塑剂在几种橡胶中的使用特点

(一) 在丁腈橡胶中的使用特点

丁腈橡胶因含有丙烯腈(AN)极性基团，所以具有良好的耐油、耐热和耐气透性，但是分子间的作用力大、硬度大、耐寒性差、加工性能低下，所以为了减弱丁腈橡胶分子间的作用力，赋予其柔软性、弹性就必须添加增塑剂。丁腈橡胶常用的增塑剂有 DOP、DBP、TCP 等。这些增塑剂对丁腈橡胶来说都有较好的综合性能，但当丁腈橡胶要求耐寒性时可选用 DOA、DBS、DOZ、TP－95、TP－90B、TBXP 等，要求耐油、耐汽油时可选用聚酯系增塑剂。表 5－12 为丁腈橡胶采用一般增塑剂的特性选用实例。

表 5－12 丁腈橡胶采用一般增塑剂的特性

	DBP	DOP	DOA	DBS	TCP	TBXP	Paraplex G－25①
易混合性							○
高拉伸强度		○②			○	○	
高伸长率							
高硬度							○
低硬度	○		○	○		○	
高弹性	○	○	○	○		○	
耐寒性			○	○		○	
耐热老化性		○			○		○
低压缩永久变形	○	○	○	○	○	○	
耐油性							○

①癸二酸系聚酯。

②○表示物理机械性能良好。

由于丁腈橡胶的溶解度参数 δ 值随丙烯腈含量的增加而增大，如图 5－8 所示，所以选用增塑剂时必须根据其丙烯腈含量认真考虑。特别是选用耐寒性增塑剂时，由于耐寒性增塑剂的溶解度参数值都较低，与丁腈橡胶相溶性差，所以其配合量就受到了限制。例如丙烯腈含量 30％以上的丁腈橡胶使用耐寒增塑剂的最高量一般限制在 30 份以下，如果用量再增加，其耐低温性能也不会提高，反而增塑剂易于析出。表 5－13 是不同丙烯腈含量的丁腈橡胶与耐寒增塑剂相溶性的关系。

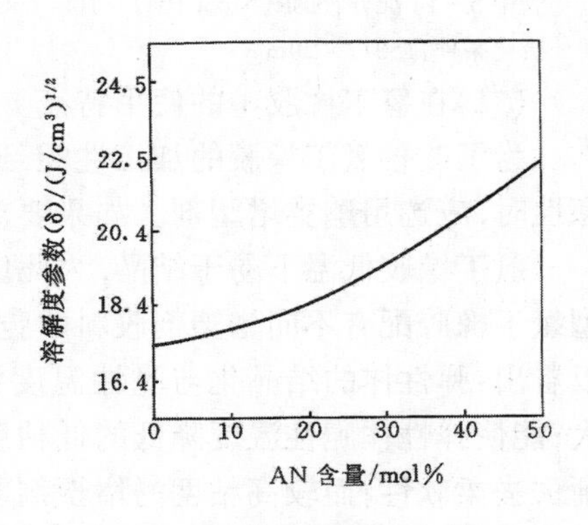

图 5－8 NBR 的丙烯腈含量与溶解度参数的关系

表 5－14、5－15 是采用不同增塑剂的 NBR 硫化胶的物理机械性能。对于有一般性能的增塑剂 DOP、

TOTM、TCP 来说，TCP 缺乏柔软性和耐寒性，而 TOTM 热挥发性小，热油老化体积变化也小；对于耐寒增塑剂 DOA、TP－95、88# 来说，除 TP－95 热老化重量变化小以外，其他性能没有多大差别。聚酯系增塑剂的耐油性与其分子量有关，分子量 1000 的，其增塑性与 DOP 相当，但耐热老化和耐热油老化性能好，使用 ESBO 的丁腈硫化胶，其拉伸强度大，老化后伸长率降低大。

如果希望丁腈硫化胶中的增塑剂不析出，可选用反应性增塑剂。

表 5－13　不同丙烯腈含量的 NBR 与耐寒性增塑剂的相溶性

增塑剂	AN 含量/%			
	36～42	31～35	25～30	18～24
DOA	析出	无析出	无析出	无析出
DOS	析出	析出	无析出	无析出
DDA①	析出	析出	无析出	无析出

①二癸基己二酸酯。

配方：NBR　100，ZnO 5，硫黄　1.5，SRF　60，硬脂酸　1.0，DM　1.5，增塑剂　30。

表 5－14　采用不同增塑剂 NBR 硫化胶的性能

增塑剂	定伸应力(300%)/MPa	拉伸强度/MPa	扯断伸长率/%	脆性温度/℃	增塑剂析出
空白	10.6	26.3	472	－24	
DOP	5.5	21.1	642	－36	○①
DOA	4.9	19.1	694	－41	△①
TP－95	5.0	20.6	653	－42	○
#88②	5.0	20.4	650	－44	○
TOTM	5.7	21.3	640	－34	△
TCP	6.9	22.1	581	－29	○
ESBO	6.1	22.6	632	－35	△
PE－1000③	5.5	22.0	673	－35	△
PE－3000④	5.6	20.2	610	－32	△

①○表示增塑剂无析出，△表示增塑剂少量析出。

②亚甲基双丁基硫代乙二醇。

③己二酸系聚酯，分子量约 1000。

④己二酸系聚酯，分子量约 3000。

表中 5－14 配方：NBR(Nipol 1041) 100，ZnO 5，硫黄 0.3，硬脂酸 1，炭黑 50，TMTD 2.0，促进剂 CBS　1.5，增塑剂　20。

硫化条件：150℃ ×20min

(二)在氯丁橡胶中的使用特点

为了改善氯丁橡胶的加工性能，通常使用 5～10 份石油系增塑剂，但着重要求氯丁橡胶耐寒性时，应选用酯类增塑剂。如果要求耐油性时可选用聚酯类增塑剂。

氯丁橡胶低温下易于结晶，为此应合理地使用增塑剂以提高其耐寒性。表 5－16 是通用型氯丁橡胶配有不同增塑剂胶料的脆性温度和在－40℃时的硬度变化。由表 5－16 的数据可以看出：弹性体的结晶化与脆性温度没有相关性；酯类增塑剂对防止弹性体结晶性的作用不大；能使弹性体脆性温度降低的低粘度耐寒性增塑剂，由于低温下相溶性差，易引起相分离，逐渐失去柔软性；而较高粘度的增塑剂即使在低温下相溶性也较好。

要想得到低温柔性好、脆性温度低的氯丁橡胶胶料，最好是采用耐寒性较好的增塑剂和相溶性好的增塑剂并用。

表 5－15　NBR 硫化胶的热老化及热油老化性能

增　塑　剂	热老化①		热　油　老　化②		
	伸长率变化率/%	重量变化率/%	伸长率变化率/%	体积变化率/%	重量变化率/%
空白	－45	－1.23	－22	＋2.53	＋3.19
DOP	－43	－10.67	－15	－8.94	－7.92
DOA	－52	－13.72	－22	－8.60	－8.12
TP－95	－43	－4.74	－18	－8.34	－6.92
＃88	－53	－12.18	－19	－8.28	－7.42
TOTM	－46	－0.99	－10	－7.65	－6.71
TCP	－32	－3.86	－7	－6.27	－7.12
ESBO	－69	－1.91	－45	－2.03	－0.35
PE－1000	－44	－3.09	－26	－4.18	－4.92
PE－3000	－43	－2.53	－18	－1.50	＋2.20

①热老化条件：120℃×72h。

②JIS 1#油　100℃×72h。

③表中配方同表 5－14。

表 5－16　采用不同增塑剂的通用型 CR 硫化胶的低温硬度变化及脆性温度

增　塑　剂		－40℃硬度变化①			脆性温度/℃
品　　种	重量份数	初　　期	24h 后	200h 后	
空白	0	61	98	98	－46
DBS	15	44	61	81	－62
TBXP	15	45	69	78	－51
TBXP	30	36	56	91	－62
三甘醇	30	39	60	91	－62
TCP	30	40	100	100	－57
邻苯二甲酸二辛酯	30	44	54	64	－46
石油类操作油	30	35	71	71	－57

①肖氏硬度。

表 5－17 是 W 型氯丁橡胶配合不同增塑剂时的物理机械性能。表中所列举的所有增塑

表 5－17　不同增塑剂对 W 型 CR 硫化胶性能的影响

增　塑　剂	100%定伸应力/MPa	300%定伸应力/MPa	拉伸强度/MPa	扯断伸长率/%
空白	1.81	3.89	5.88	447
DOP	0.92	1.92	7.15	814
DOA	0.94	2.08	6.90	797
TCP	0.90	1.69	10.52	1051
TP－95	0.72	1.43	2.69	519
TOTM	0.59	1.21	9.94	1081
ESBO	1.65	—	2.22	152
氯化石蜡①	1.12	2.51	5.98	583
PE－2000②	0.93	1.90	6.52	694

①氯化石蜡含氯量 50%。

②己二酸系聚酯，分子量约 2000。

配方：W 型 CR　100，ZnO　5，MgO　4，硬脂酸　0.5，防老剂 A　2，增塑剂　20。

硫化条件：150℃×60min。

剂全能提高其加工性能，在室温下的相溶性也很好，在性能方面，增塑剂 TCP 和 TOTM 有较高的拉伸强度和伸长率。

（三）在丁苯橡胶中的使用特点

丁苯橡胶比天然橡胶加工性能差，通常是以使用石油系增塑剂来解决，但是为了提高耐寒性这种特殊要求，可使用脂肪酸类增塑剂和脂肪二元酸酯类增塑剂，例如己二酸二己酯、二己酸壬二酸酯等。

此外，对丁基橡胶来说，为了提高耐寒性可选用 DOA、DOS 增塑剂。为了提高耐迁移性和耐油性可选用聚酯类增塑剂。

第八节 新型增塑剂

采用物理增塑剂的橡胶制品，在高温下增塑剂易挥发，在使用中接触溶剂时易被抽出，或产生迁移等现象，从而使制品体积收缩、变形而影响使用寿命。近年来，又发展了新型增塑剂，此类增塑剂在加工过程中起到物理增塑剂的作用，但在硫化时可与橡胶分子相互反应，或本身聚合，提高成品的物性，防止象一般物理增塑剂一样的挥发或被抽出等，热老化后物性下降也较小，此类增塑剂称为反应性增塑剂。例如，端基含有乙酸酯基的丁二烯及分子量在 10000 以下的异戊二烯低聚物等。它们作为通用型橡胶的增塑剂，不仅能改善胶料的加工性能而且还能提高制品的物理机械性能。

液体丁腈橡胶对丁腈橡胶具有优越的增塑作用，它与丁腈橡胶有理想的互溶性，不易从橡胶中抽出，高温下也不易发生挥发损失。常用液体丁腈橡胶的分子量在 4000～6000 之间。

氯丁橡胶 FB 和 FC 是分子量较低的半固体低聚物，在 55℃ 下熔化，可以作为氯丁橡胶的增塑剂，不易被抽出，胶料挤出性能好，用量较多时也不会降低橡胶的硬度。

由四氯化碳及三溴甲烷作调节剂合成的苯乙烯低聚物，可作为异戊橡胶、丁腈橡胶、丁苯橡胶、顺丁橡胶的增塑剂。这种低聚物能改善橡胶的加工性能，硫化时可与橡胶反应提高其产品性能。

低分子偏氟氯乙烯和六氟丙烯聚合物，亦称氟蜡，可用作氟橡胶的增塑剂。

参 考 文 献

〔1〕 Whelan A and Slee K. Developments in Rubber Technology－1. London：Applied Science Publishers Ltd，1979

〔2〕 邓本诚，纪奎江主编，橡胶工艺原理。北京：化学工业出版社，1984

〔3〕 山口　隆．日本ゴム協會誌，1977，50（10）：644～671

〔4〕 井上彻裕，日本ゴム協會誌，1977，50（10）：672～680

〔5〕 山西省化工研究所编．塑料橡胶加工助剂．北京：化学工业出版社，1983.55～65，581～605

〔6〕 神原　周．合成ゴムハンドブッケ．增订新版．朝倉書店，1971.555～576

〔7〕 Lujik P. Rubber Journal，1972，154（5）：35～52

〔8〕 Weindel W F. Rubber World，1971，165（3）：43～50

〔9〕 Booth T W Rubber Age，1972，104（7）：47～49

〔10〕〔苏〕科兹洛夫 П　B，巴勃科夫 C　П．张留城译．聚合物增塑原理及工艺．北京：轻工业出版社，1990.38～43

〔11〕〔美〕、奥挟比瑟 O，罗伯松 L　M，肖 M　T 编．项尚田等译．聚合物——聚合物混溶性．北京：化工出版社，1987.47～58

第六章　弹性体共混改性

随着科学技术的发展，国民经济各部门对聚合物材料提出了日益广泛和荷刻的要求，现有聚合物品种难以满足。为获得性能理想的聚合物材料，人们曾进行过各种各样的探索。

在高分子材料的开发过程中，早期的工作是把很大力量放在了新聚合物品种的合成上。到60年代为止，大品种聚合物生产规模已相当可观。寻求新品种聚合物可以采用合成方法，但合成新聚合物不仅要受原材料来源限制，而且生产工艺复杂，设备投资费用大，还要处理生产过程中污染等许多问题。近年来合成聚合物新品种的发明虽然报道很多，真正工业化生产的却不多，发展速度很慢，单靠合成方法制备新品种聚合物已不能满足要求。而近年来发展起来的利用现有大品种聚合物制备高分子－高分子混合物，采用聚合物合金的方法，通过调节组分配比、选择合理工艺，却显示出它特有的优越性。近些年出现的许多聚合物新品种，多以共混聚合物形式出现，因此聚合物共混在高分子工业中日益引起重视，已成为聚合物材料的一个重要领域。

聚合物共混(Polymer Blends)是指两种或两种以上的聚合物制备成宏观均匀聚合物的过程，其产物称聚合物共混物。

在橡胶工业中，轮胎就是在大规模生产制品中，二烯类橡胶共混的典型例子。此外，近年来又开展了各种各样的二烯类橡胶与低不饱和橡胶的共混、特殊橡胶的共混及橡胶与塑料的共混。共混胶已引入到各种橡胶制品，用以改善单一橡胶的工艺性能、使用性能和技术经济性能。到目前为止，橡胶总用量的75%(体积)用在共混物中。共混已成为橡胶改性的重要手段。

在橡胶工业中，共混物除使用橡胶、塑料等聚合物外，要添加炭黑、增塑剂、硫化剂和硫化促进剂等配合剂，还要通过混炼、硫化等工艺过程。因此，弹性体共混物必然是一种很复杂的体系。目前弹性体共混多以经验为指导。建立包含如此复杂因素的共混理论，要涉及许多方面的高分子化学和物理学理论，所以一直到70年代末期，高分子科学发展到一定阶段后才建立起聚合物共混理论。目前比较集中讨论的内容有：聚合物的相容性，共混物的界面和相图，共混物的形态结构与物性，硫化助剂的分布与共交联以及炭黑等补强填充剂的分布与物性等。这些理论至今仍处于发展阶段，尚不成熟，有待完善。因此聚合物共混不仅具有重要的实际意义，而且有许多丰富的理论内容。

第一节　聚合物的相容性

聚合物的相容性，是指聚合物共混时，在任意比例下都能形成均相体系的能力。

在现在使用的高分子材料中，聚合物共混物、嵌段共聚物等多组分聚合物所占比例越来越多。其中共混物是通过现有的聚合物经适当的组合进行混合的。这些共混物不但可以满足各种各样性能的要求，而且品种也相当多。假如有 n 种可使用的聚合物，组合成 γ 元共混物，其组合的方法数为：

$$C_{\gamma}^{n}=\frac{n!}{(n-\gamma)!\,\gamma!} \tag{6-1}$$

例如，$C_2^{10}=45, C_2^{50}=1225, C_3^{50}=19600$ 等，因此从现有的聚合物品种出发，可以组成无数种共混物。可是实际上商品化的共混物没有这么多。为什么不能组成更多的商品共混物，原因之一，就是很多聚合物彼此之间的相容性很差，不能进行任意组合。

此外，共混物性能的好坏，除与分散相的尺寸有关外、更重要的是相容性。当组分之间相容性很差时，分子间相互完全排斥，即使强行混合也只能相对减少其不均匀程度，而在混合后的放置过程中，或在使用过程中，仍然可以产生相分离。这样的材料，其内部存在许多薄弱部位，因此力学性能必定很差。另一极端情况是当两组分的物性相近，分子之间不仅不排斥，而且可以完全相容。这种体系虽然可以实现分子分散，但性能不一定得到大幅度提高，只能获得两组分性能的平均值，起到改善加工性能的作用。上述两种情况大多不符合要求，即完全相容或完全不相容的体系都不是理想的共混体系，而是希望介于两者之间。

为了获得所需性能的共混物，多数情况下宁肯选取相容性不很好、性能相差较大的聚合物进行共混，然后通过加入对相混聚合物均有一定相容性的第三组分、使两相间的界面能够互相润湿、以期大幅度改善共混物的性能。由此可见，聚合物的相容性对聚合物共混来说是至关重要的问题。

一、聚合物的热力学相容性

聚合物的相容性可分为热力学相容性或分子相容性(也称混溶性)，部分相容性和完全不相容性。这种分类其实质仍然是热力学标准。

用热力学的观点看，无定形玻璃态高聚物是处于刚硬聚集态的液体。玻璃态及结晶态高聚物如果在软化点以上，也可以看作是液体。由于共混多在热辊筒上或密炼机中进行，即使不是完全无定形聚合物，在混合时也是将部分结晶态或玻璃态聚合物先行软化再进行混合。因此可以运用液体混合所遵循的规律来处理。

溶解过程是溶质分子与溶剂分子相互混合的过程。根据热力学原理，在恒温恒压下，一个过程能否自发进行的判据是吉布斯自由能的减少：

$$\Delta G_{\mathrm{m}}=\Delta H_{\mathrm{m}}-T\Delta S_{\mathrm{m}}<0 \tag{6-2}$$

式中 ΔG_{m}——吉布斯自由能；

ΔH_{m}——混合焓（混合热）；

ΔS_{m}——混合熵；

T——实验温度，K。

两聚合物混合时，若 $\Delta G_{\mathrm{m}}<0$，则混合能自动进行。进行的限度为 $\Delta G_{\mathrm{m}}=0$。

要使混合能自动进行，分子就要克服邻近分子间的引力，需要一部分能量，因此上述公式中 ΔH_{m} 项表征混合的阻力。对高分子体系来说，如混合体系中异分子间没有特殊相互作用（例如氢键），ΔH_{m} 项是大于零的，即溶解时吸热，因此热能项不利于两者混合，是混合进行的阻力。

两种聚合物混合时，在分子柔顺性不降低的情况下，混合过程会因为分子所处的空间增大，无序性增大，混合熵将增大。$T\Delta S_{\mathrm{m}}$ 项在混合过程中是正值，因此熵能项有利于两者的混合，并表征混合过程进行的动力。

考察一个共混体系能否达到热力学相容，主要决定于混合焓及混合熵绝对值的大小。如果熵能项的贡献能够克服热能项的增大，则混合体系就能够达到热力学相容、形成均相体系；反之，不能达到热力学相容、形成均相体系。

（一）聚合物混合的熵变

熵是混乱程度的量度。由互混分子可能排列数目增加所导致的混合熵的数学增量，可由下式确定：

$$\Delta S_{\mathrm{m}} = -R(n_1 \ln N_1 + n_2 \ln N_2) \quad (6-3)$$

式中 n_1 和 n_2——相混聚合物 1、2 的摩尔数；

N_1 和 N_2——相混聚合物 1、2 的摩尔分数。

如果用体积表示时 $n_1 = v_1/V_1$ 和 $n_2 = v_2/V_2$，其中 v_1 和 v_2 为聚合物 1、2 的体积；V_1 和 V_2 为它们的摩尔体积。代入 6-3 式得

$$\Delta S_{\mathrm{m}} = -R\left(\frac{v_1}{V_1}\ln\frac{\frac{v_1}{V_1}}{\frac{v_1}{V_1}+\frac{v_2}{V_2}} + \frac{v_2}{V_2}\ln\frac{\frac{v_2}{V_2}}{\frac{v_1}{V_1}+\frac{v_2}{V_2}}\right)$$

$$= -R\left(\frac{v_1}{V_1}\ln\frac{v_1V_2}{v_1V_2+v_2V_1} + \frac{v_2}{V_2}\ln\frac{v_2V_1}{v_1V_2+v_2V_1}\right) \quad (6-4)$$

如果相混聚合物的总体积为 1cm³，则

$$v_1 + v_2 = 1; \quad \frac{v_1}{v_1+v_2} = \phi_1; \quad \frac{v_2}{v_1+v_2} = \phi_2$$

式中 ϕ_1, ϕ_2——体积分数。

代入式(6-4)，则单位体积的熵变——比熵变 ΔS 为

$$\Delta S = -R\left(\frac{\phi_1}{V_1}\ln\frac{\phi_1V_2}{\phi_1V_2+\phi_2V_1} + \frac{\phi_2}{V_2}\ln\frac{\phi_2V_1}{\phi_1V_2+\phi_2V_1}\right) \quad (6-5)$$

当摩尔体积相等的两聚合物相混时，由于 $V_1 = V_2 = V$，则式(6-5)简化后得

$$\Delta S = -R\left(\frac{\phi_1}{V}\ln\phi_1 + \frac{\phi_2}{V}\ln\phi_2\right)$$

$$= -\frac{R}{V}(\phi_1\ln\phi_1 + \phi_2\ln\phi_2) \quad (6-6)$$

此式即为摩尔体积相等的两聚合物混合时，熵变与组分体积分数的关系。按式(6-6)计算的数据绘图，可得图 6-1 的图形。

从图 6-1 可以看出，当聚合物的摩尔体积由 10^3 增加到 10^6 时，体系的熵增量（$T\Delta S$）明显减小；当聚合物的体积分数相差较大时，熵增量小，只有当体积分数接近时熵增量才最大。

当摩尔体积不等的两聚合物等量混合时，则式(6-5)简化为

$$\Delta S = -R\phi\left(\frac{1}{V_1}\ln\frac{V_2}{V_1+V_2} + \frac{1}{V_2}\ln\frac{V_1}{V_1+V_2}\right)$$

$$= -2.3\times1.99\times0.5\left(\frac{1}{V_1}\lg\frac{V_2}{V_1+V_2} + \frac{1}{V_2}\lg\frac{V_1}{V_1+V_2}\right) \quad (6-7)$$

式(6-7)为聚合物等量混合的熵变与组分摩尔体积的关系。当第一组分的摩尔体积为 10^6，第二组分的摩尔体积是变量时，按式(6-7)计算的数据绘制的曲线如图 6-2 所示。从图中可以看出，当聚合物 1 的 $V_1 = 10^6$，聚合物 2 的 V_2 由 10^6 降到 10^3 时，$T\Delta S$ 值增大，混合熵增量（$T\Delta S$）随温度的升高而增大。

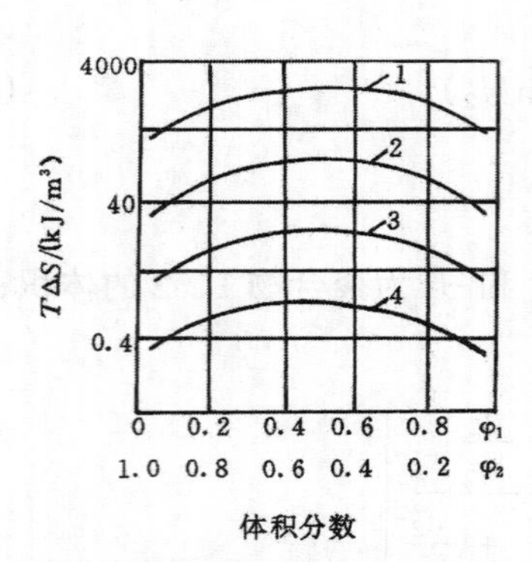

图 6-1 共混聚合物体积分数及摩尔体积与混合熵增量（$T\Delta S$）的关系（$T = 298K$）

1—$V = 10^3$；2—$V = 10^4$；3—$V = 10^5$；4—$V = 10^6$

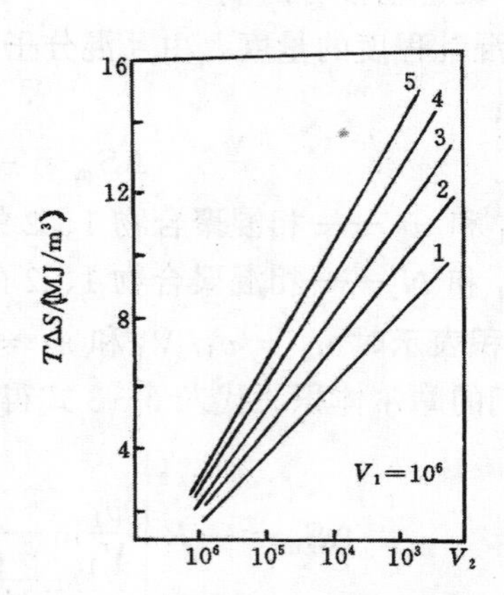

图 6-2 摩尔体积比、温度对混合熵（$T\Delta S$）的影响

1—298K；2—348K；3—398K；4—448K；5—498K

（二）聚合物混合的焓变

两种聚合物的混合如果在等压（$\Delta P = 0$）下进行且混合时的体积不变（$\Delta V = 0$）时，则混合过程的焓变等于内能的变化，也就是混合热。

$$(\Delta H_m)_P = (\Delta U)_V = \Delta Q \neq 0 \tag{6-8}$$

聚合物混合时的焓变，也象其他任何液体一样，纯粹是统计过程。如果不伴随产生体系的体积变化和热量释放时，焓变可由下式确定：

$$\Delta H_m = V_m \left[\sqrt{\frac{E_1}{V_1}} - \sqrt{\frac{E_2}{V_2}}\right]^2 \phi_1 \phi_2 \tag{6-9}$$

式中 V_m——共混物总体积；

E/V——比内能，表征单位体积物质的势能 E，也称内聚能密度。

$(E/V)^{0.5}$ 值常被称为溶解度参数，以 δ 表示。式(6-9)中括号内的差值对任何一对聚合物来说都是恒定不变的，并可用参数 β 来表示：

$$\beta = (\delta_1 - \delta_2)^2 \tag{6-10}$$

式中，β 称为相容性参数。

如果所研究的共混物是单位体积的焓变，则称为比焓变 ΔH。比焓变可用下式表示：

$$\Delta H = \beta \phi_1 \phi_2 \tag{6-11}$$

从式(6-11)可以看出，聚合物混合时的焓变，与相容性参数及聚合物的体积分数成比例，而分子的大小与比焓变无关。

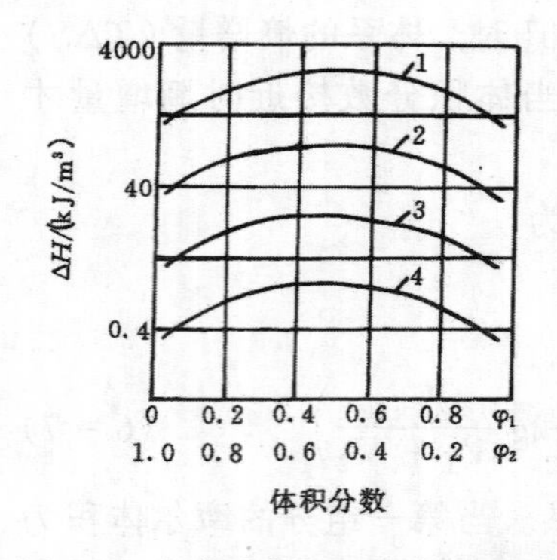

图 6-3 相容性参数 β 对焓变的影响

1—$\beta = 2.0$; 2—$\beta = 0.2$; 3—$\beta = 0.02$; 4—$\beta = 0.002$

溶解度参数不等的两种聚合物混合时，参数 β 对焓变的影响从图 6-3 中可看出。ΔH 值随参数 β 的增大而增大，因而共混物达到热力学相容的几率也随之减少。

(三) 聚合物的混合自由能

两种聚合物混合时，如果是在等温等压下进行、能否相容的判据是混合自由能 ΔG_m。如果 $\Delta G_m < 0$，则两聚合物热力学相容；反之则热力学不相容。

由式(6-9)可知焓变为

$$\Delta H_m = V_m(\delta_1 - \delta_2)^2\phi_1\phi_2 \tag{6-12}$$

$$= \frac{n_1V_1n_2V_2}{n_1V_1 + n_2V_2}(\delta_1 - \delta_2)^2$$

$$= n_1V_1\phi_2(\delta_1 - \delta_2)^2 \tag{6-13}$$

令

$$\chi = \frac{V_1}{RT}(\delta_1 - \delta_2)^2 \tag{6-14}$$

$$\chi RT = V_1(\delta_1 - \delta_2)^2 \tag{6-15}$$

χRT 的物理意义表示两组分分子接触时的能量变化。χ 称为相互作用参数或哈金斯参数。将式(6-15)代入式(6-13)得

$$\Delta H_m = RT\chi n_1\phi_2 \tag{6-16}$$

将式(6-3)、(6-16)代入式(6-2)得

$$\Delta G_m = RT\chi n_1\phi_2 + TR(n_1\ln\phi_1 + n_2\ln\phi_2)$$

$$= RT[n_1\ln\phi_1 + n_2\ln\phi_2 + \chi n_1\phi_2] \tag{6-17}$$

由式(6-17)可以看出 ΔG_m 与摩尔数、体积分数及相互作用参数有关。其中相互作用参数使用起来不太方便。因此常使用溶解度参数。

为简便起见，也可以直接比较 $T\Delta S_m$ 值与 ΔH_m 值。当 $|T\Delta S| > |\Delta H|$ 时则 $\Delta G_m < 0$，体系可达到热力学相容；反之，热力学不相容。

由式(6-5)及(6-13)可以看出，ΔS 主要决定于各组分的摩尔体积及各组分的体积分数，而 ΔH 主要取决于参数 β。因此，聚合物共混时的自由能也主要决定于各组分的摩尔体积、体积分数及参数 β。摩尔体积、参数 β 及 ϕ 对 $T\Delta S$、ΔH 的影响如图6-4所示。当摩尔体积均为 10^6 的两种聚合物共混时，达到热力学相容的参数 β 的临界值不大于 4×10^{-3}J/cm³。当摩尔体积均为 10^4 的两种聚合物共混时，相应的参数 β 的临界值增加至 4×10^{-1}J/cm³；而摩尔体积均为 10^3 的两聚合物共混时，两聚合物相应的参数 β 的临界值应为 4J/cm³，就能达到热力学相容。

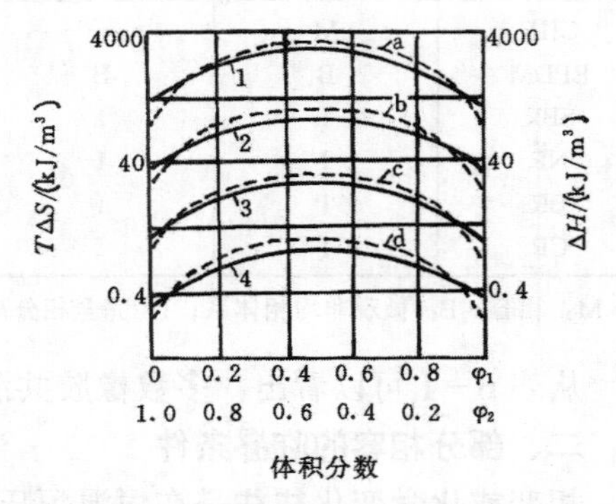

图6-4 相容性参数 β、体积分数 ϕ、摩尔体积 V 对熵变($T\Delta S$)和焓变(ΔH)的影响；
1—$V = 10^3$；2—$V = 10^4$；3—$V = 10^5$；4—$V = 10^6$；a—$\beta = 2.0$；b—$\beta = 0.2$；c—$\beta = 0.02$；d—$\beta = 0.002$

对比 ΔH 与 $T\Delta S$ 曲线的位置表明，两聚合物共混时，只有其中一种聚合物的体积分数比较少时，混合才能使 $T\Delta S$ 值大于 ΔH。从而可知，如果其他条件相同，混合比为1∶1并不是达到热力学相容的最佳条件，唯共混物中的一种聚合物较少时，才有利于达到热力学相容。

另外，有些聚合物的溶解度参数即使相近，也不能达到热力学相容。例如，天然橡胶和古塔波胶的 $\beta = 0$，但不是热力学相容体系，这是由于聚合物中有结晶生成，要破坏它需要

消耗额外的能量。不同聚合物共混所得到的增熵，不能补偿破坏初始聚合物中超分子结构和分子间力所消耗的能量。因此，化学性质虽同，但超分子结构不同的两聚合物，同样不能构成热力学相容体系。

通过共混热力学讨论可知，多数聚合物共混时达不到热力学相容，只能实现部分相容，而且混合比也很小。什瓦尔茨认为，大多数橡胶的相互真实溶解度为1%～5%。

苯乙烯在聚异戊二烯中的溶解度受分子量的影响如下：

聚苯乙烯分子量 $M\times10^3$	溶解度 /%（重）	聚苯乙烯分子量 $M\times10^3$	溶解度 /%（重）
550	0.14	12.5	0.7
290	0.14	9.8	1.7
214	0.14	2.6	9.4
65	0.14	0.84	4.8
36	0.20		

聚苯乙烯的分子量由 550×10^3 减少至 9.8×10^3 时，溶解度变化不大。当分子量进一步降低时，溶解度急骤增大。将上述数据外推后表明，要想达到100%的溶解度，聚苯乙烯的分子量不应超过500。研究酚醛树脂在各种硫化橡胶中的溶解度时，也得到类似结果。当参数 $\beta\approx4\mathrm{J/cm^3}$ 时，树脂在橡胶中的溶解度不超过10%～12%。在 $\beta\leqslant0.6\mathrm{J/cm^3}$ 的情况下，树脂的分子量为1500时，溶解度约为30%。当树脂分子量为700时，溶解度超过70%。常用橡胶共混物的相容性如表6－1所示。

表6－1　各种橡胶共混物的相容性

橡　胶	IIR	CIIR	EPDM	SBR	NR	BR
CIIR	M	—	—	—	—	—
EPDM	B	B	—	—	—	—
SBR	I	I	I	—	—	—
NR	I	I	I	B	—	—
BR	I	I	I	B	B	—
CR	I	I	I	I	I	I

M：相容；B：微观非均相体系；I：完全相分离。

从表6－1可以看出，多数橡胶共混体系并不是热力学相容体系，而是一种非均相体系。

二、部分相容的临界条件

相变或化学变化往往是在恒温恒压下进行的，因此起变化的的主要物理量不是温度、压力等物理量，而是各种物质在各相中的摩尔数等。要应用状态函数来判断这种变化的能量交换及变化方向，就必须使用化学位来判断。

化学位也称化学势，即偏摩尔自由能。它是物质传递的推动力。任何物质存在于两相中，物质必然从化学位较大的一相向化学位较小的一相传递。当两相达到平衡时，该物质在两相中的化学位必定相等。

斯科特等研究了聚合物与聚合物二元体系的偏摩尔自由能，得到如下公式：

$$\Delta\mu_1=\left(\frac{\partial\Delta G_{\mathrm{m}}}{\partial n_1}\right)_{T,p,n_1}=RT\left[\ln\phi_1+\left(1-\frac{m_1}{m_2}\right)\phi_2+m_1\chi_{1,2}\phi_2^2\right]\quad(6-18)$$

$$\Delta\mu_2 = \left(\frac{\partial \Delta G_m}{\partial n_2}\right)_{T,p,n_2} = RT\left[\ln\phi_2 + \left(1-\frac{m_2}{m_1}\right)\phi_1 + m_2\chi_{1,2}\phi_1^2\right] \qquad (6-19)$$

式中　$\Delta\mu_1$——共混物中聚合物1的化学位；

$\Delta\mu_2$——共混物中聚合物2的化学位；

m_1——聚合物1的聚合度；

m_2——聚合物2的聚合度。

在部分相容的体系中，化学位～组成曲线随温度改变而改变。在某一温度范围内，组分间完全相容；另一温度下，它们只能部分相容。在这两个温度中间存在一个温度，从相容过渡到不相容，或者反过来，所以相容的临界条件为：

$$\left.\begin{aligned}\left(\frac{\partial \Delta\mu}{\partial \phi}\right)_{T,p} &= 0\\ \left(\frac{\partial^2 \Delta\mu}{\partial \phi^2}\right)_{T,p} &= 0\end{aligned}\right\} \qquad (6-20)$$

这是一个临界点。在临界点时：

$$(\chi_{1,2})_{cr} = \frac{1}{2}\left[\frac{1}{m_1^{1/2}} + \frac{1}{m_2^{1/2}}\right]^2 \qquad (6-21)$$

$$(\phi_1)_{cr} = \frac{m_2^{1/2}}{m_1^{1/2} + m_2^{1/2}} \qquad (6-22)$$

$$(\phi_2)_{cr} = \frac{m_1^{1/2}}{m_1^{1/2} + m_2^{1/2}} \qquad (6-23)$$

当 $m_1 = 1, m_2 = 1$ 时(正常液体的混合)，$(\chi_{1,2})_{cr} = 2$ 。对聚合物溶剂体系，$(\chi_{1,2})_{cr} = \frac{1}{2}$ 。但是对聚合物与聚合物的混合体系，如 m_1 和 m_2 在正常范围，$(\chi_{1,2})_{cr}$ 大约为0.01。

三、聚合物混合体系的相图

聚合物混合体系是比较复杂的，多数共混体系是多相体系。对这样的体系很难找到准确的数学方程来描述其变化规律。因此实际应用时常直接根据实验数据绘出各种几何图形，来表示相变规律。从这种几何图形上可以直观而且形象地看出多相体系中各相所处的条件。因此利用相图来描述多相体系的相容性是很方便的。

如果两种聚合物在性质上(例如分子的极性)有较大差别时，它们的混合体系往往在一定温度和浓度范围内要形成两个相。聚合物A和聚合物B组成的共混体系的相容性与温度、组成及分子量有关，最常见的相图如图6－5所示。

图6－5中横坐标表示A和B的组成。纵坐标表示体系的温度。图中曲线称双节线。图6－5(a)曲线上方是均（单）相区域。设共混物总组成为 e ，温度为 T_1 ，该体系为相图中的M点，是均相。如该体系逐步降温至 T_2 并与曲线交于N点，此时开始分相。如果继续降温至 T_3 ，体系用P点表示，如体系达到了平衡，便会出现相分离，分为Q相及R相，它们的组成分别为a及b。Q相中，A是主要成分，B是次要成分。在A为主的相中，A成分是大量的，通常构成连续相；R相中B是主要成分，A是次要成分。在B为主的相中，成分B是大量的，通常构成连续相。

另外，曲线存在着最高点 T_c ，当体系的温度 $T > T_c$ 时，无论共混物组成如何，均不会分相，故 T_c 是临界溶解温度。又由于这一温度是双节线的最高点，故称为最高临界溶解温度(简称 UCST)。

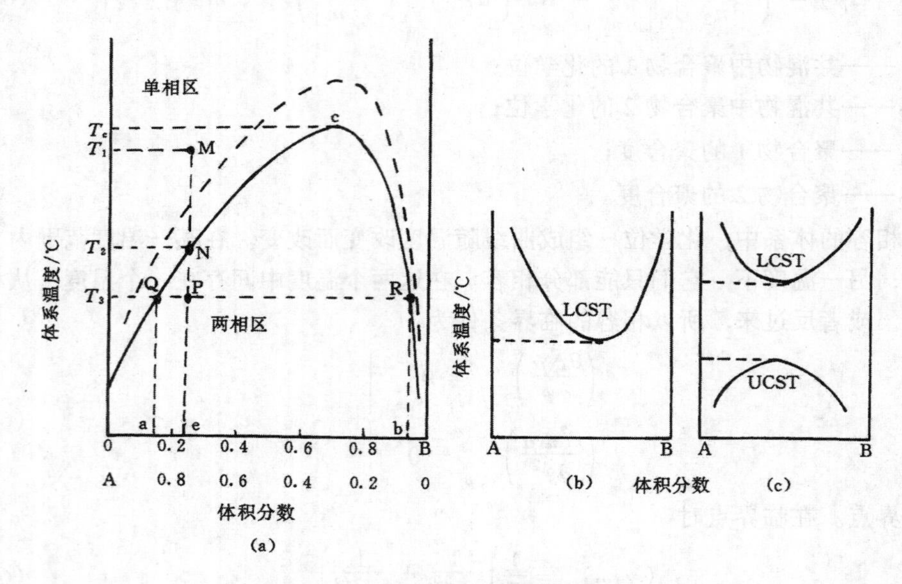

图 6-5 聚合物共混体系的相图

(a) —具有最高临界相容温度型的相图；(b) —具有最低临界相容温度的相图；

(c) —兼具最高临界相容温度和最低临界相容温度型的相图

图中双节线是给定分子量的 A、B 共混物的双节线。如分子量变大(无论 A 或 B)，曲线将向上移动，如图 6-5 (a)中的虚线所示。

实际的聚合物与聚合物的共混体系，除具有如图 6-5 (a)所示的最高临界相容温度型的相图外，还可能有其他一些类型的相图。如图6-5(b)，曲线上方为两相区域，曲线下方为均相区域，存在着最低相容温度，属最低临界相容温度(简称 LCST)型相图。图 6-5(c)是 UCST 和 LCST 并存的相图，即在温度较高或温度较低时体系都分相，只有当温度处于 UCST< T <LCST 这段区间共混体系才是相容的。

在聚合物与聚合物共混的相图研究方面许多人作了不少工作。

用光散射法测定不同共混比下产生相分离的温度，然后绘制了共混物的相图。图 6-6、别是BR(JSR BR02)/SBR(1500)和 BR(JSR BR02)/HSR(JSR 0220,苯乙烯含量 45%)混合体系的相图。

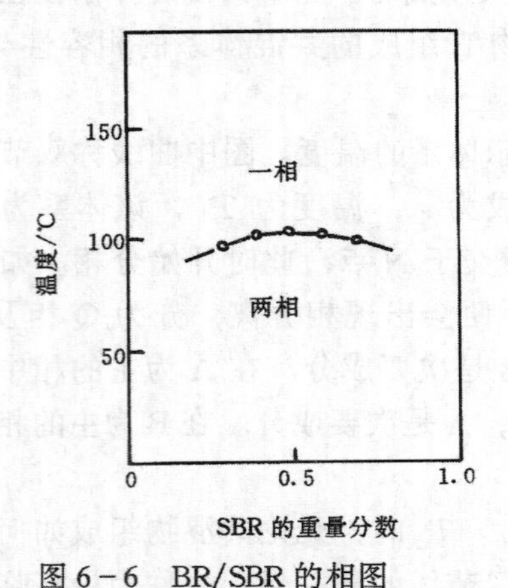

图 6-6 BR/SBR 的相图

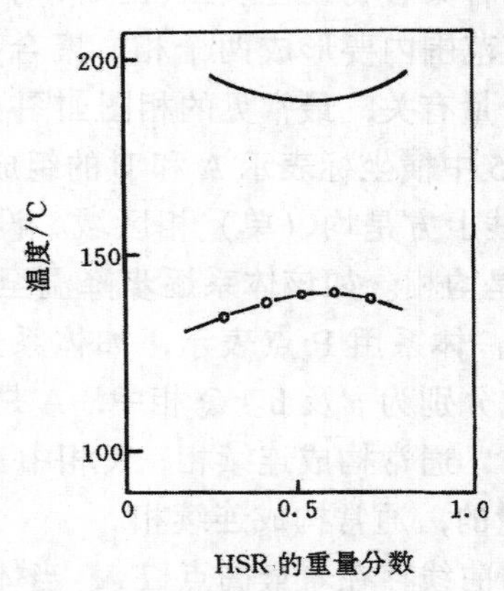

图 6-7 BR/HSR 的相图

由图 6－6、6－7 可见，BR/SBR 属 UCST 型相图，BR/HSR 属 UCST、LCST 共存型相图。环氧树脂/NBR 体系的相图如图 6－8、6－9 所示。从图中可以看出，环氧树脂/NBR 体系中，环氧树脂(CTBN)的临界溶解温度比环氧树脂(ATBN)高。在环氧树脂(CTBN)中，环氧树脂分子量增大，临界溶解温度升高。聚异戊二烯(PIP)($M_n = 2700$)和聚苯乙烯(PS)($M_n = 2100$ 和 2700)混合体系的相图如图 6－10 所示。两聚合物的分子量均较低，属齐聚物范围。该体系属于 UCST 型相图。当分子量增大时，曲线移向高温方向。

另外，橡胶与橡胶混合体系，也有人设想成图 6－11 所示的相图。实践证明，多数橡胶与橡胶的混合体系，在室温或室温以下是处于相分离状态的，即使在炼胶、硫化等工艺条件

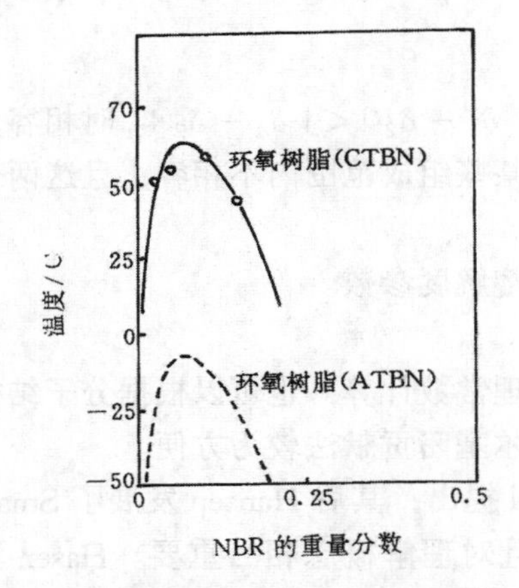

图 6－8　环氧树脂/NBR 的 UCST 相图

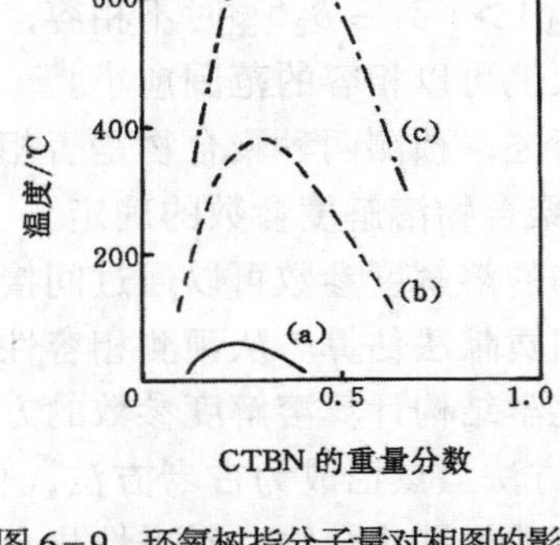

图 6－9　环氧树指分子量对相图的影响

(a)原始分子量 M_0；(b)2 M_0；(c)3 M_0

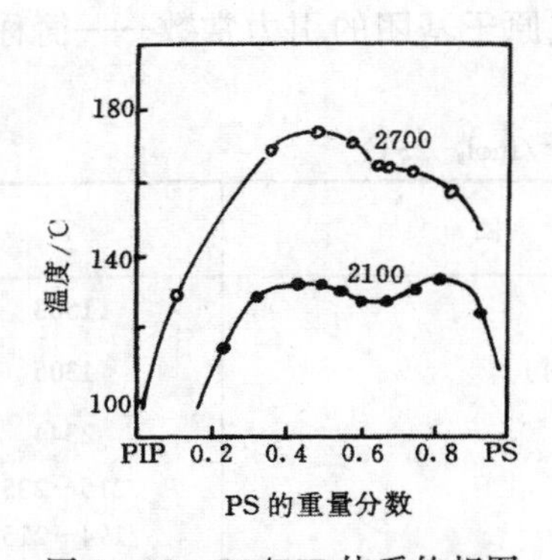

图 6－10　PS/PIP 体系的相图

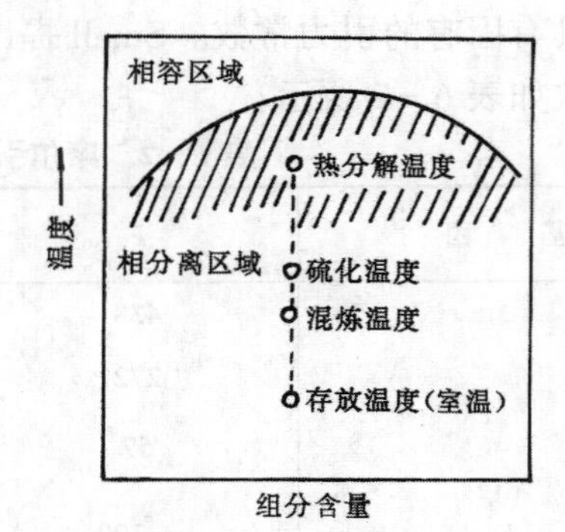

图 6－11　非相容共混橡胶的相图(设想图)

下的温度仍处于相分离状态，相容区域被想象在各组分橡胶的热分解温度以上。因此多数橡胶与橡胶及橡胶与塑料混合体系，在室温下是处于不相容的，是个多相体系。

四、聚合物相容性的预测

在聚合物的共混实践中，为了选择好配对聚合物，往往想事先知道相混聚合物是否相容及相容性的好坏，以便设计加工条件或预测共混物的性能。预测相容性在低分子溶液及高分子溶液方面早已获得应用。这里主要讨论通过溶解度参数预测聚合物与聚合物混合时的相容性。

(一)预测两种聚合物是否相容的步骤

通过溶解度参数预测相容性可以分以下几步。

(1)计算聚合物的溶解度参数 如果已知给定温度下聚合物的密度或通过摩尔基团贡献法计算其聚合物的摩尔体积，然后计算聚合物的溶解度参数。

(2)计算聚合物的相互作用参数 根据上述计算得出的两种聚合物的溶解度参数，利用式(6－15)求得聚合物之间的作用参数。如果 V_1（摩尔体积）为 $100cm^3/mol$，所用温度为25℃，则式(6－15)可写成下式：

$$\chi_{1,2}=\frac{(\delta_1-\delta_2)^2}{6} \tag{6-24}$$

(3) 计算 $(\chi_{12})_{cr}$　由式（6－21）计算 $(\chi_{12})_{cr}$。

(4) 将 $|\delta_1-\delta_2|$ 与 $|\delta_1-\delta_2|_{cr}$ 进行比较　如果 $|\delta_1-\delta_2|<|\delta_1-\delta_2|_{cr}$ 时相容，如果 $|\delta_1-\delta_2|>|\delta_1-\delta_2|_{cr}$ 时不相容，即两聚合物将在某些组成范围内不相容，且这两个数值相差愈大，可以相容的范围愈小。

综上所述，预测两种聚合物是否相容的重要参数是溶解度参数。

(二) 聚合物溶解度参数的确定

聚合物的溶解度参数可以通过间接试验测定或经物理常数计算，也可以根据分子结构通过摩尔基团贡献法估算。从预测相容性的角度看，以摩尔基团贡献法较为方便。

通过化学结构计算溶解度参数的方法，最初由 Small 提出，其后 Hansen 发展了 Small 方法。Small 方法虽然已成为古老方法，但比较方便，而且对理解概念相当重要。Hasen 法不仅可以计算非极性化合物，对极性化合物也可进行计算，应用较广。

1.Small 法　溶解度参数值是与混合焓直接有关的一个热力学量。它与物质的化学结构有关。Small 从这一点出发，将物质的化学结构分成适当的原子或原子基团。这些原子或原子基团具有固有的引力常数。Small 提出的相当于原子或原子基团的引力常数——简称摩尔引力常数如表 6－2 所示。

表 6－2　摩尔引力常数 F $(J\cdot cm^3)^{1/2}/mol$，25℃

基　团	F	基　团	F
$—CH_3$	438	苯基	1503
$—CH_2—$	272	亚苯基（邻，间，对）	1305
$—CH<$	57	萘基	2344
$>C<$	－190	环（五元）	215～235
		环（六元）	194～215
		—H	164～205
$CH_2=$	389	O（醚）	143
		CO（酮）	562
—CH=双键	227	COO（酯）	634
$>C=$	39	—CN	838
		—Cl（一个）	522
CH≡C—	583		
—C≡C—	454	$>CCl_2$	312
共轭键	41～61	$—CCl_3$	511

续表

基　团	F	基　团	F
—Br	695	—SH（硫醇）	644
—I	869	$—ONO_2$（硝酸酯）	900
$—CF_2—$（氟碳化合物）	307	$—NO_2$（脂族中）	900
$—CF_3—$（氟碳化合物）	560	PO_4（有机）	1023
S（硫化合物中）	460	Si（硅氧烷中）	78

按 Small 方法，物质的溶解度参数是构成该物质的原子或原子基团的摩尔引力常数的加和。用下式求得

$$\delta = \frac{\Sigma F_i}{V} = \frac{\rho \Sigma F_i}{M} \qquad (6-25)$$

式中　F_i——原子或基团的摩尔引力常数；

V——摩尔体积；

ρ——密度；

M——分子量。

在计算高分子的溶解度参数时，M 使用与摩尔引力常数 F 相对应的分子量，一般取重复单元链节的数据。

例如，天然橡胶的重复链节为 $—CH_2—C(CH_3)═CH—CH_2—$，链节的分子量 $M = 68$，聚合物的密度 $\rho = 0.92$，各基团的摩尔引力常数分别为：

$—CH_3$	438
$—CH_2—$	2×272＝544
—CH═	227
$>$C═	39
ΣF_i	1248

所以

$$\delta_{NR} = \frac{0.92 \times 1248}{68} = 16.9(J/cm^3)^{1/2}$$

以上计算值与实测值基本一致。

2.Hansen 法　由 Hildebrand 提出的式(6－12)，只考虑到结构单元之间的色散力。但是很多液体和无定形聚合物，内聚能同样依赖于极性基团的相互作用和氢键。在这种情况下，Hansen 发展了前人的理论，他定义的溶解度参数与总的内聚能相一致。

对应于三种类型的相互作用力，在形式上可将内聚能分为三个部分：

$$E_{coh} = E_d + E_p + E_h \qquad (6-26)$$

式中　E_{coh}——凝聚态物质的内聚能；

E_d——内聚能的色散力贡献值；

E_p——内聚能的偶极力贡献值；

E_h——内聚能的氢键力贡献值。

对于溶解度参数相应的方程是：

$$\delta^2 = \delta_d^2 + \delta_p^2 + \delta_h^2 \qquad (6-27)$$

式中　δ_d——溶解度参数色散分量；

δ_p——溶解度参数偶极分量；

δ_h——溶解度参数氢键分量。

式(6-12)也可以写成：

$$\Delta H_m = \phi_1 \phi_2 [(\delta_{d_1} - \delta_{d_2})^2 + (\delta_{p_1} - \delta_{p_2})^2 + (\delta_{h_1} + \delta_{h_2})^2] \quad (6-28)$$

但到目前为止 δ_d、δ_p 和 δ_h 的数值却不能直接测定，只能通过分子结构进行估算。溶解度参数分量可以通过查表6-3的溶解度参数分量的基团贡献值，按下式进行估算：

$$\delta_d = \frac{\Sigma F_{di}}{V} \quad (6-29)$$

$$\delta_p = \frac{\sqrt{\Sigma F_{pi}^2}}{V} \quad (6-30)$$

$$\delta_h = \sqrt{\frac{\Sigma E_{hi}}{V}} \quad (6-31)$$

式中　F_{di}——溶解度参数色散分量的基团贡献值；

E_{pi}——溶解度参数偶极分量的基团贡献值；

E_{hi}——溶解度参数氢键分量的基团贡献值；

V——基团的摩尔体积。

表6-3　溶解度参数分量的基团贡献值

结构基团	F_{di}/ ($J^{1/2}\cdot cm^{3/2}\cdot mol^{-1}$)	F_{pi}/ ($J^{1/2}\cdot cm^{3/2}\cdot mol^{-1}$)	E_{hi}/ ($J\cdot mol^{-1}$)
$-CH_3$	420	0	0
$-CH_2-$	270	0	0
$>CH-$	80	0	0
$>C<$	-70	0	0
$=CH_2$	400	0	0
$=CH-$	200	0	0
$=C<$	70	0	0
$-C_6H_5$（苯环）	1430	110	0
$-F$	220	—	—
$-Cl$	450	550	400
$-CN$	430	1100	2500
$-OH$	210	500	20000
$-O-$	100	400	3000
$-COH$	470	800	4500
$-CO-$	290	770	2000
$-COOH$	530	420	10000
$-NH_2$	280	—	8400

续表

结构基团	F_{di}/ ($J^{1/2}\cdot cm^{3/2}\cdot mol^{-1}$)	F_{pi}/ ($J^{1/2}\cdot cm^{3/2}\cdot mol^{-1}$)	E_{hi}/ ($J\cdot mol^{-1}$)
—NH—	160	210	3100
—N<	20	800	5000
—S—	440	—	—
1个对称面	—	0.5X	—
2个对称面	—	0.25X	—
更多个对称面	—	OX	OX

由式(6-29)可见，δ_d 的计算方法与 Small 法一样。对非极性分子只有这一项，后两项为零。

若有两个相同极性基团存在于对称位置，极性分量还要进一步降低。为了考虑这种效应，还必须用式(6-30)计算的 δ_p 值乘上一个对称因子：对于1个对称面其值为0.5；对于2个对称面为0.25；对于更多的对称面为0。

例如，氯丁橡胶的重复链节为 $—CH_2—C(Cl)═CH—CH_2—$ 其氯丁橡胶的密度 ρ 为1.28。计算氯丁橡胶的溶解度参数。

由于氯丁橡胶存在极性，不能用 Small 法计算，而采用 Hansen 法计算。

氯丁橡胶链节的分了量为：$M = 88.5$，摩尔体积 V 为 $69.14cm^3/mol$，基团贡献值为：

基　团	数　量	F_{di}	F_{pi}	E_{hi}
$—CH_2—$	2	540	0	0
—CH═	1	200	0	0
>C═	1	70	0	0
—Cl	1	450	550	400
Σ		1260	550	400

按照式6-29至式6-31：

$$\delta_d = \frac{\Sigma F_{di}}{V} = \frac{1260}{69.14} = 18.22\ J^{1/2}/cm^{3/2}$$

$$\delta_p = \frac{\sqrt{\Sigma F_{pi}^2}}{V} = \frac{\sqrt{550^2}}{69.14} = 7.95\ J^{1/2}/cm^{3/2}$$

$$\delta_h = \sqrt{\frac{\Sigma E_{hi}}{V}} = \sqrt{\frac{400}{69.14}} = 2.41\ J^{1/2}/cm^{3/2}$$

根据计算的分量值，可得总的溶解度参数：

$$\delta_{CR} = \sqrt{\delta_d^2 + \delta_p^2 + \delta_h^2} = \sqrt{18.22^2 + 7.95^2 + 2.41^2} = \sqrt{400.98} = 20.02\ J^{1/2}/cm^{3/2}$$

如果已知溶度参数，便可通过预测相容性的步骤进行预测共混物的相容性。

3.聚合物的溶解度参数　常见橡胶、塑料及树脂的溶解参数如表6-4、表6-5及表6-6所示。

表 6-4　橡胶的溶解度参数

橡 胶 名 称	$\delta/(J/cm^3)^{1/2}$	橡 胶 名 称	$\delta/(J/cm^3)^{1/2}$
二甲基硅橡胶	14.9	苯乙烯含量/40%	17.6
乙丙橡胶	16.3	氯磺化聚乙烯	18.2
丁基橡胶	16.5	丁腈橡胶	
天然橡胶	16.1～16.8	丙烯腈含量/18%	17.8
顺丁橡胶	16.5	丙烯腈含量/25%	19.1
聚异戊二烯橡胶	17.0	丙烯腈含量/30%	19.7
丁二烯-甲基乙烯基吡啶橡胶	16.9	丙烯腈含量/40%	21.0
丁苯橡胶		聚硫橡胶	18.4～19.2
苯乙烯含量/15%	17.3	氯丁橡胶	19.2
苯乙烯含量/25%	17.4		

表 6-5　树脂的溶解度参数

塑 料 名 称	$\delta/(J/cm^3)^{1/2}$	塑 料 名 称	$\delta/(J/cm^3)^{1/2}$
聚四氟乙烯	12.7	双酚A型聚碳酸酯	19.4
聚异丁烯	16.4	双酚A型环氧树脂	19.8～22.2
聚丙烯	16.5	聚氨酯	20.4
聚乙烯		聚对苯二甲酸乙二酯	21.0
低密度	16.3	聚偏二氯乙烯	24.9
中密度	16.5	聚酰胺 66	27.8
高密度	16.7	古马龙	14.1
聚甲基丙烯酸甲酯	18.8	脲醛树脂	19.6～20.6
聚苯乙烯	18.6	酚醛树脂	21.4～23.9
聚醋酸乙烯酯	19.2	聚乙烯醇缩丁醛	22.7
聚氯乙烯	19.4	聚乙烯醇	25.2

表 6-6　纤维类的溶解度参数

树 脂 名 称	$\delta/(J/cm^3)^{1/2}$
二硝基纤维素	21.4
醋酸纤维素	23.3
硝化纤维素	30.4
纤维素	32
聚丙烯腈	28.8

五、聚合物的工艺相容性

相容性概念是一个热力学概念，它只表明共混物达到平衡状态的情况。然而共混体系内的混合和分离是一个扩散过程，它需要相当长的时间才能建立平衡。因此，在聚合物的共混工艺上，聚合物的工艺相容性与热力学相容性有所不同。聚合物的工艺相容性，除考虑热力学因素外，还要考虑动力学因素。

有的共混体系虽然在热力学上是相容的，但因分子过大，粘度过高以及混合工艺条件下不一定合适，仍然不能达到热力学相容。反之，当两种聚合物的相容性较差，如果通过机械方法或其他条件将其混合，也可以获得足够稳定的共混物，将其制成产品，也可以全面满足要求，保证长期使用。这是因为，这种不相容体系，尽管在热力学上有自动分离成两相的趋势，但实际上常因聚合物的粘度特别大，分子链段移动困难，产生相分离的速度极为缓慢，以至于在极长的时间里也很难将共混体系分离成两个宏观相。也就是说，这种共混物在微观区域内分成了两个相，构成多相形态，但在宏观上仍能保持其均匀性。共混物的这种特性，常称其为工艺相容性。

热力学相容性与工艺相容性虽然有所不同，但二者有密切关系。聚合物之间有适当的热力学相容性，才能有良好的工艺相容性，才能形成良好的界面层，进一步提高共混物的稳定性。

目前、大多数重要共混物都是热力学不相容体系。为制得良好工艺相容性的制品，设计好工艺参数也是相当重要的。

第二节　聚合物共混物的形态结构

物质的性质由物质的组成及结构决定。共混物的性质也决定于共混物的组成及结构。

聚合物的化学结构、分子量以及分子量分布等结构因素对聚合物性能的影响，早在50年代和60年代初就进行了广泛深入的研究。但近来发现，除聚合物的一次结构、二次结构等近程结构外，高次结构，尤其聚集态的形态结构对聚合物的物理力学性能产生的影响更加直接。

一、共混物形态结构类型

聚合物共混物是由两种或两种以上的聚合物组成，因而可能形成两个或两个以上的相。由双组分构成的两相聚合物共混物，按照相的连续性可以分成三种基本类型。第一种为均相结构；第二种为一个组分是连续相，另一组分是分散相的单相连续结构；第三种类型是两个组分都是连续的两相连续结构。其示意图如图6－12所示。

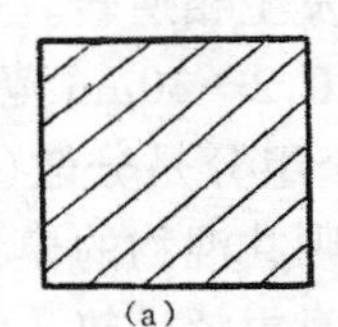
(a)

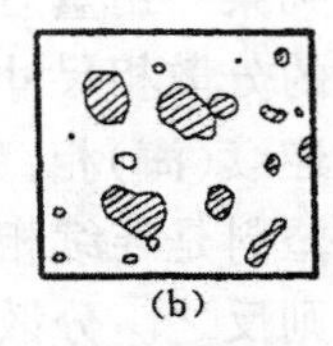
(b)

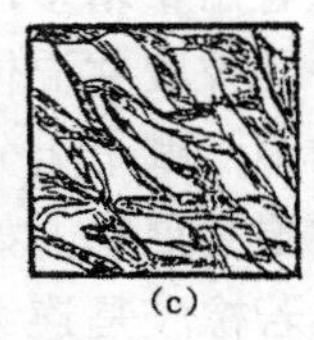
(c)

图6－12　共混物形态结构示意图

(a)—均相结构；(b)—单相连续结构；(c)—两相连续结构

(一) 均相结构

由聚合物混合的热力学分析得知，只有当混合热为负，即混合过程中为放热时，组分间才可以按任意比例混合，组分聚合物链段才可以均匀分散在共混体系中而不产生相分离，共混物才能实现均相结构。这种混合体系称为均相混合体系。均相混合体系是热力学稳定体系。

聚合物与低分子共混时，多数可以形成互溶的均相体系。但聚合物与聚合物混合形成均相体系者为数极少。如果能形成均相体系，则共混物的物性，如模量、强度、硬度、弹性、玻璃化温度等介于组分性质之间。一般是组分物性的加和值。

(二) 单相连续结构

单相连续结构是指共混物中一个组分为分散相，另一组分为连续相的多相结构。它是多相结构共混物中的一种。从相结构角度看，多相结构必然存在着分散介质和分散相。其中分散介质也叫连续相。由于连续相包围着分散相，所以也常常形象地叫连续相为“海相”，分散相为“岛相”。因此单相连续的多相结构也常被称作“海－岛”结构。

单相连续的多相共混物，在橡胶共混物及橡胶与塑料的共混物中最为常见。各种橡胶共混物的形态结构如表 6－7 所示。

表 6－7　各种橡胶共混物的形态结构

共混物	组分用量/phr		
	25/75	50/50	75/25
SBR/NR	0.3⑥/C	5.0/C④	C/0.7
SBR/IR	1.3/C	2.0/C	C/0.2
BR/IR	0.2/C	0.3/C	C/0.7
SBR/BR	≈相容	≈相容	≈相容
SBR/E－BR③	≈相容	≈相容	≈相容
NBR－1①/IR	30.0/C	25.0/C	C/20.0
NBR－1/SBR	6.0/C	—	C/4.0
NBR－2②/SBR	0.6/C	1.5I⑤	C/0.8
CR/NR	2.5/C	4.0/C	8.0/C
EPDM/NR	3.0/C		C/0.8

①NBR－1——高丙烯腈含量丁腈橡胶。
②NBR－2——中丙烯腈含量丁腈橡胶。
③E－BR——含 35 份高芳烃油的乳液聚合顺丁橡胶。
④C——连续相。
⑤I——两相连续结构。
⑥表中数字系分散相的平均粒径(μm)。

由表 6－7 可见，多数共混体系是两相结构，即使是 SBR/BR、SBR/E－BR 也是因为观察手段的分辨能力不高，当时没有观察到明显的相界面而认为是相容体系。而近年来的研究表明，SBR/BR 也是两相结构。此外还可以看出，共混物的相结构与共混比有关，用量少的橡胶容易成为分散相，随着用量增多，达到某一用量后便发生相逆转。多数体系的相逆转容易发生在 50/50 附近。各种橡胶共混体系的分散相尺寸在 0.2～30μm 范围之内。

在海－岛结构共混物中，哪个组分是连续(海)相，哪个组分是分散(岛)相对共混物的性能起决定性作用。尤其橡塑共混物，如果塑料是连续相，则共混物的模量、强度、弹性等物理力学性能类似于塑料。若橡胶是连续相则反之。分散相对内耗生热、气体透过性能、热传导性能及光学性能等影响较大。

（三）两相连续结构

两相连续结构是共混物中两个组分都是连续相或是相互贯穿交错的结构。两个都是连续的多相结构又叫“海－海”结构。

周杏茂等对 BR/PE 的模压片断裂面进行电镜观察发现：当组分比为 50/50 时，其断裂面上显示出两相比较均匀的相互穿插的连续相结构(图 6－13)，它与两个组分都是连续相的多相结构相似。

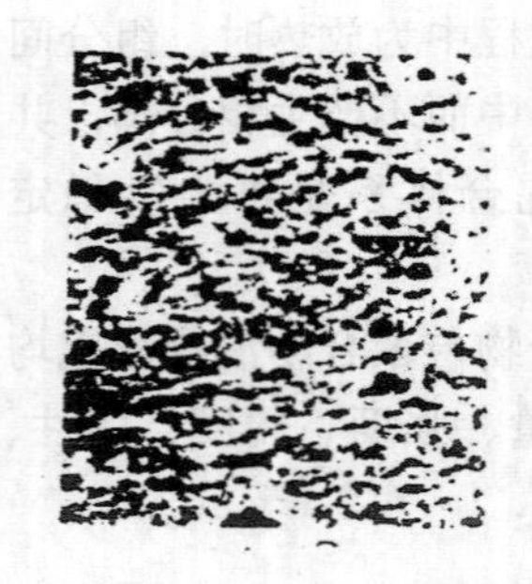

图 6－13　BR/PE 组成的 50/50 共混物 SEM 图片

在橡胶与橡胶的共混体系中，在合适的条件下也常出现两个组分都是连续相的多相结构。例如，在中高丙烯腈含量的 NBR 与 SBR 共混时，在组分比为 50/50，则共混物便是两个组分都是连续相的多相结构。

共混物如果形成了“海－海”结构，性能会发生较大的变化。

一般来说，物性低下。例如，在橡塑共混体系中，共混物既不具有塑料的刚性，也没有橡胶的高弹性，力学性能较差。在共混物的产品中，力求避免这种结构出现。但为了提高工艺性能，利用这种结构配制母炼胶，则可提高分散效率，降低能耗，进而提高产品性能。

二、共混物的界面

共混物中的多相体系存在三种区域结构：两种聚合物各自独立的相和这两相之间的界面层。界面层也称过渡区。在此区域发生两相的粘合和两种聚合物链段之间的相互扩散。界面层结构，特别是两种聚合物之间的粘合强度，常对共混物的性质，特别是力学性质有着决定性的影响。如何提高这种混合体系界面的亲和性和稳定性，对提高共混物的物性十分关键。从共硫化的角度来看，相界面层也是有利的区域。已经证实，使用合适的交联体系即使共混物呈多相结构，也可保证硫化的橡胶共混物具有满意的使用性能。因此，界面状态在非均相混合体系中是十分重要的问题。

（一）界面的形成

聚合物共混物界面层的形成可分为两个步骤。第一步是分别由两种聚合物组分所构成的两个相之间的接触；第二步是两种聚合物大分子链段之间的相互扩散。

界面是指异种聚合物互相扩散所形成的溶解层。例如，由白球链橡胶和黑球链橡胶相混所组成的二元体系图(图 6－14)，由于热运动，两橡胶相互扩散。在两橡胶相互扩散的过程中，白球链由于配位上的约束而无法穿过平面 B；黑球链也无法穿过平面 A。平面 A 和平面 B 之间的区域称之为界面，λ 为界面厚度。

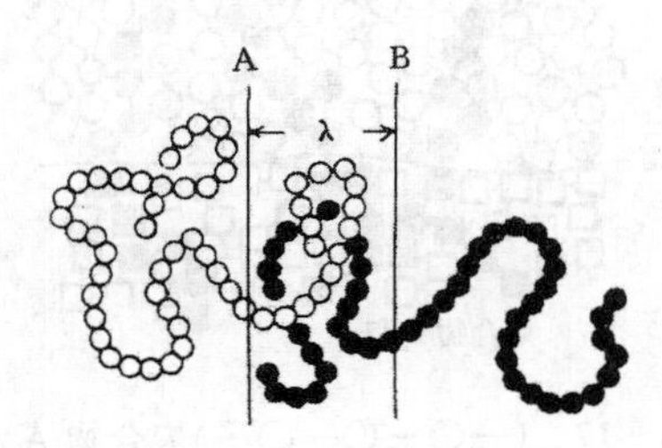

图 6－14　界面上的分子链

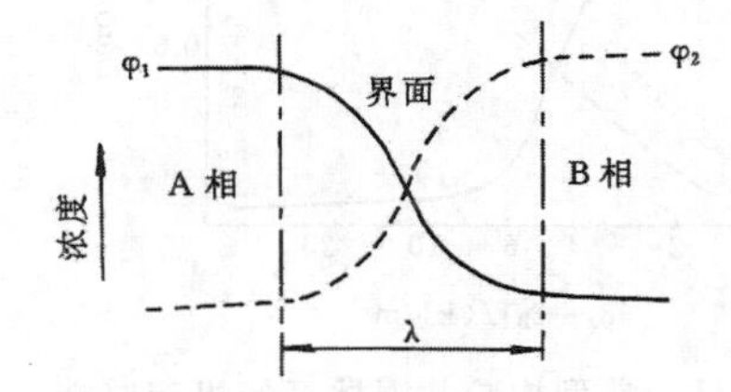

图 6－15　界面的剖面

图 6－14 的界面层按照分子链段浓度的观点可表示成图 6－15 的形式。对于这种分子链浓度相对连续变化的区域，有浓度梯度的非均相体系的热力学，Cahn 和 Hilliard 曾在 1958 年提出了通式，可根据此通式描述相分离体系的界面。当 A、B 聚合物接触且 A、B 的分子量非常大时，其能量变化 ΔE 可近似地写成

$$\Delta E = \frac{A\Omega}{16}\left(\lambda + \frac{\pi^2 t^2}{6\lambda}\right) \tag{6-32}$$

式中，A 为界面面积；Ω 为相互作用能参数，它与 Flory 的参数 χ 有 $2\chi = \Omega V_A / KT$ 的关系，与溶解度参数 δ 有 $\Omega = 2(\delta_A - \delta_B)^2$ 的关系。t 为 Debey 的相互作用距离，$t = \sqrt{3} r_o$。当分子间的距离 r_o 为 0.5nm，则 $t = 0.87\text{nm}$。

经分析认为，如果共混聚合物的分子量在 10^4 以上，而且 Ω 在 41.9 J/cm² 左右，则界面处的混合熵要比混合时的能量变化小得多，可以忽略不计。在不计混合熵的情况下，其混合自由能经推导可用界面张力 $\gamma_{1,2}$ 表示。

$$\gamma_{1,2} = \frac{\Omega}{16}\left(\lambda + \frac{\pi^2 t^2}{6\lambda}\right) \tag{6-33}$$

由式(6－33)可以看出，界面层的厚度主要取决于相互作用参数，即溶解度参数及界面张力。

橡胶共混物的界面厚度至今尚无实测的先例，但可按上述理论进行计算。图6－16便是通过计算得到的典型橡胶共混体系界面厚度与界面张力和($\delta_A-\delta_B$)的关系图。从图中数据可以看出，溶解度参数差小的BR/SBR体系，由于界面张力小，界面层厚。BR/NR、SBR/NR、CR/EPDM和SBR/NBR－30等体系，由于溶解度参数相差较大，界面张力大，所以界面层薄。

(二) 界面层的稳定

为提高共混体系中聚合物间的相容性，增加界面层厚度，常常在共混体系中添加界面活性剂(也称增容剂、增混剂或相溶剂)，以提高共混物的性能。

对于非相容体系的A聚合物和B聚合物共混体系，常常采用A、B的接枝或嵌段聚合物作为界面活性剂(图6－17)。例如，在PE和PP共混体系中，可以用乙丙橡胶或EVA作为界面活性剂。聚二甲基硅氧烷(PDMS)与聚环氧乙烷(PEO)共混时，二者的嵌段聚合物对其界面张力的影响如图6－18所示。从图中可以看出，PDMS和PEO间的界面张力，由于PDMS－PEO嵌段聚合物的加入而显著降低。

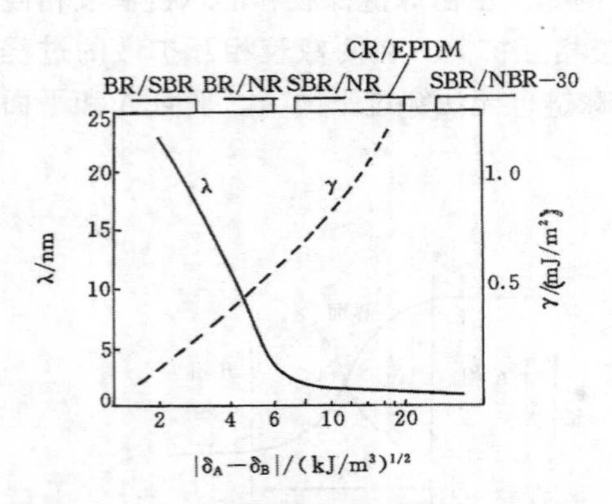

图6－16 典型橡胶共混体系的界面厚度与溶解度参数和界面张力的关系

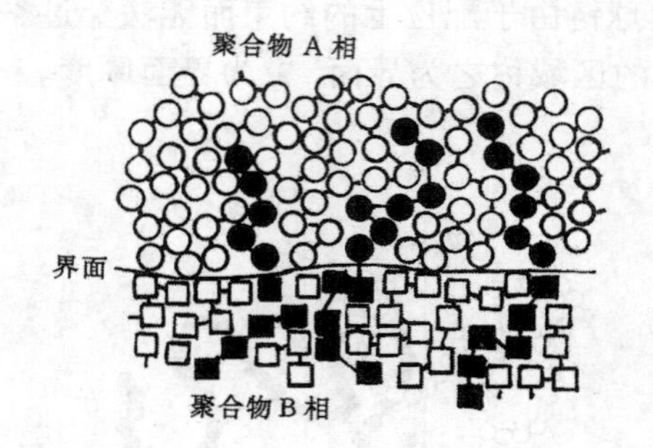

图6－17 (—○—○—○—)聚合物A/(—□—□—□—)聚合物B中添加(—●—●—■—■—)－A－B嵌段聚合物后的混合状态模型

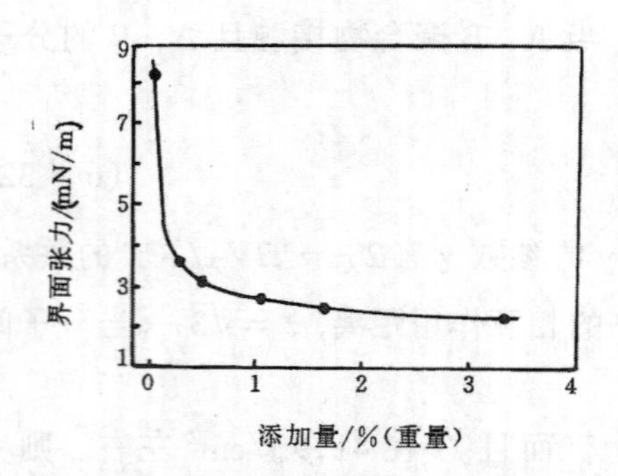

图6－18 添加PDMS－PEO嵌段共聚物对PDMS与PEO间界面张力的影响

三、共混物形态结构的影响因素

聚合物共混物的形态结构是决定其性能的最基本因素之一。在橡塑共混体系中，同一种橡胶与塑料共混，虽然其化学结构及分子量完全相同，但产品的性能不一定相同。如果塑料呈连续相，共混物的性能类似塑料：硬度高、强度高、伸长率低、永久变形大；如果橡胶呈连续相，则共混物的性质类似于橡胶：硬度低、强度低、伸长率高、永久变形小。

此外，共混物中分散相粒径(相畴)大小对其性能影响也很大。在共混物中有许多种粒子(图6－19)，不仅有聚合物分散相粒子，而且还存在着配合剂粒子，其中聚合物分散相粒子常因配方、工艺不同而变化较大。分散相的最佳粒径究竟要多大，目前尚无定论，但各种共混材料的各种性能有其最佳粒径范围。研究表明，共混物中分散相的粒径超过 5μm 时物性较差，在一般情况下，要求在 3μm 以下，最好在 0.5～1μm 之间。分散相粒径太小，对物性也没有好处。因此，在聚合物中控制形态结构十分重要。

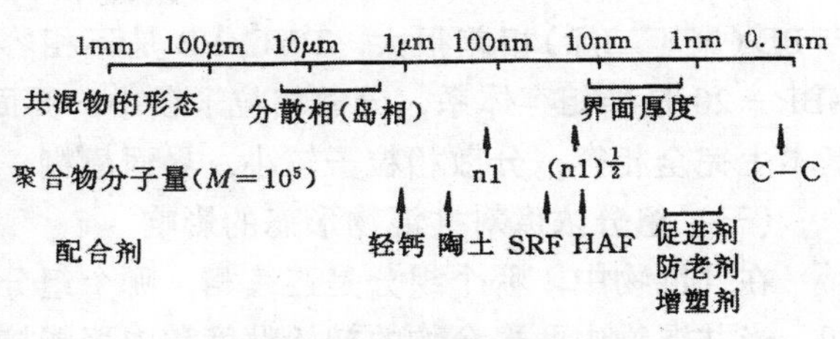

图 6－19 共混胶料中各组分的尺寸

(一) 聚合物共混时的分散过程

共混过程一般在开炼机或密炼机上进行。在共混过程中，分散相随混炼时间的增加而渐渐破碎，但破碎随着粒径的进一步减少而越来越困难。即使增加混炼强度也决不会破碎到分子状态。另一方面，分散相的加入量超过某一体积分数后，粒径随用量增多而增大。多数共混体系当并用比在 50/50 左右时，共混物呈现出两相贯穿的结构形态。这一现象表明，分散相不断破碎成较小粒子的同时，还要发生聚结。当破碎与聚结速度达到平衡，即达到分散平衡时，分散相的平衡粒径 R 为

$$R = [12P\sigma\phi_0/\pi\eta\dot{\gamma}][1 + 4P\phi_0 E_{DK}/\pi\eta\dot{\gamma}] \tag{6-34}$$

式中 P——分散相碰撞时导致聚结的几率，介于 0～1 之间；

σ——共混物的界面张力；

ϕ_0——分散相的体积分数；

η——共混物的表观粘度；

$\dot{\gamma}$——剪切速率；

E_{DK}——分散成分散相的宏观破碎能。

式（6－34）表明，平衡粒径 R 随连续相粘度增大、分散相宏观破碎能变小，共混聚合物间的相容性变好、界面张力变小、分散相的体积分数减少和剪切速率的增大而变小。

(二) 相容性对共混物形态结构的影响

在许多情况下，热力学相容性是聚合物之间均匀混合的主要推动力。两种聚合物的相容性越好，越容易相互扩散而达到均匀混合。分散相粒子越小，相界面越模糊，界面层越厚，两相之间的结合力也越大。聚合物相容性有两种极端情况。一是两种聚合物完全不相容，两种聚合物链段之间相互扩散的倾向极小，分散相粒子很大，相界面清晰，相间结合力很弱、共混物性能不好。二是两种聚合物完全相容或相容极好，这时共混物形成均相体系或成为分散相粒子极小的分散体系，共混物性能也不理想，两种极端情况都不利于共混改性。为了获得更好的改性共混物，往往需要两种聚合物有适中的相容性、分散相大小适宜、相之间结合力较强的多相结构共混物。在 NBR/PVC 中，二者的相容性会因 NBR 的丙烯腈含量不同而异。这是因为 NBR 的溶解度参数 δ 与丙烯腈(AN)含量有关，如表 6－8 所示。

表 6－8 NBR 的 δ 与 AN 的关系

AN/%（重）	51	41	33	29	21	0
$\delta/(J/cm^3)^{1/2}$	20.8	19.6	19.2	18.6	17.6	16.7

根据动态粘弹性能测定和电子显微镜照片分析得知，因 PVC 的 δ 为 19.8 $(J/cm^3)^{1/2}$，与 PB（聚丁二烯）相差很大，PVC/PB 是不相容体系，分散相粒子粗大，界面清晰。PVC/NBR－20 是半相容体系，分散相粒子较小，界面明显。PVC/NBR－40 因二者的 δ 很接近，基本上完全相容，分散相粒子较小，界面模糊。

（三）组分浓度对共混物形态的影响

在共混物中，哪个组分是连续相，哪个组分是分散相，在一般情况下与组分浓度关系密切。当共混物中两聚合物的初始粘度和内聚能接近时，浓度大者易形成连续相；浓度小者易形成分散相。

两种粒子体系的理论堆积值研究表明，当组分的的体积分数超过 74％时，此组分容易形成连续相；当组分含量低于 26％时，此组分容易形成分散相。组分含量在 26％～74％之间时，视其具体条件而异。在复相结构的共混物中，多数共混体系由于两组分粘度及内聚能的差异其相逆转不一定发生在组分含量比为 50/50 处，而发生在此配比附近的某处。

在 SBR/PS 中，PS 含量对其形态结构的影响如图 6－20 所示。从图中可以看出，当 PS 含量较少时（a），SBR 呈连续相，PS 呈分散相；随着 PS 含量的增多，PS 逐渐粘连（b），但 PS 仍然为分散相，SBR 仍为连续相；当 PS 再增加，则两个相都是连续相，构成交错贯穿结构（c）；当 PS 含量再进一步增加，则发生相逆转，由原来 SBR 是连续相转换成 PS 为连续相（d）；再增加 PS 含量，PS 仍为连续相，SBR 仍为分散相，但分散相粒径变小。

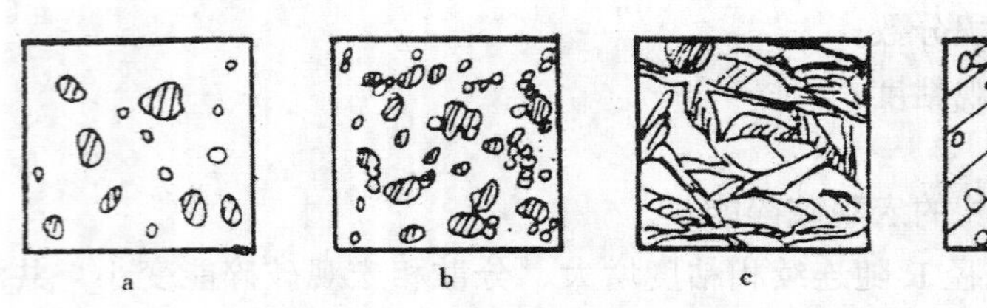

图 6－20　共混物配比对形态结构的影响

SBR－30/PS；a—90/10；b—60/40；c—50/50；d—40/60；
e—10/90；▭—SBR，▨—PS

在 NR/EPM 中，如果 NR 呈连续相，EPM 为分散相；而且 EPM 的门尼粘度不同（如表 6－9），EPM 体积分数对其粒径的影响如图 6－21 所示。

表 6－9　NR 与 EPM 的粘度

试　　样	相结构	门尼粘度（ML_{1+4}100℃）
NR	连续相	40
EPM－1	分散相	15
EPM－2	分散相	30
EPM－3	分散相	47
EPM－4	分散相	80

从图中数据可以看出，当 EPM 的体积分数低于 10% 时，其粒径都相同，而且很小，大约在 0.5μm 左右；同时也可以看出，连续相与分散相的粘度相差越大，则分散相粒径随分散相体积分数的增加而增大的越明显。这是因为体积分数增加，分散相粒子之间碰撞的机会多，平衡粒径也因此而增大。

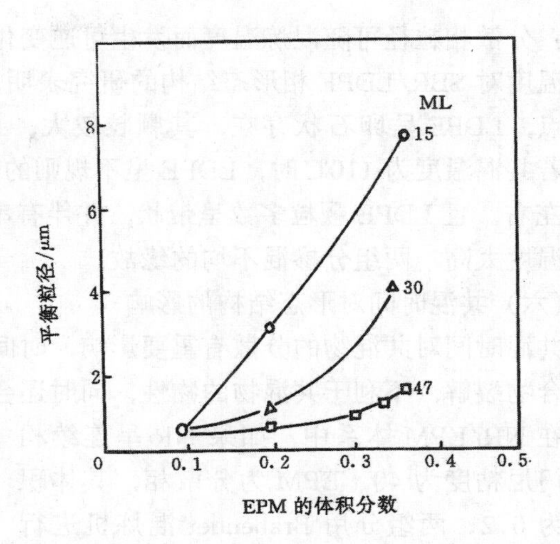

图 6－21　平衡粒径与体积分数的关系

（四）组分粘度对共混物形态结构的影响

聚合物共混时，当两组分近似等量混合时，粘度低的组分容易形成连续相；而粘度近似相等的两组分等量混合时，共混物容易形成两相都是连续的“海－海”结构。

粘度不同的各种橡胶共混物的形态结构如表 6－10 所示。从表中数据可以看出：被混合的两种橡胶粘度接近时，分散相尺寸小；粘度相差较大的两种橡胶进行混合时，由于炼胶机的剪切应力集中在较软的橡胶上，混合不均匀，所以分散相粒径较大。

表 6－10　粘度对橡胶共混物中分散相大小的影响

共混橡胶（50/50）	门尼粘度（ML_{1+4}100℃）	分散相尺寸/μm	共混橡胶（50/50）	门尼粘度（ML_{1+4}100℃）	分散相尺寸/μm
SBR/NR	90/53	6	SBR－40/SBR－10	75/68	1
NR/SBR	53/50	2	NR/IR	53/50	2
CR/SBR	53/52	0.5	SBR/BR	—	4
BR/NR	45/52	0.5	NR/IIR	53/45	2
1,2－聚丁二烯/NR（高温开炼机混炼）	—	2	NR/PE（高温开炼机混炼）	—	2

由上述结果可知，粘度对共混物分散相尺寸影响很大。为调整粘度，常常采用在粘度大的组分中加入软化剂以降低其粘度，或在粘度小的组分中加入炭黑等填充剂提高粘度。在橡塑共混体系中，可以通过橡胶与塑料的粘度对温度和剪切速率的敏感性不同，找一个粘度相等的合适加工条件；聚合物的分子量对粘度影响很大，也可以通过选用合适的牌号或调节可塑度来达到调节粘度的目的。

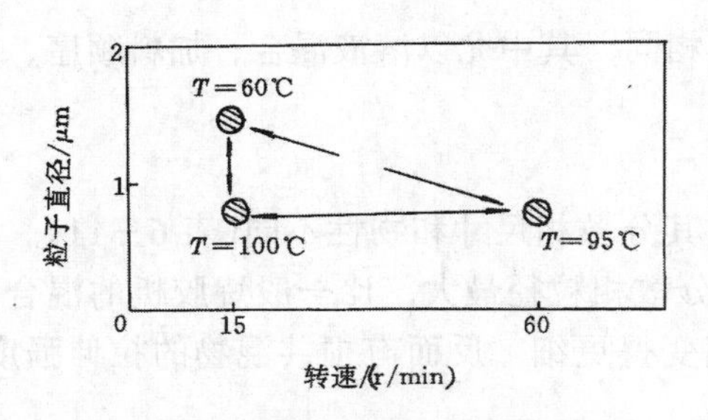

图 6－22　温度和转速对 NBR/EPM 分散相粒径的影响

（五）温度对共混物形态结构的影响

在研究温度对 80/20 的 NBR/EPM 体系中分散相 EPM 粒径大小的影响时发现，假如改变混炼条件会产生如图 6－22 所示的可逆变化。从图 6－22 中可以看出，用转速为 15r/min 的 Brabender 炼胶机混合 NBR 和 EPM 时，若混炼温度为 60℃，其粒径为 1.5μm；而当混炼温度提高到 100℃时，则粒径变为 0.75μm。如果炼胶机转速从 15r/min 提高到 60r/min，在 95℃时便可使粒径达到 0.75μm。这一事实说明：分散相粒径可随混炼温度而发生可逆变化。

温度对 SBR/LDPE 相形态结构的研究表明，当共混温度为 90℃时，该温度低于 LDPE 的熔点，LDPE 呈卵石状存在，其颗粒较大，最大颗粒高达 10μm 以上，且粒径分布相当宽。若共混温度为 110℃时，LDPE 呈不规则的长条颗粒分布在 SBR 中，其最大颗粒尺寸为 1μm 左右，且 LDPE 颗粒多数呈带状，并伴有串联现象，其颗粒直径为 3～4μm 左右，这是因为温度太高，两组分掺混不均的缘故。

（六）共混时间对形态结构的影响

共混时间对共混物的分散有重要影响，时间过短，不利于分散，粒子粗大；时间过长会使聚合物裂解，不利于共混物的物性，同时还会过多地消耗能量。

在 NR/EPM 体系中，如果 NR 呈连续相且其门尼粘度为 40，EPM 为分散相，其体积分数为 0.2；两组分用 Brabender 混炼机进行混炼，其转子转速为 60r/min，混炼温度为 100℃时，用相差显微镜和电子显微镜观测混炼时间对共混物粒径的影响结果如图 6－23。从图中数据可以看出，当 EPM 的门尼粘度在 40 左右，即门尼粘度与 NR 的门尼粘度接近时，EPM 的粒径较小，而且很快达到平衡。当 EPM 的门尼粘度比 40 小很多或大很多，即两者的门尼粘度相差较大时，除分散相的粒径增大外，还需要较长时间才能达到平衡。另外还可以看出，粒径随时间的延长而变小，开始时粒径变化较快，达到一定粒径后变化便缓慢下来。这表明，在实际工作中，过长的混炼时间，粒径变小的速度很慢，不能增加混炼效果，反而白白消耗能量。

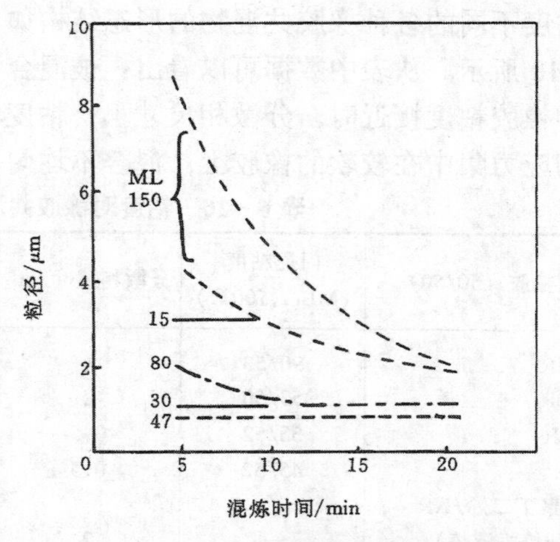

图 6－23　混炼时间对粒径的影响

（图中数字为 EPM 的门尼粘度）

四、混炼工艺对形态结构的影响

共混工艺不同，制备的共混物形态结构也不尽相同，其中尤以溶液混合、加料顺序、二阶共混等工艺影响较大。

（一）溶液混合对形态结构的影响

在 NR/SBR 和 NR/BR 中，不同的混合方法，其分散相尺寸和物性不同(表 6－11)。从表中可以看出，将橡胶制成 0.3％的稀溶液混合，分散相粒径最大，比一般炼胶机的混合效果更差。用炼胶机长时间混合，不但没有使分散相变得更细，反而有损共混物的拉伸强度。分散相尺寸对弹性影响不大。

（二）加料顺序对形态结构的影响

采用 φ150mm、速比为 17:19 转的试验室炼胶机，在辊距为 0.5mm，150℃条件下，混合 50/50 的两聚合物。如果先把表 6－12 中的第一组分在炼胶机上充分塑炼，然后再将第二组分分批少许添加，10min后观察混炼胶试片，各混合体系试片的形态结构如表6－12 所示。

表 6－11　不同混合方法对 NR/SBR 中分散相尺寸的影响

混合方法	分散相尺寸/μm	弹性/%	拉伸强度/MPa	300%定伸应力/MPa	撕裂强度/(N/m)
NR/SBR					
橡胶在溶剂中溶解后混合	100	81.5	8.4	1.3	1.5
短时间混合	10	81.5	5.9	1.6	1.7
普通混炼	2	81.8	9.0	1.5	1.4
长时间混炼	2	81.6	8.2	1.1	1.3
NR/BR					
橡胶在溶剂中溶解后混合	100	89.7	5.5	1.4	1.5
短时间混炼	5	88.6	5.5	1.2	1.4
普通混炼	2	87.9	7.8	1.2	1.3
长时间混炼	2	88.3	7.5	1.3	1.1

表 6－12　加料顺序与形态结构

第一组分	第二组分							
	PVC	PS	PE	PMMA	NR	SBR	NBR	CR
PVC	A①	T②	T	A	T	T	A	A
PS	T	A	T	T	T	T	T	T
PE	P③	P	A	P	A	A	A	A
PMMA	A	T	I	A	I④	A	A	I
NR	P	P	A	P	A	A	A	A
SBR	T	T	A	P	A	A	A	A
NBR	A	T	A	P	A	A	A	A
CR	A	T	A	P	A	A	A	A

①A——透明或半透明试片。
②T——乳浊试片。
③P——第一组分呈连续相，第二组分呈颗粒状。
④I——从辊筒上脱落。

从表 6－12 可以看出，同一组分，如果混炼顺序不同，则形态结构不同。例如，在 PVC 中混入聚甲基丙烯酸甲酯（PMMA）、NBR 和 CR 时，无论哪种聚合物先加入炼胶机，均可很好地分散，而且能迅速达到平衡分散状态，而在 PVC 中混入 PE 或 NR 时，混炼顺序不同，形态结构不同。尤其在柔软的聚合物中，混入模量高的聚合物时，后者分散迟缓，即使长时间混炼，仍可观察到肉眼可见的粒子存在。

在 PVC 与 PMMA、NBR 与 CR 的共混体系中，由于混容性较好，混炼时的应力能够很好地互相传递，所以共混物的分散状态与加料顺序无关，试片呈透明状。但在 PVC 中混入 PE 或 NR 时，由于混容性较差，尤其后加 PVC 时，由于炼胶时的应力传递给 PVC 很困难，所以分散不均。总之，混炼顺序对分散状态的影响，可以看成与聚合物相容性及混炼时的应力传递难易有关。

（三）两阶共混对形态结构的影响

两阶共混的分散历程理论是近年来我国科学工作者根据共混物形态分析和实践提出来的。两阶共混与一般的母料共混工艺不同，重要的原则是母料必须是两个都是连续相的交错贯穿结构。其方法是先配制两个都是连续相的母料，然后稀释至预定的配比。两阶共混具有广泛的适应性，可以用来调整和控制分散相粒径的大小和分布，是获得较为理想分散状态的好方法。

例如，要制备含有10%PE的橡塑共混料，并不是直接将90份橡胶与10份PE直接混合，而是先将部分橡胶与塑料混合，形成两个都是连续相的母料，然后再加入其余的橡胶，达到90/10的配比。两阶共混与直接共混的分散过程如图6-24所示。两阶共混与直接共混的NR/PE共混物性能如表6-13所示。从表中数据可以看出，两阶共混方法制备的NR/PE性能比直接共混法好。

通过电子显微镜研究表明，采用两阶共混法，不仅可以获得较小的粒径(图6-25)，即在粒径微分分布曲线中，高峰向小粒径方向移动。而且分布曲线比较对称，大粒径的拖尾部分大大减少。这是因为在两阶共混中，先配制的是两个组分都是连续相的交错贯穿结构，然后在进一步的混炼过程中易被剪切成细丝，最后断开成均匀小粒，因此分散效果好。由于两阶共混分散效果好，有利于提高产品性能。

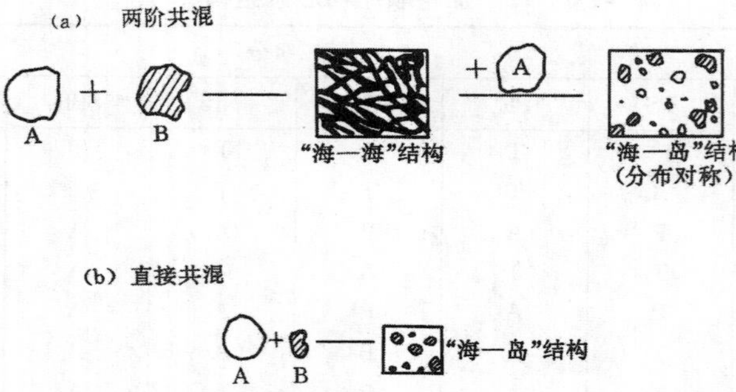

(a) 两阶共混

A + B —— "海—海"结构 +A —— "海—岛"结构（分布对称）

(b) 直接共混

A + B —— "海—岛"结构

图6-24　两阶分散与直接分散示意图

表6-13　不同共混方法的NR/PE物性

性　　能	直接共混	两阶共混
拉伸强度/MPa	21.9	33.0
扯断伸长率/%	803	872
500%定伸应力/MPa	5.1	6.5
永久变形/%	38	36

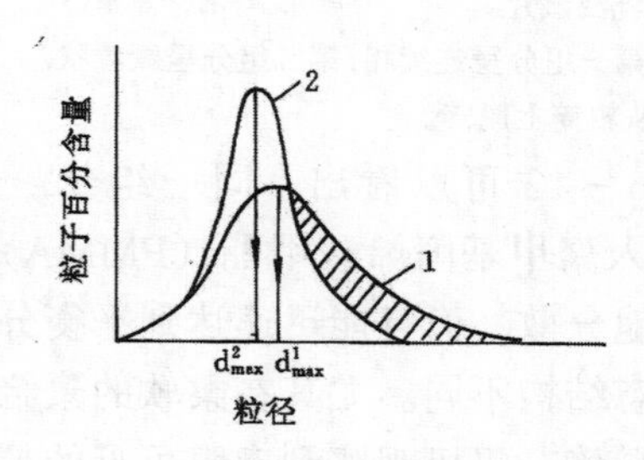

图6-25　粒径微分分布曲线

1—直接共混；2—两阶共混

第三节　配合剂在共混物中的分布

近年来研究表明，硫化剂、填充剂、防老剂和稳定剂等配合剂在共混体系各相中的分布是不均匀的。这对共混物的性能影响非常大。在共混物中，如果硫化剂、促进剂在两相中的分布不合理，就会使硫化胶中的两相硫化速度不同步、两相交联密度相差悬殊、导致共混物性能很差；在橡塑共混体系中，如果橡胶硫化剂和促进剂都分布到塑料相中，橡胶相将严重硫化不足；在 BR/PE 中加入炭黑，希望尽可能多的炭黑分布到 BR 中以起补强作用。而 NBR/PVC 中，则希望加入的稳定剂尽可能多的进入 PVC 相，以真正对 PVC 起稳定作用。如何确保合理的分配，必须了解配合剂在共混物中的分配规律，才能有效地控制共混物中配合剂的分布。

一、硫化剂在共混物中的分布

共混物的硫化是在硫化剂、促进剂及活性剂等硫化助剂存在下所进行的化学反应。然而多数共混体系是非相容体系，这就提出了交联助剂在各相中的分布和扩散问题。显然，硫化助剂在各相中的浓度对该相聚合物的交联动力学和最终的硫化程度有着重要影响。

（一）硫化剂的溶解度

硫化助剂在各种橡胶中的溶解度，可以用相似相容原理来分析。硫化助剂与橡胶的极性相近则容易溶解，溶解度也大。具体分析时，可利用硫化助剂和橡胶的溶解度参数来估计。常用硫化助剂的溶解度参数如表 6－14 所示。

表 6－14　硫化助剂的溶解度参数

硫化助剂	$\delta/(J^{1/2}/cm^{3/2})$	硫化助剂	$\delta/(J^{1/2}/cm^{3/2})$
硫黄	29.94	二丁基二硫代氨基甲酸锌（BZ）	22.94
二硫化二吗啡啉（DTDM）	21.55	硫醇基苯并噻唑（M）	26.82
过氧化二异丙苯（DCP）	19.38	二硫化二苯并噻唑（DM）	28.66
过氧化苯甲酰（BPO）	23.91	二硫化四甲基秋兰姆（TMTD）	26.32
对醌二肟	28.55	环已基苯并噻唑基次磺酰胺（CZ）	24.47
对二苯甲酰苯醌二肟	25.12	氧联二亚乙基苯并噻唑基次磺酰胺（NOBS）	25.15
酚醛树脂（2123）	33.48	六次亚甲基四胺（H）	21.36
叔丁基苯酚甲醛树脂（2402）	25.99	二苯胍（D）	23.94
二甲基二硫代氨基甲酸锌（PZ）	28.27	亚乙基硫脲（Na－22）	29.33
二乙基二硫代氨基甲酸锌	25.59	硬脂酸	18.67
乙基苯基二硫代氨基甲酸锌（PX）	26.75	硬脂酸铅	18.85

由表 6－14 可以看出，硫化助剂的溶解度参数都比橡胶的大。通过比较硫化助剂和橡胶的溶解度参数，可以定性地分析硫化助剂在橡胶中的溶解度。硫化助剂与橡胶的溶解度参数相近，硫化助剂在其中的溶解度大。

硫化助剂在橡胶中的相对溶解度（K_s）可用下式表示：

$$K_s = \frac{S_p}{S_r} \qquad (6-35)$$

式中　S_r——硫化助剂在标准橡胶中的溶解度；

S_p——硫化助剂在被比较橡胶中的溶解度。

在 153℃ 的条件下，硫黄在各种橡胶中的相对(氯化丁基橡胶)溶解度与橡胶溶解度参数的关系如图 6－26 所示。由图可以看出，硫黄在溶解度参数大的橡胶中的溶解度，比在溶解度参数小的橡胶中大。这是因为硫黄的溶解度参数是 $29.94J^{1/2}/cm^{3/2}$，只有溶解度参数大的橡胶，硫黄在其中的溶解度才大。

促进剂 CZ 在各种橡胶中的相对(EPDM)溶解度如图 6－27 所示。由图可知，CZ 在 NR、BR、SBR 及中丙烯腈含量 NBR 中的溶解度比较高，而在极高丙烯腈含量 NBR 中的溶解度反而比在 EPDM 中还要低。促进剂在橡胶中的溶解度因其种类不同而异。

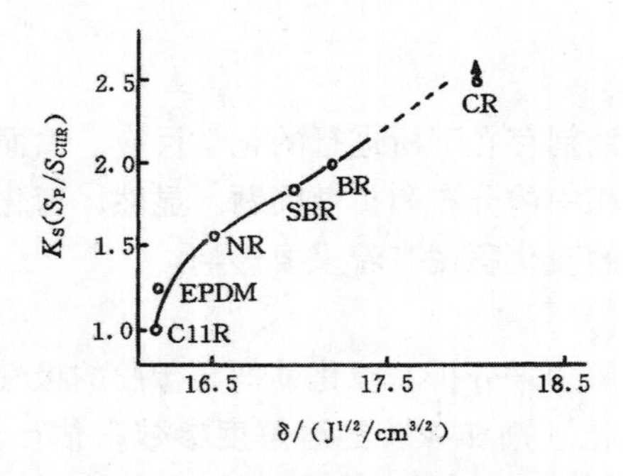

图 6－26　硫黄在各种橡胶中的相对溶解度

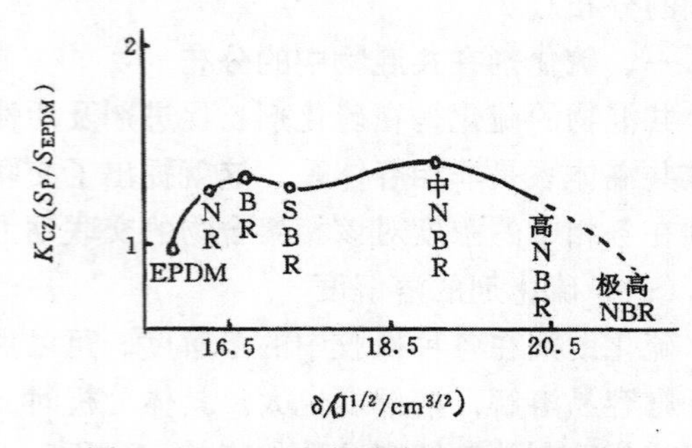

图 6－27　CZ 在各种橡胶中的溶解度

以上均为较低温度下的数据，然而在许多情况下，需要知道在硫化温度下的溶解度。

温度对硫化剂在橡胶中溶解度的影响，可借助于温度对固体在液体中溶解度的影响规律来分析：

$$\ln S = -\frac{\Delta H_f(T_o - T)}{RT_o T} \tag{6-36}$$

式中　S——在 T 温度下的摩尔溶解度；

ΔH_f——摩尔溶解热；

T——试验温度，K；

T_o——硫化助剂的熔点，K。

由上式可以看出，温度愈高，硫化助剂在橡胶中的溶解度愈大。温度对硫黄、促进剂 DM 及 TT 在各种橡胶中溶解度的影响如图 6－28～6－30 所示。

由以上各图可以看出，硫化助剂在橡胶中的溶解度随温度的升高而增大，但不同的助

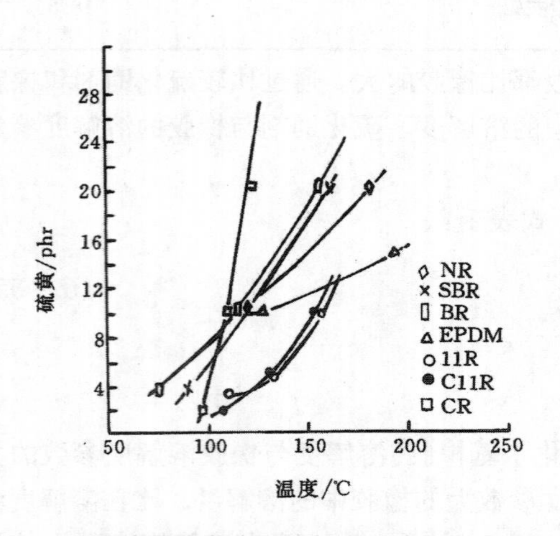

图 6－28　温度对硫黄在各种橡胶中溶解度的影响

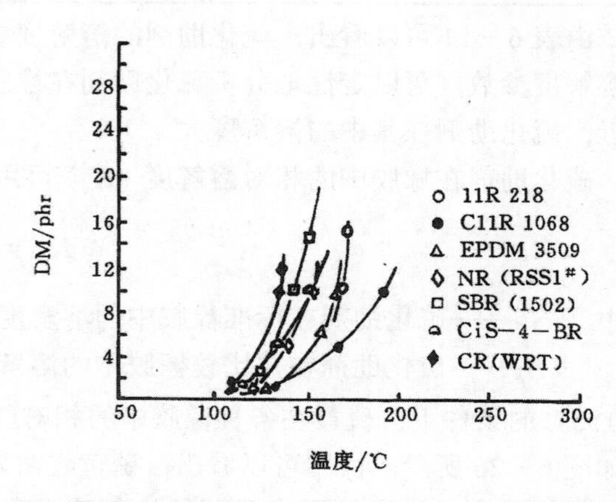

图 6－29　温度对 DM 在各种橡胶中溶解度的影响

剂在不同橡胶中溶解度的增加速率不同。在同一温度下各种助剂在不同橡胶中溶解度也各不相同。在100℃时，硫黄在EPDM和SBR中溶解度相差不大。而在150℃时，硫黄在SBR中的溶解度要比在EPDM中大很多。其它硫化助剂也有类似规律。由此可见，硫化助剂在橡胶中的溶解度，如果在室温下是饱和或近于饱和的，但在硫化温度下就不是饱和的了。

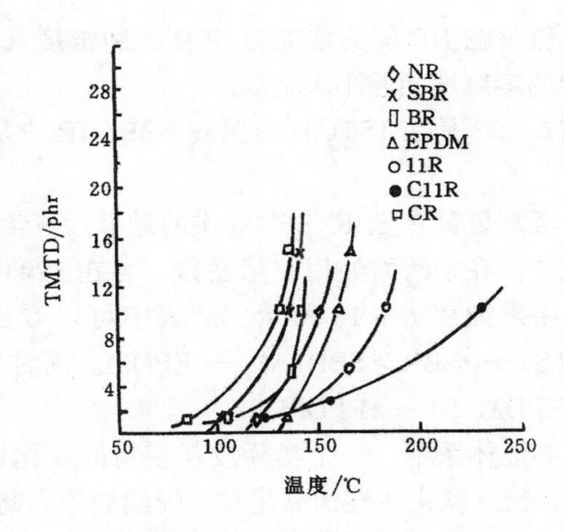

图6-30 温度对TMTD在各种橡胶中溶解度的影响

通过光学显微镜测得的153℃时硫化助剂在各种橡胶中的溶解度如表6-15所示。从表中可以看出，硫化助剂在各种橡胶中的浓度极不相同。

(二)硫化剂在共混物中的扩散

硫化剂在同一种橡胶中，一般是从浓度高的区域向浓度低的区域扩散，直至各处浓度达到均匀为止。硫化剂在多相共混体系中，会从溶解度低的相向溶解度高的相扩散，因此硫化剂在共混体系中存在着一个扩散过程。

表6-15 硫化助剂在各种橡胶中的溶解度(phr,153℃)

橡　　胶	S	DM	DOTG	TMTD
NR(RSS#1)	15.3	11.8	11.8	12
SBR(1502)	18	17	22	>25
BR	19.6	10.8	10	>25
EPDM	12.2	6.4	5.3	3.8
CR(WRT)	>25	>25	>25	>25
IIR	9.7	5.0	4.4	3.8
CIIR	9.8	4.0	7.0	2.5

图6-31是硫黄在同一种橡胶(IIR)中的扩散状态。由图可见，在同一橡胶中硫黄的浓度差在极短的时间内便可消失。由于在相内无溶解度的差别，因而界面处的浓度是连续的。

图6-32是150℃时硫黄在NR/SBR中，从NR相向SBR相扩散9 s后硫黄浓度的分布状态。由此可见，硫黄在极短的时间便可从NR相向SBR相扩散数十微米。在NR/SBR界

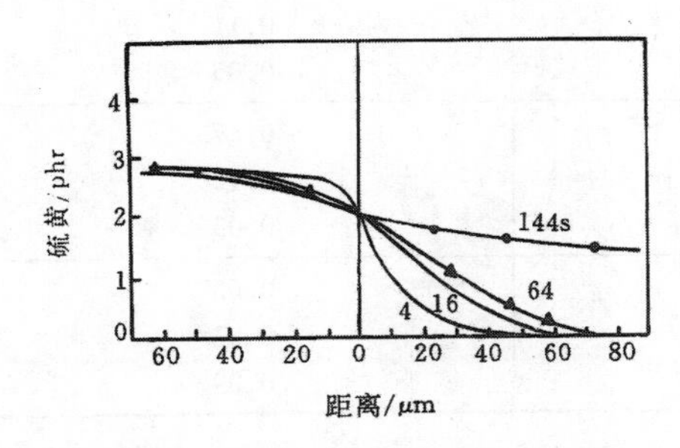

图6-31 硫黄在IIR中的扩散

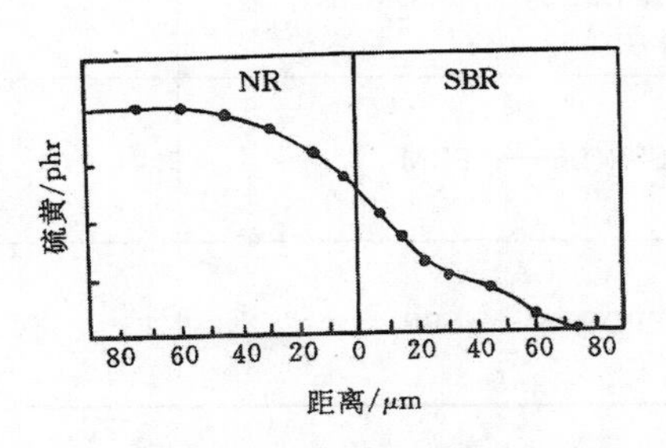

图6-32 硫黄在NR/SBR中的扩散

面处，硫黄在NR侧的浓度与SBR侧的浓度几乎相等。这是因为在150℃时硫黄在NR和SBR中的溶解度相差不大之故。

图6－33是在150℃时硫黄在SBR/IIR中从SBR相向IIR相扩散不同时间的浓度分布状态。

为考察硫黄在SBR/EPDM中的迁移，将含硫黄及不含硫黄的140mm×35mm×2mm的橡胶试片，在切断面处用胶浆粘接，再在120℃的平板硫化机上加热4h，测定其硫黄迁移量。其结果如表6－16所示。从表中可以看出，硫黄在异种聚合物间的迁移量顺序为：EPDM(S)⟶SBR＞SBR(S)⟶EPDM。同种聚合物间的硫黄迁移量顺序为：SBR(S)⟶SBR＞EPDM(S)⟶EPDM。

在共混体系中，一个实际胶料使用的硫化助剂种类比较多，诸如硫化剂硫黄、促进剂TMTD，M，硫化活性剂氧化锌、硬脂酸等。此外对硫化反应有影响的还有软化剂、补强剂等，所有这些配合剂的扩散与分布(图6－34)是比较复杂的。即在橡胶A中配有硫化助剂A、B、C。在橡胶B中配有硫化助剂D、E、F。这样的两种橡胶共混时，配合剂在界面处的浓度非常复杂，因此在设计共混橡胶硫化体系时，必须掌握好这些规律。

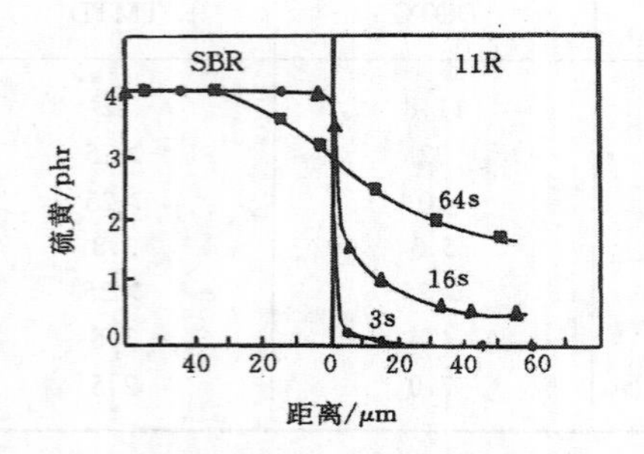

图6－33　硫黄在SBR/IIR中的扩散

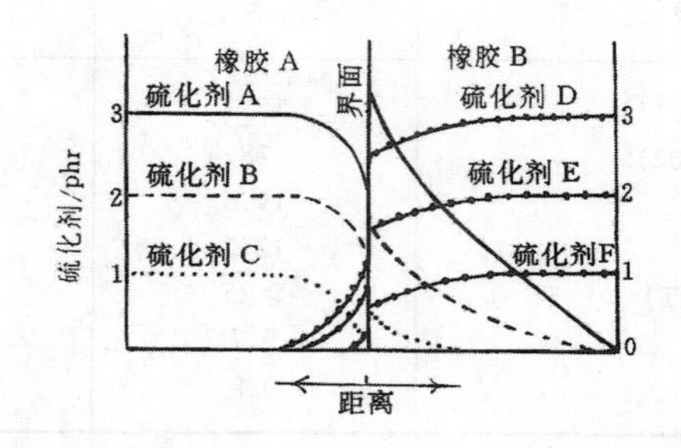

图6－34　多种硫化剂的扩散

表6－16　配有2％硫黄胶料的硫黄迁移量

橡胶的种类及组合	距界面距离/mm	测出的硫黄量/％
SBR(S)⟶SBR	2	0.52
	4	0.12
	6	0.06
EPDM(S)⟶EPDM	2	0.51
	4	0.11
	6	0.05
SBR(S)⟶EPDM	2	0.47
	4	0.12
	6	0.03
EPDM(S)⟶SBR	2	0.65
	4	0.22
	6	0.09

硫化助剂在橡胶中的扩散速度，可用扩散系数表征。部分助剂在各种橡胶中的扩散系数如表6－17所示。硫化剂在共混物中的扩散系数如表6－18所示。

表 6-17 硫化助剂在橡胶中的扩散系数（$D\times10^{7}cm^{2}/s$, 100℃）

橡胶	硫化助剂			
	TMTD	CZ	DM	S
SBR	0.3	0.5	—	3.2(60℃)
NR	0.5	0.8	0.6	16.22(135℃)
BR	1.0	1.6	1.0	2.2(20℃)
EPR	—	—	—	18.7(150℃)

表 6-18 硫化剂在共混物中的扩散系数(150℃)

助剂	扩散方向	$D\times10^{7}cm^{2}/s$
二乙基二硫代氨基甲酸碲	IIR ⟶ BR	12.66
	IIR ⟶ EPDM	1.00
	IIR ⟶ CR	1.08
	IIR ⟶ SBR	0.581
	IIR ⟶ SBR + 50phrSRF	0.595
硫黄	IIR ⟶ NR	0.70
	IIR ⟶ SBR	4.73
	IIR ⟶ SBR + 50phrSRF	17.20
	IIR ⟶ NR + 50phrSRF	2.82

通过表 6-17、6-18 可以看出，硫化剂、硫化促进剂在各种橡胶中的扩散系数多为 $10^{-8}\sim10^{-6}cm^{2}/s$。然而聚合物在聚合物中的扩散系数是 $10^{-12}cm^{2}/s$ 左右，两者相差高达 10^{6} 倍。

如果已知硫化剂的扩散系数 D，经过一定距离 x 所需的时间 t 可用 Einstein 方程：$X\cong(Dt)^{\frac{1}{2}}$ 求得。各种扩散系数的硫化剂扩散 1mm、10μm 所需时间的计算结果如表 6-19 所示。由表中可以看出，如果 D 为 $10^{-7}cm^{2}/s$，共混体系中分散相的粒径（混合比为 10%～25%）约为 10μm 时，则硫化剂穿过这一粒子只要 25 s 便可完成。如果在硫化温度下，扩散系数将增大，扩散时间将更短。各相中硫化剂浓度达到平衡所需要时间与硫化时间相比很短。当 A、B 两种橡胶共混时，交联剂在 A、B 两相中分布状态可用图 6-35 表示。由图可见，硫化助剂在共混物中分布如此不均，如不加以调整，将严重的影响硫化速度的同步。上述扩散现象多为纯硫（硫黄、促进剂）硫化体系。在实际共混橡胶配方中，不仅有硫黄、促进剂，而且还会有硬脂酸、氧化锌以及填充剂等许多组分。在这种多组分体系中，硫化助剂的扩散将更加复杂。

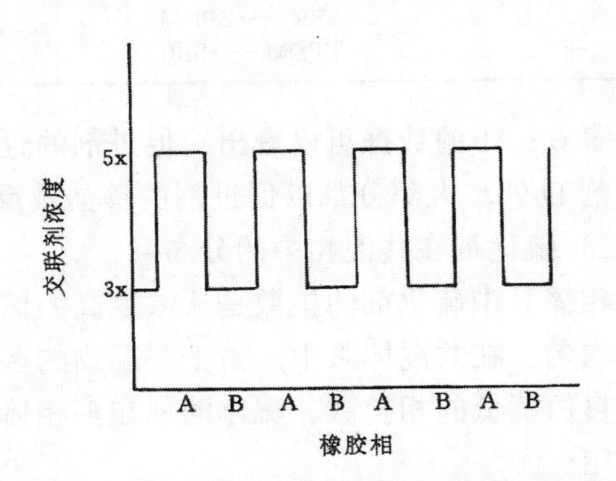

图 6-35 交联剂在共混橡胶各相中的浓度
交联剂在 A 中的溶解度为 3x；
交联剂在 B 中的溶解度为 5x

在 SBR/EPDM 体系中，按表 6－20 配方制成添加硫化促进剂及不添加硫化促进剂的胶料，然后放在硫化试片的模具中严密对接，在 150℃×60min 的条件下制成 2mm 厚的试片，用色层分析(TLC)法测定硫化促进剂在共混物中的迁移，结果如表 6－21 所示。

表 6－19　各种扩散距离的平均扩散时间

扩散系数/ (cm^2/s)	扩散距离	
	1mm	10μm
10^{-5}	4min	0.25s
10^{-6}	40min	2.5s
10^{-7}	7h	25s
10^{-8}	70h	4min

表 6－20　配　方

配　合　剂	SBR 配合	EPDM 配合
SBR (1502)	100	—
EPDM (ESPRENE505)	—	100
硬脂酸	1	1
氧化锌	5	5
炭黑 (HAF)	40	40
硫黄	1.5	1.5
促进剂①	3	3

①试验用促进剂有：TT，PZ，NOBS，M，D。

表 6－21　促进剂的迁移

促进剂	供试聚合物	距界面距离和测出的促进剂			
	添加侧，非添加侧	添加侧	非添加侧		
			0～3mm	3～6mm	6～9mm
TT	SBR ⟶ EPDM	PZ	微量 PZ	—	—
	EPDM ⟶ SBR	PZ	微量 PZ 的生成物	生成物	—
PZ	SBR ⟶ EPDM	PZ	—	—	—
	EPDM ⟶ SBR	PZ	微量 PZ	—	—
M	SBR ⟶ EPDM	MZ	—	—	—
	EPDM ⟶ SBR	M	M，MZ	—	—
NOBS	SBR ⟶ EPDM	MZ	—	—	—
	EPDM ⟶ SBR	MZ	微量 MZ 的生成物	—	—
D	SBR ⟶ EPDM	D	D，生成物	—	—
	EPDM ⟶ SBR	D	生成物	—	—

由表 6－21 的数据可以看出，促进剂的迁移形态，由于橡胶中氧化锌和硬脂酸的影响，除促进剂 D 外，大部分都以促进剂的锌盐及反应生成物的形态迁移。

（三）硫化剂在共混物中的分布

单相体系中硫化剂的扩散是从浓度高的区域向浓度低的区域扩散，平衡时硫化剂在体系内处处均匀。在共混体系中，由于共混物的多相性，硫化剂粒子会从吉布斯自由能高的相向吉布斯自由能低的相扩散。硫化助剂在多相体系中达到平衡时的浓度由其在各相聚合物的溶解度决定。

在共混物中，硫化剂在各相中的浓度差异可以定量地由分配系数 K 表示：

$$K=\frac{S_A}{S_B} \tag{6-37}$$

式中　S_A——硫化助剂在橡胶 A 中的溶解度；

S_B——硫化助剂在橡胶 B 中的溶解度。

各种硫化助剂在 150℃ 时在各种橡胶共混体系中的分配系数如表 6－22 所示。由表中可以看出，K 值随共混体系、硫化助剂的种类不同而异。硫化助剂在共混体系中的 K 值与硫化助剂及橡胶的溶解度参数有关，二者相差愈大则 K 值偏离 1 愈远。如果 K 值接近于 1，则硫化助剂在共混物两相中均匀分布；如果 K 值很大或很小，则硫化助剂在共混物两相中分布不均匀。例如，TMTD 在 SBR/CIIR 中的 K 值大于 10，如果在 SBR/CIIR 中配入 TMTD 则 TMTD 的绝大部分将进入 SBR 相。由此可见，要设计好共混物的硫化体系，必须掌握硫化助剂的分布规律。

表 6-22　硫化助剂的分配系数（153℃）

共混体系	硫　黄	DM	DOTG	TMTD
SBR1502/NR（RSS#1）	1.18	1.44	1.86	>2
BR/SBR1502	1.09	0.64	0.46	—
BR/NR（RSS#1）	1.26	0.92	0.85	—
NR（RSS#1）/EPDM	1.25	1.85	2.22	3.17
SBR1502/EPDM	1.48	2.66	4.15	>6.6
BR/EPDM	1.60	1.69	1.89	>6.6
EPDM/CIIR	1.25	1.6	0.76	1.52
NR（RSS#1）/CIIR	1.56	2.95	1.7	4.8
SBR1502/CIIR	1.84	4.25	3.14	>10
BR/CIIR	2.00	2.7	1.43	>10
CR（WRT）/CIIR	>2.5	>6	>3.6	>10

二、补强填充剂在共混物中的分布

炭黑等细粒子补强剂是橡胶的重要配合剂之一。各种橡胶制品的特定性能，有其最佳填充剂及其用量。

补强剂在共混物中的补强效果，在某些情况下是组分橡胶补强效果的加和。但在另一些情况下，填充剂对共混物的补强效果比加和效果低。这种情况的原因之一是填充剂在共混物中的分布不合理。

大量研究表明，补强填充剂在共混物中难于均等的分布在两相中。这种不均匀分布直接影响橡胶和制品的性能。填充剂在共混物中各相的分布，常因橡胶、填充剂种类不同而异。在同一种共混体系中，也会因混炼方法等不同而填充剂在各相中的分布有很大变化。如能掌握这些规律，通过各种手段，调整填充剂在共混物中的分布，也可以获得性能优异的共混物材料。

（一）共混物中补强剂分布的影响因素

在两相共存的橡胶共混物中，炭黑难于在两相中均等分布。影响炭黑分布的因素有橡胶的不饱和度、粘度、极性、炭黑的品种、用量和混合方法等。

1. 炭黑与橡胶的亲和性　炭黑在与橡胶共混体系中的分布与炭黑和橡胶的亲和性有关。炭黑和橡胶的亲和力与橡胶的不饱和度有关。由于炭黑与橡胶分子链中的双键有很强的结合力，所以不饱和度大的橡胶与炭黑的亲和力大。此外，炭黑与橡胶的亲和性还与橡胶的极性有关。

试验表明，在 50/50 的 NR 与其它橡胶共混体系中加入 40 份 ISAF 时，ISAF 在各种共混体系中的分布如图 6-36 所示。由图可见，如果 NR 与其它橡胶按 50/50 的比例共混时，炭黑在 NR 中的含量位于低不饱和橡胶（CIIR、EPDM）和高不饱和橡胶（BR、SBR、NBR、CR）之间。这是由炭黑与橡胶亲和力大小决定的。在 50/50 的橡胶共混物中，炭黑与各种橡胶的亲和力顺序为

BR＞SBR＞CR＞NBR＞NR＞EPDM＞IIR（CIIR）

由此规律可以看出，当NR与高不饱和橡胶共混时，炭黑将大部分不在NR相中，这样的分布对共混物的拉伸强度十分有利。但是，当NR与不饱和度低的橡胶共混时，炭黑将大部分在NR相中，这种分布对共混物的拉伸强度不利，应当加以调整。

在NR/PE中，加入炭黑或白炭黑时，由于NR分子链中带有双键，可与炭黑表面上的活性基团作用，而白炭黑表面上的羟基与NR中的蛋白质亲和力大。因此，NR/PE中的炭黑或白炭黑容易分散到NR中去，这种分布对提高NR/PE的物性有利。

2．橡胶粘度对炭黑分布的影响　橡胶粘度对炭黑在共混物中的分布起重要作用。在一般情况下，炭黑容易进入粘度小的橡胶相中。

研究表明，在混合比为50/50的NR/BR中，加入20份ISAF，将NR的粘度（用转矩表示）固定在2kg·m不变，改变BR的分子量，粘度由2.5kg·m提高到4kg·m。将NR与不同粘度的BR合炼，然后填加炭黑。BR粘度对BR相中炭黑含量的影响从图6-37可以看出。在BR粘度低时BR相中的ISAF含量高达75%，但粘度增大时，BR相中的ISAF含量则相应减少。

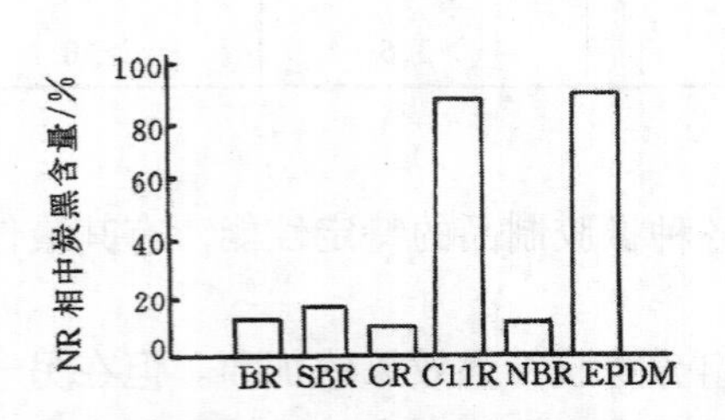

图6-36　炭黑在NR与各种橡胶的共混体系中的分布

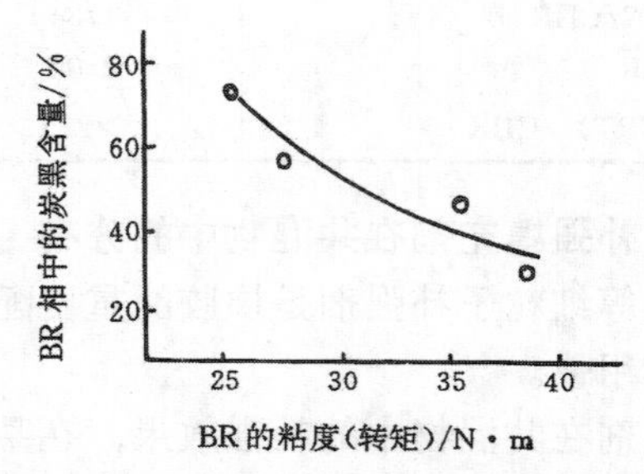

图6-37　BR粘度对炭黑在NR/BR中分布的影响

软化剂对橡胶的粘度影响很大，因此也可用软化剂调节炭黑在共混物中的分布。

3．炭黑表面特性及用量对其分布的影响　为考察炭黑表面特性对炭黑在共混橡胶中分布的影响，首先将50/50的NR/CIIR及NR/BR中的橡胶合炼，然后添加正常ISAF、化学氧化ISAF和沉淀二氧化硅三种填料。三种填料在共混橡胶中的分布情况如图6-38所示。从图6-38可以看出，添加正常ISAF时，炭黑的分布符合前述规律。如果将炭黑进行表面氧化处理后，改变其表面性质，则炭黑在NR相中的分布量将有所提高。其中沉淀二氧化硅在NR相的高分配是由于NR中的蛋白质等组分与沉淀二氧化硅表面所带羟基的相互作用所致。

在混合比为50/50的NR/BR中，如预先将NR与BR合炼。然后加入ISAF，炭黑用量对NR/BR中炭黑分布的影响从图6-39可以看出。当炭黑的用量较少时，如用量为10份，则ISAF几乎均匀分布在NR相和BR相；如果炭黑用量增加，则炭黑进入BR相中的数量也随之增多，当ISAF用量增至40份时，则几乎90%的炭黑进入BR相。此外，随着炭黑用量增加，分散相尺寸变小。由此可见，炭黑在共混物中的配入量增加，则分布的选择性增强。

4．混炼方法对填料分布的影响　除上述几种影响填料分布的因素外。混炼方法也是重要因素之一。为考察混炼方法对HAF在BR/SBR中分布的影响，按表6-23所列配方，分别采用正常混炼方法及母炼胶法：

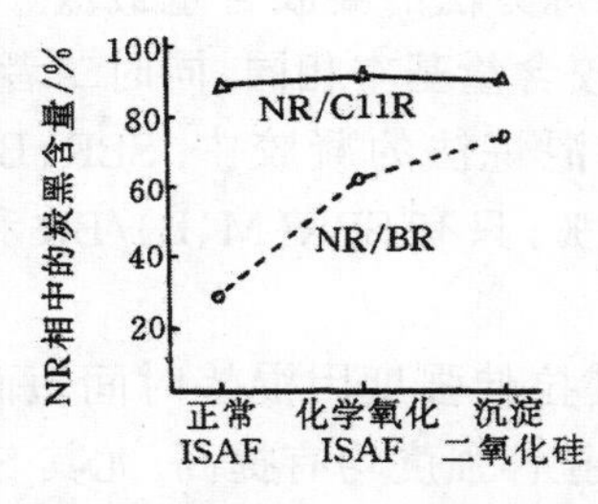

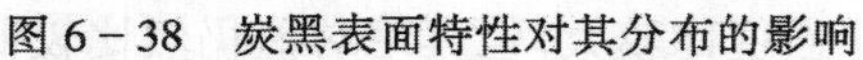
图6－38 炭黑表面特性对其分布的影响

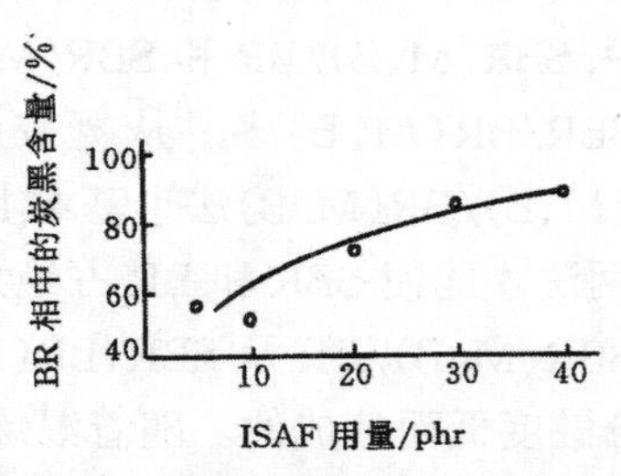

图6－39 炭黑用量对其在NR/BR中分布的影响

表6－23 配 方

配合剂	混炼方法						正常混炼
	1	2	3	4	5	6	
SBR1500	100	100	100	—	—	—	50
BR	—	—	—	100	100	100	50
HAF炭黑	60	30	0	60	30	0	30
硬脂酸	2	2	2	2	2	2	2
氧化锌	3	3	3	3	3	3	3
硫 黄	2	2	2	2	2	2	2
促进剂CZ	1	1	1	1	1	1	1

(1) 先将SBR与BR合炼，然后再加HAF，称正常混炼。

(2) 先将HAF制成SBR母炼胶〔用SBR(M、B)表示〕，然后再加BR。

(3) 将SBR、BR分别制成HAF母炼胶，然后再混炼。

(4) 先将BR制成HAF母炼胶〔用BR(M、B)表示〕，然后再与SBR混炼。

混炼时间分别为：用开炼机混炼1min和5min；用密炼机混炼5min和10min，所得胶料的物性及用气相色谱法测定的炭黑凝胶中橡胶成份如表6－24所示。由表中可以看出，共混

表6－24 混炼方法对炭黑分布的影响

项 目	SBR(M、B)/BR				正常混炼	SBR(M、B)/BR(M、B)				SBR/BR(M、B)			
	开炼 1min	开炼 5min	密炼 10min	密炼 10min		开炼 1min	开炼 5min	密炼 5min	密炼 10min	开炼 1min	开炼 5min	密炼 5min	密炼 10min
门尼粘度(ML_{1+4} 100℃)	55	55	55	51	58	53	53	53	51	59	57	56	52
炭黑凝胶/%	18	20	21	24	17	20	20	21	24	19	20	20	20
炭黑凝胶组成													
SBR/%	88	86	85	78	50	40	44	47	50	5	10	15	20
BR/%	12	14	15	22	50	60	56	53	50	95	90	85	80
橡胶物性140℃硫化													
拉伸强度/MPa	19.1	25.5	20.6	20	18.7	20.0	19.8	20.0	19.7	16.3	17.8	19.1	20.4
扯断伸长率/%	440	475	470	435	475	495	480	495	485	390	450	450	440
磨耗(1.6km)/cm^3	0.967	0.933	0.860	0.908	0.878	0.859	0.835	0.859	0.879	0.805	0.729	0.689	0.763
生热/℃	19	17	16.5	14.5	17	14.5	14	15	14	17	17	16	13.5
弹性/%	71.2	73.2	72.8	72.8	73.2	71.7	72.1	71.7	72.1	75.4	75.4	75.4	75.0
撕裂强度/(N/m)	3.4	3.5	3.1	3.5	3.4	3.7	3.6	3.7	3.6	2.7	2.7	2.6	3.0

物的门尼粘度随混炼时间延长而降低。SBR(M、B)/BR(M、B)的门尼粘度最低、SBR(M、B)/BR次之,SBR/BR(M、B)最高。共混物的凝胶含量以正常混炼方法的凝胶含量最低。在母炼胶共混物中,SBR(M、B)/BR和SBR(M、B)/BR(M、B)的凝胶含量基本相同,同时二者的凝胶含量都比SBR/BR(M、B)多。从凝胶组成可以看出,正常混炼法的凝胶中,SBR、BR各占50%,SBR(M、B)/BR(M、B)法也基本上是SBR、BR各占50%,只有SBR(M、B)/BR和SBR/BR(M、B)两法才能使SBR和BR占绝大多数。

采用SBR(M、B)/BR及SBR/BR(M、B)二法混炼时,其拉伸强度因混炼时间短而降低。这是由于分散度低而造成的。随着混炼时间的延长,二者的拉伸强度均有提高,尤其SBR/BR(M、B)法提高的更大。尽管SBR/BR(M、B)法提高拉伸强度比较大,但其绝对值仍然比较低。

SBR/BR的耐磨性,以SBR/BR(M、B)法最好,SBR(M、B)/BR法最差。SBR/BR(M、B)法混炼的胶料弹性最好,SBR(M、B)/BR(M、B)最差。

(二) 填料分布对共混物性能的影响

由上述讨论得知,炭黑等细粒子补强剂在各相中的分布是不均等的。另外,炭黑对橡胶的补强作用与橡胶的种类有关。自补强橡胶,即使不添加炭黑其物性也比较高,而非自补强橡胶必须添加炭黑进行补强,其硫化胶的物性才能明显改善。各种橡胶的特定性能有其最佳炭黑用量。由此可见,炭黑在共混物各相中的分布不是愈均匀愈好,需要合理分配,存在一个炭黑分配量对胶料物性的平衡问题。

在50/50的NR/BR中,通过不同炭黑母炼胶及不同工艺方法添加40份ISAF,使BR相中的分配量从7%至95%不等,炭黑分配量对共混物性能的影响如图6-40、6-41所示。从图6-40可以看出,当炭黑大部分集中在NR相时,硫化胶的拉伸强度很低,这是由于

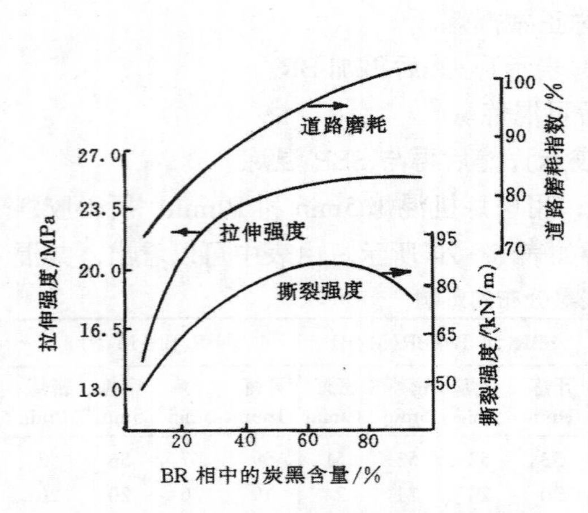

图6-40 炭黑分布对硫化胶性能的影响

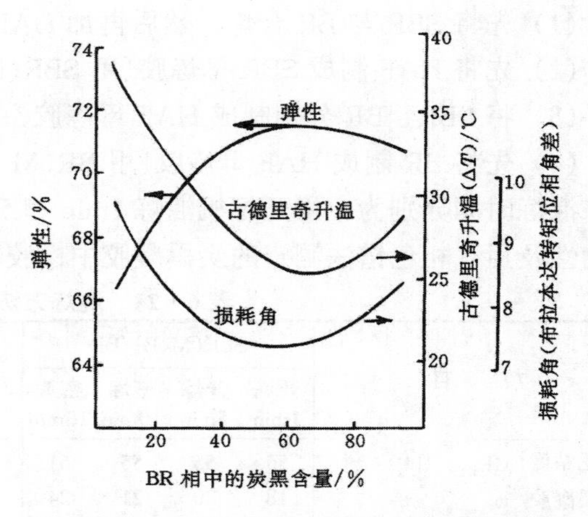

图6-41 炭黑分布对滞后性能的影响

BR相内炭黑含量少,BR没能得到很好地补强,其共混物的拉伸强度低。

共混物的撕裂强度随炭黑在BR相中的分配量不同而异。当60%的炭黑分布于BR相中时,共混物的撕裂强度出现极大值。当BR相中的炭黑量再增大时,则NR相中的炭黑量太少,NR没有得到必要的补强,共混物的撕裂强度也低。由此可见,BR相中含60%的炭黑是NR/BR撕裂强度的最佳值。另外,里程试验的耐磨性也随着炭黑在BR相中增加而得以改善。

从图 6－41 可以看出，在 NR/BR 中，炭黑在 BR 相中的含量在 60％左右时，其弹性好，生热低、滞后损失最小。

在50/50的BR/CIIR中，采用不同的方法添加40份ISAF时，炭黑添加方法对BR/CIIR 的性能影响如图 6－42、6－43 所示。图中结果表明，若将 ISAF 全部加入到 BR 中，然后再与 CIIR 相混，则物性很差。但只要将20％的 ISAF 加入到 CIIR 中即可显著改善共混物性能，而且随 ISAF 加入量增加，物性不断改善。另外当 10％的 ISAF 加入 BR 中时，共混物的抗臭氧性能最差；而100％的ISAF加入到CIIR中去时，则共混物的抗臭氧性能最好。

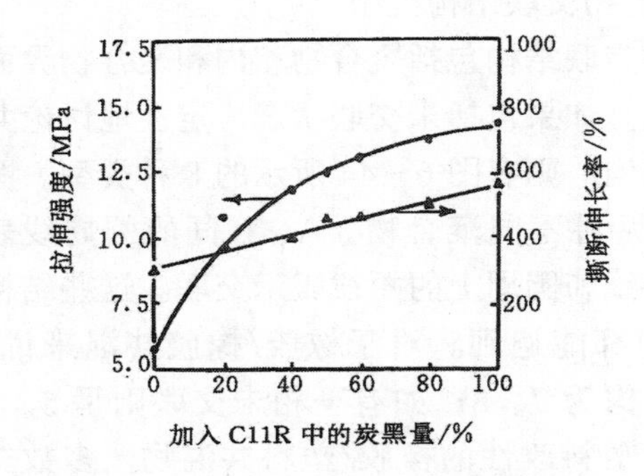

图 6－42　CIIR 中 ISAF 加入量对 BR/CIIR 共混胶料拉伸强度（●）和伸长率（▲）的影响

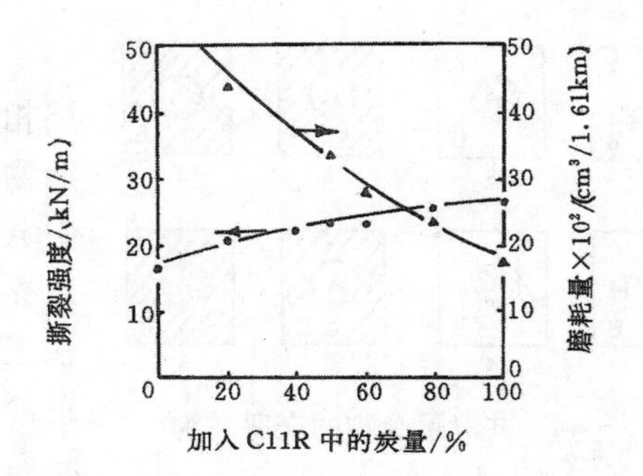

图 6－43　CIIR 中 ISAF 加入量对 BR/CIIR 共混胶料撕裂强度（●）和磨耗量（▲）的影响

研究认为，将 ISAF 加入 CIIR 中，之所以能改善性能，主要是由于炭黑的迁移效应造成不均等分布所致。

共混物混炼时，在足够的剪切力作用下，CIIR 相中的炭黑大部分会迁移到 BR 相去。而在同样情况下，由于炭黑对各种橡胶的亲和力不同，加入到 BR 相中的炭黑却很少能迁移到 CIIR 相中去。如果将炭黑全部加入到 BR 中，共混物中的 CIIR 相几乎得不到炭黑的补强，其物性很差。另外，由于 BR 与 IIR 的相容性较差，两相界面会出现强度薄弱区，这不仅影响共混物的力学性能，而且在应力作用下，还有利于臭氧的渗透和扩散。如果将全部或部分炭黑加入 CIIR 中，一方面由于炭黑的相间迁移效应，BR 和 CIIR 相中均有一定量的炭黑，两相都可得到补强。另一方面迁移到界面的炭黑，还可以通过吸附两相大分子链而强化界面，也有利于改善共混物的物性。

第四节　共混物的共交联

聚合物共混技术发展的主要障碍之一就是共混聚合物中各组分聚合物硫化速度不协调。甚至在热力学相容的聚合物共混体系中，主要的技术问题仍然是组分聚合物硫化速度的差别，以及为减小硫化速度差别而选择聚合物组分共同或者单独交联体系的问题。

在有些情况下，或由于组分聚合物硫化反应能力之间的差别，或由于硫化助剂在组分聚合物间溶解度造成的差异。如果这种情况出现，硫化剂的大部分将迅速地被硫化速度快的组分所消耗，各相硫化速度不同步，甚至出现一相交联不足，另一相交联过度。这是某些共混物性能低劣的重要原因。

此外，为提高共混物界面的粘结力，虽然可以添加普通的增容剂，但它是通过只有10kJ/mol的物理力起作用的。更有效的方法应该采用键能在209～335kJ/mol的化学键在界面处产生相间交联，使共混物形成统一网络。因此，理想的共交联要求共混物既能两相同步硫化，又能产生相间交联。

一、共混物共交联的结构

单一橡胶硫化的研究，往往致力于阐明硫化的化学历程和动力学。而共混物的硫化，由于多数共混体系是微观多相体系，因此对共混物硫化的研究，既要考虑微观多相性，又要考虑可能有多种交联点的存在，使共混物的交联结构复杂化。

（一）共混物交联结构类型

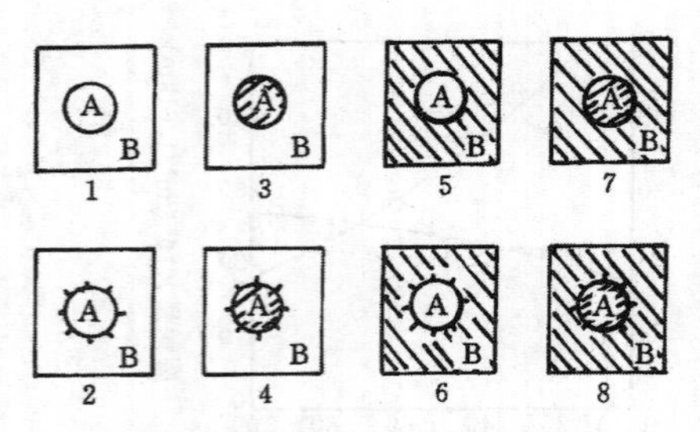

图 6-44　共混聚合物的交联结构

共混物的交联结构包括聚合物相内和聚合物界面层相间的交联。如果包括未交联状态，定性地讨论共混物的交联结构，则有图 6-44 所示的 8 种类型。图中 A、B 表示两种不同聚合物。A、B 间的圆周线表示界面层。斜线和圆周上的短线表示交联。这些结构在工业生产中都能遇到。对于橡胶/橡胶共混来说，正常的交联结构为 7、8；如有一相未交联则呈 5、6 状态，用少量塑料改性的橡胶/塑料共混物，多数交联结构为 5、6，即塑料相未交联，也有可能呈 7、8 状态；3、4 则是典型的共混型热塑性弹性体的交联结构状态；2 很罕见，1 显然是交联前的状态。

（二）共混物的硫化速度

共混物中多数聚合物相的硫化速度各不相同，同时共混物中硫化助剂在各相中的分布又不均匀，这些都会严重影响共混物中各聚合物相的交联动力学。经常出现两相硫化速度不同步，甚至使两相硫化程度显著不同，结果使共混物硫化胶性能低劣。

如以 CIIR/SBR 体系为例，其混合比为 50/50，采用硫黄 1.2 份、TMTD 0.1 份和 CZ 0.6 份作为硫化体系，胶料的硫化可以近似地用下式表示：

$$v = K[\mathrm{S}]^x[\mathrm{TMTD}]^y \qquad (6-38)$$

式中　v——硫化反应速度；

K——硫化反应速度常数；

x, y——硫化反应的级数。

如果单一胶种硫化也采用上述共混物相同的硫化体系和用量，则单一胶种 CIIR 的硫化速度 v_{CIIR} 和 SBR 的硫化速度 v_{SBR} 为：

$$v_{\mathrm{CIIR}} = K[1.2]^x[0.1]^y \qquad (6-39)$$

$$v_{\mathrm{SBR}} = K'[1.2]^{x'}[0.1]^{y'} \qquad (6-40)$$

假如这些硫化助剂按表 6-22 所示的分配系数分配：硫黄的分配系数按 1.84，TMTD 的分配系数按 10 计算。在平衡状态下硫黄在 CIIR 相中将是 0.86 份，在 SBR 相中将是 1.54 份。TMTD 在 CIIR 中将是 0.02 份，在 SBR 相中将是 0.18 份。则共混后 CIIR 相的硫化速度 v_{mCIIR} 和 SBR 相的硫化速度 v_{mSBR} 为：

$$v_{\mathrm{mCIIR}} = K[0.86]^x[0.02]^y \qquad (6-41)$$

$$v_{\mathrm{mSBR}} = K'[1.54]^{x'}[0.18]^{y'} \qquad (6-42)$$

假如 x, x', y 和 y' 均为 1，则共混前后 CIIR 硫化速度比为：

$$\frac{v_{\mathrm{mCIIR}}}{v_{\mathrm{CIIR}}}=\frac{K[0.86][0.02]}{K[1.2][0.1]}=0.14$$

SBR 共混前后的硫化速度比为

$$\frac{v_{\mathrm{mSBR}}}{v_{\mathrm{SBR}}}=\frac{K'[1.54][0.18]}{K'[1.2][0.1]}=2.3$$

从以上计算结果可以看出，共混后由于硫化剂在各相中的浓度变化，对各相硫化速度的影响十分严重。SBR 在共混体系中的硫化速度，因共混后硫化剂浓度的变化，比 SBR 单独硫化时的硫化速度快 2.3 倍；CIIR 在共混体系中的硫化速度，因共混后硫化剂浓度的变化，仅为 CIIR 单独硫化时的 14%。因此，倘若硫化条件相同 CIIR 相在共混体系中将严重硫化不足。这是一些共混物不能同步硫化的重要原因，在共混物硫化时必须加以解决。

（三）共混物的相间交联

共混物的同步硫化，只能解决共混物各相之间硫化程度均衡问题，不能加强两相之间的界面。而共混聚合物多呈相分离状态，其力学性能的薄弱部位便是相界面处。只有通过界面处产生相间交联（界面交联、异种聚合物交联），加强多相体系的界面，使相分离体系处于分相而不分离的统一网络结构状态，才能获得更好的改性效果。

共混物相间交联，本质上是异种聚合物之间产生交联，因此相间交联特性主要取决于聚合物的化学性质，尤其产生交联活性点的特性。例如：

$$>C=C<\ ;\ C-H;\ C-Cl;\ -C(=O)OH\ ;\ -NH_2$$

$$-N=C=O\ ;\ Si-H;\ C-OH;\ -C-SH;\ -C\underset{O}{-}C-$$

等等。为实现交联具有不同交联活性点的聚合物，可选择相应的各种硫化体系：如果参与共混的聚合物具有相同性质的交联活性点，可选用共同的交联体系；如果共混聚合物的交联活性点性质不同时，可采用多官能交联剂，也可以对聚合物进行化学改性，使其具有新的活性点，与另一聚合物的活性点相同或能相互反应。

用电子显微镜观察到的 RN/BR 及 NR/NBR 相间交联的照片如图 6－45 所示。从图中

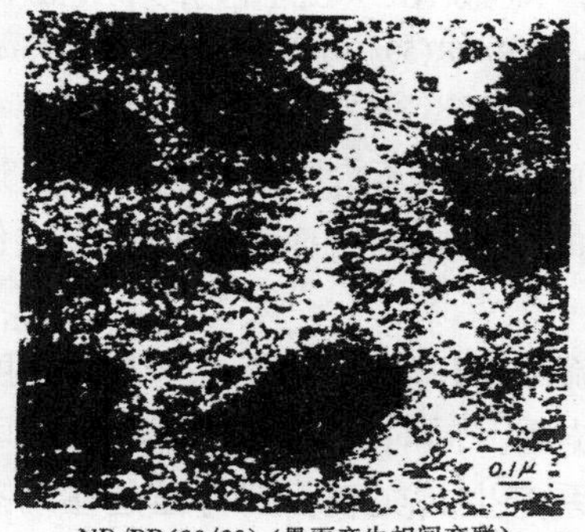

NR/BR(80/20)（界面产生相间交联），海相 NR，岛相 BR

NR/NBR(85/15)（界面没有产生相间交联），海相 NR，岛相 NBR

图 6－45　NR/BR 及 NR/NBR 相间交联电镜照片

可以看出，二者虽然都有相同的硫化活性点，可以选用同一硫化体系，但二者的相容性差别很大。因为NR与BR的相容性比NR与NBR好，NR/BR的界面厚度比NR/NBR厚，所以NR/BR体系比NR/NBR体系容易产生相间交联。在所观察的两种体系中，NR/BR产生了相间交联，而NR/NBR没有产生相间交联。

二、通用橡胶的共交联

在橡胶工业中，大量使用着NR、BR、SBR、NBR等通用橡胶。由于目的不同而进行着各种组合，构成各种性能的胶料。然而这类橡胶共混物的硫化仍然存在着共交联的问题。

这类橡胶硫化，由于具有相同性质的硫化活性点，硫化机理相似，因此，采用硫黄促进剂硫化体系，便具有实现同步硫化和相间交联的条件。但由于硫化助剂在各种橡胶中的溶解度存在差异，所以在实际工作中仍需精心设计硫化体系才能获得较好的共硫化性。

(一) NR/BR的共交联

NR和BR在150℃下用硫黄－CZ硫化体系硫化，其硫化特性如图6－46所示。从图中可以看出，BR比NR的硫化诱导期长。在NR/BR(50/50)的共混体系中发现，如果按NR的正硫化时间硫化，BR的硫化严重不足，反之，如果按BR的正硫化时间硫化，则NR会过度硫化。然而，通过测定NR/BR(50/50)的介电损耗温度谱(图6－47)发现，共混物中NR相出现损耗峰的频率位置比纯NR胶出现损耗峰的频率位置移向低温方向；BR相出现损耗峰的频率位置比纯BR胶出现损耗峰的频率位置移向高温方向。这说明在共混体系中，BR相的硫化速度比NR相快，BR相的硫化程度比NR相高。这一结果与硫化仪测得的结果相反，其原因就是共混物中两胶相不能同步硫化。

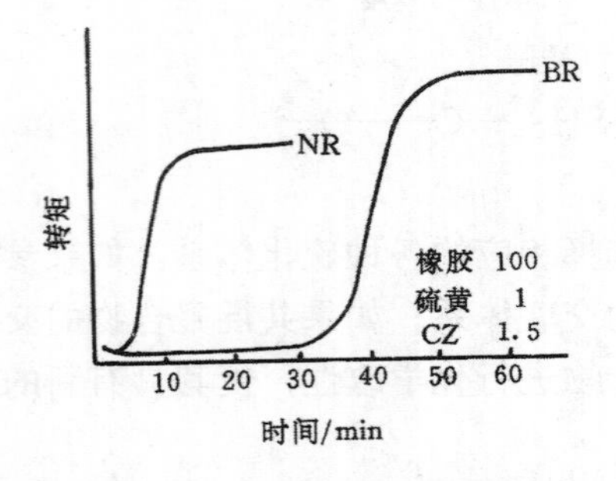

图6－46 NR、BR的硫化特性

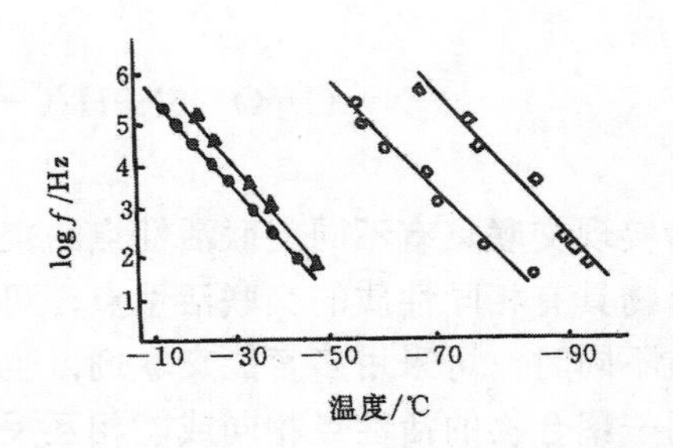

图6－47 NR、BR及NR/BR(50/50)中NR相、BR相的介电损耗频率(f)温度谱

●—NR 100(145℃×45min硫化)；◇—BR 100(145℃×45min硫化)；
▲—NR/BR(50/50)的NR峰(145℃×45min硫化)；
○—NR/BR(50/50)的BR峰(145℃×45min硫化)

为提高共混物的硫化同步性，对于两相硫化速度相差不大的共混体系，应选择分配系数近于1的硫化助剂；对于两相硫化速度相差较大的共混体系，应选择那些在硫化速度较慢的胶相中溶解度大的硫化助剂。

Fujimoto的研究表明，共混物NR/BR的未硫化胶和硫化胶的动态力学温度谱上往往出现两个损耗峰。说明NR/BR硫化胶是一个多相体系，同时亦说明没有发生相间交联。Bauer指出，采用S/NOBS硫化体系可以使NR/BR体系产生共交联。其特征是在动态力学损耗峰的温度谱上出现了一个介于两个单胶转变峰之间的第三个损耗峰——中间损耗峰。

在NR/BR体系中，一般的硫化体系会使BR相的硫化速度比NR快。刘鸿等研究表明，在 NR/BR 中单用 DM 可以使 NR 相的交联速度比 BR 快。单用 NOBS 则相反，BR 相的交联速度快。由 DM 在 NR 及 BR 胶中的溶解度可以看出，DM 在 NR 中的溶解度为 11.8，在 BR 中的溶解度为 10.8，在 BR/NR 中的分配系数为 0.92。NOBS 在 NR 中的溶解度为 3.6，在 BR 中的溶解度为 7.0，在 BR/NR 中的分配系数为 1.94。因此，可以通过调节 DM/NOBS 的比例来调节 NR/BR 的硫化速度差异。例如，当 DM/NOBS 为 1.0/0.8 和 DM/NOBS 为 0.8/0.8 时，NR/BR 体系中 NR 相的交联速度比 BR 相快；当 DM/NOBS 为 0.5/1.2 时，共混体系中 BR 相的交联速度比 NR 相快。可以预料，适当调节 DM/NOBS 的用量比可以实现 NR/BR 的同步硫化。

其他通用橡胶共混物的硫化体系也可按此原理设计。

（二）NBR/SBR 的共交联

在 NBR/SBR 中，用硫黄和 TMTD 可以使其产生相间交联。配方如表 6－25。

表 6－25　用硫黄/TT 硫化的 NBR/SBR 配方

SBR1502	100；	NBR	100；
氧化锌	5.0；	氧化锌	5.0；
硫　黄	2.0；	硫　黄	2.0；
促进剂 TMTD	0.5。	促 TMTD	0.5。

胶料硫化胶在环己烷和丙酮中溶胀，采用 Kraus 方程

$$\frac{V_{ro}}{V_r} = 1 - M\phi/(1-\phi) \tag{6-43}$$

进行分析。

式中　V_{ro}——无分散相时，即单独弹性体在溶胀凝胶中的体积分数；

V_r——有分散相时即共混胶中连续相在溶胀凝胶中的体积分数；

ϕ——分散相在未溶胀硫化胶中的体积分数；

M——取决于 V_{ro} 和溶胀程度的特性参数。

式 6－43 是一线性方程，如果以 V_{ro}/V_r 对 $\phi/1-\phi$ 作图（简称 $V\sim\phi$ 图）将绘制出一条直线，其斜率为 M。

如果共混物中两相间不存在交联键，分散相不限制连续相的溶胀，则 $V\sim\phi$ 接近于 1，而且斜率 M 为零或为正值。如果共混物两相间形成交联键，分散相将限制连续相的溶胀，M 将为负值。

采用 Kraus 方程分析的用硫黄和 TMTD 硫化的 NBR/SBR 相间交联情况如图 6－48 所示。由图可见，硫黄、促进剂 TMTD 体系可以使 NBR/SBR 产生相间交联。

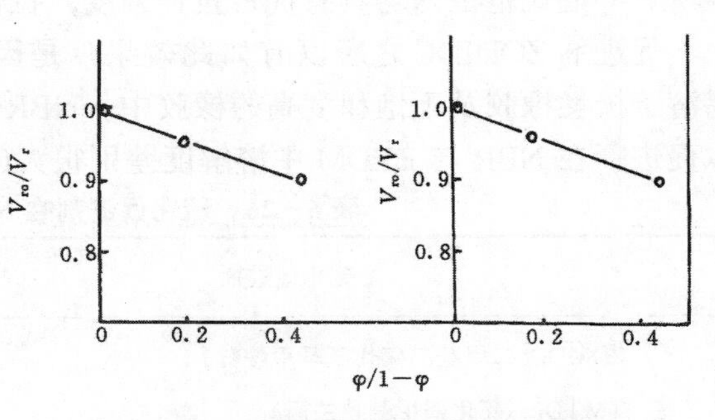

图 6－48　NBR/SBR 的相间交联分析图

左图为 NBR 在 SBR 中，右图为 SBR 在 NBR 中

三、特种橡胶的共交联

对于特种橡胶共混物，如 EPDM/IIR 等可以采用硫黄促进剂或树脂硫化体系；对氟橡胶、丙烯酸酯橡胶、氯醇橡胶共混，可以采用胺类硫化体系；乙丙橡胶与硅橡胶的共混物可以选用过氧化物硫化体系等。这些体系容易使共混胶硫化速度同步和产生共交联。此外，对一些特殊的共混体系也可以采用以下几种

方法。

（一）CR/BR 的共交联

两种聚合物的交联活性点不同时，可以根据各自的活性点选用不同的交联体系。如果两种聚合物中只有一种聚合物能产生交联，或只需一种聚合物产生交联，则可选用只对一种活性点起交联作用的交联剂，交联一种聚合物。

CR 与 NR 及 BR 等二烯类橡胶共混时，由于这两类橡胶的硫化机理不同，且在一般情况下 CR 的硫化速度比较快，最好采用选择性交联方法设计硫化体系。

CR 硫化时，CR 与氧化锌起作用，发生脱氯反应形成醚类交联为主的硫化反应；而 NR、BR 硫化时以形成碳硫键为主。CR/NR 共混体系可以采用氧化锌、氧化镁、促进剂 NA－22 体系硫化 CR，采用硫黄、促进剂 DM 体系硫化 NR。这样一个复合硫化体系可以使 CR、NR 各自交联。但值得注意的是硫化速度的匹配。

（二）NBR/EPDM 的共交联

在 NBR/EPDM 体系中，NBR 的硫化速度快。在一般情况下，硫化助剂在 NBR 中的溶解度也比在 EPDM 中大，因此不易产生共硫化。研究表明，在 NBR/EPDM 中可以采用高烷基秋兰姆化合物提高其共硫化性。秋兰姆因其烷基含量增大而极性降低，增加其在 EPDM 中的溶解度，以利共硫化。

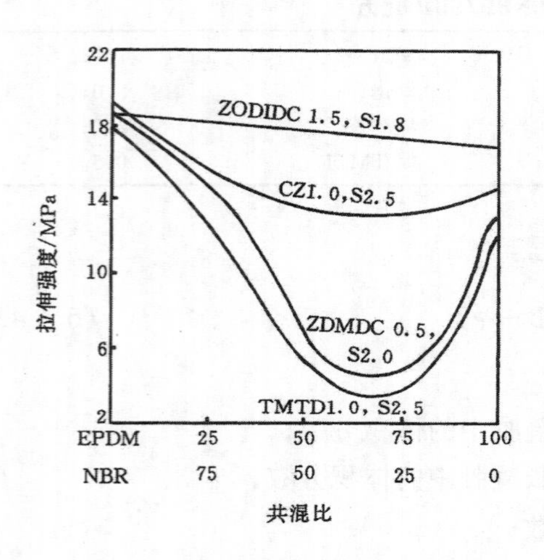

图 6－49 硫化体系对 NBR/EPDM 硫化胶性能的影响

在 NBR/EPDM 100，N774 炭黑 50，氧化锌 5 和硬脂酸 0.75 份的配方中，改变硫化体系制成胶料，并在 160℃ ×15min 的条件下硫化，其硫化体系对共混硫化胶性能的影响如图 6－49 所示。由图可见，硫黄、促进剂 TMTD 体系的拉伸强度最差。而硫黄，促进剂 ZODIDC 体系的强度比其他体系都高，且在所有共混比范围内均具有优良拉伸强度，拉伸强度与共混比呈线性关系。

促进剂 ZODIDC 之所以有如此效果，是因为所用的普通促进剂均为极性较大的物质，易溶于极性橡胶及不饱和度高的橡胶中。NBR 与 EPDM 的极性及不饱和度都相差较大，所以促进剂在 NBR 与 EPDM 中溶解度差别很大(表 6－26)。

表 6－26 硫化促进剂在 NBR/EPDM 中的分配系数

硫化促进剂	S_{NBR}/S_{EPDM}①
ZDMDC(二甲基二硫代氨基甲酸锌)	很大
TMTD(二硫化四甲基秋兰姆)	15.5
CZ(环己基苯并噻唑次磺酰胺)	1.6
ZODIDC(十八烷基异丙基二硫氨基甲酸锌)	1.2

①系指模拟实验：氯苯中的溶解度与甲基环己烷中的溶解度比值(室温)。

在所用的促进剂中，ZODIDC 的分配系数最小，在两相中分布比其他体系都均匀，NBR/EPDM 拉伸强度比所试的其他体系都高。所以 ZODIDC 体系比其他体系有更好的同步硫化性。

对某些橡胶,采用多卤素芳香族化合物、过氧化物和树脂作为硫化剂时,具有相近的硫化活性。如选择这类硫化剂,容易产生较好的共硫化性。

例如,在 EPDM/NBR 及 EPDM/SBR 中,选用多卤素芳香族化合物六氯对二甲苯胍(ГХПК)时,它既是 EPDM 的硫化剂,又是 NBR、SBR 等的硫化促进剂。ГХПК 对共混硫化胶性能的影响如表 6-27。对含有 ГХПК 的硫化胶在不同溶剂中的溶胀试验表明,NBR、EPDM 两相间产生了交联。两种橡胶叠合(模拟两相界面)试样的剥离试验也证实,界面间生成了化学键,产生了相间交联。

表 6-27 ГХПК 对共混物性能的影响

原材料	编号			
	1	2	3	4
NBR, СКН-40М	70	70	—	—
SBR, СКМС-03АРК	—	—	70	70
EPDM	30	30	30	30
SA	1.5	1.5	1.5	1.5
ZnO	5	5	5	5
炭黑 ПМ7-5	30	30	50	50
硫黄	1.5	1.5	2.0	2.0
次磺酰胺 Ц	0.9	0.9	—	—
次磺酰胺 M	—	—	10.9	10.9
DM	—	—	1.1	1.1
ГХПК	—	1.0	—	1.0
硫化时间(160℃)/min	20	20	20	20
100%定伸应力/MPa	2.4	3.1	2.4	3.2
拉伸强度/MPa	14.6	15.0	15.8	16.8
扯断伸长率/%	420	350	430	400
压缩永久变形(20%,150℃×24h)/%	83	62	70	70
老化系数,按强度	0.94	0.90	0.78	0.80
按伸长率	0.90	0.90	0.47	0.48

此外,许多研究还证实,在 EPDM/SBR、EPDM/NBR 共混体系中,采用过氧化物作交联剂比一般硫黄硫化有较好的共硫化性。此外,EPDM 与 SBR 的相容性,交联键形态对其共交联也都有影响。

(三) EPDM/NR 的共交联

为提高共混物中硫化速度相差悬殊的聚合物组分的共硫化性,可以在硫化速度较慢的聚合物分子链上引入化学结合的促进剂等硫化活性点,以提高其共硫化性。

EPDM 与 NR 等高不饱和橡胶组成的共混物,其性能不好的主要原因是共硫化性差。研究表明,通过化学反应,在 EPDM 分子链上结合的促进剂 M、CZ 和 TMTD,生成具有硫化活性的侧挂基团，便可改善其共硫化性。

EPDM的改性方法是，先将EPDM用四氯化碳溶解，进行溴化反应，然后与过量的促进剂M反应脱卤，制成与M结合的EPDM（M-EPDM）。试验表明，M-EPDM的硫化速度比EPDM快。M-EPDM/NR硫化胶的物性如表6-28。由表可见，M-EPDM/NR的强度(A配方)比EPDM/NR的拉伸强度(B配方)高2倍，实现了同步硫化。同时，未加促进剂的C配方，40min仍没硫化。这说明其中与EPDM相结合的促进剂对NR相不起硫化作用。此外，还可以看出，与生胶结合的促进剂(配方D)比混炼时添加的促进剂(配方E)胶料质量更均匀，定伸应力、拉伸强度、扯断伸长率等物性有明显提高。

表6-28 M-EPDM/NR的物性

原材料	配方号				
	A	B	C	D	E
M-EPDM	50	—	50	100	—
EPDM	—	50	—	—	100
NR	50	50	50	—	—
ZnO	5	5	5	5	5
SA	1.0	1.0	1.0	1.0	1.0
促进剂M	0.5	1.0	—	—	1.0
硫黄	2.5	2.5	2.5	2.5	2.5
物性	150℃×40min				
300%定伸应力/MPa	1.3	1.4	不能硫化	1.3	1.2
拉伸强度/MPa	12.6	6.8		3.1	1.8
扯断伸长率/%	800	675		600	500

另一个常用的方法是在EPDM中不加氧化锌，直接添加少量促进剂和硫黄，进行热处理。如EPDM/促进剂H/硫黄为100/0.4/2.5的混合物，在153℃下热处理后的带有悬挂活性官能团的EPDM（P-EPDM），能大幅度改善EPDM/NR的性能(图6-50)。由图可见，EPDM/NR（热处理时间0min）由于未能实现共硫化而强度极低。而改性的P-EPDM，随着热处理时间的延长而物性有很大提高。预反应120min的胶料，其强度基本上与混合比成加和性。

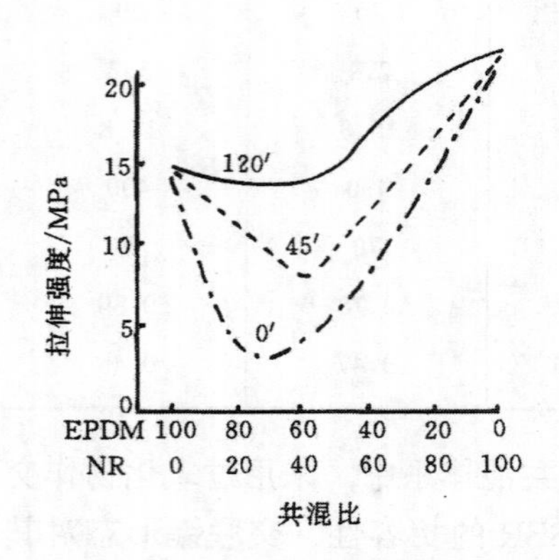

图6-50 P-EPDM/NR的物性
(图中数字系处理时间)

P-EPDM能提高共混物性能的原因，经电子显微镜照片(图6-51)研究发现：EPDM/NR硫化胶的界面因溶胀而产生空隙，界面清晰；而带侧基活性官能团的P-EPDM与NR的共混硫化胶溶胀后界面没有空隙，界面模糊。这说明，P-EPDM/NR硫化胶界面处产生了相间交联。

P-EPDM/NR产生相间交联后，改善了EPDM/NR的许多性能。混合比为60/40的P-EPDM/NR及EPDM/NR硫化胶的哑铃形试片，在不同应力下，以500mm/min速度进行疲劳试验结果(图6－52)表明，P－EPDM/NR的疲劳寿命比EPDM/NR高。如果分别用NR/SBR/P－EPDM、NR/SBR/EPDM及常用的NR/SBR制成自行车胎胎侧，并进行实际里程试验，结果表明，NR/SBR/EPDM体系胎侧产生许多大裂口。NR/SBR体系产生无数个微小龟裂。前者属机械疲劳，后者属因臭氧等原因造成的化学疲劳。而用NR/SBR/P－EPDM体系制造的胎侧行驶两年后既没产生因机械疲劳产生的大裂口，也没有因化学疲劳而产生的龟裂，这进一步说明了NR/P－EPDM具有良好的共硫化性。

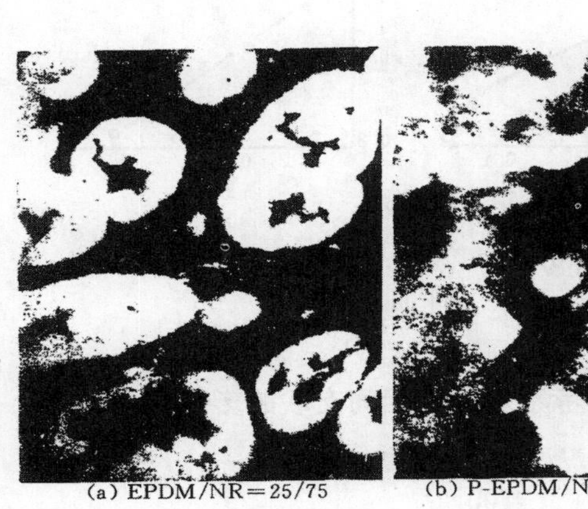

图6－51　P－EPDM/NR界面处的相间交联

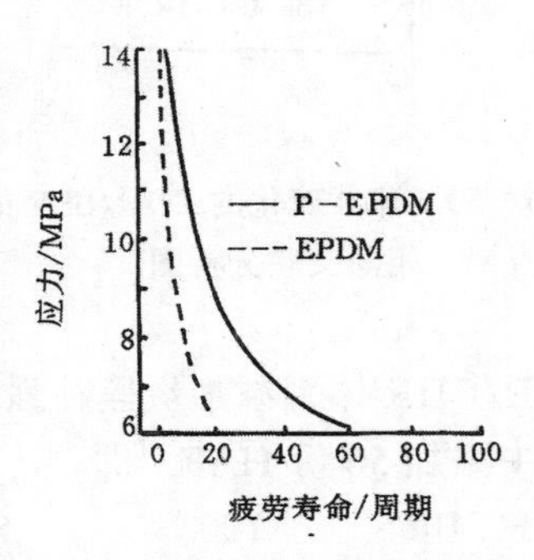

图6－52　P－EPDM/NR的疲劳寿命

(四) CIIR/SBR的共交联

用硫黄硫化体系硫化如下配方的胶料，

CIIR　HT1066	100	SBR1502	100
ZnO	5.0	ZnO	5.0
S	1.0	S	1.0
TMTD	1.0	CZ	1.2
M	1.0	SA	1.0

制成试样，然后将其在三甲基戊烷和苯乙烯中溶胀，采用Kraus方程分析CIIR/SBR的相间交联，结果如图6－53。由图可见，V_{ro}/V_r 对 $\phi/(1-\phi)$ 作图的斜率无显著的负值，分散相对连续相溶胀的限制不大，说明相间交联微弱。

如果用硫载体二烷基苯酚二硫化物(Vultac 3)代替硫黄硫化SBR/CIIR：

CIIR　HT1066	100	SBR 1502	100
氧化锌	5.0	氧化锌	5.0
Vultac 3	2.0	促进剂　TMTD	0.2
促进剂　TMTD	1.0	促进剂 M	1.5
促进剂 M	1.0	硬脂酸	1.0
硬脂酸	—		

Vultac 3对SBR/CIIR相间交联的影响如图6－54，可见Vultac 3硫化的SBR/CIIR $V_{ro}/V_r \sim \phi/(1-\phi)$ 的斜率负值比硫黄硫化体系(图5－53)大很多。这说明了Vultac 3使SBR/CIIR产生的相间交联比硫黄硫化体系强很多。

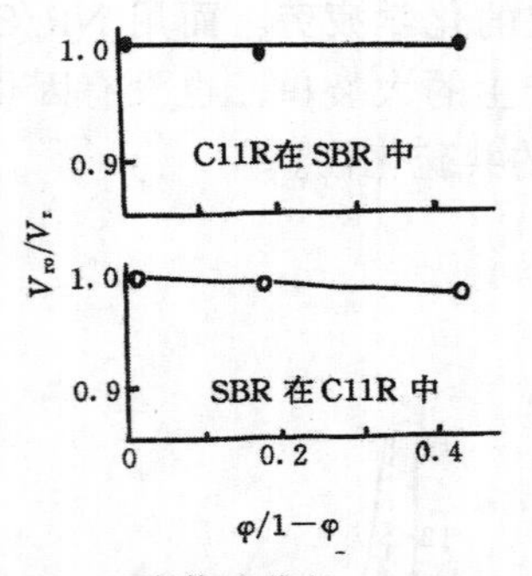

图 6-53　硫黄硫化的 CIIR/SBR 的相间交联分析图

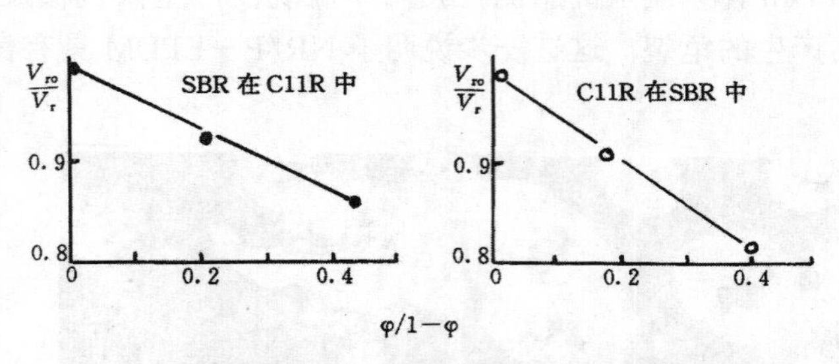

图 6-54　Vultac 3 硫化的 SBR/CIIR 的相间交联作用

对 SBR/CIIR 体系添加炭黑补强才有实用意义。为考察炭黑对相间交联的影响，在 Vultac 3 体系中添加 50 份 HAF，即

CIIR HT1068	100	SBR 1502	100
HAF 炭黑	50	HAF 炭黑	50
石蜡油	10	石蜡油	10
氧化锌	5	氧化锌	5.0
Vultac 3	2	Vultac 3	4.5
促进剂 TMTD	1.0	促进剂 TMTD	0.2
促进剂 M	1.0	促进剂 M	1.5
硬脂酸	—	硬脂酸	1.0

由炭黑对 SBR/CIIR 相间交联的影响（图 6-55）可见，炭黑对相间交联影响不大。

SBR/CIIR 产生相间交联，必然对物性产生良好的影响。不同硫化体系的 SBR/CIIR 配方如表 6-29。

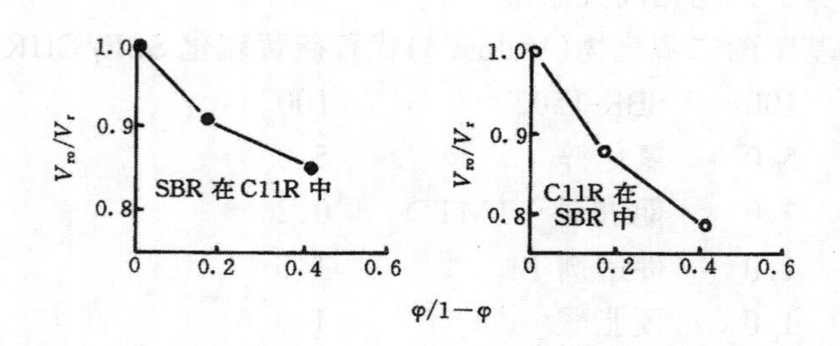

图 6-55　炭黑对 SBR/CIIR 相间交联的影响

表 6-29　不同硫化体系的 SBR/CIIR 胶料配方

配合剂	硫化体系			
	Vultac 3 硫化体系		硫黄硫化体系	
CIIR HT10-68	100	—	100	—
SBR 1502	—	100	—	100
ISAF 炭黑	45	45	45	45
软化油	10	10	10	10
Vultac 3	2	4.5	—	—
硫　黄	—	—	1.0	1.0
促进剂 TMTD	1.0	0.2	1.0	0.2
促进剂 M	1.0	1.5	1.0	1.5
氧化锌	5	5	5	5
硬脂酸	—	1.0	—	1.0

用前面的配方制成硫化胶，测定其性能，结果如图 6-56。由图可见，强相间交联 Vultac 3 硫化体系硫化的胶料，拉伸强度、扯断伸长率都比弱相间交联硫黄硫化体系好。

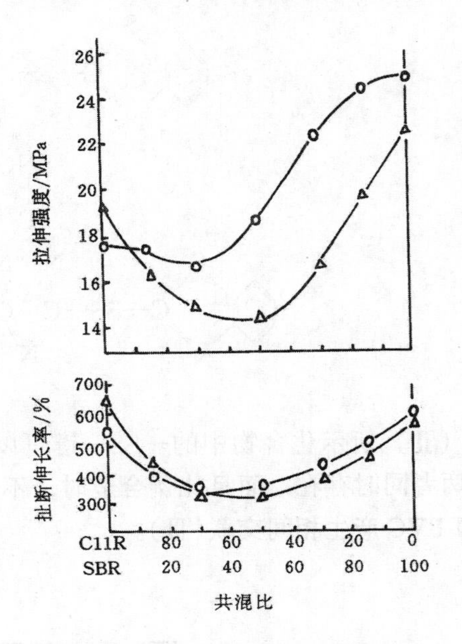

图 6-56　相间交联对物性的影响

○—强相间交联；△—弱相间交联

四、橡胶塑料共交联

（一）NBR/PVC 的共交联

对于 NBR/PVC 体系，如选用硫黄促进剂硫化体系，只能交联 NBR，共混物性能差；如选用多功能助剂：6-二丁胺-1,3,5-均三嗪-2,4 硫醇(DB)，在一定条件下，既可交联 NBR，又能交联 PVC。

研究表明，DB-DM-ZnO 体系能够交联二烯类橡胶：

二烯类橡胶 + DB + DM $\xrightarrow{ZnO}$

S　N　$N(C_4H_9)_2$

N　N

S

S

DB-MgO 体系能够交联 PVC：

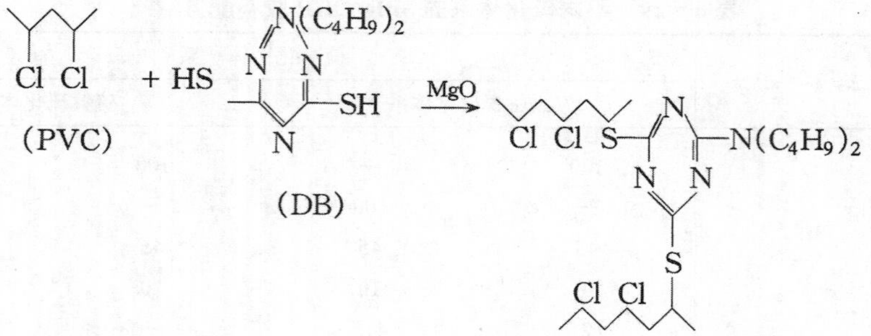

$$\text{PVC (Cl Cl)} + \text{HS–DB–SH}\ (N(C_4H_9)_2) \xrightarrow{MgO} \text{PVC–S–}(C_3N_3)(N(C_4H_9)_2)\text{–S–PVC}$$

(PVC)　　(DB)

在 PVC/NBR 体系中，如果 DB 和 DM 同时存在，两者可以发生反应，生成(Ⅰ)、(Ⅱ)所示的化合物。

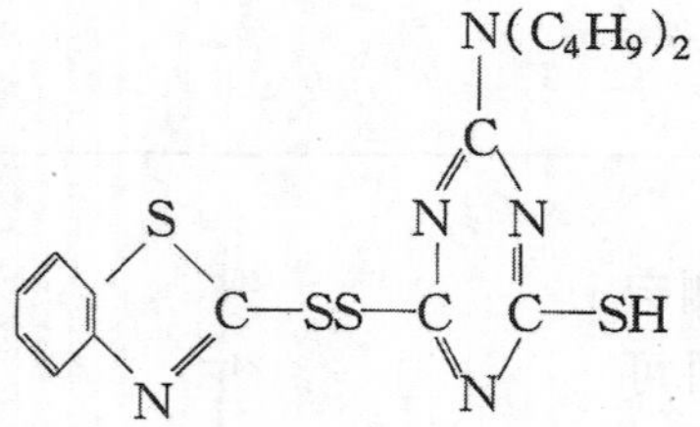

$N(C_4H_9)_2$

S　N　N

C—SS—C　C—SH　　(Ⅰ)

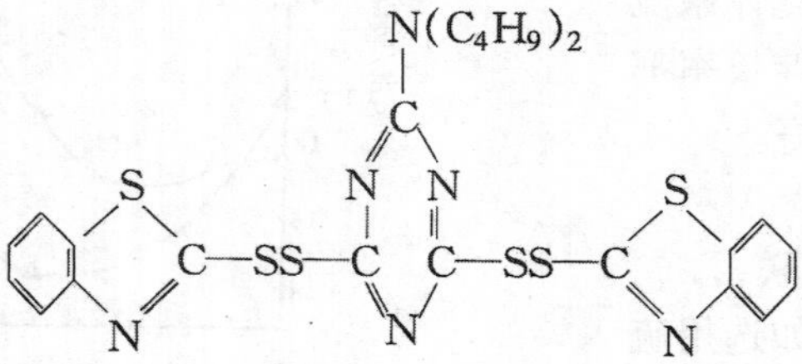

N　N

$N(C_4H_9)_2$

S　N　N　S

C—SS—C　C—SS—C　　(Ⅱ)

N　N　N

(Ⅰ)、(Ⅱ) 所示化合物中的—SS—键可以与 NBR 反应，(Ⅰ)的—SH 基可以与 PVC 反应，所以两者同时存在，而且比例合适时，不但可以使 NBR 和 PVC 各自交联，而且还可以使 NBR 和 PVC 产生相间交联(Ⅲ)。

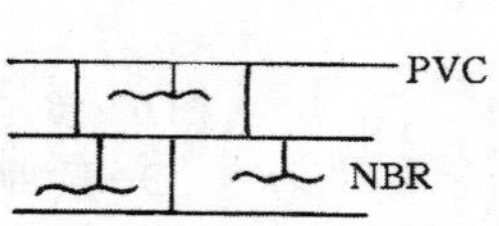

PVC

NBR

几种硫化体系对 NBR/PVC 物性的影响如表 6－30 所示。从表 6－30 可以看出，由于 DB－MgO，DM－S－ZnO 及 DB－DM－S－MgO－ZnO 等组成的硫化体系只能主要交联 PVC 或 NBR 一个组分，不能使 NBR 和 PVC 产生相间交联，因此永久变形大，耐油性差。而 DB－DM－MgO－ZnO 体系由于能使 NBR 和 PVC 产生相产交联，永久变形、耐油性都比较好，所以 DB－DM－MgO－ZnO 体系是目前 NBR/PVC 共交联的最佳体系。

(二) CR/PVC 的共交联

对于 CR/PVC 体系，因 CR 具有较活泼的烯丙基氯，可用 ZnO、MgO、己二胺和 Na－22 等交联。但这些化合物难以交联 PVC。CR/PVC 的共交联一直被认为是困难的问题。中村仪郎等研究表明，三嗪二硫醇类化合物 DB 可使 CR/PVC 产生共交联。

表 6－30　几种硫化体系对 NBR/PVC 性能的影响

配方[①]（份）					伸长永久变形/%	压缩永久变形[②]/%	耐油性/%	
DB	DM	S	MgO	ZnO			体积变化率	重量变化率
3	—	—	5	—	10.0	62.5	20.6	24.4
3	6	—	5	—	4.0	27.8	15.0	16.3
3	6	—	5	4	3.7	24.0	9.5	13.9
—	3	2	—	4	1.3	32.1	15.0	18.8
3	3	2	5	4	3.7	28.0	13.8	14.1

①NBR 70 份、PVC 30 份、170℃ ×45min 平板硫化。

②70℃ ×22h。

CR/PVC 交联时，因 PVC 和 CR 中氯原子反应性的差异，会导致 CR 和 PVC 的交联度不同。CR/PVC 是含氯量不同的两种聚合物的混合物，可以根据交联体系中未交联部分(四氢呋喃 THF 溶胶)的氯含量定性地判断其交联度。即 PVC/CR＝A/B 共交联时，用试样溶胶中的氯含量与理论氯含量(56.8A＋40.1B)/(A＋B)加以比较，便可判断共混物中 PVC 和 CR 进行的交联程度。

表 6－31 为不同混合比 PVC/CR 的 THF 凝胶率和溶胶中的氯含量。各混合比下的氯含量如图 6－57，图中虚线代表 PVC/CR 混合比与氯含量的理论线，在固定配比下，试样的 THF 溶胶中氯含量如在理论线以上，则 CR 的交联度高于 PVC；如在理论线以下，说明 CR 的交联度低于 PVC；正好落在理论线上，说明 CR 和 PVC 的交联度相同。由图可见，试样所用配方的交联程度可定性地认为没有显著差别，基本上实现了同步硫化。

表 6－31　共交联物中 THF 溶胶中的氯含量

配　方	编　号					
	1	2	3	4	5	6
PVC	75	75	50	50	25	25
CR	25	25	50	50	75	75
DB	3	3	3	3	3	3
PVI	1.5	2.5	1.5	2.5	1.5	2.5
MgO	5	5	5	5	5	5
THF 凝胶率/%	80.6	58.0	84.5	76.5	88.9	80.6
THF 溶胶中氯含量/%	52.7	53.4	49.2	48.9	44.9	44.0

交联条件：170℃，5～20min。

交联的另一问题是两种聚合物的相间交联。相间交联可以用凝胶率测定。图 6－58 是 CR/PVC 在各种混合比下的 THF 的凝胶率。若 PVC 与 CR 无任何结合，则在一定的交联条件下，混合比和凝胶率具有加和性(图中虚线)。若结果如图中实线，在虚线以上，无加和性，即可推断 PVC 和 CR 间有明显的化学结合，产生了相间交联。

能够产生共交联的 CR/PVC，其物性明显提高。不加交联体系，只经 170℃ ×20min 热处理的试样，仅能使 CR 交联而对 PVC 几乎不交联的 Na－22 的试样，以及添加能使 PVC/CR 产生共交联的 DB－PVI－MgO 交联体系试样的物性如表 6－32 所示。由此可见，只有能使 PVC/CR 产生共交联才能使其具有良好的物性。

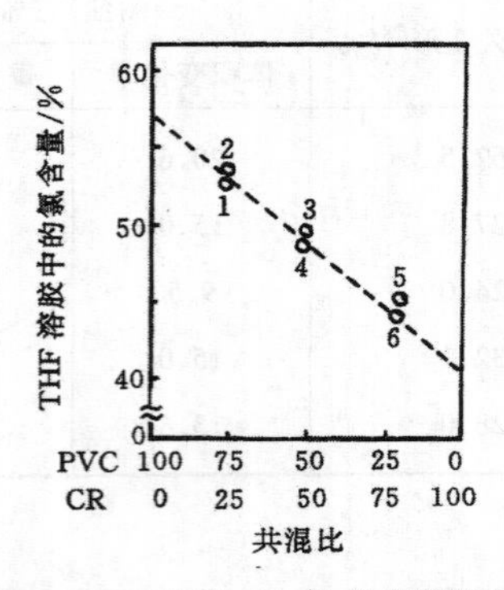

图 6-57 PVC和CR的共交联程度
（图中数字与表 6-31 编号相同）

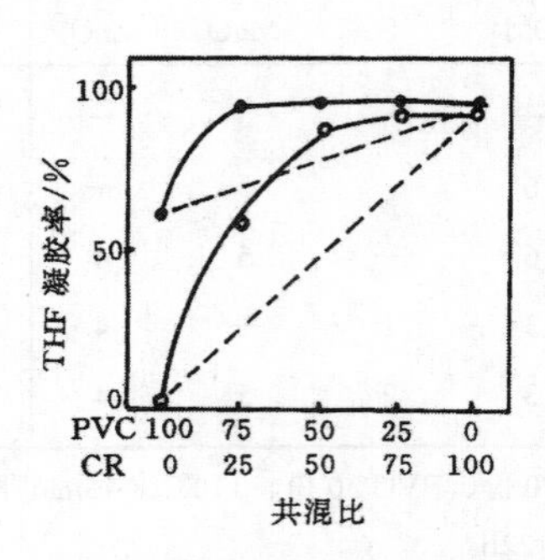

图 6-58 PVC/CR THF 凝胶率与混合比的关系

○—DB 3，PVI 2.5，MgO 5，160℃×10min；

●—同上，180℃×10min

表 6-32 共混物的物性

配合剂及性能	编号										
	1	2	3	4	5	6	7	8	9	10	11
PVC	100	75	75	75	50	50	50	25	25	25	0
CR	0	25	25	25	50	50	50	75	75	75	100
DB	3	—	—	3	—	—	3	—	—	3	—
防焦剂(PVI)	0.5	—	—	1.0	—	—	1.5	—	—	2.5	—
Na-22	—	—	1.0	—	—	1.0	—	—	1.0	—	1.0
MgO	5	—	—	5	—	—	5	—	—	5	—
ZnO	—	—	5	—	—	5	—	—	5	—	—
Ca-Zn-Ba 稳定剂	2	2	2	2	2	2	2	2	2	2	2
拉伸强度/MPa	61.5	21.7	22.9①	29.5	7.9	12.1①	15.7	12.1	11.5①	14.2	7.7①
扯断伸长率/%	15	30	27①	53	193	130①	150	790	260①	630	390①
硬度(邵尔 A)/度	<100	98	<100①	<100	89	88①	87	59	59①	63	65①

交联条件：170℃×20min；①153℃×30min。

（三）BR/EVA 的共交联

在 EVA 与二烯类橡胶的共混体系中，因 EVA 分子链上无双键难以产生共硫化反应。官川俊男等人研究表明，用苯磺酸类化合物与EVA反应，便可使EVA的主链产生双键：

$$-CH_2-\underset{\displaystyle OCOCH_3}{\underset{|}{CH}}- \xrightarrow[\text{加热}]{\text{苯磺酸类化合物}} -CH=CH- + CH_3COOH$$

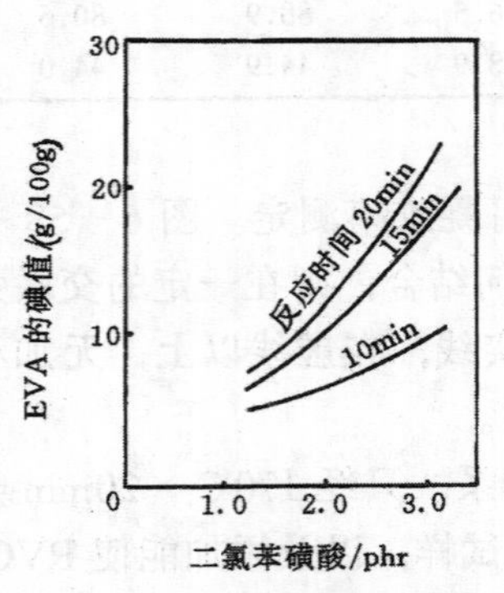

图 6-59 二氯苯磺酸用量与双键生成量的关系

这一过程可以在开放式炼胶机上进行。在 150℃下便可很容易地获得所需的双键，但是生成双键要失去乙酰氧基，因此必须把双键的数量控制在适当范围内（图6-59），这样便可以获得含双键的改性 EVA。改性 EVA 与二烯橡胶共混物均可采用表6-33硫黄促进剂体系硫化，使之产生相间交联。

表 6-33 硫黄硫化改性 EVA 及共混物物性

原 材 料	配 方 号		
	1	2	3
EVA（VE-760）	100	70	70
BR（BR-01）	—	30	—
SBR（SBR 1502）	—	—	30
炭黑 HAF	40	40	40
二氯苯磺酸	2.0	0.6	0.6
氧化锌	5.0	5.0	5.0
硬脂酸	1.0	1.0	1.0
硫 黄	1.5	2.0	2.0
促进剂 TT	1.5	—	—
促进剂 M	0.5	—	—
促进剂 CZ	—	1.5	1.5
物性：			
160℃×60min			
拉伸强度/MPa	22.0	—	—
扯断伸长率/%	225	—	—
150℃×45min			
拉伸强度/MPa	—	18.2	22.7
扯断伸长率/%	—	422	388
300%定伸应力/MPa	—	11.7	17.2

第五节 弹性体共混物

在橡胶工业中，聚合物共混物很早就有应用。近年来，对橡胶材料性能的要求越来越复杂。单用一种橡胶很难满足要求，在大多数情况下，都是通过橡胶与橡胶共混或橡胶与塑料共混，取长补短，降低成本。因此在橡胶工业中，使用共混物制造橡胶制品已十分普遍。

一、橡胶共混物

（一）天然橡胶共混物

1. NR/BR 共混物 天然橡胶虽有单用，但更多的是与其他橡胶共混使用。

NR 与 BR 共混物性能好坏，除与共混物的交联，助剂的分布有关外，还与共混聚合物的相容性有密切关系。采用动态力学温度谱法测定 NR/BR 相容性的结果如图 6-60 所示。从图中可以看出，当 NR/BR 的混合比为 0/100，或 100/0 时，只有一个 tanδ 峰。当混合比为 2/8、4/6、6/4 及 8/2 时，都存在两个 tanδ 峰，说明 NR/BR 体系属于多相体系，但 NR 与 BR 的相容性较好。

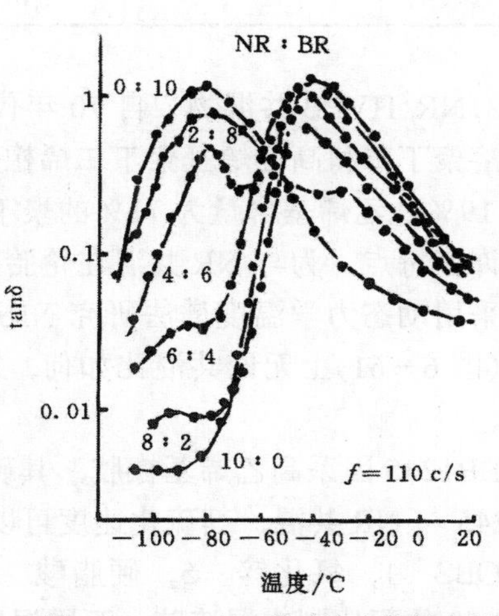

图 6-60 NR/BR 的动态力学温度谱

NR 与 BR 的硫化机理相同，硫化速度相差不太大。

但它们之间的硫化速度毕竟有一定差异。因此NR与BR共混时，究竟哪一种硫化体系能使这两种橡胶的同步硫化达到最佳状态，仍然是一个值得研究的课题。

BR对炭黑的亲和力大于NR和SBR，采用普通工艺便可使炭黑在这些共混橡胶中的分配比较合理。在NR/BR中，NR的补强主要靠结晶作用，而BR靠炭黑补强。因此，采用合适的工艺使BR相中的炭黑含量增多，对共混物性能的提高有好处。

BR具有高弹性、低生热、耐寒性、耐屈挠和耐磨耗性能优异的特点，因此在轮胎制造中得到了广泛使用。充油BR及新近发展的中乙基丁二烯橡胶可以改善轮胎的抗湿润性能，因此BR在轮胎中的耗用量愈来愈大，其中80%以上用于轮胎工业，主要用于胎面和胎侧胶中。

典型NR/BR载重车轮胎胎面胶配方如表6-34。

表6-34　载重车轮胎胎面胶配方

原材料	配方号			
	1	2	3	4
NR	50	50	50	30
BR	50	50	50	70
硬脂酸	3.0	3.0	3.0	2.0
石　蜡	1.0	1.0	1.0	1.0
氧化锌	3.0	3.0	3.0	3.0
三线油	—	—	7.5	—
六线油	—	10	—	8.0
防老剂4010	—	1.2	—	1.5
防老剂4010NA	1.0	—	1.0	—
防老剂D	1.5	1.0	1.5	1.0
防老剂H	—	0.3	—	—
促进剂CZ	0.6	0.9	0.8	—
促进剂NOBS	—	—	—	1.6
瓦斯炭黑	10	—	—	—
高耐磨炭黑	40	28	—	50
中超耐磨炭黑	—	25	50	—
硫　黄	1.6	1.2	1.2	0.9
合　计	161.7	174.6	169.0	176.0
含胶率	61.8	59.3	59.2	59.3

2.NR/HVPB共混物　自70年代后期，世界上一些工业发达国家，相继合成出了各种新型溶聚丁苯和高乙烯基聚丁二烯橡胶(HVPB)应用于轮胎胎面。其中顺式结构10%、反式结构19%、乙烯基含量为71%的聚丁二烯橡胶(BR1245)，因其具有低滚动阻力、高抗湿滑性等许多特点，为与NR共混在轮胎胎面胶中的使用开拓了良好的前景。

采用动态力学温度谱法研究NR/BR 1245的相容性时发现，在NR/BR 1245的$\tan\delta$温度谱(图6-61)上无论共混比如何，只有一个损耗峰。由此可见，NR/BR1245是相容性体系。

BR1245因系高乙烯基橡胶，其硫化速度随分子结构中乙烯基含量增大而变慢。但如将BR1245与NR共混，其硫化速度可以得到明显改善。如果按橡胶　100，硫黄　1.8，促进剂NOBS　1，氧化锌　5，硬脂酸　3，防老剂4010 NA　1.5，石蜡1，芳烃油　6，炭黑N339 50的配比制成混炼胶，不同温度下该混炼胶t_{90}随BR1245用量变化情况如图6-62所示。可以看出，BR1245的硫化速度比NR慢。NR/BR1245的硫化速度随BR1245用量的增加而变慢。此外，除 133℃的 t_{90} 随共混比线性变化外，其余各硫化温度下的 t_{90} 与共混比的关系曲线均向上弯曲。这种关系说明，NR/BR1245 的 t_{90} 要比按共混比计算出的短。而且当 BR1245 用量低于 30％时，BR1245 的加入不会使 t_{90} 延长太多。相反，当 BR1245 用量较多时，NR 的加入将会使共混物的 t_{90} 缩短很多。

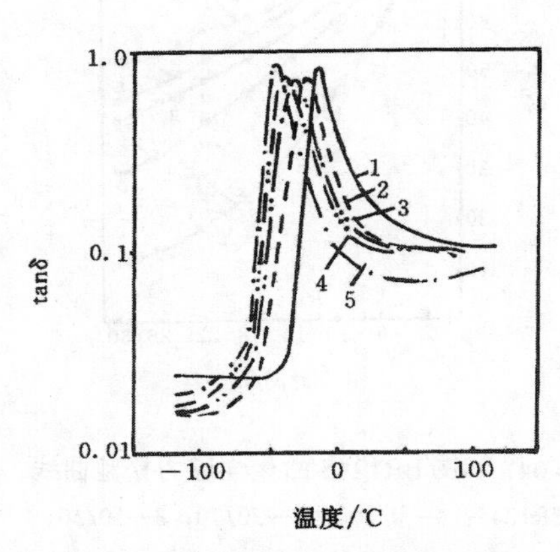

图 6－61　NR/BR1245 的 tan δ 温度谱图

NR/BR1245：1—0/100；2—30/70；3—50/50；4—70/30；5—100/0

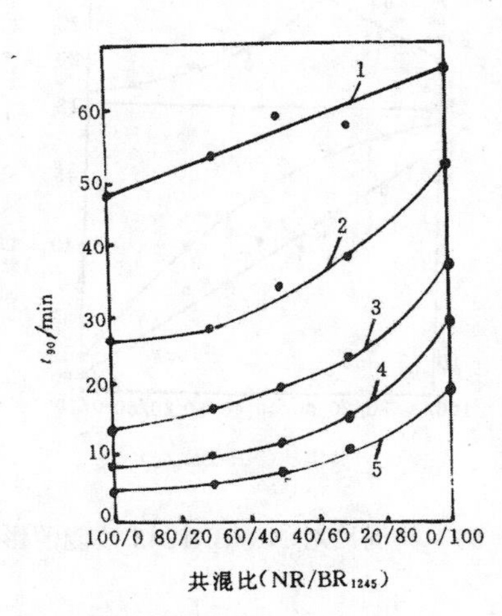

图 6－62　共混比对 NR/BR 1245 t_{90} 的影响

实验温度：1—133℃；2—143℃；3—153℃；4—163℃；5—173℃

BR1245 的特点之一是抗硫化返原性好。当 BR1245 与 NR 共混时也可以改善 NR 的硫化返原性。NR/BR1245 在 160℃下硫化的返原性参数如表 6－35 所示。可以看出，即使在 NR 中仅用 30 份 BR1245，也可以使 NR 的硫化返原性参数下降 64％，抗硫化返原性得到了明显改善。

表 6－35　NR/BR1245 的硫化返原性参数

返原性参数	NR/BR1245				
	100/0	70/30	50/50	30/70	0/100
返原性参数/％	22.2	8.0	6.1	4.2	0
以 NR 为基准的返原性参数变化率/％	0	－64.0	－72.5	－81.1	—

NR/BR1245 的共混比对其性能的影响如图 6－63 所示。可以看出，NR/BR1245 的回弹性、拉伸强度和 300％定伸应力随 BR1245 用量增加而降低，固特异生热则随 BR1245 用量的增加而提高。

NR/BR1245 硫化胶在 110℃下的化学松驰性能如图 6－64。从图中可以看出，BR1245 在 t 时间的应力 F_t 与初始应力 F_o 的比（F_t/F_o）值，随时间 t 的下降比 NR 慢。这说明 BR1245 的耐老化性能比 NR 好。在 NR/BR1245 中，BR1245 含量增加，F_t / F_o 随时间延长而下降的速率越来越小。这说明，在 NR/BR1245 中，BR1245 含量越高，耐老化性能越好。

共混比为 50/50 的 NR/BR1245 与 NR/BR，NR/E－SBR 物理机械性能对比如表 6－36 所示。可以看出，用 BR1245 等量代替目前常用的 BR 和 E－SBR 与 NR 共混用作胎面胶时，除扯断伸长率、撕裂强度较低外，综合性能没有明显下降。所以用 BR1245 制作胎面胶其物理机械性能基本上能满足要求。

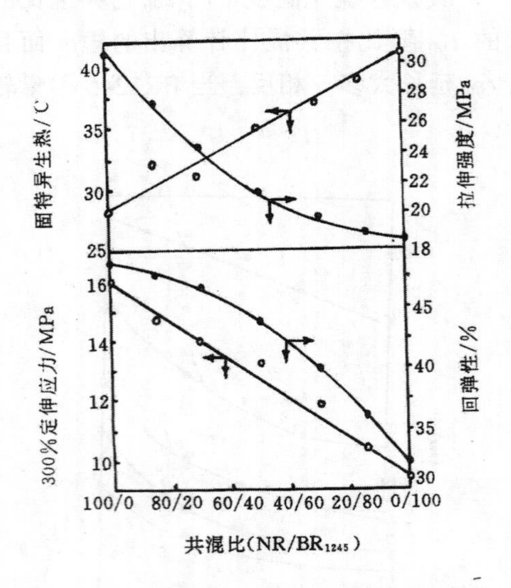

图 6－63　共混比对 NR/BR1245 性能的影响

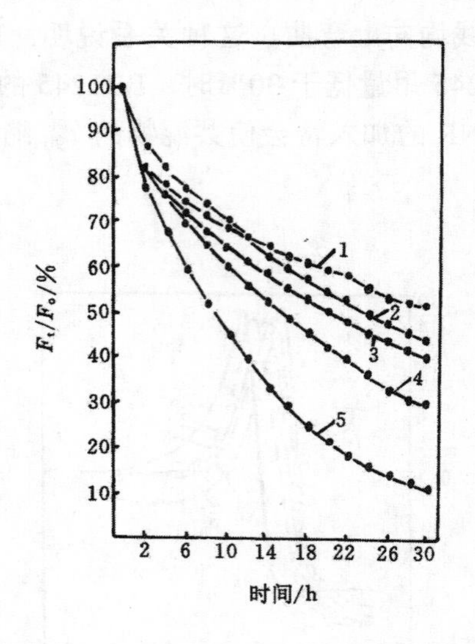

图 6－64　NR/BR1245 的化学应力松驰曲线

NR/BR1245：1—0/100；2—30/70；3—50/50；
4—70/30；5—100/0

表 6－36　NR/BR1245 的物理机械性能

胶　　料	硬度（邵尔 A）/度	300%定伸应力/MPa	拉伸强度/MPa	扯断伸长率/%	扯断永久变形/%	回弹性/%	固特异生热/℃	撕裂强度/(kN/m)
NR/BR1245	67	11.8	21.3	436	19	46	24.5	46.2
NR/BR	65	11.2	22.1	500	16	51	27.0	53.5
NR/E－SBR	65	11.0	23.9	540	21	41	31.5	50.9

3.NR/SBR 共混物　在 NR/SBR 中，由于 NR 与 SBR 的化学组成和结构不同，因此 NR/SBR 的共硫化无论在理论上还是在工业生产上都具有重要意义。

为考察不同促进剂对 NR/SBR 共硫化的影响，按表 6－37 所示配方，用常规方法加入硫化剂及各种配合剂，混炼并硫化。

表 6－37　胶料配方及硫化特性

原 材 料	配方 1	配方 2	原 材 料	配方 1	配方 2
天然橡胶	50	50	硬脂酸	1.0	1.0
丁苯橡胶	50	50	氧化锌	5.0	5.0
硫　黄	1.5	1.5	防老剂 D	1.0	1.0
促进剂 CZ	1.5	—	硫化时间（143℃，t_{90}）/min	24	46
促进剂 DM	—	1.5			

NR/SBR 中各胶相的交联动力学曲线如图 6－65 所示。

根据以上数据，利用交联动力学关系式计算的 NR/SBR 中 NR 相和 SBR 相的交联速度常数表明，在 CZ 体系中 NR 相和 SBR 相的交联反应速度常数分别为 0.866 和 0.599min^{-1}，说明 NR 相的交联反应速度大于 SBR 相；在 DM 体系中，NR 相和 SBR 相的交联反应速度常数分别是 0.348 和 0.417min^{-1}。

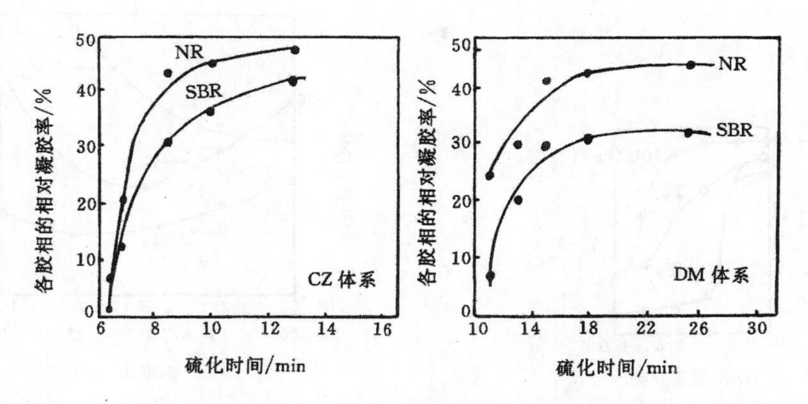

图 6-65　NR/SBR 中各胶相的交联动力学曲线

4.NR/NBR 共混物　NR/NBR 的强度、扯断伸长率等特性随共混比的变化规律如图 6-66。从图中可以看出，由于 NR、NBR 的溶解度参数相差较大，相容性差，所以拉伸强度及扯断伸长率随 NBR 用量的增加而降低。但是，由于二者都可以用硫黄促进剂体系硫化，可能产生异相交联，所以拉伸强度、扯断伸长率下降的幅度不太大，而且 300%定伸应力还有提高的趋势。

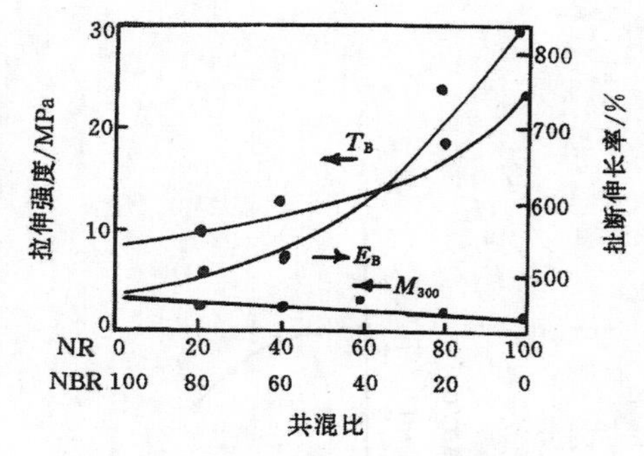

图 6-66　NR/NBR 的性能

T_B—拉伸强度；E_B—扯断伸长率；M_{300}—300%定伸应力

NR 与 NBR 共混还可以改善 NBR 的耐寒性。NR/NBR 的共混比对其脆点及模量达到 10^3 及 10MPa 时的温度的影响如图 6-67 所示。可以看出，共混物的脆点（T_b）随 NBR 用量的增加几乎直线升高。在 -60℃ 附近，若使 NR/NBR 的模量不大于 10^3MPa 的 NR 用量应在 40%左右，而在 -50℃ 时，低于 10MPa 的 NR 用量必须高于 60%。

5.NR/CR 共混物　NR/CR 的拉伸强度、扯断伸长率等性能与其共混比的关系如图 6-68。可以看出，因为 NR、CR 二者的溶解度参数相差较大，相容性较差，此外二者的硫化机理也不相同，所以 NR/CR 的拉伸强度以及定伸应力都随 CR 用量的增加而出现低谷。

NR 与 CR 共混可以改善 CR 的耐寒性。在 NR/CR 中，NR 用量对 CR 耐寒性的影响如图 6-69 所示。从图中可以看出，NR/CR 达到 10^2MPa 的温度，即耐寒性随 NR 用量增加而提高，当达到 50 份以上时，耐寒得到了明显改善。

（二）顺丁橡胶共混物

1.BR/SBR 共混物　BR/SBR 的强伸特性与共混比的关系如图 6-70 所示。由于 BR 与 SBR 的溶解度参数相差比较小，同时二者有相同的硫化机理，均可用硫黄促进剂硫化体系硫化，因此 BR/SBR 的拉伸强度、扯断伸长率以及定伸应力都随共混比呈直线关系。

BR/SBR 主要用来制作轮胎胎面胶，也可以制作许多工业产品。其中用于制作轮胎胎面胶、输送带和电缆的配方如表 6-38～6-40 所示。

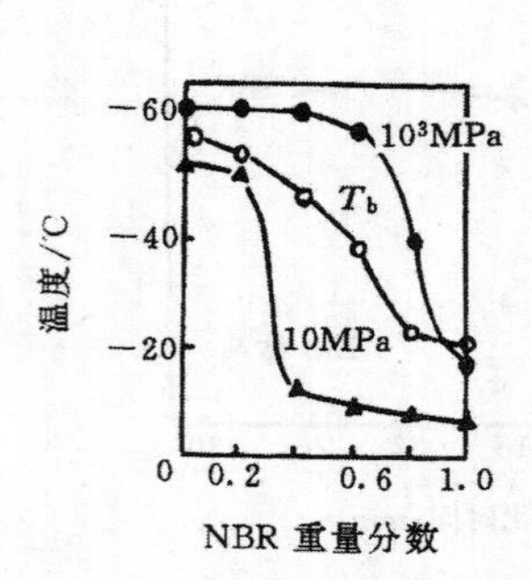

图 6-67 NR/NBR 耐寒性与共混比的关系

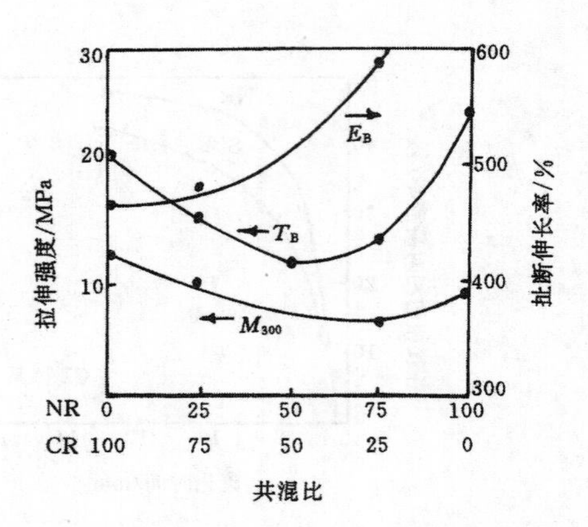

图 6-68 NR/CR 的性能

T_B—拉伸强度；E_B—扯断伸长率；

M_{300}—300%定伸应力

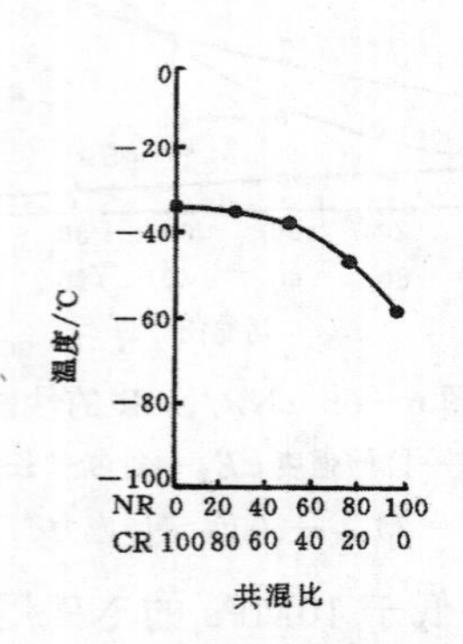

图 6-69 共混比对 NR/CR 达到 10^2MPa 温度的影响

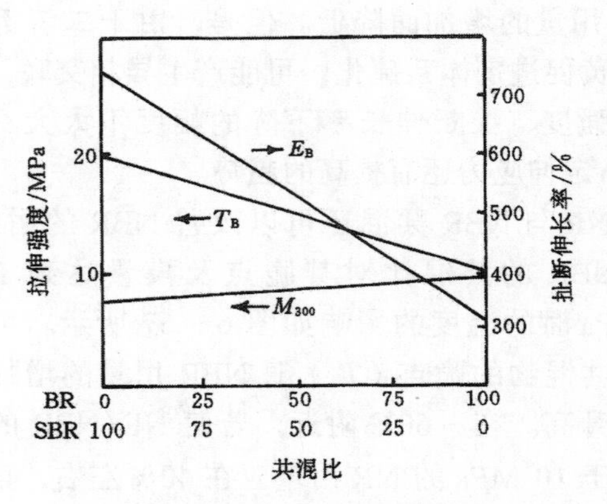

图 6-70 BR/SBR 的性能

T_B—拉伸强度；E_B—扯断伸长率；

M_{300}—300%定伸应力

表 6-38 乘用胎胎面胶配方

丁苯橡胶 1712	82.5	促进剂 CBS	1.1
顺丁橡胶	40	促进剂 D	0.1
高耐磨炉黑	70	硫　黄	1.8
操作油	18	门尼粘度(ML_{1+4}100℃)	42
氧化锌	3.0	硫化胶物性(145℃×25min)	
硬脂酸	1.5	300%定伸应力/MPa	5.7
石　蜡	3.0	拉伸强度/MPa	17.2
防老剂 AW①	2.0	扯断伸长率/%	690
亚磷酸苯酯	1.3	硬度(邵尔 A)/度	57

①6-乙氧基-2,2,4-三甲基-1,2-二氢化喹啉。

表 6－39　日本工业标准特号输送带配方

丁苯橡胶 1712	70
顺丁橡胶 BR01	30
氧化锌	3
硬脂酸	2
高耐磨炉黑	60
芳烃操作油	10
酚醛树脂(非反应型)	4
石　蜡	1
防老剂 4010NA	1
硫　黄	1.5
CZ	1
	合计 183.5
硫化胶(150℃×30min)性能：	
拉伸强度/MPa	19.3(18.8)
扯断永久变形/%	600(500)
硬度(邵尔 A)/度	62(64)

注：(　　)内数字为 70℃×96h 老化后的数值。

表 6－40　BR/SBR 绝缘软电缆的配方

丁苯橡胶 1502	70
顺丁橡胶	30
氧化锌	3
硬脂酸	1
白炭黑	20
碳酸钙	150
树脂酸处理碳酸钙	40
古马隆树脂	5
操作油	15
石　蜡	2
防老剂 C	1.5
促进剂 CZ	0.8
促进剂 DM	0.5
促进剂 D	0.5
硫　黄	2.0
	合计：413.2
硫化胶(150℃×10min)性能：	
300%定伸应力/MPa	2.6
拉伸强度/MPa	8.2
扯断伸长率/%	730
硬度(邵尔 A)/度	72

2. BR/CIIR 共混物　在轮胎等许多橡胶制品中，常常使用不饱和的二烯类橡胶。二烯类橡胶因其分子结构中存在很多双键，在热的作用及光的照射下易和臭氧发生化学反应，使制品表面出现严重的老化裂纹，导致制品报废，严重影响制品寿命。为提高二烯类橡胶的耐热氧、臭氧老化和耐天候性能，常采用二烯类橡胶与氯化丁基橡胶共混。

BR/CIIR 的性能与其交联有很大关系。为提高 BR/CIIR 的性能，Zapp 根据 Kraus 关于填料体系溶胀理论研究了 BR/CIIR 的相间交联。

试验中，在共混以前，先单独按表 6－41 所列配方制成混炼胶，然后再合炼成各种共混比的共混物。共混物在 150℃下硫化 30min，硫化成 0.6mm 厚的试样，用溶剂三甲基戊烷(TMP)及苯乙烯（STY）在－25℃下进行溶胀，然后用 Kraus 方程分析。

表 6－41　BR/CIIR 配方表

原材料	胶料编号					
	①		②		③	
	BR 混炼胶	CIIR 混炼胶	BR 混炼胶	CIIR 混炼胶	BR 混炼胶	CIIR 混炼胶
BR	100		100		100	
CIIR		100		100		100
硫　黄	1.7	1	1	1	1.2	1.2
氧化锌	5	5	5	5	5	5
促进剂 CZ	1					
促进剂 DM		1				
促进剂 TMTD		1	1	1		
促进剂 TMTM					1	1

各种硫化体系硫化的 BR/CIIR 的 $V \sim \phi$ 如图 6－71～6－73 所示。由图 6－71 可以看

出，用噻唑－次磺胺硫化体系交联的BR/CIIR，其 $V\sim\phi$ 图中直线斜率为正值，说明分散相对连续相的溶胀没有限制，界面上没有相间交联。图6－72所示的情况是用TMTD硫化体系交联的BR/CIIR，其 $V\sim\phi$ 图中直线的斜率为负值，说明连续相的溶胀受到了分散相的限制，斜率较大，相间产生的交联键越强。图6－73是以TMTM作硫化剂的BR/CIIR体系，当BR为连续相且CIIR含量较少时，其 $V\sim\phi$ 图的斜率近于零，说明此时不存在相间交联。可是当CIIR含量增加时，则斜率变为负值，两相间产生了交联键。当以CIIR为连续相时，斜率为负值，说明相间产生了交联键。

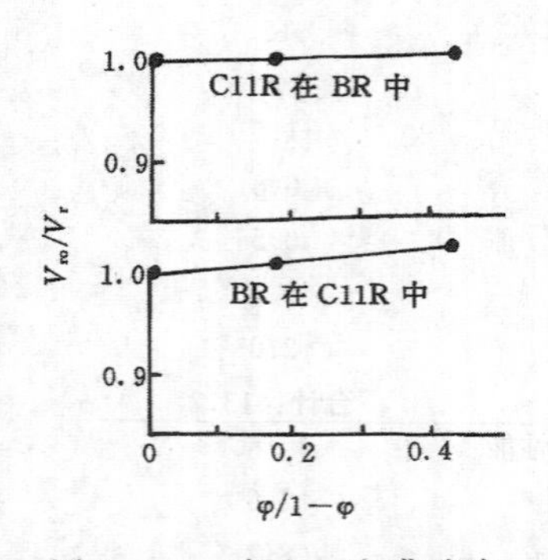

图6－71　噻唑－次磺酰胺硫化体系对BR/CIIR相间交联的影响

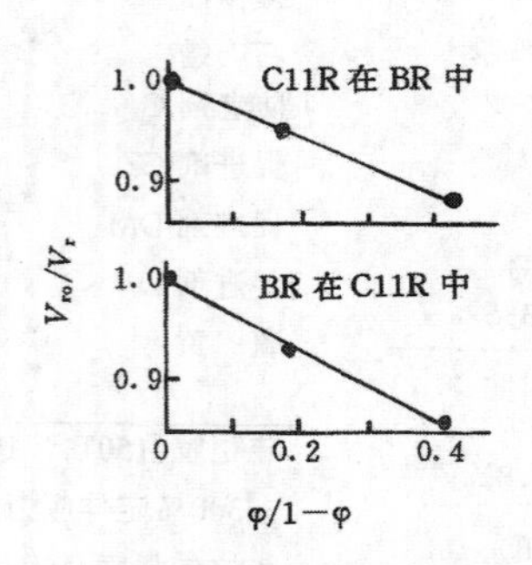

图6－72　TMTD硫化体系对BR/CIIR相间交联的影响

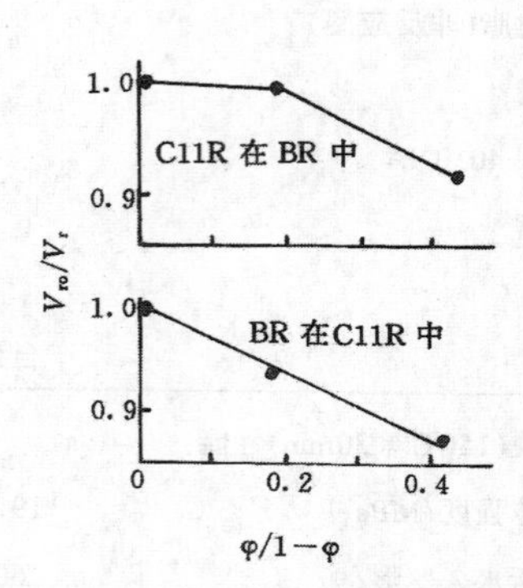

图6－73　TMTM硫化体系对BR/CIIR相间交联的影响

为研究时间对共混物相间交联的影响，试验考察了时间对表6－41中胶料2相间交联的影响，结果如图6－74所示。从图中可以看出，当CIIR为分散相、BR为连续相时，共混物硫化10min，斜率为正值，说明连续相的溶胀不受分散相的限制，没有产生相间交联。当硫化时间延长到30min或60min时，$V\sim\phi$ 图中的斜率均为负值，说明产生了相间交联，而且60分钟硫化的共混物的相间交联比30min的更强。当BR为分散相、CIIR为连续相时，共混物在硫化初期便出现分散相对连续相溶胀的限制，这说明硫化10min共混物就产生了相间交联。当延长硫化时间到30min或60min时，其斜率稍有增大，即相间交联随时间的延长而加强。

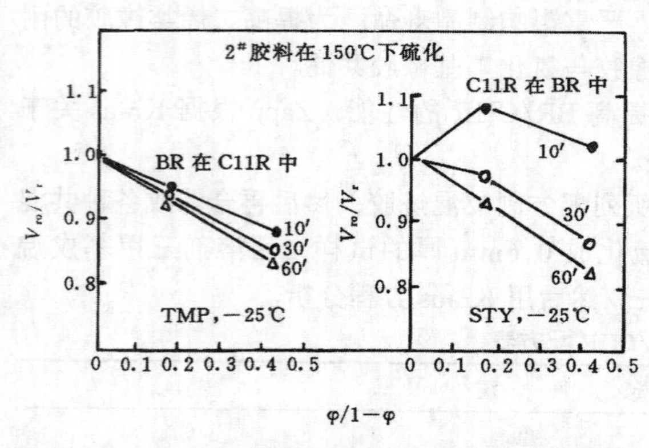

图6－74　硫化时间对BR/CIIR相间交联的影响

关于BR/CIIR相间交联，国内也有类似的研究，并得到了类似的结果。同时还运用动态力学温度谱证明了相间交联的可靠性。表6－42是以硫黄－次磺酰胺及秋兰姆为主硫化体系硫化的BR/CIIR胶料的拉伸强度值。

从表6－42数据可以看出，硫化体系对BR/CIIR物性的影响是十分明显的。尤其当共混比例接近时，由于共混物的相界面面积较大，选择相间交联效果好的秋兰姆硫化体系比硫黄－次磺酰胺硫化体系的拉伸强度高。由此可见，两相体系共混橡胶硫化体系的选择格外重要。

表 6-42　硫化体系对 BR/CIIR 胶料拉伸强度的影响

硫化体系	CIIR/BR	拉伸强度/MPa	硫化体系	CIIR/BR	拉伸强度/MPa
硫黄-次磺酰胺	100/0	16.9	秋兰姆	100/0	16.6
	85/15	13.8		85/15	15.3
	70/30	13.8		70/30	14.6
	50/50	10.7		50/50	13.2
	30/70	8.3		30/70	13.0
	15/85	13.4		15/85	14.7
	0/100	14.5		0/100	14.1

(三) 特种橡胶共混物

1. 硅橡胶-乙丙橡胶共混物　硅橡胶(Q)与一般的橡胶相比，具有非常优良的耐热性、耐寒性和耐候性及电气特性，其需要量正在稳步增长。硅橡胶虽然具有许多优异的特性，但也有机械强度低、耐油性差和价格高的缺点。因此改善硅橡胶的缺点，进一步降低成本是目前急待解决的主要问题。近年来为解决这一问题经常采用与其它橡胶共混的方法。

乙丙橡胶属于耐热、耐候、耐寒的非耐油橡胶，与其他橡胶相比，在性能上与硅橡胶比较接近。硅橡胶与乙丙橡胶的共混物材料，兼具有硅橡胶的耐热性和 EPDM 的机械强度。可以说它是一种耐热、耐候、耐寒橡胶，是一种处于硅橡胶与乙丙胶中间的材料。

EPDM 与 Q 共混时，如果添加硅烷偶联剂(表 6-43)，既可以提高 EPDM 的高温机械强度、压缩永久变形，又可以改善 Q 的机械强度及耐水性。已得到一种耐热性高于 EPDM，机械强度优于 Q 的共混物(SEP)。

表 6-43　Q/EPDM(SEP)组成(份)

组分	份
EPM(EPDM)	55～90
Q	45～10
硅烷偶联剂	1～10
白炭黑(比表面积 $50m^2/g$)	20～100
硫化剂	1～10

SEP 有如此优异性能是因为偶联剂既能与白炭黑反应又能与 EPDM 结合，使 EPDM 与 Q 形成一种如图 6-75 所示的特殊网络结构所致。

SEP 的交联既可使用过氧化物也可使用硫黄硫化体系，图 6-76 是共混比对 EPDM/Q 性能的影响情况；配方为：EPDM/Q　100，白炭黑　55，链烷烃油　15，氧化锌　10，硫黄　0.6，促进剂 M　1.7，TMTD　0.8，EZ　0.6 的胶料拉伸强度及扯断伸长率的影响，这种共混物的拉伸强度，由 EPDM/Q　90/10 的 19MPa 到 70/30 的 13MPa；扯断伸长率由 700% 到 650%，与纯硅橡胶拉伸强度 4.5MPa 相比，成功地克服了强度低的缺点。

此外随 Q 用量的增加，SEP 耐老化性显著提高。EPDM/Q 为 90/10 的 SEP，在 180℃ 下老化 15 天扯断伸长率保持率为 20%，而 70/30 的 SEP 在相同条件下可保持 50%。有趣的是，这个结果比 EPDM、Q 单独使用都好。

SEP 的力学性能在高温时也相当优越。在 180℃ 条件下，90/10 的拉伸强度保持了室温时的 25%，而 70/30 却保持了 50%。

SEP 的撕裂强度也得到了显著提高，在 180℃ 条件下，90/10 保持了室温下的 15%，而 70/30 保持了 50%，在任意温度下使用，SEP 的使用寿命都比 EPDM 单独使用高 10 倍左右。

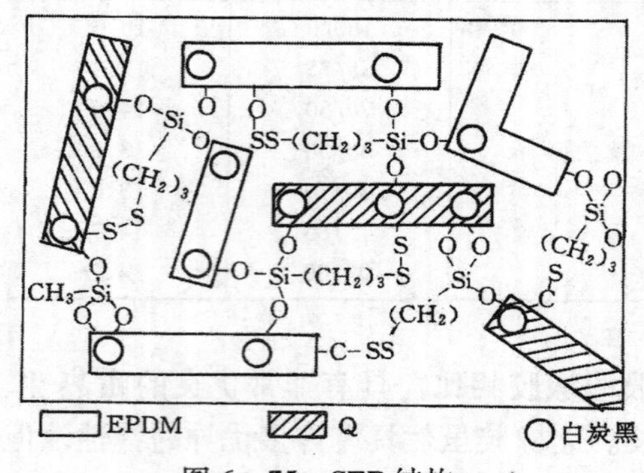

图 6-75　SEP 结构

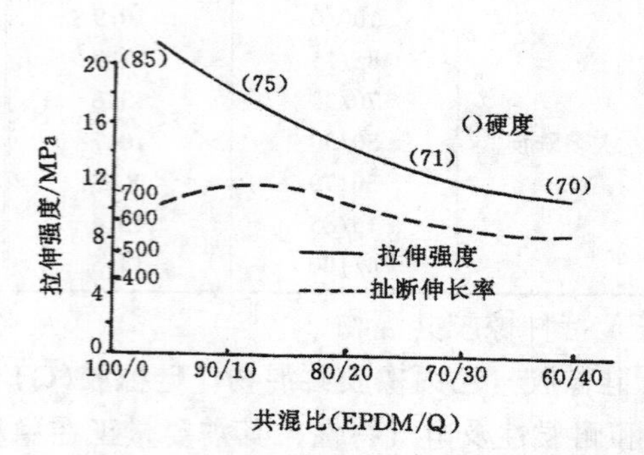

图 6-76　共混比对 EPDM/Q 性能的影响

SEP 还保留了 EPDM 的耐热水和水蒸气的性质。EPDM 含量提高,这种性质就越明显。

2. 氟橡胶-硅橡胶共混物　氟橡胶具有其他橡胶无法比拟的耐热性、耐油性和耐药品性,但弹性差、耐寒性差。硅橡胶弹性好、耐寒性好,耐热性仅次于氟橡胶。如果能将硅橡胶与氟橡胶共混,则可以改善氟橡胶的耐寒性,降低成本,获得一种性能介于二者中间的材料。

硅橡胶多以过氧化物为硫化剂,现在已开发出了不少用过氧化物作为硫化剂的氟橡胶,这样就可以用过氧化物作为二者的共交联剂。表 6-44 便是可用过氧化物交联的 Daiel G-801 氟橡胶与硅橡胶及硅氟橡胶共混硫化胶的物性。由此可见,当氟橡胶/硅橡胶的体积比为 80/20(B 例,C 例)时,脆性温度便能降低 10℃左右,但 T_{50} 则几乎没有变化。当 Daiel G-801 硅氟橡胶达 50/50 时,T_{50} 可降至-29.5℃,低温性能得到明显改善。

表 6-44　G-801 与硅橡胶及硅氟橡胶共混物的硫化性能

项　目	配　方　号				
	A	B	C	D	E
氟橡胶(DaielG-801)	100	85.9	85.9	80	50
硅橡胶(KE-575V)	—	14.1	—	—	—
硅氟橡胶	—	—	—	20	50
硅橡胶(KE-582V)	—	—	14.1	—	—
SRF 炭黑	13	1	1	1	1
氧化镁	3	3	3	3	—
氢氧化钙	6	6	6	4	6
过氧化物	4	2	2	2	2
TAIC	2	1.5	1.5	1.5	2
生胶中 G-801 的体积比(V%)	100	80	80	76	44
性能					
100%定伸应力/MPa	2.7	2.2	2.3	2.3	4.0
拉伸强度/MPa	19.5	13.8	14.5	14.0	7.6
扯断伸长率/%	440	590	600	600	280
硬度(邵尔 A)/度	72	67	66	64	72
压缩永久变形(120℃×70h)/%	24	—	—	23	22
脆性温度/℃	-16	-26	-27	-25	-30
吉门扭转实验 T_{50}/℃	-19.5	-20	-20	-25	-29.5
燃烯油 B 中 480℃×48h					
体积膨胀率/%	—	16.5	15.4	8.5	12.8
拉伸强度变化率/%	—	—	-32	-38	-23
扯断伸长变化率/%	—	—	-17	-39	-27
硬度变化/%	—	—	-8	-6	-7

硫化条件,一段硫化:160℃×30min,二段硫化:150℃×6h。

在耐油性方面，如果采用50%硅氟橡胶与G－801共混，在燃料油中体积膨胀率仅为12.8%；如果采用普通硅橡胶与G－801共混，尽管硅橡胶用量为15%，其硫化胶体积膨胀仍为15%～16%。由此可见，如果用硅橡胶改善氟橡胶，既要改善氟橡胶的耐寒性，又要维持氟橡胶的耐油性，则以选用硅氟橡胶为好。

四丙氟橡胶（TP系列氟橡胶）可以采用过氧化物硫化，它具有良好的耐药品性和耐蒸汽性，因此也可选用TP与硅橡胶共混。表6－45是各种共混比Q/TP硫化物的物性。由表可见，共混物的低温特性随Q用量的增加而得到明显的改善。

表6－45　Q/TP的物性

Q/TP共混比	50/50	40/60	30/70	0/100
拉伸强度/MPa	8.0	10.3	15.6	21.7
扯断伸长率/%	176	176	199	389
300%的定伸应力/MPa	42	48	56	30
硬度(邵尔A)/度	58	67	75	70
220℃×22h压缩永久变形/%	43	56	52	45
ASTM3#油175℃×3天				
耐油性(膨胀率)/%	24.6	20.1	18.6	15
燃料油，RT×7天/Δg%	100	92	78	58
低温特性(Clash－Berg)10^3 MPa/℃	－38	－11	－5	3

配方：共混物100，炭黑FEF　25，MgO　10，TATC　3，DCP　3～5；硫化条件：一段160℃×30min；二段160℃×20h。

（四）其他橡胶共混物

1.EPDM/PU　EPDM是一种低不饱和橡胶，具有卓越的耐候性、耐臭氧性和良好的低温性能，是一种很有发展前途的橡胶。然而，EPDM分子结构中由于缺少极性基团，其粘着性远较其他二烯类橡胶差。为提高EPDM的粘着性能，通常的方法是在EPDM中添加增粘剂。但到目前为止，尚未发现EPDM的理想增粘剂。研究表明，选用粘着性能好的强极性橡胶－聚氨酯(PU)作为改善EPDM粘着性的共混组分，可以获得一种具有较好粘着性能的共混材料。

EPDM/PU采用DCP交联，从硫化胶溶剂抽提结果得知，EPDM和90%以上PU已经发生交联。从这么高的交联程度结果看，组分间可能发生了共交联。

将经过抽提的硫化胶进行裂解气相色谱分析，硫化胶抽提后的凝胶组成与共混胶料的原始组成相同，这就说明共混体系中各组成的文联程度基本相同，从而可以推断两组分的交联速度基本同步。

图6－77所示是采用DCP交联的EPDM/PU的拉伸强度与共混比的关系。由图可见，当PU用量较少时，共混物的拉伸强度保持不变，也不低于纯EPDM的拉伸强度。这说明共混胶的相界面有较好的结合。当PU用量增加时，拉伸强度增加。直至50/50以后，出现超过加和的拉伸强度。EPDM/PU老化后的拉伸强度下降不多，这说明EPDM/PU具有很好的耐热性能。EPDM/PU的扯断伸长率随共混比的变化如图6－78。结果表明，扯断伸长率随共混比的变化规律与拉伸强度随共混比的变化相似。EPDM/PU经老化后，其性能近似于向下平移一段距离。这说明，EPDM和PU有相似的热空气老化特性。

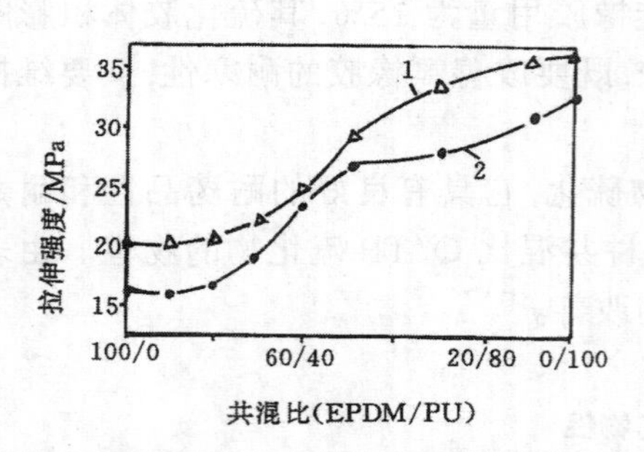

图 6-77 EPDM/PU 体系的拉伸强度与共混比的关系
1—老化前;2—老化后(100℃ ×165h)

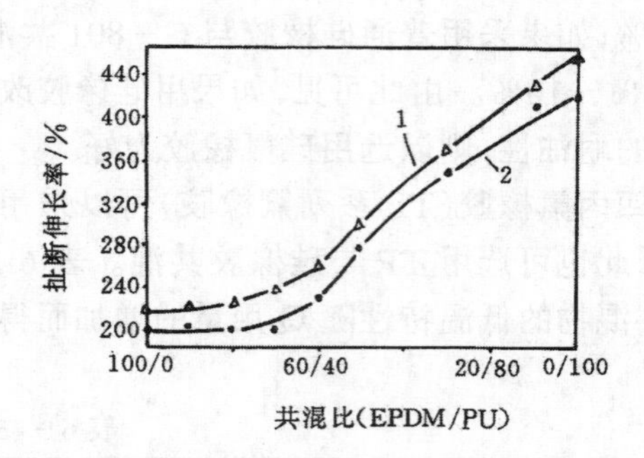

图 6-78 伸长率与共混比的依赖关系
1—老化前;2—老化后(100℃ ×65h)

EPDM/PU 的粘着力如图 6-79 所示。纯 EPDM 的粘着力很低,当 EPDM 中掺入 PU 后,粘着力得到明显改善。纯胶的粘着力比炭黑胶稍好。这是因为炭黑与橡胶之间产生凝胶,从而削弱和妨碍了橡胶分子链段的扩散,使粘着力降低。

PU 对 EPDM/PU 与轮胎用尼龙帘线抽出力的影响如图 6-80 所示。

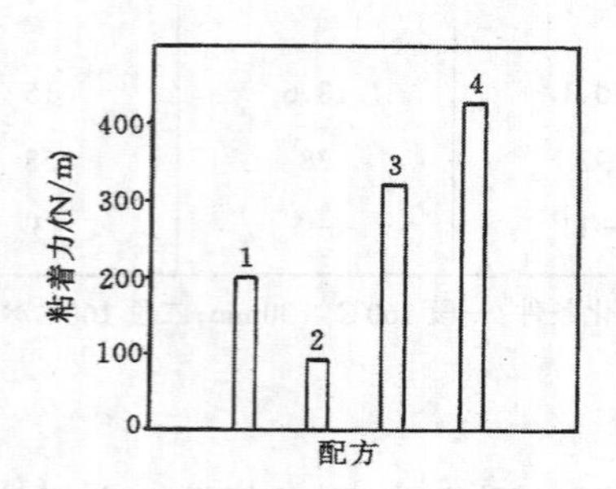

图 6-79 EPDM 纯胶及共混胶的粘着力
1—生胶;2—生胶 + HAF 炭黑 40;3—生胶 + HAF 炭黑 40 + PU 10;4—生胶 + HAF 炭黑 40 + PU 25

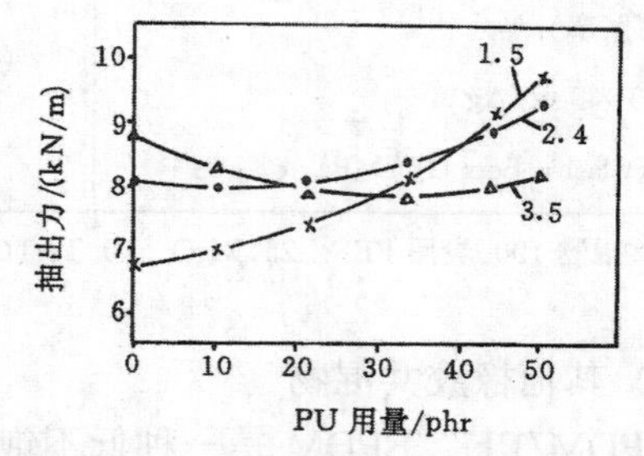

图 6-80 不同 DCP 用量的抽出力对 PU 的依赖关系
(图中数字为 DCP 用量)

从 6-79、6-80 两图可以看出,当 DCP 用量为 1.5 及 2.4phr 时,帘线抽出力随 EPDM/PU 中 PU 含量增加而提高。这是因为帘线浸渍组分里含有极性物质,共混胶里掺入了强极性的 PU,帘线中的浸渍组分与 PU 中的极性基团发生相互作用,包括物理结合和可能发生的化学反应,提高了界面的湿润性,使粘合界面的结合力加强,增加了胶料与帘线的亲合力,降低了胶料与帘线间的界面张力,使粘合界面的粘合力得以加强,因此胶料与帘线的粘合力得到改善。

2.TP/EPDM 为解决化工管道阀门泄漏及耐热、防腐的要求,以橡胶管为阀芯、外部为阀体的直管截止阀门已经广泛使用。选用时,根据化工管道内介质浓度、温度、耐压缩的情况而定。四丙氟橡胶与三元乙丙胶共混制造的胶管阀,经长期使用证明,共混胶的性能基本能满足耐高浓度酸碱、耐压(0.98~1.47MPa)和耐高温(180~200℃)的技术要求。

四丙氟橡胶的分子结构中虽然有侧基基团,但因氟原子的屏蔽作用而使硫化比较困难,因此需采用 DCP 和 TAIC 作硫化剂和助硫化剂。同时 TAIC 在胶料中还有增塑作用,因此胶料的流动性随其用量增加而增大。另外,选用在四丙氟橡胶中综合性能较好的喷雾炭黑作补强剂。胶料中加入硬脂酸锌后也能大大地改善胶料的流动性。TP/EPDM 配方如表 6-46 所示。

表 6-46 TD/EPDM配方

TP	85	软化剂	3~5
EPDM	15	TAIC	3~5
硬脂酸锌	1~2	DCP	1.5~2
氧化镁	1~2		
喷雾炭黑	1~2		

TP 的分子量及门尼粘度较低,所以 TP 有良好的工艺性能,加之 EPDM 的加工性能也很好,故塑炼、混炼都较容易进行。混炼的加料顺序为 TP + EPDM ⟶ 炭黑 ⟶ 软化剂 ⟶ 氧化镁 ⟶ TAIC ⟶ DCP ⟶ 薄通五次下片,停放 12h 以上,胶料经压出胶筒成型后即进行模压硫化。硫化条件:一段,170℃ ×40min;二段(电热鼓风烘箱),室温 $\xrightarrow{1h}$ 160℃ $\xrightarrow{1h}$ 200℃ $\xrightarrow{1h}$ 230℃ ×2h。胶料物性如表 6-47 所示。

表 6-47 TP/EPDM 的性能

性能	胶料种类	
	TP	TP/EPDM
拉伸强度/MPa	1.8	1.6
扯断伸长率/%	190	172
硬度(邵尔 A)/度	62	63
扯断永久变形/%	8	6
耐介质试验:		
H_2SO_4 95%~98% 25℃ ×7d 体积变化/%	3.2	3.9
HNO_3 65%~68%,25℃ ×7d 体积变化/%	3.2	3.5
HCl 36%~38% 25℃ ×7d 体积变化/%	0.42	0.49
NaOH 50% 258×7d 体积变化/%	0.50	0.57

由表 6-47 中数据可以看出，TP/EPDM 胶管阀，虽然胶料的强伸性能有所下降，但在耐高浓度酸碱液性能方面基本上能够满足要求。实际使用证明，TP/EPDM 胶管阀使用寿命明显提高。

二、橡塑共混物

橡胶与塑料共混的目的是改善产品的物理力学性能、加工工艺性能和技术经济性能。如何有效地利用现有大品种橡胶、塑料，通过共混改性拓宽应用领域已经引起了广泛重视。

(一) 聚氯乙烯与橡胶的共混物

PVC 与橡胶的共混，目前仍以 PVC 与 NBR 共混为主。NBR/PVC 共混胶因其综合了 PVC 的耐油性、抗化学药品性、耐臭氧性和 NBR 的耐溶剂性及弹性，而且 PVC 对 NBR 又能起到补强作用。因此 PVC/NBR 与 NBR 相比，其拉伸强度、撕裂强度均有提高，耐磨性、耐溶剂性及耐臭氧龟裂性能也都有明显的改善，同时还可以提高阻燃性能。此外 NBR/PVC 还可以改善 NBR 的加工性能及海绵的发泡性能。

臭氧实验表明：NBR 在臭氧浓度为 1%的条件下，放置 3min 便可出现龟裂现象，即使耐臭氧性能优良的氯丁橡胶 9min 也出现了龟裂现象。但 NBR/PVC 共混胶 20min 仍无龟裂现象出现。热老化试验表明：NBR 在 100℃的条件下老化 7d 后，拉伸强度下降到原拉伸强度的 79%，而 NBR/PVC 胶料在相同条件下却很少发生变化。

基于以上这些优异性能，加之 PVC 价格较低，NBR/PVC 共混胶广泛应用于耐油胶管、胶带、矿山运输带、电缆外皮、胶辊、密封窗条、胶鞋、纺织皮辊、油槽密封、飞机油箱、石油产品柔软贮器、鞋底、密封垫圈以及膜片等汽车工业制品。

采用 PVC/NBR 共混物制胶管时，在配方设计上考虑到 PVC 会在某种程度上降低硫化速度，故应增大促进剂用量。硫黄用量应按聚合物总量计算。采用 DCP 并不比硫黄更好，所以配方中可选用硫黄、促进剂 M、DM 和 TT 作硫化体系。配方中以硬脂酸钙和硬脂酸锌作稳定剂。其优点是，当在高温共混或老化过程中放出的氯化氢，与硬脂酸锌相结合生成氯化锌，在钙盐的存在下，能形成消除氯化锌不良影响的络合物，从而能提高共混胶的耐磨性能。具体配方及其物性如表 6－48 所示。

表 6－48　共混胶配方及物性

配　方	1#	1#	3#	4#
NBR－40	30	50	70	
NBR－26				50
NBR－18				50
PVC	70	50	30	
硫　黄	1.8	1.8	1.8	1.8
氧化锌	5	5	5	5
M	2	2	2	
DM				1.8
TMTD	0.6	0.7	0.8	
防老剂 A				1
防老剂 D				1.4
防老剂 BLE	2	2	2	
半补强炭黑	10	14	20	45
喷雾炭黑				30
硬脂酸	3	3	3	2
邻苯二甲酸二丁酯	40	38	35	25
松焦油	8	6	6	5
沥　青	6	5	5	5
石　蜡				2
硬脂酸锌	1	1	0.5	
硬脂酸钙	5	5	2.5	
古马隆	5	5	5	
合　计	187.4	189.7	188.6	225
含胶量	15.8	26.4	37	44
聚合物含量	53	53	53	

物　性	1#	2#	3#	4#
正硫化时间(153℃)/min	25	25	25	25
拉伸强度/MPa	11.3	8.5	7.4	9.1
扯断伸长率/%	343	373	430	550
永久变形/%	21	15	16	18
硬度(邵尔 A)/度	71	62	62	70
撕裂强度/(kN/m)	29.4	26.5	16.7	26.5
曲挠强度/次(未断)	63300	63300	63300	63300
脆性温度/℃	－30	－30	－38	－42
磨耗(1.61km)/cm³	0.18		0.81	0.71
相对密度	1.19	1.26	1.31	1.22
汽油增重率/%	0.22	0.44	0.46	3.2
苯中增重率/%	39	62	88.4	98.1

用 1# 配方制作直径 38mm、长度 4m 夹布 3 层胶管的拉伸强度为 12.6MPa；永久变形为 21%；苯中 24h 增重率为 30.1%；硬度(邵尔 A)73 度，布与布的粘着力为 2.6kN/m，伸长率为 303%，胶与布的粘着力为 2.5kN/m。用 1# 配方制作的中 12.5mm 纯胶胶管用于输苯，工作半年无异常现象。制作的直径为 25.4mm，长度为 4m，两层夹布吸引胶管经油漆厂输苯、乙酸乙酯和二甲苯工作 7 个月无异常现象。

由此可见，共混胶随 PVC 用量增加，拉伸强度、撕裂强度、耐油、耐苯和耐磨性能都有提高，硬度、永久变形和伸长率增大，脆性温度升高，弹性降低。其中 70%PVC 和 30%NBR 共混胶除伸长率和弹性稍低外，其它各项性能均优于耐油胶管配方。伸长率和弹性虽稍有降低，但能满足胶管制品的使用要求。70%PVC 和 30%NBR 共混胶料不仅适用于制造耐油、耐老化、耐臭氧、耐苯、耐各种腐蚀性介质和大气的胶管，还可以用来制耐化学药品，耐石油产品密封圈、衬垫和其它压出制品及胶布制品。共混胶的焦烧性能良好。加入硫黄的混炼胶贮存半年后，再压出仍无焦烧现象。用 70%PVC 与 30%NBR 共混，成本大幅度降低。

（二）聚乙烯与橡胶共混物

聚乙烯(PE)具有很高的化学稳定性、机械强度、耐油、耐寒和耐射线辐射的性能。PE具有加工容易、无色泽污染、价格便宜等优点，PE能与NR、BR、SBR和丁基橡胶(IIR)等多种橡胶很好地掺合，并具有良好的效果。在三角带底胶中，可采用LDPE与橡胶的共混胶。三角带底胶试验配方为：NR 30，BR 55，LDPE 15，氧化锌 5，硬脂酸1.5，硫黄1.2，防老剂A 1.0，防老剂D 1.0，促进剂CZ 1.2，促进剂DM 0.5，高耐磨炭黑 58，50#机油 3.0，固体古马隆树脂 6.0，松焦油 3.0，歧化松香 1.3，过氧化二异丙苯 2.0，陶土 13.3，$CaCO_3$ 12，合计210，含胶率为40%。

用此胶料曾做过B型与C型两种规格三角带，其成品物理机械性能及机床试验寿命，如表6-49、6-50所示。机床试验寿命与原生产三角带寿命相当，未发现有底胶裂口现象。

表6-49 三角带成品物理机械性能

成品类型		B型	C型	国家标准
硫化条件℃×min		151×12	151×15	GB1171-74
物理机械性能	拉伸强度/MPa	带体小，不能取样	12.7～14.6	11.8
	扯断伸长率/%	同上	316～444	300
	硬度（邵尔A）/度	同上	72±2	72±5
	永久变形/%	同上	9～19	—
	300%定伸应力/MPa	同上	9.3～14.2	—
附着强度	布-布/（kN/m）	同上	2.4～2.7	2.5
	底胶-布/（kN/m）	同上	2.9～3.4	—
	帘布-帘布/（kN/m）	同上	4.4～6.7	4.5
整根扯断	拉伸强度/（N/根）	43.6～53.3	71.4～114.7	B型:32.0 C型60.0
	扯断伸长率/%	9.8～11.0	8.5～10.5	14

注：国家标准规定，合成胶用量超过30%时，底胶扯断强度，包括附着强度允许不低于规定的80%，强力层的附着强度允许不低于规定指标的90%。

表6-50 三角带机床试验结果

试样型号		B	C
试样根数		4	4
试验条件	负荷/kg	40	40
	转速/(r/min)	3200	3200
平均寿命/h		1363	844
报废原因		由包布磨损发展至帘线间脱层	两条在运转中扯断其余两条帘线间脱层

曾将试制的C型三角带送到使用单位做实际使用试验，安装在磨面机上，三班使用，因帘线脱层后扯断而报废，其运转时间长达2412h，比以往使用的普通三角带寿命长了1/3左右。

由于橡胶共混胶相对密度小，底胶用量比原生产用橡胶三角带底胶少16%。使用橡胶共混胶后，因降低了含胶率，而且比原来少用16%的底胶，从而节约了生胶。

（三）高苯乙烯与橡胶的共混物

高苯乙烯(HS)与橡胶共混材料的主要特点是强度高、耐磨，耐磨性比牛皮高4倍多，而且具有真牛皮感，发泡性好，适合制造微孔制品，加工容易，压延压出半成品的表面光滑。HS 与橡胶共混材料还可以制造各种半透明、透明橡塑鞋底以及仿革底，具体配方如表 6－51、6－52。

表 6－51　SBR/BR/NR/HS 棕色仿革底

配方：	SBR〔1500〕	27.5	ZnO	4
	BR	27.5	白炭黑	30
	NR	5	陶土	25
	HS－860	40	三乙醇胺	1
	硫黄	1.5	中络黄	2
	促进剂 DM	0.8	Fe_2O_3	0.4
	促进剂 CZ	0.8	$CaCO_3$	14.7
	促进剂 TT	0.4	硬脂酸	1
	高聚物含量	55%	合　计	181.6
性　能 150℃×10min	拉伸强度/MPa	14.5	永久变形/%	64
	扯断伸长率/%	376	硬度（邵尔 A）/度	95
	300%定伸应力/MPa	12.0	磨耗（1.61km）/cm^3	1.265

表 6－52　SBR/HS 仿革底

配　方	棕色	黑色	本色	彩色		棕色	黑色	本色	彩色
SBR	60	70	70	65	陶土	30			
HS－860	40	30	60	35	高耐磨炭黑		40		
再生胶		50			钛白粉	7			
硫　黄	2	2.3	2	2.8	塑料棕	5			
硬脂酸	3	3	2	3	三乙醇胺			0.5	
氧化锌	5	5	5	5	防老剂 MB	1			
古马隆	4	5			防老剂 SP	1			
白炭黑	30								
促进剂 M	1	1	0.5	1.2					
促进剂 TT			2.0	0.3					
促进剂 DM	1.2	1.2							
促进剂 D	0.8	1.0	1.0	2					
碳酸钙	40		20	0.9	高聚物含量/%	43.3	48.0	52.8	65.3
性　能									
拉伸强度/MPa	>98.0	>7.8	10.6	11.3	相对密度	1.25~1.27	1.31	1.23	
扯断伸长率/%	>200	>200	>400	>300	永久变形/%			5.5	
300%定伸应力/MPa			61.0		磨耗(1.61km)/cm^3	0.2～0.8	<0.9	1.495	0.58
硬度(邵尔 A)/度	85～95	90±5			弯曲 180°滞后角(大于)	30	30		
弹性/%		64							
脆性温度/℃			－40						

另外，HS 与橡胶共混材料还可以用于电缆护套中，用以改善电缆护套的电学性质。如果在 CR 或 NBR 中掺用 10%左右的 HS，可改善其压缩永久变形。

采用 HS 与 NR 共混，制造了用于皮鞋底的微孔胶片。用此材料制成的皮鞋底，轻、软、美观、耐磨、穿着舒适、富有弹性且类似皮革，深受消费者欢迎。

（四）氯化聚醚与橡胶的共混物

氯化聚醚具有一系列优异的性能。在常用的工程塑料中，氯化聚醚的耐磨性比尼龙 6 高 2 倍，比尼龙 66 高 3 倍。氯化聚醚可在 120℃下长期工作，如果没有氧化介质的环境可在 130～140℃下长期工作，故耐热性好。它的化学稳定性仅次于聚四氟乙烯，除少数几种强极性溶剂外，在室温下，它在烃类、醇类、酮类及羧酸等溶剂中均不溶解，也不溶胀，即使在较高温度下也无明显的溶胀现象。

为提高油田压裂车压裂泵密封件的性能，采用了氯化聚醚与NBR共混的方法进行研究试验。该产品要求胶料具有高强度、高硬度、高抗撕和高耐磨等性能。试验用胶料配方和性能如表6－53、6－54所示。

表6－53 丁腈/氯化聚醚胶料配方

原材料	丁腈/氯化聚醚	丁腈/三元尼龙	丁腈胶
NBR－40	100	100	100
氯化聚醚	50		
三元尼龙		50	
硫黄	0.2	0.2	0.2
交联剂DCP	2	2	2
促进剂D	0.35	0.35	0.35
促进剂DM	1	1	1
ZnO	8	8	8
硬脂酸	2	2	2
防老剂MB	1	1	1
防老剂D	1	1	1
高耐磨炉法炭黑	15	15	40
混气槽法炭黑	15	15	40
邻苯二甲酸二辛酯	10	10	7
液体丁腈	4	4	3
硬脂酸镉	1	1	—

表6－54 胶料物理机械性能

原材料性能		丁腈/氯化聚醚	丁腈/三元尼龙	丁腈胶
拉伸强度/MPa		24.42	26.48	24.61
扯断伸长率/%		247	454	297
永久变形/%		20.8	18.0	7.6
硬度(邵尔A)/度		85	87	82
压缩变形(压缩20%,100℃×24h)/%		49.3	83.1	44.3
弹性/%		17.4	21.4	19
撕裂强度/(kN/m)		8.0	8.1	5.6
磨耗(1.61km)/cm^3		0.0076	0.224	0.968
100℃拉伸强度/MPa		11.57	12.06	12.16
100℃撕裂强度/(kN/m)		37	36	30
热空气老化	100℃×72h伸长率系数	1.06	0.92	0.82
	150℃×24h伸长率系数	0.93	0.83	0.38
耐介质老化	甲苯(常温×24h)/Δg%	10.2	8.47	7.0
	水(70℃×24h)/Δg%	1.28	2.23	1.23

表6－53、6－54数据表明，NBR/氯化聚醚胶料的耐撕裂性、耐磨性、耐热氧老化性等显著超过NBR胶料及NBR与尼龙共混胶料。用其制作耐热、耐油、耐磨、耐撕裂、高硬度制品可以满足要求。

压裂车密封圈使用条件荷刻，要在压力为34.32～44.13MPa，温度30～40℃，砂径0.5～1.2mm，砂比为20%的压裂液中工作。原橡胶密封件使用1～2井次即磨损报废，而丁腈

/氯化聚醚密封件经油田井下作业试验，平均为 8 井次。试验表明，丁腈/氯化聚醚胶料的使用寿命达到了使用要求。

（五）聚酰胺与橡胶的共混物

丁腈橡胶具有优异的耐油性、良好的耐热性和气密性，但耐寒性、耐磨性不够好。聚酰胺树脂(尼龙)具有极好的耐磨性和良好的耐寒性，且对大多数化学物质具有良好的稳定性。

尼龙的品种不同，聚合度(粘度)、熔点、内聚能密度和结晶度也不同。因此用不同品种的尼龙同丁腈橡胶共混，效果也不一样。一元尼龙(1010)，二元尼龙(尼龙 6/尼龙 66)，三元尼龙(尼龙 1010/尼龙 6/尼龙 66)与丁腈橡胶共混，以三元尼龙效果最好。这是因为三元尼龙的规整性差，熔点较低(150～160℃)与 NBR 混合的工艺容易控制，性能稳定。

研究结果表明，在各种不同相对粘度的尼龙中，以粘度为 1.8～2.2mPa·s 的尼龙与 NBR 共混效果较好。NBR 与尼龙的共混比从 90:10 到 60:40 均可进行混合，其中 90:10 的共混物性能基本接近于 NBR，但耐热性和耐磨性均可得到不同程度的改善；60:40 的共混物流动性差，压缩永久变形较大，但制品的耐磨性能良好。总之，从掺合体的外观及制品的物性来看，尼龙的用量以 10～25 份为最好。

在补强剂对尼龙丁腈橡胶性能的影响研究中发现，补强剂对耐油性的影响：喷雾炭黑＞半补强炭黑＞炉法炭黑＞滚筒炭黑＞槽法炭黑。对耐磨性能的影响：白炭黑＞高耐磨炭黑＞滚筒炭黑＞槽法炭黑＞半补强炭黑。对压缩永久变形的影响(从小到大)：喷雾炭黑＜半补强炭黑＜滚筒炭黑＜炉法炭黑＜槽法炭黑。

在增塑剂和防老剂的试验中发现，增塑剂用量一般为 10～25 份。常用的增塑剂为脂类增塑剂。其增塑效果为：癸二酸二辛酯＞癸二酸二丁酯＞邻苯二甲酸二丁酯。尼龙丁腈橡胶采用通用硫化体系时，应加 1.0～2.0 份防老剂；采用 DCP 硫化体系可以不加防老剂，因为氧化锌在 DCP 硫化体系中兼有防老作用，加入防老剂反而会使交联密度下降，影响性能，特别是尼龙掺用量增多时，加入防老剂会更加有害。但防老剂的用量不超过 0.3 份时不至于影响尼龙丁腈橡胶的性能。

采用 NBR/尼龙可生产造纸专用设备及医疗器械等方面的橡胶件。医疗器械橡胶密封件在 121℃ ×15min；速度为 33mm/s，单向压力为 8MPa 的高温消毒条件下，制品可以连续使用 1500 余次，而其他橡胶制品仅使用 200～300 次即报废。

采用三元尼龙与丁腈橡胶共混试制的三元尼龙丁腈橡胶密封圈，经多次物理机械性能和使用单位的使用鉴定证明，这种密封圈耐油、耐热、耐寒、密封温度高，使用寿命长，其质量和性能远远超过牛皮密封圈。其配方如表 6－55。

表 6－55　三元尼龙丁腈橡胶密封圈配方

国产丁腈－26	100.0	促进剂 D	0.3
三元尼龙共聚体	40.0	防老剂 D	1.5
高耐磨炭黑	20.0	二辛酯	15.0
乙炔炭黑	20.0	硬脂酸	1.5
硫　黄	2.5	白　蜡	1.2
促进剂 MD	1.3	氧化锌	5.0

工艺条件如下：

①生胶的混炼和塑炼在开放式炼胶机上进行。

②塑炼，40min。

③混炼时，先将辊温加热到 150～155℃，加入三元尼龙，待三元尼龙塑化成均匀透明

后，加入丁腈橡胶进行混合。混合时间以15～20min为宜。

④将前项混合料送入冷辊薄通塑炼5次，加入二辛酯。

⑤冷辊混炼，加促进剂DM，促进剂D，硬脂酸，白蜡，氧化锌进行混炼，然后加入高耐磨炭黑、乙炔炭黑，混炼好以后，加硫黄，打五次三角包，厚度约1mm下片。

⑥硫化条件为压模温度120℃，压力22MPa。

三元尼龙丁腈橡胶密封圈胶料的物理机械性能如表6－56所示。

除上述几种橡胶并用类型外，还有许多特种橡胶和特种塑料共混，诸如氟橡胶与聚四氟乙烯共混。若聚四氟乙烯用量为10～20份，其拉伸强度可提高2.75～3.43MPa，经济效益十分显著。若PE、聚苯乙烯、聚丙烯酸酯以及硅树脂与硅橡胶共混也可获得良好效果。

表6－56　三元尼龙丁腈橡胶密封圈胶料的物理机械性能

项　目	硫化胶	120℃×96h老化后	耐油		耐酸或碱液
			汽　油	5#锭子油	
拉伸强度/MPa	20.8	19.3	16.0	18.8	17.4
扯断伸长率/%	380	158	292	327	324
硬度(邵尔A)/度	84		76	77	75
永久变形/%	12		11	10	15
撕裂强度/(kN/m)	67		体积膨胀2.6%	0.32	1.87
磨耗(1.61km)/cm^3	0.21		重量膨胀1.6%	0.25	1.33
相对密度	1.12				
耐热(150℃)	48h后发脆				
脆性温度/℃	－40				

总之，橡塑共混材料不胜枚举，只要掌握了这方面规律，就可根据不同要求，选择合适的聚合物设计出不同的橡塑共混材料。

第六节　共混型热塑性弹性体

热塑性弹性体问世已有20余年的历史。目前已工业化生产的热塑性弹性体主要有：苯乙烯类、烯烃类、聚酯类和聚酰胺类等，其中只有烯烃类是属于共混型热塑性弹性体。共混型热塑性弹性体与合成法热塑性弹性体相比，具有工艺简单、设备投资少、成本低和性能容易调节等优点。汽车使用合成材料代替金属部件可以达到减重、节油和抗冲击的需要，使共混型热塑性弹性体发展很快，现正以2～3倍于橡胶工业的发展速度增长，1977年到1985年间的平均年增长率达22%，受到了人们高度重视。

热塑性弹性体(TPE)是一种在高温下能产生塑性流动，在常温下显示橡胶高弹性、兼有塑料和橡胶特性的新型高分子材料，又称做第三代橡胶。

共混型TPE的发展经历了三个阶段，从简单的机械共混到部分动态硫化共混，再发展到完全动态硫化共混。第一阶段，从70年代初起，用简单机械共混法在聚烯烃树脂中掺入橡胶制造TPE。这类TPE也称热塑性聚烯烃(TPO)。这类材料抗冲击强度和低温性能比塑料好，拉伸强度及耐介质性能比橡胶好。但由于共混物中的橡胶组分未硫化，其强度、伸长率及耐热性都差。对于要求以橡胶特性为主的TPO，因为橡胶必须有足够的份额，所以共混物的流动性明显低，很难满足加工工艺的要求，而且难以制得柔软品级的材料。第二阶段是用部分动态硫化法制造热塑性弹性体。所谓动态硫化(Dynamic Vulcanization)是橡胶与树脂在熔融混合时，在剪切力作用下，借助于硫化剂产生硫化反应的过程。此法在1962年首先由 Gessele 提出。以后美国、英国和德国许多公司都生产了部分硫化型热塑性乙丙橡胶。非交联或部分交联的热塑性弹性体分别称为“共混型 TPO”及“部分交联型 TPO”。由于部分交联型 TPO 中的橡胶相已部分交联，所以它的拉伸强度、耐溶剂性、耐热性和压缩永久变形都比简单机械共混型 TPO 有了较大的提高。虽然如此，由于形态结构的特点，当橡胶含量较多且形成连续相时，则共混物的流动性大大降低或无法流动。第三阶段为动态全硫化 TPE。70 年代末期 Coran 等人提出用动态硫化法制备完全硫化的 EPDM/PP 共混型 TPE。用这种方法制备的 TPE 也称为热塑性硫化胶，即 TPV (Theromoplastic Vulcanizate)。

美国孟山都公司用动态硫化法制备的完全交联的 EPDM/PP 共混物，其凝胶含量大于 97%，交联密度达到 $7\times10^{-5}mol/cm^3$ 以上。其形态结构与传统的 TPO 有着根本的区别，即使橡胶含量为主要成份的 TPV，其形态也是硫化的 EPDM 粒子分散在 PP 中，就连最软的品级(硬度为 64A)也是如此。由于这种独特的形态结构，EPDM/PP TPV 的拉伸强度、扯断伸长率、弹性、耐热性和压缩永久变形都较 TPO 有很大提高。EPDM/PP 的 TPV 及 TPO 性能如表 6－57 所示。

表 6－57　TPV 及 TPO 的部分性能

性能 ＼ 牌号（公司）＼ 类型	部分动态硫化 EPDM/PP 共混物(TPO)	完全动态硫化 EPDM/PP 共混物(TPV)
	TPR－1700 (Uniro Yai)	Santoprene 201－80 孟山都
硬度(邵尔 A)/度	77	80
拉伸强度/MPa	6.6	9.7
扯断伸长率/%	200	400
体积溶胀，ASTM 3#油，100℃×70h/%	碎　裂	50
压缩永久变形		
ASTM.B法 100℃/%	70	39
使用温度/℃	100	125
加工方法	热塑性	热塑性

动态全硫化共混技术是 TPE 生产技术的一项突破。近年来利用这项技术开发了一批新型 TPV，申请了许多专利。新型的 TPV 正以崭新的姿态步入工业材料领域。

一、TPV 的特性参数

Coran 等在研究 EPDM/PP 和 NBR/PA 共混而成的 TPV 过程中，发现当橡胶与树脂的表面能相近而且树脂相是结晶者时，便可通过动态硫化制得 TPV。他们进一步在 60/40 的橡胶/树脂的条件下，对 PP、PE、PS、ABS、PMMA，SAN (苯乙烯－丙烯腈共聚物)PA、PTMT (聚对苯二甲酸丁二醇酯) 和 PC 等 9 种树脂与 IIR、EPDM、NR、BR、SBR、EVA、ACM、CPE、CR、NBR、和 PTRC (反式异戊橡胶)等 11 种橡胶进行动态硫化共混试验，组合成近 100 种共混物，提出了选择橡胶及树脂的原则。他们认为 TPV 的性能与组分的下列特性有关：

(1) 动态剪切模量 G 是 TPV 韧性的量度。当橡胶的动态剪切模量 G_S 和树脂的剪切模量 G_H 已知时，便可预测 TPV 的 G。

(2) 树脂的拉伸强度 σ_H 是共混物拉伸强度的临界值。采用高强度的树脂会得到高强度的 TPV。

(3) 树脂的结晶度 W_C。选用 W_C 高的树脂，可以改善 TPV 的机械强度和弹性复原性。

(4) 参与共混的聚合物的临界表面张力 γ_C。如果选用的橡胶的临界表面张力 γ_S 与树脂

的临界表面张力 γ_H 相匹配，即 $\Delta r_C(|\gamma_H-\gamma_S|)$ 较小时，界面张力小，硫化胶颗粒小，因而可以得到强度高、伸长率大的 TPV。

(5) 橡胶分子的临界缠结间距 N_C。它表示分子量足够大的未稀释的橡胶分子间发生缠结的聚合物链原子数。N_C 的求取有以下 3 个关系式：

①对于高柔性聚合物(如 IIR、EPDM、IR、BR、SBR)：

$$N_C = 275 + 10.5(M_o/Z) \quad (6-44)$$

②对于中柔性聚合物(如 EVA、ACM、CPE、CR 和 NBR)：

$$N_C = 125 + 10.2(M_o/Z) \quad (6-45)$$

③对于刚性主链聚合物：

$$N_C = 0 + 5.35(M_o/Z) \quad (6-46)$$

以上式中　M_o——聚合物重复单元的分子量；

Z——聚合物链中每个重复单元的原子数。

N_C 值小表明橡胶分子趋于紧密缠结，在共混初期容易牵引成细纤维状，然后断成细小的橡胶微粒。要获得较好的拉伸强度、较高伸长率的 TPV，应选用高缠结度，即低 N_C 的橡胶。有关树脂和橡胶的特性参数如表 6-58 所示。

表 6-58　各种聚合物的特性参数

聚合物	拉伸强度/MPa	G/MPa	γ_C/(mN/m)	N_C/链原子数	W_C
PP	30.0	520	28	—	0.63
PE	31.7	760	29	—	0.70
PS	42	1170	33	—	0.00
ABS	58	926	38	—	0.00
SAN	58	1330	38	—	0.00
PMMA	61.8	—	39	—	0.00
PTMT	53.3	909	39	—	0.31
PA (Nyolon 6.9)	46	510	39	—	0.25
PC	66.5	860	42	—	0.00
IIR	—	0.46	27	570	0.00
EPDM	—	0.97	28	460	0.00
PTPR	—	—	31	417	0.00
IR	—	0.32	31	454	0.00
BR	—	0.17	32	416	0.00
SBR	—	0.52	33	460	0.00
EVA	—	0.93	34	342	0.00
ACM	—	—	37	778	0.00
CPE	—	—	37	356	0.00
CR	—	—	38	350	0.00
NBR	—	0.99	39	290	0.00

研究表明，TPV 的相对拉伸强度 σ_B/σ_H(σ_B 为 TPV 的拉伸强度)、扯断伸长率 ε_B、扯断永久变形 ε_S 与特性参数 γ_C、N_C 和 W_c 有如下关系：

$$\sigma_B/\sigma_H = 0.244 + 1.02W_C - 0.000032(\Delta\gamma_{SH})N_C - 0.0296(\Delta\gamma_{SH})W_C - 0.00076N_CW_C \quad (6-47)$$

$$\varepsilon_B = 130.8 - 24.07(\Delta\gamma_{SH}) + 858.5W_C + 1.39(\Delta\gamma_{SH})^2$$

$$- 32.70(\Delta\gamma_{SH})W_C - 0.742N_C W_C \quad (6-48)$$

$$\varepsilon_S = -0.2125 + 0.297N_C - 127.9W_C - 0.3441(\Delta\gamma_{SH})^2$$

$$- 0.000197N_C^2 + 146.7W_C^2 + 9.148(\Delta\gamma_{SH})W_C - 0.1926N_C W_C \quad (6-49)$$

组分特性参数与 TPV 性能的关系如图 6－81 所示。

一系列试验表明，$\Delta\gamma_{SH}$、W_C 和 N_C 是通过动态硫化制备 TPV 的重要因素。Coran 等通过电子计算机绘制的三元等高线图对这些因素进行了分析，认为最好的组分是橡胶和树脂的表面能匹配，橡胶的 N_C 要小，树脂的结晶度要高。如果在熔融混合温度下有其他物质共存时，橡胶和树脂应不会分解，且要选择一个合适的硫化体系。

二、TPV 的制备原理

（一）共混比对性能的影响

TPV 的性能除了与橡胶及树脂的品种有关外，与橡塑共混比也有密切关系。

PP 用量对 EPDM/PP TPV 性能的影响如图 6－82 所示。从图中可以看出，如果 PP 用量增加，则 100％定伸应力、硬度、扯断永久变形增大。PP 用量低于 30 份时，EPDM/PP TPV 的拉伸强度较低、超过 30 份迅速上升，但当超过 50 份时则上升幅度趋于平缓。纯 PP 拉伸时有屈服点，当 PP 用量低于 75 份时，TPV 无屈服现象。由此可见，动态硫化可以使共混型热塑性弹性体的力学性能有较大的改善。

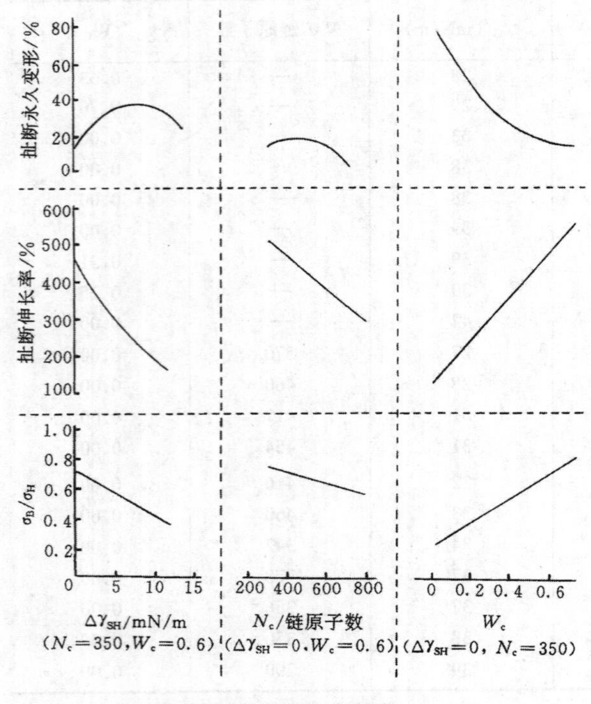

图 6－81　组分特性参数与 TPV 性能的关系

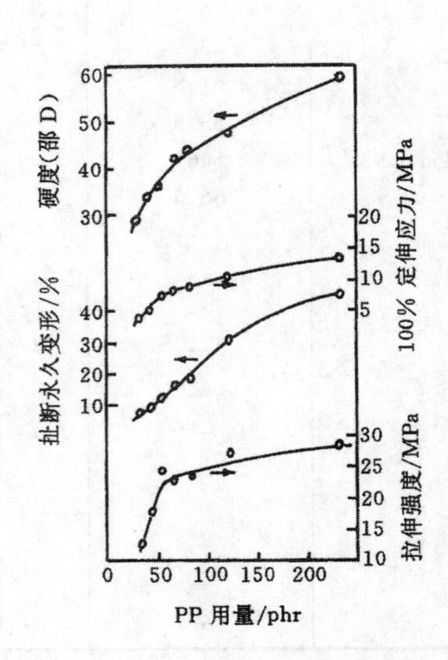

图 6－82　PP 用量对 EPDM/PP TPV 性能的影响

（二）TPV 的形态结构

TPV 的最大特点之一是它有独特的形态结构。按照橡塑共混的一般规律：含量较大的组分容易形成连续相，共混比在某一比例下会形成两相连续结构。普通共混物及部分交联热塑性弹性体都符合这一规律。然而完全交联的 TPV，即使橡胶含量较高，充分交联的橡胶粒子也是分散相，分散在树脂为连续相的基质中。据孟山都公司称，最软的 Santoprene (64A 硬度级)也是这种形态结构。TPO 及 TPV 的形态结构示意图如图 6－83 所示。

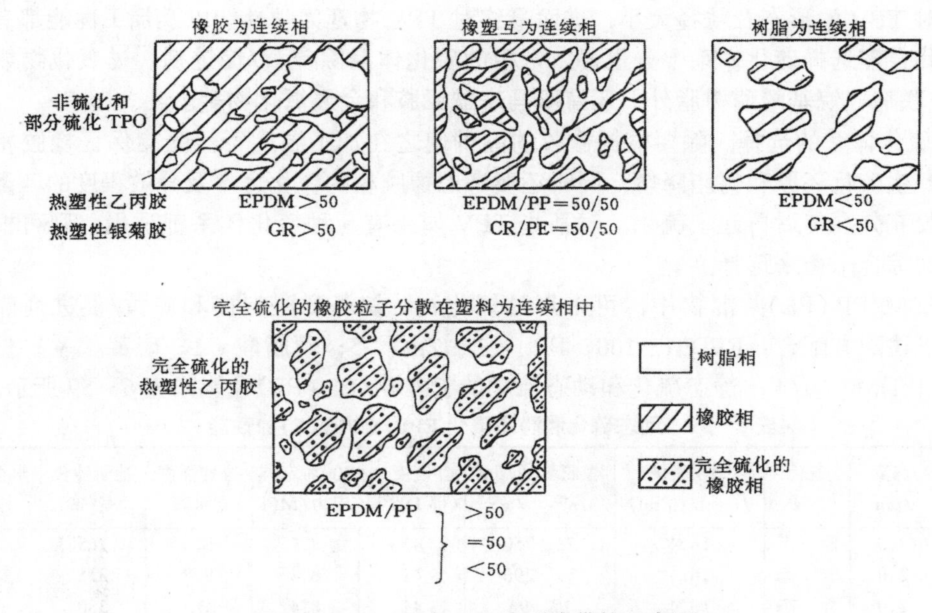

图 6－83 TPO 及 TPV 的形态结构示意图

由图 6－83 可见，非硫化或部分硫化的 TPO，当树脂含量较高时，树脂为连续相，橡胶为分散相，但刚性太大，硬度偏高。当橡胶含量较高时，虽然共混物的刚性降低，但因橡胶是连续相，其流动性很差，尤其是进行部分交联之后，其流动性会更差。但完全硫化的热塑性弹性体，由于在共混时通过机械力将硫化程度很高的橡胶粉碎成非常小的颗粒，分散在熔融的树脂相中，形成高度分散的"海岛"结构，其岛相尺寸很小，可以看成是点状结构，因而 TPV 可以用塑料加工方法加工。由于这些完全硫化的颗料好象分散在塑料基质中的填料一样，在制品加工温度下它们能保持足够的强度，所以也能保持着这种形态结构的稳定性，有利于加工的进行。橡胶相的充分交联，树脂相晶区的存在，都有利于提高 TPV 的强度，弹性和耐热等性能。

正是因为 TPV 具有这种独特的形态结构，才会使其既具有类橡胶的性能，又具有塑性树脂的加工特性。

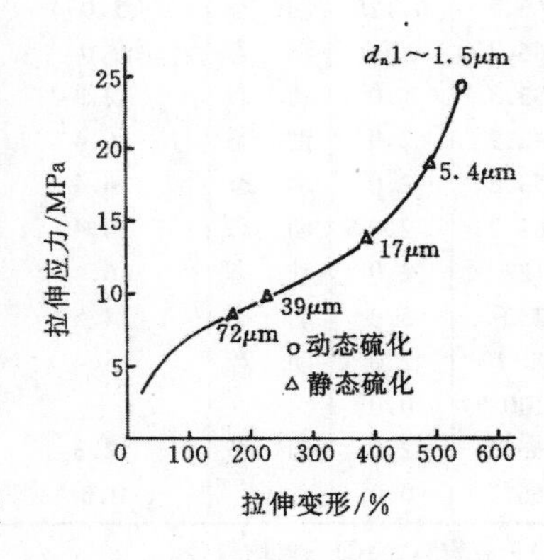

图 6－84 橡胶相粒径对应力应变曲线的影响

（三）橡胶相粒径

TPV 中橡胶相颗粒的大小，即分散程度对其性能有着极其重要影响。

Covan 等人的研究表明，共混物中分散相橡胶的粒径愈小，其性能愈好。橡胶相粒径对共混物应力应变的影响如图 6－84 所示。由图可见，静态硫化共混物的橡胶相粒径 d_n 在 72～5.4μm 之间，粒径愈小拉伸强度、扯断伸长率愈大。而聚合物组分相同和硫化体系都相同的动态硫化 TPV，因其粒径小，只有 1～1.5μm，因此具有类似普通硫化胶的应力应变性能特征。

（四）橡胶相的交联

制备 TPV 的技术关键之一是动态硫化。共混物中橡胶相的硫化特性，如硫化速率及硫化程度，对 TPV 的形态及粒径大小，进而最终对 TPV 物理力学性能以及加工性能都有很大影响，因此合理选择硫化体系十分重要。常用的硫化体系除硫黄/促进剂、过氧化物或过氧化物/助交联剂、烷基酚醛树脂外，还有双马来酰亚胺和金属氧化物等。

TPV 硫化体系的选择，除要根据橡胶的品种使之在加工温度下，既能保证橡胶相充分硫化又不产生硫化还原和树脂降解，同时还要考虑橡胶相的硫化速率及分散程度的匹配，即应保证橡胶充分混匀后再起步硫化。对某些 TPV 如果有几种硫化体系都适用，则可根据性能与成本的综合平衡来选择。

在 EPDM/PP (PE)共混物中，可采用过氧化物、烷基酚醛树脂和硫黄/促进剂硫化体系。如按下述配方配合：EPDM 100；PP x；ZnO 5；硬脂酸 1；硫黄 y；促进剂 TT $y/2$；DM $y/4$，静态硫化和动态硫化的 EPDM/PP (PE)性能如表 6－59 所示。

表 6－59 动态硫化和静态硫化 EPDM/PP(PE)的性能

PP(PE)/phr	硫黄/phr	硫化方法	交联密度/(mol/10^5ml)	橡胶粒径/μm dn① dw②	硬度(邵 D)/度	100%定伸应力/MPa	拉伸强度/MPa	扯断伸长率/%	永久变形/%
PP,66.7	2.0	静态	16.4	72 750	43	8.2	8.6	165	—
PP,66.7	2.0	静态	16.4	39 290	41	8.4	9.8	215	22
PP,66.7	2.0	静态	16.4	17 96	41	8.4	13.9	380	22
PP,66.7	2.0	静态	16.4	5.4 30	42	8.4	19.1	480	20
PP,66.7	2.0	动态	16.4	1～2	42	8.0	24.3	530	16
PP,66.7	1.0	动态	12.3	—	40	7.2	18.2	490	17
PP,66.7	0.5	动态	7.8	—	39	6.3	15.0	500	19
PP,66.7	0.25	动态	5.4	—	40	6.7	15.8	510	19
PP,66.7	0.125	动态	1.0	—	35	6.0	9.1	407	27
PP,66.7	0.00	动态	0.0	—	22	4.8	4.9	190	66
PP,33.3	1.0	动态	12.3	—	39	3.9	12.8	490	7
PP,42.9	2.0	动态	16.4	—	34	5.6	17.9	470	9
PP,53.8	2.0	动态	16.4	—	36	7.6	25.1	460	12
PP,81.2	2.0	动态	16.4	—	43	8.5	24.6	550	19
PP,122	2.0	动态	16.4	—	48	11.3	27.5	560	31
PP,233	5.0	动态	14.5	—	59	13.6	28.8	580	4.6
无,00	2.0	动态	16.4	—	11	1.5	2.0	150	1
PP,100	0.0	—	—	—	71	19.2	28.5	530	—
PE,66.7	2.0	动态	12.3	—	35	7.2	14.8	440	18
PE,66.7	0.0	—	0.0	—	21	4.1	3.5	240	24

①—数均粒径；②—重均粒径。

TPV 性能的改善首先归因于橡胶相的充分交联。只有橡胶相具有一定程度的交联，才能赋予 TPV 有使用价值的力学性能。图 6－85 表明 EPDM/PP (60/40)的 TPV 交联密度对拉伸强度和扯断伸长率的影响。由图可见，随着橡胶相交联密度的增加，拉伸强度一直增加，当交联密度超过一定值时，扯断永久变形值变化不大。

在 70/30 的 SBR/PE 共混物中，橡胶相的相对交联程度（W）对其应力－应变性能的影响如图 6－86 所示。由图可见，当 W 在 0.6 左右时，力学性能存在转折点。$W < 0.6$ 时，

即使拉伸应力很小，应变也很大，拉伸曲线出现屈服现象，类似于塑料的拉伸特性。W 值愈小，这类现象愈明显。当 $W > 0.6$ 时，因为橡胶相有一定程度的交联，此时材料的拉伸性能由树脂和橡胶共同提供，因此能够经得起一定负荷的拉伸，达到应有的伸长，而且不再有屈服现象。TPV 同普通硫化胶一样，当拉伸强度提高时，扯断伸长率和永久变形变小。共混物的形态结构在一定条件下，取决于共混比和组分的初始粘度。TPV 的形态结构是在高温动态硫化时形成的，当橡胶相交联程度很高时，它的粘度和内聚能很大，但此时处于熔融状态的树脂的粘度却很小，这时的粘度便成了决定共混物形态结构的主要因素。因此，即使橡塑比为 70/30，树脂仍可形成连续相。橡胶相交联程度降低，其粘度和内聚能也随之减小。当减小到与树脂相匹配时，共混物形成两相连续结构，相当于本例中 W 在 0.6 左右时，则 TPV 既无塑料特性又无橡胶的性能，扯断伸长率、永久变形都很大。当橡胶相交联程度很低以致未交联时，虽然树脂粘度仍相对较小，但此时共混比起决定作用，橡胶为连续相，共混物体现出生胶的特性，即低定伸应力、低拉伸强度、低硬度和大的永久变形。

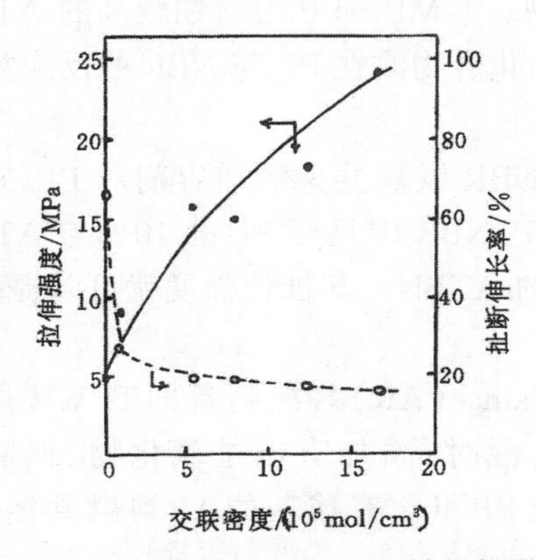

图 6－85 交联密度对 TPV 性能的影响

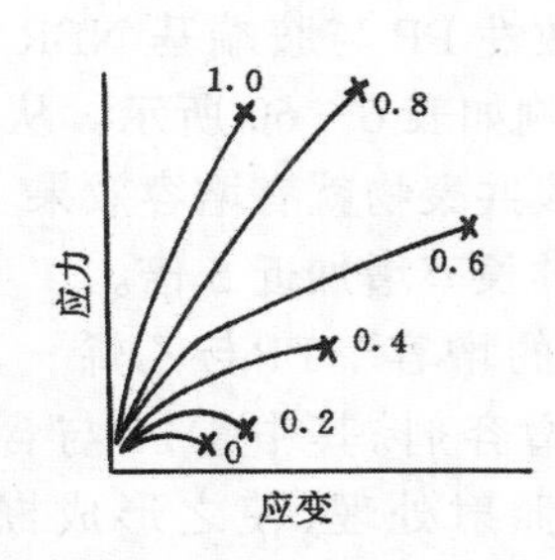

图 6－86 交联程度对 SBR/PE 应力－应变性能的影响

（x—断裂点；图中数字表示 W）

TPV 的拉伸强度并不是在橡胶相充分交联（W 为 1）时最佳，而是在橡胶相充分交联的稍偏前的某一交联程度，即相当于本例中 W 为 0.8～0.9 左右。这是因为当 $W = 1$ 时，橡胶相内聚力和粘度都很大。虽然相界面间剪切力增大了，但由于橡胶相的内聚能更大，不易在共混时分散细致，容易在相界面造成缺陷，因而 TPV 的拉伸强度反而偏低。而 W 在 0.8 左右时，TPV 相界面的剪切力与橡胶相本身的内聚力相匹配，橡胶相颗粒较小因而强度反而较高。

由此可见，只有橡胶相具有适当的交联程度，才能赋予 TPV 以有使用价值的力学性能。随着橡胶相交联程度的提高，拉伸特性存在一个转折点。在转折点前后其趋势截然不同，共混物的形态及颗粒大小存在着一系列的过渡和转变，其中存在着临界相状态，这就是引起上述力学性能变化的内在原因。

（五）增容技术

共混理论的发展冲破了只有溶解度参数相近的聚合物才能共混这一传统概念的束缚。实践证明，热力学相容性好的共混聚合物性能并非理想，而热力学相容性并不十分好的聚合物共混，可以利用特殊的相互作用，把本来相容性不好的两种聚合物通过增容技术，改善其分散性、界面的粘着性和体系的稳定性，也可以获得性能优异的共混物。

增容技术已在共混改性中得到了极大的发展，孟山都公司生产的牌号为 Geolast 的 NBR

和 PP 共混材料就是增容技术的杰出代表。目前，增容技术正以崭新的面目出现在聚合物共混改性之中。

最近采用较多的增容技术有：就地(insitu)形成共聚物，添加型非反应性共聚物，添加型反应性共聚物以及使用低分子化合物等。

1.NBR/PP 的增容　NBR 是综合性能良好的耐油橡胶。PP 是密度小，强度高，耐热、耐水和耐药品性优良的结晶性热塑性树脂。但因二者的相容性很差。为制备性能好的 NBR/PP TPV 材料，可在共混体系中添加或采用在熔融混合过程中“就地”生成 NBR－PP 嵌段共聚物的方法来提高 NBR/PP 的相容性。图 6－87 便是 NBR/PP 常用的增容剂。其中①是用过氧化物处理，直接生成的嵌段共聚物。②是用气态氯使 PP 轻度氯化，然后再用胺端基 NBR (ATBN)与之反应而成。③是马来酸酐或马来酸改性 PP 与 ATBN 的反应产物。④将马来酸改性 PP，经多胺处理，然后与羧基 NBR 反应，生成 PP－NBR 嵌段共聚物。⑤PP 在路易斯酸存在下，与羟甲基苯酚化物进行加成反应，生成羟甲基酚改性 PP (MP－PP)，MP－PP 再与 NBR 进行反应，最终生成 PP－NBR 嵌段共聚物。⑥MP－PP 与活性较高的 ATBN 反应也可以生成 PP－NBR 嵌段共聚物。其中羟甲基苯酚化合物改性 PP 与 NBR 的反应如图 6－88 所示。

用马来酸改性 PP 与胺端基 NBR “就地”生成 PP－NBR 嵌段共聚物增容剂对 PP/NBR TPV 性能的影响如表 6－60 所示。从表可以看出，在 PP/NBR 中只要 PP 的 10％与 ATBN 反应得到的嵌段共聚物就有增容效果。而且使用极少量的 ATBN，其扯伸强度就可以提高 2 倍以上，扯断伸长率增加近 5 倍。

2.PP/AR的增容　PP与乙烯－丙烯酸甲酯橡胶Vamac(AR)共混制备的TPV常用图 6－89所列的增容剂。其中①PP与含羧基的AR熔融共混时，添加有机过氧化物、偶联剂等或用放射线照射处理，使之形成嵌段共聚物。②氯化PP和含有羧基的AR熔融共混时，

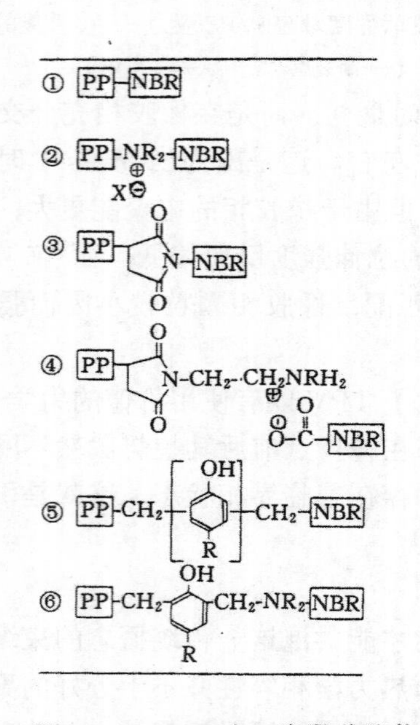

图 6－87　NBR/PP 嵌段共聚物

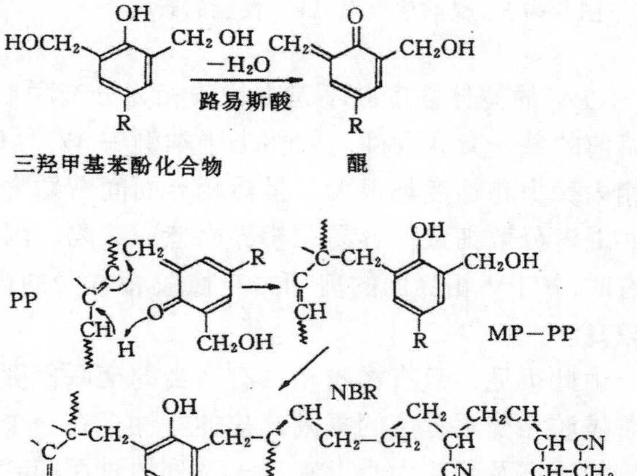

图 6－88　MP 改性 PP 和 NBR 的反应

表 6－60　增容剂对 PP/NBR TPV 性能的影响

		1	2	3	4	5	6	7	8
配方	PP	50	45	45	45	45	45	45	45
	马来酸改性 PP	0	5	5	5	5	5	5	5
	NBR	50	50	49.22	46.88	43.75	37.5	25	—
	NBR 母炼胶(NBR/ATBN＝90/10)	—	—	0.78	3.12	6.25	12.5	25	50
	ATBN 在 NBR 中的百分含量	0	0	0.16	0.62	1.25	2.5	5.0	10
	酚醛树脂硫化剂	3.75	3.75	3.75	3.75	3.75	3.75	3.75	3.75
	$SnCl_2 \cdot H_2O$	0.5	0.5	0.5	0.5	0.5	0.5	0.5	0.5
性能	拉伸强度/MPa	8.8	12.0	12.1	15.2	22.0	25.5	25.7	26.7
	100％定伸应力/MPa	—	12.0	12.1	12.0	12.3	12.5	12.5	12.9
	扯断伸长率/％	19	110	170	290	400	440	430	540
	永久变形/％	—	—	45	40	40	40	42	45

用含有胺基的接枝剂使之产生偶联反应，得到 PP－AR 嵌段共聚物。常用的接枝剂有4，4′－亚甲基－二苯胺和 4－4′－亚甲基二环已胺。③在过氧化物存在下，首先将 PP 熔融使其与马来酸或马来酸酐发生加成反应。然后将马来酸改性 PP 与含羧基的 AR 及含胺基的接枝剂反应，在混炼时产生 PP－AR 嵌段共聚物。④首先将 PP 熔融，在氯化亚锡等路易斯酸的存在下，使其与二羟甲基苯酚化合物发生反应，然后混入含羧基的 AR，产生 PP－AR 嵌段共聚物。⑤用与④同样的方法，将二羟甲基苯酚改性 PP 与含羧基的 AR 熔融，添加含胺基的接枝剂，使之反应，产生 PP－AR 嵌段共聚物。⑥采用与③相同的方法，将用马来酸或马来酸酐改性的 PP 和含羧基的 AR，在 PP 的熔点以上与含羟基的接枝剂反应生成 PP－AR 嵌段共聚物。⑦采用与③相同的方法，将马来酸或马来酸酐改性的 PP 和含有羧基的 AR 与含环氧基的接枝剂反应，生成 PP－AR 嵌段共聚物。⑧采用与③相同的方法，将马来酸或马来酸酐改性的 PP 和含羧基的 AR 与含二异氰酸酯基等的接枝剂反应，生成 PP－AR 嵌段共聚物。

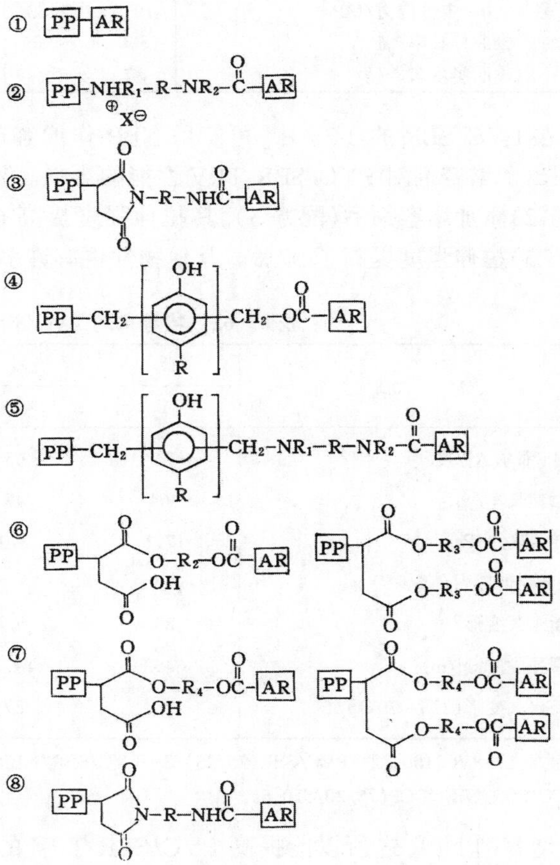

图 6－89　AR/PP 用共聚物增容剂

马来酸改性 PP 对 AR/PP TPV 性能的影响如表 6－61 所示。其中配方 a 是对比胶料；配方 b 是添加了增容剂马来酸改性 PP

的TPV。从二者对比可以看出，添加马来酸改性PP的AR/PP TPV都比未添加者的性能好。

3.PVC/SBR的增容　PVC/SBR是典型的极性聚合物与非极性聚合物的共混体系，组分的溶解度参数相差很大，共混物的性能很差。张隐西等研究表明，选择适宜的第三组分可以显著改善共混物的性能。可以作为PVC/SBR增容剂的有NBR、CPE、CR、CIIR和ACR等。

表6-61　马来酸改性PP对AR/PP性能的影响

项目		配方号							
		a	b	a	b	a	b	a	b
配方	AR（Vamac G）	10	10	30	30	50	50	70	70
	PP	90	85.5	70	63	50	45	30	27
	马来酸改性PP	—	4.5	—	7	—	5	—	3
	4，4′-二甲基二苯胺	0.15	0.15	0.45	0.45	0.75	0.75	1.05	1.05
	4，4′-二甲基二环己胺	0.1	0.1	0.3	0.3	0.5	0.5	0.7	0.7
	防老剂	0.2	0.2	0.6	0.6	1.0	1.0	1.4	1.4
性能	拉伸强度/MPa	21.4	34.6	14.4	38.6	11.1	25.8	9.2	17.1
	100%定伸应力/MPa	19.8	21.3	—	23.5	—	16.3	—	12.3
	扯断伸长率/%	380	490	135	540	185	525	275	420
	扯断永久变形/%	断	—	断	59	56	48	29	25

在PVC/SBR的TPV中，可使用NBR作增容剂，以改善PVC与SBR的相容性。表6-62列出了增容剂对PVC/SBR TPV性能的影响。从表中数据可以看出，在非硫化型弹性体中(配方2)添加增容剂后(配方3)，其拉伸强度提高63%；而在TPV中(配方4)添加增容剂后(配方5)拉伸强度提高了97%。其他物性也有许多提高。

表6-62　增容剂对PVC/SBR TPV性能的影响

物性	配方号				
	1	2	3	4	5
硬度(邵尔A)/度	74	65	67	73	73
扯断伸长率/%	364	48	100	100	256
拉伸强度/MPa	17.1	3.0	4.9	7.4	14.6
100%定伸应力/MPa	7.9	—	4.8	7.4	7.9
扯断永久变形/%	88	6	12	4	18
撕裂强度/(kN/m)	64.3	16.2	22.8	31.8	40.5
压缩永久变形(22h×70℃)/%	75	87	82	67.5	67

配方：1—PVC(100)；2—PVC/SBR(75/25)；3—PVC/SBR/NBR(75/20/5)；4—PVC/SBR/DCP(75/25/0.6)；5—PVC/SBR/NBR/DCP(75/20/5/0.6)。

增容剂NBR之所以能提高PVC/SBR TPV的性能，主要是NBR以表面活性剂的形式分布于PVC和SBR的界面处，其中丙烯腈富集的极性链段与PVC相容性较好，可以向PVC相扩散，在剪切力作用下与PVC结合，嵌在PVC相中；而丁二烯富集的非极性链段与SBR相容，通过与SBR共硫化键合在SBR相中。因此NBR的作用一方面提高了分散度，使交联的SBR颗粒细微化和均匀分布。未加NBR的共混物中橡胶颗粒大约是10μm，添加

NBR 后橡胶相的颗粒大约是 2μm，NBR 使橡胶相的尺寸缩小。另一方面 NBR 在 PVC 相与 SBR 相间形成了牢固的联接，加强了界面的作用力，因而在宏观上表现出共混物强度的改善。

综上所述，通过增容技术可以将热力学不相容的各种橡胶和树脂共混成具有良好性能的 TPV。

三、动态硫化共混型热塑性弹性体

(一) EPDM/PP TPV

共混型 EPDM/PP TPV 是开发最早，技术最成熟的品种之一。目前除美国孟山都公司生产有 Santo prene 商品外，意大利 Mantepolymeri 公司也有 Dutralene 商品出售。我国 1985 年也有专利发表。这类 TPV 的特点有：密度小、耐臭氧、耐热、耐候性能优异；在 125℃ 热老化 30 天后仍可保持 80% 的强度及弹性；耐油及耐化学药品等性能与 CR 相当；同时还具有优良的绝缘性和良好的耐寒性。

朱玉俊等实验表明，制备 EPDM/PP TPV 的重要问题之一是共混比及硫化体系的选择。PP 用量对共混体性能的影响如图 6－90 所示。共混体系使用的硫化体系有硫黄/促进剂（用 S 表示）体系，过氧化二异丙苯(DCP)体系和 2,5－二甲基－2,5－二叔丁基过氧己烷 (DTBH)体系。从图中可以看出，共混物的拉伸强度、硬度和永久变形随 PP 用量增加而增大。这是因为共混物的性能取决于共混比。PP 为结晶性树脂，纯 PP 的强度、硬度及永久变形比 EPDM 大很多。因此，上述现象是可以理解的。随 PP 用量的增加，共混物的塑料特性更加明显。

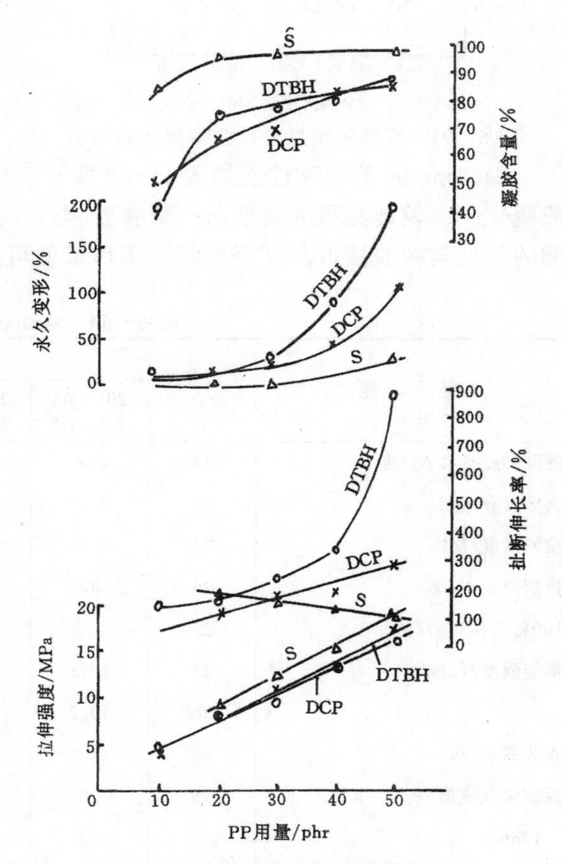

图 6－90　PP 用量对共混物性能的影响

此外，从图 6－90 还可以看出，硫黄/促进剂硫化体系共混物的拉伸强度和凝胶含量都比另外两种体系高，而扯断伸长率及永久变形较小。这说明不同交联体系有着不同的硫化能力。众所周知，一般的交联剂对饱和树脂是不起交联作用的，交联主要发生在橡胶相。过氧化物在橡胶中的交联反应按自由基机理进行，但它有促使树脂的裂解的作用。硫黄硫化体系在 EPDM 中类似于二烯类橡胶的硫化方式，这种交联反应在促进剂、活性剂存在下交联程度比过氧化物高。

通过不同交联体系的变量试验发现(图 6－91)，随着交联剂用量的增加，各体系的拉伸强度均有增加，而在 1～0.8 份有最佳的综合性能。但各交联体系对橡胶交联的贡献不同，硫黄/促进剂体系最大、DTBH 最小。

为使交联剂能与橡胶混合均匀，充分发挥交联剂的交联效率、减少交联剂在高温共混时的分解损失，可以将交联剂预先在常温开炼机上制成母炼胶。交联剂添加方法对共混物性能的影响如图 6－92 所示。从图中数据可以看出，母胶法的拉伸强度比常用的直接法提高 10%～25%。

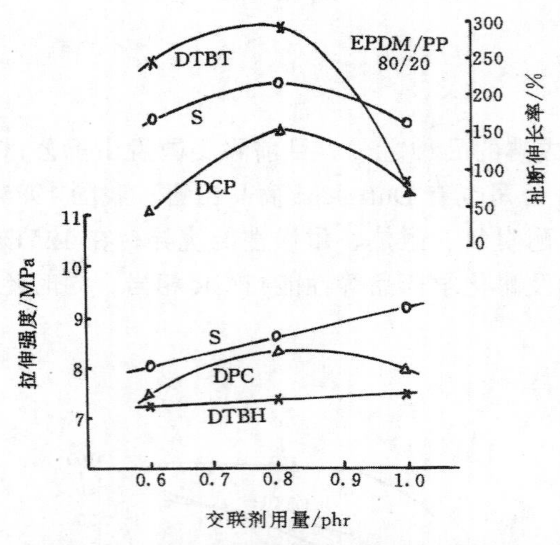

图 6－91　交联剂用量对共混物物性的影响

EPDM/PP 80/20
硫黄硫化体系
母胶法
直接法
拉伸强度/MPa
交联剂用量/phr

图 6－92　交联剂添加方法对共混物强度的影响

Santoprene 的力学性能如表 6－63 所示。由表可见，较软品级 Santoprene 的强度低于一般硫化胶，较硬品级的强度与一般橡胶相近，压缩永久变形虽较一般橡胶大，但随着压缩时间的延长与橡胶接近，甚至更好。工作温度可从－50℃到 125℃。

表 6－63　Santoprene 的力学性能

性　　能	测试温度/℃	品级					
		201－64 101－64	201－73 101－73	201－80 101－80	201－87 101－87	203－40 103－40	203－50 103－50
硬度(5s, 邵尔 A)/度	25	64A	73A	80A	87A	40D	50D
密度/(g/cm^3)	25	0.97	0.98	0.97	0.96	0.95	0.94
拉伸强度/MPa	25	6.9	8.3	11.0	15.9	19.0	27.6
扯断伸长率/%	25	400	375	450	530	600	600
100%定伸应力/MPa	25	2.3	4.2	4.8	6.9	8.9	10.0
撕裂强度/(kN/m)	25	24.5	27.8	34.0	48.7	64.6	90.0
	100	10.2	13.3	13.1	23.3	35.5	63.7
永久变形/%	25	10	14	20	33	48	61
压缩永久变形/%	25	20	24	29	36	44	47
168h	100	36	40	45	58	67	70
屈挠疲劳(达到断裂的循环数)	25	＞340 万循环			—	—	—
脆点/℃	—	－60	－63	－63	－61	－57	－34
磨耗性能(磨耗指数)/%	25	—	54	84	201	572	＞600

Dutralene 的力学性能如表 6－64 所示。

国内软品级热塑性乙丙橡胶的性能及热塑流动性如表 6－65 所示。从表中所列性能来看，热塑性乙丙橡胶具有典型弹性材料的特征。

表 6－64　Dutralene 的物理机械性能

性能	牌号					
	160	170	171	241	251	250
密度/(g/cm³)	0.97	0.98	0.9	0.9	0.9	0.91
流动性(230℃/6MPa)/mm	575	510	310	350	355	—
硬度(邵尔 A)/度	60A	70A	70A	45D	50D	96A
拉伸强度/MPa	5	8	5	15	14	14.2
相对伸长率/%	460	500	220	400	280	280
100%定伸模量/MPa	2.6	3	3.8	12.6	11.5	—
100%定伸后的永久变形/%	10	14	17	60	60	32
压缩永久变形/%						
23℃时	18	23	27	50	48	48
100℃时	33	36	55	65	65	68
100℃×72h 老化后的性能变化率/%						
强度	5	2	1	10	10	—
伸长率	5	5	2	15	15	—
硬度	0	0	0	0	0	—

表 6－65　软品级热塑性乙丙橡胶的性能

品级 邵尔 A/度	拉伸强度 /MPa	扯断伸长 率/%	300%/定伸 应力/MPa	永久变形 /%	撕裂强度/ (kN/m)	屈挠/万次	老化系数 (100℃×7d)	热塑流动性 200℃ $\dot{\gamma}=10^2s^{-1}$	
								表观粘度 /Pa·s	口型膨胀 率/%
80A	16.0	390	9.5	42	39	>10	0.97	502	6.6
70A	10.8	380	8.7	36	29	>10	0.90	587	5.5
60A	7.1	288	—	12	—	>10	—	695	3.7

（二）NR 类的 TPV

天然橡胶类热塑性弹性体是由天然橡胶或环化天然橡胶与 PP 或 PE 共混动态硫化而成。到目前为止，美国的 Telcar 公司和英国的 Vitacom 公司已有试生产的 Telcar DVNR 和 Vitacom DVNR。表 6－66 列出了马来西亚橡胶生产者协会测定的 Telcar DVNR 及 Vitacom DVNR 的物理力学性能对比数据。由表中数据可以看出，其 DVNR 因 NR 是硫化了的。所以拉伸强度、撕裂强度都比较高，而永久变形变小。此外，100～125℃的耐热老化性性能优良。

在制备 DVNR 时，硫化体系可以采用过氧化物或硫黄促进剂体系。当 PP 用量较少时，可以使用过氧化物作交联剂，其用量约 0.5 份。这种硫化体系可以使制品表面光滑。当 PP 用量较多时，因过氧化物有降解 PP 的可能，因此除橡胶用量超过 70%外，一般不使用有机过氧化物作交联剂，而使用硫黄促进剂体系作为硫化剂。DVNR 也可采用双马来酰亚胺等作交联剂，但价格昂贵。

为改善 DVNR 的流动性，可以添加软化剂。软化剂可以增大熔体流动指数，改善加工性能。

表 6-66 DVNR 的典型性能

性能 \ 品种	Telcar		Vitacom			
	Z1189	Z1188	5001	7001	9001	5001
硬度(IRHD)/度	56	90	50	70	90	50
	—	—	56	77	96	56
100%定伸应力/MPa	1.7	6.9	2.2	4.2	7.2	3.1
拉伸强度/MPa	4.0	15.3	5.0	9.8	13.5	6.5
扯断伸长率/%	290	455	270	320	350	285
撕裂强度						
裁刀 C/(kN/m)	21	63	—	—	—	22
裁刀 B/(kN/m)	—	—	22	40	52	19
永久变形/%	—	—	—	—	—	9
压缩变形						
1d/23℃	30	44	25	25	30	—
3d/23℃	—	—	—	—	—	26
1d/70℃	—	—	30	37	48	36
3d/70℃	40	58	—	—	—	—
1d/100℃	43	64	38	44	59	42
3d/100℃	47	61	—	—	—	50

另外，为赋予 NR 的耐油性，可让 NR 与过氧乙酸反应，制备环氧天然橡胶。天然橡胶因环氧化而使玻璃化温度上升，耐油性提高。环氧化程度 50% 的天然橡胶，其耐油性可以与丙烯腈含量 34% 的 NBR 匹敌。环氧化天然橡胶与 CPE、NBR、CR 的相容性、粘着性也相应提高。另外，由于环氧化天然橡胶与天然橡胶一样，高伸长下可以结晶，所以其拉伸强度、撕裂强度都比非结晶性的 NBR 高。

马来西亚橡胶生产研究协会(MRPRA)的 Gelling 首先利用环氧化天然橡胶耐油的特性制备了 NR/PP 动态硫化热塑性弹性体。天然橡胶因环氧化而与 PP 的极性相差变大，本应使相容性变差，但实际上相容性意外的好。因而环氧化天然橡胶/PP 的特点是，无需采用 NBR/PP 的那样的特殊增容技术便可获得良好性能。环氧化程度 50%(mol)的环氧化天然橡胶/PP 和天然橡胶/PP 动态硫化热塑性弹性体的性能如表 6-67 所示。从表中数据可以看出，环氧化天然橡胶/PP 除永久变形稍大外，拉伸强度、撕裂强度、耐油性等性能都比天然橡胶/PP 好。

环氧化天然橡胶/PP 使用的硫化体系，常用酚醛树脂、酸酐和二元胺等能与环氧基反应的硫化剂。表中共混体系采用了间亚苯基双马来酰亚胺/有机过氧化物作为硫化体系。

表 6-67 环氧化天然橡胶/PP 动态硫化热塑性弹性体性能

项目		配方号						
		1	2	3	4	5	6	7
配方份	PP	20	25	20	20	25	20	20
	环氧化天然橡胶	—	—	80	80	75	80	—
	天然橡胶	80	75	—	—	—	—	80
	石蜡油	20	15	—	—	—	—	—
	邻苯二甲酸二辛酯	—	—	20	—	15	—	—
	癸二酸二辛酯	—	—	—	20	—	—	—
	环氧化天然橡胶的凝胶量/%	—	—	83		85		

续表

项目		配方号						
		1	2	3	4	5	6	7
性能	硬度(邵尔 A)/度	56	70	73	72	85	89	—
	拉伸强度/MPa	5.4	8.4	7.34	5.82	9.45	9.2	9.0
	扯断伸长率/%	300	355	375	320	360	300	280
	永久变形/%	14.2	15.5	22	23.4	27.3	34	18
	撕裂强度(裁刀 C)/(kN/m)	20	28	29.5	28.8	38.5	43	36
	耐油性 ΔV							
	ASTM,3#油,100℃,7天/%	190	160	29	27	30	—	210
	ASTM,3#油,125℃,7天/%	—	—	—	—	—	57	—

动态硫化环氧化天然橡胶及不同丙烯腈含量的 NBR/PP 的性能如表 6-68。由表中数据可以看出，常温下环氧化天然橡胶/PP 的性能比 NBR/PP 好。此外环氧化天然橡胶与木棉、人造丝和玻璃纤维等的粘着性比 NBR/PP 好。

表 6-68 动态硫化环氧化天然橡胶/PP 性能

项目		配方号					
		1	2	3	4	5	6
配方份	PP	25	25	25	25	20	20
	环氧化天然橡胶	75	—	—	—	80	—
	NBR(AN%)	—	75(18)	75(34)	75(41)	—	80(34)
	癸二酸二辛酯	16	16	16	16	—	—
性能	硬度(邵尔 A)/度	78	83	81	85	89	85
	100%定伸应力/MPa	5.4	5.8	5.8	5.0	6.3	5.7
	拉伸强度/MPa	8.9	6.9	6.7	6.2	9.3	6.7
	扯断伸长率/%	290	145	165	165	300	187

（三）NBR/PA 的 TPV

EPDM 与 PP 共混而得的 TPV 虽然具有一定的耐油性，但就其耐油性的等级而言，只能与 CR 相比，但无法与 NBR 抗争。众所周知，用极性弹性体与耐油的热塑性树脂共混，是制备高耐油性弹性体的有效方法之一。试验表明，按传统工艺制备的 NBR/PA 共混物，其耐油性可以比纯极性橡胶高 20%～30%。而用动态硫化方法制备的 NBR/PA TPV，其耐油性，尤其高温耐油性还可进一步提高。

用于制 NBR/PA TPV 的 PA 有：PA 6,PA(6,66)和 PA(6,66,610)等许多品种。在加工方面的主要区别是熔融温度和成型温度不同。所以 NBR 的品种，除要求考虑 AN 含量和门尼粘度外，还要考虑 NBR 是属于自交联型的或是非自交联型。其中自交联型 NBR 有 Hycar 109-80，AN=41%，ML_{1+4}100℃=80，容易引起焦烧。非自交联型 NBR 有 Hycar 1031，AN=41%，ML_{1+4}100℃=60。其中自交联型 NBR 在 225℃时 2～8min 便可发生焦烧，产生凝胶。而非自交联型 NBR、混炼 20min 也不会发生焦烧。这些是控制动态硫化时橡胶交联反应的重要因素。

NBR/PA 所用的硫化体系有：HVA-2，硫黄促进剂，有机过氧化物以及二羟甲基苯酚树脂等硫化体系。不同硫化体系交联的 60/40 NBR (AN 39%)/PA(6,66,610) TPV 性能如表 6-69。其中硫黄促进剂硫化体系硫化的 TPV 强度高，永久变形小；HVA-2 硫化的

TPV虽然强度也高，但永久变形大；有机过氧化物硫化的TPV性能居中。另外的试验发现，用羟甲基苯酚树脂作硫化剂时，即使NBR的凝胶含量低于50%仍可制得高强度TPV。其原因是，羟甲基苯酚树脂能与PA发生反应，引起分子链增长，PA的熔融温度提高，混炼效果提高，促使橡胶相微细化。另外羟甲基酚醛树脂与NBR和PA二者都能反应，有可能生成NBR－PA接枝聚合物，进而加强了共混物的界面，因此可以获得较高的强度。

表6－69　硫化体系对NBR/PA TPV性能的影响

硫化体系类型	拉伸强度/MPa	100%定伸应力/MPa	扯断伸长率/%	永久变形/%	硬度(邵尔A)/度
无,对照试样	3.1	2.5	290	72	17
S 0.2, NOBS 1, TT 2 ZnO 5, SA 1	8.3	7.4	160	15	35
HVA－2　3, DM 0.75	8.5	3.7	310	51	28
2,5－二甲基－2,5双(叔丁基过氧)正己烷 0.5	7.9	6.1	220	31	32

表6－70是采用尼龙69(孟山都，Vydyree 60H) 33.1%，NBR 66.3%(余为防老剂)，以HVA－2作硫化剂，NBR品种对NBR/PA TPV性能的影响。从表中可以看出，非自交联型NBR TPV的定伸应力和模量、拉伸强度，随交联剂用量增加而增大。然而，对自交联型NBR TPV，交联剂用量对性能影响不大。即使没加交联剂的TPV，其性能也很好。测定结果表明，自交联型NBR TPV的凝胶含率约为85%，而非自交联型NBR TPV只有20%。实际上，如果使用自交联型NBR，也可再适当添加交联剂，其交联密度可达到5×10^{-5}mol/ml以上。

表6－70　NBR品种对NBR/PA TPV性能的影响

NBR品种	HVA－2用量/phr	100%定伸应力/MPa	杨氏模量/MPa	拉伸强度/MPa	扯断伸长率/%
A①	0	4.2	9.8	4.8	180
A	0.67	10.0	46.7	10.9	120
A	1.33	11.3	70.6	14.1	170
A	2.67	12.0	65.6	14.3	150
A	5.33	15.0	85.8	17.1	130
A	10.67	16.0	117.0	17.3	110
B②	0	9.3	48.1	19.5	360
B	0.17	10.1	58.9	20.6	330
B	0.35	10.3	59.9	20.8	330
B	0.67	11.4	89.0	22.8	310
B	1.33	11.8	93.8	23.1	340
B	2.67	13.7	124.6	19.6	200

①A—非自交联型NBR；②B—自交联型NBR。

NBR 中的丙烯腈含量对 TPV 耐油性的影响如图 6－93 所示。图中数据是 150℃ ×48h 的体积增量（ΔV）百分率。无论是非自交联型（•）或是自交联型（○）都是随其丙烯腈含量增加而 TPV 的耐油性提高。

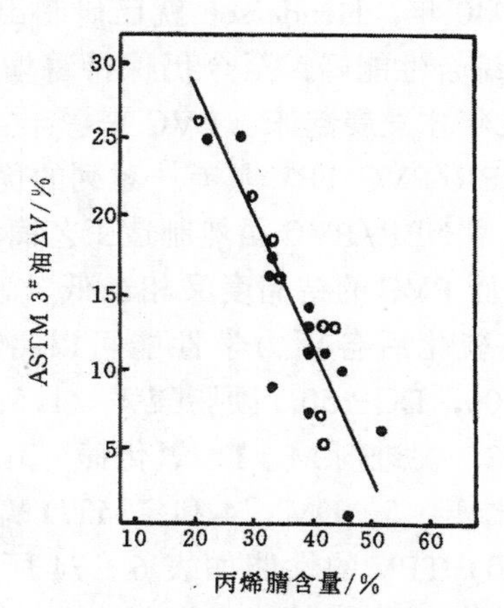

图 6－93　NBR 的丙烯腈含量对 TPV 耐油的影响

表 6－71 是采用 NBR（A、B 同表 6－70）65 份、PA35 份、以二羟甲基苯酚树脂作硫化剂时，PA 品种对 NBR/PA TPV 性能的影响。从表中可以看出，尼龙 6、66、610 综合性能较好。

在 PA（6、66、610）/NBR（N240S）中，以 DCP 作为硫化剂，PA 用量对其耐油性的影响如表 6－72 所示。NBR/PA TPV 的耐油性随 PA 用量增加而提高。

表 6－71　PA 品种对 NBR/PA TPV 性能的影响

品　种	NBR 品种	硫化剂 /phr	100%定伸应力/MPa	拉伸强度 /MPa	扯断伸长率 /%	硬度 (邵尔 D)/度	永久变形 /%
6、66、610	B	0	7.45	10.4	203	33	11
6、66、610	B	1.3	12.2	22.6	309	44	15
66、6	B	0	11.2	16.5	245	28	27
66、6	B	1.3	11.3	20.9	319	41	21
66、6	A	0	8.9	8.9	105	34	25
66.6	A	1.3	13.0	19.5	268	42	34
6	A	0	—	6.9	94	33	—
6	A	1.3	13.4	16.9	163	37	41

表 6－72　PA 用量对 NBR/PA TPV 耐油性的影响

PA/phr	15	20	25	35	40	45
汽油/苯＝3/1，30℃ ×24h 溶胀度（重量变化率）/%	24.3	21.8	21.2	16.1	14.6	14.1

试验表明，在 NBR 含量较高时可以采用二段共混法：先将少量 NBR 与 PA 进行动态硫化，而后再将已动态硫化的 TPV 与另一部分 NBR 共混，这种方法所得的性能比一段共混法好。不同共混方法对 TPV 性能的影响如表 6－73 所示。从表中数据可以看出，二段共混法的拉伸强度、扯断伸长率都比一段共混法高。

表 6－73　共混方法对 TPV 性能的影响

NBR/PA 共混比	共混方法	拉伸强度/MPa	100 定伸应力/MPa	扯断伸长率/%
77/23	一段	15.7	6.2	380
	二段	18.0	6.8	460
70/30	一段	19.5	7.8	400
	二段	22.0	8.2	450

（四）NBR/PVC 的 TPV

早在 1940 年，Henderson 就已研制出了 NBR/PVC 的机械共混胶，是第一个工业实用 TPE，因其综合性能好，至今仍保持着增长势头。用 PVC 与 NBR 共混经动态硫化制备的 TPV 是近几年才发展起来。PVC 来源丰富，与 NBR 的相容性好，可以混合的比例范围较宽，因此 NBR/PVC TPV 具有一系列的优越性，具有广阔的开发前景。

非硫化型 NBR/PVC 虽然制造工艺简单，在室温下也具有许多优良性能，但因 NBR 相未经交联，而 PVC 的结晶度又相当低、玻璃化温度只有 85℃左右，所以性能较差。NBR/PVC 经动态硫化后各项力学性能可以得到很大提高。基本配方为：50/50NBR－40/PVC（乳液型）100，DOP 50，硬脂酸锌　1.5，硬脂酸钡　1.5。硫化体系分别采用硫黄硫化体系：硫黄　2，促进剂 M　1，氧化锌　3；TCY 硫化体系：TCY(2,4,6－三巯基－1,3,5－均三嗪)3,氧化镁　5，DM　4 和 TMTD 硫化体系：TMTD　4，氧化锌　5 时，NBR－40/PVC（50/50）TPV 的性能如表 6－74 所示。由表可见，无论哪种硫化体系，动态硫化的 NBR－40/PVC 试样，其硬度略有增加，扯断伸长率略有降低，拉伸强度、定伸应力和撕裂强度都有提高。尤其拉伸强度提高了 1 倍到 2 倍，而永久变形降低了 60％～80％，材料具有橡胶的性质。

表 6－74　NBR－40/PVC 共混物的性能

性　　能	非硫化试样	硫黄硫化试样	TCY 硫化试样	TMTD 硫化试样
硬度（邵尔 A）/度	52	58	56	58
扯断伸长率/％	590	500	560	570
拉伸强度/MPa	4.5	12.6	10.6	13.1
100％定伸应力/MPa	1.5	2.1	2.0	1.9
撕裂强度/（kN/m）	26	34	35	36
永久变形/％	47	13	20	17
动态硫化前后拉伸强度的比值	—	2.8	2.3	2.9
动态硫化前后永久变形的比值	—	0.28	0.43	0.36

表 6－75 是以不同硫化体系进行动态硫化时，不同类型 PVC 与 NBR－40 共混制得材料的性能。从表 6－74、6－75 数据的比较可以发现，无论紧密型还是疏散型 PVC 树脂与 NBR－40 动态硫化的共混物，都有较好的力学性能。同时，不同硫化体系，共混物性能不同，这显然与硫化体系的特性有关。

表 6－75　不同类型 PVC 在不同硫化体系下与 NBR 共混材料的性能

性　能	配　方　号			
	1	2	3	4
硬度(邵尔 A)/度	58	58	52	52
扯断伸长率/％	630	570	620	530
拉伸强度/MPa	15	13	12	13
100％定伸应力/MPa	2.5	2.1	2.2	1.9
永久变形/％	23	20	27	17

注：①是指：1—XJ－4 型 PVC/NBR－40＝50/50 TCY 硫化。
2—XJ－4 型 PVC/NBR－40＝50/50 硫黄硫化。
3—XS－4 型 PVC/NBR－40＝50/50 TCY 硫化。
4—XS－4 型 PVC/NBR－40＝50/50 硫黄硫化。

在 NBR－40/PVC 为 50/50 的共混物中，选择 TCY 和 TMTD 两种硫化体系时，硫化剂用量对 TPV 性能的影响如图 6－94。由图可见，两种硫化体系的硫化剂用量对 TPV 力学性能的影响趋势基本相同，随着硫化剂用量增加，TPV 的拉伸强度开始都急剧增加，然后趋于平缓或缓慢增大；扯断伸长率开始略有增大，然后不断下降；永久变形开始急剧降低，然后缓慢下降；撕裂强度随硫化剂用量增大而不断提高。两种硫化体的主要区别在于，TPV 性能曲线出现拐点的用量不同。TCY 体系用量较少即达到拐点，最明显的是拉伸强度，TCY 和 TMTD 用量分别在 0.2 和 2 份时达到平衡值。显然，这与硫化体系的特性不同有关。

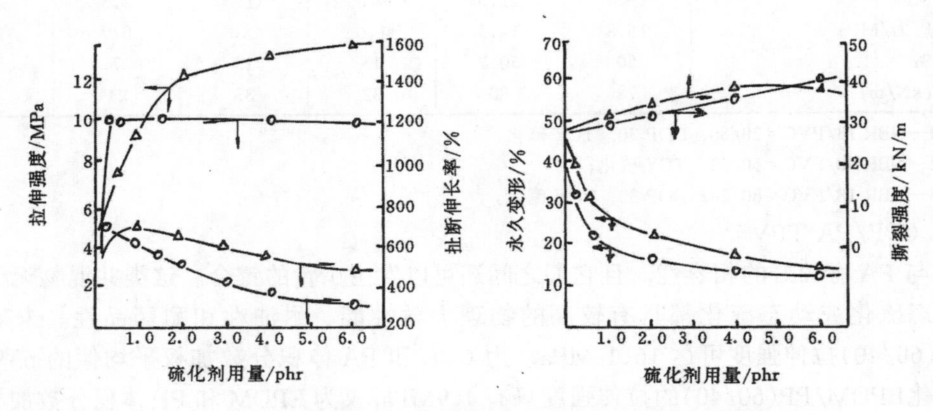

图 6－94　硫化剂用量对 50/50NBR－40/PVC TPV 性能的影响

—○—：TCY 硫化体系；—△—：TMTD 硫化体系

共混比对未经硫化和采用 TCY 作硫化剂硫化 NBR－40/PVC 时的性能的影响如图 6－95。由图可见，NBR－40/PVC TPV 的拉伸强度、撕裂强度和硬度随着 PVC 用量的增加而增大，而扯断伸长率则随之下降，但各种性能变化幅度不同。动态硫化在所有共混比范围内，明显地改善了 TPV 的永久变形性能。但当 PVC 用量在 60%～80% 时，TPV 的永久变形反而大于未交联的 NBR－40/PVC。应当指出的是，这时 TPV 的扯断伸长率也大于未交联 NBR－40/PVC 的伸长率。

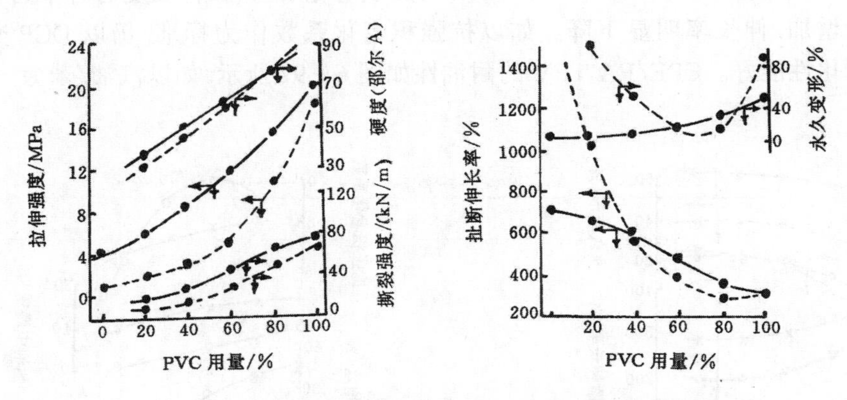

图 6－95　共混比对 NBR－40/PVC TPV 性能的影响

——：动态硫化；…………：未硫化

为考核所制 TPV 的热塑性，将动态硫化后的 TPV 在原加工温度下重新塑化，然后测定其性能。表 6－76 列有 3 种 TPV 返炼前后的力学性能。由表可见，返炼后拉伸强度虽略有升高，但其他性能变化不大。这说明 TPV 具有热塑性弹性的性质。

表 6－76　返炼对 TPV 性能的影响

性　　能	配　方					
	1		2		3	
	返炼前	返炼后	返炼前	返炼后	返炼前	返炼后
硬度(邵尔 A)/度	96	96	52	58	48	42
扯断伸长率/%	200	310	520	530	460	400
拉伸强度/MPa	19.4	21.3	9.0	11.5	3.5	4.0
100%定伸应力/MPa	15.8	14.3	1.6	2.0	0.9	1.9
永久变形/%	50	50.7	13	13	7	10
撕裂强度/(kN/m)	78	80	32	33	21	17

配方：1—NBR 18/PVC＝20/80，DOP 30，TCY 硫化；
2—NBR 40/PVC＝50/50，TCY 硫化；
3—NBR 18/PVC＝80/20，DOP 30，TCY 硫化。

（五）CPE/PA TPV

CPE 与 PA 有较好的相容性，且它们之间还可以发生少量的键合。这类共混物无论是未硫化，静态硫化或动态硫化都具有较高的物理力学性能、耐油性和耐药品性。未硫化的 CPE/PA (60/40)拉伸强度可达 16.1 MPa，为 CPE 和 PA 体积分数加权平均值的 63%。而同样未硫化EPDM/PP(60/40)的拉伸强度只有 4.9MPa,仅为 EPDM 和 PP 体积分数加权的平均值的 40%，CPE/PA 具有较好的综合性能。

CPE/PA 中的橡胶相如经动态硫化，则可制得强度及耐油性更高的 TPV。经常使用的硫化体系有：双马来酰亚胺、亚乙基二硫脲(NA－22)和过氧化二异丙苯(DCP)等。由图 6－96 可见，用 NA－22 和 DCP 交联的 CPE/PA TPV，其拉伸强度、硬度和永久变形的随 PA 用量增加而增大，伸长率下降。但同一共混比下，DCP 交联的 TPV，其拉伸强度可高达 22.8MPa，比 NA－22 体系高 20%，而永久变形却较 NA－22 体系小 35%。这说明 DCP 体系的交联程度比 NA－22 高。

DCP 和 NA－22 交联的 TPV，经 100℃ ×24h 的热氧老化后，其拉伸强度均有不同程度的提高，随 PA 用量增加，伸长率明显下降。如以抗强积老化系数作为标准，仍以 DCP 交联的 TPV 的耐热氧老化性能好。CPE/PA TPV 的耐油性如图 6－97 所示，如以汽油/苯为

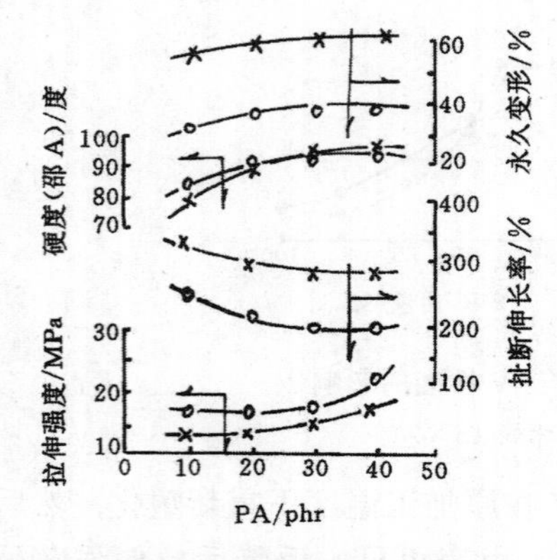

图 6－96　交联体系对 CPE/PA 共混物力学性能的影响

○—DCP 体系；×—NA－22 体系

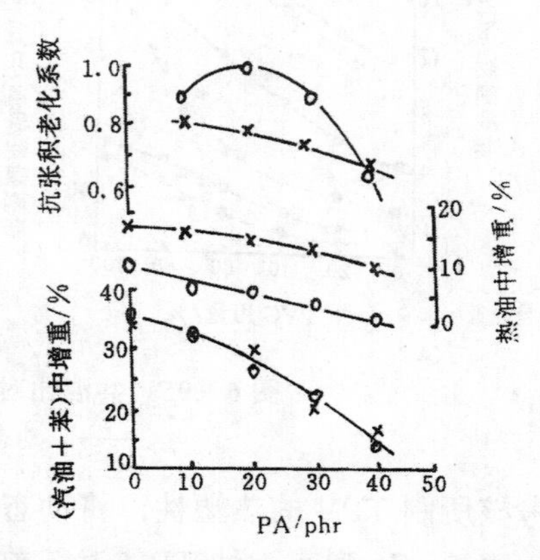

图 6－97　交联体系对 CPE/PA 共混物耐介质性能的影响

○—DCP 体系；×—NA－22 体系

70/30、室温下经24h和以10号机油在120℃×24h耐热油的条件衡量，其耐油性随PA用量增加而变好。交联体系对TPV抗耐室温下汽油/苯的性能影响不大，但对120℃热油的抗耐性，DCP体系明显优于Na－22体系。

用HVA－2和有机过氧化物交联的三元尼龙〔6(50％)、66(31％)及610(19％)〕及尼龙69与CPE的TPV配方及性能如表6－77所示。其中配方1、6为非交联型CPE/PA。配方2、3是马来酰亚胺/过氧化物硫化体系，配方4、5、7是并用助交联剂的有机过氧化物硫化体系交联的CPE/PA TPV。可以看出，马来酰胺硫化的TPV物性最好，即使是非交联型CPE/PA，其综合性能也比较好。CPE/PA之所以具有这样好的综合性能，可能是产生了如图6－98那样的反应，其反应产物起到了增容剂的作用。

表6－77　CPE/尼龙类TPV

项目		配方						
		1	2	3	4	5	6	7
配方—phr	CPE(CM 0342)	60	60	60	60	60	60	60
	尼龙6/66/610三元聚合物	40	40	40	40	40	—	—
	尼龙69	—	—	—	—	—	40	40
	氧化镁	—	—	—	—	6	6	6
	硬脂酸铝	—	—	—	—	1.2	1.2	1.2
	环氧类稳定剂	—	—	—	—	3	3	3
	HVA－2	—	1.2	4.8	—	—	—	—
	三甲基丙烯酸三羟甲基丙烷酯	—	—	—	1.2	1.2	—	1.2
	有机过氧化物	—	0.6	2.4	0.6	0.6	—	0.6
混炼温度/℃		180	160	160	180	180	210	210
成型温度/℃		210	180	180	210	210	250	250
特性	拉伸强度/MPa	14.7	21.8	19.5	17.2	17.9	13.8	17.3
	100％定伸应力/MPa	8.2	8.5	10.0	6.5	12.4	—	15.9
	扯断伸长率/％	340	370	270	350	280	100	160
	永久变形/％	45	49	45	45	35	59	59
	硬度(邵尔A)/度	40	46	46	35	56	50	59
	甲苯抽出物/％(重)	79.0	32.4	18.3	41.8	38.1	72.6	40.4

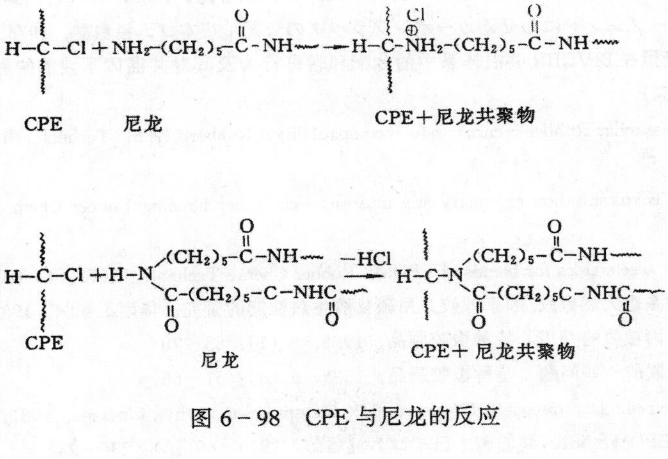

$$\underset{\text{CPE}}{H-C-Cl} + \underset{\text{尼龙}}{NH_2-(CH_2)_5-\overset{O}{\overset{\|}{C}}-NH\sim} \longrightarrow \underset{\text{CPE+尼龙共聚物}}{H-C-\overset{Cl^{\ominus}}{\overset{\oplus}{N}}H_2-(CH_2)_5-\overset{O}{\overset{\|}{C}}-NH\sim}$$

$$\underset{\text{CPE}}{H-C-Cl} + \underset{\text{尼龙}}{H-N\begin{cases}(CH_2)_5-\overset{O}{\overset{\|}{C}}-NH\sim \\ \underset{O}{\underset{\|}{C}}-(CH_2)_5-C-NH\underset{O}{\underset{\|}{C}}\sim\end{cases}} \xrightarrow{-HCl} \underset{\text{CPE+ 尼龙共聚物}}{H-C-N\begin{cases}(CH_2)_5-\overset{O}{\overset{\|}{C}}-NH\sim \\ \underset{O}{\underset{\|}{C}}-(CH_2)_5C-NH\underset{O}{\underset{\|}{C}}\sim\end{cases}}$$

图6－98　CPE与尼龙的反应

参 考 文 献

〔1〕什互尔茨 A Г，江伟泽．橡胶与塑料合成树脂的并用．北京：石油化学工业出版社，1976
〔2〕吴培熙，张留城．聚合物共混改性原理及工艺．北京：轻工业出版社，1984
〔3〕江明．聚合物—聚合物体系的相容性．橡胶工业，1983，31（7）：37～41
〔4〕Inoue T，Shomura F．Covulcanization of Polymer blends．Rubber Chemistry and Technology，1985，58（5）：873～884
〔5〕Ougizawa T，Inoue T．Communications to the Editer．Macromolecules，1985，18（10）：2089～2094
〔6〕井上　隆．エラストマーブレンドの架橋ならびに混煉よる——考察．日本ゴム協會誌，1987，60（4）：173～180
〔7〕井上　隆．反應誘發型相分解．相溶解．日本ゴム協會誌，1989，63（9）：555～563
〔8〕范克雷维伦．聚合物的性质．北京：科学出版社，1981
〔9〕陈耀庭．橡塑并用共混原理及应用系统讲座（一）．橡胶工业，1982，30（8）：30～47
〔10〕Tokita N．Analysis of morphology formation in elastomer blends．Rubber Chemistry and Technology，1977，52（2）：292～326
〔11〕陈耀庭．橡塑并用共混原理及应用系统讲座（二）．橡胶工业，1982，30（11）：30～35
〔12〕梅野　昌．杉原喜四郎．丁苯橡胶加工技术．北京：化学工业出版社，1983
〔13〕胡春梅．丁苯橡胶与高压聚乙烯共混物的微观相结构形态．合成橡胶工业，1986，9（5）：341～346
〔14〕近滕葡夫．ポリマーブレンド．東京：日刊工業新聞社，1970
〔15〕李俊山，孙军等．Theoretical Estimation to Solubility Parameter of Rubber Addition Agent International Rubber Conference Beijing，1992
〔16〕小田康博．エラストマーブレンド．日本ゴム協會誌，1972，45（8）：758～759
〔17〕Gardiner J B．Carative Diffusion Between Dissimilay Elastomers and its influence on adhesion；Rubber Chem．Technol．，1968，41（5）：1312～1328
〔18〕Gardiner J B．Measurement of Curative diffusion betmeen rubbers by microinterferometry．Rubber Chem．Technol．，1969，42（4）：1058～1075
〔19〕Gardiner J B．Studies in the morphology and Vulcanization of gum Rubber blends．Rubber Chem．Technol．，1970，43（2）：370～399
〔20〕Hess W M．Carbon black distribution in elastomer blends．Rubber Chem．Technol．，1967，40（2）：371～384
〔21〕Callan J E．Elastomer blends compatibility and relative response to fiuers．Rubber Chem．Technol．，1971，44（3）：814～837
〔22〕小田英夫．ゴムブレンド系に對する加硫系の影響．日本ゴム協會誌，1972，45（8）：751～755
〔23〕井上　隆．エラストマーブレンド．日本ゴム協會誌，1981，54（5）：285～293
〔24〕島田晃二．加硫の分配．日本ゴム協會誌，1971，44（10）：844～849
〔25〕松木裕助．ゴムブレンド系に對するa加硫系の影響．日本ゴム協會誌，1972，45（8）：745～749
〔26〕向井照郎．ブレンドゴム中のカーボンブラックの分布．日本ゴム協會誌，1968，41（4）：346～353
〔27〕内滕葡夫．エラストマーブレンドにわせゐカーボンブラックの分配．日本ゴム協會誌，1976，49（6）：476～481
〔28〕吴祥龙，周国楹等．炭黑在 BR/CIIR 共混体系中的分配和转移行为及其对共混体系性能的影响．合成橡胶工业，1984，7（6）：448～454
〔29〕Coran A Y．Blends of dissimilar Rubber－cure－rate Incompatibility．Rubber Chem．Technol．，1988，61（2）：281～292
〔30〕Zapp R L．Chlorobutyl covulcanization chemistry and intereaclal elastomer bonding Rubber Chem．Technol．，1973，46（1）：251～274
〔31〕Mastromattes R P．New accelerators for blends of EPDM．Rubber Chem．Technol．，1971，44（4）：1065～1079
〔32〕刘鸿，姚钟尧．硫化体系对天然橡胶/顺丁橡胶并用硫化胶生热性能的研究，华南工学院，1982
〔33〕王秀华．丁腈橡胶与乙丙橡胶的并用．特种橡胶制品，1985，6（1）：53～70
〔34〕张隐西．共混聚合物交联的一些问题．特种橡胶制品，1985，6（6）：51～66
〔35〕Плехаиова А Л．Физикоимия эластомеров и Процесеов НХ Переработки．кауцук и резина，1981，6：16～17
〔36〕橋本健次郎，三浦稔．EPDMとNRの共加硫．日本ゴム協會誌，1976，49（3）：236～242
〔37〕中村儀郎．ポリ塩化ビニルとニトリルゴムの共架橋．日本ゴム協會誌，1979，52（9）：584～598

〔38〕中村儀郎 .PVCとCRの共架橋 .1979，52（4）：240～245
〔39〕宮川俊男．官能基を持EVAと他のゴムとのブレンド．日本ゴム協會誌，1976，49（6）482～490
〔40〕高野良孝 .ブレンドゴムの物性．日本ゴム協會誌，1971，44（10）：822～833
〔41〕橡胶工业手册编写组．橡胶工业手册第四分册．北京：化学工业出版社，1982
〔42〕薛虎军，陈志宏等．胎面用新型聚丁二烯橡胶的性能研究．橡胶工业，1990，38（1）：9～14
〔43〕罗远芳，朱敏庄等．用裂解色谱法研究并用橡胶各相的交联动力学．橡胶工业，1989，37（6）：355～361
〔44〕林裔珍．橡胶并用技术初步探讨．橡胶工业，1985，33（4）：1～8
〔45〕刘安华，江畹兰等．三元乙丙橡胶/聚氨酯共混胶结构与性能的研究．橡胶工业，1988，36（8）：486～491
〔46〕李年友．用 TP－2 四丙氟橡胶和三元乙丙橡胶并用制造 Dg 50mm 胶管阀．橡胶工业，1987，34（5）：56～57
〔47〕Takagi Y. Phase dissolution in polymer blends kinetics of dissolntion and ralated problems in rubber technology. Polymer, 1987，28（1）：103～113
〔48〕Kraus G. Swelling of filler－reinforced Vulcanizates. J. Appl. Polymer Sci.，1963，7（3）：861～871
〔49〕高尾炭美著，李俊山译．通过共混赋予聚合物功能性．橡胶译丛，1987，2：54～63
〔50〕Menough J. Blending the unblendablt?. Rubber World，1985，192（3）：12～13
〔51〕座間義明，梅田逸樹 .ゴムのシリコーンゴムにする改質．日本ゴム協會誌，1989，62（12）：787～793
〔52〕何明渝 .70％聚乙烯与 30％丁腈橡胶并用制作胶管．特种橡胶制品，1983，4（4）：12～19
〔53〕李锡芳．橡胶并用三角带底胶的研制．橡胶工业，1984，32（4）：16～20
〔54〕张俊才．丁腈橡胶与氯化聚醚的并用，1985，33（11）：38～42
〔55〕上海橡胶制品二厂．尼龙丁腈橡胶的研制与应用．橡胶工业，1974，22（3）：13～20
〔56〕上海纺织塑料件厂．三元尼龙丁腈橡胶密封圈制造经验．橡胶工业，1974，22（3）：37～38
〔57〕李淑芸，文普信．鞋底配方设计与制造工艺．成都：四川科学技术出版社，1985
〔58〕Gesseler A M. USP 3037954，1962
〔59〕Coran A Y. USP 4104210，1978
〔60〕Coran A Y. Selecting Polymers for thermoplastic vulcanizates. Rubber Chem. Technol.，1982，55（1）：116～136
〔61〕朱玉俊．弹性体的力学改性．北京：科学技术出版社，1992
〔62〕飛田雅之．動的加硫による新しい熱可塑性エラストマの開發（1）.プラステツクス，1989，40（3）：61～67
〔63〕飛田雅之．動的加硫による新しい熱可塑性エラストマの開發（2）.プラステツクス，1989，40（4）：97～103
〔64〕飛田雅之．動的加硫による新しい熱可塑性エラストマの開發（3）.プラステツクス，1989，40（5）：85～92
〔65〕Patel R. USP 4654402，1987
〔66〕张隐西，张勇 .PVC/BR 或 SBR 共混体系的研究．高分子材料科学与工程，1989，5（1）：66～173
〔67〕沙世清，张涛等．动态硫化 PVC/SBR 共混型热塑性弹性体的研究．橡胶工业，1993，40（5）：297～301
〔68〕Patel R. USP 4654402，1987
〔69〕罗宁，张隐西．动态硫化聚氯乙烯/橡胶共混型热塑性弹性体的研究．高分子材料科学与工程，1990，6（2）：94～99
〔70〕朱玉俊，徐固等．聚烯烃共混型动态硫化热塑性弹性体的研究及有关性能的探讨．特种橡胶制品，1984，5（3）：9～18
〔71〕王有道，吴碧荷等 .NBR/三元尼龙动态交联 TPE 的结构与性能．特种橡胶制品，1981，12（2）：8～12
〔72〕Coran A Y，Patel R. EPDM－polypropylene thermoplastic vulcanizates. Rubber Chem. Technol.，1980，53（1）：141～150
〔73〕Coran A Y，Patel R. Nitrile rubber polyolefin blends with technological compatiblzation，1983，56（5）：1045～1060
〔74〕Coran A Y，Patel R. Chlorinated polyethylene Rubber－Nylon compositions. Rubber Chem. Technol.，1983，56（1）：210～225
〔75〕中国科学院长春应用化学研究所．中国专利 CN 85102222A

第七章　橡胶配方设计的基本概念及配方性能的测试方法

单纯的天然橡胶或合成橡胶，不论是未硫化胶还是硫化胶，其性能都很差难以满足使用要求。因此长期以来人们对提高橡胶性能，改善加工方法，延长使用寿命等进行了大量的实践。结果表明，必须在橡胶中加入各种助剂才能实现上述目的，即必须通过合理的配方设计才能实现。

配方设计，就是根据产品的性能要求和工艺条件合理地选用原材料，确定各种原材料的用量和配比关系。

橡胶材料是生胶与多种配合剂构成的多相体系，橡胶材料中各个组分之间存在着复杂的物理和化学作用。目前尚不能用理论计算的方法确定各种原材料的配比，也不能确切地推导出配方和物理性能之间的定量关系。在一定程度上仍依赖于长期积累的经验。

近年来，由于计算机技术和测试手段的迅速发展，不仅为橡胶配方设计提供了有效的数学工具和分析计算手段，而且还可揭示配方组分与胶料性能之间的关系。有力地促进了橡胶配方设计理论的发展，使橡胶配方逐步地从经验型向科学化的方向转化。可以预见，随着理论和实验手段的进一步完善，人们必将在前人丰富经验的基础上，使配方设计方法逐步科学化，从而更准确地预测产品的性能，简化实验程序，加快研究进程。

本章将首先阐明橡胶配方设计的意义、橡胶配方设计的特点。对橡胶配方设计的原则以及橡胶配方性能的鉴定及测试作概括的介绍。

第一节　橡胶配方设计的重要性

配方设计是一项专业性很强的技术工作，对产品质量和成本有决定性的影响，此外合理的配方又是保证加工性能的关键。因此配方设计在橡胶工艺中是个重要的环节。

配方设计的目的不单纯是为了研究原材料的配比组合，更重要的是了解原材料的基本性质，各种配合体系对橡胶性能的影响，以及与工艺性能的关系，进而了解各种结构与性能之间的关系。在谋求经济合理的同时，获得最好的综合性能，制成物美价廉的产品。

尽管各种配方性能要求千变万化，但是在各种性能与结构之间却存在着某种规律性的东西。这种规律可以是反映配方设计中的某种趋势，也可以确定一定的定量范围。所以在配方工作中应该注意积累一些基础数据，大量的经验规律可反映某些内在规律性，并注意拟合一切可能的经验方程，这对今后的配方设计工作和理论研究工作都有借鉴和指导意义。一个称职的配方设计人员，应该自觉的研究各种配方与性能的基本关系。

总之，配方设计工作是很有实际意义的工作，其目的是要建立聚合物结构理论与橡胶配方性能之间的有机联系，从而满足各种实际要求。橡胶配方设计需要做的工作很多，要在短时间内完成较大的工作量，必须运用各相关学科的先进技术和理论，使配方设计工作彻底从凭经验工作的落后状态中摆脱出来。

第二节 橡胶配方设计的特点

从1839年Goodyear发现硫黄硫化橡胶开始，橡胶配方设计已有150多年的历史，在一个半世纪中，胶料的配方设计经历了一个由低级到高级逐渐发展的过程。与其他材料配方不同，橡胶配方设计有其固有的特点，这些特点概括起来有如下几方面：

一、橡胶配方的组成是多组分的

一个橡胶配方起码包括生胶聚合物、硫化剂、促进剂、活性剂、防老剂、补强填充剂、软化剂等基本成分。一个合理的橡胶配合体系应该包括聚合物、硫化体系、填充体系、防护体系、软化体系五大部分。所以橡胶配方设计除单因素和双因素变量设计外，更多的情况下是解决多因素变量问题。

二、橡胶配方设计是个因子水平数不等的试验问题

橡胶配方试验中，因子的水平数往往不等。运用拉丁方或正交表设计试验时，通常每个因子的水平数是相等的，这样在安排试验时将出现麻烦。例如进行这样一个配方设计：炭黑的品种作为一个因子，需试验两种炭黑，即炭黑这个因子有二个水平，而其他的因子（如软化剂用量）各有三个水平，那么我们在运用正交表 L_9 设计配方时，必须凑足炭黑因子也是三水平才能套用。然而这种硬凑的做法是不合理的，因为我们不需要为炭黑这个因素多试验第三个炭黑品种，造成不必要的人力、物力和时间浪费。这样就出现了活用正交表的问题，使许多水平数不等的试验问题得以解决。虽然这样做配方设计的试验安排和数据的计算分析显得复杂一些，不过以纸面上的配方设计和试验结果计算的麻烦来换取人力、物力和时间的浪费，还是合算的。

三、橡胶配方中各组分之间有复杂的交互作用

所谓交互作用，是指配方中原材料之间产生的协同效应、加和效应或对抗作用。例如，各种促进剂之间，防老剂之间的交互作用都很显著。

一般配方设计时，对于这种交互作用有两种办法：

(1) 充分注意这种交互作用，在试验设计时，尽可能周到的考虑它的作用和影响，甚至可以把它作为一个因子去处理。

(2) 避开交互作用的大因子，把一对交互作用大的因子，分别安排在不同的两组实验中，使同组试验的因子保持相对的独立性，避免了强烈交互作用的干扰，从而使数据分析简单容易。

四、工艺因素有时对橡胶配方实施有重要作用

为了避免工艺因素的影响，同一批配方试验要固定在同一工艺条件下试验，否则将干扰统计分析，使数据的分析陷入混乱。如果把起决定作用的工艺条件作为一个独立的因子参与试验设计，那么配方工作者平日积累的实践经验就十分重要了，否则实验结果将是一堆杂乱无章的数据，找不出内在的规律性。

配方、工艺条件、原材料、设备、产品结构设计之间存在着强烈的依存和制约关系。它们之间的关系可概括为图7－1。

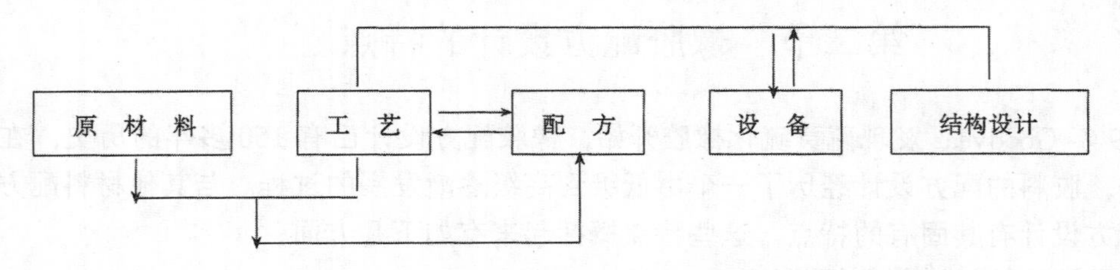

图 7－1　配方设计与工艺、设备、结构设计的关系

五、橡胶配方试验中必须尽力排除试验误差

一个配方试验必定要通过混炼、硫化、测试等过程，试验结果的误差包括：原材料称量的误差、加药程序的误差、硫化温度、时间和压力的误差、测试方法及计量误差等一系列误差的叠合结果（积累误差）。因此，在如此繁杂的试验过程中，得出的试验结果误差必然较大。如果误差的影响大于配方设计中任何一个因子的影响，则整批试验就只好作废。由此可见，严格控制好配方试验的每一个步骤是获得规律结果的关键，也是对数据进行数学分析的前提条件。

六、配方经验规律与统计数学相结合

引进统计数学、线性规划、运筹学等最优化计算的橡胶配方设计，必须与配方经验规律相结合，方能发挥效能，得出最优配方。有些文献中往往只强调数学的作用，不提配方工作者本身的化学知识和经验，显然是十分片面的。橡胶配方设计不管采用什么方法，都要建立在对所用原材料十分熟悉的基础上。建立在丰富的橡胶配方经验的基础上，否则将很难成功。

第三节　橡胶配方设计的原则与配方形式

一、橡胶配方设计的原则

橡胶配方设计的目的在于使产品达到优质高产，因此配方设计人员的任务主要是寻求各种配合剂的最佳配比组合，使橡胶制品的性能、成本和工艺可行性三方面取得最佳的综合平衡。为此应对制品的性能要求、使用条件等有充分的了解，进行有针对性的设计，即不能使指标降低，也不能一味追求高指标，过多的选用贵重原材料，造成不必要的浪费，应力争用最少的物质消耗、最短的时间、最少的工作量，通过科学的橡胶配方设计方法，取得原材料配合的内在规律和实用配方，这就是橡胶配方设计的基本原则。

二、橡胶配方设计的形式

在进行具体的配方设计之前，按常规应该充分了解所要解决的问题是什么？是提高某性能？还是降低产品成本？还是试验新胶种或新型助剂的适用性。试验目的明确之后，方可按以下三个配方设计形式，进行配方试验。

（一）基础配方设计

设计基础配方的目的是研究新胶种和新型助剂的性质；包括研究物理化学性质、反应机理以及各种配合剂对橡胶性能的影响等。在工厂也经常使用基础配方研究或鉴定不同产地，不同批次原材料的性能。从而为生产提供必要的使用依据。一般基础配方都采用传统的配合量，以便对比，并要求尽可能简单。

NR、IR、IIR 和 CR 可用不加填充剂的纯胶配合，而其他通用合成橡胶的纯胶配合，因其物理机械性能太低无实用性，所以要添加补强剂。纯胶配方中最有代表性的基础配方例是ASTM作为标准提出的NR纯胶配方，见表7-1。

表7-1 天然橡胶基础配方之一

原材料名称	NBS①标准试样编号	质量份
天然橡胶		100
氧化锌	370	5
硬脂酸	372	2
防老剂PBN	377	1
促进剂MBTS	373	1
硫　黄	371	2.5

硫化条件：140℃×10、20、40、80min。

①NBS——为美国国家标准局缩写。

ASTM规定的标准配方和合成橡胶厂提出的基础配方是很有参考价值的。基础配方最好根据本单位的具体情况进行拟定，应以本单位积累的经验数据为基础拟定出基本配方，并以此作为配方设计的出发点，这样才能少走弯路。对于合成橡胶，ASTM标准中规定了用炭黑和白色填充剂补强的配方。表7-2～表7-7列出了ASTM基础配方，表7-8～表7-16列出了各种合成橡胶的厂标或国标的基础配方。

表7-2 丁苯橡胶的基础配方

原材料名称	NBS标准试验编号	非充油SBR	充油SBR（充油量/phr）				
			25	37.5	50	62.5	75
非充油SBR		100	—	—	—	—	—
充油SBR		—	125	137.5	150	162.5	175
氧化锌	370	3	3.75	4.12	4.5	4.88	5.25
硬脂酸	372	1	1.25	1.38	1.5	1.63	1.75
硫　黄	371	1.75	2.19	2.42	2.63	2.85	3.06
炉法炭黑	378	50	62.50	68.75	75	81.25	87.5
促进剂NS①	384	1	1.25	1.38	1.5	1.63	1.75

硫化条件：145℃×25、35、50min。

①为*N*-叔丁基-2-苯并噻唑次磺酰胺。

表7-3 氯丁橡胶的基础配方

原材料名称	NBS标准试样编号	纯胶配方	半补强炉黑配方
氯丁橡胶（CR-W）		100	100
氧化镁	376	4	4
硬脂酸	372	0.5	1
半补强炉法炭黑	382	—	29
氧化锌	370	5	5
促进剂NA-22	—	0.35	0.5
防老剂D	377	2	2

硫化条件：150℃×15、30、60min。

表 7-4　丁基橡胶基础配方

原材料名称	NBS 标准试样编号	纯胶配方	槽黑配方	HAF 配方
丁基橡胶		100	100	100
氧化锌	370	5	5	3
硫　黄	371	2	2	1.75
硬脂酸	372	—①	3	1
促进剂 MBTS	373	—	0.5	—
促进剂 TMTD	374	1	1	1
槽法炭黑	375	—	50	—
HAF 炭墨	378	—	—	50

硫化条件：150℃×25、50、100min；

150℃×20、40、80min。

①生产中可使用硬脂酸锌，因此纯胶中不使用硬脂酸。

表 7-5　丁腈橡胶的基础配方

原材料名称	NBS　编　号	瓦斯炭黑配方	原材料名称	NBS　编　号	瓦斯炭黑配方
丁腈橡胶		100	硬脂酸	372	1
氧化锌	370	5	促进剂 MBTS	373	1
硫　黄	371	1.5	天然气炭黑	382	40

硫化条件：150℃×10、20、40、80min。

表 7-6　顺丁橡胶的基础配方

原材料名称	NBS　编　号	HAF 炭黑配方	原材料名称	NBS　编　号	HAF 炭黑配方
顺丁橡胶		100	促进剂 NS	384	0.9
氧化锌	370	3	HAF 炭黑	378	60
硫　黄	371	1.5	ASTM 型 103 油		15
硬脂酸	372	2			

硫化条件：145℃×25、35、50min。

表 7-7　异戊橡胶基础配方①

原材料名称	NBS　编　号	HAF 炭黑配方	原材料名称	NBS　编　号	HAF 炭黑配方
异戊橡胶		100	硬脂酸	372	2
氧化锌	370	5	促进剂 NS	384	0.7
硫　黄	371	2.25	HAF 炭黑	378	35

硫化条件：135℃×20、30、40、60min。

①纯胶配方采用天然橡胶基本配方。

表 7-8　三元乙丙橡胶的基础配方

原材料名称	质量份	原材料名称	质量份
三元乙丙橡胶	100	促进剂 TMTD	1.5
氧化锌	5	硫　黄	1.5
硬脂酸	1	HAF 炭黑	50
促进剂 MBT	0.5	环烷油	15

硫化条件：第三单体为 DCPD 时，160℃×30、40min。
　　　　　第三单体为 ENB 时，160℃×10、20min。

表 7-9　氯磺化聚乙烯基础配方

原材料名称	炭黑配方	白色配方	原材料名称	炭黑配方	白色配方
氯磺化聚乙烯	100	100	促进剂 DPTT	2	2
SRF 炭黑	40	—	二氧化钛	—	3.5
一氧化铅	25	—	碳酸钙	—	50
活性氧化镁	—	4	季戊四醇	—	3
促进剂 MBTS	0.5	—			

硫化条件：153℃×30、40、50min。

表 7-10　氯化丁基橡胶基础配方

原材料名称	质量份	原材料名称	质量份
氯化丁基橡胶	100	促进剂 MBTS	2
HAF 炭黑	50	氧化锌	3
硬脂酸	1	氧化镁	2
促进剂 TMTD	1		

硫化条件：153℃×30、40、50min。

表 7-11　聚硫橡胶的基础配方

原材料名称	ST 配方	FA 配方①	原材料名称	ST 配方	FA 配方①
聚硫橡胶	100	100	氧化锌	—	10
SRF 炭黑	60	60	促进剂 MBTS	—	0.3
硬脂酸	1	0.5	促进剂 DPG	—	0.1
过氧化锌	6	—			

硫化条件：150℃×30、40、50min。

①聚硫橡胶 ST 不用塑化也包辊，而 FA 必须通过添加促进剂在混炼前用开炼机薄通，进行化学塑解而塑化。

表 7-12　聚丙烯酸酯橡胶的基础配方

原材料名称	质量份	原材料名称	质量份
聚丙烯酸酯橡胶	100	硬脂酸钠	1.75
防老剂 RD	1	硬脂酸钾	0.75
FEF 炭黑	60	硫　黄	0.25

硫化条件：一段硫化　166℃×10min；二段硫化　180℃×8h。

表 7－13　硅橡胶的基础配方

原材料名称	质　量　份
硅橡胶	100
硫化剂 BPO	0.35

硫化条件：一段硫化　125℃×5min；二段硫化　250℃×24h。

硅橡胶配方，一般需添加填充剂。硫化剂的用量可根据填充剂用量不同而变化，硫化剂多用易分散的浓度为 50％的膏状物。

表 7－14　混炼型聚氨酯橡胶基础配方

原材料名称	质　量　份	原材料名称	质　量　份
聚氨酯橡胶①	100	促进剂 MBT	1～2
HAF 炭黑	30	硫　黄	0.75～1.5
古马龙树脂	0～15	促进剂 Caytu64②	0.35～1
促进剂 MBTS	4	硬酯酸镉	0.5

硫化条件：153℃×40、60min。

①选择 Elastothane 625 或 Adiprene　CM 牌号。

②促进剂 DM 与氯化锌的复合物。

表 7－15　氟橡胶的基础配方

原材料名称	质　量　份
氟橡胶（Viton B）	100
氧化镁①	15
中粒子热裂法炭黑	20
硫化剂 Diak 3#②	2.5

硫化条件：一段硫化　150℃×3min；二段硫化 250℃×24h。

①要求耐水时用 11phr 氧化钙代替氧化镁。

② N，N′－二亚肉桂基－1，6 己二胺。

表 7－16　氯醇橡胶基础配方

原材料名称	质　量　份
氯醇橡胶	100
硬脂酸铅	2
FEF 炭黑	30
铅　丹	1.5
防老剂 NBC	2

硫化条件：150～160℃×30、40、50min。

（二）性能配方设计

通过性能配方的设计，使胶料具有符合使用要求的性能，同时也是为了达到提高质量、设计新产品、提高某方面的特性等，性能配方应全面考虑配方各物理性能的搭配，以满足制品使用条件的要求。

（三）实用配方设计

实用配方是在前面两种试验配方的基础上，结合实际生产条件所作的实用投产配方。实用配方要全面考虑工艺性能、体积成本、设备条件等因素，最后选出的实用配方应能够满足工业化生产条件。此配方应使产品的性能、成本、长期连续工业化生产工艺达到最佳平衡。图 7－2 是实用配方的拟定程序。

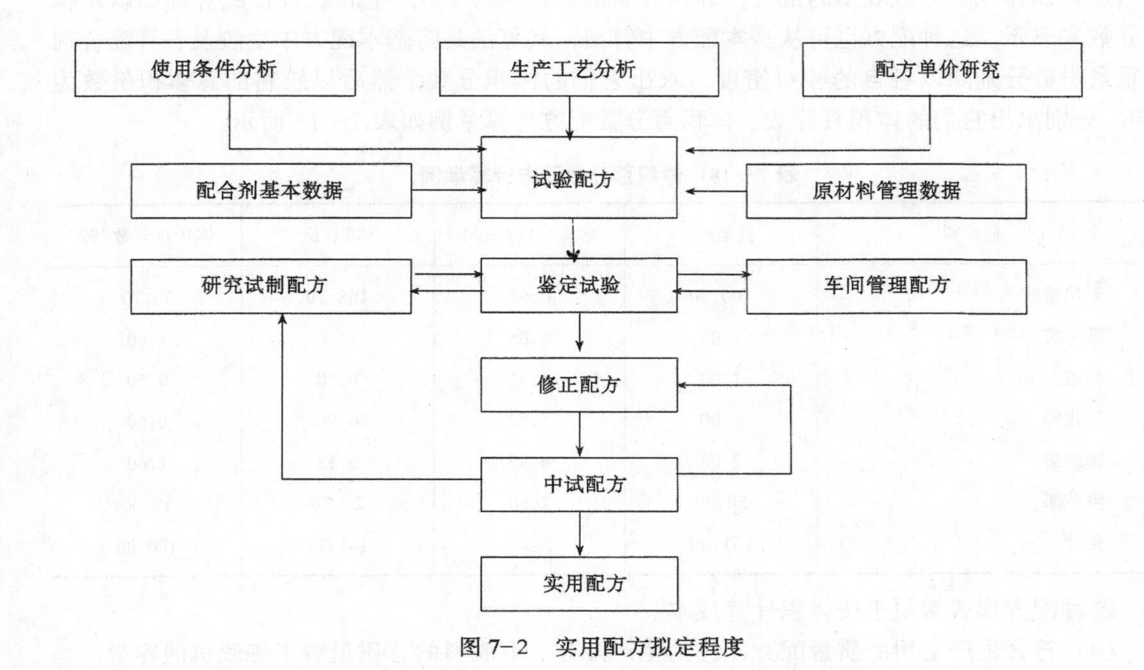

图 7-2　实用配方拟定程度

第四节　橡胶配方的组成及表示方法

简单地说橡胶配方就是一份表示生胶和各种配合剂用量的配比表。但生产配方包含的内容较为详细，包括：胶料名称及代号、胶料的用途、生胶及各种配合剂用量、含胶率，密度、成本及胶料的物理性能等。

同一种橡胶配方根据不同的需要可用不同的形式来表示，橡胶配方表示方法常有下列四种（见表 7－17）。

表 7－17　橡胶配方的表示形式

原　材　料	质量/份	质量百分数/%	体积百分数/%	生产配方/kg
天然橡胶	100	62.2	76.7	50
硫　黄	3	1.8	1.00	1.5
促进剂 M	1	0.6	0.50	0.5
氧化锌	5	3.1	0.60	2.5
硬脂酸	2	1.2	1.60	1
炭　黑	50	31.0	10.60	25
合　计	161	100.00	100.00	80.5

（1）以质量份数来表示的配方，即以生胶的质量为 100 份，其他配合剂用量都相应以质量份数表示。这种配方称为基本配方，常在实验室中应用。

（2）以质量百分数来表示的配方，即以胶料总质量为 100，生胶及各种配合剂用量都以质量百分数来表示。这种配方可以直接从基本配方中算出，这种配方形式常用于计算原材料成本。

（3）以体积百分数表示的配方，即以胶料的总体积为100，生胶及各种配合剂都以体积百分数来表示。这种配方也可从基本配方中算出，其算法是将基本配方中生胶及各种配合剂的重量份数分别除以各自的相对密度，求出它们的体积分数，然后以胶料的总体积份数为100，分别求出它们的体积百分数。体积百分数配方计算举例如表7-18所示。

表7-18　体积百分数配方计算举例

原　材　料	质量/份	密度/（g/cm^3）	体积/份	体积百分数/%
天然橡胶	100.00	0.92	108.70	76.70
磺　黄	3.00	2.05	1.46	1.00
促进剂M	1.00	1.42	0.70	0.50
氧化锌	5.00	5.57	0.90	0.60
硬脂酸	2.00	0.92	2.18	1.60
炭　黑	50.00	1.80	27.78	19.00
合计	161.00		141.72	100.00

这种配方形式常用于按体积计算成本。

（4）符合生产上用的质量配方，称为生产配方。取胶料的总质量等于炼胶机的容量，炼胶机的装胶量 Q 用下列经验公式计算：

$$Q = D \cdot L \cdot \gamma \cdot K$$

式中　Q——炼胶机装胶量，kg；

D——辊筒直径，cm；

L——辊筒长度，cm；

γ——胶料密度，kg/cm^3；

K——系数（0.0065～0.0085）。

Q 除以基本配方总质量即得换算系数 a

$$a = Q/\text{基本配方总质量}$$

用换算系数乘以基本配方中各组分的质量份，即可得实际用量。例如，表7-17中生产配方总装胶量为80.5kg，基本配方总重量161g。

换算系数　$$a = \frac{80.5 \times 1000}{161} = 500$$

天然橡胶的实际用量为0.1kg×500＝50kg

在实际生产中，有些配合剂往往以母炼胶或膏剂的形式加入，因此使用母炼胶或膏剂的配方应进行换算。例如，现有如下配方

天然橡胶	100.00	硬脂酸	3.00
硫　黄	2.75	防老剂A	1.00
促进剂M	0.75	硬质炭黑	45.00
氧化锌	5.00	合　计	157.50

若其中促进剂M以母炼胶的形式加入，M母炼胶的配方为：

天然橡胶	90.00
促进剂M	10.00

合　计　　　　　　　　100.00

上述配方中M的含量为母炼胶总量的1/10，而原配方中M用量为0.75，因此需M母炼胶为：

$$\frac{1}{10} = \frac{0.75}{x} \qquad x = 7.5$$

即7.5份M母炼胶中含有M 0.75份，其余6.75份为生胶，因此原配方应作如下修改：

天然橡胶	93.25	硬脂酸	3.00
硫　黄	2.75	防老剂A	1.00
M母炼胶	7.50	硬质炭黑	45.00
氧化锌	5.00	合　计	157.50

第五节　橡胶配方性能的鉴定及测试

一个成功的配方往往要经过多次实验和多次变量筛选。一个胶料配方是否合理，其工艺性能和硫化胶的物理机械性能是否达到要求，首先要通过试验室的测试作出初步判断。为了简化配方设计的工作量，一方面要求各种物性数据准确可靠，另一方面需要改进传统的研究方法。

随着高分子理论与试验研究方法的发展，橡胶材料设计的研究路线也随之改进和向新的高度发展，近年来提出的高分子材料“三方块”设计方案（见表7-19）在目前普遍采用的并用体系中具有更重要的意义。

表7-19　橡胶材料“三方块”设计方案

第一方块	第二方块	第三方块
配方：	结构和形态：	配方的物性指标：
主体橡胶	电镜照片	门尼粘度或可塑度
共混高分子	光学显微镜	门尼焦烧
硫化体系	热分析DSC	硫化特性
填充补强体系	结晶度	拉伸强度
软化体系	GPC分子量及其分布	定伸应力
防护体系	化学组成及化学反应：	扯断伸长率
其他助剂	色谱及裂解色谱	永久变形
混炼条件	红外光谱分析	硬度
压延压出条件	紫外光谱分析	老化系数
硫化条件	热分析TG，DSC	回弹性
	核磁共振	抗撕裂强度
	质　谱	耐磨耗
	运动的表征：	压缩永久变形和压缩生热
	流变活化能	屈挠龟裂
	表观粘度	耐　油
	弹性模量	耐　热
	复合模量	耐　寒
	$tg\delta$	耐介质腐蚀
	转矩流变值等	粘着性等

“三方块”设计方案的主要特点是在第一方块和第三方块之间有意识地加了一个第二方块，改进了传统的研究方法。第二方块的加入为设计提供了理论根据，减少了试验工作的盲

目性和工作量，是寻求结构与性能之间关系的有效方法。因为胶料的力学性能和加工性能，主要取决于胶料的微观结构，而目前许多先进的仪器测试方法，可以准确的确定其微观结构，提供较为准确的依据。例如，用核磁共振（NMR）可以研究并用橡胶中各自的交联度，以及吸附在填料表面上的橡胶大分子的牢固程度，从而估算填料的补强情况。用DSC对胶料硫化过程进行热分析，可以从硫化反应热效应的变化判断反应类型的差异和反应速度。用X射线衍射法可以分析硫化胶或生胶的结晶取向状况。用粘弹谱仪可以分析胶料的动态粘弹性，为减震制品的设计提供了重要的依据。红外光谱分析、紫外光谱分析、薄层气相色谱、裂解色谱都是研究确定胶料结构的常用仪器。用电镜和相差显微镜等研究聚合物的相态结构也是目前常用的方法。

表7-19中第三方块的物性指标，都是胶料常规的测试项目。它包括基本的物理性能、加工性能和使用性能。每项指标都有其特定的物理意义和标准的测试方法。现将橡胶加工主要物性测试的现状简介如下：

一、未硫化胶加工性能的测定

（一）混炼胶中配合剂分散性的测定

胶料性能与配合剂的分散程度有密切关系，检验原材料的混炼是否分散均匀，可用电子显微镜及光学显微镜定性法和定量法直接测定。也可用物理机械性能测定法、压出膨胀率测定法、粘度测定法和电阻率测定法，还可用压力仪和功率积分仪等仪器测定法进行。该项目对加工性能的研究至关重要，对工厂的质量管理更有实用价值，如能研制出一种快速、定量的检测方法，必将对橡胶加工的质量控制产生深远的影响。

（二）生胶、混炼胶流动性测定

1．可塑度的测试　是用压缩的方法测定胶料流动性大小的一种实验方法，常用的仪器有威廉姆可塑计、华莱氏快速可塑计、德弗可塑计等。

2．门尼粘度的测试　以转动的方式测定胶料流动性大小的一种试验，用 $ML_{1+4}^{100℃}$ 表示。试验仪器采用单速或多速门尼粘度试验机。

3．门尼焦烧　用门尼粘度计测定焦烧时间。因为在一定的交联密度范围内，交联密度随时间增加而增加，粘度也会随之很快升高。因此可用粘度值变化的情况来反映胶料早期的硫化情况。国家标准规定，当转动粘度由最低值开始上升5个单位所对应的时间即为焦烧时间（t_f）。

4．胶料硫化特性的测试　可以迅速、精确地测出胶料硫化过程中的主要特征，如初始粘度、焦烧时间、正硫化时间、硫化速度、硫化平坦期、过硫化状态等，能直观地描绘出整个硫化过程的硫化曲线。主要仪器有孟山都硫化仪、华莱氏硫化仪、拜尔新型无转子硫化仪、哥德菲尔特弹性硫化仪，还有我国产的LH-Ⅱ型、GK-100型硫化仪。

5．胶料加工综合性能测试　用同一仪器可以测出胶料多方面的性能，如粘度、焦烧时间、混炼时的转矩-时间曲线、胶料混炼所耗用的电功率等，还可以测出混炼轮廓图，进行压出试验等。此种仪器有布拉本达（Brabender）塑性仪。

6．流动曲线和口型膨胀的测试　采用压出的方法，测试材料粘度与切变速率的关系、材料的口型膨胀等，常用的仪器有各种型号的毛细管流变仪、高化氏流动性测定仪等。

7．应力松弛的测试　可作为门尼粘度测试结果的补充，门尼粘度可以比较聚合物分子量的大小，而应力松弛加工性能试验机可比较聚合物分子量分布。进一步了解胶料的工艺性能，评价胶料的均一性与加工性。仪器有动态应力松驰试验机、应力松驰加工性能试验机等。

二、硫化胶性能的测定

（一）硫化胶拉伸性能

1．拉伸强度的测试　试样扯断时单位面积上所受负荷的大小

$$\sigma = \frac{p}{bh}$$

式中　σ——拉伸强度，MPa；

p——试样拉断时承受的负荷，N；

b——试验前试样工作部分宽度，cm；

h——试验前试样工作部分厚度，cm。

2．定伸应力的测试　拉伸试样在一定的变形量下试验单位面积上所承受的负荷，一般是测定伸长100％、200％、300％、500％时的定伸应力。其计算公式和单位与拉伸强度相同。

3．扯断伸长率　试样扯断时，伸长部分与原长之比。

$$\varepsilon = \frac{L_1 - L_0}{L_0} \times 100$$

式中　ε——扯断伸长率，％

L_1——试样断裂时的标距，mm；

L_0——试验前试样工作部分标距，mm。

4．扯断永久变形　是试样拉伸至断裂，自由状态下恢复3min后，变形不可恢复的长度与原长之比。

$$H_d = \frac{L_2 - L_0}{L_0} \times 100$$

式中　H_d——扯断永久变形，％；

L_0——试验前试样工作标距，mm；

L_2——试样扯断后停放3min对起来的标距，mm。

5．撕裂强度的测试　试样被撕裂时，单位厚度所承受的负荷。国际上关于撕裂试验方法很多，试样形状也不同。我国采用的撕裂试验方法有两种，即起始型撕裂试验和延续型撕裂试验。撕裂强度按下列公式计算：

$$\phi = \frac{p}{h}$$

式中　ϕ——撕裂强度，kN/m（1kg/cm＝0.981kN/m）；

p——试样撕裂时的最高负荷，N；

h——试样厚度，cm。

橡胶的拉伸性能是橡胶材料最基本的力学性能。使用的测试仪器有各种类型和负荷的拉力试验机，如摆锤式拉力机、杠杆摆锤式拉力机、高低温拉力机、电子拉力机、快速自动拉力机等。

（二）硫化胶的其他力学性能测试

1．硬度　硬度是橡胶抵抗外力压入的能力。当前世界上普遍采用两种典型的橡胶硬度计测量硬度。一种是邵尔式（Shore）硬度计；另一种是国际橡胶硬度计。邵尔硬度计中使

用最普遍的是邵尔 A 硬度计，测量的硬度值与国际橡胶硬度值非常接近。

2. 磨耗　是橡胶表面受到摩擦力的作用而使橡胶表面发生磨损脱落的现象。磨耗试验所用的仪器种类很多，其中比较重要的有 5 种。

(1) 阿克隆磨耗仪　该仪器在国内使用普遍，国外只有英国有标准。在 1982 年实施的国家标准 GB 1689－82 中，增加了用试样磨耗指数来表征橡胶磨耗性能的内容。

$$磨耗指数 = \frac{S}{T} \times 100$$

式中　S——标准配方的磨耗体积；

T——试验配方在相同里程中的磨耗体积。

(2) 格拉西里磨耗仪　该仪器现在只有少数几个国家列入本国标准。一般分恒负荷法和定扭转法两种

(3) 邵坡尔磨耗仪　又称为 DIN 试验仪。国际标准化组织已决定推荐使用邵坡尔磨耗仪的试验方法为国际标准。

(4) 皮克磨耗仪　主要用于测定胎面胶的耐磨性，也可用于鉴定软质胶和其他类弹性材料的耐磨性。皮克磨耗仪的特点是采用两把具有特定形状和一定锐利程度的碳化钨小刀，在固定负荷作用下，划割以一定速度旋转着的橡胶试样，测定在试验时间内材料被磨掉重量。皮克磨耗仪能较好地反映出轮胎在路面行驶中的磨损情况。

(5) MNP－1 磨耗仪　该仪器为原苏联所特有。其特点是可以广泛地变换试验参数，如负荷可由 0～50N，温度由 40～130℃，试验范围比较宽。

3. 疲劳　疲劳试验就是把橡胶制品在使用过程中的主要使用条件于实验室模拟再现，从而定量的测出该制品的耐疲劳性能，常以疲劳寿命表征。疲劳试验按施加力形式的不同，一般分为三大类：

(1) 压缩疲劳试验　是以一定频率和一定的变形幅度反复压缩试样，测量其温度和变形。仪器有定变形（德墨西亚式）、定应力（古特里奇式）、定能量（邓录普式）。

(2) 屈挠龟裂试验　测定橡胶在多次曲挠而产生裂口时的屈挠次数，或测定一定屈挠次数时的裂口扩展长度。

(3) 拉伸疲劳试验

4. 压缩永久变形的测试　通过压缩永久变形可以判断橡胶的硫化状态，了解制品抵抗静压缩应力和剪切应力的能力。测定方法有 2 种，即恒定压缩永久变形和静压缩变形。

5. 有效弹性和滞后损失的测试

有效弹性即在拉力机上将试样拉伸到一定长度测定试样收缩时恢复的功同伸长时所消耗的功之比的百分数。

滞后损失是在拉力机上测定试样伸长，收缩时所损失的功与伸长时所消耗的功之比的百分数。

(三) 硫化胶的老化性能

1. 自然老化的测试　了解橡胶在自然条件下的耐候性和寿命。仪器有大气静态老化试验仪、大气动态老化试验仪，大气加速老化试验仪、自然贮存试验仪等。

2. 热空气老化测试　在常压、恒温与热空气作用下，经过一定时间，测量其物理－机械性能的变化，用来衡量橡胶的耐热性能和防老剂的效能等。仪器有各种结构型式的热空气老化箱。

3．吸氧老化的测试　测量试样在密闭的吸氧仪中吸氧诱导期和吸氧速度，用以评价橡胶耐热氧老化性质，研究氧化过程的动力学，评价防老剂的效能和最佳用量等。仪器有体积法吸氧老化仪、静态压力吸氧仪等。

4．臭氧老化的测试　在臭氧条件下研究臭氧对橡胶的作用规律，鉴定橡胶抗臭氧的能力和抗臭氧剂的防护效能，以提高产品的使用寿命。仪器有XLA型和XLB型臭氧老化试验仪。

5．人工气候老化测试　模拟和强化大气中的太阳光、热、雨水、温度等因素的老化试验方法。仪器有各种人工气候老化箱。

6．湿热老化的测试　测量在湿度因素作用下的热氧老化，用以评价橡胶制品在湿热条件下的耐老化性能，并用以推算使用期。仪器有 DL－301 型湿热老化箱，DL－302 型调湿箱等。

7．光臭氧老化的测试　是在物理和化学因素联合作用下的老化试验，比臭氧老化具有更好的模拟性。仪器有装有石英水银灯、氙灯、铟灯等人工光源的臭氧老化箱。

（四）硫化胶的低温性能

1．耐寒系数的测试　通过冷冻前后的弹性减小或硬度增加的程度，衡量橡胶耐寒性能的优劣。测试仪器有拉伸耐寒系数测定仪、压缩耐寒系数测定仪等。

2．脆性温度的测试　通过试样在低温下冲击断裂时的温度了解材料耐低温的性能。仪器有 XCW－A 型多试样脆性温度测定仪、单试样脆性温度仪。

3．扭转模量的测定　通过测定橡胶试样在不同温度时的扭转角度，计算其扭转模量的变化，用以衡量橡胶在低温下刚性增加的程度。使用的仪器为吉门扭转测试仪等。

4．玻璃化温度的测试　确定橡胶由高弹态向玻璃态转化时的温度，即玻璃化温度。它能表征橡胶材料的极限使用温度（最低工作温度）。使用的仪器有温度形变曲线测定仪、差热分析仪、膨胀计测定仪、动态模量仪等。

5．结晶趋势的测定　通过温度－收缩试验方法，可以测得胶料在低温下的粘弹性能和低温下的结晶程度等重要的低温性能数据。使用的仪器有 TR 测试仪。

（五）硫化胶的粘弹性能

1．静态粘弹性能

（1）冲击弹性的测试　冲击弹性是描述橡胶在变形时，特别是在冲击变形时保持其机械能的一个指标。机械能损失小的橡胶弹性大，反之弹性小。常用的仪器是冲击弹性试验仪。

（2）蠕变的测试　在固定的应力下，其形变随时间逐渐增加，反映胶料塑性形变的大小。测试的仪器有压缩型蠕变试验仪、拉伸型蠕变试验仪；剪切型蠕变试验仪。

（3）应力松弛测试　在固定的应变条件下，应力随时间逐渐减小，通过应力松弛曲线，模量、活化能的测定，可以估算产品的使用寿命，估价防老剂的效能和研究橡胶分子氧化断裂的机理。测试仪器有压缩应力松驰仪、拉伸应力松驰仪。

2．动态粘弹性能　测定橡胶在周期性外力的作用下，动态模量、阻尼（$tg\delta$）的大小。它更能反映产品的使用性能，是一种最有效的粘弹性试验。其测试结果可直接用作工程参数。测试仪器有杨子尼机械示波器、劳利滞后试验仪、华莱氏电子动态试验仪、粘弹谱仪、扭摆试验仪、动态模量仪等。

（六）硫化胶的热性能

1．线膨胀系数的测试　当温度升高 1℃ 时测定每厘米长橡胶试样伸长的长度，即线膨胀系数，测试的仪器有立式膨胀计和卧式膨胀计。

2．导热系数的测试　测量单位面积和单位长度的橡胶温度相差1℃时，在单位时间内通过的热量，用以了解材料的热传导性能。使用的仪器有ZL－1型平板导热仪。

3．耐热性能的测试　马丁耐热性——在等速升温的恒温箱中，在一定的静弯曲力矩作用下，测量硬质胶达到一定弯曲变形时的温度。仪器有马丁耐热试验仪。

维卡耐热性——在等速升温的恒温箱中，用断面为1mm^{2}的圆柱形钢针和试样表面接触，在一定负荷作用下，细针压入试样深度达1mm时的温度。仪器有维卡耐热试验仪。

4．分解温度的测试　测量橡胶在受热情况下，大分子裂解时的温度，可用以衡量橡胶使用温度的上限，测量仪器主要有热失重仪。

5．耐燃烧性测试　测试橡胶的燃烧速度、氧指数、燃烧时间、燃烧失重率等，表征材料的耐热性和阻燃性。测试仪器有氧指数测定仪、硅碳棒耐燃烧仪、明火法简易测试装置等。

（七）硫化胶的电性能

1．绝缘电阻系数测试　通过测定体积电阻系数和表面电阻系数，了解橡胶的绝缘性。使用的仪器有检流计测试仪、ZG－31－1型高阻仪等。

2．介电常数和介电损耗（损耗角正切）测试　可了解橡胶在单位电场中，单位体积内积蓄的静电能量的大小和橡胶在电场作用下，在单位时间内消耗的能量。测试仪器有工频高压电桥测试仪、音频电容电桥测试仪、高频介质损耗测试仪。

3．击穿电压强度的测试　试样的击穿电压与其厚度之比叫击穿电压强度。可为选择绝缘材料提供可靠的数据。仪器有高压击穿测试仪等。

（八）硫化胶的扩散与渗透性能

1．透气性能的测试　通过透气系数和透气量的测定，表征橡胶的透气性。仪器有体积法透气性试验器、压力法真空系统透气仪等。

2．透湿性和透水性的测试　通过测量透湿系数、透湿量、透水系数、透水量，了解其透过性能。仪器有重量法透湿杯或透水杯、压力法测试仪等。

3．真空放气率的测试　测量橡胶内溶解的气体在真空中的放气率，为进一步提高真空系统的真空度提供必要的参数。仪器有真空放气率测量仪等。

4．油扩散的测试　测量油向橡胶内部扩散、渗透的能力。仪器有溶胀法测试仪、扩散杯等。

三、橡胶测试的一般要求

（一）试样的制备

1．混炼和模压硫化试样　加工过程中工艺条件的变化影响硫化胶的试验结果，因此在实验室制备混炼胶并进行硫化时，需要有一个标准的操作程序，以便尽可能地减少试验误差源。英国标准BS1674提出了适用于开炼机和密炼机以及模压硫化的标准程序。

该标准规定了试验用的开炼机的标准尺寸是ϕ150mm×300mm，温度需控制在±5℃范围之内，还提出了一个测定两辊筒间距精确至±0.01mm的简单程序。然而对需使用的辊温和辊距无统一规定，而是必须根据每种材料的特性加以选择，或者经与有关方面协商决定。假如在没有可供遵循的材料标准时，操作者的责任就是设计出一个具有再现性的工艺程序。对配合剂量的允许偏差是相当严格的，无论是哪一种配合剂其重量偏差都不能大于0.25%；各种配合剂的总量和混炼胶后的最终重量之间的重量偏差也有一个限度，无填料混炼胶的重量偏差应在0.3%范围内，有填料混炼胶的重量差应在0.6%之内。与BS 1674等效的ISO标准是ISO 2393。

胶料在混炼和硫化之间的停放条件和停放时间也会影响硫化胶的性能，因而标准中规定胶料要停放在阴暗干燥的环境中，停放时间最少2h，最长不超过24h。

对模压硫化的时间和温度，ISO 2393、BS 1674都作了规定，对硫化温度的偏差为±0.5℃。对模具的加压和卸压操作ISO 2393要求要尽可能快，而BS 1674则规定每一次加压和卸压操作只允许45s。由这些标准可以看出，只有在尽可能严格控制设备、时间、温度和操作程序的情况下才能制出合格的试样。

2. 裁片　对裁片的最主要的要求是试样尺寸必须准确，重要的尺寸可以用投影仪对切出的试样进行检查。裁刀必须十分锋利，刀刃应平整而没有缺口，不然会在试样上留下缺陷。通常严格限制所冲裁的胶片厚度不能超过4mm，因为厚度增加时，裁边的凹陷效应会更严重。如果在刀刃或胶片上涂以润滑剂，裁片就会容易得多，但要使用对橡胶没有影响的润滑剂，如使用洗涤剂的稀水溶液。

（二）试样调节和试验环境

通常把试验前的历程划分为贮存期和调节期。调节期是指在即将试验前把试样停放到试验所需的温度、湿度的条件下放置的过程；而贮存期指的是从橡胶硫化后到调节期之前的这一段时间。

1. 贮存期　ISO 1826标准规定“对所有试验而言，最短贮存时间应为16h。对于非产品试验，最长的贮存期为4周，要进行有可比性的评价试验，应尽可能在相同的停放时间间隔内进行。对于产品试验，贮存时间不应超过3个月。

不管贮存时间多久，橡胶在贮存期间必须防止受到高温或其他可能引起橡胶降解的诸如臭氧和其他化学药品作用。贮存温度应在10～30℃之间，相对湿度低于80%。另外，不同橡胶必须分别放置，以保证没有组分之间的迁移。

2. 试样调节　所有的试验方法都规定了试验之前的试样在“标准环境”下调节的时间。标准环境条件是：①温度23℃，相对湿度50%；②温度27℃，相对湿度65%。后一个标准条件是用于热带国家的。测定织物所用的温度为20℃，相对湿度为65%，如是织物和橡胶复合的产品，可采用这一环境条件。

通常允许的温差是±2℃，相对湿度差是±5%。当湿度和温度两者都需要控制时，标准的调节时间至少为16h；而在仅控制温度为23℃或27℃的场合，最短调节时间为3h。

通常无论什么几何形状的试样要在标准温度23℃或27℃空气中达到平衡，3h就已绰绰有余。

在大多数的橡胶试验中，湿度并不是主要的，一般规定在环境调节中仅控制温度。然而在某些情况下，例如胶乳试验和电性能试验中，则湿度的控制是必不可少的。厚试样欲达到完全的湿度平衡要好几天甚至几个星期。

加速老化试验后，调节时间应在16h到6天之间。介质试验时，试样经液体浸润后应立即进行试验，或在40℃干燥后再在23℃下调节3h。需要打磨的试样，试验应在打磨后的16～72h内进行。

（三）试验条件

调节的目的是让试样尽可能和标准环境平衡。大多数试验是在一个正常的标准环境下完成的，此外ISO　471还提出了优先选用的试验温度范围为：－80、－70、－55、－40、－25、

-10、0、40、55、70、85、100、125、150、175、200、225、250、275、300℃。当然还应加上23℃和27℃。

四、试验结果处理

（一）结果的分布

试验结果所表现出的变异性意味着它们具有某种分布，而最常见的分布形式称为正态分布或高斯分布，如图7－3所示。大量统计技术都是以假设数据的分布至少近似于正态分布为基础，对不符合正态分布的结果可以作一些简单的变换，例如对其结果取对数。非高斯分布的一个重要例子是已知的双指数不对称分布，某些程度性质（例如拉伸强度）就属于这种分布。这种不对称分布如图7－4所示。

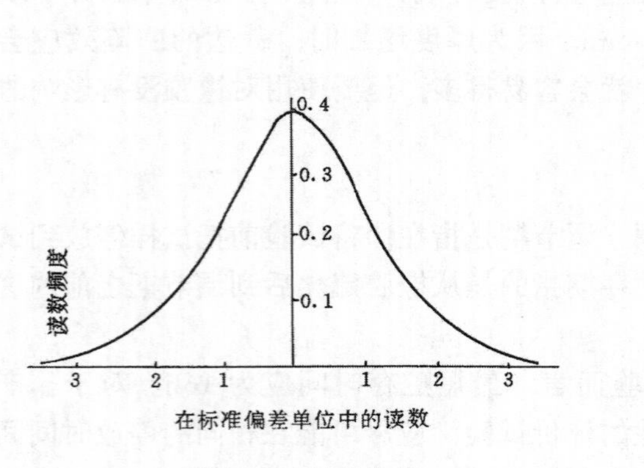

图7－3 正态分布

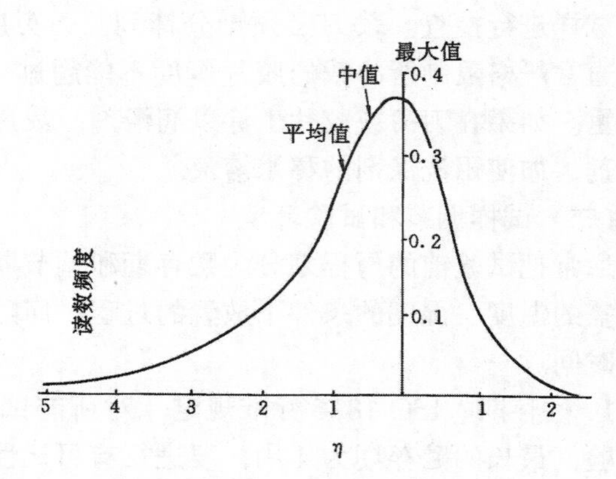

图7－4 双指数分布

对一组有几个向心倾向值的试验数据，最一般的计算方法是取它的算术平均值：

$$\bar{x} = \frac{1}{n}\sum_{i=1}^{n} x_i$$

式中，x为试验测定值；n为试验测定次数。即以所有测定值的总和除以测量次数。

当所有的结果按递增或递减的顺序排列时，一般的取值方法是取中值。中值就是处于中间的那个值，与算术平均值相比，它不受极值的影响，但是其变动性稍大。对正态分布而言，算术平均值和中值正好相符，但在非正态分布中两者不相符，事实上中值更具有代表性。中值的求法是把所有的试验结果按大小顺序排列，同时不断去掉最大值 和最小值，直至剩下一个或两个结果为止。假如剩下两个值，则取它们的平均值作为中值。很明显，如果试验结果的个数为奇数，那么中值就直接取剩下的那一个结果，不必进行任何计算。

对数据分散性或变异性的最有效的度量是标准偏差。它由下式计算：

$$S = \sqrt{\frac{\sum_{i=1}^{n}(x_i - \bar{x})^2}{n-1}}$$

标准偏差（S）定义为测定值（x_i）与平均值（$\bar{x}$）的均方差的根值。标准偏差的平方就是方差。

通常更方便的方法是采用变异系数，它是用标准偏差除以平均值的百分率来表示，即

$$\nu = \frac{S}{\bar{x}} \times 100\%$$

这样作具有不同平均值的n组数据间的相对变异性就可以直接进行比较了。

（二）显著性检验

假如从一个总体中取若干个样品并对每一样品的若干试样进行试验，结果表明这些样品的平均值都分布在总体真值周围，这些样品的标准偏差也分布在总体标准偏差周围。因而对对任何一个样品，我们都希望知道它的平均值和标准偏差与总体真值之间究竟相差多少，或是知道对真值的这种估计有多大的可靠性。

一种表达估计值精确度的常用方法是计算置信界限。它表示真值在一定概率下所处的界限，平均值的置信界限由下式给出：

$$\bar{x} = \frac{tS}{\sqrt{n}}$$

式中，S 为标准偏差；n 为试样个数；t 为一变数，它随所需的置信度和 n 值而变化。

如果有两组试验结果，表示对两种材料进行的同样试验。特别令人感兴趣的是了解这两组结果的平均值究竟有无明显差别。所算出的这一参数就是最小显著性之差。假如这两个平均值之间的差别超出这一参数，那么这两组数据来自同一总体的机会就会很小，也就是说这两者的总体很可能是不同的。最小显著差由下式计算：

$$tS'\sqrt{\frac{1}{n_1}+\frac{1}{n_2}}$$

若每组所含的数据个数相同，则改由下式计算：

$$tS'\sqrt{\frac{2}{n}}$$

式中，S'是合并标准偏差，由下式计算：

$$S' = \sqrt{\frac{(n_1-1)S_1^2+(n_2-1)S_2^2}{n_1+n_2-2}}$$

t 值可由 t 分布表查得。

有时由标准偏差测得的变动性差别比两个平均值之差更有意义。计算比值如下：

$$\frac{S_1^2(\text{较大的 } S \text{ 值作为 } S_1)}{S_2^2(\text{较小的 } S' \text{ 值作为 } S_2)}$$

如果这一比值大于从 F 分布表查得的相应的 F 值，那么这两个标准偏差在一定概率水平上是显著不同的。对应于 S_1 和 S_2 的自由度数值分别为 n_1-1 和 n_2-1。

这种显著性检验仅在数据分布呈正态分布或接近于正态分布时才是有效的。采用合并标准偏差检验平均值显著性差异应严格地限于在上述 F 比值检验不能证明标准偏差有明显差异时使用。

（三）方差分析

有多种原因会造成试验结果的波动性，因此最好是经常测定总变动性中的每一变动源所占的比例。方差分析就是用于评价总变动性（来自每一变动源）中各组分显著性的一项技术。它是以构成总方差的各独立因素方差（而不是标准）的总和等于总方差这一基本事实为基础的。其总的原则是鉴别试验变动性的可能来源，编制方差分析表，以得出每一组分平均值偏差的平方和，以及相应的自由度数值的均方值，然后再根据均方值进行 F 值检验。有关方差分析的问题，我们将在第九章“配方设计方法”中进一步说明。

参 考 文 献

〔1〕梁星宇等．橡胶工业手册，第3分册．修订版．北京：化学工业出版社，1992

〔2〕邓本诚，纪奎江．橡胶工艺原理．北京：化学工业出版社，1984
〔3〕山下晋三，前田寧一，ゴム技術の基礎．日本ゴム工業協會，1987
〔4〕北京化工学院橡塑工程教研室．橡胶配方设计原理及方法，1986
〔5〕张涛等译．橡胶物理试验．化工部橡胶工业科技情报中心站，1992
〔6〕方昭芬．橡胶标准化与技术，1989（2）：20

第八章　配合体系与橡胶性能的关系

第一节　配合体系与硫化胶物性的关系

硫化胶的物性主要的决定于配方设计，其次决定于工艺过程。在此着重分析配方中各个体系对硫化胶物性的影响和提高其物性的较佳配合方案。

一、配合体系与拉伸强度的关系

拉伸强度是表征制品能够抵抗拉伸破坏的极限能力，是评价硫化胶质量最重要的依据之一。

(一) 橡胶拉伸破坏理论

橡胶制品一般都是在错综复杂的使用条件下，承受各种应力作用产生各种形变。材料的破坏是一种极为复杂的力学现象。橡胶的拉伸破坏与一般低分子固体有明显的差别，也复杂得多。关于橡胶的拉伸破坏理论有不同的说法，有分子取向理论、缺陷统计理论，还有交联网构理论等等，都是把复杂的问题进行了简化处理，其计算值和实测值存在着较大的偏差，因此橡胶的强度理论还有待进一步的发展和完善。下面仅以断裂的分子理论（泰勒理论）和断裂的裂缝理论（格里菲斯理论）为基础说明橡胶的拉伸破坏。Taylor 从微观结构出发，认为材料的断裂在微观上必然有原子间键的断裂，也即主价键断裂，对橡胶来讲，主要取决于受力方向上取向的分子链段。随着近代测试技术的进步已能直接观测到共价键断裂这样微观过程。它大致可分为三个阶段：第一阶段由于结构的不均一性，使负载分布不均匀，结果在一些键上应力集中，形成局部断裂微点；第二阶段是集中了应力的键，由于热涨落而断裂，同时生成微裂缝；第三阶段是初始微裂缝聚集成大的主裂缝，从而引起最终的断裂。

Griffith 强度理论认为，由于在材料的表面和结构中存在着某些缺陷（如表面划痕、内部杂质、微孔、气泡、界面分离等），这些缺陷很容易造成空穴和裂缝，使应力局部集中于裂缝的尖端处，当达到和超出某一临界条件时，裂缝便失去稳定性而发生扩展，最终引起材料的断裂。

研究高聚物断裂强度的结果表明，大分子链的主价键，分子间力（次价键）以及高分子链柔性是决定高聚物拉伸强度的内在因素。

高聚物断裂时有以下几种可能的方式：

(1) 高分子链主价键断裂

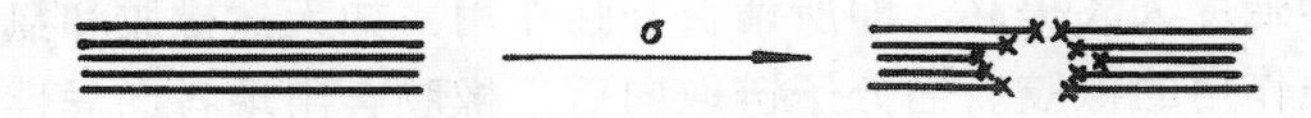

其过程如 Taylor 理论所述分三阶段。

(2) 高分子链通过滑移的断裂方式

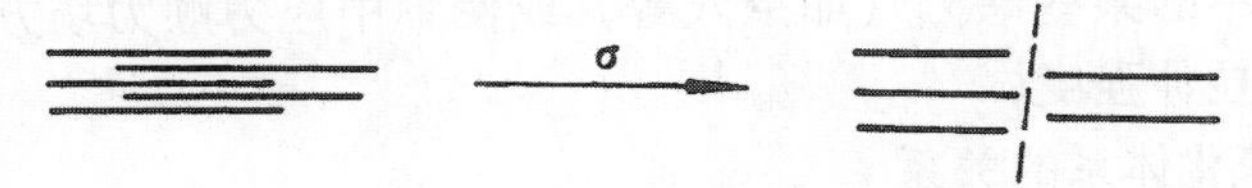

其过程如Dannenbeg的大分子滑动学说。

(3) 高分子链之间垂直方向互相隔离。

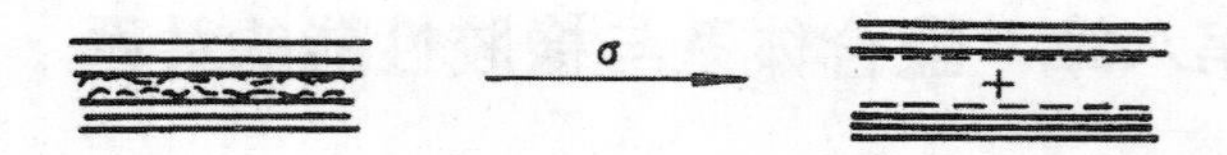

(4) 高分子群集体（超分子结构、晶粒间、高分子和填充剂间）相隔的方式

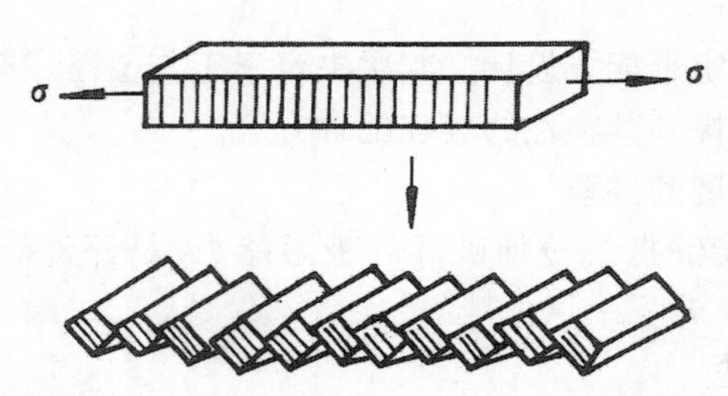

前三种破坏形式是最基本的，从这些破坏方式看出橡胶的化学结构对强度有很大的影响。

下面我们从橡胶配合的各个体系来讨论提高拉伸强度的方法。

（二）拉伸强度与橡胶结构的关系

1. 分子间作用力的影响　凡是影响分子间作用力大小的因素对拉伸强度均有影响。①主链上有极性取代基时，分子间次价键力大大提高，拉伸强度高。例如氯丁橡胶、氯磺化聚乙烯橡胶均有较高的强度，丁腈橡胶随丙烯腈含量增加，拉伸强度也随之增大。②主链上有芳基存在时，如主链上带有芳环的聚氨酯橡胶，因分子间的范德华力大大增加，主链刚性增加，因而拉伸强度大大增加。

2. 分子量的影响　随分子量增大，分子间的范德华作用力增大，链段不易滑移，因此拉伸强度一般均随分子量增加而增大。但当分子量增加到一定的程度时，拉伸强度趋于一极限值，说明分子量对强度的影响有一定的限度。

3. 微观结构对拉伸强度的影响　增加顺丁橡胶中的1,4含量，拉伸强度也随之提高。聚合过程中产生的支链会使大分子排列不规整，使拉伸强度降低。聚合过程中生成的凝胶颗粒破坏了橡胶分子的规整性，使橡胶的拉伸强度降低。因此必须严格控制合成橡胶的凝胶含量。

4. 结晶与取向对拉伸强度的影响　一般随结晶度的增加，拉伸强度提高。由于结晶度提高，晶体中分子链排列紧密有序，孔隙率低，分子间作用力增强，使链段运动较为困难。结晶性橡胶在拉伸条件下会产生应力诱导结晶，结晶形成后加强了分子之间的作用，并能阻止裂口的增长，使拉伸强度大大提高，即所谓自补强作用，如天然橡胶和氯丁橡胶就是属于纯胶强度较高有自补强作用的橡胶。当分子链取向后，橡胶会出现各向异性，一般随取向度的增加，平行方向的强度增加，垂直方向的强度下降。这主要是由于取向的结果使主价力和次价力分布不均匀，在平行方向上以主价力为主，在垂直方向上以次价力为主。另外在取向过程中能消除橡胶材料中的某些缺陷（如空穴等）或使集中应力顺力场方向取向。表8－1列出了几种常用橡胶的拉伸强度。

（三）拉伸强度与硫化体系的关系

1. 交联密度的影响　随着交联密度的增加，拉伸强度一般会增大并出现一个极大值，然后随交联密度的进一步增加，拉伸强度下降，如图 8－1 所示。

强度出现极大值可能是因为交联度适度时，单位面积上承载的网链数随交联度增加而增多，拉伸强度随之上升；而在交联密度过高时，网链不能均匀承载，易集中于局部网链上，使有效网链数减小。这种承载的不均匀性随交联密度增加而加剧，因此拉伸强度随之下降。在很低的交联密度下，分子链的塑性流动对结晶形成不利，适当的交联密度可使分子链易于定向排列。此时拉伸强度上升，继续增加交联密度则阻碍了橡胶分子链的定向排列，妨碍了结晶，在橡胶形成拉伸结晶之前已达到断裂点，故强度降低。虽然上述机理还有待进一步研究证实，但随交联密度增加出现极大值的事实可以说明，欲获得较高的拉伸强度，必须适当选择交联剂的用量，控制交联密度与拉伸强度的平衡关系。

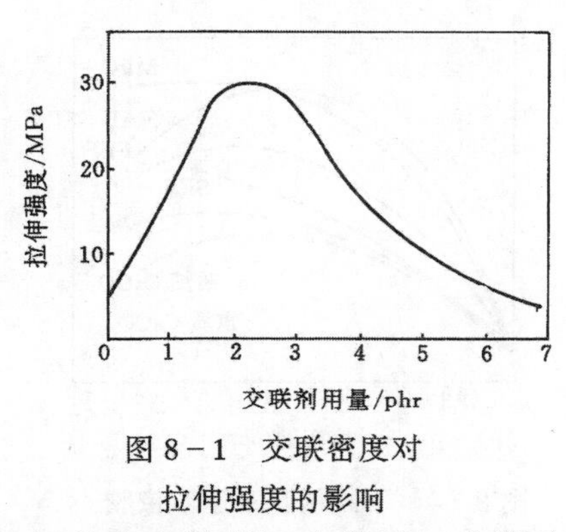

图 8－1　交联密度对拉伸强度的影响

表 8－1　几种橡胶的拉伸强度（MPa）

胶　种	纯胶配方(室温)	填充炭黑配方(室温)
NR	17.5～24.5	24.5～31.5
SBR	1.4～2.1	17～24
CR	21～28	21～24
IIR	17～21	17.5～21
NBR	4.2～6.3	15～25
T	0.7～1.4	10～11.7
BR	10 以下	16～19
IR	26～28	26～30
EPDM	6～8	12～13

2. 交联键类型的影响　硫化胶的拉伸强度随交联键能增加而减小，如图 8－2 所示。多硫键具有较高的拉伸强度，因为弱键在应力状态下能起到释放应力的作用，减轻应力集中的程度，使交联网能均匀地承受较大的应力。对于能产生拉伸结晶的天然橡胶，交联弱键的早期断裂，还有利于主链的定向结晶。这就使具有弱键的硫化胶网络体现出较高的拉伸强度。

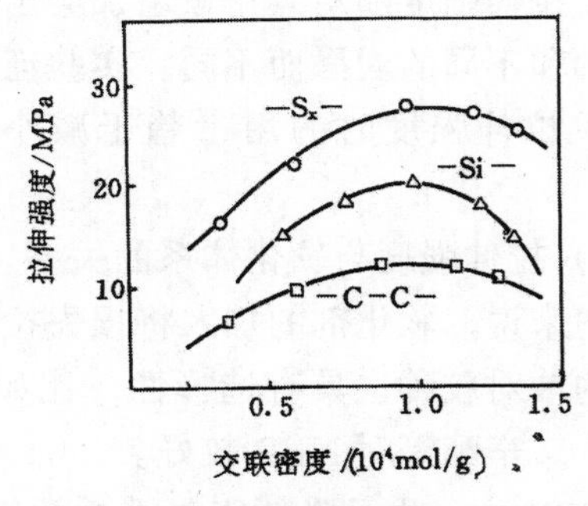

图 8－2　交联键类型对拉伸强度的影响

在考虑调整硫化体系来提高拉伸强度时，可首先考虑适当提高硫黄用量，使硫化胶以多硫键为主，促进剂选用噻唑类（如 M、DM）与胍类并用，促进剂总量可适当增加，这种作法在含胶率很高的配方中尤为有效。

（四）拉伸强度与填充体系的关系

补强剂是影响拉伸强度的重要因素之一，关于橡胶的补强机理多年来一直是橡胶工业的重点研究课题，并提出了各种理论，如微观分相结构理论、体积效应理论、弱键强键理论、大分子滑动补强机理等。填充剂对橡胶的补强作用，与填充剂的粒径、表面活性、结构性有关。大量的试验表明：粒径越小，表面活性越大，结构性越高，补强的效果越好。

图8－3、图8－4表示各种填料对天然橡胶和丁苯橡胶拉伸强度的影响。从图中可以看出，填充剂对天然橡胶和丁苯橡胶拉伸强度的影响是不同的。在天然橡胶中随各种填充剂用量增加，拉伸强度呈下降的趋势；在丁苯橡胶中随填充剂用量增加，拉伸强度提高，并出现极大值，但当填充剂用量超过一定值时，拉伸强度会随之下降。其原因是天然橡胶属于结晶橡胶，拉伸时可产生拉伸结晶而具有自补强作用，生胶强度较高，炭黑加入后增强效果不明显。而丁苯橡胶情况则有所不同，它的生胶强度很低属于非结晶橡胶，炭黑对它的补强效果很明显。

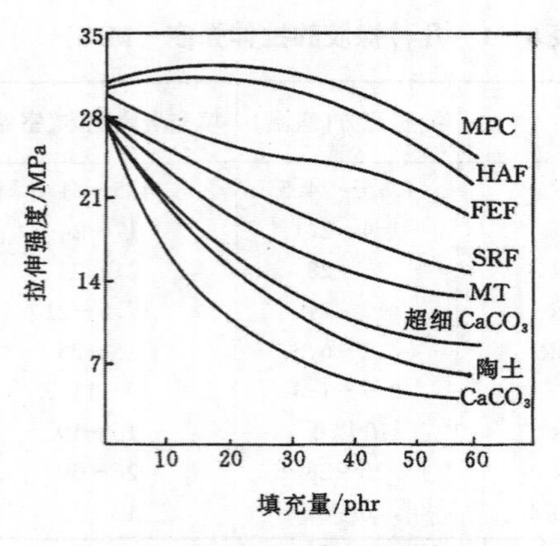

图8－3 不同填料对天然橡胶拉伸强度的影响

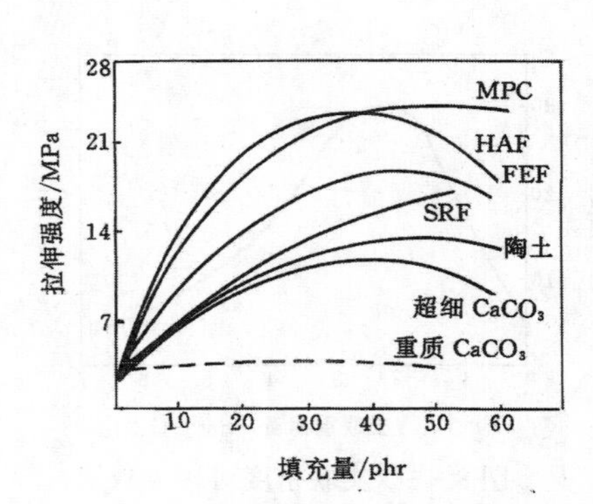

图8－4 不同填料对丁苯橡胶拉伸强度的影响

通常拉伸强度随炭黑用量增加会出现最大值，达到最大拉伸强度所需的炭黑用量，因不同的胶种和不同的炭黑而不同。实验证明，炭黑的粒径愈小，表面活性愈大，结构性愈高，达到最大拉伸强度时的用量趋于减小。一般炭黑用量在40～60份时，能赋予制品较好的性能。

（五）拉伸强度与软化体系的关系

总的来说，软化剂的加入将损失拉伸强度，相比之下，高粘度油类对拉伸强度有利。不同种类的油对胶种也具有选择性，比如芳烃油在SBR中效果较好，环烷油对EPDM较好，二丁酯、二辛酯等对NBR较好。

在SBR中，古马隆树脂与重油并用可提高硫化胶的拉伸性能和耐磨性能。在NBR中，古马隆与邻苯二甲酸二丁脂并用，硫化胶的拉伸性能较好。固体古马隆可同时作软化剂和补强剂，用量在15份以下效果较好。此外还有一些新型的加工助剂，如某些醇溶树脂，氧化聚乙烯及某些高分子的齐聚物，都兼有易于加工和改善性能的作用。

（六）提高拉伸强度的其他方法

实践表明，橡胶和某些树脂共混也可有效地提高硫化胶的拉伸强度，如高苯乙烯、改性酚醛树脂、聚氯乙烯、聚乙烯、聚酯、聚酰胺等和某些橡胶共混都可以达到增强的目的。

使用表面活性剂和偶联剂，如常用的硅烷偶联剂、钛酸酯偶联剂以及各种有机、无机、高分子类的表面活性剂，对填料进行表面处理，可改善填料与大分子间的界面作用，不仅有助于填料的分散，而且可改善硫化胶的力学性能。近年来国内外在这方面作了大量的试验研究，取得了长足的进展，现已有多种商品化的新品种偶联剂和活性填料。

最后强调指出，拉伸强度在多数场合下并非是关键的使用性能指标，它仅仅是作为一种衡量胶料内在质量的标准，而为人们所重视，所以在配方设计中应全面考虑使用条件，研究关键性指标，无需一味追求高拉伸强度指标。当然，一般拉伸强度高的配方，其他性能也会好些，但无疑要使成本有所提高。

二、配合体系与撕裂强度的关系

橡胶的撕裂是由于材料中的裂纹或裂口受力时迅速扩大开裂而导致破坏的现象。橡胶的撕裂一般是沿着分子链数目最少，即阻力最小的途径发展。因此，裂口的发展途径是选择内部结构较弱的路线进行的。通过结构中的某些弱点间隙形成不规则的撕裂路线，从而促进了撕裂破坏。撕裂强度的真正含义是撕裂能。橡胶撕裂所需要的能量称为撕裂能，定义为每单位厚度的试样产生单位裂口所需要的能量。撕裂能包括材料表面能、塑性流动耗散的能量以及不可逆粘弹过程所耗散的能量。所有这些能量的变化皆正比于裂口长度的增加，与试样形状无关。

应该指出的是，橡胶的撕裂强度与拉伸强度之间没有直接的关系。例如，我们比较两种不同的橡胶，第一种拉伸强度高，扯断伸长率和粘弹损耗很低，第二种拉伸强度低，但扯断伸长率和粘弹损耗却很高。比较这两种胶料可以发现，第二种橡胶有较高的撕裂强度。所以拉伸强度低但粘弹损耗较大的胶料会有较高的撕裂强度。

（一）不同橡胶的撕裂强度

几种橡胶的撕裂强度如表 8-2 所示。由表 8-2 可见，常温下 NR 和 CR 的撕裂强度较高，这是由于产生诱导结晶后使应变能大大提高。但氯丁橡胶在高温下的撕裂强度明显降低。丁基橡胶的炭黑填充胶料，由于内耗较大也有较高的撕裂强度，特别是高温下撕裂强度较大。

（二）撕裂强度与硫化体系的关系

采用传统的硫化体系易生成多硫键，多硫键具有较高的撕裂强度，故在选用硫化体系时，要优先考虑传统硫化体系。硫黄用量以 2.0～3.5 份为宜，促进剂宜选用中等活性且有平坦硫化性能的品种，如 DM、CZ。随交联密度增加，撕裂强度会有所下降，见图 8-5。

表 8-2　几种橡胶的撕裂强度（kN/m）

橡胶种类	纯胶胶料				炭黑胶料			
试验温度/℃	20	50	70	100	25	30	70	100
NR	51	57	56	43	115	90	76	61
CR（GN）	44	18	8	1	77	75	48	30
IIR	22	4	4	2	70	67	67	59
SBR	5	6	5	4	39	43	47	27

（三）撕裂强度与填充体系的关系

各种合成橡胶用炭黑补强时，撕裂强度明显改善。某些偶联剂改性的无机填料，如高分子改性剂改性的碳酸钙、氢氧化铝也能显著改善丁苯橡胶的撕裂强度。

使用各向同性的填料，如炭黑、白艳华、立德粉、氧化锌等，撕裂效果较好，而用各向异性的填料如陶土、碳酸镁等不会获得高的撕裂强度。

炭黑的粒径也是影响撕裂强度的因素之一，随炭黑粒径减小，撕裂强度增加，两者的关系如图 8-6 所示，在粒径相同的情况下，能赋予硫化胶高伸长率的炭黑，亦能提高撕裂强度。

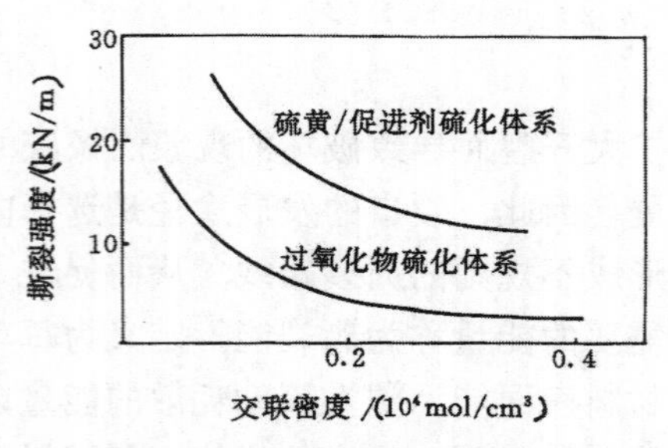

图 8－5　交联密度与撕裂强度的关系

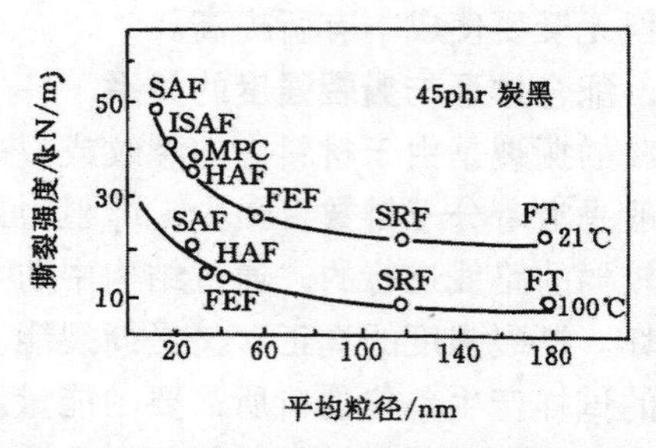

图 8－6　炭黑粒径与撕裂强度的关系

三、配合体系与定伸应力和硬度的关系

硫化胶的定伸应力和硬度定伸应力和硬度都是抵抗外力不变形的能力。定伸应力与拉伸形变有关，硬度与压缩形变有关。各种因素对两者的影响趋势相同。因此下面所讨论的关于定伸应力的情况也适用于橡胶的硬度。

多年来人们对大形变下的应力应变关系不断研究，结果表明，凡是能够增加交联密度、增加体系粘度、提高分子间作用力的结构因素，均能使定伸应力提高。

在高聚物强度理论研究中发现，炭黑填充的硫化橡胶网络，主要由化学交联链组，大分子物理缠结链组、炭黑与高分子链间由于物理化学作用相互结合而产生的结合橡胶三部分所组成。通过计算和分析表明，凡是有利于形成以上三种结构的因素，都将使定伸应力提高。

（一）定伸应力与橡胶分子结构的关系

1．分子量（摩尔质量）和分子量分布的影响　分子量和分子量分布是影响胶料物理性能的重要参数。随着分子量增加，胶料的许多物理－机械性能包括定伸应力和硬度都将提高。图 8－7 表示同一硫化程度的丁苯橡胶分子量与物理性能的关系。根据 Flory 的硫化胶网状结构理论，分子量对各种性能的影响主要表现在末端效应，大分子网络中的游离末端对硫化胶的力学性能不作贡献，且对弹性起到一定的阻碍作用，游离末端数随分子量增大而减小，所以分子量增加，胶科的定伸应力和硬度也随之增大。基于上述原因，为了达到同样的定伸应力，对分子量较小的样品应相应提高其硫化程度。

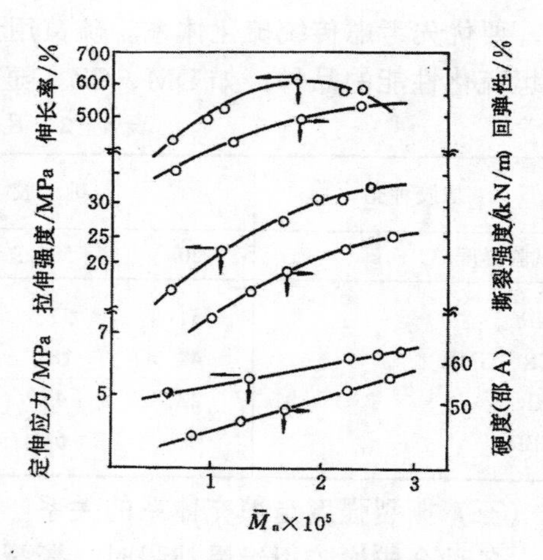

图 8－7　同一硫化程度的丁苯橡胶分子量与物理性能的关系

分子量分布对胶料性能的影响如表 8－3 所示。由表 8－3 可以看出，随着分子量分布加宽（$\bar{M}_w/\bar{M}_n$ 增加），胶料的定伸应力、硬度、拉伸强度、回弹性和耐磨性都下降。这是因为分子量分布较窄时，减少了小分子级分对性能的损失（游离末端数减少）。因此在分子量相近的情况下，减小多分散性指标可使胶料性能提高。

2．橡胶分子结构与定伸应力的关系　分子化学结构与定伸应力的关系主要受分子链刚性和分子间作用力的影响较为显著。如 CR、NBR、ACM、PU（聚氨酯橡胶）等极性橡胶，分子间的作用力较大，适合制作高定伸制品。天然橡胶的定伸应力也较高，这是因于天然橡胶在拉伸时会产生结晶，结晶所形成的物理结点提高了交联网的完整性，使定伸应力提高。

表 8-3 分子量分布对胶料性能的影响

$\overline{M}_w/\overline{M}_n$	300%定伸应力/MPa	硬度（邵尔 A）/度	拉伸强度/MPa	冲击弹性/%	耐磨指数/%
2.57	82	67	185	51	100
3.00	79	65	190	50	88
3.47	76	—	182	48	88
3.89	70	62	185	46	70
4.34	68	60	179	45	58
4.77	65	59	180	44	45

（二）硫化体系与定伸应力的关系

定伸应力与交联密度关系密切，并随交联密度增加，硫化胶的定伸应力和硬度也随之增加，如图 8-8 所示。

提高硫化体系中硫化剂和促进剂的用量，可提高交联密度。其精确用量视胶料要求的定伸应力指标而定，一般软制品中硫黄用量在 1.5～3.5 份之间。假如采用半有效硫化体系和有效硫化体积时，因促进剂的用量增加，硫黄用量相对降低。表 8-4 列出一些通用胶种常用促进剂的用量范围以供参考。

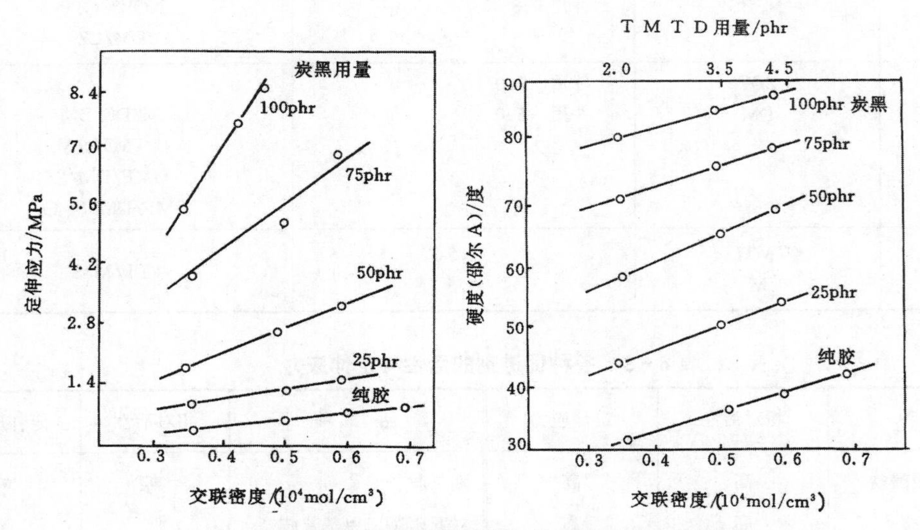

图 8-8 交联密度对硫化胶定伸应力和硬度的影响

活性高的促进剂，其定伸应力也高，对提高定伸应力有明显作用的是并用促进剂 TMTD。由于 TMTD 的加入，胶料的硫化速度增加，定伸应力增大，即使加入少量的 TMTD（0.1～0.3）也可以有较明显的效果，是提高定伸应力常用的方法之一。以次磺酰胺类作主促进剂，二苯胍作副促进剂，也可获得较高的定伸应力。各种促进剂的活性与定伸应力的关系如表 8-5 所示。

表 8－4 常用硫化促进剂用量范围

胶种	促进剂	用量范围	并用类型
NR	M	0.5～1.0	D/M
	DM	0.5～1.5	D/DM/M
	D	单用 0.5～1.5 并用 0.1～1.0	D/DM
	CZ	0.5～1.5	CZ/DM
	TMTD	单用 1.5～3.0 并用 0.2～0.5	CZ/TT
	H	并用 0.1～0.5	M/H
	808	0.5～1.5	TT/808
SBR	DM	单用 1.0～1.5	DM/D
	M	单用 0.6～1.0	
	CZ	单用 0.75～1.2	
	NOBS	单用～1.0	
CR	NA－22	单用 0.25～1.0	NA－22/DM
NBR	DM	单用 1.5～2.5	S/DM
	TMTD	单用 1.0～3.0 并用 0.3～0.5	S/TT/CZ S/DM/TT ZnO/DCP
NR＋BR	NOBS	并用 0.8	NOBS/CTP DM/CZ
IIR	ZDC	单用～2.0	
	DM	并用～5.0	S/ZDC/DM S/TMTD/M GMF/DM/S GMF/DM/Pb_3O_4
EPDM	TMTD	1.5	TT/M/S
	M	0.5	

表 8－5 各种促进剂的活性与定伸应力

品种	相对活性	定伸应力	品种	相对活性	定伸应力
二硫代氨基甲酸盐	高	高	醛二胺	高	高
黄原酸盐	高	高	对亚硝基二甲基苯胺	低	低
秋兰姆	高	高	亚乙基苯二胺	低	低
噻唑	低	低	胍	高	高
二苯基硫脲	高	高	六次甲基四胺（H）	高	高

几种主要促进剂的活性之间有一定的互换关系，如表 8－6 所示。据此可对各种促进剂的用量及性能进行相应的调整。

交联键的类型对定伸应力和硬度有一定的影响，不同交联键类型，其定伸应力排列的顺序为（—C—C—）＞（—C—S—C—）＞（—C—S_x—C—），其原因是多硫键键能小应力松弛倾向大，表现为定伸应力较低。

表 8-6　主要促进剂的互换关系

促　进　剂	相应于其他品种促进剂份数		促　进　剂	相应于其他品种促进剂份数	
DM (1 份)	CZ	0.5～0.61	CZ(1 份)	TMTD	0.08～0.10
	M	0.52～0.80		NOBS	1.2～1.3
	NOBS	0.62～0.69			

(三)定伸应力与填充体系的关系

炭黑的结构度对硫化胶定伸应力的影响最为显著。结构性高的炭黑无论对天然橡胶或合成橡胶,其定伸应力都较高。炭黑表面的活性和粒径大小对合成胶的定伸应力也有影响,粒子小、活性大的炭黑能提高丁苯橡胶的定伸应力,但对天然胶影响不大。总的说来,补强性高的炭黑如槽法炭黑、中超耐磨炭黑及高耐磨炭黑能有效地提高硫化胶的定伸应力和硬度。在要求胶料硬度一定的配方中,炭黑品种不同,用量也不同。例如,硬度要求 65～70 度(邵尔 A)的丁腈硫化胶各种炭黑的用量如表 8-7。

表 8-7　丁腈硫化胶同一硬度时不同炭黑用量

品　　种	HAF	MPC	SRF	FT	MT
用量/份	45	60	100	125	150

随各种填料用量增加,硫化胶定伸应力的变化如图 8-9 所示。

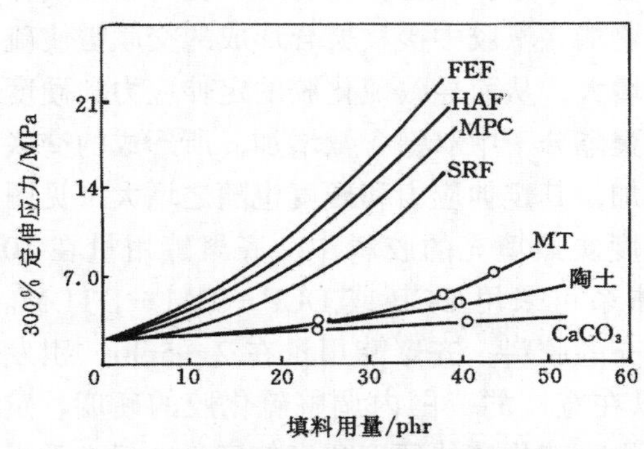

图 8-9　不同填料用量对定伸应力的影响

人们在实践中总结出填料用量与硬度的关系。表 8-8 列出了几种常用橡胶中添加不同填料用量时,硬度值的近似估算法,以供参考。

有些无机填料如白炭黑、滑石粉也能显著增加硬度,但滑石粉会使拉伸强度降低。显然,为获得高硬度制品应尽量少用软化剂。

(四)调整胶料定伸应力和硬度的方法

在多层复合制品中往往要求不同部位的定伸应力能合理分布,例如轮胎的胎面、胎体和缓冲层便要求其阶梯式分布。调整的方法是首先要使各层胶料同步硫化并利用增加硫黄或促进剂用量的方法使定伸应力有所提高。如各层胶料已同步硫化,而某一层定伸应力仍需提高,则可考虑适当增加炭黑用量,使其定伸应力达到规定的要求。

增加炭黑用量是获得高硬度硫化胶的常用方法,但实际上炭黑用量有一定限度,其用量超过 100 份后继续加大用量硬度提高并不明显,一般单用炭黑很难得到硬度(邵尔 A)大于 90 的硫化胶。目前有效的增硬方法是选用能参予硫化反应或与大分子产生某种化学作用的添加剂,以提供某些能提高硬度的结构因素。

例如,应用能够聚合的不饱和丙烯酸类齐聚酯,便是加工高硬度胶料很有前途的方法

表 8-8 不同填料用量硬度估算

胶 种	纯胶基本硬度	填料品种	估算硬度
NR	40	FEF HAF MPC	纯 $+\frac{1}{2}\times$份数
SBR	40	ISAF	胶 $+\frac{1}{2}\times$份数$+2$
CR	44	SAF	基 $+\frac{1}{2}\times$份数$+4$
NBR	44	SRF	本 $+\frac{1}{3}\times$份数
IIR	35	陶土	硬 $+\frac{1}{4}\times$份数
		$CaCO_3$	度 $+\frac{1}{7}\times$份数
		矿质胶	$-\frac{1}{5}\times$份数
		油	$-\frac{1}{2}\times$份数

之一。使用这种齐聚酯制得的制品不仅具有较高的硬度，而且还能起操作助剂便于混炼加工等综合作用。齐聚酯是粘度较大的粘稠液体，在加工过程中起“临时”增塑剂作用，而在硫化过程中又参予硫化反应，赋予硫化胶较高的交联密度。齐聚酯的化学结构特点是分子末端含有不饱和双键，在有过氧化物引发剂存在的情况下，齐聚酯在橡胶中接枝聚合形成的交联键使硫化胶的交联密度增大，从而导致硫化胶的定伸应力和硬度大大提高。随齐聚酯分子中双键含量增加，所形成的交联键数量也随之增加，其定伸应力和硬度也随之增大（见图 8-10）。在高硬度炭黑填充的胶料中，齐聚酯用量在 10～15phr，引发体系可采用 DCP 或 DCP + DM + DTDM。对中硬度炭黑填充的胶料，齐聚酯用量在 2～5phr，引发剂一般为 DCP。调整齐聚酯在胶料中的比例，可以在宽广的范围内调整硫化胶的硬度、定伸应力。齐聚酯在无机填料填充的胶料中，也能够提高硫化胶的硬度和定伸应力。但在无引发剂的情况下，齐聚酯仅仅起增塑剂的作用。

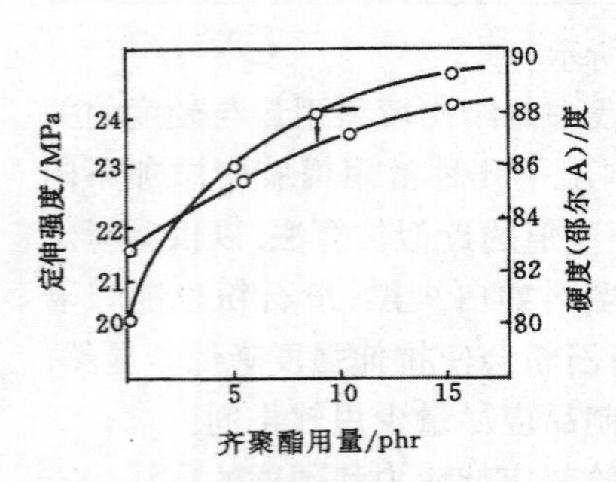

图 8-10 齐聚酯用量对硫化胶硬度和定伸应力的影响

使用高苯乙烯/C_8 树脂（叔辛基酚醛树脂）并用体，可使胶料硬度提高 15 度，对性能无不良影响。使用烷基酚醛树脂/硬化剂并用体增硬，效果十分显著，该树脂加入胶料后，在硬化剂作用下可与橡胶生成三维网络结构，贯穿胶料整体网络，从而使胶料变硬（邵尔 A 硬度可达 95）。常用的酚醛树脂有：酚醛树脂、烷基间苯二酚甲醛树脂和烷基间苯二酚环氧树脂。所用的硬化剂有六亚甲基四胺、无水甲醛苯胺等含氮的杂环化合物。通过丙酮抽提试验结果表明：使用结构上含有环氧基团类反应性官能团的酚醛树脂，可为其在橡胶中形成树脂网状结构提供有利的条件。使用烷基间苯二酚环氧树脂 15phr，六亚甲基四胺 1.5phr，制备高硬度的胎圈胶条效果很好。

在通用的二烯类橡胶中还可使用苯甲酸增硬。在子午线轮胎三角胶芯胶料中加入3.0phr苯甲酸，可使硫化胶的硬度提高10度，物理性能变化不大，而门尼粘度降低，焦烧时间延长，改善了胶料的加工性能。在丁腈橡胶中采用多官能丙烯酸酯齐聚物与热熔性酚醛树脂并用，丁腈橡胶与三元尼龙共混也可有效地提高硬度。

在三元乙丙橡胶中添加液态二烯类橡胶和多量硫黄，可以制出加工性能和硫化特性优良的高硬度EPDM胶料。为了研究高硬度硫化胶的结构，通过电子显微镜和X射线微波测定仪对硫化胶进行了观察。结果发现，液态二烯类橡胶为分散相，EPDM为连续相，胶料中硫黄的分配显著不均，在液态二烯类橡胶中硫黄量大约为EPDM相的10倍。由此推测，硫化胶的高硬度是由于多量硫黄的高度交联作用使液态二烯类橡胶成为硬质颗粒，而分散于EPDM连续相中所造成的。

添加碱性物质如MgO、Fe_2O_3也可提高硫化胶硬度。对填料表面进行活化改性处理也会有一定的增硬效果。

反之，低定伸应力的软橡胶制品可采用天然橡胶，高顺式1,4－结构的顺丁橡胶。补强剂用量宜少，填料的结构性要低，如采用碳酸钙、碳酸镁、热裂法炭黑较好，软化剂的用量应增大。应采用低硫配合体系，选用M或硫脲类促进剂。

四、配合体系与耐磨耗性的关系

橡胶的磨耗是个比较复杂的力学过程，影响因素很多，其机理尚不够清楚。以往研究的结果认为，橡胶的磨耗有如下三种形式：

磨损磨耗——橡胶以较高的摩擦系数与粗糙表面相接触时，摩擦表面上的尖锐粒子不断切割、扯断橡胶表面层的结果。其磨耗强度为：

$$I = K\frac{\mu(1-R)}{\sigma_0}P \tag{1}$$

式中 I——磨耗强度；

K——摩擦表面常数；

μ——摩擦系数；

R——橡胶的回弹性；

σ_0——橡胶的拉伸强度；

P——压力。

由上式可见，磨耗强度与压力成正比，与拉伸强度和回弹性成反比。另外，摩擦系数的影响因素很多，几乎和硫化胶的所有性能都有关系。

卷曲磨耗——橡胶与光滑的表面接触时，由于摩擦力的作用使橡胶撕裂，撕裂的橡胶小片成卷脱落。

疲劳磨耗——橡胶表面层在周期应力作用下产生的表面疲劳而带来的磨损。其磨耗强度为：

$$I = K\left(k\frac{\mu E}{\sigma_0}\right)^t\left(\frac{P}{E}\right)^{1+\beta t} \tag{2}$$

式中 K，k，β——摩擦表面特性参数；

P，σ_0，μ——与公式（1）相同；

E——橡胶的弹性模量；

t——橡胶耐疲劳特性参数。

橡胶的耐磨性从本质上说取决于它的强度、弹性滞后、疲劳性和摩擦特性等。

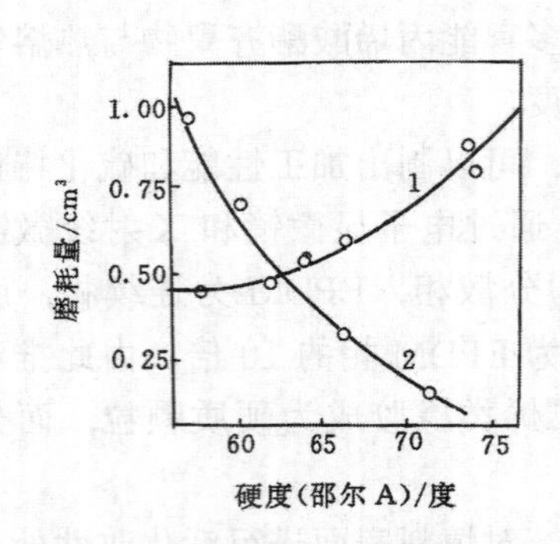

图 8-11 丁苯胶硬度与磨耗量的关系

1—疲劳磨耗；2—磨损磨耗

拉伸强度是决定橡胶耐磨性的一个主要性能之一。通常，耐磨性随拉伸强度提高而增强，特别是橡胶在粗糙表面上摩擦时，耐磨性主要取决于强度值。

定伸应力对耐磨性的影响视不同的磨耗形式而异，就磨损磨耗和卷曲磨耗而言，提高定伸应力对耐磨性有利，但对疲劳磨耗则有不利的影响。图 8-11 表示丁苯橡胶硬度与磨耗量的关系。在疲劳磨耗条件下硬度提高会使磨耗量增大，而在磨损磨耗时则会使磨耗量下降。

增加橡胶的弹性也会使耐磨性提高。

1972 年 G. J. Jake 提出的机械疲劳理论对疲劳破坏作了如下的解释。他认为，橡胶在周期性应力下的疲劳破坏也是橡胶中裂口增长的结果。这些裂口可能开始于橡胶中固有的缺陷或外力造成的切口。裂口增长特性最好用裂口增长速度与撕裂能的关系来表示。M. M. Резинковский 在推导疲劳磨耗公式时所采用的公式是：

$$N = \left(\frac{\sigma_0}{\sigma}\right)^t$$

式中 N——疲劳寿命；

σ_0——橡胶拉伸强度；

σ——周期应力的最大值，其大小与应变能密度有关。

轮胎的磨耗是胎面与路面间产生摩擦，使胎面胶表面发生微观的局部的破坏，从而导致质量下降的现象。按橡胶碎片脱离的方式，其磨耗形式主要是磨损磨耗和疲劳磨耗两大类。一般认为高速轮胎的磨耗是磨损磨耗和疲劳磨耗的综合结果；在尖锐粗糙的路面上，低速行驶的轮胎以疲劳磨耗为主。

对于某些在光滑的金属表面上进行滑动摩擦的橡胶密封制品而言，磨耗的主要形式是卷曲磨耗。

耐磨性几乎和硫化胶的所有性能都有关系。因此在配方设计时，要设法取得各种性能的综合平衡。

（一）生胶结构与耐磨性的关系

1. 玻璃化温度低的橡胶耐磨性好，橡胶的耐磨耗性随其玻璃化温度（T_g）的降低而提高，如图 8-12 所示。例如，顺丁橡胶有优异的耐磨性。与天然橡胶和丁苯橡胶相比，顺丁橡胶的 T_g 为 -95～-110℃，远低于天然橡胶（-70℃）和丁苯橡胶（-57℃），其分子链柔顺，摩擦系数低，耐疲劳性好，动态模量高，所以顺丁橡胶具有优异的耐磨性。顺丁橡胶的 1,2-结构对耐磨性不利，因为增加1,4-结构含量时，橡胶的强度和弹性也随之增加，磨耗量下降，见图 8-13。BR 的主要缺点是抗掉块能力低，远不如异戊橡胶，更不如丁苯橡胶。提高 BR 的炭黑含量降低硫化程度，可以大大提高其耐“掉块”性能。在许多情况下，将 NR 与 BR 并用，能获得较好的耐磨效果。

2. 当生胶分子结构中有共轭体系存在时，可使橡胶的耐磨性提高。如丁苯橡胶中的苯环是个共轭稳定基团，它能吸收并均匀分散外部能量，使大分子链不易破坏。图 8－14 表示随苯乙烯含量增加，丁苯橡胶耐磨性和抗湿滑性提高的情况。

轮胎外胎的耐磨性要求较高，常选用综合性能好的天然橡胶，耐磨性好的顺丁橡胶、丁苯橡胶并用，其用量比例根据不同的路面情况而有所不同。

3．聚氨酯橡胶，由于其主链有较强的极性，并含有较多的苯环，因此它的机械强度超过了所有的橡胶，其耐磨性当首屈一指。但是聚氨酯的耐温性能差，在提高温度时它的耐磨性将急剧下降。此外，它的生热大，对制作高速轮胎极为不利。氯丁橡胶和丁腈橡胶也有较好的耐磨性。

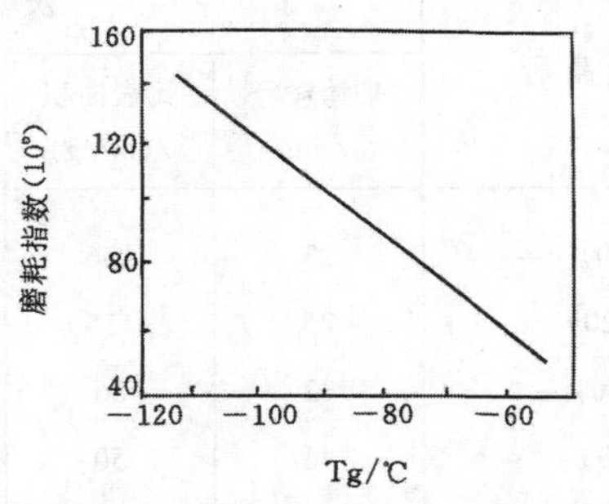

图 8－12　耐磨耗指数与 T_g 的关系

（二）填充体系与耐磨性的关系

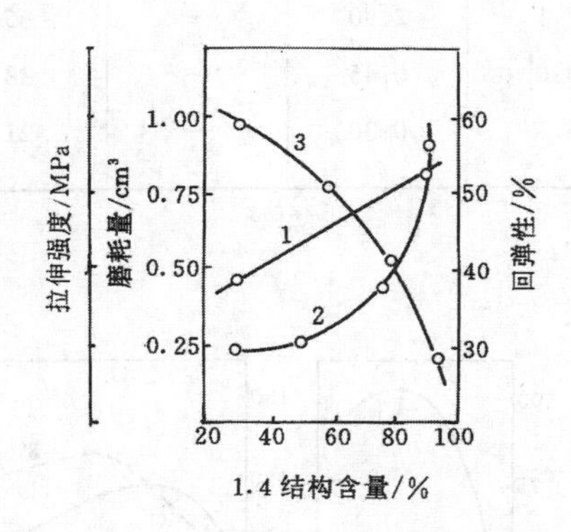

图 8－13　BR1，4－结构含量性能的影响

1—回弹率；2—拉伸强度；3—磨耗量

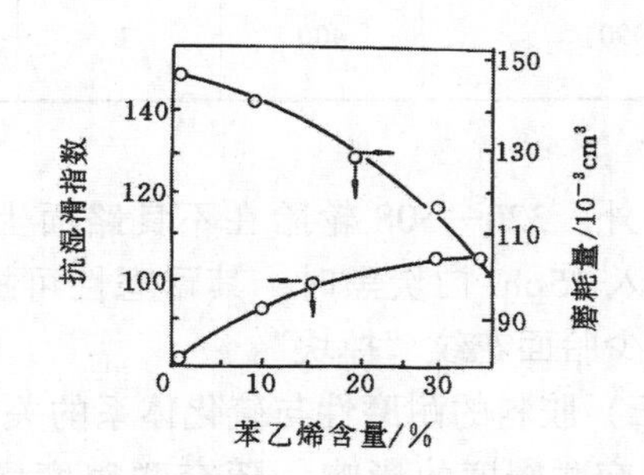

图 8－14　苯乙烯含量与耐磨性的关系

填充补强剂的品种、用量和分散程度对橡胶的耐磨性都有很大的影响。耐磨性与结合胶含量有直接关系，凡是能使结合橡胶增加的因素，均对耐磨性有利。所以随着炭黑比表面积增加，结构性提高和分散度提高，耐磨性都会随之提高。在良好的使用条件下，炭黑的分散性对胶料的磨耗性影响最大；在苛刻的条件下炭黑的结构性影响显著。一般说来，胶料的耐磨性都受炭黑分散度的影响。填充高耐磨炭黑的胶料耐磨耗性比槽黑高 10％左右，比中超耐磨炭黑低 10％～20％，且中超耐磨炭黑的耐磨耗性在环境温度较高和苛刻条件的试验中尤为突出。不同炭黑对胎面胶耐磨耗性的影响见表 8－9。

随炭黑用量增加，耐磨性有一最佳值，见图 8－15。最佳用量因胶种、炭黑类型、制品类型而异。研究结果表明，在天然橡胶或丁苯橡胶中，一般选用 50～60phr 炭黑，5～7phr 油为宜，用量过高，耐磨性会有所下降。在顺丁橡胶中把 ISAF 炭黑用量从 45phr 提高 60～70phr，把油从 5phr 提高到 15～20phr 时，胶料的耐磨性提高。以顺丁橡胶为主的胶料，高填充胶料的耐磨性优于低填充胶料。在 BR 与 SBR 并用胶料中，炭黑用量接近 80phr 时，耐磨性达最大值。

表 8-9　炭黑品种和性质对胎面胶耐磨耗性的影响

炭黑品种	炭黑的物理化学性质					轮胎的相对耐磨性/%	
	平均粒径/nm	比表面积/(m^2/g)	氧含量/%	pH值	吸油值/(cm^3/g)	NR	SBR
SAF(N 110)	23	136	1.6	9.3	1.25	123	127
ISAF(N 220)	25	115	1.0	9.1	1.20	110	119
HAF(N 330)	32	86	0.6	9.2	1.05	100	100
FEF(N 550)	46	50	—	9.0	1.20	72	75
可混槽黑(S 300)	26	120	3.8	4.4	1.05	92	90
易混槽黑(S 301)	29	110	3.8	4.8	1.05	90	87
GPF(N 660)	98	32	0.4	9.9	1.10	—	70
高定伸炉黑(N 601)	95	33	0.4	10.0	1.05	63	70
SRF(N 760)	160	23	0.6	9.9	0.75	42	50
乙炔炭黑(ATT-70)	40	60	0.2	7.1	2.90	—	65
FT(N 880)	200	17	0.25	9.0	0.45	—	38
MT(N 990)	400	8	0.10	8.5	0.30	—	21

另外，320—508 轮胎在不良路面上的试验表明，加入 15phr 白炭黑时，其耐磨性可提高 7%且可以减少胎面花纹“掉块”。

（三）胶料的耐磨性与硫化体系的关系

1. 交联密度的影响　随交联密度增加，耐磨性有一个最佳值，最佳值时的硫黄用量，与炭黑的结构度有关，最佳硫黄用量随炭黑结构度提高而降低，见图 8-16。因为炭黑的结构度提高时，胶料的刚度就会增加，为了保持刚度的最佳值，则需降低由硫化体系所提供的刚度，适当的降低交联密度，减少硫黄用量，以保持耐磨性的最佳刚度值。

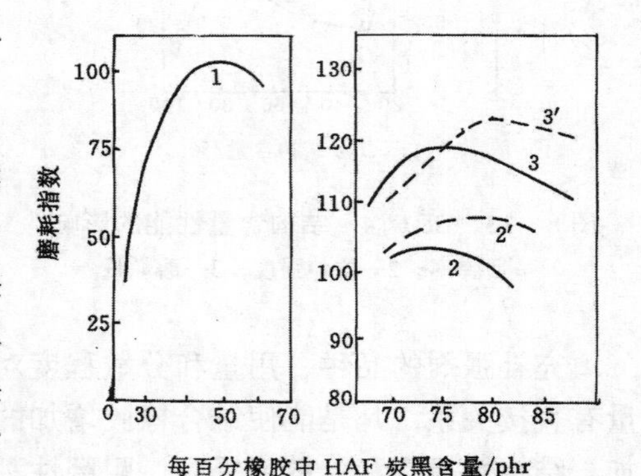

图 8-15　SBR、BR 耐磨性与炭黑用量的关系

1—SBR 1500；2—SBR 1712，良好的使用条件；3—BR，良好的使用条件；2′—SBR 1712，苛刻的使用条件；3′—BR，苛刻的使用条件

以不饱和橡胶为基础的胶料，如用快速密炼机混炼时最佳混炼温度为 140～150℃，而饱和橡胶可在 160～180℃ 下混炼。在混炼后期提高温度，能增强生胶与炭黑的相互作用，改善胶料的弹性，提高耐磨性，尤其是饱和橡胶的耐磨性。若将混炼时间缩短到低于最佳时间时，耐磨性会降低。胎面胶的耐磨性随硫化压力的提高而提高，随硫化温度的升高而降低，见图 8-17。使用结果也表明，用 5MPa 压力硫化的 260—20 子午线轮胎与用 2MPa 硫化的轮胎相比，其耐磨性提高 10%～20%以上。

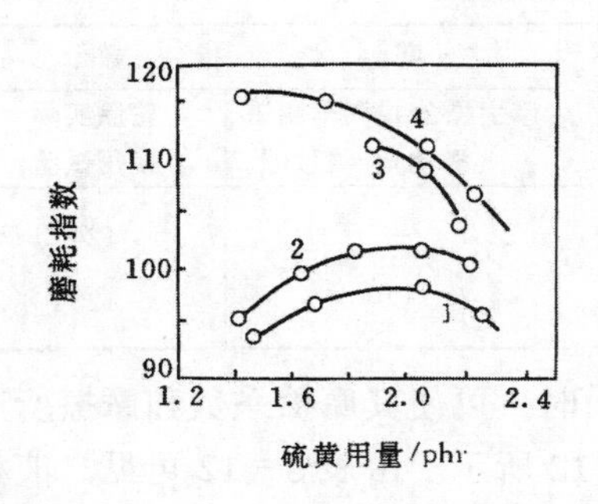

图 8-16 使用不同结构度炭黑的胎面胶的耐磨性与硫黄用量的关系

炭黑吸油值：1—1.00cm³/g；2—1.25cm³/g；3—1.35cm³/g；4—1.50cm³/g

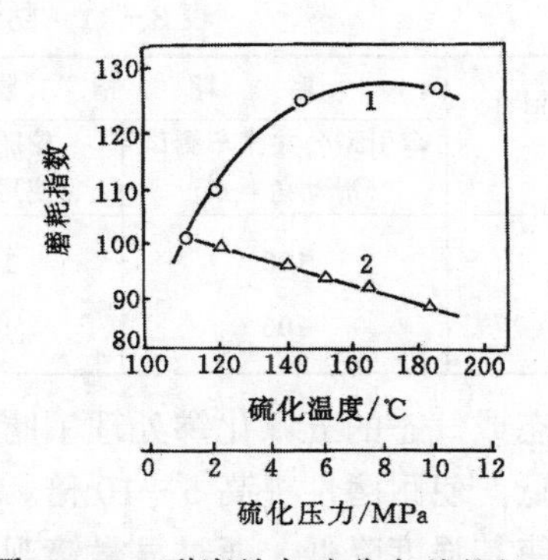

图 8-17 耐磨性与硫化条件的关系

1—硫化压力；2—硫化温度

2. 与交联键类型的关系　轮胎实际使用试验证明，硫化后生成单硫键可提高轮胎在光滑路面上的耐磨性，见表 8-10。

对耐磨性与硫化胶交联键类型的关系仍有待于进一步的研究。一般 S+CZ 体系可获得较好的耐磨性。以天然橡胶为主的胶料，硫黄用量为 1.8～2.5phr，顺丁橡胶为主的胶料硫黄用量为 1.5～1.8phr。最常用的硫化体系是以 CZ 为主促进剂与辅促进剂（TMTD、D、DM）并用。

表 8-10　轮胎耐磨耗性与交联键类型的关系

硫化体系（交联密度一定）	单硫键含量/%		耐磨耗指数（滑动角=1°）	
	NR	SBR	NR	SBR
CBS/S=0.6/0.25	10	30	100	100
CBS/S=1.3/2.0	10	30	103	104
CBS/S=5.0/0.5	50	55	135	127
TMTD=3.8	50	90	162	142

（四）防护体系与耐磨性的关系

使用防老剂提高耐磨性，特别是在疲劳磨耗的条件下尤为重要。当前比较有效的和广泛应用的防老剂有防老剂有 AW、4010NA、防老剂 H、防老剂 D、BLE、防老剂 A 等，以及它们的并用。在胎面胶中化学防老剂总量为 2.0～3.0phr，在胎侧胶中为 3.0～4.0phr。在胎面胶中还可加 0.5～2.0phr 微晶蜡，如使用 4010NA 1phr，AW 2phr、微晶蜡 2phr 的并用体系，效果较好。此外，能与橡胶主链呈结合状态的反应性防老剂，如 4-亚硝基二苯胺(NDPA)，用于天然橡胶中，耐磨性可提高 15%～20%，是较为理想的防老剂。

轮胎实际使用试验证明了适当增加防老剂用量，可提高轮胎在光滑路面上的耐磨性（见表 8-11）。

（五）改进橡胶耐磨性的其他方法

1. 表面处理法　使用液态或气态的五氟化锑或盐酸、氯气对丁腈橡胶进行表面处理，可以降低橡胶制品的摩擦系数，提高制品的耐磨性。例如，将丁腈橡胶硫化胶板浸入 0.4%

溴化钾和0.8%$(NH_4)_2SO_4$组成的水溶液中，经10min就能获得摩擦系数比原胶板低50%的耐磨胶板。

表 8－11　防老剂用量对轮胎耐磨性的影响

防老剂用量/%	磨耗指数		防老剂用量/%	磨耗指数	
	牵引型公共汽车测试（滑动角＝1°）	轮胎实际使用试验		牵引型公共汽车测试（滑动角＝1°）	轮胎实际使用试验
0	100	100	0.8	—	124
0.4	106	111	1.6	129	120

用液态或气态的五氟化锑处理丁腈橡胶硫化胶的表面时，可使其摩擦系数和摩擦所产生的温度降低，使耐磨性提高5～10倍。试验结果如表8－12所示。由表8－12可见，液相氟化时，会使其强度降低，通过显微镜观察橡胶表面发现，液相氟化时，橡胶表面稍受破坏。而气相氟化时橡胶表面基本不破坏，故气相氟化处理更有助于增加耐磨性。显微镜研究表明，气相氟化时，橡胶表面虽然未破坏，但在表面上出现均匀分布的微小凸起。此外，气相法消耗的五氟化锑量也少，且不影响其他物性。

表 8－12　在液相、气相中氟化的橡胶特性

橡胶类型		橡胶表面	摩擦系数 f	摩擦温度/℃	拉伸强度/MPa	伸长率/%
液相气化	丁腈－26	氟　化	0.6	80	111	190
	丁腈－26	未氟化	1.2	200	132	250
	丁腈－40	氟　化	0.5	82	130	205
	丁腈－40	未氟化	1.5	210	150	240
气相氟化	丁腈－26	氟　化	0.45	78	120	220
	丁腈－26	未氟化	1.2	200	126	220
	丁腈－40	氟　化	0.43	80	145	260
	丁腈－40	未氟化	1.48	210	150	250

2．采用橡胶和塑料共混的方法　例如，用丁腈橡胶和聚氯乙烯共混制造的纺织皮辊，其耐磨性可比单一的丁腈胶料提高7～10倍（见表8－13）。

表 8－13　NBR/PVC共混胶料与丁腈胶性能比较

性　能	NBR/PVC共混胶料	丁腈胶料	性　能	NBR/PVC共混胶料	丁腈胶料
拉伸强度/MPa	19.4	15.7	撕裂强度/(kN/m)	46	38
300%定伸应力/MPa	18.4	3.6	磨耗量/cm^3	0.056	0.587

3．用硅烷偶联剂及其它表面活性剂改性填料　经硅烷偶联剂和表面活性剂处理后白色填料与橡胶大分子之间的相互作用能力增强。例如，用硫醇基硅烷偶联剂处理的陶土用于乙丙橡胶很有效。用硅烷偶联剂对白炭黑进行表面处理，用于丁腈橡胶、硅橡胶对改善其耐磨性也很有效。其他表面活性剂，如硬脂酸、低分子量高聚物都能提高耐磨性。据报道，加入少量(0.4～1.0phr)N－4－二亚硝基－N′－二甲基胺或N－2－甲基－2－硝基丙基－4－硝基苯

胶，可增加炭黑－橡胶凝胶含量，提高定伸应力和耐磨性。

4．使用新型橡胶　据报道，采用环戊烯开环聚合方法制得的1，5－反式聚戊烯橡胶，耐磨性很优越。

5．用新型硫化体系　据报道，用丙烯酰胺硫化的胶料，硫化特性好，安全性高，硫化速度快，硫化胶的耐疲劳和耐热性有所提高，耐磨性较好。

五、配合体系与疲劳破坏的关系

当橡胶受到反复交变应力（或应变）作用时，材料的结构或性能发生变化的现象叫疲劳。随着疲劳过程的进行，导致材料破坏的现象称为疲劳破坏，二者不能等同。

图8－18和图8－19为炭黑填充的天然橡胶硫化胶在一定负荷下发生多次伸长变形时物理性能的变化。由图可见，随着疲劳过程的发展，拉伸强度先是上升，经过极大值后趋于下降，而撕裂强度、动态模量 E' 和损耗角正切 $tg\delta$ 则是先减小，经极小值后转而增大。各种性能在疲劳过程中都发生了变化，导致物理性能变化的原因在于疲劳引起了结构的变化。

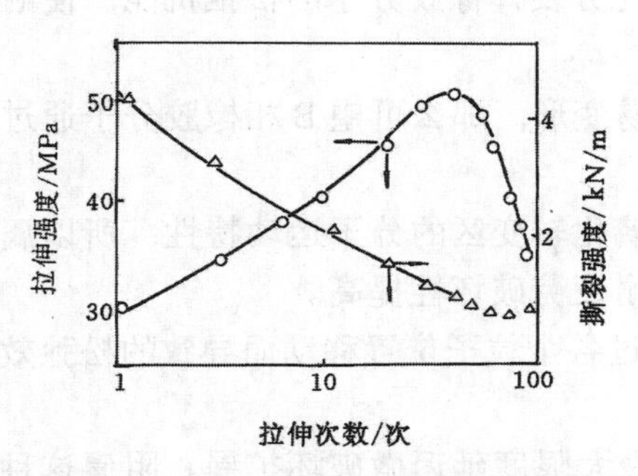

图8－18　拉伸次数与拉伸强度和撕裂强度的关系

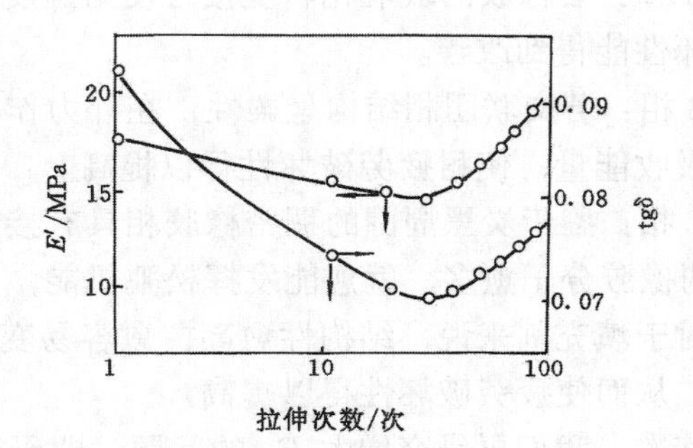

图8－19　拉伸次数与动态模量和 $tg\delta$ 的关系

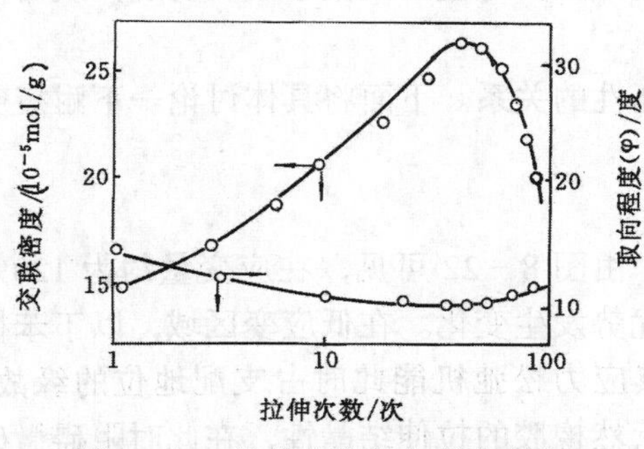

图8－20　拉伸次数与交联密度和取向行为的关系

由图8－20可以看出，橡胶在多次拉伸疲劳过程中其结构的变化。这些结构与性能的变化对某些产品来说虽然很重要，但其测量繁琐，难度较大。对大多数产品而言，特别是轮胎，由龟裂和完全破裂显示的疲劳破坏是主要方面，因此我们将以疲劳破坏为主讨论与其相关的配方设计问题。

破坏的机理可能包括热降解、氧化、臭氧侵蚀以及通过裂纹扩展等方式破坏。疲劳破坏严格说来是一种力学和力化学的综合过程。橡胶在往复形变下，材料中产生的应力松弛过程在形变周期内来不及完成，结果内部产生的应力不能均匀地分散，便可能集中在某些缺陷处（如裂纹、弱键等），从而引起断裂破坏。此外，由于橡胶是一种粘弹性高聚物，它的形变包括可逆形变和不可逆形变，在周期形变中不可逆形变产生滞后损失，这部分能量转化为热能，使材料内部温度升高，高分子材料的强度一般都随温度上升而下降，从而导致橡胶的疲劳寿命缩短。总之，橡胶的疲劳破坏不单纯是力学疲劳破坏，往往也伴随有热疲劳破坏。

在分析橡胶疲劳破坏时可以认为，由多次拉伸所施加的能量，初期消耗于微破坏及其周缘处集中应力的松弛，经一定时间后消耗于以破坏中心为起点的微破坏的扩展，最后达到疲劳破坏。若设前一种形态消耗的能量为 E_A，后一种形态消耗的能量为 E_B，那么橡胶达到疲劳破坏时所需要的总能量 E 为：

$$E = E_A + E_B$$

E_A 和 E_B 的大小随疲劳破坏的条件不同而异。要想提高橡胶的耐疲劳破坏性能，就应提高 E 值。可以考虑通过两条途径来达到此目的：一是增加 E_A，亦即使橡胶在疲劳过程中保持只发生微破坏并在微破坏边缘产生集中应力松弛这种机能，二是增加 E_B，亦即使橡胶在疲劳破坏过程中，最大限度地延迟由破坏中心出发最终导致材料整体破坏的微破坏扩展。

首先，分析一下提高 E_A 的问题。硫化胶的松弛大体分为二个方面，一是橡胶分子本身的松弛特性，在玻璃化转变区表现为最大，二是能量发散机理，即分布于橡胶基质中的填充剂和交联部分，在力的作用下会发生位置的移动。我们可以把橡胶分子松弛机理与硫化胶的微观结构（见图 8－21）联系起来：

A 相：若橡胶的玻璃化转变接近使用温度，则可充分发挥橡胶分子的松弛机能，使耐疲劳破坏性能得到改善。

B 相：若交联团相结构呈柔性，在外力作用下容易变形，那么可望 B 相橡胶分子通过松弛而吸收能量，使耐疲劳破坏性得以提高。

C 相：鉴于炭黑周围的稠密橡胶相具有接近于玻璃化转变区的分子运动特性，所以属于 C 相的橡胶分子愈多，就愈能发挥松弛机能，从而使耐疲劳破坏性提高。

对于填充剂来说，结构性愈高，愈容易变形，通过各个粒子位置移动而导致的松弛效应愈大，从而使疲劳破坏性得以提高。

其次，我们再研究增大 E_B 的问题，即研究如何最大限度延迟微破坏扩展。阻碍这种微破坏扩展的原因有：①使集中于裂纹端部的应力发生松弛；②使橡胶分子沿垂直于微破坏进行的方向取向排列，来阻止微小裂纹扩展。当橡胶分子具有拉伸取向结晶时，处于应力集中部分的分子链数增加，使得每条橡胶分子链上的负担减轻，可望阻止微小裂纹发展，从而使耐疲劳破坏性提高。

以上我们从理论上讨论了微观结构与耐疲劳破坏性的关系。下面将具体讨论一下耐疲劳破坏配方设计问题。

(一) 生胶结构与耐疲劳破坏性的关系

图 8－22 为天然橡胶和丁苯橡胶疲劳试验结果。由图 8－22 可见，在应变量约为 120% 时，天然橡胶和丁苯橡胶的耐疲劳破坏性能的相对优势发生变化。在低应变区域，以丁苯橡胶为优，这是因为丁苯橡胶的 T_g 高于天然橡胶，其应力松弛机能此时占支配地位的缘故；而在高应变区域，则以天然橡胶为优，其原因在于天然橡胶的拉伸结晶性，在此时阻碍微破坏扩展的因素占了支配地位。所以，在低应变条件下，T_g 愈高，耐疲劳破坏性愈好；在高应变疲劳下，具有拉伸结晶的橡胶耐疲劳破坏性能较高。图 8－23 表示 7 种橡胶耐疲劳破坏性能的比较。

(二) 硫化体系与耐疲劳破坏性能的关系

各种硫化体系的耐疲劳破坏性能见图 8－24。结果表明：在常温下以形成多硫键的传统硫化体系耐疲劳破坏寿命最长。在负荷一定的疲劳条件下，交联剂用量越大，每一条分子链上的负担相应减轻，因此增加交联剂用量，可提高耐疲劳破坏性。而应变一定的疲劳条件下，交联密度增大，会使每一条分子链上紧张度增大，此时减少交联剂用量方能使耐疲劳破

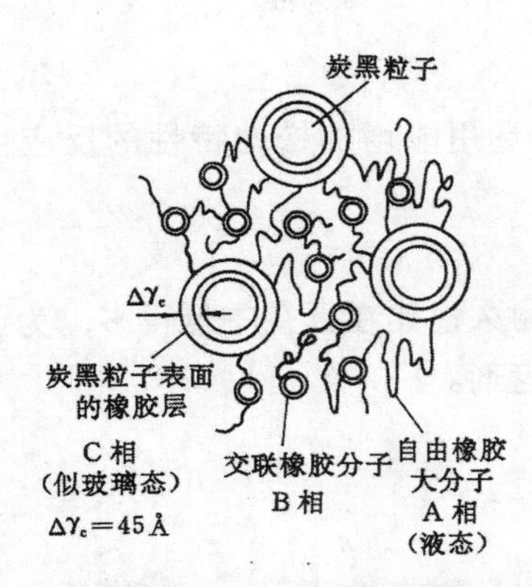

图 8-21 炭黑填充的硫化胶的非均质模型

A相—进行微布朗运动的橡胶分子链；

B相—交联团相；C相—被填料束缚的橡胶相

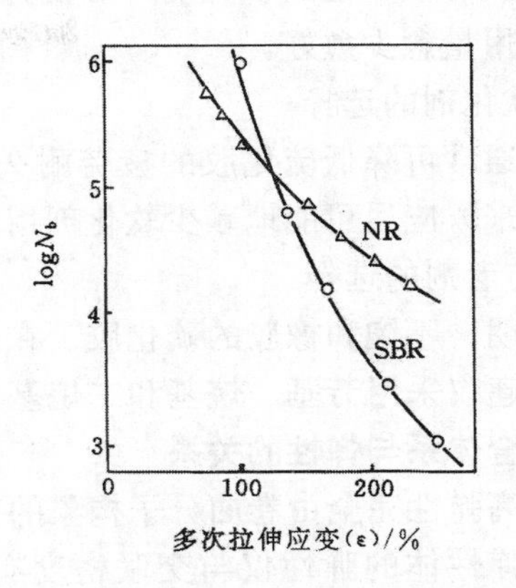

图 8-22 多次拉伸应变量与疲劳寿命（N_b）的关系

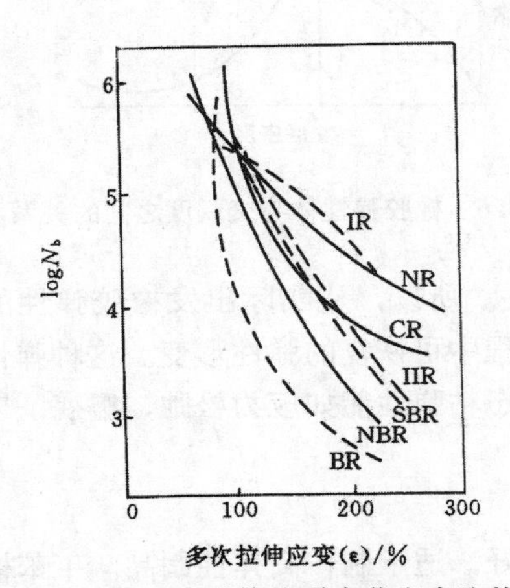

图 8-23 几种橡胶耐疲劳寿命比较

坏性提高。所以在选用耐疲劳寿命长的配方时，硫化体系一般可用 M、DM 做主促进剂，D 做辅促进剂，硫黄用量适当增大。

（三）填充体系与耐疲劳破坏性的关系

补强性好的炭黑结构性较高，耐疲劳破坏较好，故应优先选用高结构炭黑以提高耐疲劳破坏性。图 8-25 为炭黑用量与疲劳寿命的关系。可见，炭黑用量存在一个最佳值。由于炭黑加入橡胶后，一方面形成 C 相，且随炭黑用量增加 C 相量增加，对疲劳寿命有利；另一方面，随炭黑用量增加，交联密度也增大，当炭黑用量超过某一极限值时，材料基质 A 相（见图 8-21）的松弛机能下降，耐疲劳破坏性能变坏。在允许的用量范围内，负荷一定则应提高填充量，应变一定则应减少填充量。

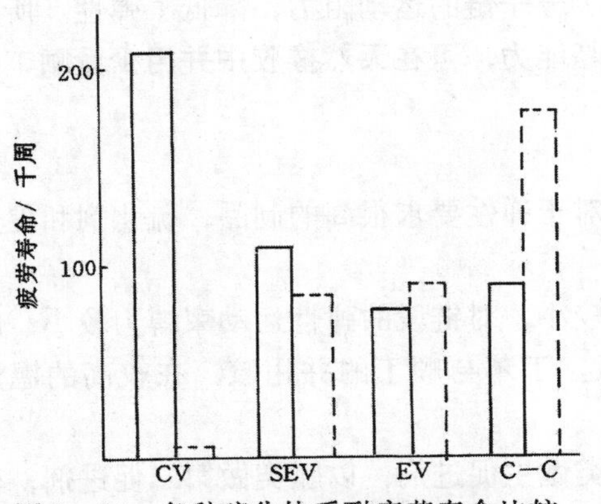

图 8-24 各种硫化体系耐疲劳寿命比较

------100℃老化 7 天

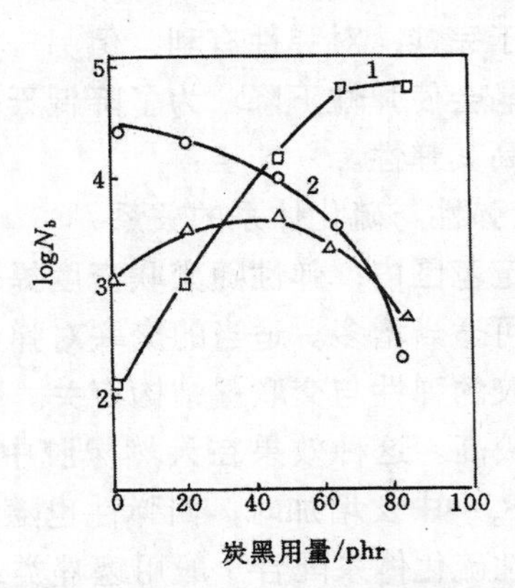

图 8-25 炭黑用量对疲劳寿命的影响

1—负荷一定的条件下；2—应变一定的条件下

对于与橡胶没有亲和性的填充剂，对疲劳破坏性有不利的影响，会助长微破坏发展，所以这种填充剂的用量愈少愈好。

（四）软化剂的选择

软化剂通常可降低硫化胶的疲劳耐久性，应尽可能选用能增加松弛特性的反应性软化剂。一般说来，应尽可能地减少软化剂用量。

（五）防老剂的选择

试验表明，不饱和橡胶的硫化胶，在空气中的疲劳耐久性比在真空中低得多，为了提高疲劳寿命，建议采用芳基、烷基和二烷基对苯二胺类防老剂。

六、配合体系与弹性的关系

橡胶的高弹性完全由卷曲分子构象的变化所致。理想弹性体的弹性仅与交联密度有关，在一定的交联度范围内弹性呈最大值。弹性随交联密度变化的情况如图8－26所示。然而实际橡胶与理想弹性体偏差很大。由于橡胶分子间存在相互作用和内旋转阻力，会妨碍分子链的运动，表现为粘性，因而作用于橡胶分子上的力一部分用于克服分子间的粘性阻力，另一部分使分子链变形。此二者构成橡胶的粘弹性。粘性与弹性的大小视橡胶的化学组成和结构不同而异，也与硫化胶中各种配合剂的相互作用有关。所以，从实际出发橡胶弹性的概念，实质上是根据橡胶的粘弹性质，讨论在橡胶形变过程中可恢复的弹性形变。这种弹性与硫化胶的回弹性，永久变形及伸长率有关，与橡胶的静态粘弹性能如应力松弛、蠕变，以及动态粘弹性能有关。

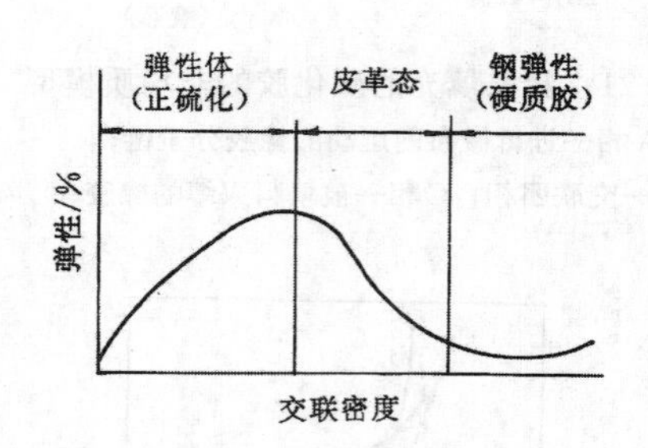

图8－26　橡胶弹性体与交联度之间的关系

（一）橡胶结构与弹性的关系

通用橡胶中的顺丁橡胶和天然橡胶，分子链柔顺性好，适于制作高弹性制品。丁苯橡胶和丁基橡胶由于存在较大的空间位阻效应故弹性较差。丁腈、氯丁等极性橡胶由于分子间的作用力较大，而使弹性有所降低。

对于结晶性橡胶，拉伸条件下易产生动态结晶。结晶的存在一方面可作为物理结点使弹性网络趋于完善，对弹性有利，但另一方面是增加了分子链的运动阻力，降低了弹性。所以一般讲结晶会使弹性下降。为了降低天然橡胶的结晶能力，可在天然橡胶中并用少量顺丁橡胶，以提高其弹性。

（二）弹性与硫化体系的关系

在一定范围内，弹性随交联密度提高而增加。对于弹性要求很高的制品，硫化剂和促进剂的用量可适当增多。适当的交联对弹性有利。

硫化胶的弹性与交联键结构有关。多硫键键能较小，对链段的弹性运动束缚力较小，因而回弹性较高。这种效果在天然橡胶中影响最明显。丁苯与顺丁的并用胶，在较高的温度下，当—S_x—中 x 增加时，回弹性也随之提高。

高弹性硫化体系配合一般用噻唑类或次磺酰胺类做主促进剂，以胍类做第二促进剂，硫化胶的物理机械性能较好，回弹性高。在硫化体系中配入 TMTD，可提高制品的硫化程度，使弹性有所改善。

(三) 弹性与填充体系的关系

橡胶制品的弹性是完全由高分子组分所提供的，所以提高含胶率是提高弹性最直接和行之有效的方法。某些高弹性制品的含胶率可达 75％以上，远高于其他制品。但是从降低成本方面考虑，还应选用适当的填充剂。

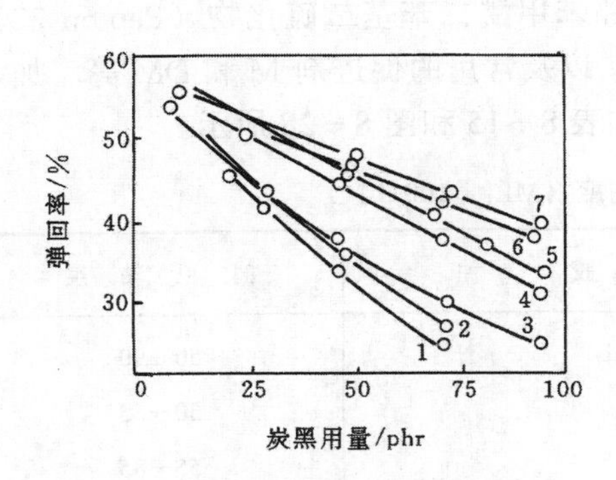

图 8－27　炭黑对丁腈胶料回弹性的影响

1—槽法炭黑；2—高耐磨炭黑；3—快压出炭黑；4—油炉法半补强炭黑；5—喷雾炭黑；6—气炉法半补强炭黑；7—热裂法炭黑

由于结构性高的填料会形成吸留胶结构，相当于减少了橡胶分子的有效体积分数，所以填充高结构炭黑对弹性损失最大。常用炭黑对回弹性的影响如图 8－27 所示。试验结果表明，在丁腈橡胶中，粒径较大的热裂法炭黑有较好的弹性。

七、配合体系与扯断伸长率的关系

橡胶分子的柔顺强，弹性变形能力大，伸长率就高。另外，在形变后胶料易产生塑性流动的也会有较高的伸长率。提高扯断伸长率首先要考虑提高它的弹性伸长能力，从而获得高伸长率、低永久变形的制品。

要想使制品真正获得高伸长率，则必须要求其具有较高的拉伸强度，以保证在形变过程中不因强度不够而导致破坏。所以具有高的拉伸强度是实现高伸长的必要条件。

天然橡胶最适合制造高伸长率的制品，而且含胶率越高，扯断伸长率越大。含胶率达到 80％左右时，伸长率可高达 1300％。使用氯丁橡胶、丁基橡胶也能得到较好的伸长率。

扯断伸长率随交联密度增加而降低。对伸长率要求很高的制品（如橡胶丝），交联密度不宜过大。

降低硫黄用量、增加软化剂用量也可以获得伸长率较大的橡胶制品。

伸长率随炭黑用量而降低，炭黑的结构性增高，可使扯断伸长率下降，炭黑的粒径影响不明显。

第二节　配合体系与胶料工艺性能的关系

一、未硫化胶的粘度

生胶或混炼胶的粘度，可表征半成品在硫化之前的成型性能，它影响生产效率和成品质量。保证适宜的粘度对混炼、压出和压延等工艺至关重要。例如粘度过高的胶料使充满注压模型的时间加长，容易引起焦烧。而粘度过小，则容易使制品出现缺陷。因此适宜的粘度是进行混炼、压延、压出等加工的基本条件。各种生胶都具有一定的门尼粘度值，大多数合成橡胶和低粘、恒粘的 NR，ML_{1+4}100℃一般在 50～60。烟片、绉片等天然橡胶的门尼粘度值 较高，一般在 90 左右，必须先经塑炼加工使其粘度降低至 60 以下才能进行混炼。各种生胶的门尼粘度如表 8－14 所示。一般门尼粘度大于 60 的生胶要进行塑炼，添加大量填料或要求可塑性很大的胶料（如胶浆胶料），要选择门尼粘度低的品级，反之如要求胶料半成品挺性好，则应选择门尼粘度较高的生胶。

生胶的粘度可通过塑炼使其降低，一般天然橡胶需塑炼，有时需二段或三段乃至更高段数的塑炼。与天然橡胶相比合成橡胶不易取得可塑性，但适当塑炼能使合成橡胶的粘度适度下降。

配方中加入塑解剂是提高塑炼效果、调整粘度、降低能耗的常用方法。低温塑炼用的化学塑解剂主要有β-萘硫酚、二苯酰-硫化物、二邻苯甲酰二苯基二硫化物（Pepton 22）、五氯硫酚（Renacit Ⅴ）、五氯硫酚锌盐（Renacit Ⅳ）以及常用的促进剂M和DM等。加入少量塑解剂后，粘度降低效果便很明显，试验结果如表8-15和图8-28所示。

表8-14　各种生胶的初始门尼粘度（ML_{1+4}100℃）

胶　　种	门尼粘度	胶　　种	门尼粘度
烟片　绉片	90左右	EPDM	50～90
SMR（低粘、恒粘）	50～60	CSM	30～55
IR	55～90	ECO	55～85
SBR	30～60	ACM	45～60
BR	35～55	PU（混炼型）	30～100
CR	20～90	FPM	65～180
NBR	40～100	MVQ	粘流体
IIR	38～75	T	25～50（或粘流体）

表8-15　促进剂M、DM对天然橡胶的塑解效果

类　别	促进剂用量 /phr	薄通		辊温 /℃	辊距 /mm	容量 /kg	可塑度
		分	次				
普通塑炼	0	11	15	50±5	1.2	50	0.20
促进剂M	0.4	11	15	65±5	1.2	50	0.31
促进剂DM	0.7	11	15	65±5	1.2	50	0.25

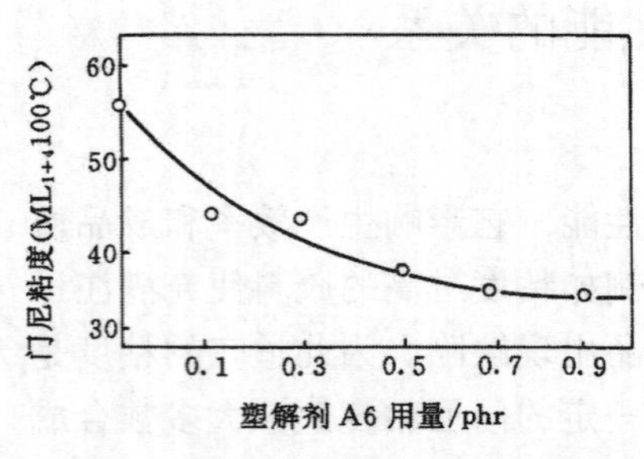

图8-28　A86对天然橡胶塑炼胶门尼粘度的影响
（A86为德国迪高沙公司生产的塑解剂）

由表8-15可见，加入0.4phr促进剂M有较好的效果，但化学塑解剂的效果还明显优于M。表8-16所示的试验结果表明，在相同的塑炼条件下，A86比促进剂M的塑解效果更明显。

表8-16　A86与促进剂M塑解效果比较（NR中）

粘　度	A86（0.4phr）	促进剂M（0.4phr）
门尼粘度（ML_{1+4}100℃）	37	43

雷那西（Renacit）系列的塑解剂塑解效率更高，在天然橡胶中的常用量为0.05～0.2。表8-17列出了雷那西-Ⅴ的用量对可塑度的影响。

一般，化学塑解剂可以并用，如雷那西-Ⅴ（0.06phr）与二邻苯甲酰氨基二苯基二硫

表 8-17　雷那西-V 用量对可塑度的影响

塑解剂用量/phr	可塑度（威）	塑解剂用量/phr	可塑度（威）
0	0.347	0.3	0.495
0.10	0.453	0.5	0.500
0.15	0.498	0.7	0.570
0.20	0.513		

化物锌盐（0.04phr）并用，可以产生协同效应，而氧化锌、硬脂酸与雷那西-V 并用时降低塑炼效果。

温度对化学塑解剂的作用效果有重要影响，塑炼效果随温度升高而增大。

应该注意的是，某些合成胶采用高温塑炼时，会产生凝胶现象。例如，丁苯橡胶在150℃以上时，降解的同时会发生交联反应，温度再升高，交联占优势，从而引起粘度增大，到 170℃时，产生严重的凝胶倾向。低顺式顺丁橡胶和硫调型氯丁橡胶在高温下都有产生凝胶的倾向。在进行配方设计时，应选用适当的助剂加以抑制。亚硝基-2-萘酚有防止丁苯橡胶产生凝胶的作用，对氯丁橡胶来说，雷那西和 DM 也有防止产生凝胶的作用。

加入软化剂一般都能使胶料的粘度降低。加入少量的聚乙烯、聚丙烯、聚苯乙烯和聚氯乙烯时，胶料的粘度和挺性增加，收缩率降低、压出半成品的质量提高。炭黑的用量、粒径和结构对粘度有明显的影响，其中结构性影响最大。各种填料对粘度增加的作用顺序为：槽法炭黑＞乙炔炭黑＞陶土＞氧化镁＞炉法炭黑＞硫酸钡＞氧化锌＞碳酸钙＞热裂法炭黑。随着填料用量增加，胶料的粘度也相应地增加。

二、配合体系对混炼特性的影响

混炼性是指配合剂是否容易混入橡胶中以及是否容易分散。各种配合剂的混炼性主要取决于它对于橡胶的互溶性或浸润性。

橡胶与配合剂之间的浸润性即取决于配合剂本身的性质，也与橡胶的性质密切相关。一般说，有机配合剂（如促进剂、防老剂、软化剂等）都能与橡胶部分互溶，因此它们一般比较容易分散于橡胶之中，在橡胶中氧化锌是一种难分散的配合剂，其原因主要是它在混炼时与生胶一样带负电荷，两相排斥。使用经硬脂酸处理过的活性氧化锌有助于解决这一问题。由于氧化锌成本较高，工艺性能也不甚好，因此在配方设计时，应尽可能降低氧化锌的用量，尤其合成橡胶中，氧化锌用量减少至 3 份，一般不会损失制品性能。活性氧化锌用量还可少些。

填充剂对混炼特性影响很大。根据填充剂的表面特征，可将其分为两类。一类是疏水性填料，如炭黑等，这类填料，易被橡胶所浸润，因此容易混入及分散在橡胶中，混炼性较好。当然其分散程度也与粒子大小、结构性等有关。另一类是亲水性的填料，如碳酸钙、硫酸钡、陶土、氧化锌、氧化镁、白炭黑等，这些填料的粒子表面特性与橡胶不同，橡胶-填料界面间的亲合力小，不易被橡胶浸润，因此混炼时较难分散，但由于这类填料除白炭黑外，粒径大而结构性很低，故混入速度仍较快。

为了获得良好的混炼效果，使亲水性填料也能在橡胶中较好地分散，可以对这类填料的表面进行化学改性，以提高其与橡胶大分子间的亲和性。常用的表面活性剂有硬脂酸、高级醇、含氮化合物、某些齐聚物等。例如，用二甘醇、三乙醇胺、硅烷偶联剂对白炭黑表面改性，可有效的改善其混炼特性。用硬脂酸、钛酸酯偶联剂、含氮化合物和某些齐聚物对碳酸钙进行表面处理也可以明显改善其混炼特性和其他工艺性能。因为这些表面活性剂在混炼胶中能提高橡胶对改性填料粒子表面的浸润性，有利于配合剂的分散，因而也提高了对橡胶的补强效果。目前应用表面活性剂改性的亲水性填料如碳酸钙、陶土、白炭黑等已取得较好的效果。

炭黑的表面易被橡胶湿润，在填充量不很高的情况下，炭黑的混入和分散性都很好。但是炭黑的粒径小，结构性高，混炼时生热很大，在高填充量下混入困难。因此在设计含胶率较低的配方时，要适当配用粒径较大的填料，以使上述情况得以改善。

在常用的浅色填料中，碳酸钙和陶土的工艺性能较好，在填充量高达200份时也能很快吃粉。白炭黑的工艺性能则较差，它的视密度小，混炼时易飞扬，难混入，在混炼时易产生“结构化”而使胶料变硬，故其用量不宜太多。减小白炭黑用量，胶料的混炼特性会变得好些。

加入软化剂可以改善填料的混炼特性。在有油存在的情况下，填料容易混入，但对填料分散不利，因此原则上是在混炼后期加油。橡胶对油的吸收速度也是混炼过程的重要问题。油在胶料中分散速度与油的组成、粘度、混炼条件（特别是混炼温度）以及生胶的结构等因素有密切关系。图8－29为油的粘度比重常数（VGC）和分子量对吸油时间的影响。试验结果表明，吸油时间随VGC值增大及油的分子量减小而缩短。石蜡烃油吸油速度最慢，而芳香烃油吸油速度最快。油的VGC值与它的化学组成有关，增大油的芳香烃或脂肪烃的含量，可使VGC值增加。在天然橡胶、丁苯橡胶、顺丁橡胶及氯丁橡胶中，环烷油和芳烃油工艺性能较好。

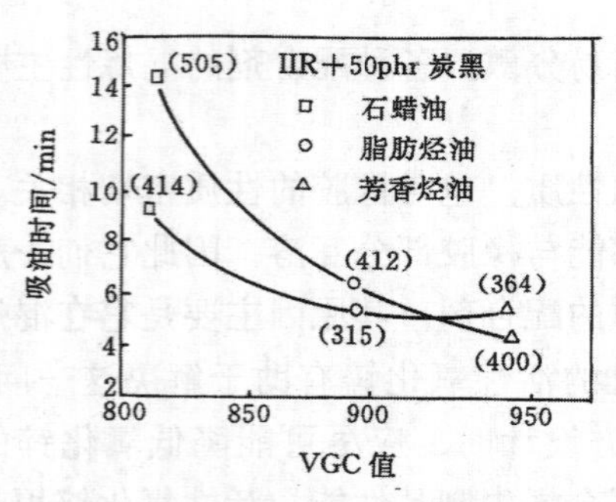

图8－29　油的VGC值及分子量对吸油速度的影响

（括号中的数值为油的分子量）

三、炼胶时的包辊性

包辊性是胶料在辊筒上的重要加工性能。当胶料能紧密地平整地包在辊筒上，且具有适当的塑性，这样配合剂才能较好的分散在胶中，若胶料在辊筒上出兜、破边、粘辊乃至呈现破棉絮状，就很难使配合剂分散好。

影响包辊性的重要配合要素是生胶品种，其次是配合剂。要求胶料要具备适当的弹性、塑性比例。通常分子量及其分布有重要影响，天然橡胶有最好的包辊性；而乳聚的合成橡胶次之；溶聚的，特别是分子量分布宽的较差。

一般认为生胶的强度高，加工中表现出有足够的弹性，在加工条件下易实现适当的弹塑比例。所以较高的生胶强度有利于包辊性，生胶的自粘性好也有利于包辊性。图8－30表示生胶的屈服强度与粘度〔η〕的关系。研究表明，橡胶中高分子量级分对生胶强度贡献较大。

具有自补强作用的结晶橡胶，如NR、CR的包辊性较好。能够增加混炼胶强度的填料，如炭黑、白炭黑，对包辊性有利，而氧化锌等使混炼胶强度降低。图8－31表示各种炭黑对异戊橡胶和天然橡胶混炼胶强度的影响。试验结果表明，加入炭黑后生胶强度均有所提高，但对天然橡胶的作用比对异戊橡胶的作用大得多。改善合成橡胶包辊性的有效方法是并用少量天然橡胶，以提高混炼胶的强度。特别是纯顺丁橡胶或异戊橡胶的加工性能较差，并用少量天然橡胶对改善其包辊性有利。

配方中加入滑石粉会使胶料产生脱辊倾向。硬脂酸、硬脂酸盐、蜡类等软化剂也容易使胶料脱辊。相反，有些助剂可以提高胶料的粘着性，如高芳烃的操作油、松焦油、树脂、古马隆树脂和烷基酚醛树脂等，可以提高包辊性。

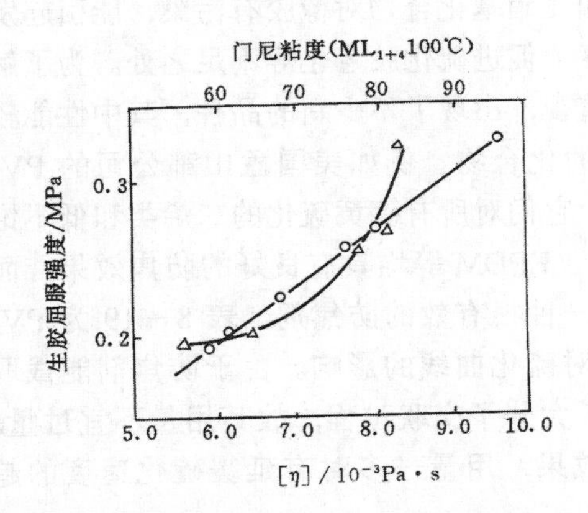

图 8-30 生胶屈服强度与特性粘度和门尼粘度的关系

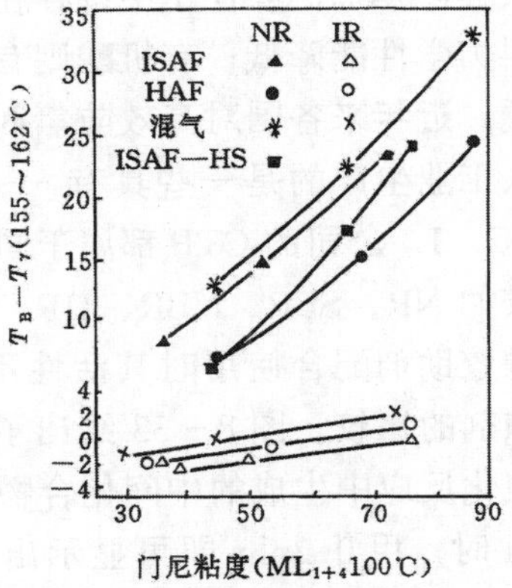

图 8-31 炭黑对混炼胶强度的影响（T_B-T_Y为断裂强度与屈服强度之差）

四、防焦烧性的配合特点

混炼胶在存放过程或操作过程中产生早期硫化的现象称为焦烧。从配方设计方面考虑，导致焦烧现象的原因主要是由于硫化体系选择不当所致。因此为使胶料取得足够的加工安全性，在配方设计上要尽量选用后效性或临界温度较高的促进剂，也可添加防焦剂进一步改善。

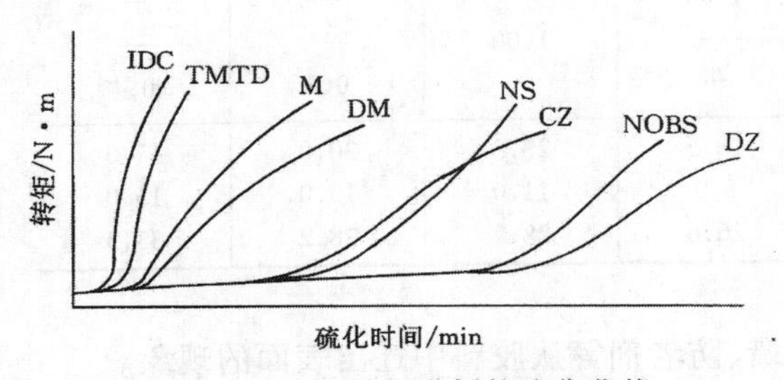

图 8-32 几种促进剂的硫化曲线

选择硫化体系时，首先应考虑促进剂本身的焦烧性能。几种促进剂的硫化曲线如图 8-32 所示。次磺酰胺类促进剂具有焦烧时间长，硫化速度快的优点，是保证加工安全的较优的促进剂。常用的次磺酰胺促进剂有 CZ、NOBS、DZ、DIBS 等，其中以 DZ 和 DIBS 抗焦烧性最优，它们常在胎面胶中使用。单独使用次磺酰胺类促进剂时，其用量约为 0.7phr 左右。除次磺酰胺类促进剂之外，促进剂 DM 的抗焦烧性能尚可。在实际的橡胶配方中，硫化体系多用两种或两种以上促进剂的并用体系。表 8-18 介绍几种在 SBR 中使用抗焦烧性能较好的促进剂并用体系的用量范围。其他胶种可斟情增减。表中第一种并用形式的抗焦烧性能最好，其他依次排列。

表 8-18 促进剂并用体系用量

	促进剂品种	用　　量	S
1	CZ (NS) (NOBS) /D (H)	0.6~1.2/0.3~0.5	1.5~2.0
2	CZ (NS) (NOBS) /TT (PZ)	0.6~1.2/0.3~0.5	1.5~2.0
3	DM/D (H)	1.25~1.5/0.5~1.0	1.5~2.0
4	DM/TT (PZ)	1.25~1.5/0.2~0.6	1.5~2.0

填料的 pH 值对焦烧性有影响，酸性填料如槽法炭黑，具有延迟硫化的作用，一般不易引起焦烧。炉法炭黑呈碱性，具有促进硫化作用容易引起焦烧。此外，结构性高的炭黑也易引起焦烧。加入软化剂一般都有延迟焦烧的作用。增加软化剂用量，可以改善抗焦烧性，但许多带

有—OH、—NH_2 等基团的表面活性剂会使焦烧性变差，使用时应加以重视。

使用防焦剂是提高胶料加工安全性最有效的手段之一。通用橡胶常用的防焦剂有苯甲酸、邻苯二甲酸酐、邻羟基苯甲酸（水扬酸）、*N*－亚硝基二苯胺等。长期使用的亚硝基化合物和有机酸类防焦剂，在使用中都存在一些问题。如亚硝基化合物对橡胶有污染，能引起发泡，使胶料力学性能降低；有机酸则有降低硫化速度，促进硫化胶老化等不足之处。为了解决这些问题，近年来各国对高效防焦剂的研究比较重视，出现了不少新的品种，其中性能较好并已投入工业生产的是一些具有 —S—N< 结构的化合物。例如美国孟山都公司的 PVI 与英国 I. C. I. 公司的 CTP 都属于同一种防焦剂，它们对所有硫黄硫化的二烯类和低不饱和度的橡胶如 NR、SBR、NBR、IIR、CR、IR、BR、EPDM 等均具有良好的防焦效果，而且和其他橡胶助剂配合使用时其活性不受影响，是一种很有效的防焦剂。表 8－19 为 PVI 与其他防焦剂的比较。图 8－33 给出了 PVI 添加量对硫化曲线的影响。由于防焦剂能截取促进剂在硫化反应中生成的中间化合物，从而推迟了大分子交联过程，故其用量不宜过量。当使用 PVI 时，用 0.2phr 即可显示出优异的防焦效果，用量过多时有延缓硫化速度的趋势，且对硫化胶的老化性能和弹性产生不良影响。

表 8－19　各种防焦剂效果的比较

	A	B	C	D	E	F
邻苯二甲酸酐	—	1.00	—	—	—	—
邻羟基苯甲酸	—	—	1.00	—	—	—
N－亚硝基二苯胺	—	—	—	1.00	—	—
PVI	—	—	—	—	0.2	0.4
门尼焦烧 t_5（135℃）/min	22.7	20.4	18.5	23.3	30.0	37.0
硫化仪　T_{10}/min	11.0	9.3	8.3	11.0	13.0	15.0
T_{90}/min	27	29	26.6	28.7	28.2	33.3

五、配合体系对喷霜的影响

喷霜是指配合剂，如硫黄、TMTD、硬脂酸、石蜡、防老剂等从胶料中迁出表面的现象。

造成喷霜的原因，从配方上说，主要是由于这些配合剂的用量超过了其饱和溶解度用量所致。为防止喷霜，首先应注意硫黄和促进剂的用量要适当，应严格控制正硫化，并加强对游离硫的控制，必要时可采用不溶性硫黄。

其他配合剂如硬脂酸、石蜡、防老剂等在橡胶中都有一定的溶解度，如图 8－34 所示。当外界条件变化（如温度下降等）形成过饱和溶液时，就可能迁出胶料表面。硬脂酸作活性剂使用时，添加量不易过高（1.5phr 左右），但随炭黑用量增加可以适当提高用量。

石蜡作为物理防老剂，要求它能喷出表面形成防氧化薄膜。如选用分子量低且溶解度小的助剂，则容易喷出；若沸点又低，常温时蒸气压高，则易挥发消耗。反之，选用分子量较大的物质，则不易从胶料中迁移到表面。

一般防老剂用量约 1.5 份左右，用量大时也有喷出的可能。当然可选用溶解度较好的品种，如用 4010NA 代替 4010。

在胶料中适当加入松焦油、液体固马隆树脂等，可以增加胶料对上述配合剂的溶解性，因此能减少喷霜现象。在硫化过程中温度选择不当和欠硫也容易造成喷霜。

六、配合体系对压延的影响

作为压延的胶料，应具有良好的包辊性、低的收缩性及适当的抗焦烧性、流动性。

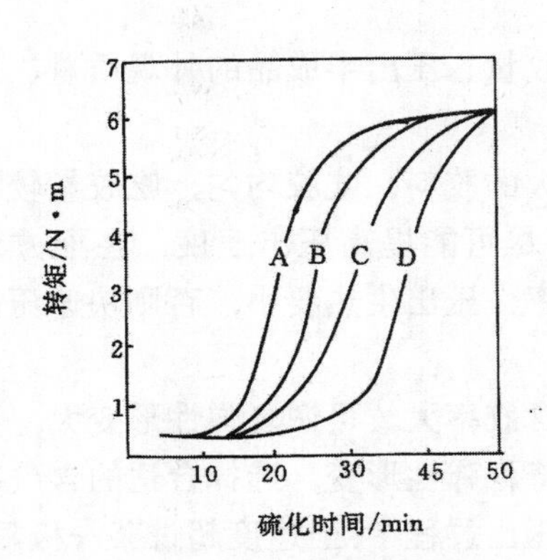

图 8－33　PVI 用量对硫化曲线的影响

A—促进剂 0.65；B—促进剂 0.65，PVI 0.10
C—促进剂 0.65，PVI 0.20；
D—促进剂 0.65，PVI 0.30

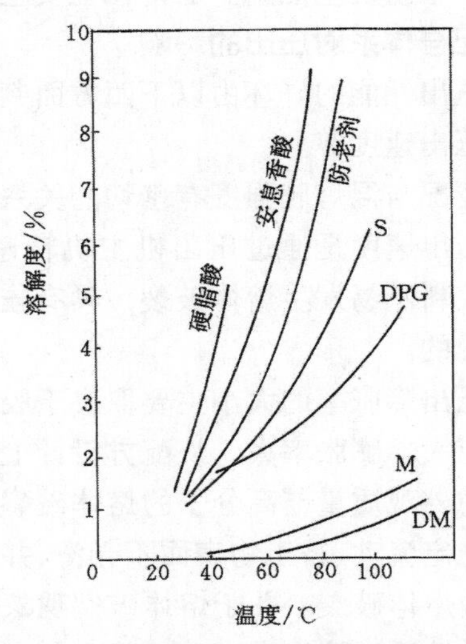

图 8－34　各种配合剂在天然橡胶中的溶解度

包辊性好的胶料，生胶强度较高，对辊筒的粘附性好。若要满足这一要求，混炼胶中要含有一定量的中高分子量组分和凝胶结构。而对流动性来说，则又要求分子链柔顺，分子间易于滑动，故与上述要求有些矛盾。同时，要减小收缩率，使胶料表面光滑，还要求较高可塑度。因此，设计压延胶料配方时，应使其在包辊性、流动性、收缩性之间取得相应的平衡。配方设计时应考虑以下几点。

(1) 生胶　各种生胶类型不同，分子结构特征不同，所表现的包辊性、流动性、收缩性也不同。天然橡胶的综合性能最好，是较好的压延胶种。顺丁橡胶次之。丁苯橡胶侧基较大，分子较僵硬，柔顺性差，松弛时间长，因此其压延特性远不如天然橡胶。丁腈橡胶的压延性也不够好，氯丁橡胶在高温下容易粘辊。一般说来，所有合成橡胶的压延性均不如天然橡胶好。

无论选择什么生胶，都必须将其塑炼至足够低的粘度值，才能获得良好的流动性。通常压延胶料的门尼粘度值应控制在 40～60 范围内。其中压片胶料为 50～60；贴胶胶料为 40～50；擦胶胶料为 30～40。

(2) 填料　含胶率较高的胶料，弹性复原大，压延后胶片收缩率大，表面不光滑，不宜做压延胶料。填料能减少胶料的弹性变形，使收缩率变小。一般说，结构性高，粒径小的填料，压延收缩率小。

不同类型的压延对填料的品种及用量有不同的要求。例如，压型要求填料量要大，以保证花纹清晰。而擦胶含胶率高达 40％以上。厚擦胶宜用软质炭黑、软质陶土之类的填料。薄擦胶用硬质炭黑、硬质陶土、碳酸钙等。由于希望尽可能消除压延效应，在配方中不应使用各向异性的填料(如碳酸镁、滑石粉)。

(3) 软化剂　加入软化剂可以减少分子间的作用力，缩短松弛时间，增加胶料流动性并减少收缩性。要根据压延胶料的不同要求来选用软化剂，当要求压延胶料有一定的挺性时，多选用油膏、固马隆树脂等粘度较大的软化剂。对于贴胶或擦胶，则要求胶料能渗透到帘线之间。此时要采用增塑作用较大的软化剂，如石油系芳烃油、松焦油等油类。

(4) 硫化体系　压延操作通常是在较高的温度下进行的(90～110℃)，选择硫化体系时，首先应考虑不易发生焦烧。通常保证安全操作的最小门尼焦烧时间应在20～25min左右。

七、配合体系对压出的影响

胶料压出性能的好坏由以下四方面判断：加料口吃胶量、压出半成品的外观质量、压出膨胀率、压出速度等。

吃胶情况与混炼胶强度有密切的关系，生胶强度较大的胶料，吃胶均匀，吃胶量较大。

通常压出速度是通过压出机主机转速调整的，为了尽可能提高压出速度，在配方设计时，要使胶料不易发生熔体破裂，具有较低的压出膨胀率，压出生热要小，否则快速压出是不可能实现的。

胶料压出膨胀率的大小主要取决于胶料的含胶率。含胶率大，可恢复弹性形变大，则弹性记忆效应大，膨胀率大。从配方设计上就要考虑如何降低弹性形变，选择合适的含胶率。

胶料的外观质量与高分子的熔体破裂现象有关。在压出过程中，当速度超过某一极限时，会产生不稳定流动、挤出物表面不光滑、并出现破边、竹节状、波浪状、以至完全破裂等现象，这种现象称做熔体破裂。关于熔体破裂现象的机理至今仍无定论，但人们普遍认为破裂起因于熔体的粘弹性质。熔体在流动过程中较大的弹性形变会导致熔体在口型入口处不稳定流动，在口型壁产生粘滑现象以及在过剩弹性形变下引起断裂。根据这种观点，混炼胶的弹性形变量越大，破裂愈易发生。在配方设计中可以从降低弹性角度考虑减弱熔体破裂的趋势。

综上所述，在进行压出胶料的配方设计时，需对各个体系进行合理调配，使混炼胶性能适应压出工艺的要求。

1．生胶选择　生胶是提供弹性形变的主要来源，生胶含量大，弹性形变则大，压出半成品的收缩率大，表面易破裂。一般含胶率在95%以上时，难于压出。相反，含胶率在25%以下的胶料，如不选择适当的软化剂品种和用量，也不易压出，压出表面粗糙而无光泽。

各种生胶的压出特点不尽相同。天然橡胶的压出速度比合成胶快，压出后半成品的收缩率较小。丁苯橡胶由于侧基较大，分子链较僵硬，压出比较困难，常与天然橡胶并用以改善其压出性能。顺丁橡胶的压出性能较好，接近于天然橡胶。氯丁橡胶由于对温度的敏感性大，容易焦烧，压出加工时尤应注意。丁腈橡胶压出性能差，含胶率高时，压出膨胀率很大，加入适当的填充剂（如炭黑、碳酸钙、陶土等）和软化剂能改善其压出工艺性能，但压出所用的生胶必须充分塑炼和充分的预热回炼。丁基橡胶压出速度缓慢，尤其是含胶率高时，压出十分困难，且发热量大。因此，在丁基橡胶胶料压出配方设计时应充分考虑提高压出速度的方法。

压出胶料中加入少量再生胶能增加胶料的流动性，降低收缩率，减小焦烧倾向。

2．填充剂的选择　加入填充补强剂可以降低含胶率，减少胶料的弹性形变。对于炭黑类补强剂来说，其粒径大小对收缩率影响甚小，而结构性和用量则有显著的影响。因为结构性高的炭黑，其聚集体的空隙率高，形成的吸留橡胶多，减少了体系中自由橡胶的体积分数，使膨胀率减小。增加炭黑的用量对体系可起到稀释的作用，等于减少了能产生弹性形变的自由橡胶量，所以使膨胀率减小。炭黑的结构性与用量存在着等效关系。低结构－多用量的膨胀情况与高结构－少用量的膨胀情况是等效的。但大量配合硬质炭黑、也会给压出带来很大的困难，用量不宜过多。其他填充剂的性质和压出性的关系如表8－20所示。

3．软化剂的选择　软化剂是压出胶料配方的重要组分之一。它可使压出易于进行，降低胶料的收缩率，并使压出规格精确。压出配方中，必须加入适量的软化剂，如油膏、矿物油、石蜡等。但软化剂用量过大或加入粘性软化剂时，都有降低压出速度的倾向。对于需要与其他材料粘附的半成品要避免使用易喷出的软化剂。

表 8－20　填充剂的性质与压出性的关系

填　充　剂	填 充 剂 性 质	压 出 物 外 观
重质碳酸钙		口型膨胀大
轻质碳酸钙	粒径大，补强性低	边缘不好
白艳华	非定向性粒子，表面经过处理	平滑性好，表面有光泽，膨胀率大
陶土、碳酸镁	片状、棒状粒子，补强性低	口型膨胀率很小，边缘平滑性较差
炭　黑	非定向性粒子，补强性高	口型膨胀小，边缘平滑性好

压出胶料配方的硫化体系应选用临界温度高的后效性促进剂使其具有足够长的焦烧时间。

在压出胶料的配合剂中，易挥发性液体和水分含量应严格控制，否则会在压出温度下因挥发而产生气泡。

硬度低和粘性大的胶料，压出时易变形或卷入空气，可采取下列方法改进：加入适量的重质碳酸钙、蜡类降低粘性，防止空气混入；加入对硬度影响较小的非补强性填料，降低含胶率；并用部分交联橡胶以减小变形。

为了提高产量，特别是改善丁基橡胶的压出性能可以用少量的润滑剂，如石蜡、低分子聚乙烯、氧化聚乙烯等来提高压出速度。

经验表明，胶料的含胶率在 30％～50％时，压出表面和加工性能较好。

八、增加胶料粘着性的配合要点

在许多制品成型操作中，要将各部件的胶层粘贴起来成为一个整体，这就要求胶料有良好的粘着性。通常制品成型操作中多半是将同一类型的胶片进行粘贴，所以这里所讲的粘着性主要是指自粘性，但也包括互粘性。

1．选用粘着性好的生胶　一般地说，分子链活动性大，生胶强度高的橡胶，自粘性都较好。在常用的生胶品种中，以天然橡胶的自粘性最好，其次是氯丁橡胶，再其次是顺丁橡胶、丁苯橡胶，丁腈橡胶等。

2．选用增粘作用大的软化剂及增粘树脂　配入增粘作用大的软化剂，适度增加分子链的活动性，故可提高胶料的粘着性。适用的增粘树脂有固马隆、松香衍生物、萜烯树脂、石油类树脂、烷基酚醛类树脂等。

3．选用补强性大的填料　加入补强性大的活性填料，能增加胶料的生胶强度，从而提高了胶料的自粘性。其中以粒子小，活性大的炭黑作用最显著。在白色填料中也以补强作用大的白炭黑为好，其次是氧化锌、陶土等。填料的用量一般控制在 60 份以下，用量过多，则容易使胶料表面变得干燥，使自粘性下降。

4．容易喷出的配合剂（如蜡类、促进剂 TMTD、硫黄等）应尽量少用，以免污染胶料表面。

九、连续硫化胶料的配合要点

压出制品的生产已广泛采用压出机和硫化设备的联动化，即所谓连续硫化。其硫化方式有盐浴、沸腾床、热空气、微波硫化等。

（一）橡胶种类和硫化温度

连续硫化通常在 200℃以上的高温下进行。由于橡胶表面在高温下发生氧化，橡胶中含有挥发性成分时高温硫化易产生气泡等外观缺陷，对制品性能不利，故最高硫化温度应有所控制，各种橡胶的最高硫化温度见表 8－21。

表 8－21　各种橡胶连续硫化时的最高硫化温度

橡　胶	最高硫化温度/℃
NR、IR、NR/BR	230
SBR、CR、IIR、SBR/BR	约 300
各种充油橡胶	约 250
EVA、EPM、EPDM 过氧化物硫化	约 210

只要配方设计合理，则所有橡胶均可适用于连续硫化。

在盐浴硫化中，由于浮力作用，钢带对制品产生一个向上的压力而发生变形。合成橡胶的变形量比天然橡胶小得多。为使制品断面变形小，可采用合成橡胶与天然橡胶并用来减少变形量。

(二) 硫化体系的选择

为了快速硫化并防止硫化初期制品变形，应采用快速硫化体系。同时由于使用的真空压出机 L/D 较大，因此胶料必须有足够的焦烧稳定性。一般胶料的门尼焦烧时间不应小于 11min。表 8－22 列出了几种丁苯橡胶高温硫化体系的特性。

表 8－22　丁苯橡胶不同高温硫化体系比较

硫 化 体 系	1	2	3
S	2.2	1.8	1.5
TMTD	0.3	—	—
CZ	—	1.5	—
M	—	1.5	1.25
DM	—	—	3.00
H	1.5	—	—
D	—	0.8	1.6
门尼粘度(ML_{1+4}100℃)	45	43	46.5
门尼焦烧 M_s120℃/min	26.7	15.3	7.5
硫化条件 151℃/min	10	7	4.5

配方：SBR 100，油酸 15，ZnO 5，硬脂酸 1，防老剂 2，石蜡 2.5，炉黑 40，高岭土 55，增塑剂 25。

在丁苯橡胶中采用二硫代氨基甲酸盐类促进剂可以达到快速平坦硫化的效果，加工稳定性也好。氯丁橡胶的高温快速硫化体系宜采用氧化锌、氧化镁为硫化剂，促进剂 NA－22 和二乙基硫脲并用，硫化速度快。硫化胶的外观好，压缩永久变形小。

(三)填充剂的选择

应避免使用含水率高的填充剂，以免硫化制品产生气泡。陶土类填料含水量较高，必须经高温干燥或添加吸湿剂氧化钙。一般配方中配用 CaO 5～10 份。炭黑对排气是不利的，它的生热很大，易发生早期硫化，因此配方设计中应注意炭黑的用量。为了保证制品在挤出后的挺性，混炼胶需有足够高的粘度。一种方法是采用高粘度的生胶，这样又会造成较大的收缩率；另一种方法是采用硬质炭黑或细粒子硅酸盐提高粘度。

(四)软化剂

应避免使用沸点低的操作油,而高温下减量少的操作油则对连续硫化有利。表 8-23 列出了各种操作油的性质。

表 8-23　各种操作油的性质

种　类	牌　号	蒸馏 5%的 T/℃	168.2℃的蒸气压/Pa	168.2℃×3h 减量/%
芳香系	Sundex 790	383	0.17	0.8
环烷系	Circolight RPO	310	4.0	13.8
	Circosol 4240	398	0.1	0.6
石蜡系	Sunpar 110	360	0.45	4.6
	Sunpar 150	426.6	0.027	0.2
	Sunpar 2280	510	0.0006	0.1

(五) 微波硫化

在设计微波硫化的胶料配方时，需考虑的主要因素如下：

(1) 微波吸收性能，该性能决定单位体积胶料的加热速率。胶种是微波吸收性能的最主要影响因素。

(2) 硫化速度，它决定了在给定温度下，压出胶胚通过硫化单元的最大速度。

(3) 配合剂的挥发性因挥发性配合剂造成发孔的可能性。

(4) 胶料的粘度与温度及时间之间的函数关系，决定了压出胶料的挺性。

(5) 对海绵胶，还要考虑发泡剂的分解温度与橡胶硫化速率的匹配问题。

上述因素中，对微波的吸收性能是微波硫化的要素。有人曾研究过在 2450MHz 下胶料的微波吸收性能，如图 8-35 所示。

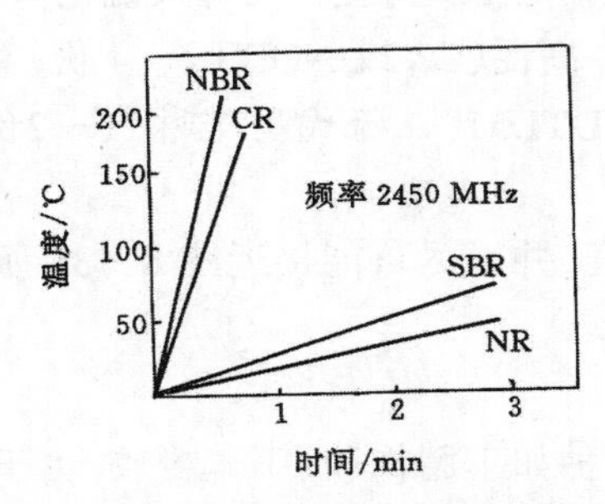

图 8-35　几种橡胶以微波加热时升温速率的比较

综上可见，只有满足如下的两个或一个条件时方可实现微波加热。

第一，橡胶中带有一定的极性组分，因为极性橡胶对微波吸收性能好。

第二，填充微波吸收性能高的炭黑。某些炭黑在微波辐射下能赋于胶料很高的吸收微波性能，微波吸收量与炭黑用量成正比，与粒径成反比。较大粒子的炭黑如半补强、热裂法炭黑效果较差。一般以非极性橡胶为基础的微波硫化性胶料起码应含 30 份快压出炭黑。

惰性填料会使胶料的加热速率降低，因为它稀释了能量吸收组分。

对于不加炭黑的非极性胶料,使用微波硫化需要有足够高的微波场强度,否则效率偏低。

十、注压硫化胶料的配合要点

根据注压工艺的特点,在考虑注压胶料配方时,应使胶料的流动性、焦烧性、硫化速度三者取得平衡,从而充分发挥注压硫化高效率生产的优点。注压硫化对胶料有如下要求：

(1)具有优良的可注压性,一般要求胶料粘度较低,对压出膨胀性要求不高。

(2)具有足够长的焦烧时间。

(3)硫化速度快。

(4)具有优良的抗硫化返原性。对高温硫化的厚制品,尤为重要。

图 8－36 表示符合上述要求的理想硫化曲线。按上述要求，其配方设计要点如下：

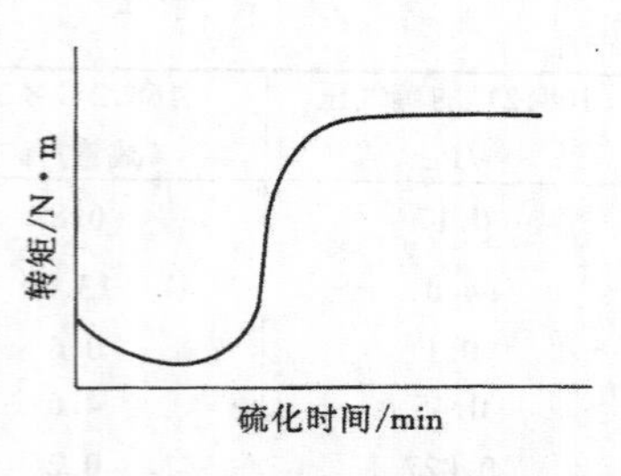

图 8－36　理想硫化曲线示意图

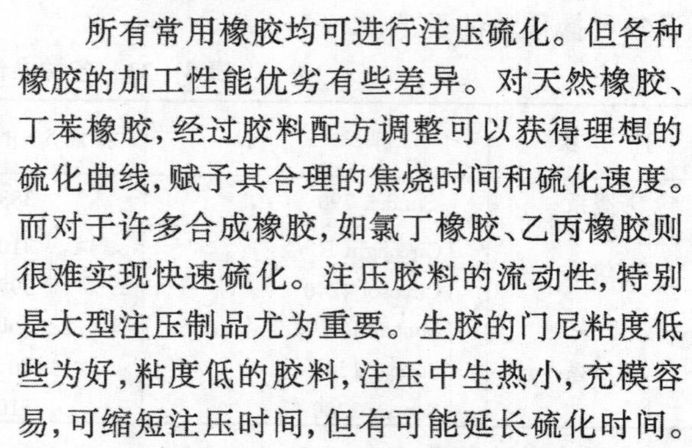

(一)橡胶的选择

所有常用橡胶均可进行注压硫化。但各种橡胶的加工性能优劣有些差异。对天然橡胶、丁苯橡胶，经过胶料配方调整可以获得理想的硫化曲线，赋予其合理的焦烧时间和硫化速度。而对于许多合成橡胶，如氯丁橡胶、乙丙橡胶则很难实现快速硫化。注压胶料的流动性，特别是大型注压制品尤为重要。生胶的门尼粘度低些为好，粘度低的胶料，注压中生热小，充模容易，可缩短注压时间，但有可能延长硫化时间。对某些生热小、粘度低的胶种，如硅橡胶、异戊橡胶可用增加填料的方法，来增加其通过注胶口时的生热量。硅橡胶很适于注压。

(二)硫化体系的选择

胶料注压硫化的硫化体系主要是调节焦烧时间、硫化速度和硫化程度。

胶料在机筒和通过注胶道以及模腔内会产生焦烧，胶料停留时间越长，产生焦烧的倾向越大，所要求的焦烧时间越长。对于注压硫化，要求胶料能停留 6～10 个周期(每个周期以 2min 计算)，即 12～20min。对于螺杆式注压机，胶料的门尼焦烧时间为胶料在机筒停留时间 2 倍以上才安全。

从提高抗硫化返原性角度考虑，注压硫化以采用有效硫化体系为宜。在有效硫化体系中，全用 TMTD(3～4 份)易焦烧，如改为低硫(0.2～0.4 份)，高促(CZ 或 NOBS 2～4 份，甚至 5 份)是可以的，但硫化胶的性能不够理想。有的认为采用DTDM(二硫代吗啡啉)1～2份，CZ 1～2 份以及少量 TT 的硫化体系较好。

调节活化剂、硫黄、促进剂用量比例可以调节硫化速度，并以尽可能接近图 8－36 所示的理想硫化曲线为准。

(三)填充剂和软化剂的选择

胶料在塑化或通过注胶口时，温度都会提高。有些胶种如丁腈橡胶、丁苯橡胶，由于其本身通过注胶口时生热量较大，因此必须充分估计到填充补强剂加入后的生热因素，以免焦烧。在各种填料中，陶土的生热量最小，半补强炉黑和沉淀碳酸钙生热量也较小，高耐磨炉黑的生热量比半补强高得多，而沉淀硅酸铝则很高。

填充剂的品种和用量对流动性的影响都很大，应加以注意。

加入软化剂可以改善流动性，缩短注射时间，但因生热量降低，相应降低了注射温度，从而延长了硫化时间，软化剂的分解温度以高些为宜。

(四)防老剂

需选用适当的防老剂，提高胶料的耐热性，降低返原性。一般可选 RD、4010 作为耐热防老剂。

另外，对注压硫化制品的脱模性应给予足够的重视。脱模难有两个原因。一是合成胶的热撕裂性一般都较差，在注压的硫化温度下会导致断面形状复杂的制品出模困难，产生撕裂破坏，这种特性往往限制了硫化温度的提高；另一原因是粘模，天然橡胶、丁苯橡胶易粘模，而充油丁苯橡胶、充油异戊橡胶、丁腈橡胶、丁基橡胶等脱模较易。

综上所述,注压硫化胶料配方的设计关键在于硫化体系。表 8-24 列出了注压用的五种硫化体系和加工条件,以供参考。

表 8-24 注压硫化用的五种硫化体系

硫 化 体 系	快 速 DM/TMTM 1	有 效 2	通用的 CBS 3	十分安全的 CBS/PVI 4	Novor 924 S 抗硫化返原 5
促进剂 DM	0.45	—	—	—	—
TMTM	0.45	—	—	—	—
OBS①	—	1.7	—	—	—
TMTD	—	0.7	—	—	—
CBS	—	—	0.5	0.5	—
S	2.25	0.7	2.5	2.5	0.4
防焦剂②	—	—	—	0.4	—
ZMBI	—	—	—	—	2
Novor924③	—	—	—	—	2.1
TDI 二聚物④	—	—	—	—	2.1
TBBS⑤	—	—	—	—	0.1
门尼焦烧					
$t_5$120℃/min	10.2	24.9	25	75.3	32
$t_5$135℃/min	—	8.1	8.0	21.2	11.7
孟山都流变仪					
t_s0.5/min	0.53	0.9	0.95	1.17	0.73
t_c0.95/min	1.38	2.25	2.83	3.5	4.65
压出机规定温度/℃	90	110	110	110	90
注射腔规定温度/℃	100	110	110	110	100
喷嘴区域温度/℃	95	103	106	104	93
注射压力/MPa	135	89	111	111	156
模型温度/℃	160~190	180~200	190	180~200	180~190
注射温度/℃	134	154	153	160	149
注射时间/s	5.9	8.6	4.4	5.5	6.4
硫化时间/min (2mm 厚试片)	0.2~1.0	0.3~0.65	0.75	0.4~1.5	0.75~2.0

配方:天然胶(SMR 5)100, ZnO 5, SA 1~2, SRF 炭黑 50, 防老剂 0.7~2;
①——*N*-氧二亚乙基苯并噻唑-2-次磺酰胺;
②——*N*-环乙基硫代邻苯二酰亚胺;
③——交联剂;
④——甲苯二异氰酸酯二聚物;
⑤——特丁基-2-苯并噻唑次磺酰胺。

由表 8-24 可见，不同的硫化体系具有不同的硫化速度与焦烧时间。其中 4 号具有特殊的安全性、5 号则有优异的抗硫化返原性。

参 考 文 献

〔1〕张开业．高分子物理学．北京：化学工业出版社，1981
〔2〕中国科学技术大学高分子物理教研室．高聚物的结构与性能．北京：科学出版社，1983
〔3〕朱敏．橡胶化学与物理．北京：化学工业出版社，1984
〔4〕吴道兰．橡胶工业，1991（4）：237
〔5〕张殿荣等．橡胶工业，1991（9）：541
〔6〕王贵一．特种橡胶制品，1994（1）：42
〔7〕朱玉俊等．橡胶工业，1990（2）：72
〔8〕张殿荣等．弹性体，1991（3）：39

第九章　橡胶配方设计的数学方法

如何确定各种变量对橡胶各项性能的定量影响，进行合理的试验安排，是配方设计人员的主要任务之一。为了达到优质、高产、低消耗等目的，需要对影响试验因素的最佳范围进行选择，所有这些最佳范围选择问题，都称之为优化。本章介绍橡胶配方设计中常用的一些试验方法以及这些方法的特点和适用范围，重点介绍正交试验设计法和电子计算机用于橡胶配方设计的中心复合试验设计法。

第一节　单因素变量的试验设计与优化

橡胶配方单因素变量设计所考虑的问题是在所讨论的变量区间内，确定哪一个变量的性能最优。常用的寻优方法主要有消去法，消去法的原理如下：

假定 $f(x)$ 是物理性能指标，它是变量区间中的单峰函数，即 $f(x)$ 在变量区间〔a、b〕中只有一个极值点，这个点就是所寻求的物理性能最佳点。通常用 x 表示因素取值，$f(x)$ 表示目标函数，根据具体问题要求，在因素的最优点上，目标函数取最大值、最小值或满足某种规定要求的值。

在寻找最优试验点时，常利用函数在某一局部区域的性质或一些已知的数值来确定下一个试验点，这样一步步搜索、逼近，最后达到最优点。消去法是用不断消去部分搜索区间，逐步缩小最优点存在的范围来寻求最优点。

设函数 $f(x)$ 如图 9－1 所示。起始的搜索区间为〔a_0、b_0〕，x^* 为所寻求的目标函数最小点（最佳值）。

在搜索区间〔a_0、b_0〕内任取二点 x_1 和 x_2，且 $x_1 < x_2$，将二点的函数值进行比较，可能有下列三种情况：

(1) $f(x_1) < f(x_2)$：若 x_1、x_2 在 x^* 的右侧，则必然 $f(x_1) < f(x_2)$。在这种情况下，可消去〔x_2、b_0〕部分，最小点必在区间〔a_0、x_2〕内，见图 9－2(1)。

(2) $f(x_1) > f(x_2)$：若 x_1、x_2 在 x^* 的左侧，则必然 $f(x_1) > f(x_2)$。这种情况下可消去〔a_0，x_1〕部分，最小点必然在区间〔x_1，b_0〕内，如图 9－2 (2) 所示。

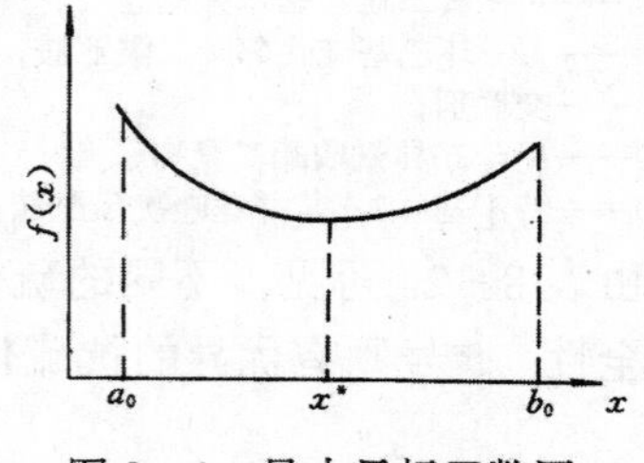

图 9－1　最小目标函数图

(3) 若 x_1，x_2 分别在 x^* 的两侧，则不论消去〔a_0、x_1〕还是〔x_2、b_0〕，最小点必在留下的〔x_1、x_2〕区间内，见图 9－2 (3)。

因此，只要在搜索区间内任取两点，比较它们的函数值，总可以把搜索区间缩小，这就是消去法的基本原理。

搜索的方法很多，如平分法、黄金分割法、分数法等，衡量这些方法好坏的标准是能用最少的试验次数，使区间缩小最优范围之内。下面分别介绍几种常用的方法。

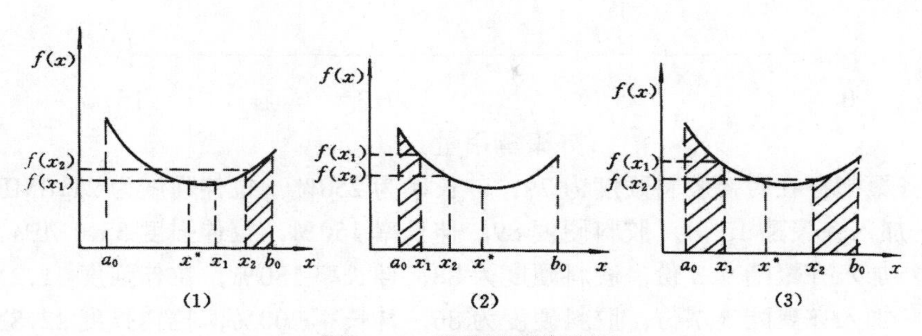

图 9－2　搜索区间的缩短

一、黄金分割法（0.618 法）

设有一线段长度为L，将它分割成二部分，长的一段为x，如果分割的比例满足以下关系：

$$\frac{L}{x}=\frac{x}{L-x}=\frac{1}{\lambda} \tag{9-1}$$

则这种分割称为黄金分割。式中，λ 为比例系数，由式（9－1）得

$$x^2+Lx-L^2=0$$

$$\left(\frac{x}{L}\right)^2+\left(\frac{x}{L}\right)-1=0$$

$$\lambda^2+\lambda-1=0$$

解得

$$\lambda=0.618033$$

$$x\approx 0.618L$$

黄金分割点在线段 L 的 0.618 处，故此法又称 0.618 法。

这个方法的要点是先在配方试验范围〔a，b〕的 0.618 点作第一次试验，再在其对称点（试验范围的 0.382 处）作第二次试验，比较两点的试验结果，去掉坏点以外的部分。再在剩下的部分继续取已试点的对称点进行试验，比较和取舍，逐步缩小试验范围。应用此法，每次可以去掉试验范围的0.382，因此可以用较少的试验配方，迅速找出最佳变量范围。

此法的每一步试验都要根据上次配方试验的结果决定，各次试验的原材料及工艺条件都要严格控制，否则无法决定取舍方向，使试验陷入混乱。

黄金分割法应用实例

子午线轮胎子口包胶使用齐聚酯增硬。

试验目的：在引发剂 DCP 存在的情况下，齐聚酯在 0～15 质量份的变量范围内试验。因齐聚酯价格较高，要求尽量少用，并在不影响其他性能的前提下提高胶料硬度。其要求为：

硬度（邵尔 A）达到 85；拉伸强度不小于 20MPa；扯断伸长率不小于 200％。

第一次试验：在变量范围内，找出0.618点和0.382点，连同极限点共作4个配方试验。

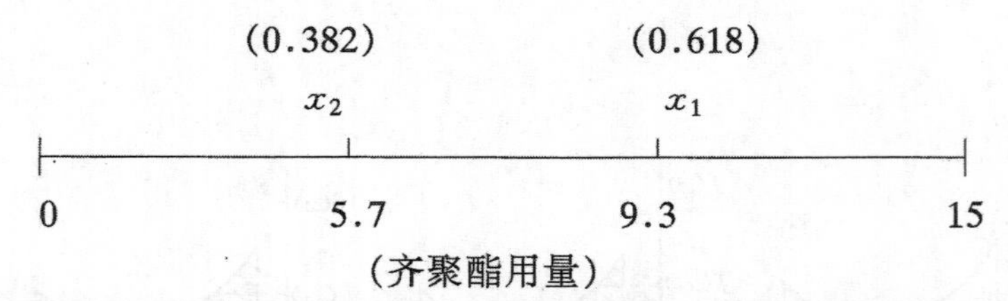

0 点：无齐聚酯存在时，胶料硬度为 79，伸长率为 250%，拉伸强度为 21.8MPa。

15 份点：加入齐聚酯 15 份，胶料硬度 89，伸长率 150%，拉伸强度 35.1MPa。

0.618 点：加入齐聚酯 9.3 份，胶料硬度为 88，伸长率 180%，拉伸强度 31.2MPa。

0.382 点：加入齐聚酯 5.7 份，胶料硬度为 86，伸长率 200%，拉伸强度 22.8MPa。

比较上述 4 个试验点，显然 0.382 点较合理，故舍去 9.3～15 份部分，继续进行第二次试验。

第二次试验：在留下的〔0，9.3〕范围内，追加一个新试验段的 0.382 点（好点 x_2 的对称点）继续试验。

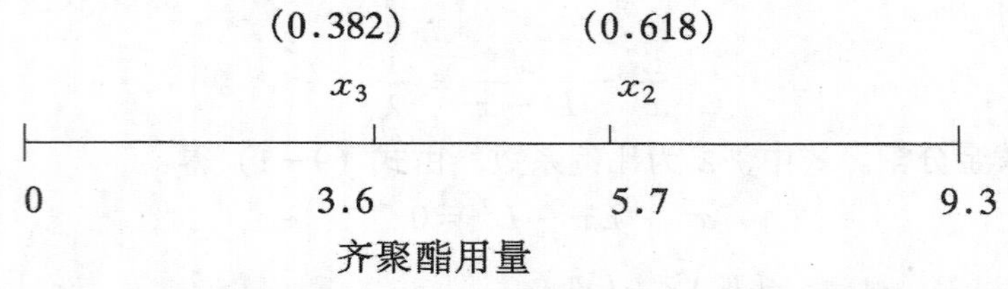

新的试验点（x_3），加入齐聚酯 3.6 份，胶料硬度为 85，伸长率 230%，拉伸强度 22.1MPa。

比较上述试验结果，新的 0.382 点（x_3）更为合理，故舍去 5.7～9.3 用量段。继续进行第三次试验。

第三次试验：在剩下的〔0，5.7〕范围内进行第三次试验。

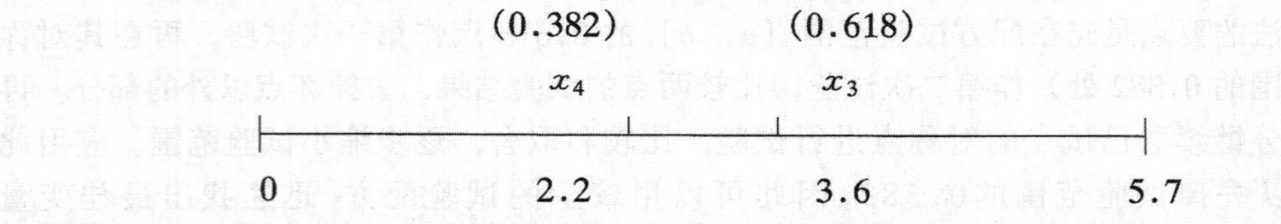

新的 0.382 点（x_4），加入齐聚酯 2.2 份，胶料的硬度 85，伸长率 235%，拉伸强度 22.3MPa。

由上述试验结果可见，加入少量齐聚酯即可显著提高胶料硬度，对其它性能影响不大故可舍去（0，2.2）份段。

试验结果：齐聚酯用量的合理范围为 2.2～5.7 份。

二、平分法（对分法）

如果在试验范围内，目标函数是单调增函数或单调减函数，要找出满足一定条件的最优点，可以用平分法。和黄金分割法相似，但平分法逼近最佳范围的速度更快。在试验范围内每次都可以去掉试验范围的一半，而且取点方便。

根据配方经验确定试验范围，设试验范围在〔a、b〕之间，平分法的具体作法是总在试验范围〔a，b〕的中点安排试验，中点公式为：

$$中点 = \frac{a + b}{2}$$

第一次试验在〔a，b〕的中点 x_1 处做。如果第一次试验结果表明 x_1 取大了，则舍去大于 x_1 的那一半，第二次试验在〔a，x_1〕的中点 x_2 处做。如果第一次试验结果表明 x_1 取小了，便舍去 x_1 以下的一半，第二次试验的试验点就取在〔x_1，b〕的中点。总之，做了第一个试验，就可将试验范围缩小一半，然后再在保留范围的中点做第二次试验，再根据第二次试验结果，又将范围缩小一半，如此继续做下去，就可以很快找到所要求的点。这个方法的要点是每个试验点，都取在试验范围的中点上，将试验范围对分为两半，所以这种方法称为对分法。

对分法的应用条件：

(1) 试验的胶料性能要有一个标准或具体的指标，否则无法鉴别试验结果好坏，决定试验范围的取舍。

(2) 要知道试验因子对胶料性能影响的规律，能够从试验结果中直接分析该试验因子的量是取大了或是取小了，也作为试验范围缩小的判别原则。

平分法应用实例

子午线轮胎带束层胶料，加入粘合剂 680C 锭剂。该锭剂含有钴和硼，活性很高，可以增加胶料与钢丝帘线的粘合力。

试验目的：要求得到胶料与钢丝帘线粘合力最高的 680C 用量。

按资料介绍 680C 的用量范围为 0～2 份，用对分法做三次试验，试验结果如下：

	第一次试验			第二次试验	第三次试验	
680C 用量	0	1	2	1.5	1.25	0.5
粘合力/(kg/1.27cm)	30	56	44	51	55	53

第一次在变量范围的对分点作试验后，舍去 0～1 份。在剩下的 1～2 份段对分，做第二次试验，发现粘合力稍有下降。第三次试验补作 1～1.5 和 0～1 变量范围的对分点，结果 680C 用量为 1，1.25 和 0.5 份时，粘合力相接近。

试验结果，该胶料配方中应用 680C 锭剂的合适用量为 0.5～1.25 质量份。

三、分批试验法

黄金分割法、平分法、分数法有个共同的特点，就是要根据前面的试验结果来安排后面的试验。这样安排试验的方法叫序贯试验法。它的优点是总的试验数目很少，缺点是试验周期长。与序贯试验法相反，也可以把所有可能的试验同时都安排下去，根据试验结果找出最好点。这种方法又称同时法，如果把试验范围等分若干份，在每个分点上作试验，则称均分分批试验法。同时法的优点是试验周期短，缺点是总的试验数比较多。分批试验法可分为均分分批试验法和比例分割分批试验法两种。

(一) 均分分批试验法

这种方法是每批试验配方均匀地安排在试验范围内，例如每批做 4 个试验，我们可以先将试验范围（a，b）均分为 5 份，在其 4 个分点 x_1，x_2，x_3，x_4 处做 4 个试验。

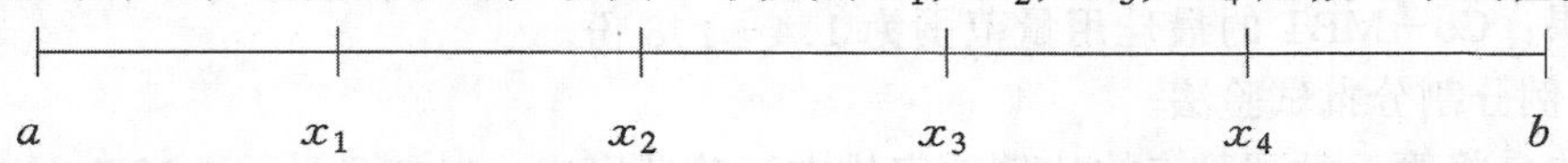

将 4 个试验结果进行比较，如果 x_3 好，则去掉小于 x_2 和大于 x_4 的部分，留下（x_2，x_4）。然后将留下的部分再均分为 6 份，在未做过试验的 4 个分点（x_5，x_6，x_7，x_8）上再

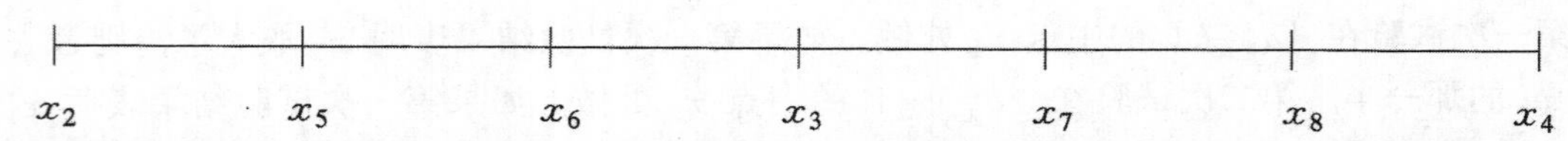

做 4 个试验。这样不断的做下去，就能找到最佳的配方变量范围，在窄小的范围内等分的点结果较好又互相接近，即可中止试验。

对于一批做偶数个试验的情况，均可仿照上述方法进行。假设做 Z_n 个试验（n 为任意正整数），则将试验范围均分为 Z_{n+1}份，在 Z_n 个分点 x_1，x_2，$x_3\cdots x_i\cdots x_{Z_n}$上做$Z_n$ 个试验，如果 x_i 最好，则保留（x_{i-1}，x_{i+1}）部分，去掉其余部分。将留下部分再均分为 Z_{n+2}份，在未做过试验的 Z_n 个分点上再做试验，即将 Z_n 个试验均匀的安排在好点的两旁。这样继续做下去，就能找到最佳的配方变量范围。用这个方法，第一批配方试验后范围缩短$\frac{2}{Z_{n+1}}$，以后每批试验后都缩短为前次留下的$\frac{1}{n+1}$。

均分分批试验法实例

全钢丝载重子午胎钢丝帘布胶中试用 Co－MBT（M 的钴盐）的变量试验。

试验目的：找出钢丝帘线与胶料的粘合力高。对胶料早期硫化影响较少的 Co－MBT 用量。

第一次试验：根据资料介绍 Co－MBT 的用量范围为 0～5 份，在此范围内均分为 6 份。

x_1　x_2　x_3　x_4　x_5　x_6

0　1　2　3　4　5　6　(Co－MBT 用量)

6 个试验配方的试验结果如下：

试　验　号	x_1	x_2	x_3	x_4	x_5	x_6
Co－MBT 用量/份	0	1	2	3	4	5
门尼焦烧(M_s,120℃)/min	24	20.5	12	9.5	7.5	3.1
粘合力/N	89	111	124	118	95	90

试验结果 x_3 最好，则去掉小于 x_2 和大于 x_4 试验段部分，作第二次试验。

第二次试验：在 x_2 和 x_4 的变量范围内再均分为 6 等份，其中 x_2，x_4 是已做过的试验，所以只补做 x_7，x_8，x_9，x_{10}4 个试验配方：

x_2　x_7　x_8　x_9　x_{10}　x_4

1　1.4　1.8　2.2　2.6　3　(Co－MBT 用量)

将第二次试验的结果和原 x_2、x_4 进行比较：

试　验　号	x_2	x_7	x_8	x_9	x_{10}	x_4
Co－MBT 用量/份	1.0	1.4	1.8	2.2	2.6	3.0
门尼焦烧(M_s,120℃)/min	20.5	17.0	15.0	11.0	10.5	9.5
粘合力/N	111	122	124	125	119	118

由上述试验结果可见，x_7，x_8，x_9 三个点的粘合力最高，其中 x_7、x_8 的焦烧性能可满足工艺要求。

试验结果：Co－MBT 的最佳用量范围为 1.4～1.8 份。

（二）比例分割分批试验法

这种方法是将第一批试验点按比例地安排在试验范围内。以每批做 4 个试验为例，第一批试验在$\frac{5}{17}$、$\frac{6}{17}$、$\frac{11}{17}$、$\frac{12}{17}$ 4 个点上进行。第二批试验将留下的好点所在线段 6 等分，在没

有做试验 的 4 个分点上进行试验。以下每批 4 个试验点也总是在上次留下的好点两侧，按比例地安排试验。如此继续下去，直到找出最佳范围。第一批试验后，范围缩短为$\frac{6}{17}$，以后每批试验都缩短为前次留下的$\frac{1}{3}$。

从效果上看，比例分割法比均分法好。但由于比例分割法的试验点挨得太近，如果试验结果差别不显著的话，就不好鉴别，因此这种方法比较适用于当因素变动较小而胶料的性能却有显著变化的情况，例如新型硫化剂、促进剂的变量试验。

橡胶配方单因素试验设计方法中还有分数法（裴波那契法）、逐步提高法（爬山法）、抛物线法等。

第二节　多因素变量的试验设计与优化

在实际的橡胶配方设计中，常常要同时考虑几个因素。在遇到多因素问题时，首先要对各个因素进行分析，找出主要因素，略去次要因素，以利于问题的解决。若经过分析，仍需同时考虑若干因素，就必须使用多因素方法。多因素试验设计方法很多，例如纵横对折法、坐标轮换法、平行线法、矩形法、多角形试验设计法、对角形设计法、三角形对影法、列线图法、等高线图形法、拉丁方试验设计法、正交试验设计法和中心复合试验设计法等。

上述各种方法中用得最多的是正交试验设计法和中心复合试验设计法。本章将重点介绍这两种试验设计方法。

一、正交试验设计法

正交试验设计法是橡胶配方设计的一种重要而有效的方法。运用正交试验设计法，可以较好地解决多因素试验中如下几个比较典型的问题。

（1）对指标的影响，哪个因素重要，哪个因素不重要（各个因素的显著性问题）？

（2）各个因素中以哪个水平为好？

（3）各个因素依什么水平搭配起来对指标较好？

正交试验设计法就是针对上述问题，利用正交表这个工具来安排试验和分析试验结果的。正交表是试验设计法中合理安排试验并对数据进行统计分析的主要工具，常用的正交表有：L_4（2^3），L_8（2^7），L_{12}（2^{11}），L_{16}（2^{15}），L_{20}（2^{19}），L_{32}（2^{31}），L_8（4×2^4），L_{16}（4×2^{12}），L_{16}（$4^3\times2^6$），L_9（3^4），L_{16}（4^5），L_{25}（5^6）…等，具体的表格见有关专著。正交表的符号说明如下：如 L_4（2^3）

L——表示正交；4——代表试验次数；

2——标准正交表上可安排的水平数；

3——代表列数（试验的因子数）。

L_4（2^3）正交表

试　验　号	列	号	
	1	2	3
1	1	1	1
2	1	2	2
3	2	1	2
4	2	2	1

上述 L_4 (2^3) 正交表，表示该正交表要做 4 次试验；因子可安排的水平数为 2；表中有三列可供安排的因子。

正交表的性质：

(1) 在每一列中，代表不同水平的数字出现次数相等，即在正交表头的每一列，若安排某个配方因子，该因子的不同水平试验几率相同。如 L_4 (2^3) 正交表中，每一列的 1 水平均出现 2 次，2 水平均出现 2 次，各个因子 1 水平和 2 水平的试验几率是一样的。

(2) 任意二列中将同一横行的两数学看成有序数对时，每种数对出现的次数相等。如 L_4 (2^3) 正交表中，任意两列中 1·1，1·2，2·1，2·2 数对各出现 1 次。说明任二列之间两个因子水平数搭配均匀相等。

正交试验设计法正是利用正交表的上述性质，对试验的配方进行整体设计，综合比较，统计分析。也就是说使用正交表从所有可能的配方组合中挑选出若干个必需的试验，然后再用统计分析法对试验结果进行综合处理，最后得出结论。由于试验是整体设计的，要做的配方试验已全面考虑，同时挑选，而且这些配方可以同一批试验，大大有利于缩短试验周期，节约时间，减少试验误差。因此，正交试验设计法已成为橡胶配方设计的重要数字方法。

(一) 一般实施方法

首先讨论按标准正交表设计水平数相等的几种配方因子试验设计的方法。试验设计和结果分析按以下几个步骤进行：

1. 确定因子、水平和交互作用　要设计一项较大型的橡胶配方试验之前，先做一些小型的探索性的配方试验，以便决定这项大型试验的价值和可行性是很有必要的。特别是对某些从未进行过试验的新型原材料或新的课题，这种小型的探索性试验就更为重要。

一般情况下，凭配方设计人员的专业理论和经验结合实际情况即可确定配方的因子、水平及需要考查的交互作用。在确定因子、水平和交互作用时，应注意以下几个问题：

(1) 针对试验的目的去选取配方因子是极为重要的一步，要特别注意那些起主要作用的因子。如果把与试验无关的配方因子选入，而忽略了起主要作用的因子，则整个试验设计将归于失败。

(2) 恰当的选取水平，两水平间的距离要适当拉开，因为配方变量的最优化常常不是一个点，而是一个较窄的变量范围。

(3) 橡胶配方中，配合剂之间的交互作用较多，某些交互作用对胶料性能有影响。两个因子间的交互作用称为一级交互作用，三个或三个以上因子间的交互作用称为高级交互作用。在橡胶配方设计中，一般只考虑一级交互作用，而将高级交互作用忽略掉。针对配方因子之间存在交互作用较多的事实，对存在的交互作用和不知道能否忽略的交互作用都应当考虑，同时要尽量剔除那些不存在或可忽略的交互作用。

2. 选择合适的正交表　要根据配方因子的个数和水平数选择合适的正交表。

(1) 对 n 个配方因子的 2 水平试验设计，即 2^n 因子的试验设计，一般选用 L_4 (2^3)、L_8 (2^7)、L_{16} (2^{15})、L_{32} (2^{31}) 正交表。

(2) 对 n 个配方因子的 3 水平试验设计，即 3^n 因子的试验设计，一般选用 L_9 (3^4)、L_{27} (3^{13}) 正交表。

(3) 对 n 个配方因子的 4 水平试验设计，即 4^n 因子的试验设计，一般选用 L_{16} (4^5) 正交表。

（4）对 n 个配方因子的 5 水平试验设计，即 5^n 因子的试验设计，一般选用 L_{25}（5^6）正交表。

选用较小的正交表来制定试验计划以减少试验次数，是选择正交表的一个重要原则。同一批试验配方应安排在同一正交表里进行试验，以减少试验误差，提高可比性。显然选用过大的正交表是不恰当的。另外，每次试验设计，选用的配方因子应是重要的因子，数量不能多，凡是能够忽略的交互作用，都要尽量剔除。一般情况下，大部分的一级交互作用和绝大部分的高级交互作用都是可以忽略的，这样才可在配方设计中选用较小的正交表，减少试验次数。例如：在 10 个因子的二水平试验中，若考虑所有的因子和交互作用，总共有 1023 个，势必要选用 L_{1024}（2^{1023}）正交表进行设计，这样就得做 1024 次试验，实际上这是无法做到的。假如我们按照上述原则，只选取几个影响最大的因子和其中一部分交互作用，采用 L_{16}（2^{15}），L_8（2^7）正交表，试验次数就可由 1024 次减少到 16 次或 8 次。至于哪些因子和交互作用是重要的，哪些不必考虑，应由配方设计者根据其专业知识和实际经验去决定。

正交表的选用很灵活，没有严格的规定。正交表选得太小，要考虑的因子和水平放不下；正交表选得过大，试验次数又太多。在尽量选用小型正交表的原则下，必须要使所考察的因子及交互作用的自由度总和小于所选正交表的总自由度。有关自由度和自由度的计算，一般的数理统计专著中都有详细的说明，这里仅给出自由度计算的两条规定，供选表应用。

（1）正交表的总自由度 $f_{总}$ = 试验次数 − 1；正交表中每列的自由度 $f_{列}$ = 此列水平数 − 1。

（2）因子 A 的自由度 f_A = 因子 A 的水平数 − 1；因子 A、B 间的交互作用的自由度

$$f_{A\times B} = 因子A的自由度 \times 因子B的自由度$$
$$= f_A \times f_B$$

例如，L_8（2^7）正交表，总共做 8 次试验，

$$f_{总} = 8 - 1 = 7(正交表的总自由度)$$

若有因子 A、B、C、D 均是 2 水平的。

则
$$f_{列} = 2 - 1 = 1$$
$$f_A = f_B = f_C = f_D = 2 - 1 = 1(各因子的自由度)。$$

如果只考虑 A、B 因子间的交互作用，则

$$f_{AB} = f_A \times f_B = 1 \times 1 = 1$$

因此要考察的因子和交互作用的自由度总和 f_T 为：

$$f_T = f_A + f_B + f_C + f_D + f_{AB}$$
$$= 1 + 1 + 1 + 1 + 1 = 5$$

与正交表总自由度 $f_{总}$ 相比，$f_T < f_{总}$，说明这项试验选取 L_8（2^7）正交表是合适的。

3. 表头设计　正交表的表头设计，实际上就是安排试验计划。表头设计的原则是表头上每列至多只能安排一个配方因子或一个交互作用。在同一列里不允许出现包含两个或两个以上内容的混杂现象，一般表头设计可按以下步骤进行：

（1）首先考虑有交互作用和可能有交互作用的因子，按不可混杂的原则，将这些因子和交互作用分别在表头上排妥。

（2）余下那些估计可以忽略交互作用的因子，任意安排在剩下的各列上。

例如：有配方因子 A、B、C、D，因子各有 2 水平，需考察的交互作用有 A×B，A×

C，B×C。此时，按上述原则和自由度计算可采用 L_8（2^7）正交表，表头设计如下：

①首先把最重要的配方因子A和B放入第1·2列，由 L_8（2^7）的交互作用表查得A×B占第3列，接着把有交互作用的因子C放在第4列，A×C由 L_8（2^7）交互作用表查得应占第5列，B×C占第6列，剩下的因子D放在第7列。于是可得到如下表头设计：

表头设计	A	B	A×B	C	A×C	B×C	D
列号	1	2	3	4	5	6	7

②上述表头设计亦可变换成另一种形式：

表头设计	A	C	A×C	B	A×B	B×C	D
列号	1	2	3	4	5	6	7

只要交互作用不混杂，将不会影响试验的最终结果分析。

③倘若交互作用A×B、A×C、A×D、B×C、B×D、C×D都是必须考察的因子，如果仍采用 L_8（2^7）正交表，可能出现这样的表头设计：

表头设计	A	B	A×D A×B	C	B×D A×C	C×D B×C	D
列号	1	2	3	4	5	6	7

这种表头设计使交互作用产生混杂，显然是不合理的，因为 L_8（2^7）正交表总共有 $8-1=7$ 个自由度，现在要考察4个配方因子和6对交互作用，其自由度总和为 $4\times1+6\times1=10$，可见只有7个自由度的 L_8（2^7）正交表，容纳不下这个多因子的问题。只有选择更大的正交表，如 L_{16}（2^{15}）有15个自由度，才能安排10个自由度的问题，不致产生混杂现象。用 L_{16}（2^{15}）所作的表头设计为：

表头设计	A	B	A×B	C	A×C	B×C		D	A×D	B×D		C×D			
列号	1	2	3	4	5	6	7	8	9	10	11	12	13	14	15

正交表选得合适，表头设计合理，配方因子、水平、交互作用在正交表的配置组合构成了最佳配方试验计划。可见，一个配方设计方案的确定，最终都归结为选表和表头设计，把这关键的一步搞好，就可以运用正交设计省时省力地完成试验任务，得到满意的结果。

对于 n 个配方因子，不同水平数的正交表在表头设计时的应充分注意：

①$2^n$ 因子的试验设计中，2水平正交表中每列的自由度总是1，2水平因子的自由度也是1，所以2水平因子在2水平正交表中正好占一列，交互作用的自由度也是1，故也只占一列。

②$3^n$ 因子的试验设计，采用3水平的正交表，它和2水平正交表的重要区别是，它的每两列的交互作用列是另外二列，而不是一列。因为3水平正交表每列的自由度为2，而二列的交互作用自由度等于两列自由度之积，即 $2\times2=4$，所以要占两个3水平列。例如在 L_9（3^4）中，第1、2列的交互作用列是第3、4列，第1、4列的交互作用列是第2、3列

……，各种交互作用列可由相应的交互作用表查得。

③$4^n$ 因子试验设计，采用 4 水平正交表，每两列的交互作用列是另外某三列，因此时每列的自由度 $f_{列}=4-1=3$，故 $f_{A\times B}=3\times3=9$ 占三列。

④$5^n$ 因子试验设计，采用 5 水平正交表，每两列的交互作用列是另外的某 4 列。

4．正交试验设计法的配方结果分析　可采用两种方法进行结果分析，一种是直观分析法，另一种是方差分析。直观分析法简便易懂，只需对试验结果作少量计算，通过综合比较便可得出最优化的配方。但这种方法不能区分某因子各水平的试验结果差异究竟是因子水平不同引起的，还是试验误差引起的。因此，不能估算试验的精度。

方差分析通过偏差平方和、自由度等一系列的计算，估计试验结果的可信赖度和各配方因子对某性能的显著性，弥补了直观分析法的缺点。通过方差分析，如果配方因子的水平变化所引起的数据改变，落在误差范围内，则这个配方因子作用不显著。相反，如果因子水平时改变引起数据的变动超出误差范围，这个配方因子就是对该性能起作用的显著因子。方差分析正是将因子水平变化所引起的试验结果差异与误差波动所引起的试验结果差异区分开来的一种数学方法。

下面分别说明直观分析法和方差分析。

(1) 直观分析法　按所用正交表计算出各个因子不同水平的数据的平均值，比较不同因子水平数据平均值的大小，选出影响较大的因子和对性能指标最有利的水平。对于 3 水平（或 3 水平以上）的因子，可作因子和性能的关系图，根据每个因子不同水平在坐标图上高低相差程度（散布大小）来区分对物理性能指标影响的大小。各点高低相差大，表明此因子的水平变化对性能影响的差异大，说明此因子重要。各点高低相差小，表明此因子水平变化对性能影响的差异小，即此因子是次要的。由此直观地分析出重要的因子和最好的水平，组合成较好的橡胶配方。

直观分析法应用实例

①$2^n$ 因子的试验设计和直观分析

例 1：某橡胶配方所考虑的因子和水平如下：

因子 / 水平	促进剂用量 A	炭黑品种 B	硫黄用量 C
1	1.5	HAF 炭黑	2.5
2	1.0	HAF＋喷雾炭黑	2.0

要考察的交互作用有 A×B，A×C，B×C。

考察的指标：弯曲次数

首先计算因子和交互作用自由度总和 f_T：

$$f_T=3\times1+3\times1=6$$

这时可选用 $L_8(2^7)$ 正交表，试验安排和试验结果如表 9－1 所示。

表 9-1 试验安排和试验结果

列号 / 试验号	A 1	B 2	A×B 3	C 4	A×C 5	B×C 6	7	弯曲次数（万次）
1	1	1	1	1	1	1		1.5
2	1	1	1	2	2	2		2.0
3	1	2	2	1	1	2		2.0
4	1	2	2	2	2	1		1.5
5	2	1	2	1	2	1		2.0
6	2	1	2	2	1	2		3.0
7	2	2	1	1	2	2		2.5
8	2	2	1	2	1	1		2.0
K_1	7.0	8.5	8.0	8.0	8.5	7		
K_2	9.5	8.0	8.5	8.5	8.0	9.5		
$K_1-K_2/4$	−0.625	0.125	−0.125	−0.125	0.125	−0.625		

K_1 表示每列中凡是对应 1 水平的试验数据之和。

K_2 表示每列中凡是对应 2 水平的试验数据之和。

$K_1-K_2/4$ 为两水平平均值之差，其绝对值大小反映了不同因子对试验结果的影响情况。绝对值大，表示因子（或交互作用）作用显著，此因子（或交互作用）重要，反之不重要。

从上述结果看出，A 和 B×C 是主要的，其余是次要的。从 A 因子的 K_1 和 K_2 看出，取 A_2 好。问题是如何取 B 和 C 的最优水平。我们可以把 B 和 C 不同水平组合结果进行比较，看哪一个组合效果最好。根据上述 L_8（2^7）的试验结果，可算出 B，C 间四种搭配组合的平均值：

C \ B	B_1	B_2
C_1	$\frac{1.5+2.0}{2}=1.75$	$\frac{2.0+2.5}{2}=2.25$
C_2	$\frac{2.0+3.0}{2}=2.5$	$\frac{1.5+2.0}{2}=1.75$

比较四个组合的平均值，2.5 最大故取 B_1C_2。通过直观分析法得到最优水平组合为 $A_2B_1C_2$。

②$3^n$ 因子的试验设计和直观分析

例 2：研究氯醇橡胶在各种配合体系下的耐油性能。

考察指标：100℃×72h 在 14# 发动机油中的体积膨胀。需要考察的因子和水平如下：

因子	水平	1	2	3
A 补强剂	HAF 炭黑	50	—	25
	喷雾炭黑	—	50	25
B 防老剂	NBC	2	—	—
	RD	—	2	—
	4010	—	—	3
C* 硫化体系	NA-22	3	1.5	—
	二碱式亚磷酸铅	5	—	—
	PbO	—	5	5
	HMDAC#1	—	—	1.5

A、B、C 都是 3 水平因子，根据专业理论和经验，该配方中三个因子的交互作用可以

全部忽略。按照自由度计算，选择 $L_9(3^4)$ 正交表，将A、B因子分别放在1.2列，C因子放在第3列上，得到表头设计如下：

表头设计	A	B	C	
列号	1	2	3	4

试验计划由 $L_9(3^4)$ 的第1、2、3列组成，总共排出9组试验。试验安排、试验结果及相应的计算如表9-2所示。

表9-2　$L_9(3^4)$ 试验安排和试验结果

表头设计	A	B	C		试验结果
试验号＼列号	1	2	3	4	体积变化百分率/%
1	1	1	1	1	-7.25
2	1	2	2	2	-5.48
3	1	3	3	3	-5.35
4	2	1	2	3	-5.40
5	2	2	3	1	-4.42
6	2	3	1	2	-5.90
7	3	1	3	2	-4.68
8	3	2	1	3	-5.90
9	3	3	2	1	-5.63
Ⅰ$_j$	-18.08	-17.33	-19.05		
Ⅱ$_j$	-15.72	-15.80	-16.51		
Ⅲ$_j$	-16.21	-16.88	-14.45		
$\overline{Ⅰ}_j$=Ⅰ$_j$/3	-6.03	-5.78	-6.35		
$\overline{Ⅱ}_j$=Ⅱ$_j$/3	-5.24	-5.27	-5.50		
$\overline{Ⅲ}_j$=Ⅲ$_j$/3	-5.40	-5.63	-4.82		

表9-2中Ⅰ$_j$、Ⅱ$_j$、Ⅲ$_j$分别表示j列中1、2、3水平对应的试验值之和。$\overline{Ⅰ}_j$、$\overline{Ⅱ}_j$、$\overline{Ⅲ}_j$分别表示j列上因子的三水平对应的平均体积膨胀。

把每个因子的$\overline{Ⅰ}$、$\overline{Ⅱ}$、$\overline{Ⅲ}$点在坐标纸上和体积变化百分率作图，得到图9-3三个因子与体积变化百分率的关系图。

从以上的直观分析法对数据进行整理后可得出如下结论：

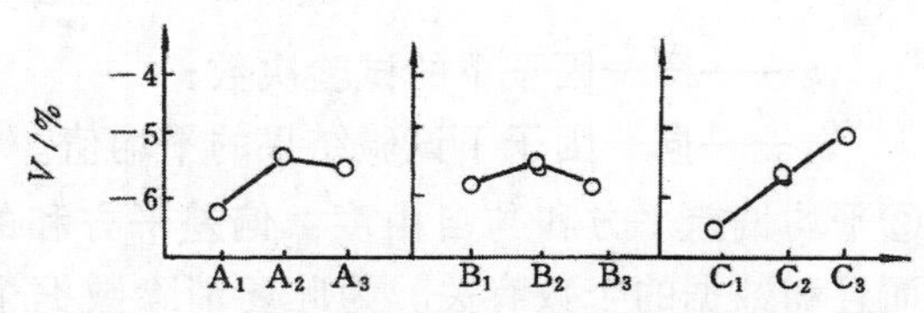

图9-3　三个因子水平变化与体积膨胀的关系

①因子C（硫化系统）三个试验点高低相差最大，所以对耐热油性能影响最大；而因子A（补强剂）和因子B（防老剂）的三个试验点高低相差较小，说明对耐热油性的影响是次要的。

②因子C取3水平C_3好，即硫化系统取四氧化三铅5份，HMDAC#1 1.5份时，体积膨胀最少；因子A取2水平A_2好，即喷雾炭黑50份作补强剂；因子B取2水平B_2好，即防老剂RD取2份。因此，最优配方定在$A_2B_2C_3$，这个组合将使胶料在100℃×72h的14#发动机油中的体积膨胀最小。

对于4^n因子和5^n因子的试验结果分析，与三水平试验相仿。

(2) 方差分析　为了便于下面的讨论，对于方差分析中的几个数学概念先作一简要的解释：

①偏差平方和：一组数中的各个数与它们的算术平均值之差的平方和叫偏差平方和。假如没有误差存在，则在因子和水平相同的条件下，试验数据都应当相同并等于它们的理论值。所谓误差就是理论值与实际值之差，事实上试验过程中不可能完全消除误差的影响，因此就不可能直接测出理论值，所以用同一条件下试验结果的平均值去代替理论值，近似地计算出误差的大小。对于误差来说，它的正负号没有意义，重要的是要知道它的绝对值在什么范围内波动，所以取它们的平方并相加，这样得到的平方和称为数据的偏差平方和，用S表示。

设有n个数，y_1，$y_2 \cdots y_n$，用$\bar{y}$表示其算术平均值，即

$$\bar{y} = \frac{1}{n}(y_1 + y_2 + \cdots + y_n) = \frac{1}{n}\sum_{i=1}^{n} y_i$$

$$S = \sum_{i=1}^{n}(y_i - \bar{y})^2 = \sum_{i=1}^{n} y_i^2 - 2\sum_{i=1}^{n} y_i\bar{y} + n\bar{y}^2$$

$$= \sum_{i=1}^{n} y_i^2 - n\bar{y}^2$$

若令

$$G = \sum_{i=1}^{n} y_i \qquad CT = \frac{G^2}{n}$$

则

$$S = \sum_{i=1}^{n} y_i^2 - CT$$

偏差平方和反映一组数据的离散程度，S值大，说明（y_1，y_2，$\cdots y_n$）这组数分散；反之说明数据集中。每个因子的S值，是该因子不同水平的S值相加。正交试验方差分析时，所关心的是误差偏差平方和的大小和因子偏差平方和的大小。前者反映了由试验技术和仪器引起的性能指标波动的情况，后者反映了由因子水平改变而引起的指标波动。

于是我们可以定义以上两种偏差平方和：

$$S_{误} = \sum_{i=1}^{n}(y_i - \bar{y})^2$$

式中，n为总试验次数；$\bar{y}$为同一试验条件下试验结果的平均值。

$$S_{因子} = \sum_{i=1}^{k}(y_i - \bar{y}_A)^2$$

式中　k——同一因子下的试验次数；

$\bar{y}_A$——同一因子下试验结果的平均值。

②平均偏差平方和与自由度：偏差平方和的大小，不但和数据本身的试验误差波动有关，而且和数据的个数有关。为此要消除数据个数的影响，采用平均偏差平方和S_A/f_A和$S_{误}/f_{误}$进行比较，其中f_A、$f_{误}$分别是偏差平方和S_A和$S_{误}$的自由度。所谓自由度就是独立的数据个数，在n个数据中有（$n-1$）个数，对其平均值是独立的，可见

$$f_{总} = n - 1 = 总的试验次数 - 1$$

$$f_A = 因子A的水平数 - 1$$

$$f_{误} = f_{总} - f_A \qquad S_{总} = S_A + S_{误}$$

③F 比：因子水平改变引起的平均偏差平方和与误差的平均偏差平方和的比值称为$F_{比}$。

$$F_{比}=\frac{S_{因子}/f_{因子}}{S_{误}/f_{误}}$$

$F_{比}$ 的意义：如果 S_A/f_A 与 $S_{误}/f_{误}$ 两者差不多（比值很小），说明因子 A 的水平改变对指标的影响在误差范围以内，即水平改变对指标无显著影响；反之，因子的水平改变对性能指标有显著影响，该因子为显著因子。

④F 分布表：由因子水平改变而引起试验结果有差异时，$F_{比}$ 应多大？由误差引起试验结果的差异时，$F_{比}$ 应多大？需要有一检验的标准，这个标准就是根据统计数学原理编制的 F 分布表。F 分布表上横行 n_1 代表因子的自由度，竖行 n_2 代表误差的自由度，表中的数值即各种自由度下 $F_{比}$ 的临界值。

⑤信度（α）：在判断 $F_{比}$ 时，信度（α）是指我们对作出的判断大概有 $1-\alpha$ 的把握。若 $\alpha=5\%$，那就是说对我们作出的判断有 95% 的把握来说明因子的水平改变对试验结果有显著影响。对不同的信度 α 有不同的 F 分布表。常用的 F 分布表有 $\alpha=1\%$、5%、10% 等。根据自由度的大小，可在各种信度的 F 分布表查得 $F_{比}$ 的临界值，F_α 值分别记作 $F_{0.01}(n_1,\ n_2)$、$F_{0.05}(n_1,\ n_2)$、$F_{0.10}(n_1,\ n_2)$。

⑥显著性：设因子 A 的 $F_{比}$ 为 F_A，当 $F_A>F_{0.01}(n_1,n_2)$ 时，说明该因子水平改变，对试验结果有高度显著的影响，记作 * *。当 $F_{0.01}(n_1,n_2)>F_A>F_{0.05}(n_1,n_2)$ 时，说明该因子水平改变，对试验结果有显著的影响，记作 *。当 $F_{0.05}(n_1,n_2)>F_A>F_{0.10}(n_1,n_2)$ 时，说明该因子水平改变，对试验结果有一定的影响。，记作 *。当 $F_A<F_{0.01}(n_1,n_2)$ 时，说明试验结果的波动主要是由试验误差造成的，该因子的水平改变对试验结果无显著影响。

正交试验设计法方差分析实例

不同种类的橡胶配合剂对硫化胶 300% 定伸应力的影响、因子和水平如表 9-3。

表 9-3 试验的因子和水平

因子	水平
A 表面处理的炭黑品种	$A_1=22, A_2=M_2, A_3=K_2$
B 轻质碳酸钙品种	$B_1=10^\#, B_2=20^\#, B_3=30^\#$
C 滑石粉品种	C_1=日本, C_2=韩国, C_3=中国
D 增塑剂用量	$D_1=10, D_2=3, D_3=0$

用 $L_9(3^4)$ 安排试验，每个配方重复试验 4 次得 36 个试验数据，见表 9-4。

表 9-4 表头设计及试验结果

试验号 \ 因子	A 1	B 2	C 3	D 4	300% 定伸应力 (原数据 − 600) × $\frac{1}{10}$				合计
1	1	1	1	1	−7	−5	−7	−6	(−25)
2	1	2	2	2	−5	−1	−2	−2	(−10)
3	1	3	3	3	23	24	22	25	(94)
4	2	1	2	3	−5	−3	−4	−4	(−16)
5	2	2	3	1	−5	−3	−4	−4	(−16)
6	2	3	1	2	−2	−4	0	2	(−4)
7	3	1	3	2	23	21	26	22	(92)
8	3	2	1	3	6	11	7	9	(33)
9	3	3	2	1	0	2	0	1	(3)

对上述数据进行方差分析，将A、B、C、D四个因子的数据各水平之和列于表9-5。

表9-5 因子各水平试验数据之和

因子＼水平	1	2	3	合计
A	59	-36	128	151
B	51	7	93	151
C	4	-23	170	151
D	-38	78	111	151

$$CT=\frac{G^2}{n}=\frac{\left(\sum_{i=1}^{n} y_i\right)^2}{n}=\frac{151^2}{9\times 4}=633$$

$$S_A=\frac{1}{3\times 4}(A_1{}^2+A_2^2+A_3^2)-CT$$

$$S_A=\frac{1}{12}[59^2+(-36)^2+128^2]-633=1130$$

同样算出：$S_B=309$；$S_C=1820$；$S_D=1021$。

因子的偏差平方和　$S_{因}=S_A+S_B+S_C+S_D$

$$S_{因}=1130+309+1820+1021=4280$$

总的偏差平方和　$S_{总}=$（全体试验数据的平方和）$-CT$

$$S_{总}=[(-7)^2+(-5)^2+\cdots+1^2]-633=4352$$

计算出试验误差的偏差平方和 S_e

$$S_e=S_{总}-S_{因}=4352-4280=72$$

自由度计算：

$$f_{总}=n-1=36-1=35$$

$$f_e=f_{总}-(f_A+f_B+f_C+f_D)=35-(2+2+2+2)=27$$

计算平均偏差平方和，求出 $F_{比}$：

$$F_A=\frac{S_A/f_A}{S_e/f_e}=\frac{1130/2}{72/27}=\frac{565}{2.7}=209.3$$

同样算出：$F_B=57.2$，$F_C=337.0$，$F_D=189.0$

根据因子的自由度为2，误差的自由度为27，可在各种信度的F表上查得 $F_{比}$ 的临界值：

$$F_{0.01}(2,27)=5.49;\quad F_{0.05}(2,27)=3.37$$

经计算、查表比较后得方差分析表，见表9-6。

表9-6 方差分析表

因　子	自由度(f)	偏差平方和(S)	$F_{比}$	显著性	贡献率 ρ/%
A	2	1130(S_A)	209.3	*	25.8
B	2	309(S_B)	57.2		7.0
C	2	1820(S_C)	337.0	* *	41.7
D	2	1021(S_D)	189.0	*	23.3
e	27	72(S_e)			2.2
总	35	4352($S_{总}$)			100

从表 9－6 可知每个因子的显著性，因子在试验指标中的贡献率 $\rho\%$，计算方法如下：

$$\text{因子 A 的纯效果} = S_A - (\text{A 的自由度}) \times \frac{S_e}{f_e}$$

$$= 1130 - 2 \times \frac{72}{27} = 1124$$

同样可算出：

因子 B 的纯效果＝303

因子 C 的纯效果＝1814

因子 D 的纯效果＝1015

e 的纯效果＝$S_{总}$－（A＋B＋C＋D 的纯效果）

＝4352－（1124＋303＋1814＋1015）＝96

A 因子对该指标的贡献率 ρ_A：

$$\rho_A = \frac{\text{A 的纯效果}}{\text{全变动}} \times 100 = \frac{1124}{4352} \times 100 = 25.8\%$$

同样算出：$\rho_B = 7.0\%$，$\rho_C = 41.7\%$，$\rho_D = 23.3\%$，$\rho_e = 2.2\%$

所有因子和误差对指标的贡献率之和为 100%。

$$\rho_A + \rho_B + \rho_C + \rho_D + \rho_e = 25.8 + 7.0 + 41.7 + 23.3 + 2.2$$

$$= 100\%$$

至此，对各因子的作用和试验精度，通过方差分析得到了圆满的解决。

二、中心复合试验设计法

中心复合试验设计法是回归分析中一种行之有效的方法。所谓回归分析，简言之就是一种处理配方变量与因子之间关系的数学方法。通过某种胶料性能的响应方程式（回归方程式）建立起自变量（配方组分）和因变量（胶料的物理性能）之间的联系。显然，用数学式表达的这种联系，不但有质的相互关系，而且有量的相互关系。国内外已出版了回归分析法的专著，现只就其应用作一般性介绍。

1. 数学模型　实践表明，胶料的性能和配合剂用量的关系，在一定范围内可以用一个完全的二次多项式表示，其通式为：

$$y = b_0 + \sum b_i x_i + \sum b_{ii} x_i^2 + \sum b_{ij} x_i x_j$$

式中，$i \neq j$

对二变量；

$$y = b_0 + b_1 x_1 + b_2 x_2 + b_{11} x_1^2 + b_{22} x_2^2 + b_{12} x_1 x_2$$

对三变量：

$$y = b_0 + b_1 x_1 + b_2 x_2 + b_3 x_3 + b_{11} x_1^2 ++ b_{22} x_2^2 + b_{33} x_3^2$$

$$+ b_{12} x_1 x_2 + b_{13} x_1 x_3 + b_{23} x_2 x_3$$

式中　y——因变量，代表胶料的性能；

x——自变量，代表配方中配合剂的用量，右下角的数字代表某一具体配合剂。

b——回归方程式系数，对某一试验胶料的具体方程式来说为一常数。右下角的数字与 x 右下角的数字相对应。

2. 实施步骤　以两变量配方试验设计为例。在这一试验设计中，配方中有二种配合剂同时变量，具体的实施步骤如下：

（1）制定水平及基本配合量　在简化的二变量试验设计中，可用三个水平即－1、0、＋1来表示其用量，配合剂的实际用量和水平的关系是：

$$配合剂实际用量 = 0水平用量 + 水平 \times 间距$$

例如：第一个变量（x_1）硫黄的0水平为1份，间距为0.5份，则＋1水平的实际用量为1.5份，－1水平的实际用量为0.5份。第二个变量（x_2）炭黑的0水平为60份，间距为30份。则＋1和－1水平的实际用量分别为90份和30份，如表9－7所示：

表9－7　水平及基本配合量

配合剂 \ 水平	－1	0	＋1	间　距
x_1(硫黄)	0.5	1	1.5	0.5
x_2(炭黑)	30	60	90	30

0水平用量和间距的选择，要从配方知识或探索试验的数据出发，考虑到最优的用量范围和变量范围。间距的选择要适当，太小了达不到试验的目的，太大了方程式的可靠性降低。

（2）配方设计　按表9－8进行配方设计。表中的横列代表9个需试验的配方。

表9－8　配　方　设　计

配合剂 \ 配方编号		1	2	3	4	5	6	7	8	9
x_1	水平基本配合量	－1	－1	－1	0	0	0	＋1	＋1	＋1
x_2	水平基本配合量	－1	0	＋1	－1	0	＋1	－1	0	＋1

（3）性能测试　按表9－8的配方进行试验，将所测的性能数据列入表9－9。

表9－9　性能测试结果

性　能 \ 配方编号	1	2	3	4	5	6	7	8	9
如胶料硬度	y_1	y_2	y_3	y_4	y_5	y_6	y_7	y_8	y_9

上述9个试验配方的测试一定要准确，尽量减少各种试验误差。为此要求试验时做到如下两点：第一，试验的胶料制成母炼胶，以减少工艺条件的影响。第二，9个试验胶料应同批测试，同机测试，同一人测试，因为这是试验设计计算结果的基础。如果测试数据误差过大，整个试验设计将归于失败。

（4）计算回归系数　测得所需性能后，即可按表9－10计算回归系数 b，并得到表示该性能与配合剂用量关系的方程式。

（5）计算性能值　有了回归系数和回归方程式，把 x_1 和 x_2 的水平值代入方程式（注意不能把用量的绝对值代入，只能代入水平数－1、0、＋1）即可得到该配方的计算性能值。首先计算9个经过试验配方的性能值，把计算值与实测值进行对比。如试验测试准确，计算无误，则计算值与实测值十分接近。如果计算值与实测值两者相差较大，就要仔细检查计算是否正确，测试数据是否反常，只有两者十分接近的情况下，方可继续。

表 9－10　回归系数计算

性能 ＼ 配方编号	1	2	3	4	5	6	7	8	9
y	y_1	y_2	y_3	y_4	y_5	y_6	y_7	y_8	y_9

表中 $y_1 \cdots y_9$ 为某性能的实测值。

$$b_0 = -\frac{1}{9}(y_1 + y_3 + y_7 + y_9) + \frac{2}{9}(y_2 + y_4 + y_6 + y_8) + \frac{5}{9}y_5$$

$$b_1 = -\frac{1}{6}(y_1 + y_2 + y_3 - y_7 - y_8 - y_9)$$

$$b_2 = -\frac{1}{6}(y_1 + y_4 + y_7 - y_3 - y_6 - y_9)$$

$$b_{11} = \frac{1}{6}(y_1 + y_2 + y_3 + y_7 + y_8 + y_9) - \frac{1}{3}(y_4 + y_5 + y_6)$$

$$b_{22} = \frac{1}{6}(y_1 + y_3 + y_4 + y_6 + y_7 + y_9) - \frac{1}{3}(y_2 + y_5 + y_8)$$

$$b_{12} = \frac{1}{4}(y_1 + y_9 - y_3 - y_7)$$

$$y = b_0 + b_1x_1 + b_2x_2 + b_{11}x_1 + b_{22}x_2 + b_{12}x_1x_2$$

(6) 作性能等高线图　为了更好地利用所得到的回归方程式，可按图 9－3 计算出各点的性能值。计算方法见表 9－11。表 9－11 中的序号与图 9－4 中各点的序号相对应，计算出各点的性能值后，即可作出性能等高线图。利用性能等高线图只需通过部分试验，把函数（性能）的各别值找出来，画出等高线，从等高线的变化即可得到试验变量与性能变化的规律。做多元函数的等高线原理相同，只不过计算的点要多些（这一点利用电子计算机很容易做到）。关于等高线原理，请参阅有关专著。

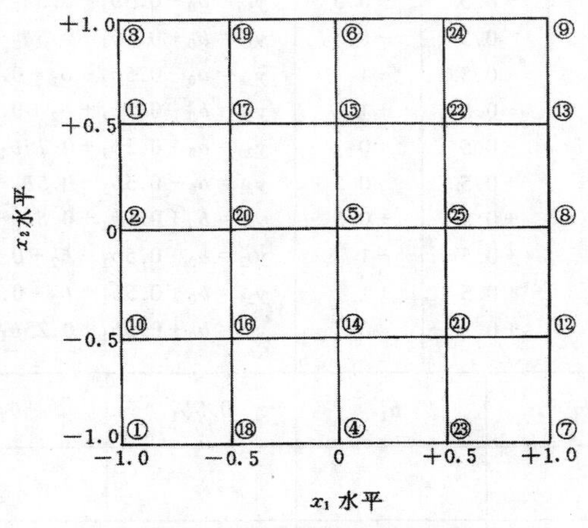

图 9－4　等高线图计算点

(7) 作配合剂用量与性能关系曲线　根据表 9－11 的性能计算值，可做出当 x_2 为 －1 水平、0 水平、＋1 水平时，x_1 用量与性能的关系；当 x_1 为 －1 水平、0 水平、＋1 水平时，x_2 用量与性能的关系。

简化的二变量中心复合试验设计法实例

丁腈胶料 TMTD－DM－S 低硫硫化体系中 DM 和 S 用量对胶料焦烧性能的影响。

试验配方：NBR－26 100，硬脂酸 1，氧化锌 5，FEF 炭黑 70，DBP 10，TMTD 3，DM 和 S 变量。

采用二变量中心复合试验设计法，其水平、配合量如表 9－12 所示，配方设计见表 9－13。

由表 9－14 可以看出，硫黄和促进剂 DM 用量对焦烧性能有显著的影响。为寻求其变化规律，按表 9－10 进行回归系数计算，得 $b_0 = 14.3, b_1 = -3.4, b_2 = 2.0, b_{11} = -0.9, b_{22} =$

0.8，$b_{12}=0.6$。将上述回归系数代入回归方程式，门尼焦烧时间的计算值$y=14.3-3.4x_1+2x_2-0.9x_1^2+0.8x_2^2+0.6x_1x_2$。9个试验配方的计算值和实测值十分接近，然后按表9－11计算等高线图各点的性能，作焦烧时间性能等高线图（图9－5）。

表9－11　性能等高线图计算

No	x_1	x_2	性能值 y 计算式
1	－1	－1	$y_1=b_0-b_1-b_2+b_{11}+b_{22}+b_{12}$
2	－1	0	$y_2=b_0-b_1+b_{11}$
3	－1	＋1	$y_3=b_0-b_1+b_2+b_{11}+b_{22}-b_{12}$
4	0	－1	$y_4=b_0-b_2-b_{22}$
5	0	0	$y_5=b_0$
6	0	＋1	$y_6=b_0+b_2+b_{22}$
7	＋1	－1	$y_7=b_0+b_1-b_2+b_{11}+b_{22}-b_{12}$
8	＋1	0	$y_8=b_0+b_1+b_{11}$
9	＋1	＋1	$y_9=b_0+b_1+b_2+b_{11}+b_{22}+b_{12}$
10	－1	－0.5	$y_{10}=b_0-b_1-0.5b_2+b_{11}+0.25b_{22}+0.5b_{12}$
11	－1	＋0.5	$y_{11}=b_0-b_1+0.5b_2+b_{11}+0.25b_{22}-0.5b_{12}$
12	＋1	－0.5	$y_{12}=b_0+b_1-0.5b_2+b_{11}+0.25b_{22}-0.5b_{12}$
13	＋1	＋0.5	$y_{13}=b_0+b_1+0.5b_2+b_{11}+0.25b_{22}+0.5b_{12}$
14	0	－0.5	$y_{14}=b_0-0.5b_2+0.25b_{22}$
15	0	＋0.5	$y_{15}=b_0+0.5b_2+0.25b_{22}$
16	－0.5	－0.5	$y_{16}=b_0-0.5b_1-0.5b_2+0.25b_{11}+0.25b_{22}+0.25b_{12}$
17	－0.5	＋0.5	$y_{17}=b_0-0.5b_1+0.5b_2+0.25b_{11}+0.25b_{22}-0.25b_{12}$
18	－0.5	－1	$y_{18}=b_0-0.5b_1-b_2+0.25b_{11}+b_{22}+0.5b_{12}$
19	－0.5	＋1	$y_{19}=b_0-0.5b_1+b_2+0.25b_{11}+b_{22}-0.5b_{12}$
20	－0.5	0	$y_{20}=b_0-0.5b_1+0.25b_{11}$
21	＋0.5	－0.5	$y_{21}=b_0-0.5b_1-0.5b_2+0.25b_{11}+0.25b_{22}-0.25b_{12}$
22	＋0.5	＋0.5	$y_{22}=b_0+0.5b_1+0.5b_2+0.25b_{11}+0.25b_{22}+0.25b_{12}$
23	＋0.5	－1	$y_{23}=b_0+0.5b_1-b_2+0.25b_{11}+b_{22}-0.5b_{12}$
24	＋0.5	＋1	$y_{24}=b_0+0.5b_1+b_2+0.25b_{11}+b_{22}+0.5b_{12}$
25	＋0.5	0	$y_{25}=b_0+0.5b_1+0.25b_{11}$

b_0	b_1	$0.5b_1$	b_2	$0.5b_2$	b_{11}	$0.25b_{11}$
b_{22}	$0.25b_{22}$	b_{12}	$0.25b_{12}$	$0.5b_{12}$		

表9－12　水平及基本配合量

配合剂 \ 水平	－1	0	＋1	间距
x_1(S)	0.1	0.3	0.5	0.2
x_2(DM)	2	4	6	2

表 9-13 配 方 设 计

配合剂 \ 配方编号		1	2	3	4	5	6	7	8	9
x_1	水平基本	-1	-1	-1	0	0	0	+1	+1	+1
	配合量	0.1	0.1	0.1	0.3	0.3	0.3	0.5	0.5	0.5
x_2	水平基本	-1	0	+1	-1	0	+1	-1	0	+1
	配合量	2	4	6	2	4	6	2	4	6

9 个配方的试验结果列于表 9-14。

表 9-14 胶料焦烧性能试验结果

性能 \ 配方编号	1	2	3	4	5	6	7	8	9
S	0.1	0.1	0.1	0.3	0.3	0.3	0.5	0.5	0.5
促进剂 DM	2	4	6	2	4	6	2	4	6
门尼焦烧(M_s,120℃)/min	16′05″	16′25″	18′15″	12′30″	14′03″	17′25″	8′20″	10′05″	13′05″

由表 9-11 作出 S 和 DM 用量对焦烧时间影响的曲线，见图 9-6。根据这些图、表即可选择出所需性能的配方。

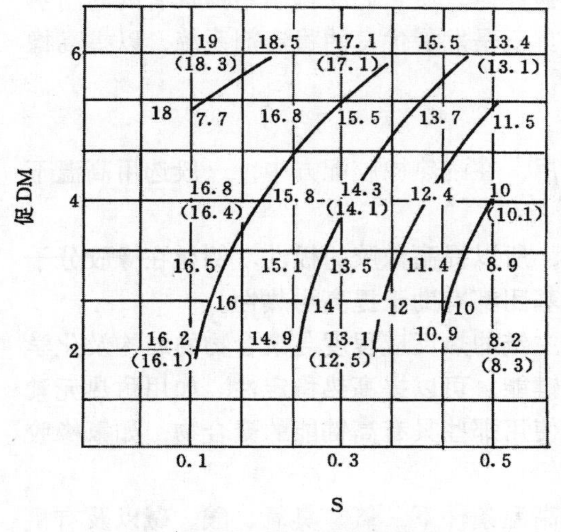

图 9-5 焦烧时间等高线图

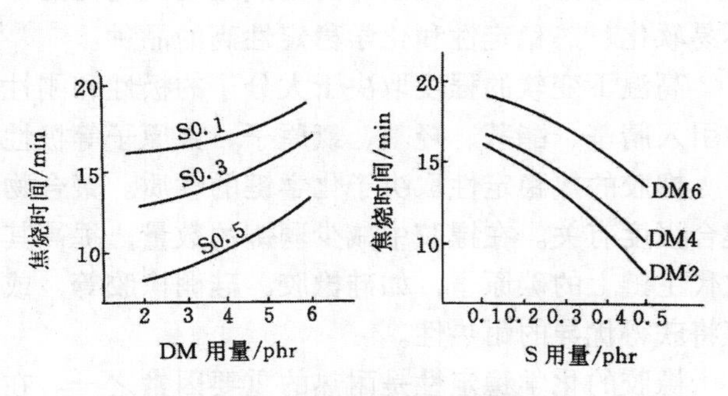

图 9-6 DM、S 对焦烧时间的影响

参 考 文 献

〔1〕方昭芬．橡胶标准化与技术，1989（2）：20

〔2〕方昭芬．橡胶标准化与技术，1989（5）：6

〔3〕方昭芬．橡胶标准化与技术，1989（6）：7

〔4〕方昭芬．橡胶标准化与技术，1990（3）：18

〔5〕北京化工学院橡塑工程教研室．橡胶配方设计原理及方法，1986

〔6〕华南工学院杜承泽等．电子计算机用于橡胶配方设计的数理统计方法，1982

〔7〕顾森昌．电算技术在橡胶配方上的应用研究，特种橡胶制品技术交流会资料，1980

第十章　特种性能橡胶配方设计

随着科学技术的不断发展，高分子材料的应用领域不断扩大。特种高分子材料的兴起已成为现代高分子工业发展的重要特征之一。所谓“特种”指的是具有特殊性能，例如耐高温、耐低温、导电等。目前国外正在大力研究、开发的高分子功能材料，也是这一领域的继续和拓宽。近年来特种橡胶材料需求量也在逐年增加，所以研究开发特种性能橡胶制品，是提高橡胶产品竞争力的方向。

本章中主要介绍在现有橡胶品种的条件下，如何通过适当的配方设计，赋予制品较好的性能，使其能适应特定的使用条件。扼要讨论不同的特种橡胶各主要配合体系的选用原则。

第一节　耐热橡胶

通常将橡胶在长时间热老化作用下保持原有物理性能的能力称为耐热性。提高橡胶制品的耐热性，主要通过如下三种途径：一是合成新的弹性体，使它们的化学结构具有高的耐热性。二是选择适当的硫化体系来改善体系的耐热性。三是发展优良的稳定剂系统，以提高橡胶制品对热和氧的防护能力。

一、橡胶品种的选择

橡胶的分子结构对制品的耐热性起决定性的作用，在耐热橡胶配方中，一般选用高温下不易软化、热稳定性和化学稳定性高的品种。

高温下变软的程度取决于大分子的极性和刚性，所以提高橡胶的极性，例如在橡胶分子中引入腈基、酯基、羟基、氯原子、氟原子等极性基团都有助于提高耐热性。

橡胶的热稳定性取决于化学键的性质。聚合物主链的热反应程度与聚合物的结构及化学键合强度有关。在橡胶中减少弱键的数量，提高其键能，可以提高热稳定性。如用耐热元素取代主链上的碳原子，如硅橡胶、硅硼橡胶等，或使用那些具有高键能的聚合物，如氟橡胶等将获得优异的耐热性。

橡胶的化学稳定性是耐热的重要因素之一。在高温条件下，氧、臭氧、酸、碱以及有机溶剂更容易与橡胶发生反应，促使橡胶老化。具有较高化学稳定性的橡胶在结构上应避免不饱和结构和支链结构。烯烃的双键及其他的 α - 碳原子上的氢，均易发生化学反应。所以，具有低不饱和度的丁基橡胶、乙丙橡胶和氯磺化聚乙烯等有优良的耐热性能。

常用的耐热橡胶有硅橡胶、氟橡胶、丁基橡胶、乙丙橡胶、氢化丁腈橡胶、丙烯酸酯橡胶、氯磺化聚乙烯等。各种橡胶的耐热程度见表 10 - 1。

二、硫化体系的选择

在耐热配方设计时，硫化体系的选择很重要。不同的硫化体系会产生不同的交联键结构。通常—C—C—交联键耐热性最好，其离解能为 263.8 kJ（63 kcal）/mol；单硫键次之，为 146.5 kJ（35 kcal）/mol；多硫键的耐热性最差；其离解能仅 113 ~ 117 kJ（27 ~ 28 kcal）/mol。为了获得耐热的交联键，应使用低硫高促系统、有效硫化体系、过氧化物硫化系统或其他无硫硫化系统。各种硫化体系的设计特点如表 10 - 2 所示。

表 10-1 各种橡胶的耐热程度

使用温度范围/℃	适用的橡胶
<70	各种橡胶
70～100	天然橡胶、丁苯橡胶
100～130	氯丁橡胶、丁腈橡胶、氯醇橡胶
130～150	丁基橡胶、乙丙橡胶、氯磺化聚乙烯
150～180	丙烯酸酯橡胶、氢化丁腈橡胶
180～200	乙烯基硅橡胶、氟橡胶
200～250	二甲基硅橡胶、氟橡胶
>250	全氟醚橡胶、三嗪橡胶、硼硅橡胶

表 10-2 各种硫化体系的设计特点

硫化体系	硫化剂用量/phr	促进剂用量/phr	典型的配合剂
传统硫化体系(CV)	S>1.5	0.5～1.5	DM、CZ、NOBS、TMTD
半有效硫化体系(SEV)	S 0.8～1.5	1～2	CZ、TMTD、NS
有效硫化体系(EV)	S 0.3～0.5	2～5	CZ、DM、TMTD
过氧化物硫化体系	2～5	0.2～1	DCP
无硫硫化	载硫体 3～4		DTDM、TMTD、MDB、VA-7

在使用过氧化物硫化体系进行配方设计时，必须注意过氧化物的适宜用量。如用量过多，交联密度过高，性能下降；用量不足，则会造成交联密度降低，导致耐热性下降。此外，用过氧化物硫化时，硫化胶的物理机械性能较低，特别是热撕强度较低，对模压制品尤应特别注意。

不同橡胶耐热硫化体系的配合有不同的特点，除选用上述硫化体系外，还可选用以下几种较优体系：氯丁橡胶宜采用金属氧化物硫化体系，丁腈橡胶选用镉镁硫化体系，丁基橡胶采用树脂硫化体系等，都能赋予制品较好的耐热性能。

三、防护体系的选择

耐热橡胶必须选用高效耐热型防老剂，各种橡胶常用的耐热防老剂如表 10-3 所示。

表 10-3 通用橡胶常用的耐热防老剂

胶种	防老剂
天然橡胶	BLE、AH、D、DNP、RD、4010NA
丁苯橡胶	BLE、AH
丁腈橡胶	BLE、RD、MB、4010、D
氯丁橡胶	BLE、AH、D、RD、D/H

为了减少橡胶在高温下经多次变形而产生的疲劳破坏，可将耐疲劳性较好的防老剂与耐热防老剂并用，防老剂的用量为生胶的1.5%～2.0%。

采用热稳定剂，如氯化亚锡、三氧化二锑等均可提高胶料的热稳定性。

四、填充剂的选择

一般无机填料比炭黑有更好的耐热性，最适用的无机填料是白炭黑。高活性的氧化锌、氧化镁、氧化铝和硅酸盐对提高胶料的耐热性也有一定的效果。炭黑中以槽黑的耐热性为最好。

五、增塑剂的选择

软化剂对耐热性影响很大，分子量较低的软化剂；在高温下易挥发或迁移渗出，导致硫化胶硬度增加，伸长率降低，使硫化胶逐渐硬化。所以耐热配方中应选用在高温下具有热稳定性和不挥发的品种，例如高闪点的石油系油类，分子量大、软化点高的聚酯类增塑剂。在硫化时能起聚合作用的软化剂则更为适用。

第二节 耐寒橡胶

弹性是橡胶作为工程材料最宝贵的性能之一，在很低的温度下，由于橡胶的分子链段被冻结，从而失去橡胶特有的弹性，发硬变脆，丧失使用性能。对于非结晶性橡胶来说，玻璃化温度是衡量其耐寒性的温度指标。对于结晶性橡胶，往往在远高于 T_g 的温度下，便达到了最大结晶速度，很快结晶，呈结晶态橡胶，同样也会失去弹性变得坚硬，所以结晶性橡胶耐寒配合应设法抑制其在低温条件下的结晶。

一、橡胶品种的选择

玻璃化温度是橡胶分子链段由运动到冻结的转变温度，而链段运动是通过主链单键内旋转实现的，因此分子链的柔性是关键。凡是能增加分子链柔性的因素，如加入软化剂或引入柔性基团都会使 T_g 下降；反之，减弱分子链的柔性或增加分子间作用力的因素，例如引入极性基团，庞大侧基、交联、结晶都会使 T_g 升高。

从橡胶结构上分析，橡胶主链中含有双键和醚键（如 NR、BR、氯醇橡胶）的橡胶具有高耐寒性。主链含有双键并具有极性侧基的橡胶（如 NBR、CR）其硫化胶的耐寒性居中。主链不含双键而侧链具有极性基团的橡胶（如氟橡胶），其耐寒性最差。表 10－4 列出了各种橡胶的玻璃化转变温度（T_g）和脆性温度（T_b）。

一般在低温下使用的橡胶，除低温性能外，还要求其他性能，例如耐油、耐介质等，因此单纯选用耐寒性好的橡胶往往不能满足实际要求。这时就要考虑并用。

表 10－4 各种橡胶的低温性能

胶 种	玻璃化温度（T_g）/℃	脆性温度（T_b）/℃	炭黑用量/phr
BR	＜－70	＜－70	SAF 50
NR	－62	－59	SAF 50
SBR	－51	－58	SAF 50
IIR	－61	－46	SAF 50
CR(W 型)	－41	—	SAF 50
CR(WRT 型)	－40	－37	SAF 50
NBR(Hycar1041)	－15	－20	SAF 50
NBR(Hycar1042)	－27	－32	SAF 50
CIIR(HT－1068)	－56	－45	FEF 30
CO(Hydrin 100)	－25	－19	FEF 30
Co(Hydrin 200)	－46	－40	FEF 30
CPE(Hypa 40)	－27	－43	FEF 40
ACM	—	－18	FEF 45
FPM(G501)	—	－36	FT 30
T(聚硫橡胶)	－49	—	FT 30
PU	－32	－36	FT 25

二、耐寒橡胶的配合体系

硫化体系以含多硫键的传统硫化体系为好，对于非结晶性橡胶，交联密度较低的对耐寒性有利。当低温结晶成为影响耐寒性的主要矛盾时，则应提高交联密度以降低结晶化作用。

合理的选用软化增塑体系是提高橡胶制品耐寒性的有效措施，加入增塑剂可使 T_g 明显下降。耐寒较差的极性橡胶，如丁腈橡胶、氯丁橡胶等主要是通过加入适当的增塑剂来改善其低温性能。因为增塑剂能增加橡胶分子柔性，降低分子间的作用力，使分子链段易于运动，所以极性橡胶要选用与其极性相近、溶解度参数相近的增塑剂。表10－5为各种增塑剂对丁腈橡胶耐寒性能的影响。

对丁腈橡胶而言，最常用的增塑剂为DOP和DBP，大剂量使用时，可有效地降低硫化胶的 T_g。

对氯丁橡胶较好的增塑剂有油酸丁酯、癸二酸二丁酯和癸二酸二辛酯，用量为20～30份，其中以油酸丁酯增塑效果最佳，见表10－6。

表10－5　各种增塑剂对丁腈橡胶耐寒性的影响

增塑剂	无增塑剂	DOP	DBP	BLP	BBP	TCP	TPP
脆性温度/℃	－29.5	－37.5	－37.5	－42	－37	－29.5	－30
增塑剂	DOA	DOZ	DOS	G－25	G－41	液体固马隆	
脆性温度/℃	－43	－44.7	－49	－36.5	－41.5	－27.5	

试验配方：丁腈橡胶　100，ZnO　5，SA　1，S　1.5，促进剂DM　1.5，SRF　65，增塑剂　20。

表10－6　不同增塑剂对氯丁橡胶 T_g 的影响

增塑剂	无增塑剂	油酸丁酯	癸二酸二丁酯	己二酸二辛酯	癸二酸二辛酯
T_g/℃	－40	－62	－57	－50	－57

非极性橡胶如NR、BR、SBR可采用石油系碳氢化合物作软化剂，也可选用酯类增塑剂。在使用增塑剂时，还应注意增塑剂在低温下发生渗出现象。

填料的加入，一般会使橡胶的耐寒性变差，因此耐寒橡胶要少用或不用填料，如必须使用时，则要优先选用软质或球形填料。

第三节　耐油橡胶

某些橡胶制品在使用过程中要和各种油类长期接触，这时油类能渗透到橡胶内部使其产生溶胀，致使橡胶的强度和其他力学性能降低。所谓橡胶的耐油性，是指橡胶抗耐油类作用的能力。

油类能使橡胶发生溶胀，是因为油类掺入橡胶后，产生了分子相互扩散，使硫化胶的网状结构发生变化。橡胶的耐油性，取决于橡胶和油类的极性。橡胶分子中含有极性基团，如氰基、酯基、羟基、氯原子等，会使橡胶表现出极性。极性大的橡胶和非极性的石油系油类接触时，两者的极性相差较大，从高聚物溶剂选择原则可知，此时橡胶不易溶胀。通常，耐油性是指耐非极性油类，所以带有极性基团的橡胶，如丁腈橡胶、氯丁橡胶、丙烯酸酯橡胶、氯醇橡胶、聚氨酯橡胶、聚硫橡胶、氟橡胶等对非极性的油类有良好的稳定性。

关于耐油性的评价，通常使用标准试验油。橡胶的耐油性若不借助于标准试验油作比较，则很难有可比性。因此，硫化胶的耐油试验，以ASTM D471为准，规定了3种润滑油，3种燃油和2种工作流体作为标准油，并对润滑油的粘度、苯胺点、闪点作了规定。

油中的添加剂对橡胶的耐油性有很大的影响，例如丁腈橡胶在齿轮油中硬度明显增加，硬化的程度远远大于在空气中和标准油中的硬化程度。这是因为齿轮油中的添加剂可使NBR交联的缘故。

近年来为了节约石油资源，国外正在使用添加酒精、甲醇的汽油。根据这种燃油发展的动向，今后可能要发展新型的耐油橡胶材料。

一、橡胶品种的选择

在进行耐油橡胶配方设计时，应首先考虑胶种的耐油性。

丁腈橡胶是一种通用的耐油橡胶，其耐油性优于氯丁橡胶。随丁腈橡胶中丙烯腈含量增加，其耐油性和耐热性提高，而耐寒性下降。在不同油中的溶胀值与丙烯腈含量，抽出物和配方设计有关。其溶胀值约在－10％～＋30％之间。近年来开发的氢化丁腈橡胶，大幅度的改善了丁腈橡胶的耐热性和耐油性，是一种应用前景十分广阔的新型耐油橡胶。丁腈橡胶与聚氯乙烯、三元尼龙、酚醛树脂共混，也可显著提高耐油性，而且耐油性随树脂的并用量增加而增大。

氟橡胶的耐油性优于其他橡胶，且耐温性能好，可以在200～250℃条件下使用，但它的耐寒性差，只有在－20℃以上才有弹性。

丙烯酸酯橡胶具有良好的耐石油介质性能，在175℃以下时，可耐含硫的油品及润滑油。其最大的缺点是不耐水，常温下弹性差，且不能用硫黄硫化，加工较困难。

氯丁橡胶在－50～＋100℃能保持弹性。在所有耐油橡胶中，氯丁橡胶耐石油介质的性能最差，但耐动物油性能较好。

聚乙烯醇是一种耐石油溶剂优良的树脂，通过改性和交联可得到耐油性优异的弹性体，这种弹性体最突出的特点是对芳香烃、苯乙烯、氟里昂（二氯二氟甲烷）等物质几乎不发生溶胀现象。它致命的缺点是耐水性差。

氟硅橡胶的耐热、耐寒性都好，可以在较宽的温度范围内保持耐油性，但强力较低，只能作固定密封件使用。

各种橡胶的耐油性相对比较如表10－7所示。

表10－7　各种橡胶的耐油性能

（经7天浸泡后的体积膨胀率，％）

油品种	温度/℃	NBR			CR	NR	SBR	IIR	VQM	CSM
		CN＝28	CN＝33	CN＝38						
ASTM No.1	50	－1	－1.5	－2	－5	60	12	20	4	4
ASTM No.1	100	－4	－4	－6	15	320	40	170	4	20
ASTM No.2	50	0.5	－0.5	－1.5	20	100	30	50	7	12
ASTM No.2	100	7	7	－3	5.5	—	120	250	10	75
汽油	50	15	10	6	55	250	140	240	230	85
ASTM No.3	50	10	3	0.5	65	200	130	120	25	65
柴油	50	20	12	5	70	250	150	250	120	120
柴油	100	22	13	6	90	—	220	—	140	160
苯	50	290	200	160	300	350	350	150	200	430
猪油	50	0.5	1	1.5	30	110	50	10	3	45

二、耐油橡胶的配合体系

在选择硫化体系时，应尽可能提高交联密度，硫黄用量可适当加大。

对耐油的丁腈橡胶而言，硫黄用量范围为1.5～2.5份，丙烯腈含量高的硫黄用量少一些，丙烯腈含量低的硫黄用量可多一些，生胶门尼粘度低的硫黄用量要比门尼粘度高的多。结合硫黄增加时，可使橡胶分子间交联密度增加，因此具有油类难以扩散的优点。氧化锌用量一般为5份。硬脂酸等脂肪酸一般在聚合时加入，因此合成橡胶中硬脂酸的用量比天然橡胶稍低。

增加填充剂用量有助于提高耐油性能。黑色制品使用炭黑最为适宜，浅色制品可使用陶土、硫酸钡、硅酸钙及活性碳酸钙。明胶与酪素之类的物质，对提高天然橡胶的耐油性有一定的作用，可作为填充剂配用。

耐油橡胶配合中应选用不易被油类抽出的软化剂，最好选用齐聚物，如低分子聚乙烯、氧化聚乙烯、聚酯类增塑剂和液体橡胶。极性大、分子量大的软化剂对耐油性有利。考虑到丁腈橡胶的耐寒性，大都使用 DBP、DOP 等。但从加工方面看，软化剂不宜太多。此时，可大量使用油膏，以利用软化剂的填加进行高填充配合。

第四节　耐腐蚀橡胶

能引起橡胶的化学结构发生不可逆变化的介质，称为化学腐蚀性介质。当橡胶制品与化学介质接触时，由于化学作用而引起橡胶和配合剂的分解，而产生了化学腐蚀作用，有时还能引起橡胶的不平衡溶胀。进入橡胶中的化学物质使橡胶分子断裂、溶解并使配合剂分解、溶解、溶出等现象，都是化学介质（通常多为无机化学药品水溶液）向硫化胶中渗透的同时产生的。所以为了提高橡胶的耐化学药品性，首先必须采取耐水性的橡胶配方。

化学介质对橡胶的破坏作用与化学介质的反应性和选择性有关，也与橡胶的化学结构有关。化学介质对橡胶的破坏主要有两个过程：首先化学介质向橡胶内部渗透，然后与橡胶中的活泼基团反应，进而引起橡胶大分子中化学键和次价键的破坏。所以，对化学介质较稳定的橡胶分子结构应有较高的饱和度，以减少 α－氢和双键的含量，且应不存在活泼的取代基团，或者是在某些取代基的存在下使结构中的活泼基团被稳定。其次，增大分子间作用力，使分子链排列紧密尽量减少空隙，如取向和结晶作用等，都会提高橡胶对化学介质的稳定性。

一、橡胶品种的选择

一般，二烯是橡胶如 NR、SBR、CR 等，在使用温度不高，介质浓度较小的情况下，通过适当的耐酸碱配合，硫化胶具有一定的耐普通酸碱的能力。对那些氧化性极强、腐蚀作用很大的化学介质（如浓硫酸、硝酸、铬酸等），则应选用氟橡胶、丁基橡胶等化学稳定性好的橡胶为基础，进行耐腐蚀配方设计。现分述如下：

硫酸：常温下除硅橡胶外，几乎所有橡胶对浓度 60％以下的硫酸都有较好的抗耐性。但在 70℃以上，对浓度 70％左右的硫酸，除天然橡胶硬质胶、丁基橡胶、氯磺化聚乙烯、乙丙橡胶、氟橡胶外，其他胶种皆不稳定。98％以上的浓硫酸或浓度 80％以上的高温硫酸，氧化作用都非常强烈，除氟橡胶以外皆不稳定。

硝酸：即使是稀硝酸溶液，对橡胶的氧化作用也很强烈。在室温下浓度高于 5％以上时，只有氟橡胶、树脂硫化的丁基橡胶、氯磺化聚乙烯有较好的稳定性，但温度在 70℃以上浓度达60％时，只有23型氟橡胶和四丙氟橡胶尚可使用，其他橡胶均严重腐蚀不能使用。

盐酸：橡胶在高、温高浓度盐酸作用下，化学反应也较强烈。天然橡胶与盐酸反应后在表面形成一种坚硬的膜，可阻止反应向纵深发展，这种膜具有优异的耐酸碱性，但没有弹性。氯丁橡胶、丁基橡胶、氯磺化聚乙烯都有较好的耐盐酸性，其中树脂硫化的丁基橡胶较为突出。只有氟橡胶对高温、高浓度的盐酸有更好的稳定性。

氢氟酸：氢氟酸多数是与硝酸、盐酸等混合使用，对橡胶作用与盐酸类似，但渗透性比盐酸大得多，与天然橡胶作用不能生成表面硬膜。常温下，浓度在50%左右时，氯丁橡胶、丁基橡胶、聚硫橡胶不失去使用价值，但浓度超过50%时，只有氟橡胶才有较好的抗耐性。在氢氟酸和硝酸混合液中，聚氯乙烯的抗耐效果较好。

铬酸：也是一种氧化能力很强的物质，除氟橡胶、树脂硫化的丁基橡胶、氯磺化聚乙烯外，其他橡胶均不耐铬酸。氯磺聚乙烯只能在常温、浓度5%以下的场合使用。氟橡胶、聚氯乙烯树脂对高浓度的铬酸具有良好的抗耐性。

醋酸：在冰醋酸中，即使常温下一般的橡胶也会产生很大的膨胀。丁基橡胶和硅橡胶也会发生一定的膨胀现象。但几乎都不发生化学作用，所以即使浓度高达90%，温度在70℃左右时，仍有相当的抗耐性。

碱：橡胶和一些碱金属的氢氧化物或氧化物一般不发生明显的反应。但胶料中不应含有二氧化硅类的填充剂，因为这类物质易与碱反应而被腐蚀。此外，在高温、高浓度碱溶液中氟橡胶易被腐蚀，硅橡胶也不耐碱。

某些有代表性的化学介质与适用的橡胶材料列于表10-8中。

表10-8 代表性的化学药品及适用的橡胶

化学药品类别	药品代表例	适用的橡胶
无机酸类	盐酸、硝酸、硫酸、磷酸、铬酸	IIR、EPDM、CSM、FPM
有机酸类	醋酸、草酸、蚁酸、油酸、邻苯二甲酸	IIR、VMQ、SBR
碱　类	氢氧化钠、氢氧化钾、氨水	IIR、EPDM、CSM、SBR
盐　类	氯化钠、硫酸镁、硝酸盐、氯化钾	NBR、CSM、SBR
醇　类	乙醇、丁醇、丙三醇	NBR、NR
酮　类	丙酮、甲乙酮	IIR、VMQ
酯　类	醋酸丁酯、邻苯二甲酸二丁酯	VMQ
醚　类	乙醚、丁醚	IIR
胺　类	二丁胺、三乙醇胺	IIR
脂肪族类	丙烷、丁二烯、环己烷、煤油	NBR、ACM、FPM
芳香族类	苯、二甲苯、甲苯、苯胺	FPM、聚乙烯醇
有机卤化物	四氯化碳、三氯乙烯、二氯乙烯	PTFE

二、配合体系

橡胶制品的化学稳定性，首先取决于主体材料橡胶的化学结构，其次是配方设计。

增加交联密度是提高耐化学药品性的有效手段。在二烯烃类橡胶中，应尽可能提高硫黄用量。硫黄用量在30份以上的硬质胶，耐化学腐蚀性较好，而低硬度的橡胶至少也应配入4～5份硫黄。

使用金属氧化物硫化的氯丁橡胶、氯磺化聚乙烯等，用氧化铅代替氧化镁，能明显提高橡胶对化学药品的稳定性。使用氧化铅时应注意氧化铅的分散和焦烧问题。

丁基橡胶硫化体系采用树脂或醌肟效果较好。

耐腐蚀胶料所选用的填充剂应具有化学惰性。推荐使用炭黑、陶土、硫酸钡、滑石粉、硅藻土等，其中以硫酸钡耐酸性能最好。碳酸钙、碳酸镁耐酸性能较差。氧化锌易受碱腐蚀。配入1～2份石蜡时，可在橡胶表面上形成保护膜，避免化学介质与橡胶表面直接接触，因此也有一定的效果。填充剂用量可适当增大，以降低橡胶在硫化胶中的体积分数，有助于减少制品的体积变化率。

应避免使用水溶性配合剂。含水量高的配合剂对化学稳定性也有不利的影响，因为橡胶在高温硫化时水迅速挥发而产生微孔结构，加大了化学药品的渗透能力。为防止这一弊端通常配入一定量的生石灰粉来吸收水分。

应选用不会被化学药品抽出，不易与化学药品起作用的增塑剂，例如酯类或植物油类在碱液中起皂化作用，所以在热碱液中不能使用这些增塑剂。

第五节 导电橡胶

在橡胶中加入导电性填料，可制成导电橡胶，一般导电橡胶的电阻值在$10^4\Omega$以下。

在橡胶中当导电性填料粒子的分布形成长链状或网状通路时，则产生导电作用。所以填料的结构性越高，其导电能力就越强。导电炭黑以聚集体分散状态填充于橡胶中，其导电性主要取决于炭黑的用量，炭黑用量不同，硫化胶的导电情况也不同：一是有足够的炭黑粒子，形成一个连续的导电链状结构，此时电阻很小，如在100份天然橡胶中加入炭黑90份以上时，其体积电阻率仅为3.6～4.8Ω·cm；二是炭黑粒子只形成部分连续的链状结构，各个链段之间存在一定的距离，在等效电路中相当于电容，故电阻率较大，如炭黑用量在70份以上时，电阻率为13Ω·cm；三是胶料中炭黑粒子较少，彼此间距较大，所以电阻也大，如炭黑用量在50份以下时，其电阻比第一种情况大60倍以上。

一、导电橡胶基胶的选择

导电橡胶基胶最好选择介电常数较大的橡胶，一般选用硅橡胶、氯丁橡胶、丁腈橡胶等。用硅橡胶制作的导电橡胶，除具有导电、耐高低温（－70～＋200℃)、耐老化的特性外，还具有工艺性能好，适于制造形状复杂、结构细小的导电橡胶制品。用于电器连接器材时，能与接触面紧密贴合准确可靠，富有弹性并可起到减振的作用，上述特点为一般导电橡胶所不及。在与油接触的环境中使用的导电橡胶，最好选用耐油橡胶，如丁腈橡胶、氯醇橡胶、氯丁橡胶等。下面以硅橡胶为基胶，说明导电橡胶的配方设计。

二、导电橡胶的配方设计

(一) 导电填料的选择

以甲基乙烯基硅橡胶为基胶，DCP作交联剂，分别加入工艺上最大允许量的乙炔炭黑，碳纤维、石墨、铜粉、铝粉、锌粉作导电填料，其二段硫化胶的体积电阻率和拉伸强度如表10－9所示。

表10－9　硅橡胶填加不同填料的导电性能

填　　料	乙炔炭黑	碳纤维（粘度）	石墨（橡胶级）	铜粉（200目）	铝粉（120目）	锌粉（200孔）	白炭黑（4#）
用量/prh	80	60	100	170	100	170	40
体积电阻率(ρ_v)/Ω·cm	1.3	1.3	2.8	$>10^5$	$>10^5$	$>10^5$	2.5×10^{15}
拉伸强度/MPa	4.2	1.6	1.3	1.0	0.8	0.6	100

试验结果表明，硅橡胶的导电性取决于导电填料，以乙炔炭黑、碳纤维、石墨为填料的导电性能较好，体积电阻率只有1～3Ω·cm；铜粉、铝粉、锌粉为填料的硅橡胶，其体积电阻率均大于10^5Ω·cm。由于碳纤维和石墨在硅橡胶中的补强效果差，工艺性能也不好，均不及乙炔炭黑。白炭黑补强性能虽好但体积电阻很大，不能作导电填料使用。因此，导电硅橡胶以乙炔炭黑作为导电填料较为适宜。

为了调节导电硅橡胶的体积电阻率和机械强度，可采用乙炔炭黑和白炭黑并用。

（二）硫化体系的影响

乙炔炭黑粒子表面的π电子，能消耗酰基过氧化物分解产生的游离基，故酰基过氧化物如过氧化苯甲酰（BP），2,4－二氯过氧化二苯甲酰(DCBP)均不能使乙炔炭黑填充的导电硅橡胶交联。芳基和烷基过氧化物，如过氧化二异丙基(DCP)、2,5－二甲基－2,5－二叔丁基过氧己烷(DBPMH)等均能使乙炔炭黑填充的导电硅橡胶的交联，二者的体积电阻率和物理性能相近，由于DCP比DBPMH便宜，故选用DCP作导电硅橡胶交联剂较为适宜。当DCP用量在1～3份时，二段硫化胶的体积电阻率基本上变化不大，都在3～4Ω·cm之间，说明交联剂达到一定量后，交联剂对乙炔炭黑填充的导电硅橡胶的导电性能影响不显著。

第六节　磁性橡胶

磁性橡胶是在橡胶中加入粉状磁性材料制得的一种挠性磁体。这种粉状磁性材料经加工后，由不显示各向异性的多晶，变成各向异性的单晶，使橡胶中非定向状态晶体粒子，在强磁场作用下，于橡胶基质内产生定向排列，能在一定的方向显示磁性。磁性橡胶即有一定的磁性，又保持了橡胶的性能，与其他磁性材料相比，具有独特的优点和用途。如常用作电冰箱、冷藏库磁性门的密封材料，还可用作铁粉过滤、磁性搬运、非接触式轴承、吸脱方便的标记、指示板以及计量仪器检测仪器、医疗器械等。

一、磁性材料

磁性材料按其在外磁场作用下呈现的不同磁性可分为抗磁性、顺磁性、铁磁性、反铁磁性和亚铁磁性物质。铁磁性和亚铁磁性物质为强磁性物质，其余为弱磁性物质。实用的磁性材料为强磁性物质，按其特征和用途常分为软磁、硬磁或永久磁性材料。硬磁材料的矫顽力高、经饱和磁化后，能储存一定的磁性，在较长的时间内保持强而稳定的磁性，在一定的空间内，提供恒定的磁场。磁性材料的磁性能，取决于它们的结晶构造、结晶形状和粒子尺寸以及它们的均匀性。

磁性橡胶的磁性来自其中所含的磁性材料填充剂。磁性橡胶的要求是能大量填充磁性材料，在磁化后能保持磁性，且能牢固地吸着在有永磁材料的铁板上面，不是所有可磁化粉末均能达到这一要求。例如将纯铁、锰锌铁氧体及锰镍铁氧体等混入橡胶中所制得的材料就不是能量乘积很大的永磁材料。实际上有价值的磁性材料极为有限，主要有铁氧体型粉末磁性材料和某些金属型粉末磁性材料。铁氧体的化学式为$M \cdot 6Fe_2O_3$（M为Ba，Sr，Pb等两价金属）。铁氧体的原料是炼铁时的副产品，其价格低廉，是最常用的材料。金属型粉末磁性材料具有其他磁性材料所没有的强磁性，其中主要有钏钴及钸钴等稀土类磁性材料。这种磁性材料价格昂贵，只用在小空间内产生大磁场的精密仪器。选择磁性材料时，有两种不同的侧重点：一种是侧重于它的磁性吸力，另一种则侧重于它的磁性特征。一般钡铁氧体的磁性吸力比较小，铝镍钴体的磁性吸力最强。为了提高钡铁氧体的磁性吸力，可选用各向异性的钡铁氧体，它与各向同性的钡铁氧体不同，具有明显的方向性，在特定的方向上具有较高的磁性。在磁性橡胶加工中要设法使各向异性的钡铁氧体沿磁化轴固定在与磁化方向一致的方向上。可以采取两种方法实现：一是通过压延、压出工艺；二是采用磁场作用的方法，即在加热条件下利用外来磁场使磁性体取向，而后骤冷固定。但使用各向异性的钡铁氧体时，如果不能使磁粉在橡胶中取向，则其磁性要比配用各向同性钡氧体的磁性还差。

磁性橡胶所必备的磁性特征是在受到反复冲击和磁短路的情况下，磁性不会降低。为达到这一目的，必须选择矫顽力很大的磁性材料，它必须在15000奥斯特的外加磁场作用下才能充分磁化，钡铁氧体就是能满足这种要求的磁性材料。具有高矫顽力的钡铁氧体，对外来干扰较为稳定的原因是，在外加磁场的作用下钡铁氧体的磁矩增大。

钡铁氧体和铝镍钴体各有其特点，在实际应用时可酌情选用。

磁性橡胶制造工艺中需经磁化处理。磁化的原理是通过外加磁场作用，使磁性体中所含的磁性原子的磁矩按平行的方向排列。磁化所用的磁场强度相当于磁性材料的饱和磁通密度。

二、磁性橡胶配方设计

(一) 橡胶的选择

磁性橡胶的磁性基本上与聚合物的类型无关，但胶种对物理性能影响很大。氯丁橡胶的磁通量略高。由于氯丁橡胶分子中具有较强的极性，有利于各向异性晶体粒子有规则的排列，因此呈现出较大的磁性。在选择生胶种类时，要针对制品的不同要求，对强伸性能的要求并不突出，而更重要的原则是能够混入尽可能多的磁粉，选择能够大量填充磁粉，而又不丧失曲挠性的橡胶是最重要的。天然橡胶、氯丁橡胶、丁腈橡胶、丁基橡胶、乙丙橡胶、氯磺化聚乙烯等都可用于制作磁性橡胶。不同胶种可填充的磁粉极限量亦不同，各种橡胶每百份生胶中可填充的磁粉数为：天然橡胶　2200；丁基橡胶　2600；氯丁橡胶　1400；丁腈橡胶 1800；氯磺化聚乙烯　1600；聚硫橡胶　850。当磁粉填充量大时，以天然橡胶为基础的磁性橡胶的综合性能较好。用液体橡胶为原料制作的磁性橡胶，工艺简单，用少量磁粉就能获得同干胶高填充量相近的磁性能，是一种有发展前途的技术路线。

(二) 磁粉品种及用量与性能的关系

磁粉的种类、结构、粒径及用量是影响磁性橡胶磁性的主要的因素。在配方设计时应慎重的加以选择。铁氧体种类繁多，按其晶体结构主要分为：尖晶石型、磁铅石型、石榴石型。按质量及用途可分为硬磁、软磁、矩磁、旋磁等。硬磁铁氧体性能较好的有钴铁氧体、铁铁氧体和锶铁氧体。综合看来钴铁氧体作磁性填料的磁性能和物理机械性能较好，钡铁氧体的磁性虽差些但其他综合性能较好，且来源丰富，价格低廉；铁铁氧体性能较差。磁粉粒径越小，退磁能力越小，一般磁粉粒径最好为0.5～3μm。随磁粉用量增大，磁性橡胶的磁性也随之增加，但其物理性能下降。

第七节　海绵橡胶

多孔的海绵橡胶具有优异的弹性和屈挠性，同时具有高度的减震、隔音、隔热性能，在密封、减震、消音、服装、制鞋等方面被广泛应用。

海绵橡胶按孔眼的结构可分为：开孔、闭孔和混合孔3种。

海绵橡胶通常用干胶制造，也可用胶乳制造。用干胶制造海绵橡胶是通过发泡剂分解出气体使橡胶发泡膨胀形成海绵。用胶乳制造是通过机械打泡，使胶乳成为泡沫，然后经凝固、硫化形成海绵，所以这种橡胶也称为泡沫橡胶。用干胶制造海绵橡胶时，对胶料有如下要求：

(1) 胶料应具有较高的可塑度。一般可塑度应控制在0.40（威氏）以上。

(2) 胶料的硫化速度和发泡剂的分解速度相匹配；

(3) 发泡时胶料内部压力应大于外部压力；

（4）胶料的传热性好，硫化程度一致，内外发泡均匀。

用干胶制造海绵橡胶时，配方设计要领如下：

一、橡胶品种的选择

制作海绵橡胶可选用各种橡胶，如要求耐油时，应选用丁腈橡胶或氯丁橡胶；要求耐热时，可选用三元乙丙橡胶、硅橡胶；制造微孔鞋底可采用 EVA/PE、EVA/HS 或 EVA 与通用橡胶并用。通用海绵橡胶的视相对密度在 0.15～0.5 左右，通用海绵橡胶多用天然橡胶、乙丙橡胶制作。

二、发泡剂的选择

海绵橡胶的泡孔结构主要取决于发泡剂的品种和用量，并与发泡剂在胶料中的分散度和溶解度有关。

对用于海绵橡胶的发泡剂的主要要求是：贮存稳定性好，常温下不易分解；无毒、无臭，不产生污染；在高温下，短时间内完成发气作用，且发气量可调节；分解充分，产生的热量小；粒度均匀，易分散。

发泡剂按化学结构可分为无机和有机两大类。其性能见表 10－10 和表 10－11。目前大多采用有机发泡剂，其中具有代表性的是发泡剂 H、AC、OBSH 三种。

发泡剂 H：有气沫，但不污染、不变色，在 165℃ 的分解速度较 AC 快，分解生成的 N_2、NH_3 渗透性较大，容易使海绵孔壁破裂，因而多形成开孔结构，且在内压减小时的收缩性也较大，使用时要注意其用量及发泡助剂的选择。发泡剂 AC：无毒、无味、不变色、不污染，分解速度较 H 慢，分解产生的 N_2、CO、NH_3 渗透性较 H_2 小，收缩性也小，故易形成闭孔结构海绵。发泡剂 OBSH：无毒、无味、不变色、不污染，膨胀率较小，分解温度和硫化温度相近，不需加入发泡助剂，而且能形成均匀细密的微孔海绵结构，收缩率比 H 和 AC 都小，宜于制造尺寸要求严格的制品。

表 10－10 无机类发泡剂

发泡剂名称	分解温度/℃	产生的气体	产生气体量/(ml/g)	备注
碳酸氢钠	约 90	CO_2	267	需使用硬脂酸作助剂，生成的气体渗透量大，易生成开孔结构
碳酸氢铵	36～60	CO_2、NH_3	35～60	
碳 酸 铵	40～120	CO_2、NH_3	30～40	
亚硝酸铵		N_2		

表 10－11 有机类发泡剂

发泡剂名称	结构式	分解温度/℃	产生气体	产生气体量/(ml/g)	备注
H(BN、DPT) *N*,*N*′－二亚硝基五亚甲基四胺	五亚甲基四胺环（CH_2—N—CH_2），两个 N 上连 NO（NO—N，N—NO）	205	N_2 NH_3	260	可用无机酸和尿素作发泡助剂
AC(ADCA) 偶氮二甲酰胺	$H_2N-\overset{O}{\overset{\Vert}{C}}-N{=}N-\overset{O}{\overset{\Vert}{C}}-NH_2$	195～200	N_2 CO NH_3	200～300	用有机酸尿素、硼砂、乙胺三甲基硫酸铝作助剂

续表

发泡剂名称	结构式	分解温度/℃	产生气体	产生气体量/(ml/g)	备注
OBSH(OT、OB) 对,对′-氧化二苯磺酰胺	NH_2NHSO_2—⟨苯环⟩—O—⟨苯环⟩—SO_2NHNH_2（图示：NH_2NHSO_2 … O … NH_2NHSO_2）	130～160	N_2	120～130	不需加入发泡助剂
AZDN 偶氮二异丁腈	CH_3 CH_3 NC—C—N=N—C—CN CH_3 CH_2	100	N_2	约 155	有微量氰化物产生
苯磺酰肼	⟨苯环⟩—SO_2NHNH_2	100	N_2	130	分解时放热
甲苯磺酰肼	CH_3—⟨苯环⟩—SO_2NHNH_2	104～110	N_2	125	

三、发泡助剂的选择

发泡剂 H、AC 等的分解温度都较高，在通常的硫化温度下，不能分解发泡，因此必须加入发泡助剂调节其分解温度。此外，加入发泡助剂还可减少气味和改善海绵制品表皮厚度。

常用的发泡助剂有有机酸和尿素及其衍生物。前者有硬脂酸、草酸、硼酸、苯二甲酸、水杨酸等，多用作发泡剂 H 的助剂；后者有氧化锌、硼砂等有机酸盐，多用作发泡剂 AC 的助剂，但分解温度只能降低至 170℃ 左右。发泡助剂的用量一般为发泡剂用量的 50%～100%，使用发泡助剂时，要注意对硫化速度的影响。

四、硫化体系的选择

设计海绵橡胶硫化体系的原则是，使胶料的硫化速度与发泡剂的分解速度相匹配。不同的胶种选择不同的硫化体系。通用胶种可选用硫黄作硫化剂，用量为 1.5～3.0 份；硅橡胶、三元乙丙胶可选用过氧化物作硫化剂；氯丁橡胶常用氧化锌和活性氧化镁作硫化剂。促进剂 M、DM、CZ、DZ、TMTD、PZ 等单用或并用均可作海绵橡胶的促进剂，但用量较实心制品多一些。无论选择哪一个硫化体系，必须注意的是，要使硫化速度与发泡速度相匹配，这是胶料能否发泡以及形成气孔状态好坏的关键。硫化过程中硫化速度与发泡速度的关系，可用图 10－1 说明。图中 A 为焦烧时间，AB 为热硫化的前期，BC 为热硫化的中期，CD 为热硫化后期，D 为正硫化点。如果在 A 点前发泡，此时胶料尚未开始交联，粘度很低，气体容易跑掉，得不到气孔。当在 AB 阶段发泡时，这时粘度仍然较低，孔壁较弱，容易造成连孔。如果在 BC 阶段发泡，这时胶料已有足够程度的交联，粘度较高，孔壁较强，就会产生闭孔海绵。若在 D 点开始发泡，这时胶料已全部交联，粘度太高，亦不能发泡。因此必须根据发泡剂的分解速度来调整硫化速度。

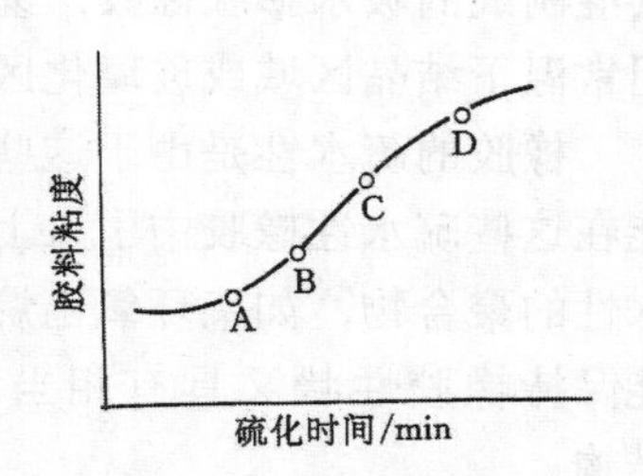

图 10－1 硫化过程与发泡的关系

五、其他配合体系的选择

常用的填充剂有半补强炉黑、易混槽黑、轻质碳酸钙等，白炭黑和陶土也可用作填充剂，陶土不好分散，最好采用几种填充剂并用，但用量不宜过大，否则会增大海绵胶的密度，一般用量为50份左右。

无论使用哪一种橡胶制造海绵橡胶，胶料的门尼粘度都应严格控制在较低的范围内，否则不能制出理想的海绵橡胶制品，为此要注意软化剂的品种和用量选择，并应注意它们与橡胶的相容性要好和对发泡无不利的影响。常用的软化剂有机油、变压器油、凡士林、环烷油、石蜡油、氯化石蜡、植物油及酯类等。硬脂酸虽可作软化剂使用，但因它同时又是活性剂、发泡助剂，所以用量应比实心制品多一些。软化剂用量一般为10～30份。

海绵橡胶制品是多孔结构，表面积较大，容易老化，必须配用高效防老剂。其使用原则是既有良好的防老化效果，又对发泡无不良的影响。其用量比一般橡胶制品多。黑色海绵橡胶多用防老剂D、4010；浅色海绵多用非污染性防老剂如2246、MB、SP，264等。

最后还要强调指出：制造海绵橡胶除配方设计外还要掌握好加工工艺（塑炼、混炼、返炼、硫化等），掌握好工艺条件往往比选用原材料更为困难。

第八节　吸水膨胀橡胶

随着科学技术在人类生活各个领域的渗透和扩大，吸水膨胀橡胶材料的应用不断扩大。近年来在土木建筑工程方面的应用已日益受到人们的关注，比如隧道、涵洞、住宅屋顶混凝土板材或块材之间的防水堵漏，就大量使用吸水膨胀橡胶。吸水膨胀橡胶的作用原理是在橡胶中加入吸水树脂后，吸水树脂遇水膨胀，使具有高弹性的橡胶扩张起来，。吸水膨胀橡胶富于弹性，在吸水后可膨胀数倍乃至数百倍，即使在挤压的情况下，仍具有保持水的能力，所产生的膨胀压力能够起到止水、堵漏的作用。

一、橡胶的选择

橡胶品种的选择主要以弹性好，具有一定的强度，工艺性能好为原则。常用的橡胶有天然橡胶、氯丁橡胶、三元乙丙橡胶以及热塑性的SBS等。如选择非结晶性橡胶与吸水树脂共混制成的吸水膨胀橡胶，易发生冷流现象，用作止水材料时会丧失止水效果，因此最好采用常温下结晶区域或玻璃化区域达到5%～50%的1,3－二烯类橡胶，如氯丁橡胶。

橡胶的疏水性是由于这些大分子中没有诸如羟基、羧基和醚基等亲水基团所造成的。如能在这些疏水性橡胶中引入上述亲水基团，则可制成吸水膨胀橡胶。最近的研究发现，以亲水性的聚合物，如聚环氧乙烷、聚环氧丙烷、聚乙二醇和氯磺化聚乙烯橡胶接枝可以制出既能保持橡胶性状又具有相当吸水性的吸水膨胀橡胶。因为氯磺化聚乙烯具有如下特殊的结构：

$$\left[\left(CH_2-CH_2-\underset{\underset{Cl}{|}}{CH}-CH_2-CH_2\right)_m \underset{\underset{SO_2Cl}{|}}{CH}\right]_n$$

其中的氯磺酰基的反应活性很大，因此可利用该基团的反应活性对聚合物改性。比如用氯磺化聚乙烯和聚乙二醇（PEG）接枝即可制出吸水膨胀橡胶，其反应模式如下：

$$
\begin{aligned}
&\left\{\begin{array}{l}-SO_2Cl \\ -SO_2Cl \\ -SO_2Cl\end{array}\right. + HO\!\leftarrow\!CH_2-CH_2-O\!\rightarrow_n\!H \xrightarrow{MeOH} \\
&\left\{\begin{array}{l}-\overset{\overset{O}{\|}}{\underset{\underset{O}{\|}}{S}}-O\!\leftarrow\!CH_2-CH_2-O\!\rightarrow_n\!H \\ -SO_2Cl \\ -SO_2Me\end{array}\right.
\end{aligned}
$$

氯磺化聚乙烯中的—SO_2Cl基，一部分与聚乙二醇中的羟基发生缩合反应，生成聚亚乙基醚支化链，还有一部分被碱水解，生成磺酸盐基团，再有一部分未参加反应。当反应温度较高时，—SO_2Cl几乎全部消耗于接枝和水解。这种接枝产物的吸水性随接枝率的提高而增大。

二、吸水树脂

吸水树脂是指结构中含有亲水性基团的聚合物，是吸水膨胀橡胶组成的关键组分。目前应用的吸水树脂主要有以下几种：

1．淀粉类　如淀粉－丙烯腈接枝聚合物的皂化物、淀粉－丙烯酸的接枝聚合物等。

2．纤维素类　如纤维素－丙烯腈接枝聚合物、羧甲基纤维素的交联产物等。

3．聚乙烯醇类　如聚乙烯醇的交联产物、丙烯腈－乙酸乙烯酯共聚物的皂化产物等。

4．丙烯酸类　如聚丙烯酸盐（主要是钠盐）、甲基丙烯酸甲酯－乙酸乙烯酯共聚物的皂化物等。

5．聚亚烷基醚类　如聚乙二醇与二丙烯酯交联的产物等。

6．马来酸酐类　如异丁烯－马来酸酐的交替共聚物。

吸水树脂应选择粒度小、吸水率大、保持水的能力强、在橡胶中易分散、不会析出的品种。一般吸水树脂的用量越大，膨胀率就越大。但用量过大会影响橡胶的物理机械性能。

吸水性树脂大多是由水溶性树脂经部分交联或皂化而制成，一般为颗粒状粉末，它们绝大多数不易在橡胶中分散。吸水树脂在橡胶中分散不均匀，遇水时表面的树脂就会被水抽出，从而影响产品的吸水率。将吸水树脂与水溶胀性聚氨酯并用一起与橡胶混炼，则可制出具有不同吸水膨胀率和力学性能的吸水膨胀橡胶。表 10－12 列出了由聚氨酯预聚体与氯丁橡胶共混而成的吸水膨胀橡胶的主要性能。

在橡胶中掺用其他吸水性树脂也能制成吸水膨胀橡胶。可选用吸水倍率高，吸水后强度较好的吸水树脂，如部分交联的聚丙烯酸钠、异丁烯－马来酸酐的共聚物等。其中以含羧酸盐的高分子电解质作为吸水性树脂最为适宜，特别是以乙烯基醚和烯烃不饱和羧酸或其衍生物为主要成分的共聚物的皂化物以及聚乙烯醇/丙烯酸盐的接枝共聚物，不但吸水后的强度较高，而且还能提高吸水后材料的刚性。

为了克服吸水性树脂与橡胶基材脱离的现象，吸水树脂的粒径应控制在 100μm 以下，小于 50μm 则更好。除了粒度之外，吸水树脂的共混工艺对制品的外观、物理性能等也有重要影响。

表 10-12 氯丁橡胶/聚氨酯吸水膨胀橡胶的性能

项目	浸水前	浸水后
硬度(邵尔 A)/度	35～40	—
抗压强度(压缩 30%)/MPa	0.88～1.17	0.78～0.98
(压缩 50%)/MPa	2.45～2.74	2.16～2.55
抗拉强度/MPa	4.21～5.88	1.47～1.86
伸长率/%	>700	>250
吸水膨胀率/%(体积)	—	180～200
抗渗标号	>8kg	>8kg

三、硫化体系

一般吸水膨胀橡胶的吸水率，随交联密度增加而减小。因为交联密度大，交联网络紧密，橡胶分子链的移动或扩张便不容易，树脂吸水后的膨胀力，不能克服致密交联网络的束缚，从而使树脂在橡胶中的吸水膨胀受到较大的压抑，导致膨胀率减小。反之，交联网络稀松，吸水树脂的膨胀力大于网络束缚力则能均匀膨胀。所以在保证硫化胶物理性能的同时，应尽量减小交联密度。具体措施是减少硫化剂、促进剂的用量。

四、其他配合体系

吸水膨胀橡胶大多是在潮湿恶劣的环境下使用，所以在配方中必须增加防老剂的用量，而且所用的防老剂不应被水抽出。此外还要加入适量的防霉剂。特别是当水中含有多价金属离子时，例如用于与海水接触的海洋工程，当雨水或淤泥水中含有金属离子时，它的吸水膨胀性能就会受到影响。为了避免这种影响，可在配方中加入金属离子封闭剂，如缩合磷酸盐和乙二胺四乙酸及其金属盐那样的氨基羧酸衍生物，其用量在1～50份之间，视水质情况而定。在某些对金属有腐蚀性的应用场合中还要加入0.5～1.0份的抗金属腐蚀剂。

随着科学技术的发展，对特种橡胶的需求也日益增加，除上述特种橡胶外，近年来发展较快的还有医用橡胶、难燃橡胶、减震橡胶、电绝缘橡胶、水声橡胶、耐高能辐射橡胶、低透气性橡胶、真空橡胶、透明橡胶等。由于篇幅所限，就不一一列举了。

参考文献

〔1〕Colin W. EVANS. Practical Rubber compounding and Processing. Applied Sciencl publishers Ltd., 1981
〔2〕李延林等．橡胶工业手册．第5分册．修订版．北京：化学工业出版社，1990
〔3〕深堀美英著，李书春译．橡胶译丛，1991 (3)：41
〔4〕戴立新等．橡胶工业，1991 (6)：346
〔5〕李新义．特种橡胶制品，1984 (5)：34
〔6〕许龙根．特种橡胶制品，1982 (4)：18
〔7〕河内正治．日本ゴム协会志，1985 (3)：176
〔8〕陈赛璐．橡胶工业，1990 (2)：68
〔9〕谢威杨．橡胶工业，1991 (9)：531
〔10〕刘传成．橡胶工业，1988 (4) 240
〔11〕邓本诚，纪奎江．橡胶工艺原理．北京：化学工业出版社，1984

交联密度/ (10^4mol/g)　撕裂强度/ (kN/m)　撕裂强度/ (kN/m)　交联密度/ (10^4mol/cm^3)
交联密度/ (10^4mol/cm^3)　交联密度/ (10^-5mol/g)

第十一章　生胶塑炼工艺

第一节　概　　述

橡胶的最宝贵的性质就是高弹性。但是，这种高弹性又给橡胶的加工和成型制造带来了极大的困难。所以要对橡胶进行加工制造，就必须设法使生胶的高弹性去掉或减小，使之由原来的强韧的高弹性状态转变为柔软而富有可塑性的状态，完成这一转变的工艺加工过程就是生胶的塑炼工艺，简称为塑炼。

经塑炼后的生胶原有的高弹性已大大减小，其熔体或溶液的粘度降低，硫化胶的力学性能和耐老化性能等都有所降低。但与此相反，其胶料的可塑性和加工流动性大为改善，胶料在溶剂中的溶解度提高，成型时的粘着性增大。总之，塑炼后的生胶工艺加工性能改善，而硫化胶的物理机械性能和使用性能却受到了损害。因此，生胶的塑炼加工主要目的是获得必要的可塑性和流动性，以满足混炼、压延、压出、成型、硫化、模压、注射、胶浆和发泡胶料制造等各种加工过程的工艺性能要求。

然而，生胶的塑炼程度或可塑度大小并不是任意确定的，塑炼胶的可塑度大小必须以满足后序加工过程的加工性能要求为标准，胶料的可塑度过大和过小，以及可塑度的不均匀，都会影响加工操作和产品质量。若胶料的可塑度过低，混炼时配合剂不易混入，混炼时间会加长，压出半成品表面不光滑，压出和压延半成品收缩率增大，压延胶布半成品容易掉皮，成型时胶料的粘着性差，硫化时不易流动充模，容易造成产品缺胶等。如果胶料的可塑度过高，混炼时配合剂也不易分散均匀，压出半成品挺性不好，压延时胶料易粘辊筒和垫布，硫化时胶料流失胶边较多，特别是硫化后成品的物理机械性能和使用性能会受到严重损害。所以，胶料的塑炼程度主要根据胶料的加工过程要求和硫化胶的物理机械性能要求来决定。一般说来，涂胶、浸胶、刮胶、压延擦胶和制造发泡制品的胶料，其可塑度要求都比较高，而对物理机械性能要求较高，半成品挺性好及模压硫化的胶料，其可塑度要求较低。压出胶料的可塑度要求介于以上二者之间。各种胶料的塑炼胶可塑度要求如表 11－1 所示。

混炼工艺一般要求塑炼胶的门尼粘度在 60 左右；压延纺织物擦胶工艺要求胶料的门尼粘度在 40 左右。对于生胶的初始可塑度已能满足加工性能要求的生胶，一般不需再行塑炼加工，可以直接进行混炼。例如，近年来，大多数合成橡胶和某些品种的天然生胶，如软丁苯橡胶、软丁腈橡胶及恒粘和低粘标准天然橡胶，因在生胶制造过程中均控制了聚合度或门尼粘度，使其初始可塑度在混炼加工的可塑度要求范围之内，因而不必进行塑炼便可直接混炼。至于混炼胶的可塑度大小则可以在混炼过程中加以适当控制。如果对塑炼胶的可塑度要求较高时，也可以进行适当塑炼。

总的来说，随着恒粘和低粘标准天然生胶品种的出现及合成橡胶的大量应用，生胶塑炼加工的任务已经大为减少。只是由于天然生胶的主要品种烟片胶和绉片胶以及某些品种的合成橡胶因初始门尼粘度较高，还必须经过塑炼。因此，本章叙述的塑炼工艺主要以天然生胶的塑炼为基础。各种生胶的初始门尼粘度值如表 11－2 所示。

表 11－1　常用塑炼胶之可塑度（威氏）

塑　炼　胶　种　类	可塑度要求	塑　炼　胶　种　类	可塑度要求
胶布的胶浆用塑炼胶		海绵胶料用塑炼胶	0.50～0.60
含胶率＞45％	0.52～0.56	压出胶料用塑炼胶	
含胶率＜45％	0.56～0.60	胶管外层胶	0.30～0.35
传动带布层擦胶用塑炼胶	0.49～0.55	胶管内层胶	0.25～0.30
三角带线绳浸胶用塑炼胶	0.50 左右	胎面胶用塑炼胶	0.22～0.24
压延胶膜用塑炼胶		胎侧胶用塑炼胶	0.35 左右
胶膜厚度在 0.1mm 以上	0.35～0.45	内胎胶用塑炼胶	0.42 左右
胶膜厚度在 0.1mm 以下	0.47～0.56	缓冲层帘布胶用塑炼胶	0.50 左右

表 11－2　各种生胶的初始门尼粘度

生　胶　种　类	门尼粘度(ML_{1+4}100℃)	生　胶　种　类	门尼粘度(ML_{1+4}100℃)
天然橡胶(烟片)	95～120	软丁苯橡胶	54～64
天然橡胶 SMR－CV①	45～75	丁基橡胶	45④～65④
SMR－LV②	40～70	氯丁橡胶(54－1A 型)	43～53
异戊二烯橡胶		氯丁橡胶(54－1B 型)	30～42
烷基铝－卤化钛型	55～90	顺丁橡胶	45～55
丁基锂型	40～55	三元乙丙橡胶(双环型)	50～70
硬丁腈橡胶⑤		氯横化聚乙烯橡胶－20	30③
NBR－18	120	氯横化聚乙烯橡胶－30	31③
NBR－26	95	氯磺化聚乙烯橡胶－40	60③
NBR－40	90	氯磺化聚乙烯橡胶－45	37③
软丁腈橡胶	29～47		

①标准马来西亚恒粘度天然橡胶。

②标准马来西亚低粘度天然橡胶。

③此为 ML_{-4}，100℃。

④此为 ML_{-8}，100℃。

⑤高温聚合丁腈橡胶，按德弗可塑性换算值。

第二节　塑炼方法与机理

一、生胶的增塑方法

增加生胶可塑性的方法依其塑化机理的不同可以分为以下几种：

1. 物理增塑法　利用低分子增塑剂加入生胶中增加生胶的可塑性的方法，称物理增塑法。其基本原理就是利用低分子物质对橡胶的物理溶胀作用来减小大分子间的相互作用力，从而降低了胶料的粘度，提高其可塑性和流动性。但这种方法不能单独用来塑炼生胶，只能作为生胶塑炼过程中的一种辅助增塑方法，用于提高塑化效果。

2. 化学增塑法　利用某些化学物质对生胶大分子链的化学破坏作用来减小生胶的弹性和粘度，提高其可塑性和流动性，这种方法叫化学增塑法。从生胶塑化机理看，化学增塑是比较有效的增塑方法，但与物理增塑法一样，也不能单独用来塑化生胶，只能作为其他机械塑化方法中的一种辅助增塑法使用。

3. 机械增塑法　利用机械的高剪切力作用使橡胶大分子链破坏降解而获得可塑性的方法叫机械增塑法或机械塑炼法。这是目前生胶塑炼加工中使用最广泛而又行之有效的增塑方法，可以单独用于生胶塑炼加工，也可以与物理增塑法及化学增塑法配合使用，能进一步提高机械塑炼效果和生产效率。

机械塑炼法依据设备类型不同又分为三种，即开炼机塑炼法、密炼机塑炼法和螺杆式塑炼机塑炼法。这都是生胶塑炼加工中最常用的塑炼方法。由于设备结构与工作原理上的差别，在具体应用上又各有特点，应当依据具体情况适当选用。

另外，依据塑炼工艺条件的不同，机械塑炼方法又分为低温机械塑炼法和高温机械塑炼法。密炼机塑炼法和螺杆塑炼机塑炼法的塑炼温度都在100℃以上，称为高温机械塑炼法；开炼机塑炼温度在100℃以下，故属于低温机械塑炼法。

二、生胶塑炼的增塑机理

从高分子物理学已知，高聚物熔体及其浓溶液的流动粘度除受加工温度和机械切变速率等外部因素影响外，最主要的是决定于聚合物本身的分子量或聚合度大小。聚合物熔体的最大粘度与其重均分子量（$\bar{M}_W$）之间呈指数方程的关系：

$$\eta_0 = A\bar{M}_W^{3.4} \quad (11-1)$$

式中 η_0——聚合物熔体的最大粘度；

A——特性常数；

$\bar{M}_W$——聚合物的重均分子量。

可见，聚合物熔体的粘度对分子量的依赖性很大，分子量的微小变化都会使其熔体的粘度显著地改变。与其他聚合物相比，橡胶的熔体粘度对温度的依赖性较小，所以减小橡胶粘度的最有效的途径就是减小其平均分子量。例如，国产的烟片胶在开炼机上薄通塑炼时，其可塑度、门尼粘度与分子量的变化如表11－3。

生胶塑炼的实质是使橡胶的大分子链断裂破坏。能够促使大分子链发生破坏降解的因素主要有：机械力的作用，氧的氧化裂解作用，热的热活化作用和热裂解作用。在一定条件下还会有化学塑解剂的破坏作用，以及静电与臭氧的作用等。

在生胶的机械塑炼过程中，机械力的作用和氧的热氧化裂解作用一般都同时存在，只是由于塑炼方法和工艺条件不同，各自所起作用的程度不同而已。如果在机械塑炼的同时，加入化学塑解剂，那么增塑因素就更多了。下面分别对这些因素的增塑作用进行讨论。

表11－3　天然橡胶薄通塑炼时可塑度、粘度及分子量的变化

薄通		可塑度（威氏）	门尼粘度（ML_{1+4}100℃）	粘均分子量（$\bar{M}_\eta \times 10^6$）
时间/min	次数			
0	0	0.088	—	1.605
1	5	0.104	81.25	1.432
2	11	0.145	76.60	1.110
3	16	0.337	69.40	0.890
6	31	0.407	58.00	0.628
9	48	0.518	42.30	0.438
15	90	0.646	29.30	0.298
24	134	0.704	21.90	0.248
36	200	—	16.50	0.212

（一）机械力的作用

橡胶属于高分子聚合物。高聚物大分子链之间的整体相互作用能远远超过大分子主链中单个化学键的键能。所以，当聚合物材料受到机械力的作用时，在机械力作用能尚未达到完全克服大分子链整体之间相互作用之前，早已超过了大分子主链上单个化学键的键能，于是大分子主链化学键就有可能发生断裂而使大分子链受到破坏。当然，如果这种机械力作用能够均匀地分布到整条大分子主链的每一个化学键上，则由于一条大分子链中包含的化学键数目很大，每个键所承受的平均作用力也就很小了，从而不会造成大分子链的断裂破坏。

由于橡胶的大分子链长径比很大及分子链本身的内旋转热运动使其具有很大的柔顺性，大分子链在自由状态下呈无规蜷曲状态，分子链之间不可避免地会发生相互缠结，再加上分子链之间的相互作用，使大分子链在外力作用下很容易发生局部应力集中现象。若应力集中正好处在键能较低的弱键部位并超过其键能时，便会造成大分子链的断裂降解。机械力作用越大，大分子链被破坏的机会就越多，机械增塑效果就越大。当然，机械力作用还要受到加工温度条件的影响。如果机械力作用集中在一个很小的体积元之内，造成大于5×10^{-9}N/键的集中应力作用，那么机械力作用就能够使大分子链断裂破坏。

机械力作用与橡胶大分子链断裂破坏的几率之间的关系，可用如下公式表示：

$$\rho = K_1 \frac{1}{e^{(E-F_0\delta)/RT}} \tag{11-2}$$

$$F_0 = K_2 \eta\dot{\gamma} \left[\frac{M}{\overline{M}}\right]^2 \tag{11-3}$$

式中　ρ——大分子链断裂几率，代表机械塑炼效果；

E——大分子主链的化学键键能，kJ/mol；

F_0——作用于大分子链上的有效的机械力，N；

δ——大分子链断裂时的伸长；

$F_0\delta$——大分子链断裂时机械力做功，kJ；

$\tau=\eta\dot{\gamma}$作用于大分子链上的剪切力，N；

$\overline{M}$——大分子的平均分子量；

M——大分子的最大分子量（包括有长支链的缠结点在内）；

R——气体常数；

T——塑炼温度，K；

K_1、K_2——常数。

对于某种橡胶来说，E 和 K_1 为定值，低温下 RT 值不大，大分子链的断裂几率主要取决于 F_0。F_0 值愈大，ρ 值愈大，大分子链断裂破坏的机会越多。而 F_0 值的大小又取决于机械剪切力 τ 的大小，以及橡胶的粘度 η 和分子量 M 的大小。塑炼温度低，橡胶的粘度和机械剪切力作用增大，F_0 值增大，ρ 值也大；提高机械剪切速度 $\dot{\gamma}$ 也会增大 F_0 和 ρ 值，橡胶的分子量 M 值越大，F_0 值和 ρ 值会大大增加。

研究表明，机械力作用下大分子链断裂也是有一定规律的。当大分子链受到剪切作用时，分子链会沿着流动方向伸展，其中央部位受力最大，伸展程度也最大，而分子链的两端仍保持一定的卷曲状态。当外力作用达到一定程度时，大分子链中央部位便首先断裂。分子链愈长，其中央部位的受力也愈大，分子链也愈容易断裂。顺丁橡胶之所以难于机械塑炼，其重要原因之一就是生胶中缺乏分子量较高的级分。

可以看出，机械力作用下生胶中的高分子量级分逐渐减少，低分子量级分保持不变，中等分子量级分含量增加，故低温机械塑炼过程中橡胶的分子量分布逐渐变窄。如图 11-1。

橡胶在机械力作用下，最初的机械断链作用表现最为剧烈，分子量下降最快，随后渐趋缓慢，到一定时间后不再变化，此时的分子量称为极限分子量，如图 11－2。生胶种类不同，情况也不同。天然橡胶的极限分子量为 7～10 万，低于 7 万的分子链不再受机械力破坏，这时的粘度太低，称为过炼。顺丁橡胶分子量为 40 万，丁苯橡胶和丁腈橡胶因分子的内聚力大于顺丁橡胶，故极限分子量介于天然橡胶与顺丁橡胶之间。但总的说合成橡胶的极限分子量都高于天然橡胶，故都不容易出现过炼现象。

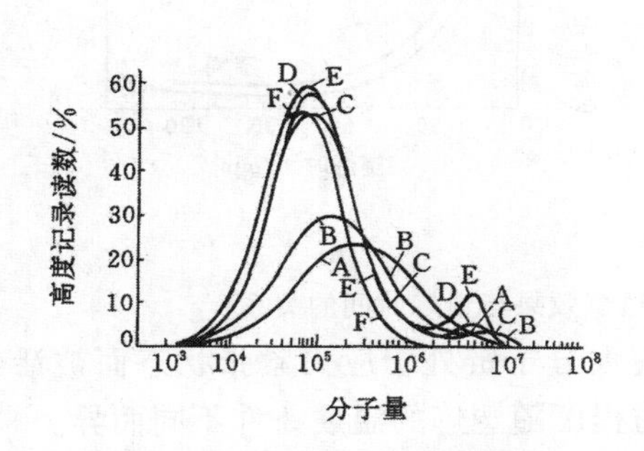

图 11－1　天然橡胶分子量分布与塑炼时间的关系（用凝胶渗透色谱法测定）

塑炼时间（min）：A—8；B—21；C—38；D—43；E—56；F—76

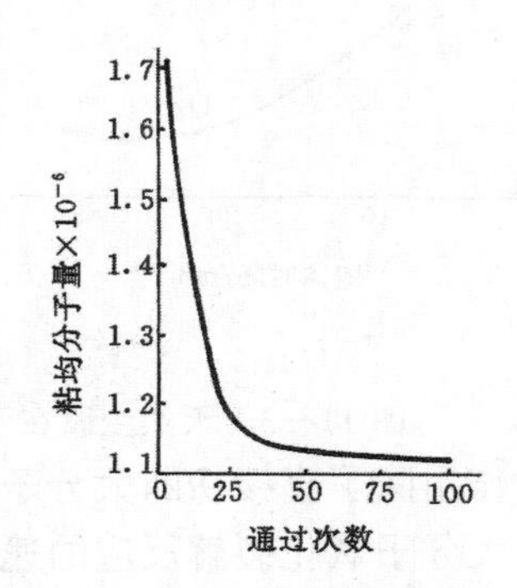

图 11－2　橡胶的粘均分子量与开炼机通过次数的关系（聚异丁烯，40℃，剪切速率 $\dot{\gamma}=66s^{-1}$）

（二）氧化裂解作用

在机械力作用下，大分子链断裂生成化学活性很高的大分子自由基，即 $R—R \xrightarrow{机械力} 2R^{\cdot}$。这种自由基的活性若不设法予以终止，就很容易重新相互结合或与其他大分子链产生活性传递，引发分子链之间的结构化反应，结果不仅达不到预期的塑炼效果，还有可能导致相反的作用，使橡胶的粘度进一步增大。研究发现，在惰性气体中对橡胶长时间塑炼后，几乎看不出有什么塑炼效果。如图 11－3a 所示，在氮气中塑炼时，生胶的门尼粘度几乎不怎么降低，有时甚至还会增加。但在空气中或氧气中进行塑炼时，随着机械塑炼时间的延长，胶料的粘度迅速减小。这就说明，在生胶的机械塑炼过程中，还必须有氧存在，氧是生胶机械塑炼过程中不可缺少的另一个重要因素。没有氧便不可能得到预期的机械塑炼效果。图 11－3a 和 b 就足以证明这一点。

实验研究还证明，经过机械塑炼后，生胶的不饱和程度降低，而重量和丙酮抽出物的含量却增加，丙酮抽出物中主要是含氧化合物，如图 11－4 所示。这充分说明，在机械塑炼过程中氧确实参与了橡胶的化学反应过程。实验证明，结合微量的氧就可以使橡胶的分子量大大减小。当塑炼胶的结合含氧量为 0.03％时，橡胶的平均分子量可降低 50％；当结合含氧量为 0.5％时，橡胶的平均分子量会从 10 万下降到 5 千。可见，氧对橡胶大分子链的氧化破坏作用是很大的。实际上，在一般的机械塑炼过程中，橡胶的周围都有空气存在，有氧和橡胶接触。而且橡胶本身又是可以发生氧化反应的高分子有机化合物，氧既可以作为大分子自由基的活性终止剂，使机械力作用生成的大分子自由基活性终止而稳定，又可以直接引发大分子链发生氧化反应而裂解。所以，氧在橡胶的机械塑炼过程中起着大分子自由基活性终止剂和大分子氧化裂解反应引发剂的极为重要的双重作用。只是在不同的温度条件下，各自所起作用的程度不同。

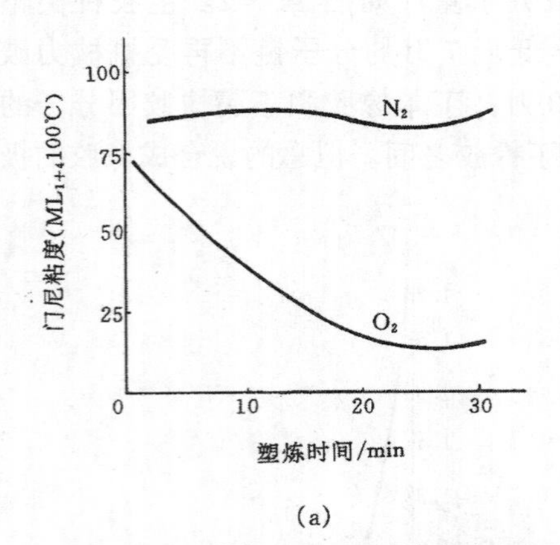

(a)

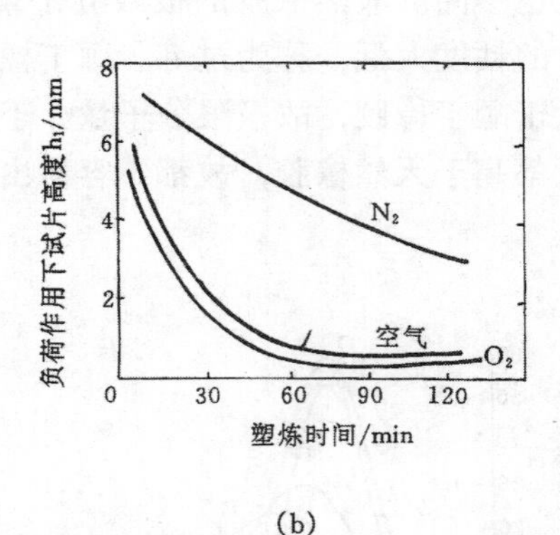

(b)

图 11－3 天然生胶在不同介质中的机械塑炼效果与塑炼时间的关系

机械力作用除了直接切断大分子链以外，还能使大分子链处于应力紧张状态而被活化，从而提高了大分子氧化裂解反应的速度。两种作用的程度随塑炼的温度条件不同而异。

（三）温度的影响

天然橡胶在空气中塑炼时，机械塑炼效果与塑炼温度之间的关系如图 11－5 所示。由图 11－5 可以看出，整个曲线，分为两部分：低温下机械塑炼效果随着塑炼温度的升高而减小；高温下，机械塑炼效果随着塑炼温度升高而急剧地增加，大约在 115℃左右的温度范围内，机械塑炼效果最小，这表明，总的曲线可以视为两条不同的曲线所组成，分别代表两个独立的变化过程。在最低值附近两条曲线相交。其中左边的曲线相当于低温机械塑炼，右边的曲线相当于高温机械塑炼。

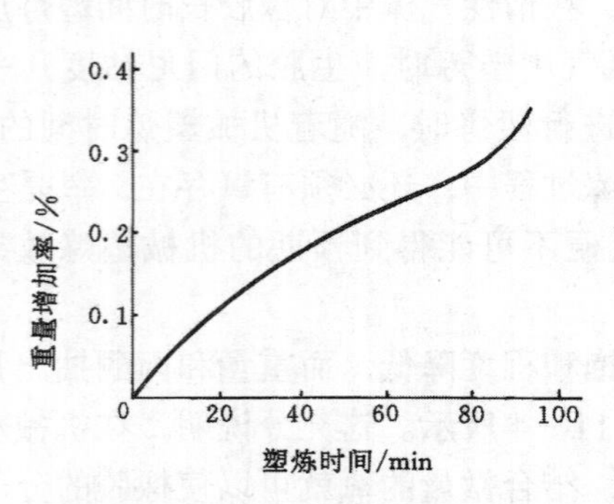

图 11－4 天然橡胶在塑炼过程中的重量变化

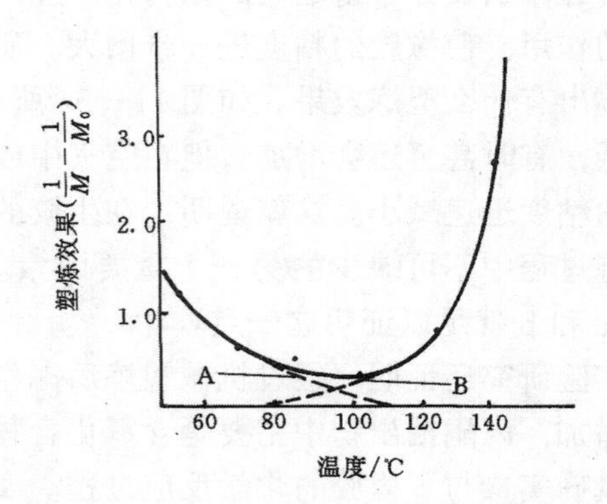

图 11－5 天然生胶机械塑炼效果与塑炼温度的关系

M_0—塑炼前的分子量；

M—塑炼 30min 后的分子量

实验证明，虽然在低温塑炼阶段必须要有氧的存在，但橡胶的氧化反应规律与一般的化学反应不一样，表现在低温下橡胶降解反应的温度系数为负值，即升高温度会减慢降解反应的速度；其次，若在塑炼时加入氧化反应的迟延剂，对橡胶的机械塑炼效果影响不大；还有，虽然不同种类的橡胶的氧化反应能力很不相同，但在低温机械塑炼过程中的塑炼速度却相近。这些现象充分说明，橡胶在低温下的机械塑炼机理与高温下的不一样。对此现象，可做如下解释。

低温下，氧和橡胶分子的化学活泼性均比较低，氧对橡胶大分子的直接引发氧化作用很小，但是低温下橡胶的粘度很高，机械剪切力作用大大提高，橡胶大分子链在机械力作用下的断裂破坏是主要的，其断裂生成的大分子游离基可以立即与周围空气中的氧相结合，生成分子量较小的稳定大分子，自由基活性得到终止，从而达到了塑炼的目的。所以，低温机械塑炼过程中，橡胶大分子链降解的速度依赖于机械力作用产生的大分子自由基的速度和浓度。降低温度会增大生胶的粘度和机械力对大分子链的破坏作用，从而提高了大分子自由基的生成速度和浓度，也就加快了大分子的降解速度，故塑炼温度越低越有利于提高机械塑炼效果。反过来，温度升高，橡胶的粘度减小，力作用下大分子链之间易发生相对滑动和位移，使机械力作用减小，降低了机械的塑炼效果。

高温时，氧和橡胶大分子的化学活泼性大大提高。这时，氧可以直接引发大分子发生氧化裂解反应，随着温度的升高反应速度急剧加大，所以机械塑炼效果也随之增大。由于大分子的热氧化裂解反应属于自动催化的自由基链反应过程，高温下的氧化反应十分剧烈，使高温下的机械塑炼效果急剧增加。由于高温下橡胶的粘度大大减小，所以机械力对大分子的直接破坏作用也就很小，而主要起搅拌作用，使橡胶的表面不断更新，以增加大分子与氧的接触机会，加速大分子的氧化裂解反应。提高塑炼设备的转速和温度便会加快塑炼速度。当然机械力作用也可以使大分子链受到一定的应力活化作用，促进大分子的氧化裂解反应，但这种作用只占次要地位。

当温度在115℃左右的范围时，由于机械剪切力作用很小，橡胶大分子和氧的化学反应活性也不高，所以总的机械塑炼效果最小。

(四) 化学塑解剂的作用

在生胶的机械塑炼过程中加入某些低分子的化学物质也能起到化学增塑作用，即使是在惰性介质中进行塑炼，也可显著地提高机械塑炼的效果。如在空气中进行塑炼，则增塑效果就更加显著。这类低分子物质叫化学塑解剂。

根据增塑机理不同，可以将化学塑解剂分为三种类型：链终止型化学塑解剂、链引发型化学塑解剂和混合型化学塑解剂。

链终止型化学塑解剂在低温塑炼时使用、当机械力破坏大分子生成大分子自由基时，便与塑解剂分子结合而终止其活性，防止大分子自由基发生再结合或活性传递反应，从而稳定已经取得的机械塑炼效果。故这类化学塑解剂又叫自由基接受体型塑解剂，如苯醌和偶氮苯等。

链引发型化学塑解剂是在高温下本身首先发生分解，生成化学活性较大的低分子自由基，然后再进一步夺取大分子链上的活性氢生成大分子自由基，从而引发并加速橡胶大分子链在高温下的氧化裂解反应，提高机械塑炼效果。这类化学塑解剂只适用于高温塑炼时采用。主要有过氧化苯甲酰，偶氮二异丁腈等。

混合型化学塑解剂兼有低温下的链终止作用和高温下的链引发作用两种功能。在低温塑炼时能作为大分子自由基接受体使其活性终止，在高温塑炼时又能直接引发大分子链的氧化裂解反应，从而加快塑炼过程。故这类塑解剂又称为混合型或链转移型化学塑解剂。常用的品种有硫酚、五氯硫酚及其锌盐、2，2′－二苯甲酰胺基二苯基二硫化物等。混合型化学塑解剂对高温机械塑炼和低温机械塑炼均有良好的增塑效果，但硫酚及其锌盐类塑解剂必须加入活化剂才能充分发挥其增塑作用。活化剂是一类金属络合物，如酞化菁或丙酮基乙酸与铁、钴、镍、铜等金属的络合物。金属原子与氧分子之间属于不稳定配位络合，能促进氧的转移，引起—O—O—键的不稳定而使氧更为活泼，因此活化剂在塑解剂中的用量很少而效果却很大。

脂肪酸盐是塑解剂和活化剂的载体，起分散剂和操作助剂的作用，用量很少，既有助于塑解剂的快速均匀分散，又能抑制合成橡胶大分子的环化反应，故商品化学塑解剂多为加有活化剂和分散剂的混合物。

目前，国内外化学塑解剂的品种已有几十种，主要是硫酚类及其锌盐以及二硫化物类，见表 11－4。

必须指出，化学塑解剂的种类虽多，但无论哪一种的增塑效果均不及氧的好。各种化学塑解剂的增塑效果比较如图 11－6。

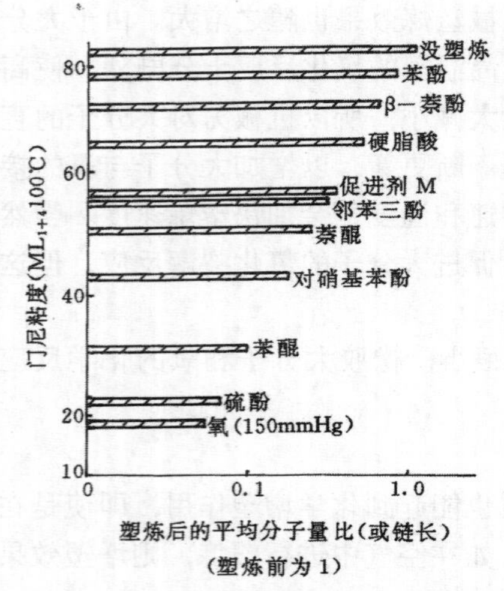

图 11－6　各种塑解剂增塑效果比较
（NR 在 N_2 气中塑炼 3min）

由于塑解剂的增塑作用是化学作用，所以高温机械塑炼时采用化学增塑法最为合理。低温机械塑炼时，若采用化学塑解剂增塑法，则应适当提高塑炼温度才能更充分发挥其增塑效果。

另外，机械塑炼过程中，化学塑解剂应制成母胶形式使用，以免损失，并有利于尽快混合均匀，从而更充分地发挥作用。

（五）静电与臭氧的作用

用开放式炼胶机进行塑炼时，在金属辊筒表面与胶料之间因剧烈摩擦会产生静电积累，并产生静电放电使周围空气中的氧气电离活化生成臭氧和原子氧，它们对橡胶的氧化作用比氧更大，因而对橡胶的塑炼过程亦有一定影响。

（六）生胶塑炼的反应机理（以天然橡胶为例）

1．低温机械塑炼反应机理

（1）无化学塑解剂　低温下无化学塑解剂时，橡胶的大分子链因剪切力而被破坏生成大分子活性自由基：

表 11－4　国内外塑解剂的主要种类

成　　　分	商 品 名 称	研制与生产者
五氯硫酚	12－Ⅱ Renacit Ⅴ	中　国 法　国
五氯硫酚＋活化剂	Renacit Ⅸ	法　国
五氯硫酚＋活化剂＋分散剂	Sj－103 Renacit Ⅶ 塑解剂 R1、R2、R3、R4	中　国 法　国 中　国
硫酚改性塑解剂	劈索 1 号	日　本

续表

成　　分	商品名称	研制与生产者
2,2′-二苯甲酰胺基 二苯基二硫化物	12-Ⅰ Pepton 22	中　国 英国、美国
2,2′-二苯甲酰胺基 二苯基二硫化物 +活化剂	Pepton 44 Noctizer-SK Pepter 3S	美　国 日　本
2,2′-二苯甲酰胺基 二苯基二硫化物 +饱和脂肪酸锌盐+活化剂 不饱和脂肪酸锌盐+活化剂	Dispergum 24 Aktiplast F Renacit HX Renacit VⅢ	 法　国 法　国

$$-CH_2-\overset{\overset{\displaystyle CH_3}{|}}{C}=CH-CH_2-CH_2\sim\sim \xrightarrow{\text{机械力}} \underset{(\text{Ⅰ})}{-CH_2-\overset{\overset{\displaystyle CH_3}{|}}{C}=CH-\dot{C}H_2} + \underset{(\text{Ⅱ})}{\dot{C}H_2\sim\sim} \tag{11-4}$$

在惰性气体中塑炼时，若橡胶中无天然的低分子防老剂等杂质，或空气中塑炼时缺氧条件下，生成的大分子自由基容易重新结合而丧失机械塑炼效果：

$$(\text{Ⅰ}) + (\text{Ⅱ}) \xrightarrow[\text{缺氧}]{N_2\text{或}} \sim\sim CH_2-\overset{\overset{\displaystyle CH_3}{|}}{C}=CH-CH_2-CH_2\sim\sim \tag{11-5}$$

或者大分子自由基与其他大分子链产生活性传递，形成支化和交联结构，使胶料的粘度增大：

$$(\text{Ⅰ}) + \sim\sim CH_2-\overset{\overset{\displaystyle CH_3}{|}}{C}=CH-CH_2-CH_2\sim\sim \xrightarrow{N_2} \begin{array}{l} \sim\sim CH_2-\overset{\overset{\displaystyle CH3}{|}}{C}=CH-CH-CH_2\sim\sim \\ \qquad\qquad\qquad\qquad\quad | \\ \sim\sim CH_2-\underset{\underset{\displaystyle CH_3}{|}}{C}=CH-CH_2 \end{array}$$

在空气中，生成自由基与氧反应：

$$(\text{Ⅰ}) + O_2 \longrightarrow \underset{(\text{Ⅲ})}{\sim\sim CH_2-\overset{\overset{\displaystyle CH_3}{|}}{C}=CH-CH_2-O-O\cdot} \tag{11-6}$$

或

$$(\text{Ⅱ}) + O_2 \longrightarrow \underset{(\text{Ⅳ})}{\cdot O-O-CH_2\sim\sim} \tag{11-7}$$

（Ⅲ）和（Ⅳ）为橡胶大分子过氧化物自由基，室温下不稳定，容易发生如下反应：

$$(\text{Ⅳ}) + \sim\sim CH_2-\overset{\overset{\displaystyle CH_3}{|}}{C}=CH-CH_2\sim\sim \longrightarrow$$

$$\underset{(\text{Ⅴ})}{HOO-CH_2\sim\sim} + \underset{(\text{Ⅵ})}{\sim\sim CH_2-\overset{\overset{\displaystyle CH_3}{|}}{C}=CH-\dot{C}H\sim\sim} \tag{11-8}$$

$$(\text{Ⅵ}) + O_2 \longrightarrow \sim\sim CH_2-\overset{\overset{\large CH_3}{|}}{C}=CH-\underset{\underset{(\text{Ⅶ})O-O\cdot}{|}}{CH}\sim\sim \tag{11-9}$$

$$(\text{Ⅶ}) + \sim\sim CH_2-\overset{\overset{\large CH_3}{|}}{C}=CH-CH_2\sim\sim \longrightarrow \sim\sim CH_2-\overset{\overset{\large CH_3}{|}}{C}=CH-\underset{\underset{OOH}{|}}{CH}\sim\sim + (\text{Ⅵ}) \quad (\text{Ⅷ}) \tag{11-10}$$

于是生成了稳定产物（Ⅴ）和（Ⅷ），分子链长度减短。

此外，也可能生成大分子的—O—O—型交联产物：

$$(\text{Ⅶ}) + \sim\sim CH_2-\overset{\overset{\large CH_3}{|}}{C}=CH-CH_2\sim\sim \longrightarrow \begin{array}{c} \sim\sim CH_2-\overset{\overset{\large CH_3}{|}}{C}=CH-CH\sim\sim \\ | \\ O \\ | \\ O \\ | \\ \sim\sim CH_2-CH_2-\underset{\underset{CH_3}{|}}{C}-\dot{C}H\sim\sim \\ (\text{Ⅸ}) \end{array} \tag{11-11}$$

实际上，天然橡胶在低温塑炼过程中的粘度显著降低，表明这种交联反应发生的可能性极少。

(2) 有塑解剂　当有化学增塑剂如硫酚等游离基接受体存在时，会使机械断链作用生成的橡胶大分子自由基（Ⅰ）发生如下反应：

$$(\text{Ⅰ}) + C_6H_5-SH \longrightarrow \sim\sim CH_2-\overset{\overset{\large CH_3}{|}}{\dot{C}}=CH-CH_3 + \dot{S}-C_6H_5 \tag{11-12}$$

$$(\text{Ⅰ}) + \dot{S}-C_6H_5 \longrightarrow \sim\sim CH_2-\underset{\underset{CH_3}{|}}{C}=CH-CH_2-S-C_6H_5 \tag{11-13}$$

结果使自由基（Ⅰ）稳定，生成端部为 $\dot{S}-C_6H_5$ 所封闭的较短的橡胶大分子。自由基（Ⅱ）与有氧存在时的情况相同。

2．高温机械塑炼反应机理

(1) 无塑解剂　高温时，在空气中氧的自动氧化作用下，橡胶大分子链中的α碳原子上的氢原子被氧脱出生成大分子自由基（Ⅹ）：

$$\sim\sim CH_2-\overset{\overset{\large CH_3}{|}}{C}=CH-CH_2-CH_2\sim\sim + O_2 \longrightarrow$$

$$\sim\sim CH_2-\overset{\overset{\large CH_3}{|}}{C}=CH-\dot{C}H-CH_2\sim\sim + HOO\cdot \tag{11-14}$$

（Ⅹ）

在氮气中或空气不足时，（Ⅹ）产生交联。空气充足时，继续氧化：

$$(\text{X}) + O_2 \longrightarrow \sim\sim CH_2-\underset{}{\overset{CH_3}{\overset{|}{C}}}=CH-\underset{\underset{(\text{XI})\ OO\cdot}{|}}{CH}-CH_2\sim\sim \qquad (11-15)$$

$$(\text{XI}) + \sim\sim CH_2-\overset{CH_3}{\overset{|}{C}}=CH-CH_2\sim\sim \longrightarrow \sim\sim CH_2-\overset{CH_3}{\overset{|}{C}}=CH-\underset{\underset{OOH\ (\text{XII})}{|}}{CH}-CH_2\sim\sim + (\text{X}) \qquad (11-16)$$

$$(\text{XII}) \longrightarrow \sim\sim CH_2-\overset{CH_3}{\overset{|}{C}}=CH-\underset{\underset{O\cdot\ (\text{XIII})}{|}}{CH}-CH_2\sim\sim + \dot{O}H$$

$$\downarrow$$

$$\sim\sim CH_2-\overset{CH_3}{\overset{|}{C}}=CH-\underset{(\text{XIV})}{CHO} + \dot{C}H_2\sim\sim + \dot{O}H \qquad (11-17)$$

或

$$\longrightarrow \sim\sim CH_2-\overset{CH_3}{\overset{|}{C}}=CH-CHO + \underset{(\text{XV})}{HO-CH_2\sim\sim} \qquad (11-18)$$

由式（11－17）生成的大分子醛（XIV）会继续氧化生成大分子羧酸。在温度很高时，也有可能与大分子醇（XV）反应生成酯。所有这些反应的最终结果都导致了大分子链的自动氧化降解。

（2）有塑解剂时　高温下，引发型化学塑解剂如过氧化苯甲酰的存在会促进橡胶的自动氧化裂解反应：

$$C_6H_5-\overset{O}{\overset{\|}{C}}-O-O-\overset{O}{\overset{\|}{C}}-C_6H_5 \longrightarrow 2\ C_6H_5-\overset{O}{\overset{\|}{C}}-O\cdot \qquad (11-19)$$

$$\sim\sim CH_2-\overset{CH_3}{\overset{|}{C}}=CH-CH_2\sim\sim + C_6H_5-\overset{O}{\overset{\|}{C}}-O\cdot \longrightarrow$$

$$\sim\sim CH_2-\overset{CH_3}{\overset{|}{C}}=CH-\underset{(\text{XVI})}{\dot{C}H} + C_6H_5-\overset{O}{\overset{\|}{C}}-OH \qquad (11-20)$$

生成的大分子自由基（XVI）在空气中会按式（11－12）～（11－16）氧化裂解。在氮气中或氧不足的情况下，（XVI）会相互反应，还原为长链大分子或形成交联，产生凝胶。

（3）有混合型塑解剂时　当有硫酚和2，2′－二苯甲酰胺基二苯基二硫化物类混合型化学塑解剂时，在氧存在的条件下，若温度较高，塑解剂会首先与氧反应生成自由基：

$$C_6H_5-SH + O_2 \longrightarrow \underset{(\text{XVII})}{C_6H_5-S\cdot} + \underset{(\text{XVIII})}{\cdot OOH} \qquad (11-21)$$

这时，（XⅦ）起自由基接受体作用，（XⅧ）起自由基引发剂的作用：

$$\text{C}_6\text{H}_5\text{—S}\cdot + \text{—CH}_2\text{—}\overset{\overset{\text{CH}_3}{|}}{\text{C}}\text{=CH—}\underset{\cdot}{\text{CH}}\sim\sim \longrightarrow \sim\sim\text{CH}_2\text{—}\overset{\overset{\text{CH}_3}{|}}{\text{C}}\text{=CH—}\underset{\underset{\text{S—C}_6\text{H}_5}{|}}{\text{CH}}\sim\sim \quad (11-22)$$

$$\text{HOO}\cdot + \text{—CH}_2\text{—}\overset{\overset{\text{CH}_3}{|}}{\text{C}}\text{=CH—CH}_2\sim\sim \longrightarrow \sim\sim\text{CH}_2\text{—}\overset{\overset{\text{CH}_3}{|}}{\text{C}}\text{=CH—}\dot{\text{C}}\text{H}\sim\sim + \text{HOOH} \quad (11-23)$$

（XIX）

生成的大分子自由基（XIX）在空气中会按式（11－15）～（11－18）继续氧化分解，生成分子量较小的稳定大分子。

从以上的讨论可以看出，生胶的机械塑炼过程就是大分子链的降解破坏过程，这既非纯粹的机械降解过程，也不是单一的化学降解过程，而是在多种因素作用下的十分复杂的物理变化和化学变化过程。促使大分子链降解破坏的因素主要是机械力作用和氧的作用。

低温下塑炼时主要靠机械外力的破坏作用引发大分子链生成大分子自由基，然后再进一步与氧反应使其活性终止。氧只是一种大分子自由基的接受体，其直接引发氧化作用很小，这是一个大分子的力－化学降解过程。大分子链氧化降解的速度主要取决于大分子自由基生成的速度和浓度。

高温塑炼时，主要是氧的直接氧化作用促使大分子链降解，氧既是大分子氧化反应的引发剂，又是自由基链反应的终止剂。由于高温下的氧化裂解反应过程具有自催化性，所以又是一个自动催化氧化链反应降解过程。反应速度主要取决于温度。至于机械力的破坏引发作用则很小。

第三节　机械塑炼工艺

生胶在塑炼加工前需经一些准备加工，然后才能进行塑炼，塑炼后的胶料还要经过压片、冷却、停放和质量检查，质量合格后方能供下一步加工使用。

一、准备工艺

生胶塑炼前的准备加工包括烘胶、切胶、选胶和破胶等处理过程。

（一）烘胶

天然生胶经过长时间运输和贮存之后，常温下的粘度很高，容易硬化和产生结晶，尤其在气温较低的条件下，常会因结晶而硬化，使生胶难于切割和加工。因此，应先进行加热软化，这就是烘胶。烘胶的作用就是使硬度减小，结晶熔化，以便于进行切割和塑炼加工，同时还能使水分挥发掉。

烘胶一般在专用的烘胶房中进行。烘胶房的下面和周边设有蒸汽加热器，生胶在烘房内按一定规则和顺序堆放在存放架上，但不得与加热器接触。天然生胶室内的温度保持在50～60℃，加热时间依季节气候和地区的温度差异而不同。在夏季高温季节，烘胶时间较短，一般为24～36h；在冬季低温条件下，加热时间一般为48～72h。氯丁橡胶的烘胶温度要低些，一般为24～40℃，时间为4～6h。

烘胶温度不宜过高，否则会影响橡胶的物理机械性能。烘胶必须达到胶块内外温均匀，否则影响塑炼质量和效率。

（二）切胶和选胶

烟片胶的包装方式都是110kg左右的大胶包。为便于使用，必须首先切成小块。

生胶经加温后自烘胶房取出，在切胶前应先剥除胶包的外包皮或刷洗除去表面的砂粒和其他杂物，然后才能进行切割。

切胶用单刃立式切胶机或多刃立式及卧式切胶机，具体依生产规模和生产条件而定。

生胶切割后，须经外观检查，并注明胶种。若胶包中有不符等级品种质量规定的生胶，或有杂质、霉烂等现象，应加以挑选和分级处理，以便按质量等级适当选用。

（三）破胶

用开炼机进行塑炼时，为了提高生产效率和保证质量及设备安全，在塑炼前有的还要将切好的胶块用破胶机进行破胶。破胶时辊温在45℃以下，辊距保持在2～3mm，让胶料通过辊距几次即可，一般2～3次。破胶操作应注意避免被弹出的胶块打伤。

二、开炼机塑炼工艺

开炼机塑炼是应用最早的机械塑炼方法，至今还在使用。与其他机械塑炼方法相比，开炼机塑炼法自动化程度低、生产效率低、劳动强度大、操作危险性大，所以不适于现代化大规模生产。但由于开炼机塑炼温度低，塑炼胶可塑度均匀，胶料的耐老化性能和耐疲劳性能较好，动态下生热性较小，机台容易清洗，变换胶种灵活，另外设备投资较节省，所以适于塑炼胶质量要求高，胶料品种变化多和生产批量较小的加工。

（一）开炼机塑炼的原理

开炼机的基本工作部分是两个圆柱形的中空辊筒，水平平行排列，以不同的转速相对回转，胶料放到两辊筒间的上方，在摩擦力的作用下被辊筒带入辊距中。由于两辊筒表面的旋转线速度不同，使胶料通过辊距时的速度不同而受到摩擦剪切作用，胶料反复通过辊距而被塑炼，如图11－7所示。

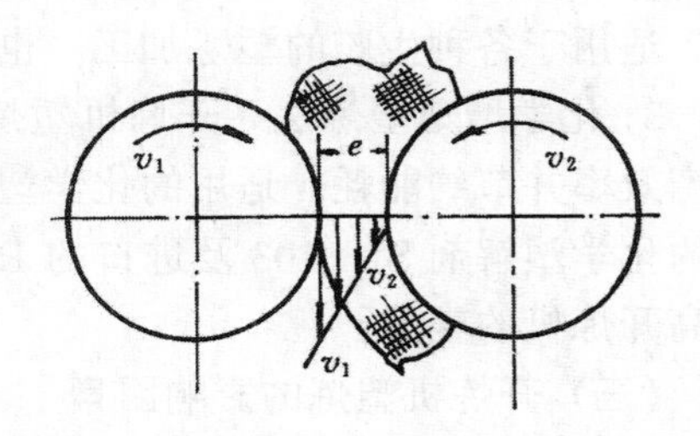

图11－7 开炼机炼胶作用示意图

可以看出，由于胶料是在辊筒表面的摩擦力作用下被带入并通过辊距的，靠近辊筒表面的胶料通过辊距时的速度就等于辊筒表面的旋转线速度。因前后两个辊筒的转速不同，后辊转速快，前辊转速慢，故胶料通过辊距时，沿辊筒断面中心的水平连线上各点处胶料的流动速度也不一样，其速度差即为胶料通过辊距时的剪切变形速度。它与辊距及辊筒转速和速比之间的关系为：

$$\dot{\gamma} = \frac{V_2}{e}(f-1) \tag{11-24}$$

$$f = \frac{V_1}{V_2} \tag{11-25}$$

式中 V_2——前辊筒表面旋转线速度，m/min；

V_1——后辊筒表面旋转线速度，m/min；

f——辊筒的速比；

e——辊距，即沿两辊筒断面中心的水平线上两辊筒表面之间的距离，mm；

$\dot{\gamma}$——机械切变速率，即胶料在通过辊距时的剪切变形速度，s^{-1}。

所以，辊筒的转速增大，辊距 e 减小，两辊筒之间的速比 f 增大，这些都会使胶料通过辊距时的剪切变形速度加大，从而提高机械塑炼效果。

（二）开炼机塑炼工艺方法

开炼机塑炼的操作方法主要有包辊塑炼法、薄通塑炼法和化学增塑塑炼法。

1. 包辊塑炼法　胶料通过辊距后，胶片包在前辊筒表面上，随着辊筒一起转动重新回到辊距的上方并再一次进入辊距，这样反复通过辊距受到捏炼，直至达到规定的可塑度要求为止，然后下片、冷却。这就是一次完成的包辊塑炼法，又叫一段塑炼法。一段塑炼法的塑炼操作和胶料的停放管理比较简单方便，但塑炼时间长，效率低，最终能获得的可塑度也较低，不适用于塑炼胶可塑度要求较高的生胶塑炼。

分段塑炼法是先将胶料包辊塑炼一定时间，通常 10～15min，然后下片、冷却和停放 4～8h，再将停放后的胶料重新放到炼胶机上进行第二次包辊塑炼一定时间，并下片、冷却和停放。这样反复塑炼数次，直至达到要求的可塑度为止。通常分两段塑炼法和三段塑炼法即可。具体依可塑度要求而定。

分段塑炼法胶料管理比较麻烦，所需胶料停放面积较大，但塑炼温度较低，塑炼效果较好，能达到任意的可塑度要求，适用于可塑度要求较高的生胶塑炼。

2. 薄通塑炼法　薄通塑炼的辊距在 1mm 以下，胶料通过辊距后不包辊而直接落在接料盘上，等胶料全都通过辊距后，再将胶料返回到辊距上方重新通过辊距，这样反复数次，直至达到要求的可塑度为止。具体依可塑度要求而定。胶料的可塑度要求越高，需要通过辊距的次数也就越多。薄通塑炼法胶料散热快，冷却效果较好，机械塑炼效果大，塑炼胶可塑度均匀，质量高，能达到任意的塑炼程度，是开炼机塑炼中最普遍采用的和行之有效的塑炼方法。适用于各种生胶的塑炼加工，也可采用分段方法。

3. 化学增塑塑炼法　开炼机塑炼时，可采用化学塑解剂增加机械塑炼效果，提高塑炼生产效率并节约能耗。适用的化学塑解剂类型为游离基接受体型及混合型化学塑解剂，如国产的化学塑解剂 SJ－103 及进口的 Renacit V 等，化学塑解剂应以母胶形式使用，并应适当提高开炼机的辊温。

（三）开炼机塑炼的影响因素

影响开炼机塑炼的因素主要有容量、辊距、辊速与速比、辊温、塑炼时间、化学塑解剂等。

1. 容量　容量就是一次炼胶的胶料容积。塑炼容量的大小取决于设备规格与生胶种类。容量过大，辊距上方的积存胶数量过多，不仅使散热困难，胶温升高，降低塑炼效果，而且使单位时间内胶料通过辊距的次数减少，生产效率下降，同时还会加大操作的劳动强度；容量过小也会降低塑炼的生产效率。

合理的容量应根据以下经验公式计算：

$$Q = K \cdot D \cdot L \tag{11-26}$$

式中　Q——塑炼容量，L；

K——经验系数，一般取值范围为 0.0065～0.0085，L/cm^2；

D——前辊筒直径，cm；

L——辊筒工作部分长度，cm。

合成胶塑炼时生热量多，升温快，应适当减小容量，如丁腈橡胶塑炼容量一般比天然橡胶低 20％～25％。

2. 辊距　辊速和速比一定时，辊距越小，机械塑炼效果越大，同时因胶片减薄，冷却效果改善又进一步提高了机械塑炼效果。例如，天然生胶开炼机塑炼时的辊距从 4mm 减至 0.5mm 时，胶料的门尼粘度在同样薄通次数内迅速降低，如图 11－8 所示。

由此可见，采用薄通塑炼法是比较合理的。这种方法对合成橡胶塑炼也很有效。例如难以塑炼的丁腈橡胶等只有采用薄通塑炼法才能获得较好的塑炼效果。

3. 辊速和速比　辊距一定，提高开炼机辊筒的转速或速比都会增大胶料的机械剪切作用，从而提高机械塑炼效果，因此，开炼机塑炼时的速比较大，一般在 1.15～1.27 范围内。但速比过大又会使生胶升温过快，反过来又会降低机械的塑炼效果，并加大塑炼过程的能耗；速比过小也会降低机械塑炼效果和生产效率。

4. 辊温　开炼机塑炼温度用辊筒的表面温度表示。辊温低，塑炼效果好，如图 11－9 所示。实验证明，塑炼胶的可塑度与辊温的平方根成反比关系。由于胶料塑炼时的摩擦生热会使辊温升高而降低机械塑炼效果，所以在塑炼过程中必须不断向辊筒内腔通入冷却水冷却辊筒，使辊温保持在较低的温度范围内。但若辊温过低又容易造成设备超负荷而受到损害，天然橡胶通常控制前辊温度在 45～55℃，后辊温度在 40～50℃ 为宜，采用分段塑炼法和薄通塑炼法有利于辊温的控制。

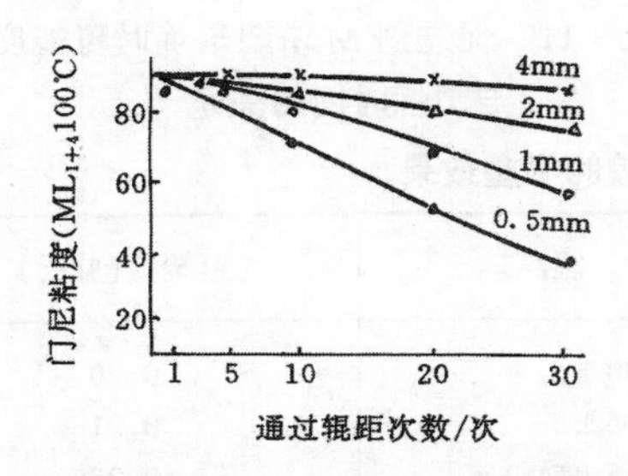

图 11－8　辊距对天然生胶塑炼效果的影响

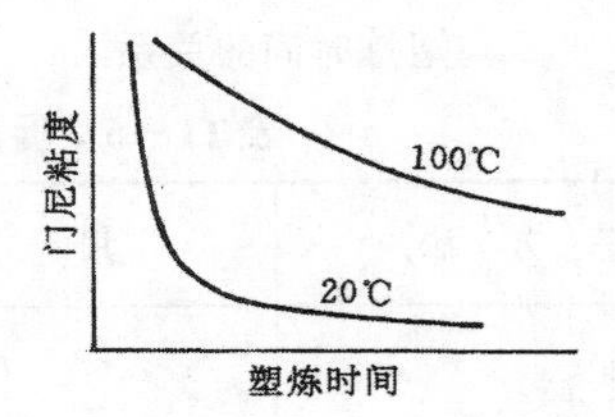

图 11－9　辊温对塑炼胶门尼粘度的影响

塑炼温度还与生胶种类有关，各种生胶的塑炼温度范围一般如表 11－5。

表 11－5　常用生胶的塑炼温度范围

生 胶 种 类	辊温范围/℃	生 胶 种 类	辊温范围/℃
NR	45～55	NBR	40 以下
IR	50～60	CR	40～50
SBR	45 左右		

5. 塑炼时间　塑炼时间对开炼机塑炼效果的影响如图 11－10。由图可以看出，在塑炼过程的最初 10～15min，胶料的门尼粘度迅速降低，此后则渐趋缓慢。这是由于塑炼过程中胶料因生热软化，分子链之间易产生相对滑移，降低了机械作用力的效果所致。所以要获得较大的可塑度，最好的办法就是分段进行塑炼。每次塑炼的时间在 20min 以内，不仅塑炼效率高，最终达到的可塑度也大。

6. 化学塑解剂　开炼机塑炼时，采用化学塑解剂增塑时，可塑度在 0.5 以内的塑性随塑炼时间增加呈线性增长（见图 11－11），故不需分段塑炼。

适用于开炼机塑炼的化学塑解剂种类有：β－萘硫酚，二苯酰－硫化物，二邻苯甲酰胺基二苯基二硫化物（Pepton 22），五氯硫酚（Renacit Ⅴ）及其锌盐（Renacit Ⅳ），促进剂 M 和 DM 等，M 和 DM 的增塑效果如表 11－6 所示。

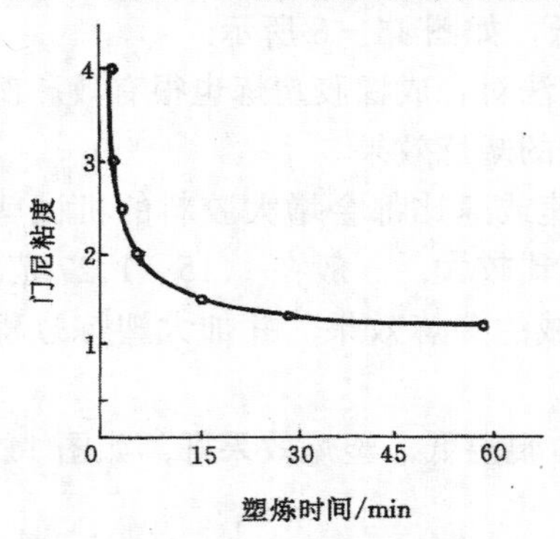

图 11－10　天然橡胶门尼粘度与塑炼时间的关系

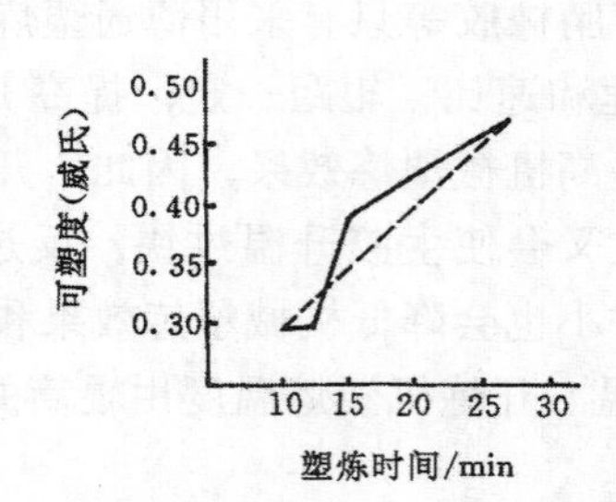

图 11－11　促进剂 M 增塑塑炼时可塑度与塑炼时间的关系

表 11－6　促进剂 M 和 DM 对天然生胶的增塑效果①

塑炼方法	用　量/%	辊　温/℃	可塑度(威氏)
纯胶塑炼	0	50±5	0.20
M 增塑	0.4	65±5	0.31
DM 增塑	0.7	65±5	0.25

①条件：薄通 15 次，辊距 1.2mm，容量 50kg。

塑解剂的用量，天然橡胶一般为生胶重量的 0.1%～0.3%，合成胶则应增大为 2%～3%。

化学塑解剂不仅能提高机械塑炼效果，提高塑炼效率，节约电能消耗，还能减小塑炼胶停放过程中的弹性复原性和胶料的收缩率，如图 11－12 和图 11－13 所示。

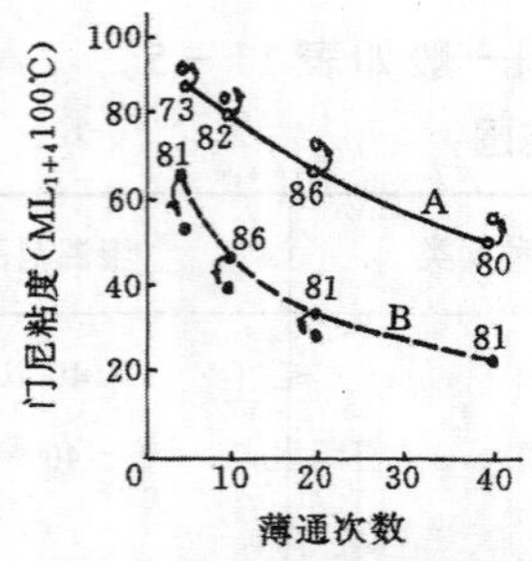

图 11－12　天然橡胶门尼粘度与薄通次数的关系

（A—无塑解剂；B—有塑解剂；箭头所指为停放 27 日后的值）

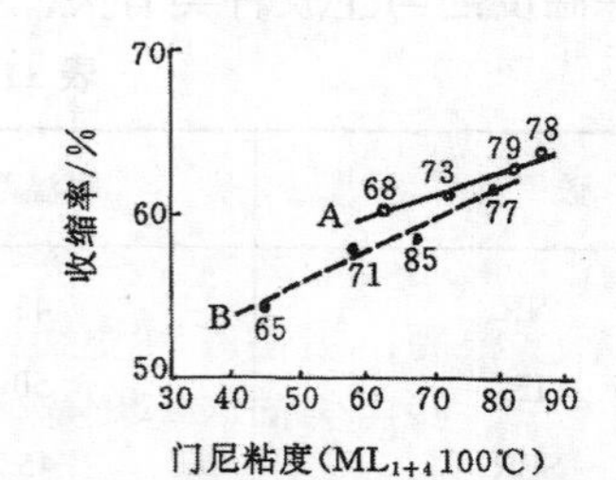

图 11－13　天然橡胶收缩率与塑解剂的关系

（A—无塑解剂；B—有塑解剂；图中数字为橡胶的温度，℃）

采用化学塑解剂增塑时，应适当提高开炼机的辊温，一般控制在 70～75℃ 为宜。若辊温过高，例如温度升高到 85℃ 时，反而会降低塑炼效果，因为这时的机械剪切效果显著降低，而热氧化作用尚未达到足够的程度。温度对塑解剂的增塑效果的影响如表 11－7。

表 11-7 温度对 M 塑炼的影响[①]

塑炼温度/℃	胶料的可塑度(威氏)	
	4 h 后	24 h 后
40±5	0.33	0.32
55～60	0.39	0.38
70～80	0.42	0.40

①促进剂 M 用量为 0.5%，15min 内薄通 9 次。

三、密炼机塑炼工艺

(一) 密炼机的基本构造和工作原理

密闭式炼胶机的基本构造如图 11-14 所示。其主要组成部分有密闭室、转子、上下顶栓、加热冷却装置、润滑装置、密封装置和电机传动装置。

胶料在密闭室中运动和受力状态十分复杂。胶料从加料口进入密闭室后落在相对回转的两个转子之间的上部；在上顶栓压力及转子表面摩擦力作用下被带入辊距中受到机械剪切力的作用；通过辊距后的胶料被下顶栓分为两部分，分别随两转子回转通过转子与室壁间隙及其与上、下顶栓之间的空隙，同时亦受到剪切力作用，并重新返回到辊距上方；在转子不同转速的带动下，下顶栓同时分开的两股胶料在这里以不同速度汇合在一起并重新进入辊距中。如此反复循环，整个胶料在绕转子运行的全过程中处处受到机械剪切力作用，尤其是通过转子突棱表面与密闭室之间的狭缝时，剪切作用最大。由于转子断面构造上的特点，使转子之间的速比变化很大，其变化范围在 0.91～1.47 之间。静止的室壁与高速转动的转子突棱表面之间的速度梯度很高，更使胶料受到剧烈的剪切摩擦作用。转子表面的突棱使胶料绕转子运动的同时还发生轴向移动，进一步增加了胶料之间的搅混和摩擦作用。剧烈的摩擦生热和密闭条件下的难以散热使橡胶在高温下剧烈氧化而发生裂解破坏，从而达到高温机械塑炼的目的。

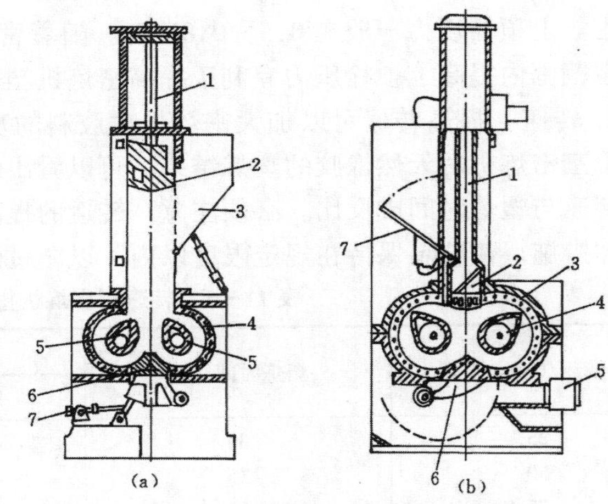

图 11-14 密炼机整体构造示意图

图 a-“F”系列本伯里（标准）型密炼机：1—上顶栓拉杆；2—上顶栓；3—加料斗；4—混炼室壁；5—转子；6—下顶栓；7—卸料门

图 b-GK 型密炼机：1—上顶栓拉杆；2—上顶栓；3—密闭室；4—转子；5—下顶栓传动装置；6—下顶栓；7—加料斗

总之，胶料在密炼机中受到的机械剪切作用比开炼机大得多，加上高温下剧烈的热氧化裂解作用使密炼机的塑炼速度和生产效率大大提高。同时，密炼机操作的机械化自动化程度较高，适合于大规模生产，劳动强度低，操作安全，操作条件得到改善。但是，密炼机塑炼温度高，操作不慎容易发生过炼现象，高温塑炼的胶料质量较差，可塑度也不均匀，加上排胶不规则，所以必须配备专用补充加工设备进行补充塑炼和压片。另外，塑炼胶的热可塑性较大，这在确定塑炼胶可塑度要求时应加以适当考虑。

（二）密炼机 塑炼的工艺方法

密炼机塑炼的工艺方法有一次塑炼法、分段塑炼法和化学增塑塑炼法三种。

当塑炼胶可塑度要求较低时，采用一次塑炼法比较方便。如果胶料的可塑度要求较高，一次塑炼的时间太长，也可以采用分段塑炼，以避免塑炼温度过分升高。采用化学塑解剂塑炼法可提高塑炼效率，降低塑炼温度，节约能量消耗。

（三）影响密炼机塑炼的因素

影响密炼机塑炼的因素主要有容量、上顶栓压力、转子的转速、密闭室内胶料的温度、塑炼时间，此外还有烘胶质量和化学塑解剂等。

1. 容量　容量过小不仅会降低生产效率，降低机械塑炼效果，而且塑炼胶的可塑度不均匀。容量过大易使设备超负荷受到损害，且散热困难造成温度过高，胶料可塑度也不均匀。合理的容量应依设备规格和新旧程度，以及上顶栓压力而定。通常的填胶体积取密闭室有效容积的 48%～62%，即填充系数在 0.48～0.62 范围内。

2. 上顶栓压力　炼胶时上顶栓要对胶料施加一定的压力，以增加对胶料的剪切和摩擦力作用。上顶栓压力一般在 0.5～0.8MPa。随着密炼机转速的加大，也有达到 1.0MPa 者。在一定范围内提高上顶栓压力有利于提高密炼机塑炼效果和生产效率。

3. 转速　提高转速可以加大密炼机对胶料的剪切搅拌作用和机械塑炼效果。表 11－8 为实验室密炼机对天然橡胶的塑炼结果。可以看出，塑炼温度一定，达到同样的可塑度要求时，转速与塑炼时间成反比。必须注意，转速的提高必然会加速胶料生热升温，因此必须加强冷却措施，使胶温保持在规定限度以内，以防过炼。

表 11－8　转速对密炼机塑炼效果的影响

转速/(r/min)	塑炼时间/min	负荷下试片的高度(h_1)/mm		
		94℃	121℃	150℃
25	30	4.51	4.00	2.90
50	15	4.09	3.45	2.60
75	10	3.79	3.17	2.50

4. 塑炼温度　密炼机塑炼属于高温机械塑炼，温度较高，且随温度的升高塑炼效果急剧增加。但温度过高有可能导致过炼使胶料的物理机械性能降低，所以密炼机塑炼天然生胶时，其排胶温度一般控制在 140～160℃ 范围，快速密炼机塑炼排胶温度可能达到 180℃。合成橡胶塑炼时温度应适当降低，如丁苯橡胶用密炼机塑炼时，其排胶温度应控制在 140℃ 以下，否则会发生大分子链支化和交联，产生凝胶，反而会使胶料的可塑度降低。丁腈橡胶不能用密炼机塑炼；否则，不但不能获得塑炼效果，反而会生成凝胶。

5. 塑炼时间　排胶温度一定，起初密炼机的塑炼效果随塑炼时间的变化几乎呈线性增大，随后逐渐减慢。这很可能是塑炼过程的后期密闭室中低分子挥发物增多，减少了氧的含量所致。这时采用分段塑炼便可得到克服。分段塑炼法不仅提高了生产效率，还能节约能量消耗。

密炼机塑炼时必须严格控制排胶温度和时间，否则极易发生过炼现象。

6. 化学塑解剂　密炼机塑炼温度高，采用化学塑解剂增塑法最合理且最有效，这样不仅能更充分地发挥塑解剂的增塑效果，而且在同样条件下还可以降低排胶温度，提高塑炼胶质量。例如，用促进剂 M 增塑时，天然生胶的塑炼排胶温度可由纯胶塑炼时的 160～180℃ 降低到 140～160℃，能耗可以节省。同时，采用化学增塑剂的塑炼胶其弹性复原性也比较小。

密炼机塑炼适用的化学塑解剂品种主要有硫酚及其锌盐、二硫化物及其锌盐、胺类化合物等。目前使用较广泛的是二硫化物和促进剂 M，它们对烟片胶的增塑作用如表 11－9。由表可见，二邻苯甲酰胺基苯基二硫化物的增塑效果最好，五氯硫酚及其锌盐和 β－萘硫酚次之，促进剂 M 最差。因此，二硫化物是密炼机塑炼较适用的化学塑解剂。随着塑解剂用量的增加，塑炼胶的可塑度增大，弹性复原性减小，如表 11－10。

表 11－9　几种化学塑解剂的增塑效果

（11 号密炼机，20r/min）

塑解剂种类	用量/phr	温度/℃	时间/min	容量/kg	可塑度（威氏）
无塑解剂	0	140	15	120	0.380
促进剂 M	0.5	140	14	120	0.420
五氯硫酚锌盐	0.2	140	10	120	0.390
五氯硫酚	0.2	140	10	120	0.483
2,2′－二苯甲酰胺		1			
基苯基二硫化物	0.2	140	10	120	0.485
β－萘硫酚	0.4	140	10	80	0.478

在密炼机中采用化学塑解剂增塑塑炼时，还可使塑炼与胶料混炼合并在一起进行，不仅简化了工艺，节约能耗与时间，而且有利于炭黑的分散。

另外，采用上述合并一段塑－混炼工艺时，应适当提高塑解剂的用量，由 0.1～0.2 份增加到 0.25 份，以补偿炭黑对塑解剂吸附作用所造成的影响。

表 11－10　二苯甲酰胺基苯基二硫化物用量对天然胶密炼机塑炼效果的影响

用　量（重量份）	密炼室温度/℃	时　间/min	试片压缩后高度/mm（威氏）			
			100℃×3min 压　缩	100℃×1min 后弹性复原	室温停放 12 天后	
					100℃×3min 压　缩	100℃×1min 后弹性复原
0	141	6	3.65	0.60	3.75	0.73
0.0625	141	6	2.53	0.25	2.78	0.35
0.1250	141	6	2.33	0.15	2.55	0.23
0.2500	141	6	2.18	0.08	2.38	0.20
0.5000	141	6	1.85	0.13	2.15	0.13
1.0000	141	6	1.68	0.03	1.90	0.18

四、螺杆塑炼机塑炼工艺

与开炼机塑炼和密炼机塑炼的间歇式操作不同，螺杆塑炼机塑炼属于连续操作，适合于机械化自动化生产，具有生产效率高，能量消耗少等特点，宜在塑炼胶品种较少，需要量大的大规模生产上采用。其主要缺点是排胶温度高，可达 180℃以上。胶料的质量较差，可塑度也不均匀，胶料的耐老化性能较差，热可塑性较大。同时所能获得的最大可塑度较低，只能达到 0.40 左右，加之螺杆塑炼机排胶不规则，所以必须进行补充塑炼和压片。因此，这一方法只能用于可塑度要求较低的天然生胶的塑炼加工。

螺杆塑炼机的螺杆螺纹分为前后两段，靠加料口段为三角形螺纹，其螺距逐渐减小，以保证吃胶、送料及初步加热和捏炼。靠排胶孔的一段为不等腰梯形螺纹，胶料在这里经进一步挤压剪切后被推向机头，并再次受到捏炼作用。在前后两段螺纹中间的机筒内表面上装有切刀，以增加胶料被切割翻转的作用。机头由机头套和芯轴组成。机头套内表面有直沟槽，芯轴外表面有锥状体螺旋沟槽。胶料通过机头时进一步受到捏炼。机头套与芯轴之间的出胶孔隙可以通过机筒或螺杆的前后相对移动而调整其大小。排胶孔出来的筒状塑炼胶片在出口处被一切刀划开呈片状，经运输带送往压片机补充塑炼和冷却下片。在机筒尾部加料口上设有气筒加压喂料装置。

胶块自加料口喂入机筒后，即受到螺纹与机筒内壁衬套之间的摩擦、剪切、撕裂和搅混作用，由于生热升温而产生热氧化裂解，达到了塑炼的目的，并在螺杆推动下向机头和排胶孔方向流动排出机外。

为避免设备超负荷损坏，在开始塑炼前，先用蒸汽预热机身、机头和螺杆至一定温度，然后才加入胶块进行塑炼。在正式塑炼过程开始后，因胶料剪切摩擦生热会使温度不断升高，要通入冷却水进行冷却，使胶料温度控制在规定限度之内。

由于胶料在螺杆塑炼机内的停留时间很短，所以不能采用化学塑解剂增塑法塑炼。

影响螺杆塑炼机塑炼效果的因素主要有温度、加料速度、排胶孔隙大小及烘胶质量。具体影响情况如下：

用螺杆塑炼机塑炼时，喂入的生胶块温度必须在70～80℃，最低不能低于60℃，胶块的温度要均匀，塑炼操作才能顺利，塑炼效果大，生产效率高且可塑度均匀。喂料胶块温度偏低，不仅设备负荷太大容易损坏，塑炼胶可塑度偏低且不均匀。胶块温度不均匀，塑炼胶质量也不均匀。

喂料速度：喂料速度要适当而均匀。速度过快，胶料在机筒内的塑炼停留时间太短，塑炼程度不足，也容易不均匀，出现“夹生”现象。速度太慢不仅降低生产效率，还可能造成过炼，损害胶料物理机械性能。喂料速度快慢不均，塑炼胶可塑度和质量也不均匀。所以在整个塑炼过程中的喂料速度必须始终保持适当而均匀。

塑炼温度：如塑炼温度偏低，设备负荷偏大，塑炼胶可塑度也偏低，且不均匀；若温度太高，易使大分子链过度氧化降解而损害胶料质量。因此，塑炼温度必须严格控制在适当范围内。而且机筒内前后各部位的温度还要有一个合理的分布。天然生胶塑炼温度一般控制在机尾60℃以下，机身80～90℃，机头90～100℃，排胶温度180℃以下。塑炼排胶温度必须保持稳定，否则会使塑炼质量发生波动。

排胶孔隙大小：排胶孔隙大小依胶料塑炼程度要求而定。孔隙小，排胶速度和排胶量减小，胶料在机内停留塑炼的时间长，胶料可塑度偏大，生产效率降低。反之，出胶孔隙加大，排胶量增大，生产能力提高；但胶料在机筒内的停留时间缩短，塑炼胶的可塑度偏低且不均匀。国产 ϕ300mm 螺杆塑炼机的排胶孔隙最小时，塑炼胶的最终可塑度最多可达到0.38～0.43。

从螺杆塑炼机排出的胶料用输送带送往开炼机进行冷却、压片和补充塑炼加工。

五、塑炼后的补充加工

1. 压片或造粒　塑炼后的胶料必须压成8～10mm厚的规则胶片，或者根据需要制成胶粒，以增加冷却时的散热面积，便于堆放管理和输送，称量配合操作。

2. 冷却与干燥　塑炼胶压片或造粒后，温度仍比较高，应立即浸涂或喷洒隔离剂液进行冷却隔离，以防堆放过程发生粘结，再用冷风吹干，防止胶料中含有水分并使温度降到室温。

3. 停放　干燥后的胶片按规定堆放4～8小时以上才能供给下道工序使用。

4．质理检验　停放后的塑炼胶在使用前还要进行质量检查，可塑度符合要求才能使用。若可塑度偏低，需进行补充塑炼，使之符合规定再用；若可塑度偏大，可少量掺混使用，严重者必须降级使用。

第四节　合成橡胶的机械塑炼特性

多数合成橡胶的机械塑炼特性与天然橡胶不同，对此须予以充分注意。尽管合成橡胶在机械塑炼过程中其粘度降低的倾向与天然橡胶相似，但其效果远低于天然橡胶，且在150～160℃的高温下塑炼时还容易产生凝胶。总的来说，绝大多数合成橡胶比天然橡胶难于进行机械塑炼。

根据生胶的机械塑炼机理，在低温下塑炼时，要获得必要的机械塑炼效果，就必须具备以下条件：

（1）大分子链中有较弱的化学键存在；

（2）大分子链容易受到机械力的作用；

（3）大分子链在机械力作用下断裂生成的自由基低温下比较稳定，不容易发生再结合或与其他分子链发生活性传递；

（4）大分子氧化生成的氢过氧化物分解时应导致大分子链断裂破坏，而不应成为大分子间交联反应的引发剂。

对天然橡胶来说，上述条件基本上都能满足，故比较容易用机械塑炼法进行塑炼。

但大多数丁二烯类合成橡胶都不具备这些条件。首先，丁二烯合成橡胶分子链中不具备天然橡胶分子中的甲基共轭效应，因而没有像天然橡胶那样的弱键存在；其次，合成橡胶的平均分子量一般都比较低，初始粘度低，机械力作用下容易发生分子间相对滑移，减小了分子链的受力作用；同时，多数合成橡胶在外力拉伸下结晶性很小或根本不发生结晶，这又进一步减小了机械力的作用。所以，合成橡胶分子链难以被机械力破坏。另外，低温下丁二烯类橡胶大分子链被外力破坏生成的自由基的化学稳定性比天然橡胶低，缺氧时容易发生再结合而失去机械塑炼效果，或发生分子间活性传递，产生支化或凝胶而不利于塑炼。当有氧时虽发生氧化降解，但同时也发生支化和产生凝胶。故合成橡胶低温机械塑炼效果不如天然橡胶好。

高温塑炼时，天然橡胶大分子链氧化生成的大分子氢过氧化物分解反应主要导致大分子降解。但丁二烯类合成橡胶大分子氢过氧化物在发生裂解反应的同时还会产生凝胶。这是因为高温下丁二烯类橡胶大分子自由基活性比天然橡胶大所致。

另外，严格地讲，合成橡胶本身就含有部分交联结构的分子，这也是难于塑炼的原因之一。同时，合成橡胶的分子结构不如天然橡胶稳定，在贮存过程中容易发生结构化反应使门尼粘度增大，产生自然硬化现象。为此，在合成过程中常加入适量的防老剂改善贮存时的结构稳定性，这恰好又是对化学增塑作用的抑制。因此，在合成橡胶使用前，必须严格进行质量检验，防止过期使用。在机械塑炼时应尽可能采用低温、小辊距操作，并减小炼胶容量。

但是，改善合成橡胶加工性能的最合理的方法还是控制和调节其聚合度和分子量分布，制得初始门尼粘度较低、加工性能较好的生胶（如软丁苯、软丁腈）。这些橡胶一般不必进行塑炼。天然橡胶中的恒粘度和低粘度标准胶也不需要塑炼。即可直接进行混炼。

目前，塑炼的主要任务除天然生胶以外，还有高温聚合的丁腈橡胶类高门尼值合成胶品种。

合成橡胶经过机械塑炼后的弹性复原性比天然橡胶大。因此，合成橡胶经过塑炼后最好不要进行停放，应立即进行混炼，以获得较好的效果。

参 考 文 献

〔1〕邓本诚主编．橡胶工艺原理．北京：化学工业出版社，1984.221

〔2〕陈耀庭主编．橡胶加工工艺．北京：化学工业出版社，1982.120

〔3〕谢遂志等主编．橡胶工业手册．修订版．第一分册．北京：化学工业出版社，1989.103

〔4〕梁星宇等主编．橡胶工业手册．第三分册．北京：化学工业出版社，1992.530

〔5〕唐国俊等主编．橡胶机械设计．上册．北京：化学工业出版社，1984.38～192

〔6〕王贵恒等主编．高分子材料成型加工原理．北京：化学工业出版社，1982.207

〔7〕赵嘉澍等主编．橡胶工厂设备．北京：化学工业出版社，1984.3～15

〔8〕化工部橡胶工业科技情报中心站．国外轮胎工业技术资料．第一辑．1981.71，第三辑．1981.268

〔9〕Fries H. 等，朱嘉荣译．塑炼．橡胶译丛，1983，(5)：69～80

〔10〕李伟标．塑解剂的进展理论及使用技术．橡胶工业，1985，(4)：36～41

〔11〕吴晓谦．橡胶的塑炼．天津橡胶，1985，(3)：70

〔12〕Blow C M. Rubber Technology and Manufacture. Second Edition. England：Page Bros Ltd，1982

第十二章 混炼工艺

通过适当的加工将配合剂与生胶均匀混合在一起，制成质量均一的混合物，完成这一加工操作的工艺过程叫作胶料混炼工艺，简称混炼。

混炼胶质量对胶料的后序加工性能，半成品质量和成品性能具有决定性影响。所以，混炼工艺是橡胶加工中最重要的基本工艺过程之一，它的基本任务就是制造符合性能要求的混炼胶胶料。

对混炼胶的质量要求主要有两个方面，一是胶料应具有良好的工艺加工性能，二是胶料能保证成品具有良好的使用性能。故混炼操作必须做到使配合剂均匀混合并分散到生胶中去，并达到一定的分散度；同时，胶料的可塑度要适当而均匀；补强剂与生胶在相界面上应产生一定的结合作用，生成结合橡胶；另外还应力求混 炼速度快，生产效率高，能耗低。

但上述各项要求是互相矛盾和制约的，往往无法同时满足。例如，为提高混炼速度而缩短混炼时间有可能会造成胶料混合均匀度和配合剂分散度降低，为进一步提高混炼分散均匀程度而延长混炼时间又会损害硫化胶物理机械性能和成品使用性能，还会增加电能消耗。因此，必须正确制定合理的混炼条件，并在混炼操作中严加控制。混炼操作只要求做到使胶料中的配合剂达到能保证硫化胶具有必要的物理机械性能的最低分散程度，和保证胶料能正常进行后序加工操作的最低可塑度即可。

第一节 混炼前的准备

混炼操作开始前，通常都必须做如下的一些准备工作：

各种原材料与配合剂的质量检验；

对某些配合剂进行补充加工；

油膏与母炼胶的制造；

称量配合操作。

一、原材料与配合剂的质量检验

生胶与配合剂的质量都必须符合规定的质量等级技术指标才能使用。各种原材料的质量虽然应当由生产供应者予以保证，但由于在长期的贮存和运输过程中，因各种原因往往会出现质量变化，造成性能不符合规定标准指标的要求。故在使用前都必须按规定对其进行质量检验，合格者才能使用。

通常对配合剂的检验内容主要有纯度、粒度及其分布、机械杂质、灰分及挥发分含量、酸碱度等。具体依配合剂类型不同而异。生胶一般除了检验化学成分和门尼粘度外，还检验物理机械性能。

二、配合剂的补充加工

配合剂的加工包括固体配合剂的粉碎，干燥和筛选；低熔点固体配合剂的熔化和过滤；液体配合剂的加温和过滤；粉状配合剂的干燥和筛选。

（一）粉碎

块状和粗粒状配合剂必须经过粉碎或磨细处理才能使用。如防老剂 A、沥青和松香等脆性固体可用锤式粉碎机破碎；硬脂酸和石蜡用刨片机切片后再粉碎，以使其粒度符合标准。通常的粒度要求为：防老剂 A、石蜡和硬脂酸≤10 克/块，树脂≤20 克/块，松香≤50 克/块，沥青≤100 克/块，矿质胶≤150 克/块。

（二）干燥

干燥的目的是减少配合剂中的水分和其他挥发分含量，防止粉末状配合剂结团，便于筛选和混炼分散，避免某些配合剂遇水变质和胶料内部产生气泡和海绵。

干燥方式可采用真空干燥箱、干燥室或螺杆式连续干燥机等。具体方法和工艺条件随配合剂性质和质量要求而定。例如低熔点配合剂的干燥温度应低于其熔点 25～40℃，促进剂、防老剂和硫黄即是。硫黄最好铺在干燥盘中呈薄层于 35～40℃下干燥，这样还可同时除去其中的亚硫酸，其他一些粉末状配合剂的干燥温度一般是：防老剂 BLE≥50℃，碳酸钙≥50℃，陶土≥50℃。干燥后的含水率均应＜0.5%。

（三）熔化与过滤及加温

低熔点固体软化剂像石蜡和松香等须先进行加热熔化，达到干燥脱水和降低粘度作用后，再经过滤去掉其中的机械杂质。而对于粘度太高的液体软化剂如松焦油等，则应进行加温脱水并使其粘度减少，以便于进行过滤及利用管道输送和称量配合操作。

（四）筛选

粉末状固体配合剂粒度及粒度分布达不到规定标准者，或者已发生配合剂结团者及含有机械杂质者必须进行筛选加工，去掉其中的机械杂质、较大颗粒与结团。如硫黄粉应采用规定的筛网全部过筛后才能使用。常用的筛选设备有振动筛、鼓式筛选机和螺旋式筛选机等。炭黑对筛网的附着力较强，故在鼓式筛网内还装有毛刷，以保证炭黑顺利通过网孔。选用的筛网规格一般为氧化锌用 40～60 目，硫黄用 60～80 目以上。细度达不到标准的其他配合剂采用 100 目的筛网。

三、油膏和母炼胶制造

为了使配合剂易于在胶料中混合分散，减少飞扬损失造成的环境污染，保证胶料的混炼质量，有时需要将某些配合剂（如氧化锌）、促进剂等事先以较大比例与液体软化剂混合制成膏状混合物使用。所用的软化剂品种依胶料配方而定。

油膏特别适合于混炼胶生产批量少，配方品种变换多，而胶料和产品质量要求又比较高的小型工厂中的开炼机混炼加工。

母炼胶又称母胶，它是将在通常混炼条件下短时间难以混合均匀且混炼生热量又多，能耗较大的某些配合剂以较大的比例事先与生胶单独混合制成组分比较简单的混合物料，称为该配合剂的母炼胶，最常见的有促进剂母胶和炭黑母胶，化学塑解剂母胶等。

炭黑母胶受到了橡胶工业的普遍重视和应用。所有的化学塑解剂都必须制成母胶形式使用。

炭黑母胶的制法有湿法和干法两种。湿法是在胶乳中使炭黑与之发生共沉，如各种充炭黑和充油充炭黑丁苯母胶（SBR－1600，SBR－1800 系列）便是这类母胶的主要品种。只是由于湿法炭黑母胶中的炭黑与胶乳之间仅仅是机械的物理混合，其中的炭黑分散颗粒也没有达到应有的分散度，所以在进一步混炼加工过程中仍旧需要消耗较多的能量，才能保证硫化胶获得必要的物理机械性能。因而，湿法炭黑母胶除减少配合剂飞扬损失、改善混炼操作环境条件外，在技术经济上的其他好处是不多的。

干法炭黑母胶是将炭黑以较大的用量比例与生胶预先在炼胶机上混合制成的混合物。通常还要加入一定量的硬脂酸、氧化锌和软化剂，以利于炭黑在生胶中分散，并避免胶温过高。母胶中的炭黑用量比例依生产要求而定，但其最大用量必须依炭黑的吸油值来确定，因为炭黑的吸油值是充满炭黑聚集体内部空隙所需油类的体积。而在混炼加工过程中，炭黑内部的这些空隙是要由生胶来填满的。例如某炭黑的吸油值为 1.25ml/g，则混炼过程的初期形成的炭黑－包容橡胶团块的组成为 125ml（约 118g）生胶和 100g 炭黑；或者换算为每 100g 生胶中含有 85g 炭黑。这便是该种炭黑在炭黑母胶中的最大填充量。如果炭黑母胶中的炭黑含量超过这限量，那么在炭黑母胶中必然会有过多的炭黑粒子，生胶不能构成均匀的连续相，使混炼时用生胶进一步稀释时难于在短时间内使炭黑再行分散，因而也就达不到利用生胶稀释炭黑母胶的方法改善胶料混合分散状态的目的，得到的也是炭黑分散不良的混炼胶。故炭黑的吸油值越低，炭黑在炭黑母胶中的临界浓度也就越高。

必须注意，在使用母胶混炼时，必须按母胶中配合剂含量比例换算成配方规定配合剂含量的母胶用量进行称量配合，并同时从配方规定的生胶用量中扣除母胶中的生胶含量。

四、称量配合

称量配合是按照配方规定的原材料品种和用量比例，选用适当的衡器进行称量搭配的操作过程。称量配合操作对保证产品质量具有重要作用。因为配合剂的错用或漏用，以及称量的不准确都会给胶料性能和产品质量造成损害甚至完全报废。因此，要求称量配合操作必须做到精密、准确、不漏、不错。

根据生产规模和技术水平的不同，称量配合的操作方式分为两种：一种是手工操作法，一种是机械化自动称量配合法。前者，不适于机械化自动化的大规模生产。所以现代化大生产中的称量配合操作都采用机械化自动称量配合方法。在整个炼胶系统中配备一整套原材料贮存和输送及自动称量和向炼胶机加料的系统装置，由计算机进行远距离操纵和集中控制，使生产效率大大提高。改善了操作条件，避免了主观误差。只是变换配方不如手工法灵活，设备投资大，维护技术复杂，不适于小型生产使用。

目前，随着快速密炼机炼胶技术的发展和连续混炼设备的工业应用，原材料的称量配合装置已与炼胶设备形成了一套完整而又系统的装置，整个炼胶过程从原材料贮运称量到混炼胶下片，冷却和叠放均实现了自动化。

为了确保称量误差在规定范围之内，在选用衡器时必须保证每次的称量重量不少于衡器最大称量容量的 10%。这是因为低于该值的称量误差至少为 0.4%，而达到衡器最大称量容量时的称量误差仅为 0.1%。即同一衡器的每次称量重量越多，其称量误差越小。所以，在不超过衡器的称量容量的前提下，应尽可能选用容量较小的衡器。

一种典型的密炼机混炼自动称量加料系统如图 12－1 所示。

第二节　混 炼 工 艺

橡胶工业生产中目前采用的混炼方法分两种：一种是间歇式混炼操作，另一种为连续式混炼操作。

间歇式混炼方法应用最早，至今仍在广泛使用。这种混炼方法的特点是胶料分批加工制造。依据所用炼胶设备不同又分为开放式炼胶机混炼和密闭式炼胶机混炼两种方法。从混炼

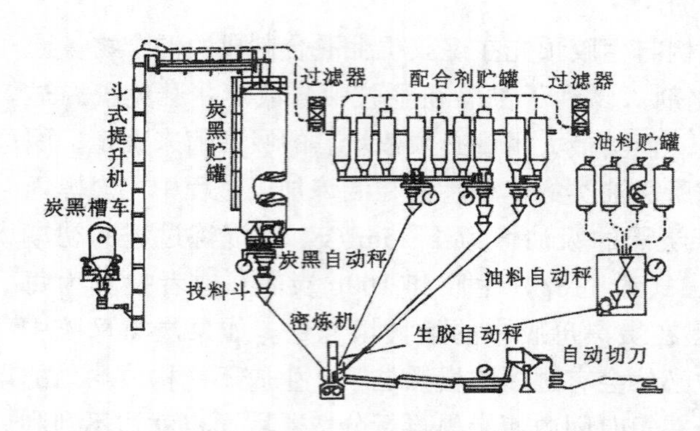

图 12－1　密炼机混炼自动称量加料系统示意图

生产效率和混炼胶质量上看以密炼机混炼最优越。所以，目前凡拥有密炼机而又允许用密炼机加工的胶料，一般都是采用密炼机进行混炼。随着橡胶工业科学技术水平的发展，正在向着机械化自动化操作的快速密炼机混炼的方向发展，使混炼效率大大提高，成为目前混炼工艺的主要发展方向。

连续混炼操作方式是 60 年代末到 70 年代初发展起来的混炼方法。它的操作方式的主要特点是原材料连续加料，混炼胶连续排胶。炼胶设备配有一整套自动称量配合加料装置。混炼设备是一类专用的螺杆式连续混炼机。目前技术上比较成熟，能够实际用于混炼加工的连续混炼机主要有三种，即转子式双螺杆型连续混 炼机、传递式单螺杆型连续混炼机和隔板式单螺杆型连续混炼机。该三种设备虽然已在混炼加工上得到实际应用，但因其本身仍然存在一定局限性而使其用途受到一定限制。

所以，目前橡胶混炼加工的主要方式仍以开放式炼胶机和密闭式炼胶机的间歇式混炼加工为主。本章仍以介绍间歇式混炼工艺为重点，对连续混炼设备则只介绍设备的一般结构特点，工作原理和主要用途。

一、开炼机混炼工艺

开炼机混炼是橡胶工业应用最早的混炼方法，开炼机混炼生产效率低，劳动强度大，操作不安全；混炼时配合剂的飞扬损失大，污染环境；混炼胶的质量也不如密炼机的好。但是，开炼机混炼后机台容易清洗，变换胶料配方比较灵活，适合于配方种类多变、生产批量小的小规模生产和实验室小型试验用胶料的混炼。另外还有些不适于用密炼机混炼的胶料，如发泡胶料、硬质胶胶料、某些合成胶、硅橡胶和混炼型聚氨酯橡胶等，以及某些浅色和彩色胶料，适合于采用开放式炼胶机混炼。所以开炼机混炼方法目前在橡胶工业生产中仍占有一定的位置。

（一）开炼机混炼的原理

开炼机混炼的一般操作方法是先让生胶包于前辊，并在辊距的上方留有适量的存胶（称堆积胶），再按规定的加料顺序往堆积胶上面依次加入配合剂。当生胶夹带配合剂通过辊距时受到剪切混合作用而被混合和分散。当配合剂完全混入生胶后立即进行切割翻炼操作，以保证混合均匀，再经薄通后下片，所以开炼机混炼过程分为三个阶段：包辊、吃粉和翻炼。

1. 胶料的包辊性　胶料的包辊性与生胶本身的性质，混炼温度和机械加工切变速率都有关系。混炼温度对胶料包辊性的影响可以分成 4 个区域，如图 12－2 所示。由图可知，混炼温度不同，胶料在辊筒上的包辊状态可能会出现下面 4 种不同的情况：混炼温度低，橡胶处于 1 区，呈弹性固体状态，硬度高，弹性大，胶料难以进入辊距中，若强制压入辊距，则胶料通过辊距后呈碎块掉下。因而胶料在这种状态下不能包辊，也无法进行混炼操作。温度升高，胶料进入 2 区的状态。这时橡胶呈高弹性状态，既有塑性流动，又有适当的高弹形变，所以胶料通过辊距后成为一弹性胶带紧紧地包在前辊表面上，不发生碎裂和脱落，不仅有利于混炼操作，也有利于配合剂在胶料中的混合分散。继续升温进入 3 区的状态，这时胶料虽然仍为高弹性固体，但其流动性进一步增加，分子之间的作用力和胶片的拉伸强度已大大减小，不能紧包前辊而呈袋囊状脱辊或破碎掉下，无法进行混炼操作。在温度更高的4区，生胶变为粘流态，通过辊距后呈粘流薄片包于前辊表面，这时胶料主要发生塑性流动和变形，弹性已几乎消失，且对辊筒发生粘附而难于切割。所以应当控制混炼温度使生胶处于2区的温度范围内进行混炼，必须防止进入3区和1区的温度范围或包辊状态。

生胶在辊筒上的状况	生胶在辊筒上的状况 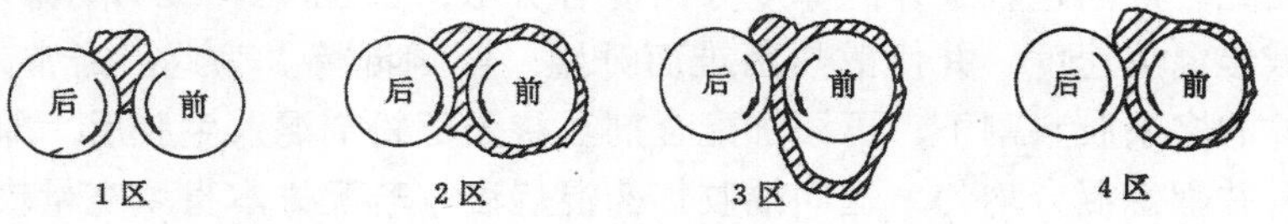 后 前 1区	后 前 2区	后 前 3区	后 前 4区
辊　温	低——————————————————→高			
生胶力学状态	弹性固体——————→高弹性固体——————→粘弹性流体			
包辊现象	生胶不能进入辊距或强制压入则成碎块	紧包前辊，成为弹性胶带，不破裂混炼分散好	脱辊，胶带成袋囊形或破碎不能混炼	呈粘流薄片，包辊

图 12－2　胶料在开炼机上的包辊状态

各种橡胶的结构特性和玻璃化温度不同，因而处于最佳包辊状态的2区的温度范围也不一样。天然橡胶和乳聚丁苯橡胶在一般操作温度下没有明显的3区，只出现1区和2区，所以包辊和混炼性能好。顺丁橡胶低温包辊在2区。如果在50℃以上即转变到3区而出现脱辊现象。

另外，橡胶的粘弹性不仅受温度影响，还受外力作用速率的影响。辊筒的转速一定时，胶料的切变速率与辊筒的直径成正比，与辊距大小成反比。减小辊距会增大剪切速率，对胶料粘弹性的影响和降低温度的作用是一样的。所以当温度进入包辊性能不好的3区范围而冷却方法又不能有效地使其回到2区的包辊状态时，可以通过减小辊距的方法来实现 。只是对顺丁橡胶，若混炼温度超过50℃时，即使将辊距减至最小也不能再回到2区的包辊状态了。

橡胶的分子量大小和分布对其2区的温度范围也有重要影响。分子量分布宽会使包辊性能良好的2区的温度范围加宽，胶料的包辊性就好。据认为，从2区向3区的转变温度高低与生胶的断裂拉伸比 λ_b 有关。实质上，在给定的转速和辊距下，当温度逐渐升高时，生胶在2区是处于剪切力作用下而尚未达到断裂点以前的状态。随温度升高，生胶的强度和 λ_b 减小，到达一定温度后生胶即发生断裂而进入3区的状态；再继续升温则转入粘流态而进入4区。橡胶的分子量增大，生胶的拉伸强度和断裂拉伸比 λ_b 增大，流动温度也提高，所以胶料从2区到3区和从3区到4区的转变温度也都随之提高，从而使包辊性能良好的2区的温度范围加宽。同时，分子量分布宽，则橡胶的流动温度降低，使3区向4区的转变温度降低，因而使包辊性能不好的3区的温度范围缩小，故有利于混炼操作。

顺丁橡胶，乙丙橡胶等合成橡胶的包辊性能差，主要是因为其分子量分布比较窄，生胶的内聚力和拉伸强度低，胶料的最大松驰时间短，混炼时胶料的抗起始裂口能力低，使胶料出现破裂脱辊现象。顺丁橡胶的分子量分布加宽时，胶料的抗起始裂口的能力增大，最大松驰时间加长，使裂口增加减弱，胶料的包辊性得到改善。橡胶中加入炭黑后，因生成结合橡胶提高了胶料的强伸性能，脱辊现象就会很快扭转。

2．吃粉　胶料包辊后应在辊距上方留有适当数量的堆积胶。然后再向堆积胶的上面添加配合剂，这样有利于混炼。如果辊距上方没有存胶，则胶料通过辊距时只发生周向的混合作用，使胶料呈周向层流状态而变形，无径向剪切变形和混合作用。当有堆积胶存在时，在积胶处因胶料发生拥塞和绉褶将进入狭缝内部的配合剂夹带一起进入辊距，受到剪切产生径向混合，使配合剂向包辊胶片的厚度方向混合分散，如图 12－3a 所示。但若堆积胶数量过多反而会减慢混炼速度，并使散热困难而升温，影响混炼。为此，通常是当胶料包辊 后将堆积胶以外的多余胶料割下，再添加配合剂。待全部粉剂混入生胶后，即吃粉完毕再将割下的余胶加入并翻炼混合均匀，这叫抽胶加药混炼法。若配方本身填充量较大，还应在混炼过程中逐步放大辊距，以使堆积胶数量始终保持在适宜的范围内。

3．翻炼　推积胶的存在虽然使胶料在辊距中产生了径向的混合作用，但仍不能使配合剂达到包辊胶片的整个厚度范围。实际上只能达到包胶层厚度的 2/3 处，在贴近辊筒表面的一边仍有占胶片总厚度 1/3 的一层胶料无配合剂进入，这层胶料就叫呆滞层或死层，如图 12－3b 所示，在这种情况下，开炼机辊筒上胶料的混合状态分为三种情况：周向混合的均匀程度最高；轴向混合的均匀程度较差，两端部胶料的均匀程度比中央部位更差；径向混合均匀程度最差。可见堆积胶的作用也是有限的。为弥补其不足，在混炼吃粉后应立即进行切割翻炼操作，以使死层胶料进入活层。切割翻炼方法有八把刀法，三折四扭法和打三角包法等。切割翻炼后，必须将胶料薄通 3～5 遍，然后放大辊距下片，结束混炼操作。

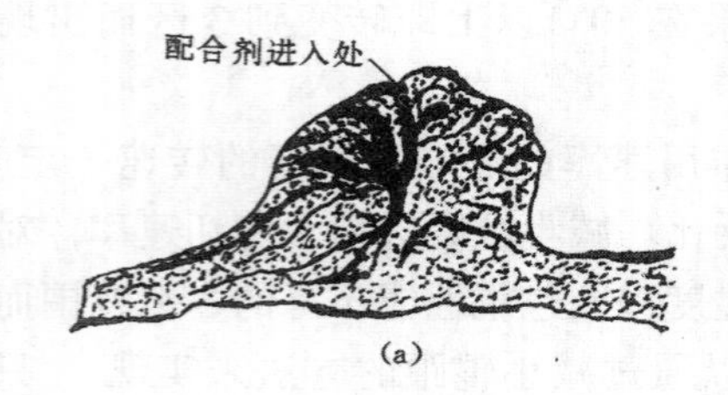

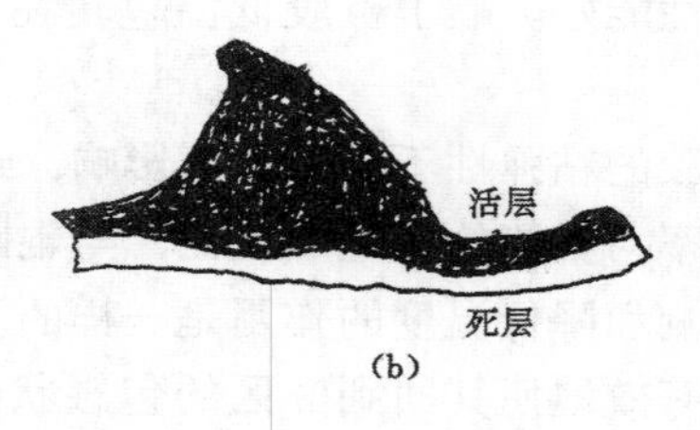

图 12－3　开炼机混炼原理示意图

(a) 一堆积胶吃粉示意图；(b) 吃粉后的包辊胶片混合状态断面示意

（二）开炼机混炼的影响因素

开炼机混炼的影响因素有容量、辊距、辊速和速比、辊温、加料顺序、混炼时间及药品的一次添加量，必须根据胶料配方特性及配合剂的性质合理确定和调节。

1．容量　每次混炼的胶料容积大小必须依炼胶机的规格及胶料配方特性合理确定。容量过大会使辊距上方的堆积胶量过多而难以进入辊距，使混炼分散效果降低，而且因散热不良会使混炼温度升高，容易产生焦烧现象而影响胶料质量。容量过大还会导致设备超负荷和劳动强度加大等一系列其他问题。容量过小会降低生产效率。所以容量过大过小都不利。合理的混炼容量应按经验公式〔式（11－26)〕计算。

实际的混炼装胶容量还必须参考胶料配方和性质对计算结果加以适当修正。例如合成胶混炼时的生热量较多，配方含胶率低填充量大，密度大的胶料，其混炼容量都应适当减小。天然胶混炼生热量少，以及采用母炼胶混炼的胶料，其混炼容量可适当增加。

2．辊距　炼胶机的辊距一般为 4～8mm。辊距减小，胶料通过辊距时的剪切效果增大，会加快混合分散速度；但同时也增加生热量和升温速度，并使堆积胶量增多，散热困难，又不利于剪切分散效果。所以，随着混炼过程的配合剂不断加入，胶料的容积增大，辊距也应逐步调厚，以保持辊距上方的堆积胶量适当。

3. 辊速与速比　提高辊筒的转速和速比会加大混炼时对胶料的剪切作用与混合分散效果，但也会提高胶料混炼时的生热升温速度，又不利于提高剪切效果。辊速过快操作危险性也大，辊速和速比过小又会降低机械剪切分散效果和生产效率。所以开炼机混炼的辊筒转速一般控制在16～18r/min。速比范围一般在1∶1.1～1.2。

4. 辊温　开炼机混炼温度就是辊筒表面的温度，辊温低，胶料的流动性差，生胶对配合剂粒子表面的湿润作用下降，不利于混合吃粉过程，还会使设备负荷增加；但有利于提高机械剪切和混合分散效果。若辊温过低，胶料硬度太大，容易损坏设备。辊温提高有利于降低胶料的粘度，提高流动性和对配合剂粒子表面的湿润性，加快混炼的吃粉速度。但若温度过高容易产生胶料脱辊现象和焦烧现象，难以操作，也会降低对胶料的剪切分散效果和混炼质量。故应根据生胶种类和配方特点合理确定混炼温度，并使辊温控制在包辊性最好的温度范围以内进行混炼。由于胶料在混炼过程中不断生热，应及时加强冷却调节辊温，使之始终保持在适宜温度范围内。

另外，为了便于操作，开炼机混炼时前后辊温度应保持5～10℃温差。由于天然橡胶容易包热辊，因而前辊温度应高于后辊。多数合成胶容易包冷辊，故前辊温度应低于后辊。同时，因合成橡胶混炼时生热量比天然橡胶多，故混炼时的两辊温度均应比天然橡胶低5～10℃。各种橡胶用开炼机混炼时的适用温度范围如表12－1所示。

表12－1　各种橡胶开炼机混炼的适用温度范围

生胶种类	辊温/℃		生胶种类	辊温/℃	
	前　辊	后　辊		前　辊	后　辊
天然橡胶	55～60	50～55	氯醚橡胶	70～75	85～90
丁苯橡胶	45～50	50～60	氯磺化聚乙烯	40～70	40～70
丁腈橡胶	35～45	40～50	氟橡胶23－11	49～55	47～55
氯丁橡胶	≤40	≤45	丙烯酸酯橡胶	40～55	30～50
丁基橡胶	40～45	55～60	聚氨酯橡胶	50～60	50～60
顺丁橡胶	40～60	40～60	聚硫橡胶	45～60	40～50
三元乙丙胶	60～75	85左右			

5. 混炼时间　开炼机混炼时间受开炼机转速和速比，容量和加药顺序，混炼的操作方法及混炼温度、胶种和配方的影响，混炼时间短，配合剂分散不良，胶料质量和性能差；混炼时间过长容易发生焦烧和过烧现象，也降低胶料质量和性能，生产效率也低。适宜的混炼时间由试验确定，并应在保证混炼质量的前提下尽可能缩短混炼时间，以提高生产效率和节约能耗。

6. 加药顺序　配合剂的添加次序是影响开炼机混炼的最重要的因素之一。加料顺序不当有可能造成配合剂分散不良，使混炼速度减慢，并有可能导致胶料出现焦烧和过烧现象，使混炼胶质量降低，甚至还会引起胶料发生脱辊现象而难以进行混炼操作。所以加药顺序应根据混炼方法和工艺条件以及胶料配方特性合理确定。加药顺序确定的一般原则是：①用量少而在胶料中所起的作用又很大的配合剂如促进剂、活性剂、防老剂和防焦剂等应尽可能早加或先加。生产实际中都是将这一类小药加在填料和液体软化剂的前面。就是因为它们的用量虽少，但起的作用却很大，对其分散的均匀度要求高，故应先加，有些促进剂如胍类和噻唑类促进剂对生胶有增塑作用，先加有利于混炼；防老剂先加有利于防止胶料高温下混炼时的老化现象。②在胶料中难以混合分散的配合剂，如氧化锌和固体软化剂，亦应适当早加，只是因软化剂容易使胶料产生脱辊，最好将其与粉料预混后再加入。③临界温度低，化学活性大，对温度比较敏感的配合剂，如硫黄和超速促进剂应当在混炼后期降温后加入。④硫黄与促进剂应当分开加入。若混炼先加促进剂，则硫黄应在混炼过程最后加入；或者相反。

加药顺序是长期实践经验的积累和总结。天然胶胶料开炼机混炼的一般加药顺序为：①生胶、塑炼胶、母炼胶、再生胶；②固体软化剂如古马隆、松香、石蜡等；③促进剂 活性剂、防焦剂和防老剂；④补强填充剂如炭黑、陶土和碳酸钙等；⑤液体软化剂如松焦油，酯类等；⑥硫黄。

当天然胶配方中的液体软化剂用量较少时，习惯上都是将液体软化剂加在填料之前。

合成胶因配方中的填料和液体软化剂用量比例较大，故液体软化剂一定要加在补强填充剂之后，或与液体软化剂交替分批加入。其他基本相同。对于某些特殊情况则必须对上述加药顺序作适当调整。如硬质胶胶料混炼时硫黄必须先加才能保证其混合均匀，海绵胶混炼时则必须将液体软化剂放在最后加入，否则其他配合剂难以混合分散均匀。丁腈橡胶混炼时亦应先加硫黄。

7. 药品添加量　粉状配合剂主要靠堆积胶的作用而被混入橡胶内部的。当混炼初期堆积胶表面被粉剂完全覆盖时，混炼的吃粉速度是恒定不变的，随着堆积胶表面配合剂的不断混入，其数量逐渐减少，到不能完全覆盖推积胶表面时，配合剂的吃粉速度便开始减慢，如图 12－4 中偏离直线的曲线部分。所以，为了加 快混炼的吃粉过程，应尽可能把每次加药的数量添足一些，这样可以缩短混炼时间。从图 12－4 可以看出，药品一次添加量从 Q 增加到 P 时，虽然混入生胶中的药品数量都是 Q，但需要的混炼时间却由 X 缩短至 Y。

二、密炼机混炼工艺

与开炼机混炼相比，密炼机混炼工艺具有以下优点：

（1）自动化程度高，生产效率高，劳动强度低，操作安全；

（2）密闭操作，药品飞扬损失少，有利于胶料质量的保证，并改善了操作环境条件；

（3）胶料中的炭黑分散度高，混炼胶质量均匀；

（4）同样产量所需机台数少，厂房面积减小。

故密炼机混炼特别适合于胶料配方品种变换少、生产批量大的现代化大规模生产。

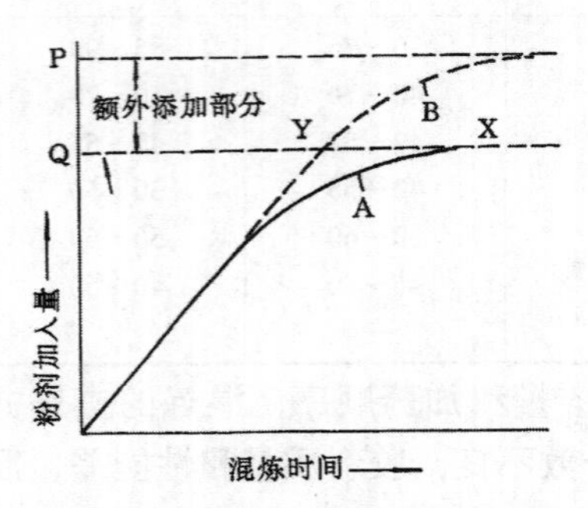

图 12－4　药品一次添加量与混炼时间的关系

密炼机混炼法的缺点是：

（1）混炼后机台不容易清洗，变换胶料配方困难；

（2）密闭条件下混炼，散热条件差，生热升温快，混炼温度高；容易发生焦烧和过烧现象；

（3）排胶不规则，需配备辅助设备进行补充加工处理，设备初投资较大，对厂房建筑要求高；

（4）不适于特殊胶料的混炼。

尽管如此，密炼机混炼方法仍然是制造炭黑混炼胶的最理想的混炼方式。在现代橡胶工业生产中，凡是能用密炼机混炼者都已不再用开炼机混炼。密炼机混炼已成为现代混炼工艺的主要而普遍的方式。

（一）胶料在密炼室中的流动状态和变形

以椭圆形转子的Banbury型密炼机为例。由于密炼机转子结构的特殊几何形状，使得胶料在混炼过程中于密闭室内受到的剪切搅混作用非常剧烈，其流动状态和变形情况比开炼机复杂得多。

当密闭室内两转子相对回转时，将来自加料口的胶料夹住并通过辊缝使胶料受到挤压和剪切。胶料穿过辊缝被挤压到密炼室底部后，碰到下顶栓的突棱时被分成两部分，分别沿前后室壁与辊筒之间再回到辊距上方。在两转子不同速度作用下，两部分胶料以不同速度重新汇合。由于转子表面有螺旋状突棱，使转子表面各处与转子轴心间距离不等，于是产生了不同的线速度，两转子间的速比也是变化的。例如11号Banbury密炼机转子间的速比变化范围可达1:0.91～1.47，使胶料受到剧烈剪切和混合作用。转子表面突棱与室壁之间的缝隙和两转子之间的缝隙也随着混炼过程而变化，其变化范围分别为2～83mm和4～166mm，因此胶料无法随转子表面等速旋转，而是随时变换速度和方向，从间隙小的地方向间隙大处湍流，从而使胶料在混炼过程中不仅绕转子表面作圆周运动，同时还沿转子的螺槽作轴向运动，从转子两端向中间捣翻，受到充分的混合。

但是，胶料在密炼室中的混合行为用形变而不是用流动来描述更为合适。因为混炼时材料的形变很大，其形变往往超过极限应变。材料破裂是该行为的重要组成部分。因此，不可能用稳态的流动粘度来描述橡胶的行为，而必须考查大形变时的粘弹性能和极限性能。在本伯里（Banbury）密炼机中的转子棱边与室壁之间，胶料经受的变形程度是最大的。胶料在这里既有剪切变形，又有拉伸变形。由于剪切变形可等效变换为拉伸变形，因此用拉伸变形即可描述橡胶在密炼机中混炼时的变形行为。

如图12-5（a）、（c）所示，转子突棱顶部的区间内的胶料形变很大。若取$h=3$mm，$d=40$mm，拉伸应变$\varepsilon=5$，转子半径$r=110$mm，转子突棱顶端的表面旋转线速度为$V=1.8$m/s（高强度混炼），则平均形变速率为$\dot{\gamma}=225s^{-1}$。如果转子突棱顶端施加于截面部位的突然变形比图12-5（b）中所示的还要大，则变形速率会更大。当胶料通过间隙后，变形恢复，其中超过极限变形程度者便可能发生断裂或破碎，如图12-5（b）和（d）所示。如此反复产生变形和恢复，达到混合均匀的目的。

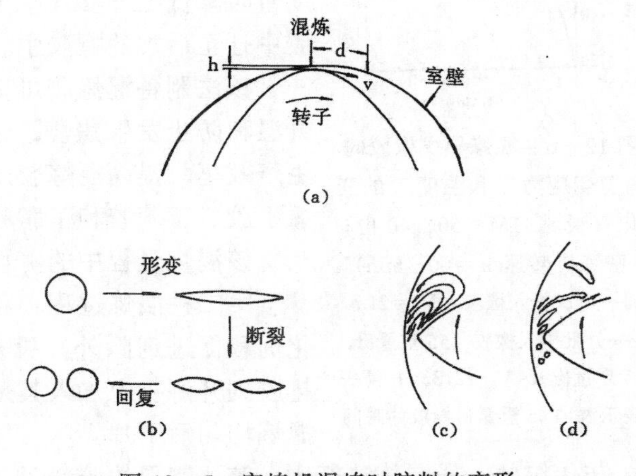

图12-5 密炼机混炼时胶料的变形

（a），（c）—转子突棱前部胶料的拉伸；

（b），（d）—橡胶断裂破碎过程模型。

（二）密炼机混炼工艺操作方法

密炼机混炼开始时提起上顶栓，按加药顺序规定依次将生胶和配合剂从加料口投入密闭室中，每次投料后都要放下上顶栓加压混炼一定时间后再提起上顶栓投加下一批材料。直到混炼完毕。放开下顶栓将胶料排至压片机加硫黄，并压成规则的一定厚度的胶片，进行冷却和停放。

密炼机混炼操作方法有三种：一段混炼法、两段混炼法和逆混法。

1．一段混炼法　一段混炼法就是将配方组分加入密炼机后整个混炼作业过程在密炼机上一次全部完成，中间没有胶料的压片、冷却和停放过程。一段混炼法的优点是胶料管理比较方便，节省车间胶料停放面积，但所制得的混炼胶胶料的可塑度比较低，填料不易分散均匀，且混炼周期较长，排胶温度较难控制，容易发生焦烧和过炼现像，使混炼胶质量受到影响。一般混炼法适用于胶料粘度较低，配方填充量较少的胶料混炼，如天然胶配方或以天然胶为主的并用胶配方含胶率高，适于采用一般混炼法。

一段混炼法又分为传统一段混炼法和母胶一段混炼法两种。

(1) 传统一段混炼法　该法的操作和工艺要点是：按照规定的加药顺序采用分批逐步加料，对于用量较多的配合剂（如补强填充剂等）有时还得分几次投加。每次加料之前先将上顶栓提起，加料后再放下上顶栓加压或浮动混炼一定时间。加压程度依材料性质而定。如投加生胶和再生胶后，就需施加较高的压力，投加粉状配合剂时则应先使上顶栓浮动后再加压，加压程度亦应适当减小，在加硬质炭黑时甚至可以不加压，以免胶料升温过高引起焦烧和防止受压过大而使粉剂结团。

一段混炼时为防止胶料升温过快，一般采用慢速密炼机。炼胶周期一般在10～12min，个别情况如高填充配方可达14～16min。最好采用双速或变速密炼机，混炼过程初期采用快速，在短时间内完成硫黄以外的各种配合剂的加料混炼过程，最后改用慢速使之冷却降温后再加硫黄。采用在密炼机内直接加硫黄的关键是加炭黑之后做到有效的冷却降温，使排胶温度降到110℃以下。实际生产中一般是在压片机上加硫黄，这时密炼机一段混炼的排胶温度通常控制在130℃以下，需将胶料排到开炼机上冷却到100℃以下再加硫黄翻炼和压片。

(2) 母胶法　一段混炼法中还可采用分批投加生胶的方法，以提高炭黑等填料的相对浓度来强化其分散效果，故此法又称母胶法。具体操作方法又分以下两种：

第一种是先往密炼机中投加60%～80%的生胶和全部配合剂（不包括硫黄），在70～120℃下混炼至总混炼时间的70%～80%，制得母胶，然后投入其余生胶和塑炼胶，再混炼约1～2min排料。投入的生胶和塑炼胶温度低，可使密炼室内胶料温度暂时降低15～20℃，能在混入热胶料的同时使部分炭黑从母胶中迁至后加的橡胶中。

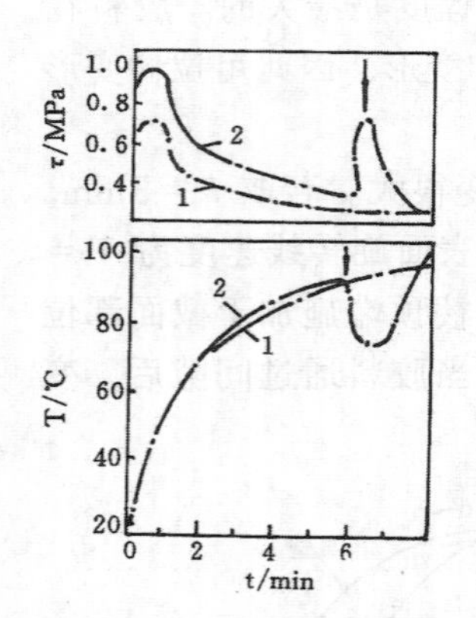

图12-6　混炼异戊橡胶时的剪切应力τ和温度T的变化（炭黑ПМ-50　40份；密炼机转速$n=60$r/min）

1—一次投入橡胶，$V_x=2$L；2—分批投入橡胶（55重量份，45重量份），$V_x=2.33$L；箭头表示添加45重量份橡胶的瞬间

该法制备混炼胶可提高剪切分散效果，并能有利于减小生热升温和防止发生焦烧，还可提高混炼机装填系数15%～30%和生产效率，提高混炼胶质量和硫化胶性能。此法适用于异戊胶、氯丁胶、丁苯胶和丁腈胶混炼。该法缺点是密炼机磨损较大。

该混炼过程中的剪切力和温度的变化如图12-6所示。

第二种混炼过程：将60%～80%的生胶和基本配合剂（硫化剂和促进剂除外）投入密炼机，混炼3min，制备母胶，然后排胶到开炼机上加入其余的20%～40%的生胶及硫黄和促进剂，混炼均匀后下片。

与传统的一段混炼法相比，该法制得的胶料工艺性能良好，硫化胶性能也明显提高。但在开炼机上的操作时间较长，需增加机台数。

上述两种一段混炼方法之混炼胶性能和硫化胶性能比较如表12-2。可以看出，用母胶法，即分段投胶的一段混炼法比传统一段混炼法混炼，其胶料质量和硫化胶性能均有所

表 12－2　输送带用异戊胶混炼胶及其硫化胶性能比较

性能指标(25 个试样)	覆盖胶		布层胶	
	传统法	母胶法	传统法	母胶法
可塑度				
平均值 $\bar{x}$	0.30	0.31	0.42	0.43
均方差 σ	0.031	0.037	0.026	0.025
炭黑分散度/%	78	83.3	77	82
拉伸强度/MPa				
$\bar{x}$	19.6	21.3	20.1	21
σ	1.1	1.4	1.56	1.38
扯断伸长率/%				
$\bar{x}$	646	655	580	540
σ	61	41	26.5	22.7
耐磨耗/(mm^3/J)	19	20.6	—	—
耐多次拉伸(200%)/千次	16	22.5	—	—

提高。

2．两段混炼法　两段混炼法就是胶料的整个混炼过程分成两个阶段完成。其间胶料须经过出片或造粒、冷却与停放。分两段混炼法因胶料在中间经过冷却和停放后粘度增大，使第二次混炼时的剪切与分散混合效果提高，从而改善了配合剂在胶料中的分散性；同时还能加快混炼速度，缩短混炼时间，并减少了胶料在持续高温下的时间和由此引起的焦烧倾向，这对于像氯丁橡胶和丁腈橡胶等容易生热和焦烧的胶料来说尤为有利。两段混炼法还能提高硫化胶的物理机械性能（见表 12－3）。其混炼时间比一段混炼法短，如表 12－4 所示。采用分两段混炼时，通常将生胶塑炼与第一段混炼过程合并在密炼机中一起进行，并采用较高的混炼温度（160℃，甚至更高），以利于生胶塑化与炭黑的湿润混合。两段混炼法又有传统法和分段投胶法两种不同的操作方法。

表 12－3　密炼机一段与两段混炼法之胶料性能对比

混炼方法	300%定伸应力/MPa	拉伸强度/MPa	伸长率/%	永久变形/%
一段混炼	7.2	11.2	451	13
两段混炼	7.1	14.4	547	14

表 12－4　胎面胶不同混炼方法之混炼时间对比

混 炼 方 法	一　段	两　段
混炼时间/min	11	9

（1）传统两段混炼法　第一段混炼是粗混炼阶段，通常用快速密炼机（40r/min 以上）高压混炼，制得的胶料只含有除硫黄和促进剂以外的配合剂，即所谓炭黑母炼胶，故又称为母胶混炼阶段，混炼后的炭黑母胶排到压片机经补充混炼、压片或造粒、冷却干燥后进行停放。然后再投入第二台慢速密炼机进行第二段混炼，加入硫黄和促进剂，最终完成胶料的全部混合作业，最后将混炼胶排料到压片机补充混炼与压片，故第二段混炼过程又称为胶料的终炼阶段。终炼过程中的硫黄与促进剂可以在慢速密炼机中投加。也可以在压片机上投加，目前国内实际上都是排料到压片机加硫黄。终炼阶段也可以采用螺杆式连续混炼机代替密炼机来完成，或者用连续混炼机代替开炼机与密炼机配套，用于补充混炼与压片，只是必须配

备辊筒式机头，以便出片。

(2) 分段投胶两段混炼法　此法分两步完成。第一步先在 70%～80% 的总混炼时间内将 80%左右的生胶与配合剂混合，制成炭黑母胶，并经压片或造粒，冷却和停放。然后在第二步混炼时，于 60～120℃下将其余 20%左右的生胶全部加入，使母胶中的高浓度炭黑在 1～2min 内迅速稀释和分散后即排料。

用两种分段混炼方法制备的胶料性能比较如表 12－5 所示。由表可见，分段投胶两段混炼法制备的硫化胶性能优于传统的两段混炼法。

表 12－5　用两种分段混炼法制备的三元乙丙硫化胶性能对比

项　　目	传统两段法	分段投胶两段法	项　　目	传统两段法·	分段投胶两段法
门尼粘度(ML_{1+4}100℃)	58	64	硬度(ТИР)	64	60
胶料内聚破坏力/N	39	52	回弹率/%	41	43
100%定伸应力/MPa	3	2.8	耐寒系数(－50℃)K_B	0.05	0.2
拉伸强度/MPa	16	21.6	抗撕强度/(kN/m)	28	32
伸长率/%	270	300	耐久强度(多次伸长		
永久变形/%	5	5	150%)/千次	2.5	16

密炼机一段混炼法与分段混炼法之一般工艺流程示意如图 12－7。

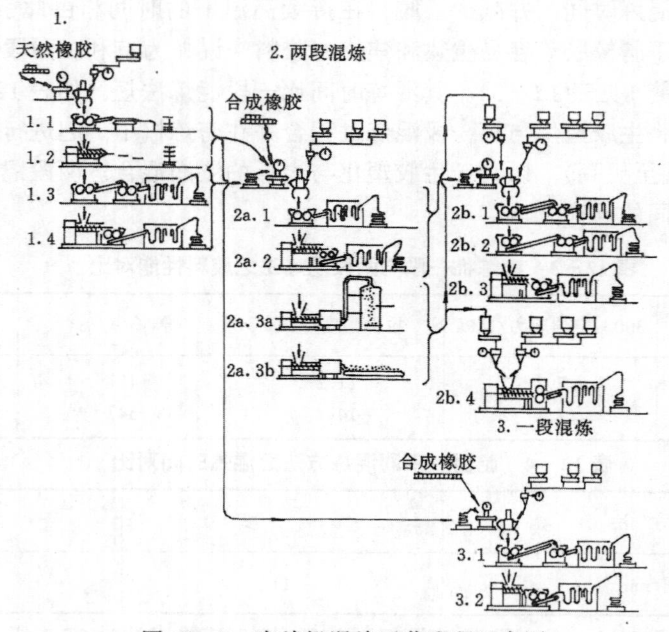

图 12－7　密炼机混炼工艺流程示意图

1—天然胶塑炼：使用天然胶时，一般进行分段塑炼，炼好的胶有四种处理方法（1.1～1.4）。1.1—胶料排到开炼机上，压片、打卷及存放；1.2—胶料排到挤出机上，挤成圆形胶条并切断，存放在架上；1.3—胶料排到两台串联的开炼机上压片，并送到悬挂式胶片冷却装置及迭片机上；1.4—胶料排到螺杆压片机上，以代替两台开炼机。

2—两段混炼，见图 12－7 中的 2a 及 2b，2a 为母炼工艺，2b 为终炼。2a.1—胶料排到一台或两台串联的开炼机上，悬挂胶片冷却及迭片；2a.2—胶料排到螺杆压片机上；2a.3—胶料排到螺杆造粒机中造粒，然后冷却、送贮斗或贮存运输带上。2b 为终炼工艺。2b.1—密炼机混炼胶排到两台串联开炼机上；2b.3—排到一台螺杆压片机上。2b.4—两段混炼用连续混炼机。

3—一段混炼，在密炼机中混炼好之后，排胶料到两台串联开炼机上（3.1）可排到螺杆压片机上（3.2）

3. 逆炼法（倒炼法） 逆炼法是采用与一般混炼方法完全相反的加药顺序进行混炼的方法。它是在混炼一开始就把除硫黄和促进剂以外的所有其他配合剂首先投入密炼机，然后再投入生胶进行混炼。具体操作方法又有两种：

（1）先投加补强填充剂和油类，然后投入50%～70%的生胶，混炼1.5min后再投入其余的生胶，混炼数分钟后排胶。此法适用于配用多量粗粒子炭黑和油的胶料。

（2）投入1/2的油和所有配合剂，再投入生胶混炼。然后在2min内分2～3次加入剩余的油类，混炼完毕排料。该法混炼时间比第（1）种混炼法的时间长。此法适用于配用补强性炭黑和相应油类的胶料。

逆混法能改善高填充胶料中炭黑的分散性，还能缩短混炼周期，主要适用于生胶挺性差、炭黑和油类含量高的胶料。最初逆混法用于胶料挺性较差而配合剂又比较难于混合分散的丁基橡胶胶料；后来丁基胶料采用热处理方法，则主要用于三元乙丙橡胶和挺性较差的顺丁橡胶等胶料的混炼。

三元乙丙胶配用粗粒子炭黑时宜采用第（1）种逆混法，其加药顺序如表12－6，混炼时间为4.5min。采用该法时，第一次投加的生胶量不得高于70%，否则电能消耗将急剧增大。

表12－6 三元乙丙胶与粗粒子炭黑的逆混方法（第一段）[①]

加料顺序	投加时间/min	加料顺序	投加时间/min
1. 炭黑、油、氧化锌、硬脂酸50%～70%生胶	0	3. 清扫	3.5
2. 清扫、投剩余生胶	2	4. 排胶	4.5

①胶料配方：三元乙丙胶100，FEF 75，SRF 75，环烷油100，氧化锌5，硬脂酸1，含硫化剂母胶13。

三元乙丙胶配加补强性炭黑时采用第（2）种逆混法混炼，其加料顺序如表12－7。

表12－7 三元乙丙胶与补强性炭黑的逆混方法（第一段）[①]

加料顺序	投加时间/min	加料顺序	投加时间/min
1. 全部炭黑、1/2油、氧化锌、硬脂酸，然后加全部生胶	0	3. 清扫	4.0
2. 清扫、加剩余油类	2.0	4. 排胶	7.5

①胶料配方：三元乙丙胶100，炭黑（HAF－HS，ISAF等）80，环烷油60，氧化锌5，硬脂酸1，含硫化剂母胶13。

普通加药顺序一段混炼与逆混法一段混炼的比较如表12－8。

表12－8 两种一段混炼方法之比较

普通一段混炼法	逆混法一段混炼法
加料顺序	加料顺序
1. 塑炼胶、小药、油料 2. 炭黑 3. 促进剂T.T.母胶 4. 排胶	1. 依次加入炭黑、塑炼胶小药及油料 2. 加压混炼 3. 加硫黄母胶并加压 4. 加促进剂T.T.母胶，不加压

采用逆混法时，密炼机的密封性能必须完善、电机功率要加大，混炼装填系数和上顶栓压力都要尽可能加大，以防胶料在密炼机内发生漂移而影响混合分散效果。在胶料的配方设计上还应注意油类液体软化剂用量不能超过所加炭黑的吸油值，否则也可能会导致配合剂分

散不良。

（三）密炼机混炼的影响因素

密炼机混炼的影响因素有装料容量，加料顺序、上顶栓压力、转子速度、混炼温度、混炼时间等工艺因素，还有设备本身的结构因素，主要是转子断面几何构型。

1. 装料容量　装料容量也叫混炼容量，就是每次混炼时的混炼胶容积，混炼容量不足会降低对胶料的剪切力和捏炼作用，甚至出现胶料打滑和转子空转现象，导致混炼效果不良。反之，容量过大，使胶料没有必要的翻动回转空间，破坏了转子突棱后面胶料形成紊流的条件，并使上顶栓位置不当，造成一部分胶料在加料斗口颈处发生滞留。这些都会导致胶料混合不均匀，并容易导致设备超负荷 。因此，混炼容量必须适当，通常取密闭室总有效容积的 60％～70％为宜。合理的容量或装填系数应根据生胶种类和配方特点，设备特征与磨损程度以及上顶栓压力来确定，对天然橡胶及含胶率较高的配方，胶料混炼时生热量较少，装填系数应适当加大；合成胶及含胶率较低，生热量高的配方，其装填系数则应适当减小；磨损程度较大的旧设备装填系数应加大些，新设备则小些；啮合型转子密炼机的装填系数小于剪切型转子密炼机；上顶栓压力增加，装填系数亦相应增大。另外逆混法的装填系数必须尽可能加大。

2. 加料顺序　加料顺序对混炼操作非常重要。一般是表面活性剂如硬脂酸等应在生胶塑炼后、炭黑加料之前投加，或者与炭黑一起投加；固体软化剂、防老剂和普通促进剂在炭黑之前与硬脂酸一起投加；而超速促进剂和硫黄等硫化剂则应在炭黑分散后加入，可以与液体软化剂一起投加，但一般都是在液体软化剂加入后再加。或者排料到压片机加，因为这时的胶料温度已经下降，不易发生焦烧现象。

密炼机混炼中，生胶、炭黑和液体软化剂三者的投加顺序与混炼时间特别重要。一般都是先加生胶，再加炭黑，混炼至炭黑在橡胶中基本分散后再加入液体软化剂，这样有利于混炼。否则，若软化剂过早加入，会使胶料的粘度和机械剪切效果降低，造成分散不均匀，并延长混炼时间。故有的人认为液体软化剂应尽可能晚加，才是提高分散质量的秘诀。当然如果液体软化剂加入时间太迟，比如在炭黑完全混合分散以后再加，那么液体软化剂加入后就会附着在金属的表面起到一种润滑剂的作用，同样会降低机械剪切效果，使宏观分散，即分布混合或称简单混合的速度减慢，不仅会降低混炼胶均匀程度，还会延长混炼时间，增加能量消耗。如图 12－8 所示。

所以，也有先用少量炭黑与液体软化剂一起投料后，再加入其余的炭黑混炼；或者采用逆混法进行混炼，皆能获得比较良好的效果，如图 12－9 所示。由图可见，正确的投加液体

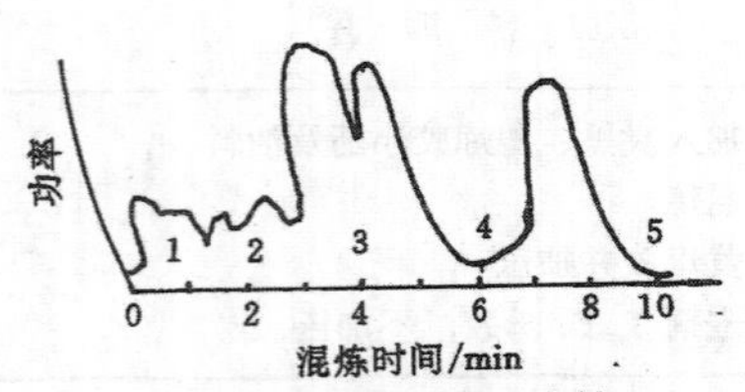

图 12－8　胎面胶第一段母胶混炼功率曲线

1—生胶热炼段；2—小料混炼段；3—炭黑混炼段；4—油料混炼段；5—排胶

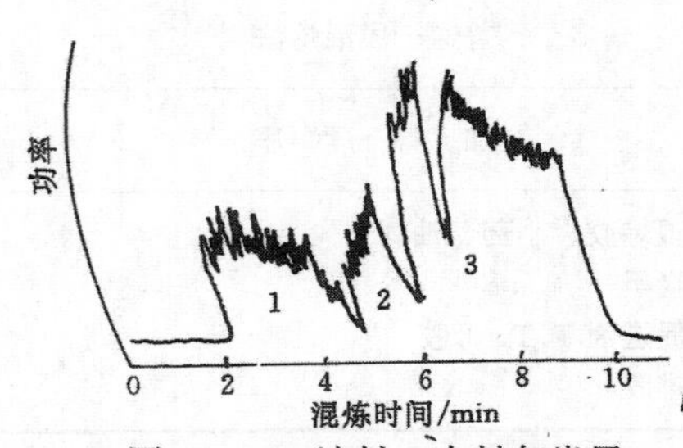

图 12－9　油料、小料与炭黑同时加料时的混炼功率曲线

1—生胶热炼段；2—小料、油料、半量炭黑混炼段；3—半量炭黑混炼段

软化剂可以消除打滑现象，使混炼功率稳定升高，炭黑能正常地混入，混炼时间也能缩短。

液体软化剂的投加时间可以按照表示胶料混炼特性的指标——分配系数 K 来确定。胶料的 K 值是生胶与炭黑的最佳混炼时间 t_c 同该炭黑母胶与液体软化剂的最佳混炼时间 t_m 之比。它取决于生胶与炭黑的品种性质，而与混炼工艺及设备结构尺寸无关。因此，K 为混炼过程的特征值，对设计和改进混炼条件十分有用。几种橡胶的混炼分配系数如表 12－9。由表可见，以异戊橡胶为主的胶料的分配系数最高，而顺丁橡胶为主的胶料分配系数最低。说明分配系数 K 值大小与橡胶的内聚强度有关。

表 12－9　几种生胶的混炼分配系数（K 值）

炭　黑	SBR	IR	BR	SBR/IR	SBR/BR	IR/BR
ISAF	1.5	1.7	0.9	1.6	1.0	1.2
FEF	1.0	1.15	0.2	1.1	0.2	0.3

根据分配系数 K 确定液体软化剂的投加时间举例如下：

设 t_c 为生胶与炭黑混炼的最佳时间，t_m 为炭黑母胶与液体软化剂混炼的最佳时间，则混炼总时间为 $t=t_c+t_m$，$K=t_c/t_m$。改写为：$t'=K+1$，而 $t'=t/t_m$。

如果 K 值不随混炼条件而变化，由实验测得 $t_m=5\text{min}$，$t_c=2.5\text{min}$，故 $K=\frac{2.5}{5}=0.5$，而生产上要求混炼过程的总时间为 $t=3.5\text{min}$。那么 $t'=K+1=0.5+1=1.5\text{min}$；$t_m=\frac{t}{t'}=\frac{3.5}{1.5}=2\frac{1}{3}\text{min}$，故 $t_c=t-t_m=3.5-2\frac{1}{3}=1\frac{1}{6}\text{min}$。当炭黑加料后混炼 $1\frac{1}{6}\text{min}$ 时投加液体软化剂才是最适宜的。

3．上顶栓压力　密炼机混炼时，胶料都必须受到上顶栓的一定压力作用。但必须强调指出，从流体力学的意义来看，混炼过程中上顶栓不可能对密炼室内的胶料造成固定的压力。这是因为密炼室内的实际填充程度只有 60%～80%，内部空间并未完全充满。故上顶栓的作用主要是将胶料限制在密闭室内的工作区，并对胶料造成局部的压力作用，防止胶料在室壁和转子的表面上滑动，并限制和避免胶料进入加料斗颈部而发生滞留。在混炼过程的初期提高上顶栓压力有利于减少胶料的内部空隙，增加摩擦和剪切力作用，提高混合与分散效果，加快混炼速度，如图 12－10（a）所示。混炼结束时上顶栓基本保持在底线处，只有当转子推移的大块胶料从上顶栓下面通过时才偶尔抬起一点，瞬时显示出压力的作用，这时只起到特殊的捣锤作用。在这种情况下，再进一步提高压力对混炼并无任何作用。一般认为，上顶栓压力在 0.3～0.6MPa 为宜。当转子转速恒定时，进一步提高压力也效果不大，如图 12－10（b）所示。因为当上顶栓处在下限位置时，其作用力并不能传到胶料上，而只能传递到密闭室的机件上，故对混炼作业毫无影响。

当混炼容量不足时，上顶栓压力也不能充分发挥作用。提高上顶栓压力可减少密闭室内的非填充空间，使其填充程度提高约 10%。随着容量和转速的提高，上顶栓的压力必须适当加大。

上顶栓压力提高会加速混炼过程中胶料生热，并增加混炼时的功率消耗，如图 12－11 所示。

上顶栓的加压方式亦会对混炼产生影响。例如，当投加粉料时，尤其是相对密度较小的粉料时，上顶栓不能立即加压，而要慢慢放下，不通入压缩空气而利用上顶栓的自身重量使其首先进行浮动，一定时间后再略提起一定高度，然后再放下上顶栓并通入压缩空气加压。否则，一开始就过早地加压，不仅会导致粉剂飞扬损失和挤压结块，造成混合分散困难，影响混炼质量，甚至还会使上顶栓被挤压出加料口的胶料卡住而影响混炼操作。所以，当配合剂填充量较大时，应分批投加，分别加压。当然，为提高生产效率，应当尽可能减少上顶栓提升的次数。例如，通常都是将几种用量少的小药一次同时加入。快速密炼机混炼时，液体软化剂都是在不提起上顶栓的情况下用压力注入密炼机。

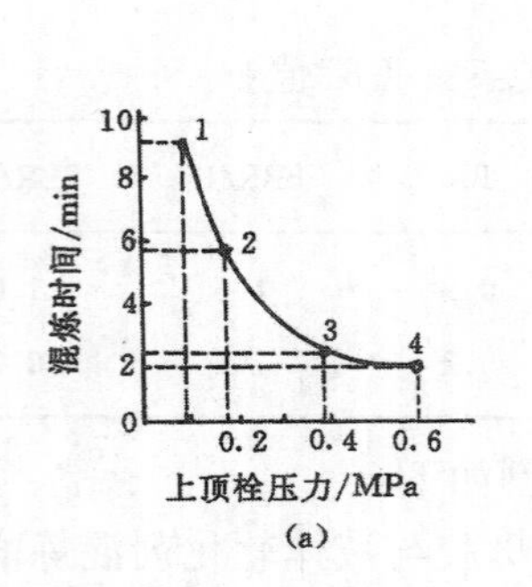

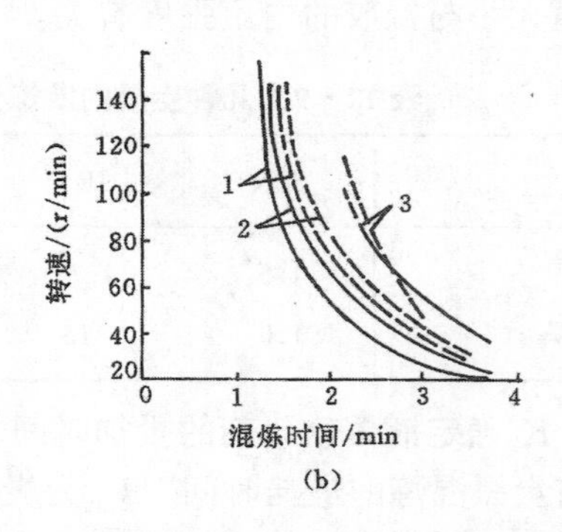

图 12－10　密炼机上顶栓压力（a）和转速（b）对混炼时间的影响

（a）一风筒直径：1－200mm；2－275mm；3－400mm；4－500mm

（b）一压力；1－高压；2－中压；3－低压

虚线—Banbury 密炼机；实线—肖氏密炼机

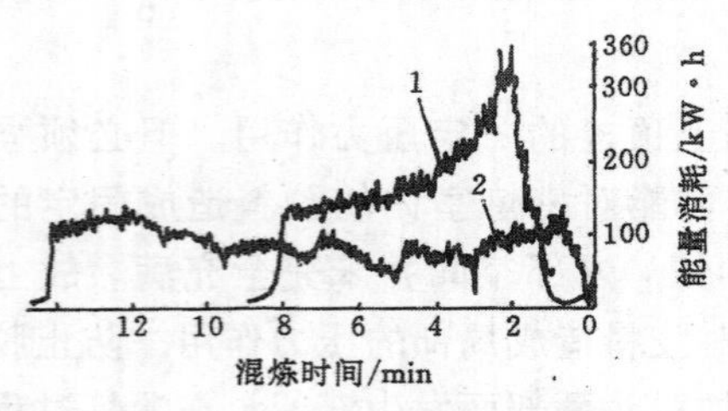

图 12－11　上顶栓压力对混炼过程能量消耗的影响

1—压力高；2—压力低

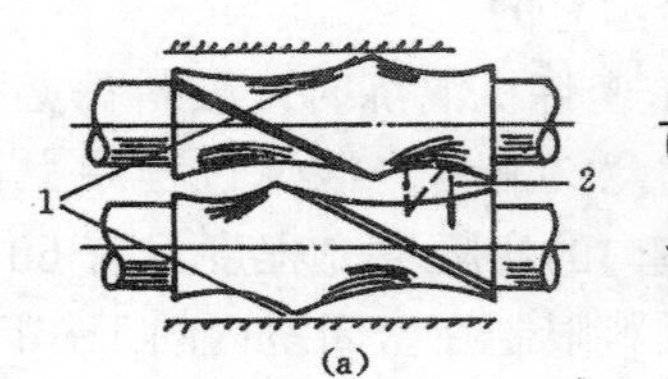

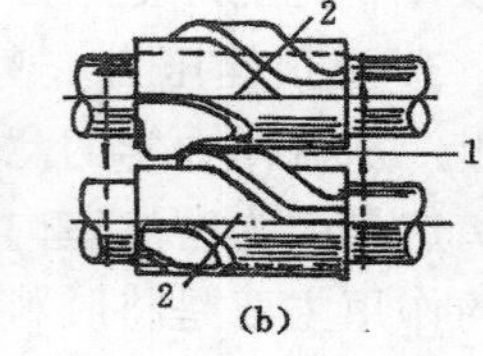

图 12－12　剪切型转子（a）和啮合型转子（b）混炼作用示意图

1—分散区；2—混合区

4．转子结构和类型　转子是混炼的主要工作部件。转子工作表面的几何形状和尺寸在很大程度上决定了密炼机的生产能力和混炼质量。不同类型的密炼机其转子的构型不同。密炼机转子的基本构型有两种：剪切型转子和啮合型转子。分别如图12－12(a)和(b)所示。

一般说来，剪切型转子密炼机的生产效率较高，可以快速加料、快速混合与快速排胶。适于混炼周期短和分段混炼等工作情况。啮合型转子密炼机具有分散效率高、生热率低等特性，适用于制造硬胶料和一段混炼。实验证明，啮合型转子密炼机的分散和均化效果比剪切型转子密炼机要好，混炼时间可缩短 30％ ～35％，如图 12－13。

啮合型转子密炼机的混炼装填系数较剪切型转子密炼机低，排胶温度也较低。

剪切型转子表面的突棱数目由两个改为四棱结构后，加强了转子对胶料的混合搅拌作用，提高了机械剪切作用，使混炼周期缩短。实验证明，使用四突棱剪切型转子可缩短混炼周期25％～30％，生产能力提高25％，能耗降低15％～20％。其原理如图12－14所示。

图12－14为剪切型转子表面的展开图。图中A、C为长突棱，B、D为短突棱。当转子旋转时，胶料碰到转子表面的突棱A，一部分胶料越过棱峰A与室壁之间的缝隙而受到剪切作用；另一部分胶料绕过棱峰A到达突棱C而没受到剪切作用，但碰到C突棱时也被分成两部分，一部分越过C棱受到剪切作用，另一部分绕过C棱与受到A棱剪切后的胶料汇合，并随转子的转动而再次流向A突棱，重复前一次的剪切和分流汇合作用。故双突棱转子每转一周，胶料只经受到一次剪切和搅拌混合作用。

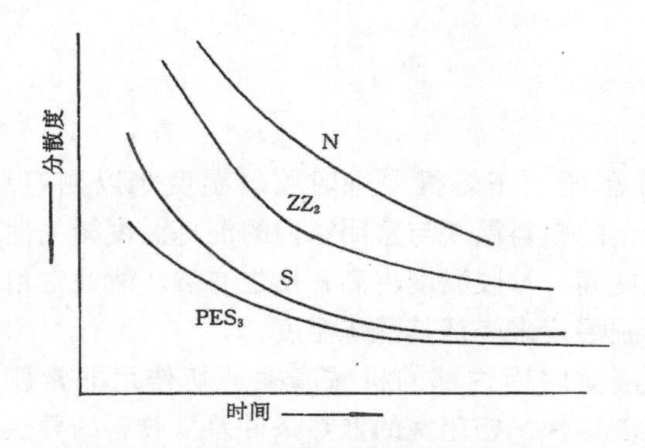

图12－13　转子构型对混炼效果的影响

N—剪切型转子；S—啮合型转子；ZZ_2—优化剪切型转子；PZS_3—优化啮合型转子

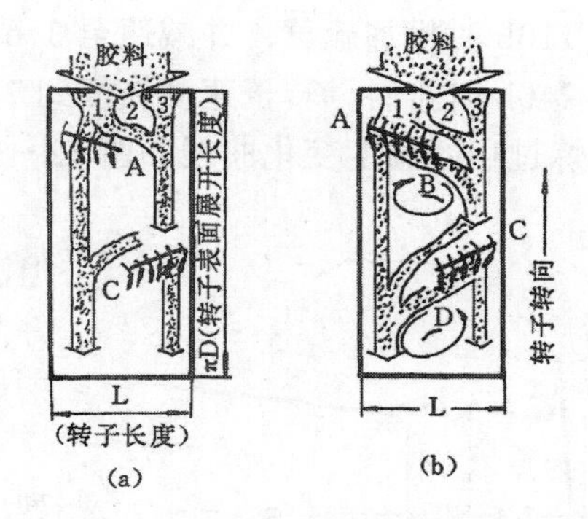

图12－14　胶料在转子表面的流动

(a)—双突棱转子；(b)—四突棱转子

对四突棱转子来说，当第一次受到A突棱剪切后的胶料前进时，立即又碰到短突棱B的分流，使其中分出的一部分胶料与被A突棱分流而没受到剪切的那一部分胶料汇合后到达C突棱，再次被C突棱剪切和分流。同样道理，经过C突棱剪切后的胶料又立即受到D突棱的分流汇合作用，胶料绕四突棱转子旋转一周，受到了两次剪切作用和两次分流汇合作用，比双突棱转子增加了一倍。所以机械混合剪切强度增加，混炼速度加快，混炼效率提高，功率消耗也增加。只是功率消耗增加的程度比混炼时间的减小程度要小，故混炼过程的总能耗还是节省了。

5．转速　提高密炼机转子的速度是强化混炼过程的最有效的措施之一。这是因为密闭室内胶料的主要剪切区就是转子突棱峰与室壁的最小间隙处，其剪切速率 $\dot{\gamma}$ 与突棱顶端转子的表面旋转线速度 V 成正比，即 $\dot{\gamma}=\dfrac{V}{h}$、而与转速近乎成 $\dot{\gamma}=0.29\bar{n}$ 的关系，转速提高，切变速率增大，单位时间的总剪切变形量增大，混炼速度加快。混炼时间与转子转速大体上成反比关系。转速增加一倍，混炼周期大约缩短30％～50％，对于制造软质胶料效果更为显著。目前，椭圆型转子密炼机的转速已由原来的20r/min提高至100r/min以上。常用的转速范围也在40～60r/min。

提高转速会加速生热，导致胶料粘度减小，机械剪切效果降低，又不利于分散。为了适应混炼工艺的需要，已采用双速和变速密炼机混炼，以便根据胶料配方特点和混炼工艺上的不同要求随时变换转速，从而求得混炼速度和分散效果之间的适当平衡，并满足一段混炼和生胶塑炼过程与胶料混炼过程合并在一起进行的直接混炼的要求。即在开始阶段先采用较快的转速对生胶进行塑炼，再加入炭黑及其他配合剂进行母胶混炼，这时允许混炼温度维持在较高水平上，以利于胶料的流动变形和对配合剂粒子表面的湿润，加快吃粉阶段的混炼过程。由于转速高，机械剪切效果也好，也能保证剪切分散效果。到混炼过程的后期再改为较低的转速，使混炼温度降低，便于加硫化剂和超促进剂，还能防止胶料发生焦烧和过炼现象，从而有利于提高混炼质量。例如，目前正在发展的变速密炼机采用一段直混法的一种混炼工艺方法就是通过调节转速来达到降低混炼温度的目的，其整个混炼周期分为如下几个阶段：

0～70s　以 7.4m/s 的旋转线速度对生胶进行塑炼，最后将速度减至 4.6m/s；

在 70h 时投加炭黑及其他填料混炼；

在 110h 时投加硫黄，并减速至 3.6m/s；

在 240h 时排料，转子速度恢复到 7.4m/s；

混炼过程的温度变化曲线如图 12－15。

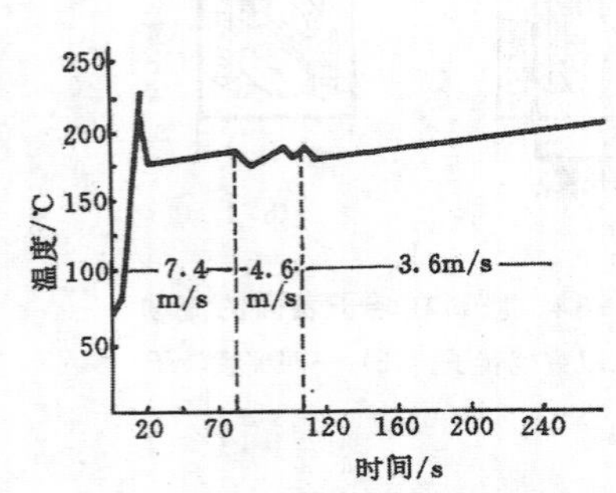

图 12－15　采用变速密炼机直混过程中的温度变化曲线

6. 混炼温度　密炼机混炼时胶料温度难以测定，但混炼后排出的胶料温度与密闭室内的混炼温度相关性好，混炼温度高，排胶温度也高；反之亦然。故通常用密炼机的排胶温度来表征其混炼温度。

密炼机混炼时因内部的机械摩擦剪切作用非常剧烈，升温速度很快，密闭室的散热条件差　胶料的导热性又不好，故密炼室内的胶料温度比开炼机混炼时的温度高得多。

混炼温度高有利于生胶和胶料的塑性流动与变形，有利于橡胶对固体配合剂粒子表面的湿润和混合吃粉，但又使胶料的粘度下降，机械剪切混合作用减小，不利于配合剂粒子的破碎与分散混合。混炼温度过高还会加速橡胶的热氧化老化，使硫化胶的物理机械性能受到损害，即出现过炼现象；还会使胶料发生焦烧现象，故密炼机混炼过程中必须及时采取有效的冷却措施，将多余的热量导出，保持混炼过程中的胶料温度在严格的规定范围之内；但又不能太低，否则会出现胶料压散现象，即混炼后的胶料发生破碎而难以成团，亦不利于混炼操作和胶料质量，还会造成密炼机超负荷现象。

随着密炼机转速、容量和上顶栓压力的提高，胶料混炼中的生热会进一步加剧，故也必须进一步强化冷却措施才能保持混炼过程的热平衡。一些新型快速密炼机普遍采用钻孔式冷却方法加大密炼机室壁、转子和上、下顶栓的散热面积和导热系数，有效地维持了混炼过程的热平衡。

密炼机混炼的排胶温度范围一般控制在以下水平：

分段混炼法之第一段母胶混炼：

　　胎面胶＜145℃，丁基内胎胶＜155℃；

分段混炼法之第二段混炼：

　　胎面胶＜130℃，丁基内胎胶＜140℃；

一段混炼法和其他胶料的混炼＜130℃；

压片机加硫黄温度＜105℃。

为了严格控制排胶温度必须加强冷却，将多余的热量被冷却水带走。新的冷却方法是采用 50～60℃ 的循环水进行冷却，不仅混炼时间短，生产效率高，能耗也省，如表 12－10 和

图 12－16 所示。

表 12－10　冷却水温度对异戊橡胶混炼效果的影响（PC－250－40 密炼机）

项　目	冷却水温度/℃	
	10～15	40～50
加料量/L	165	165
排胶温度/℃	140±5	140±5
上顶栓下压后混炼时间/s	143	133
准备和结束作业时间/s	63	63
生产效率/（kg/h）	3200	3400

7. 混炼时间　密炼机对胶料的机械剪切与搅拌混合作用比开炼机剧烈得多，故同样条件下胶料所需混炼时间比开炼机短得多。混炼质量要求一定时，所需混炼时间随密炼机转速和上顶栓压力提高而缩短；配方含胶率降低时，所需混炼时间会加长。合成胶配方的混炼时间比天然胶配方的要长。加料顺序不当，混炼操作不合理都会延长混炼时间。

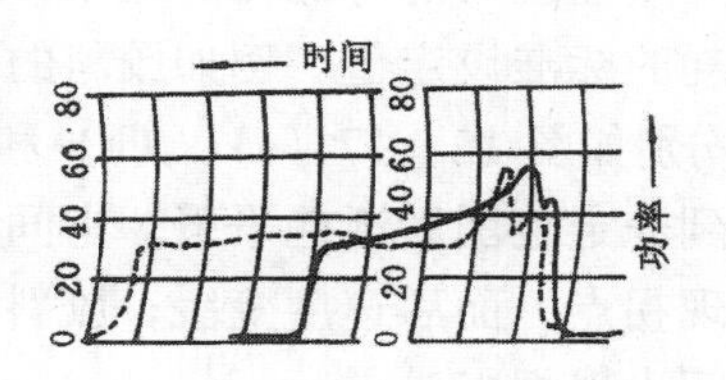

图 12－16　冷却水温度对混炼功率消耗影响

虚线——冷却水温度为 7℃；

实线——冷却水温度为 60℃。

延长混炼时间能提高配合剂在胶料中的分散度，但也会降低生产效率。混炼时间过长又容易造成胶料过炼而使硫化胶的物理机械性能受到损害，还会造成胶料的“热历史”增长而容易出现焦烧现象，因此应尽可能缩短胶料的混炼时间。但是，若混炼时间过短又会使胶料混合分散质量不均匀，故混炼时间必须通过试验来确定，力求在保证混炼质量的前提下，尽可能缩短混炼时间。

（四）密炼机混炼过程的控制方法

为了使胶料达到理想的混合状态，必须对密炼机的混炼操作有可靠的科学控制手段。目前在橡胶的混炼质量和操作方面虽然也测试一些数据，如排胶温度、胶料粘度或可塑度、硫化胶的性能等。但这些都不是混炼过程本身的控制手段，而是混炼操作完成后的检查内容。对密炼机混炼操作本身的控制就是要以混炼操作过程自身的某些参量为依据，对混炼过程进行控制，进而达到保证胶料最佳混炼状态和质量的目的。目前常用的控制参量主要有混炼时间，混炼温度和能量消耗。

1. 时间标准　根据试验确定的最佳混炼时间作为密炼机混炼过程的控制参数，只要混炼操作达到规定的标准时间便结束混炼并立即排胶，这便是时控法。该法简便易行，但由于全靠直观判断和经验，难免出现误差，且由于混炼工艺条件及原材料性能的波动等其他因素的影响而难以保证混炼质量的均匀和稳定。

2. 温度标准　混炼时只要胶料的温度达到预定的水平即行排胶，结束混炼操作。这是根据胶料混炼热效应而采用的控制方法，比时间控制法更为合理。只是受测量手段和条件限制，使密炼机混炼温度的测量精度受到很大限制。故温控法的应用受到限制。

3. 能量标准　以混炼过程的能量消耗为标准参数，只要混炼过程的总的能量消耗达到预定值便结束混炼操作，立即排胶。故称为能量控制法。

随着混炼技术的研究和发展，人们发现在胶料混炼过程中单位体积胶料的能量消耗与其门尼粘度之间存在着一定的关系，即胶料的粘弹性是混炼能耗的函数。功率积分仪的出现又为这种控制方法的具体应用提供了可靠的保证。

1975 年 Van Buskik 等首先提出了用功率积分仪对密炼机混炼过程进行控制的方法。他认为，在橡胶与配合剂的混炼过程中，密炼机对胶料的剪切变形量是决定混炼和分散效果的主要因素。所以，从流变学的角度看，能量控制法的实质是在冷却条件基本稳定的情况下，以单位体积胶料混炼所吸收的能量反映胶料达到的有效剪切变形和对物料的分散作用，因此此法是比较精确的，也是比较科学的方法。

采用能量标准控制混炼时，首先必须要通过实验确定胶料混炼所需能量的最佳设定值，即保证胶料和硫化胶获得最佳工艺性能和物理机械性能所消耗的最低能量。其中应包括每批胶料所消耗的总能量 W_t 和混炼过程各个程序（如加生胶、小药、炭黑和油料）所消耗的能量。然后编制自控程序。目前优选最佳设定值的方法主要有三种：一是拐点法。根据胶料的某项性能与混炼能耗的关系作图，与所得曲线拐点处对应的能耗值，即为最佳混炼状态的能耗的标准设定值。例如胶料的分散率、门尼粘度和压出膨胀率等性能与混炼能耗的关系曲线分别如图 12－17（a）、（b）和（c）所示。由图可见，混炼胶的分散率随能耗增加而提高，到一定范围后渐趋平缓，中间出现拐点。胶料门尼粘度随能耗增加而减小，到一定程度时出现拐点，而后速度变缓；胶料的压出膨胀率随能耗增加而增大，达某最大值后开始降低，中间出现拐点。

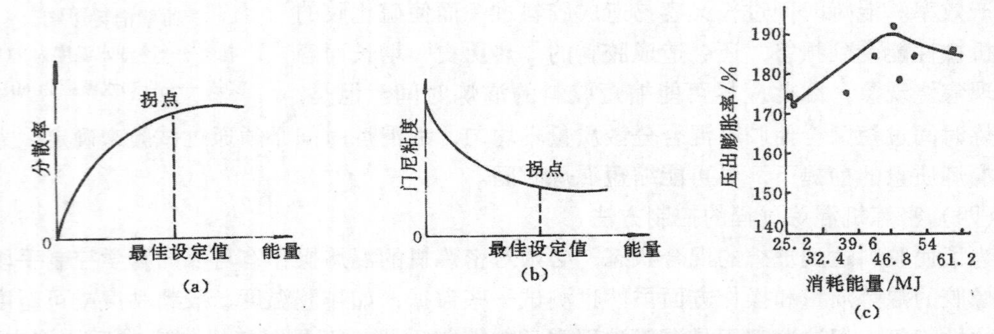

图 12－17　胶料的分散率、门尼粘度和压出膨胀率与混炼能耗的关系

拐点法的优点是简便、迅速，但只能确定混炼过程的总能耗设定值，不能确定各个混炼阶段的能耗设定值。

二是标准功率曲线（$P-t$ 曲线）法。用功率积分仪测绘胶料混炼过程的瞬时功率（P）随时间（t）的变化曲线，并给出各加料阶段的累计能耗值和混炼全过程的累计能耗总值。只要胶料配方和混炼操作程序不变，单位体积胶料的混炼能耗和质量也一样。

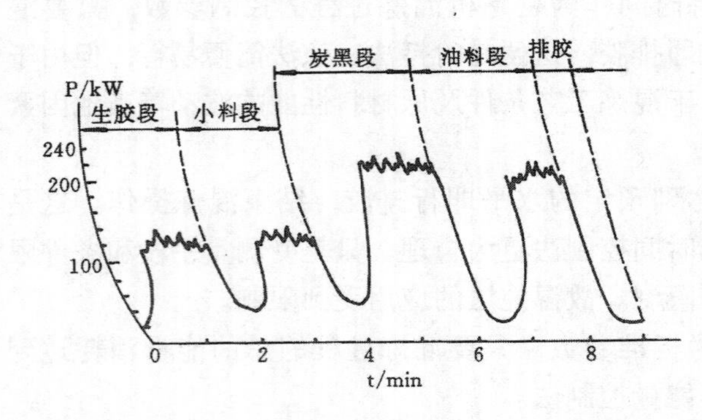

图 12－18　混炼过程的标准功率（P）— 时间（t）的关系曲线

图 12－18 是标准的混炼功率时间（$P-t$）曲线。它如实地反映了某炭黑胶料的全部混炼过程。曲线下的面积就是混炼各阶段能耗的累加积分值。扣除设备空负荷运转所消耗的能量即为混炼耗用的总能量（W_t）。然后按段可找出各混炼阶段的能量消

耗。依此即可用于混炼全过程的能量控制标准。实验证明，$P-t$ 曲线与混炼胶性能紧密相关，性能不同，其曲线各异。故应通过试验，根据胶料的物理机械性能和门尼粘度等要求对相应的功率曲线形状，波峰高低和各段时间长短及能耗多少进行分析判断，选取并绘制标准的 $P-t$ 曲线，以确定混炼总能耗和各阶段能耗的标准设定值。

三是综合分析法。此法是以胶料的工艺性能和硫化胶的物理机械性能为主要依据，并结合拐点法和标准 $P-t$ 曲线法对所得试验结果作全面的综合分析，以确定混炼能耗的最佳设定值。

应当指出，能量控制法的优点是当胶料配方和原材料的性能不发生变化，混炼程序和设备固定时，能保证各批胶料之间的质量均匀。但若混炼条件和原材料性能发生变化或波动，其最佳混炼的标准能耗也会随之变化。所以这时应将混炼条件如混炼温度、设备的剪切速率以及生胶粘度等与原来的标准条件进行比较和加以修正，得出不受混炼条件影响的排胶标准能耗或单位能耗设定值。

三、连续混炼工艺

连续混炼方法从第二次世界大战后不久国外便已开始研究，但进展缓慢，直到60年代末才慢慢开始工业化应用。用于连续混炼的设备类型比较多，主要分为两类：一类是双螺杆式连续混炼机，另一类为单螺杆式连续混炼机。据报道，目前已得到工业化应用的，而且技术上也比较成熟的连续混炼设备主要有三种：FCM 转子式双螺杆型连续混炼机（美国 Farrel 公司），已经用于模制品胶料的混炼；传递式单螺杆式连续混炼机（英国 Frenkel 公司和美国的 Uneroy 公司联合研制）；EVK 挡板式单螺杆式连续混炼机（德国 W&P 公司）。

连续混炼的操作方法是连续加料、连续排胶，中间没有间歇和停顿，生产的机械化自动化程度和生产效率高，混炼胶质量稳定，但称量加料系统复杂，维护技术水平要求较高，不适合生产批量小，配方多变的小规模生产。

四、混炼后胶料的补充加工与处理

1. 压片与冷却　混炼后的胶料都要压成一定厚度的胶片，以便于冷却和管理。压片既增大了散热面积，又便于堆放和使用。为防止胶料发生焦烧和相互粘结，压片后须立即浸涂隔离剂液进行冷却与隔离，并经进一步吹风干燥，使胶片温度降低到50℃以下的常温范围。

2. 滤胶　对于质量和性能要求比较严格的某些胶料，特别是气密性要求严格的内胎胶胶料、气囊胶和其他气动薄膜制品的胶料，混炼后还必须进行过滤，去掉可能存在的机械杂质，尤其是沙粒，使胶料得到净化。滤胶方法是利用螺杆挤出机，其机头装有多层金属丝滤网，金属丝网规格依胶料性能要求而定。内胎胶料一般采用30目或40目的丝网各一层；特殊胶料可采用60目或80目的丝网。

3. 停放与管理　胶片冷却干燥后必须按照一定的堆放方式静置4～8h以上才能使用。停放可以达到以下目的：

（1）松弛内部的残余应力，消除疲劳；

（2）减少后序加工中的收缩率；

（3）使橡胶与配合剂之间继续进行相互扩散渗透，有利于橡胶与炭黑在界面之间进一步发生结合作用，提高结合橡胶生成量和补强效果。

经验证明，停放后胶料的硫化胶物理机械性能得到了一定程度的改善。但停放时间最多不能超过36h。

第三节 各种橡胶的混炼特性

(一) 天然橡胶

天然橡胶的混炼加工性能较好，各种配合剂在橡胶中一般都比较容易混合与分散；加料顺序对配合剂分散度的影响相对来说比较小。开炼机混炼时胶料的包辊性也比较好，且胶料对温度的变化也不太敏感。但混炼时胶料易包热辊，辊温一般控制在50～60℃范围，前辊温度应比后辊温度高5～10℃，以利于操作。

用密炼机混炼时多采用一段混炼法。混炼生热量比合成胶少。

(二) 异戊橡胶

异戊橡胶的混炼性能与天然橡胶基本相似，只是混炼时的生热量少一些。因此，混炼容量可适当大一些，密炼机一段混炼法的装胶容量可比天然胶提高5%～15%，此外配合剂在橡胶中的分散性也比较差。

(三) 丁苯橡胶

丁苯橡胶混炼时配合剂较难分散，故混炼时间应比天然橡胶的适当延长，因混炼升温较快，故混炼温度亦应比天然橡胶适当低些。用开炼机混炼时包辊性比较好，但易包冷辊，应使前辊温度低于后辊5～10℃。丁苯橡胶混炼后需增加薄通次数并经过进一步补充混炼加工后才能保证配合剂的分散均匀性。密炼机混炼的容量应适当减小。普遍采用分段混炼法，对改善填料的分散状态比较有效。液体软化剂应在炭黑经过一定时间混炼后才能加入。据研究，在密炼机内尚有约1/5的炭黑还没被生胶吸收和分散时，加入液体软化剂较适当。

(四) 顺丁橡胶

顺丁橡胶自身胶料的内聚强度较低，其自粘性和粘附性均较差，故混炼时呈碎散状态，经长时间混炼也难以聚结成整体，配合剂分散困难，混炼周期较长。开炼机混炼时胶料不易成片；当辊温超过50℃时易脱辊；为此，必须采用小辊距和低辊温辊炼。用密炼机混炼时容量应提高10%～15%，排胶温度可提高到130～140℃以上，以利于配合剂的分散。使用细粒子高结构炭黑或炭黑填充量高时采用分段混炼法或逆混法才能保证炭黑的分散度要求，还会节约能耗。与丁苯橡胶并用时，采用分段混炼法，液体软化剂在炭黑混合并基本分散后加入，有利于改善胶料性能。

采用充油顺丁橡胶能降低胶料的硬度并改善胶料工艺性能。顺丁胶能与天然胶、异戊胶、丁苯胶按30/70，40/60，50/50的比例并用。采用富胶母胶混炼法能改善并用胶的胶料性能，即第一段混炼时增加顺丁橡胶的含量，减少并用生胶的含量，第二段混炼时再用并用生胶加以稀释，达到配方并用比例。这种混炼方法可提高硫化胶的强伸性能。

(五) 丁基橡胶

丁基橡胶与其他橡胶在工艺上不相容、胶料自身的内聚强度低、自粘性差，要求在没有专用混炼设备时混炼加工前后都必须仔细清洗设备，否则若有其他橡胶混入丁基橡胶中，会导致制品报废。

丁基橡胶的生胶和胶料冷流性大，使半成品挺性差而容易发生变形。采用180～190℃高温混炼方法可增加结合胶生成量、增大胶料的挺性；在配方中配用活性槽法炭黑可提高结合橡胶的生成量和补强效果，增大胶料的挺性。

由于胶料的内聚力和自粘性差，若配方中的炭黑填充量过多时，混炼过程中胶料容易散碎。破碎的生胶块粘度较大，又容易打滑，受热慢，同时其表面又被液体软化剂和炭黑包围，成为在低粘度介质中漂移的“异体”和硬粒。只有当全部胶料受到强度加热并延长混炼时间后才能消除。因此要使胶料重新聚结为整体非常缓慢。这正是丁基橡胶需要较高混炼温度及较长混炼时间的重要原因之一。为此，文献推荐可于混炼开始时将一部分液体软化剂与填料一起投入，以防止胶料破碎。

丁基橡胶用开炼机混炼时不易包辊，可采用引料法即等引料胶包辊后再加生胶和配合剂的办法予以克服。亦可采用薄通法，将一半生胶先用小辊距反复薄通至包辊后再加入其余生胶。由于胶料易包冷辊，因此应使后辊温度高于前辊 15～20℃，待包辊后再分批少量地添加配合剂，在填料完全混入之前不能割刀。

用密炼机混炼时，容量应比天然橡胶增加 10%～20%，上顶栓压力要高，这是良好混炼的必要条件，同时混炼周期也比较长。凡排胶温度能低于 105℃者方可采用一段混炼法，操作温度应尽可能低。促进剂在最后阶段投加。

为改善填料的分散性，应采取相应的加料顺序，并对胶料进行热处理，即添加热处理剂，如对二亚硝基苯，*N*－甲基－*N*′－4－二硝基苯胺等亚硝基类化合物 1.0～1.5 份，并在 150℃左右的静态直接蒸汽或热空气中处理 2～4h；或者在密炼机中与第一段混炼一起进行，处理温度为 120～200℃。当生胶加入 0.5～1.5min 后立即投加热处理剂。因此，凡是采用热处理工艺或排胶温度较高者均采用分两段混炼法进行混炼。高填充胶料可采用大容量混炼或逆混法混炼，以克服压散现象。

美国 ESSO 公司推荐的丁基橡胶典型混炼工艺的加料顺序如下：

	累计时间/min
(1) 在 50～80℃下投入丁基橡胶与氧化锌	0
(2) 加入 2/3 炭黑	0.5
(3) 加入液体软化剂和其余部分炭黑	3
(4) 混合	3～5
(5) 160～180℃下排胶	6

（六）乙丙橡胶

乙丙橡胶不饱和度低，化学惰性大，与大多数二烯烃类橡胶及极性橡胶的相容性差，与填料及炭黑表面不易生成结合橡胶，补强效果差。

乙丙橡胶自粘性差，不利于混炼操作，开炼机混炼时不易包辊，一般先用小辊距使其连续包辊后，再逐渐放大辊距并添加配合剂。混炼温度应高于一般合成橡胶，以 60～～75℃为宜；因高补强性填料生热性较大，所以应注意温度不要过高。其包辊行为随温度升高而产生如下变化：

(1) 第一阶段堆积胶多，不能加粉剂混炼；

(2) 第二阶段形成半透明的弹性胶片，添加配合剂，分散性最好；

(3) 第三阶段形成不透明胶片，容易脱辊；

(4) 第四阶段，第二次出现透明且流动性好的胶片，这时包辊性良好。

配合剂应在第二阶段开始时添加。先加一部分填料和氧化锌，再加其余填料和操作油，硬脂酸宜放在后期加入，否则易造成脱辊。通常的加料顺序为：生胶→部分填料、氧化锌→操作油、剩余填料→促进剂、硫化剂→硬脂酸。

热处理对提高硫化胶物理机械性能也很有效，可用开炼机在 190～200℃下进行：将生胶、填料连同热处理剂一起混合5～10min后，再降低温度加入其他配合剂。

乙丙胶最好采用密炼机高温混炼，这有利于改善填料的分散状态和补强效果、排胶温度一般取150～160℃。混炼容量比其他胶种应高10%～15%。采用逆混法更好。

（七）丁腈橡胶

丁腈橡胶的加工性能在很大程度上取决于丙烯腈的含量，混炼时的生热量多，升温快，且在高温和高机械应力作用下往往易产生结构化作用。随着温度升高和加工时间的延长，粘度会不断增大，尤其当含有高结构和高活性炭黑，如FEF、HAF和ISAF炭黑时，胶料的粘度增加更多，并生成凝胶，使加工更困难。遇到这种情况时应降低混炼温度和设备的转速。

丁腈橡胶用开炼机混炼时应采用40～45℃的低辊温、小辊距、小容量（比一般橡胶低20%～30%）和慢加料的操作方法，以利于配合剂的分散。硫黄在丁腈橡胶中的溶解度比较低，混合分散困难，因此，应在混炼开始时加入，促进剂则放在最后加入，酯类软化剂用量较多时可与粉末填料交替添加。在加料顺序上一般是先加硫黄、氧化锌、固体软化剂和增塑剂，待胶料开始软化后再加入防老剂、活化剂等。炭黑及液体软化剂最好分批交替添加，以免粘辊，最后添加促进剂。为免焦烧，应在加完粉料后稍加翻炼均匀即取下冷却，然后再薄通翻炼。

丁腈橡胶很少采用密炼机混炼。若用密炼机混炼时则必须充分加强冷却措施，严格控制排胶温度不超过130℃。这样可减慢胶料中的结构化进程，使焦烧期延长一倍，但配合剂在胶料中的分散度会略有降低。

对于高填充配方，填料可分几次投加。

分段混炼能有效地降低胶料的结构化程度并改善其硫化胶性能。尤其在用高填充量配方且液体增塑剂用量又少时，分两段混炼更为有利。这时，炭黑应分二到三批加料，每次加料后都要放下上顶栓加压并仔细混炼，硫黄应在混炼一开始投加，以利于分散。混炼胶停放8h后在开炼机上加入硫化剂DCP和促进剂DM和D。

密炼机混炼时密闭室的起始温度应在80℃左右；运转时的胶料温度不应低于100℃，填充系数以0.8为宜。温度过低，容量过小易出现压散现象。

（八）氯丁橡胶

通用型氯丁橡胶因分子主链上含有不稳定的多硫化物链段，所以易形成部分和全部网状结构，网状结构混炼时会将其破坏。结晶结构影响混炼，应加温消除之。

氯丁橡胶中的凝胶含量随生胶品种和混炼条件的不同其变化范围很大（0～98%），因而胶料的工艺性能差别极大。若混炼时间太长则凝胶含量很少，胶料可能会严重降解而粘辊；混炼时间短会使凝胶含量高，配合剂分散不良，硫化胶物理机械性能也差。因此，应视凝胶含量制定相应的混炼条件，凝胶含量越多，混炼时间应越长。

混炼初期必须破坏原有的凝胶结构才能使配合剂得以混合与分散。在温度100～110℃下时凝胶破坏较快，炭黑能在最短时间内达到良好分散，使混炼胶的工艺性能良好，因此温度不得高于上述范围。

氯丁橡胶的流变行为或称辊筒行为与天然胶相似，随温度而变化，如表12－11所示。

混炼一般都在弹性状态下进行，以利用弹性态的剪切力作用使填料分散良好。氯丁橡胶的弹性态温度范围比天然橡胶低20～30℃，当高于90℃时便有一部分氯丁橡胶变为塑性状态，形成弹性态和塑性态并存状态，即颗粒态或粒状态。因此，混炼温度亦应低于天然胶。实际操作时，为避免高温的影响，应尽早加入填料，以便在弹性态下达到一定程度的混入；

提高胶料的硬度，以增大剪切作用，使其在塑性态混炼也能达到良好的分散状态。

表 12-11　氯丁橡胶的辊筒行为

辊上状态	通用型氯丁橡胶/℃	W 型氯丁橡胶/℃	天然橡胶/℃
弹性状态	室温～71	室温～79	室温～100
粒状态	71～93	79～93	100～120
塑性状态	>93	>93	约 135

氯丁橡胶混炼生热量大，容易发生焦烧和粘辊，故混炼时间要短，温度要低、加料顺序要正确。为防止焦烧应注意氧化镁不能吸湿，并要最先加料；槽黑和高耐磨炉黑都容易引起焦烧，应分批少量投加；氧化锌和促进剂必须后期加料。

配合剂在 54-1 型氯丁橡胶中比在通用型中更易分散，混炼时间更短。

用开炼机混炼时，通用型氯丁橡胶对温度变化很敏感，辊温超过 70℃ 时便严重粘辊，并呈粘流态，配合剂不易分散。因此，配合剂混入前不得切割，以免脱辊；一旦吃粉完毕则应勤切割翻炼，以免过分延长混炼时间。混炼周期应比天然橡胶长 1/3～1/2。54-1 型氯丁橡胶加工性能比较稳定，能在较宽温度范围内保持弹性态，易包辊，吃粉也快，混炼周期比通用型短 20%，焦烧和粘辊倾向较小。

氯丁胶混炼容量应比天然橡胶少，加入填料以前应注意冷却辊筒，以保证生胶处于弹性态加料，但氧化镁应以 50℃ 辊温为宜，否则遇到冷辊会成块而不利于分散。填料应少量分次加料，软化剂与软质填料可同时加入。若胶料粘辊性太大可加少量硬脂酸盐改善操作性能。混炼结束前需充分切割打卷翻炼，否则会造成分散不良。

氯丁橡胶用密炼机混炼无特殊困难，可合并塑炼一起进行，先塑炼后再混炼。

密炼机混炼方法一般分两段混炼，以尽量降低混炼温度，排胶温度要低于 100℃，也可采用一段混炼法混炼，其具体操作分别如表 12-12 及表 12-13。

表 12-12　氯丁橡胶密炼机两段混炼操作程序

第一段混炼操作程序	累计时间/min	第二段混炼操作程序	累计时间/min
1. 加氯丁橡胶	0	1. 加一段混炼胶	0
2. 氧化镁、硬脂酸、石蜡、古马隆防焦剂（DM）、防老剂、部分炭黑	2	2. 氧化锌	3
3. 二丁酯	5～6	3. 排胶	3
4. 剩余炭黑（胶温控制<110℃）	8～9	4. 压片	
5. 排胶（控制在<110℃）	9～10		
6. 压片（降温至<50℃）	9～10		

表 12-13　氯丁橡胶密炼机一段混炼法操作程序①

操　作　程　序	需要时间/min	累计时间/min
1. 加生胶、氧化镁、防焦剂、防老剂	2	2
2. 加硬质填料（细粒子炭黑、二氧化硅等）	2	4
3. 加软质填料（软质炭黑、矿质填料等）	3	7
4. 加软化剂、1/2 油料	2	9
5. 加 1/2 油料	2	11
6. 加氧化锌、促进剂	1	12
7. 排胶、冷却		

①用 11 号密炼机（20r/min）。

加料时宜先加氧化镁、抗氧剂和防焦剂，再分别加入填料和软化剂，这样对分散有利。促进剂和氧化锌于排胶前投加。氧化镁单独加料时应注意转子温度不能过低，否则易结块。若炭黑的吸油值较高时，最好先让炭黑吸油后再加料。对吃粉快又容易集合成团的胶料应最后加料，这样对分散有利，还能降低胶温。混炼温度应尽可能保持低水平，以防炭黑凝胶生成和焦烧。对陶土、碳酸钙和其他矿质填料混炼温度应保持在100℃左右，以减少其含水量并使分散良好。

另外，对混炼胶质量要求高，配方含胶率也高的胶料，混炼时填料应分批加入；对一般胶料或密炼室磨损较大的密炼机则可同时一次加入大量填料。

氯丁橡胶用密炼机混炼时其容量应比天然橡胶小，一般装填系数取0.60为宜。但若配方含胶率太低及密炼机内部因磨损而造成间隙过大时，则应将装填系数增大至0.65～0.70，并将一半填料与氧化镁同时加料。如果胶料松散不易成团，还可同时添加一半油料，以保证加快完成吃粉过程。

密炼机的标准排胶温度应低于125℃。若在密炼机中投加氧化锌和促进剂，则标准排胶温度为105～110℃。

氯丁橡胶密炼机混炼的发展趋势是用快速密炼机短时间混炼，快速排胶，再用压片机等补充加工，使其分散良好。

（九）氯磺化聚乙烯橡胶

氯磺化聚乙烯橡胶具有良好的热塑性，混炼时随温度上升粘度迅速降低。该类橡胶性能稳定，不会发生过炼。

开炼机混炼时橡胶包辊性能良好，只要形成完整的胶片便可投料混炼，该类橡胶生热性大，因此应注意冷却，使辊温保持在40～70℃范围内。氧化镁和季戊四醇应与填料同时加入，单独加入易粘后辊；补强性填料不能与油类一起添加，否则会造成分散不良。非补强填料和操作助剂可与油类一起加入，硬脂酸加在氧化镁之后有助于分散。加入着色剂和油时要尽可能不割切，以防粘辊。促进剂应最后加入。硫化剂通常是一氧化铅制成母胶使用，以利于分散。

密炼机混炼时装填系数宜大于其也橡胶，取0.70～0.75。排胶温度应控制在105～110℃以下；补强填充剂应与油分开投加，否则会引起分散不良。一氧化铅和促进剂制成母胶有助于改善分散和缩短混炼时间。

氯磺化聚乙烯橡胶也可采用逆混法混炼，按填料、金属氧化物、操作助剂和增塑剂的顺序加料，最后投加生胶，混炼1～2min即可排胶。促进剂最好在压片机加料。

水分会促进胶料发生焦烧，故胶片应充分干燥。

（十）氯醚橡胶

氯醚橡胶不需塑炼即可混炼。

开炼机混炼时，均聚型氯醚橡胶的门尼粘度低，包辊性良好，但容易粘辊使操作困难，故应添加防粘剂硬脂酸、硬脂酸锌或硬脂酸锡；共聚型氯醚橡胶的门尼粘度高，不粘辊，但包辊困难。为此应首先将生胶薄通2～3次才能包辊，辊温高于一般合成橡胶：前辊70～75℃，后辊85～90℃。

密炼机混炼比较容易，不加硬脂酸也能混炼。对均聚型橡胶可只投加一部分防粘剂，另一部分在压片机加硫化剂时添加。对共聚型橡胶在压片机上加入硬脂酸盐效果较好，若一开始就投入全部操作助剂会使炭黑发生结团现象。

（十一）硅橡胶

硅橡胶不必塑炼即可混炼。一般均采用开炼机进行混炼。辊温一般不超过50℃。生胶包前辊（慢辊）。加料吃粉时转包后辊，故应两面操作。加料分两段进行：

第一段：生胶→补强剂（白炭黑）→结构控制剂→耐热添加剂（氧化铁）→薄通→下片。

第二段：一段胶回炼→硫化剂→薄通→停放。

待配合剂混合均匀，胶料全部包辊及表面光滑即结束混炼，时间不宜过长，否则会粘辊。氟硅和苯基硅橡胶本身较粘，混炼时间尤应缩短，并要加强冷却以保持低辊温。加白炭黑时应在开炼机上加装防护罩。

海绵胶的发孔剂极易结团而难以分散，宜制成母胶使用。

硅橡胶质地柔软、混炼切割要使用腻子刀，不能用一般刀，薄通时不能像其也橡胶那样下片，要用刮刀。

混炼后的胶料要经过一定时间（>24h）停放，以利于配合剂扩散，使用前必须经过回炼。混炼胶宜随炼随用，时间过久，硫化胶性能仍会降低。

（十二）氟橡胶

氟橡胶的混炼特性取决于生胶在不同温度下的流变行为而不决定于生胶与炭黑的作用。一般来说，氟橡胶较难于混炼。

开炼机混炼时胶料有破碎倾向，因而生胶呈连续块状时间较长，混炼效率较低。胶料对辊筒的横压力也比较大，能耗较多，故混炼容量不能按一般情况计算。习惯上，ϕ230mm开炼机为3kg；ϕ360mm开炼机为5kg。

氟橡胶混炼时摩擦生热量大，因此，混炼时辊距要小一些，辊温应控制在50～60℃，混炼开始先加生胶薄通10次左右形成均匀的包辊胶，调整辊距留有少量堆积胶后加配合剂，顺序为生胶→增塑剂→吸酸剂→填料→硫化剂→薄通→下片。为避免吸酸剂氧化镁粘辊，应与部分填料一起投加。混炼时间通常不作严格规定，但要求尽可能加快混炼速度，以防粘辊。

混炼后的胶料应停放24h后才能使用。使用前需经过回炼，使配合剂分散均匀，提高胶料的流动性和自粘性。

（十三）聚丙烯酸酯橡胶

聚丙烯酸酯橡胶用开炼机混炼时因生热会发生严重粘辊现象，并会同时包前后两辊筒而难以操作。故应保持辊温在30～50℃范围，以防止粘辊，这样也有利于配合剂的分散。混炼开始时，可在辊筒表面涂以硬脂酸锌防止胶料粘辊。胶料易包快速辊或高温辊。混炼时适当调整堆积胶量，并立即投加半量炭黑，再向后辊表面加硬脂酸，使胶料脱开后辊，然后加入另一半炭黑与其他配合剂，随着炭黑的加入，粘辊现象会逐渐减轻，胶片表面也渐趋平滑。

密炼机混炼可缩短周期，但宜用低速以免生热太大。混炼前先将密炼机预热到80℃后再加料混炼。顺序为：生胶捏炼1min→1/2炭黑、硬脂酸及二盐基磷酸铅→1/2炭黑及其他配合剂；炭黑也可一次投入。混炼周期5～8min，在压片机加硫化剂。

采用三亚乙基四胺作硫化剂时，因粘性太大，可采用两段混炼法。一段胶料冷却后再加入密炼机热炼1～2min后投加三亚乙基四胺，混炼10min后排胶，第二段排胶温度控制在80℃以下。这种混炼胶中的交联剂尚未完全分散，但开炼时不再粘辊，经停放后通过压片即可达到充分地分散，胶料的生热可减少至最低限度。

（十四）混炼型聚氨酯橡胶

一般用开炼机混炼，温度宜在50～60℃，过低易脱辊，高则粘辊，可加少量（0.1～0.2份）硬脂酸解决之。

因生胶较硬，混炼时先切成小条，再薄通6～7次，待包辊后再放宽辊距到2～3mm加硬脂酸镉，混匀后加补强剂、硫化剂如甲苯二异腈酸酯，DCP等，最后加硬脂酸。吃粉后翻炼7～8次，薄通5～6次，放厚下片冷却，混炼辊温不高于60℃。

含二异氰酸酯的胶料易焦烧，加工和停放时严禁进入水分。混炼胶不宜久放，冬季3～4天，夏季2h。

（十五）聚硫橡胶

固态聚硫橡胶很少用密炼机混炼，一般用开炼机混炼。开炼机辊温控制在40～55℃，容量宜小，如ϕ560×1530mm开炼机仅为25kg。混炼时先经薄通后再加填料，并逐步放宽辊距以保持适量的堆积胶。先加塑解剂DM可起塑化作用，胶料薄通后充分塑化再令其包辊，然后再按一般合成胶加料顺序加料混炼。

若必须用密炼机混炼时，可先加生胶塑炼1min后，加入塑解剂DM和DPG，捏炼2min，塑解剂以母胶形式加入分散较快，加入炭黑及1/2填料（不包括氧化锌），混炼4～5min后再加入剩余填料及氧化锌，混炼2～3min后排胶。若混炼温度过高，氧化锌可在压片机加。

（十六）特殊胶料的混炼

1. 海绵胶料　海绵胶料粘度低，塑性大，无挺性，不仅配合剂分散困难，也难以操作和出片，故应尽可能降低辊温和速比，混炼时间不宜过短，有时可中途停止混炼让胶料冷却一定时间再混炼。这样胶料不会粘辊，发孔也比较均匀。

混炼后的胶料须经停放熟成后再硫化，气孔较均匀。胶料经反复回炼后再硫化、制品性能较为理想。混炼后的胶料应充分冷却，以控制其自然发泡，否则会减弱胶料的发泡能力。

2. 硬质胶胶料　硬质胶的硫黄用量多难分散，高温下硫黄会发粘而使胶料板结，即使再经薄通也难使硫黄分散。故混炼时应采用筛子将硫黄逐渐慢慢筛加到胶料中去，使其分散良好。由于混炼时间长，应控制辊温不宜太高。

硬质胶不能用密炼机混炼。只能用开炼机。

3. 加水混炼胶料　把含水分较多的配合剂或加入水分与橡胶相混，制成合格的混炼胶，即为加水混炼。该法用于某些产品如药瓶塞等胶料，脱膜容易。还有对某些难分散的促进剂如H可用水或乙醇作溶剂进行混炼，分散效果良好。

4. 胶布胶料　胶布很薄，最忌气孔和气泡，因此胶料中填料的分散尤为重要。混炼前应先将配合剂过筛除掉杂质和粗粒子，雨季更应注意。

将混炼胶冷却增大挺性后再于冷辊上薄通2～3次，也能提高配合剂的分散度。

第四节　混炼胶质量检查

混炼胶质量对其后序加工性能和半成品质量，以及硫化胶和成品物理机械性能有决定性影响。决定混炼胶质量的主要性能指标是混炼胶的可塑度或粘度，配合剂的分散度及其混合均匀程度及硫化后的物理机械性能等。因此，通常检查以下几方面的项目。

一、胶料的快检

检查混炼胶质量的传统快检项目有可塑度、密度、硬度，必须逐车胶料进行检查。

（一）可塑度测定

从每一滚混炼胶的不同部位取三个试样，测定其威氏可塑度或华莱氏可塑度，看其大小和均匀程度是否符合规定。也可测其门尼粘度。若胶料的可塑度过小或门尼粘度偏大，则胶料的工艺加工性能不良；反之，可塑度过大或胶料门尼粘度偏低，则胶料过炼，会损害其硫化胶的物理机械性能；胶料的可塑度或门尼粘度不均匀，说明混炼质量不均匀。几种常用混炼胶的可塑度范围如表 12－14。

表 12－14　几种常用胶料的可塑度范围（威氏）

胶　料	可塑度	胶　料	可塑度	胶　料	可塑度
胎面胶	0.3～0.40	内胎胶	0.40～0.45	胶囊胶	0.30～0.35
布层胶	0.40～0.50	涂布胶	0.50～0.60		
缓冲胶	0.40～0.50	钢丝隔离胶	0.30～0.45		

（二）相对密度测定

配合剂的少加、多加和漏加都会使混炼胶的相对密度不符合规定标准；配合剂的分散不均匀会使胶料的密度不均匀，因而测定胶料的相对密度大小和波动情况便可判断混炼操作是否正确和混炼质量是否均匀。具体方法就是对每一辊混炼胶取三个不同部位的试样，按标准方法测定。若胶料的密度大小和均匀程度不符合规定，则胶料质量不符合要求，应采取相应措施补救或处理。

（三）硬度测定

取每批混炼胶的三个不同部位的胶料，按 GB 531－83 测其硫化胶试样的硬度是否符合标准或各部位是否均匀。

二、物理机械性能测定

全面检查混炼胶质量还必须抽查或定期测定硫化胶物理机械性能。常规的物理机械性能检测项目如拉伸强度、伸长率和硬度等，可用以判断胶料是否符合质量要求。还要根据胶料的不同性能要求选择专门性能项目进行测试，如胎面胶测定磨耗性能，内胎胶测定撕裂性能等，以鉴定混炼胶质量。

三、配合剂的分散度检查

配合剂在胶料中的分散度是表征混炼均匀程度的重要参量，是决定混炼胶质量的最重要的因素。

对炭黑胶料来说，影响胶料质量的最重要的因素便是炭黑在胶料中的分散状态，所以测定炭黑的分散度是评价炭黑混炼胶质量的重要内容。

长期来，观察硫化胶试片的撕裂或快速切割断面状态是分析胶料中的炭黑分散状态的最常用的质量检查方法。这是因为胶料中的炭黑附聚体会使试样破裂的“路程”转向，从而造成这样的情况：随着炭黑分散度的降低，胶料中的炭黑分散相颗粒尺寸增大，材料断裂表面的粗糙度增大，只要通过一般放大镜或低倍率双目光学显微镜进行观察，再和具有标准性能的硫化胶断面照片进行比较，便可以确定炭黑在胶料中的分散状态等级。这就是定性分析法，如 ASTM D2663－69A 法即属于这种方法。另一种是对胶料中炭黑的分散度进行定量分析的检查方法，如 ASTM D2663－69B 法。用录针型表面粗糙度试验仪进行测定的方法亦属于定量测定法。下面分别介绍。

（一）定性分析法（A 法）

这是一种直接观察判断，或通过放大镜，低倍率双目显微镜观察胶料的新鲜撕裂断面或快速切割断面，并将试样的表面状态与一组分成五个等级的标准分散度断面照片比较对照，判断出它相当于其中的哪一个等级，用 1～5 数字编码，定出分散度等级。必要时还可以采用中间等级，如介于 3 和 4 之间的分散度等级可用 $3^1/_2$ 来表示。

另外，对由不同人员作出的判断，或由同一胶料的不同照片作出的判断，都要取平均值后以平均等级表示之。

本法不适用于同时含有非炭黑填料的炭黑胶料的分析。

（二）定量分析法（B 法）

本法是将灯光显微镜法（Leigh－Dugmore 的 Light Microscope，即 LM 法）、邓录普(Dunlop）法等几种分析方法经过规范化后形成的一种定量分析方法。由于是用高倍率显微镜或电子显微镜测定的结果，故其精确度比肉眼判断法（A 法）高，而且还适用于并用非炭黑填料之胶料的炭黑分散度分析。

B 法分析的操作要点是先切制出厚度为 2μm 的新鲜试样，并经过适当处理后用显微镜进行观察，显微镜的目镜带有标准方格计数板，每平方厘米面积内刻有 10000 个单元小方格；规定只有尺寸大于半个单元小方格的附聚体为未被分散的炭黑。这样，如果在 10000 个小方格中被粒子覆盖大于半个小方格数的为 U，那么可按如下公式计算出胶料中炭黑的分散度 D 值：

$$D = 100 - 0.22U \quad (12-1)$$

实践证明，最有意义的分散区域为 $D = 80\% \sim 100\%$。D 值即为胶料中已分散的炭黑（颗粒分散相尺寸≤5μm）含量占配方中炭黑总量的含量比例。按 ASTM D2663－69B 法规定，D 值小于 90% 的胶料之炭黑分散度为不合格。在一定的范围内，随着 D 值的增大，其硫化胶的主要物理机械性能提高。

ASTM D2663－69 A 法的胶料炭黑分散度等级和 B 法的炭黑分散度数值与其胶料性能之间的关系如图 12－19 和表 12－15 所示。

表 12－15　ASTM D2663－69 A 法分散度等级与 B 法分散炭黑含量 D 值及胶料性能关系

A 法分散度等级	1	2	3	4	5
B 法分散炭黑含量/%	70	80	91	96	99
胶料性能评价	1～2 极低	2～3 低	3～4 中	4～5 高	

必须指出，利用测定炭黑分散度的方法评价混炼胶的质量需要很高的切片技术，分析结果与切片质量的关系极为密切，故不适于工业生产中的快速检查。

（三）录针型表面粗糙度测量仪分析

据报道，W·M·Hess 等发展了一种评价胶料中炭黑分散度等级的方法，能定量确定弹性体胶料中炭黑的分散度。该法的原理是：利用录针型粗糙度试验仪的录针水平扫描试样的裁切面，并绘制出录针的扫描轨迹曲线，经过计算机对轨迹曲线进一步处理后，再依据扫描曲线上偏离水平中心线之峰频率和平均峰高按下式计算出断面的粗糙度指数 DI 值：

$$DI = 100 - 10\exp\{A\log(f\bar{h}) + B\} \quad (12-2)$$

式中　f——粗糙度峰频率，即峰的数目；

$\bar{h}$——峰的平均高度，μm；

A，B——常数，分别表示回归线上的斜率和截距，与配方类型和试样是否硫化有关。

粗糙度是指试样表面细节与穿过曲线上的"峰"、"谷"之中心点的假想线，即中心水平线相互比较的一种量度，或者说曲线偏离中心线的程度和频率的量度。

最好的试样是采用测量应力-应变用的、长25mm、宽15mm、厚2mm左右的标准试片的横断面，即用剃刀沿长度方向垂直裁切面作为粗糙度测量面。炭黑附聚体的硬度比包覆在其周围的胶料的硬度更大些。因此，裁切时会发生偏移而造成断面凹凸不平，这些情况能被录针记录检出。录针的扫描速度为0.25mm/s。在每次描迹15mm后，沿水平方向稍稍移动样品位置再作一次平行描迹，取两次测量平均值作为最后结果。整个测量过程约需3～4min。

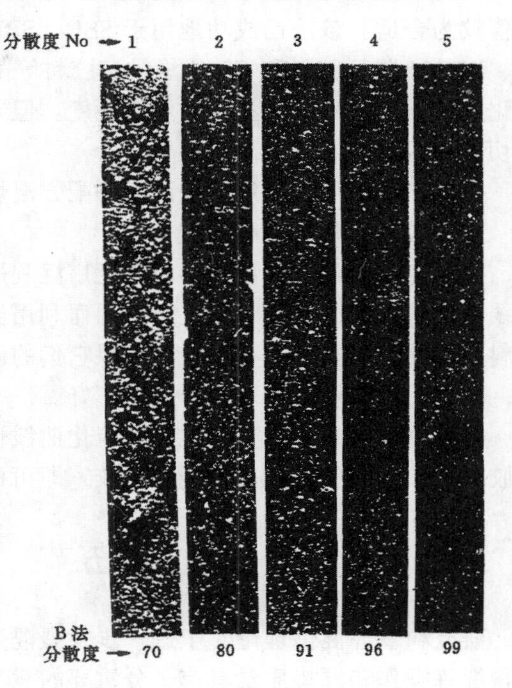

图12-19　炭黑分散度等级分类照片
（ASTM D2663-69A法分散度标准照像）

图12-20为某胶料炭黑分散度不同的录针扫描轨迹曲线及其经过计算机处理后的轨迹曲线。该法测试结果还可以用ASTM D2663-69 B法进行校正。在分散度水平超过80%的情况下，依照该法计算的分散度指数一般在灯光显微镜值的±5%范围以内。

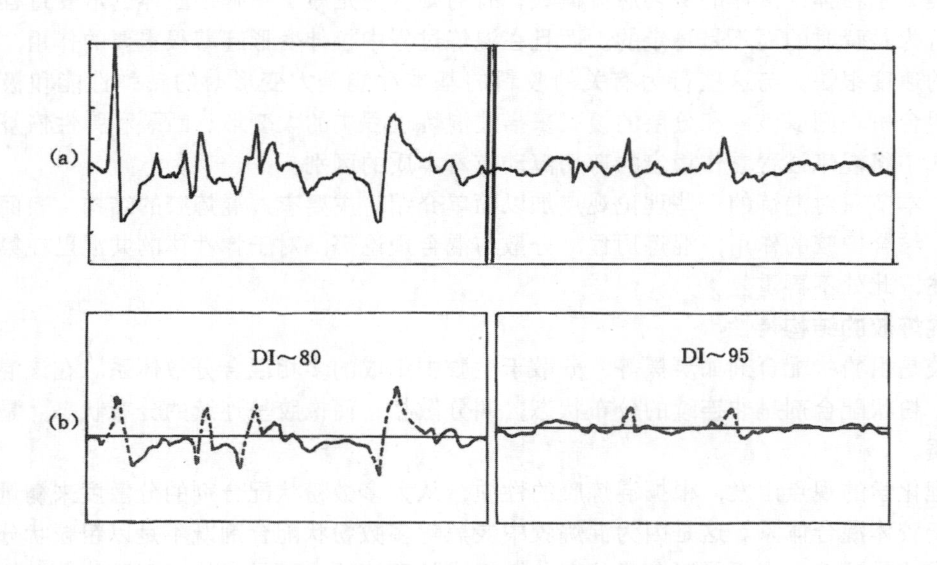

图12-20　炭黑分散度高（DI-95）和低（DI-80）时记录轨迹和计算机处理后的轨迹之比较图

（a）—记录轨迹；（b）—计算机处理后的轨迹

实线—有效轨迹；虚线—无效轨迹

根据硫化胶试样在同一块面积上的轨迹得出的粗糙度测试结果，其重现性几乎为100%。但对大批量生产的混炼胶料来说，为避免取样造成的误差，采用多处试样的测试平均值较为合适。该法已成功地用于SBR、SBR/BR、NR和NR/BR等胎面胶料，丁基内胎胶料、EPDM胶管胶料和CR绝缘护套胶料等七种胶料中的炭黑分散度的分析。对硫化胶和未硫化胶试样均适用，并有良好的精确度。但未硫化胶试样必须在－5℃左右冷冻后才能确保裁切面的可靠性。

该法作为工厂大生产中控制多种配方混炼胶质量的手段很有发展前途。

四、胶料硫化特性的检查

为快速鉴定混炼胶质量，目前还广泛利用振荡型流变仪测定胶料的硫化曲线。由于硫化曲线对混炼条件的变化十分灵敏，因而利用流变仪还可以评价胶料性能的均一性。从同一辊胶料的不同部位取样进行试验，如果它们的硫化曲线基本上重合，则表明胶料性能均一；相反，则表明胶料性能不均一，质量不好。

如果胶料的组分发生变化，其硫化曲线也会从形状上十分清楚地显示出来。故只要将所测胶料之硫化曲线与标准曲线相比较，即可检查出胶料是否合格。

第五节　混炼理论

研究和掌握混炼理论对于进一步发展混炼工艺技术，科学地制定混炼方法和工艺条件，改善混炼操作和混炼质量具有十分重要的意义。

经过长期生产实践经验的积累和研究，人们对于胶料混炼过程中的现象和实质的认识在不断地深化，但由于混炼胶组分的复杂性，使得至今尚未建立起完整而又系统的混炼理论。有关混炼过程的某些理论观点仍存在争议。例如，对橡胶在密炼机混炼过程中的流动模式，有人认为是处于粘弹性液体的剪切层流模式；有的则认为是属于粘弹性固体的形变过程，胶料的形变行为是瞬时的而不是稳定的。而且在混炼过程中拉伸变形起着很重要的作用，只是这种变形的速度很快。与这些行为有关的胶料的基本性能是大变形时的粘弹性能和极限性能。关于混合机理则以破碎和分层的模式来描述混炼过程中的大变形、断裂和弹性恢复，这和层流模式中将混炼过程看作稳定的剪切流动有着本质的区别。

因此，本节只对混炼的一些理论观点加以简单介绍。主要有：混炼胶的结构，表面活性剂的作用，结合橡胶的作用，混炼历程，分散与混合理论等，对于弹性体的共混已在第六章中加以详述，此处不再重复。

一、混炼胶的结构特性

混炼胶是由粉状配合剂如炭黑等，分散于生胶中组成的多相混合分散体系。在该混合分散体系中，粉状配合剂呈非连续的分布状态，叫分散相；而橡胶呈连续的分布状态，是主要的分散介质。

从物理化学的观点出发，根据混炼胶的性质，从大多数粉状配合剂的分散度来衡量，混炼胶应属于胶体混合体系。这是因为混炼胶中炭黑等多数粉状配合剂既不是以粗粒状分散于生胶中组成的悬浮液，也不是以分子状态分散组成的真溶液，而是以接近于胶体分散体系的分散相尺寸，但是又比胶体分散相尺寸略大的细分散状态分散于生胶中组成的多组分混合分散体系，并表现出胶体溶液的特性。例如，分散状态具有热力学不稳定性，当热力学条件发生变化时，分散相会重新聚结而使分散相分散度下降，另外混炼胶对光有双折射现象。

但是，混炼胶与一般低分子胶体混合体系在结构性能上又明显不同。首先，是胶料因本身的粘度太大，致使其分散混合状态上的热力学不稳定性一般表现得不明显。其次，就是混炼胶中的分散介质组成比较复杂，不仅作为主要成分的生胶往往不只一种，如有生胶、并用生胶、再生胶等；还有溶于生胶的各种液体软化剂、增塑剂、其他某些有机配合剂；再有一部分溶解的硫黄等，从而构成了混炼胶特有的复合分散介质。另外，在两相界面上已经产生了某种程度的结合作用，这种作用甚至能一直保持到胶料硫化之后，这不仅影响胶料的工艺加工性能，而且影响硫化胶和制品的性能。从这种意义上看，混炼胶具有与硫化胶相似的结构特性，但是又与硫化胶之间存在着本质上的不同，混炼胶仍然具有线型聚合物材料的塑性流动和变形特性。所以说，混炼胶是具有复杂结构特性的胶态混合分散体系。

二、炭黑的混炼过程

通过显微镜的观测研究表明，橡胶与炭黑在混炼过程的初期，是通过橡胶的流动或变形对炭黑表面进行湿润而实现充分的接触，进而渗入炭黑结构的内部空隙，将空隙体积充满而将内部空气完全排除，从而达到对炭黑粒子的湿润和分割包围，实现两相表面之间的充分接触。这就是湿润阶段，即吃粉阶段。因此，在这一阶段中，生胶的流动变形能力对混合过程起着极为重要的作用。橡胶的粘度越低，流动变形能力越大，它对炭黑粒子的湿润和渗透能力也越大，混合吃粉的速度也越快。此外，炭黑本身的结构高低和表面性质对吃粉过程的发展也有重要影响。结构程度高的炭黑内部的空气也多，所以最初的吃粉混合过程就比低结构炭黑困难；如果生胶对炭黑表面的湿润性好，则有利于炭黑内部空气的排除从而加快吃粉混合过程。

在吃粉混合过程中渗入炭黑内部空隙的生胶会逐渐增加。所以，随着湿润过程的发展，混合体系的内部空隙不断减少，胶料的视密度逐渐增大。当炭黑的内部空隙被生胶完全填满时，胶料的比容 $v_{比} = v_{胶} + v_{黑} + v_{空}$ 便因 $v_{空} \to 0$ 而减至某一最低值不再变化。这便是生胶对炭黑湿润过程的结束，表现在混炼过程的功率消耗－时间关系曲线上出现一个最低值（如图 12－21 中 C 点），结果生成了炭黑浓度很高的炭黑－橡胶团块，分布在不含炭黑的生胶中组成的混合体系，但其中的炭黑尚未达到均匀的分散状态。

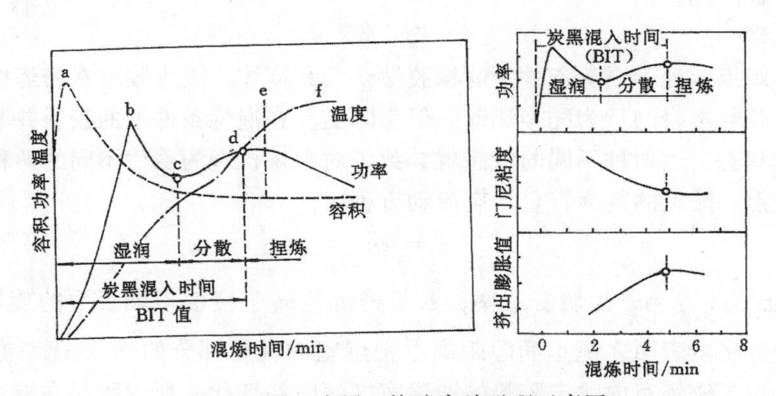

图 12－21　炭黑－橡胶密炼过程示意图

左图为密炼时的容积、功率、温度变化曲线；a—加入配合剂，落下上顶栓；b—上顶栓稳定；c—功率低值；d—功率二次峰值；e—排料；f—过炼及温度平坦

右图为混炼时间与功率、门尼粘度、压出膨胀率的关系

在随后的混炼操作过程中，这些炭黑浓度很高的炭黑－橡胶团块在机械的剪切和拉伸变形作用下，会进一步被破碎分开而使颗粒尺寸逐渐变小，并进一步均匀分布到整个生胶中

去，这就是炭黑的分散过程。在炭黑－橡胶团块发生破碎以前，炭黑附聚体内空隙中的橡胶起着与炭黑一样的作用，使胶料的粘度增大，相当于胶料中的炭黑实际填充量加大，从而使胶料的实际粘度变大。随着分散过程的发展，炭黑包裹的橡胶含量逐渐减少，胶料的粘度也减小。但在这一阶段的初期因破碎炭黑－橡胶团块所需能耗较大，故功率消耗曲线上出现了第二个峰值 d 点。另外，炭黑分散度提高又使炭黑与橡胶之间的接触面积增加，结合橡胶的含量随之增加。表现为胶料的弹性复原性逐渐增大，一直到胶料的弹性复原性不再增大时，便是分散阶段的结束（如图 12－21 左图中 d 点）。这时胶料混炼的功率消耗曲线和压出膨胀率曲线皆出现峰值；门尼粘度则是降低的（见图 12－21 右图）。如果混炼操作继续进行，炭黑附聚体会进一步破碎分散，橡胶大分子链的聚合度也会继续降低，当后者对胶料性能的影响超过炭黑分散度进一步提高所起的作用时，胶料的粘度会进一步减小，压出膨胀率亦减小，从而使硫化胶物理机械性能受到损害，这便是过炼。这从图中的功率消耗曲线、弹性恢复值曲线及门尼粘度曲线皆出现下降的变化便可得到证明。为保证混炼胶质量，在混炼过程的第二阶段向第三阶段过渡的时刻，便是整个混炼过程的结束，混炼操作即应停止。这是因为，虽然从理想的混合状态来讲，胶料混炼的终极目的应该是填料（即炭黑）的每一个初始聚集体粒子之间实现完全分离，并在生胶中呈无序的分布状态，其表面被生胶分子完全润湿和包围，实现完全的接触，但实际上胶料的这种理想的混合状态是根本不可能达到的。这是因为随着混炼时间的延长，炭黑的分散度会不断提高，使胶料的性能得到改善，但同时也使橡胶大分子链继续降解，尤其在混炼过程的后期，这种降解作用更进一步加剧，使胶料的物理机械性能受到损害。

经验证明，炭黑聚集体在生胶中的分散状态以微米级大小存在时，对硫化胶性能的影响是不利的，但最有害的还是粒子尺寸在 10μm 以上者，因此混炼操作只能要求胶料达到保证硫化胶获得必要物理机械性能的最低分散程度和能正常进行后序加工操作的最低可塑度就可以了。通常按标准控制炭黑 90％以上的分散相尺寸在 5μm 以下，便可以认为炭黑的分散状态是均匀的。再进一步片面追求提高炭黑分散度和胶料混合均匀度不仅不利于胶料质量，反而会增加混炼过程的能量消耗。

三、混炼机理

按照传统的观点，处于混炼条件下的橡胶被认为是流体。因为胶料在密炼机内从一处被输送到另一处，胶料本身的行为酷似流动。但实际上，在混炼条件下的胶料并非处于流动状态，而是弹性体状态。这两种不同的状态就导致了对混炼机理的截然不同的两种解释。

按传统的观点，胶料的行为符合稳态流动方程：

$$\tau = \eta\dot{\gamma}$$

式中，τ 为剪切应力；$\dot{\gamma}=\frac{v}{h}$为切变速率；v 是密炼机转子突棱顶端表面的旋转线速度；h 是突棱顶端至密炼室内表面之最小间隙距离。密炼室内其他部分的切 变速率亦可采用类似的方法确定。但由于密炼室内输送胶料的通道宽度随时在变化，所以胶料在混炼过程中的行为并不是稳定的层流状态。因此，除了粘性流体之外，均不适合稳态流动的状态方程。橡胶混炼时呈粘弹性流体或固体状态，当然其行为也就不宜用上述稳态方程描述。

研究发现，处于粘弹性状态的胶料即使在流动状态下，其稳定状态和瞬时条件下的行为也是不同的。而且橡胶在最佳混炼条件下也处于弹性状态，表现出橡胶的特征，并不表现出流动状态的融体特征。这就进一步说明，应用上述稳态流动方程描述混炼过程中胶料的行为完全不切合实际情况。

由于混炼时胶料的变形很大，常常会超出胶料的极限应变范围，因而胶料的断裂破碎行为是其整个混炼过程的变形行为的重要组成部分，必须考虑到混炼过程中胶料大变形时的粘弹性能和极限性能，而用变形来描述胶料的弹性态行为更为恰当。图 12－5b、c 便是胶料变形行为的示意图。在密炼室中，胶料被迫通过转子突棱顶部与密炼室内表面之间的狭缝，使胶料的截面由大变小，从而发生拉伸变形。另外，由于转子突棱顶部与室壁之间的速度差很大，使胶料通过狭缝时受到很高的剪切作用而变形，这里便是高剪切区。依照传统的观点，剪切变形是混炼中的唯一变形方式。但剪切变形也可以转换为等效的拉伸变形，因此只要用拉伸变形便可以描述胶料弹性体与炭黑混炼时的形变行为。当胶料通过狭缝时便受到拉伸变形。在高强度混炼时，其平均变形速率有可能达到 $225s^{-1}$，具体取决于转子表面线速度 v，狭缝尺寸 h 及突棱前面部分的几何形状。

胶料穿过狭缝后因流道变宽而使形变得到恢复，从而有可能引起胶料破碎。这主要取决于所产生的应变大小。若胶料穿过狭缝时的拉伸应变超过了其极限应变，便会发生破碎，如图 12－5b、d 所示。

根据上述混炼机理可以认为，橡胶弹性体与炭黑的混合过程必然包括有固体生胶与填料的破碎、混合、分散及简单混合四种变化过程，如图 12－22 所示。在破碎过程中，大块的生胶和炭黑附聚体固体被破碎成较小的固体小块，再进一步与生胶混合。事实上，图中的这些变化过程并不是单独分开孤立发生的，而是同时发生交替进行的。因而破碎生成的小块胶料之间也并非呈图示的相互分离状态，而是一个连续的变化过程。破碎不仅对分散过程是必要的，对简单混合过程也是需要的。在分散过程中，橡胶的变形很大，以产生足够大的应力来破碎炭黑附聚体，提高其在胶料中的分散度；但对于改善胶料的微观均匀性，即简单混合来说，橡胶本身的重复变形拉伸、断裂破碎和恢复，也起着重要的作用。正是由于混炼过程中发生的橡胶本身的大变形和弹性恢复不断重复，才促使炭黑与橡胶之间均匀混合。

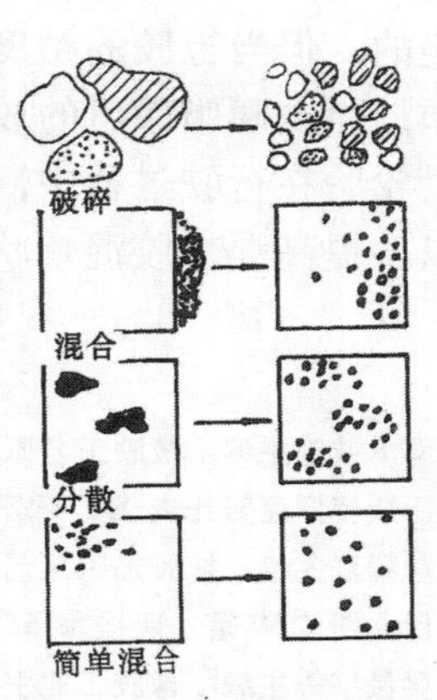

图 12－22　弹性体混炼过程机理示意图

四、结合橡胶的作用

在混炼过程中，橡胶大分子会与活性填料（如炭黑粒子）的表面产生化学和物理的牢固结合，使一部分橡胶结合在炭黑粒子的表面，成为不能溶解于有机溶剂的橡胶，叫结合橡胶。

结合橡胶的生成有助于炭黑附聚体在混炼过程中发生破碎和分散均匀。但在混炼过程的初期，即炭黑－橡胶团块破碎和分散以前，过早地生成过多的结合橡胶，由于它包覆在炭黑附聚体外面形成了硬度较大的硬膜，反而会使这种高浓度炭黑－橡胶团块难于进一步破碎和分散。所以对于不饱和度高的二烯类橡胶，尤其是天然橡胶，混炼过程初期应严格控制混炼条件，尽量避免混炼温度过分升高，以使炭黑与橡胶之间只发生有限的结合。但对于丁基橡胶和乙丙橡胶等低不饱和度的橡胶与炭黑混炼时，则必须采用较高的混炼温度，才能保证生成合适数量的结合橡胶，以有利于提高炭黑的分散度和加快分散混合速度。待炭黑附聚体被破碎分散后，即混炼过程的后期，再进一步提高混炼温度，以生成更多的结合橡胶，从而提高炭黑对橡胶的补强效果，有利于提高硫化胶的物理机械性能。另外，由于已被分散均匀的炭黑粒子的外表面包覆一层硬度较大的结合橡胶膜，又起到了一种溶剂化隔离作用，防止了炭黑分散颗粒的再附聚，对混炼质量起到了稳定的作用。

五、表面活性剂的作用

配合剂均匀地分散于橡胶中是取得性能优良、质地均匀制品的关键。粒状配合剂必须均匀、稳定地分散于橡胶中。因此，为了达到这一目的，配合剂粒子与橡胶的接触表面就应具有较高的表面活性，以利于为橡胶所湿润，进而发生相互作用而分散。

但橡胶使用的配合剂种类繁多，其表面活性差别很大。依其表面性质可分为两类：一类为亲水性表面配合剂，如碳酸钙、氧化锌、硫酸钡、陶土等。这类配合剂粒子表面不易为橡胶所湿润，混炼时难以分散，故常对其表面加以改性。另一类为疏水性表面配合剂，如各种炭黑等，这类配合剂粒子的表面性质与生胶相近，容易为橡胶所湿润。

表面活性剂是具有两性分子结构的有机化合物，能增加配合剂粒子表面对橡胶的亲合性，有利于配合剂的混合与分散。表面活性剂又是一种良好的稳定剂，能稳定细粒子填料在胶料中的分散状态，使其不致发生重新附聚，从而提高了胶料混合分散状态的稳定性。否则，混炼胶由于胶态分散体系的热力学不稳定性，在某些停放条件下有可能发生已分散粒子的重新聚结而降低混炼胶的质量。当然，由于橡胶的粘度很高，这种再结聚的变化速度是很缓慢的，但当橡胶的粘度因温度升高或其他原因而降低到一定程度时，结聚作用便会加剧。例如，除去硬脂酸后的胶料在硫化时氧化锌会结聚成 50μm 的颗粒，从而使硫化胶性能下降。轮胎在行驶过程中，氧化锌等配合剂的结聚已证明是胎面花纹沟发生裂口的原因之一。所以，提高混炼胶混炼状态的稳定性具有重要的实际意义。

参 考 文 献

〔1〕邓本诚等主编．橡胶工艺原理．北京：化学工业出版社，1984.241

〔2〕沃斯特罗克努托夫 E Γ 等著，周彦豪等译．生胶和混炼胶的加工．北京：化学工业出版社，1985.125.

〔3〕陈耀庭主编．橡胶加工工艺．北京：化学工业出版社，1987.140

〔4〕伊文斯 C W 著．阮桂海译．实用橡胶配合与加工．北京：化学工业出版社，1987

〔5〕梁星宇等主编．橡胶工业手册．三分册．北京：化学工业出版社，1992.604

〔6〕郑秀芳，赵嘉澍主编．橡胶工厂设备．北京：化学工业出版社，1984.15

〔7〕谢遂志等主编．橡胶工业手册．北京：化学工业出版社，1989.104～757

〔8〕化工部橡胶工业科技情报中心站．国外轮胎工业技术资料．第一辑．1981.71

〔9〕国外轮胎工业技术资料．第三辑．1981.124

〔10〕王贵恒主编．高分子材料成型加工原理．北京：化学工业出版社，1982.214

〔11〕Nakajima N 著．白冰峰译，有效混炼的能量测定．橡胶译丛，1985，(4)：80

〔12〕张宣志．密炼机混炼最终效果的判断及能量控制依据的初步探讨．橡胶工业，1984，(8)：22

〔13〕张海．密炼机混炼能量控制方法分析．中国化工学会年会论文．1988。

〔14〕Vegvary P C 等著．谢其昌译，用表面粗糙度分析仪测定胶料的炭黑分散度．橡胶工业，1980，(5)：46

〔15〕Acguarulo L A. 吴生泉译，聚合物混炼的自动控制．橡胶参考资料，1985，(2)：38

〔16〕Blow C M 等著．Rubber Technology and Marufacturg. Second Edition. Chapter 8. England：Page Bros Ltd，1982

第十三章　压　延　工　艺

压延是橡胶加工最重要的基本工艺过程之一。压延工艺是利用压延机辊筒的挤压力作用使胶料发生塑性流动和变形，将胶料制成具有一定断面规格和一定断面几何形状的胶片，或者将胶料覆盖于纺织物表面制成具有一定断面厚度的胶布的工艺加工过程。压延工艺能够完成的作业形式有胶料的压片、压型和胶片贴合及纺织物的贴胶、擦胶和压力贴胶或称半擦胶。

压延工艺是以压延过程为中心的联动流水作业形式。压延操作是连续进行的，压延速度比较快，生产效率高。对半成品质量要求是表面光滑无杂物，内部密实无气泡，断面几何形状正确，表面花纹清晰，断面厚度尺寸精确，其厚度误差范围在 0.1～0.01mm。因此，为了保证压延质量，减少浪费，对操作技术水平的要求很高，必须做到操作技术熟练，对工艺条件掌握上严格，细致，不得有任何疏忽。

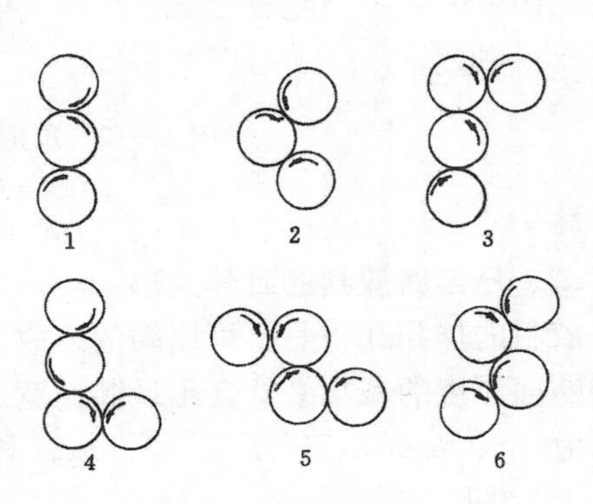

图 13－1　压延机类型

1—Ⅰ型；2—△型；3—Γ型；4—L型；5—Z型；6—S型

压延机由辊筒、机架与轴承、调距装置、辅助装置、电机传动装置，以及厚度检测装置构成。辊筒是压延机的主要工作部件。压延机类型依据辊筒数目和排列方式不同而异，如图 13－1 所示。其中最普遍使用的为三辊和四辊压延机，两辊和五辊压延机使用较少。压延机的辊筒排列方式有Ⅰ型、Γ型、L型、Z型、S型或斜Z型等几种类型。三辊压延机还有一种△型排列方式。

第一节　压　延　原　理

压延过程是胶料在压延机辊筒的挤压力作用下发生塑性流动变形的过程。所以，要掌握压延过程的规律，就必须了解压延时胶料在辊筒间的受力状态和流动变形规律，如胶料进入辊距的条件和塑性变形情况，胶料的受力状态和流速分布状态，压延效应和压延后胶料的收缩变形等。

一、压延时胶料的塑性流动和变形

压延机辊筒对胶料的作用原理与开炼机基本上是相同的，即胶料与辊筒之间的接触角 α 小于其摩擦角 φ 时，胶料才能进入辊距中。因而能够进入压延机辊距的胶料的最大厚度是有一定限度的。如图 13－2a 所示，设能进入辊距的胶料最大厚度为 h_1，压延后的厚度为 h_2，厚度的变化为 $\Delta h = h_1 - h_2$。Δh 为胶料的直线压缩，它与胶料的接触角 α 及辊筒半径 R 的关系为：

若

$$R_1 = R_2 = R$$

则 $$\Delta h/2 = R - O_2C_2 = R(1-\cos\alpha)$$

即 $$\Delta h = 2R(1-\cos\alpha)$$

可见，当辊距为 e 时，能够进入辊距的胶料最大厚度为 $h_1 = \Delta h + e$。当 e 值一定时，R 值越大，能够引入辊距的胶料的最大厚度（即允许的供胶厚度）也越大。

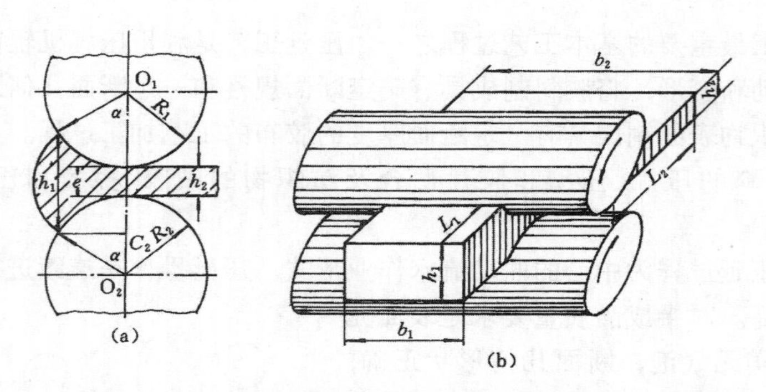

图 13－2　压延时胶料的压缩变形和延伸变形

(a) 一辊筒间胶料的压缩变形；

(b) 一压延时胶料的延伸变形

二、压延时胶料的延伸变形

胶料的体积几乎是不可压缩的，故可以认为压延后的胶料体积保持不变。因此，压延后胶料断面厚度的减小必然会出现断面宽度和胶片长度的增加。若压延前后胶料的长、宽、厚分别为 L_1、b_1、h_1 和 L_2、b_2、h_2，体积分别为 V_1 和 V_2，因 $V_1 = V_2$，故 $L_1b_1h_1 = L_2b_2h_2$，即

$$V_2/V_1 = L_1b_1h_1/L_2b_2h_2 = \alpha\beta\gamma = 1$$

式中　$\gamma = L_2/L_1$ 为胶料的延伸系数；

$\beta = b_2/b_1$ 为胶料的展宽系数；

$\alpha = h_2/h_1$ 为胶料的压缩系数。

压延时，胶料沿辊筒轴向，即压延胶片宽度方向受到的阻力很大，流动变形困难，故压延后的宽度变化很小，即 $\beta \approx 1$。故压延时的供胶宽度应尽可能与压延宽度接近。于是上式变为 $V_2/V_1 = \alpha \cdot \beta \cdot \gamma \approx \alpha\gamma \approx 1$，即 $\alpha \approx \dfrac{1}{\gamma}, \dfrac{h_2}{h_1} \approx \dfrac{L_1}{L_2}$。可见，压延厚度的减小，必然伴随着长度的加大。当压延厚度要求一定时，在辊筒上接触角范围以内的积胶厚度 h_1 越大，压延后的胶片长度 L_2 也越大。

三、胶料在辊筒上的受力状态和流速分布

压延时胶料在辊筒表面旋转摩擦力作用下被辊筒带入辊距，受到挤压和剪切作用而发生塑性流动变形。但胶料在辊筒上所处的位置不同，所受的挤压力大小和流速分布状态也不一样，如图 13－3。这种压力变化与流速分布之间是一种因果关系。在 a－b 处，胶料在压力起点 a 处受到的挤压力很小，故断面中心处流速小，两边靠辊筒表面的流速较大。随着胶料的前进，辊距逐渐减小，胶料受到的压力逐渐增大，使断面中心处的胶料流速逐渐加大，两边流速不变。到达 b 点时，中心部位和两边流速趋于一致，这时胶料受到的挤压力达到最大值。胶料继续前进，辊距继续减小，胶料受到的挤压力虽然开始减小，但断面中心处的流速继续加快。由于两边流速不变，当到达辊筒断面中心点 c 处时，其断面中心部位流速已经大

于两边的流速。超过c点后，因辊隙逐渐加大而使压力和流速逐渐减小。到达d点处，压力减至零，流速又趋一致，这时胶料已经离开辊隙，其厚度也比辊距中心点c处有一定增加。

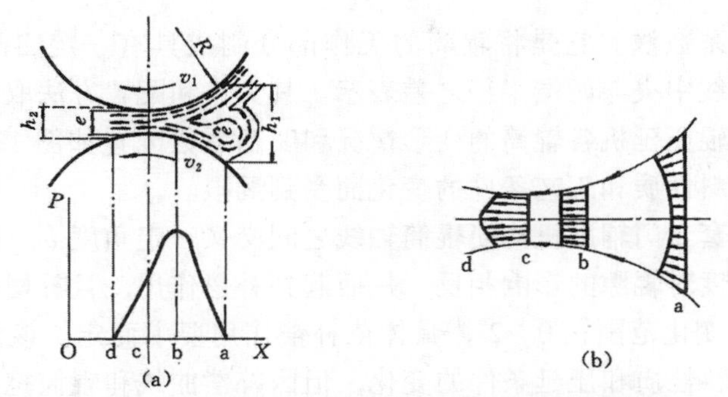

图 13－3　胶料在辊筒上的受力状态和流速分布

(a) 一胶料在辊筒上的受力状态；

(b) 一胶料在辊隙中的流速分布

压延时，胶料对辊筒也有一个与挤压力作用大小相等，方向相反的径向反作用力，称为横压力。一般说来，胶料粘度越高，压延速度越快，辊温越低，供胶量越多，压延半成品厚度和宽度越大，横压力也越大。

四、辊筒挠度的影响及其补偿

压延时，辊筒在胶料的横压力作用下会产生轴向的弹性弯曲变形。其程度大小用辊筒轴线中央处偏离原来水平位置的距离表示，称为辊筒的挠度。挠度的产生使压延半成品沿宽度

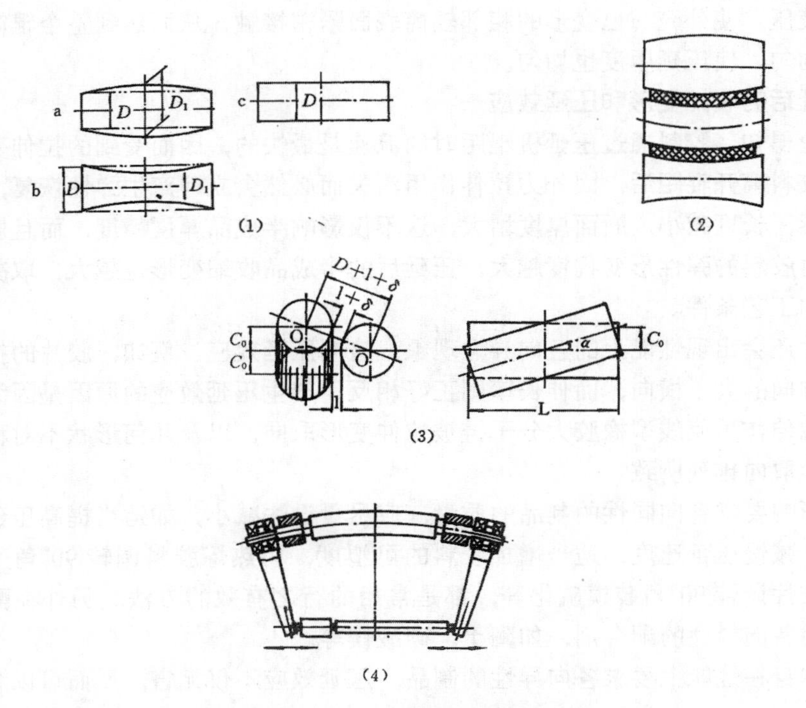

图 13－4　压延机辊筒挠度补偿

(1) 一辊筒凹凸系数即中高度法：a—凸形辊筒；b—凹形辊筒；c—圆柱状

(2) 一三辊压延机辊筒挠度与凹凸系数配置；(3) 一辊筒轴交叉原理；(4) 一预弯曲装置

方向上的断面厚度不均匀，中间厚度大于两边厚度，从而影响压延质量。为了减小这种影响，通常采用的补偿措施有三种：辊筒中高度法、辊筒轴线交叉法和辊筒预弯曲法，如图13－4所示。

中高度法又称凹凸系数法。它是将辊筒的工作部分制成具有一定凹凸系数的凹形或凸形，凹凸系数用辊筒轴线中央与两端半径之差表示。其大小和配置方法取决于辊筒的受力状态和变形情况，例如三辊压延机各辊筒的变形情况和凹凸系数配置如图13－4（2）。该法的补偿效果因不能适应胶料性质和工艺条件的变化而受到局限。

轴交叉法是采用一套专门辅助机构使辊筒轴线之间交叉一定角度 α，形成两端辊隙大而中央处小的状态，与挠度对辊隙的影响相反，从而起到补偿作用，且补偿效果随交叉角度的增大而增加，交叉角 α 变化范围在0～2°，具体依补偿作用要求而定。该法的优点是补偿效果可以调整，以适应胶料性质和压延条件的变化，但因补偿曲线和辊筒挠度曲线的差异而使补偿效果受到局限。另外该法只适于单辊传动机台。轴交叉法补偿原理如图13－4（3）。

辊筒预弯曲法是利用辊筒两端的辅助液压装置对两端施加外力作用，使辊筒产生与横压力作用相反的预弯曲变形，从而起到补偿作用，如图13－4（4）所示。因该法会加大辊筒轴承负荷而限制了预弯曲程度和补偿效果。

可见，上述几种补偿方法单独使用都不能达到完全补偿。因此，通常采用并用两种或三种方法进行补偿。三种方法并用的操作技术水平要求高，故采用微机操纵。

另据资料报道，国外还采用一种浮动辊筒法进行补偿是一种更为精密有效的补偿措施。该法是将辊筒外壳与中间轴做成内外套体，工作时中间的实心轴固定不转，只有套在外面的中空外壳转动。用密封装置将固定轴与外壳之间的空腔分隔为上、下两室，工作时只在辊筒受力面室内充入液压，使外壳与已变形的相邻辊筒表面紧密接触，从而达到整个辊筒长度方向上的压力分布均匀，使压延厚度也均匀。

五、胶料压延后的收缩变形和压延效应

从前面的讨论得知，胶料通过压延机辊距时的流速是最快的，因而受到的拉伸变形作用也是最大的，当胶料离开辊距后，因外力拉伸作用消失而必然会立即产生弹性恢复，使胶片产生纵向收缩变形，长度减小，断面厚度增大，这不仅影响半成品厚度精度，而且影响表面光滑程度。压延时胶料的弹性形变程度越大，压延后的半成品收缩变形也越大，取决于胶料性质，压延方法和工艺条件。

压延后的胶片还会出现性能上的各向异性现象，这叫压延效应。例如，胶片的拉伸强度和导热性沿压延方向的大于横向，而伸长率则正好相反。产生压延效应的原因是因为胶料通过辊距时，外力拉伸作用使线型橡胶大分子链被拉伸变形取向，以及几何形状不对称的配合剂粒子沿压延方向取向排列所致。

压延效应会影响要求各向同性的制品的质量，应尽量设法减小，如适当提高压延温度和半成品停放温度，减慢压延速度，适当增加胶料的可塑度，将热炼胶料调转90°角度供压延机使用或将压延胶片调转90°角装模硫化等，都是常用的行之有效的方法。另外在配方设计时要尽量避免采用各向异性的配合剂，如陶土，碳酸镁等。

当然，对于本身在性能上要求各向异性的制品，压延效应不仅无害，反而可以利用。

第二节　压延准备工艺

压延前必须完成的准备工作有胶料的热炼与供胶、纺织物的浸胶与干燥、化学纤维帘线的热处理等。这些可以独立完成，也可以与压延机组成联动流水作业线。

一、胶料的热炼与供胶

混炼胶经过长时间停放后又冷又硬，已经失去了流动性，故在压延操作之前必须对胶料进行预热软化，使其重新获得必要的热流动性，同时也可适当提高胶料的真可塑性，这就是热炼或预热。热炼一般在开炼机上进行，也有的采用螺杆挤出机或连续混炼机完成。因此，热炼还可起到对胶料补充混炼均匀的作用。

目前使用比较普遍的开炼机热炼方法一般分三步完成：第一步粗炼；第二步细炼；第三步供胶。

粗炼一般采用低温薄通方法，即以低辊温和小辊距对胶料进行加工，主要使胶料补充混炼均匀，并可适当提高其真可塑性。

细炼是将粗炼后的胶料以较大的辊距和速比，较高的辊温使胶料达到加热软化的目的。以获得压延加工所必需的热塑性流动性。

粗炼和细炼的具体操作方法和工艺条件如表 13－1。

表 13－1　热炼工艺条件

项　　目	辊距/mm	辊温/℃	操　　作
粗　炼	2～5	40～45	薄通 7～8 次
细　炼	7～10	60～80	通过 6～7 次

为了使胶料快速升温和软化，热炼机辊筒之间的速比应当较大，可取1.17～1.28的范围。

各种压延作业对胶料的可塑度要求如表 13－2。可以看出，纺织物擦胶所用的胶料的可塑度要求较高，这是因为必须增加胶料对纺织物缝隙的渗透与结合作用。压片和压型作业之胶料可塑度要求较低，是为了增大胶料的挺性，防止半成品发生变形。纺织物贴胶所用之胶料的可塑度要求则介于以上两者之间。

氯丁橡胶性能对温度变化敏感性较高，因此热炼方法和工艺条件应当有所区别。热炼时胶料通过辊距的次数应尽可能少，热炼温度也应控制在 35～45℃。热炼程度以包辊胶片表面光滑为度。一般经过粗炼后即可直接向压延供胶而不必再经过细炼，以防发生焦烧。全氯丁橡胶压延胶料的热炼条件如表 13－3。

表 13－2　各种压延胶料的可塑度范围

压　延　方　法	胶料可塑度范围（威氏）
纺织物擦胶	0.45～0.65
纺织物贴胶	0.35～0.55
胶料压片	0.25～0.35
胶料压型	0.25～0.35

表 13－3　全氯丁橡胶的热炼条件

项　　目	条　　件
辊距/mm	8±1
过辊次数/次	4
辊温/℃	
前辊	45±5
后辊	40±5

为了使胶料的可塑度和温度保持恒定，热炼时的装胶容量和辊距上方的存胶量应保持一定。但为防止胶料在机台上停留时间过长，应经常切割翻炼。

热炼好的胶料经一台专用的开炼机割取成连续的胶条，经输送带连续向压延机供料。输送带的速度应略大于热炼机辊筒的线速度。

为防止空气混入胶料，连续供胶时的供胶量与压延耗胶量应相等，压延机辊筒上的存胶量宜少不宜多，以免胶料冷却导致压延厚度变化或出现表面粗糙、气泡等问题。若是非连续供胶，则应增加添加次数，减少每次添加量；若必须采用次数少、添加量多的供胶方法时，应采用厚度较大的胶片，且应下托承胶板，以尽可能减慢胶料的冷却速度。

供料时应尽可能沿压延宽度方向使供胶量分布均匀。

随着压延工艺自动化水平和压延速度的提高，对现代化大规模生产，已经采用冷喂料销钉式螺杆挤出机进行热炼和供胶。这样不仅简化了工艺，节省机台、厂房面积和操作人员，而且也提高了自动化程度和生产效率，并有利于胶料质量。

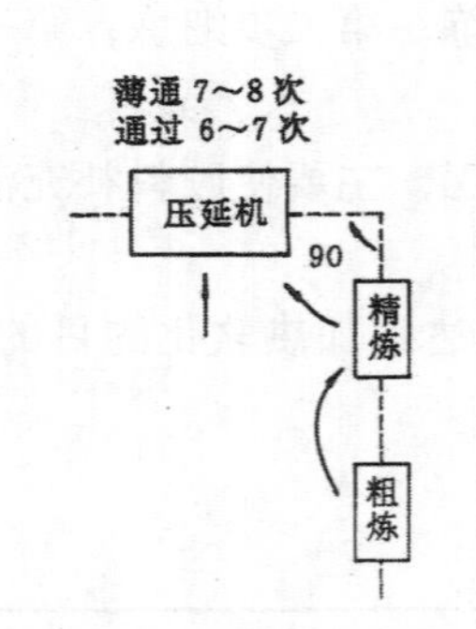

图 13－5　热炼机与压延机的布局

另外，为保证供胶质量，热炼机的安装位置应尽可能靠近压延机，为使热炼操作人员能随时看清压延供胶状况，热炼机应安装在与压延机成一定角度的位置上，如图 13－5。

二、纺织物干燥

纺织物的含水率一般都比较高，如棉纤维织物的含水率可达7%左右；人造丝织物含水率更高，在12%左右；尼龙和聚酯纤维织物的含水率虽较低，也在3%以上。压延纺织物的含水率一般要求控制在1%～2%范围内，最大不能超过3%，否则会降低胶料与纺织物之间的结合强度，造成胶布半成品掉胶，硫化胶制品内部脱层，压延时胶布内部产生气泡等质量问题。因此，压延前必须对纺织物进行干燥处理。

纤维纺织物的干燥一般采用多个中空辊筒组成的立式或卧式干燥机完成，辊筒内通饱和水蒸气使表面温度保持在 110～130℃左右，纺织物依次绕过辊筒表面前进时，因受热而使水分蒸发。具体的干燥温度和牵引速度依纺织物类型及含水率高低，干燥程度而定。干燥程度过大也会损伤纺织物，并会使合成纤维织物变硬，降低强度。

干燥后的纺织物不宜停放，以免吸湿回潮，故生产上将纺织物烘干工序放在压延工序之前与压延作业组成联动流水作业线，使纺织物离开干燥机后立即进入压延机挂胶。这样因进入压延机时纺织物的温度较高，也有利于胶料的渗透结合。

三、纺织物的浸胶

纤维纺织物（主是是帘布）在贴胶压延之前须经浸胶处理，即将织物浸入并穿过浸胶槽内的胶乳浸渍液，经过一定接触时间后离开液面，使纤维织物表面和缝隙内部附着和充满一层乳胶，以改善纺织物与橡胶之间的结合强度和胶布的耐动态疲劳性能。如棉帘线经过浸胶后不易折断，耐动疲劳性能约提高 30%～40%；合成纤维纺织物必须经过浸胶后才能保证胶料与织物之间的结合强度。

浸胶液分溶剂胶浆和水分散系统的胶乳两种。前者用于胶布浸渍，后者主要用于帘布浸渍，也可用于帆布浸渍。使用最普遍的是胶乳浸渍液。

胶乳浸液的主要成分是胶乳，其次是加入的某些改性组分，如蛋白质类物质和树脂类物质等。根据胶乳类型和改性组分的种类不同，帘布浸胶液目前常用的类型主要有两种：酪素

－胶乳浸渍液和酚醛树脂－胶乳浸渍液，而以酚醛－胶乳浸液应用最普遍。

各种浸胶液常用的胶乳类型有天然胶乳、丁苯胶乳、丁吡胶乳和丁二烯－苯乙烯－乙烯基吡啶三元共聚胶乳。天然胶乳和丁苯胶乳成本较低，但浸胶织物与被粘橡胶之结合强度较差；丁吡胶乳和三元共聚胶乳的浸渍增粘效果好，但价格较贵，故应根据帘布种类和压延胶料性质具体选用。或采用天然胶乳与合成胶乳，主要是与丁吡胶乳的并用胶乳，以达到成本与性能之间的平衡。

浸胶液中常用的改性树脂有酚醛树脂，环氧树脂，异氰酸酯和脲醛树脂等。

由酚醛树脂和胶乳为主要成分组成的浸渍液，即间苯二酚－甲醛－胶乳（RFL）浸液是目前最广泛使用的纤维浸胶液。它不仅适用于棉帘布、维尼龙、人造丝和尼龙帘布，还可用于聚酯纤维、芳纶纤维和玻璃纤维帘线的第二次浸液。若再加入其他改性物质，如异氰酸酯、环氧树脂等改性后还可直接用于聚酯和芳纶帘线的一步浸渍处理。

RFL 浸胶液的配制方法是将胶乳、改性树脂和其他配合成分混合均匀。由于胶乳为乳液水分散体，故各种组分都必须预先制成水溶液或水分散体才能与胶乳混合。浸胶液配制完毕还必须经过适当时间的熟成之后才能使用。

常用的几种浸胶液的配方组成如表 13－4、表 13－5 和表 13－6。

表 13－4 为适用于棉帘线浸渍的酪素－胶乳浸渍液配方。表 13－5 为棉帘线用的 RFL 浸液配方。

表 13－4　酪素－胶乳浸液组成①

组　　分	干固体含量	湿 含 量
天然胶乳（62%）	24.4	39.4
酪素液（10%）	3.69	36.9
拉开粉液（10%）	0.61	6.1
软　水	—	147.8
合　计	28.70	230.2

①重量份。

表 13－5　棉帘线用 RFL 浸胶液配方

组　　分	配　　比	实用量/kg	备　　注
天然胶乳(30%)	143.16	52.42	淡红色
酚醛母液①	306.84	112.38	pH 值
合　计	450.00	164.00	8～10

①组成为：间苯二酚 6.33，甲醛（40%）12.66，氢氧化钠（10%）7.34，水 423.67。

表 13－6 为用于人造丝和尼龙帘线的 RFL 浸胶液配方，表 13－7 和表 13－8 分别为用于聚酯帘线两步浸渍法的浸渍液配方。表 13－9 为用于聚酯帘线一步浸渍法的浸渍液配方。

各种帘线的 RFL 浸胶液配方的制定都必须注意掌握以下要点：

（1）间苯二酚与甲醛的用量应控制在摩尔比 1∶2 为宜。甲醛的用量过多容易产生凝胶，且干燥时会产生热固性的交联树脂而降低附着力。

（2）树脂的用量宜控制在乳胶干胶用量的 15%～20% 范围以内。若在含 100 份橡胶烃的胶乳中加入 17.3 份树脂，则粘合性与加工性最好。树脂的用量过少会降低附着力，用量过多又会降低浸胶帘布的耐疲劳性能。

表 13-6 人造丝和尼龙帘线适用的 RFL 浸胶液配方①

组分	人造丝	尼龙
酚醛母液		
间苯二酚	11.0	11.0
甲醛	6.0	6.0
氢氧化钠	0.3	0.3
合计	17.3	17.3
总固体含量/%	5.0	5.0
pH 值	7.0～7.5	7.0～7.5
浸胶液		
丁吡胶乳（15%）	20.0	100.0
丁苯胶乳（2000 或 2108）	80.0	—
酚醛母液	17.3	17.3
氨水（28%）		11.3
总固体含量/%	12.0	20.0
pH 值	8.0～8.5	10.0～10.5

①干重量份。

表 13-7 聚酯帘线两步浸胶法之第一步浸液配方

组分	干重量份
亚甲基双（4-苯基异氰酸酯）的双苯酚加成物及二辛基硫代丁二烯钠水分散体（40%）	3.6
环氧树脂 EPON 812	1.36
黄蓍胶	0.04
总固体含量/%	5.00

表 13-8 聚酯帘线两步浸胶法之第二步浸液配方

组分	干重量份
酚醛母体	17.3
丁吡胶乳（15%）	100.0
氨水（28%）	11.3
总固体含量/%	20.0

注：第一步浸渍后的帘线必须干燥后才能进行第二步浸渍。

表 13-9 聚酯帘线一步法浸渍液配方

组分	干重量份	组分	干重量份
酚醛母液		丁吡胶乳(15%)	100.0
氢氧化钠	1.3	总固体含量/%	20.0
间苯二酚	16.6	pH 值	9.5
甲醛	5.4	H-7 最后浸液	
总固体含量/%	20.0	RFL 浸液	123.3
pH 值	6.0	H-7 树脂	25.0
间-甲胶乳(RFL)浸液		总固体含量/%	20.0
酚醛树脂母液	23.0	pH 值	10.0

（3）浸胶液的总固体物含量依纤维种类不同而异。一般控制范围为棉帘线 10%～12%，人造丝 12%～15%，尼龙 18%～20%，维尼龙则应比人造丝的浸液浓度还要低，否则浸胶

帘布会发硬。聚酯帘线为20%。

（4）浸胶液的pH值应控制在8～10之间，以保持浸液稳定。

RFL浸胶液的配制方法是先用少量的水将间苯二酚溶解，再加水稀释至规定浓度，然后加入甲醛并在缓慢搅拌下加入氢氧化钠溶液，控制pH值在8～10，即成酚醛树脂母液。最后在缓慢搅拌下将酚醛母液与胶乳混合均匀，并在室温下静置12～24h后再用水稀释至规定浓度才能使用。混合时的搅拌速度过快，胶乳易发生胶凝。

天然胶乳的酚醛母液配制后必须先静置熟成一定时间，然后才能与胶乳混合，熟成条件为25℃×（6～8）h，或20℃×18h，否则会使浸胶层丧失粘合附着力。用于合成胶乳的酚醛母液则不必经过预先熟成即可与胶乳混合。但所有浸胶液配制好以后都必须经过熟成后才能使用。

棉帘布的浸胶过程包括帘布导开，浸胶、挤压、干燥和卷取等工序。其一般工艺流程如图13-6。帘布导开后经接头机接头，并经过蓄布装置调节，然后按一定速度浸入浸胶槽浸液。经过一定时间接触后离开液面时帘线表面和缝隙中附着一层胶乳-树脂聚合物层；再经两 挤压辊挤压作用，去掉大部分水和过量的胶乳-树脂物，随后进入干燥室干燥至含水率达到规定限度，然后再经扩布辊扩展使两边达到平整，最后卷取或直接送往压延机使用。

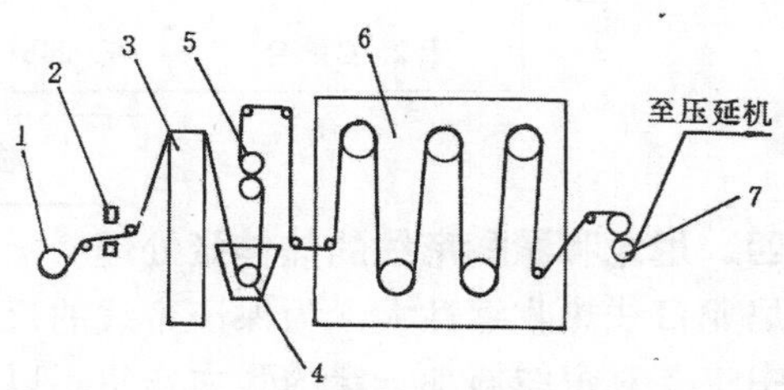

图13-6　帘布浸胶工艺流程图

1—帘布导开；2—帘布接头；3—蓄布；4—浸胶；5—挤压；6—干燥；7—卷取

为了防止帘线浸胶时遇水发生收缩，在浸胶过程中必须对帘布施加恒定而均匀的张力作用。

影响浸胶帘布质量的因素有浸胶液浓度、帘布与浸胶液的接触时间、附胶量多少，挤压力大小，帘布张力大小和均匀程度，干燥程度等。

棉帘线、维尼龙、尼龙和人造丝帘线只需用RFL一次浸胶即可。聚酯帘线和芳纶纤维帘线 则必须先经表面改性处理后，再浸RFL才能保证其必要的粘合效果。也可将改性组分直接加入RFL浸液中，采用一步法处理。

玻璃纤维帘线也必须先经改性浸渍处理后才能浸RFL。如玻璃纤维在拉丝过程中先用如下配方改性液进行改性浸渍处理：

水溶性清漆	2.0（质量份）
有机硅烷偶联剂	0.6～1.0
固色剂	5.0
平平加O	1.0
水	91～91.4

浸渍后的玻璃纤维须经充分干燥后才能用RFL进行第二次浸渍处理，浸胶时间6～8s，浸胶后的干燥条件170℃×（1～2）min，附胶量18%～30%。玻璃纤维帘线浸胶时必须充分浸透，让每一根单丝表面都包附上一层完整的聚合物膜，而且最好是经过两次RFL浸渍处理。上述改性液适用的有机硅烷偶联剂有乙烯基硅烷、苯乙烯基乙基硅烷和烯丙基硅烷等。

RFL浸胶液配方及配制操作顺序如下：

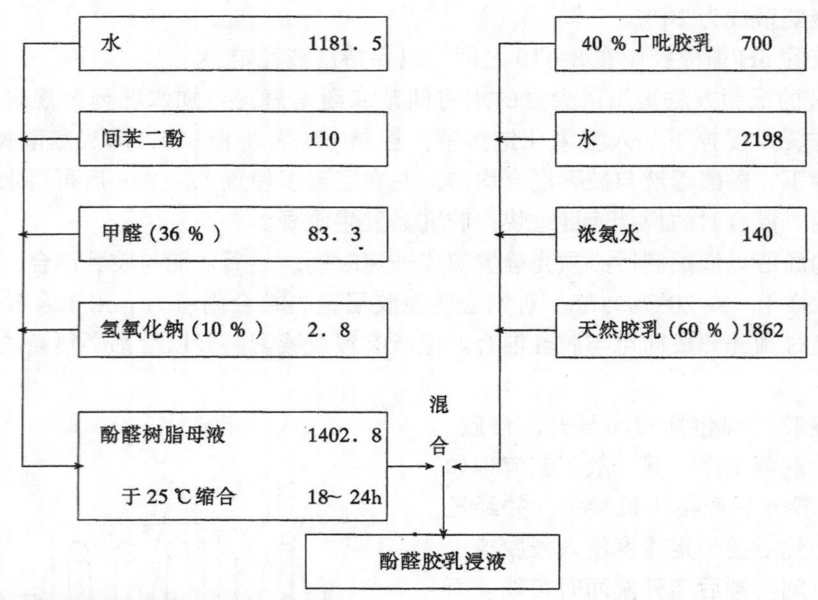

四、尼龙和聚酯帘线的热伸张处理

尼龙帘线热收缩性大，为保证帘线的尺寸稳定性，在压延前必须进行热伸张处理，压延过程中也要对帘线施加一定的张力作用，以防发生热收缩变形。聚酯帘线的尺寸稳定性虽比尼龙好得多，但为进一步改善其尺寸稳定性，亦应进行热伸张处理。

热伸张处理在工艺上通常分三步完成：

第一步为热伸张区。在这一阶段使帘线处在其软化点以上的高温下，并受到较大的张力作用，使大分子链被拉伸变形和取向，提高其取向度和结晶度。温度高低、张力大小和作用时间长短依帘布种类和规格而异。

第二步为热定型区，温度与热伸张区相同或低5～10℃，张力作用略低，作用时间与热伸张区相同。其主要作用是帘线于高温下消除内应力，同时又保持热伸张时大分子链的取向度，从而使外力作用消失后不会发生收缩。

第三步为冷定型区，在保持帘线张力不变的条件下使帘布冷却到其玻璃化温度以下的常温范围。因大分子链的取向状态被固定，内应力也已消除，故帘线尺寸稳定性得到了改善。尼龙帘线热伸张处理条件如表13－10。

表13－10　尼龙帘布热伸张处理条件

工艺条件	干燥区	热伸张区	热定型	冷定型区
温度/℃	110～130	尼龙6：185～195 尼龙66：210～230	温度相同 或低5～10℃	张力作用下冷却到50℃以下
时间/s	40～60	20～40	20～40	
张力/（N/根）	2.94～4.90	24.5～29.4 (1260D/2)	19.6～24.5	
伸长率/％	2	8～10	－2	①

①总伸长率为6％～8％。

聚酯帘线的热伸张处理一般是在两次浸胶处理过程中分两步完成。工艺上也分为两个阶段：第一阶段为浸胶、干燥及热伸张处理阶段，热伸张处理温度为254～257℃；第二阶段为浸胶、干燥及热定型处理阶段，热定型处理温度为249～257℃。处理时间皆为60～80s。

帘布浸胶和热伸张处理的工艺路线有两种：一种为先浸胶后热伸张处理，另一种为先热伸张处理后浸胶。前者帘线附胶量较大，一般为5%～6%，胶布耐疲劳性能较好，且附着力比较稳定，但浸胶层物理机械性能会因高温老化而受到损害。后者可使帘线在干燥状态下热伸张定型，然后进行浸胶、干燥，从而可减少浸胶层高温下的热老化损害作用，使压延后的胶布比较柔软，有利于成型操作和提高轮胎成型的生产效率，但浸胶帘布的附胶量较少，帘布与胶料之间的结合强度较差。不同处理程序对帘线性能的影响如表13－11。

表13－11　不同处理程序的帘线性能对比①

	热伸张/浸胶		浸胶/热伸张	
	尼龙6	尼龙66	尼龙6	尼龙66
拉伸强度/MPa	2.92	2.14	2.87	2.10
断裂伸长率/%	25.6	24.2	24.8	22.6
热收缩率/%（160℃×4min）	4.9	3.8	5.3	4.4
附胶量/%	3.8	3.3	4.9	4.8
附着力/（N/根）	114	—	158	—
刚度/〔（g·cm）/根帘线〕	0.3	0.10	0.6	0.28

①帘线规格：尼龙6为1880分特/2；尼龙66为1400分特/2。

两种技术路线在实际生产上均有应用。如美、日、英采用先浸胶后热伸张处理工艺，国内亦然。法国的某些公司则采用先热伸张后浸胶工艺。

实际生产中帘布浸胶、干燥和热处理工艺可以单独进行，也可以与压延工艺联动，组成联动流水作业生产线。联动作业使压延工艺自动化水平及生产效率大大提高，减少了生产过程中的半成品储运和劳动力配备；但因作业条件不能经常改变，故更换帘布规格品种不够方便灵活。因而联动只适用于帘布规格品种比较单一、胶料配方变化较少、胶布批量较大的大规模生产。大多数中小型轮胎厂均与压延分开单独进行。尼龙帘布由纺织厂进行浸胶和热处理后供给橡胶厂使用。纤维帘布浸胶热伸张装置典型流程图如图13－7。

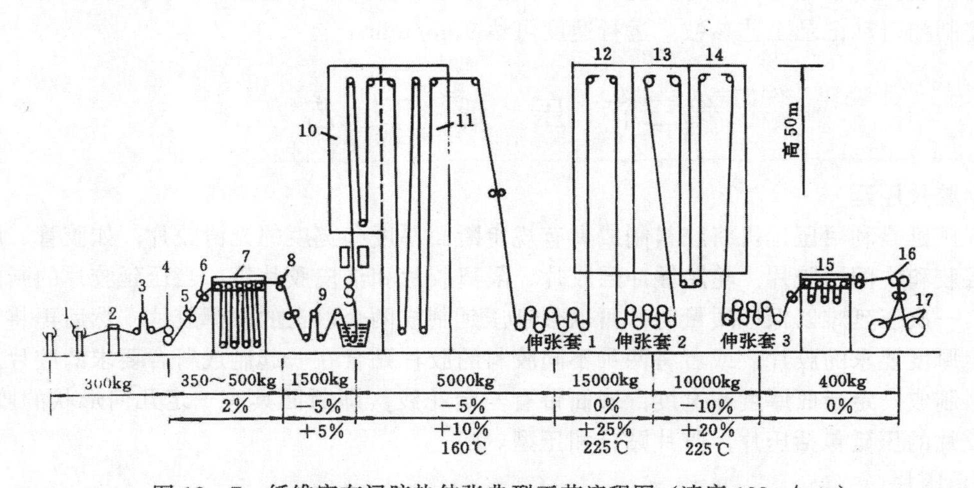

图13－7　纤维帘布浸胶热伸张典型工艺流程图（速度100m/min）

1—导开；2—接头；3—浮滚1；4—牵引1；5—导向；6—吸尘器；7—前蓄布；8—牵引2；9—浮滚2；10—前干燥；11—后干燥；12—伸张；13—定型；14—冷却；15—后蓄布；16—牵引3；17—卷取

目前帘布浸胶热伸张装置的自控水平较高者，其全部拖动系统采用直流电机，定张力自动检测反馈控制，温度调节系统精度沿帘布宽度方向达到±1℃，沿帘布长度方向为±5℃。伸张时帘布总张力一般在10～14t之间，用速度控制张力时，其精度误差已能达到±0.2%。帘布导开过程中的张力可以调节并保持稳定。帘布用平板硫化机接头时，在高温张力条件下有可能被拉断。因此，已普遍采用6～10针缝纫机往复缝合2～3次的接头方法。贮布器设有液压系统以保证帘布的张力恒定；另外还设有橡皮压辊，以减少帘布打滑现象。干燥区有的用蒸汽加热，有的用燃油或煤气为热源，最高温度可达到205℃；热伸张和热定型区一般都用燃油或煤气做热源，个别也有用电热的，最高温度可达到270℃。还有的在热伸张区和热定型区设浮滚装置调节帘布在加热室内的路程或加热时间，遇到事故停车时，浮滚系统可使帘布全部退出加热室外面，减少高温热氧老化对胶布质量的损害作用。浸胶装置一般设有胶乳液面控制系统，误差一般不超过±25mm。双卷取装置由直流电机拖动，自动检测反馈控制张力，张力按布卷里紧外松的趋势变化，以保证卷取质量。

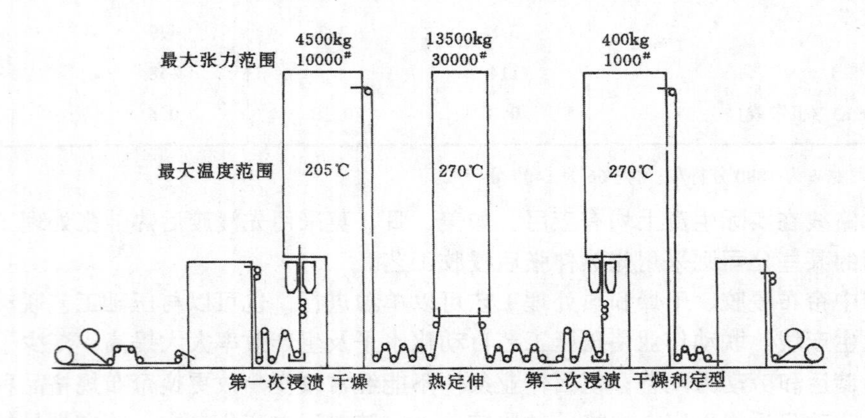

图13－8　用于帘布双浸和热处理的装置

图13－8为适用于帘布两次浸渍和热伸张处理的浸胶热伸张装置，能用于处理尼龙，聚酯和芳纶帘线。用于尼龙帘线时只浸渍一次，而聚酯和芳纶帘线浸渍两次。该设备已采用微机集中控制和自动记录工艺参数，运行速度可达90m/min。

第三节　压　延　工　艺

一、胶片压延

胶片压延是利用压延机将胶料制成具有规定断面厚度和宽度的光滑胶片，如胶管、胶带的内外层胶和中间层胶片，轮胎缓冲层胶片、隔离胶片和油皮胶片等。当压延胶片的断面厚度较大、一次压延难以保证质量时，可以分别压延制成两个以上的较薄胶片，然后再将其贴合成规定厚度要求的胶片，或者将两种不同胶料的胶片贴合在一起制成符合要求的胶片，还可将胶料制成一定断面厚度和宽度，表面带有一定花纹，即断面具有一定几何形状的胶片。因此，胶片的压延包括压片，胶片贴合和压型。

(一) 压片

断面厚度在3mm以下的胶片可以利用压延机一次完成压延，这就是压片。

对压延胶片的质量要求是胶片的表面光滑无绉缩；内部密实、无孔穴、气泡或海绵；断面厚度均匀、精确，各部分收缩变形率均匀一致。

压片工艺方法依设备不同分为三辊压延机压片和四辊压延机压片两种主要方法。也可以用两辊压延机和开放式炼胶机压片，但其胶片厚度的精密度太低。

压片工艺方法如图 13－9。图中（a)、(b）为三辊机压片，（c）为四辊机压片。三辊压延机压片又分为两种方法，其中 a 为中、下辊间无积胶压延法，b 为中、下辊间有积胶法。有适量的积存胶可使胶片表面光滑，减少内部气泡，提高胶片内部的致密性，但会增大压延效应。此法适用于苯橡胶。若积存胶量过多反而会带入气泡。无积胶法则相反，适用于天然橡胶。

采用四辊压延机压片时，胶片的收缩率比三辊压延机的小，断面厚度精密度较高，但压延效应较大，这在工艺上应加以注意。当胶片断面厚度要求十分精密时，最好采用四辊机压片，其胶片厚度范围可达 0.04～1.00mm。若胶片厚度为 2～3mm 时，采用三辊压延机也比较理想。

影响压片工艺与质量的主要因素有辊温、辊速、生胶种类、胶料的可塑度与含胶率等。

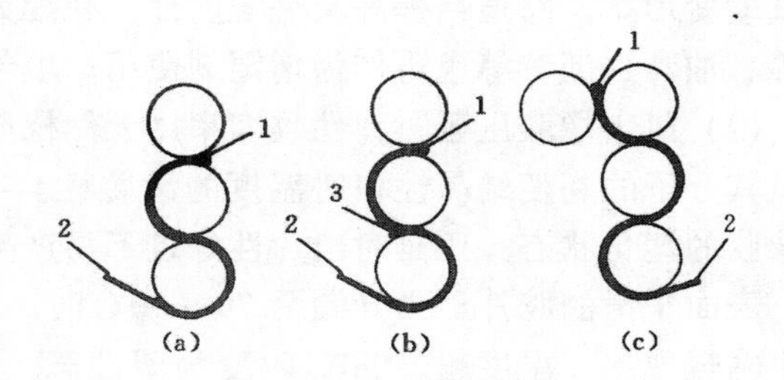

图 13－9　压片工艺示意图

(a）一中、下辊间无积存胶；

(b）一中、下辊间有积存胶；

(c）一四辊压延机压片；

1一胶料；2一胶片；3一存胶

辊温高，胶料的粘度低，压延流动性好，半成品收缩率低，表面光滑；但若过高则容易产生气泡和焦烧现象；辊温过低会降低胶料流动性，使半成品表面粗糙，收缩率增加。故辊温应依生胶种类，可塑度大小和配方含胶率而定。通常是配方含胶率高，胶料的可塑度较低或弹性较大者，压延辊温宜适当高些；反之则相反。另外，为了使胶片在各辊筒之间按预定的方向顺利转移，还必须使各辊筒之间保持适当的温差。例如，天然橡胶容易粘热辊，胶片由一个辊筒转移到后面的辊筒时，后者的辊温就应适当提高，而合成橡胶则正好相反。各辊间的温差范围一般为 5～10℃。各种橡胶的压片温度范围如表 13－12。

表 13－12　各种橡胶的压片温度范围（℃）

胶　种	上　辊	中　辊	下　辊
天然橡胶	100～110	85～95	60～70
异戊橡胶	80～90	70～80	55～70
顺丁橡胶	55～75	50～70	55～65
丁苯橡胶	50～70	54～70	55～70
丁腈橡胶	80～90	70～80	70～90
氯丁橡胶	90～120	60～90	30～40
丁基橡胶	90～120	75～90	75～100
三元乙丙橡胶	90～120	65～85	90～100
氯磺化聚乙烯	80～95	70～90	40～50
二元乙丙橡胶	75～95	50～60	60～70

胶料的可塑度大，流动性好，半成品表面光滑，收缩率低，但若可塑度过大又易产生粘辊现象。可塑度小则正相反。

配方含胶率高，胶料弹性也大，半成品收缩率大，表面不光滑。

辊速快，生产效率高，但半成品收缩率也大，为此，辊速应考虑胶料的可塑度及配方含胶率而定。可塑度大，含胶率较低的胶料压延时，辊速可适当加快，反之则适当减慢。

辊筒之间有一定速比时，有助于消除气泡，但对出片的光滑度不利。为不影响胶片光滑度，又能排除气泡，通常在三辊压延机中采用中、下辊等速，而供胶的中、上辊间有适当速比的办法。

不同生胶品种胶料的压片特性差别较大。天然橡胶胶料比较容易压延，胶片表面光滑，收缩率较小，气泡少，断面规格尺寸比较容易控制。但合成橡胶压延时，胶片表面不够光滑，收缩变形率较大，断面规格较难控制，且容易产生气泡。不同的合成胶品种之间又存在较大的差别。

（1）丁苯橡胶。与天然橡胶相比，丁苯橡胶压片收缩率较大，胶片表面粗糙，气泡多而又较难排除。但低温聚合丁苯橡胶优于高温聚合丁苯橡胶；充油丁苯优于非充油丁苯。为减小收缩变形率，除适当提高塑炼程度外，在配方上还必须适当增加增塑剂，如操作油，古马隆等；油膏、沥青等也可作为增塑剂使用；填料以碳酸钙等粗粒者为佳。

（2）氯丁橡胶压延时弹性收缩率比天然橡胶大，且容易发生焦烧和粘辊等现象。根本原因是其分子的高度结晶性和对温度的敏感性。在70℃以下时氯丁橡胶为弹性态，相当于天然橡胶的塑化状态，压延时出片性好且不易产生气泡，但胶片收缩率较大，不易获得厚度准确，表面平滑的胶片；当升温至70～90℃时，胶料变为颗粒态，胶料自粘性最小，但最易发生粘辊现象；温度超过90℃时变为塑性态，弹性完全消失，几乎没有收缩性，此时压延胶片的表面最光滑，收缩率最小，但胶料也最容易发生焦烧。所以，从工艺上考虑，为防发生焦烧和粘辊现象，当压片精度要求不高时，可采用低温控制胶料在弹性态进行压片；反之，当压片厚度精度及表面光滑程度要求很高时，应采用高温使其处于塑性态进行压片。此外，一定要避开颗粒态。

氯丁橡胶压片时必须严格控制辊温不能过高，特别是压延1.5mm以下的薄胶片时，辊温不得超过55℃，以防发生粘辊现象。热炼温度也应适当调低，辊温以45±5℃为宜，热炼时间不宜太长，以包辊胶片达到光滑为度。胶料的可塑度应保持在0.4以上，在胶料中掺用5％～10％的天然橡胶或加入20％左右的油膏可防止粘辊，并用胶胶料的压片温度可适当放宽。

几种主要品种氯丁橡胶的压片压延温度和氯丁并用胶的压片温度分别如表13－13和表13－14。

（3）丁腈橡胶压片的最大问题是收缩剧烈和表面粗糙，故最难压延，但若适当注意配方调整，并增长热炼时间，仍可做到顺利操作。因此应多填充软质炭黑（如半补强或热裂法炉黑100份），或活性碳酸钙等，还要添加50份左右的增塑剂。辊温应比天然橡胶低5～10℃，且要使中辊温度低于上辊。推荐温度为上辊60～75℃，中辊35～50℃，下辊50～60℃。遇到胶料粘辊时可使辊温略微提高，有利于胶料热收缩产生脱辊倾向。

丁腈橡胶压片胶料中的填料用量不得少于50份；供胶时采用大片添加方式，以免产生气泡及表面不光滑等。胶料热炼不充分，热塑性不足，压延温度不够及配方不当都会使压片表面不光滑。若热炼温度过高，回炼时间过长，供胶方式不恰当等皆会产生气泡。

（4）顺丁橡胶。与其他合成橡胶一样，压延时收缩率较大，并用天然橡胶可得以降低。高顺式顺丁橡胶在低温压片时收缩率较小，而低顺式顺丁胶在高温下的压延收缩率较小。

表 13-13　几种氯丁橡胶的压片温度（℃）

辊　筒	通用型（低温）	54-1型（中温）	通用型与54-1型（高温）①
上　辊	52	88	98～110
中　辊	47	65	65～98
下　辊	冷　却	49	49

①适用于两种氯丁橡胶的精密压片。

表 13-14　氯丁并用胶料压片温度（℃）

辊　筒	NR/CR（70/30）	CR/NR（90/10）	CR/NR（50/50）	CR/NBR（50/50）
上　辊	90～95	50	60	80
中　辊	80～90	45	40	90
下　辊	85～90	35	60	40

（5）三元乙丙橡胶压片加工困难，容易发生粘辊、掉皮和不光滑等问题。对此，采用热炼时用低温多次回炼的方法将胶料中水分除尽就可以解决。

胶料中填料和油类的用量较小时，压延温度控制在40～50℃和90～120℃这两个范围为宜。但采用低温范围时胶料的收缩率大，容易产生气泡。采用90℃以上高温可改善高填充配方胶料的工艺性能；若在120℃左右，可制得几乎不收缩的的平滑胶片。各辊筒温度范围为：上辊　90～100℃；中辊　80～90℃；下辊　90～120℃。

配方含胶率越高，压片越困难，也愈易产生气泡，当出片厚度低于1mm时不易产生气泡。

（6）氯磺化聚乙烯。压延辊温随配方不同而有很大差异，一般在60～90℃范围内，上辊比中辊温度约高10℃。温度过高，胶料会软化而容易粘辊；辊温低些，对除去胶片中的气泡有一定效果。克服粘辊的方法是低温压延时使用硬脂酸和石蜡，高温压延时使用聚乙烯。供给压延机的胶料温度应与中辊温度相同。胶料软化后压延时难以除去气泡，应在热炼过程中尽量将空气排除。常用的隔离剂硬脂酸锌会降低胶料的耐热性，故不宜使用。一次压延胶片厚度最大到1mm左右。更厚的胶片须分层压延后再贴合。冷热不同的两胶片也可贴合良好。一般压片条件为：上辊27～38℃，中辊27～38℃，下辊常温。

（7）丁基橡胶压延时排气困难，弹性和收缩率较大，容易出现针孔及表面不光滑等毛病，因此采用高温压延。常用的两种辊温范围为：上辊95～110℃；中辊70～80℃；下辊80～105℃（或上辊80℃；中辊85～90℃；下辊50℃）。

丁基橡胶采用酚醛树脂与氯化亚锡硫化体系时对压片不利，粘辊和对辊筒表面腐蚀都很严重。配用高耐磨炭黑和高速机油或古马隆可以得到改善。另外，遇到粘辊情况时可采用降低辊温或者在辊筒表面撒敷滑石粉或硬脂酸锌等。提高胶料热炼温度有利于消除气泡。增加配方中填料用量可减小收缩率；压延后的胶片需充分冷却并两面涂隔离剂，以防胶片互相粘结。

（8）硅橡胶。压延前需经过热炼，热炼温度不宜过高，时间不宜过长，否则压延易粘辊。压延机上辊温度应在50～70℃范围为宜，因胶料倾向于粘附冷辊，故辊温宜控制为：上辊50～60℃；中辊　室温；下辊　水冷却上辊温度不宜超过70℃，以免造成过氧化物发生分解。为了防止产生气泡，在中、下辊间应保持适量存胶。

压延速度一般在1.5～3m/min，这主要取决于胶料强度和胶片能顺利离开辊筒，速度过快易使胶片被拉断，故对生产效率影响比较大；胶片离开辊筒时的角度也应适当。卷取轴安装位置须低于下辊顶部，以保证胶片能顺利离开辊筒表面。

(9) 氟橡胶热炼温度应在40～50℃，胶片厚度在2～3mm，压延要采用高温：上辊90～100℃，中辊50～55℃，下辊　冷却。

(10) 聚硫橡胶应采用低温压延，适宜温度范围为：上辊43℃；中辊40℃；下辊 室温。胶片厚度不得超过0.8mm，压延速度要恒定。

(二) 胶片贴合

胶片贴合是利用压延机将两层以上的同种或异种胶片压合为厚度较大的一个整体胶片的压延作业，适用于胶片厚度较大，质量要求高的胶片压延，也适用于配方含胶率高、除气困难的胶片压延，两种以上不同配方胶料之间的复合胶片压延；夹胶布制造以及气密性要求特严的中空橡胶制品生产等。

胶片贴合工艺方法有以下几种：

(1) 两辊压延机贴合，利用等速的两辊压延机或开放式炼胶机进行胶片的贴合。其贴合胶片厚度可达到5mm，气泡生成机会也比较少，压延速度，辊温和存胶量等控制都比较简单。但厚度的精度差，不适于1mm以下的胶片贴合。

(2) 三辊压延机贴合。最常用的三辊压延机贴合法如图13-10 (a)，将预先压延好的一次胶片从卷取辊上导入压延机下辊，与新压延的二次胶片经辅助压辊作用压合在一起成贴合胶片，再经导辊后被卷取。

采用该法贴合的两层胶片的温度和可塑度应尽可能接近，辅助压辊应外覆胶层，直径以压延机下辊的2/3为宜，送胶与卷取的速度要一致，并避免空气混入。

图13-10 (b) 为用带式牵引装置代替辅助压辊的另一种三辊压延机贴合胶片的方法。一次胶片和二次胶片在两层输送带之间受压贴合，其效果比加压辊更好。

(3) 夹胶雨布贴合。夹胶雨布也可以按胶片贴合的方式用三辊压延机进行贴合，如图13-11。坯布经干燥辊干燥后再刮涂胶浆，制成里层和外层两种胶布，热炼胶割成小卷送到中、上辊之间的辊缝，压延胶片包于中辊，厚度为0.15～0.20mm，外层胶布4递向中、下

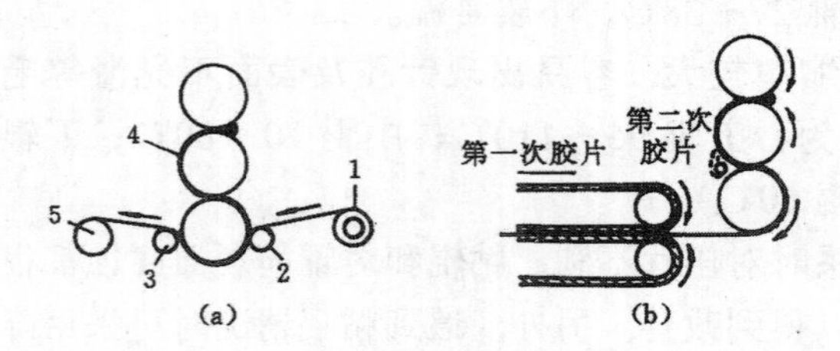

图13-10　三辊机贴合之一

1—第一次胶片；2—压辊；3—导辊；
4—二次胶片；5—贴合胶片卷取

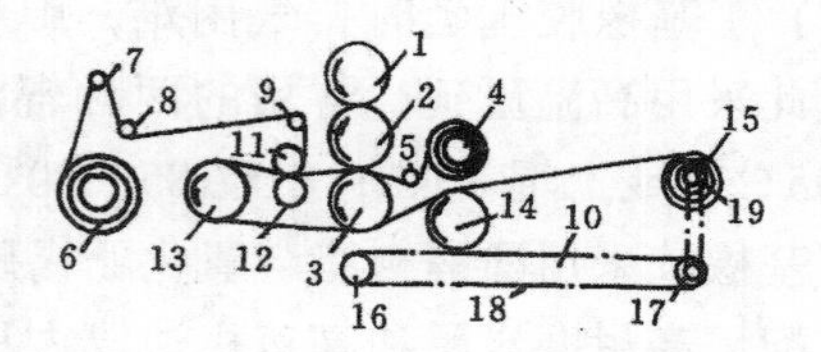

图13-11　夹胶雨衣布的贴合

1，2，3—压延机辊筒；4—外层布卷；
5，9—分布轮；6—里层布卷；7—托辊；
8—压辊；10—加压螺旋；11，12—压合辊；
13，14—冷却辊；15—夹胶布卷；16—动力轴；
17—皮带轮；18—传动带；19—自动卷布机

辊之间辊缝胶片直接贴合，然后再送到压合辊与里层胶布贴合即成。

（4）四辊压延机贴合　四辊压延机一次可以同时完成两个新鲜胶片的压延与贴合。此法生产效率高，胶片质量好，断面厚度精密度也高，工艺操作简便；所需设备占地面积节省。只是贴合胶片的压延效应比较大，在工艺上应予注意和调节。常用的四辊压延机类型有Γ型和Z型两种。Γ型四辊压延机贴合胶片如图13－12。

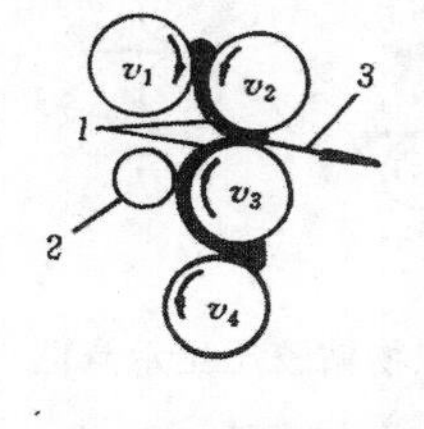

图13－12　Γ型四辊压延机贴合胶片作业图

1—一次胶片；2—压辊；3—贴合胶片

Z型四辊压延机贴合胶片精密度更高，能完成Γ型压延机所不能完成的贴合作业。标准Z型四辊压延机由输送带向辊缝上方供料，适用于薄壁制品。斜Z型四辊压延机因加料方便，适用于规格多样化、需经常调整的工业制品，当胶料配方和断面厚度都不相同的两层胶片相贴合时，最好是采用四辊压延机贴合，以保证贴合胶片的内部密实，无气泡，表面无绉纹。

（三）压型

压型可以采用两辊、三辊和四辊的压延机压延。但不管哪种压延机，都必须有一个表面刻有花纹的辊筒，且花纹辊可以随时更换，以变更胶片的规格与品种。压型压延工艺方法如图13－13。

压型工艺与压片工艺基本相似，对半成品要求是表面光滑，花纹清晰，内部密实，无气泡，断面几何形状准确，厚度尺寸精确。

为保证半成品质量，胶料配方含胶率不宜太高，应添加较多的填料和适量的增塑剂。加入硫化油膏和再生胶可增加胶料塑性流动性和挺性，减少收缩率和防止花纹塌扁。胶料的收缩变形率一般应控制在10％～30％范围以内。对压型胶料的塑混炼、停放、返回胶掺用比例，包卷次数及热炼温度等条件均应保持恒定。压型工艺应采用提高辊温，减慢辊速或急速冷却等措施。

二、纺织物挂胶

纺织物挂胶是利用压延机将胶料渗透入纺织物结构内部缝隙并覆盖附着于织物表面成为胶布的压延作业，又叫胶布压延工艺。

虽然利用涂胶和浸胶法也能使纺织物挂胶，但胶布表面附胶量少，生产效率也比压延法低得多，故对附胶层厚度较大的胶布必须用压延法挂胶。

压延胶布使用的纺织物为帘布和帆布。挂胶的目的是使纺织物的线与线、层与层之间通过胶料的作用相互紧密牢固地结合成整体，共同承受负荷应力作用；减少相互间位移和摩擦生热，并使应力分布均匀，还可提高胶布的弹性和防水性，保证制品良好的使用性能。

对胶布的质量要求主要是胶料对纺织物的渗透性要好，附着力要高；附胶层厚度要均匀并符合规定标准；胶布表面无缺胶、起绉和压破纺织物等现象；不得有杂物，无焦烧现象。

（一）贴胶

纺织物贴胶是使织物和胶片通过压延机等速回转的两辊筒之间的挤压力作用下贴合在一起，制成胶布的挂胶方法。通常采用三辊压延机和四辊压延机进行。三辊压延机每次只能完成纺织物的单面挂胶，所以必须经过两次压延才能完成纺织物的双面贴胶。三辊压延机一次单面贴胶压延如图13－14（a）所示。用四辊压延机可一次完成纺织物的双面贴胶，如图13

-14（c）所示。其生产效率比三辊压延机高，设备与工艺操作相对简化，故应用最普遍。

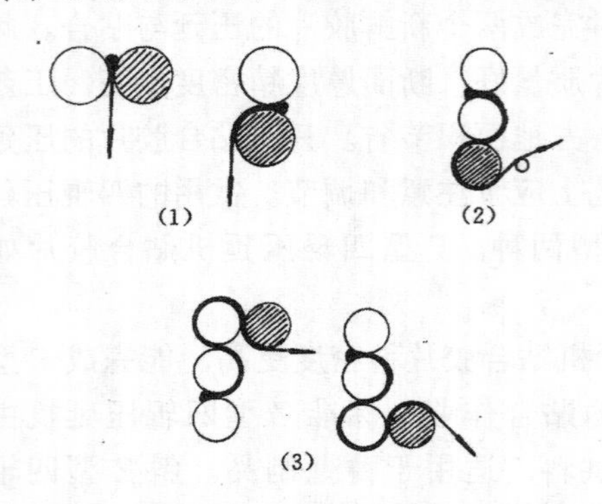

图 13-13 胶片压型工艺示意图

(1)—两辊压延机压型；(2)—三辊压延机压型；

(3)—四辊压延机压型（带剖面线者为花纹辊）

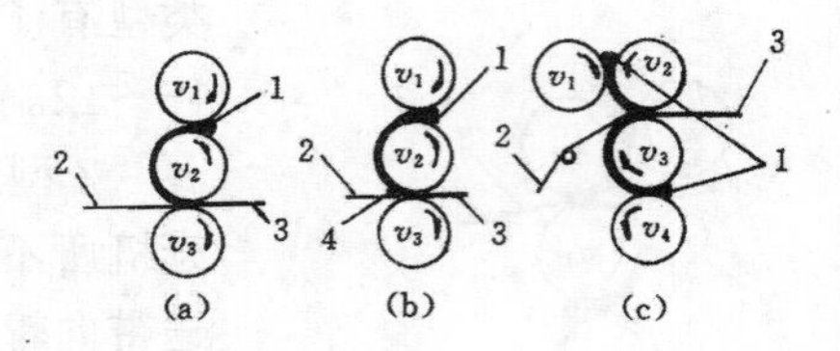

图 13-14 纺织物贴胶压延示意图

(a)—三辊机贴胶（$v_2=v_3>v_1$）；

(b)—三辊机压力贴胶（$v_2=v_3>v_1$）；

(c)—四辊机两面贴胶（$v_2=v_3>v_1=v_4$）

1—胶料；2—纺织物；3—胶布；4—存胶

贴胶压延法的优点是速度快，效率高，对织物的损伤小，胶布表面的附胶量较大，耐疲劳性能较好。但胶料对织物的渗透性较差，附着力低，胶布内容易产生气孔。故该法不适用于未经过浸胶或涂胶处理的白坯帘布和帆布的直接压延挂胶，而主要用于浸胶帘布的挂胶，也可用于某些经过浸胶或涂胶处理后的帆布挂胶。

用于纺织物贴胶的胶料可塑度范围对天然胶一般在0.4～0.5，其可塑度大，流动性好，收缩率低，胶布表面光滑，胶料对织物的渗透性和结合力高。但若可塑度过大会损害胶料的物理机械性能，过小则相反。

Γ型四辊压延机采用天然胶胶料进行纺织物两面一次贴胶的压延温度范围一般为：上，中辊 105～110℃；下，侧辊 100～105℃因天然胶易粘热辊，故上、中辊温度高于下、侧辊 5～10℃。丁苯橡胶等合成胶易粘冷辊，故上、中辊温度反而应比下、侧辊低 5～10℃。胶料可塑度低，补强性填料多，含胶率高的胶料，压延温度应适当提高。压延速度高，半成品的收缩率也大。因此应适当提高压延温度。

（二）压力贴胶

压力贴胶如图 13-14b，通常在三辊压延机进行。工艺操作方法与贴胶相同，唯一区别是在纺织物进入压延机的辊隙处留有适量的积存胶料，借以增加胶料对纺织物的挤压力和渗透作用，从而提高了胶料与织物之间的附着力作用。只是胶布表面的附胶层比贴胶法的稍薄一些，再就是帘线容易产生劈缝，擦股和压扁等质量问题。这些都受存胶量多少的影响，适宜的存胶量全凭经验控制，故对操作技术水平要求较高。

实际生产中压力贴胶法多与贴胶或擦胶压延法结合使用，如帘布一面贴胶而另一面压力贴胶。压力贴胶又称为半擦胶。

（三）擦胶

擦胶是在压延时利用压延机辊筒速比产生的剪切力和挤压力作用将胶料挤擦入织物的组织缝隙中的挂胶方法。该法提高了胶料对织物的渗透作用与结合强度，适用于纺织结构比较紧密的帆布挂胶。

纺织物擦胶压延一般在三辊压延机上进行，如图 13-15。上辊缝供胶，下辊缝擦胶，中辊转速大于上、下辊，速比范围控制在1:1.3～1.5:1，上、下辊等速；中辊温度也高于上、下辊。

擦胶压延又分两种方法：一种为包擦法，压延时中辊全包胶，包胶厚度对细布为1.5～2.0mm，帆布2.0～3.0mm，但当胶料与纺织物通过中、下辊缝隙后只有一部分胶料附着于纺织物上；另一种是织物通过中、下辊缝隙后胶料全部附着到织物上，故压延过程中中辊只有半圆周包胶，另一半圆周表面无胶料，故称为光擦法。

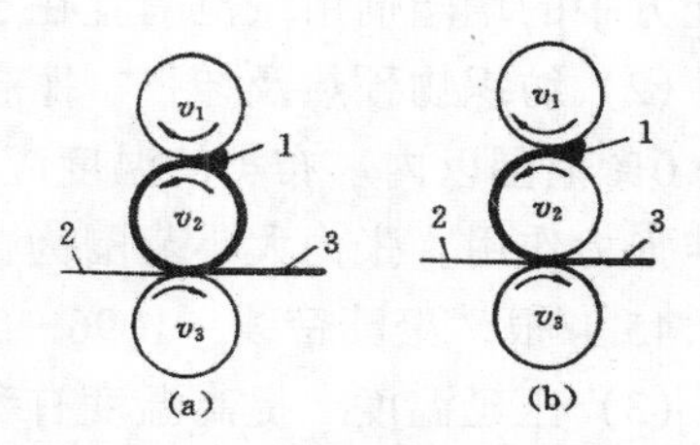

图13－15　纺织物擦胶压延（$v_2 > v_3$）示意图

(a) 一包擦法；(b) 一光擦法

包擦法的优点是胶料对织物的渗透性大，附着力也强，压延过程中对织物的损伤较光擦法小，故特别适于薄细帆布压延和平纹细布压延。但这种方法胶布附胶量较少，耐疲劳性能较差，要求胶料必须具有良好的包辊性。为帮助胶料包辊，也可以在辊筒表面涂刷松香酒精液或牛皮胶水溶液等增粘剂。

光擦法胶布附胶量较多，表面的胶层厚度较大，故胶布的耐疲劳性能比包擦法好。但这种方法胶料对织物的渗透性与结合作用较差，胶料的附着力也容易波动，压延时对织物造成的损伤较大，故主要适用于厚度较大的帆布。

三辊压延机擦胶又分帆布单面擦胶和双面擦胶两种。图13－16为纺织物单面厚擦示意图。

双面擦胶也有两种方式。第一种方式如图13－17。在两台压延机之间安装一个翻布辊，当第一台压延机将织物的正面擦胶之后，被翻布辊将布料翻转进入第二台压延机再第二面擦胶。第二种方式是用两台运转方向相反的三辊压延机进行双面擦胶，如图13－18所示。

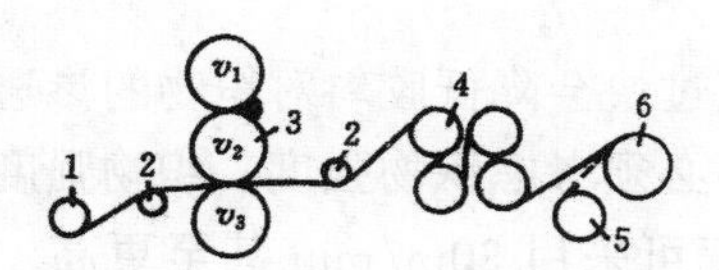

图13－16　三辊压延机单面厚擦工艺流程

1—干布料；2—导辊；3—压延机；4—烘干辊；5—垫布卷；6—胶布

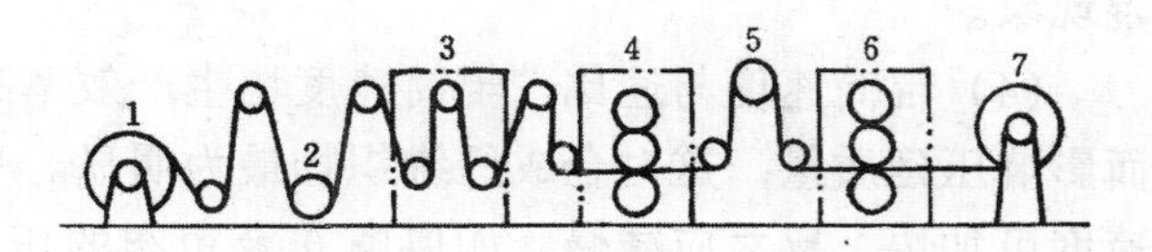

图13－17　两台三辊压延机一次两面擦胶示意图

1—坯布；2—打毛；3—干燥辊；4，6—压延机；5—翻布辊；7—胶布卷

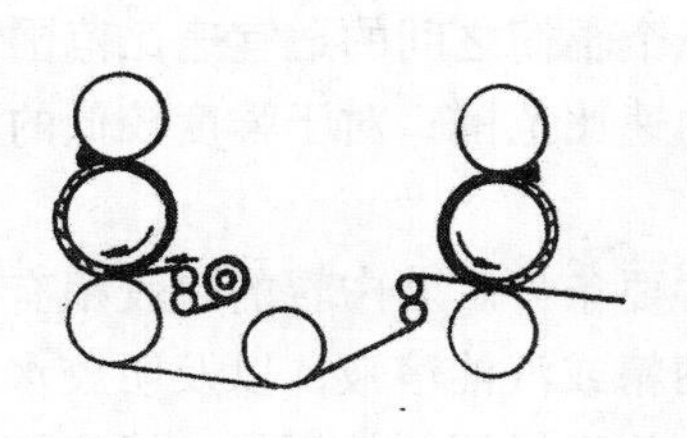

图13－18　两台压延机双面擦胶示意图

纺织物的贴胶、压力贴胶和擦胶三种方法各有优缺点，应根据纺织物种类、胶布种类和性能要求的不同具体选用一种或结合采用几种方法进行挂胶。对于输送带、传动带和轮胎制品中使用的帆布，若事先未经浸涂处理，可采用一面贴胶另一面擦胶的压延方法，或一面压力贴胶另一面贴胶压延方法。对于经过预先浸涂处理的帘布和帆布均可采用一次两面贴胶的压延方法。

纺织物擦胶压延工艺与胶料配方上应注意掌握的要点有以下几个方面：

(1) 配合方面　配方应具有较高的含胶率，最少不得低于40%，有的可超过70%，这主要是利用胶料的粘弹性质。补强剂应根据擦胶层厚度选用。厚擦胶料宜用氧化锌、软质陶土和锌钡白之类易使胶料柔软的配合剂；薄擦要多用硬质陶土和碳酸钙等。天然橡胶应选用松焦油和低熔点古马隆树脂类增粘性增塑剂，以有利于胶料的包辊，不应使用润滑性的增塑剂如矿物油和脂肪酸等。丁腈和氯丁橡胶应选用酯类，酚醛树脂和古马隆树脂类增塑剂。擦胶配方中的增塑剂用量范围宜在5～10份。

(2) 纺织物预热及伸张　擦胶用的纺织物必须经过充分预热干燥，使含水率降至1.5%～3.0%范围以内。布类的温度应保持在70℃以上。为防止收缩，擦胶时应对布类施加一定的伸张力作用。张力大小范围为：棉和人造丝帘线　0.49～1.47N/根，聚酰胺帘线　1.96～2.45N/根，聚酯帘线　1.96～2.94N/根。

(3) 压延温度　提高温度有利于胶料的流动和对织物的渗透结合，故热炼后的胶料温度应保持在80～90℃，压延擦胶辊温要求较高，一般控制在90～110℃范围。具体依橡胶种类而定，如表13－15。

表13－15　几种橡胶的擦胶温度范围

辊　筒	温　度/℃			
	天然胶	丁腈胶	氯丁胶	丁基胶
上　辊	80～115	85	50～120	85～105
中　辊	75～100	70	50～90	76～95
下　辊	60～70	50～60	30～65	90～115

另外，对于同一胶种由于擦胶要求不同，辊温亦不一样。在厚擦的情况下对天然橡胶应使中辊温度低于上、下辊温度；第二面擦胶时的温度应低于第一面的温度，这样可以减少粘辊现象。

(4) 辊筒速度与速比　辊筒速度快生产效率高，但过快会降低胶料对织物的渗透力，从而影响压延质量，这对合成纤维织物最为明显。另外还必须考虑织物强度。织物强度高压延速度可加快，反之应减慢。如厚帆布及帘布的压延速度可采用30m/min甚至更高，而一般薄细布的压延速度为5～25m/min。胶料对织物的渗透深度可通过辊距和压延存胶量加以调节。

增大辊筒速比可改善擦胶效果，提高胶料对织物的渗透作用，但会加大对纺织物强力的损害使用，并易导致焦烧，加大设备负荷。速比过小会使胶料与布料间摩擦力减小，不利于渗透结合，易使包辊胶料脱辊而难以顺利操作。上、中、下三个辊筒之间的适宜速比范围为1:1.3～1.5:1。对质地坚实的厚帆布和帘布可采用1:1.5:1的速比范围；对于强度较低的薄细织物应采用1:1.3:1的较小速比范围。

(5) 中辊包胶问题　压延机中辊包胶是保证顺利操作的必要条件。若中辊的包胶稍有松动或脱辊便不能进行擦胶，这时可采取用松香或沥青等物的酒精或汽油溶液，以及明胶水溶液涂擦中辊表面的办法改善包辊状态。对胶料充分塑炼，增加物理增塑剂的用量，提高坯布干燥程度和中辊温度等都可预防胶料脱辊。

(6) 可塑度　适当提高胶料的可塑度有利于提高胶料的流动和渗透作用，故擦胶胶料的可塑度要求较高，但可塑度过高也不利，且不同胶料的可塑度要求也不一样。例如氯丁橡胶本身具有良好的粘辊性，故胶料的可塑度要求就比较低。几种胶料的适宜可塑度范围为：

胶种	可塑度（威氏）	氯丁橡胶	0.40～0.50
天然橡胶	0.50～0.60	丁基橡胶	0.45～0.50
丁腈橡胶	0.55～0.65		

另外不同的擦胶方法对同一胶料的可塑度要求也有差别。如采用包擦法压延时，胶料的可塑度要求就比较高，一般不应低于0.60。同时还应考虑半成品类型对可塑度的不同要求，如表13－16。

表13－16　不同NR制品对擦胶可塑度的要求

制品类型	V带包布	V带芯层帘布	传动带	外胎包布
可塑度范围（威氏）	0.48～0.53	0.40～0.45	0.55～0.60	0.50～0.60

擦胶作业中常见的质量问题有掉皮、上辊、露白及焦烧等。其产生原因和解决方法如下：

（1）掉皮　掉皮是包擦时中辊包胶的一部分掉下落到纺织物的表面上，从而影响压延操作。主要原因是中辊温度过高、供胶温度不均匀，后续胶温度降低等；另外，中辊表面涂刷的明胶剥落也是一个原因。在实际生产中，必须根据具体情况采取相应的改善措施。

（2）胶布表面不光滑　起麻面或小胶疙瘩，胶料热炼不足和不均匀，热炼和压延温度过高造成胶料焦烧都是可能的产生原因。严格控制压延温度，避免辊筒上的积胶停留辊上的时间太长，和保证供胶热炼程度适当，皆有利于防止产生麻面。

（3）上辊　纺织物随中辊包胶一起进入中、上辊缝的现象。产生原因有压延供胶不及时，存胶耗尽。解决的方法是及时供胶，保持存胶量适当，其粗细应与食指相当。

（4）露白　是指胶料擦不上布面而露出白坯底面或出现小白点的现象。胶料热塑性不足，压延机辊温太低，或布面不洁，干燥程度不足等都是可能的产生原因。所以在操作中应保证胶料的热炼程度和热塑性符合要求，迅速提高上，中辊温度、保证坯布干燥程度，防止布面沾污等。

（5）焦烧　混炼胶含有自硫胶，热炼温度高及热炼时间过长，压延存胶量过多，在辊上翻滚时间过久等都会导致焦烧，应根据具体情况加以控制。

三、钢丝帘布的压延

钢丝帘布的压延是子午线轮胎生产的重要工艺。钢丝帘布的挂胶可以采用单根或多根钢丝帘线用螺杆挤出机挂胶后卷在圆形转鼓上，再根据需要裁成一定宽度的胶帘布使用。但这种方法只能用于胶布需要量少的生产。当胶布需要量较大时，必须用压延方法制造。

钢丝帘布挂胶采用一次两面贴胶法压延。生产上又有两种方法：冷贴压延法和热贴压延法。

冷贴压延法是将预先制好的冷胶片用压延机贴于钢丝帘布表面，然后再卷取使用。此法适合于生产批量较小的加工，设备投资大约只相当于普通热贴压延设备的1/3，但胶布中帘线排列的均匀性、帘线伸张程度的均匀性、冷胶片的质量、胶布上下覆胶层厚度及胶布的总厚度等均难以控制。故多数还是采用热贴压延法。

热贴压延法是胶料经过热炼后再供胶压延，它又分有纬帘布压延法和无纬帘布压延法两种贴胶法。

有纬帘布是用尼龙或聚酯的单丝作为钢丝帘布的纬线，这样可用普通纤维纺织物使用的压延设备进行挂胶，只是压延过程中易出现帘布纬线断裂和帘线排列不均匀等难以克服的问题。

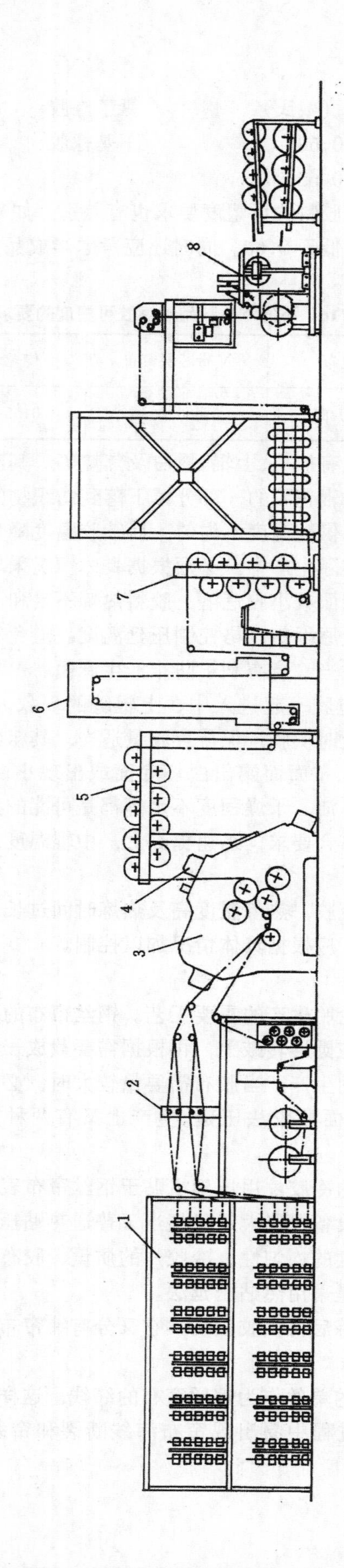

图 13－19　无纬钢丝帘布热贴压延工艺流程图

1—帘线导开筒子架；2—帘线排列装置；3—Z 型压延机；4—测厚装置；
5，7—胶布冷却装置；6—真空除气；8—胶布卷取装置无纬钢丝帘布热贴压延工艺流程及其联动装置示例如上页图 13－19。它包括帘线导开、定张力排线、压延贴胶、厚度检测、胶布冷却、卷取和裁断等工序。从图可以看出，压延联动线前面设有帘线导开装置，即帘线筒子或锭子架，一般为两台，上下或左右配置，以便交替使用。当更换帘布规格时可减少非作业时间。导开架放在隔离室内，室温保持在 30℃左右，相对湿度不超过 40%，若钢丝帘线表面不够清洁，在帘线导开后可用汽油浸泡 10s 使其清洗干净，再经 60±1℃的静态热空气干燥 50s。若用筒子密封包装的钢丝帘线，筒内放有干燥剂或充以惰性气体，帘线表面非常清洁，则导开后可不必清洗。帘线再经过排列装置按要求的密度均匀排列后才进入压延机贴胶。为保证帘布质量，在帘线的排列和压延过程中必须给予较大而均匀的恒定张力作用，故要求对帘线的导开装置必须采用经济可靠和精确有效的方法控制帘线的张力。目前广泛采用张力传感的应变计传感器，其原理如图 13－20 所示。它除了能控制每根帘线的张力稳定在给定的恒定值外，还能在发生夹线等意外情况下保证压延联动线紧急停车，以避免筒子架损伤或帘线断裂。每个筒子处都在架上设有单独的制动器与张力控制系统配套。使用较广泛的是电磁式单面制动器。每根帘线的张力大小范围一般为 2.16～2.94N/根。

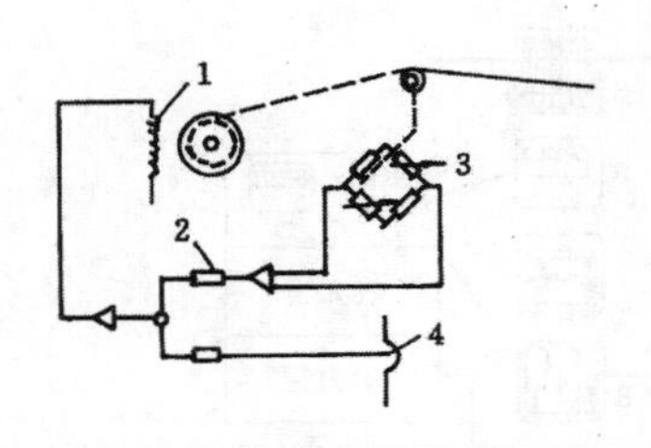

图 13－20　钢丝帘线张力传感应变计反馈控制装置

1—自动线圈；2—张力讯号；3—应变计传感器；4—张力给定电位计

钢丝子午胎要求帘布胶料必须具有较高的定伸应力，良好的耐屈挠疲劳性能以及较高的与钢丝的粘着力，故胶料比较硬，压延速度也比较慢，一般在 3～6m/min。压延后的胶帘布立即进入冷却器冷却，再按需要裁断和卷取后送去停放待用。

四、压延半成品厚度的检测控制

压延工艺属于连续作业过程，速度较快，对半成品厚度精度要求高，故对厚度的连续精确检测不仅对保证产品质量意义重大，对减少原材料消耗，降低产品成本亦有重大的技术经济效果。

（一）压延厚度的检测方法

压延半成品的厚度利用各种测厚计进行检测。测厚计类型按工作原理不同分为机械接触式、辊筒式、电感应式、气动式测厚计和射线式自动测厚计等几种类型。使用最普遍的是各种射线式自动测厚计。

放射线式自动测厚计是利用各种放射源发出的高能射线，如 β 射线和 γ 射线对被测材料的穿透作用测量厚度的变化情况。使用的放射源有人造放射性同位素铊－204、锶－90、铈－137 等。最常用的放射源为钴－60，它发出的 β 射线对高聚物材料具有穿透能力，且透过后的射线强度与被测厚度成反比，只要测知透射线的强度变化便可得知厚度的波动情况。利用辅助电子系统帮助可以实现连续检测，放大和记录显示出厚度的测试结果。

β 射线自动测厚计又分为反射式和透射式两种，分别如图 13－21 和图 13－22 所示。反射式测厚计用于压延机包辊胶片厚度测量，由于 β 射线不能穿透金属，透过胶片后被辊筒反射回来再次穿过胶片时被检测出来，透射式自动测厚计用于胶布的厚度检测。

β 射线测厚计能够检测的厚度范围为 0.1～3.2mm，精度误差为 ±0.01mm。其优点是仪器不接触被测物，不仅能连续测量，还能按预定的方式对被测材料进行扫描，从而可测知任意方向上厚度的连续变化或波动情况。因此这种仪器特别适用于现代化大规模生产。

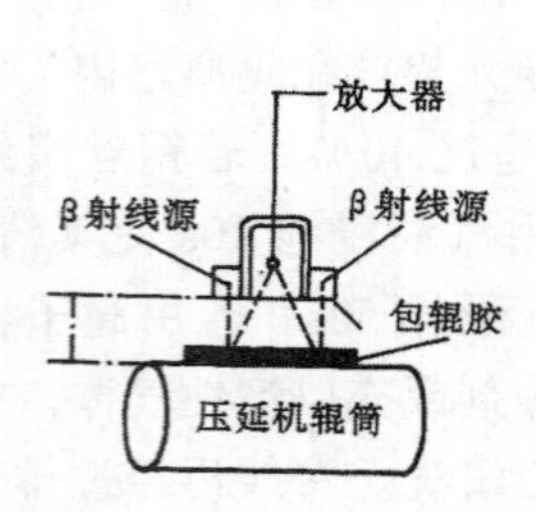

图 13－21　反射式β射线测厚计

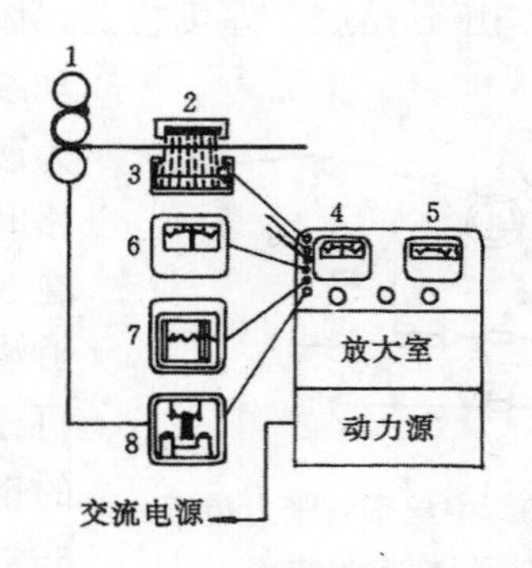

图 13－22　透射式β射线测厚计

1—压延机；2—β射线源；
3—检测器；4—偏差指示计；
5—重量指示计；6—遥控偏差指示计；
7—重量记录计；8—自动控制器

（二）压延厚度的自动控制

压延厚度的自动控制是通过比较厚度的测定值跟预定值之差值进行的。已采用数字计算机对压延生产进行集中控制，即通过数字计算机对厚度的测量，辊距及压延工艺条件的调整进行联锁和自动反馈。数字计算机控制系统比模拟计算机控制系统有更多的优点：比如它能对胶布进行连续扫描和快速计算分析，并迅速作出校正决定，其精确度更高；还能对容许范围内的偏差进行监测并观察其变化倾向和预先进行校正，以防发生更大偏差；能将材料的辐射吸收系数精确地固定在某个正确的数值上；它还能在运行中每隔 10s 左右自行校正一次，而无需特殊工具和标准样品，无须耗费熟练工人的作业时间；能对压延的所有偏差和物料的实际状况，包括各个胶布卷之间的差异等作出总结性记录和数字显示，从而使质量检控人员获得质量波动状况的连续统计报告，以便于及时采取改进措施来保证质量；能正确地计算压延供胶量，当配方和工艺条件改变时也能迅速地加以调整，从而可节约胶料；控制精度的提高又可提高压延速度和生产效率。数字计算机控制系统具有记忆功能，能迅速自动调整辊距和其他作业参数，从而可节约启动和调整等非作业时间及其相应的物料消耗。此外，还能借助于穿孔卡提供的数据向辊温控制系统给出辊温的预定值，并接受控制系统反馈显示辊温调节状况。

数字计算机测控系统在压延工艺上的应用，测厚计在压延机上的配置与测量方法示例于图 13－23。

图（a）中压延系统采用 S 型四辊压延机对纺织物进行双面一次贴胶。在 3# 辊筒的两端装有反射式β射线自动测厚计 11 和 12，用以测量包在辊筒表面上的下层胶片厚度。测厚计 11 固定于辊一端的 A 点，测厚计 12 可置于辊筒轴线的中点 B 或另一端 C 点，可在两点之间移动。也可以采用两台测厚计分别固定于 B、C 两点而不必移动。图（b）为一台穿透式自动扫描测厚计 13，配置于压延后的胶布处，它可以横向扫描经过其下面的胶布，测量整幅宽度胶布的总厚度。将测厚计 13 的扫描行程划分成若干小节段，如图（c）所示。例如，幅宽 1524mm 的胶布可以划分成 76.2mm 一段的共 20 个小节段分别进行扫描，每扫描一次应将瞬时测得的数值按节段进行平均，并将各段的平均值贮存于贮存器中再进行平均。这些平均值基本上可以表示出整幅宽度胶布上总厚度的均匀程度。

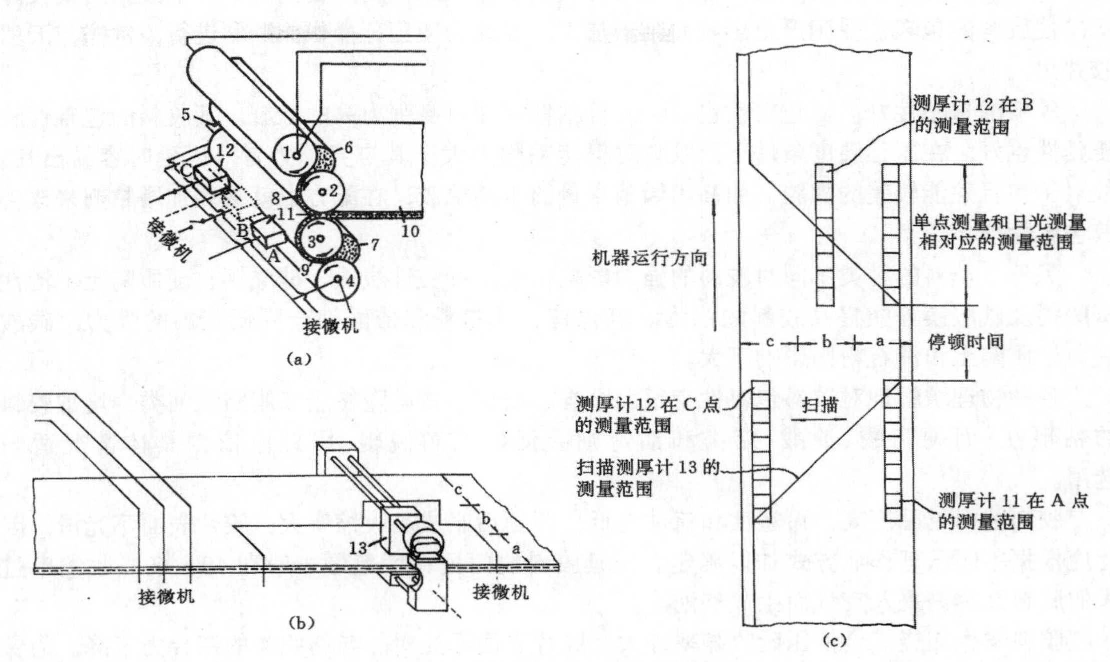

图 13-23　压延厚度的自动检测与计算机控制示意图

(a) 一包辊胶片的厚度检测方法；(b)、(c) 一胶布厚度的检测方法

1～4—辊筒；5—纺织物；6～9—胶；10—压出的胶布；11～13—自动测厚计

压延方向上厚度的控制方法是首先由测厚计 11 和 12 测得辊筒上 A、B、C 三点处的下层胶片厚度值，并分别用平均装置进行平均和存贮，然后将这些平均值送至另一平均装置得出总的平均值。再由计算机的差值计算装置将总的平均值与下层胶厚度的给定值进行比较得出下层胶片的厚度误差值，并由下层胶厚度控制装置给出调距修正量值，并由计算机的控制器将调距修正量值传达给 4# 辊筒的调距螺杆进行调距。由于从测厚计到调距机构之间的传递时间极短，故下层胶厚度能迅速校正至给定值。

上层胶厚度的控制方法同下层胶相同。先得出上层胶片厚度误差值和调距修正量值，再传给 1# 辊筒的调距螺杆调距。但各种误差值均必须以同一胶布长度范围内的测定值为依据。

胶布横幅上的厚度控制方法如图 13-23 (c) 所示，将胶布横幅上划分出 a、b、c 三个区段分别求出各区段的下层胶厚度平均值，并将其平均得出下层胶厚度总平均值。再进一步求出各区段厚度的偏差值，并计算出调距螺杆和轴交叉装置需要调节的修正量值传给 4# 辊的调距装置和轴交叉装置。但必须按同一节段上的测定数据作为计算基础。上层胶在胶布横幅上的厚度控制方法和下层胶的控制方法类同。

第四节　压延胶料的性能与配合

压延胶料应具有良好的包辊性能，既不能脱辊又不能粘辊；压延后的胶片收缩变形率要适当，胶片表面要光滑，不易产生气泡和针孔，不容易发生焦烧现象等。

自身强力低的胶料在压延时很容易被拉伸断裂，使胶料包辊性受到影响。压延操作困难，且容易裹入空气生成气泡。因大多数合成橡胶的生胶强力都比天然橡胶低，有的合成胶在常温下的生胶强力虽然不低，但对温度的变化十分敏感，在压延高温下其生胶强力大大降低，使胶料的包辊性受到严重影响而难于加工，因此为使压延操作能顺利进行，常需与天然胶并用。

胶料的自粘性好，其包辊性也好。凡自粘性好和自身强力高的橡胶，其胶料的包辊性和压延性也好，在压延温度条件下，胶料对辊筒粘附力大于其自身强力者，压延时容易出片。故对于包辊性能较差的橡胶，如高丙烯腈含量的丁腈橡胶，在配方上就需多加增粘剂来改善其包辊性能。

另外，填料的种类不同对胶料的强力影响很大。补强性炭黑、硅酸钙、硬质陶土、活性碳酸钙及碳酸镁等能提高胶料的强力。氧化锌、钛白粉和硫酸钡会降低胶料的强力，碳酸钙、软质陶土和滑石粉则影响不大。

各种物理增塑剂对胶料包辊性有很大影响。松香、古马隆树脂和脂肪烃油类会增加胶料的粘辊性；而硬脂酸、油酸、蜡类和油膏则会促使胶料脱辊。因此应依据具体情况适当选用。

胶料的门尼粘度高，可塑度和流动性低，压延后半成品收缩率大，胶片表面不光滑，因此应根据不同压延作业方式加以确定。压延胶料的门尼粘度范围一般在40～60。收缩率过大的胶料又容易裹入空气而生成气泡。

胶料发生焦烧，会使压延收缩率加大，胶片表面不光滑，与纺织物的结合力下降。为保证压延质量和顺利操作，在胶料配方上应保证胶料有足够的焦烧期，并应保证硫化体系的配合剂分散均匀。除去混炼胶的停放条件应严格控制外，返回胶的掺用比例也不应过大，通常控制在30％以内。

参 考 文 献

〔1〕邓本诚等主编．橡胶工艺原理．北京：化学工业出版社，1984．281

〔2〕陈耀庭主编．橡胶加工工艺．北京：化学工业出版社，1987.157

〔3〕唐国俊等主编．橡胶机械设计．上册．北京：化学工业出版社，1984.99

〔4〕郑秀芳等主编．橡胶工厂设备．北京：化学工业出版社，1984.44

〔5〕王贵恒主编．高分子材料成型加工原理．北京：化学工业出版社，1982.218

〔6〕化工部科技情报研究所．国外橡胶工业生产技术资料．第二辑．北京：1977.64

〔7〕化工部橡胶工业科技情报中心站编．国外轮胎工业技术资料．第一辑.1981．77～173，第三辑.1981.129～272

〔8〕梁星宇等主编．橡胶工业手册．三分册．修订版．北京：化学工业出版社，1992.804

〔9〕谢遂志等主编．橡胶工业手册．修订版．第一分册．北京：化学工业出版社，1989.105～226

〔10〕申超．压延工艺．橡胶工业，1976，(4)：63

〔11〕冯良为．辊筒中高度加工曲线方程的探讨．特种橡胶制品，1984，(2)：52

〔12〕Blow C M. Rubber Technology and Manufacture. Second Edition. Page Bros Ltd.，1982．327

第十四章 压 出 工 艺

压出是使胶料通过挤出机机筒壁和螺杆间的作用，连续地制成各种不同形状半成品的工艺过程。压出工艺通常也称挤出工艺，它广泛地用于制造胎面、内胎、胶管以及各种断面形状复杂或空心、实心的半成品。它还可以用于胶料的过滤、造粒、生胶的塑炼以及上下工序的联动，如密炼机下的补充混炼下片，热炼后对压延机的供胶等。

压出工艺的主要设备为挤出机（压出机）。压出过程是对胶料起到剪切，混炼和挤压的作用。通过挤出机辊杆和机筒结构的变化，可以突出某种作用。若突出混炼作用，它可用于补充混炼，若加强剪切作用，则可用于生胶的塑炼、再生胶的精炼和再生等。

挤出机的适用面广、灵活机动性大，其挤出的半成品质地均匀、致密、容易变换规格。此外，挤出机设备还具有占地面积小、重量轻、机器结构简单、生产效率高、造价低、生产能力大等优点。

压出工艺是橡胶工业生产中的一个重要工艺过程。

第一节 橡胶挤出机

橡胶挤出机有多种类型，按工艺用途不同可分为压出挤出机（见图 14－1）、滤胶挤出机、塑炼挤出机、混炼挤出机、压片挤出机及脱硫挤出机等。按螺杆数目的不同可分为单螺杆挤出机、双螺杆挤出机、多螺杆挤出机。按喂料方式的不同可分为热喂料挤出机和冷喂料挤出机。但无论哪种挤出机，都是由螺杆、机身、机头（包括口型和芯型）、机架和传动装置等部件组成。

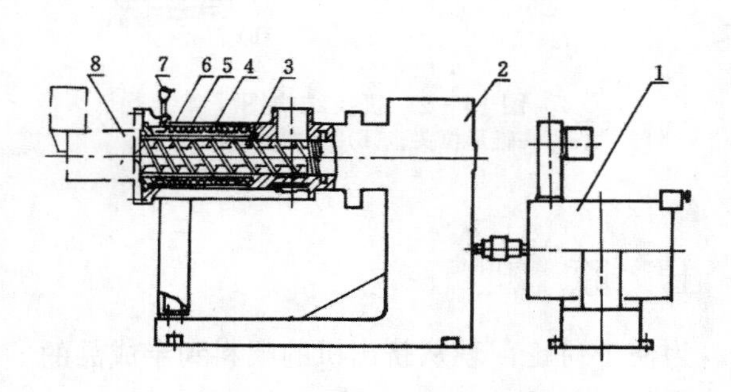

图 14－1 螺杆挤出机

1—整流子电动机；2—减速箱；3—螺杆；4—衬套；5—加热、冷却套；6—机筒；7—测温热电偶；8—机头

挤出机的规格是用螺杆外直径大小来表示的。例如，型号 XJ－115 的挤出机，其中 X 表示橡胶，J 表示挤出机，115 表示螺杆外直径为 115mm。挤出机的主要技术特征包括螺杆直径、长径比、压缩比、转速范围、螺纹结构、生产能力、功率等。

挤出机的螺杆由螺纹部分（工作区）和与传动装置联接的部分组成。螺纹有单头、双头和复合螺纹三种。单头多用于滤胶，双头多用于挤出机造型（出料均匀）。复合螺纹加料端为单头螺纹（便于进料），出料端为双头螺纹（出料均匀且质量好）。螺杆的螺距有等距和变距的，螺槽深度有等深和变深的，而通常多为等距不等深或等深不等距。所谓等距不等深，是指全部螺纹间距相等，而螺槽深度从加料端起渐减。所谓等深不等距是指螺槽深度相等，而螺距从加料端起渐减。此外，随着压出机用途的日益扩大，压出理论的不断发展，螺杆和螺纹结构种类也日益增多，例如有主副螺纹的、带有混炼段的、分流隔板型的等多种。

螺杆外直径和螺杆螺纹长度之比为长径比。它是压出机的重要参数之一。如长径比大，胶料在挤出机内走的路程就长，受到的剪切、挤压和混炼作用就大，但阻力大，消耗的功率也多。热喂料挤出机的长径比一般在3～8之间，而冷喂料挤出机的长径比为8～17，甚至达到20。

螺杆加料端一个螺槽容积和出料端一个螺槽容积的比叫压缩比，它表示胶料在压出机内能够受到的压缩程度。橡胶压出机的压缩比一般在1.3～1.4之间（冷喂料挤出机一般为1.6～1.8），其压缩比愈大，压出半成品致密程度就愈高。滤胶不需要压缩，因此滤胶机的压缩比一般为1。

机头的主要作用是将压出机压出的胶料引到口型部位，也就是说将离开压出机螺槽的不规则、不稳定流动的胶料，引导过渡为稳定流动的胶料，使之到挤出口型时成为断面形状稳定的半成品。机头结构随压出机用途不同有多种，其中有直向机头，T型和Y型机头等。直向机头是压出胶料的方向与螺杆轴向相同的机头，其中该机头的锥形机头(见图14－2(a))可用于压出纯胶管、内胎胎筒等，而喇叭形机头(如图14－2(b))可用于压出扁平的轮胎胎面、胶片等。T型和Y型机头(胶料压出方向与螺杆轴成90°角称T型；成60°角称Y型)适用于压出电线电缆的包皮、钢丝和胶管的包胶等。此外，还有一些特殊用途的机头，例如能生热硫化的剪切机头，用于挤出制品的连续硫化，以及多机头复合在一起的复合机头等。

机头前安装有口型。口型是决定压出半成品形状和规格的模具。口型一般可分为两类；一类是压出中空半成品的口型，由外口型、芯型及支架组成，芯型有喷射隔离剂的孔道。一类是压出实心半成品或片状半成品用的口型，它是一块带有一定几何状态的钢板，如胎面、胶条、胶板的口型等。

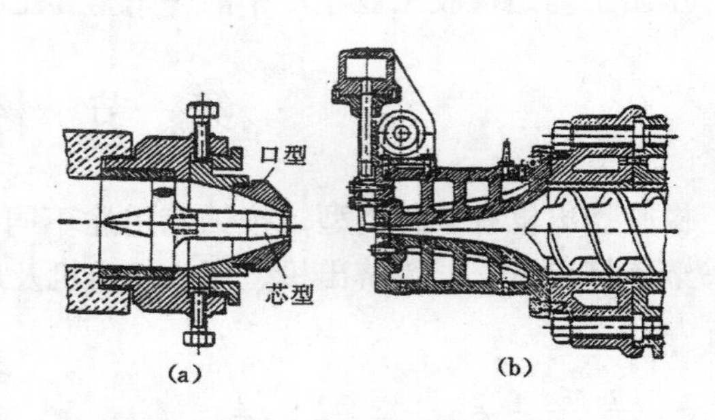

图14－2 机头结构图
(a)—锥形机头；(b)—喇叭形机头

挤出机的传动装置一般有三种：一种由异步电动机和减速箱组成，由调节变速齿轮进行调速；一种由直流电动机和减速机组成；第三种由三相交流整流子电动机和减速机组成。

第二节 压 出 原 理

胶料在压出过程中的运动状态是很复杂的。为便于讨论，现从挤出机的喂料到半成品的挤出成型分别加以叙述。

一、挤出机的喂料

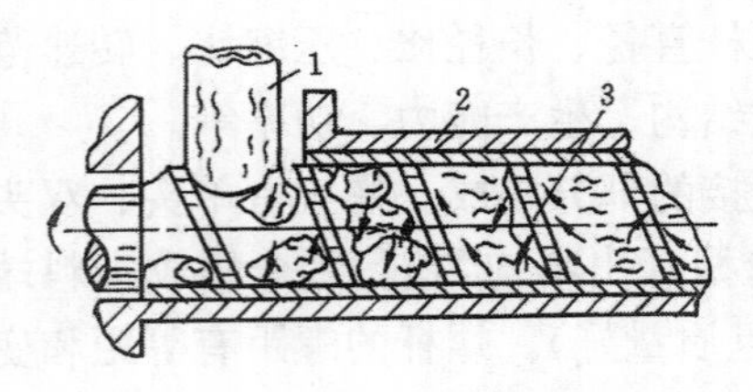

图14－3 胶料的挤出过程
1—胶料；2—机筒；3—螺杆

挤出机喂料时，胶料能顺利进入挤出机中应具备一定的条件，即胶料与螺杆间的摩擦系数要小，也就是说螺杆表面应尽可能光滑；胶料与机筒间的摩擦系数要大，即机筒内表面要比螺杆表面稍粗糙些（为此，机筒加料口附近也可沿轴方向开上沟槽）。如果胶料和螺杆间的摩擦系数远远大于胶料和机筒间的摩擦系数，则胶料与螺杆一道转动，而不能被推向前进，这时胶料在加料口翻转而不能进入。此外，挤出机喂料时胶料能顺利进入挤出机中，加料口的形状和位置也很重要。当以胶条形式连续喂料时，加料口与螺杆平行方向要有倾斜角度（33～45°），这样胶条在进入加料口后才能沿螺杆转动方向从辊杆底部进入螺杆和机筒间。为了更好的喂料，有的挤出机还加有喂料辊，以促进胶条的前进。

胶料进入加料口后，在旋转螺杆的推挤作用下，在螺纹槽和机筒内壁之间作相对运动，并形成一定大小的胶团，这些胶团自加料口处一个一个地连续形成并不断被推进，如图 14－3 所示。

二、胶料在挤出机内的塑化（压缩）

胶料进入挤出机形成胶团后，在沿着螺纹槽的空间一边旋转，一边不断前进的过程中，进一步软化，而且被压缩，使胶团之间间隙缩小，密度增高，进而胶团互相粘在一起，见图 14－3。随着胶料进一步被压缩，机筒空间充满了胶料。由于机筒和螺杆间的相对运动，胶料就受到了剪切和搅拌作用，同时进一步被加热塑化，逐渐形成了连续的粘流体。

三、胶料在压出中的运动状态

胶料进入挤出机形成粘流体后，由于螺杆转动所产生的轴向力进一步将胶料推向前移，就像普通螺母沿轴向运动一样。但和螺母运动不同的是，胶料是一种粘弹性物质，在沿螺杆前进过程中，由于受到机械和热的作用，它的粘度发生变化，逐渐由粘弹性体变成粘流性流体。因此，胶料在挤出机中的运动又象是流体在进行流动，也就是说，胶料在挤出机中的运动，即具有固体沿轴向运动的特征，又具有流体流动的特征。

胶料在机筒和螺杆间，由于螺杆转动的作用，其流动速度 v 可分解为与螺纹平行方向的分速度 v_z 和与螺纹垂直方向的分速度 v_x。

胶料沿垂直于螺纹方向的流动称为横流，在横流中当胶料沿垂直于螺纹的方向流动到达螺纹侧壁时，流动便向机筒方向，以后又被机筒阻挡折向相反方向，接着又被另一螺纹侧壁阻挡，从而改变了流向，这样便形成了螺槽内的环流，如图 14－4 所示。横流对胶料起着搅拌混炼、热交换和塑化作用，但对胶料的压出量影响不大。胶料沿螺纹平行方向向机头的流动称为顺流（正流）。在顺流中螺槽底部胶料的流动速度最大，靠近机筒部位的流动速度最小，其速度分布见图 14－5。由于机头压力的作用，在螺槽中胶料还有一种与顺流相反的流动，该种流动称为逆流。逆流时靠近机筒和螺杆壁部位胶料的流动速度小，中间速度大，其速度分布如图 14－5（2）所示。顺流和逆流的综合速度分布如图 14－5（3）所示。

此外，由于在机头的阻力作用下，胶料在机筒与螺杆突棱之间的间隙中还产生一种向机

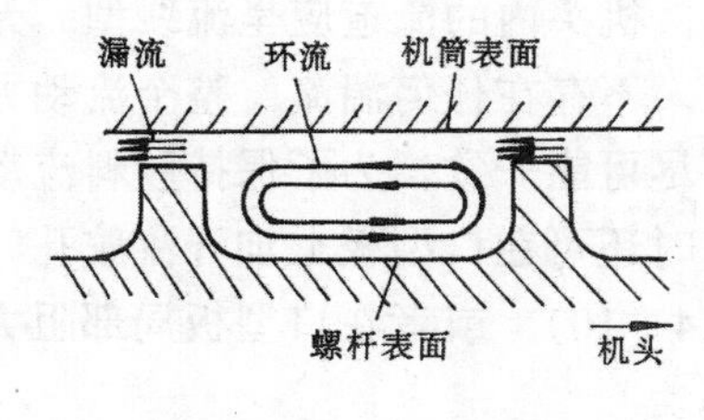

图 14－4　环流与漏流

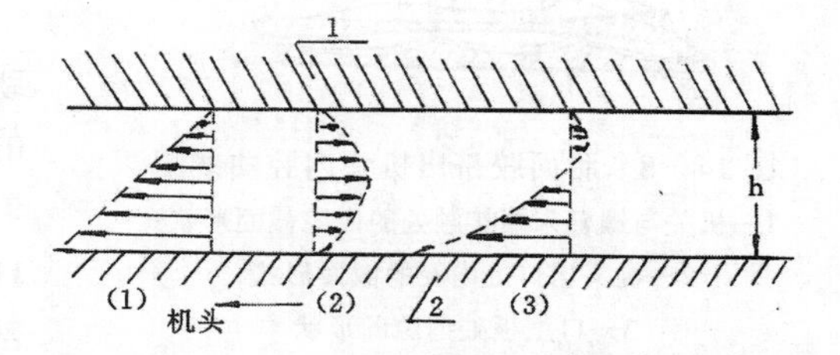

图 14－5　顺流和逆流的综合速度分布

（1）—顺流；（2）—逆流；

（3）—顺流和逆流的综合速度分布；

h—螺槽深度；1—机筒内壁；2—螺杆

头反向的逆流，该种逆流称为漏流（或称溢流）。漏流一般流量很小，当机筒磨损，间隙增大，漏流流量就会成倍地增加，其漏流示意图如图 14－4 所示。

总之，胶料在机筒中的流动可分解为顺流、逆流、横流和漏流四种流动形式，但实际上胶料的流动是这几种流动的综合，也就是说胶料是以螺旋形轨迹在螺纹槽中向前移动，其可能的流动情况如图 14－6 所示。从图 14－6 的流动情况可以看出，螺槽中胶料各点的线速度大小和方向是不同的，因而各点的变形大小也不相同，所以胶料在挤出机中能受到剪切、挤压及混炼作用，这种作用随螺纹螺槽深度的增加而增加，随螺槽宽度增大而减小。

四、胶料在机头内的流动状态

胶料在机头内的流动，是指胶料在离开螺纹槽后，到达口型板之前的一段流动。已形成粘流体的胶料，在离开螺槽进入机头时，流动形状发生了急剧变化，即由旋转运动变为直线运动，而且由于胶料具有一定的粘性，其流动速度在机头流道中心要比靠近机头内壁处快得多，速度分布曲线呈抛物线状，如图 14－7 所示。胶料在机头内流动速度的不均，必然导致压出后的半成品产生不规则的收缩变形。为了尽可能减少这种现象，必须增加机头内表面的光洁度，以减少摩擦阻力。

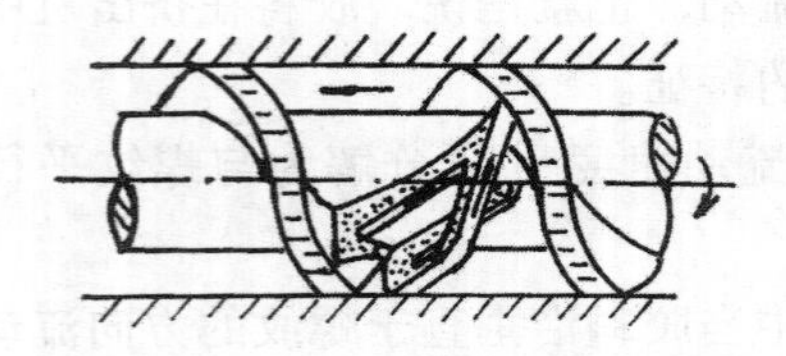

图 14－6　胶料在螺槽内流动示意图

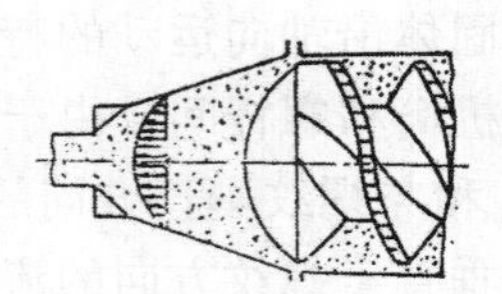

图 14－7　胶料在挤出机头内的流动

为了使胶料压出的断面形状固定，胶料在机头内的流动必须是均匀和稳定的。为此，机头的结构要使胶料在由螺杆到口型的整个流动方向上受到的推力和流动速度尽可能保持一致。例如，轮胎胎面压出机头内腔曲线和口型的形状设计（见图 14－8），就是为了能够均匀的压出胎面半成品。此机头的内腔曲线中间缝隙小，两边缝隙大，即增加了中间胶料的阻力，减小两边缝隙的阻力。机头内腔曲线将到口型板处才逐渐改变为胎面胶所要求的形状。这样，胶料流动速度和压力才较为均匀一致。

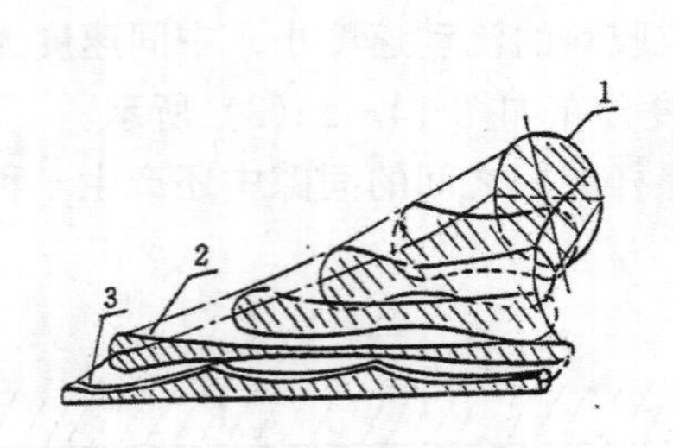

图 14－8　胎面胶挤出机头内腔曲线图
1—机关与螺杆末端接触处的内腔截面形状；
2—机头出口处内腔的截面形状；
3—口型板处缝隙的形状

总之，机头内的流道应呈流线型，无死角或停滞区，不存在任何湍流，整个流动方向上的阻力要尽可能一致。为了保持胶料流动的均匀性，有时还可在口型板上加开流胶孔（见图 14－9、14－10），或者在口型板局部阻力大的部位加热。

五、胶料在口型中的流动状态和压出变形

胶料在口型中的流动是胶料在机头中流动的继续，它直接关系到压出物的形状和质量。由于口型横截面一般都比机头横截面小，而且口型壁的长度一般都很小，因此胶料在口型中流速很大，形成的压力梯度很大，所以胶料的流动速度是呈辐射状的，如图 14－11a 所示。图中 AB 直线为原始截面，1、2、3 曲线为三种不同胶料的流动速度轮廓线。这种辐射状的

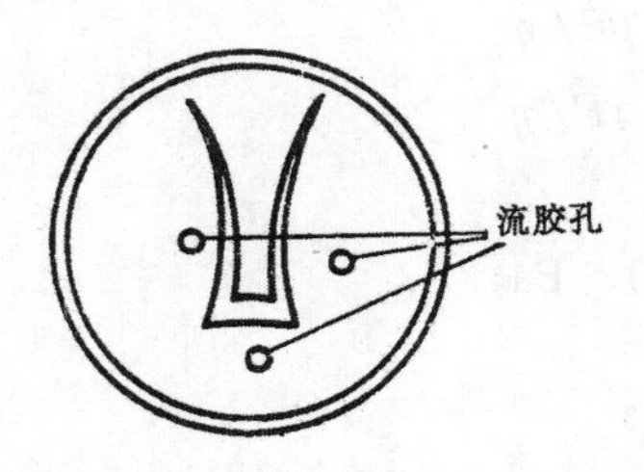

图 14－9　口型加开流胶孔示意图之一

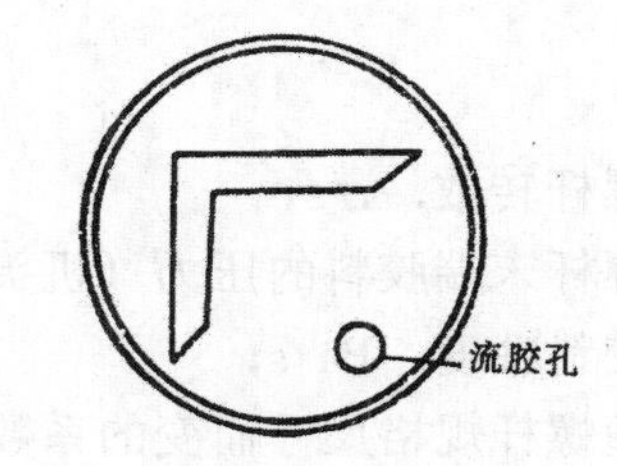

图 14－10　口型加开流胶孔示意图之二

速度梯度直到胶料离开口型以后才会消失。

胶料是一种粘弹性体，当它流过口型时同时经历着粘性流动和弹性回复两个过程。另外，胶料在口型中停留的时间很短，所以在口型中应力松弛不够充分。由于以上原因，压出物就会出现膨胀现象（即压出物的直径大于口型直径，而轴向出现回缩）。

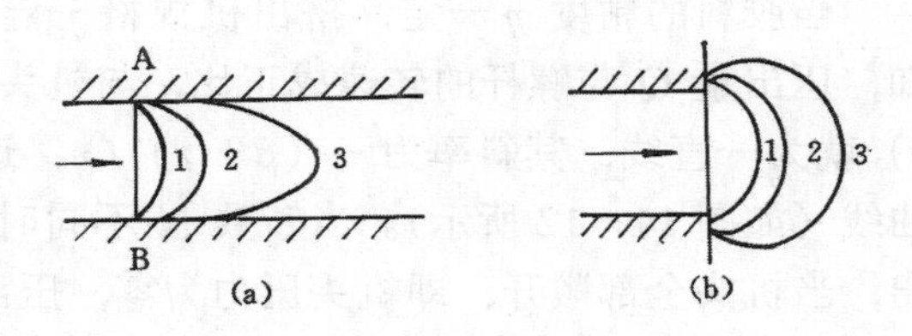

图 14－11　胶料在离开口型前后流动速度分布示意图

（a）—在口型内流动速度分布；

（b）—离开口型后的流动速度分布；

1，2，3—不同胶料

压出膨胀量主要取决于胶料流动时可回复变形量和松弛时间的长短。如果胶料松弛时间短，胶料从口型出来，其弹性变形已基本上松弛完毕，就表现有较小的压出膨胀量；如果胶料松弛时间长，胶料经过口型后，留存的弹性变形量还很大，压出膨胀量也就大。同理，如果口型壁长度大，胶料在口型中停留的时间长，胶料的弹性变形有足够时间进行松弛，压出膨胀量就小，反之则大。

压出膨胀或收缩率的大小，不仅与口型形状、口型（板厚度）壁长度、机头口型温度、压出速度有关，而且还与生胶和配合剂的种类、用量、胶料可塑性及挤出温度有关。一般说来，胶料可塑性小、含胶率高、压出速度快，胶料、机头和口型温度低时，压出物的膨胀率或收缩率就大。

第三节　挤出机的生产能力

根据前面分析的胶料在机筒内的流动状态，挤出机的生产能力应为顺流、逆流、横流、漏流四种流动的总和。其中横流起混合胶料的作用，对挤出能力没多大影响。因此，挤出机的生产能力 Q 为：

$$Q = Q_D - Q_P - Q_L \tag{14-1}$$

式中　Q——压出量，cm^3/min；

Q_D——顺流流量，cm^3/min；

Q_P——逆流流量，cm^3/min；

Q_L——漏流流量，cm^3/min。

如把胶料看成为牛顿型流体（即粘度不随剪切应力和剪切速率变化），在等温和层流条件下，不考虑螺纹侧壁的影响，利用粘流动方程式可导出：

$$Q_D = \alpha N \tag{14-2}$$

$$Q_P = \beta P / \eta \tag{14-3}$$

$$Q_L = \gamma P / \eta \tag{14-4}$$

式中 N——螺杆转数，r/s；

P——螺杆末端胶料的压力（机头压力），Pa；

η——胶料粘度，Pa·s；

α、β、γ——随螺杆规格尺寸而变的系数，cm^3。

因此，挤出机的压出量为：

$$Q = \alpha N - (\beta + \gamma) P / \eta \tag{14-5}$$

当胶料的粘度 η 一定，挤出机规格一定（即 α、β、γ 为常数）时，由式（14－5）可知，压出量 Q 与螺杆的转速成正比，与机头压力成反比。如果将 $Q-P$ 作图，则式（14－5）就为一直线，其斜率为－（$\beta+\gamma$）/η，这一直线表达了螺杆的几何特性，称为螺杆特性曲线（如图 14－12 所示）。当转数 N 不同时，得到相互平行的直线。由此特性曲线可以看出，当机头全部敞开，即机头压力为零，压出量最大，当机头全部关闭，即机头压力最大，压出量为零。

从螺杆输送来的胶料总要经过机头口型才能压出。当胶料流过机头口型时，可按流体力学在层流时的流量公式计算出压出量：

$$Q = kP / \eta \tag{14-6}$$

式中 Q——通过机头口型的流量，cm^3/min；

P——机头压力，Pa；

η——胶料粘度，Pa·s；

k——机头口型系数，cm^3，与机头，口型大小和形状有关。k 值越大，机头口型阻力越小。

由式（14－6）可知，如胶料粘度一定，口型尺寸一定（k 一定），则机头的流量与机头压力成正比。式（14－6）也是一个直线方程，其斜率为 k/η。它表达了机头口型的特性，称机头特性曲线，如图 14－12 所示。

通常，胶料压出时机头的流量等于压出量，因此解式（14－5）和式（14－6）两个方程便可求得压出机的生产能力。但实用上常将式（14－5）和式（14－6）作成图形（如图 14－12）来表示，利用图解法可直接求得。图中 N_1、N_2、N_3 为不同转速的螺杆特性曲线（$N_1 < N_2 < N_3$），k_1、k_2 为不同口型系数的机头特性曲线。当转速一定，k 一定时，两直线的交点即为压出机的生产能力。

但实际上，胶料并非牛顿粘性流体，即 η 度不是常数，是随流动速度而变化。此外，大多数情况下挤出机也不是在等温条件下工作的。因此，螺杆特性线与机头特性线不是一条直线，而是曲线，如图 14－13 所示。

除了应用理论公式计算挤出机的压出量外，在工厂的实际生产中常采用实测法和经验公式来确定实际压出量。现分别介绍如下：

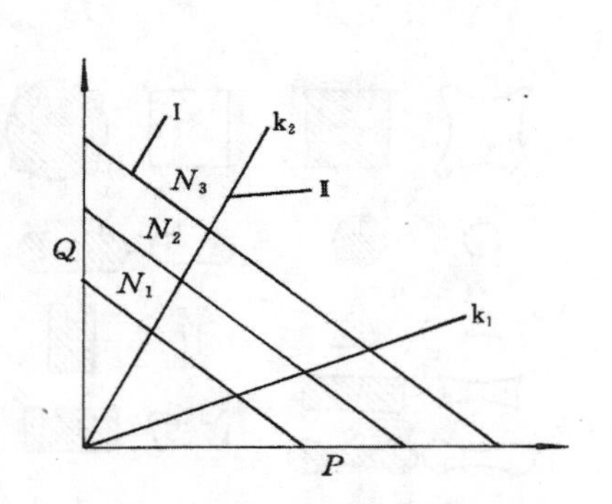

图 14－12　螺杆－机头特性曲线

Ⅰ—螺杆特性曲线；Ⅱ—机头特性曲线

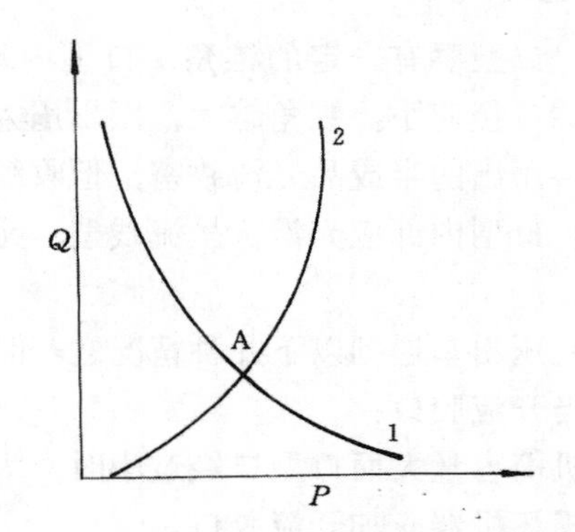

图 14－13　挤出机的工作特性

1—螺杆特性线；2—机头特性线

A—某挤出机的工作状态

(1) 实测法　实际测定从口型中压出的半成品线速度和单位长度的重量，然后按下式计算：

$$Q = vG\alpha \tag{14-7}$$

式中　Q——压出机的实际流量，kg/min；

v——压出半成品的线速度，m/min；

α——设备利用系数；

G——半成品每米长度的重量，kg/m。

用这种方法算出的产量比较准确，但只能在现有机台上进行实测使用。

(2) 经验公式法。国产橡胶挤出机推荐按下述半经验公式进行计算：

$$Q = \beta \cdot D^3 \cdot n \cdot \alpha \tag{14-8}$$

式中　Q——挤出机的压出量，kg/h；

β——计算系数，由实测产量分析确定：

对压型挤出机，$\beta = 0.00384$；

对滤胶挤出机，$\beta = 0.00256$；

D——螺杆直径，cm；

n——螺杆转数，r/min；

α——设备利用系数。

第四节　口　型　设　计

一、口型设计的一般原则

口型设计通常应注意以下原则：

(1) 根据胶料在口型中的流动状态和压出变形分析，确定口型断面形状和压出半成品断面形状间的差异（如图 14－14 所示）及半成品的膨胀程度。

(2) 口型孔径大小或宽度应与挤出机螺杆直径相适应，口型过大，会导致压力不足使出胶量不均，半成品形状不一；口型过小，会引起胶料焦烧。压出实心或圆形半成品时，口型孔的大口宜为螺杆直径的 1/3～3/4。对于扁平形的口型（如胎面胶等），一般相当于螺杆直径的 2.5~3.5 倍。

(3) 口型要有一定的锥角，口型内端口径应大，出胶口端口径应小。锥角越大，压出压力越大，压出速度快，压出的半成品光滑致密，但收缩率大。

(4) 口型内部应光滑，呈流线型，无死角，不产生涡流。

(5) 压出车遇到以下几种情况之一时，在口型边部可适当开流胶口：

①机筒容量大而口型口经过小时，为了防止胶料焦烧及损坏机器应加开流胶口。

②压出半成品断面不对称时，在小的一侧加开流胶口以防焦烧，见图 14-10。

③胎面压出口型一般在口型的两侧开流胶口。

④T 型和 Y 型机头易形成死角，可在口型处加开流胶口。

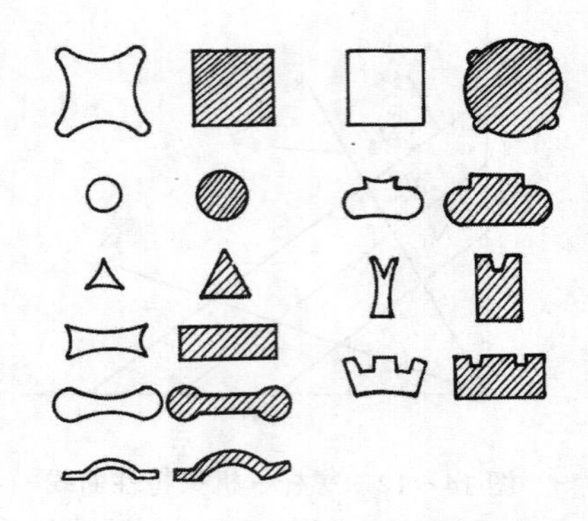

图 14-14　口型和压出半成品的差异

注：有剖面线的是压出物形状；无剖面线的是口型

(6) 对硬度较高，焦烧时间短的胶料，口型应较薄；对于较薄的空心制品或再生胶含量较多的制品，口型应厚。

二、口型的具体设计

要掌握好口型的设计首先要了解胶料挤出膨胀率。影响胶料膨胀率的因素很多，其具体规律如下：

(1) 胶种和配方：胶种不同，其挤出膨胀率不同，天然橡胶较小，而顺丁橡胶、氯丁橡胶、丁腈橡胶和丁苯橡胶较大。配方中含胶率高时挤出膨胀率大，填充剂量多时膨胀率小。白色填充剂如碳酸钙、陶土压出膨胀率较小，而炭黑较大，此外炭黑品种不同压出膨胀率也不同（详见第三章）。

(2) 胶料可塑度：胶料可塑度愈大，压出膨胀率愈小；可塑度愈小，膨胀率愈大。

(3) 机头温度：机头温度高，压出膨胀率小；温度低，膨胀率大。

(4) 压出速度：压出速度越快，膨胀率越小。

(5) 半成品规格，同样配方的胶料，半成品规格大的，膨胀率小。

(6) 压出方法：胶管管坯采用有芯压出时，膨胀率比无芯压出时要小。

由于影响压出变形的因素太多，所以口型很难一次设计成功，需要边试验，边修正，最后得到所需的口型。现对不同形状挤出制品口型的具体设计步骤叙述如下。

(一) 几何形状规则的制品（胶管、内胎、圆棒、方形条等）口型设计

几何形状规则的制品口型设计比较简单，首先在规定的操作条件（温度、压出速度等）下，选一个接近制品尺寸的现有口型，用规定胶料压出一段坯料，计算出膨胀率，由此膨胀率确定出新设计制品口型的尺寸，然后按略小于此口型尺寸开模、试验、修模，直到符合要求。

例如，要想设计一个内径为 12mm，壁厚为 2mm 胶管的新口型，若选用直径为 15mm 的现有胶管口径压出一段胶管坯外径为 21mm 时，则

$$膨胀率 = \frac{管坯外径}{口型直径} = \frac{21}{15} = 1.4(即 140\%)$$

用该膨胀率除新胶管外径，即得新口型尺寸：

$$\frac{12 + 2 \times 2}{1.4} = 11.43 \approx 11.4(\text{mm})$$

然后用 11mm 作为口型的理论近似值直径开模，试验，修模，直至达到标准。

（二）几何形状不规则的制品（胎面、异形胶条等）的口型设计

现以胎面为例进行叙述：

（1）先制造一个近似的口型，求出半成品各部位的变形（膨胀或收缩）率，其法同上。

（2）测定定型生产的胎面胶料硫化前后各部位的厚度、宽度，以求得各部位的压缩系数。

（3）新设计成品所要求的各部位厚度、宽度除以各部位的压缩系数所得之商，可作为未硫化胎面胶各部位所需的厚度与宽度。

（4）由（3）求得的胎面胶各部位的厚度与宽度除以膨胀率，得到应制作口型的各部位尺寸。

第五节　压　出　工　艺

一、热喂料压出工艺

热喂料压出工艺一般包括胶料热炼、压出、冷却、裁断及接取等工序。

（一）胶料热炼

胶料在进入压出机之前必须进行充分的热炼预热，以进一步提高混炼胶的均匀性和胶料的热塑性，使胶料易于压出，得到规格准确、表面光滑的半成品。热炼一般使用开放式炼胶机，可分两次进行。第一次为粗炼，采用低温薄通法（45℃左右，辊距 1～2mm）提高胶料的均匀性；第二次为细炼，细炼时辊温较高（60～70℃），辊距较大（5～6mm），提高胶料的热塑性。第二次热炼后便可用传送带连续向压出机供胶，或采用人工喂料方法。连续生产的压出工艺所需胶料量较大，供胶方法一般多采用带式输送机，即由开炼机上割取的胶条，以带式输送机向挤出机连续供胶，胶条宽度比加料口略小，厚度由所需胶料量决定。采用这种供胶方法，压出半成品的规格大小比较稳定，质量较好。此外利用这种供料方法有的在加料口处加一压辊，构成旁压辊喂料。此种结构供胶均匀，无堆料现象，半成品质地密致，能提高生产能力，但功率消耗增加 10%。另外，有的将胶条卷成卷后再通过喂料辊喂料，或将胶条切成一定长度堆放在存放架上，按先后顺序人工喂料。无论哪种喂料都应连续均匀，以免造成供胶脱节或过剩。细炼后的胶料在供胶前停放时间不应过长，以免影响热塑性。

一般说来，胶料的热塑性越高，流动性越好，压出就越容易。但热塑性太高时，胶料太软，缺乏挺性，会使压出半成品变形下塌，因此压出中空制品的胶料应防止过度热炼。

（二）压出工艺

压出操作开始前，先要预热挤出机的机筒、机头、口型和芯型，以达到压出规定的温度，以保证胶料在挤出机的工作范围内处于热塑性流动状态。

开始供胶后，应及时调节挤出机的口型位置，并测定挤出半成品的尺寸、均匀程度，观察其表面状态（光滑程度、有无气泡等）及挺性等，直调整到完全符合工艺要求的公差范围和质量为止。

在调节口型位置的同时，也应调节好机台的温度。通常是口型处温度最高，机头次之，

机筒最低。这样压出的半成品表面光滑，压出膨胀率小，不易产生焦烧等质量问题。

压出工艺过程中常会出现很多质量问题，如半成品表面不光滑、焦烧、起泡或海绵、厚薄不均、条痕裂口、半成品规格不准确等。其主要影响因素为：

(1) 胶料的配合　配方中含胶率大的胶料压出速度慢、膨胀（或收缩）率大，半成品表面不够光滑。此外胶料不同压出性能也不同。

胶料随填充剂用量的增加，压出性能逐渐改善，膨胀（或收缩）率减小，压出速度快，但某些补强填充剂用量过大，会使胶料变硬，挤出时易生热过高而引起胶料焦烧。快压出炭黑和半补强炭黑，用量增加时硬度增加不大，压出性能较好。

在配方中加入油膏、矿物油、古马隆、硬脂酸、蜡类等润滑性增塑剂能增大胶料的压出速度，并能使制品的外表面光滑。再生胶和油膏可降低收缩率，加快压出速度，降低生热量。炭黑、碳酸镁、油膏可减小压出物的停放变形。

(2) 胶料的可塑度　胶料压出应有一定的可塑度，但可塑度过高，会使压出半成品失去挺性，形状稳定性差，尤其是中空制品表现出该现象特别明显。不同制品其可塑度要求不一。例如汽车内胎可塑度一般应控制在0.40～0.46；而大型胶管内层胶的可塑度要求在0.2左右。同一制品由于采用胶种不同，则对可塑性的要求也不同。如天然橡胶胎面胶可塑度要求为0.2～0.26；而天然橡胶与顺丁橡胶并用胶（天然橡胶含量为50～70份）可塑度要求则为0.28～0.32。一般说来，可塑度增大，胶料压出生热小，不易焦烧，压出速度快，表面状态光滑，但容易变形，支撑性差。

(3) 压出温度　挤出机各段温度选取得正确与否，对压出工艺是十分重要的，挤出机各段的要求是不同的。通常情况是口型温度最高，机头次之，机筒温度最低。采用这种控温方法有利于机筒进料，其压出半成品表面光滑，尺寸稳定，膨胀（或收缩）率小。此外，如果压出温度较高时，压出顺利，压出速度快，焦烧危险性小，但如温度过高，又会引起胶料自硫，起泡等。如果压出温度过低，压出物松弛慢，收缩率大，断面增大，表面粗糙，电流负荷增加。另外不同的胶种和含胶率对压出的温度不同。表14－1列出了常用几种橡胶压出温度的参考数据。如果胶料含胶率高，可塑性小，可取该胶种压出温度的参考数据上限，相反可取下限。

表14－1　几种橡胶的压出温度

胶　种	机筒温度/℃	机头温度/℃	口型温度/℃
天然橡胶	40～60	75～85	90～95
丁苯橡胶	40～50	70～80	90～100
丁基橡胶	30～40	60～90	90～110
丁腈橡胶	30～40	65～90	90～110
氯丁橡胶	20～25	50～60	70

(4) 压出速度　压出速度由螺杆的转速所决定，螺杆转速快，压出速度快，螺杆转速慢，压出速度慢。但在一定的螺杆转速下，胶料的配方和性质对压出速度影响也很大，如胶料的可塑度大，压出速度快。此外，压出温度高，压出速度亦快。

压出速度调好后，应尽量保持不变，如压出速度改变，机头压力就会改变，这会导致挤出物的断面尺寸发生变化。如要改变压出速度，其它影响压出的因素如压出温度、胶料组成及性质，口型等都应作相应的调整。

(5) 压出物的冷却　压出的半成品离开口型时，温度较高，有时可高达100℃以上。为了防止热塑变形及存放时产生自硫，对压出的半成品必须进行冷却。

冷却方法常采用水槽冷却和喷淋冷却，但对断面形状厚度相差较大或较厚的压出物，不宜骤冷，以免冷却程度不一，收缩快慢不同，导致变形不规则。

压出半成品长度收缩、厚度增加的现象，在刚刚离开口型时变化较快，以后逐渐减慢。所以在生产上，某些制品采用加速松弛收缩的措施，如采用收缩辊道，大型的半成品（如胎面）一般采用此种方法预缩处理，使松弛收缩在冷却降温前完成大部分。半成品经此收缩过程后，在实际停放和使用时间内，收缩基本停止，断面尺寸稳定。

经过冷却后的半成品，有些（如胎面）需经定长、裁断、称量等步骤，然后停放。而胶管、胶条等半成品在冷却后可卷在绕盘上停放。

（三）常用橡胶胶料的压出特点

橡胶种类不同，其压出特点不同，因此其胶料配合及压出工艺条件也应有所不同。

天然橡胶的压出性能较好，但其粘性与弹性的逆变化敏感，易使压出物表面粗糙。为了改善压出性能，在天然橡胶中宜添加多量补强填充剂、再生胶、油膏等。

丁苯橡胶压出比较困难，膨胀（或收缩）率大，表面粗糙，所以经常与天然橡胶和再生胶并用。此外，为了改善压出性能可选用快压出炭黑、半补强炭黑、白炭黑、活性碳酸钙等作填充剂。

顺丁橡胶压出性能接近于天然橡胶，但膨胀和收缩比天然胶大，压出速度慢。配方中配用低结构炭黑和增塑剂有利于提高压出速率，而配用高结构细粒子炭黑能使膨胀率减小。

氯丁橡胶压出性能类似于天然橡胶，但易焦烧，对压出温度的敏感性大，故压出温度应比天然橡胶低10℃左右。氯丁橡胶的压出膨胀率大于天然橡胶，小于丁基橡胶。由于氯丁橡胶粘着性较大，配方中应选用润滑性增塑剂，如硬脂酸（0.5～1份），凡士林（2～4份）。炭黑以高耐磨炭黑和快压出炭黑较好。另外，油膏也有利于氯丁橡胶的压出。

丁腈橡胶由于分子间内聚能大，生热性能大，所以膨胀率大，压出性能较差。因此生胶需经充分塑炼，胶料在压出之前也要充分预热回炼。提高丁腈橡胶的压出温度能显著增加压出速度。含胶率较高的丁腈胶料压出膨胀大，加入适当的补强填充剂（如炭黑、碳酸钙、陶土等）与润滑性增塑剂都能改善压出工艺性能。例如，加入2～3份硬脂酸及石蜡有助于压出，但再多易喷出，同样，加入20份油膏可显著地降低变形。

丁基橡胶压出膨胀率大，故以高填充配合为好。炭黑以炉法炭黑为宜，无机填料以陶土和白炭黑为佳，加5～10份聚乙烯也可有效地减小压出膨胀率。丁基橡胶的另一特点是压出速度缓慢，可配用增塑剂如操作油、石蜡、硬脂酸锌来提高压出速率。

二、胎面及内胎压出

（一）胎面压出

轮胎胎面胶半成品大多数都是用挤出机压出的，其优点是胎面胶质量高，更换胎面尺寸规格比较容易，劳动生产效率高。

压出的轮胎胎面胶可分为胎冠、胎冠基部层和胎侧三部分，见图14－15。但普通结构轮胎胎面胶一般是将三部分制成一个整体，供成型使用。大型工程轮胎胎面胶一般分为多条，供成型使用。而子午线轮胎胎面胶分胎冠和胎侧（包括胎冠基部层）两部分，供成形使用。

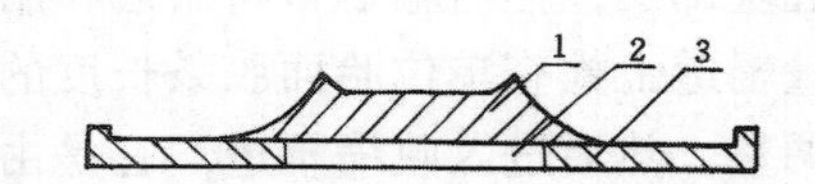

图14－15　胎面断面结构示意图
1—胎冠；2—胎冠基部层；3—胎侧

胎面的压出方法，分为整体压出和分层压出两类。胎面胶的整体压出即使用一种胶料，一台挤出机，使用扁平机头压出，其机头结构如图 14－16 所示。此外也可用圆形口型机头压出，切割展开即成。胎面胶整体压出还可以用两种胶料、两台挤出机，使用复合机头压出。其中，一种胶料为胎冠胶，一种胶料为胎侧胶（包括胎冠基部层），或者是一种为胎冠（包括基部层）胶，一种为胎侧胶。这种复合机头结构和复合机头示意图如图 14－17 所示。两种胶料在复合机头内压合为一整体胎面。

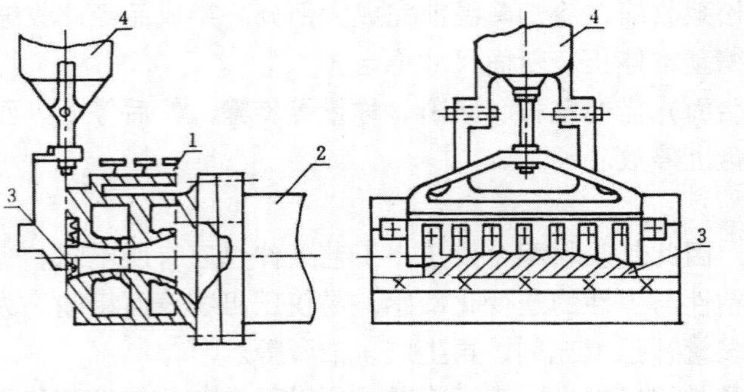

图 14－16　胎面挤出机的机头结构示意图
1—机头；2—机身；3—口型；4—气筒

胎面的分层压出是用两台挤出机、两种胶料，分别压出胎冠和胎侧（包括胎冠基部层），在输送带上热贴合，并经多圆盘活络辊压实为整体。目前，在生产上多采用这种方法。这种方法比较简单，且压出的复合胎面，不同的部位对应不同性能的配方，从而提高了轮胎的质量。

此外，还有用三种胶料制造胎冠、胎冠基部层和胎侧复合胎面的。

轮胎胎面胶分层压出用联动装置一般包括两台挤出机及其附属的热炼供胶装置、胎面胶的压出输送带、胎面贴合用多圆盘活络辊、标记辊、检查称、收缩辊道、冷却水槽、吹风干燥机、胎面胶定长称量裁断装置、胎面胶堆放装置等。此外，有的联动装置还包括胎面打磨机和涂胶浆设备。联动装置流水线布置有多种方案，除与主机的选择和配置有关外，还受车间厂房等实际因素的影响。图 14－18 即为胎面胶分层压出联动装置方案之一的示意图。

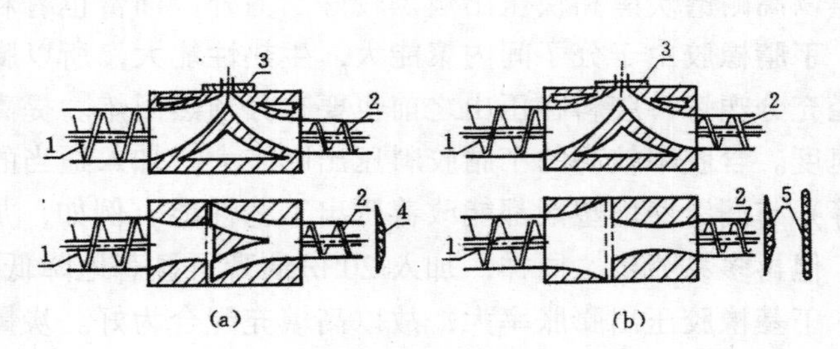

图 14－17　压出机复合机头示意图
(a) —胎冠和基部层为一种胶，胎侧为另一种胶料用的复合机头；
(b) —胎冠为一种胶料，胎侧和胎冠基部层为另一种胶料用的复合机头；
1，2—挤出机；3—口型板；4，5—胎面胶

分层压出的挤出机一般选用螺杆直径为 150mm 和 200mm 规格的各一台，或者螺杆直径为 200mm 和 250mm 的各一台，这要视轮胎规格大小而定。分层压出用的两台挤出机可以前后放置，也可以上下配置，即在一台挤出机的上方，建一小平台安放另一台挤出机。

胎面的分层压出，一般流水线中的第一台挤出机压出胎冠，第二台挤出机压出胎侧和胎冠基部层，然后输送带将胎冠和胎侧运送到多圆盘活络辊下，压合为一条完整的胎面。在称量辊道上检查单位胎面胶条长度的重量是否在规定的误差范围内。如超出了误差范围，则需调整。然后进入收缩辊道，它是由一排直径从大渐渐变小，转速相同而线速度逐渐减小的辊子组成。胎面胶条在收缩辊道上的收缩率随胶料配方而异，一般可达 10%。

压出胎面胶的排胶温度应控制在 120℃以下，胎面胶条经过辊道收缩后，还必须给予充分的冷却。冷却方法有水槽冷却、喷淋冷却，或两者合用。水槽冷却一般使用两个冷却水

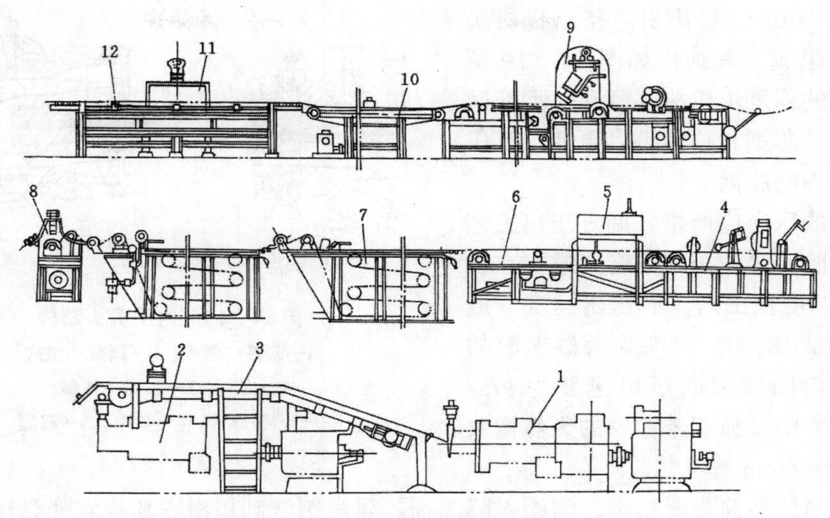

图 14－18　胎面挤出联动线

1，2—挤出机；3—过桥部分；4—接取运输装置；5—带式自动秤；6—自动秤运输装置；
7—冷却装置；8—刷毛装置；9—裁断装置；10—链式运输装置；11—滚道秤；12—胎面取出装置

槽。第一个水槽温度约为40℃左右。第二个水槽温度控制在15～20℃左右，胎面胶冷却后，一般要求温度达到25～35℃，在夏季也要冷却到40℃以下，这时胎面胶的收缩基本停止。冷却后的胎面胶，要进行自动定长裁断。

严格遵守胎面胶的挤出工艺条件，对保证胎面的正常压出和胎面质量是很重要的。压出胎面胶的供胶温度一般以45～50℃为好。挤出机的各段温度见表14－2。对全天然橡胶胶料，挤出机各段温度可取表中低值；对掺有合成橡胶的胶料，挤出机各段的温度可取表中较高的值。

表 14－2　胎面压出机各部位温度

部位名称	整体胎面压出	分层胎面压出	
		胎冠	胎侧
机筒温度/℃	55±5	55±5	55±5
机头温度/℃	68±5	75±5	65±5
口型温度/℃	85±5	85±5	85±5
螺杆转速/（r/min）	60	50	30

压出速度与挤出机的规格、压出半成品的断面大小有关，也受胶料和配合剂性质的影响。螺杆直径为200mm的普通挤出机的压出速度为4～12m/min。大规格胎面胶的压出速度较小，小规格的较大。掺有顺丁橡胶的胶料压出速度快，掺有丁苯橡胶的胶料较慢。

（二）内胎的压出

内胎胶料如含有杂质，对制品的气密性和抗撕裂性有很大影响，因此，在压出内胎胎筒前，内胎胶料必须先进进滤胶。

内胎胎筒的压出，视其规格大小，一般选用 ϕ150～250mm 的挤出机。挤出机机头由芯型和口型组成，其结构如图 14－19 所示。内胎胎筒的厚度由机头芯型和口型间间隙的大小决定。芯型和口型可以更换，以压出不同大小的内胎胎筒。

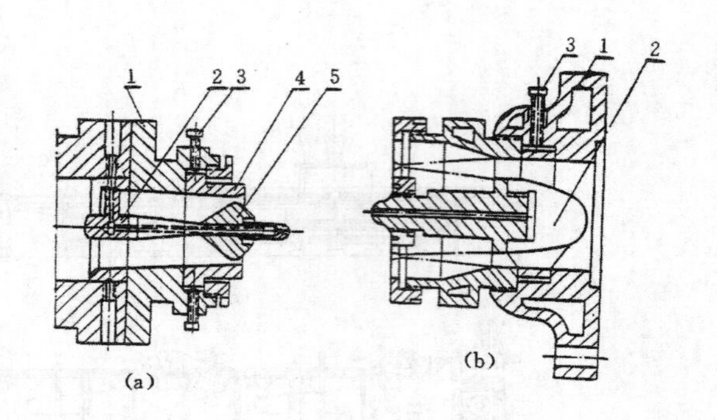

图 14－19　内胎机头结构

a—调整口型式；b—调整芯型式

1—机头；2—芯型支持器；

3—调整螺栓；4—口型；5—芯型

内胎胎筒的压出应严格掌握好压出工艺条件。通常内胎胎筒的压出温度应掌握在表 14－3 所示的温度范围内，而压出速度一般为 6～10m/min。例如，胶料为天然橡胶的 900－20 轮胎内胎胎筒的压出速度为 9m/min 左右；而掺有 30％丁苯橡胶的天然橡胶胶料为 8～8.5m/min。

为了防止内胎胎筒内壁粘着，需喷入隔离剂。隔离剂常利用滑石粉或它的悬浮液，但粉尘大，易飞扬，因此目前橡胶厂多采用液体隔离剂（如肥皂液），无粉尘、效果好。

表 14－3　内胎压出机各部位温度

品　种	全天然橡胶胶料	掺有 30％丁苯的天然胶胶料	丁基橡胶胶料
供胶温度/℃	60～70	65～80	70～80
机筒温度/℃	40～55	50～70	30～40
机头温度/℃	50～70	60～80	60～90
口型温度/℃	70～90	80～100	90～120

内胎胎筒压出后，由输送带接取。输送带的速度要与压出速度配合，以控制胎筒的压出宽度和重量。冷却可同时采用喷淋和水槽两种方法。冷却后的胎筒，经定长、切断、称量检查，然后停放。一般要停放 2h 才送去接头成型。

三、冷喂料压出工艺

螺杆挤出机用于橡胶加工已有 100 多年的历史。早期的挤出机螺杆较短，且喂料必须经热炼机预热，因此通常将这类挤出机称热喂料挤出机。近 40 多年来，工业上已研制出螺杆较长、压出前胶料不必预热直接在室温下喂料的挤出机，该类挤出机称冷喂料挤出机。

采用冷喂料挤出机克服了热喂料挤出机需配用热炼设备，致使劳动力和动力消耗大，质量不稳定的缺点。因此，冷喂料压出得到了广泛迅速的发展。

（一）冷喂料挤出机

热喂料挤出机螺杆的长径比较小，L/D 为 3～8；冷喂料挤出机的长径比较大，L/D 达 8～17，且螺纹深度较浅。

对于热喂料挤出机，因为胶料已经预热，在机筒中不需再产生热量，所以这种挤出机在设计上应使胶料温升保持最小值，其螺杆的作用主要是压实和输送胶料。冷喂料挤出机的螺杆除了压实和输送胶料之外，还必须塑化胶料，因此冷喂料挤出机的螺杆结构与热喂料的不同，见图 14－20 和图 14－21。

(a) 等距等深型
(b) 等深不等距型
(c) 等距不等深型
(d) 复合型
(e) 锥型

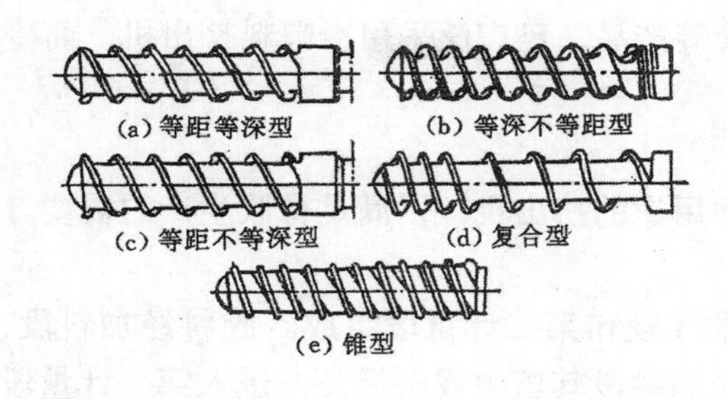

图 14－20　热喂料螺杆结构型式

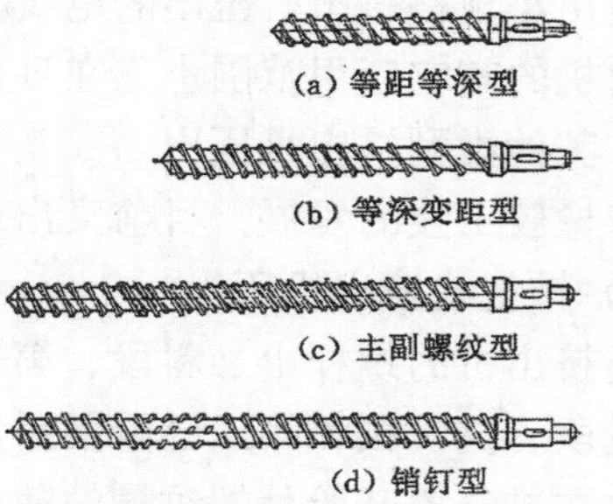

(a) 等距等深型
(b) 等深变距型
(c) 主副螺纹型
(d) 销钉型

图 14－21　冷喂料螺杆的结构型式

冷喂料挤出机常用的螺杆结构多为分离型，即主、副螺纹型结构。它的特点是副螺纹的高度略小于主螺纹，而副螺纹的导程又大于主螺纹，胶料通过副螺纹、螺峰与机筒壁之间的间隙时受到强烈的剪切作用，塑化效果好，生产能力大，但胶料摩擦生热较大。冷喂料挤出机机筒外露面积大，螺纹深度较浅，所以其表面温度易控制，有利于胶料温度的热交换。此外，使用冷喂料挤出机，由于不需要预热炼，相对来说胶料从室温到口型压出的时间短，即使压出温度较高也不会发生焦烧。

冷喂料挤出机的机身较热喂料的长，且在机身尾部加装有一般挤出机所没有的加料辊，它的位置在装料口之下。加料辊的尾部有一联动齿轮，与主轴的附属驱动齿轮啮合，直接由螺杆轴带动。当加料辊运转时，一方面因它与螺杆摩擦而生热，使冷胶料通过时变成热胶料，另一方面因它与螺杆保持一定的速比，能使胶条呈匀速地进入螺杆，保证压出物均匀。

冷喂料挤出机与热喂料挤出机相比，其螺纹深度较浅，螺杆较长，为了达到降低胶料粘度的目的，必须使胶料具有足够的能量和停滞时间，所以挤出机所需能量大。因此，对同规格的挤出机，冷喂料挤出机需配有较大的驱动设备和传动装置。

（二）冷喂料压出工艺及其优缺点

1. 冷喂料的压出工艺操作　在加料前，机身与机头通蒸汽加热，并开快转速，以使各部位的温度普遍升到 120℃，然后开放冷却水，在两分钟内使温度骤降到如下的标准：机头为 65℃，机身为 60℃，装料口为 55℃，此时方可加料。如压出合成橡胶胶料时，加料后可不通蒸汽，但要一直开放冷却水。如为天然橡胶胶料时，挤出机各部位的温度应掌握得高一些。

冷喂料压出单位时间的产量大致与热喂料压出相同，且与螺杆转速成正比。

2. 冷喂料压出的优缺点　与热喂料压出相比，冷喂料压出有如下特点：

（1）冷喂料压出对压力的敏感性小，尽管机头压力增加或口型阻力增大，但压出速率降低不大。

（2）由于不需热炼工序，减少了质量影响因素，从而压出物更加均匀。

（3）胶料的热历程短，所以压出温度较高也不易发生早期硫化。

（4）应用范围广，灵活性大，可适用于天然橡胶、丁苯橡胶、丁腈 橡胶、氯丁橡胶、丁基橡胶等。

（5）冷喂料挤出机的投资和生产费用较低。冷喂料挤出机本身的价格比热喂料挤出机高出 50%，但它不再需要开炼机喂料和其它辅助设备，所以在压出量相同的条件下，利用冷喂料挤出机挤出，所需劳力少，占地少，总的价格便宜。

目前用小规格挤出机压出的电线、电缆、胶管等产品，已广泛采用冷喂料挤出机，而冷喂料挤出机的其它应用范围也正在日益扩大。

四、其他类型挤出机压出

随着橡胶工业的发展，目前又出现了很多特种用途的挤出机，以满足橡胶生产的需要。

(一) 排气式挤出机压出

该类挤出机的螺杆由加料段、第一计量段、排气段和第二计量段组成。胶料经加料段、第一计量段、排气段和第二计量段后压出。胶料在加料段其压力逐渐提高，进入第一计量段后减压，在排气段开始处螺纹槽的截面积突然扩大，胶料前进速度减慢。此时胶料不能完全充满螺纹槽，且温度要在 80～100℃左右，胶料中气体或挥发分在外部减压系统的作用下，从排气孔排除气体。第二计量段把胶料压实后通过机头而挤出。为保证机器正常操作，必须保证第一计量段和第二计量段的产量相同。

由排气挤出机压出的半成品，气孔少，产品密实。排气挤出机常与微波或盐浴硫化设备组成连续硫化流水线，生产电线、电缆、密封条等挤出产品。

(二) 传递式螺杆挤出机压出

传递式螺杆挤出机又称剪切式混炼挤出机，主要用于胶料的补充混炼，胎面压出及压延机供胶。

该挤出机的螺纹槽深度由大渐小乃至无沟槽，而机筒上的槽由小至大，互相配合，一般在挤出机上这样的变化有 2～4 个区段。当螺杆转动时，胶料在螺杆与机筒的槽沟内互相交替，不断更新对胶料的剪切面，致使胶料产生强烈的剪切作用，从而导致十分有效的混炼效果。

(三) 挡板式螺杆挤出机压出

挡板式螺杆挤出机可用于快速大容量密炼机排料后补充混炼，也可以用于压出胎面及最终混炼。

挡板式螺杆挤出机的主要工作部分是一个带有横向挡板和纵向挡板的多头螺杆，胶料在压出过程中多次被螺纹和挡板进行分割、汇合、剪切、搅拌，完成混合作用。在压出过程中，胶料各质点运动的行程不同，但它们经过纵向和横向挡板数却是相同的，因此所受到的机械剪切、混合作用相同，胶料质地均匀。此外，剪切作用最大发生在靠近机筒壁处，传热效果好，胶料温升不大，操作比较稳定。

(四) 高强力型螺杆挤出机压出

高强力型螺杆挤出机螺杆具有伴随微小剪切的掺混作用，因此当提高螺杆转速，增加压出量时，胶料温度不会过分增高。

(五) 销钉型挤出机压出

销钉型挤出机装有穿过机筒并指向螺杆轴线的销钉。该类挤出机由于胶料的流动与传递均伴随着一个低的剪切梯度，所以胶料的渗混程度与均匀现象特别好，温升也不太高，此外，它还有优越的自洁性。

(六) 槽穴式挤出机压出

槽穴式挤出机在挤出机内有许多槽穴，胶料在挤出机内要经过许多槽穴，压出时胶料在挤出机内受到两种不同的作用。当胶料进入一个空穴时，就经历一次简单的剪切作用，胶料再转移下一个空穴中去的时候，即受到切割并朝初始方向翻转90°角，因此该类挤出机能使胶料温度稳定，组分混合均匀。

参考文献

〔1〕久保田威夫．日本ゴム協會誌，1958，31：290

〔2〕Chung C I．SPE Journal，1970，26（5）：32

〔3〕Tedder W．SPE Journal，1971，27（10）：68

〔4〕Naunton W J S．Applied Science of Rubber．London：Edward Arnold Ltd，1961

〔5〕邓本诚，纪奎江主编．橡胶工艺原理．北京：化学工业出版社，1984.295～306

〔6〕郑秀芳，赵嘉澍．橡胶工厂设备．北京：化学工业出版社，1984.66～85

〔7〕陈耀庭主编．橡胶加工工艺．北京：化学工业出版社，1982.174～190

〔8〕橡胶工业手册编写小组．橡胶工业手册，第三分册．北京：化学工业出版社，1982.355～379

〔9〕Christy R L．Rubber World，1979，180（4）：100～101

〔10〕Paul Meyer．Rubber World，1984，190（4）：36～41

第十五章 硫 化 工 艺

硫化是橡胶工业生产加工的最后一个工艺过程。在这过程中，橡胶发生了一系列的化学反应，使线形状态的橡胶变为立体网状的橡胶，从而获得宝贵的物理机械性能，成为有使用价值的工程材料。

硫化过程是橡胶大分子链发生化学变化形成交联的过程。在生产加工过程中，这种交联反应是在一定温度和压力下，经历一段时间才完成的。因此，压力、温度和时间是构成硫化工艺条件的主要因素，它们对硫化质量有决定性影响，通常称为硫化三要素。因此，合理地正确选取和确定硫化工艺条件非常重要。

第一节 正硫化及其测定方法

一、正硫化及正硫化时间

工程上，正硫化又称最宜硫化，意指橡胶制品的主要性能达到或接近最佳值的硫化状态。正硫化时间是指橡胶制品达到正硫化状态所需时间。实际上，正硫化时间是一个范围，而不是一个点，如第二章图 2－7 所示。平坦期越长，橡胶制品的物理性能越稳定。处于正硫化前期的热硫化即欠硫化或后期的过硫化状态，硫化胶物性较差。就轮胎胎面胶而言，在正硫化范围内，它的弹性性能、定伸应力、永久变形、滞后损失、耐磨性能都处于最佳范围之内。但对许多胶料而言，其各项性能在某一时间不可能都处于最佳值，因此必须根据胶料各项物理性能指标综合考虑，生产上只能根据某些主要指标来选择正硫化时间。显然这个正硫化时间具有工程实用意义，称为工程正硫化时间。它与工艺正硫化的 T_{90} 又有区别。当制品厚度少于 6mm 时，硫化仪测定的工艺正硫化时间 T_{90} 与制品的工程正硫化时间相同。但在生产厚制品时（如轮胎），情形就不一样了。由于胶料的导热缘性差和高温硫化模后的后硫化特性，就不能取 T_{90} 作为它的工程正硫化时间。据资料据道[4]，一般的载重轮胎，脱模后能产生 20%～30% 的硫化程度。如果以理论正硫化时间 $T_{理}$ 和 T_{90} 作为工程正硫化时间，产品的硫化程度已经过硫化了。

以上谈及的都是属于非增长型的硫化曲线情形。对于 EPDM、IIR 以及它的橡塑共混体系，其硫化曲线是增长型的，此时已无法区分欠硫、正硫化和过硫化，只能按某项产品主要性能指标来确定正硫化时间。

因此，橡胶硫化的交联密度达到最大时所对应的理论正硫化时间具有科学性。但工程正硫化时间的确定，则具有指导生产的实践意义和经济意义。因为工程正硫化时间的确定决定于生产工艺条件、产品物性指标等因素。因此只有加工条件严格控制并使之标准化，才能生产品质优良的产品。

为了更好区分理论正硫化时间、工艺正硫化和工程正硫化时间，理解轮胎硫化的实际状态，这里举一个实例。设轮胎的硫化在恒温条件下进行，由于轮胎壁厚，橡胶传热差，它的各个部位的温度是不同的。图 15－1 说明了三个不同截面的时间—温度关系。很明显，轮胎表面比内部更快地达到硫化温度。反之，脱模后，冷却也快。生产实践中，胎肩区域硫化程度大约为70%左右，其余30%的硫化程度靠脱模后的余热来完成。因此橡胶工程师应充分利用温度梯度来增加生产能力。现国际上采用硫化模拟试验仪来测定轮胎厚制品在非恒温条件下的硫化，或是采用程控硫化仪以寻求最佳硫化状态和与轮胎各部分胶料硫化程度的匹配。结果如图15-2所示。如图所示是载重汽车轮胎配方的中心部位，虚线是轮胎截面实测温升曲线，实线是用程序温控硫化仪测得的硫化曲线。通过这种直接法测定可知：在最高温度点投影的启模时间约为63min，相当于模型中硫化程度的70%，用 T_{70}表示。因此 T_{70}就是生产的工程正硫化时间。它与硫化仪的 T_{90}和理论正硫化时间有根本的区别。

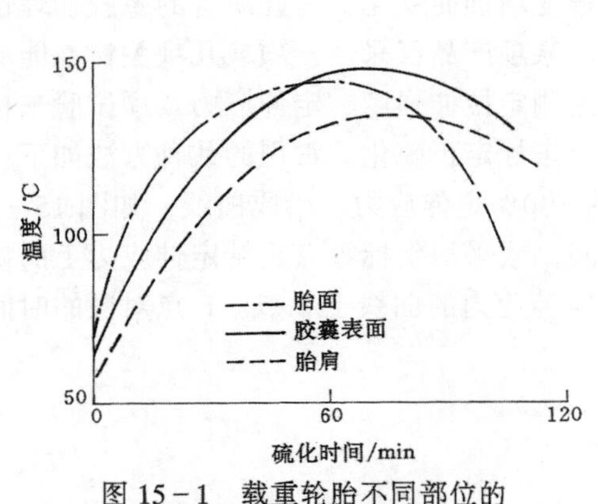

图15-1　载重轮胎不同部位的温度与时间的关系曲线

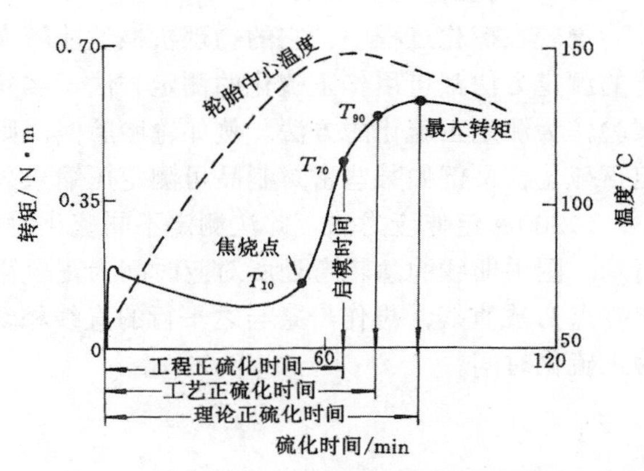

图15-2　载重汽车轮胎中心截面温度与工程正硫化时间，理论正硫化时间及 T_{90}的关系

二、正硫化的测定方法

测定正硫化方法很多，可分为物理-化学法，物理性能法及仪器法三大类。其中有的测定方法与工程正硫化方法相同，有的与理论正硫化方法相一致，有的与一般的 T_{90}即通称的工艺正硫化方法相同。前二种方法是在一定的硫化温度下测定不同硫化时间的硫化胶样品的性能，然后绘出曲线，找出最佳值作为正硫化时间；后一种是用硫化仪在选定硫化温度下测定硫化曲线，直接从曲线上取值，找出正硫化时间。

(一) 物理-化学法

1. 游离硫或结合硫测定法　此法分别测定各个不同硫化时间试片中的游离硫含量，然后绘出游离硫量-时间曲线，从曲线上找出游离硫量最小值所对应的时间即为正硫化时间。因为橡胶的硫化过程是分子链与硫黄反应的过程，在硫化过程中，随着交联密度的增加，结合硫黄量也增加，游离硫越来越小，当结合硫达到最大值、游离硫达最小值时，即为最大交联密度，因此用此方法测得的正硫化时间与理论正硫化方法一致。

虽然此法简单方便，但硫化过程所消耗的硫黄并非全部构成有效交联键。因此与硫化胶物性相关性较差，且不适合非硫黄硫化胶料。唯一优点是能说明硫化胶料游离硫含量的高低，以及胶料喷霜程度的可能性。

2. 溶胀法　此法是将不同硫化时间的试片置于良溶剂(苯、汽油等)中，在恒温下经过一定时间到达溶胀平衡后，将试片取出称量，然后计算溶胀率，绘出溶胀曲线，如图15-3所示。溶胀率计算公式为：

$$溶胀率 = \frac{G_2 - G_1}{G_1} \times 100\% \qquad (15-1)$$

式中 G_1——试片在溶胀前的重量，g；

G_2——试片在溶胀平衡时重量，g。

对天然橡胶，溶胀曲线呈 U 字型，曲线最低点对应的时间即为正硫化时间；对合成橡胶，曲线形状则类似于渐近线，其转折点为正硫化时间。

该法测定的正硫化时间与理论正硫化时间相一致。

（二）物理性能测定法

橡胶在硫化过程中，它的物理机械性能随交联程度增加而变化。因此所有的橡胶物理性能的测定方法都可用作正硫化的测定方法。实际上，某项产品仅采用一项或几项关键性能的试验作为测定正硫化的方法。例如轮胎胎侧，则采用测定拉伸强度、定伸应力二项试验来标定正硫化；又例如某些密封制品可测定压缩永久变形来标定正硫化。常用的几种方法如下：

1.300％定伸应力法　此法测定不同硫化时间的 300％定伸应力，绘成曲线，如图 15－4 所示。图中曲线的急转弯处所对应时间为正硫化时间，或采用坐标零点连结定伸应力上的硫化终点 E 成直线，再作一条与之平行的直线相切于定伸应力的曲线于 F 点。F 点对应的时间为正硫化时间。

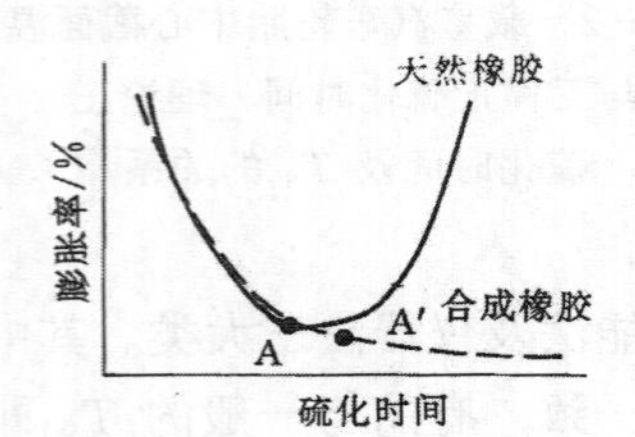

图 15－3　硫化胶的溶胀曲线
（A，A'为正硫化选择点）

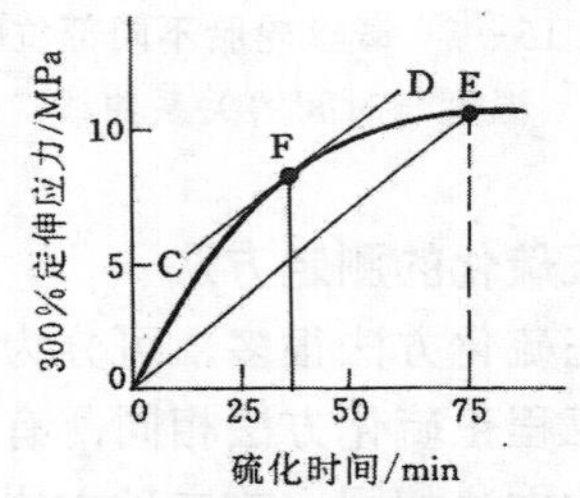

图 15－4　用定伸应力求正硫化时间的图解

据实验证实，300％定伸应力与交联密度值密切相关，由 300％定伸应力确定的正硫化时间与理论正硫化时间一致。

2. 拉伸强度法　此法与定伸应力相似。通常采用拉伸强度最大值或平坦线的初始点作为正硫化时间。

拉伸强度与交联密度关系可由下式近似表示：

$$\sigma = \frac{\rho RT}{M_c}(\lambda - \lambda^{-2}) \qquad (15-2)$$

当交联密度 M_c^{-1} 增加时，拉伸强度 σ 也增加。一直至峰值就下降。本法测定的工程正硫化时间与硫化仪测定的 T_{90}工艺正硫化时间相同。

3. 压缩永久变形法　此法是测定不同硫化时间试样的压缩永久变形值，绘出曲线如图 15－5 所示。曲线的第二个拐点所对应时间为工程正硫化时间。压缩永久变形与交联密度密切相关，压缩永久变形越小，交联密度越大。因此由压缩永久变形所测得的工程正硫化时间与理论正硫化时间一致。

上述方法在 ASTM D412 中有详尽阐述。各个方法有不同侧重点，依据产品性能而定。

因此以上各种方法测得的正硫化时间有差异。丁苯胶料以不同方法测得的正硫化时间如图15－6所示。用拉伸强度测得的正硫化时间为60min，而按 T_{90} 原则，它的正硫化时间取45min；若按定伸应力方法判断，弯曲转折点或平行直线法求得正硫化时间约为70min；若按扯断伸长方法测定它的正硫化为25～30min。以上说明，用物理机械性能方法测定的工程正硫化时间有时相差甚大。对于一种高性能的橡胶制品，必须缩合各种物性指标，才能客观地平衡各种性能，取得满意效果。

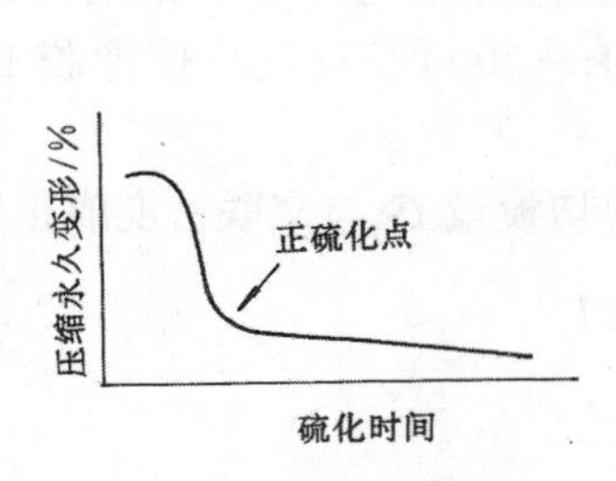

图15－5　压缩永久变形与硫化时间的关系

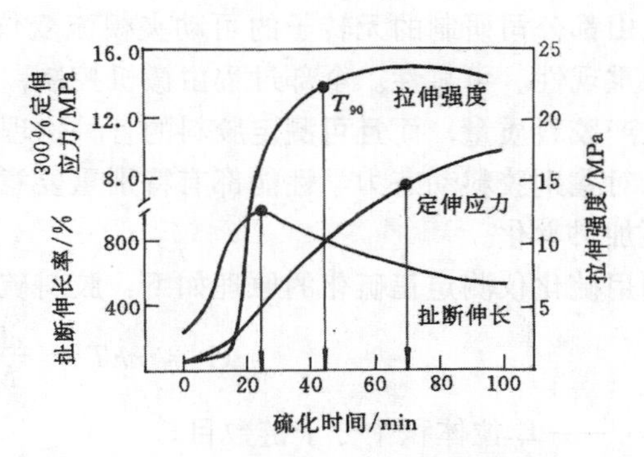

图15－6　不同的正硫化测试方法对硫化状态的影响（丁苯橡胶胶料，145℃硫化，测试温度25℃）

4．综合正值法　此法分别测定不同硫化时间的拉伸强度、硬度、压缩永久变形和定伸应力四项性能最佳值的对应时间，然后按下式加权平均值作为工程正硫化时间。

$$正硫化时间 = \frac{4T + 2S + M + H}{8}$$

式中　T——拉伸强度最高值对应时间；

S——压缩永久变形最低值对应时间；

M——定伸应力最高值的对应时间；

H——硬度最高值对应时间。

（三）专用仪器法

这种方法是使用专门仪器，如门尼粘度计和各种硫化仪等进行测试。它们都可以连续地测定硫化全过程的参数，例如初始粘度、焦烧时间、硫化速度、正硫化时间等。这类仪器的原理是测量胶料在硫化过程中剪切模量的变化，而剪切模量与交联密度有正比例关系。因此，硫化曲线实际反映了胶料在硫化过程中交联密度的变化。

1．门尼粘度计法　门尼粘度计法不但能测定生胶门尼粘度或混炼胶门尼粘度，表征胶料流变特性，而且能测定胶料的触变效应，弹性恢复、焦烧特性及硫化指数等性能，因此它是最早用于测定胶料硫化曲线的工具。虽然门尼粘度计不能直接读出正硫化时间，但可以用它来推算出硫化时间。

门尼粘度计测定胶料的硫化曲线称为门尼硫化曲线，如图15－7所示。由图可见，随硫化时间增加，胶料门尼值下降到最低点又复上升，一般由最低点上升至5个门尼值的 ΔML_5 时间称为门尼焦炼时间 T_5，由最低点上升至35个门尼值所需硫化时间称为门尼硫化时间 T_{35}。$T_{35} - T_5 = \Delta T_{30}$，称为门尼硫化速度。再用下列公式近似计算正硫化时间。

$$正硫化时间 = T_5 + 10(T_{35} - T_5) \tag{15-3}$$

现在因为有了硫化仪，一般已不采用这种计算方法。

2. 硫化仪法　硫化仪是近年出现的专用于测试橡胶硫化特性的试验仪器，类型有多种。按作用原理有二大类。第一类在胶料硫化中施加一定振幅的力，测定相应变形量如流变仪；第二类是目前通用的一类。这一类流变仪在胶料硫化中施加一定振幅变形，测定相应剪切应力，如振动圆盘式流变仪。我国生产的LH－1，LH－2型GK－100型和孟山都公司生产的R－100，R－100S型都属这一类，都是有转子的流变仪。在20世纪80年代末、90年代初，美国孟山都公司研制的无转子的可动夹模流变仪（简称MDR－2000型），具有热响应快和高度的重现性、可靠性。全部过程由微机控制，具有更多功能，不但用于瞬时的生产控制，测定生产胶料质量，而且可测定胶料的各种物理性能，如模量、弹性模量、损耗模量、损耗角等，对鉴别胶料动态力学性能都有特别重要意义。MDR－2000型硫变仪使橡胶工业生产加工更加科学化。

利用硫化仪测定正硫化的原理如下：胶料硫化时，剪切模量 G 与交联密度成正比，即

$$G = nkT = \frac{\rho RT}{M_c} = \gamma RT \quad (15-4)$$

式中　n——单位体积中分子链数目；

k——波兹曼常数；

ρ——橡胶密度；

R——气体常数；

T——绝对温度；

M_c——交联分子量；

γ——交联密度。

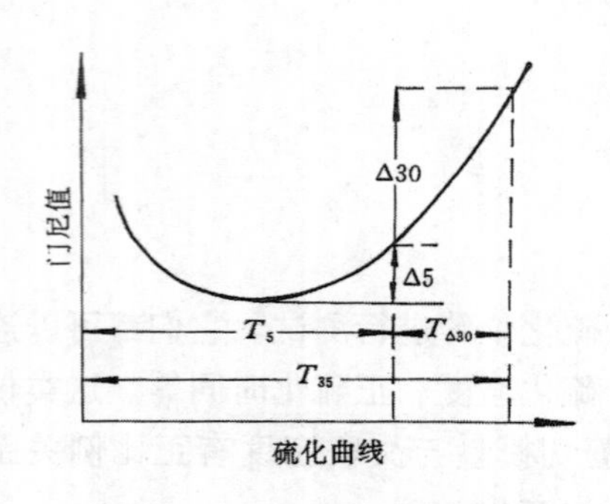

图15－7　门尼硫化曲线

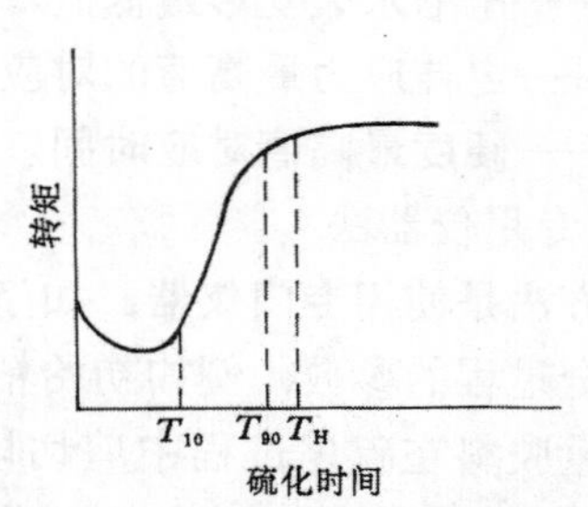

图15－8　硫化仪曲线取值图

在硫化过程中 R 和 T 是常数，因此剪切模量只和交联密度有关。硫化仪记录仪绘出的曲线实质就是剪切模量 G 与硫化时间成正向的转矩变化曲线，如图15－8所示。利用硫化仪可直接确定焦烧时间（诱导期 T_{10}）、理论正硫化时间（T_H）、工艺正硫化时间 T_{90}，及硫化速度。若试片厚度小于6mm时，工程正硫化时间可取 T_{90}，亦即转矩达到最大转矩的90%所对应的硫化时间。这时工程正硫化时间与通称的工艺正硫化时间是一致的。与转矩 M_H 对应的时间 T_H 为理论正硫化时间；$T_{90}-T_{10}$ 可表示硫化速度。

在图2－7中曾谈及硫化曲线的三种情形，具体的取值示意图如图15－9所示。图中a，

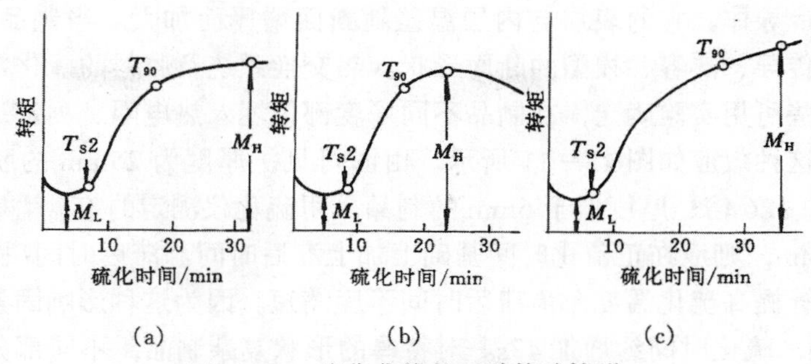

图 15－9　硫化曲线的三种特殊情形

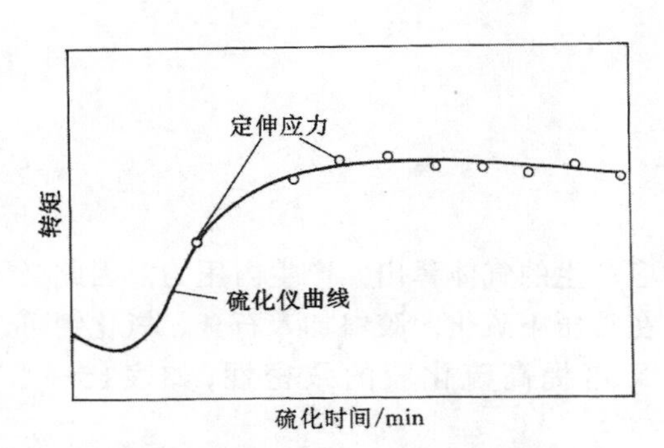

图 15－10　硫化仪曲线与定伸应力关系

b 两种情形的取值与图 15－8 相同。a 种情形硫化平坦期长；b 种情形平坦期短，所对应的理论正硫化时间长短有差异，但 T_{90}取值方法是相同的；c 种情形下，没有硫化平坦区，也无最大转矩则最大转矩 M_H 由产品某项主要性能确定，从而确定它的 T_{90}和 T_{10}。近年来出现 T_S2 用来表示胶料焦烧时间，它与 T_{10}的意义是相同的。

实验证实、硫化仪测试结果与胶料 300%定伸应力相吻合。它与理论正硫化相一致，如图 15－10 所示。由于硫化仪可测得一系列硫化特性，不必做许多硫化点的定伸应力试验，从而节省了人力物力。

第二节　硫化条件的选取和确定

在橡胶硫化之前，必须考虑硫化条件的选择。一般说来，利用硫化仪测出正硫化时间 T_{90}后，还必须考虑制品厚度影响、胶料的导热性及采取的硫化温度和压力。

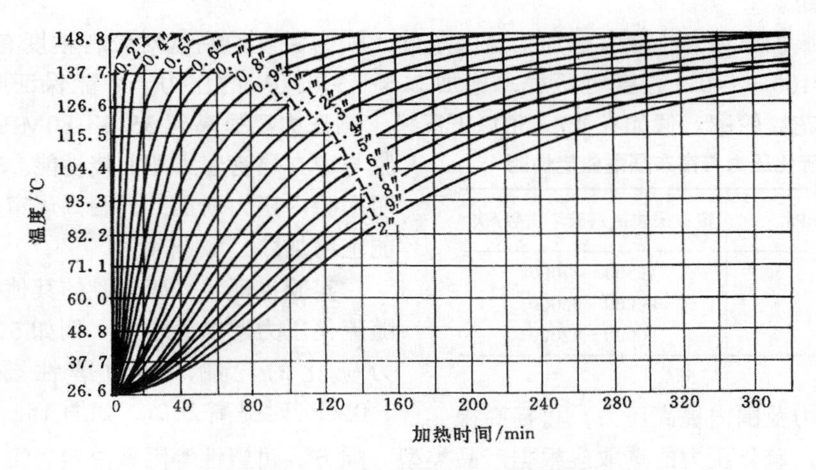

图 15－11　制品厚度与温度升高的关系

一、制品厚度的影响

橡胶是热的不良导体，它的表层与内层温差随断面增厚而加大。当制品厚度大于6mm时，就必须考虑热传导、热容、模型的断面形状、热交换系统及胶料的硫化特性和制品厚度对硫化的影响。这些可用实验确定，在制品不同深度部位埋入热电隅、测定达到要求的硫化温度时所需时间。这种效应如图15-11所示。由图可见，厚度为25mm的胶片的传热时间为1.9mm薄胶片的126倍；厚度低于6mm的制品，用硫化仪测定的T_{90}就是工程正硫化时间；若厚度超过6mm，则应在正硫化时间基础上加上滞后时间。滞后时间决定于导热速率，不取决于外温，尽管提高硫化温度，但滞后时间不应缩短。因为这种影响因素较为复杂。一般制品每增厚1mm，硫化时间约增加47s。对特厚的形状复杂制品，不同部分最好选用不同硫化特性配方，或采用特殊模型加热和冷却控制的措施。

二、硫化压力

橡胶制品硫化都需要施加压力，其目的是：

(1) 防止胶料气泡的产生，提高胶料的致密性；

(2) 使胶料流动、充满模型；

(3) 提高附着力，改善硫化胶物理性能。

胶料在硫化过程中，原来的微量水分及硫化反应产生的气体释出，产生内压力，因此必须在硫化过程中施加大于胶料可能产生的内压力。在常压下硫化，胶料加入石膏、氧化钙可以防止气泡产生，而高压硫化不仅能消除气泡，又可提高硫化胶的致密性，如表15-1所示。

表15-1 硫化压力与胶料密度关系

硫化压力/MPa	胶料密度/(g/cm³)	硫化压力/MPa	胶料密度/(g/cm³)
7.0	1.1603	35.0	1.1611
14.0	1.1613	70.0	1.1609

由表可知，硫化压力增加，密度有所升高，但也有极限。研究表明，高温高压会使某些高聚物交联或裂解，因此生产上应根据产品要求，适当满足工艺要求。过高压力会增加工厂设备及维修费用。

实际上，施加压力大小应考虑加工温度条件，因为温度的高低对胶料粘度有较大影响。例如，胶料在100～140℃温度时压模，施加2.5～5.0MPa的压力，才能保证胶料充满模型，获得复杂花纹轮廓。假如在40～50℃下压模，则压力要提高到55.0～80MPa。

表15-2 硫化压力与帘布层耐曲挠性能

硫化压力/MPa	帘布层曲挠到破坏次数/次
1.6	46500～47000
2.2	90000～95000
2.5	80000～82000

在一定压力范围内提高压力，可提高橡胶与帘布层密着力和曲挠性能。表15-2说明水胎内压力增加，外胎内层帘布耐曲挠性能也增加。

实验也证实，硫化胶的其他物理性能都随硫化压力增加而增加。例如5.0MPa的压力硫化的轮胎，其耐磨性要比压力为2.0MPa时提高20%，如图15-12所示。

一般说来，硫化压力的选取应根据产品类型、配方、可塑性等因素决定。工艺上原则上遵循下列规律：可塑度大，压力宜低；产品厚，层数多，结构复杂，压力宜高；薄制品宜采用常压。不同硫化工艺采用硫化压力如表 15-3 所示。

采取硫化施压的方式由液压泵通过平板硫化机把压力传给模型，再由模型传给胶料，或是由硫化介质如蒸汽直接加压。也可以用压缩空气施压，而注压硫化则由注压机注射等。

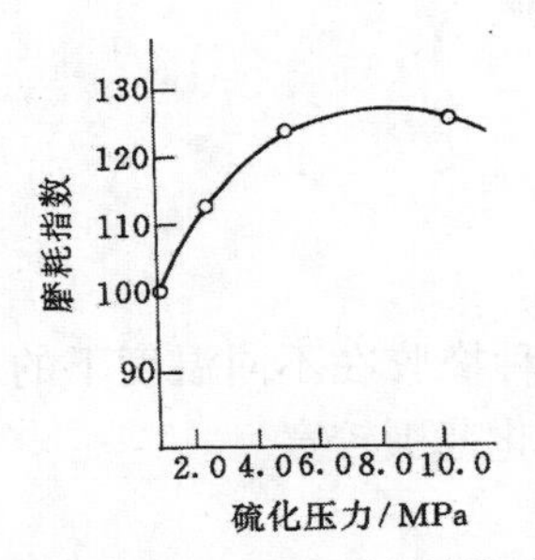

图 15-12　硫化压力对橡胶耐磨性能的影响

三、硫化温度和硫化时间

硫化温度是硫化反应的最基本条件。对于某一种胶料，当硫化温度被选定后，就存在一可使硫化胶具有最佳性能的硫化时间，称为工程正硫化时间。硫化温度的高低，可直接影响硫化速度、产品质量和企业的经济效益。硫化温度高，硫化速度快，生产效率高；反之生产效率低。硫化温度的高低，决定于胶料配方，主要决定于胶种和硫化体系。高温易引起橡胶分子链的裂解并产生硫化返原现象，导致橡胶物性下降，因此硫化温度宜恰当地选择。

表 15-3　不同硫化工艺采用的硫化压力

硫 化 工 艺	加 压 方 式	压力/MPa
汽车外胎硫化	水胎过热水加压	2.2～4.8
	外模加压	15.0
模型制品硫化	平板加压	24.5
传动带硫化	平板加压	0.9～1.6
运输带硫化	平板加压	1.5～2.5
注压硫化	注压机加压	120.0～150.0
汽车内胎蒸汽硫化	蒸汽加压	0.5～0.7
胶管直接蒸汽硫化	蒸汽加压	0.3～0.5
胶布直接蒸汽硫化	蒸汽加压	0.1～0.3

硫化温度和硫化时间是互为制约的。它们的关系可用硫化温度系数表示。硫化温度系数表示胶料在硫化温度相差为 10℃ 时相应硫化时间变化的关系。长期实践表明：对大部分橡胶胶料，硫化温度每增加温度 10℃，硫化时间缩短 1/2；反之温度降低 10℃，硫化时间延长一倍。硫化温度系数一般在 1.8～2.0 之间，随胶料不同和硫化温度变化，硫化温度系数亦随之变化。

（一）等效硫化时间的计算

上面阐述的硫化温度系数的关系使人们能方便地计算在不同硫化温度下取得相同硫化效果的时间，又称等效硫化时间。

1. 通过范特霍夫方程式计算等效硫化时间　根据范特霍夫方程，硫化温度和正硫化时间的关系可用下式表示：

$$\tau_1/\tau_2 = K^{\frac{t_2-t_1}{10}} \qquad (15-5)$$

式中　τ_1——温度为 t_1 的正硫化时间，min；

τ_2——温度为 t_2 的正硫化时间，min；

K——硫化温度系数。

例如：已知某一胶料在 140℃ 时的正硫化时间是 20min，利用范氏方程可计算出 130℃ 和 150℃ 时的等效硫化时间。

已知：$t_2=140℃$，$\tau_2=20min$，$K=2$

求：130℃和150℃时的正硫化时间

已知：$t_1=130℃$

$\therefore \tau_1=K^{\frac{t_2-t_1}{10}}\times\tau_2=2^{\frac{140-130}{10}}\times 20=40min$

当 $t_1=150℃$

$\tau_1=K^{\frac{140-150}{10}}\times\tau_2=2^{-1}\times 20=10min$

实际上 K 值随胶料配方和硫化温度而变化。表 15－4 列出了几种橡胶在不同温度下的 K 值变化范围。从表中可以看出，K 值约在 1.5～2.5 之间变化，变化范围较宽。

表 15－4　在 120～180℃范围内各种胶料 K 值①

胶料种类	温度范围/℃			
	120～140	140～160	160～170	170～180
天然橡胶	1.7	1.6	—	—
丁苯橡胶	1.5	1.5	1.95	2.3
氯丁橡胶	1.7	1.7	—	—
丁基橡胶	—	1.67	1.8	—
丁腈橡胶－18	1.85	1.6	2.0	2.0
丁腈橡胶－26	1.85	1.6	2.0	2.0
丁腈橡胶－40	1.85	1.5	2.0	2.0

①表中 K 值用拉伸强度法测定。

确定 K 值方法很多，凡能测定正硫化方法的都可用于测定 K 值。其中最方便而又准确的方法是采用硫化仪。用硫化仪分别测出同一胶料在 t_1 和 t_2 温度下（一般取 t_1 和 t_2 温差10℃）相对应的正硫化时间 τ_1 和 τ_2，然后代入范氏方程，可求得 K 值。

例如：用硫化仪测得某一胶料在 130℃的正硫化时间为 20min，在 140℃正硫化时间为 9min，应用范氏方程式可计算 K 值。

已知　$t_1=130℃$　$\tau_1=20min$

　　　$t_2=140℃$　$\tau_2=9min$

$\therefore \tau_1/\tau_2=K^{\frac{t_2-t_1}{10}}=K^{\frac{140-130}{10}}=K$

$K=\tau_1/\tau_2=\frac{20}{9}=2.2$

2．用阿累尼乌斯方程式计算等效硫化时间　利用阿累尼乌斯方程式阐述的化学反应速度和温度关系，也可导出硫化温度和正硫化时间的关系，即

$$\ln\frac{\tau_1}{\tau_2}=\frac{E}{R}\left(\frac{t_2-t_1}{t_1t_2}\right) \tag{15-6}$$

或

$$\log\frac{\tau_1}{\tau_2}=\frac{E}{2.303R}\left(\frac{t_2-t_1}{t_2t_1}\right) \tag{15-7}$$

式中　τ_1——在温度 t_1 下的正硫化时间，min；

τ_2——在温度 t_2 下的正硫化时间，min；

t_1，t_2——硫化温度，K；

R——气体常数，$R=8.3143$ J/（mol·K）；

E——硫化反应活化能，kJ/mol。

利用以上公式可求出不同温度下等效硫化时间。例如，已知胶料的硫化反应活化能 $E=92\ \text{kJ/mol}$，在 140℃时正硫化时间为 30min，利用公式(15－7)计算 150℃时等效正硫化时间：

已知：$t_1=(273+140)=413\text{K}$

$t_2=(273+150)=423\text{K}$　　　$\tau_1=30$

$\tau_2=?$

代入公式 15－7：

$$\log\frac{30}{\tau_2}=\frac{92}{2.303\times0.008314}\left(\frac{423-413}{423\times413}\right)$$

$$\tau_2=15.7(\text{min})$$

实验测定表明，阿累尼乌斯公式计算结果比范特霍夫方程更加准确。

3. 列线图法　根据范特霍夫方程，可以把式（15－5）和式（15－7）作成列线图，直接查出不同温度下所需的等效硫化时间。用公式（15－5）作出的列线图如图 15－13 所示；用公式（15－7）作出的列线图如图 15－14 所示。

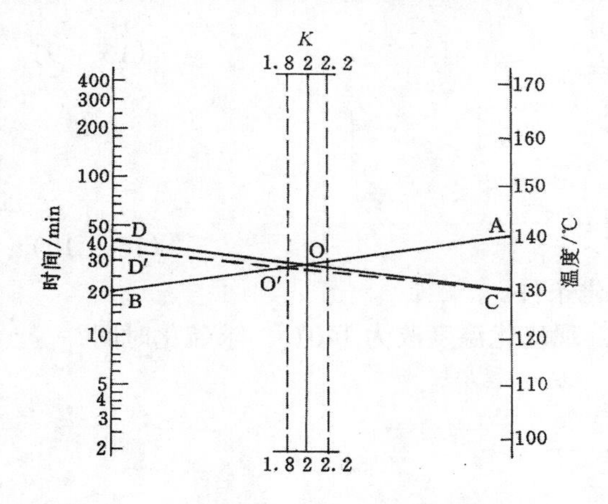

图 15－13　据范特霍夫方程描绘的等效硫化列线图

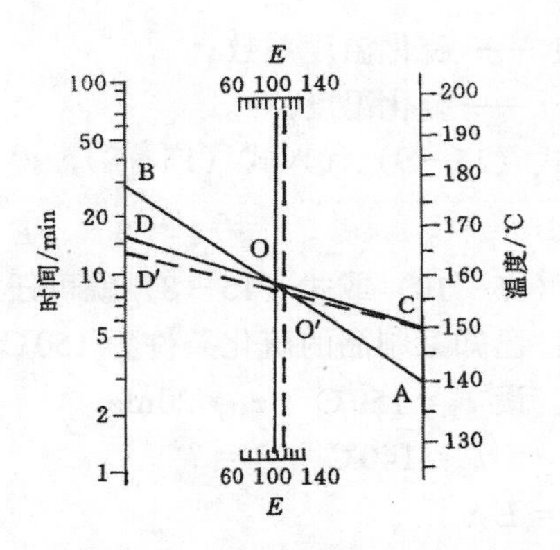

图 15－14　据阿累尼乌斯方程描绘的等效硫化列线图

例：已知某一胶料在 140℃时正硫化时间为 20min，求 130℃和 150℃的等效硫化时间。

解题步骤可先从温度轴上找出 140℃的 A 点，从时间轴上找出 20min 的 B 点。将 A 与 B 相连，连线与 K 轴（$K=2$）相交于 O 点，然后再在温度轴上找出 130℃的点 C，从 C 向 O 作连线，将此线延伸，与时间轴交于 D 点，D 点即为所求的在 130℃时的等效硫化时间 (40min)。求 150℃时的等效硫化时间步骤也是一样。

由于考虑到 K 值随各种胶料而变化，所以列线图标出的 K 值为 1.8、2.0、2.2 三条轴线，以供使用。当 $K=1.8$ 时，则 A B 连线与轴 K 交点为 O′点，此时应从 C 点向 O′作连线，连线与时间轴相交于 D′点，D′点即为 $K=1.8$ 时的等效硫化时间。

图 15－14 列线图的用法和上图相同，只不过中间轴换成活化能数值。E 的数值亦随胶料配方而变化，需由实验确定。E 值确定方法也很多，但最简单的还是使用硫化仪。用硫化仪分别测出胶料在 t_1 和 t_2 温度下的正硫化时间 τ_1 和 τ_2，然后代入式（15－7）中就可求出 E 值。实验表明，常用硫化体系的胶料，其 E 值为 84～104kJ/mol，取中值则为 92kJ/mol。

（二）硫化效应的计算

生产实践中，胶料硫化条件的确定常因设备或工艺条件等的改变而改变，目的就是期望在改变硫化条件下，制得具有相同物性的硫化制品。这个问题可以用等效硫化时间来解决，但也可以用硫化效应方法即相等硫化程度来解决。

根据硫化理论，硫化胶的性能取决于硫化程度，即交联程度。只要产品获得相同硫化程度，就制得具有相同物理性能的硫化胶。硫化程度的大小，工艺上用硫化效应衡量。只要制品保持相等的硫化效应，其硫化条件可根据实际情况而变。

硫化效应等于硫化强度与硫化时间的乘积，即

$$E = I\tau \tag{15-8}$$

式中 E——硫化效应；

I——硫化强度；

τ——硫化时间，min。

硫化强度是指胶料在一定温度下，单位时间所取得的硫化程度。它与硫化温度系数和硫化温度有关。

$$I = K^{\frac{t-100}{10}} \tag{15-9}$$

式中 K——硫化温度系数；

t——硫化温度，℃。

将式（15－9）代入式（15－8），得

$$E = K^{\frac{t-100}{10}} \cdot \tau \tag{15-10}$$

应用式（15－10）或式（15－8）就可任意计算硫化条件。

例：已知某制品的硫化条件为150℃×20min，现硫化温度改为140℃，求硫化时间？

解：设 $t_1 = 150℃ \quad \tau_1 = 20\text{min}$

$t_2 = 140℃ \quad \tau_2 = ?$

令 $E_1 = E_2$

即 $K^{\frac{t_1-100}{10}} \times \tau_1 = K^{\frac{t_2-100}{10}} \times \tau_2$

代入上述数值，得

$$2^{\frac{150-100}{10}} \times 20 = 2^{\frac{140-100}{10}} \times \tau_2$$

$$\tau_2 = \frac{640}{16} = 40(\text{min})$$

实际上，每一胶料硫化曲线都有一个平坦硫化区域，因此只要控制硫化条件的硫化效应落在这个平坦范围之内，即落在原来硫化条件的最小硫化效应和最大硫化效应范围之内，制品性能就可相近。设原来的最大的硫化效应 $E_{大}$，原来的最小硫化效应为 $E_{小}$，设计的硫化效应 E 应落在两者之间，即

$$E_{小} < E < E_{大}$$

例如，某一制品胶料正硫化条件为130℃×20min 平坦硫化范围为20～120min，最小和最大的硫化效应为：

$$E_{小} = 2^{\frac{130-100}{10}} \times 20 = 160$$

$$E_{大} = 2^{\frac{130-100}{10}} \times 120 = 960$$

因此产品改变的硫化条件的硫化效应 E 必须满足下列条件：

$$160 < E < 960$$

目前我国橡胶工业的硫化自动化正在起步，利用等效硫化的原理，借助于微机对硫化参数即温度和时间的自动控制，生产高质量产品。因此，硫化强度是等效硫化效应的关键工艺参数（见表15－5）。据此，在生产条件变更条件下，可方便地变更和调整硫化时间，判断胶料是否正硫化。

表15－5　硫化强度表（$t_0=100$℃）

t/℃	$K=1.86$ I_t	$K=2.00$ I_t	$K=2.17$ I_t	$K=2.50$ I_t	t/℃	$K=1.86$ I_t	$K=2.00$ I_t	$K=2.17$ I_t	$K=2.50$ I_t
80	0.29	0.25	0.21	0.16	87	0.45	0.41	0.36	0.30
81	0.31	0.27	0.23	0.18	88	0.48	0.44	0.39	0.33
82	0.33	0.29	0.25	0.19	89	0.51	0.47	0.43	0.36
83	0.35	0.31	0.27	0.21	90	0.54	0.50	0.46	0.40
84	0.37	0.33	0.29	0.23	91	0.57	0.54	0.50	0.44
85	0.40	0.35	0.31	0.25	92	0.61	0.57	0.54	0.49
86	0.42	0.38	0.34	0.29	93	0.65	0.61	0.58	0.53
94	0.69	0.66	0.63	0.58	114	2.39	2.64	2.96	3.60
95	0.74	0.71	0.68	0.63	115	2.54	2.83	3.20	3.95
96	0.78	0.76	0.74	0.69	116	2.70	3.03	3.46	4.33
97	0.83	0.81	0.79	0.76	117	2.87	3.25	3.73	4.75
98	0.88	0.87	0.85	0.83	118	3.06	3.48	4.03	5.20
99	1.94	0.93	0.93	0.91	119	3.25	3.73	4.36	5.70
100	1.00	1.00	1.00	1.00	120	3.46	4.00	4.71	6.25
101	1.06	1.07	1.08	1.10	121	3.68	4.29	5.09	6.83
102	1.13	1.15	1.17	1.20	122	3.92	4.60	5.50	7.50
103	1.20	1.23	1.26	1.32	123	4.16	4.93	5.95	8.21
104	1.28	1.32	1.36	1.44	124	4.44	5.28	6.42	9.00
105	1.36	1.41	1.47	1.58	125	4.71	5.66	6.94	9.86
106	1.45	1.52	1.59	1.73	126	5.02	6.06	7.50	10.80
107	1.54	1.63	1.72	1.90	127	5.35	6.50	8.10	11.83
108	1.64	1.74	1.86	2.08	128	5.68	6.97	8.77	13.00
109	1.75	1.87	2.01	2.28	129	6.04	7.47	9.47	14.22
110	1.86	2.00	2.17	2.50	130	6.43	8.00	10.22	15.6
111	1.98	2.14	2.34	2.74	131	6.84	8.58	11.05	17.1
112	2.10	2.30	2.53	3.00	132	7.29	9.19	11.93	18.7
113	2.24	2.46	2.74	3.29	133	7.75	9.86	12.90	20.5
134	8.24	10.56	13.96	22.5	154	28.5	42.3	65.9	141
135	8.78	11.32	15.1	24.6	155	30.3	45.3	71.3	154
136	9.32	12.13	16.3	27.0	156	32.2	48.5	76.8	169
137	9.97	13.00	17.6	29.6	157	34.3	52.0	63.0	186
138	10.57	13.97	19.0	32.0	158	36.5	55.7	89.8	202
139	11.22	14.93	20.5	35.5	159	38.9	59.7	97.0	222
140	12.0	16.0	22.2	39.1	160	41.0	64.0	105	244
141	12.7	17.2	24.0	42.8	161	44.0	68.7	113	267
142	13.5	18.4	25.9	46.9	162	46.9	73.6	122	293
143	14.4	19.7	28.1	51.4	163	49.8	78.9	132	321
144	15.4	21.1	30.3	56.3	164	53.0	84.6	143	352
145	16.3	22.6	32.7	61.9	165	56.3	90.6	154	385
146	17.4	24.2	35.3	67.7	166	60.0	97.1	167	423
147	19.5	26.0	38.2	74.1	167	64.0	104.0	190	463
148	19.6	27.9	41.3	81.3	168	68.0	111.5	195	510
149	20.9	29.9	44.7	89.0	169	72.3	119.3	211	558
150	22.3	32.0	49.2	97.6					
151	23.7	34.3	52.1	107					
152	25.2	36.8	56.3	117					
153	26.8	39.4	60.8	128					

例：某一胶料硫化温度系数为2，当硫化温度为137℃时，测出其正硫化时间为80min。若将硫化温度提高到140℃，求在该温度下的正硫化时间。

解：从表15－5查出$K=2$，温度为137℃的硫化强度$I_{137}=13.00$。

由式（15－8）求出相应的硫化效应：

$$E_{137}=13.00\times80=1040$$

又从表15－5中查出$K=2$，140℃的硫化强度

$$I_{140}=16.00$$

因为两种不同温度下硫化，要达同一硫化程度，则其硫化效应相等，即

$$E_{140}=E_{137}$$

$$\therefore\quad I_{140}\cdot\tau_{140}=E_{140}=1040$$

$$\therefore\quad \tau_{140}=1040/I_{140}=\frac{1040}{16.00}=65(\mathrm{min})$$

所以，当硫化温度由137℃提高到140℃硫化时，只需65min就达正硫化。

例：轮胎缓冲层胶料硫化温度系数为2。在实验室用试片测定，硫化温度为143℃时的硫化平坦时间为20～80min，在模型中硫化了70min（测出该部位的温度为141℃）。问该部位胶料是否达正硫化。

解：从表15－5中查143℃的$I_{143}=19.7$

硫化时间20min的硫化效应$E_{20}=393.8$

硫化时间100min的硫化效应$E_{100}=1909$

又从表15－5中查出温度141℃时硫化强度

$$I_{141}=17.2$$

硫化时间70min时的硫化效应$E=1204$

因为　$E_{20}=393.8<E_{70}=1204<E_{100}=1909$

所以，该部位胶料已达正硫化。

（三）厚制品硫化条件的确定

1.硫化效应法　前面阐述的硫化效应法是适合薄的制品。在厚制品的情形下，由于热传导的不良性，厚制品各层面的温差不尽相同，在同一硫化时间内，各层次硫化效应也不相等。因此，厚制品硫化条件的确定必须首先计算出各层次的硫化效应，然后控制硫化条件，使胶料的试片处于最小硫化效应和最大硫化效应之内。使内层的硫化效应大于试片最小硫化效应，外层的硫化效应小于试片的最大硫化效应。

为了计算各层的硫化效应，必须首先知道各层的温度。各层的温度一般可以用热电偶测知，也可用热传导方法求得。

热电偶测温方法很简单，是在制品各预定部位埋入一对热电偶，经同温层导线引出并接上毫伏计。从制品加热起，每经一定时间间隔测温，并连续记下温度变化，就可测得厚制品内部温度随时间的变化。将t对τ作图，可得一条温度－时间曲线，图15－15说明了制品内部在整个硫化过程中温度的变化情况，是时间的函数。

把测得的温度数据代入硫化强度的计算公式，就可得到各段时间的强度I。将I和τ作图，同样得到一条硫化强度的变化曲线，如图15－16所示。由图可见硫化强度I也是时间τ的函数。图中曲线所包围的面积（图15－16的阴影部分）即为硫化效应E，如用积分式表示，则为

$$E = \int_{\tau_1}^{\tau_2} I \mathrm{d}\tau \qquad (15-11)$$

解出上式，就可求得厚制品硫化时的硫化效应 E。

积分式（15－11）可化为近似式计算，即

$$E = \Delta\tau\left(\frac{I_0 + I_n}{2} + I_1 + I_2 + \cdots\cdots + I_{n-1}\right) \qquad (15-12)$$

式中 $\Delta\tau$——测温的间隔时间（一般为 5min）；

I_0——硫化开始温度为 t_1 的硫化强度；

I_1——第一个间隔时间温度 t_1 的硫化强度；

I_n——最后一个间隔时间温度 t_n 的硫化强度。

必须注意，厚壁制品应将后硫化因素考虑进去，后硫化效应面积为 E_B，其总硫化效应面积为 $E_A + E_B$，如图 15－17 所示。轮胎的硫化就是一个明显的例子。

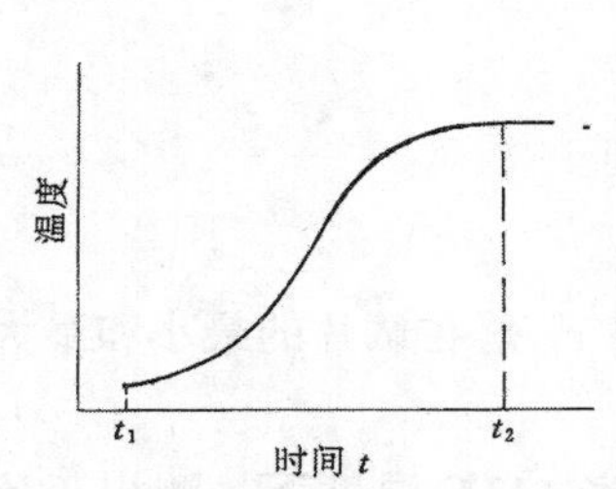

图 15－15 由热电偶测得的制品内层温度－时间的曲线

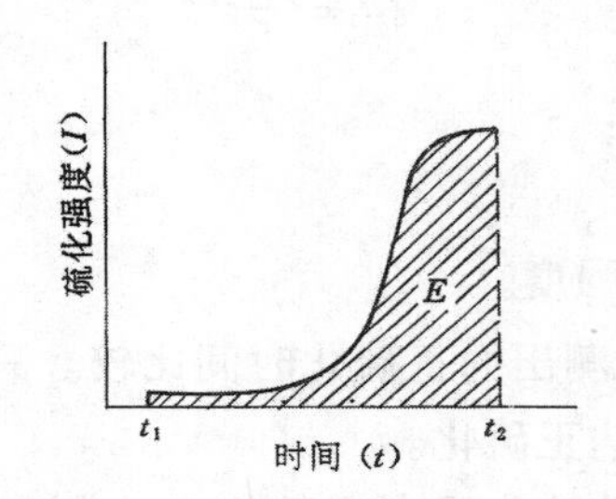

图 15－16 硫化强度和硫化时间的关系曲线

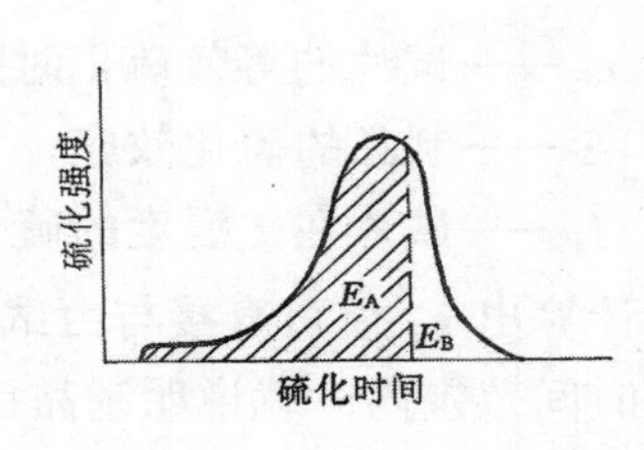

图 15－17 硫化效应面积表示图

E_A—硫化效应面积；

E_B—后硫化效应面积

例：用热电偶测得的某制品硫化时的内层温度数据如表 15－6 所示，令 $K=2$，求硫化 50min 时的硫化效应 E_{50}？

表 15－6 某制品硫化时内层温度数据

测温序号 / 时间与温度	0	1	2	3	4	5	6	7	8	9	10
测温时间/min	0	5	10	15	20	25	30	35	40	45	50
中心层温度/℃	30	40	50	70	90	110	130	140	140	140	140

解：由题可知 $\Delta\tau = 5\text{min}$

$\because I = K^{\frac{t-100}{10}}$ 可求出各温度下硫化强度

$t_0 = 30℃$ 时 $I_0 = 2^{\frac{30-100}{10}} = 2^{-7} = 0.0078$

$t_1 = 40℃ \quad I_1 = 2^{\frac{40-100}{10}} = 2^{-6} = 0.0156$

⋮ ⋮

⋮ ⋮

$t_{10} = 140℃ \quad I_{10} = 2^{\frac{140-100}{10}} = 2^4 = 16$

将上式各数值代入式 15－12，得

$$E = \Delta\tau\left(\frac{I_0 + I_{10}}{2} + I_1 + I_2 + I_3 \cdots\cdots + I_9\right)$$

$$= 5\left(\frac{0.0078 + 16}{2} + 0.0156 + 0.0312 + 0.125 + 0.5 + 2 + 8 + 16 + 16 + 16\right)$$

$$= 333.38$$

最后，将上述步骤求出的厚制品内层硫化效应与该胶料在试验室中以 t 温度硫化所得的硫化效应作比较。如厚制品的硫化效应是处于试片的最大和最小硫效应之间，是说明制品的硫化条件是合适的，否则就要重新调整，直至合适为止。

2. 等效硫化时间法　等效硫化时间也可用来确定厚制品的工程正硫化时间，即将制品的硫化效应换算为胶料试片的等效硫化时间 τ_E，检验它是否达正硫化。换算公式如下

$$\tau_E = \frac{E}{I_t} \qquad (15-13)$$

式中 τ_E——试片的等效硫化时间；

E——制品的硫化效应；

I_t——试片在 t 温度的硫化强度。

计算出 τ_E 便可直接与由试片测出的正硫化时间比较。只要 τ_E 落在试片的最小和最大正硫化时间范围内，就说明制品已达正硫化。

例：外胎的缓冲层，其胶料的硫化温度系数为 2，在试验室 143℃ 温度下，测出正硫化时间为 24min，平坦范围在 20～100min，在实际生产中硫化 70min，并测出温度变化如下：

硫化时间/min	0	5	10	15	20	25	30	35	40	45	50	55	65	70
温　度/℃	30	40	80	100	110	120	124	127	131	133	137	138	140	141

求缓冲层的等效硫化时间，并判断是否正硫化？

解：按式（15－9）算出相应的温度下的硫化强度或按表 15－5 查出其相应温度的硫化强度，并列表如下：

I_{30}	I_{40}	I_{80}	I_{100}	I_{110}	I_{113}	I_{120}	I_{124}	I_{127}	I_{131}	I_{133}	I_{137}	I_{138}	I_{140}	I_{141}
0.008	0.016	0.25	1.00	2.00	2.46	4.00	5.28	6.50	8.59	9.86	13.00	13.97	16.00	17.2

按式(15－12)求出硫化效应值 E：

$$E = 5 \times \left(\frac{0.008 + 17.2}{2} + 0.016 + 0.25 + 1 + 2 + 2.46 + 4 + 5.28 + 6.5 + 8.59 + 9.86 + 13.00 + 13.97 + 16.00\right)$$

$$= 5 \times 91.52$$

$$= 457.61$$

胶料在 143℃ 时硫化强度 $I_{143} = 19.7$

按式(15－13)求出等效硫化时间 τ_E：

$$\tau_E = \frac{E}{I_{143}} = \frac{457.61}{19.17} = 23.2\text{min}$$

即缓冲层胶料在外胎硫化中硫化70min的硫化效应相当于试片在143℃下硫化19.6min。其等效硫化时间在胶料的硫化平坦范围之内，并接近正硫化点。因此达正硫化。

目前在轮胎硫化生产中有采用等效硫化时间的硫化速度积分仪控制轮胎硫化周期的，为生产优质轮胎提供了新的途径。过去的和现在的轮胎硫化均是控制给定的硫化周期，即控制硫化过程的升温、硫化、冷却时间。按照这种方法，若硫化系统的参数如热源温度、预热系数、生胶的温度，胎坯规格、胶囊规格、模型的冷却都保持给定的数值不变，这样可使轮胎得到同样硫化程度。但实际上硫化体系的各个参数值总是在一定范围内波动。因此控制给定硫化周期的方法无法反映各个参数对轮胎硫化的影响，也不能反映设备故障的影响。而等效硫化时间法则可利用胶料硫化温度变化，自动计算和绘制出硫化效应曲线。当硫化效应到达预定的硫化程度，结束硫化。由于控制的等效硫化时间不是实际硫化时间，可以选取最好的平均硫化时间，生产优质轮胎。

第三节　硫化介质和热传导计算

一、硫化介质

橡胶硫化大都是在加热加压条件下完成的。加热胶料需要一种能传递热能的物质，称为加热介质。硫化工艺中称为硫化介质。

常用的硫化介质有：饱和蒸汽、过热蒸汽、过热水、热空气、热水及其他固体介质等。近年来研究采用电流及各种射线(红外线，紫外线、γ射线等)做硫化能源，取得一定成果。70年代初，把微波作为一种能源，用于橡胶的预热和硫化，在80年代取得发展及完善，现已成为橡胶工业用于增加生产和最易实施的最有效的生产技术。越来越多厂家将微波硫化系统用于模压和传递模压制品、压出制品等的连续硫化过程。自1985年以来，我国引进的微波连续硫化技术已超过20台套，成为90年代我国连续硫化发展最快的新技术。

(一)饱和蒸汽

饱和蒸汽是应用最广泛的一种硫化介质。用它加热的热量来自汽化潜热。它给热系数大，导热系数高，放热量大。用饱和蒸汽加热时，既可通过改变蒸汽压力准确地调节加热温度，操作方便，成本低廉，又能排除硫化容器空气，减少氧对橡胶的作用。饱和蒸汽是温度大于100℃并带压力的蒸汽，放出大量热能，导热均匀。

使用饱和蒸汽作为硫化介质的缺点是加热受到压力限制，易产生冷凝点，形成局部低温，产生硫化不均。为了充分和最大限度地利用汽化潜热，消除冷凝水，装置汽水分离器是一种有效措施。

在大型硫化罐中使用饱和蒸汽作介质，易产生局部低温，并对硫化容器内壁有腐蚀作用。

(二)过热蒸汽

过热蒸汽是将饱和蒸汽通过加热器加热而得。在使用直接蒸汽的硫化罐中，设有加热管道向罐内的饱和蒸汽提供热量，则蒸汽可在压力不提高的情形下进一步提高温度，此即为过热蒸汽。

使用过热蒸汽可提高硫化罐内温度40℃左右，可作为高温硫化介质。其温度调节不受压力限制，且冷凝水有所降低。

过热蒸汽的缺点是过热部分热量很小，给热系数较饱和蒸汽低，对设备腐蚀强，因此在应用上受到限制。

(三)热空气

热空气也是常用的硫化介质，其优点是加热温度不受压力影响，可以方便地调节压力和温度，可以高压低温，也可以高温低压。另一优点是干燥不含水分，热空气硫化产品表面光滑，外观漂亮，这是饱和蒸汽或蒸汽硫化无法相比的。

胶布的硫化、胶鞋、水鞋等表面要求光亮的，特别是涂有亮油的胶面鞋、特种胶料（如在蒸汽中水解的聚氨酯）都采用热空气硫化。

热空气作硫化介质的缺点是给热系数小，导热效率低，硫化时间长，并含有大量的氧气，在高温下易使制品氧化。为了克服这个缺点，工业上常采用热空气和蒸汽混合的硫化介质，即在硫化的第一阶段以热空气为介质，第二阶段通入蒸汽为介质，这样可避免出现水迹，保证产品外观质量，加速硫化，缩短硫化时间。

(四)过热水

过热水也是一种常用硫化介质，其优点是既能保持较高温度，又能赋予较大压力，常用于高压硫化场合。最好例子就是轮胎硫化时，将过热水充注水胎，保持内温，又施压。

过热水的缺点是热含量小，给热系数小，因而导热效率低，温度不易掌握均匀。

(五)热水

热水作硫化介质，传热比较均匀，密度高，使制品变形倾向小。但热水热含量低，导热率低，热耗能大，硫化时间长。

(六)固体介质

这类硫化介质常用于压出制品的连续硫化工艺，提供150～250℃的温度，使硫化在极短时间内完成。

固体介质常用的是共熔金属和共熔盐两种：共熔金属最常用的是铋、钨合金和铋、锡合金（58:42），熔点140℃。缺点是相对密度太大，易将压出物压扁变形。此外，共熔盐是一种配比为53％的硝酸钾、40％的亚硝酸钠及7％硝酸钠混合物，熔点为142℃，能为成品提供良好外观，硫化各种胶条、海绵条及电线等。缺点是密度大，制品易漂浮。另外，由于介质粘结成品表面，必须进行成品表面冲洗。

(七)微粒玻璃珠

这种介质由直径为0.13～0.25mm玻璃微珠组成。硫化时，玻璃珠与翻腾的热空气构成有效相对密度为1.5的沸腾床，导热率很高，又称沸腾床硫化。

(八)有机热介质

硅油以及亚烷基二元醇等耐高温的有机介质亦可作硫化介质，可直接在管路中循环，利用高沸点提供高温，使制品在低压或常压下实现高温硫化。

综上所述，要评价硫化介质的重要标准，就是具有良好传热性和热分散性，同时还要具有高的蓄热能力。几种硫化介质的性能比较如表15－7所示。

从表15－7可以看出，饱和蒸汽放出大量热量，而热空气放出热量较少。因此可何选择硫化介质，应根据产品特点，技术要求及生产设备条件作适当选择。

二、硫化热传导的计算

早在20世纪20年代，就有人用不稳定热传导来分析橡胶硫化热传导问题，并发表了用不稳定热传导温度函数式计算硫化温度－时间关系的论文。50年代，吴祥龙等对橡胶厚制品在硫化过程中内部温度场的变化进行了研究，提出了理论计算方法；60年代，黄崇期也对传热在轮胎硫化中的应用进行过系统研究；70年代，蒋中坚等对热传导在橡胶中应用进行了研究。

表 15-7　几种硫化介质的性能比较

性能 \ 介质	热空气	过热水	饱和蒸汽		过热蒸汽
压力/MPa	0.3	17～22		0.5	0.3
温度/℃ 开始	150	150	142.0	158	200
温度/℃ 终止	140	140	142.9	158	158
比容/(m^3/kg)	0.295	0.001	0.4718	0.3214	0.5451
密度/(kg/m^3)	3.39	1000	2.12	3.11	1.85
含热量/(kJ/kg)	151.4	628.02	2737.75	2756.17	2800.42
使用热量/(kJ/kg)	10.09	41.87	2136.11	2083.79	85.41

但因橡胶制品形状复杂，厚薄不一致，传热方式也不一样，公式也就不同，无法用通式表示。但橡胶制品在加热硫化过程中，温度总是由制品表面传到中心层的。橡胶为热不良导体，由表面传导的热能要经过一定时间才传递到中心位置，可用二种方法测定传热过程温度和时间的关系。一是直接测量法，把热电偶埋在测量位置，记录温度和时间数值，这个方法实用、耗时、花费大，有时某种制品无法实施；另一种方法是用理论公式进行热传导计算。因为橡胶硫化热传导现象是属于传热学中不稳定热传导，因此，通常应用不稳定热传导理论导出公式进行分析和计算。但由于各种制品的形状不同，其传热方式也不一样，因而就有不同计算公式。下面以几种制品为例，进行讨论。

(一)薄层制品的热传导计算

薄层制品如胶板、胶片等的长度和宽度都比厚度大很多，可视为一种无界薄板，为一维的热传导。根据不稳定热传导理论的推导，适合于无界薄板传热条件的热传导计算公式为：

$$\frac{t_s - t_c}{t_s - t_0} = \frac{4}{\pi}\left[\exp\left(-\pi^2 \frac{a\tau}{L^2}\right) - \frac{1}{3}\exp\left(-9\pi^2 \frac{a\tau}{L^2}\right) + \frac{1}{5}\exp\left(-25\pi^2 \frac{a\tau}{L^2}\right) + \cdots\right] \tag{15-14}$$

式中　t_s——薄板的表面温度，℃；

t_c——薄板的中心层温度，℃；

t_0——薄板的原始温度，℃；

τ——热传导时间，s；

a——热扩散率(由实验测定)，cm^2/s；

L——薄板的厚度，cm。

式(15-14)说明在无界薄板导热时，中心层温度 t_c 是薄板厚度 L 和传热时间 τ 的函数。由公式可知，若已知 t_s、t_0、a、L(均已测得)，则中心层的温度 t_c 和时间 τ 的关系便可算出。即利用式(15-14)可直接求出薄板导热时，在某一时间 τ、薄板中心层的温度 t_c，或者当中心层温度 t_c 达某一数值所需时间 τ。

为应用方便，可对式(15-14)进行简化，若令

$$Z = \frac{a\tau}{L^2} \tag{15-15}$$

$$S(Z) = \frac{4}{\pi}\exp\left(-\pi^2 \frac{a\tau}{L^2}\right) - \frac{1}{3}\exp\left(-9\pi^2 \frac{a\tau}{L^2}\right) + \frac{1}{5}\exp\left(-25\pi^2 \frac{a\tau}{L^2}\right) + \cdots] \tag{15-16}$$

则式(15－16)可变为

$$\frac{t_s - t_c}{t_s - t_0} = S(Z) \tag{15-17}$$

其中 $S(Z)$是一种无穷级数,数值见表 15－8。

表 15－8　$S(Z)$值

Z	$S(Z)$	Z	$S(Z)$	Z	$S(Z)$
0.001	1.0000	0.047	0.7941	0.093	0.5084
0.002	1.0000	0.048	0.7868	0.094	0.5034
0.003	1.0000	0.049	0.7796	0.095	0.4985
0.004	1.0000	0.050	0.7723	0.096	0.4936
0.005	1.0000	0.051	0.7651	0.097	0.4887
0.006	1.0000	0.052	0.7579	0.098	0.4839
0.007	1.0000	0.053	0.7508	0.099	0.4792
0.008	0.9988	0.054	0.7437	0.100	0.4745
0.009	0.9996	0.055	0.7367	0.102	0.4652
0.010	0.9992	0.056	0.7297	0.104	0.4561
0.011	0.9985	0.057	0.7227	0.106	0.4472
0.012	0.9975	0.058	0.7158	0.108	0.4385
0.013	0.9961	0.059	0.7090	0.110	0.4299
0.014	0.9944	0.060	0.7022	0.112	0.4215
0.015	0.9922	0.061	0.6955	0.114	0.4133
0.016	0.9896	0.062	0.6888	0.116	0.4052
0.017	0.9866	0.063	0.6821	0.118	0.3975
0.018	0.9832	0.064	0.6756	0.120	0.3895
0.019	0.9794	0.065	0.6690	0.122	0.3819
0.020	0.9752	0.066	0.6626	0.124	0.3745
0.021	0.9700	0.067	0.6561	0.126	0.3671
0.022	0.9657	0.068	0.6498	0.128	0.3600
0.023	0.9605	0.069	0.6435	0.130	0.3529
0.024	0.9550	0.070	0.6372	0.132	0.3460
0.025	0.9493	0.071	0.6310	0.134	0.3393
0.026	0.9433	0.072	0.6249	0.136	0.3326
0.027	0.9372	0.073	0.6188	0.138	0.3261
0.028	0.9308	0.074	0.6128	0.140	0.3198
0.029	0.9242	0.075	0.6068	0.142	0.3135
0.030	0.9175	0.076	0.6009	0.144	0.3074
0.031	0.9107	0.077	0.5950	0.146	0.3014
0.032	0.9038	0.078	0.5892	0.148	0.2955
0.033	0.8967	0.079	0.5835	0.150	0.2897
0.034	0.8896	0.080	0.5778	0.152	0.2840
0.035	0.8824	0.081	0.5721	0.154	0.2785
0.036	0.8752	0.082	0.5665	0.156	0.2731
0.037	0.8679	0.083	0.5610	0.158	0.2677
0.038	0.8605	0.084	0.5555	0.160	0.2625
0.039	0.8532	0.085	0.5500	0.162	0.2574
0.040	0.8458	0.086	0.5447	0.164	0.2523
0.041	0.8384	0.087	0.5393	0.166	0.2474
0.042	0.8310	0.088	0.5340	0.168	0.2426
0.043	0.8236	0.089	0.5288	0.170	0.2378
0.044	0.8162	0.090	0.5236	0.172	0.2332
0.045	0.8088	0.091	0.5185	0.174	0.2286
0.046	0.8015	0.092	0.5134	0.176	0.2244

续表

Z	S(Z)	Z	S(Z)	Z	S(Z)
0.178	0.2198	0.265	0.0931	0.54	0.0062
0.180	0.2155	0.270	0.0886	0.56	0.0051
0.182	0.2113	0.275	0.0844	0.58	0.0042
0.184	0.2071	0.280	0.0803	0.60	0.0034
0.186	0.2031	0.289	0.0764	0.62	0.0028
0.188	0.1991	0.290	0.0728	0.64	0.0023
0.190	0.1952	0.295	0.0693	0.66	0.0019
0.192	0.1914	0.300	0.0659	0.68	0.0016
0.194	0.1877	0.31	0.0597		
0.196	0.1840	0.32	0.0541	0.72	0.0010
0.198	0.1804	0.33	0.0490	0.74	0.0009
0.200	0.1769	0.34	0.0444	0.76	0.0007
0.205	0.1684	0.35	0.0402	0.78	0.0006
0.210	0.1602	0.36	0.0365	0.80	0.0005
0.215	0.1525	0.37	0.0330	0.82	0.0004
0.220	0.1452	0.38	0.0299	0.84	0.0003
0.225	0.1882	0.39	0.0271	0.86	0.0003
0.230	0.1315	0.40	0.0246	0.88	0.0002
0.235	0.1252	0.42	0.0202	0.90	0.0002
0.240	0.1192	0.44	0.0166	0.92	0.0001
0.245	0.1134	0.46	0.0136	0.94	0.0001
0.250	0.1080	0.48	0.0112	0.96	0.0001
0.255	0.1028	0.50	0.0092	0.98	0.0001
0.260	0.0998	0.52	0.0075	1.00	0.0001

因此，应用式（15－15）、式（15－17）和表15－8的函数值，就可以求出薄层制品传热时中心层温度 t_c 与时间 τ 的关系。下面是实例计算。

例：某一薄层橡胶制品厚度为1.27cm，原始温度22℃，已知模型温度为144℃，胶料热扩散率为 $7.23\times10^{-4}cm^2/s$，双面加热硫化，试计算制品中心层温度达143℃时所需的时间。

解：已知 $t_s=144℃$；$a=7.23\times10^{-4}cm^2/s$；$L=1.27cm$。

将已知数值代入式（15－17）中得

$$S(Z)=\frac{t_s-t_c}{t_s-t_0}=\frac{144-143}{144-22}=0.0082$$

查表得

$$Z=0.51(近似)$$

式（15－15）可变为下式，并将已知数据代入，得

$$\tau=ZL^2/a=\frac{0.51\times(1.27)^2}{7.23\times10^{-4}}=1138S=19(min)$$

（二）多层制品的热传导计算

虽然力车胎、胶管、输送带等多层制品几何形状复杂，但传热方式和无界薄板非常相似，热量只向厚度方向传递，可忽略边界影响。因此仍然可以沿用无界薄板的计算公式进行热传导计算。

但在多层制品中，由于各层厚度不同，热扩散系数也不一样（因为各层所用材料不一样），因此不能直接套用薄板公式，必须将各层厚度换算成相当于某一层（可任意选一层作

基准）的传热当量厚度，然后将各层的当量厚度加起来作为整体厚度才能应用薄板的计算公式进行计算。

设基准层的热扩散率为 a_1，则要将热扩散率为 a_2 的胶层的厚度 L_2 换算成基准层的当量厚度（设为 L_{2c}），可按下式计算之：

$$L_{2c} = \sqrt{a_1/a_2} \cdot L_2 \tag{15-18}$$

下面举例计算。

例：有一自行车外胎，原始温度为20℃，在模型和风胎的温度均为155℃的条件下进行硫化。试求胎冠中线中心层达150℃时所需的传热时间。已知各层的厚度和热扩散率如下：

胎面 $L_1 = 0.2\text{cm}$ $a_1 = 1.27\times10^{-3}\text{cm}^2/\text{s}$;

帘布层 $L_2 = 0.25\text{cm}$ $a_2 = 1.143\times10^{-3}\text{cm}^2/\text{s}$。

解：(1) 总厚度的计算

按式（15-18）将帘布层厚度换算成胎面的当量厚度：

$$L_{2c} = \sqrt{a_1/a_2} \cdot L_2 = \sqrt{\frac{1.27\times10^{-3}}{1.143\times10^{-3}}} \times 0.25 = 0.264$$

胎冠中线上的总厚度为

$$L_c = L_1 + L_{2c} = 0.2 + 0.264 = 0.464(\text{cm})$$

$$L_c^2 = (0.464)^2 = 0.215(\text{cm}^2)$$

(2) 传热时间计算

$$S(Z) = \frac{t_s - t_c}{t_s - t_0} = \frac{155-150}{155-20} = 0.037$$

查表15-8得 Z=0.36（近似）

故 $$\tau = \frac{ZL_c^2}{a_1} = \frac{0.36\times0.215}{1.27\times10^{-3}} = 61(\text{s})$$

胶管胶带等制品的热传导也可按上例方法计算，但对深沟花纹轮胎，花纹的传热比较复杂，是一个多维热传导问题，但也可按上例作粗略计算。

(三) 立方体、短圆柱体制品的热传导计算

立方体、短圆柱体等形状的制品的热传导是多维（即二维、三维）的不稳定热传导，因此不能应用一维热传导公式计算。实验表明，只要原始温度一定、表面温度 t_s 维持不变，则在大多数情况下，多维的不稳定热传导可以用 n 个一维热传导的解的乘积求得，因此可得下列计算公式：

(1) 长为 L、宽为 M 的方形长棒制品

$$\frac{t_s - t_c}{t_s - t_0} = S\left(\frac{a\tau}{L^2}\right)\cdot S\left(\frac{a\tau}{M^2}\right) \tag{15-19}$$

(2) 长为 L、宽为 M、高为 N 的立方体制品

$$\frac{t_s - t_c}{t_s - t_0} = S\left(\frac{a\tau}{L^2}\right)\cdot S\left(\frac{a\tau}{M^2}\right)\cdot S\left(\frac{a\tau}{N^2}\right) \tag{15-20}$$

(3) 半径为 R、长为 L 的圆柱体制品

$$\frac{t_s - t_c}{t_s - t_0} = C\left(\frac{a\tau}{R^2}\right)\cdot S\left(\frac{a\tau}{L^2}\right) \tag{15-21}$$

式中，$C\left(\frac{a\tau}{R^2}\right)$ 亦为连续函数，数值 可查表 15－9，表中的 $C(X)$ 为 $C\left(\frac{a\tau}{R^2}\right)$。

例：有一圆柱形橡胶制品，高度为 110cm，半径为 4.2cm，原始温度为 20℃，热扩散率 $a=0.00143\text{cm}^2/\text{s}$，在模型 130℃ 下加热硫化。求 30min 时，圆柱体的中心层温度 t_c？

解：(1) 先求 $C\left(\frac{a\tau}{R^2}\right)$ 和 $S\left(\frac{a\tau}{L^2}\right)$

因为 $\frac{a\tau}{R^2}=\frac{0.00143\times 1800}{(4.2)^2}=0.146$

查表 15－9 得

$$C\left(\frac{a\tau}{R^2}\right)=C(0.146)=0.41$$

又因

$$\frac{a\tau}{L^2}=\frac{0.00143\times 1800}{(110)^2}=0.00021$$

又查表 15－8 得

$$S\left(\frac{a\tau}{L^2}\right)=S(0.00021)=0.90$$

(2) 将上述数据代入式（15－19）得

$$\frac{130-t_c}{130-20}=0.41\times 0.90$$

$$\therefore t_c=130-0.90\times 0.41(130-20)=89.41℃$$

表 15－9　C（X）之函数值

X	C(X)	X	C(X)	X	C(X)
0.010	1.0000	0.250	0.3768	0.580	0.0560
0.020	1.0000	0.260	0.3558	0.600	0.0499
0.030	0.9995	0.270	0.3359	0.620	0.0444
0.040	0.9963	0.280	0.3170	0.640	0.0396
0.050	0.9871	0.290	0.2993	0.660	0.0352
0.060	0.9705	0.300	0.2825	0.680	0.0314
0.070	0.9470	0.310	0.2666	0.700	0.0280
0.080	0.9177	0.320	0.2517	0.720	0.0249
0.090	0.8844	0.330	0.2376	0.740	0.0222
0.100	0.8484	0.340	0.2242	0.760	0.0198
0.110	0.8109	0.350	0.2116	0.780	0.0176
0.120	0.7729	0.360	0.1997	0.800	0.0157
0.130	0.7351	0.370	0.1885	0.850	0.0177
0.140	0.6980	0.380	0.1779	0.900	0.0088
0.150	0.6618	0.390	0.1679	0.950	0.0066
0.160	0.6269	0.400	0.1585	1.000	0.0049
0.1700	0.5934	0.420	0.1412	1.100	0.0028
0.180	0.5613	0.440	0.1258	1.200	0.0016
0.190	0.5306	0.460	0.1120	1.300	0.0009
0.200	0.5015	0.480	0.0998	1.400	0.0005
0.210	0.4738	0.500	0.0887	1.500	0.0003
0.220	0.4475	0.520	0.0792	1.600	0.0002
0.230	0.4127	0.540	0.0704	1.700	0.0001
0.240	0.3991	0.560	0.0628		

（四）轮胎的热传导计算及热扩散率 a

轮胎的热传导计算比较复杂。在硫化过程中，其轮胎内部的某一测量点温度与其横向、纵向和周向座标及时间的函数关系。可用傅立叶公式的热传导基本微分方程来描述：

$$\frac{1}{a}\frac{\partial T}{\partial t}=\frac{\partial^2 T}{\partial x^2}+\frac{\partial^2 T}{\partial y^2}+\frac{\partial^2 T}{\partial z^2} \qquad (15-22)$$

有关式（15－20）的详细推导和计算可参考“汽车轮胎制造及测试”第三节中的硫化热传导计算部分。

在硫化过程中，胶料的热传导过程的热扩散率或称导温系数 a 是非常重要的。它是衡量物料导热快慢的标志，其大小决定于材料。各种材料的 a 值可由实验测定，亦可用公式计算，详细方法可参看“橡胶工业手册第三分册第 1145 页中所述。”

第四节　硫　化　方　法

硫化方法很多，可按使用设备类型、加热介质种类和硫化工艺方法等分类。

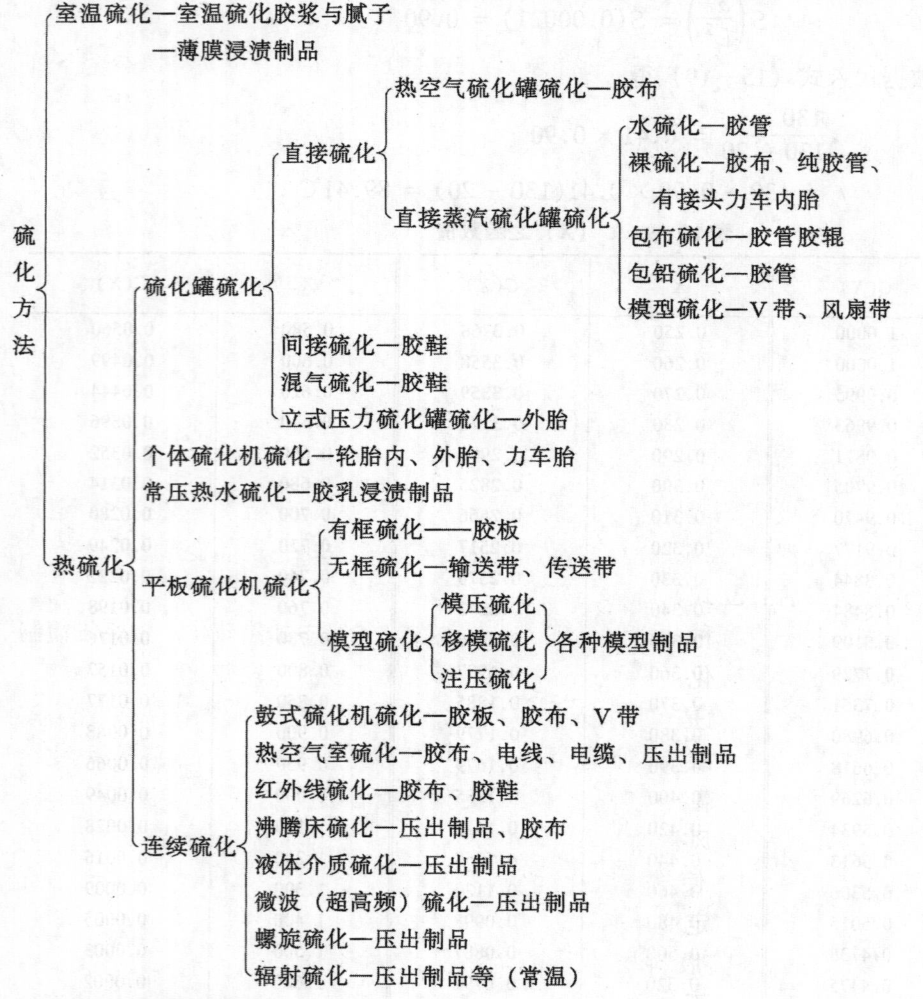

（一）室温硫化法

室温硫化法适用于室温及不加压条件下进行硫化的场合。例如室温硫化的硅橡胶或胶粘剂都属这种类型。室温硫化胶粘剂通常制成双组分：硫化剂、促进剂及惰性配合剂与溶剂组成一组分；橡胶及树脂等配合成另一组分。用时根据需要进行混合。

天然橡胶和其他通用型合成橡胶可制成室温硫化胶浆（或称自硫胶浆）。胶浆中加有二硫代氨基甲酸盐或黄原酸盐类促进剂。这种胶浆常用于硫化胶的接合和橡胶制品的修理。

（二）冷硫化法

冷硫化法又称一氯化硫溶液硫化法。将制品浸入含2%～5%的一氯化硫的溶液中（溶剂为二硫化碳、苯、四氯化碳等）经过数分钟或数秒钟的浸渍即可完成硫化。

（三）热硫化法

热硫化法是橡胶工艺中使用最广泛的硫化方法。加热是增加反应活性、加速交联的一个重要手段。热硫化方法很多，有些先成型后硫化，有些成型与硫化同时进行（如注压硫化）。

1. 直接硫化法

（1）热水硫化法　本法将产品浸于热水或盐水中煮沸（盐水的沸点110℃），适于胶乳薄膜制品的硫化。例如，在热水中加入足量的超促进剂（二硫代氨基甲酸盐），而胶乳配方不加入硫化促进剂。橡胶从温度为75～85℃的热水中吸收促进剂，约经1h便可实现硫化。

大型容器衬里，由于体积大，无法用硫化罐硫化，也采用热水硫化。

（2）直接蒸汽硫化罐硫化法　本法将蒸汽直接通入硫化罐中进行硫化，具体又分为下列几种：

①裸硫化法　成型好的半成品不作任何包覆的情况下送入硫化罐内以直接蒸汽硫化，常用于纯胶管、胶布和力车胎有接头内胎的硫化。

②包布硫化法　将成型的半成品缠上水布，然后放入硫化罐中通入直接蒸汽硫化。缠布是为了使制品表面不与蒸汽直接接触，避免在硫化开始时受热软化变形，且起加压作用。这种方法常用于夹布胶管、胶辊等制品的硫化。

③模型硫化法　将待硫化的制品先装于模型中用螺旋拧紧，然后放入硫化罐中通入蒸汽加热 硫化。此法比较少用，仅用于规格较大的模型制品。

④埋粉硫化法　一些长度较大的压出制品（如纯胶管、压出嵌条等）由于容易变形，可盛放于滑石粉盘中进行埋粉硫化。

直接蒸汽硫化的优点是效率高，传热效果好、温度分布均匀，硫化温度容易控制，但是容易被水渍污染，表面不光滑。这种硫化方法要求硫化起点快，以防止制品变形。

一般使用的硫化罐有二种：立式和卧式，其中卧式应用较广。

（3）热空气硫化法　此法有二种：一种是将半成品放在加热室中加热硫化，胶乳浸渍制品常用此法硫化；另一种是烘箱硫化，例如硅、氟及丙烯酸酯橡胶的二段硫化。

2. 间接硫化法　间接硫化法就是用间接蒸汽硫化。常用于胶鞋、胶靴等制品。因为这类制品表面要求美观、颜色鲜艳，故要求在干燥的条件下进行硫化（胶靴亮油要进行氧化结膜）。使用的设备一般为卧式硫化罐。这种硫化罐为夹套式或者装有蛇盘管，通蒸汽加热，罐内的加热介质为热空气，它由鼓风机鼓入0.1～0.3MPa的压力，以防止制品起泡。

单用热空气作加热介质时容易使制品氧化，且导热性差，故常使用混合气体作加热介质，即最初通用热空气使制品硫化定型，然后通入蒸汽以加强硫化。

3. 加压硫化法　加压硫化是将胶料装入模内，在加压条件下进行硫化。加压硫化优点是橡胶密着性好、产品结构致密，不易产生气泡，表面光滑，花纹清晰。加压硫化的压力一般为水压、油压及机械螺旋压，或利用海绵胶发泡力加压，热源为蒸汽、电热及热液。

（1）压力机硫化法　压力机类型较多，通常使用的是立式平板压力机，此外还有专用的平板压力机，如颚式平板机、胶鞋模压机等。平板压力机由单层或多层平板构成，平板内可通蒸汽或电加热，平板最小面积为300mm×300mm，最大可达2.3m×13.3m（制造胶带）。压力通常由液压泵（水压或油压）提供，压力范围为：轻泵为15～20MPa，重泵为200～250MPa。硫化时，先把半成品放入模型中，然后把模型推入平板间，在上下两平板压紧下进行硫化。新型平板机装有温度自动控制装置及机械推模器，以实现自动化操作。

（2）移模硫化和注压机硫化　移模法是模压硫化的发展，所不同的是不采用普通装料方法，先闭模，后再借移模柱塞的压力把胶料通过浇口挤入模腔。由于移模时受到强大压力，故胶料有很大的流动性，成品致密度高。

注压机硫化使用注压机，分立式和卧式两种，由注射筒、底盘、模具三部分组成。注射筒作用是将胶料注入模具内，注射筒分螺杆式和柱塞式两种。模具固定于底盘上，底盘可移动及旋转，便于模具交替注压胶硫化、起模、合模等操作。与一般模压模具不一样，注压模具开有注胶口，有专门机构控制放闭。注压硫化有成型快速、自动化程度高，产品致密性高，硫化周期短等优点，在胶鞋工业、橡胶零件、密封件生产中得到了广泛应用。

（3）罐式硫化机硫化法　这种硫化机用于硫化轮胎，它由蒸汽硫化罐与水压机相结合，在罐底部装有柱塞水压筒，向水压筒通入高低压水（低压水压力为2.5MPa，作升降模具用，高压水压力13.5MPa，作紧压模型用）便可使模具升降和压紧。硫化时，除用蒸汽从模型外部加热外，还有用过热水（压力为2～2.5MPa，温度150℃）从水胎内部加热，以补充外热不足，过热水起内压作用，使轮胎花纹清晰。

硫化罐的容量视各种规格而定，最多可容纳20多条外胎，生产能力大。

轮胎外胎是多层厚制品，为利于热传导，使硫化程度均匀一致，并使胶料有充分流动时间充满模型，在使用硫化罐硫化时，一般采用逐步升温方法，使其逐步达到规定硫化温度，而进入硫化阶段，在经过正硫化时间后，冷却起模出罐。

用硫化罐硫化的优点是设备结构简单，占地面积小，产量大。但热水和蒸汽耗量多，劳动强度大，易出硫化不均现象。

硫化罐的温度和压力的控制由人工控制或由微机控制并配有硫化功率积分仪自动控制硫化程度，进行启闭模，实现自动化生产。

（4）个体硫化机法　个体硫化机是带有固定模型的特殊结构的硫化机，包括老式表壳式硫化机到最新式双模定型硫化机。个体硫化机的最大特征是模型与机体连接在一起，半边模型装于固定的下机台，另半边模型则装于可动部分。可动部分可用水压、油压或立杆活动机构启闭，通常用于硫化轮胎外胎、垫带、力车胎等。

轮胎外胎用的另一种硫化机是定型硫化机，内有带隔膜，隔膜可充胀和收缩，起定型作用。在隔膜内可通入过热水或高压蒸汽作为内热。采用这种硫化机采用活络模型，保证了成品的外观质量，且易于操作，大大简化了工序，提高了生产效率，是近代一种先进设备。

个体硫化机的优点是自动化程度高，劳动强度低、耗热量低，蒸汽利用率高，硫化周期短，产品质量好；缺点是占地面积大，设备投资高，不容易变换产品规格。

4．连续硫化法　橡胶压出制品正朝着高质量、高产量、自动化、联动化方向发展，生产工艺不断革新，广泛采用了各种连续的硫化方法。连续硫化方法的优点是产品无长度限制、无重复硫化区，且能提高生产效率。现将各种连续硫化方法的原理特点和优缺点分别介绍如下：

（1）鼓式硫化机硫化法　这种硫化方法是平板硫化机的一种发展。其特点是以圆鼓进行加热（圆鼓内以蒸汽或电加热），圆鼓外绕着环形钢带，制品放于圆鼓与钢带之间进行加热硫化。钢带起加压作用，压力为0.5～0.8MPa。圆鼓可转动、转速为1～20m/min（可根据硫化条件选择）。此法可用于连续硫化胶板、胶带和三角带。硫化过程如图15-18所示。

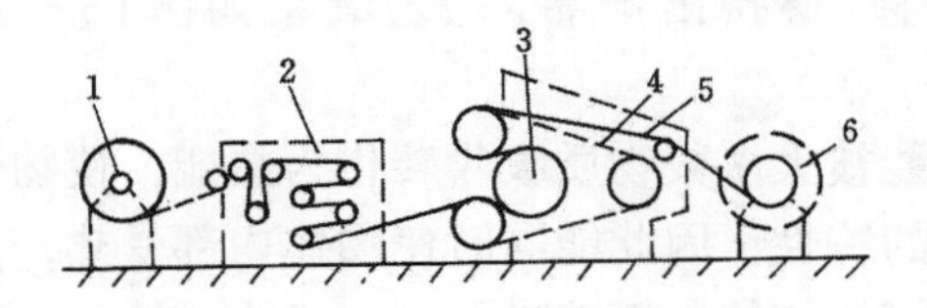

图15-18 鼓式硫化机工艺过程示意图

1—导开辊；2—伸张装置；3—加热鼓；4—钢带；5—硫化产品；6—卷取装置

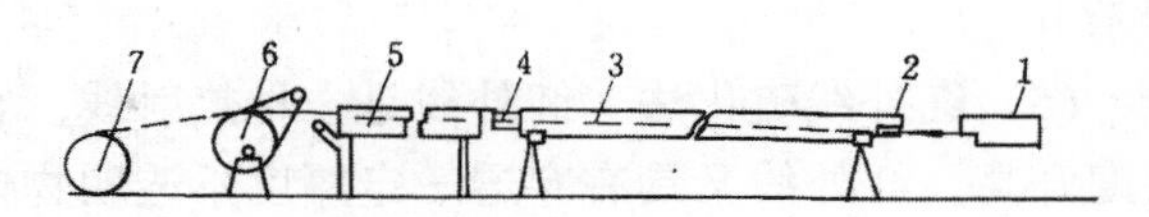

图15-19 卧式蒸汽管道连续硫化示意图

1—压出机；2，4—防泄装置；3—硫化管道；5—冷却槽；6—牵引装置；7—卷取装置

(2) 热空气连续硫化法 热空气连续硫化法是最早采用的连续硫化系统，是一种常压的硫化方法。至今仍被广泛使用。通常采用天然气或电加热方式。真空压出机的应用和发展消除了原来许多常压硫化的难题，例如发孔和口型膨胀等问题。真空压出机的良好温度控制并在配方中加入油和石蜡分散的氧化钙，则胶料的发孔、吸湿，或用水冷却时胶料表面光滑质量等问题都可解决。一般在配方中加入4～8份氧化钙，就可得到满意效果。

压出制品连续通过硫化室加热硫化，硫化室分三段，即预热、升温、恒温硫化。可根据配方调节硫化的速度或控制生产线长度。

本法适用于海绵、薄壁制品，如雨布、胶乳制品和硅橡胶等。

热空气连续硫化法的优点是设备简单、干净、投资小、维修费用低；缺点是热传导效率低，橡胶制品表面容易氧化，仅局限于薄制品，硫化装置比其他装置长2～3倍，占地面积大。

(3) 蒸汽管道硫化法 这种硫化方法是压出制品连续通过密封的管道进行硫化。这密封管道实际是长100～200m的高压罐，硫化温度180℃，蒸汽压力为0.1MPa。它由一条长的钢管管道与压出机相连，与挤出机相连的一端由一个套筒式密封，另一端由水封法或橡胶密封，以防止高压蒸汽泄漏。管道尾部，装有高压冷却水进行冷却。

蒸汽管道硫化的优点是热传导速度好，不存起泡的危险，配方中不必加入氧化钙，缺点是需要长的生产线，需要压力密封，温度调节无伸缩性，系统处于高应力状态，有潜在危险可能。这种硫化方法主要应用于电线电缆制品，工艺过程如图15-19所示。

(4) 盐浴硫化法（LCM） LCM硫化法（Liquid Curing Media）最早为杜邦公司采用。初期使用熔融金属，现多采用熔盐，其具体组成在前面硫化介质中已有所介绍。由于空气传热慢，所以盐浴的热传导比热空气快50倍。

由于盐的相对密度大（约为1.9），橡胶型材一般浮在浴池表面。用金属带把橡胶型材保持在浴池里，金属由二个圆鼓支撑。圆鼓可按照要求浸入深度，垂直调节。

盐浴池长度约10～20m。硫化后型材从盐池槽出来，从二个刷子间通过，回收部分盐，然后用热水和冷水冲洗。

盐浴硫化的优点是：热传递好，可按高速压出，可硫化各种硬度的不同橡胶制品，可用过氧化物硫化，制得低压缩永久变形制品；缺点是耗能大，只适合大规模生产和大量生产的标准产品，软质产品及多孔制品易变形，耗水量、耗盐量多。同时，本法工作环境脏，高温、易发生危险，介质的高热有刺激气味，对人体有害，必须有排气及密封装置。在生产过程中要不断添加盐介质，以补偿生产中的损耗，从而增加了成本。

CaO 是常用水分的消除剂，加入 4～10 份可取得满意效果。

本法适用于胶管、电缆、橡胶带及中等厚度的多层挤出产品，工艺流程如图15－20所示。

(5) 红外线硫化法　红外线是一种热射线，它能被大多数物质吸收转化为热能，使物体温度升高。红外线又具有穿透一定厚度不透明物体的特性，因此能同时使物体内部受热，是一种良好的热源。红外线热源一般用红外线灯泡、石英灯管、石英碘钨灯、氧化镁管、红外线板、碳化硅灯管等。它们能发射出不同波长的红外线，适用不同制品使用。一般说来，长波红外线适于厚制品硫化，短波长红外线适用于薄制品硫化。

红外线硫化用红外线辐射硫化箱进行加热。硫化箱中的适当位置上装有红外线灯泡（或灯管），使制品在红外线发热源之间通过而受到辐射加热，通过的速度视制品的硫化条件和设备长度而定。红外线硫化适用于胶乳制品，雨布等薄制品。

由于红外线硫化是在常压下进行的，所以为了避免制品硫化时起泡，在配方设计时加入氧化钙等吸水剂，并选择使胶料在高温下迅速定型的硫化促进剂。红外线硫化工艺流程如图15－21 所示。

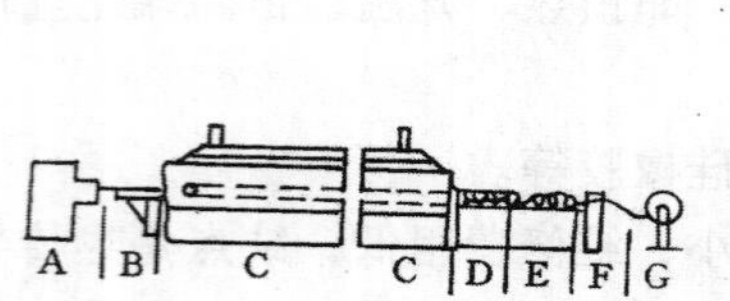

图 15－20　盐浴硫化箱（LCM）

A—压出机；B—输送带；C—装有排气的金属带的盐浴；D—冲洗装置；E—冷却装置；F—牵引装置；G—滚动装置

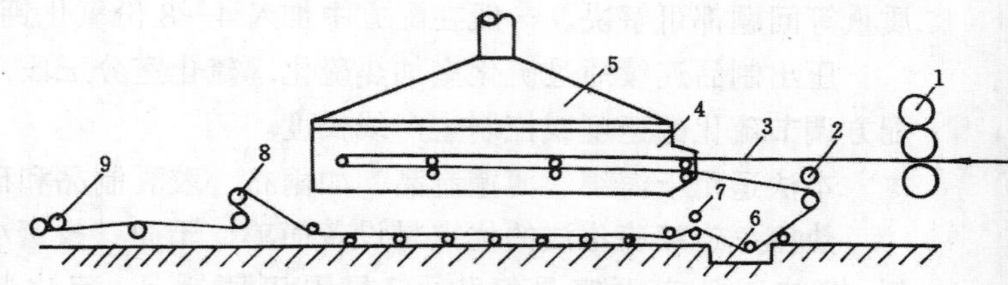

图 15－21　红外线硫化过程示意图

1—压延机；2—冷却辊；3—胶布；4—红外线硫化箱；5—通风罩；6—粉箱；7—压辊；8—冷却辊；9—卷取

(6) 沸腾床硫化法　沸腾床硫化主要由一个槽构成。槽底用多孔陶瓷砖块或不锈钢网所制成。槽里放着玻璃球，其粒径一般为 0.1～0.2mm。这些球体微粒作加热介质，槽上装有电阻器加热，把空气加热到 250℃左右，从底部吹入压缩空气，使得玻璃球悬浮在气体中往复翻动，形成沸腾状态的加热床，并具有良好传热性能，不用金属带夹持和浸渍就可以在高温浴池硫化橡胶。本法主要用于有金属骨架材料的型材。硫化后，必须用刷子将型材刷净，回收玻璃球。

本法的优点是化学介质是惰性的，没必要浸没产品，具有中等传热速度；缺点是清除挤出胶料的玻璃球比较困难，耗能高，且受挤出机头宽度的限制。

沸腾床可以由几个串联单元组成，可设计为立式或卧式，常压式或压力式多种。常压式如图 15－22 和 15－23 所示。

(7) 微波硫化　微波硫化是上述几种连续硫化技术中发展最快，最易实施和最有效的生产技术。微波技术是本世纪 20 年代发展起来的，但把微波作为一种能源用于加热和干燥只有 30 年历史。70 年代初期，欧洲把微波用于橡胶的预热和连续硫化，随后美国把此技术进一步发展完善，用于压模、传递模、压出制品的预热和连续硫化过程。我国自 1985 年以来已引进近 20 条微波硫化生产线，使压出制品硫化技术及其他制品技术发生了根本变化。

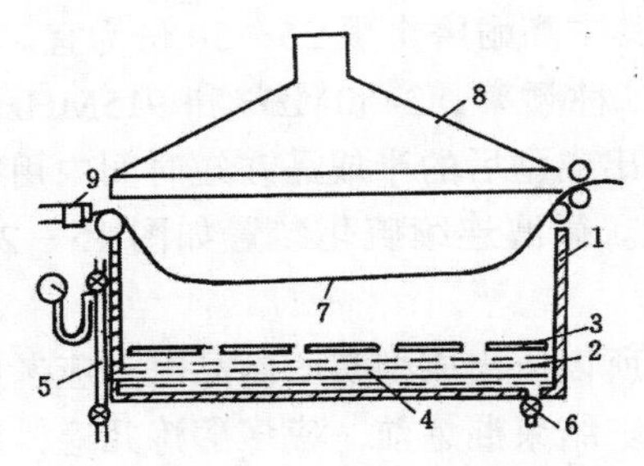

图 15－22　卧式单元沸腾床结构

1—槽体；2—微孔陶瓷板；3—加热器；4—风管；5—通风管；6—阀门；7—玻璃珠层；8—通风罩；9—压出机

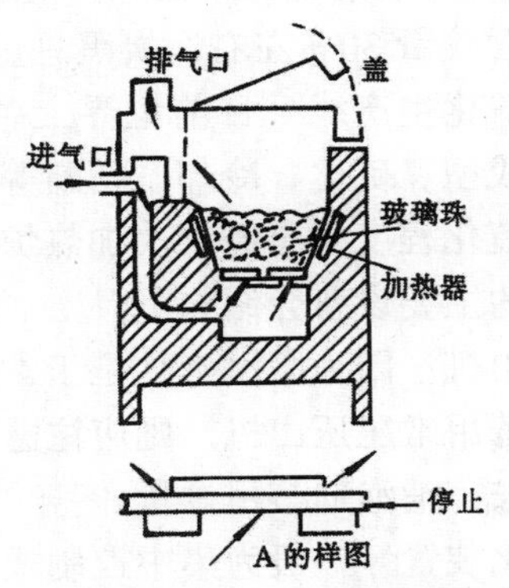

图 15－23　单个沸腾床结构

①微波的加热原理　微波是波长 3～10cm 的电磁波，其相应频率范围在 1000～10000MHz。其中对橡胶感应最好的频率是 915MHz 和 2450MHz。

电磁波是一种高频电场，它可以使胶料中极性分子（或链段）产生偶极极化，相界面极化或离子极化现象。由于交变电磁场频率很高而偶极子沿自身轴振动的频率总是滞后，形成内部分子间摩擦，产生热量。由于微波波长短，频率大，对加热物质穿透力强，具有自里而外的加热特点，同时在微波加热的隧道中，微波的反射及热空气加热环境，介质表面亦得到均匀加热，从而使介质里外加热均匀。

②微波硫化胶料配方的设计　微波加热器的有效长度有一定限制，胶料总停留时间约一分钟左右，这就要求快速升温，快速硫化，要求尽量短的焦烧时间，优越的吸收微波性能，尽量快的硫化速度，因此，在微波硫化胶料配方设计中不宜采用迟延性促进剂。为防止橡胶制品在零压下产生海绵体，配方中必须加入干燥剂，并采用低挥发性增塑剂。为了使胶料更加有效地吸收微波能，满足快速升温条件，配方中应选用极性大的胶种，极性大的填料分子和配合剂。不同胶种、不同填料吸收微波的能力如下：

胶种：丁腈橡胶＞氯丁橡胶＞丁苯橡胶＞顺丁橡胶＞天然橡胶＞乙丙橡胶

填料：导电炭黑＞ISAF＞HAF＞EMF＞FEF＞SRF＞白炭黑＞陶土＞轻质碳酸钙

其他：三乙醇胺＞甘油＞二甘醇＞氯化石蜡＞凡士林＞机油。

以上胶种、填料及配合剂对微波能的吸收能力主要决定于电介质的介电常数 ε_r 和它的功率损耗因子 $\tan\delta$。极性橡胶的 ε_r 和 $\tan\delta$ 都大于非极性的 ε_r 和 $\tan\delta$ 值。因此微波硫化的配方设计应恰当地选择胶种及各种配合剂。例如极性强的橡胶不宜选择吸收微波能力极强的填料，以防止混炼胶因吸收微波能力太强、升温过快而失去控制，引起胶坯局部过热产生热点着火。一般是极性橡胶选择吸收微波能力弱的炭黑品种如半补强炭黑、陶土等，非极性橡胶的微波硫化配方采用非极性橡胶/极性橡胶/炭黑配合方式或非极性橡胶/炭黑品种（高吸收微波能的炭黑）的配合方式。

实验表明：炭黑粒径、结构度、加入量对吸收微波能有很大影响。粒径小、生热快；在同一种炭黑中，结构低比结构高的生热快。常用的是半补强和高耐磨炭黑。这二种炭黑并用有利于有效地控制加热速度。炭黑加入量由材料性能及升温速度需要来判断。炭黑是帮助非极性橡胶吸收微波能最有效的添加剂，因此增加炭黑量，可增加升温速度，也增加胶料导电性，使胶料具有类金属性质的导体性能，在微波场中出现反射、失火，反而不利于均匀稳定加热，因此必须注意炭黑品种和加入量的最佳配合与选择。例如对于 NR/SBR（70/30）的共混胶料，含胶量 30%左右，炭黑总量约 60～80 份，其中高耐磨炭黑 25～30 份为宜。

③微波硫化生产线　目前世界上各国的生产线有二种频率：2450MHz 和 915MHz。生产线由压出成型、硫化、冷却、切断等部分组成。将压出成型后的半成品在短时间内用微波加热、达到硫化程度，再经二次加热炉保温至硫化完成。微波连续硫化装置如图 15－24 所示。生产线的主要设备介绍如下：

真空压出机　因为微波硫化是于常压下进行硫化，所以压出成型实心制品时，应考虑消泡剂用量。若用常压压出机，则应注意胶料防潮和脱水。结束混炼前，应多翻炼几遍，胶料不要停放过长，消泡剂禁用过量。

微波硫化装置　一般为集中控制式。从微波发生机产生微波，经单向波导管、反射功率检测仪、配合器，然后输送到加热部分的高频电子加热电极中。此时由传送带运来的橡胶制品，被迅速加热至硫化程度，最后进入二次加热炉中。

二次加热炉　二次加热炉多为热风式，通常为 180～200℃，也有沸腾床加热式。热风式比较好，因为有热风循环装置。我国 1985 年由西班牙 Gumix 公司引进的针织胶管微波－热空气连续生产线的生产流程如图 15－25 所示。

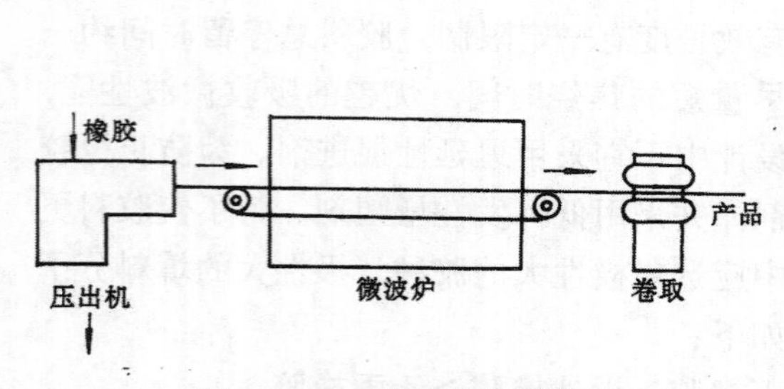

图 15－24　橡胶硫化用微波加热生产线示意图

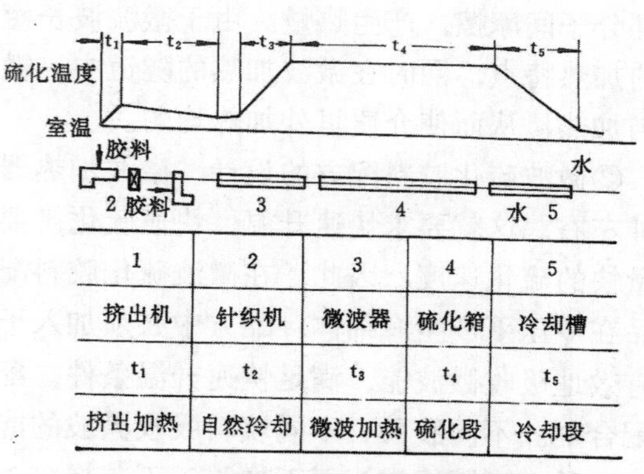

图 15－25　微波－热空气连续硫化生产线工艺流程示意图

④微波系统在橡胶工业生产中的应用　微波系统除广泛应用于压出制品连续硫化外，还把它应用于模压、传递模等其他制品工艺。现介绍如下：

模型制品硫化　经过微波预热的橡胶坯料，温度一般在 110～120℃范围，直接放入硫化设备中。由于坯料中心温度比表面高，平板一闭合，胶料就开始流动，闭合缓冲时间及硫化时间可以缩短。与常规硫化比，可节省时间 50%。

这种预加热方法可用于独轮车胎、叉车车胎硫化。实验表明，经微波系统预热再硫化的方法，缩短了硫化周期，提高了生产质量，节省了能源，从而降低了成本。

传递模压制品硫化　将橡胶半成品坯料切成 4 等分，堆放在微波加热器中。实验表明，坯料堆放的高度在 25mm 内，加热温度约 100℃。这种预热好的坯料可堆放在模型注射胶槽中心位置上，然后开动柱塞，完成传递工序。这样传递工序可缩短 80%时间，硫化时间约为原来的 50%。

注压制品硫化　油封生产中，一台微波预热器可和五台注压机配套使用。无微波预热的胶料采用四个模型硫化，每小时生产 44 个，而采用微波预热硫化的，每小时生产 60 个。由此可见微波系统的有效性。

此外微波技术已应用于橡胶预热和废胶的再生工艺中。

(8) 各种连续硫化方法的比较　表 15－10 是埃索化学公司一份研究报告。在报告中对各种连续硫化工艺作了比较，说明了各种工艺耗能情形。

表 15－10　各种连续硫化方法的耗能状况

设备装置＼硫化方法	耗能功率/kW			
	盐　浴	热空气	沸腾床	微　波
压出机 ϕ90－16D	70	70	90	70
加热辅助设备	55	55	55	55
连续硫化加热	140	115	109	95
合计耗能/kW	265	305	290	220
指数	100	115	109	83

上表说明，微波硫化工艺最节能，它是目前使用最广泛的连续硫化系统。

第五节　硫化橡胶的收缩率

硫化后，橡胶制品与模型尺寸存在着差异。这种现象称为收缩。收缩率 C 可由下式表示。

$$C = \frac{A_{制} - A_{模}}{A_{模}} \times 100\% \qquad (15-23)$$

式中　$A_{制品}$——室温测得的硫化制品尺寸；

$A_{模}$——室温测得的模型尺寸。

各种橡胶硫化后收缩范围一般为 1.5%～3%。橡胶的收缩率有利于脱模，但不利于尺寸的准确。为了提高产品质量，在模具设计时，必须正确掌握这一参数。

影响收缩率的主要因素有橡胶品种、配合剂品种数量和硫化温度等工艺条件。

(一) 橡胶品种

各种橡胶分子的结构特性对收缩率可产生不同程度的影响。例如，丁苯橡胶、天然橡胶和氯丁橡胶在填入 20 份半补强炭黑后，在不同温度下硫化胶收缩率大小顺序为 SBR＞NR＞CR，且随硫化温度升高而上升，如表 15－11 所示。

表 15－11　不同硫化温度下各种橡胶收缩率

硫化温度/℃	SBR	NR	CR	硫化温度/℃	SBR	NR	CR
126	2.2	1.8	1.48	162	2.87	2.18	2.07
142	2.48	1.96	1.73	170	3.00	2.28	2.16
152	2.68	2.08	1.94				

(二) 配合剂

配合剂中影响最大的是填充剂及炭黑，其用量增多，硫化胶收缩率降低。填料和炭黑类型不同，其影响程度不同。究其原因是填料的线胀温度系数极小，与金属相近，比橡胶小得多。例如，各种橡胶的线胀系数为（195～215）$\times 10^{-6}$℃$^{-1}$，填料的线胀系数为（5～10）$\times 10^{-6}$℃$^{-1}$。几种填充剂对NR硫化胶收缩率的影响如表15－12所示。由表可知，炭黑对天然橡胶的硫化胶收缩率影响最大。不同品种的炭黑，由于粒径大小、结构度的不同，产生的影响也不同。

表15－12　不同填充剂加入天然橡胶后硫化收缩率变化情况

填充剂		硫化收缩率/%			天然胶/%(体)
品种	份数	纵向	横向	平均值	
碳酸钙	0	2.49	2.49	2.49	100
	50	2.09	2.06	2.07	85.3
	100	1.74	1.69	1.72	74.5
	200	1.34	1.24	1.29	59.8
硫酸钡	100	1.88	2.01	1.95	82.5
	200	1.50	1.60	1.55	70.5
	300	1.23	1.35	1.29	61.5
轻质碳酸钙	40	1.89	1.80	1.84	85.3
	80	1.39	1.39	1.39	74.8
	120	1.04	1.01	1.03	66.5
	160	0.82	0.70	0.76	60.0
通用炭黑	15	2.16	2.11	2.18	92
	30	1.90	1.96	1.93	86.1
	45	1.75	1.81	1.78	81.4
	60	1.50	1.59	1.55	76.0
	75	1.41	1.43	1.42	72.0
	90	1.29	1.29	1.29	68.2

炭黑对几种橡胶硫化收缩率的影响如表15－13所示。

表15－13　炭黑对几种橡胶硫化收缩率的影响

胶种	炭黑品种	含胶率/%	可塑性	硫化收缩率/%
天然橡胶（100）	抚顺混气	73	二段	2
天然橡胶（100）	抚顺通用	58	一段	1.8～1.9
天然橡胶（100）	抚顺混气 抚顺通用 抚顺高耐磨	50	一段	1.7
天然橡胶/丁腈橡胶（10/90）	抚顺通用 抚顺高耐磨	65	一段	1.8
丁腈橡胶（100）	抚顺通用 抚顺混气	53.4	一段	1.8～2.0
氯丁橡胶（100）	抚顺混气	60	直接混炼	1.8～1.9
丁苯橡胶（100）	抚顺通用 抚顺混气	35	一段	1.6
天然橡胶/顺丁橡胶（50/50）	抚顺混气 抚顺高耐磨	41	二段	1.6

短纤维增强的胶料，由于纤维取向的缘故，会使产品收缩率各向异性。

（三）硫化温度

收缩率随硫化温度升高的增大，如图 15－26 所示。

（配方：
烟片胶 100；
ZnO 5.0；
S 2.5；
促进剂 1.0；
硬脂酸 1.5；
防老剂 1.5）

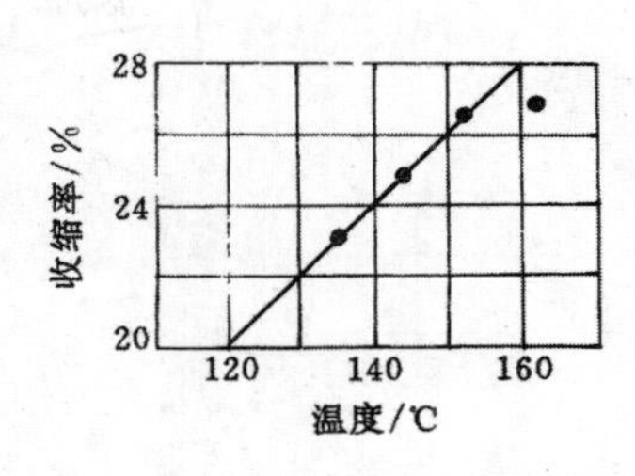

图 15－26　天然橡胶的硫化收缩率与硫化温度的关系

硫化收缩率的测定和计算可参考橡胶工业手册第三分册第十二章硫化收缩率部分。

参 考 文 献

〔1〕梁星宇，周木英编．橡胶工业手册第三分册．北京：化学工业出版社，1992

〔2〕邓本诚，纪奎江主编．橡胶工艺原理．北京：化学工业出版社，1984

〔3〕郑正仁，黄崇期主编．汽车轮胎制造与测试．北京：化学工业出版社，1987

〔4〕Morton M. Rubber Technology. third edition. New York：Van Nostrand Renhold，1987

〔5〕高波．橡胶工业，1990，37（2）79～82

〔6〕刘传成．橡胶工业，1988，35（3）367～370

〔7〕刘传成．橡胶工业，1988，35（3）177－179

〔8〕Herlaut E. Rubber World，1988，198（4）20～22

〔9〕葛寿来．橡胶工业，1988，35（3）141－144

〔10〕易国动．特种橡胶制品，1987，（1）50－53

〔11〕Mansanto 公司技术报告．生产过程控制用仪器，1984

〔12〕Mansanto 公司技术报告．Rheometer 100s Instrument. 1984

〔13〕Mansanto 公司技术报告．MDR 2000，1990